지사학 제6판

시간에 따른 지구와 생물의 진화

Historical Geology: Evolution of Earth and Life Through Time

SIXTH EDITION

Reed Wicander · James S. Monroe 지음

김종헌 · 고영구 · 김정률 · 박수인
이병수 · 이정구 · 이창진 · 정공수 옮김

CENGAGE Learning 박학사

Andover • Melbourne • Mexico City • Stamford, CT • Toronto • Hong Kong • New Delhi • Seoul • Singapore • Tokyo

CENGAGE Learning

Historical Geology

6th Edition

Reed Wicander
James S. Monroe

ISBN-13: 978-89-91633-92-6

Cengage Learning Korea Ltd.
Suite 1801 Seokyo Tower Building
353-1, 22 Seokyo-Dong, Mapo-Ku
Seoul 121-837, Korea
Tel: (82) 2 322 4926
Fax: (82) 2 322 4927

Cengage Learning is a leading provider of customized learning solutions with office locations around the globe, including Singapore, the United Kingdom, Australia, Mexico, Brazil, and Japan. Locate your local office at: **www.cengage.com/global**

Cengage Learning products are represented in Canada by Nelson Education, Ltd.

For product information, visit **www.cengageasia.com**

Printed in Korea
1 2 3 4 15 14 13 12

역자 서문

지구를 구성하는 대기권, 수권, 암석권, 생물권 중에서 암석권을 구성하는 물질 속에는 지구가 탄생한 후 현재에 이르기까지 지구 변천에 대한 많은 기록이 남아 있으므로 지질학자들은 암석권 속에서 생물계와 무생물계의 변천 과정을 증명하는 수많은 기록을 찾아내어 읽고 해석해 내고 있다. 그러면 지질학자들은 이러한 기록을 어디에서 어떻게 찾아내어 지구의 변천 과정을 해석하고 있을까? 그리고 지질학자들은 그렇게 해석하는 까닭이 무엇이며, 지구의 역사를 어떻게 구성할까? 이러한 문제를 풀어내는 학문 분야가 바로 지구의 역사를 연구하는 '지사학(地史學)'이며, 지질학에 대한 경험과 지식을 풍부히 가지고 있어야만 올바른 해석을 할 수 있는 학문이다.

본 역자들은 국내외에서 발간된 지사학 서적을 수 십년간 강의에 사용해 왔으나, *Historical Geology* (Wicander & Monroe, 2010)만한 책이 없다는 사실을 인식하고 학부생, 교사 그리고 지구 역사에 관심이 많은 사람들에게 도움을 주기 위해 번역서를 내기로 합의하였다. 원서 자체를 가지고 교육하는 것도 좋지만 번역서를 내기로 결심한 까닭은 지질학과 지구과학을 전공하는 학부생과 대학원생들을 위하여, 그리고 중등교사가 되기 위해 임용고사를 치러야 하고, 또한 중고등학교 학생들을 가르치는 교사들을 위하여 쉽게 내용을 이해할 수 있는 번역서가 더 적합하다고 판단하였기 때문이다. 이 책을 읽고 번역하는 과정에서 원서에서 사소한 오류를 많이 발견하고 그것을 수정, 보완하면서 번역하였다. 지사학은 지질학 전체의 흐름 중에서 논의와 결론 부분에 해당하는 학문 영역으로 지질학의 전 분야의 내용이 총 동원되어야 하므로 각 분야의 전문가들이 최대한 많이 번역에 참여할 수 있도록 노력하였다. 그러나 학자들 간에 견해차가 있을 수 있으므로 출판 후 독자 여러분께서 관심을 가지고 수정·보완이 필요한 부분은 과감히 지적해 주시기를 진심으로 기대한다.

이 책에 대한 번역서의 중요성을 인식하고 출판을 결심한 박학사 구본하 사장님께 진심으로 감사드리며, 좋은 책을 만들기 위하여 열심히 노력한 출판사 편집진 여러분께도 감사드린다.

임진년 삼월
역자 일동

저자 서문

지구는 46억 년 동안 계속하여 변화해 온 역동적인 행성이다. 대륙과 해양 분지의 크기, 모양, 지리적 분포는 시대에 따라 변해 왔고, 대기와 생물상도 변해 왔다. 과학자와 관심 있는 시민으로서 우리의 행성이 얼마나 파괴되기 쉬우며, 더욱 중요하게는 지구의 다양한 시스템과 소시스템이 얼마나 서로 관련되어 있는가를 점점 깨달아 가고 있다.

우리는 지속적으로 우리의 환경을 오염시킬 수 없다는 것을 알게 되었고, 우리의 천연 자원은 제한되어 있고 대부분의 경우 재생 불가능하다는 것을 알게 되었다. 나아가 우리는 지질학이 우리의 매일 매일의 삶에 얼마나 중요한가를 실감하고 있다. 이런 이유로 인해 지질학은 학생들이 택할 수 있는 가장 중요한 대학 강좌의 하나이다.

지사학자들은 지구와 생물의 역사의 모든 면에 관심이 있다. 그들은 과거에 어떤 사건이 일어났는가를 알고 싶어 하고, 이들 사건을 생성 순서대로 설명하기 위한 개념적 틀을 제공한다. 이에 못지않게 중요한 것은 천연 자원의 고갈, 지구 온난화, 생물 다양성 감소와 같은 전세계적으로 직면한 전지구적 문제의 관점에서 이해하고 평가하기 위해 지질학적인 과거를 통해 배운 교훈을 활용하는 것이다. 따라서 지사학을 매력적이고 의미 있도록 만드는 것은, 지사학은 역동하는 지구를 이해하려고 하고, 그 안에서 새로운 발견과 통찰이 계속 이루어지는 활기차며 끊임없이 변화는 과학이라는 것이다.

『지사학: 시간에 따른 지구와 생물의 진화』(6판)은 한 학기 지질학 과목으로 계획되었으며 학생들을 고려하여 집필되었다. 과학 과목과 관련한 문제점의 하나는 학생들의 학습 자료가 엄청나게 많다는 점이다. 더욱이나 대부분의 자료는 어떤 통합적인 주제와 관련되어 있는 것 같지 않고, 그들의 삶과 항상 관련이 있는 것 같지 않다. 이 책은 읽기 쉬운 방식으로 지사학이 흥미로운 과학이며 오늘날의 세상과 점점 관련되어 있다는 것을 보여주고 있다는 점을 전하기 위해 집필되었다.

이 책의 목적은 학생들이 지사학의 원리를 이해하게 하고, 이 원리들이 지구 역사를 밝히기 위해 어떻게 적용되는지를 제공하는 데 있다. 백과사전식 사실을 암기하도록 하는 것이 아니라 우리 행성의 특징 및 그 행성에 사는 생물에게 영향을 주는, 기본적인 지질학적이고 생물학적 원리와 작용을 반영하는 서로 관련된 사건들의 연속체로서, 지구의 지질학적·생물학적 역사를 제공하는 것이 우리의 목적이다. 개개의 사건과 서로 관련이 없는 사건들을 강조하는 대신, 우리는 왜 그 사건들이 발생했고 어떻게 모든 지구 시스템과 소시스템이 서로 관련되어 있는가에 대한 근본 원인을 이해하고자 했다. 이런 접근을 통해 독자는 어떻게 모든 것이 서로 잘 들어맞고, 왜 사건들이 특별한 순서로 일어났는가에 대해 보다 더 잘 이해하게 될 것이다.

과학의 속성 때문에 모든 지사학 교과서는 폭넓은 유사성을 공유한다. 대부분은 개념과 원리에 대한 장에서 시작하고, 지구와 생명의 역사에 대한 연대적인 설명이 뒤따른다. 이런 관점에서 우리도 전통적인 접근 방법에서 벗어나지 않는다. 그러나 우리는 기본 개념과 원리를 보다 더 강조를 하였고, 지구 역사를 해석하는 데 이들의 중요성을 강조하였다. 다시 말해, 우리는 우리가 아는 것을 어떻게 알게 되었는가를 강조하였다. 이런 방법으로 지구 역사에 접근하면서 독자들은 지구 역사가 일련의 독립적이고 관련이 없는 사건들로 된 것이 아니라, 역동적이고 종합적인 시스템의 일부라는 것을 이해하게 될 것이다.

6판에서의 새로운 특징과 계속 유지된 특징

지구가 생동하며 진화하는 것처럼 『지사학: 시간에 따른 지구와 생물의 진화』 역시 진화한다. 이번 6판은 상당 부분 개정하였고, 독자들이 지구의 역사를 이해하고 그들의 학습 효과를 극대화시킬 수 있도록 읽기 쉽고 새로운 정보를 많이 포함시켰으며, 많은 새로운 사진과 그림, 새로운 조망을 포함하였다. 5판의 검토자와 이용자들의 의견과 제안을 받아들여, 우리는 많은 새로운 내용들을 제시하였고, 6판에 이 새로운 내용들을 포함시켰다.

- **단원 목표**는 그 장에서 다룰 주요 요점을 학생들에게 주지시키기 위해 각 장의 첫 부분에 포함시켰다.
- 우주와 태양계의 기원에 대해 자세하게 취급하였으며 새롭게 행성에 대한 **조망**이 1장에 더해졌다.
- 2장(지구 물질)은 광물, 암석, 암석순환에 친숙하지 못한 학생들을 위해 필요한 기초를 제공하기 위해 포함하였다.
- 장의 내용은 개념을 명확하게 하는 데 도움을 주고 물질에 대한 설명을 더 명확하게 하기 위해 개편되었다.
- 이 책 전체를 통해 지구 온난화가 강조되었다.
- **조망**의 많은 부분은 새로운 주제 또는 새롭게 보완된 주제를 포함하였다.
- 이 책에서 다룬 자료를 그림으로 보다 더 잘 제시하기 위해 그림 작업을 개편하였다. 또한 그림 설명은 보다 더 자세하게 제시하였으며, 학생들이 보는 것을 보다 더 잘 이해하도록 개선하였다.
- 이 책을 통해 많은 그림들이 학생들이 동영상을 볼 수 있도록 지질 자료 센터에 접속할 수 있는 'www 그림'으로 지정되었다.
- 10개의 객관식 문항과 10개의 단답형 문항이 각 장 뒷부분의 **복습 문제**에 포함되었다. 이 객관식 문항의 정답은 이 책의 뒷부분에 제공하였다. 또한 학생들이 지질학적 문제를 해결하기 위해 그들이 학습한 내용을 응용하는 것을 필요로 하는 사고력을 유발시키며 정량적인 문항들이 **응용 문제**에 포함되었다.
- **맺음말**에서는 지구 온난화 문제뿐만이 아니라 산성비와 오존 고갈까지 확대하였다. 맺음말은 현안들을 19장에 걸쳐 제시된 지질학의 역사적인 관점에서 취급하였다.

재 집필, 새 자료의 보완, 그리고 그림의 재편집을 통해 『지사학: 시간에 따른 지구와 생물의 진화』 6판이 획기적으로 개선되었다고 확신한다. 이 변화와 개선은 이 책을 읽고 이해하기 쉽게 함은 물론, 학생들이 학습하는 데 더욱 효율적인 교수 도구를 제공하여 자료를 더 잘 이해할 수 있게 한다고 생각한다.

이 책의 구성

이전 판에서 우리는 지사학의 해석과 이해에 필수적인 세 가지의 중요한 주제를 개발하였고, 이 주제들을 앞부분에 소개하였으며 이 책 전부분에 강조하였다. 이 주제들은 지구의 물리적 역사와 생물 역사를 해석하는 통합적 이론인 **판구조론**(3장), 대부분의 다른 과학에서는 다루지 않는 지사학을 특징짓는 **시간**(4장), 그리고 생존해 있는 생물과 화석 생물과의 유추된 관계를 설명하는 **진화론**(7장)이다. 또한, 물리적 사건과 생물학적 사건과의 긴밀한 상호 관계와 지구 역사는 시스템으로 접근했을 때 가장 잘 연구할 수 있는 복잡하고 생동적이며 진화하는 행성이라는 사실을 강조했다.

이 책은 지질학과 지구과학 전공과 비전공 학생들의 지사학 과목의 한 학기용 교재로 집필되었다. 우리는 다음과 같은 비공식적인 범주로 『지사학: 시간에 따른 지구와 생물의 진화』 6판을 구성하였다.

- 1장은 지질학의 원리와 개념과 이 책이 강조하는 세 가지 주제를 개관하였다. 이 책은 선수 과목을 수강하지 않고 지사학을 선택하는 학생들에게 적절하도록 집필되었으나 담당 교수는 1장에서 논의된 개념과 용어를 확대해서 설명하는 데 시간을 할애하는 것이 좋다.
- 2장 '지구 물질-광물과 암석'은 광물과 암석의 지질학 개론 과목을 수강하지 않은 학생이나 지질학 개론 과목을 수강한 학생들의 복습을 위해 사용할 수 있다.
- 3장은 이 책에서 나오는 첫 번째 중요 주제인 판구조론을 다루었다. 특히 판구조론을 입증하는 증거와 왜 이 이론이 지질학의 초석의 하나이며, 왜 판구조론이 여러 가지 외견상으로는 관련이 없어 보이는 지질 현상을 통합하는 보기로서 역할을 하는지를 강조하였다.
- 이 책의 둘째 중요 주제인 지질 시대의 개념과 원리가 4장에서 다루어졌다.
- 5장은 암석 및 화석과 함께 지질 시대를 해석함으로써 그 개념을 확대 설명하였다.
- 퇴적 환경은 일부 지사학 교재에서 간혹 피상적으로(아마도 요약표 정도로) 다루어졌다. 6장 '퇴적암-지구 역사의 기록 장소'는 이 주제를 위해 집필되었다. 이 장은 의미가 있도록 충분히 자세하게 다루어졌으나 더 심화 수준의 교과목에서 다루어져야 될 상세한 토의는 피하였다.
- 이 책의 셋째 중요 주제인 생물의 진화는 7장에서 다루어졌다. 이 장에서 진화론과 그것을 뒷받침하는 증거들이 다루어졌다.
- 선캄브리아 시대—전체 지질 시대의 88%—는 때로는 다른 지사학 교재에서는 한 개의 장에서만 취급한다. 그러나 이 책에서는 8장과 9장에서 지구 역사의 초기를 새롭게 보완하며 선캄브리아 시대의 세분에 대한 토론과 함께 시생누대와 원생누대의 지질학적이고 생물학적 역사에 대해 다루었다.
- 10장에서부터 19장까지는 현생누대의 지질학적·생물학적 역사를 순서대로 취급하였다. 이 장들은 하나의 대(era)에 대한 지질학적 역사가 취급되고 뒤이어 그 대의 생물학적 역사가 취급되었다. 우리는 이런 형식이 지구 역사와 함께 생물의 역사를 더욱 쉽게 이해하게 한다고 생각한다.
- 맺음말은 지구 온난화를 강조하며 주요 논제와 주제를 요약하였다.

이 장들에서 이 책의 세 가지 중요한 주제를 통합함은 물론 지질학의 기본 원리를 강조하였고, 그들이 지구 역사를 해석하는 데 어떻게 도움이 되는지 강조하였다. 우리는 위에서 언급한 순서로 자료를 제시하는 것이 대부분의 독자들에게 많은 도움이 된다는 것을 알았다. 그러나 많은 담당 교수들이 그 과목에서 강조하는 것에 따라 주제의 순서를 달리한다는 것을 알고 있다. 따라서 우리는 이 책이 담당 교수가 강의의 필요에 따라 어떤 순서로 하든지 문제되지 않도록 집필하였다.

장의 구성

모든 장은 다음과 같은 동일한 구성 형식을 갖추었다.

- 각 장은 그 장과 관련된 사진, 취급한 주제들의 개요와 함께 시작하였으며, **단원 목표**는 학생에게 그 장의 학습 목표를 주지시키는 개요이다.
- 뒤 이은 각 장의 서론은 각 장에 대해 흥미를 유발시키기 위해 제시되었으며 어떻게 장의 내용이 보다 큰 지질학적 관점에 맞아 들어가는가를 보여 주었다.
- 이 책은 독자들이 쉽게 이해할 수 있도록 자유롭고 격식을 갖추지 않은 문체로 집필되었다.

- 수많은 컬러 그림과 사진은 본문을 보충하고 개념과 정보의 시각적 표현을 제공하였다.
- 2장을 제외하고 모든 장은 5판의 내용이 많이 수정 보완되거나 대체된, 그 장에 적합한 지사학의 흥미로운 양상이나 지질학적 연구에 대한 개략적인 내용인 조망을 포함하였다.
- 이 책의 뒷부분에 있는 지사학을 다룬 각 장은 그 시대의 광물 자원을 다룬 마지막 부분을 포함시켰다. 이 부분은 학생들에게 흥미로운 자원지질학적 자료를 제공한다.
- 각 장의 마지막 부분은 요약에서 간결한 복습과 중요한 개념을 취급하였다.
- 각 장의 본문에 **볼드체**로 인쇄된 주요 용어는 복습을 위해 각 장의 뒷부분에 주요 용어로 제시되어 있다. 또한 이들 용어에 대한 설명은 이 책 뒷부분의 용어 해설에 제시되어 있다.
- 복습 문제는 이 책의 또 다른 중요한 특징이다. 복습 문제에는 객관식 문항과 답 그리고 단답형 문항이 포함되었다. 많은 새로운 객관식 문항과 단답형 문항이 6판의 각 장에 추가되었다.
- 응용 문제는 사고력 유발적이면서 정량적 질문이 포함되었고 이전 판의 '당신은 무엇을 할 것인가?'에서 제시된 질문이 포함되었다.
- 다양한 지질 시대 동안 멋진 전세계의 지리적 높낮이를 보여 주는 전세계적 고지리도가 포함되었다. 이 지도는 학생들이 공부하는 지질 시대 동안 세계가 어떻게 보였는가를 시각적으로 보여 주며 본문과 함께 시각적인 양상을 제공해 준다.
- 전 판에서처럼 각 장의 뒷부분 요약표는 지질학적·생물학적 역사를 제공하였다. 이 표는 특정한 시간동안 일어났던 지질학적이고 생물학적인 사건을 전체적으로 조명하고 이들 사건들이 어떻게 서로 관련되었는가를 보여 주기 위해 제공하였다. 이 표는 북아메리카의 지질학적 진화를 강조하였다. 전지구적인 지구조적 사건과 해수면 변화가 전지구적인 통찰과 조명을 제공하기 위해 이 표에 제공되었다.

보조 자료

『지사학: 시간에 따른 지구와 생물의 진화』 6판과 함께 다음과 같은 원문과 다중매체 자료를 교수용과 학생용으로 추천한다.

담당 교수님들께

평가 문항이 포함된 온라인 담당 교수 지침서 이 지침서는 담당 교수가 강의를 준비하는 데 도움을 주기 위해 마련되었다. 그것은 강의 개요, 수업을 위한 제안 및 도움말, 참고 문헌, 문제 은행을 포함한다.

ISBN: 0-495-56013-8

시험 보기(Exam View©) 전산화한 시험 쉽게 사용할 수 있는 평가 및 지침서와 함께 짧은 시간 안에 만들고, 제공하는 개인별 시험과 학습 안내(유인물 및 온라인). 시험 보기는 평가 문항을 만드는 과정을 통해 단계별로 독자들을 안내하는 신속한 시험 마법사와 온라인 평가 마법사를 제공하는데 독특한 점은 당신이 마치 그것을 프린트하거나 온라인에서 보는 것처럼 스크린 위에서 시험을 볼 수 있게 한다. 당신은 12개의 평가 유형을 사용하여 250개의 문항을 만들 수 있다. 시험 보기의 워드 프로세싱 능력을 사용하여, 당신은 무제한적으로 새로운 문항을 이용하거나 기존 문항을 수정할 수 있다.

ISBN: 0-495-56015-4

파워강의(PowerLecture™: Microsoft 파워포인트 도구) 파워강의 강사 자료는 DVD로 나온 교재 중심의 강의 도구이다. 강력하고 개인별로 원하는 매체 강의를 위한 가장 빠르고 쉬운 방법인 파워강의 자료는 각 장별 내용을 중심으로 파워포인트 발표 자료, 영상, 동영상, 비디오, 강사 지침서, 문제 은행을 포함한다. 파워강의 매체 학습 도구는 교육의 경험을 쌓는 데 효율적인 방법이다.

ISBN: 0-495-560112-X

학생들에게

지질학 자료 센터 비밀 번호로 보호하는 웹사이트는 동영상, 비디오, 현재 뉴스 자료, 구글 어스 활동과 같은 지질학과 관련된 경험을 보완하는 자료를 포함한다. 만일 지질학 자료 센터로의 접속방법이 책에 포함되지 않았으면 ISBN-10: 0-495-60570-0 ISBN-13: 978-0-495-60570-6을 사용하여 www.iChapters.com에서 접속할 수 있는 권한을 구매할 수 있다.

학생 동반자 사이트 이 책과 관련된 웹사이트는 여러분이 공부하는 데 도움이 되는 플래시카드, 용어 풀이, 퀴즈, 학습 목표, 장 요약과 같은 자료를 포함한다. www.cengage.com/earthscience/wicander/historical6e를 접속하기 바란다.

감사의 글

저자로서 우리는 구성, 체재, 본문의 정확성, 오류, 누락, 실수에 대해 책임을 진다. 완성된 제본은 이 책의 일부를 검토한 여러 지질학자들로부터 제공된 다양한 제안과 충고를 받은 수년 동안의 작업의 결정체이다. 우리는 5판을 검토해 준 분들과 개정된 이 6판의 출간이 가능하도록 유용한 충고를 제공해 준 수많은 분들에게 진심어린 감사를 표명한다.

Dr. Allen I. Benimoff, *College of Staten Island*
Stuart Birnbaum, *University of Texas, San Antonio*
Claudia Bolze, *Tulsa Community College*
James L. Carew, *College of Charleston*
Mitchell W, *Colgan, College of Charleston*
Bruce Corliss, *Duke University*
John F. Cottrell, *Monroe Community College*
Michael Dalman, *Blinn College*
Mike Farabee, *Estrella Mountain Community College*
Chad Ferguson, *Bucknell University*
Robert Fillmore, *Western State College of Colorado*
Michael Fix, *University of Missouri, St, Louis*
Sarah Fowell, *University of Alaska, Fairbanks*
Dr. Heather Gallacher, *Cleveland State University*
Richard Gottfrief, *Frederick Community College*
Richard D. Harnell, *Monroe Community College*
Rob Houston, *Northwestern Michigan College*
Amanda Julson, *Blinn College*
Lanna Kopachena, *Eastfield College*
Niranjala Kottachchi, *Fresno City College*
Steve LoDuca, *Eastern Michigan University*
Ntungwa Maasha, *Coastal Georgia Community College*
L. Lynn Marquez, *Millersville University*
Pamela Nelson, *Glendale Community College*
Christine O'Leary, *Wallace State Community College*
Dr. Mark W. Presley, *Eastfield College (Dallas County Community College District)*
Gary D. Rosenberg, *Indiana University–Purdue University*
Miiachael Rygel, *SUNY Potsdam*
Steven Schimmrich, *SUNY, Ulster County Community College*
Michelle Stoklosa, *Boise State University*
Edmund Stump, *Arizona State University*
David Sunderlin, *Lafayette College*
Donald Swift, *Old Dominion University*
Shawn Wilsey, *College of Southern Idaho*
Mark A. Wilson, *College of Wooster*

우리는 처음 4판까지의 책을 검토해 준 분들에게 감사를 표한다. 그들의 비평과 제안은 이 책이 학생들과 담당 교수님들에게 성공적인 책이 될 수 있도록 많은 개선과 교육학적인 혁신을 가능하게 하였다.

Paul Belasky, *Ohlone College*
Thomas W. Broadhead, *University of Tennessee at Knoxville*
Mark J. Camp, *University of Toledo*
James F. Coble, *Tidewater Community College*
William C.. Cornell, *University of Texas at El Paso*
Rex E. Crick, *University of Texas at Arlington*
Chris Dewey, *Mississippi State University*
Dean A. Dunn, *The University of Southern Mississippi*
Richard Fluegeman, *Jr., Ball State University*
Annabelle Foos, *University of Akron*
Susan Goldstein, *University of Georgia*

Joseph C. Gould, *University of South Florida*
Bryan Gregor, *Wright State University*
Thor A. Hansen, *Western State University*
Paul D. Howell, *University of Kentucky*
Jonathan D. Karr, *North Carolina State University*
William W. Korth, *Buffalo State College*
R. L. Langenheim, *Jr., University of Illinois at Urbana Champaign*
Michael McKinney, *University of Tennessee at Knoxville*
George F. Maxey, *University of North Texas*
Glen K. Merrill, *University of Houston-Downtown*
Arthur Mirsky, *Indiana University, Purdue University at Indianapolis*
N. S.Parate, *HCC-NE College, Pinemont Center*
William C. Parker, *Florida State University*
Anne Raymond, *Texas A & M Universtiy*
G. J. Retallack, *University of Oregon*
Mark Rich, *University of Georgia*
Scott Ritter, *Brigham Young University*
Gary D. Rosenberg, *Indiana University-Purdue University, Indianapolis*
Barbara L., *Ruff, University of Georgia*
W. Bruce Saunder, *Byrn Mawr College*
William A. Smith, *Charleston Southern University*
Ronald D. Stieglitz, *University of Wisconsin, Green Bay*
Carol M. Tang, *Arizona State University*
Jane L. Teranes, *Scripps Institution of Oceanography*
Michael J. Tevesz, *Cleveland State University*
Matthew S. Tomaso, *Montclair State University*
Art Troell, *San Antonio College*
Robert A. Vargo, *California University of Pennsylvania*

우리는 또한 사진과 여러 가지 주제에 대한 우리의 질문에 답을 제공해 준 Central Michigan University 지질학과의 Kathy Benison, Richard V. Dietrich(명예교수), David J. Matty, Jane M. Matty, Wayne E. Moore (명예교수), 지질학과의 Sven Morgan, Central Michigan University 지리학과의 Bruce M. C. Pape(명예교수), Eric Johnson (Hartwick College, New York), Stephen D. Stahl (St. Bonaventure, New York)에게 감사를 표명한다. 우리는 사진을 제공해 준 여러 국가의 많은 기관과 여러분들의 호의에 감사를 드린다.

이 6판을 시작하게 하였고 이 개정판의 작업이 이루어지는 내내 격려해 준 West Coast Editorial Director at Cengage Learning의 Marcus Boggs와 Brooks/Cole 과학출판사의 Yolanda Cossio에게 특별히 감사를 드린다. 우리는 많은 도움을 제공해 준 과제의 내용 담당자인 Hal Humphrey와 우리의 과제 담당자로서 도움과 지침을 준 Pre-Press PMG의 Amanda Maynard에게 우리의 깊은 감사를 표한다. 개발 편집인인 Liana Monari는 이 개정판을 위해 여러 가지로 도움을 주었으며 그녀에게 심심한 사의를 표한다. 우리는 원고 정리에 도움을 주고 원고를 개선시킨 Christine Hobberlin에게 감사를 표한다. Lisa Buckley는 인테리어 디자이너로서 시각적으로 호감을 주기 위한 개편 작업을 담당하였다. 우리는 필요한 인허가를 얻어 준 교재 인허가 담당자인 Bob Kauser에게 감사를 드리며, 적절한 사진의 위치를 결정하는 데 많은 도움을 준 Terri Wright에게 감사를 표명한다.

지사학은 주로 시각적인 과학이기 때문에 우리는 그림을 담당했던 Precision Graphics, Graphic World, Pre-Press PMG에게 우리의 감사를 전한다. 우리는 많은 지도를 제작해 준 Magellan Geographix의 관계자분들에게 감사를 드리며, 전세계의 고지리도를 사용하도록 허락해 준 Dr. Ron Blakey에게 감사를 표명한다.

언제나 그러했듯, 여분의 시간과 에너지를 이 책에 쏟았을 때 우리 가족은 잘 인내해 주었고 격려해 주었다. 우리는 그들의 지속적인 후원과 이해에 감사를 드린다.

Reed Wicander
James S. Monroe

저자 소개

REED WICANDER

Reed Wicander는 미국 Central Michigan University에서 일반지질학, 지사학, 선사시대의 생명체와 무척추 고생물학을 가르치는 지질학 교수이다. 그는 여러 지질학 관련 교과서를 James S. Monroe와 공동 집필했다. 그의 주된 연구 관심사는 고생대 화분학의 다양한 양상을 다루고 있으며, 특히 acritarch의 연구에 관해서 많은 논문을 발표했다. 그는 미국 층서화분학회 회장과 국제화분학회 고문을 역임했다. 그는 현재 국제고생대미식물위원회의 acritarch 분과위원회의 위원장을 맡고 있다.

JAMES S. MONROE

James S. Monroe는 미국 Central Michigan University의 지질학과 명예교수로 1975년부터 일반지질학, 지사학, 선사시대의 생명체, 층서학과 퇴적학을 가르쳤다. 그는 여러 지질학 관련 교과서를 Reed Wicander와 공동 집필했으며 그의 주된 연구 관심사는 신생대 지질학과 지질교육이다. 지금은 은퇴했지만 그는 아직도 캘리포니아주립대학교 부속 Osher 평생교육원에서 지질학을 가르치고 있으며 지질학적으로 흥미 있는 장소로 야외 조사를 안내하고 있다.

차례

CHAPTER 18

CHAPTER 19

CHAPTER 1

역동적이며 진화하는 지구

인공위성으로 찍은 지구 모습. 북아메리카 대륙이 가운데 선명하게 보이며 중앙아메리카와 남아메리카의 일부가 보인다. 대륙과 해양 분지의 현재의 위치는 판의 이동의 결과이다. 시간에 따른 판들의 상호 작용은 지구의 물리적이고 생물학적 역사에 영향을 미쳐 왔다.

[개 요]

[단원 목표]

이 장을 학습한 후에 우리는 다음 사항을 이해한다.

- 지구는 약 46억 년 전에 생성된 이래 계속하여 진화해 온 역동적인 행성이다.
- 지구의 복합성 및 역사에 대한 이해를 돕기 위해, 그들 상호 작용을 통해 영향을 주고받는 복합적인 요소로 볼 수 있다.
- 이론은 과학적인 방법에 기초하며 관찰과 실험에 의해 검증될 수 있다.
- 우주는 약 140억 년 전에 대폭발과 함께 생성된 것으로 생각되며, 태양계와 행성들은 무질서하게 움직이고, 원시 태양 주위를 회전하는 구름으로부터 진화하였다.
- 지구는 핵, 맨틀, 지각으로 구성된 3개의 동심원적인 층으로 구성되어 있고, 이런 층의 구분은 지구의 초기 역사 때부터 시작되었다.
- 판구조론은 지질학의 통합 이론이며, 과학의 일대 혁신을 불러일으켰다.
- 생물 진화론은 지구의 동물과 식물의 진화를 이해하는 개념적 틀을 제공한다.
- 지질시대와 동일과정의 원리에 대한 이해는 지구와 지구에 사는 생물을 이해하는 데 중요하다.
- 지질학은 우리 삶에 필수적인 학문이다.

1. 서론

만일 과거 시간으로의 여행이 가능하여 46억 년 전부터 시작된 지구 역사에 대해 촬영을 한다면 어떤 영화를 만들 수 있을까? 그것은 틀림없이 엄청난 특수 효과를 보이며 조 단위의 제작비와 반전에 반전을 거듭하며 마지막 결론은 베일에 가려 여전히 알 수 없는 초대작일 것이다.

불행하게도 우리는 과거 시간으로 여행이 불가능하다. 그러나 우리는 지구 역사가 지질 기록에 보존되어 있기 때문에 지구의 역사와 지구에 서식했던 생물에 대해 말할 수 있다. 이 책에서 당신은 지구가 제공해 주는 단서로부터 그 역사를 해석하는 방법을 배우게 될 것이다. 우리는 지사학의 기본 원리에 대해 공부하기 전에, 그리고 지구의 지질학적 기록에 보존된 이들 원리와 단서를 어떻게 이용하는가를 공부하기 전에 제목이 《지구의 역사(The History of Earth)》라는 영화를 잠깐 들여다보자.

이 영화에서 우리는 대륙이 행성의 표면을 이리 저리 돌아다니면서 놀라운 변화를 보여 주는 행성을 보게 될 것이다. 이 이동의 결과 해양 분지가 열리거나 닫치게 되고 대륙 주변부를 따라 산맥이 형성되거나 대륙이 서로 충돌하게 된다. 해양과 대기의 순환은 움직이는 대륙과 반응하며 변화하게 되고, 때로는 거대한 빙하를 형성하거나 녹아 소멸하게 한다. 또 어떤 시기에는 대륙에 광범위한 습지나 광대한 사막이 나타나기도 한다.

우리는 또한 46억 년 전에서 36억 년 전 사이의 어느 시기에 원시적 상태의 유기 액체로부터 최초의 세포가 진화하는 것을 보게 된다. 이로부터 15억 년 후 어느 시기에 핵을 가진 세포가 진화하게 되고 이로부터 얼마 지나지 않아 해양에서 다세포의 부드러운 몸을 가진 동물이 출현하게 되며, 이후에 골격을 가진 동물과 척추동물이 출현하게 된다.

4억 5,000만 년 전까지 지구의 육지는 메마른 불모지였다. 그러나 이때부터 식물과 동물이 물속에서 육지로 이동하게 되어 육지에 생물이 살게 되었다. 하늘에서 볼 때, 지구의 육지는 다른 생물들이 서식하게 됨에 따라 새로운 색을 보이게 되었다. 그 시간 이후로 식물, 곤충, 양서류, 파충류, 새, 포유동물이 육지에 서식하게 되고, 지구는 계속 변화하게 되었다. 영화의 마지막 부분에 인간이 출현하게 되고, 인간의 활동이 전 지구 생태계에 얼마나 많은 영향을 미치는 가를 보게 된다. 영화의 마지막 장면은 우주의 검은 공간에서 빛나는 청록색의 오아시스인 지구인데 이때 '진화는 앞으로 계속 진행될 것'이라는 음성이 들려온다.

모든 좋은 영화는 주제를 갖고 있는데, 영화 《지구의 역사》의 주된 주제는, 지구는 46억 년 전에 생성된 이래 계속적으로 변화해 온 복잡하고 역동적인 행성이라는 것이다. 《지구의 역사》는 대작이기 때문에 이 영화는 서로 관련된 세 개의 소주제로 구성된다. 첫째는 지구의 가장 외부는 일련의 이동하는 판(판구조론)들로 구성되어 있고, 그들의 상호 작용은 행성의 물리적이고 생물학적 역사에 영향을 미친다는 것이다. 둘째는 지구의 생물은 지구 역사를 통해 진화하고 변화해 왔다는 것이다. 셋째는 물리적이고 생물학적 변화는 아주 오랫동안에 걸쳐서 일어났다는 점이다. 이런 세 개의 관련된 소주제는 우리 지구의 역사를 이해하는 데 중요하다.

이 책에서 다루는 다양한 주제에 대해 당신이 공부하고 읽으면서 1장과 이 책 전체를 통해 다룬 주제들과 제목들은 하나의 시스템을 이루며 서로 연관된 구성 요소이며 전혀 독립적이고 관련이 없는 정보가 아니라는 것을 명심해야 한다. 각각의 장에 소개된 주제를 전 지구 시스템과 관련지음으로써 당신은 지구의 진화와 지구의 내부와 외부 시스템, 소시스템 그리고 순환의 여러 가지 상호 작용의 역할에 대해 아주 잘 이해하게 될 것이다.

지구 전체를 하나로 간주함으로써, 즉 지구를 하나의 시스템으로 생각함으로써 우리는 지구의 여러 가지 요소들이 어떻게 서로 관련되어 있는지를 보게 되며, 복잡하고 역동적인 자연을 보다 잘 이해하게 된다. 시스템의 개념은 지구와 같은 복잡한 주제를 우리가 공부하는데 쉽게 해 준다. 왜냐하면 그것은 우리가 어려움이 없이 어떻게 분리된 구성 요소들이 모여 하나를 이룰 수 있는가를 쉽게 이해할 수 있도록 전체를 작은 구성 요소로 나누기 때문이다.

시스템(system)은 체계적으로 상호 작용하는 서로 관련된 부분들의 조합이다. 우리는 여러 가지 방법으로 서로 상호 작용하며 긴밀하게 영향을 주고받는 시스템으로 지구를 간주한다. 지구의 주된 소시스템은 대기권, 생물권, 수권, 암석권, 맨틀 그리고 핵이다(그림 1.1). 이들 소시스템들 사이의 복잡한 상호 작용은 물질과 에너지가 계속해서 다른 형태로 재순환되며 역동적으로 변화하는 행성을 만들게 한다(표 1.1). 예를 들면, 판의 이동은 육지 모양의 결정, 광물 자원의 분포, 전 지구적인 기후 변화에 영향을 미치는 대기 및 해양의 순환에 막대한 영향을 미친다. 이런 관점에서, 지구와 그의 생물의 계속적인 진화는 일련의 동떨어지고 관련이 없는 사건들이 아니라 여러 종류의 소시스템 사이에서 일어나는 역동적인 상호 작용이다.

2. 지질학은 무엇인가?

지질학(geology)은 그리스어 'geo(지구)'와 'logos(학문)'로부터 유래되었다. 지질학은 지구에 대한 학문이다. 그러나 지금은 우리 태양계의 행성들과 달에 대한 내용을 포함한다. 지질학은 흔히 **물상지질학**(physical geology)과 **지사학**(historical geology)의 두 개의 넓은 영역으로 구분된다. 물상지질학은 광물 및 암석과 같은 지구 물질과 지구 내부와 지표에서 일어나는 작용에 대해 연구하는 학문이다. 지사학은 지구의 기원과 진화, 대륙, 해양, 대기권, 생물에 대해 연구한다.

지사학은 그러나 과거 사건에 대해 단순히 자세하게 이야기하는 것이 아니다. 지사학은 지난 46억 동안 계속해서 변화를 거듭한 역동적인 지구에 대한 학문이다. 과거에 무엇이 일어났는가를 결정하는 것 외에 지질학자들은 과거의 사건들이 어떻게 그리고 왜 일어났는가를 설명하는 데 관심이 있다. 공룡들이 멸종된 것을 화석의 기록에서 관찰하는 것과 어떻게 그리고 왜 그것들이 멸종되었는가를 묻는 것은 전혀 별개의 것이며, 아마도 보다 더 중요한 것은 그것이 오늘날의 전 지구적 생태계에 주는 의미가 무엇인가이다.

지사학의 기본 원리는 지구 역사를 해석하는 데 도움을 줄 뿐만 아니라 실질적인 응용성을 가진다. 예를 들면, 영국의 탐사자이며 기술자였던 스미스(William Smith)는 암석의 지층과 그 지층 속에 포함된 화석을 연구함으로써 운하를 건설하는데 파내야 할 암석의 종류와 두께를 예측할 수 있었다. 18세기 말과 19세기 초에 스미스가 사용했던 원리들이 오늘날 광물과 석유 탐사에 사용되며 우리 태양계의 행성과 달의 지질학적 역사를 해석하는 데 사용된다.

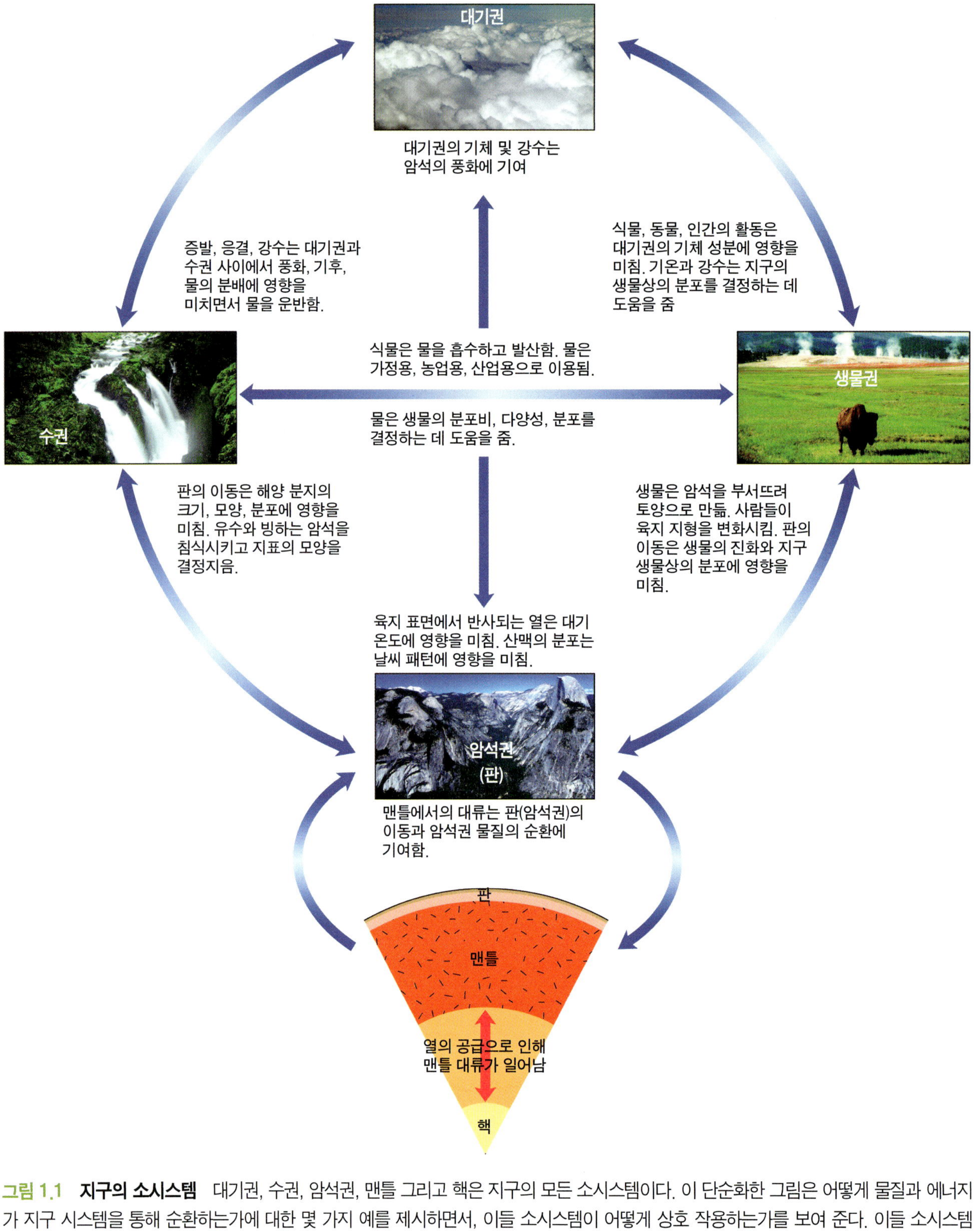

그림 1.1 지구의 소시스템 대기권, 수권, 암석권, 맨틀 그리고 핵은 지구의 모든 소시스템이다. 이 단순화한 그림은 어떻게 물질과 에너지가 지구 시스템을 통해 순환하는가에 대한 몇 가지 예를 제시하면서, 이들 소시스템이 어떻게 상호 작용하는가를 보여 준다. 이들 소시스템 사이에서의 상호 작용은 46억 년 전에 생성된 이래 진화하고 변화해온 역동적인 지구를 만든다.

표 1.1 지구의 주된 소시스템 사이의 상호 작용

	대기권	수권	생물권	암석권
대기권	기단 사이의 상호 작용	바람에 의한 표면류; 증발	호흡에 필요한 기체; 바람에 의한 포자, 화분, 씨의 확산	바람의 침식에 의한 풍화; 강수와 눈에 필요한 수증기의 운반
수권	수증기의 유입과 태양열의 저장	수문 순환	생물을 위한 물	강수; 풍화와 침식
생물권	호흡으로부터 생성된 기체	생물에 의한 용존 물질의 제거	전 지구적 생태시스템; 먹이 순환	풍화와 침식작용의 조절: 토양의 형성
암석권	저장된 태양열의 유입; 지형은 공기의 이동에 영향을 줌	고체와 용존 물질의 근원	광물 자원의 근원; 판의 이동에 의한 생태시스템의 수정	판구조 운동

3. 지사학과 이론들의 정립

이론(theory)이라는 용어는 여러 의미를 갖는 데 흔히 잘못 이해되고 사용된다. 일상의 구어적 관점에서, 이론은 어떤 것에 대한 추론적이고 추측적인 견해를 의미한다. 따라서 과학적인 이론은 실체화되지 않고 다듬어지지 않은 추측 정도라는 것으로 널리 알려져 있다. 과학적인 관점에서 이론은 여러 객관적 증거에 의해 지지되는 한 개 내지는 여러 자연 현상에 대한 이치가 분명한 설명이다. 이론으로부터 과학자들은 관찰이나 실험에 의해 증명할 수 있는 예측적인 주장들을 끌어내 그것들의 옳고 그름을 검증받을 수 있다.

예를 들면, 판구조론으로 한 가지 예측할 수 있는 것은 해양 지각은 해저 확장이 일어나는 해령 근처에서는 나이가 어리지만 해령으로부터 멀어짐에 따라 점진적으로 나이가 오래된다는 것이다. 이런 예측은 관찰에 의해 증명되어 왔다(3장 참조). 마찬가지로 진화론에 의하면 양서류 이전에 어류가 출현하였으며, 뒤이어 파충류, 포유류, 그리고 조류가 뒤따랐고, 이것은 사실이 되었다(7장 참조).

이론들은 **과학적 방법**(scientific method)으로 알려진 과정을 통해 만들어진다. 이 방법은 제기된 문제에 대해 자료와 사실을 모으고 분석하는 체계적이고 논리적인 접근 방법이다. 관측된 현상들을 설명하기 위해 임시적인 설명이나 **가설**(hypotheses)들이 제안된다. 그 다음 가설들이 주어진 상황에서 예측한 것들이 실제로 일어나는지를 보기 위해 검증된다. 마지막으로 자연 현상을 설명하기 위해 여러 번의 검증 작업을 거쳐 하나의 가설이 수립되면 그 가설은 하나의 이론으로 제안된다. 그러나 기억해야 할 것은 과학에서 이론조차도 여전히 검증을 받으며 새로운 데이터가 나오면 수정되게 된다.

과학적 이론이 검증받을 수 있다는 사실은 과학을 인간 호기심의 다른 형태와 구분하게 한다. 왜냐면 과학적 이론들은 검증을 받을 수 있기 때문에 그것들은 지지를 받거나 심지어는 오류로 판명될 잠재성이 있다. 따라서 신념이나 초자연적인 설명이 꼭 사실이 아니라서가 아니고 우리가 그것들을 조사할 방법이 없기 때문에 과학은 신념이나 초자연적인 설명을 중요하게 여기지 않는다. 이런 이유 때문에 과학은 초자연적이고 영적인 영역이 존재하느냐 안하느냐에 대해 다루지 않는다.

각각의 과학적 원리는 특별히 중요한 특정한 이론들을 갖는다. 예를 들면, 생물의 진화론은 19세기에 제안되었을 때 생물학의 혁명을 가져왔다. 지질학에서 판구조론은 지질학자들이 지구를 보는 관점을 변화시켰다. 지질학자들은 이제 지구를 모든 소시스템들과 순환이 서로 연계된 전 지구적 관점에서 보게 되었으며, 지구

역사를 전 지구적 변화의 일부분이며 서로 연계된 연속체로 보게 되었다.

4. 우주의 기원과 태양계 그리고 그 안에서의 지구

우주는 어떻게 생기게 되었는가? 우주의 역사는 어때했는가? 우주의 궁극적인 운명은 무엇이며, 우주는 무한대인가? 이것들은 사람들이 밤에 하늘을 처음 쳐다보고 또 지구 너머 우주의 광활함을 본 이후 알고 싶어 했고 의아해 했던 기본적인 질문들이다.

우주의 기원—대폭발과 함께 출발했는가?

대부분의 과학자들은 우주는 **대폭발**(Big Bang)에서 140억 년 전에 생겼다고 생각한다. 대폭발은 밀도가 높고 뜨거운 상태가 팽창된 후, 냉각되고 밀도가 적어진 상태로 되는 하나의 우주의 진화 모델이다. 현대의 **우주론**(우주에 대한 기원, 진화 및 상태에 대한 연구)에 의하면 우주는 끝이 없고 또한 중심도 없다. 따라서 우주가 생기기 시작했을 때 시간과 공간이 영으로 된 상태에서 물질과 에너지는 무한히 작은 고온 고밀도 상태로 압축되어 있었다. 따라서 '대폭발전'이라는 것은 있을 수가 없고 단지 그 이후만이 존재한다. 아인슈타인의 상대성이론에 의해 보여 지듯이 공간과 시간은 공간-시간의 연속체를 형성하기 위해 바꿀 수 없도록 연결되어 있다. 즉, 공간이 없이는 시간이 존재할 수 없다.

약 140억 년 전에 대폭발이 있었는지 우리가 어떻게 알 수 있는가? 오늘날 우리가 알고 있는 것처럼 왜 우주는 항상 존재할 수 없는 것인가? 두 가지 기본적인 현상이 대폭발이 일어났음을 지시한다. 첫째는 우주가 팽창하고 있다는 것이고, 둘째는 우주가 배경 복사로 차 있다는 점이다.

천문학자가 우리의 태양계 밖을 보면, 우주의 은하들 사이의 모든 곳이 서로 엄청난 속도로 이동하면서 멀어진다는 것을 관찰하게 된다. 허블(Edwin Hubble)은 1929년도에 이 사실을 처음 알게 되었다. 멀리 떨어진 은하의 광학 스펙트럼을 측정한 결과 허블은 은하가 지구로부터 멀어지는 속도가 지구로부터의 거리에 비례함을 알게 되었다. 그는 은하의 스펙트럼선(빛의 파장)이 스펙트럼의 적색 끝 쪽을 향해 이동함을 발견하게 되었는데, 이것은 이 스펙트럼선들이 긴 파장 쪽을 향해 이동하는 것을 나타낸다. 엄청난 속도로 서로 멀어지는 은하들은 이와 같은 적색편이를 나타내게 된다. 이것은 관측자에 대해 상대적으로 파의 근원의 이동함에 따라 생기는 소리, 빛 또는 다른 파동의 주기의 변화인 **도플러 효과**(Doppler effect)의 예이다(그림 1.2).

거리의 증가에 따라 속도가 어떻게 증가하는가를 생각하는 하나의 방법은 일정한 간격으로 건포도가 분포한 빵에서 건포도 빵이 부풀어 오르는 것과 같다(그림 1.3). 밀가루 반죽이 일어남에 따라 건포도는 두 건포도 사이의 거리에 비례해서 일정하게 서로 멀어지게 된다. 건포도가 더 멀리 떨어지면 떨어질수록, 팽창하는 동안 규칙적인 간격을 유지하기 위해 더 멀리 이동하게 되고, 이동 속도도 점점 더 커지게 된다.

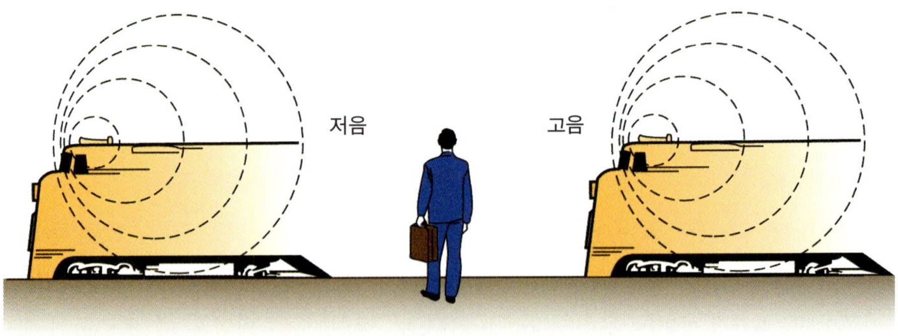

그림 1.2 도플러 효과 가까이 다가오는 기적 소리의 음파는 약간 압축되어 듣는 사람이 짧아진 파장의 고음으로 듣는다. 기적 소리가 듣는 사람을 지나서 멀어지면 음파는 더 퍼지게 되어 저음으로 들리게 된다.

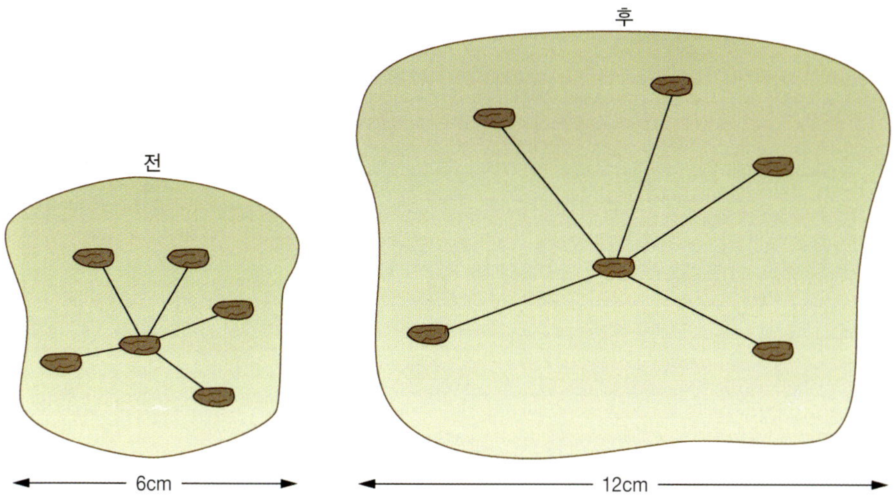

그림 1.3 팽창하는 우주 부풀어 오르는 건포도 빵에서 건포도의 이동은 거리와 속도 사이에 존재하는 관계를 보여 주며 팽창하는 우주와 유사하다. 이 그림에서 옆에 있는 건포도는 빵이 부풀어 오르기 전에는 2cm 떨어져 있다. 한 시간 후 어느 건포도든지 가장 가까운 것이 4cm 떨어져 있고, 시간이 더 지나면 건포도는 8cm 떨어지게 될 것이다. 따라서 어떤 건포도를 기준으로 보든 간에 가장 가까운 것은 시간당 2cm의 속도로 멀어지게 되고 그 다음에는 시간당 4cm의 속도로 멀어지게 된다. 부풀어 오르는 빵에서 건포도가 멀어지는 것과 같은 방법으로 은하들은 그들 사이의 거리에 비례하여 서로 멀어지고 있다.

같은 방법으로 건포도는 부풀어 오르는 빵에서 서로 이동하게 되고, 은하들은 그들 사이의 거리에 비례하여 서로 멀어지게 되는데, 이것이 천문학자들이 우주를 보게 되었을 때 관측하게 된 것이다. 팽창 속도를 측정함으로써 천문학자들은 얼마나 오래전에 은하들이 하나의 점을 이루며 모두 모여 있었는가를 계산할 수 있는데, 그 시기는 약 140억 년 전으로 판명되었다.

벨연구소(Bell Telephone Laboratories)의 펜지아스(Arno Penzias)와 윌슨(Robot Wilson)은 1965년 대폭발의 증거를 제공할 두 번째 중요한 관찰을 하였다. 그들은 우주의 어디에서나 절대온도가 2.7K(−270.3℃)인 것을 발견하였다. 이 배경 복사는 대폭발의 식어가는 잔광(殘光, afterglow)으로 생각된다.

현재 우주과학자들은 대폭발과 같은 극한 상태에서 물질과 에너지의 물리적 상태를 이해할 수 없기 때문에 대폭발의 시간이 제로 상태가 무엇인지 말할 수 없다. 그러나 대폭발이 있은 후 최초의 일초 동안 네 가지의 기본 힘—중력(서로 잡아당기는 힘), 전자기력(전기와 자기를 하나의 힘으로 합치게 하여 원자를 분자로 묶는 힘), 강한 핵력(양성자와 중성자를 함께 묶는 힘), 약한 핵력(방사성 붕괴를 일으키는 원자 핵을 분리하는 힘)—이 분리되었고 우주는 엄청난 팽창을 경험하게 되었다. 대폭발이 일어난 후 최초 3분 동안, 우주는 모든 핵반응이 멈추기에 충분할 만큼 식게 되었고, 30분이 지나게 되면서 핵반응은 완전히 멈추었으며 우주의 질량은 거의 전부 수소와 헬륨 핵으로 구성되게 되었다.

우주가 계속 팽창하고 냉각됨에 따라 별과 은하가 생성되기 시작하였고 우주의 화학 조성이 변하게 되었다. 초기에 우주는 중량으로 볼 때, 수소 76%, 헬륨 24%였는데, 오늘날은 수소 70%, 헬륨 28%, 다른 원소 2%로 구성되어 있다. 어떻게 이와 같이 우주의 성분 변화가 일어날 수 있는가? 별의 일생을 통해 볼 때, 별들이 핵융합을 통해 가벼운 원소들은 무거운 원소들로 변환된다. 별이 죽게 되면 그의 중심에서 형성된 무거운 원소는 때로는 폭발적으로 성간 공간으로 되돌아가게 되고 새로운 별에 이용되게 된다. 이런 방법으로 우주의 성분은 점점 무거운 원소가 늘어난다. 사실 우주는 그 나이가 1조년이 되면 수소 20%, 헬륨 60%, 그리고 다른 원소 20%로 될 것으로 추정된다.

우리의 태양계—기원과 진화

은하수의 일부분인 우리의 태양계는 태양과 8개의 행성, 하나의 소행성(명왕성), 153개의 달과 위성(비록 이 숫자는 새로운 외행성 주위의 새로운 달과 위성의 발견

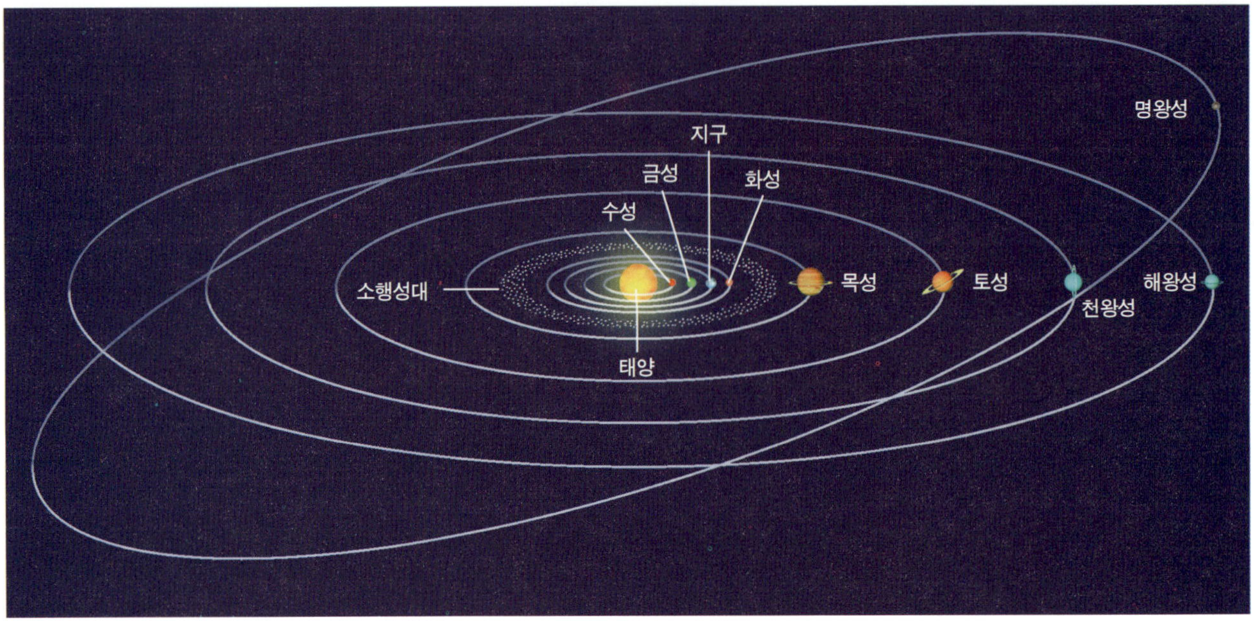

그림 1.4 **태양계의 도식적 제시** 태양계를 나타낸 이 그림은 태양 주위의 행성과 그들의 공전궤도를 보여 준다. 2006년 8월 24일 국제천문연합은 명왕성을 행성에서 왜소행성으로 격하시켰다. 왜소행성은 그 공전궤도 주위에서 이웃하는 행성들과 만날 수 있다는 점을 제외하고는 행성과 같은 특징을 갖는다. 명왕성은 카이퍼대의 얼음 조각 사이를 공전하는데, 진정한 행성의 기준에 맞지 않는다.

으로 계속 변하고 있지만), 대부분이 화성과 목성 사이의 소행성대에서 태양을 공전하는 무수히 많은 소행성, 수백만 개의 혜성과 운석 그리고 행성계 내의 먼지와 가스로 구성되어 있다(그림 1.4). 우리의 태양계의 기원과 진화를 설명하기 위해 정립된 어느 이론이든지 그 이론은 다양한 양상과 특징을 설명할 수 있어야 한다.

태양계의 기원에 대해, 1644년 프랑스 과학자이며 철학자인 데카르트(René Descartes)가 최초로 제안했던 태양계가 우주 유체 안에서 거대한 소용돌이로부터 형성되었다는 제안 이래, 많은 과학적 이론들이 제안되었고, 수정되었으며 폐기되었다. 오늘날, 우리 태양계의 기원을 위한 **성운설**(solar nebula theory)은 은하수의 회전하는 팔 안에서 성간 물질의 응축과 붕괴를 포함한다(그림 1.5).

90%의 물질이 판의 중심부에 모이게 되어 원시 태양을 형성하고 그 주위에 성운이라고 불리는 회전하는 구름을 형성하며 반시계 방향으로 회전하는 판을 형성하며 가스와 작은 입자들의 구름이 모이게 되었다. 이 성

a 거대하며 회전하는 먼지 구름이 수축하여 평평하게 변해간다.
b 중앙에 태양이 있고 가스와 먼지의 판을 형성하게 되었다.
c 소용돌이는 물질을 모이게 하여 행성을 만들게 하였다.

그림 1.5 **성운설** 태양계의 기원에 관해 현재 인정된 이론에 의하면, 행성과 태양은 회전하는 먼지의 구름으로부터 형성되었다.

운 내에서 기체와 고체 입자들이 응축된 소용돌이가 국부적으로 생기게 되었다. 응축 과정 동안 기체, 액체, 고체 입자들은 **미행성**(planetesimal)에 충돌하여 합쳐지게 되었고, 이 미행성은 계속 커져 행성으로 되었다.

행성의 성분과 진화의 역사는 부분적으로는 태양으로부터의 거리에 따라 결정된다('조망' 참조). **지구형 행성**(terrestrial planet: 수성, 금성, 지구, 화성)은 희랍어로 '지구'인 테라(terra)와 비슷하기 때문에 붙여진 이름이며, 이들은 성운 내부의 높은 온도에서 응축된 암석과 금속 원소들로 구성되어 있다. 목성(로마의 신인 조우브(Jove)로 불렸음)을 닮았기 때문에 일컬어진 **목성형 행성**(Jovian planet: 목성, 토성, 천왕성, 해왕성, 명왕성)은 모든 행성이 전체 크기에 비해 작은 암석 중심부를 가졌으며 저온에서 응축되는 수소, 헬륨, 암모니아, 그리고 메탄으로 주로 구성되어 있다.

행성이 부가되는 동안 성운 중심으로 이끌려온 물질은 중력에 의한 수축으로 인해 응축되고, 모여져서 수백만 도로 가열되게 되었다. 이 결과 별인 태양이 생기게 되었다.

태양계 역사 초기에 많은 행성과 달에 발달한 운석구에 의해 지시되는 것처럼 부가가 일어나는 동안 여러 물체들의 충돌이 흔했다. 화성과 목성을 형성한 소용돌이 사이의 공간에 소행성은 미행성을 형성하였고, 같은 방법으로 다른 소행성들도 지구형 행성을 형성하였다. 목성의 엄청난 중력장은 그러나 이 물질이 행성으로 부가되는 것을 막았다. 느슨하게 결합된 암석과 얼음 물질로 구성된 행성 사이의 물체인 혜성은 천왕성과 해왕성의 궤도 부근에서 응축된 것으로 생각된다.

태양계 형성을 위한 성운설은 행성과 달의 특징, 지구형 행성과 목성형 행성의 성분의 차이, 그리고 소행성대의 존재를 설명한다. 이용 가능한 자료를 근거해 볼 때, 성운설은 태양계의 특징을 가장 잘 설명하고 진화 역사에 대해 논리적인 설명을 제공한다.

지구—우리 태양계에서의 위치

약 46억 년 전에 우리 태양계의 미행성들은 지구와 다른 행성을 형성하기에 충분할 만큼 물질들을 모았다. 과학자들은 이 초기 지구는 아마도 차가웠고 성분과 밀도가 균질하였으며 규소와 산소, 철과 마그네슘 산화물, 그리고 소량의 다른 화학 성분으로 구성된 화합물인 규산염으로 대부분 구성되어 있었다고 생각한다(그림 1.6a). 이후 운석 충돌, 중력에 의한 수축, 그리고 방사성 붕괴가 결합되어 균질했던 조성(그림 1.6b)이 사

a 초기 지구는 아마도 전체적으로 균질한 성분과 밀도를 가졌을 것이다.

b 초기 지구의 온도는 규산염 광물보다 밀도가 높아 지구 중심으로 가라앉은 철과 니켈의 용융점에 도달하였다. 동시에 가벼운 규산염 광물은 상승하여 맨틀과 지각을 형성하였다.

c 밀도가 높은 철과 니켈로 된 핵, 철이 많은 규산염 맨틀, 대륙과 해양 지각으로 된 규산염 지각으로 분화된 지구가 형성되었다.

그림 1.6 **분화된 지구의 형성에 관한 균질한 부가이론** 이 그림과 다른 동영상들을 보기 위해 지질학 자료 센터(www.cengage.com/sso)로 접속해 보기 바란다.

지구형 행성과 목성형 행성

우리 태양계의 행성은 서로 다른 진화의 역사를 겪어온 두 개의 그룹으로 구분된다(그림 1). 수성, 금성, 지구, 화성은 지구형 행성인데, 그들은 크기가 작고, 밀도가 높으며(금속 핵과 규산염 맨틀과 지각), 대기가 없는 행성(수성)부터 압력이 높은 대기를 갖는 행성(금성)으로 구성되어 있다. 목성형 행성은 목성, 토성, 천왕성, 해왕성이며, 그들은 크기가 크고, 고리가 있고, 액체 코어와 두꺼운 대기로 둘러싸여 있고 밀도가 낮다(명왕성은 현재 왜소행성으로 간주됨).

수성은 생성 초기 이후 거의 변하지 않았으면서 아주 심하게 운석구가 발달한 표면을 가졌다(그림 2). 수성은 아주 작기 때문에 그의 중력이 대기를 구성하는 기체를 붙들 만큼 충분하지 못하였고, 수성이 형성되었을 때 있었을지도 모르는 대기는 빠르게 우주 공간으로 달아났다.

금성은 그의 표면을 완전히 안보이게 하는 무겁고 두꺼운 대기로 둘러 싸여 있다. 그러나 궤도를 도는 우주선에서 촬영한 레이다 영상은 화산의 모양, 습곡 산맥, 복잡하게 연결된 단층을 포함하는 아주 다양한 지형을 보여 준다(그림 3).

지구는 쾌적한 대기, 해양, 다양한 기후 그리고 생명을 유지시키는 우리의 태양계의 유일한 행성이다(그림 4).

달은 지구 반경의 1/4이며 다른 지구형 행성에 비해 밀도가 낮고 극도로 건조하다(그림 5). 달의 표면은 저지대의 어두운 평원과 40억 년 전보다 이전에 우리 태양계에서 집중적인 운석의 충돌을 증명하는 운석구가 많은 밝은 고지대로 구분된다. 달의 기원을 가장 잘 설명하는 대규모 충돌로 알려진 가설은, 46억 년 전에서 44억 년 전에 뜨거운 물질들이 냉각되어 달을 형성하게 한 화성의 크기나 그보다 더 큰 미행성이 있었음을 가정한다.

화성은 물이 거의 없고 계절이 뚜렷하고, 얇은 대기를 갖는다(그림 6). 화성의 남반구는 수성이나 달처럼 운석구가 아주 많다. 북반구는 운석구가 적으며, 광범위한 화산 활동의 증거가 있고, 넓고 완만한 평원을 갖고 있다. 만일 지구에 존재한다면 샌프란시스코에서 뉴욕에 달할 만큼 거대한 협곡이 화성의 북반구에서 발견되는데, 태양계에서 가장 큰 화산 역시 화성의 북반구에서 발견된다.

목성은 목성형 행성 중에서 가장 크다(그림 7). 목성의 달, 고리, 강한 자장 그리고 강한 복사대와 함께 목성은 우리 태양계에서 가장 복잡하고 다양하다. 목성의 구름 형태의 격렬한 대기는 다양한 색 밴드와 복잡한 운동을 하는 점들(거대한 붉은 점)로 구분된다.

토성의 가장 뚜렷한 양상은 수천 개의 잔

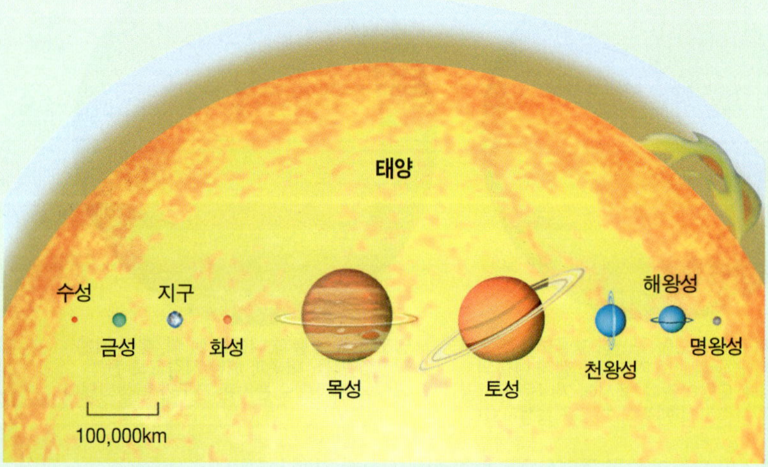

그림 1. 행성과 태양의 상대적인 크기(행성들 간의 거리는 실제 거리가 아님).

그림 2. 수성

물결을 일으키며, 무수히 많은 입자들로 구성된 회전고리이다(그림 8). 토성 고리의 폭은 지구에서 달에 달할 만큼의 거리로 보인다.

천왕성(그림 9)은 자전축이 거의 태양 주위를 공전하는 평면과 평행한 유일한 행성이다. 일부 과학자들은 태양계 생성 초기에 지구 크기의 물체와 충돌하여 천왕성을 현재의 위치에 오게 했다고 생각한다. 다른 목성형 행성처럼 천왕성은 비록 희미하지만 고리 체계를 갖고 있다.

해왕성은 다른 목성형 행성의 대기와 비슷하며 역동적이고 격렬한 행성이다(그림 10). 행성 위로 엄청난 폭풍을 일으키며 2,000km/hr의 속도로 바람이 불고, 가장 큰 거대한 흑점은 그림 10의 중앙에서 볼 수 있는 것처럼 지구만한 크기를 갖고 있고 목성의 거대한 붉은 점과 비슷하다.

그림 3. 금성

그림 4. 지구

그림 5. 달

그림 6. 화성

그림 7. 목성

그림 8. 토성

그림 9. 천왕성

그림 10. 해왕성

라지고, 다른 성분과 밀도를 갖는 동심원적인 층으로 바뀌게 되면서 결과적으로 행성의 분화가 일어나게 되었다(그림 1.6c).

이런 층이 발달하게 된 행성으로의 분화는 지구 역사상 가장 중요한 사건이다. 그것은 지각과 결국에는 대륙의 형성을 초래했을 뿐만 아니라 지구 내부로부터 해양과 대기를 형성하게 한 기체를 방출하게 하였다(6장 참조).

5. 왜 지구는 역동적이며 진화하는 행성인가?

지구는 지난 46억 년 동안 끊임없이 변화해 온 역동적인 행성이다. 대륙과 해양 분지의 크기, 형태 그리고 지리적인 분포는 시간에 따라 변해 왔고, 대기의 성분은 진화해 왔으며 오늘날 존재하는 생물의 형태는 과거에 살았던 그것들과 다르다. 침식에 의해 산맥과 언덕은 깎여왔으며, 바람, 물, 얼음은 지형을 변화시켜 왔다. 화산 폭발과 지진은 활발한 지구 내부가 활발함을 의미하고, 습곡과 열극이 발달한 암석은 엄청난 지구 내부의 힘을 지시한다.

지구는 핵, 맨틀, 지각의 세 개의 동심원적인 층으로 구성되어 있다(그림 1.7). 이런 층의 구분은 성분, 온도, 압력의 변화 함수인 층 사이에서의 밀도의 차이에 기인한다. **핵**(core)은 계산상으로 10~13g/cm^{3}의 밀도를 갖으며 지구 전체 부피의 16%를 차지한다. 탄성파(지진) 자료는 내핵은 작고 고체이며, 외핵은 액체로 구성되어 있음을 지시한다. 내핵과 외핵 모두 주로 철과 소량의 니켈로 구성되어 있는 것으로 생각된다.

맨틀(mantle)은 핵을 둘러싸고 있으며 지구 부피의 83%를 차지하며, 핵보다 밀도가 적고(3.3~5.7g/cm^3), 주로 페리도타이트로 구성된 것으로 생각된다. 페리도타이트는 검은색의 암석으로 철과 망간의 함량이 높으며 밀도가 높은 화성암이다(그림 2.10 참조). 맨틀은 물리적인 특징에 따라 3개 구역으로 구분된다. 하부 맨틀

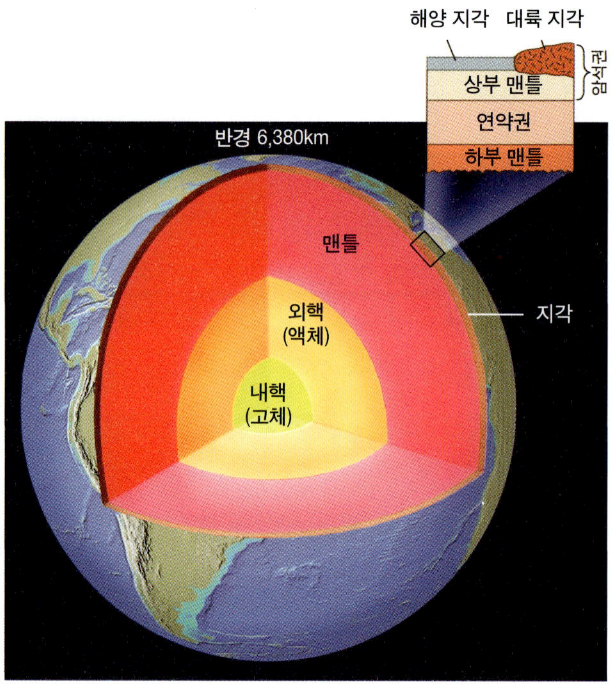

그림 1.7 **핵, 맨틀, 지각을 보여 주는 지구의 단면** 확대된 부분은 암석권(대륙 지각, 해양 지각 및 상부 맨틀)과 하부에 있는 연약권 및 하부 맨틀을 보여 준다.

은 고체이며 지구 내부의 대부분의 부피를 형성한다. **연약권**(asthenosphere)은 하부 맨틀을 둘러싸고 있다. 연약권은 하부 맨틀과 같은 성분을 갖고 있으나 가소성적으로 거동하며 느리게 흐른다. 연약권내의 부분 용융은 마그마가 유래된 암석보다 밀도가 낮기 때문에 그 성분의 일부가 표면으로 상승하는 마그마(용융된 물질)를 생성한다. 상부 맨틀은 연약권을 둘러싸고 있다. 고체로 된 상부 맨틀과 그 위에 놓여 있는 지각은, 부분적으로 하부 맨틀의 대류 세포의 영향으로(그림 1.8), 연약권 위를 이동하며 **판**(plate)이라고 불리는 여러 개의 각각의 조각으로 부서진 **암석권**(lithosphere)을 형성한다. 이 판들의 상호 작용은 지진, 화산 폭발, 산맥의 형성 및 해양 분지의 형성과 같은 현상의 원인이 된다.

지구의 가장 외부 층인 **지각**(crust)은 두 가지의 유형으로 구성되어 있다. 대륙 지각은 두껍고(20~90km), 평균 밀도가 2.7g/cm^{3}이고, 규소와 알루미늄을 상당히 많이 포함하고 있다. 해양 지각은 얇고, 대륙 지각보다 밀

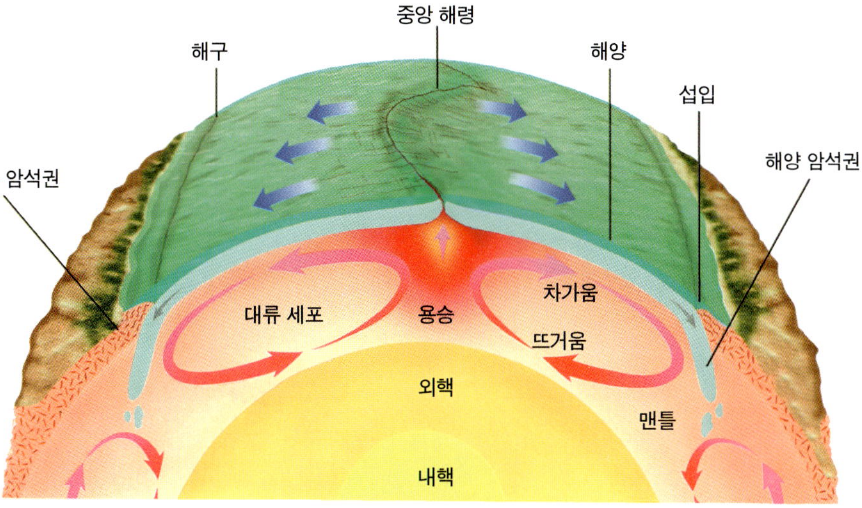

그림 1.8 **지구 판의 이동** 지구의 판들은 이 그림의 단면에서 볼 수 있는 것처럼 부분적으로는 하부에 있는 맨틀의 대류 세포에 의해 이동하는 것으로 생각된다. 지구 내부 깊은 곳에서 데워진 물질이 표면으로 올라오면 열을 잃고 식어서 지구 내부로 다시 가라앉는다. 이 그림과 다른 동영상을 보려면 지질학 자료 센터(www.cengage.com/sso)로 접속해 보기 바란다.

도가 높으며(3.0g/cm^3), 현무암과 반려암 같은 어두운 화성암으로 구성되어 있다(그림 2.11a와 b).

암석권이 연약권 위에서 이동하는 단단한 판으로 구분되어 있다는 것이 **판구조론**(plate tectonic theory)의 기초이다(그림 1.9). 화산 활동과 지진이 일어나는 구역, 또는 이 두 구역 모두 판의 경계에 해당한다. 이들 경계를 따라 판들은 발산하거나, 수렴하고 또는 서로 미끄러진다(그림 1.10).

판구조론은 생물학에서

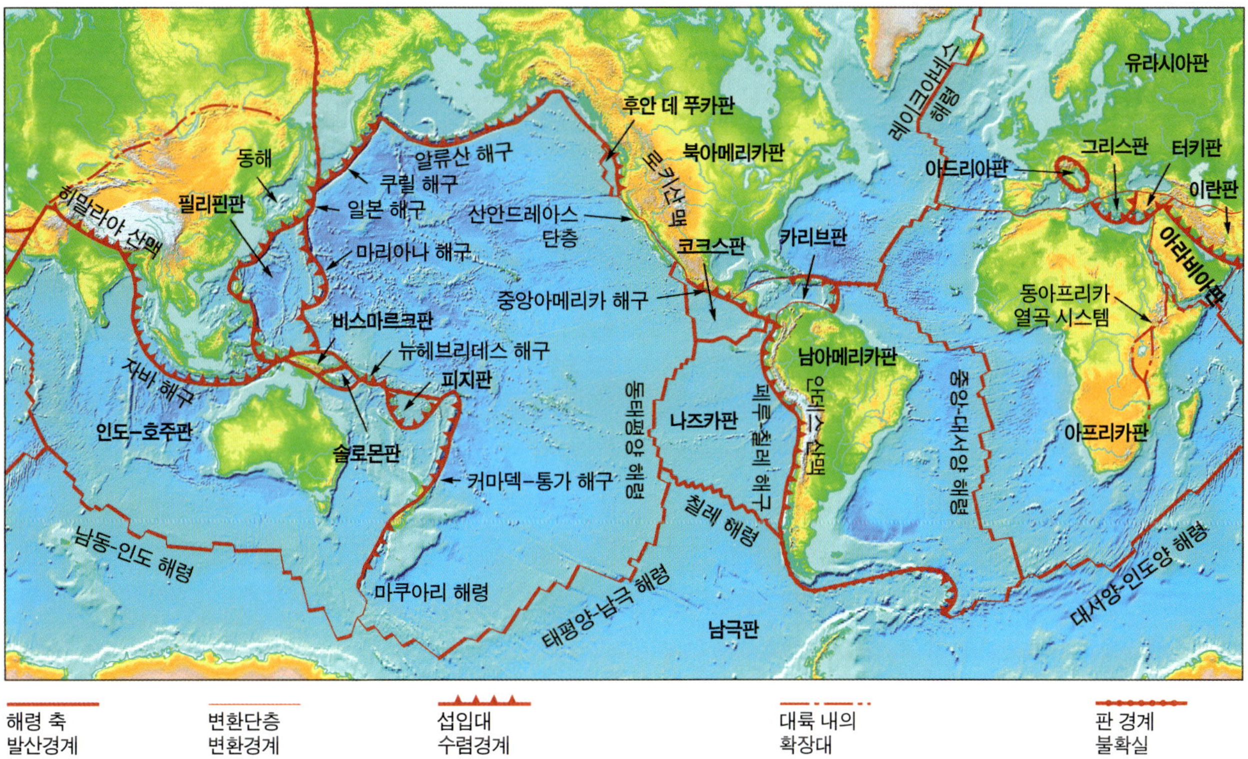

그림 1.9 **지구의 판** 지구의 암석권은 연약권 위를 이동하는 크기가 다른 단단한 판으로 구분된다. 이 그림과 다른 동영상을 보려면 지질학 자료 센터(www.cengage.com/sso)로 접속해 보기 바란다.

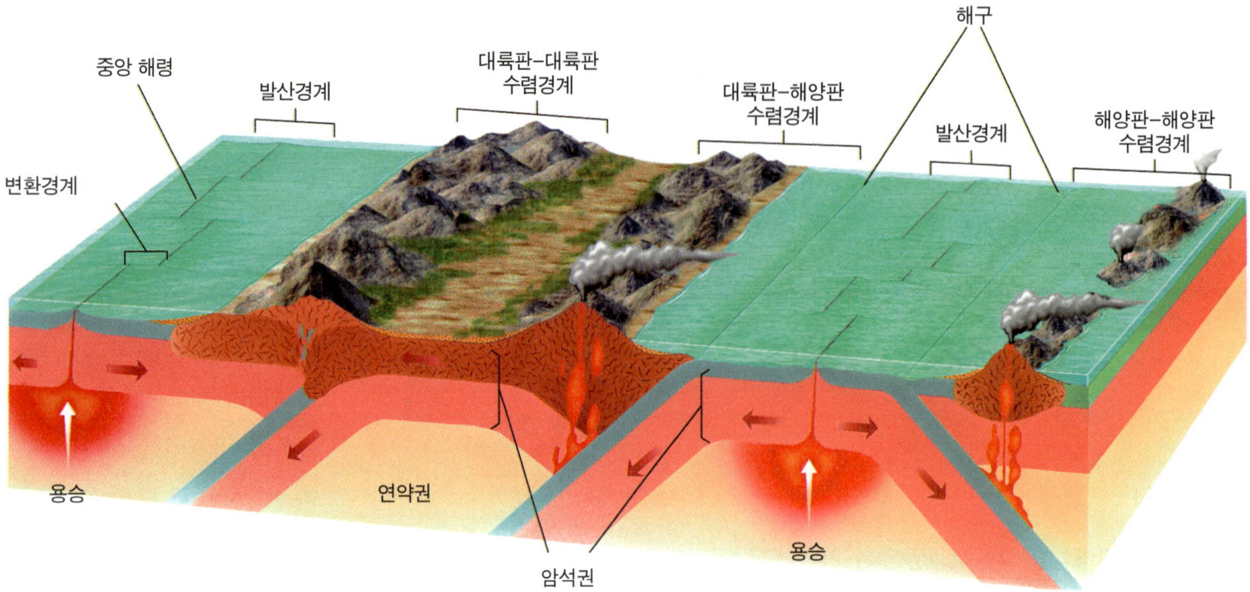

그림 1.10 암석권, 연약권, 판 경계 사이의 관계 암석권, 암석권 하부의 연약권, 발산경계, 수렴경계, 변환경계인 세 판 경계 사이의 관계를 보여 주는 이상적인 모식도. 이 그림과 다른 동영상을 보려면 지질학 자료 센터(www.cengage.com/sso)로 접속해 보기 바란다.

다윈의 진화론이 가져온 혁명에 비유될 만큼 지질과학에서 주된 이정표로 인식되고 있다. 판구조론은 전 지구적 규모로 지구의 성분, 구조, 그리고 내부 작용을 해석하는 틀을 제공하였다. 그것은 대륙과 해양 분지는 지구 내부와 함께 진화해 온 암석권–대기권–수권의 일부라는 것을 인식하게 하였다(표 1.2).

1960년대에 하나의 혁명적인 개념이 제기되었을 때, 판구조론은 겉으로는 서로 관련이 없어 보이지만 서로 관련된 현상들에 대한 원리를 제공하기 때문에 지질학의 모든 분야에서 엄청난 결과를 초래하였다. 지각의 주된 특징에 대한 원인을 제공하는 것 외에, 판의 이동은 지구의 천연 자원의 형성 및 산출과 세계적인 생물의 분포와 진화에 영향을 미친다.

판구조론의 영향은 지구 역사의 해석에 특별히 주목할 만하다. 예를 들면, 북아메리카의 동부에 있는 애팔래치아 산맥과 그린란드의 산맥, 스코틀랜드, 노르웨이, 그리고 스웨덴은 서로 관련이 없는 조산운동 사건들의 결과가 아니고, 고기 '대서양'의 닫침과 약 2억 5,100만 년 전의 초대륙 판게아의 형성을 포함하는 거대한 조산운동 사건의 일부분이다(11장 참조).

표 1.2 판구조 운동과 지구 시스템

고체지구	판구조 운동은 맨틀 내의 대류에 의해 일어나며 산맥의 형성 그리고 화성 및 변성 활동을 유발시킨다.
대기권	대륙의 배열은 태양에 의한 가열과 냉각 그리고 바람과 풍화 시스템에 영향을 미친다. 판의 확장과 열점의 활동은 화산성 이산화탄소를 방출하고 전 지구적 기후에 영향을 미친다.
수권	대륙의 배열은 해류에 영향을 미친다. 확장 속도는 중앙 해령의 부피에 영향을 미치고 결과적으로 해수면 변화에 영향을 미친다. 대륙의 위치는 빙하기가 시작되게 할 수 있다.
생물권	대륙의 이동은 서식 생물들에게 이동의 통로나 장벽, 생태학적인 적합 장소의 제공, 그리고 적합한 기후로의 이동을 제공한다.
외계	대륙의 배열은 해양 조석의 자유 순환에 영향을 미치고 지구의 자전을 늦추는 조석에 영향을 미친다.

출처: Stephen Dutch, James S. Monroe, and Joseph Monroe, Earth Science (Minneapolis/St. Paul: West Publishing Co., 1997).

6. 생물의 진화와 생명의 역사

판구조론은 지구의 내부 작용과 지표면에서 그들의 영향에 대한 이해 모델을 제공한다. **생물 진화론**(organic evolution: 이것의 중심 주제는 현재의 모든 생물은 서로 관련되어 있고, 그들은 과거에 살았던 생물로부터 변화하면서 유래하게 되었다는 것)은 생물의 역사를 이해하는 개념적인 틀을 제공한다. 판구조론과 함께 생물 진화는 우리가 우리 행성을 보는 방법을 변화시켜 왔고, 이들 둘 사이에 있는 긴밀한 관계에 대해 우리는 놀라서는 안 된다. 비록 판구조론적 과정과 생물 진화는 말할 수 없이 복잡하지만, 고생물학적 자료는 판의 이동이 생물의 분포에 미친 영향에 대한 명백한 증거를 제공한다.

1859년 다윈의 『종의 기원』의 출간은 생물학에 혁명을 가져왔으며 현대의 진화 생물학의 태동을 가능하게 했다. 이 책의 출간으로 대부분의 자연주의자들은 진화는 생물학적 사실에 대해 다양한 내용을 설명하는 통합 이론을 제공했다는 것을 알게 되었다.

다윈이 생물 진화론을 제기했을 때, 그는 생물이 구분되는 방법, 발생학, 비교해부학, 생물의 지리적 분포, 그리고 약간의 화석을 포함하는 많은 지지하는 증거들에 대해 언급했다. 나아가 다윈은 환경에 가장 잘 적응하는 생물이 생존하게 되는 결과로 나타나는 자연선택은 진화를 설명하는 메커니즘이라고 제안했다.

진화를 지지하는 아마도 가장 흥미로운 증거는 화석 기록에서 발견될 수 있다. 지질학적 기록이 지질학자들에게 물리적인 사건과 지질학적인 과거 환경을 제시해 주는 것처럼, 지질시대에 살았던 생물의 유해나 흔적인 **화석**(fossil)은 진화가 일어난 증거를 제공해 줄 뿐 아니라 지구는 인간에 의해 기록된 역사의 한계를 뛰어 넘는 역사를 가졌다는 것을 보여 준다. 암석 기록에서 화석의 산출은 지질학자들에게 암석의 연대 측정의 방법을 제공하고 1800년대에 만들어진 상대적인 지질 연대표의 제작을 가능하게 하였다.

7. 지질시대와 동일과정의 원리

지질시대가 아주 길다는 것에 대한 인식은 지구와 생물들의 진화를 이해하는 데 중요하다. 사실, 천문학을 제외하고 시간은, 지질학을 다른 과학과 차별되게 하는 주된 양상 중의 하나이다. 대부분의 사람들은 초, 시간, 날, 년과 같은 인간의 관점에서 생각하는 경향이 있기 때문에 지질학적 시간을 이해하는 데 어려움을 갖고 있다. 인간의 과거 역사는 수백 년 또는 수천 년 전에 일어난 것에 대한 역사이다. 그러나 지질학자들이 과거 지질학적 역사를 얘기할 때는 수백만 년 또는 수십억 년 전에 일어난 사건에 대해 얘기하는 것들이다. 지질학자들에게 과거 100만 년 전에 일어난 사건은 최근의 사건이다.

지구는 인간이 인지하는 시간 규모보다 훨씬 더 긴 주기를 갖고 순환한다는 것을 아는 것이 중요하다. 비록 주기적인 순환은 인간에게 치명적인 결과를 초래하기는 하나, 지구 온난화와 한랭화는 지난 180만 년 동안 있었던 여러 차례의 빙하의 전진과 후퇴로 나타나게 된 주기가 긴 순환작용이다. 지질학자들은 시간에 대한 지질학적 관점과 또 어떻게 여러 지구의 소시스템과 순환이 서로 관련되어 있는가를 알기 때문에, 그들은 이 책의 뒷부분에서 제시될 지구 온난화와 해수면 변화와 같은 현재의 여러 가지 환경적인 논란에 대해 의미 있는 공헌을 할 수 있다.

지질 연대표(geologic time scale)는 지질시대를 점점 작은 단위로 구분해 가면서 특정한 이름을 갖는 각각의 시대로 구분한다. 지질 연대표는 수많은 노두로부터 얻은 정보를 함께 모으고 시간에 따른 생물의 변화에 근거해 연대표를 작성한 19세기 지질학자들의 연구에 의해 만들어졌다. 이어서 1895년에 방사능의 발견과 다양한 방사성 연대 측정법의 개발로 인해 지질학자들은 지질 연대표에서 나이(절대연대)를 제시할 수 있게 되었다(그림 1.11).

지질학의 초석의 하나는 현재 일어나고 있는 작용이 지질시대에도 동일하게 일어났다는 전제인 **동일과정의**

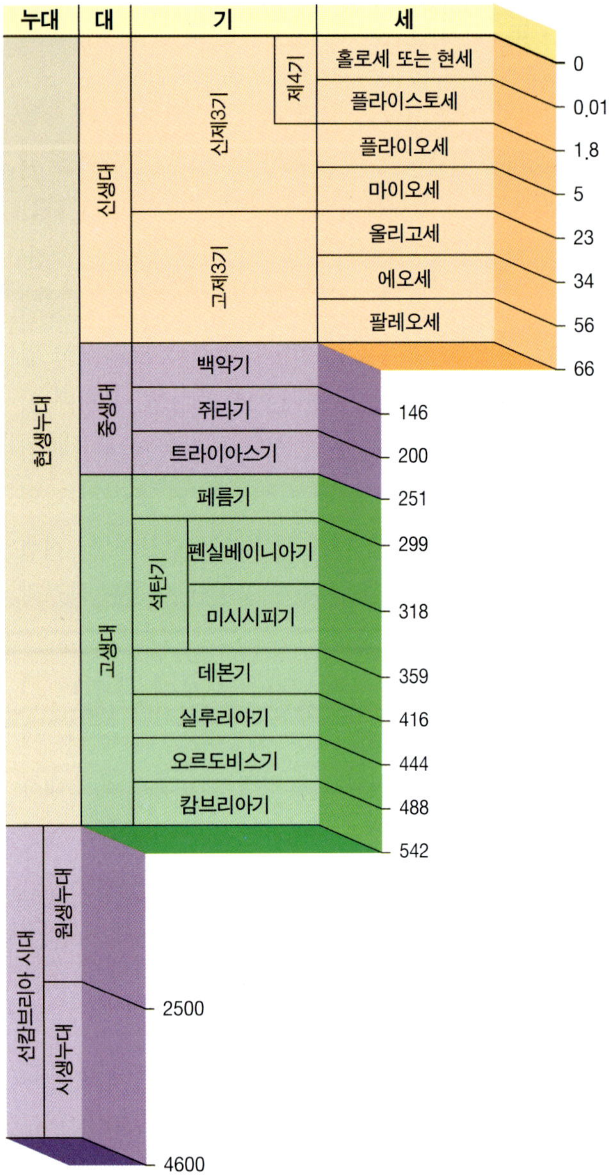

그림 1.11 **지질 연대표** 주상도의 오른쪽의 숫자는 절대연대를 나타내며 백만 년 단위이다.

출처: Gradstein, F., J. Ogg, and A. Smith. A Geologic Time Scale 2004 (Cambridge, UK: Cambridge University Press, 2005), Figure 1.2.

원리(principle of uniformitarianism)이다. 따라서 암석에 보존된 증거로부터 지질학적 사건을 해석하고 이해하기 위해서 우리는 현재의 작용과 그 결과를 이해해야 한다. 사실, 동일과정설이라고도 하는 동일과정의 원리는 우리가 지구를 연구하기 위해 사용하는 시스템적인 접근에 아주 잘 적용된다.

동일과정의 원리는 우리가 과거를 해석하는 토대로서 그리고 잠재적으로 일어날 미래의 사건을 예측하게 하는 토대로서 현재 일어나는 작용을 활용하게 하는 하나의 강력한 원리이다. 그러나 우리는 동일과정의 원리가 화산 폭발, 지진, 쓰나미, 산사태, 홍수와 같은 갑작스럽고 급변적인 사건을 배제하지 않는 다는 것을 명심해야 한다. 이것들은 현생 지구를 형성하는 작용이며 일부지질학자들은 지구 역사가 일련의 이런 갑작스럽거나 강렬한 사건들로 이루어진 것으로 간주한다. 이런 관점은 현재의 동일과정의 원리를 따르고 있다.

나아가 동일과정의 원리는 지질학적 작용의 속도와 강도는 지질시대 동안 일정했다는 것을 요구하지 않는다. 우리는 북아메리카에서 1,000만~500만 년 전 사이에 화산 폭발이 오늘날보다 훨씬 활발했고, 지난 수백만 년 동안의 기간이 이전의 3억 년 동안의 기간보다 빙하가 더 우세했다는 것을 알고 있다.

동일과정의 원리가 의미하는 것은 지질학적 작용의 속도와 작용이 과거에 달랐다 할지라도 자연의 물리적이고 화학적인 법칙은 동일하게 작용했다는 것이다. 비록 지구는 생성된 이후 계속 역동적으로 변화하는 상태이지만, 과거 지구에서 일어난 작용은 오늘날 작용하는 것과 동일하다.

8. 지사학의 연구는 우리에게 어떤 유익이 있는가?

지사학을 공부함으로써 배우는 가장 의미 있는 교훈은 지구는 소시스템 사이에서 상호 작용이 일어나고 그런 상호 작용은 지난 46억 년 동안 일어난 극도로 복잡한 행성이라는 것이다. 만일 우리가 인간의 생존을 확신하기 위해서는 우리는 다양한 소시스템들이 어떻게 작용하며 어떻게 상호 작용하는지 그리고 더욱 중요하게는 어떻게 우리의 상호 작용이 이들 시스템 사이에서 미묘하게 이루고 있는 균형에 영향을 미치는가를 이해해야 한다. 우리는 과거에, 특히 전 지구적 규모로 어떤 일이 일어났는가를 연구함으로써 부분적으로 이해할 수 있고, 우리의 행동이 어떻게 미래의 여러 지구 소시스템 사이의 섬세한 균형에 영향을 미칠 수 있는가를 알기 위해 그런 정보를 사용할 수 있다.

지질학 공부는 지구에 대한 많은 사실을 배우는 것을 뛰어 넘는다. 더욱이나 우리는 단지 지질학을 공부하는 것이 아니라, 우리가 지구에 살고 있다는 점이다. 지질학은 우리 삶의 중요한 부분이다. 우리의 생활 수준은 수백만 년에서 수십억 년 이전에 형성된 천연 자원의 소모에 달려 있다. 그러나 우리가 개인으로서 그리고 집단으로서 천연 자원을 소비하고 환경과 상호 작용하는 방법이 이 생활 수준을 다음 세대에게 물려줄 수 있는 능력을 결정한다.

이 책에서 다룬 다양한 주제와 역사적인 중요성을 공부함에 따라, 이 장에서 논의한 세 가지 중요 주제(판구조론, 지질시대, 생물 진화)들을 기억하기 바라며, 이들이 어떻게 서로 관련이 되고, 46억 년의 지구 역사와 관련이 있는지를 잊지 않길 바란다. 각 장의 주제가 어떻게 전체 지구 시스템과 조화를 이루는 가의 관점에서 그 주제들을 보기 바라며, 지구 역사는 하나의 연속체이고 다양한 소시스템 사이의 상호 작용의 결과라는 것을 기억하기 바란다. 사실, 변화하는 지구 역사의 문제는 인간과 지질학적 시간의 관점에서 지구 온난화와 같은 문제와 관련되기 때문에, 다양한 소시스템의 상호 작용과 순환 그리고 인간의 영향의 관점에서 지구의 변화하는 역사 문제를 맺음말에서 제시했다.

지사학은 지구에 대한 단순한 역사가 아니며, 우리가 오늘날 보는 것은 이전부터 계속해 온 것에 근거하는 생동하며 역동적인 과학이다. 굴드(Stephen Jay Gould)가 『경이로운 생명: 버저스 셰일과 자연의 역사』(1989)라는 그의 저서에서 말했듯이 "버저스 셰일과 함께 생명의 테이프를 다시 틀기 바라며, 다른 생물들은—이 시대의 척추동물은 포함하지 않는—오늘날 우리의 행성을 아름답게 할 것이다."

요약

- 과학자들은 지구가 서로 영향을 주고받으며 상호 작용하는 하나의 시스템으로 본다. 지구의 주된 소시스템은 대기권, 수권, 생물권, 암석권, 맨틀, 핵이다. 지구는 다양한 소시스템 사이의 상호 작용과 순환 때문에 계속해서 변화하는 역동적인 행성으로 생각된다.
- 지구에 대한 학문인 지질학은 두 개의 큰 분야로 구분된다. 물상지질학은 지구 물질과 지구 내부와 지표에서 일어나는 작용에 대해 연구하며, 지사학은 지구의 기원과 진화, 대륙, 해양, 대기권과 생물에 대해 조사한다.
- 과학적인 방법은 특정한 현상에 대해 사실을 모으고 분석하며, 그 현상을 설명하는 가설을 만들고, 그 가설을 검증하며 나중에는 이론을 제기하는 체계적이고 논리적으로 접근하는 것이다. 이론은 많은 지지하는 증거를 가진 어떤 자연 현상을 위한 검증이 가능한 설명이다. 생물 진화론과 판구조론은 각각 생물학과 지질학에 혁명을 가져온 이론이다.
- 우주는 약 140억 년 전에 대폭발과 함께 시작되었다. 천문학자들은 천체가 계속하여 팽창하는 우주 내에서 서로 멀어지는 것을 관찰함으로써 이 연대를 유추하였다. 나아가 우주는 어느 곳이나 절대영도보다 약간 온도가 높은 2.7K(−270.3℃)의 배경 복사를 보이는데, 이는 대폭발의 희미한 잔광으로 생각된다.
- 약 46억 년 전에 우리의 태양계는 성간 물질인 회전하는 구름으로부터 형성되었다. 이 구름이 냉각됨에 따라 중력의 영향으로 모이게 되면서 반시계 방향으로 회전하는 판으로 납작하게 되었다. 이 회전하는 판 내에 있는 성운 가스와 고체들로부터 태양, 행성, 달이 형성되었다.
- 지구는 46억 년 전에 회전하는 성운의 소용돌이로부터 형성되었으며 하나의 고체의 형태로 성장하여 내부 열이 형성되고 얼마 지나지 않아 층이 진 행성으로 분화하게 되었다.
- 지구는 층으로 분화하게 되었다. 가장 외부에 있는 층은 대륙 지각과 해양 지각으로 구분되는 지각이다. 지각과 그 아래의 맨틀의 상부 고체는 암석권으로 알려져 있으

며 가소성적으로 거동하고, 느리게 흐르는 연약권 위에 놓여 있다. 연약권 아래는 고체로 된 하부 맨틀이 있다. 핵의 외부는 액체 그리고 내부는 고체로 구성되어 있다.

- 암석권은 발산하고 수렴하며, 서로 미끄러지는 일련의 판들로 쪼개져 있다.
- 판구조론은 많은 지질학적 특징과 사건에 대한 통합적인 설명을 제공한다. 판의 상호 작용은 화산 폭발, 지진, 산맥과 해양 분지의 형성, 암석 물질 순환의 원인이 된다.
- 생물 진화론의 요점은 모든 생물이 관련되어 있고 과거에 존재했던 생물로부터 진화(변화하면서 내려옴) 했다는 점이다.
- 시간은 천문학을 제외하고 지질학을 다른 과학과 구분하며 지질학적 시간의 광대함은 지구의 진화를 이해하는데 중요하다. 지질 연대표는 지질학자들이 과거 사건들의 시간을 측정하는 데 사용하는 달력이다.
- 동일과정의 원리는 지구 역사를 해석하는 기초이다. 이 원리는 자연의 법칙이 시간에 따라 일정하였으며, 비록 동일한 속도로 일어난 것은 아닐지라도 오늘날 일어나는 동일한 과정이 과거에도 일어났다는 것을 알게 한다.
- 지질학은 우리 생활에 없어서는 안 될 중요한 학문이다. 우리의 생활 수준은 수백만 년 전에서 수십억 년 전에 형성된 자원인 천연 자원의 소비에 달려 있다. 나아가 지구 역사와 지구의 여러 소시스템 사이의 상호 작용과 순환 사이의 상호 관계에 대한 이해는 인간이 지구 역사에 어떤 영향을 미치고 지구 온난화와 같은 현재의 문제점을 해결하는 데 인간의 역할이 무엇인지를 이해하는데 아주 중요하다.

주요 용어

가설(hypothesis)
과학적 방법(scientific method)
대폭발(Big Bang)
동일과정의 원리(principle of uniformitarianism)
맨틀(mantle)
목성형 행성(Jovian planets)
생물 진화(organic evolution)
성운설(solar nebula theory)
시스템(system)
암석권(lithosphere)
연약권(asthenosphere)
이론(theory)
지각(crust)
지구형 행성(terrestrial planets)
지질 연대표(geologic time scale)
지질학(geology)
판구조론(plate tectonic theory)
판(plate)
핵(core)
화석(fossil)

복습 문제

1. 관측자에 대한 음원의 이동에 의한 음파의 진동수 변화는?
   a. ____ 큐리 온도, b. ____ 허블 이동, c. ____ 도플러 효과, d. ____ 쾌이저력, e. ____ 위의 것 모두 틀림
2. 오늘날의 작용이 지질시대를 통해서도 일어났다는 전제는?
   a. ____ 생물 진화, b. ____ 판구조론, c. ____ 동일과정의 원리, d. ____ 지질시대, e. ____ 과학적 연역
3. 지구의 기원과 진화에 대한 연구는?
   a. ____ 천문학, b. ____ 지사학, c. ____ 천체생물학, d. ____ 일반지질학, e. ____ 고생물학
4. 지구의 대부분의 부피를 차지하는 동심원적 층은?
   a. ____ 내핵, b. ____ 외핵, c. ____ 맨틀, d. ____ 연약권, e. ____ 지각
5. 판을 구성하고 있는 것은?
   a. ____ 지각과 상부 맨틀, b. ____ 연약권 및 상부 맨틀, c. ____ 지각 및 연약권, d. ____ 대륙 및 해양 지각, e. ____ 핵과 맨틀
6. 체계적으로 상호 작용하며 서로 관련된 것들의 연합은?
   a. ____ 순환, b. ____ 이론, c. ____ 동일과정의 원리, d. ____ 가설, e. ____ 시스템
7. 판의 이동은 다음 중 어느 것으로부터 기인되나?
   a. ____ 내핵과 외핵 사이의 밀도 차, b. ____ 핵 주위

의 맨틀의 회전, c. ____ 중력, d. ____ 코리올리 효과, e. ____ 맨틀 대류

8. 다음 중 과학이론에 대해 옳지 않은 것은?
a. ____ 어떤 자연 현상에 대한 설명이다, b. ____ 추측이나 추정이다, c. ____ 많은 지지하는 증거를 갖고 있다, d. ____ 검증할 수 있다, e. ____ 그것으로부터 예측적인 것을 끌어낼 수 있다.

9. 대폭발이 약 140억 년 전에 있어났다고 과학자들이 결론을 내도록 하게 한두 가지 관찰은?
a. ____ 정상 상태의 우주와 절대온도가 2.7 K인 배경 복사, b. ____ 정상 상태의 우주와 불투명한 배경 복사, c. ____ 팽창 우주와 불투명한 배경 복사, d. ____ 팽창 우주와 절대온도가 2.7 K인 배경 복사, e. 축소하는 우주와 불투명한 배경 복사

10. 살아있는 모든 생물은 과거에 존재했던 다른 형태의 생물로부터 유래했다는 것은 다음 중 어떤 것의 주장인가?
a. ____ 동물군 천이의 원리, b. ____ 동일과정의 원리, c. ____ 판구조론, d. ____생물 진화, e. ____ 위의 어느 것도 아님

11. 지구를 하나의 시스템으로 보는 것이 왜 지구를 연구하는 좋은 방법인가? 인간은 지구 시스템의 한 부분인가? 만일 그렇다면, 우리는 지구의 진화에서 어떤 역할을 할 수 있는가?

12. 왜 지구는 역동적인 행성인가? 지구의 3 종류의 동심원적 층은 무엇인가?

13. 동일과정의 원리가 격변적인 사건을 어떻게 허락하는지 설명하라.

14. 판구조론이 왜 지질학에 중요한가? 어떻게 그것이 지구의 연구를 위한 체계적인 접근 방법으로 적합한가?

15. 대폭발이란 무엇인가? 우주가 약 140억 년 전에 생겼다는 증거는 무엇인가?

16. 태양계의 기원, 특징, 진화를 성운설은 어떻게 설명하고 있는가?

17. 왜 판구조론은 지질학의 통합 이론인가를 설명하라.

18. 지사학에 대한 기초지식과 이해가 왜 중요한가?

응용 문제

1. 북아메리카의 동쪽 해안, 영국, 스코틀랜드, 스칸디나비아 국가에 발달한 산맥의 유사점을 설명하는 가설을 제기하기 위해 당신은 어떻게 과학적 방법을 사용할 수 있을 것인지에 대해 설명하라. 당신의 가설을 어떻게 검증할 수 있겠는가?

2. 왜 정확한 지질 연대표가 지질학자들이 과거의 지구온도변화를 조사하는 데 특별히 중요하며 지질시대에 대한 이해가 어떻게 현재의 지구 온난화와 그로 인한 영향을 논의하는 데 중요한지를 설명하라.

3. 오늘날 세계가 당면한 중요한 환경적 문제는 지구 온난화이다. 어떻게 이 문제를 전 지구적 시스템의 관점에서 접근할 수 있겠는가? 지구 온난화로 인해 초래될 수 있는 결과는 무엇이며, 우리는 실제로 어떤 행동을 할 수 있는가? 만일 지구 온난화가 지질학적인 과거에 일어났는지를 말할 수 있는 방법이 있는가?

CHAPTER 2 광물과 암석

이 사진에서 보이는 캘리포니아의 위트니산(Mt. Whitney: 오른쪽에서 가장 높은 봉우리)과 그 주변의 다른 봉우리들은 석영, 알칼리장석, 사장석, 소량의 기타 광물로 된 거대한 화강암체이며 시에라네바다 저반을 형성하고 있다. 이 저반은 지하 깊은 곳에 있던 마그마가 냉각되어 거대한 암체를 이룬 후 뒤이어 일어난 시에라네바다의 융기와 심한 침식작용으로 이 암체가 지표로 노출된 것이다.

[개 요]

[단원 목표]

이 장을 학습한 후에 우리는 다음 사항을 이해한다.

- 화학 원소들은 같은 종류의 원자로 구성되어 있는 반면, 화합물은 서로 다른 원자들의 결합으로 구성된다. 대부분의 광물은 화합물이며, 자연적으로 산출되고, 무기적이며, 결정질 고체로 정의된다.
- 3,500여 종의 광물들이 알려져 있지만 암석에서 흔한 광물은 20여 종에 불과하다. 다른 광물 대부분은 암석에 소량 포함되어 있으며, 그중 일부 광물은 중요한 천연 자원으로 이용된다.
- 마그마 또는 용암이 냉각하여 결정되는 작용과 화산 쇄설물이 굳는 작용으로 화성암의 기원을 설명한다.
- 지질학자들은 광물 성분과 조직으로 심성암(관입암)과 화산암(분출암)을 분류한다.
- 암석이 기계적 풍화와 화학적 풍화를 받아 퇴적물이 되고 이 퇴적물이 운반, 퇴적된 후 암석화작용을 받아 쇄설성 퇴적암과 화학적 퇴적암으로 된다.
- 조직과 성분은 지질학자들이 퇴적암을 분류하기 위하여 이용하는 기준이다.
- 어떤 종류의 암석이던지 열, 압력, 유체 또는 이들의 복합적인 요인에 의해 변하면 변성암으로 된다.
- 변성암을 분류하는 데 평평하고 층상인 성질인 엽리를 이용하지만 어떤 변성암은 이 특징을 가지고 있지 않아 비엽리라고 한다.
- 지구 물질이 지속적으로 순환된다는 사실과 암석 세 종류가 서로 연관성이 있다는 사실이 암석순환에 요약되어 있다.

1. 서론

얼음이 광물이라는 말을 들었을 때 마음에 와 닿지 않겠지만 얼음은 광물이다. 왜냐하면 얼음은 자연적으로 산출되고, 무기적이며, 결정질 고체로 액체와 기체에서의 원자 배열과 다르게 수소와 산소가 고유의 입체적 원자 배열을 하고 있기 때문이다. 게다가 얼음은 고유의 화학 조성(H_2O)과 단단함과 밀도 같은 독특한 물리적인 특징을 갖고 있다. 그러므로 **광물**(mineral)은 자연적으로 산출되고, 고유의 화학 조성, 독특한 물리적 특징을 가진 무기적 결정질 고체이다(그림 2.1a, b). 반면에 **암석**(rock)은 한 종류 또는 여러 종류의 광물들(그림 2.1c)로 구성되어 있는데 이것은 마치 숲이 같은 종류 또는 다른 여러 종류의 나무들로 이루어진 것과 같다.

어떤 광물들은 아름다워서 수천 년 동안 사람들의 마음을 끌어 왔다. 실제로 여러 광물과 암석들이 가진 신비로움 때문에 종교적인 상징물이나 부적 또는 장식물로 이용되어 왔으며, 치료 효과가 있다고 믿고 약으로 복용해 오기도 했다. 예를 들면 금강석은 사악한 기운과 병듦, 홍수를 내쫓는다고 여겼으며, 탄생 월에 보석들을 관련시켜서 많은 사람들에게 큰 호응을 받기도 하였다.

많은 광물과 암석들은 경제적으로도 중요하므로, 정치면이나 경제면에서 국가들 사이의 협력을 이끌어 내기도 한다. 미국에서는 강철 생산에 필요한 망간이 생산되지 않을 뿐 아니라 합금과 도금에 필요한 코발트도 생산되지 않아서 미국에서 사용하는 모든 망간과 코발트를 수입해야만 한다. 반면에 철광석은 미국과 캐나다의 오대호 부근에서 풍부히 발견되어 다른 나라에 수출되고 있다. 흔한 광물들까지도 중요하다; 전 세계적으로 널려 있는 모래의 주성분인 석영은 유리, 안경 렌즈나 사포를 만드는 데 이용된다.

암석 역시 많이 사용된다. 인이 풍부한 인산염암은 비료와 동물 먹이로 사용되며, 석탄은 화력 발전을 위한 에너지 자원으로 사용된다. 어떤 암석들은 부숴서 시멘트를 만든 후 도로, 건설 기초 공사, 보도를 만드는 데 사용되기도 하고 잘라서 광택을 낸 후 카운터 갑판, 벽난로 구조물, 기념비, 묘비로 사용되기도 한다. 사실상 암석은 수천 년 동안 건축 자재로 사용되어 왔다. 이 단원에서 암석에 대한 우리의 첫 번째 관심사는 역사시대 이전의 물리적 생물학적 사건의 기록인 **지질학적 기록**(geologic record)을 찾아내어 읽고 해석하는 것이다.

2. 물질과 물질의 구성

물질은 질량과 공간을 차지하며, 고체, 액체, 기체, 플라즈마로 존재한다. 플라즈마는 네온광과 태양에서 관찰

그림 2.1 광물과 암석

a 에메랄드 결정. 광택을 낸 후 장식품으로 사용하는 보석 원석이다. 이 표본은 오스트리아 비엔나의 자연사박물관에 전시되어 있다.

b 석영. 석영은 매우 흔한 광물로 많은 암석의 중요한 부분을 차지한다. 전 세계 모래의 대부분이 석영으로 구성되어 있다.

c 변성암. 이 변성암은 미시건주 마어쿠엣의 슈피리어호 연안에 노출되어 있으며, 많은 광물로 이루어져 있다.

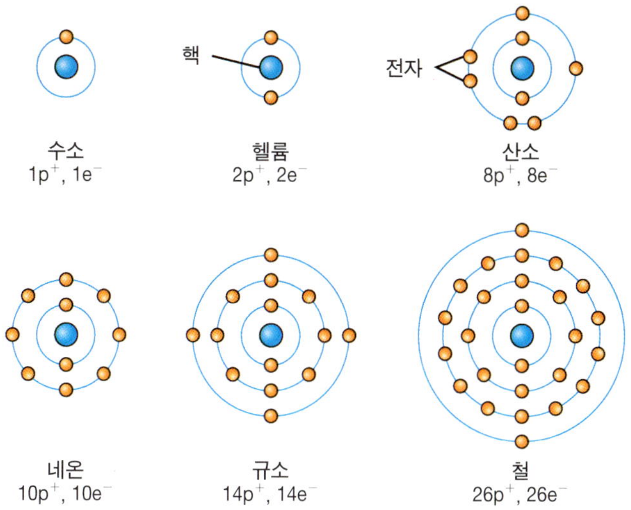

원소	기호	원자 번호	전자의 배치 첫 번째 껍질	두 번째 껍질	세 번째 껍질	네 번째 껍질
수소	H	1	1	–	–	–
헬륨	He	2	2	–	–	–
탄소	C	6	2	4	–	–
산소	O	8	2	6	–	–
네온	Ne	10	2	8	–	–
나트륨	Na	11	2	8	1	–
마그네슘	Mg	12	2	8	2	–
알루미늄	Al	13	2	8	3	–
규소	Si	14	2	8	4	–
인	P	15	2	8	5	–
황	S	16	2	8	6	–
염소	Cl	17	2	8	7	–
칼륨	K	19	2	8	8	1
칼슘	Ca	20	2	8	8	2
철	Fe	26	2	8	14	2

그림 2.2 원자의 껍질 모델 여러 개의 원자와 전자 배열에 대한 껍질 모델. 중심의 작은 구가 원자의 핵을 나타내고 있지만 원자 핵은 그림 2.3에 나타난 것처럼 양성자와 중성자로 이루어져 있다는 점을 알아야 한다.

되는 이온화된 기체이기 때문에 여기서 다루지 않고 주로 고체를 다룰 것이다. 왜냐하면 광물이 고체로 정의되고, 암석은 광물로 구성되어 있기 때문이다. 움직이는 액체(흐르는 물)나 기체(바람)로 인한 특징이 지질학적 기록으로 고체 속에 남아 있기 때문에 액체와 기체는 중요하게 다룬다.

원소와 원자

물질은 화학적 **원소**(element)로 구성되어 있고, 원소는 **원자**(atom)라고 불리는 가장 작은 알갱이들로 구성되어 있다. 원자는 원소의 성질을 유지하는 물질의 가장 작은 단위이다. 원자는 중앙에 핵을 가지며, 핵은 한 개 또는 그 이상의 **양성자**—양전하를 띤 알갱이—와 전기적으로 중성인 **중성자**로 이루어져 있다. 음전하를 띤 전자가 핵으로부터 특정 거리에 떨어진 하나 또는 여러 개의 전자 껍질에서 빠르게 돌고 있다(그림 2.2).

한 원자의 핵에서 양성자의 수는 그 원자의 **원자 번호**(atomic number)를 결정한다; 탄소는 6개의 양성자를 가지고 있어서 탄소의 원자 번호가 6이다(그림 2.2). 반면에 한 **원자 질량 수**(atomic mass number)는 양성자의 수에 중성자의 수를 더한 것이 된다(전자의 질량은 무시할 정도로 작다). 그러나 원소의 핵에 들어 있는 중성자의 수는 다양하다. 탄소 원자(6개의 양성자 포함)가

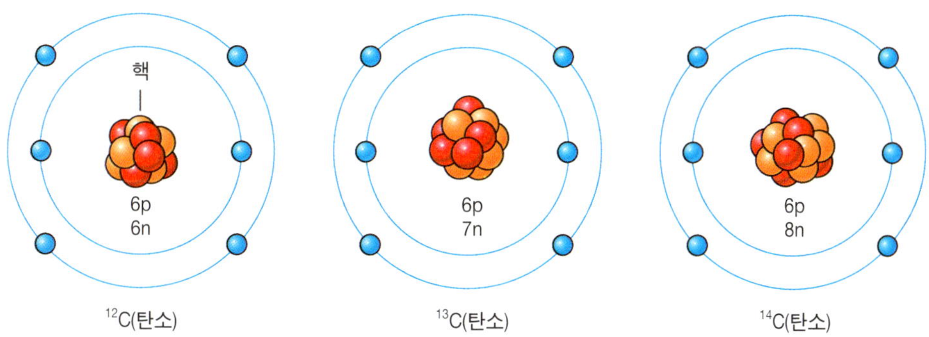

그림 2.3 탄소의 동위원소 탄소 원소는 원자 핵에 6개의 양성자(p)를 갖고 있어서 원자 번호가 6이지만 원자 질량 수는 핵에 있는 중성자(n)의 개수에 따라 12, 13, 14로 된다.

6, 7, 8개의 중성자를 갖는데 따라 세 개의 탄소 동위원소 또는 다른 형태로 된다(그림 2.3). 어떤 원소들은 하나의 동위원소만 가지고 있으나 많은 원소는 여러 개의 동위원소를 가지고 있다.

결합과 화합물

원자들이 다른 원자들과 만나는 과정을 **결합**(bonding)이라 한다. 둘 또는 그 이상 원소의 원자들이 결합하여 만들어진 물질이 **화합물**(compound)이다. 그래서 산소 가스는 원소이지만 수소와 산소로 이루어진 얼음(H_2O)은 화합물이다. 대부분의 광물은 화합물이지만 몇 개의 예외도 있다.

한 개의 양성자와 전자를 가진 수소를 제외하고 원자의 가장 안쪽의 속껍질은 두 개 이상의 전자를 갖지 못하고, 겉껍질도 8개보다 더 많은 전자를 갖지 못한다; 겉껍질 전자들은 화학적 결합에 관여한다. 비록 어떤 광물의 유용한 속성은 금속결합과 반데르발스결합 또는 힘에서 나오지만 이온 결합과 공유 결합은 광물에서 가장 중요한 유형이다. 영족기체로 알려진 몇몇 원소들은 겉껍질에 8개의 전자를 모두 채우고 있어서 다른 원소들과 결합하여 화합물을 만들지 못한다.

겉껍질 전자 8개의 영족기체 배치를 이루게 하기 위한 방법은 한 개 또는 그 이상의 전자를 한 원자에서 다른 원자로 이동시키는 것이다. 하나의 좋은 예로 나트륨(Na)과 염소(Cl)이다; 나트륨은 겉껍질 전자가 1개이고 염소는 겉껍질 전자가 7개다. 나트륨은 겉껍질 전자를 잃고 다음 속껍질에 8개를 남겨 둔다(그림 2.4a). 그러나 지금 나트륨은 양성자(양전하)의 개수보다 전자(음전하)가 1개 모자라서 양의 전하를 띠는 이온이 되고 Na^{+1}로 표시한다.

나트륨이 잃은 전자는 겉껍질 전자가 7개인 염소의 겉껍질로 이동하여 8개의 전자가 된다(그림 2.4a). 이런 경우 염소는 하나가 더 많은 음전하를 갖게 되어 Cl^{-1}로 표시한다.

Na^{+1}과 Cl^{-1} 이온 사이에는 존재하는 인력이 두 원소의 이온 결합을 형성하여 암염(NaCl) 광물을 만든다.

공유 결합은 이웃하는 원자들의 껍질에 있는 전자들이 겹치면서 공유할 때 만들어진다. 금강석의 탄소 원자는 이웃하는 원자와 겉껍질 전자 4개를 공유하면서 안정한 영족기체의 배열을 만든다(그림 2.4b). 가장 흔한 광물인 규산염 광물에서 규소가 산소와 부분적으로 공유 결

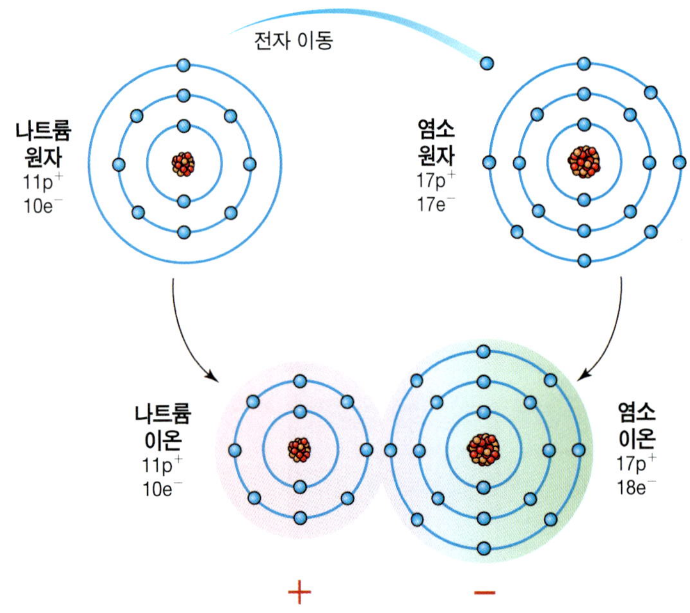

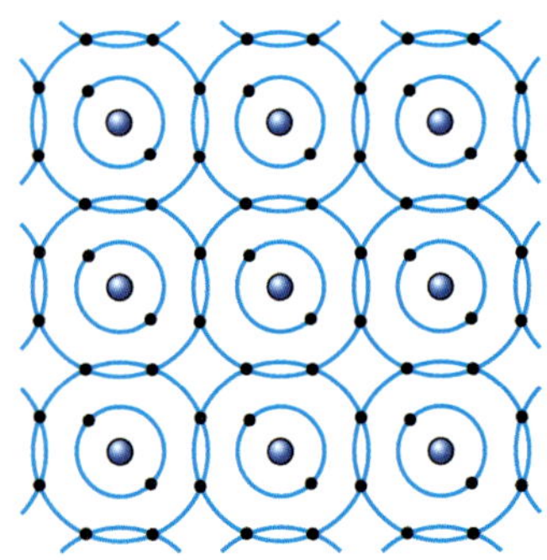

b 그림의 탄소 원자들처럼 근접한 원자들끼리 서로 전자를 공유할 때 공유 결합이 형성된다.

a 이온 결합에서 나트륨의 겉껍질에 있는 전자는 염소의 겉껍질로 이동한다. 일단 이동하고 나면 양전하를 띠는 나트륨이온과 음전하를 띠는 염소이온이 서로 끌어당기게 된다.

그림 2.4 **이온 결합과 공유 결합**

합을 하고 부분적으로는 이온 결합을 한다.

3. 광물

광물 성분은 화학식으로 나타내며, 화학식은 얼마나 다양한 원자를 포함하는지를 알려 주는 간단한 방법이다. 예를 들면 석영(SiO_2)은 한 개의 규소 원자와 두 개의 산소 원자로 구성되어 있는 반면에 정장석의 화학식은 $KAlSi_3O_8$이다. 금(Au)이나 금강석(C)과 같은 **원소 광물**(native element)은 한 개의 원소로 구성되어 있으므로 화합물이 아니다.

광물의 정의를 다시 생각해 보자. 형용사 **무기적**은 동·식물이 광물이 아니라는 것을 상기시킨다. 그럼에도 불구하고 산호, 조개, 다른 유기체들의 껍질이 방해석($CaCO_3$)이나 규산(SiO_2)으로 이루어져 있다. 정의에 의하면 광물은 **결정질 고체**(crystalline solid)인데, 이는 원자가 고유의 입체적인 구조로 배열되어 있다는 것이다. 이상적으로는 광물은 성장해서 평평한 표면(결정면), 날카로운 꼭지점, 직선의 모서리를 가진 완전한 결정을 이루어야 한다(그림 2.5). 그러나 많은 경우에 여러 광물들은 냉각되는 용암처럼 가까이 있는 물질끼리만 결합함으로써 모양을 제대로 갖춘 결정을 만들지 못한다.

어떤 광물은 매우 고유한 화학 성분을 가지고 있지만 다른 광물은 비슷한 화학 성분의 범위를 가지기도 한다. 두 원소의 이온의 전하량이 같고 크기가 비슷할 경우 서로 치환될 수 있기 때문에 광물끼리 서로 비슷한 화학 조성을 가진다. 예를 들면 감람석과 사장석 그룹(고용체)이다. 감람석 그룹[$(Fe, Mg)_2SiO_4$]에서 철과 마그네슘이 만나서 서로 치환되었을 경우 마그네슘이나 철 또는 둘을 다 가지기도 하는 다양한 감람석이 만들어진다. 사장석 그룹에서 칼슘(Ca)과 나트륨(Na)은 서로 치환되면서 칼슘 사장석($CaAl_2Si_2O_8$)에서 나트륨 사장석($NaAlSi_3O_8$)에 이르기까지 다양한 사장석이 만들어진다.

화학 성분과 구조는 광물의 물리적 특성을 결정한다. 이 특성은 광물을 감정하는 데 긴요하게 사용된다(부록 C 참조).

얼마나 많은 광물이 있는가?

지질학자들은 여러 광물 그룹을 공식적으로 인정하고 있는데 각 그룹이 같은 음전하를 가진 이온 또는 이온 그룹을 공유한 광물들로 구성되어 있다(표 2.1). 3,500개 이상의 광물이 알려져 있지만 20여 개의 광물이 아주 흔한 광물이다. 흔하지 않은 광물 중에는 중요한 자원으로 사용되는 것도 많다.

규산염 광물 산소(62.6%)와 규소(21.2%)가 지구 지각에 있는 모든 원소들 중 거의 84%를 차지하므로 이

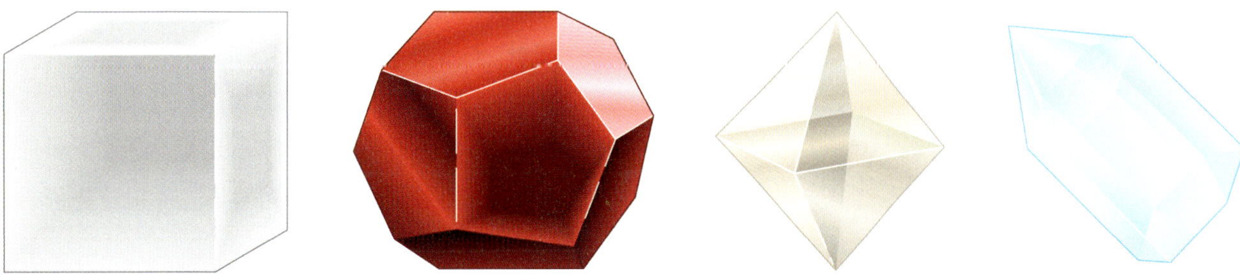

a 정육면체 결정은 암염과 방연석의 전형적인 모양이다. b 황철석과 같은 오각십이면체 결정은 12개의 결정 면을 가진다. c 금강석은 8면체 결정이다. d 석영 결정은 끝이 뾰족한 육각 주상이다.

그림 2.5 **광물의 다양한 결정형**

원소들이 광물들 중에서 흔하다고 볼 수 있다. 역시 그렇다. 사실상 규소와 산소가 결합한 것을 **규산**(silica)이라고 하며, 규산 성분을 가진 광물을 **규산염 광물**(silicate)이라 한다. 규산염 광물은 알려진 광물의 약 1/3을 차지하고 지각의 약 95%를 구성한다.

모든 규산염 광물은 규소 원자가 4개의 산소 원자들에 의해 둘러싸인 이산화규소 사면체를 기본 단위로 구성하고 있다. 이 사면체가 독립된 단위로 다른 원소와 결합하거나, 단쇄상, 복쇄상, 판상, 복잡한 3차원의 망상으로 결합하기 때문에 규산염 광물의 종류는 믿을 수 없을 만큼 다양하다.

규산염 광물 중에서 지질학자들은 철(Fe)과 마그네슘(Mg) 또는 둘 다를 포함하는 철마그네슘 규산염 광물을 찾아내었다. 이 광물은 비철마그네슘 규산염 광물보다 더 어두운 색을 띠고 밀도가 높은 경향이 있다.

다른 광물 그룹 표 2.1에 있는 광물 그룹은 중요한 자원이지만 대부분은 암석의 구성 성분으로는 흔하지 않다. 예를 들면 산소와 다른 원소가 결합한 산화 광물로 적철석(Fe_2O_3)과 자철석(Fe_3O_4)을 들 수 있다. 황산염 광물로는 한 원소가 복잡한 황산분자$(SO_4)^{-2}$와 결합한 석고($CaSO_4 \cdot 2H_2O$)를 들 수 있으며, 그것은 석고 보드나 인조 벽판으로 사용된다.

광물 그룹 중에서 특별한 관심을 끄는 한 그룹은 **탄산염 광물**(carbonate)이며, 이 그룹은 방해석($CaCO_3$)처럼 탄산이온[$(CO_3)^{-2}$]을 포함하고 있다. 탄산염 광물 중에 백운석[$CaMg(CO_3)_2$]도 아주 흔한 광물이다. 방해석과 백운석은 각각 석회암과 백운암의 주성분 광물로 지구 표면에 널리 퍼져 있다.

조암광물과 암석순환

지질학자들은 암석에서 수백 개의 광물들을 발견하였지만 그 중에 아주 흔한 광물 소수만 **조암광물**(rock-forming mineral)로 지정하고 있다. 조암광물은 암석의 감정과 분류에 필수적인 광물이다. 앞에서 논의한 바와 같이 대부분의 조암광물이 규산염 광물(그림 2.6)이지만 탄산염 광물인 방해석과 백운석 또한 중요하다. 대부분의 경우에 적은 양의 광물은 부성분 광물이라 부른다.

암석순환(rock cycle)을 나타낸 그림에서 지구 내부와 지표 과정의 결과로써 암석의 생성, 파괴, 변화, 재생성에 대한 사건들을 그림으로 보여 주고 있다(그림 2.7). 또한 세 종류의 주요 암석 그룹인 화성암, 퇴적암, 변성암이 서로 연관되어 있으며, 어떤 다른 암석에서 유래될 수 있는지를 보여 준다. 그림 2.7은 암석순환 과정이 마그마에서 화성암이 되고 계속 순환하는 일련의 과정을 알기 쉽게 보여 주고 있다. 암석순환 그림 내부에 있는 화살표들은 큰 순환 과정이 중단되고 다른 과정으로 변화하는 모습을 보여 주고 있다.

표 2.1 지질학자들이 분류한 광물 그룹

광물 그룹	음전하 이온 또는 이온 그룹	예	화학 조성
탄산염 광물	$(CO_3)^{-2}$	방해석 백운석	$CaCO_3$ $CaMg(CO_3)_2$
할로겐 광물	Cl^{-1}, F^{-1}	암염 형석	$NaCl$ CaF_2
원소 광물	—	금 은 금강석 흑연	Au Ag C C
인산염 광물	$(PO_4)^{-3}$	인회석	$Ca_5(PO_4)_3$ (F, Cl)
산화 광물	O^{-2}	적철석 자철석	Fe_2O_3 Fe_2O_4
규산염 광물	$(SiO_4)^{-4}$	석영 알칼리장석 감람석	SiO_2 $KAlSi_3O_8$ $(Mg, Fe)_2SiO_4$
황산염 광물	$(SiO_4)^{-2}$	경석고 석고	$CaSO_4$ $CaSO_4 \cdot 2H_2O$
황화 광물	S^{-2}	방연석 황철석	PbS FeS_2

a 철마그네슘 규산염 광물

b 비철마그네슘 규산염 광물

그림 2.6 흔한 규산염 광물 철마그네슘 규산염 광물들은 비철마그네슘 규산염 광물보다 더 어두운 색을 띠고 더 치밀한 경향이 있다.

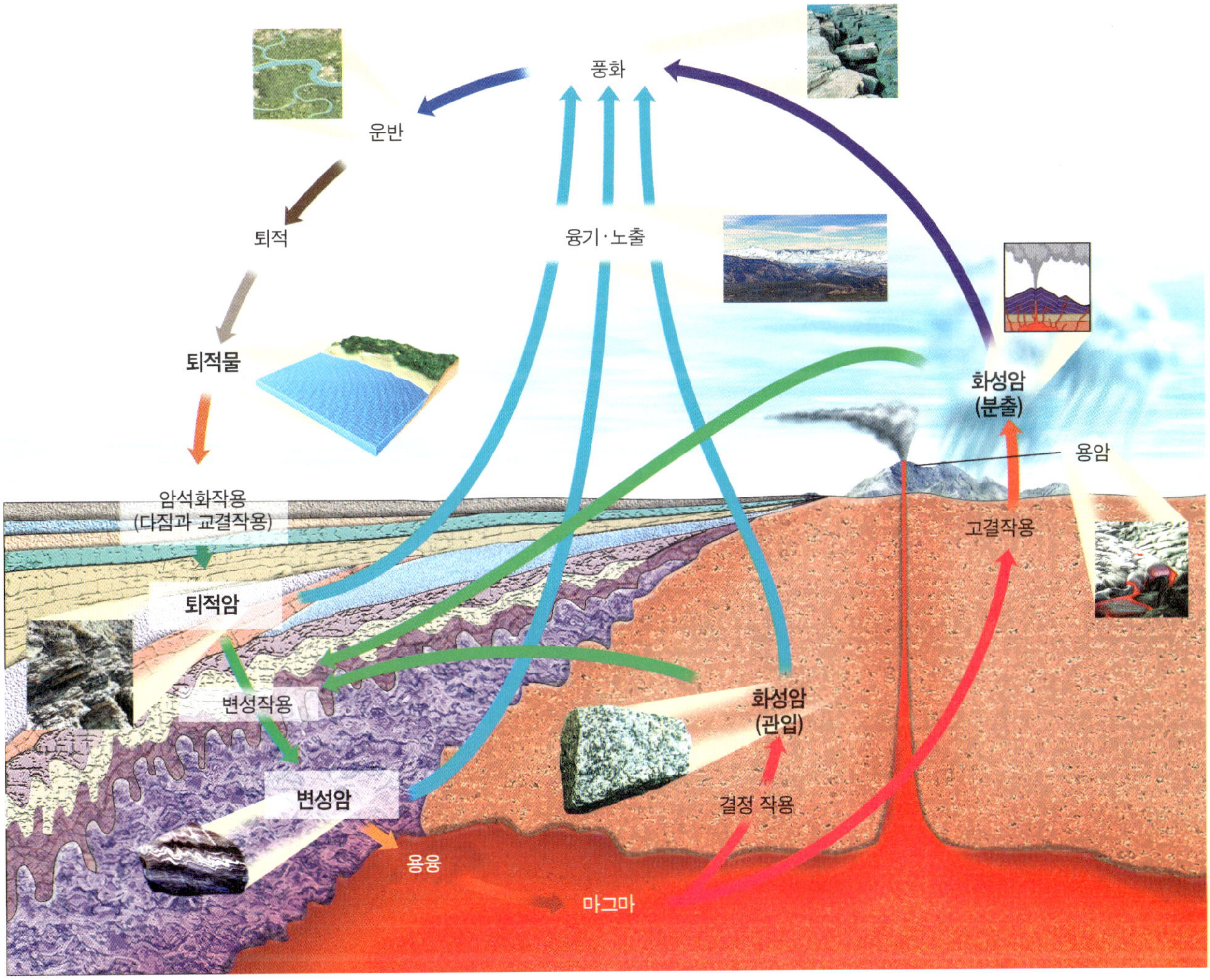

그림 2.7 암석순환 이 순환은 지구 내부와 표면 과정의 상호 관계와 세 개의 주요 암석이 어떻게 관련되어 있는지를 보여 준다. 이상적인 순환은 바깥쪽 순환 과정이지만 내부 화살표로 지시되는 중단-변화 과정이 흔하게 일어난다.

4. 화성암

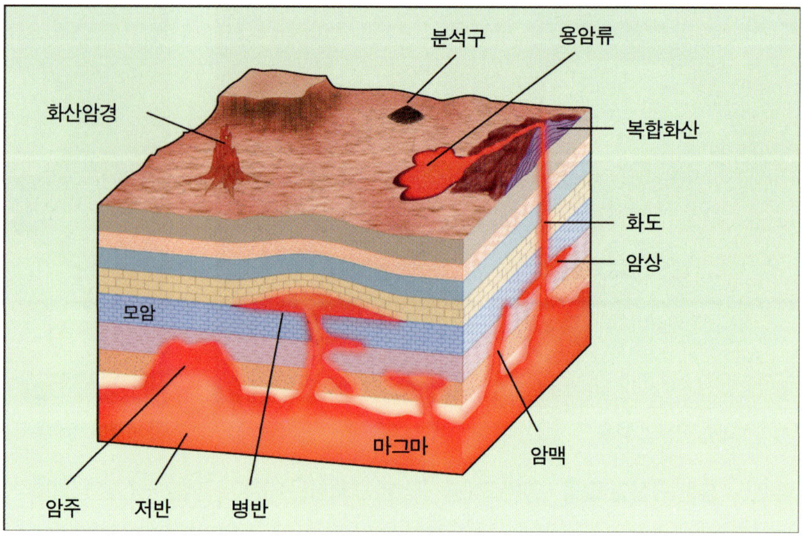

그림 2.8 **화성암의 산출 상태**

모든 **화성암**(igneous rock)의 근원은 지구 표면 아래에 있는 용융 상태의 암석인 **마그마**(magma)이다. **용암**(lava)은 지구 표면에 도달한 마그마를 일컫는 용어이다. 또한 화성암은 화산이 폭발하면서 발생한 화산재와 같은 **화산 쇄설물**(pyroclastic material)들이 단단하게 굳어져서 만들어지기도 한다. 지질학자들은 화성암을 지표면에서 형성된 **화산암**(volcanic rock) 또는 **분출암**(extrusive rock), 그리고 지표면 아래에서 형성된 **심성암**(plutonic rock) 또는 **관입암**(intrusive rock)으로 구분한다. 심성암 또는 관입암은 그림 2.8에서 보여 주는 여러 가지 유형의 심성암체(관입암체)에서 발견된다.

조직과 성분

여러 가지 화성암의 조직은 암석이 처음에 어떻게 생성되는지에 관한 정보를 제공한다. 예를 들면 용암류에서 빠른 냉각은 광물 알갱이가 너무 작아 확대경 없이는 관찰할 수 없는 조직인 세립질 또는 비현정질 조직을 만든다(그림 2.9a). 반면에 조립질 또는 현정질 조직은 지하 심부의 마그마가 비교적 느리게 냉각될 때 만들어진다(그림 2.9b). 따라서 이 두 조직으로 화성암이 화산암인지 심성암인지를 충분히 결정할 수 있다.

일부 화성암들은 현저하게 다른 크기의 광물 조합인 반상 조직을 가진다. 반상 조직에서 큰 광물 알갱이는 반정이고 작은 광물 알갱이는 석기이다(그림 2.9c). 반상 조직은 마그마가 지구 표면 아래에서 느리게 냉각되기 시작한 후 표면으로 분출되어서 빠르게 냉각되는 두 단계 냉각 과정을 추측하게 한다. 이러한 결과로 만들어진 화성암이 반암이다.

유리질 조직은 용암이 급하게 냉각되어 용암 속의 원자들이 광물의 입체적 구조를 형성하지 못할 때 만들어진다. 그 결과로 만들어진 암석으로는 자연 유리인 흑요석이 있다(그림 2.9d). 냉각하는 용암은 많은 양의 수증기와 가스를 포함하고 있어서 이것들이 기공이라고 하는 작은 구멍과 공간을 만든다; 수많은 기공을 가진 암석은 다공질 조직을 가진다(그림 2.9e). 마지막으로 화산 쇄설물로 이루어진 화산쇄설 조직 또는 쇄설 조직이 있다(그림 2.9f).

예외 없이, 마그마의 주성분은 규산이지만 마그마마다 규산의 함유량이 다르기 때문에 규산의 함량에 따라 마그마를, 65% 이상인 경우에는 규장질, 53~65%일 경우 중성, 45~52%일 경우 고철질, 그리고 45% 이하일 경우 초고철질로 특징지어서 인식할 수 있다. 규장질 마그마는 많은 양의 나트륨, 칼륨, 알루미늄과 아주 적은 량의 칼슘, 철, 마그네슘을 가지고 있다. 반면에 고철질 마그마는 많은 양의 칼슘, 철, 마그네슘을 가지고 있다. 중성 마그마는 규장질 마그마와 고철질 마그마의 중간 정도의 조성을 가지고 있다.

화성암의 분류

조직과 성분은 지질학자들이 화성암을 분류하는 데 사

a 용암류가 갑자기 냉각하면 작은 광물 알갱이가 생기고 비현정질 조직 또는 세립질 조직이 만들어진다.

b 지하 깊은 곳의 마그마가 서서히 냉각되면 현정질 조직 또는 조립질 조직을 가지는 심성암이 만들어진다.

c 마그마가 지표로 상승하면서 느리고 빠른 두 단계의 복합적 냉각 과정을 거치면 반상 조직을 가지는 반암이 만들어진다.

d 마그마가 급히 냉각되어 광물 결정이 형성될 수 없을 때 유리질 조직을 가지는 흑요석이 만들어진다.

e 냉각되는 용암에서 가스가 팽창하여 다공질 조직이 만들어진다.

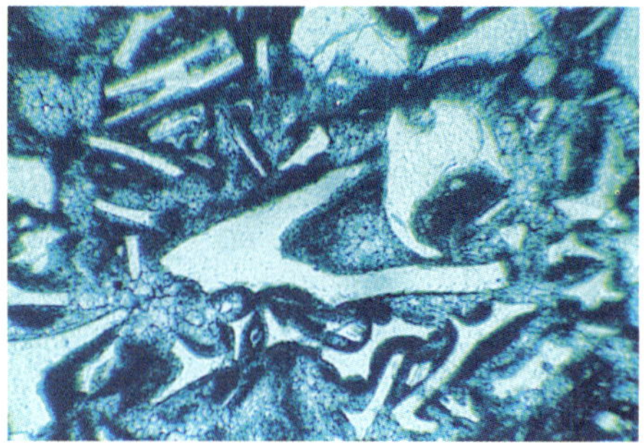

f 쇄설 조직의 현미경 사진. 무색 각진 물질은 약 2mm 크기의 화산 유리 파편이다.

그림 2.9 **화성암 조직** 조직은 화성암을 분류하는 기준이 되고 암석 역사의 일면을 알려 준다.

용하는 기준이다. 그림 2.10에서 보는 바와 같이 감람암을 제외한 모든 암석은 쌍을 이루고 있다. 한 쌍을 이루는 두 암석은 같은 성분을 가지고 있으나 서로 다른 조직을 가진다. 따라서 현무암(비현정질)과 반려암(현정질)은 동일 광물 성분을 갖지만 다른 조직을 가지며, 철과 마그네슘의 함량 비율이 높기 때문에 어두운 색깔을 띠는 경향이 있다(그림 2.11a와 b). 유문암(비현정질)과 화강암(현정질) 또한 동일 광물 성분을 갖지만 다른 조직을 갖고 있으며, 철과 마그네슘 함량이 적기 때문에 밝은 색깔을 띠는 경향이 있다(그림 2.11e와 f).

그래서 우리는 조직으로 볼 때 현무암, 안산암, 유문암은 화산암에 속하며, 반려암, 섬록암, 화강암은 심성암에 속하는 것으로 분류할 수 있다. 또한 그림 2.10에서 확인할 수 있듯이 광물 성분은 그 암석을 만든 마그마의 종류와 관계된다는 것도 주목해야 한다.

몇 종의 화성암에서는 조직이 유일한 분류 기준이다(그림 2.12a). 응회암은 2mm 이하의 크기를 가지고 있는 화산 쇄설물, 즉 화산재로 된 암석이다(그림 2.12b). 어떤 화산재는 고온에서 서로 엉겨 붙어서 용결응회암을 형성한다. 화산력(직경 2~64mm), 화산암괴와 화산탄*(직경 64mm 이상)과 같이 큰 화산 쇄설물들이 암석화되면 화산각력암이 만들어진다. 흑요석과 부석은 화산유리의 변종이다. 흑요석은 빨강, 갈색, 검정색 유리처럼 보이며(그림 2.9d), 부석은 수없이 많은 기공을 가지고 있어서 거품처럼 보인다(그림 2.12c).

* 화산암괴는 각이 져 있는 반면 화산탄은 용암 덩어리가 공중에 머무는 동안 회전하면서 굳었기 때문에 표면이 비교적 둥글다.

그림 2.10 화성암의 분류 이 도표는 잘 알려진 화성암의 조암광물 함량비와 조직을 보여 준다. 예를 들면 조암광물이 Ca–사장석과 휘석이며, 비현정질(세립질) 조직을 갖는 암석은 현무암이다.

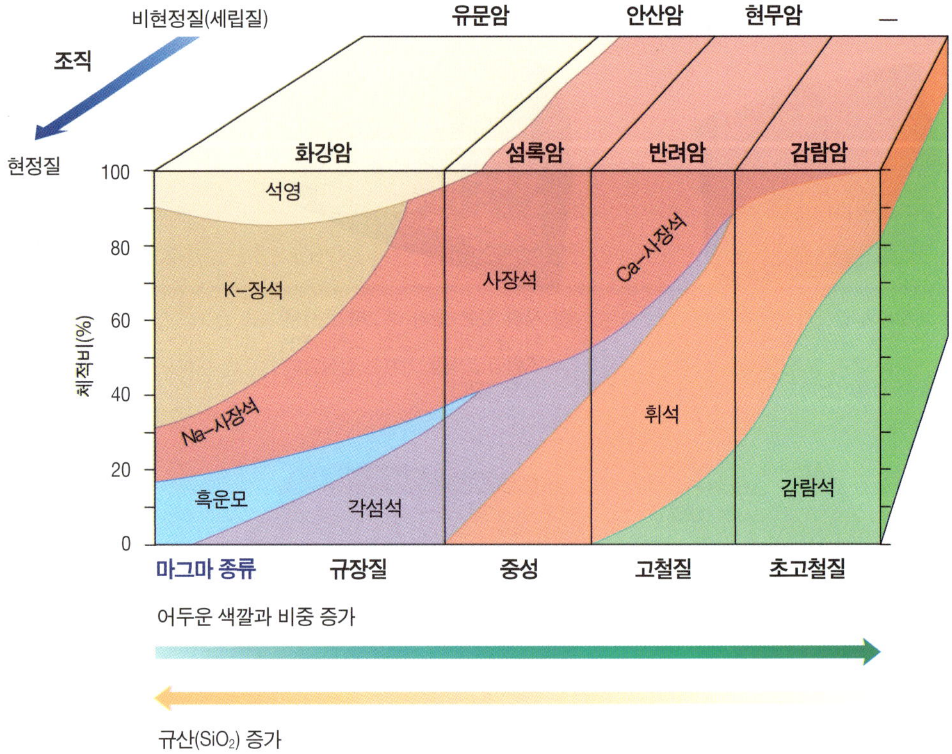

a 현무암

c 반려암

e 반려암

b 섬록암

d 유문암

f 화강암

그림 2.11 잘 알려진 화성암 이 사진에서 어느 암석이 화산암이고 어느 암석이 심성암인지 말할 수 있는가?

조성		규장질 ←→ 고철질	
조직	다공질	부석	스코리아
	유리질	흑요석	
	화산쇄설성	← 화산각력암 → 응회암/용결응회암	

a 다공질, 유리질, 화산쇄설성 조직은 일부 화성암에서 발견된다.

b 미국 콜로라도에 있는 이 노두는 하부로부터 상부로 화산각력암, 응회암, 현무암질 용암류 순으로 쌓여 있다.

c 부석은 유리질이면서 다공질이다. 이 암석은 물에 뜰 정도로 밀도가 작다.

그림 2.12 **조직으로 분류한 화성암**

5. 퇴적암

암석순환(그림 2.7)에서 풍화작용은 지표면 근처의 암석을 부수고 분해하는 것임을 주목하라. 이 과정에서 암석은 자갈(2mm 이상), 모래(1/16~2mm), 미사(1/256~1/16mm), 점토(1/256mm 이하)로 부서지며, 어떤 광물은 분해되어 용액으로 된다. 부서지거나 용해된 물질은 보통 다른 곳으로 운반되어 퇴적물로 퇴적된다. 여기서 퇴적물이란 해변에 쌓인 모래 또는 유기체의 작용이나 무기 화학적 과정에 의해 용액으로부터 추출된 광물과 같은 물질을 말한다. 어떤 퇴적물은 암석화되어 **퇴적암**(sedimentary rock)으로 변하기도 하지만, 일반적으로 암석화 여부와 관계없이 퇴적물로 된 암석은 모두 퇴적암이라고 정의한다.

퇴적물 운반, 퇴적, 암석화작용

퇴적물 운반은 퇴적물을 근원지에서부터 이동시켜 다른 어느 곳으로 옮기는 것을 말한다. 유수는 운반의 가장 효과적인 매체이지만 어떤 장소에서는 빙하, 바람, 파도 또한 중요한 매체이다. 운반된 퇴적물들은 하도, 해변, 해저에 퇴적되기도 하고, 용액에서 침전된 광물 또는 유기체가 용액에서 섭취한 후 합성한 광물로 퇴적되기도 한다. 이 모든 경우에서 퇴적물은 모래와 진흙같이 굳지 않은 고체들의 집합을 말한다.

암석화작용(lithification)은 퇴적물이 퇴적암으로 변하는 지질학적 현상이다. 퇴적물이 계속 쌓여서 위에 쌓인 퇴적물의 무게에 의한 압력으로 생기는 다짐 작용은 퇴적물 알갱이들 사이의 공극(알갱이 사이의 빈 공간)의 크기를 작게 하면서 퇴적물의 부피를 줄인다(그림 2.13). 다짐 작용만으로 보통 이토(1/16mm 미만의 입자)를 충분히 암석화시킬 수 있다. 그러나 자갈과 모래의 경우에는 교결작용이 필수적이다. 이 작용은 공극 내에 광물을 침전시켜 퇴적물을 서로 결합시킨다(그림 2.13). 가장 흔한 시멘트 물질은 탄산칼슘($CaCO_3$)과 규산(SiO_2)이며, 그 다음으로는 자철석(Fe_2O_3)과 갈철석[FeO(OH)]과 같은 산화철과 수산화철이다.

퇴적암의 분류

쇄설성 퇴적암(detrital sedimentary rock)은 기존의 암석에서 유래된 자갈, 모래, 이토와 같은 고체 알갱이인 쇄

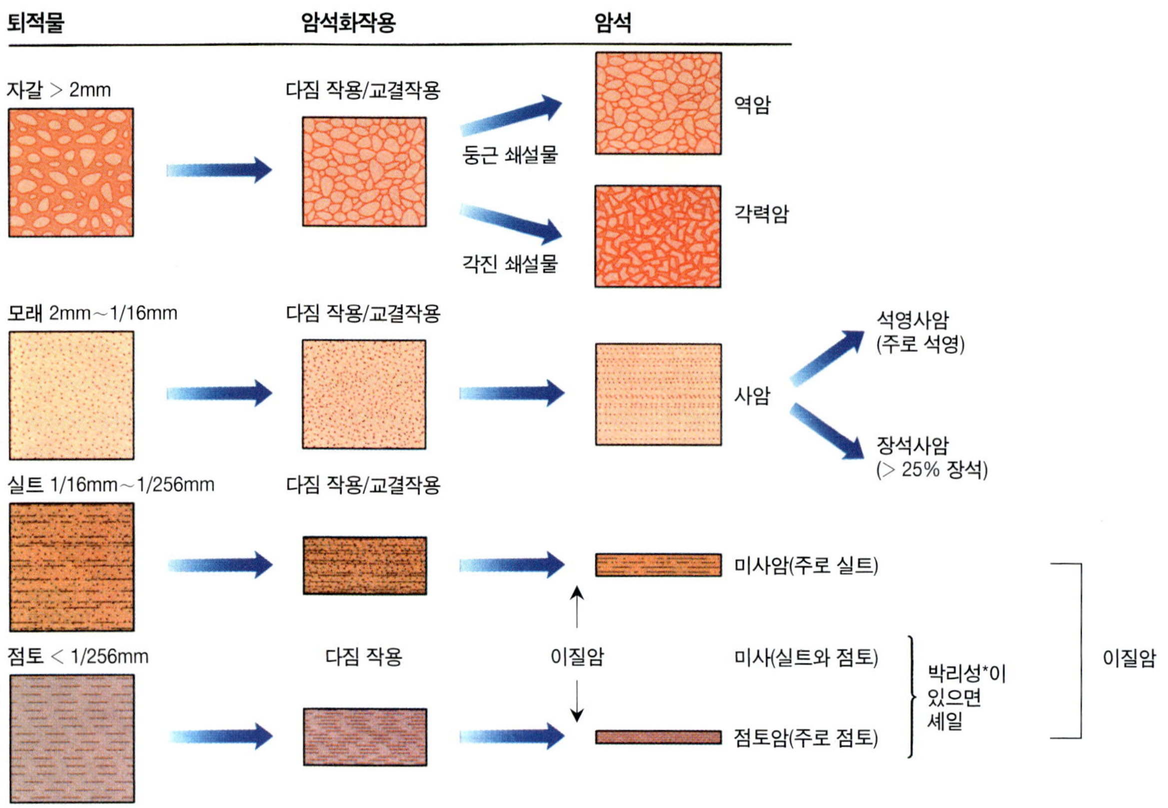

* 박리성은 여러 개의 얇고 평평한 면으로 갈라지는 성질을 뜻한다.

그림 2.13 **암석화작용과 쇄설성 퇴적암의 분류** 자갈과 모래에서는 다짐 작용만으로 암석화작용이 거의 일어나지 않는다. 사암의 두 종류가 제시되어 있고, 이암은 실트와 점토가 혼합된 쇄설성 퇴적암에 대한 용어이다.

설물로 만들어진다. 이와는 대조적으로 **화학적 퇴적암**(chemical sedimentary rock)은 용액 속에 있는 물질에서 침전된 광물과 유기체의 활동이나 무기화학적인 과정에서 추출된 광물로 만들어진다. 생화학적 퇴적암은 화학적 퇴적암의 하위 범주에 속하는 암석으로 유기체의 중요성 때문에 명명된 것이다.

쇄설성 퇴적암 모든 쇄설성 퇴적암은 기존 암석에서 유래된 쇄설물로 알려진 알갱이나 파편으로 구성되어 있으며, 구성된 쇄설물의 크기에 따라 그 명칭을 정한다(그림 2.13). 역암과 퇴적 각력암은 자갈(2mm 이상의 쇄설물 알갱이)로 구성되어 있다. 두 암석에서 단 하나 다른 점은 역암(그림 2.14a)은 둥근 쇄설물로 구성되어 있는 반면에 퇴적 각력암(그림 2.14b)은 모난 쇄설물로 구성되어 있다. 둥근 알갱이는 운반 중에 마모와 마식 작용을 받아서 만들어진다.

사암은 쇄설성 퇴적암 중에 모래(입자 크기 1/16~2mm)로 이루어진 퇴적암에 적용하는 용어이다(그림 2.13). 석영사암은 가장 흔하며, 그 이름에서 알 수 있듯이 대부분 석영으로 이루어져 있다. 다른 흔한 사암의 종류는 장석사암이며, 석영 외에 최소 25% 이상의 장석을 포함하고 있다(그림 2.13).

1/16mm 이하의 세립질 입자로 구성된 모든 쇄설성 퇴적암을 묶어서 이질암이라고 한다(그림 2.13). 이질암을 다음 세 가지 종류로 구분할 수 있다. 즉, 미사 크기의 알갱이로 구성된 미사암, 미사 크기와 점토 크기의 알갱이가 혼합된 이암, 대부분의 알갱이 크기가 1/256 mm 이하인 점토암이다. 그러나 이암과 점토암 중에서 박리성이 있는 경우 셰일로 다시 구분한다. 박리성은 여러 개의 평평하고 얇은 면으로 갈라지는 현상이다(그

a 사암 위에 놓인 역암층. 가장 큰 입자의 직경은 약 30cm이다.

b 캘리포니아 데스밸리(Death Valley)에 있는 각력암. 각진 입자 크기를 살펴보아라. 가장 큰 입자의 직경은 약 12cm이다.

c 테네시에 있는 셰일의 노두이며, 박리성이 양호하다.

그림 2.14 **쇄설성 퇴적암**

림 2.13과 2.14c).

화학적 퇴적암 화학적 퇴적암은 유기체의 작용 또는 무기화학적 과정으로 용액에서 추출된 광물로 이루어져 있다. 이 결과로 만들어진 일부 암석들은 결정질 조직을 가지며, 이 조직은 광물 결정이 서로 맞물린 모자이크를 이루고 있다. 그러나 다른 암석들은 해변가의 조개껍데기 파편 더미와 같은 쇄설성 조직을 가지며, 이 더미가 암석화되면 석회암의 한 종류가 된다.

석회암과 백운암은 화학적 퇴적암(그림 2.15)에서 가장 흔한 암석이고, 지질학자들은 이 두 암석을 **탄산염암**(carbonate rock)이라 한다. 왜냐하면 두 암석이 각각 방해석과 백운석으로 이루어져 있기 때문이다(표 2.2). 실제로 대부분의 백운석은 원래 방해석이었지만 후에 방해석에 있는 칼슘이 마그네슘으로 치환되어 변화된 광물이다. 더 나아가서 대부분의 석회암은 생화학적 암석이기 때문에 그 성인에서 유기체가 아주 중요하다.

암염과 석고와 같은 **증발암**(evaporite)은 증발에 의해 농축된 용액으로부터 광물이 무기화학적으로 침전되어 만들어진 암석이다(표 2.2, 그림 2.16a, b). 예를 들어 만약 해수를 증발시킨다면 결국 약간 석고와 꽤 많은 암염을 얻을 수 있을 것이다. 여러 가지 다른 증발암도 만들어지겠지만 그 양은 매우 적을 것이다.

처트는 치밀하고 단단한 암석으로 규산으로 구성되어 있으며, 일부 처트는 무기화학적으로 침전되어 다른 암석의 내부에 구형 또는 타원형으로 나타난다. 다른 처트는 규소를 분비하는 유기체의 미세한 껍질이 층상구조를 이루고 있어서 생화학적 퇴적암으로 분류된다(표 2.2, 그림 2.16c).

경제적으로 아주 중요한 생화학적 퇴적암은 석탄인데 이 석탄은 식물의 잔해가 압축되어 부분적으로 변질된 것이다. 산소가 부족한 늪과 습지에서 분해 과정이 중단되면 누적된 식물체가 처음에 토탄으로 변하며, 계속 매몰되어 압축작용을 받으면 석탄으로 변한다(표 2.2, 그림 2.16d).

a 주로 패각류 화석으로 된 석회암을 함화석 석회암(fossiliferous limestone)이라 한다.

b 어란상석회암(oolitic limestone)은 탄산칼슘의 구형 알갱이인 어란석 입자(ooid: 오른쪽 위의 확대 사진 참조)로 구성되어 있다.

c 패각암(coquina)은 모두 부서진 패각류로 된 석회암이다. a의 함화석 석회암과 비교해 보자.

그림 2.15 화학적 퇴적암

표 2.2 화학적 퇴적암과 생화학적 퇴적암의 분류

조직	성분	암석 이름	
화학적 퇴적암			
결정질	방해석($CaCO_3$)	석회암	탄산염암
결정질	백운석[$CaMg(CO_3)_2$]	백운암	
결정질	석고($CaSO_4 \cdot 2H_2O$)	암석 석고	증발암
결정질	소금($NaCl$)	암염	
생화학적 퇴적암			
조직	**성분**	**암석 이름**	
쇄설성	탄산칼슘($CaCO_3$) 패각류	석회암(백악과 패각암 외에 여러 종류 포함)	
보통 결정질	규산(SiO_2) 미세 패각류	처트	
—	대부분 변질된 식물 잔류물에서 온 탄소	석탄	

a 미시간 유정에서 시추한 원주형 암염의 코어

b 캘리포니아 마린 카운티에 노출된 층상 처트. 한 층의 두께는 평균 5cm이다.

c 암석 석고. 석고($CaSO_4 \cdot 2H_2O$)가 깊이 매몰되면 수분을 잃고 경석고($CaSO_4$)로 변한다.

d 역청탄. 석탄 중에서 가장 흔한 종류

그림 2.16 **증발암, 처트, 석탄**

6. 변성암

모든 퇴적암과 화성암은 각각의 적절한 온도, 압력, 유체 작용 조건에서 만들어진다. 그러나 그 암석들이 다른 조건에 놓이게 되면 고체 상태에서 변하게 되는데 그것이 바로 **변성암**(metamorphic rock)으로 되는 것이다. 퇴적암에 이어 화성암이 가장 변성되기 쉽지만 변성암을 포함한 어떤 종류의 암석이라도 조건이 충족되면 변성될 수 있다. 변성작용은 광물 성분(새로운 광물 형성)이나 조직(광물이 배열) 또는 둘 모두 변하는 것이다(그림 2.17). 이 변화가 작게 일어나면 모암을 쉽게 알아낼 수 있지만 이 변화가 크게 일어나면 모암을 알아내기 어렵다.

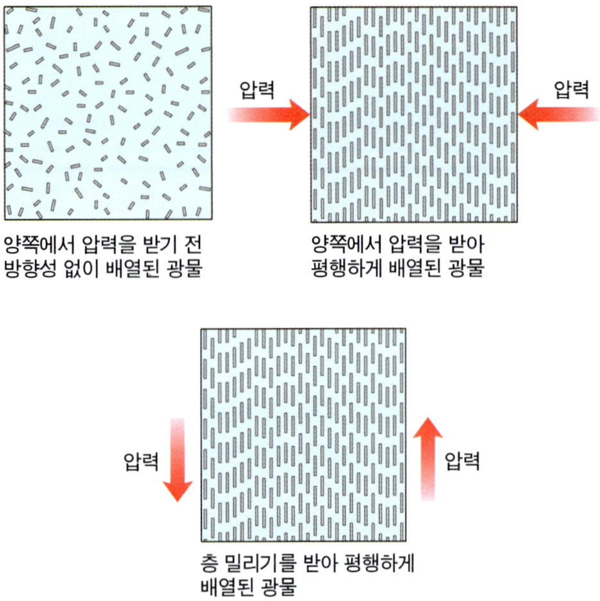

a 암석이 차별 압력을 받으면 광물 알갱이는 평행하게 배열되면서 엽리 조직을 만든다.

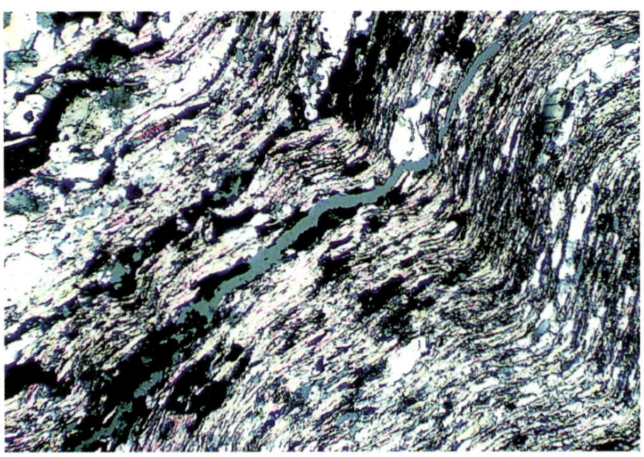

b 광물 알갱이가 평행하게 배열된 엽리 조직을 가진 변성암의 편광 현미경 사진

그림 2.17 **엽리 조직**

무엇이 변성작용을 일으키는가?

변성작용의 주된 요인은 열, 압력, 유체의 화학적 작용이며, 이들 요인이 단독으로 또는 복합적으로 효과적인 기간 동안 작용하면 암석이 현저하게 변화한다. 예를 들어 용암류가 하부에 있는 암석을 짧은 시간 동안 구우면 그 효과가 미미한 반면에 저반(그림 2.8)과 같은 심성암 주변의 암석은 오랜 기간 동안 열을 받아 심하게 변하며 먼 거리까지 그 영향을 받을 것이다.

열은 변성작용의 중요한 요인이다. 그 까닭은 열이 화학 반응률을 증가시켜 모암을 구성하는 광물을 다른 광물로 바꾸기 때문이다. 열의 원천은 심성암 특히 저반 및 암주와 같이 거대한 심성암체와 깊이 매몰된 환경에서 나온다. 지하 심부에 매몰된 암석은 위에 쌓인 암석의 무게로 생기는 정암압(lithostatic pressure)을 받게 된다. 이러한 조건하에 있는 암석 속의 광물은 밀집되어 재결정된다—크기가 작고 밀도가 큰 광물을 형성한다. 정암압은 모든 방향에서 같은 강도로 작용하지만, 수렴경계부에서 일어나는 것처럼 차압력(differential pressure)이 작용하여 한 방향에서 강하게 힘을 가하기도 한다.

변성작용이 일어나는 모든 지역에는 물이 포함되어 있고 그 물속에 있는 이온이 화학 반응 비율을 증가시켜 변성작용을 일으키게 된다. 따라서 유체의 화학적 작용도 변성작용의 중요한 요인이 된다.

접촉변성작용(contact metamorphism)은 화성암체에서 나오는 열과 유체의 화학적 작용이 주변 암석을 변화시킬 때 일어난다. 저반에 접한 암석은 약 1,000℃까지 가열되어 변성될 뿐 아니라 마그마에서 나온 유체도 주변 암석을 변화시킨다. 주변 암석들이 영향을 받을 수 없을 만큼 심성암체로부터의 거리가 멀어지면 변성작용 정도는 감소한다.

대부분의 변성암들은 **광역변성작용**(regional metamorphism)으로 만들어지는데 이 변성작용은 엄청나게 높은 압력, 상승하는 온도, 유체의 화학적 작용으로 넓은 지역에서 일어난다. 이러한 종류의 변성작용은 암석들이 수렴과 섭입 과정 동안 심하게 변형되는 수렴경계를 따라 가장 잘 나타난다. 비록 얕은 깊이지만 발산경계에서도 광역변성작용이 일어나는데 여기서는 높은 온도와 유체 활동이 중요하게 작용한다.

동력변성작용(dynamic metamorphism)은 단층(암석이 이동되어 파쇄되는 곳)과 그 연장된 구역으로 극히 한정되어 있는데 매우 강한 차압력이 작용하는 곳이다.

변성암의 분류

매우 강한 차압력을 받은 많은 변성암은 길쭉한 판상 광물들이 평행하게 배열된 엽리 조직을 가지고 있다(그림 2.17). 이와는 대조적으로 어떤 변성암에는 구성 광물의 뚜렷한 방향성이 없다. 대신 거의 동일한 크기의 광물이 모자이크를 이루고 있어 비엽리 조직을 보인다.

엽리 변성암 점판암은 세립질의 암석으로 이암 또는 아주 드물게 응회암이 낮은 단계의 변성작용을 받아 만들어진다(표 2.3, 그림 2.18a). 천매암은 점판암에 비해 조립질이지만 구성 광물은 여전히 확대경 없이는 관찰할 수 없을 정도로 작다. 이암의 한 종류(셰일)에서 점판암으로 된 후 천매암으로 변하는 일련의 과정이 연속적이며, 이 변화가 계속되면 편암으로 된다. 편암에서 얇은 판상 광물의 배열이 뚜렷하게 관찰되는데 이것을 편리 또는 편상 엽리라 한다(표 2.3, 그림 2.18b).

편마암은 어둡고 밝은 광물의 띠가 반복되는 양상을 가지고 있어서 눈에 잘 띄는 변성암 중의 하나이다(표

표 2.3 변성암의 분류

조직	변성암	주성분 광물	변성도	암석의 특징	모암
엽리	점판암	점토광물, 운모류, 녹니석	낮음	미세한 알갱이, 평평한 판으로 잘 쪼개짐	이암, 응회암
	천매암	미세한 석영 알갱이, 운모, 녹니석	낮음~중간	미세한 알갱이, 다양하고 찬란한 광택	이암
	편암	운모류, 녹니석, 석영, 활석, 각섬석, 석류석, 십자석, 흑연	낮음~높음	뚜렷한 엽리 광물이 잘 보임	이암, 탄산염암, 고철질 화성암
	편마암	석영, 장석, 각섬석, 운모	높음	밝고 어두운 띠가 잘 보임	이암, 사암, 규장질 화성암
	각섬암	각섬석, 사장석	중간~높음	어두운 색, 약한 엽리	고철질 화성암
	혼성암	석영, 장석, 각섬석, 운모	높음	화강암의 가는 암맥과 렌즈 모양의 덩어리가 편마암과 뒤섞임	변성암과 뒤섞인 규장질 화성암
비엽리	대리암	방해석, 백운석	낮음~높음	방해석이나 백운석 알갱이가 서로 맞물림, 묽은 염산과 반응	석회암 또는 백운암
	규암	석영	중간~높음	석영 알갱이가 서로 맞물려 있으며, 단단하고 치밀함	석영사암
	녹색암	녹니석, 녹염석, 각섬석	낮음~높음	미세한 알갱이, 녹색	고철질 화성암
	혼펠스	운모, 석류석, 십자석, 근청석, 석영	낮음~중간	미세한 알갱이, 등립질 알갱이, 단단하고 치밀함	이암
	무연탄	탄소	높음	흑색, 광택, 조개껍데기 성장선 모양의 깨짐	석탄

a 점판암

b 편암

c 편마암

d 변성암과 화성암의 특성이 섞인 혼성암

그림 2.18 **엽리 변성암**

2.3, 그림 2.1c, 2.18c). 석영과 장석은 일반적으로 밝은 색의 띠에 있으며, 흑운모와 각섬석은 어두운 색깔의 띠에서 발견된다. 대부분의 편마암은 점토가 풍부한 퇴적암이 광역변성작용을 받아 만들어지지만 화강암이나 다른 변성암들도 편마암으로 된다.

일부 광역변성작용이 일어나는 지역에서는 화성암과 변성암의 성질을 동시에 가지고 있는 '혼합된 암석'이 발견되기도 한다. 이 암석은 **혼성암**이라고 하며, 화강암의 가는 암맥과 렌즈형 덩어리가 철과 마그네슘 성분이 풍부한 편마암과 뒤섞인 모습을 보인다(그림 2.18d). 이 암석은 암석순환 과정에서 어디에 위치해 있을 것이라고 생각하는가?

비엽리 변성암 비엽리 변성암은 접촉변성작용이나 광역변성작용에 의해 만들어지지만 모든 경우에서 엽리가 있는 암석에 흔히 나타나는 평평하고 길쭉한 광물은 거의 없다. 대리암은 방해석과 백운석으로 구성된 변성암으로 잘 알려져 있으며, 석회암이나 백운암의 변성작용으로 만들어진 암석이다(표 2.3, 그림 2.19a). 어떤 대리암은 매혹적이어서 몇 세기 동안 조각가들이 선호해 왔으며, 건축 자재로도 호평을 받아 왔다. 석영사암이 변성작용을 받으면 단단하고 치밀한 **규암**으로 된다(표 2.3, 그림 2.19b).

녹암은 조밀하고 암녹색을 띤 고철질 화성암이 변성된 암석에 붙여진 이름이다. 녹니석과 녹렴석 같은 광물을 가진 암석은 녹색을 띤다(점토가 풍부한 퇴적암이 접촉변성작용을 받아 만들어진 암석이다).

무연탄은 주로 탄소와 미량의 휘발성 물질로 구성되며, 검정색을 띠고 광택이 나는 단단한 석탄이다. 다른 종류의 석탄이 변성 되면 무연탄이 된다.

a 대리암

b 규암

그림 2.19 비엽리 변성암 이 암석들이 변성되기 전에는 어떤 암석이었을까?

7. 판구조론과 암석순환

지구계 사이의 상호 작용이 암석의 교대와 기원의 원인이라는 것을 암석순환(그림 2.7)에서 인식하여라. 지구 물질에 작용하는 기권, 수권, 생물권이 풍화작용, 운반작용, 퇴적작용을 일으키는 반면에 지구 내부의 열은 용융작용을 일으키고 변성작용을 일으킨다. 판구조 운동 역시 지구 물질을 재순환시키는 데 중요한 역할을 한다.

대륙 주변부를 따라 퇴적된 퇴적물은 암석화되어 밑에 있는 해양 지각과 함께 움직이는 판 속으로 합쳐질 것이다. 수렴경계에서 판들이 부딪치면 열과 압력에 의해 변성작용이 일어나고 화산 활동이 일어나 새로운 암석이 생기게 된다. 또한 섭입판에 있는 일부 암석은 일련의 조산운동과 지표의 변화 과정을 거치는데, 이때 풍화와 침식작용으로 만들어진 퇴적물이 또 다른 순환과정을 따라가기 시작한다.

요약

- 원소는 원자로 구성되어 있고, 원소는 양성자와 중성자로 이루어진 핵과 전자 껍질을 도는 전자를 갖고 있다.
- 핵의 양성자 수는 원소의 원자 번호를 결정한다; 원자 질량수는 양성자와 중성자의 수를 합한 것이다.
- 원자들은 전자를 한 원자에서 다른 원자로 이동(이온 결합)시키거나 전자를 공유(공유 결합)함으로써 결합한다. 대부분의 광물은 둘 또는 그 이상 원소들과 서로 결합되어 있는 화합물이다.
- 가장 흔한 광물은 규산염 광물(규소와 산소로 이루어짐)이고, 탄산염 광물(CO_3 이온을 포함)도 어떤 종류의 암석에서는 흔하다.
- 화성암의 두 그룹은 심성암과 화산암으로 성분과 조직에 따라 분류된다. 그러나 일부 화산암은 조직으로만 분류된다.
- 퇴적암은 두 그룹으로 나누어진다－쇄설성 퇴적암(기존 암석의 고체 부스러기들로 구성된 암석)과 화학적·생화학적 퇴적암(무기화학적 과정 또는 유기체의 활동으로 생긴 광물질로 구성된 암석).
- 다짐 작용과 교결작용을 포함한 암석화작용은 퇴적물이 퇴적암으로 변환되는 과정이다.
- 변성암은 열, 압력, 유체 작용에 의해 다른 암석의 조직과 성분으로 변환되어 만들어진다. 대부분의 변성작용은 광역적으로 일어나는데, 그 범위는 광범위한 지역에 걸쳐 지각 내의 깊은 곳까지 영향을 미친다. 한편 접촉 변성작용은 뜨거운 화성암체 주변에서만 일어난다.
- 변성작용은 엽리 조직(광물의 평행한 배열)을 만들지만 어떤 암석은 비슷한 크기의 광물 모자이크를 가지기 때문에 엽리가 없다.

- 변성암은 조직에 따라 크게 분류되지만 어떤 것은 성분이 고려된다.
- 지구 내부의 열에 의하여 움직이는 판구조 운동은 풍화, 침식, 퇴적작용과 같은 지표 작용과 더불어 암석순환에서 지구 물질의 재활용을 설명한다.

주요 용어

결정질 고체(crystalline solid)
결합(bonding)
관입암(intrusive rock)
광물(mineral)
광역변성작용(regional metamorphism)
규산염 광물(silicate)
동력변성작용(dynamic metamorphism)
마그마(magma)
변성암(metamorphic rock)
분출암(extrusive rock)
쇄설성 퇴적암(detrital sedimentary rock)
심성암(plutonic rock)
암석(rock)
암석순환(rock cycle)
암석화작용(lithification)
용암(lava)
원소(element)
원자 번호(atomic number)
원자 질량 수(atomic mass number)
원자(atom)
접촉변성작용(contact metamorphism)
조암광물(rock-forming mineral)
증발암(evaporite)
지질학적 기록(geologic record)
탄산염 광물(carbonate)
탄산염암(carbonate rock)
퇴적암(sedimentary rock)
화산 쇄설물(pyroclastic material)
화산암(volcanic rock)
화성암(igneous rock)
화학적 퇴적암(chemical sedimentary rock)
화합물(compound)

복습 문제

1. 열과 압력, 유체의 화학적 작용에 의해 이전 상태에서 변화된 암석은 ____암이다.
   a. ____ 심성, b. ____ 변성, c. ____ 철마그네슘, d. ____ 퇴적, e. ____ 증발
2. 규산염 광물이 흔하지만 ____도 역시 흔하다. 왜냐하면 석회암과 백운암의 주요 성분이기 때문이다.
   a. ____ 산화물, b. ____ 황산염, c. ____ 탄산염, d. ____ 수산화물, e. ____ 인산염
3. 암석화작용은 ____ 과정이다.
   a. ____ 용암이 냉각되어서 비현정질 조직을 만드는, b. ____ 두개의 다른 원소들이 서로 만나 결합하는, c. ____ 유기물이 화강암으로 바뀌는, d. ____ 암석이 심성암의 가장자리에서 열에 의해 변하는, e. ____ 퇴적물이 퇴적암으로 바뀌는
4. 다음 중 어느 것이 현정질 화성암인가?
   a. ____ 반려암, b. ____ 사암, c. ____ 석탄, d. ____ 천매암, e. ____ 백운암
5. 만약 자연적으로 발생한 고체의 원자 배열이 독자 적인 입체적 구조를 가지고 있다면 그 고체를 무엇이 라 하는가?
   a. ____ 공유 결합, b. ____ 결정질, c. ____ 반정, d. ____ 생화학, e. ____ 퇴적암
6. 만약 당신이 광물의 알갱이를 분명히 알아볼 수 있는 화성암을 보았다면 그 암석이 ____암이라고 결론을 내리는 것이 적절할 것이다.
   a. ____ 쇄설성, b. ____ 엽리, c. ____ 심성, d. ____ 변성, e. ____ 외계의
7. 대부분의 석회암은 ____ 의해 바다에서 섭취하여 합성한 방해석을 주성분으로 갖고 있다.
   a. ____ 증발, b. ____ 용해, c. ____ 풍화, d. ____ 유기체, e. ____ 동력변성작용
8. 6개의 양성자와 8개의 중성자를 가진 원자의 질량수는 ____이다.
   a. ____ 14, b. ____ 2, c. ____ 6, d. ____ 8, e. ____ 48

9. 1/16~2mm 크기의 쇄설성 입자로 구성된 암석은 ____이다.
a. ____ 사암, b. ____ 처트, c. ____ 유문암, d. ____ 편암, e. ____ 혼성암
10. 화산 폭발 동안 분출된 알갱이들을 ____이라 한다.
a. ____ 생화학적 성분, b. ____ 화산 성분, c. ____ 탄산염 광물, d. ____ 화산 쇄설물, e. ____ 관입 변성
11. 심성암은 화산암과 어떻게 다른가? 각각 한 가지씩 예를 들어라.
12. 원자, 원소, 화합물이 무엇인가?
13. 광물 감람석에서 어떤 화학 원소가 다른 원소로 치환되는 것이 어떻게 가능한가?
14. 모래와 이토의 암석화작용이 어떻게 일어나는지 설명하여라.
15. 광역변성작용과 접촉변성작용을 비교하여라. 각각의 조건에서 만들어지는 암석의 예를 들어라.
16. 수증기와 물은 광물이라 하지 않지만 얼음은 왜 광물이라 하는가?
17. 증발암이 어떻게 만들어지고 그 중 어떤 것들이 흔한가?
18. 역암과 각력암을 식별하는 기준은 무엇인가?
19. 황철석, 암염, 방연석의 정육면체 결정은 흔한데 이것들을 어떻게 구별할 수 있는가? 부록 C 참조.
20. 규산염 광물의 두 그룹은 무엇이고, 서로 어떻게 다른가?

응용 문제

1. 다음에 제시된 두 화성암 표본을 검사해 보아라. 어떤 것이 화산암이고 어떤 것이 심성암인지 말할 수 있는가? 만약 그렇다면 어떻게 알았는가? 왼쪽 표본은 38% 칼슘 사장석, 10% 각섬석, 40% 휘석, 12% 감람석으로 구성되어 있다. 오른쪽 표본은 15% 석영, 55% K-장석, 20% Na-사장석, 10% 흑운모와 각섬석으로 구성되어 있다. 두 암석을 분류하여라.

2. 광물이 화학적 원소로 구성되어 있고 암석은 광물로 구성되어 있는 것을 알고 있지만, 과학 시간에 최선을 다해 가르쳐도 학생들은 항상 혼동하여 실수를 한다. 광물과 암석을 구별하는 데 도움이 될 사례를 생각할 수 있는가?
3. 그림 2.14a, b에서 암석을 검토하여 쇄설물 간의 차이를 알아두어라. 어떤 쇄설물이 더 먼 거리를 이동해 왔다고 생각하는가? 어떻게 알았는가?
4. 암석순환을 이용하여 세 종류의 암석 중 하나가 다른 한 종류의 암석에서 어떻게 유래될 수 있는지 설명하라.

CHAPTER **3**

판구조론: 통합 이론

미국 버지니아 주에 있는 애팔래치아 산맥의 인공위성 영상. 애팔래치아 산맥은 수렴경계를 따라 일어난 섭입(하나의 판이 다른 판 아래로 가라앉음)에 의해 생성되었다. 중기 오르도비스기부터 북아메리카 (로렌시아)의 동쪽 해안과 유럽(발티카)의 서쪽 해안이 활동적인 해양판–대륙판 수렴경계가 되었으며, 이들 각각 판의 주변부를 따라 산맥을 형성하는 활동으로 나타나게 되었다. 고생대 내내 섭입이 계속되면서 두 대륙은 충돌하여 습곡된 대규모 산맥을 형성하게 되었다(10장과 11장). 중생대 동안의 침식 이후, 고생대에 형성된 고기의 애팔래치아 산맥은 융기되고 노출되어 오늘날의 산맥과 계곡 지형을 만들게 되었다(14장과 16장).

[개 요]

[단원 목표]

이 장을 학습한 후에 우리는 다음 사항을 이해한다.

- 판구조론은 지질학의 통합 이론이며 지질학에 대변혁을 초래하였다.
- 대륙이동설은 지질학적·고생물학적·기후학적 증거에 기초하였다.
- 해저확장설은 대륙의 이동을 설명하고 열대류는 판 이동의 메커니즘임을 설명한다.
- 세 종류의 판 경계는 발산경계, 수렴경계, 변환경계이다. 이 경계들을 따라 새로운 판이 형성되거나 소멸되고, 또는 서로 미끄러진다.
- 판의 경계를 따른 상호 작용은 대부분의 지구의 지진과 화산 활동을 설명한다.
- 판의 이동 속도는 여러 가지 방법으로 계산할 수 있다.
- 특정 유형의 대류 열 시스템이 판의 이동과 관련이 있다.
- 판의 이동은 천연 자원의 분포에 영향을 미친다.
- 판의 이동은 세계의 생물의 분포와 진화에 영향을 미쳤다.

1. 서론

2004년 12월 26일 성탄절 다음날 당신이 태국의 아름다운 해변에서 휴가 중이라고 상상해 보라. 당신은 읽고 있던 책으로부터 눈을 떼어 조금 전에 이국적이고 다양한 색의 물고기 들이 많았고 바닷물에 잠겨 있던 넓은 해저의 바닥이 노출되어 갑자기 해안으로부터 멀어지는 바다를 바라보고 있다. 이런 이례적인 사건이 일어난 몇 분 내에 강력한 쓰나미가 당신이 쉬고 있는 휴양지와 내륙으로 수km 안쪽까지 모든 것을 휩쓸어 버리게 될 것이라는 것을 믿는다는 것은 쉽지 않다. 몇 시간 내에 인도네시아, 스리랑카, 인도, 태국, 소말리아, 미얀마, 말레이시아, 그리고 몰디브의 해안이 역사상 가장 치명적인 쓰나미에 의해 잠기게 될 것이다. 22만 명 이상의 사람이 사망할 것이고 그 지역은 수십억 달러의 피해를 입게 될 것이다.

이보다 1년 전인 지난 2003년 12월 26일 지진에 의해 발생한 심한 흔들림은 이란의 남동부 밤(Bam) 지역에서 수십만 명을 잠에서 깨웠다. 규모 6.6의 지진이 끝났을 때 43,000명이 사망하였으며, 적어도 30,000명이 부상당했고, 약 75,000명의 생존자는 집을 잃게 되었다. 이 규모 6.6의 지진에 의한 파괴로 망연자실할 수밖에 없었다. 적어도 밤 지역 구조물의 85%가 파괴되거나 손상을 입었다. 무너진 건물은 도처에 있었으며, 거리는 온통 파괴된 건축 잔해로 뒤덮였고, 모든 통신 수단이 두절되었다.

필리핀의 피나투보 화산이 맹렬하게 폭발하여 대기권으로 엄청난 화산재와 기체들을 방출한 1991년 6월 15일로 뒤돌아 가보자. 다행스럽게도 이 경우 임박한 분출에 대한 경고가 방송되고 대비가 되어서 화산 주변 지역으로부터 200,000명이 대피하였다. 불행하게도 화산 폭발은, 화산 폭발뿐만 아니라 뒤이은 이류에 의해 364명이 사망하게 하였다.

이 세 가지 비극적인 사건과 다른 동일하게 파괴적인 화산 폭발과 지진이 갖는 공통점은 무엇인가? 이들은 지구 판과 관련된 역동적인 상호 작용의 일부분이다. 두 개의 판이 서로 만나게 될 때 2001년 인도, 2003년 이란, 2005년 파키스탄, 2006년 인도네시아에서 일어난 지진처럼 대규모 지진을 발생시키면서 하나의 판은 다른 판 아래로 밀리거나 잡아당겨지게 된다. 만일 조건들이 맞게 되면 지진은 2004년과 같은 것이나, 2,200명을 사망하게 한 1998년의 파푸아 뉴기니 쓰나미를 발생하게 한다.

하강하는 판이 아래로 이동하여 지구 내부로 동화됨에 따라 마그마가 생성된다. 주위의 물질보다 밀도가 적어지게 되어 마그마는 1991년 피나투보 화산이 그랬던 것과 같이 화산으로 폭발할 수 있는 지표로 솟아오르게 된다. 따라서 화산과 지진의 분포가 서로 긴밀하게 판들의 경계를 따르는 것은 놀라운 일이 아니다.

1장에서 언급한 것처럼 **판구조론**은 지질학의 모든 분야에 중요하고 광범위하게 영향을 미치는데, 왜냐면 그것은 서로 관련이 없는 현상들을 관련시키는 토대를 제공하기 때문이다. 이동하는 판 사이의 상호 작용은 대륙, 해양 분지 및 산맥 시스템의 위치를 결정하며, 이들 모두는 궁극적으로 지구의 기후를 결정하는 대기와 해양의 순환 패턴에 영향을 미친다(표 1.2 참조). 판의 이동은 식물과 동물의 지리적 분포, 진화 그리고 멸종에 지대한 영향을 미친다. 나아가 금속 광상과 같은 많은 지질학적 자원의 형성과 분포는 판 구조적 작용과 관련이 있으며, 지질학자들은 그것들을 탐사하는 데 판구조론을 이용한다.

만일 당신이 대부분의 사람들과 같다면, 당신은 판구조론이 무엇인지에 대해 단지 막연하게 생각하게 될 것이다. 그러나 판구조론은 우리 모두에게 영향을 미친다. 화산 폭발, 지진 및 쓰나미는 판들의 상호 작용의 결과이다. 전 지구적 기상패턴과 해류는 부분적으로 대륙과 해양 분지의 형태에 의해 결정된다. 많은 천연 자원의 형성과 분포는 판의 이동과 관련이 있고 따라서 국가의 경제적 부와 정치적인 결단에 영향을 미친다. 따라서 통합 이론을 이해하는 것은 그것이 우리에게 개인적이고 시민으로서 영향을 주기 때문만이 아니라 그것이 앞으로 공부하게 될 지질학의 많은 내용들과 연결되어 있기 때문이다.

2. 대륙 이동에 대한 초기의 생각

지구의 과거 지리적 분포가 현재와 다르다는 생각은 새로운 것이 아니다. 남아메리카의 동쪽 해안과 아프리카의 서쪽 해안을 보여 주는 가장 초기의 지도는 아마도 사람들에게 대륙들이 이전에는 서로 붙어 있다가 떨어져서 현재의 위치로 이동하게 되었다는 최초의 증거를 제공하였을 것이다.

19세기 말 오스트리아 지질학자 쥐스(Edward Suess)는 인도, 호주, 남아프리카, 남아메리카의 고생대 후기 식물 사이의 유사성과 이들 대륙의 암석층에서의 빙하의 증거에 대해 언급하였다. 식물 화석은 이들 남쪽에 위치한 대륙의 빙하 퇴적층 바로 위에 있는 석탄층에서 산출되는 특이한 식물군으로 구성되어 있다. 이 식물군은 북쪽에 위치한 대륙의 현생 석탄 습지 식물과는 아주 다르며 그의 가장 뚜렷한 속인 **글로솝테리스 식물군**(*Glossopteris* flora)으로 알려져 있다(그림 3.1).

그림 3.1 **화석 글로솝테리스 잎** 호주의 후기 페름기의 두네두 층에서 산출된 이 글로솝테리스 잎과 같은 식물 화석은 5개의 모든 곤드와나 대륙에서 발견된다. 오늘날 광범위하게 변하는 기후를 갖는 대륙에서 이 화석이 존재하는 것은 대륙이 한 때 모두 연결되어 있다는 것에 대한 증거이다. 그 당시 식물의 분포는 동일한 기후대였기에 가능하였다.

1885년도에 출판된 『지구의 표면』이라는 책에서 쥐스는 앞서 말한 남쪽에 위치한 대륙들로 이루어진 초대륙을 곤드와나랜드〔또는 **곤드와나**(Gondwana)〕로 제안하였다. 많은 글로솝테리스 식물군 화석이 인도의 한 지방인 곤드와나의 석탄층에서 발견되었다. 쥐스는 이들 남쪽에 위치한 대륙들이 육교에 의해 서로 연결되어 있었고, 그 육교를 통해 식물과 동물이 이동했다고 생각했다. 따라서 그의 관점에서는 이 대륙들에서의 화석의 유사성은 연결된 육교의 출현과 소멸에 의한 것으로 보았다.

미국의 지질학자 테일러(Frank Taylor)는 1910년에 대륙이동설을 제시하는 논문을 출간하였다. 그는 산맥의 형성은 대륙의 횡적 이동의 결과라고 설명하였다. 그는 또한 지구의 자전이 거대한 조석력에 의해 느려지게 된 이후에 현재의 대륙들은 궁극적으로 분리되고 적도를 향해 이동한 커다란 극 대륙들의 일부분이라고 생각했다. 테일러에 의하면 이 조석력은 지구가 약 100만 년 전에 달을 포획하게 되었을 때 형성되었다고 하였다.

우리는 비록 테일러의 기작이 틀렸다는 것을 알고 있지만 가장 의미 있는 그의 기여는 1872~1876에 영국의 챌린저호 탐험에 의해 발견된 대서양 중앙 해령은 그 해령을 따라 고기의 대륙이 분리되어 현재의 대서양을 형성하였음을 제안한 점이다.

알프레드 베게너와 대륙이동설

독일의 기상학자인 알프레드 베게너(그림 3.2)는 **대륙이동**(continental drift)의 가설을 발전시킨 것으로 알려져 있다. 그의 불후의 저서인 『대륙과 해양의 기원』(1915년에 최초로 출간)에서 베게너는 모든 대륙은 하나의 초대륙인 희랍어로 '모든 육지'라는 의미의 **판게아**(Pangaea)로 연합되어 있다고 제안하였다. 베게너는 판게아의 쪼개짐과 여러 대륙들의 현재 위치로의 이동을 보여 주는 일련의 지도에서 그의 야심찬 개념을 제시하였다. 베게너는 대륙이동설을 지지하는 엄청나게 많은 지질학적, 고생물학적, 기후학적 증거를 수집하였으나 그 당시의 그의 이단적인 아이디어에 대한 과학자들의 초기 반응은 복합적이라고 설명될 수밖에 없다.

베게너는 대륙이동설을 지지하기 위해 어떤 증거를 사용했나? 첫째, 베게너는 대륙의 해안선이 커다란 초대륙(그림 3.3)을 형성하면서 서로 들어맞고, 펜실베이니아기에서부터 쥐라기까지의 해성층, 비해성층 그리고 빙하암석층이 5개의 모든 곤드와나 대륙에서 동일한데, 이것은 이들 대륙들이 과거 어느 시점에서 모두 모여 있었음을 강하게 지시한다고 언급하였다(그림 3.4). 더욱이나 산맥과 빙하 퇴적물은 여러 대륙들이 하나로 연결되어 있을 때 설명이 잘 된다(그림 3.5). 그리고 마지막으로 많은 동일한 멸종 식물과 동물 그룹들이 아주 광범위하게 분리되어 있는 대륙에서 발견되는데, 이는 이들 대륙들이 과거 어느 시점에 서로 가깝게 붙어 있었음을 지시한다(그림 3.6). 베게너는 다양한 출처로부터 얻은 이런 많은 증거들은 대륙들이 과거의 어느 시

그림 3.2 **알프레드 베게너** 독일 기상학자인 알프레드 베게너는 지질학적·고생물학적·기후학적 증거에 근거하여 1912년에 대륙이동설을 제안하였다.

그림 3.3 **대륙의 맞춤** 대륙들이 그들의 경계를 기준으로 맞추면 가장 잘 맞춰지는 것은, 오늘날의 해안선을 따라 맞춰지는 것이 아니라 침식이 최소인 2,000m의 수심을 갖는 대륙사면을 따라서 잘 맞춰진다. 이 그림과 다른 동영상을 보려면 지질학 자료 센터(www.cengage.com/sso)로 접속해 보기 바란다.

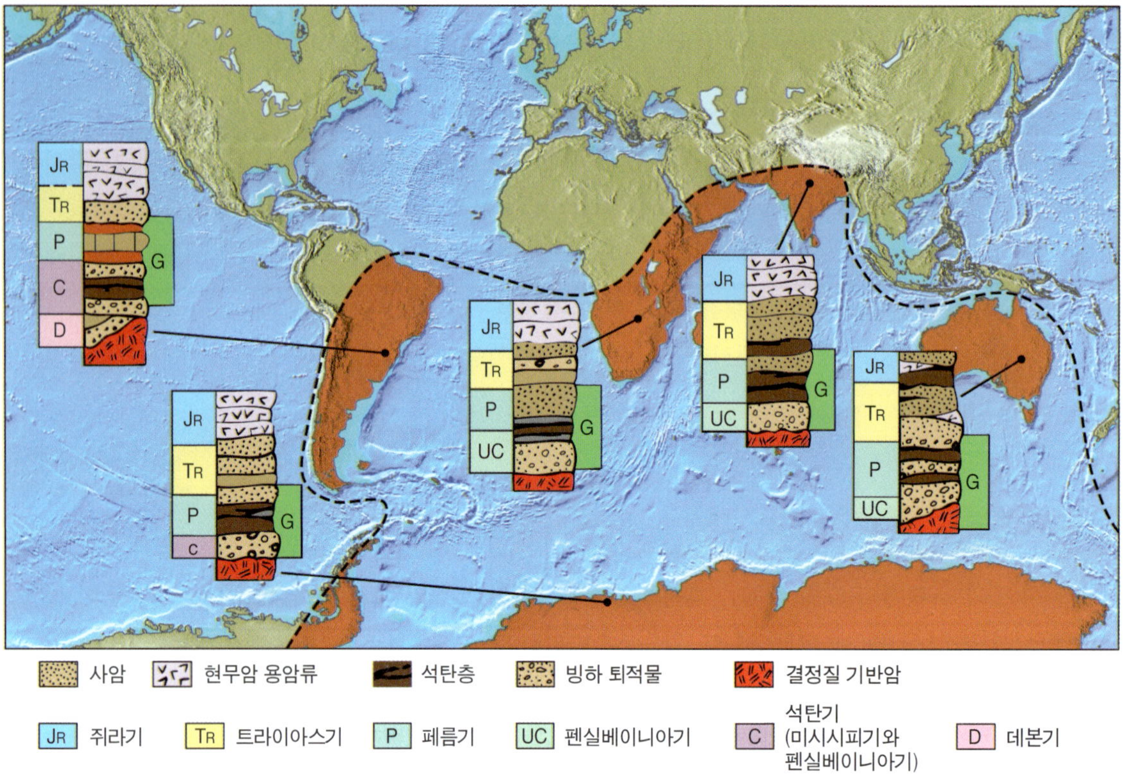

그림 3.4 **곤드와나 대륙의 암석층서의 유사성** 펜실베이니아기에서 쥐라기까지의 해성, 비해성 및 빙하 암석의 층서는 5개의 모든 곤드와나 대륙(남아메리카, 아프리카, 인도, 호주, 남극)에서 거의 동일하다. 이 대륙들은 오늘날 엄청나게 넓게 분리되어 있으며 열대와 극까지 다른 환경과 기후를 갖고 있다. 과거 대륙들이 모두 모여 있었을 때, 인접된 대륙의 환경은 비슷하였고 이 지역에서 형성된 암석이 비슷하였다. 각 주상도에서 G라고 표시된 부분은 석탄기–페름기의 글로솝테리스 식물군이다.

점에 가깝게 붙어 있었음에 틀림없음을 지시한다고 주장하였다.

대륙 이동에 대한 추가적 증거

『대륙과 해양의 기원』의 출간과 뒤이은 네 차례의 출간으로 일부 과학자들은 베게너의 이단적인 견해를 심각하게 받아들이기 시작했다.

남아프리카 지질학자인 듀 토와(Alexander du Toit)는 베게너의 열렬한 지지자 중의 한사람이었다. 그는 베게너의 주장을 더 발전시켰으며 대륙 이동을 지지하는 지질학적이고 고생물학적 주장을 수집하였다. 1937년도에 듀 토와는 곤드와나의 빙하 퇴적물과 북반구의 대륙에서 발견된 같은 시대의 석탄 퇴적물을 대비시키는 『방랑하는 대륙』을 출간하였다. 이런 명백한 기후학적 모순을 해결하기 위해 듀 토와는 곤드와나 대륙을 북쪽에 위치한 대륙들과 함께 남극으로 이동시켰으며 석탄 퇴적물이 적도에 위치하도록 하게 했다. 그는 이 북쪽에 위치한 대륙을 **로라시아**(Laurasia)라고 명명했다. 그것은 현재의 북아메리카, 그린란드, 유럽 그리고 아시아(인도 제외)로 구성되어 있었다.

듀 토와는 담수 파충류 메소사우루스(*Mesosauras*)의 화석이 브라질과 남아메리카의 특정지역의 페름기의 암석에서 발견되었으나 세계의 어느 지역에서도 발견되지 않음을 언급하면서 대륙 이동을 위한 고생물학적 증거를 제공했다(그림 3.6). 왜냐하면 담수 동물과 해양 동물의 생리가 완전히 다르기 때문에 담수 파충류가 어떻게 대서양을 가로질러 수영을 해서 이전의 서식지와 동일한 담수 환경에서 서식할 수 있는가를 생각하기가 쉽지 않기 때문이다. 더욱이나 만일 메소사우루스가 해

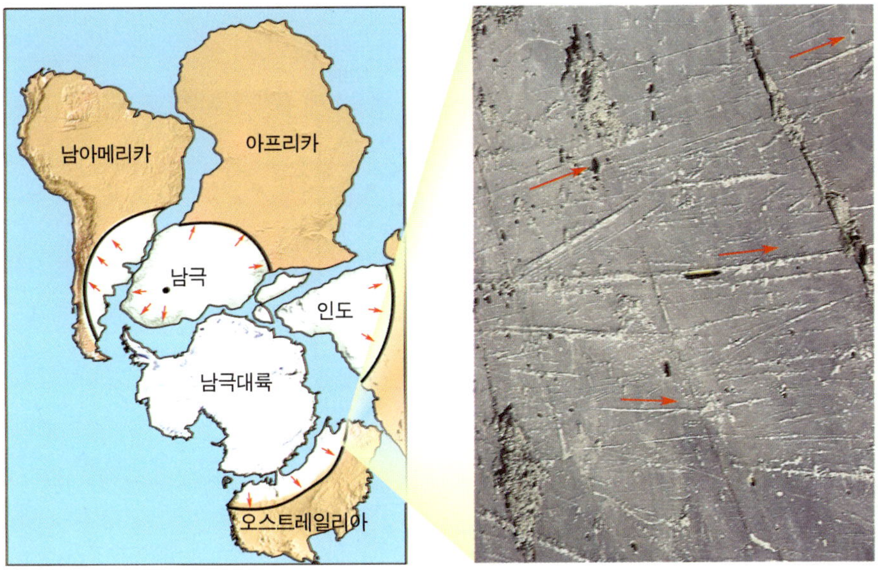

a

b

그림 3.5 대륙 이동을 지시하는 빙하의 증거

a 남아프리카가 남극에 위치하도록 곤드와나 대륙들을 함께 붙여 놓으면 각 대륙의 노두에서 발견된 빙하 조선(적색 화살표)에 의해 빙하(흰색)의 이동 방향을 알 수 있다.

b 호주 할렛 코브의 페름기 노두에 있는 빙하 조선(긁힌 자국)은 2억 년 전보다 오래된 빙하의 이동 방향을 지시한다. 빙하가 대륙의 표면을 이동하면서 하부에 있는 암석을 부수거나 긁어낸다. 자국은 암석 표면에 보존되고(빙하 조선) 그 당시 빙하의 이동 방향(적색 화살표)에 대한 증거를 제공한다.

그림 3.6 대륙이동설을 뒷받침하는 화석 증거 오늘날 넓게 분리된 대륙인 남아메리카, 아프리카, 인도, 호주, 남극에 화석으로 발견되는 동물과 식물. 고생대 후기에 이 대륙들이 모여서 판게아의 남부 대륙들인 곤드와나를 형성하였다. 글로솝테리스 식물군은 오늘날 모두 심하게 다른 기후를 갖는 5개의 모든 대륙에서 발견되는데, 펜실베이니아기와 페름기 동안 그들은 동일한 기후대에 위치하고 있었다. 메소사우루스는 브라질과 남아프리카의 육성 페름기 암석에서만 발견되는 담수 파충류이다. 시노그나투스와 리소트로사우루스는 트라이아스기 초기에 서식했던 육성 파충류이다. 시노그나투스는 남아메리카와 아프리카에서 발견되는 반면 리소트로사우루스는 아프리카, 인도, 남극에서 발견되었다. 담수 파충류와 육성 파충류가 어떻게 오늘날 이들 대륙을 갈라놓고 있는 해양을 수영할 수 있었겠는가를 생각하기는 어렵다. 대륙이 이전에 모두 연결되어 있었다고 생각하는 것이 더 합리적이다.

출처: E.H. Colbert, Wandering Lands and Animals, 1983, 72, Figure 31.

양을 가로질러 수영을 했다면 그것의 화석이 널리 퍼져 있어야 한다. 메소사우루스가 오늘날 남아메리카와 아프리카가 서로 옛날에 하나의 대륙으로 인접해 있었던 호수에서 살았다고 가정하는 것이 보다 더 합리적이다.

베게너 그리고 후에 듀 토와와 다른 학자들에 의해 제시된 모든 경험적인 증거에도 불구하고 대부분의 지질학자들은 대륙들이 과거에 이동했을 것이라는 생각을 받아들이려고 하지 않았다. 지질학자들은 새로운 생각을 받아들이기보다는 대륙이 이동하기에 제기된 작용이 부적절하고 설득력이 없다고 판단했다. 부분적으로 이것은 누구도 어떻게 대륙이 표면에서 움직일 수 있는가에 대해 합리적인 작용을 설명할 수 없었기 때문이었다.

대륙 이동에 대한 관심은, 해양학적 연구와 지구자기장 연구를 통해 현재의 해양 분지가 대륙처럼 나이가 오래되지 않았고, 판게아가 쪼개져서 생기게 되어 나이가 어리다는 것이 밝혀진, 새로운 증거가 나올 때까지 사장되어 있었다.

3. 고지자기와 극의 이동

고지자기 증거로 인해 1950년대에 다시 소생된 대륙 이동에 대한 관심은 그 당시에는 상대적으로 새로운 학문 분야였다. **고지자기**(paleomagnetism)는 암석의 형성시기에 지구의 자극의 방향과 세기를 기록하는 고기의 암석에 있는 잔류 자기이다.

지구는 자극이 기본적으로 지리적인 극과 일치하는 거대한 양극자석(북극과 남극으로 일컬어지는 두 개의 다른 자극을 가진 자석)으로 생각될 수 있다(그림 3.7). 이런 배열은 자기장의 세기는 일정하지 않고 변화함을 의미한다. 그림 3.7에서 지구 주위의 자력선은 적도에서만 유일하게 지표면에 평행하다. 자력선이 극을 접근하게 됨에 따라 그들은 지표에 대해 더 큰 각도로 방향이 바뀌며 자기장의 세기가 증가하는데, 자기장의 세기는 극에서 가장 강하며 적도에서 가장 약하다.

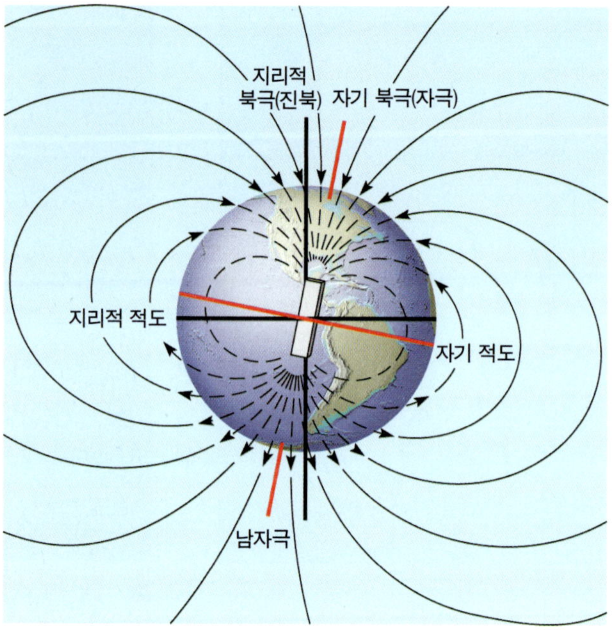

a 지구 자기장은 막대자석의 자기장처럼 자력선을 갖는다.

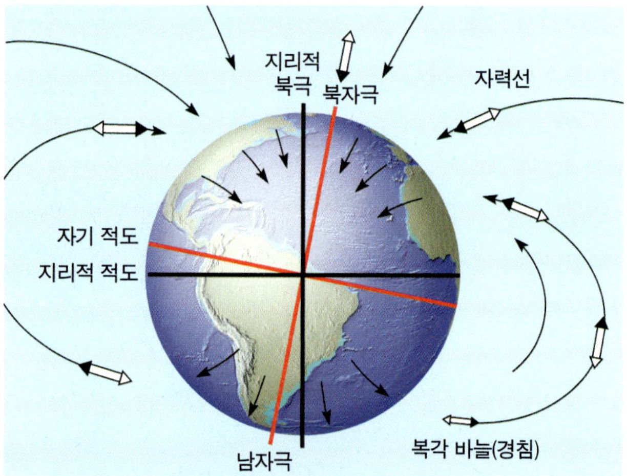

b 자기장의 세기는 자기적도에서 자극까지 변화한다. 이 세기의 변화는 복각 바늘(뾰족한 받침대 위에 올려 져서 자유롭게 수직으로 움직일 수 있는 자석 바늘)을 남자극과 북자극이 동일하게 균형을 이루고 있는 자기 적도에서 지구 표면에 평행하게 만든다. 지구 표면에 대한 복각 또는 경사는 자극에서 지구 표면에 대해 직각 또는 90°에 다다를 때까지 자극을 향해 이동할수록 증가한다.

그림 3.7 지구의 자기장

지자기의 전문가들은 지구 자기장의 모든 양상을 완전히 이해하지 못하나 그들 대부분은 액체인 지구 외핵의 대류에서 기인된 전류가 지구 자기장을 생성시킨다는 것에 동의한다. 나아가 그것은 계속적으로 생성되는 것이 틀림없거나 소멸되어 지구가 적게는 2만 년 동안 자기장이 없었던 것처럼 보인다. 현재 가장 널리 인정되는 모델은 액체로 된 지구의 외핵에서 지구의 자전과 관련된 열적이며 성분적인 대류가 복잡한 전류 내지 자체적으로 전류를 일으키는 발전기를 생성하며, 이것들이 자기장을 생성시킨다는 것이다.

마그마가 냉각되면 자성을 띤 철 성분 광물은 그의 방향성과 세기를 기록하며 지구 자기장에 따라 배열된다. 철 성분 함유광물이 자성을 얻는 온도는 **큐리 온도**(Curie point)라고 불린다. 암석이 큐리 온도 이상으로 다시 가열되지 않는 한, 그 광물은 잔류자기를 보존하게 될 것이다. 따라서 고기의 용암류는 그 용암류가 냉각될 때 지구 자기장의 방향과 세기에 대한 기록을 제공한다.

1950년대에 고지자기 연구가 진행됨에 따라, 다소 기대하지 않은 결과가 나타났다. 지질학자들이 지질학적으로 최근인 암석의 고지자기를 측정하였을 때, 그들은 그것이 지구의 현재의 자기장과 일치한다는 것을 알게 되었다. 그러나 고기 암석의 지자기는 다른 방향성을 보여 주었다. 예를 들면, 북아메리카의 실루리아기 용암류의 고지자기 연구는 지자기 북극은 그 당시 서태평양에 위치하고 있었음을 지시하였으나, 페름기 용암류의 고지자기 증거는 아시아에서 다른 지역을 가리키고 있었다. 북아메리카에서 모든 시대의 용암류의 고지자기 이동 방향을 지도에 표시하면 지자기극의 겉보기 이동을 추적할 수 있다(그림 3.8).

한 대륙으로부터의 고지자기 증거는 세 가지 방법으로 해석할 수 있다. 대륙이 고정되어 있었고 자기의 북극이 이동했다는 것, 자기의 북극은 고정되어 있었고 대륙이 이동했다는 것, 그리고 대륙과 자기의 북극 둘 다 이동했다는 것이다.

유럽의 실루리아기와 페름기의 용암류의 자성 광물은 같은 시대 북아메리카의 자성 광물과는 다른 자극을 가리키고 있었다(그림 3.8). 나아가 모든 대륙의 용암류의 분석은 각 대륙은 각각 그 대륙 고유의 자극을 갖고 있음을 지시하였다. 이것은 각각의 대륙에 해당하는 서로 다른 자극이 있음을 의미하는가? 그럴 가능성은 아주 낮고 지구 자기장에 대한 이론에 비추어 볼 때 아주 생각하기 어렵다.

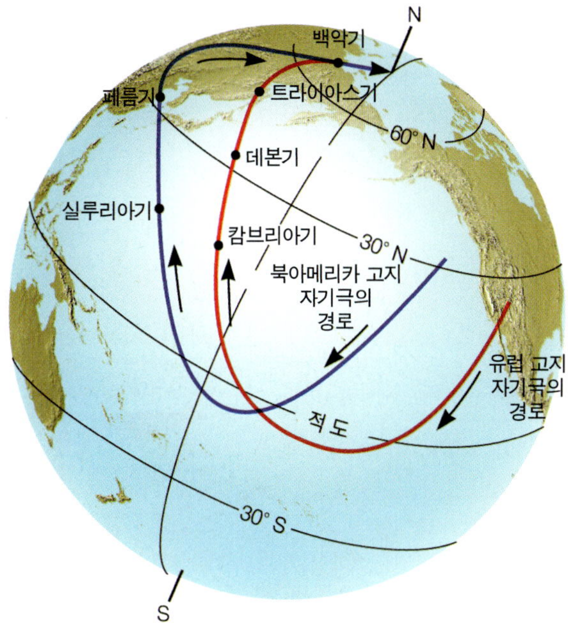

그림 3.8 **극이동** 북아메리카와 유럽의 극이동에 대한 겉보기 경로. 북자극의 겉보기 위치가 각 대륙의 극이동 경로 위에 다른 시대별로 제시되었다. 만일 대륙이 시간에 따라 이동하지 않았고 또 지구는 단 하나의 자극을 갖기 때문에 과거 동일한 시간에 다른 대륙에서 취한 고자극의 위치는 동일한 지점을 향하고 있어야 한다. 그러나, 북자극은 다른 대륙에서 측정했을 때 과거 동일한 시간에 다른 지점을 향하고 있고 이것은 여러 개의 북자극이 있음을 지시한다. 이 딜레마에 대한 논리적인 설명은 과거 북자극은 동일한 지리적 위치에 있었으나 대륙이 이동했다는 것이다.

그런 자료에 대한 가장 좋은 설명은 자극이 현재의 지리적인 북극과 남극에 있었고 대륙이 이동했다는 것이다. 대륙 주변부를 맞춰 보면 고지자기 자료는 하나의 자극을 가리키고 있으며, 우리는 베게너가 그랬던 것처럼 암석층과 빙하 퇴적물이 서로 일치하고 화석의 증거가 고지리의 재현과 일치한다는 것을 알게 된다.

4. 자기 역전과 해저 확장

지질학자들은 지구 자기의 북극과 남극이 대략 지리적으로 각각 남극과 북극에 위치하는 현재의 지구 자기장을 정상이라고 간주한다. 그러나 과거 지질시대 동안 여러 번 지구 자장의 북극과 남극이 역전되어 있었으며, 자기의 북극이 자기의 남극이 되었고 자기의 남극이 자기의 북극이 되었다. 그런 자기의 역전 동안 자기장은 그것이 일시적으로 사라지게 되기까지 약해지게 된다. 자기장이 다시 되돌아오게 되면 자기의 극은 그 위치가 다시 바뀌게 된다. 이런 **자기 역전**(magnetic reversal)은 연대 측정과 육지 용암류에 있는 잔류자기의 방향을 측정함으로써 발견되게 되었다(그림 3.9). 비록 자기 역전의 원인은 아직 확실치 않으나, 지질시대의 기록에서 그들의 분포는 잘 연구되어 있다.

해양학 연구에서 새로운 관심은 1960년대에 광범위한 해양분지 지도 작성을 하게 하였다. 이런 지도 작성은 세계에서 가장 광범위한 산맥을 이루고 있는 무려 65,000km 이상의 길이를 갖는 해령을 제시하였다. 아마도 가장 잘 알려진 해령 시스템은 중앙 해령인데, 그것은 대서양을 거의 동일하게 양분하고 있다(그림 3.10).

1950년대에 수행된 해양학적 연구의 결과, 프린스턴 대학의 헤스(Harry Hess)는 1962년도에 대륙의 이동을 설명하는 **해저 확장**(seafloor spreading)의 이론인 획기적인 논문을 발표하였다. 그는 배가 바다의 빙하를 가

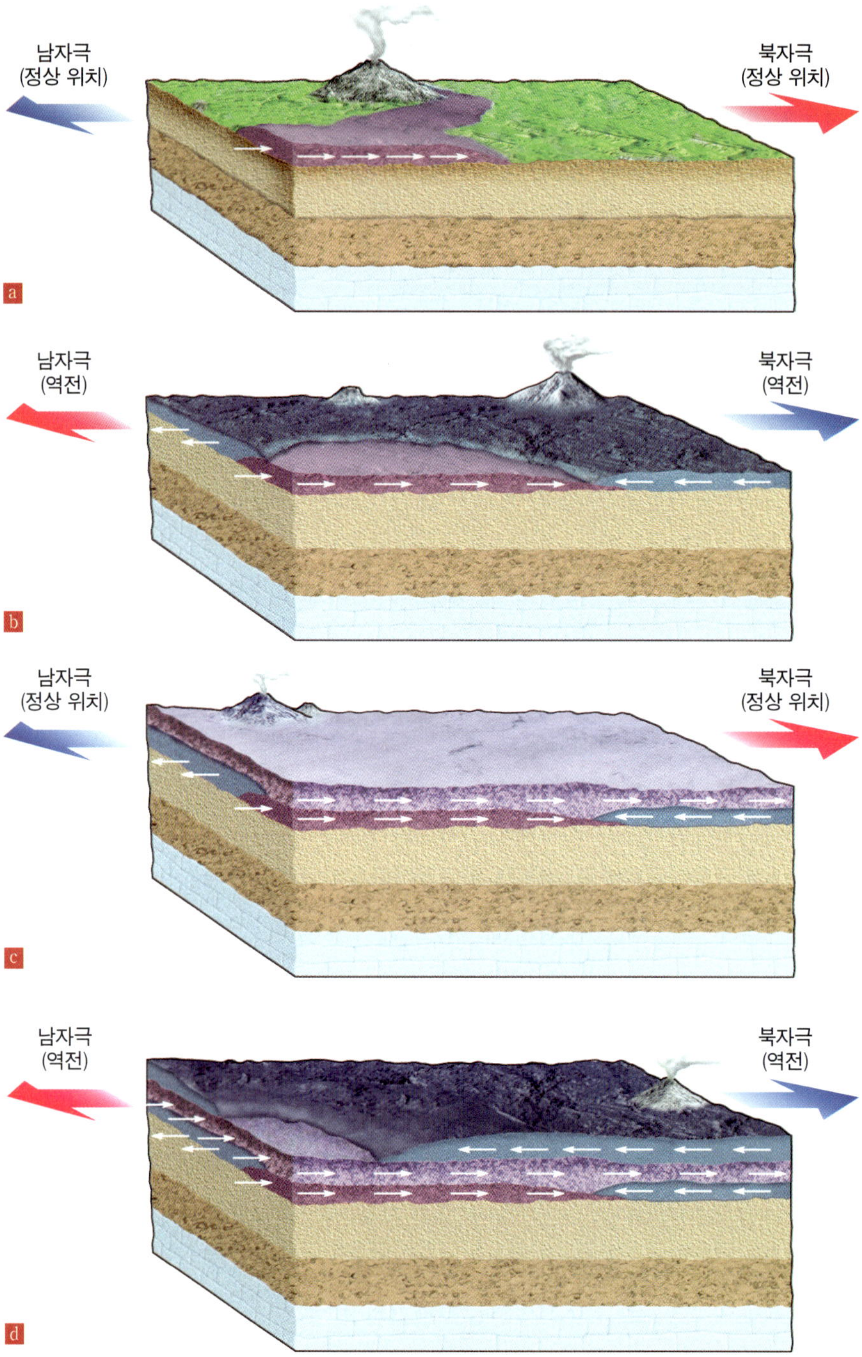

그림 3.9 **자기 역전** 주어진 기간 동안(a에서 d), 화산 폭발은 일련의 용암류를 생성하였다. 이 화산 폭발이 일어나는 동안 지구의 자기장은 완전히 역전되었다. 즉 북자극이 지리적 남극으로 이동하였고, 남자극이 지리적 북극으로 이동하였다. 따라서 만일 자장이 다시 역전되면 오늘날 북극을 가리키는 나침반 바늘의 끝은 남극을 가리키게 된다. 용암류가 큐리 온도 아래에서 냉각되면 용암류내의 자성광물이 그 당시 자장에 평행하게 배열하기 때문에 우리는 과거 지구의 자장이 수없이 역전되었음을 알고 있다. 그들은 자장이 그 당시 정상이었는지 역전되었는지를 기록하게 된다. 이 그림에서 흰 화살표는 각각의 용암류에 대해 북자극의 방향을 보여 주고 있고, 따라서 지구 자장이 과거에 역전되었음을 확신시켜 준다.

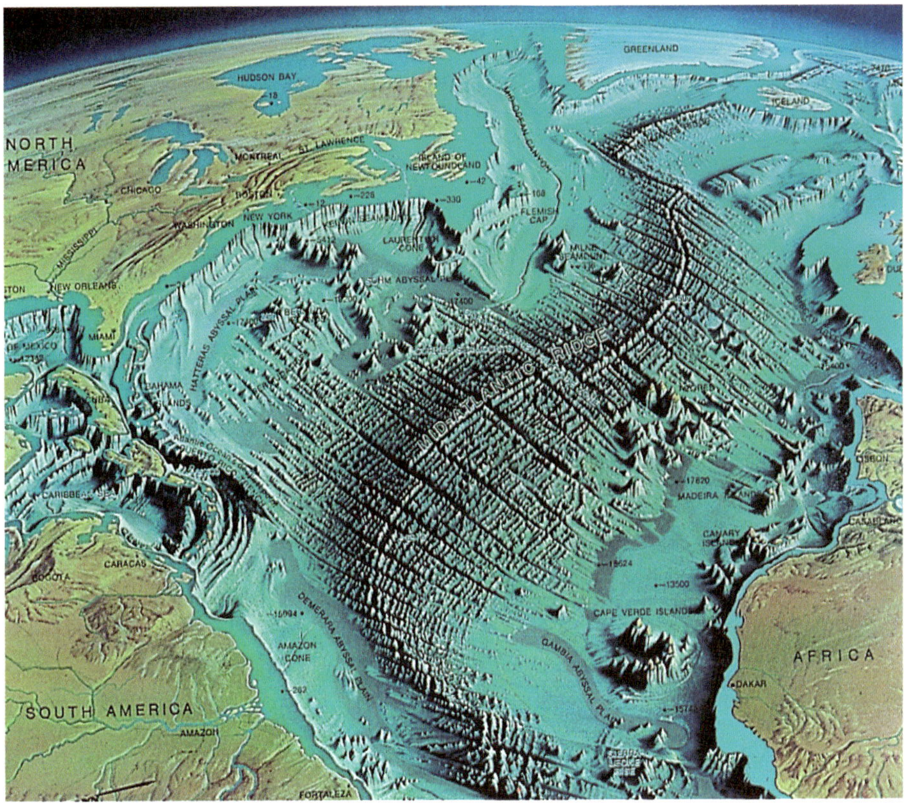

그림 3.10 **대서양 분지의 지형** 물이 없을 때의 대서양 분지의 모습에 대한 예술적 시각으로 본 그림. 주된 양상은 길이가 65,000km 이상인 해령 시스템인 대서양 중앙 해령으로 대서양 분지를 반으로 나눈다. 해령을 따라 해양저는 분리되고 지구 내부로부터 마그마가 솟아올라 새로운 해양 지각이 생성된다.

르며 항해하듯이 대륙이 해양 지각을 관통하면서 이동하지 않고 대륙 지각과 해양 지각이 하나로 연합되어 함께 이동한다고 제안하였다. 따라서 해저 확장 이론은 어떻게 대륙이 해양 지각을 뚫고 이동하는가인 대륙 이동의 주된 반대 주장에 대한 해답을 주었다. 우리가 오늘날 알고 있는 것처럼, 대륙은 암석권의 일부로서 해양 지각과 함께 이동한다.

헤스는 더 나아가 해양저는 상승하는 마그마에 의해 새로운 지각이 형성되는 해령에서 분리된다고 가정하였다. 마그마가 냉각됨에 따라 새로 형성된 해양 지각은 그 해령으로부터 멀어지게 된다.

이 시스템을 이동하게 하는 설명의 일환으로, 헤스는 판을 움직이게 하는 작용은 맨틀 내에서 열전달 시스템 또는 **열대류 세포**(thermal convection cell)에 의한 것이라는 아이디어〔영국의 지질학자 홈스(Arthur Holmes)에 의해 1920년대 말에 최초로 제안된〕를 다시 제기하였다. 헤스에 의하면 뜨거운 마그마가 맨틀로부터 상승하여 해령으로 정의된 열극을 따라 관입하게 되고 새로운 지각이 형성된다. 차가워진 지각은 그것이 가열되고 순환되는 해구에서 다시 맨틀로 섭입되어 열대류의 순환이 일어나게 된다(그림 1.8).

어떻게 헤스의 가설을 확인할 수 있는가? 해양 지각에 대한 지자기 연구는 해령 주위에서 양쪽으로 평행하며 대칭적으로 분포한 암석에서 줄무늬의 **자기 이상**(magnetic anomaly: 지구의 현재의 자장의 평균 세기로부터 벗어남)을 보여 주었다(그림 3.11). 양의 자기 이상은 해령의 정상을 따라 해양 지각이 형성될 때 지구의 자기장이 오늘날과 같은 것으로, 자장의 평균치보다 높은 값(양의 값)을 보일 때 나타난다. 음의 자기 이상은 해양 지각의 형성시기에 지구 자기장이 역전되어 있으면 나타나게 되며, 평균값 보다 낮은 자기의 값(음의 값)을 보인다.

따라서 해령의 정상을 따라 새로운 해양 지각이 형성되고 동시에 지구 자기장을 기록하게 됨에 따라 이전에 형성된 지각은 해령으로부터 횡적으로 멀어지게 된다. 이런 자기의 줄무늬는 해령(새로운 해양 지각을 형성하

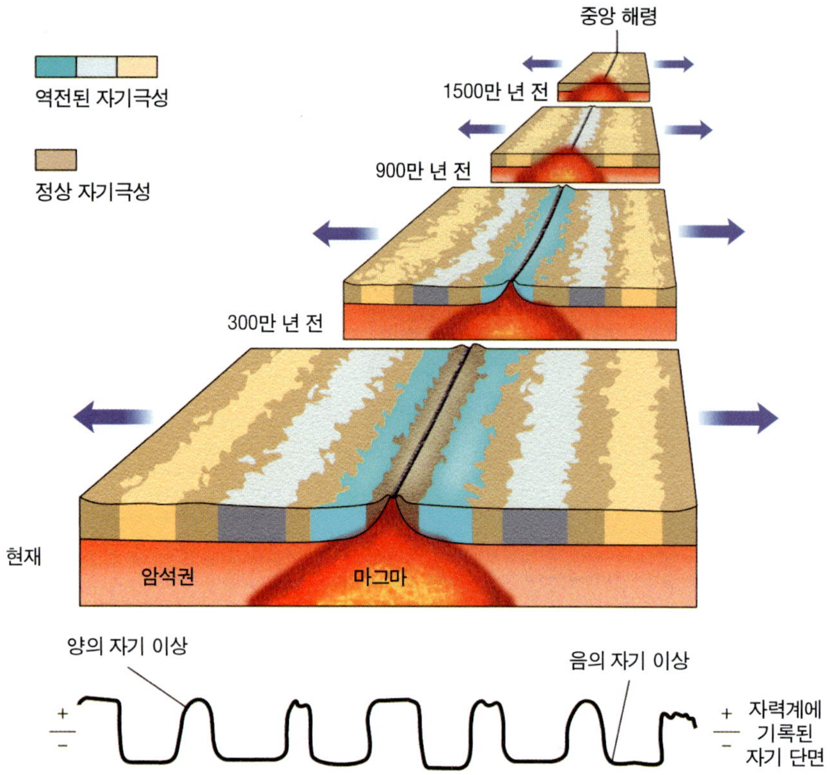

그림 3.11 **자기 이상과 해저 확장** 해양 지각에 보존된 자기 이상은 해령에 평행하며 대칭적이다. 오늘날 해령으로 유입되어 해령에서 횡적으로 멀어지는 현무암질 용암은 지구의 현재의 자장 또는 자극(관례상 정상)을 기록한다. 300만 년 전, 900만 년 전, 1,500만 년 전의 현무암의 관입은 그 당시의 지구의 역전된 자장을 기록한다. 이 모식도는 해양 지각에 보존된 자기 이상을 유지하면서 어떻게 고체화된 현무암이 해령(또는 열곡)으로부터 이동하는가를 보여 준다. 자기 이상은 지구의 현재 자장의 세기보다 자력계에 나타난 자기장 값이 크거나(양의 자기 이상) 낮다(음의 자기 이상). 자기 이상은 자장의 세기를 측정하는 자력계에 기록된다.

출처: Kious and Tiling, USGS and Hyndman & Hyndman, Natural Hazards and Disasters, Brooks/Cole, 2006, p. 15, Fig. 2.6b.

며 마그마가 솟아오르는 곳)에서 정자극과 역전자극의 시간을 나타내며 결론적으로 헤스의 해저 확장 이론을 확신시켜 준다.

해저 확장 이론의 결과 해양 분지가 지질학적으로 젊다는 것을 확인시켜 준 것인데, 이렇게 젊은 해양 분지가 열리고 닫치는 것은 대륙 이동을 설명하는 원인이 된다(그림 3.12). 방사성 동위원소 연대 측정은 가장 오래된 대륙 지각은 39억 6,000만 년 된 반면 가장 오래된 해양 지각은 1억 8,000만 년보다 나이가 어리다는 것을 보여 준다. 비록 지질학자들이 열대류 순환이 판 이동의 추진력으로 예외 없이 받아들이지는 않지만, 대부분의 지질학자들은 판을 이동시키는 추진력에 관계없이 판은 해령에서 생성되고 해구에서 소멸되는 것으로 받아들인다.

5. 판구조론과 판의 경계

판구조론(plate tectonic theory)은 지구의 간단한 모델에 근거한다. 해양 지각과 대륙 지각 그리고 이들 아래의 상부 맨틀로 구성된 단단한 암석권은, **판**(plate)이라고 불리는 여러 개의 각각 크기가 다른 조각으로 구성되어 있다(그림 3.13). 7개의 주된 판(유라시아판, 호주판, 남극판, 북아메리카판, 남아메리카판, 아프리카판)과 넓이가 수십에서 수백km에 이르는 여러 개의 소규모 판(예를 들면, 나즈카판)이 있다. 상부 맨틀과 대륙 지각으로 구성된 두께가 250km까지 달하는 판과 상부 맨틀과 해양 지각으로 구성된 100km 두께의 판이 있는 것처럼 판은 두께가 다양하다.

암석권은 온도가 높고 강도가 약한 반가소성적인 연약권 위에 놓여 있다. 연약권 내에서 일부 열전달 시스템에 의한 이동이 위에 놓인 판들을 움직이게 하는 원인이 된다. 연약권 위에서 판들이 이동하게 됨에 따라 그들은 해령에서 분리된다. 해구와 같은 다른 지역에서

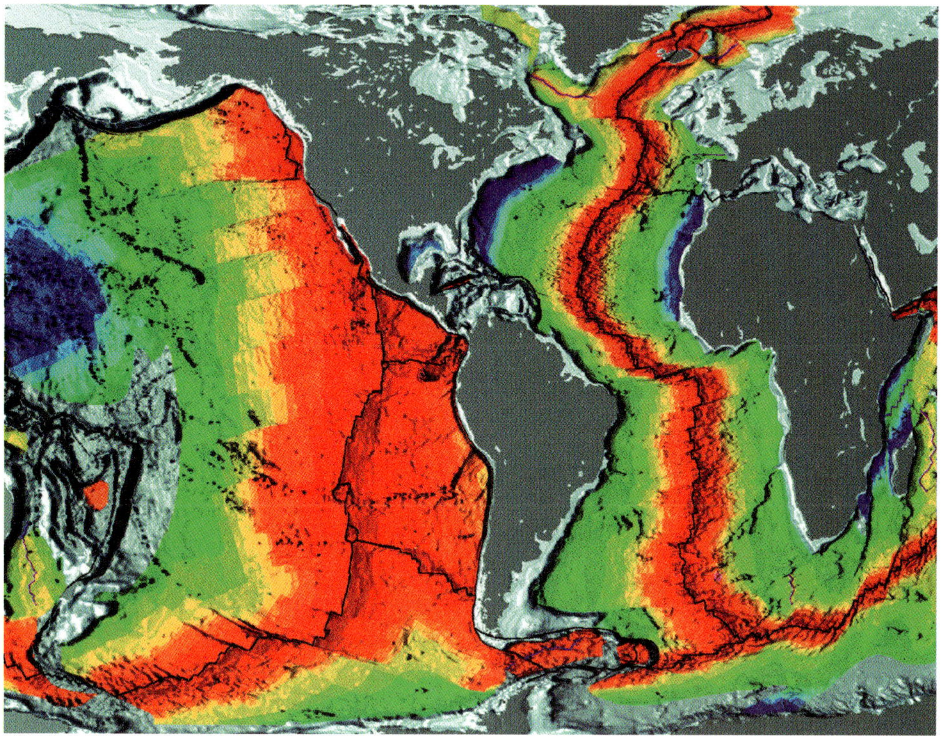

그림 3.12 세계 해양 분지의 나이 세계 해양 분지의 나이는 해양 지각에 보존된 자기 이상으로 결정된다. 해령 주변의 붉은색은 가장 젊은 해양 지각이다. 해령으로부터 횡적으로 이동하면서 적색은 4,800만 년 전에는 황색으로, 6,800만 년 전에는 녹색으로, 그리고 1억 5,500만 년 전에는 암청색으로 변해간다. 가장 어두운 청색은 대륙 주변부 근처에서 나타나며 1억 8,000만 년보다 약간 어리다. 자기 이상은 가장 어린 해양 지각이 해령 부근이며 해령 축에서 멀어짐에 따라 해양 지각의 나이가 증가함을 보여 준다.

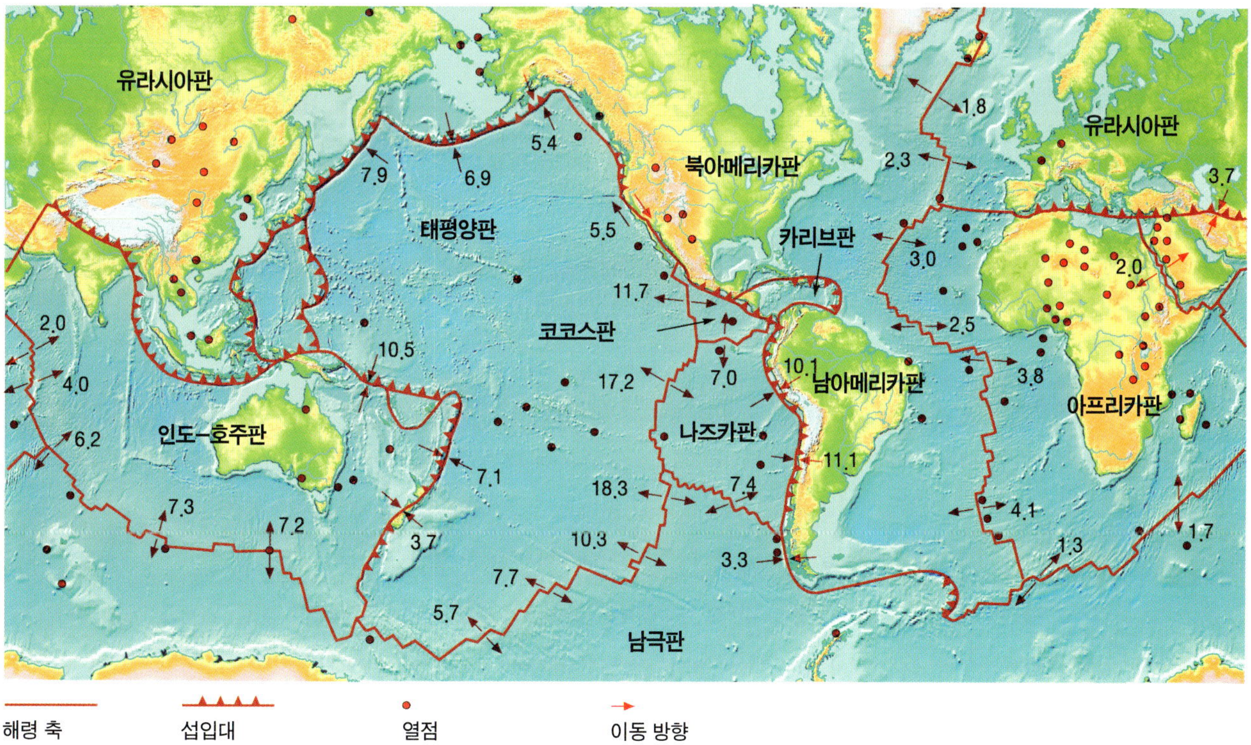

그림 3.13 지구의 판 지구의 판, 판의 경계, 상대적인 이동 방향과 이동 속도(cm/년), 열점을 보여 주는 지도.

출처: J. B., Minster and T. H. Jordan "Present Day Plate Motions," *Journal of Geophysical Research*, *83* (1978) 5331-51. Copyright © 1978 American Geophysical Union. Modified by permission of American Geophysical Union.

조 망

지구형 행성의 지구조

네 개의 지구형 행성인 수성, 금성, 지구, 화성은 부가작용, 금속 핵과 규산 맨틀과 지각, 기체 방출로 인한 초기 대기의 형성으로 분화가 일어난 것을 포함하는 모두 비슷한 초기 역사를 가졌다. 그들의 초기 역사는 광범위한 화산작용과 운석 충돌에 의해 특징지어지는데, 이 두 가지는 모두 행성 표면을 변화시키는 데 일조했다. 세 개의 지구형 행성과 목성형 행성의 일부 달들이 내부 활동을 보이는 반면, 지구는 그 표면이 일련의 판들로 쪼개져 있다는 점에서 독특하다.

마리너 10호가 보내온 수성의 영상은, 지구의 달의 용암 평원과 비슷하게 용암류로 채워진 것으로 보이는 가장 큰 충돌 분지를 포함하는, 아주 심하게 운석구가 발달한 표면을 보여 준다(그림 1). 수성 표면의 다른 양상은 용암 평원과 충돌 분지를 절단하는 수많은 돌출된 급경사면이다. 이 급경사면들은 수성의 초기 역사 동안 냉각되고 수축되어 생성된 충상단층(열극을 따라 암석의 한 블록이 인근에 있는 다른 암석 블록 위로 밀려 올라가게 한)으로 해석되어 왔다.

모든 행성 가운데 금성(그림 2)은 크기와 질량이 지구와 가장 유사하나 많은 기준에서 지구와 다르다. 지구는 판구조 운동이 우세하지만 금성은, 비록 초기에 판구조 운동이 있었던 시기가 있었는가에 대한 논란이 있기는 하지만, 현재 또는 지질학적으로 최근에 일어난 판구조 운동의 증거가 없다. 대신 화산 활동이 금성 표면의 진화에 중요한 원동력으로 생각된다(그림 3). 비록 금성 표면에서 활발한 화산 활동이 관찰되지는 않았지만, 그 표면의 많은 부분은 거대한 화산과 화산 돔에 의해 지시되는 화산 활동에 의해 형성되었다. 이들 구조들은 위로 상승하는 용암의 흐름의 산물로 생각된다.

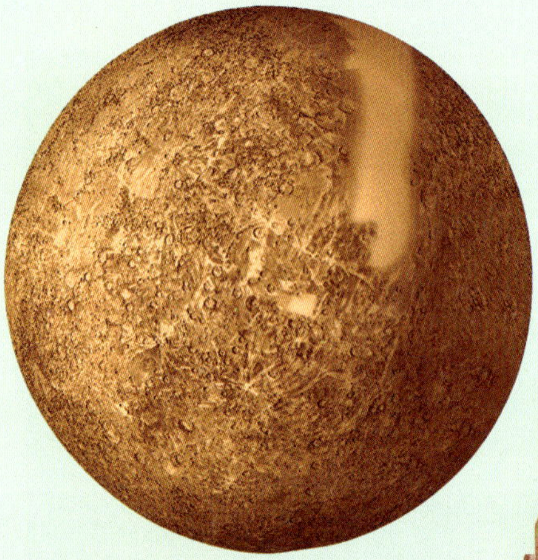

그림 1. 칼라 선명도를 높인 수성의 사진 모자이크는 초기 역사 이래 거의 변화가 없는 분화구가 많은 표면을 보여 준다.

그림 2. 우주선 마젤란호에서 지구로 보내온 레이더 영상에 기초한 칼라 선명도를 높인 금성의 사진 모자이크. 이 영상은 행성의 특징인 충돌구와 화산의 양상을 보여 준다.

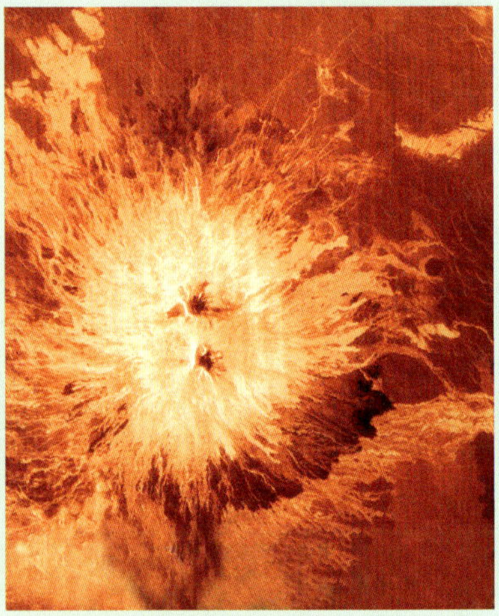

그림 3. 이전에 금성에서 흔했던 화산 활동을 증명하는 두 개의 용암으로 채워진 분화구와 사면의 용암류를 포함하는 금성의 화산 사파스 몬스

붉은 행성으로 알려져 있는 화성(그림 4)은 광범위한 초기 화산 활동을 지시하는 많은 양상들을 가졌다. 이들 중에는 태양계에서 가장 큰 화산인 올림포스 몬스(그림 5), 용암류, 그리고 맨틀 대류에 의해 생성된 것으로 보이는 융기된 지역들이 포함된다. 화산 외에도 화성은 수많은 단층과 대규모 단층에 의한 계곡 구조들을 포함하는 장력 운동의 증거를 보인다. 화성은 초기에 판구조 운동과 그에 뒤따른 초대형의 화산 기둥의 형성과 화산작용의 시기를 경험한 것으로 생각되고 있다.

비록 지구형 행성은 아니지만 목성의 갈릴레오 위성 중 가장 안쪽에 있는 이오(그림 6)는 언급되어야 한다. 우주선 보이저와 갈릴레오로부터 보내져 온 영상에는 이오의 운석구가 없다. 사실 100개 이상의 활화산이 달의 표면에서 보이며, 이들 화산에서 분출된 유황가스와 화산재가 새롭게 형성된 운석구를 덮어버린다. 이 달의 위치가 목성과의 거리가 가깝기 때문에 이오의 열원은 아마도 이오의 내부를 부분적으로 용융시키고 화산을 생성하기에 충분한 조석에 의한 열작용일 것이다.

그림 4. 화성의 사진 모자이크는 남극 빙모를 포함한 다양한 지질학적 양상을 보여 준다.

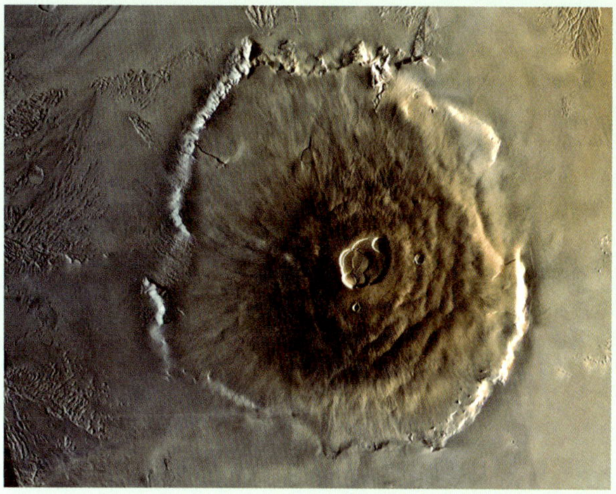

그림 5. 태양계에서 가장 큰 화산인 화성의 화산인 올림포스 몬스를 수직으로 내려다 본 모습. 올림포스 몬스 분화구의 가장자리는 지구에서 가장 큰 화산인 마우나로아보다 더 크고 수 km 높이의 절벽으로 되어 있다.

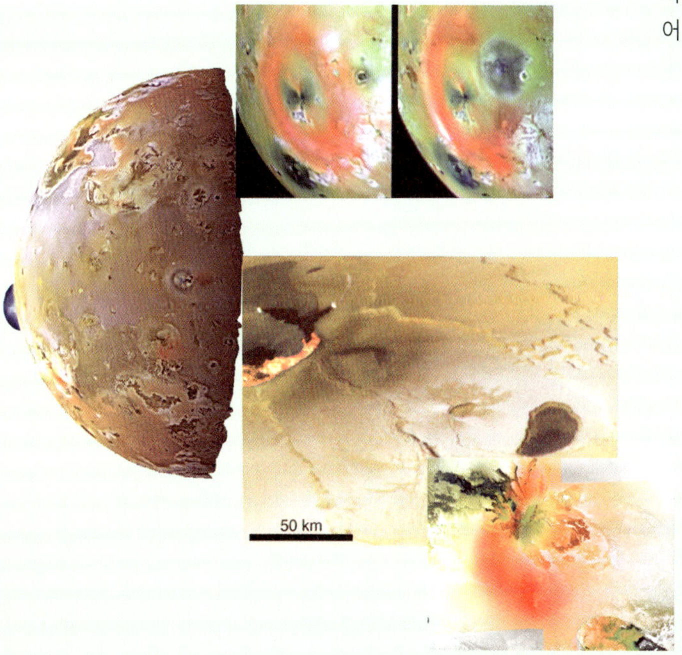

그림 6. 목성의 가장 안쪽 달인 이오의 화산의 양상. 디지털 방식으로 색 해상도를 높인 이 영상에서 볼 수 있는 것처럼, 이오는 화산 활동이 활발한 달이다.

표 3.1 판 경계의 유형

형	예	지형	화산작용
발산			
해양	대서양 중앙 해령	열곡 축을 가진 중앙 해령	현무암
대륙	동아프리카 열곡	열곡	현무암과 유문암, 안산암은 없음
수렴			
해양판-해양판	알류산 열도	화산 호상 열도, 해구	안산암
해양판-대륙판	안데스	해구, 화산 산맥, 산맥	안산암
대륙판-대륙판	히말라야	산맥	소규모
변환	산안드레아스 단층	단층 계곡	소규모

그들은 충돌하고 맨틀 속으로 다시 섭입되게 된다.

판의 이동을 그려볼 수 있는 쉬운 방법은 항공기 화물보관함에서 수하물 카트로 짐을 운반하는 컨베이어 벨트를 생각해 보면 된다. 컨베이어 벨트는 맨틀 내의 대류를 나타내고 수하물은 지구의 암석권을 나타낸다. 수하물은 컨베이어 벨트를 따라 수하물 카트로 담겨지게 될 때까지 이동하게 되는데 같은 방법으로 판은 지구 내부로 그들이 섭입될 때까지 대류세포에 의해 이동하게 된다.

비록 이런 유추가 당신으로 하여금 어떻게 판의 이동이 일어나는 가를 그려볼 수 있게는 하지만, 이런 유추가 한계가 있다는 것을 기억해야 한다. 주된 한계점은 수하물과는 달리 판은 서로 다른 밀도를 갖는 대륙 지각과 해양 지각으로 구성되어 있고, 해양 지각은 대륙 지각보다 밀도가 높기 때문에 단지 해양 지각만 지구 내부로 섭입이 된다는 점이다. 그럼에도 불구하고 이런 유추는 판의 이동을 그려보게 하는 하나의 쉬운 방법이다.

많은 지질학자들은 판구조론의 증거가 압도적이기 때문에 그것은 여러 가지 관계가 없어 보이는 지질학적 양상과 사건들을 결부시켜 그들이 어떻게 서로 관련되어 있는지를 보여 준다. 결과적으로 지질학자들은 판의 주변부를 따라 일어나는 상호 작용인 조산운동, 지진, 화산 활동을 전 지구적 판구조론의 관점에서 보게 되었다. 나아가, 모든 내부 행성은 비슷한 기원과 초기 역사를 갖기 때문에 지질학자들은 판구조 운동이 지구에만 있는 독특한 현상인지 아니면 다른 행성에도 같은 방법으로 일어나고 있는지에 관심이 있다('조망' 참조).

판구조론은 적어도 선캄브리아 시대부터 일어났기 때문에(9장 참조) 어떻게 판들이 이동하고 서로 상호 작용하는지 그리고 어떻게 고기의 판 경계들을 재배열시킬 수 있는지를 이해하는 것이 중요하다.

지질학자들은 발산경계, 수렴경계, 변환경계와 같은 세 종류의 주된 판의 경계를 인정한다(표 3.1). 이런 경계를 따라 새로운 판이 형성되거나 소멸되고 서로 횡적으로 이동하게 된다. 지구 역사에 판의 상호 작용이 어떤 영향을 미쳤는가의 관점에서 그들의 의미를 이해하기 위해 지질학자들은 현재의 판의 경계를 연구해야 한다.

발산경계

발산경계(divergent plate boundary) 또는 **확장 해령**은 판들이 분리되고 새로운 해양 암석권이 형성되는 곳에서 일어난다. 발산경계는 지각이 확장되고 얇아지며 열곡이 생기는 곳이다. 맨틀의 부분 용융에 의해 유래된 마그마가 지표로 솟아오르는 곳이다. 마그마는 거의 전부 현무암질이며 수직적인 열극으로 관입되어 암맥과 베개 용암류를 형성한다(그림 3.14). 연속적으로 주입되는 마그마가 냉각되고 고결됨에 따라, 그들은 새로운 해양 지각을 형성하고 지구 자기장의 세기와 방향을 기록한다(그림 3.11). 발산경계는 가장 흔하게는 해령의 정상을 따라 분포한다(예를 들면, 대서양 중앙 해령).

그림 3.14 **베개 용암** 대서양 중앙 해령을 따라 형성되는 베개용암. 뚜렷한 구근형태는 수중 폭발의 결과이다.

해령은 대규모 열극을 따라 일어나는 암석의 변위에 의한 기복이 심한 울퉁불퉁한 지형, 천발 지진, 높은 열 유입량, 그리고 현무암질 용암류나 베개 용암으로 특징지어진다.

발산경계는 대륙이 갈라지기 시작하는 초기 동안 대륙 아래에도 존재한다. 마그마가 대륙 아래에서 올라오게 되면, 지각은 초기에는 부풀어 오르게 되고, 늘려 펴지며, 얇아지고 열극, 단층, 열곡, 그리고 화산 활동을 수반하게 된다(그림 3.15a). 마그마가 단층과 열극으로 침투해 들어오게 되면, 마그마는 고결되거나 용암류로 지표 위로 흘러나오게 된다. 지표위로 흘러나온 용암은 흔히 열곡 바닥을 덮게 된다(그림 3.15b). 동아프리카 열곡대는 이 단계에서 대륙의 분열을 보여 주는 하나의 좋은 예이다(그림 3.16).

확장이 계속됨에 따라 일부 열곡은 대륙 지각이 궁극적으로 깨어지게 될 때까지 길어지고 깊어지게 되며, 두 대륙 블록으로 분리하면서 좁고 긴 바다가 형성된다(그림 3.15c). 아프리카로부터 아라비아 반도를 분리하는 홍해와 멕시코 본토와 바하 캘리포니아를 분리하는 캘리포니아 만은 열개작용이 더 진행된 좋은 예들이다.

새로 생성된 좁은 바다가 계속 커짐에 따라 그것은 궁극적으로 북아메리카와 남아메리카를 유럽과 아프리카와 수천km 분리시켜 오늘날의 대서양과 같은 넓은 해양 분지가 된다(그림 3.15d). 대서양 중앙 해령은 이 발산하는 판들 사이에 있는 경계이며(그림 3.10), 북아메리카와 남아메리카 판들은 서쪽으로 이동하고 유라시아와 아프리카 판들은 동쪽으로 이동하고 있다.

고기 열개작용의 예

지질학자들이 고기의 열개작용을 인식하기 위해 지질학적 기록에서 어떤 특징을 이용할 수 있는가? 대륙의 열개작용이 일어나는 지역과 관련된 것은 단층, 암맥, 암상, 용암류 그리고 열곡에 있는 두꺼운 퇴적층인데, 이들 모든 특징은 지질 기록에 보존되어 있다. 미국 동부의 트라이아스기 단층 블록은 고기 대륙의 열개작용에 대한 좋은 예이다(그림 3.17a). 이 단층 블록 분지는 북아메리카가 아프리카와 분리 되었을 때 생긴 열개지대를 나타낸다(14장 참조). 이 분지는 수천 m의 대륙기원 퇴적물을 포함하고 있으며 암맥과 암상이 많다(그림 3.17b).

심해 퇴적물과 관련된 베개 용암(그림 3.14)은 고기의 열개작용에 대한 증거이다. 베개 용암의 존재는 좁고 긴 바다에서 확장하는 산맥의 형성을 지시한다. 좁고 긴 바다는 열곡에서 대륙 지각이 쪼개져 벌어지게 되고 그 지역이 해수로 차게 되었을 때 형성된다. 이 새로 형성된 확장 산맥을 따라 바다로 흘러나온 마그마는 베개 용암으로 고결되고, 그 위에 퇴적된 퇴적물과 함께 지질학적 기록에 보존된다.

수렴경계

발산경계에서 새로운 지각이 형성되는 반면, 지구 표면적이 동일하게 유지되기 위해서는 오래된 지각은 소멸되고 재순환되어야 한다. 그렇지 않으면 지구는 확장될 것이다. 그런 판의 소멸이 두 판이 충돌하고 섭입으로 알려진 작용에 의해 다른 판의 주변부 아래로 또 다른 이동하는 판의 가장자리가 하강하는 **수렴경계**(convergent plate boundary)에서 일어난다. 섭입하는 판이

그림 3.15 발산경계의 역사 이 그림과 다른 동영상을 보려면 지질학 자료 센터(www.cengage.com/sso)로 접속해 보기 바란다.

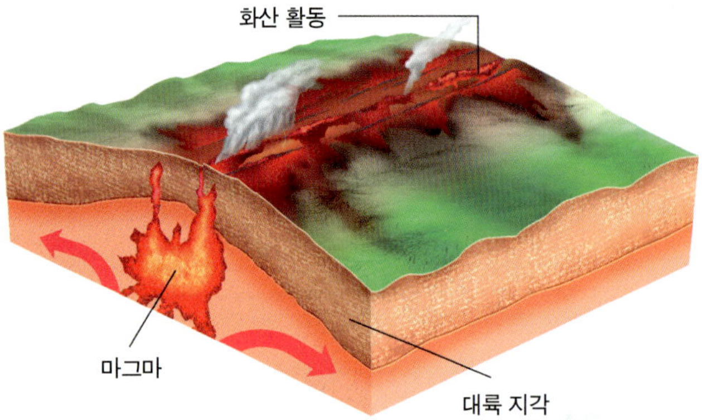

a 대륙 아래의 상승하는 마그마는 다양한 열극, 단층, 열곡 그리고 화산 활동을 유발시키며 지각을 밀어 올린다.

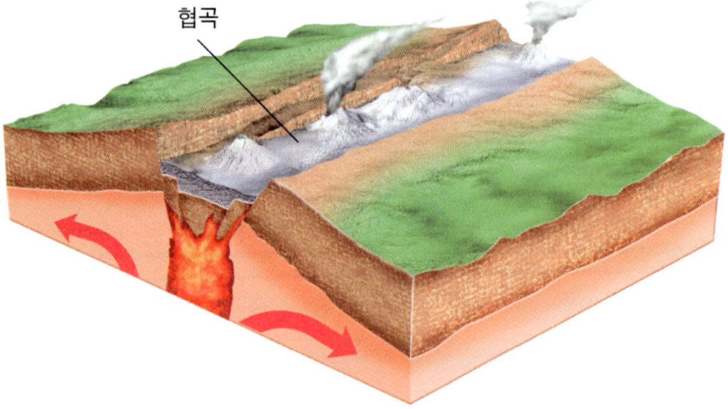

b 오늘날 동아프리카 열곡대에서 보는 것처럼 지각이 늘어나고 얇아짐에 따라, 열곡이 발달하고 용암류가 계곡 바닥에 흐르게 된다.

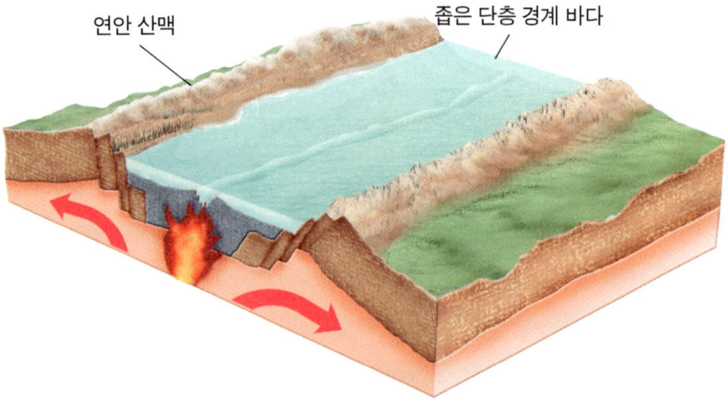

c 계속된 확장은 대륙이 분리되어 좁은 바다를 발달시키게 된다. 아프리카와 아라비아 반도를 분리시킨 홍해가 이 발달 단계의 좋은 예이다.

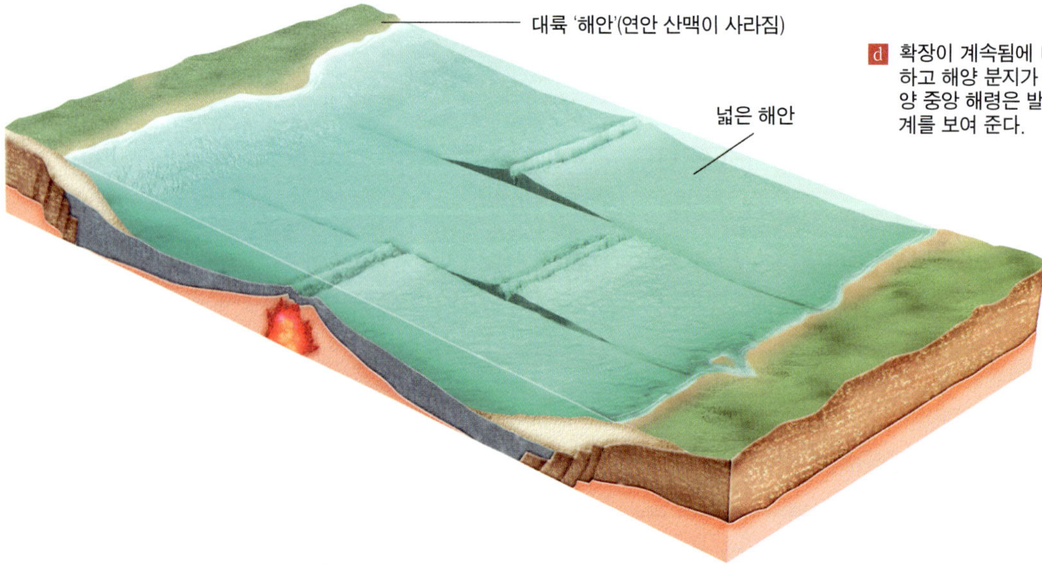

d 확장이 계속됨에 따라 해령 시스템이 발달하고 해양 분지가 형성되고 성장한다. 대서양 중앙 해령은 발산경계의 역사에서 이 단계를 보여 준다.

그림 3.16 **동아프리카 열곡대와 홍해–발산경계의 현재** 동아프리카 열곡대와 홍해는 발산경계의 역사에서 다른 단계를 나타낸다. 동아프리카 열곡대는 동아프리카와 아프리카의 남은 부분이 발산경계를 따라 분리되면서 형성된다.

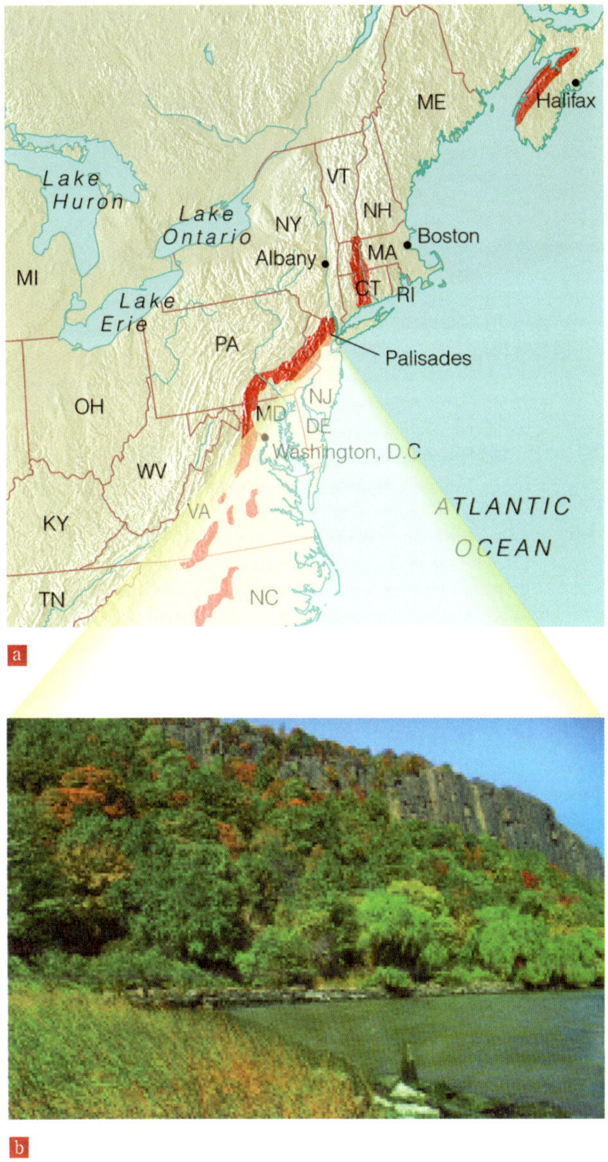

그림 3.17 **북아메리카 동부의 트라이아스기 단층 지괴 분지–고기 열개의 예**

a 북아메리카 동부의 여러 곳에 나타난 트라이아스기 단층 지괴 분지 퇴적물. 이 단층 지괴 분지는 오늘날의 동아프리카 열곡대의 단층 지괴와 유사한 트라이아스기 고기의 대륙 열개의 좋은 예이다.

b 허드슨강 절벽. 이 암상(판상의 화성관입임)은 북아메리카와 아프리카를 분리시킨 트라이아스기 후기의 열개작용이 있는 동안 단층 지괴 분지의 퇴적물로 유입된 많은 암상 중의 하나이다.

연약권 아래로 이동함에 따라, 그 판은 가열되고 궁극적으로는 맨틀에 합류하게 된다.

변형작용, 화산 활동, 산맥 형성, 변성작용, 지진 활동 그리고 유용한 광물의 형성은 수렴경계를 특징짓는다. 해양판–해양판, 해양판–대륙판, 대륙판–대륙판의 세 종류 수렴경계가 알려져 있다.

해양판–해양판 경계 두 개의 해양판이 수렴하게 되면 **해양판–해양판 경계**(oceanic–oceanic plate boundary)를 따라 하나의 해양판은 다른 해양판 아래로 섭입된다(그림 3.18). 섭입하는 판은 해구의 외부 벽을 형성하며 구부러지게 된다. 하강하는 판을 긁으면서 심하

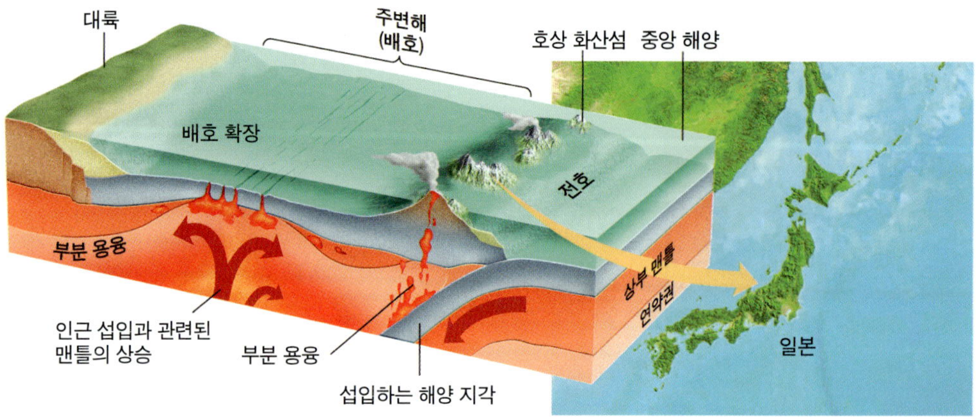

그림 3.18 **해양판–해양판 수렴경계** 해구는 해양판이 다른 해양판 아래로 섭입되는 곳이다. 비섭입 판에서는 호상 화산섬이 섭입되는 판으로부터 생기는 상승하는 마그마에 의해 형성된다. 일본 열도는 해양판이 다른 해양판 아래로 섭입되어서 형성된 호상 화산섬이다. 이 그림과 다른 동영상을 보려면 지질학 자료 센터(www.cengage.com/sso)로 접속해 보기 바란다.

게 휘어지고 단층이 발달한 해양 퇴적물의 쐐기 형태의 얇은 조각들과 해양 암석권으로 이루어진 섭입복합체가 해구의 내부 벽을 따라 형성된다. 섭입하는 판이 맨틀 속으로 하강함에 따라 안산암질 성분을 갖는 마그마를 생성하며 가열되고 부분적으로 용융된다. 이 마그마는 주위에 있는 맨틀 암석보다 밀도가 낮고 섭입되지 않은 판의 표면으로 솟아올라 호상 화산 열도라고 불리는 일련의 화산섬을 형성한다(구와 교차하는 평면은 호를 만든다). 이 호는 해구와 거의 평행하고 해구로부터의 거리가 섭입하는 판의 경사각에 따라 달라지는데, 해구로부터 수백km까지 떨어져 있다.

섭입되는 속도가 위에 있는 판의 전진하는 속도보다 빠른 곳에서 호상 화산 열도의 육지 쪽 암석권은 장력을 받아 늘려 펴지고 얇아져 배호분지를 형성하게 된다. 이 배호분지는 만일 마그마가 얇은 지각을 뚫고 가르면 새로운 해양 지각을 형성한다(그림 3.18). 해양판–해양판 경계와 관련된 배호분지의 좋은 예는 아시아 대륙과 일본 사이에 있는 동해이다.

대부분의 오늘날 활동적인 호상 화산 열도는 태평양에 있고 알류산 열도, 커마덱–통가 호상 열도, 일본 열도(그림 3.18)와 필리핀 열도를 포함한다. 스코시어와 안틸레스(카리브해) 호상 열도는 대서양에 있다.

해양판–대륙판 경계 해양판과 대륙판이 충돌하게 되면 **해양판–대륙판 경계**(oceanic–continental plate boundary)를 따라 밀도가 높은 해양판이 대륙판 아래로 섭입된다(그림 3.19). 해양판–해양판 경계처럼 하강하는 해양판은 해구의 외부 벽을 형성한다.

섭입에 의해 생성된 마그마는 대륙판 아래에서 올라오며, 표면에 도달하기 전에 대규모 화성암체(심성암체라고 불림)로 결정화되거나 표면에서 분출하여 화산호라고 불리는 일련의 안산암질 화산을 생성한다.

해양판–대륙판 경계의 좋은 예는 해양판인 나즈카판이 남아메리카판 아래로 섭입이 일어나는 남아메리카의 태평양 연안이다(그림 3.19). 페루–칠레 해구는 섭입대를 나타내며 안데스 산맥은 섭입하지 않는 판위에 발달한 일련의 화산들이다. 이 특별한 예는 판구조 운동이 우리의 생활에 영향을 미치고 있음을 보여 준다. 예를 들면, 지진은 흔히 섭입대와 관련되어 있고 남아메리카의 서쪽은 흔하게 지진이 일어나는 치명적인 지진대이다.

대륙판–대륙판 경계 서로 접근하는 두 대륙은 처음에는 하나의 대륙 아래로 섭입이 일어나는 해양저에 의해 분리되어 있었다. 그 대륙의 가장자리는 해양판–대륙판 수렴의 특징을 보여 준다. 해양저가 계속 섭입됨에 따라

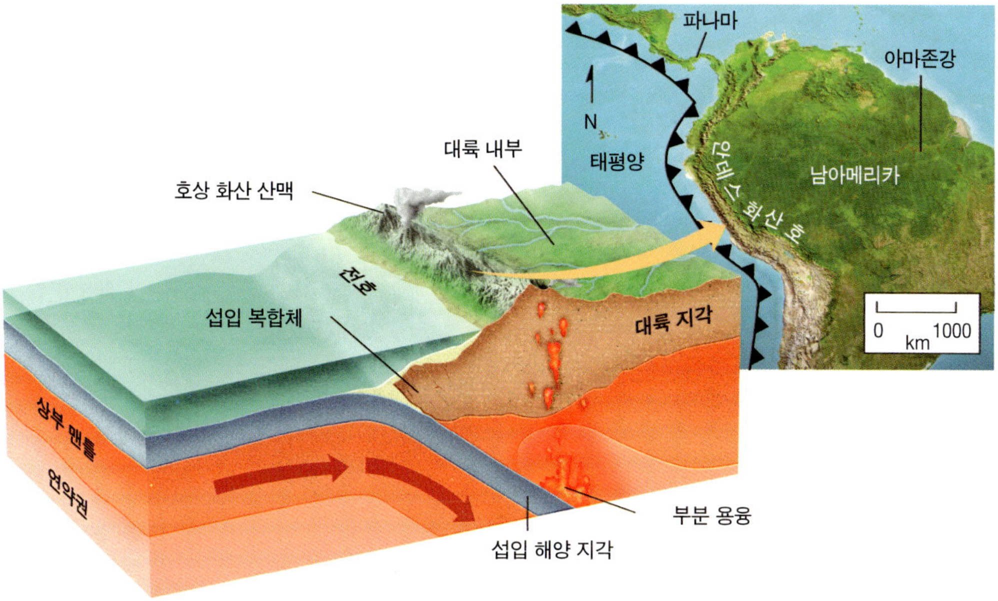

그림 3.19 해양판-대륙판 수렴경계 대륙판 아래로 해양판이 섭입될 때 상승하는 마그마에 의해 안산암질 화산 산맥이 대륙판 위에 형성된다. 남아메리카의 안데스 산맥은 해양판-대륙판 수렴경계에서 계속된 산맥의 형성에 대한 가장 좋은 예 중의 하나이다. 이 그림과 다른 동영상을 보려면 지질학 자료 센터(www.cengage.com/sso)로 접속해 보기 바란다.

두 대륙은 그들이 궁극적으로 충돌하게 될 때까지 가깝게 접근하게 된다. 왜냐면 대륙 지각과 맨틀 상부로 구성된 대륙 암석권이 해양 암석권(해양 지각과 맨틀 상부)보다 밀도가 작기 때문에, 대륙 암석권은 연약권으로 가라앉을 수 없다. 비록 하나의 대륙이 다른 대륙 아래로 부분적으로 미끄러질 수 있을지라도, 그것은 섭입대 아래로 잡아당겨지거나 밀수가 없다(그림 3.20).

두 대륙이 충돌하게 되면 그들은 이전의 섭입대를 따라 서로 합쳐진다. 이 **대륙판-대륙판 경계**(continental-continental plate boundary)에서 변형된 퇴적물과 퇴적암, 화성암의 관입, 변성암, 해양 지각의 조각으로 구성된 내부의 산맥이 형성된다. 나아가 전 지역은 많은 지진이 있게 된다. 가장 나이가 어리며 가장 높은 산맥 시스템인 중앙아시아의 히말라야 산맥이 약 5,000만~4,000만 년 전 사이에 시작되어 지금도 진행되고 있는 인도와 아시아의 충돌에 의해 생성되었다(그림 3.20).

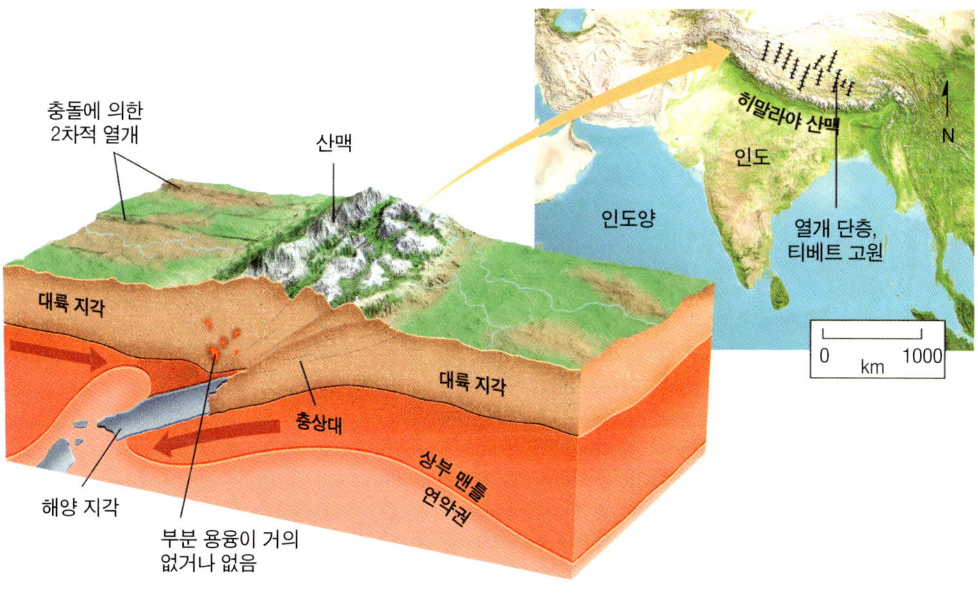

그림 3.20 대륙판-대륙판 수렴경계 두 개의 대륙판이 수렴하면 두께가 두껍고 밀도가 낮고 둘 다 밀도가 같기 때문에 둘 다 섭입되지 않는다. 두 개의 대륙판이 충돌하면 새롭게 넓어진 대륙 내부에 산맥이 형성된다. 히말라야 산맥은 약 5,000만~4,000만 년 전 사이에 인도와 아시아가 충돌하여 생성되었다. 이 그림과 다른 동영상을 보려면 지질학 자료 센터(www.cengage.com/sso)로 접속해 보기 바란다.

고기의 판의 수렴경계의 인식

어떻게 이전의 섭입대가 지질 기록에서 인식될 수 있는가? 화성암은 고기의 섭입대에 대한 단서를 제공해 준다. 호상 화산 열도와 대륙화산을 형성하며 표면에서 분출한 마그마는 안산암질 성분이다. 또 다른 단서는 섭입이 일어나는 심해의 해구와 화성 활동 지역 사이에서 심하게 변형된 암석이 있는 지대이다. 여기서 퇴적물과 해저 암석은 습곡 되고, 단층이 발달하며 멜란지(mélange)라고 명명된 무질서하게 혼합된 암석체로 변성된다.

섭입이 일어나는 동안 해양 암석권의 조각은 때로는 멜란지로 되고 대륙의 가장자리 위로 부가된다. 해양 지각과 상부 맨틀로 구성된 이런 조각은 오피올라이트라고 한다(그림 3.21). 그들은 잡사암(대개 점토가 많은 기질에 많은 장석과 암편을 포함하는 분급이 불량한 사암)과 처트를 포함하는 심해퇴적물의 층으로 구성되어 있다. 이 심해 퇴적물 아래에는 해양 지각을 형성하는 베개 용암, 판상의 암맥 복합체, 괴상의 반려암, 그리고 층이 발달한 반려암이 있다. 반려암 아래는 상부 맨틀을 나타내는 감람암(peridotite)이 있다. 노두나 시추 코어에서 오피올라이트가 존재하는 것은 섭입대를 따라 판의 섭입을 나타내는 중요한 특징이다.

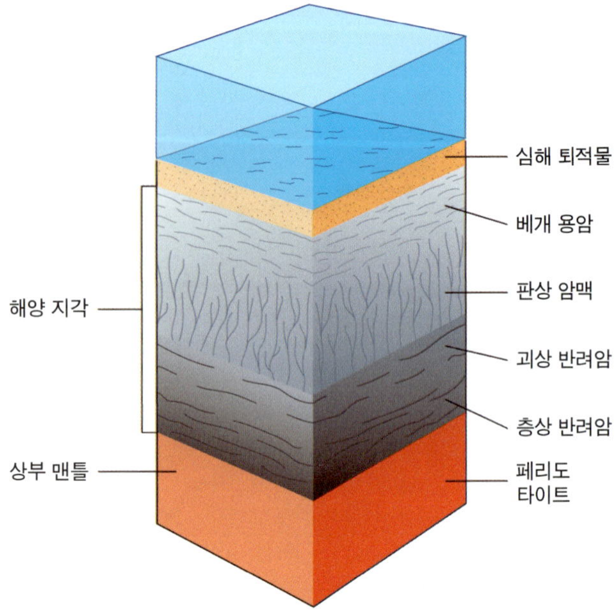

그림 3.21 오피올라이트 오피올라이트는 심해 퇴적물, 해양 지각, 상부 맨틀로 구성된 암석의 연계층이다. 오피올라이트는 고기의 수렴경계를 인식하는 데 사용되는 양상이다.

습곡과 단층이 발달한 긴 해양 퇴적암 지대, 안산암, 오피올라이트가 애팔래치아, 알프스, 히말라야, 안데스 산맥에서 발견된다. 이런 양상이 함께 산출되는 것은 이들 산맥이 판의 수렴경계에서 생성되었음을 나타내는 중요한 증거이다.

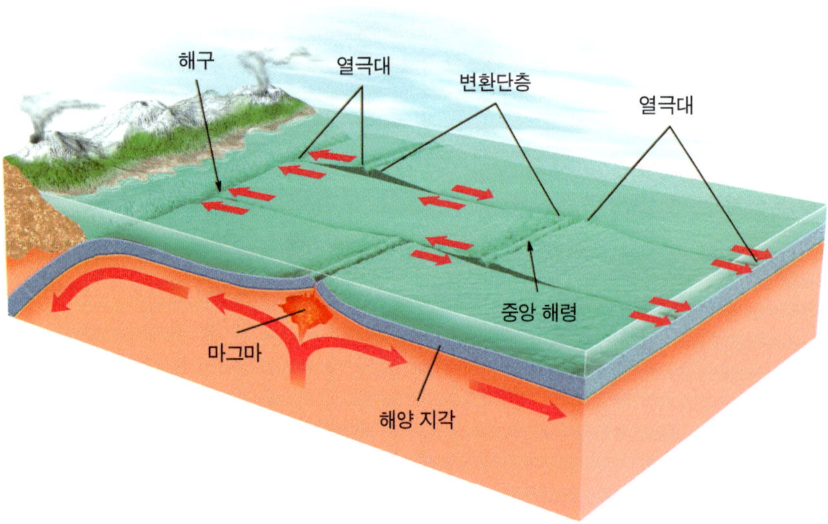

그림 3.22 변환경계 판 사이의 수평적 이동은 변환단층을 따라 일어난다. 해양저 위의 변환단층의 연장은 열극대를 형성한다. 대부분의 변환단층은 절단된 두 개의 해령을 연결한다. 판 사이의 상대적인 운동은 두 해령 사이에서 일어남을 주목하라. 이 그림과 다른 동영상을 보려면 지질학 자료 센터(www.cengage.com/sso)로 접속해 보기 바란다.

변환경계

제3유형의 판의 경계는 **변환단층경계**(transform plate boundary)이다. 이것은 판들이 대체로 판의 이동 방향에 평행한 방향으로 횡적으로 미끄러지는 곳에서 변환단층으로 알려진, 해양저의 열극을 따라 분포한다. 비록 암석권은 변환단층을 따라 생성되거나 소멸되지는 않지만 판들 사이의 이동은 심한 파쇄 지대와 많은 천발 지진으로 나타난다.

변환단층(transform fault)은 판들 사이에서 한 유형의 이동에서 다른 유형의 이동으로 '변환'시키거나 변화시킨다. 대부분 변환단층은 두 개의 해령 부분을 연결하나(그림 3.22), 해령에서 해구까지도 연결하고 해구와 해구도 연결한다. 비록 대부분의 변환단층은 해양 지각에 분포하며 뚜렷한 열극대에 의해 특징지어지나, 그들은 또한 육지까지 연장될 수 있다.

가장 잘 알려진 변환단층은 캘리포니아의 산 아드레아스 단층이다. 이 단층은 태평양판과 북아메리카판을 분리하며 캘리포니아 만의 확장 해령과 후안 데 푸카판과 캘리포니아 북쪽 바다 쪽의 태평양판을 연결시킨다(그림 3.23). 캘리포니아에 영향을 주는 많은 지진은 이 단층을 따라 일어난다(6장 참조).

불행하게도, 변환단층은 암석이 서로 연관되었음을 나타내는 암석의 변위 외에는 특징적인 양상을 남기지 않는다. 이 변위는 일반적으로 수십 내지 수백km의 규모로 크다. 고기 암석에서 그런 변위는 때로는 종종 변환단층 시스템과 관련지을 수 있다.

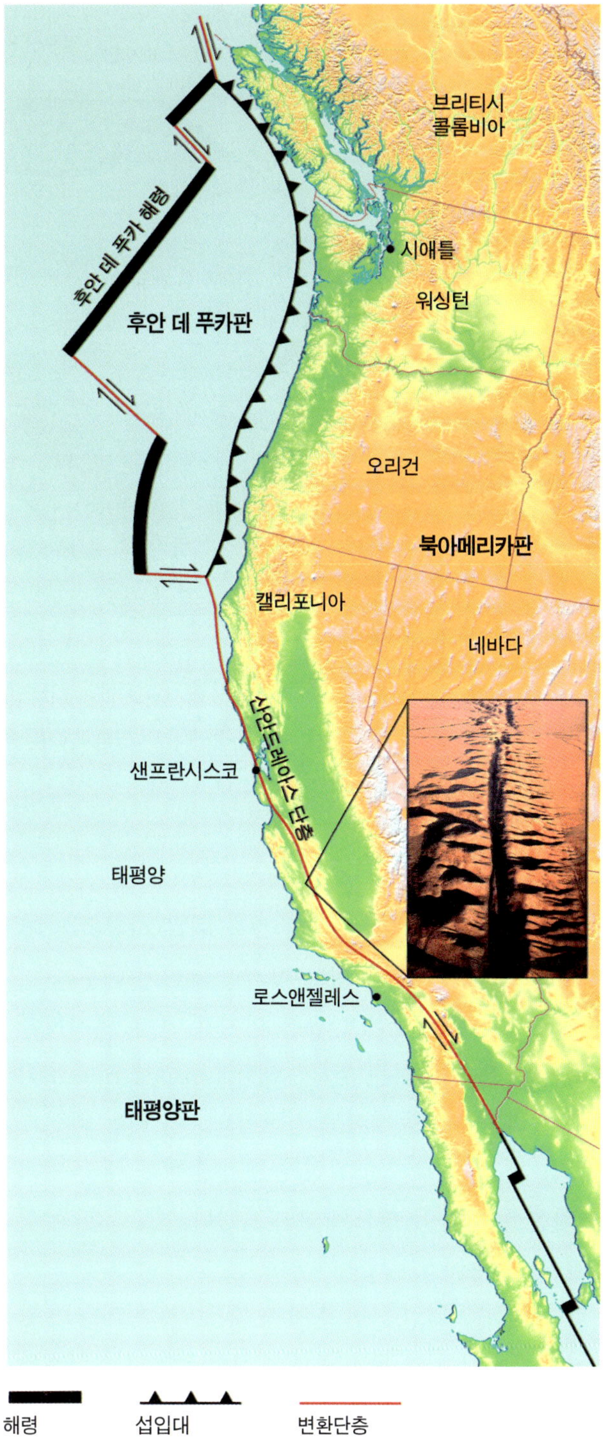

그림 3.23 **산안드레아스 단층–변환단층경계** 산안드레아스 단층은 태평양판과 북아메리카판을 분리하는 변환단층이다. 그것은 캘리포니아 북부 외안에서 후안 데 푸카판 및 태평양판과 캘리포니아만의 확장 산맥과 연결된다. 산안드레아스 단층을 따른 이동은 많은 지진을 일으킨다. 삽입된 사진은 캘리포니아 카리조 평원을 절단하는 산안드레아스 단층의 일부를 보여 준다.

6. 열점과 맨틀 플룸

판의 경계에 대한 논의를 떠나기 전에 우리는 해양판과 대륙판 아래에서 발견된 판 내부의 특징에 대해 간략하게 언급해야 한다. **열점**(hot spot)은 맨틀 내부 심부에서 유래된 고정된 마그마의 기둥이 표면(맨틀 플룸)까지 천천히 올라와 화산을 형성하게 된 지표의 지점이다(그

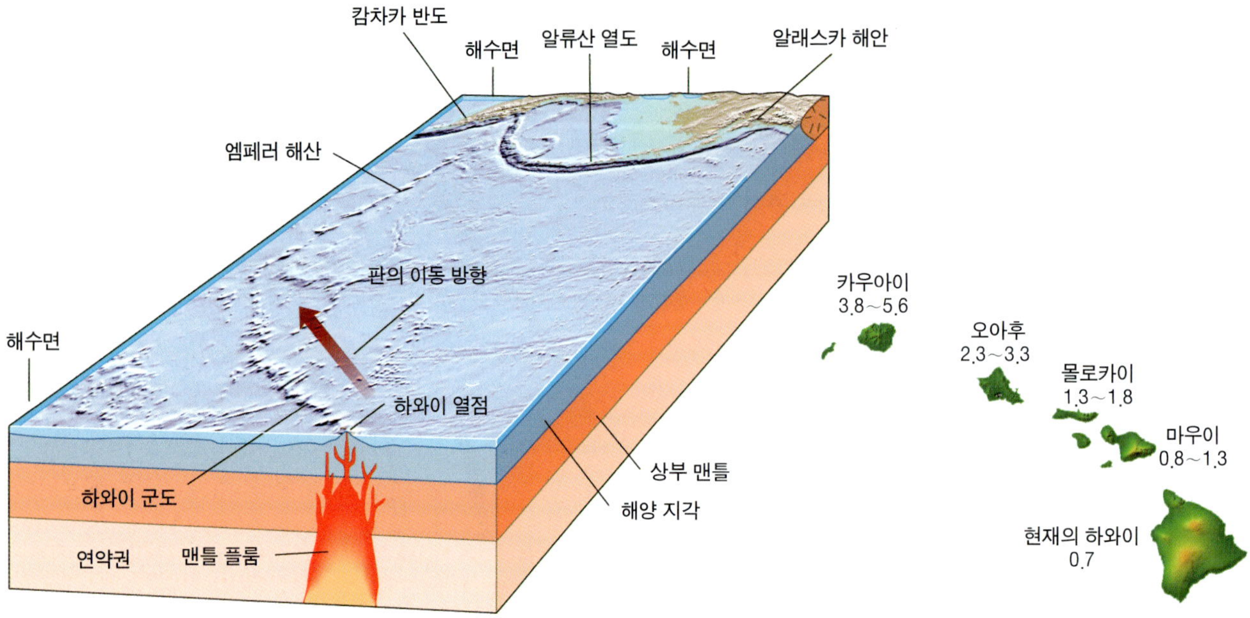

그림 3.24 **열점** 열점은 정지된 맨틀 플룸이 표면까지 올라와 화산을 형성하는 장소이다. 엠퍼러 화산군-하와이 열도는 태평양판이 맨틀 플룸 위로 이동함에 따라 이 열도의 직선적인 화산섬은 판의 이동 방향을 지시한다. 하와이섬과 로이히 해산은 이 열도의 현재의 열점이다. 숫자는 섬의 연대를 백만 년 단위로 나타낸 것이다. 이 그림과 다른 동영상을 보려면 지질학 자료 센터(www.cengage.com/sso)로 접속해 보기 바란다.

림 3.24). 맨틀 플룸은 판들이 그들 위를 이동하는 동안 맨틀 내에 고정되어 있는 것처럼 보이기 때문에(비록 일부 증거는 그렇지 않음을 암시하지만), 열점들은 판의 이동을 기록하는 무지진 해령(aseismic ridges)이라고 불리는 비활동적이고 점진적으로 오래된 화산의 흔적을 남긴다. 무지진 해령과 열점에 대한 예는 엠퍼러 해산군-하와이 열도와 와이오밍의 옐로스톤 국립공원이다.

맨틀 플룸과 열점은 판 경계나 부근에서 일어나는 활동과는 대조가 되는 판 내부에서 일어나는 일부 지질활동을 지질학자들이 설명하는 데 도움을 준다. 또한 만일 맨틀 플룸이 지구 자전축에 고정되어 있다면 판 이동 방향뿐만이 아니라 이동 속도를 결정하는 데 사용될 수 있다. 그들은 또한 지질학적인 과거에서 대륙의 위치를 재현하는 중요한 도구인 고위도를 결정하는 표준점으로 사용될 수 있다.

7. 판의 이동과 운동을 어떻게 결정하는가?

지구의 판은 얼마나 빠르게 그리고 어떤 방향으로 이동하는가? 그들은 모두 같은 속도로 이동하는가? 판의 이동 속도는 몇 가지 방법으로 계산할 수 있다. 가장 정확하지 않은 방법은 해양 지각 바로 위에 있는 퇴적물의 연대를 측정하여 확장 해령으로부터의 거리를 이 연대로 나누는 방법이다. 이런 계산은 평균 이동 속도를 제공한다.

이동 속도와 상대적인 운동 둘을 결정하는 보다 정확한 방법은 해양저의 지각 내에 있는 자기 이상에 대한 연대 측정이다(그림 3.12). 해령축으로부터 어느 자기 이상대까지의 거리는 그 이상대가 형성된 나이에 해당되는 동안 형성된 새로운 해양저의 넓이를 나타낸다. 예를 들면, 만일 현재의 대서양 중앙 해령과 자기 이상대 31 사이의 거리가 2,010km이고, 자기 이상대의 생성

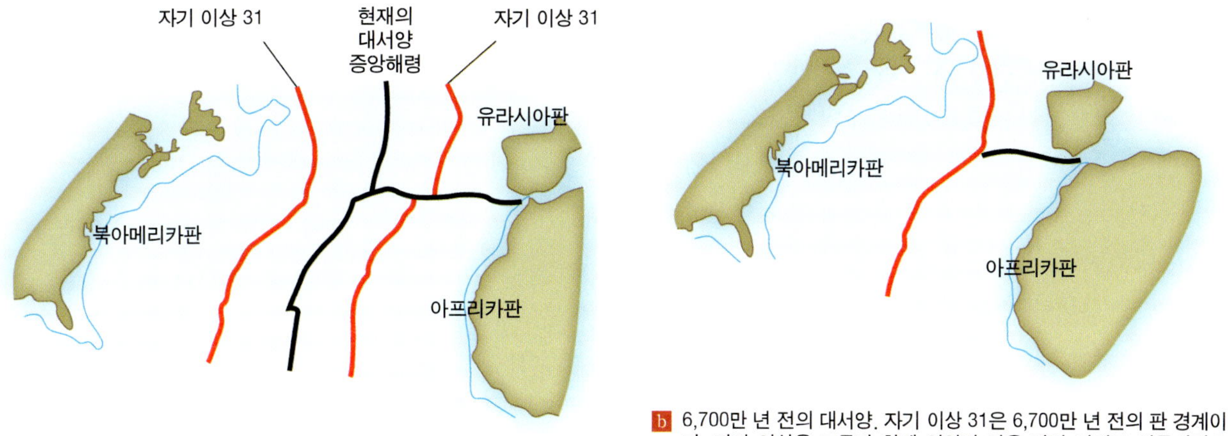

a 대서양 중앙 해령과 6,700만 년 전에 형성된 자기 이상 31을 보여 주는 현재의 북대서양.

b 6,700만 년 전의 대서양. 자기 이상 31은 6,700만 년 전의 판 경계이다. 자기 이상을 그들과 함께 있었던 판을 따라 과거로 이동시킴으로써 우리는 대륙의 이전의 위치를 재현할 수 있다.

그림 3.25 자기 이상을 이용한 판 위치 복원

시기가 6,700만 년 전이라면(그림 3.25), 지난 6,700만 년 동안 연평균 이동 속도는 3cm/년(201,000,000cm/67,000,000년)이다. 따라서 주어진 일정한 시간 동안 새로운 해양저의 넓이가 넓으면 넓을수록, 그 판은 더 빠르게 이동한 것이다. 이런 방법으로 현재의 판의 이동 속도와 상대적인 운동이 결정될 수 있으나(그림 3.13), 과거의 평균 이동 속도는 자기 이상대 사이의 거리를 자기 이상대 사이를 경과한 시간으로 나누어서 결정한다.

지질학자들은 자기 이상을 판의 평균 이동 속도를 계산하는데 사용할 뿐만 아니라 과거 여러 시대에 판의 위치를 결정하는 데 사용한다. 왜냐면 자기의 이상은 확장 해령과 평행하고 대칭적이기 때문에 특정의 자기 이상이 형성되었을 때 대륙의 위치를 결정하기 위해 해야 할 일은 대륙들과 함께 자기 이상을 확장 해령까지 이동시키는 것이다(그림 3.25). 불행하게도 섭입은 해양 지각 및 그것과 함께 이동된 자기 기록을 파괴시켰다. 따라서 판게아의 갈라짐 이후 판 이동의 좋은 기록을 갖고 있으나 판게아 이전의 판의 이동에 대해서는 좋은 기록이 없다.

평균 이동 속도와 어느 두 판 사이의 상대적인 운동은 인공위성 레이저 배열 기법으로 결정될 수 있다. 판 위의 한 기지국에서 보내진 레이저는 인공위성(지구정지궤도)에 반사되어 다른 판의 기지국에 도달한다. 판이 서로 이동함에 따라, 레이저빔은 발신 기지국에서 수신 기지국으로 가는 데 시간이 더 소요하게 된다. 이 시간의 차이는 판의 이동 속도와 두 판 사이의 상대적 운동을 계산하는 데 사용된다.

자기 역전과 인공위성 레이저 배열 기법으로부터 얻은 판의 이동 속도는 한 판에 대한 다른 판의 상대적 이동 속도에 대해서만 알려 준다. 열점은 고정되어 있기 때문에 그 열점으로부터 판 이동 속도와 방향을 측정할 수 있기 때문에 판의 절대 이동 속도를 알려 준다.

이전에 언급한 엠퍼러 해산군-하와이 열도(그림 3.24)는 열점 위를 이동한 결과 형성되었다. 따라서 일련의 화산열도는 판의 이동 방향을 추정할 수 있게 하며 화산섬의 연대 측정은 지질학자들이 판의 이동 속도를 측정할 수 있게 한다.

8. 판구조 운동의 메커니즘

대륙이동설을 받아들이는 데에 있어서 주된 장애물은 대륙의 이동을 설명하는 견인작용이 필요하다는 점이었다. 대륙과 해양저가 분리되지 않고 함께 움직이며 새로운 지각이 상승하는 마그마에 의해 해저 확장 해령에서 형성됨을 보게 되었을 때, 대부분의 지질학자들은 판 이동에 관련된 기본 작용으로서 일정한 형태의 대류 시스템(대류 세포)을 받아들이게 되었다. 그러나 무엇이 정확하게 판을 견인하는가에 대한 의문은 남아 있다.

지구 내부로부터 유래된 대부분의 열은 핵과 맨틀의 하부에 있는 우라늄과 같은 방사성 원소의 붕괴에 기인한다(4장). 지구 내부로부터 이 열이 방출되는 가장 효율적인 방법은 지구 내부에서 지표를 향해 상승하는 뜨거운 암석이 그 상부에 놓여 있는 암석권에 열을 빼앗기고, 냉각되어 밀도가 증가하면 지구 내부로 가라앉아 다시 가열되고, 이런 작용이 반복되는 일종의 맨틀 암석의 느린 대류에 의한 것이다. 이런 유형의 대류 열시스템은 가스레인지 위에서 요리하는 냄비와 유사하다(그림 3.26).

그림 3.26 **냄비에서의 대류** 난로의 열이 요리를 데우는 냄비의 하부에 가해진다. 열이 증가하게 되면 요리의 일부는 표면으로 이동하게 되고 열이 분산되어 표면에서 요리가 식어 다시 냄비의 바닥으로 가라앉는다. 요리의 표면에서 보이는 거품은 요리를 휘 젓는 대류 세포 때문이다. 같은 방법으로 방사성 원소의 붕괴로 생긴 열은 지구 내부에서 대류 세포를 만든다.

열대류 세포와 관련된 두 개의 모델이 판의 이동을 설명하기 위해 제안되었다(그림 3.27). 한 모델에서 열대류 세포가 연약권에 한정된 것이고, 다른 모델에서는 전 맨틀이 포함된 것이다. 두 가지 모델에서 확장 해령은 서로 인접된 대류 세포의 상승부분에 해당되고, 해구는 대류 고리가 지구 내부로 하강하는 곳이다. 따라서 대류 세포는 그 위에 있는 암석권에서 확장 해령과 해구의 위치를 결정한다. 그리고 각 판은 단일 대류 세포에 해당하고 세포의 대류에 의한 이동의 결과로서 움직인다.

비록 대부분의 지질학자들은 지구 내부의 열이 판의 이동에 중요한 역할을 함에 동의하지만 두 모델에 문제

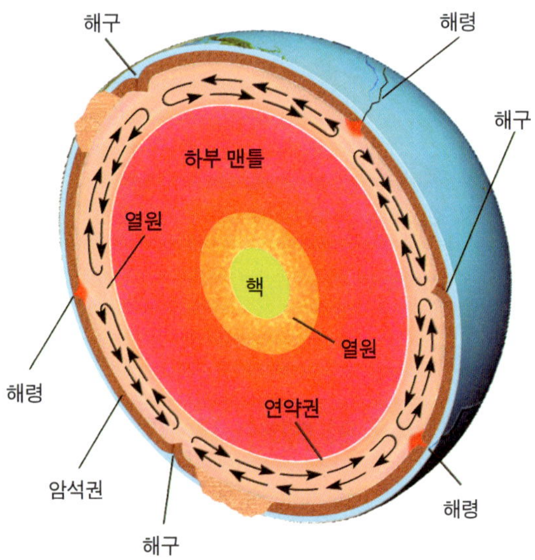

a 첫째 모델로서 열대류 세포가 연약권에 제한되어 있다.

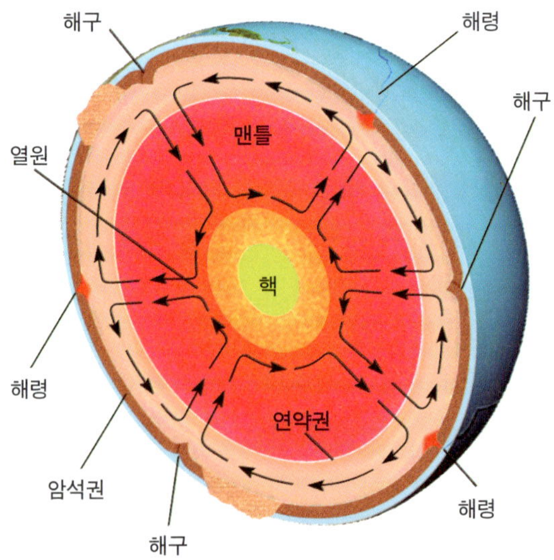

b 둘째 모델로서 열대류 세포가 맨틀 전체를 포함한다.

그림 3.27 **판운동의 견인력으로서의 열대류 세포** 판 운동을 설명하기 위해 열대류 세포와 관련된 두 개의 모델이 제안되었다. 이 그림과 다른 동영상을 보려면 지질학 자료 센터(www.cengage.com/sso)로 접속해 보기 바란다.

가 있다. 첫째 모델과 관련된 주된 문제는 대류 세포를 위한 열의 근원과 왜 대류 세포가 연약권에 제한되어 있는가를 설명하는 데 어려움이 있다. 둘째 모델에서는 열이 외핵에서 유래되나 열이 어떻게 외핵에서 맨틀로 전이되는지가 알려지지 않았다. 어떻게 대류가 하부 맨틀과 연약권을 포함할 수 있는지가 명확하지 않다.

판의 이동을 견인하는 특정한 열대류 시스템 외에 일부 지질학자들은 판의 이동이 중력에 의해 일어나나 여전히 지구 내부의 열의 차이에 의한 '판의 잡아당김' 또는 '해령 밀기'와 관련된 작용 때문에 일어난다고 생각한다(그림 3.28). 판의 잡아당김에서 섭입하는 냉각된 암석권은 주위의 따뜻한 연약권보다 밀도가 높고, 연약권으로 하강함에 따라 판의 나머지 부분을 잡아당긴다. 암석권이 아래로 이동함에 따라 이에 대응되는 상승류가 확장 산맥으로 되돌아가게 된다.

판의 잡아당김과 관련하여 일어나는 현상은 해령의 밀기 작용이다. 상승하는 마그마로 인해 해령은 주변의 해양 지각보다 높이가 높다. 중력이 해양 암석권을 고도가 높은 확장 해령에서 해구 쪽으로 밀게 된다.

현재, 지질학자들은 특정한 열대류 시스템이 판의 이동에 관련이 있다는 것을 상당히 확신하고 있으나 판의 잡아당김과 해령 밀기와 같은 다른 작용이 얼마나 관련되어 있는지 여전히 해결되지 않고 있다. 그러나 판들이 과거에 이동하였고 오늘날도 여전히 이동한다는 사실은 의심의 여지가 없이 증명되었다. 비록 판 이동의 통합적인 이론이 아직 개발되지 않았지만, 지질학자들이 지구 내부에 대해 더욱 알게 됨에 따라 더욱 더 많은 정보들이 모여지고 있다.

9. 판구조 운동과 조산운동이 어떻게 관련되어 있는가?

판구조 운동이 조산운동에서 어떤 역할을 하는가? **조산운동**(orogeny)은 심한 암석의 변형이나 산맥의 형성 사건이다. 조산운동은 판의 이동과 관련된 횡압력의 결과이다. 하나의 판이 다른 판 아래로 섭입 됨에 따라, 보다 깊은 곳에 매몰된 암석이 광역변성작용을 받는 동안, 퇴적암과 화산암은 판의 가장자리를 따라 습곡 되고 단층이 형성된다. 맨틀 내에서 형성된 마그마는 안산암질 화산으로 분출하기 위해 지표까지 솟아오르거나 관입화성암체를 형성하며, 지표 아래에서 냉각되고

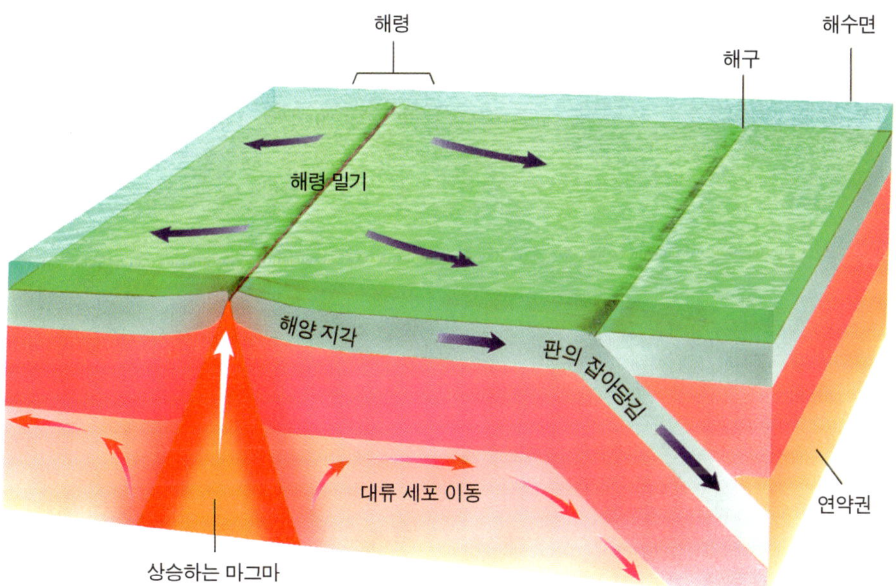

그림 3.28 **중력에 기인된 판의 이동** 판의 이동이 적어도 부분적으로는 중력에 기인된 '판의 잡아당김' 또는 '해령 밀기' 작용에 의해 일어나는 것으로 생각된다. 판의 잡아당김에서 섭입되는 판의 가장자리가 내부로 가라앉고 판의 나머지는 아래로 잡아당겨지게 된다. 해령 밀기에서 상승하는 마그마는 해양 지각을 밀어 올려 높은 해령을 만든다. 중력은 해령으로부터 해양 암석권을 해구로 밀어낸다.

결정화된다. 전형적으로 대부분의 조산운동은 해양판-대륙판이나 대륙판-대륙판의 경계를 따라 일어난다.

이 장의 앞부분에서 논의한 것처럼, 오피올라이트는 고기의 수렴경계의 증거이다. 알프스, 히말라야, 우랄 산맥과 같은 산맥의 내부에서 발견된 오피올라이트의 조각은 이전의 섭입대를 지시한다. 산맥의 형성과 해양 분지의 열림 및 닫힘 사이의 관계는, 고기의 해양이 애팔래치아 산맥을 형성하며 닫치게 되었고 다시 열리고 넓어져서 오늘날의 대서양을 만들게 되었음을 처음으로 제안한 캐나다 지질학자 윌슨(J. Tuzo Wilson)을 기념하여 윌슨 주기라고 불린다.

일부 지질학자들에 의하면, 대륙 지질의 많은 부분이 윌슨 주기의 연속성의 관점에서 설명될 수 있다. 14장에서 그러나 대륙의 지구조적 역사를 취급할 때에는 대륙의 가장자리에서 부가체의 이동과 부가체의 부가에 관한 새로운 증거가 고려되어야 함을 보게 될 것이다.

부가체 지구조

1970년대와 1980년대에 지질학자들은 많은 산맥들의 일부가 명백히 그 기원이 다른 곳에서 유래된 작은 암석권의 덩어리가 모여서 구성되었음을 발견하였다. 이 **부가체**(terrane)들은 주변 산맥의 암석과 화석, 층서, 구조적 경향, 고지자기의 특징이 완전히 다르다. 사실 이 부가체는 주위의 암석과 완전히 달라서 대부분의 지질학자들은 이 부가체들이 다른 곳에서 형성되어 그들이 다른 부가체나 대륙과 충돌하게 될 때까지 다른 판의 일부분으로서 먼 거리를 이동했다고 생각한다.

오늘까지 북아메리카의 대부분의 부가체는 태평양 연안의 산맥으로 인식되어 왔으나, 많은 그런 부가체들은 애팔래치아 산맥과 같은 다른 산맥에도 존재할 것이라고 생각된다. 그러나 부가체 지구조는 지구를 바라보며 대륙의 지질학적 역사를 이해하는 새로운 방법을 제공한다.

10. 판구조 운동과 생물의 분포

판구조론은 그것이 제기되었을 때 생물학에서 진화론이 그랬던 것처럼 지질학에서 혁명적이고 막대한 영향력을 미치게 되었다. 흥미롭게도 베게너, 쥐스, 듀 토와 그리고 많은 다른 지질학자들에게 대륙 이동의 정확성을 확신시켜 준 것은 화석 증거였다. 판구조론과 함께 진화론은 우리가 우리의 행성을 보는 방법을 변화시켰고, 그 둘 사이에 서로 긴밀하게 연관되어 있음은 놀랄 일이 아니다. 비록 판구조론과 생물의 진화사이의 관계는 아주 복잡하지만, 고생물학적 자료는 판의 이동이 생물의 분포에 영향을 미쳤음을 보여 주는 결정적 증거를 제공한다.

식물과 동물의 현재의 분포는 무작위적이지 않고 주로 기후와 지리적 장벽에 의해 결정된다. 세계의 생물은 식물과 동물의 분명한 군집에 의해 특징지어지는 **생물구**(biotic province)를 형성한다. 한 생물구 내의 생물은 비슷한 생태학적 조건을 갖게 되고 생물구를 분리하는 경계는 따라서 자연적인 생태학적 단절이다. 기후적 또는 지리적 경계는 가장 흔한 생물구 경계이며 판의 이동은 주로 이런 경계를 조절한다.

인접한 생물구는 공통의 생물종의 20% 이하를 갖기 때문에 범지구적 다양성은 생물구의 수에 대한 직접적인 반영이며, 생물구의 수가 많으면 많을수록 범지구적 다양성은 더 증가한다. 예를 들면, 대륙이 분리되면 새로운 생물구가 형성될 기회가 증가하게 되고 생물의 다양성이 증가하게 된다. 대륙이 모이게 되면 반대현상이 생기게 된다. 판구조 운동은 생물의 분포와 진화 역사에 중요한 역할을 하게 된다.

바람과 해류 사이의 복잡한 상호 작용은 세계 기후에 강한 영향을 미친다. 바람과 해류는 대륙의 수와 분포, 지형 그리고 방향에 의해 강하게 영향을 받는다. 예를 들면, 남부 안데스 산맥은 동쪽으로 불어가는 태평양 바람을 차단하는 장벽으로 역할을 하여 남부 안데스 산맥 동쪽에 사람이 살수 없는 사막을 형성한다.

온도는 생물에게 주된 제한 요소이고 생물구의 경계

는 흔히 온도 장벽을 반영한다. 왜냐면 대기와 해양의 온도는 적도에서 극으로 감에 따라 감소하기 때문에 대부분의 생물의 종은 기후에 의해 심하게 분포가 결정되는 분포대를 보인다. 이 생물 분포대는 위도와 해류의 순환 패턴과 평행하다. 기후 변화는 따라서 생물의 분포와 진화에 막대한 영향을 미친다.

대륙과 해양 분지의 분포는 바람과 해류에 영향을 미칠 뿐만 아니라 생물의 이동경로나 생물의 이동에 물리적인 장벽을 형성함으로 인해 생물의 번식에 영향을 미

a 파나마 해협은 이전의 균일했던 연체동물군을 구분하는 장벽을 형성하였다.

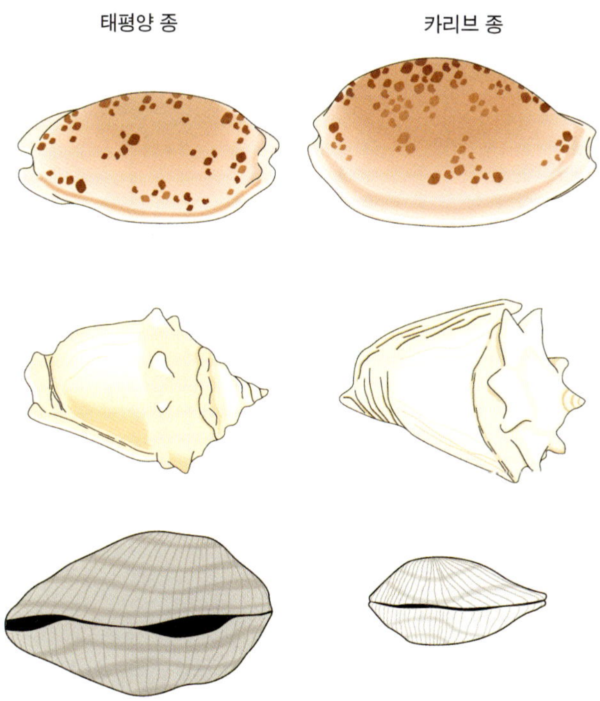

b 파나마 해협의 형성의 결과 생긴 복족류와 이매패류의 발산진화. 각각의 쌍은 동일한 속에 속하나 종은 다르다.

그림 3.29 판구조론과 생물의 분포

친다. 판 내부의 화산, 호상 열도, 중앙 해령, 산맥, 그리고 섭입대는 판의 상호 작용의 결과 생성되며 이들의 방향과 분포는 생물구의 수와 전 지구적인 다양성에 큰 영향을 미친다. 따라서 생물의 번식과 다양성은 수많은 작은 대륙들이 여러 위도에 걸쳐 퍼져 있을 때 가장 높게 된다.

지리적인 장벽이 이전의 동일했던 동물군을 분리하게 되면 생물종은 확산될 수 있다. 장벽 반대쪽의 환경이 충분히 다르게 되면 생물종은 새로운 환경에 적응해야 하든지, 이동하거나 또는 멸종하게 된다. 여러 생물종의 새로운 환경으로의 적응은 새로운 생물종이 궁극적으로 진화하기에 충분한 변화를 초래할 수 있다.

파나마 해협의 반대쪽에서 발견된 해양 무척추 동물은 지리적인 장벽의 형성으로 달라진 진화의 좋은 예를 제공한다(7장 참조). 북아메리카와 남아메리카 사이를 연결하는 이 육지의 출현 이전에 이 지역의 얕은 바다에는 저서성 무척추 동물의 균질한 군집이 서식하였다. 약 500만 년 전 태평양판의 섭입에 의해 파나마 해협의 솟아오름 이후, 원래의 생물군은 두 개의 군집—하나는 카리브해 군집으로 다른 하나는 태평양 군집으로—으로 구분되었다. 변화하는 환경에 적응하면서 새로운 종이 해협의 반대쪽에 진화하게 되었다(그림 3.29).

파나마 해협의 형성은 북아메리카와 남아메리카 포유동물군의 진화에 영향을 미쳤다(18장 참조). 대부분의 신생대 시기 동안 남아메리카는 섬대륙이었고 그 대륙 내의 포유동물군은 다른 세계의 동물군으로부터 분리되어 진화하게 되었다. 북아메리카와 남아메리카가 파나마 해협에 의해 연결되게 되면서 북아메리카로부터 이주해 온 동물들이 원래 서식했던 남아메리카의 포유동물을 대체하게 되었다. 놀랍게도 단지 일부의 남아메리카 그룹들만이 북쪽으로 이동하였다.

11. 판구조 운동과 천연 자원의 분포

지각의 주된 양상과 관련이 있는 것 외에 세계 생물의

분포와 진화에 영향을 미치면서 판의 이동은 일부 천연 자원의 형성과 분포에 영향을 미친다. 결과적으로 지질학자들은 석유와 광물 자원을 찾고 이 천연 자원의 산출을 설명하는 데 판구조론을 이용한다.

비록 석유의 많은 양이 여러 지역에서 산출되지만, 밝혀진 석유 매장량의 50% 이상은 페르시아만 지역에 분포한다. 세계의 다른 지역에서 판구조 운동은 석유의 분포와 관련이 있다. 예를 들면, 애팔래치아 산맥의 형성은 수렴하는 판 경계를 따라 형성된 횡압력에 의한 것이고 석유를 집적하는 데 필요한 구조적인 집유장을 제공하였다(10장 및 11장).

구리, 금, 납, 은, 주석, 아연과 같은 많은 금속광상은 화성 활동과 이 화성 활동과 관련된 열수(뜨거운 물)의 활동과 관련이 있다. 따라서 판 경계와 유용한 이들 광상의 산출과는 밀접한 상호관련이 있다는 것은 놀라운 일이 아니다.

섭입되는 판의 부분 용융에 의해 생성된 마그마는 지표를 향해 솟아오르고, 마그마가 냉각됨에 따라 침전되고 북아메리카와 남아메리카의 서부에 발달한 반암질 구리와 같은 여러 가지 광상(그림 3.30a)은 수렴하는 판의 경계와 관련이 있다. 안데스 산맥과 미국의 남서부에 분포하는 구리 광상의 대부분은 해양판이 북아메리카와 남아메리카판 아래로 섭입이 일어났던 6,000만 년 전 이후에 형성되었다. 상승하는 마그마 및 그와 관련된 열수용액은 원래는 넓게 퍼져 있었으나 궁극적으로 주변의 안산암의 틈과 열극에 농집된 소량의 구리를 운반하였다. 이 저 품위 구리 광상은 0.2에서 2%의 구리를 포함하고 있고 대규모 노천 광상으로부터 채굴된다(그림 3.30b).

발산하는 판 경계 또한 유용한 광상을 제공한다. 지중해의 사이프러스섬은 구리가 많으며 지난 3,000년 동안 세계 수요의 대부분을 공급해 왔거나 일부분을 공급해 오고 있다. 사이프러스의 구리의 농집은 판의 발산 경계를 따라 열수 분출구 주변에 침전하게 되면서 일어난다. 이 광상은 구리가 많은 해양저와 유럽판이 충돌하게 되자 해양저가 휘어지게 되고 사이프러스를 형성

a 값비싼 구리 광상이 수렴경계와 관련하여 북아메리카와 남아메리카의 서부 해안을 따라 위치해 있다. 상승 마그마와 관련된 섭입에 의한 열수 활동은 소량의 구리를 운반하였으며, 이 구리는 시간이 지나게 됨에 따라 주위의 암석에 집적되고 품위가 높아지게 되었다.

b 유타의 솔트 레이크 시티 부근의 빙햄 광산은 17억 톤으로 추정되는 노천 구리 광산이다. 매일 40만 톤의 암석이 처리 과정을 통해 제거된다. 사진 가운데 있는 작은 점들은 높이 3.6 m의 덤프트럭이다.

그림 3.30 **구리 광상과 수렴경계**

하면서 지표에 이르게 되었다.

구리, 금, 철, 납, 은 그리고 아연과 같은 금속을 포함하는 광물이 현재 홍해에서 형성되고 있음을 여러 연구 결과는 지적하고 있다. 홍해는 판의 발산의 결과 열리고 있고 해양 분지의 성장 초기를 나타낸다(그림 3.15c와 3.16).

만일 우리가 전 지구적으로 산업화된 사회의 계속되는 수요를 맞추기를 원한다면, 광물 자원의 기원 및 분포에 판구조론을 적용시키는 것이 필수적이라는 것이 점차 명백해지고 있다. 우리는 이 책의 뒷부분의 장들에서 지구의 지질학적 역사의 일부분으로서 천연 자원과 그의 형성에 대해 토론할 것이다.

요약

- 대륙 이동의 개념은 새로운 것이 아니다. 남아메리카의 동쪽 해안과 아프리카의 서쪽 해안 사이의 유사성을 보여 주는 최초의 지도는 대륙이 한때는 하나로 모여 있었고, 후에 서로 분리되었던 것으로 보이는 최초의 증거이다.
- 알프레드 베게너는 대륙이동설을 발전시킨 것으로 널리 알려졌다. 그는 여러 대륙들이 판게아라고 부르는 하나의 초대륙으로 합쳐져 있었음을 보여 주는 많은 지질학적·고생물학적 증거를 제공하였다. 불행하게도 베게너는 어떻게 대륙들이 이동하는지를 설명하지 못했고 대부분의 지질학자들은 그의 아이디어를 무시하였다.
- 대륙이동설은 암석의 고지자기 연구가 오늘날과 같이 하나의 자극 대신 여러 개의 북자극의 존재를 지시하게 된 1950년대에 부활하게 되었다. 이 모순은 고지자기 자료가 일관되게 단일 북자극을 가리킨다는 것처럼 대륙이 다른 곳으로 이동했음을 보이는 지도를 만듦으로써 해결되었다.
- 해저 확장은 해령의 양쪽에서 서로 평행하며 대칭적인 자기 이상을 해양 지각에서 발견하게 됨으로써 확인되었으며, 새로운 해양 지각은 해양저가 확장됨에 따라 형성되었음을 지시하게 되었다. 해양저의 자기 이상 패턴은 대륙의 용암류에 의해 알려진 자기 이상 패턴과 잘 일치하였고, 지구 자기장은 과거에 수없이 역전되었음을 보여 주었다.
- 방사성 연대 측정은 가장 오래된 해양 지각은 1억 8,000만 년보다 나이가 젊은 반면, 가장 오래된 대륙 지각은 39억 6,000만 년 되었음을 보여 준다. 명백히 해양 지각은 지질학적으로 최근에 형성되었다.
- 판구조론은 1970년에 널리 받아들여지게 되었다. 왜냐하면 그 것을 지지하는 증거들이 압도적이었으며 그것은 지질학자들에게 화산 활동, 지진 활동, 조산운동, 지구 온난화, 세계 생물군의 분포, 광물 자원의 분포와 같은 현상을 설명하는 데 필요한 강력한 이론을 제공해 주었기 때문이었다.
- 지질학자들은 판이 서로 멀어져서 이동하는 발산경계, 두 판이 충돌하는 수렴경계, 두 판이 서로 미끄러지며 이동하는 변환경계와 같은 세 가지 판의 경계를 인식하게 되었다.
- 과거의 판의 경계는 관련된 암석과 지질구조에 의해 인식될 수 있다. 발산경계에서는 두꺼운 퇴적층과 수많은 암맥 그리고 암상과 관련이 있는 열곡을 포함할 수 있다. 수렴경계에서 오피올라이트와 안산암은 두 가지 특징적인 양상이다. 변환단층은 암석 기록에 어떤 특징이나 뚜렷한 양상을 남기지 않는다.
- 판 이동에 대해 잘 설명된 이론이 아직 제시되지 않았지만, 지질학자들은 열대류 시스템의 일부가 주된 견인력이라고 생각한다.
- 판의 평균적인 이동 속도와 상대적인 운동은 몇 가지 방법으로 계산할 수 있다. 서로 다른 방법으로 측정된 결과는 모두 일치하며, 판은 서로 다른 평균 속도로 이동한다는 것을 지시한다.
- 판의 절대 운동은 맨틀 플룸 위를 이동하는 판의 이동에 의해 결정될 수 있다. 맨틀 플룸은 열점이 되어 화산을 형성하는 곳에서 지표에까지 솟아오르는 마그마의 기둥이다.
- 지질학자들은 부가체가 대륙의 가장자리와 충돌하게 될 때 판이 커질 수 있다는 것을 알게 되었다.
- 판구조 운동과 생물의 진화와의 관계는 복잡하다. 식물과 동물의 분포는 무작위적이지 않고 대부분 판의 이동에 의해 영향을 받는 기후와 지리적인 장벽에 의해 결정

된다.

- 일부 광상과 석유의 형성 그리고 판의 경계와는 밀접한 관계가 있다. 나아가 일부 천연 자원의 형성과 분포는 판의 이동과 관련이 있다.

주요 용어

고지자기(paleomagentism)
곤드와나(Gondwana)
글로숍테리스 식물군(*Glossopteris* flora)
대륙 이동(continental drift)
대륙판-대륙판 경계(continental-continental plate boundary)
로라시아(Laurasia)
발산경계(divergent plate boundary)
변환단층 경계(transform plate boundary)
변환단층(transform fault)
부가체(terrane)
수렴경계(convergent plate boundary)
열대류 세포(thermal convection cell)
열점(hot spot)
자기 이상(magnetic anomaly)
자기역전(magnetic reversal)
조산운동(orogeny)
큐리 온도(Curie point)
판구조론(plate tectonic theory)
판(plate)
판게아(Pangaea)
해양판-대륙판 경계(oceanic-continental boundary)
해양판-해양판 경계(oceanic-oceanic plate boundary)
해저 확장(seafloor spreading)

복습 문제

1. 대륙이동설을 발달시킨 사람은 ____이다.
   a. ____ 윌슨, b. ____ 헤세, c. ____ 바인, d. ____ 베게너, e. ____ 듀 토와.
2. 남아메리카, 아프리카, 인도, 오스트레일리아, 그리고 남극대륙으로 구성된 판게아의 남부는 ____이다.
   a. ____ 곤드와나, b. ____ 로렌시아, c. ____ 아틀란티스, d. ____ 로라시아, e. ____ 퍼시피카.
3. 하와이 열도와 와이오밍의 옐로스톤 국립공원은 ____이다.
   a. ____ 해양판-해양판 경계, b. ____ 열점, c. ____ 발산경계, d. ____ 변환경계, e. ____ 해양판-대륙판 경계.
4. 열점과 비지진성 산맥은 다음 중 무엇을 결정하는 데 사용될 수 있나?
   a. ____ 발산경계의 위치, b. ____ 판의 절대 운동, c. ____ 해양 지각 내에서의 자기 이상 위치, d. ____ 판의 상대적 운동, e. ____ 수렴경계의 위치.
5. 해양 분지의 지자기 조사가 지시하는 것은?
   a. ____ 해양 지각은 중앙 해령 부근에서 가장 나이가 젊다. b. ____ 해양 지각은 중앙 해령 부근에서 가장 나이가 많다. c. ____ 해양 지각은 대륙부근에서 가장 나이가 젊다. d. ____ 해양 지각은 어느 곳에서나 나이가 같다. e. ____ 위의 b와 c.
6. 판 이동의 견인 작용은 다음 중 어느 것인가?
   a. ____ 지각 평형, b. ____ 지구의 자전, c. ____ 열대류, d. ____ 지자기, e. ____ 극이동.
7. 수렴경계 지역에서
   a. ____ 새로운 대륙 암석권이 형성된다. b. ____ 새로운 해양 암석권이 형성된다. c. ____ 두 개의 판이 서로 만난다. d. 두 판이 서로 미끄러진다. e. 두 판이 서로 멀어진다.
8. 가장 흔한 생물구 경계는 ____이다.
   a. ____ 지리적 장벽, b. ____ 생물학적 장벽, c. 기후 장벽, d. 위의 답 a와 b, e. 위의 답 a와 c.
9. 안데스 산맥은 어떤 판 경계의 예인가?
   a. ____ 대륙과 대륙, b. ____ 해양과 해양, c. ____ 해양과 대륙, d. ____ 발산, e. 변환.
10. 마그마에서 철을 포함하는 광물은 자성을 얻고 다음 중 어느 점(온도)을 지나면서 그들이 자장에 따라 배열하게 하게 되는가?
    a. ____ 퀴리 온도, b. ____ 자기 이상 점, c. ____ 열대류점, d. ____ 열점 온도, e. 지각평형점.

11. 왜 전 지구적 다양성이 생물구 수의 증가와 함께 증가하는지를 설명하라. 판의 이동이 생물구 수의 증가에 어떻게 영향을 미치는가?
12. 어떤 증거들이 대륙이 과거에 이동했음이 틀림없었고 한 때 초대륙을 형성했음을 베게너와 다른 사람을 확신시키게 되었는가?
13. 왜 베게너에 의해 제안된 대륙이동설이 많은 다른 지질학자들에 의해 오랫동안 거절되었는가?
14. 어떻게 1962년 헤스에 의해 제안된 해저확장설이 대륙이동에 반대되는 주장들을 극복하게 되었는가?
15. 왜 어떤 유형의 열대류 시스템은 판 이동의 주된 견인력이 되었다고 생각하는가? 어떻게 중력에 의해 생긴 '판의 잡아당김'과 '해령 밀기' 판 이동 모델을 위한 순수한 열대류를 수정하였는가?
16. 열점이 판 이동의 절대 방향에 대해 우리에게 무엇을 말해 줄 수 있는가?
17. 왜 화산 폭발과 지진과 같은 자연재해가 발산경계, 수렴경계와 관련이 있는지 설명하라.
18. 수렴경계와 발산경계와 관련된 화산 폭발과 지진 외에, 왜 이들 경계가 여러 가지 금속 광상의 형성과 고품위에 중요한가?
19. 생물학과 세계적인 생물의 분포에 대한 당신의 지식을 근거로 볼 때, 판구조 운동이 육지와 해양에서 이들 생물의 분포에 어떤 영향을 미쳤다고 생각하는가?
20. 판구조론은 대륙이동설과 해저확장설 위에 세워졌다. 그 것은 지질학의 통합적인 이론이다. 왜 판구조론이 하나의 통합적인 이론인가?

응용 문제

1. 그림 3.24의 하와이 열도의 각 섬의 나이와 섬들 사이의 거리를 측정할 수 있는 지도를 이용하여 각 섬들이 형성된 이후 태평양판의 평균이동 속도를 계산하라. 각 섬의 평균 이동 속도는 동일한가? 당신은 섬들의 이동 속도가 어떠할 것이라고 생각되는가? 왜 그렇지 않을 것이라고 생각하는가를 설명하라.
2. 만일 태평양판과 북아메리카판을 분리시키는 산안드레아스 단층을 따라서 판의 이동이 연평균 5.5cm라면 로스앤젤레스가 샌프란시스코 맞은편에 오게 될 때까지는 얼마나 걸리겠는가?
3. 당신이 화성에 갈 최초의 우주탐사 팀의 일원으로 선정되었다고 하자. 당신의 두 우주인 동료가 화성의 표면에 내려가는 동안 당신은 우주선의 조종실에 머물면서 적색의 행성을 회전한다. 화성의 지질조사의 일환으로 우주 탐사 팀의 한명이 착륙지점의 지질도를 작성하고 그 지역의 지질역사를 해석하게 되었다. 당신의 임무는 화성의 표면을 관찰하고 사진을 촬영하여 화성이 과거에 판구조 활동이 활발하였는가와 현재 판의 이동이 있었는가를 결정하는 것이다. 당신은 어떤 특징을 관찰하고 현재와 이전의 판의 활동을 위해 어떤 증거를 제시하겠는가?

CHAPTER 4

지질시대: 개념과 원리

애리조나 주의 그랜드캐니언(Grand Canyon). 포웰(John Wesley Powell) 소령은 1869년과 1871년 콜로라도강(Colorado River)을 따라서 협곡을 지나는 두 차례의 탐험을 이끌었다. 그는 협곡의 벽의 암석에 의해 나타난 외관상 무한의 시간과 책의 페이지처럼 쌓인 지층이 이 지역의 지사를 포함한다는 것을 알게 되었다.

[개 요]

[단원 목표]

이 장을 학습한 후에 여러분은 다음 사항을 이해할 것이다.

- 지질시대의 개념과 측정은 인류 역사를 통하여 변하여 왔다.
- 상대연대 측정의 기본 원리는 지구의 역사를 해석하는 방법을 제공한다.
- 동일과정의 원리는 지질학의 근본이며 관찰된 지질학적 현상에 대하여 더 좋은 설명을 제공하기 때문에 수성론과 격변설의 개념보다 설득력이 있다.
- 방사성의 발견은 지질학자에게 고기 암석의 나이를 결정하고 지구가 매우 오래되었음을 확인해 주는 시계를 제공하였다.
- 절대연대 측정 방법은 현재 이전의 햇수로 지질학적 사건들의 연령을 측정하는 데 이용된다.
- 가장 정밀한 방사성 연대 측정은 화성암에서 얻어진다.
- 지질시대는 기후 변화 연구에서 중요한 요소이다.

1. 서론

1869년 샤일로(Shiloh) 전투에서 오른 팔을 잃은 남북전쟁 퇴역 군인 포웰 소령은 미지의 콜로라도강을 따라서 그랜드캐니언(Grand Canyon)을 지나는 대담한 탐험대를 이끌었다. 지도나 다른 정보 없이 포웰과 그의 탐험대는 부서지기 쉬운 나무배로 콜로라도강의 많은 급류를 달리며 그들이 본 것을 황급히 기록하였다. 포웰은 그의 일기장에 '내 주변의 모든 것은 흥미로운 지질학적 기록이다. 이 책은 열려져 있고 나는 달리면서 읽었다.'라고 썼다.

이 초기 예비 답사로부터 포웰은 1871년 콜로라도강을 따라 내려가는 2차 탐험을 이끌었다. 이 2차 여행은 사진작가 한 사람, 측량사 한 사람, 그리고 세 사람의 지형학자를 포함하였다. 탐험대원들은 그랜드캐니언의 첫 번째 사진 기록은 물론 그 지역의 상세한 지형도와 지질도를 만들었다.

아마 누구도 포웰 소령만큼 그랜드캐니언의 이해에 크게 기여하지는 못할 것이다. 그의 공헌을 인정하여 1969년 역사적인 첫 탐험의 100주년을 기념하기 위해서 그랜드캐니언의 사우스 림(South Rim)에 포웰 기념관이 세워졌다.

1869년의 포웰과 그의 동료 탐험대원들처럼 오늘날 대부분의 관광객들은 그랜드캐니언의 벽에 노출된 암석으로 나타낸 외관상 무한의 시간에 놀란다. 대부분의 관광객들은 1.5km 깊이로 패인 단면을 봄으로써 지질시대의 규모를 알게 된다. 가장자리에 서서 그랜드캐니언 속으로 내려다보면, 우리는 진실로 우리 행성의 초기 역사에 이르는 먼 과거의 시간을 거슬러 보게 된다. 사실, 10억 년 이상의 역사가 그랜드캐니언의 암석에 보존되어 있고, 이 암석에 보존된 것을 읽는 것은 포웰이 100여 년 전 그의 일기에 썼던 것처럼 역사책에서 페이지들을 읽는 것과 같다.

그랜드캐니언의 암석층이라는 이 '책'을 읽으면서 우리는 이 지역이 천해의 전진과 후퇴의 주기뿐만 아니라 조산운동의 에피소드를 거쳤음을 안다. 우리는 이것을 어떻게 알까? 해답은 상대연대 측정의 원리를 협곡 벽에 노출된 암석에 적용하고 현재의 작용이 지구 역사 전체에 거쳐 일어났음을 인지함에 있다. 이 장에서 여러분은 이 원리들이 무엇인지 그리고 그들이 지사 결정에 어떻게 이용되는지를 배울 것이다.

우리는 "시간이란 무엇인가?"라는 질문을 던지면서 이 장을 시작한다. 우리는 시간에 사로잡힌 듯하고 시간에 둘러싸여 우리의 생활을 준비한다. 그럼에도 우리들 대부분은 시간의 부족함을 느끼며 늦거나 시간이 없어 항상 뛰고 있다. 물리학자들이 매우 짧은 시간을 다루고 지질학자들이 엄청나게 긴 시간을 다루는 반면에, 대부분 우리는 우리 자신의 존재의 시각에서 시간을 보는 경향이 있다. 즉, 우리는 우리 생활을 초, 시, 날, 주, 달 그리고 년으로 구분한다. 고기의 역사는 수백 년 또는 수천 년 전에 일어난 것이다. 지질학자들이 고기의 지사를 이야기할 때 그들은 수백만 또는 수십억 년 전에 일어난 사건을 인용한다.

광대한 시간은 지질학을 대부분의 다른 과학과 차이

나게 하며, 지질시대의 무한함에 대한 이해는 우리 행성의 물리학적 생물학적 역사를 이해하는 토대이다. 사실 지질시대 규모의 이해와 수용은 지질학이 과학에 남긴 중요한 공헌이다.

2. 지질시대는 어떻게 측정될까?

어느 관점에서 시간은 그것을 측정하는 데 사용된 방법으로 정의된다. 지질학자들은 지질시대를 논의할 때 두 가지의 다른 틀을 이용한다. 상대연대 측정은 지질학적 사건을 지질학적 기록에서 그들의 위치로 결정된 순서로 배치하는 것이다. **상대연대 측정**(relative dating)은 특정한 사건이 얼마나 오래 전에 일어났는지를 말해 주지 않고 단지 한 사건이 다른 사건 전에 있었다는 것을 말해 준다. 상대연대 측정에 대한 유용한 비유는 프로그램을 보여 준 시간이 나타내지 않은 텔레비전 안내이다. 여러분은 어느 시간에 프로그램이 보이는지를 말할 수 없으며, 여러분이 보고 싶은 프로그램 전에 쇼를 놓쳤거나 얼마나 많은 쇼가 예정되었는지를 결정할 수 있다.

상대연대 결정에 이용되는 여러 원리들은 수백 년 전에 발견되었고 그 후 그들은 상대적 지질 연대표(그림 4.1) 구축에 이용되어 왔다. 또한, 이 원리들은 오늘날 지질학자들에 의해 아직도 널리 이용되며 특히 지구형 행성과 그들의 위성의 역사 복원에 널리 이용된다.

절대연대 측정(absolute dating)은 암체나 사건에 현재 이전의 년 수로 나타낸 특정 연대를 제공한다. 텔레비전 안내의 비유에서 프로그램이 실제로 보이는 시간은 절대연대에 해당한다. 여기에서 여러분은 여러분이 쇼를 놓쳤는지(상대연대)를 판단할 수 있을 뿐만 아니라 여러분이 보고 싶은 쇼가 보일 때까지 얼마나 걸리는지(절대연대)도 알 수 있다.

방사성 연대 측정은 절대 연령을 아는 데 가장 흔한 방법이다. 연대는 어느 암석에 미량으로 존재하는 다양한 방사성 원소의 자연 붕괴율로부터 계산된다. 19세기 말엽 방사성의 발견으로 절대 연령이 상대 지질 연대표에 정밀하게 적용되었다. 오늘날 지질 연대표는 실로 암석의 순서에 근거한 상대연대와 현재 이전의 연수로 나타낸 방사성 연대의 두 가지 척도이다(그림 4.1).

20세기 동안 절대연대 측정 기술의 진보와 정교함은 사건이 과거에 일어난 시간과 시간에 따른 지질학적 변화율이라는 관점에서 우리가 지구를 조망하는 방법을 변화시켜 왔다. 과거의 기후 변화와 그 원인을 정확하게 결정하는 능력은 지구 온난화와 인류에 대한 그의 효과('맺음말' 참조)에 대한 지금의 논란에 매우 중요하다.

3. 지질시대와 지구의 나이에 대한 초기 개념

지질시대와 그의 측정에 대한 개념은 인류 역사를 통하여 변화하였다. 초기 기독교 신학자들은 시간이 순환적이 아닌 직선적이라는 생각을 형성하는 데 역할을 하였다. 히포우(Hippo)의 성 아우구스티누스(St. Augustine, 354~430)는 예수가 십자가에 못 박힌 것은 유일한 사건으로 이로부터 다른 사건들이 측정될 수 있다고 말하였으며, 그는 기원전과 기원후 시간 척도의 생각을 확립하는 데 협력하였다. 이는 많은 종교학자와 성직자들을 성서에 나타난 역사적 기록과 족보를 분석하여 창조의 시기를 확립하도록 장려하였다.

기독교 학자로서 가장 영향력이 있고 유명한 사람 중의 하나는 아일랜드 아르마(Armagh) 주의 대주교인 어셔(James Ussher, 1581~1665)였으며, 그는 구약 성경의 족보에 근거하여 신이 지구를 기원전 4004년 10월 23일 일요일에 창조하였다고 주장하였다. 1701년 공인된 성경은 이 날을 영국 국교의 신조로 받아드리게 하였다. 그로부터 약 1세기 동안 지구와 지구의 모든 형상이 약 6,000년보다 오래된 것이라고 사칭하는 것은 이단으로 간주되었다. 따라서 매우 젊은 지구의 생각은 18세기 이전까지 지구의 역사에 대한 대부분의 서양 연

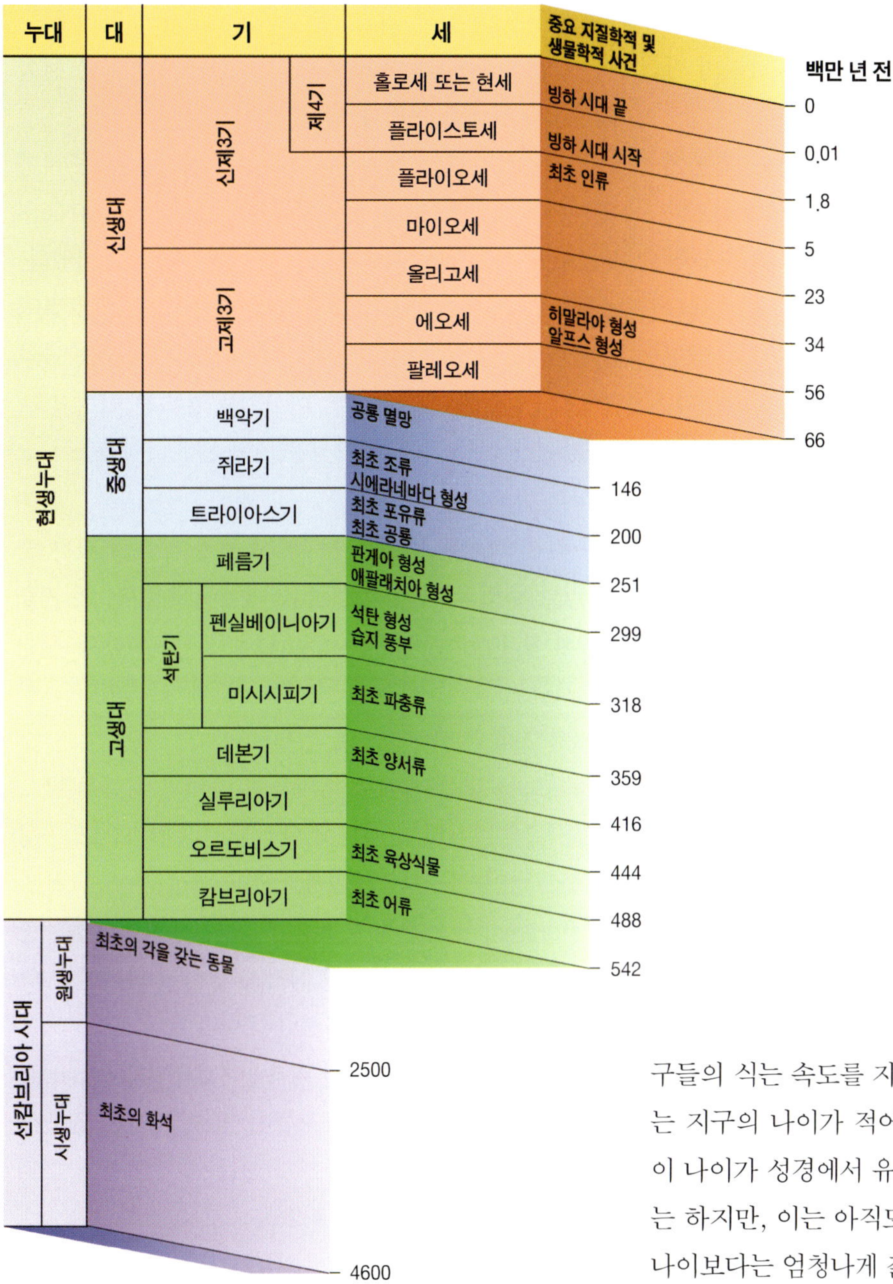

그림 4.1 지질 연대표 일부 중요한 지질학적 및 생물학적 사건들이 누대, 대, 기 및 세에 나타나 있다.
출처: 그라드슈타인(Gradstein, F.), 오그(Ogg, J.) 및 스미스(Smith, A.) 지질 연대표 2004(영국 캠브리지: 캠브리지 대학교 출판사, 2005), 그림 1, 2.

대기의 근거를 제공하였다.

18세기와 19세가 동안 계시보다는 과학적 증거에 근거해서 지구의 나이를 측정하기 위한 여러 시도가 이루어졌다. 프랑스의 동물학자인 뷰퐁(George Louis Buffon, 1707~1788)은 지구가 초기의 뜨거운 상태에서 서서히 식어 현재 상태가 되었다고 추측하였다. 이러한 발달사를 모의 실험하기 위해서 그는 직경이 다른 여러 철구를 녹였고 주위 환경의 온도까지 식혔다. 철구들의 식는 속도를 지구 크기의 구에 적용함으로써 그는 지구의 나이가 적어도 75,000년이라고 결정하였다. 이 나이가 성경에서 유래된 것보다 매우 오래된 것이기는 하지만, 이는 아직도 현재 우리가 알고 있는 지구의 나이보다는 엄청나게 젊은 것이었다.

다른 학자들도 지구의 나이를 계산하려는 시도에 독창적이었다. 예를 들자면, 여러 퇴적물에서 퇴적률이 결정될 수 있다면 지질학자들은 어떤 지층이 쌓이는 데 걸리는 시간을 계산할 수 있다고 생각하였다. 그들은 지각의 퇴적암의 총 두께로부터 지구가 얼마나 오래되었는지를 추측할 수 있었다. 그러나 같은 유형의 암석에서도 퇴적률은 변한다. 더욱이 얼마나 많은 암석이 침식으로 제거되었는지 또는 지층이 다짐 작용으로 얼마나 많이 줄어들었는지를 추측하는 것은 불가능하다.

이러한 변수의 결과로써 추정된 지구의 나이는 100만 년보다 젊은 시기부터 20억 년보다 오랜 시기까지의 범위를 가졌다.

지구의 나이 측정에 대한 다른 시도는 해양의 염분에 관련되었다. 학자들은 지구의 해수는 원래 담수였으나 용해된 염이 하천에 의해 해양 분지로 운반되어 오늘날의 염분을 갖게 되었다고 추측하였다. 19세기 아일랜드의 지질학자인 졸리(John Joly)는 해수의 부피와 염분을 알고 현재 세계 하천수의 염의 총량을 측정하였다. 그는 해양이 현재의 염분에 이르기까지 적어도 9,000만 년이 걸렸을 것으로 계산하였다. 이는 아직도 현재 수용되고 있는 46억 년의 지구 나이보다 매우 젊은 것이었으며, 중요한 이유는 졸리가 얼마나 많은 염이 재순환되었거나 대륙붕 퇴적물과 해양저 점토층에 축적되었는지를 계산할 수 있는 방법이 없었기 때문이다.

지구 나이 측정의 시도 이외에도 18세기와 19세기의 박물학자들은 지구의 역사를 해독하는 데 이용되는 중요한 지질학적 원리를 만들고 있었다. 지질학적 기록에 보존된 증거로부터 지구는 매우 오래되었으며 지질학적 과정은 오랜 시간 동안 이루어졌음이 명백하게 되었다.

4. 상대연대 측정 방법

방사성 연대 측정 기술의 발달 이전에 지질학자들은 믿을 만한 절대연대 측정 방법을 갖고 있지 않았으며, 따라서 상대연대 측정 방법에만 의존하였다. 상대연대 측정은 일련의 순서에 사건들을 배치하는 것이나 얼마나 오래 전에 사건이 일어났는지는 말해 주지 않는다. 상대연대 측정의 원리들은 현재 자명한 듯하다고 하더라도 그들은 지질학자들에게 지사를 해석하는 방법을 제공하고 상대적 지질 연대표를 발전시켰기 때문에 그들의 발견은 중요한 과학적 업적이었다.

6개의 중요한 지질학적 원리가 상대연대 측정에 이용되는데, 이들은 지층 누중의 원리, 지층 수평성의 원리, 횡적 연속성의 원리, 상호 절단 관계의 원리(모두 이 장에서 논의함), 그리고 포획의 원리와 동물군 천이의 원리(5장에서 논의함)이다.

17세기는 과학으로서 지질학이 발전한 중요한 시기였는데, 그 이유는 덴마크의 해부학자인 스테노(Nicolas Steno, 1638~1686)의 잘 유포된 저서 때문이었다. 스테노는 하천이 범람할 때 하천이 범람원을 가로질러 퍼지며 범람원에 사는 생물을 덮는 퇴적물 층을 펼쳐 놓는다는 것을 관찰하였다. 이어지는 홍수는 이전의 지층 위에 쌓이는 새로운 퇴적물 층을 만든다. 이층이 고화되면 퇴적암이 된다.

따라서 교란되지 않은 퇴적암층에서 가장 오래된 층은 바닥에 있고 가장 젊은 층은 최상부에 있다. 이 **지층 누중의 원리**(principle of superposition)는 지층과 지층에 포함된 화석의 상대 연령 결정의 근거이다(그림 4.2a와 74쪽의 사진 참조).

스테노는 또한 퇴적물 입자들이 중력의 영향을 받으며 물 밑에 가라앉기 때문에 퇴적물은 본질적으로 수평층으로 쌓인다는 **지층 수평성의 원리**(principle of original horisontality, 그림 4.2a와 74쪽의 사진 참조)를 관찰하였다. 따라서 수평에서 심하게 경사진 퇴적암은 퇴적과 고화작용 이후 기울어졌다(그림 4.2b).

스테노의 세 번째 원리인 **횡적 연속성의 원리**(principle of lateral continuity)는 퇴적물이 퇴적 분지의 경계에서 얇아지고 끝나게 될 때까지 모든 방향에서 옆으로 연장된다고 설명한다(그림 4.2b).

스코틀랜드의 지질학자인 허튼(James Hutton, 1726~1797)은 여러 사람들에 의하여 현대 지질학의 창시자로 여겨진다. 노출된 암석과 현재 지질학적 과정에 대한 그의 정밀한 연구와 관찰은 동일과정의 원리(1장 참조)를 확립하는 데 도입이 되었다. 더불어 허튼은 또한 화성암의 관입이나 단층은 관입하거나 변위된 암석보다 젊어야만 한다는 것을 인식함으로써 **상호 절단 관계의 원리**(principle of cross-cutting relationship)를 발견한 공로자로 생각된다(그림 4.3).

a 유타(Utah)주 브라이스캐니언(Bryce Canyon) 국립공원의 퇴적암이 여섯 가지의 상대연대 측정 원리 중 세 가지를 보인다. 이 암석들은 다양한 육성 환경에서 원래 수평으로 퇴적되었다(지층 수평성의 원리). 가장 오래된 암석은 심하게 절개된 지형의 바닥에 있고 가장 젊은 암석은 테두리를 이루는 최상부에 있다(지층 누중의 원리). 노출된 암석층은 어느 정도 거리까지 모든 방향에서 옆으로 연장된다(횡적 연속성의 원리).

b 프랑스 크로존(Clozon) 반도 포스토로넥(Postolonnec) 해빈에 있는 포스토로넥층의 셰일과 석회암은 원래 수평으로 쌓였으나 이후 심하게 경사졌다.

그림 4.2 지층 수평성의 원리, 지층 누중의 원리, 횡적 연속성의 원리

a 메인(Maine)주 아카디아(Acadia) 국립공원의 화강암을 절단한 반려암 암맥. 암맥은 관입당한 화강암보다 젊다.

b 캘리포니아 캐스타익(Castaic)의 템플린(Templin) 고속도로를 따라서 작은 단층(화살표는 운동 방향을 나타냄)이 경사진 퇴적암층을 가로지르고 어긋나게 하였다. 따라서 단층은 변위된 가장 젊은 지층보다 젊다.

그림 4.3 상호 절단 관계의 원리

5. 과학으로서의 지질학의 성립— 수성론과 격변설을 이긴 동일과정의 원리의 승리

스테노의 법칙들이 초기의 지질학적 사고에 큰 공헌을 하였으나 지구의 역사에 대한 유행하는 개념들은 성경의 문자적 해석과 쉽게 화해될 수 있었던 것들로 지속되었다. 이러한 생각 중 두 가지인 **수성론**과 **격변설**은 특히 흥미를 끌었고 많은 박물학자들에게 수용되었다. 그러나 마지막 분석으로 다른 개념인 동일과정의 원리는 수성론이나 격변설보다 관찰된 지질학적 현상에 더 좋은 설명을 제공하였기 때문에 지질학의 철학에 기초가 되었다.

수성론과 격변설

수성론(neptunism)의 개념은 1787년 독일의 광물학 교수였던 베르너(Abraham Gottlob Werner, 1749~1817)에 의하여 제안되었다. 베르너는 저명한 광물학자였음에도 불구하고 그는 지구의 역사에 대한 옳지 않은 해석을 한 사람으로 가장 잘 기억되고 있다. 그는 화강암과 현무암을 포함한 모든 암석이 원시의 범세계적인 바다에서 순서대로 침전되었다고 생각하였다(표 4.1).

상상된 상대 연령에 의한 베르너의 지각의 세분은 1700년대 후반에 많은 추종자에게 흥미를 주었고 표준 지질 계통으로서 거의 세계적으로 받아들여지게 되었다. 이에 대한 두 가지 요인이 있다. 첫째, 베르너의 카리스마적인 인간성, 지질학에 대한 열정 및 매혹적인 강의가 개념을 대중화하였다. 둘째, 수성론은 성경의 홍수와 쉽게 순응한 범세계적 해양을 포함하였다.

베르너의 인간성과 논증에도 불구하고 그의 수성론은 지구를 덮었던 엄청난 양의 물이 어떻게 되었는지를 설명하지 못하였다. 더욱 큰 문제는 모든 화성암이 해수에서 침전되었다는 베르너의 주장이다. 최종적으로 수성론을 몰락하게 한 현무암의 화성 기원에 대한 인식은 베르너의 수성론을 실패작으로 만들었다.

표 4.1	베르너의 지각 암석에 대한 세분
충적암	고화되지 않은 퇴적물
2차암	현무암은 물론 사암, 석회암 및 석탄 다양한 화석을 포함한 쇄설성 및 화학적 암석
전이암	화석 함유 암석을 포함한 화학적 및 쇄설성 암석
원시암	지구의 가장 오래된 암석(화성암과 변성암)

18세기 후반부터 19세기 중반까지 프랑스의 동물학자인 퀴비에(Baron Georges Cuvier, 1769~1832)가 제안한 **격변설**(catastrophism)의 개념은 유럽의 지질학적 사고를 지배하였다. 퀴비에는 갑작스런 대규모의 격변들의 결과로서 지구의 물리학적 및 생물학적 역사를 설명하였다. 각각의 격변은 영향을 받은 지역에 살았던 생물의 몰살을 포함한 지구의 중요하고 급격한 변화들을 설명하였다. 격변 이후, 새로운 생물들이 창조되었거나 다른 곳으로부터 이주해 왔다.

퀴비에에 의하면, 과거에 6개의 대규모 격변이 일어났다. 이들은 편리하게도 성경의 창조의 6일에 대응되었다. 더욱이 최후의 격변은 성경의 홍수로 여겨졌으며, 따라서 격변설은 특히 신학자들 사이에 폭넓게 흥미를 끌었다.

결국 수성론과 격변설 모두 그들의 가정이 야외의 증거에 의하여 지지를 받을 수 없었기 때문에 지지할 수 없는 가설로 폐기되었다. 수성론에 의해 예견된 암석의 간단한 순서(표 4.1)는 세계 여러 곳에서의 야외 관찰과 모순되었다. 더욱이 현무암은 화성 기원임이 알려졌고 2차암 및 원시암과 교호된 화산암의 계속된 발견은 화산작용이 지구 역사를 통하여 일어났음을 입증하였다. 멀리 떨어진 곳에서 여러 야외 관찰이 이루어짐에 따라 박물학자들은 지구의 역사를 설명하기 위해서 6개 이상의 격변이 필요하게 되었다. 수성론과 격변설이 소멸함에 따라 허튼과 라이엘에 의해 옹호된 동일과정의 원리가 지질학의 선도적 철학이 되었다.

동일과정의 원리

허튼은 해파작용의 과정, 유수에 의한 침식 및 퇴적물의 이동을 관찰하였고 충분한 시간이 주어지면 이러한 과정들이 그가 살았던 스코틀랜드의 지질학적 형상들을 설명할 수 있을 것이라고 결론지었다. 그는 '지구의 과거 역사는 오늘날 일어나 볼 수 있는 것으로 설명되어야 한다'고 판단하였다. 현재의 과정이 지질시대를 통하여 일어났었다는 이 가정이 **동일과정의 원리**(principle of uniformitarianism)의 근거였다.

허튼이 동일과정의 지질학에 대한 포괄적인 이론을 발전시켰으나, 동일과정의 원리를 최고로 옹호하고 해석한 사람은 라이엘(1797~1875)이었다. 그러나 1832년 휘웰(William Whewell)이 이 용어 자체를 만들었다.

허튼은 지구의 역사를 순환적으로 생각하였다. 즉, 대륙이 침식으로 닳아 없어지고, 침식된 퇴적물이 바다에 쌓이고, 해저의 융기로 새로운 대륙이 만들어져 순환이 완성된다. 그는 융기의 기작이 뜨거운 지구 내부로부터 열적 팽창이라고 생각하였다. 허튼의 야외 관찰과 현무암 시료의 용융이 포함된 그와 동시대 학자들에 의한 실험은 화성암이 마그마의 냉각의 결과라고 확신하게 하였다. 화성론으로 불리는 화성암의 기원에 대한 이 해석은 화성암이 해수에서 침전되었다는 수성론을 추방시켰다.

허튼은 또한 지구 역사의 순환적 관점에서 부정합의 중요성을 인지하였다. 스코틀랜드의 시카 포인트(Siccar Point)에서 그는 평평하게 놓은 퇴적암으로 덮이고 침식된 급경사의 변성암을 관찰하였다(그림 4.4). 격심한 융기가 아래 암석을 경사지게 하고 산을 이루었다는 것이 그에게 분명하였다. 이들은 다시 닳아 없어지고 평평한 젊은 암석으로 덮였다. 침식면은 지질 기록에 틈이 있었음을 의미하였고, 이 면 위와 아래의 암석은 조산운동과 침식이 일어났었다는 증거를 제공하였다. 허튼이 부정합이라는 용어를 쓰지는 않았더라도, 그는 최초로 지질 기록에서 그러한 틈의 중요성을 이해하고 설명한 사람이었다.

그림 4.4 스코틀랜드 시카 포인트의 경사 부정합 이곳은 1788년 허튼이 지구 역사를 해석하는 데 부정합의 중요성을 최초로 인지한 곳이다. 이와 다른 활동적 그림을 보기 위해서 www.cengage.com/sso의 Geology Resource Center를 방문해 보기 바란다.

허튼은 또한 지질학적 과정이 일어나는 데 장구한 시간을 갖는다는 개념을 확립하는 데 도움을 주었다. 허튼은 지구의 역사를 설명하는 알려진 과정에 의지하였기 때문에 그는 지구가 매우 오래 되었어야 한다고 결론지었다. 그러나 그는 침식, 퇴적 및 융기의 순환에 얼마나 긴 시간이 걸렸고 지구가 얼마나 오래 되었는지는 추측하지 못하였다. 그는 단지 지구 역사의 순환적 관점에 어울리는 "우리는 시작의 흔적도 종말의 예상도 찾지 못한다."라고 인정하였다.

불행하게도 허튼은 특별히 좋은 필자가 아니었고, 따라서 그의 생각은 폭넓게 유포되거나 수용되지 않았다. 사실 수성론과 격변설은 1800년대에서도 유력한 지질학적 개념으로 지속되었다. 그러나 1830년 라이엘은 허튼의 동일과정의 원리 개념을 옹호한 역사적인 저서 『지질학 원리(Principles of Geology)』를 출판하였다.

다양한 지구의 형상을 설명하기 위하여 격변적 사건에 의존하는 대신 라이엘은 오늘날 과정에 의하여 가져오는 미세한 변화들이 오랜 시간이 지나면 엄청나게 누적된 효과를 가질 수 있다고 생각하였다. 그는 무한대의 지질시대 개념을 효과적으로 재소개하고 확립하였을 뿐만 아니라 격변설을 지질학적 현상에 대한 가능성 있는 설명으로 의심하였다. 그의 저서를 통하여 라이엘은 동일과정의 원리를 지질학의 선도적 원리로서 확립하였다. 더욱이 사실상 무한대의 시간에 대한 인식은 다윈의 1859년 진화설의 수용에 필요하였고 도움이 되었다(7장 참조).

아마도 동일과정의 원리가 그렇게 일반적인 개념이기 때문에 과학자들은 이를 다르게 해석해 왔다. 동일과정의 원리에 대한 라이엘의 개념은 오늘날의 과정이 오늘날과 같이 과거에도 같은 속도로 작용하였다는 정상 상태의 지구에 대한 생각을 담고 있다. 예를 들면, 과거에 어느 기간에 일어났던 지진과 화산의 빈도는 오늘날의 것과 같아야 한다. 또는 세계 어느 한 부분의 기후가 온난해졌으면 다른 지역은 한랭해져야 하며 따라서 기후는 동일하게 머물게 된다. 그러한 추론에 의하면 라이엘은 전체 지구의 상태는 시간에 따라서 일정하였고 변하지 않았었다고 주장하였다.

동일과정의 원리의 현대적 관점

오늘날의 지질학자들은 자연의 원리나 법칙은 일정하나 변화의 속도와 강도는 시간에 따라 변한다고 추정한다. 예를 들자면 화산 활동은 북아메리카에서 오늘날보다 마이오세에 더욱 강했으나 빙하작용은 지난 3억 년보다 최근 180만 년 동안 더욱 활발하였다. 지질학적 과정의 속도와 강도는 시간에 따라서 변하였었기 때문에 일부 지질학자들은 개념에서 '균일'이라는 생각을 버리기 위해 **동일과정의 원리** 대신에 **현재주의**(actualism)라는 용어를 선호한다. 그러나 변화의 속도와 강도가 시간에 따라서 변했었더라도 자연의 법칙은 동일하게 유지된다는 것을 지시하기 때문에 대부분의 지질학자들은 아직도 **동일과정의 원리**라는 용어를 사용한다.

동일과정의 원리는 유추와 귀납적 추론을 통하여 과거를 해석하고 가능한 미래의 사건을 예견하기 위한 근거로써 현재의 과정을 이용하게 하는 강력한 개념이다. 이는 화산 분출, 지진, 홍수 또는 현대 세계의 모양을 만든 힘으로서의 운석 충돌과 같은 때때로 갑자기 짧게 일어나는 사건들을 배재하지 않는다. 사실 일부 지질학자들은 지구의 역사를 단기간 또는 단속적(punctuated)으로 일어나는 사건의 시리즈로 생각하며, 이는 확실히 현대적 동일과정의 원리와 부합된다.

지구는 동적 변화 상태에 있으며 형성 이후 그랬었다. 변화의 속도가 과거에 변했었더라도 과정을 지배하는 자연 법칙은 그러지 않았다.

6. 캘빈과 지질학의 위기

매우 존경받았던 영국의 물리학자 캘빈(Lord Kelvin, 1824~1907)은 1866년에 쓴 논문에서 허튼과 라이엘의 지질학이 기초를 두고 있었던 동일과정의 원리의 근거가 사라져야 한다고 주장하였다. 캘빈은 지구의 내부에서의 화학 반응이 안정 상태의 지구를 위하여 연속적으로 열을 생성할 것이라는 라이엘의 진정한 동일과정의 원리를 수용하지 않았다. 캘빈은 물리학의 알려진 법칙에 따르면 불가능한 영구적인 운동으로 이 생각을 거부하였으며, 대신에 지구가 원래 용융 상태였다는 가정을 받아들였다.

캘빈은 유럽의 깊은 광산에서 지구의 온도가 깊이에 따라 증가한다는 것을 알았으며, 지구가 내부로부터 열을 잃고 있다고 추정하였다. 지구의 크기, 암석의 용융 온도 및 열 손실률을 알고 캘빈은 지구가 완전히 용융 상태일 때의 나이를 계산하였다. 이 계산으로부터 그는 지구가 4억 년보다 오래되지 않았거나 2,000만 년보다 젊다고 결론지었다. 이 넓은 나이의 불일치는 깊이에 따른 평균 온도의 불확실성과 지구 구성 물질의 다양한 용융점을 반영하였다.

지구가 매우 오래되고 오랫동안 작용한 현재의 과정들이 지질학적 특징의 원인이라는 것이 확립된 이후 지질학자들은 곤경에 처해 있었다. 만약 그들이 캘빈의 연대를 받아들인다면 동일과정 지질학의 토대와 다윈 진화론의 기초였던 외관상 무한의 시간 개념을 폐기하여야 하고 사건들을 더 짧은 시간 틀에 밀어 넣어야만 하였다. 일부 지질학적들은 그렇게 젊은 지구의 나이에 반대하였지만, 겉보기에 그들의 반대는 믿을 수 있는 사실보다는 신념에 더욱 근거를 두었다. 캘빈의 정량적 측정과 논증은 결점이 없이 보였으며 당시의 과학자들에게 논쟁의 여지가 없는 것처럼 보였다.

캘빈의 추론과 계산은 논리적으로 옳았으나 그의 기본 전제가 틀렸으며 따라서 그의 결론은 옳지 않다. 캘빈은 지구가 시간에 따라서 거의 일정한 온도가 유지될 수 있게 한 내부 열원(방사능)을 갖는다는 것을 알지 못하였다.*

젊은 지구에 대한 그의 40년 동안의 주장은 19세기 말경에 방사성의 발견과 자연 방사성 붕괴가 많은 경우에서 암석 형성의 나이를 측정하는 데 이용될 수 있다는 1905년의 통찰로서 끝났다. 그의 '비판 여지가 없는 계산'은 더 이상 사실이 아니었고 지질학적으로 젊은 지구에 대한 그의 증거도 붕괴되었다. 수성론, 격변설 및 범세계적 홍수와 마찬가지로 캘빈의 학설은 지구 역사에서 또 다른 흥미로운 각주가 되었다.

비록 방사성의 발견이 캘빈의 논증을 파괴하였다고 하지만, 그것은 지질학자들에게 고기 암석의 나이를 측정할 수 있는 시계를 제공하였고 지질학자들이 오랫동안 생각해 왔던, 즉 지구가 참으로 매우 오래되었다는 것을 확신시켜 주었다.

7. 절대연대 측정 방법

자연적으로 나타난 92개의 원소의 대부분 동위원소가 안정하기는 하지만, 일부는 방사성이며 원소의 더 안정한 다른 동위원소로 스스로 붕괴하고 그 과정에서 에너지를 방출한다. 방사성 붕괴 과정이 열을 생산한다는 1903년 피에르와 마리 큐리(Pierre and Marie Curie)의 발견은 결국 지질학자들이 용융 기원으로부터의 잔류 냉각에 의지하지 않은 지구 내부의 열을 설명하는 메커니즘을 가졌음을 의미하였다. 더욱이 지질학자들은 이제 지질학적 사건들을 정밀하게 연대 측정하고 허튼과 라이엘에 의해 가정된 긴 시간을 입증하는 강력한 도구를 가졌다.

원자, 원소 및 동위원소

2장에서 논의한 바와 같이 모든 물질은 화학적 **원소**로 이루어져 있고, 각각은 **원자**라고 하는 매우 작은 입자로 구성되어 있다. 원자의 **핵**은 **양성자**(양전하 입자)와 **중성자**(중성 입자) 및 주위를 도는 **전자**(음전하 입자)로 이루어져 있다(그림 2.2 참조). 양성자의 수는 원소의 **원자 번호**를 규정하며 원소의 성질과 특징을 결정하는 데 도움을 준다.

원자에서 양성자와 중성자를 합한 수는 **원자 질량 수**이다. 그러나 같은 원소의 모든 원소가 핵에 같은 수의 중성자를 갖지는 않는다. 동일 원소의 이러한 다양한 형태를 동위원소라고 한다(그림 2.3 참조). 대부분의 동위원소는 안정하나 일부는 불안정하여 더욱 안정한 형태로 스스로 붕괴한다. 지질학자들이 암석의 절대연대를 결정하기 위해 측정하는 것은 불안정 동위원소의 붕괴율이다.

방사성 붕괴와 반감기

방사성 붕괴(radioactive decay)는 불안정한 원자 핵이 다른 원소의 원자 핵으로 스스로 변하는 과정이다. 과학자들은 세 가지 유형의 방사성 붕괴를 알고 있으며, 이들 모두는 원자 구조의 변화로 나타난다(그림 4.5). **알파(α) 붕괴**에서, 두 개의 양성자와 두 개의 중성자가 핵에서 방출되며 원자 수 하나와 원자 질량 수 4개가 감소된다. **베타(β) 붕괴**에서, 핵의 중성자로부터 빠르게 운동하는 전자 하나가 방출되며 그 중성자가 한 개의 양성

* 사실 방사성 물질의 원래 양은 감소되었고 따라서 많은 열을 공급하지 못하기 때문에 지구의 온도는 시간에 따라서 감소되어 왔다. 그러나 온도는 캘빈의 계산에 믿음을 부여하는 데 필요한 것보다는 상당히 느린 속도로 감소하고 있다(8장 190쪽 참조).

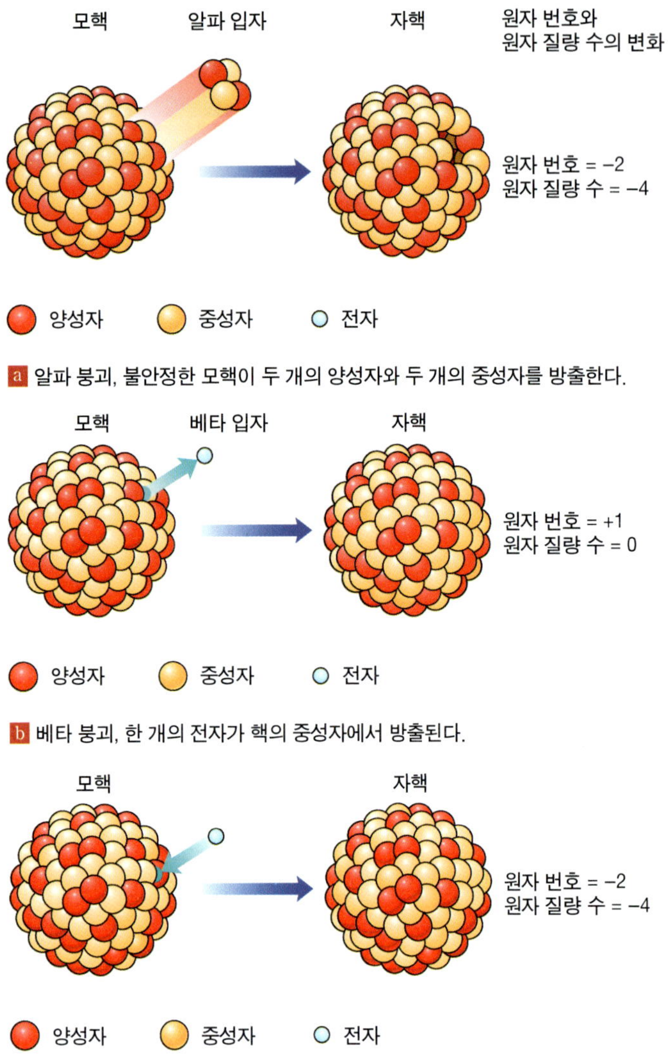

a 알파 붕괴, 불안정한 모핵이 두 개의 양성자와 두 개의 중성자를 방출한다.

b 베타 붕괴, 한 개의 전자가 핵의 중성자에서 방출된다.

c 전자 포획, 하나의 양성자가 한 개의 전자를 포획하고 중성자로 전환된다.

그림 4.5 방서성 붕괴의 세 가지 유형

자로 변하고 따라서 원자 번호가 하나 증가하고 원자 질량 수는 변화가 없다. 전자 포획 붕괴는 양성자가 전자각에서 전자 하나를 포획하여 중성자로 변하며 원자 번호 하나가 감소하나 원자 질량 수는 변화가 없다.

일부 원소는 불안정한 형태에서 안정한 형태로의 전환에 오직 한 붕괴 단계를 겪는다. 예를 들면 루비듐(Rb) 87은 한 번의 베타 방출로 스트론튬(Sr) 87로 붕괴하고, 한 번의 전자 포획으로 칼륨(K) 40은 아르곤(Ar) 40으로 붕괴한다. 다른 방사성 원소들은 여러 붕괴 단계를 거친다. 우라늄(U) 235는 7번의 알파와 6번의 베타 단계를 거쳐 납 207로 붕괴하고, 우라늄 235는 8번의 알파와 6번의 베타 단계를 거쳐 납 206으로 붕괴한다(그림 4.6).

우리가 붕괴율을 논의할 때 반감기라는 용어를 쓰면 편리하다. 방사성 원소의 **반감기**(half-life)는 원래 불안정한 모원소 원자의 1/2이 새로운 안정한 자원소의 원자로 붕괴하는 데 걸리는 시간이다. 주어진 방사성 원소의 반감기는 일정하고 정밀하게 측정될 수 있다. 다양한 방사성 원소들의 반감기는 10억분의 1초에서 1,060억 년까지의 범위를 갖는다.

방사성 붕괴는 선형적보다는 기하학적 비율로 일어난다. 따라서 붕괴율 그래프는 직선이 아닌 곡선이다(그림 4.7). 예를 들면 100만 개의 모원자를 갖는 원소는 한 반감기가 지나면 500,000개의 모원자와 500,000개의 자원자를 갖을 것이다. 두 반감기가 지나면 이는 250,000개의 모원자(이전 모원자의 1/2으로 원래 모원자의 1/4에 해당함)와 750,000개의 자원자를 갖게 될 것이다. 세 반감기가 지나면 이는 125,000개의 모원자(이전 모원자의 1/2 또는 원래 모원자의 1/8)와 875,000개의 자원자를 가질 것이며, 모원자의 수가 작아서 오늘날의 기계로 정밀하게 측정할 수 없을 때까지 계속될 것이다.

모원자 대 자원자의 비율을 측정하고 모원자의 반감기(실험실에서 결정되어 왔음)를 앎으로써 지질학자들은 방사성 원소를 포함한 시료의 나이를 계산할 수 있다. 모원자 대 자원자의 비율은 보통 질량이 다른 원소의 비율을 측정하는 기계인 질량 분석기에 의하여 결정된다.

불확실의 원인 가장 정밀한 방사성 연대는 화성암에서 얻어진다. 마그마가 냉각되고 결정이 시작되면 방사성 모원자는 전에 형성된 자원자로부터 분리된다. 왜냐하면 그들은 적당한 크기이기 때문에 일부 방사성 모원자는 특정 광물의 결정 구조에 들어가게 된다. 그러나

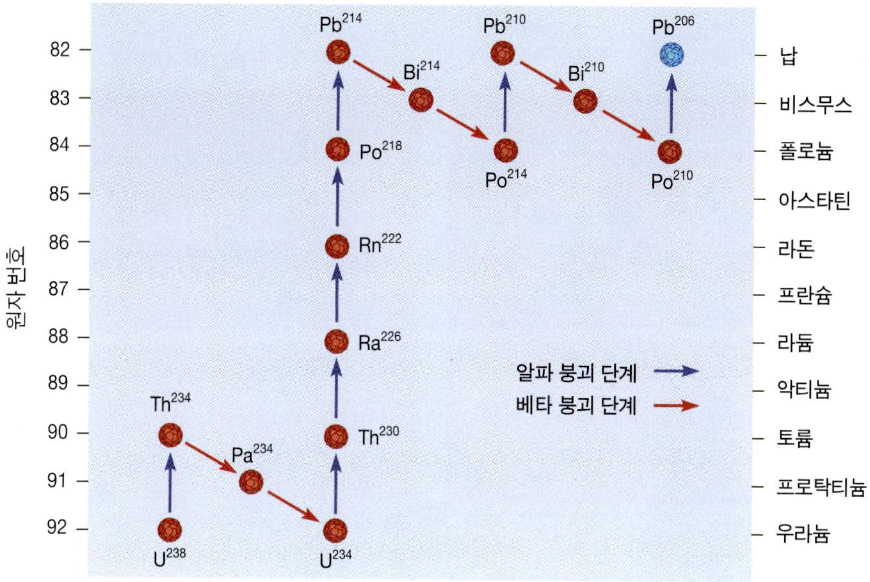

그림 4.6 우라늄 238과 납 206에 대한 방사성 붕괴 계열 방사성 우라늄(U) 238은 8번의 알파 붕괴와 6번의 베타 붕괴 단계를 거쳐 안정한 자원소인 납(Pb) 206으로 변한다. 붕괴 계열의 중간 단계로 수많은 다른 동위원소들이 생성된다.

안정한 자원자는 방사성 모원자와 크기가 다르며 모원자처럼 같은 광물의 결정 구조에 끼워 들어갈 수 없다. 따라서 냉각되는 마그마에서 결정화되는 광물은 방사성 모원자를 포함하나 안정한 자원자는 포함하지 못할 것이다(그림 4.8). 따라서 측정되는 시간은 방사성 원자를 포함하는 광물의 결정 작용 시간이며 방사성 원소의 형성 시기가 아니다.

특별한 상황을 제거하면 퇴적암은 퇴적 입자로 퇴적되는 시간보다는 특정 광물의 나이가 특정되기 때문에 방사성 연대 측정이 될 수 없다. 퇴적암에서 방사성 연대가 얻어질 수 있는 몇 가지 중 하나는 해록석 광물이 있을 때이다. 해록석은 아르곤 40으로 붕괴하는 방사성 칼륨 40을 포함하는 녹색 광물이다(표 4.2). 이는 퇴적물이 퇴적암으로 변하는 동안 점토 광물과의 화학적 반

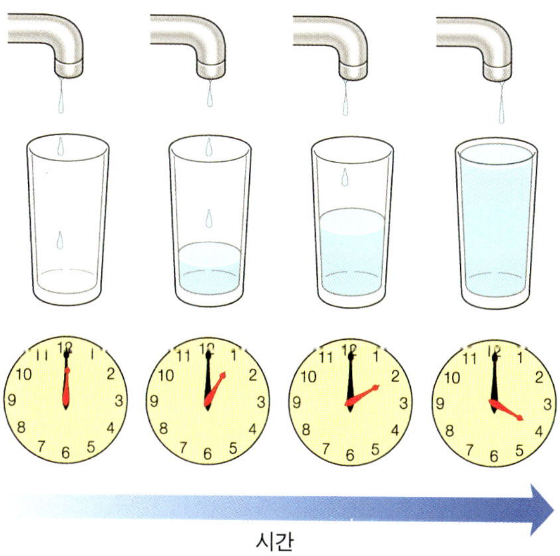

a 균일한 선형적 변화는 많은 유사 과정의 특징이다. 이 사례에서는 물이 동일한 비율로 컵에 더해지고 있다.

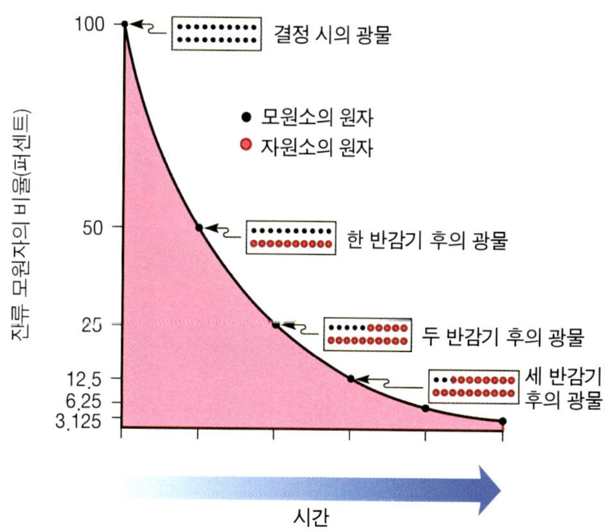

a 기하학적 방사성 붕괴 곡선, 각 시간 단위는 한 반감기를 나타내고, 각 반감기는 모원소의 1/2이 자원소로 붕괴되는 데 걸리는 시간이다.

그림 4.7 기하학적 방사성 붕괴와 비교된 균일한 선형적 변화. 이것과 다른 활동 그림을 보기 위해서는 지질학 자료 센터(www.cengage.com/sso)를 접속해 보기 바란다.

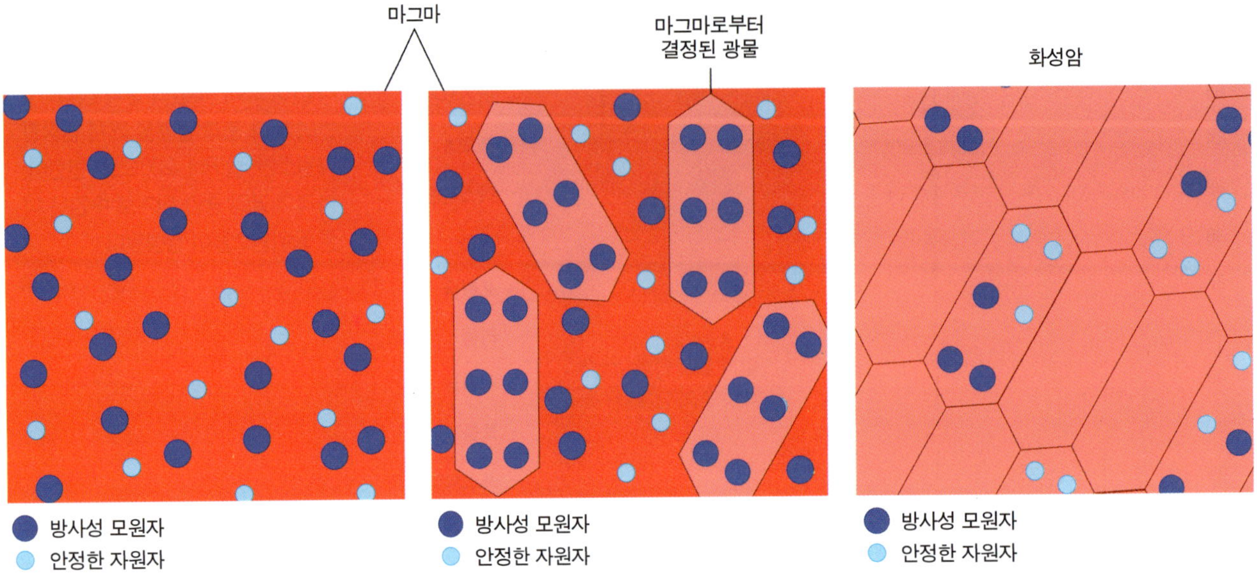

a 마그마가 방사성 모원자와 안정한 자원자를 포함한다. 방사성 모원자들은 안정한 자원자들보다 더 크다.

b 마그마가 냉각하여 결정이 시작되면 일부 방사성 모원자는 그들이 크기가 적절하고 결정 구조에 들어맞을 수 있기 때문에 특정 광물에 섞여진다. 이 사례에서는 오직 큰 방사성 모원자만이 결정 구조에 들어맞는다. 따라서 결정 작용시에 방사성 모원자가 결정 구조에 들어맞을 수 있는 광물은 100%의 방사성 모원자와 0%의 안정한 자원소를 포함할 것이다.

c 반감기가 지나면 50%의 방사성 모원자는 안정한 자원자로 붕괴될 것이고 결정 구조에 방사성 모원자를 가졌던 광물은 50%의 방사성 모원자와 50%의 안정한 자원자를 갖게 될 것이다.

그림 4.8 방사성 모원자와 안정한 자원자를 포함한 마그마의 결정 작용

응의 결과로 바다 환경에서 형성된다. 따라서 해록석은 퇴적암의 형성시 만들어지며 방사성 연대는 퇴적암 형성 시기를 지시한다. 그러나 자원소인 아르곤이 가스이기 때문에 광물로부터 쉽게 이탈된다. 따라서 해록석이나 칼륨 40, 아르곤 40을 포함하는 다른 광물에서 얻은 연대는 최소 연대로 간주되어야 한다.

정밀한 방사성 연대를 얻기 위해서 지질학자들은 모원자와 자원자 모두 결정 작용 이후 계(system)로부터 제거되었거나 더해지지 않았다는 닫힌 계를 다루어야 하며 모자 원소의 비율은 오직 방사성 붕괴의 결과라는 것을 알아야만 한다. 그렇지 않으면 부정확한 연대가 나올 것이다. 만약 자원자가 분석되는 광물로부터 유출

표 4.2 방사성 연대 측정에 이용되는 5개의 중요한 반감기가 긴 방사성 동위원소 쌍

동위원소				
모원소	자원소	반감기(년)	효과적 연대 측정 범위(년)	측정될 수 있는 광물과 암석
우라늄 238	납 206	45억	1,000만~46억	저어콘, 우라니나이트
우라늄 235	납 207	7억 400만		
토륨 232	납 208	140억		
루비듐 87	스트론튬 87	488억	1,000만~46억	백운모, 흑운모, K장석, 전체 변성암 또는 화성암
칼륨 40	아르곤 40	13억	10만~46억	해록석, 각섬석, 백운모, 전체 화산암, 백운모

되었다면 계산된 나이는 너무 젊을 것이고, 만약 모원자가 제거되었다면 계산된 연대는 너무 오래될 것이다.

만약 암석이 변성작용이 일어날 때 볼 수 있듯이 가열되거나 높은 압력을 받게 되면 유출이 일어날 수 있다. 만약 이런 일이 생긴다면, 일부 모원자 또는 자원자는 분석되는 광물로부터 이탈될지도 모르며 부정확한 연대 결정이 나타날 것이다. 만약 자원자가 완전히 제거되면 광물의 결정 작용 이후의 시간이 아니라 변성작용 이후의 시간(이 자체가 유용한 측정임)을 측정할 수 있을 것이다(그림 4.9).

열과 압력은 모원소와 자원소 비율에 영향을 미치기 때문에 변성암은 정밀한 연대 측정이 어렵다. 비록 분석될 시료의 모원소와 자원소 비율이 열에 형향을 받았었다고 하더라도 모원소의 붕괴율은 어떤 물리적 또는 화학적 변화에 관계없이 여전히 일정함을 기억하라.

정밀한 방사성 연대를 얻기 위해서 지질학자들은 시료가 신선하고 풍화되지 않아야 하고 결정 작용 이후 높은 온도와 압력을 받지 않았어야 함을 확신하여야만 한다. 더욱이 가끔 동일 광물에서 두 가지 다른 방사성 원소의 모원소와 자원소 비율을 측정하여 얻은 방사성 연대에 대한 교차 검토가 가능하다.

예를 들면, 자연에서 나타나는 우라늄은 우라늄 235와 우라늄 238 동위원소 모두로 이루어진다. 다양한 붕괴 단계를 통하여 우라늄 235는 납 207로 우라늄 238은 납 206으로 붕괴한다(그림 4.6). 만약 두 가지 우라늄 동위원소를 포함하는 광물이 닫힌 계를 갖는다면, 각각의 모원소와 자원소 비율로 얻은 연대는 거의 일치할 것이다. 이 경우 그들을 **콘코던트**(concordant)라고 하며, 마그마의 결정 작용 시기를 반영한다. 만약 연대가 가깝게 일치하지 않으면 이를 **디스코던트**(discordant)라고 하며, 다른 시료가 취해져야 하며 어느 연대가 맞는지 알기 위해 비율이 측정되어야 한다.

다양한 동위원소 비율의 측정을 위한 신기술과 기계의 발전과 발달은 지질학자로 하여금 점점 소량의 시료와 전보다 매우 정확한 분석이 가능하게 하였다. 현재 여러 방사성 연대의 측정 오차는 전형적으로 연대의 0.5% 이하이고 어느 경우에는 0.1% 이하까지이다. 따라서 5억 4,000만 년 전(거의 캄브리아기의 시작) 암석의 경우 가능한 오차는 약 270만 년에서 54만 년 이하까지이다.

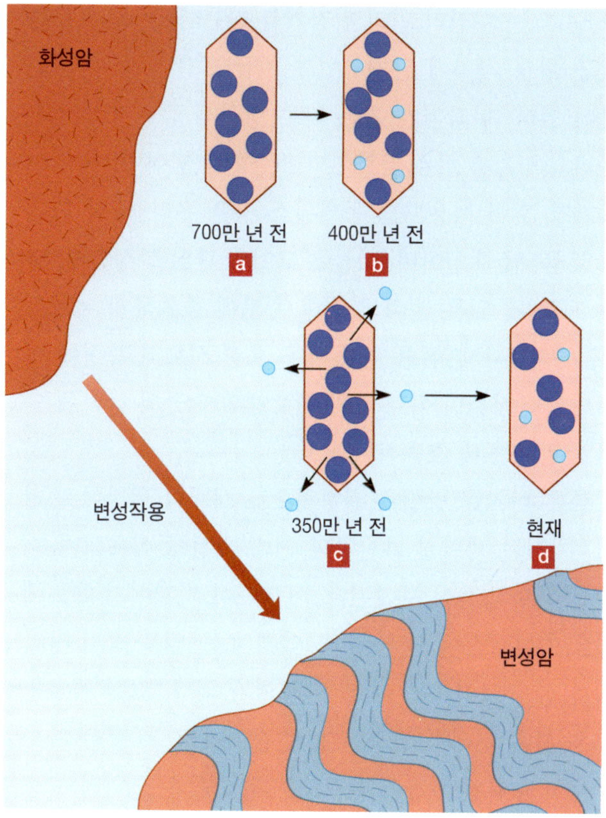

그림 4.9 방사성 연대 측정에 대한 변성작용의 효과 변성작용의 효과로 700만 년 전에 결정된 광물로부터 자원자가 이탈됨. 광물이 결정 작용 직후a, 그리고 일부 모원자가 자원자로 붕괴된 400만 년 전b에 나타나 있다. 350만 년 전에 변성작용c이 자원자를 광물로부터 주위 암석으로 몰아낸다. 만약 암석이 그 역사 동안에 화학적으로 닫힌 계로 남아 있었더라면 오늘날d 광물의 연대 측정은 변성작용의 시간을 나타내나 전암의 연대 측정은 700만 년 전인 결정 작용의 시기를 제공한다.

반감기가 긴 방사성 동위원소 쌍

표 4.2는 방사성 연대 측정에 이용되는 반감기가 길고 흔한 5개의 모원소와 자원소 동위원소 쌍을 보인다. 그러나 역시 연대 측정에 이용되는 여러 다른 반감기가 긴 모-자 동위원소 쌍이 있다. 반감기가 긴 쌍의 수백

만 년 또는 수십억 년의 반감기를 갖는다. 이들 모두는 지구 형성 시기에 존재하였고 지금도 측정될 수 있는 양이 있다. 반감기가 짧은 다른 방사성 동위원소 쌍은 붕괴되어 검출 한계 가까이의 소량만이 남아 있다.

가장 흔히 이용되는 동위원소 쌍은 우라늄-납 그리고 토륨-납 계열이며, 이들은 고기의 관입 화성암체, 달의 시료 및 일부 운석의 연대 측정에 중요하게 이용된다. 루비듐-스트론튬 쌍도 매우 오랜 시료의 측정에 이용되고 운석뿐만 아니라 가장 오래된 지구의 암석을 연대 측정하는 데 효율적이다.

칼륨-아르곤 방법은 전형적으로 개개의 결정이 분리될 수 없는 세립질 화산암의 연대 측정에 이용되며 따라서 전체 암석이 분석된다. 아르곤이 기체이기 때문에 시료가 아르곤이 탈출 될 수 있게 하는 열을 받지 않았어야 함을 보장하는 데 많은 주의가 되며, 그런 시료는 매우 젊은 연대를 산출한다. 반감기가 길고 짧은 다른 방사성 동위원소 쌍이 존재하는데, 그들은 오히려 드물고 단지 특별한 경우에 이용된다. 3개의 이러한 동위원소쌍을 언급할 수 있다. 이들은 아르곤-아르곤, 사마륨-네오디뮴 및 토륨-우라늄이다.

아르곤-아르곤 연대 측정에서는 아르곤 39와 아르곤 40의 비율이 이용된다. 칼륨-아르곤 방법과 같이 세립질 화산암이 이 연대 측정 방법에 가장 흔히 이용되나, 변성암에도 효과적으로 이용될 수 있다. 1960년대에 발전하고 1980년대 초에 더욱 정밀하게 된 아르곤-아르곤 방법은 신뢰할 만한 2,000~46억 년 사이의 연대 측정 범위를 갖는다.

사마륨-네오디뮴 방법은 사마륨 147과 네오디뮴 143의 비율을 이용하는데, 이들은 희토류 원소이다. 사마륨 147은 한 번의 알파 붕괴 단계를 거쳐 네오디뮴 143으로 붕괴하며 1,060억 년의 반감기를 갖는다. 따라서 이는 운석뿐만 아니라 매우 오래된 화성암과 변성암 연대 측정에 매우 유용하다. 사마륨-네오디뮴 방법은 지구 맨틀의 성분과 진화를 결정하는 데 이용되어 왔다.

우라늄-토륨 방법은 흔히 탄소 14 연대의 교차 검토에, 그리고 지질학적으로 젊은 시료에 이용된다. 우라늄-토륨 방법에서 연대는 방사성 모 원소인 우라늄 234와 방사성 동위원소인 토륨 230 사이에 평형 상태가 이루어진 정도를 결정함으로써 계산된다. 이 기술은 우라늄이 지표 또는 지표 부근에서 자연수에 매우 조금씩 용해되나 토륨은 그렇지 않다는 사실에 근거를 두고 있다. 따라서 수면이나 수면 가까이에서 침전된 탄산염 광물은 전형적으로 토륨을 포함하지 않는다. 그러나 침전된 탄산염에 있는 미량의 우라늄은 방사성 붕괴 과정의 일부로써 방사성 토륨 230을 생산하고 결국에는 우라늄 234와 평형 상태를 취하게 된다. 그러면 측정되는 것은 토륨 230과 우라늄 234 사이에 평형 상태가 회복된 정도이다. 토륨 230은 75,000년의 반감기를 갖기 때문에 이 방법을 이용하는 한계는 약 50만 년까지이다.

핵분열 비적법 연대 측정

광물 내에서 우라늄의 방사성 붕괴로 나타나는 원자 입자의 방출은 광물의 결정 구조를 손상한다. 이 손상은 미시적인 선상의 비적(tracks)으로 나타나는데, 이 비적은 불산(hydrofluoric acid)으로 광물을 부식시키고 난 후에만 눈에 보인다. 불산은 너무 강력해서 주의해서 다루지 않으면 후각 기능을 파괴할 정도로 손상시킬 수 있다. 시료의 연대는 존재하는 핵분열 비적의 수와 시료가 포함하는 우라늄의 양으로부터 결정되며, 시료가 오래될수록 비적의 수가 많다(그림 4.10).

핵분열 비적법 연대 측정(fission-track dating)은 단 수천 년에서 수억 년의 연대 범위를 갖는 시료의 연대 측정에 기술이 이용될 수 있기 때문에 고고학자와 지질학자에게 특히 중요하다. 이는 다른 연대 측정 기술로는 특히 적합하지 않는 시기인 4만 년과 150만 년 사이의 시료에 대한 연대 측정에 가장 유용하다. 핵분열 비적법 연대 측정의 한 가지 문제는 암석이 추후 높은 온도를 겪은 경우에 일어난다. 만약 이런 일이 일어나면, 손상된 결정 구조가 가열에 의해 복구되며 따라서 비적이 사라지게 된다. 그러한 경우 계산된 연대는 실제 연대

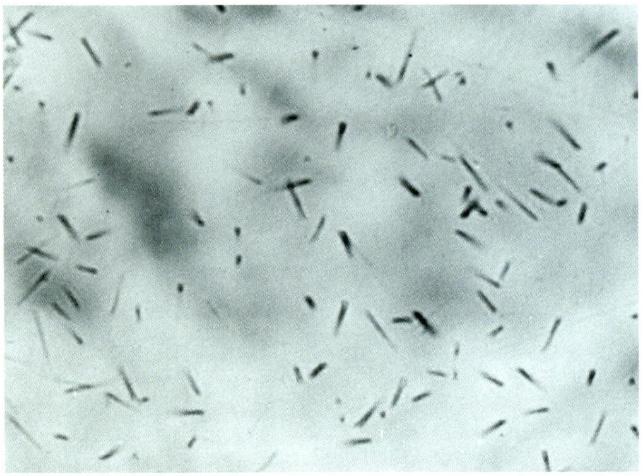

그림 4.10 **핵분열 비적법 연대 측정** 이 인회석 결정의 각 핵분열 비적(약 16μm=16/1,000mm) 길이)은 우라늄 원자의 방사성 붕괴의 결과이다. 핵분열 비적을 보이게 하도록 불산으로 부식시킨 인회석 결정은 뉴멕시코 쉽락(Shiprock)의 암맥 중의 하나에서 온 것이며 2,700만 년의 계산된 연대를 나타낸다.

보다 젊게 될 것이다.

방사성 탄소와 나이테 연대 측정 방법

탄소는 자연에서 중요한 원소이며 모든 생명체에서 볼 수 있는 기본 원소 중의 하나이다. 이는 세 가지의 동위원소를 갖으며, 이 중 탄소 12와 탄소 13은 안정하나 탄소 14는 방사성이다(그림 2.3 참조). 탄소 14는 5,730±30년의 반감기를 갖는다. **탄소 14 연대 측정**(carbon-14 dating) 기술은 탄소 14와 탄소 12의 비율에 근거하며 예전에 생존하였던 물질의 연대 측정에 일반적으로 이용된다.

탄소 14의 짧은 반감기 때문에 약 7만 년보다 젊은 시료에만 이 연대 측정 기술이 실용적이다. 따라서 탄소 14 연대 측정 방법은 특히 고고학에서 유용하며 플라이스토세 후반의 사건을 해결하는 데 매우 도움이 된다. 예를 들면 멕시코 티후아칸(Tehuacan) 계곡으로부터의 옥수수에 대한 탄소 14 연대는 고고학자로 하여금 중앙아메리카의 옥수수 경작의 처음 중심이 어디에서 일어났는지에 대한 생각을 다시 하게 하였다. 탄소 14 연대는 또한 인류가 북아메리카에 거주하기 시작한 시기의 질문을 답하는 데 도움이 되고 있다.

탄소 14는 고에너지 입자(대부분 양성자)인 우주선이 상층 대기 기체의 원자를 타격하여 그들의 핵을 양성자나 중성자로 분리할 때 상층 대기에서 끊임없이 형성된다. 중성자가 질소 원자(원자 번호 7, 원자 질량 수 14)의 핵을 타격할 때, 이는 핵 속으로 흡수되어 양성자가 방출되기도 한다. 따라서 원자의 원자 번호는 1이 감소하나 원자의 질량 수는 일정하게 유지된다. 왜냐하면 원자 번호가 변하였기 때문에 새로운 원소인 탄소 14(원자 번호 6, 원자 질량 수 14)가 형성된다. 새로이 형성된 탄소 14는 탄소 순환에 신속히 동화되며, 탄소 12 및 13과 함께 거의 일정한 비율로 모든 생명체에 의하여 흡수된다(그림 4.11). 그러나 생물이 죽을 때 탄소 14는 다시 보충되지 않으며, 탄소 14가 한 단계의 베타 붕괴에 의하여 질소로 붕괴됨에 따라서 탄소 14와 탄소 12의 비율은 감소한다(그림 4.5).

일반적으로 탄소 14와 탄소 12의 비율은 대기와 살아있는 생명체 내에서 모두 일정하다. 그러나 탄소 14의 생성과 이에 따른 탄소 14와 탄소 12의 비율이 지난 수천 년 동안 다소 변해 왔다는 좋은 증거는 없다. 이는 나무 시료의 탄소 14 연대 측정에 의한 연대와 동일 시료의 연륜을 측정하고 얻은 연대를 비교함으로써 결정되었다. 그 결과 탄소 14 연대는 과거의 그러한 변화를 반영하도록 보정되어 왔다.

나이테 연대 측정(tree-ring dating)은 지질학적으로 젊은 사건의 연대 측정에 유용한 또 다른 방법이다. 나무의 연대는 줄기의 아래 부분에서 나이테를 세어서 결정될 수 있다. 각각의 나이테는 1년의 성장을 나타내고, 넓고 좁은 나이테의 형태는 나이테가 형성된 정확한 나이를 측정하기 위해서 나무들 사이에 서로 비교될 수 있다. 주어진 지역에서 수많은 나무와 나무 파편들의 나이테 형태를 맞추는 과정을 교차 연대 측정이라고 한다.

살아있는 나무에서부터 거의 죽은 나무까지의 뚜렷한 나이테 순서를 대비하여 약 14,000년 전까지의 연대표가 만들어질 수 있다(그림 4.12). 나이테 형태를 합성된 나이테 연대표와 비교하여 나이를 모르는 나무 시료

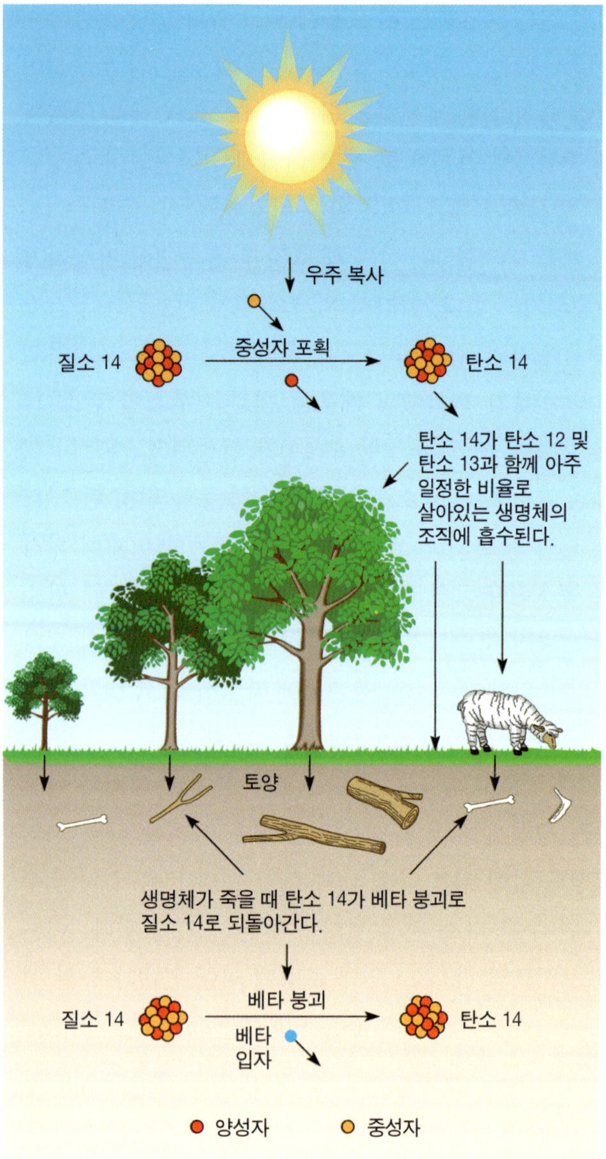

그림 4.11 탄소 14 연대 측정 방법 탄소 순환은 상층 대기에서의 탄소 14의 형성, 모든 생명체의 조직에 분산과 병합 및 베타 붕괴에 의한 질소 14로의 붕괴를 포함한다. 이것과 다른 활동적 그림을 보기 위해서는 지질학 자료 센터(www.cengage.com/sso)로 접속해 보기 바란다.

는 정밀하게 연대가 측정될 수 있다.

나이테 연대 측정 방법은 단지 연속적인 나무 기록이 발견되는 곳에서만 사용될 수 있기 때문에 그의 적용이 다소 제한적이다. 그러므로 이는 나무가 매우 오랫동안 사는 특히 남서 미국의 건조한 지역에서 매우 유용하다.

8. 지질시대와 기후 변화

지구 온난화와 그의 가능한 중요성에 대한 토론이 있을 경우 가능한 한 정확하게 과거 기후계의 복원이 가능할 수 있다는 것은 매우 중요하다('조망' 참조). 어떻게 지구의 기후계가 과거의 변화에 반응하였는지 모델을 만들고 미래의 기후적 시나리오의 시뮬레이션에 대한 정보를 이용하기 위해서 지질학자들은 가능한 한 정교한 지질학적 일람표를 가져야만 한다.

더욱 정확한 새로운 연대 측정 기술은 지질학자들에게 과거의 기후 변화가 언제 그리고 얼마나 오랫동안 일어났는지에 대한 더욱 정확한 연대를 제공하고 있다. 과거의 기후 변화가 언제 일어났는지를 정확하게 결정할 수 있는 능력은 지질학자들에게 어떠한 관계가 있는지 보기 위해서 이러한 변화를 국지적 및 세계적 지질 사건과 대비하는 데 도움을 준다.

과거의 기후를 복원하는 데 흔히 이용되고 있는 흥미로운 방법은 동굴의 석순을 분석하는 것이다. 석순은 동굴 바닥에 솟아오른 고드름 모양의 구조이며, 증발하는 물에서 침전된 탄산칼슘으로 이루어졌다. 따라서 석순은 새로 침전된 탄산칼슘의 층이 이전에 침전된 층보다 젊기 때문에 층으로 된 역사를 기록한다(그림 4.13). 따라서 석순의 층은 바닥의 중심에서 가장 오래되고 밖으로 갈수록 점차 젊어진다(지층 누중의 원리).

우라늄 234와 토륨 230의 비율에 근거를 둔 기술을 이용하여 지질학자들은 석순의 개별적 층에 대한 매우 정밀한 방사성 연대를 얻을 수 있다. 이 기술은 지질학자들로 하여금 탄소 14 방법으로 측정할 수 있는 것보다 훨씬 오래된 물질의 연대를 결정할 수 있게 하며, 이는 약 50만 년 전까지 신뢰성을 갖는다.

미주리(Missouri) 주 크레비스(Crevice) 동굴의 석순에 대한 연구는 75,000~25,000년 전 사이의 미국 대륙 중앙부에서의 기후와 식생 변화의 역사를 밝혔다. 크레비스 동굴 석순에서 얻은 자료는 이 기간 동안 기후 변화의 상세한 모습을 복원하기 위하여 탄소 13과 산소 18 동위원소 프로파일로 얻은 식생과 평균 온도 변동의

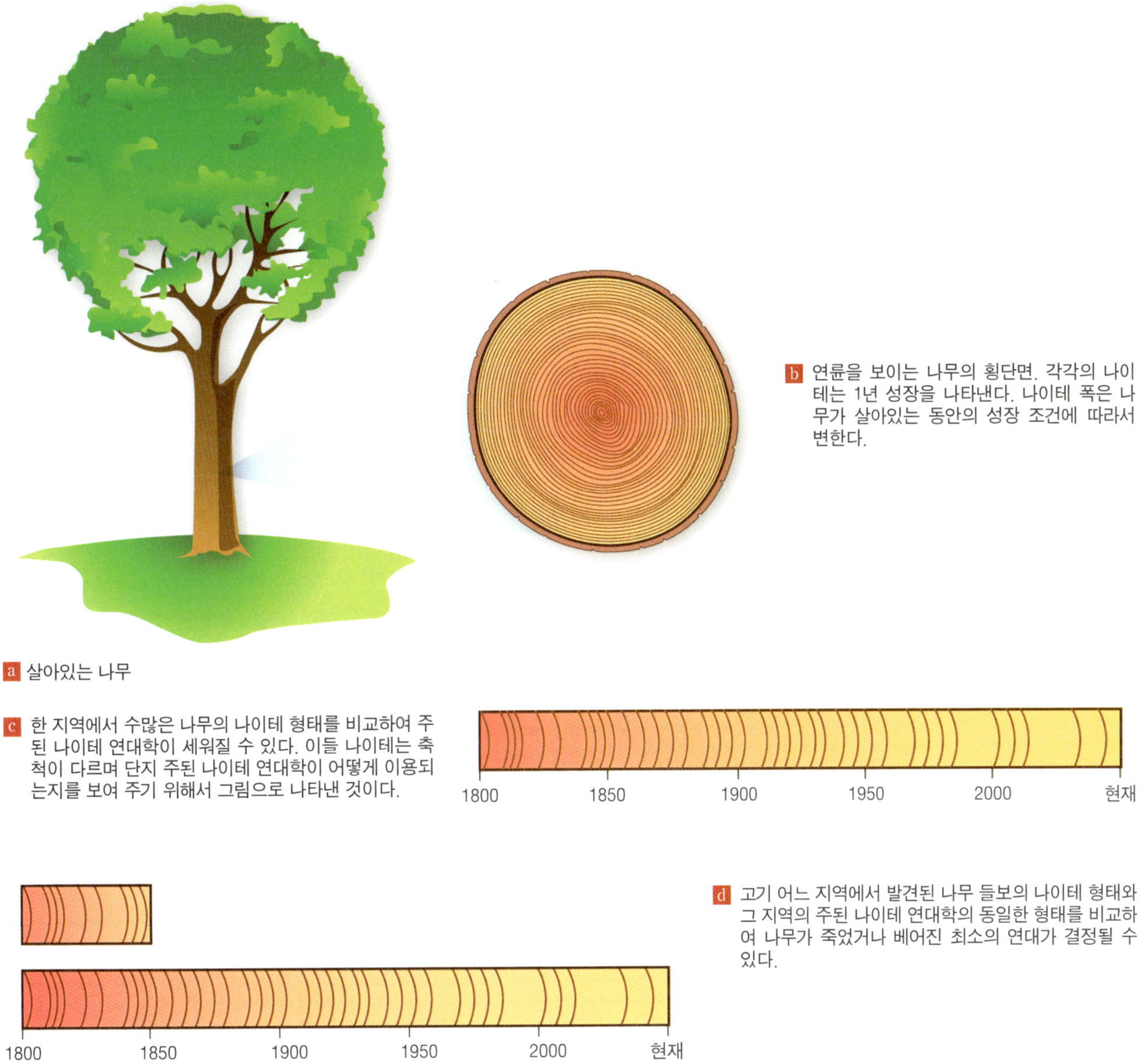

a 살아있는 나무

b 연륜을 보이는 나무의 횡단면. 각각의 나이테는 1년 성장을 나타낸다. 나이테 폭은 나무가 살아있는 동안의 성장 조건에 따라서 변한다.

c 한 지역에서 수많은 나무의 나이테 형태를 비교하여 주된 나이테 연대학이 세워질 수 있다. 이들 나이테는 축척이 다르며 단지 주된 나이테 연대학이 어떻게 이용되는지를 보여 주기 위해서 그림으로 나타낸 것이다.

d 고기 어느 지역에서 발견된 나무 들보의 나이테 형태와 그 지역의 주된 나이테 연대학의 동일한 형태를 비교하여 나무가 죽었거나 베어진 최소의 연대가 결정될 수 있다.

그림 4.12 **나이테 연대 측정 방법** 교차 연대 측정 방법에서 다른 나무들의 나이테 형태가 과거의 나이테 연대학을 확립하기 위하여 비교된다.

중요 변화와 대비되었다.

75,000~55,000년 전 사이의 온난과 한랭 사이에서 기후가 변동하였고 식생이 산림, 사바나 및 대평원 사이에서 번갈아 나타났음이 확인되었다. 55,000년 전의 기후는 한랭하였고, 초원이 25,000년 전까지 지속된 산림으로 갑자기 변하였다. 이는 전 지구적인 빙하가 발달하고 전진하기 시작했던 시기에 해당한다.

따라서 우라늄 234와 토륨 230을 이용한 석순 연구에서 정밀한 연대 측정 기술은 지질학자들로 하여금 과거의 기후계에 대한 모델을 세우게 하고 전 지구적 기후 변화의 원인과 그들의 기간을 결정할 수 있게 한 정확한 연대학을 제공한다. 이러한 정교한 연대 측정 기술과 이와 같은 다른 기술이 없었다면 지질학자들은 과거의 환경과 기후를 정확하게 복원하고 정밀하게 대비할

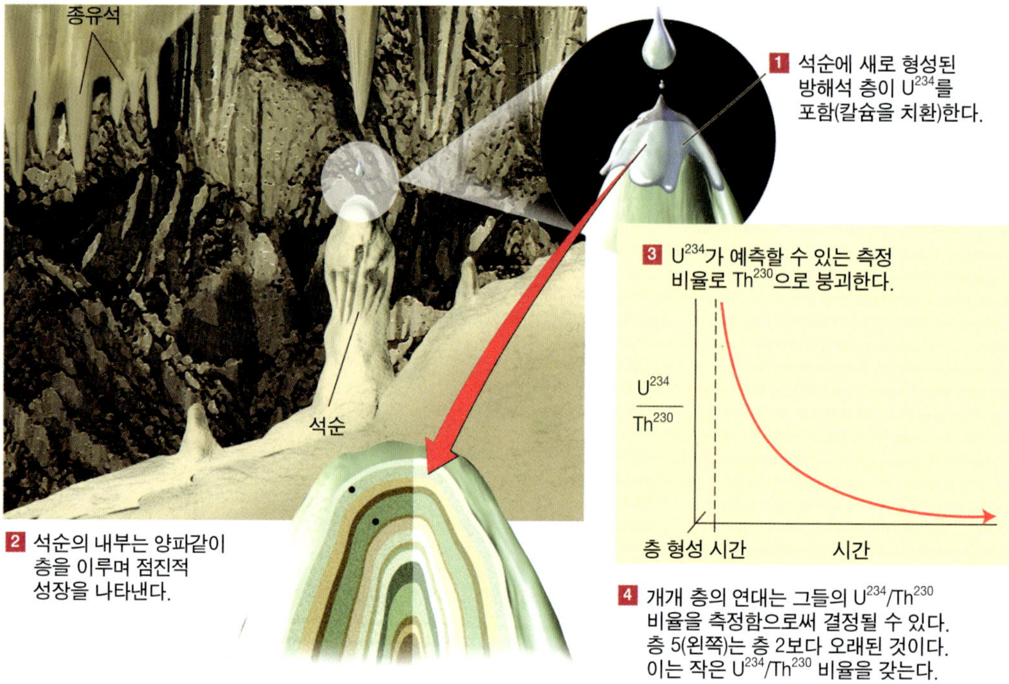

a 석순은 동굴 바닥에 솟아 오른 고드름 모양의 구조이며, 증발하는 물에서 탄산칼슘의 침전으로 형성된다. 따라서 석순은 가장 오래된 층이 중심에 그리고 가장 젊은 층이 외부의 층을 이룬다. U^{234}는 빈번하게 석순 탄산칼슘의 칼슘을 치환한다. U^{234}는 예측할 수 있는 측정 비율로 Th^{230}으로 붕괴한다. 따라서 석순 각 층의 연대는 U^{234}와 Th^{230}의 비율을 추정함으로써 결정될 수 있다.

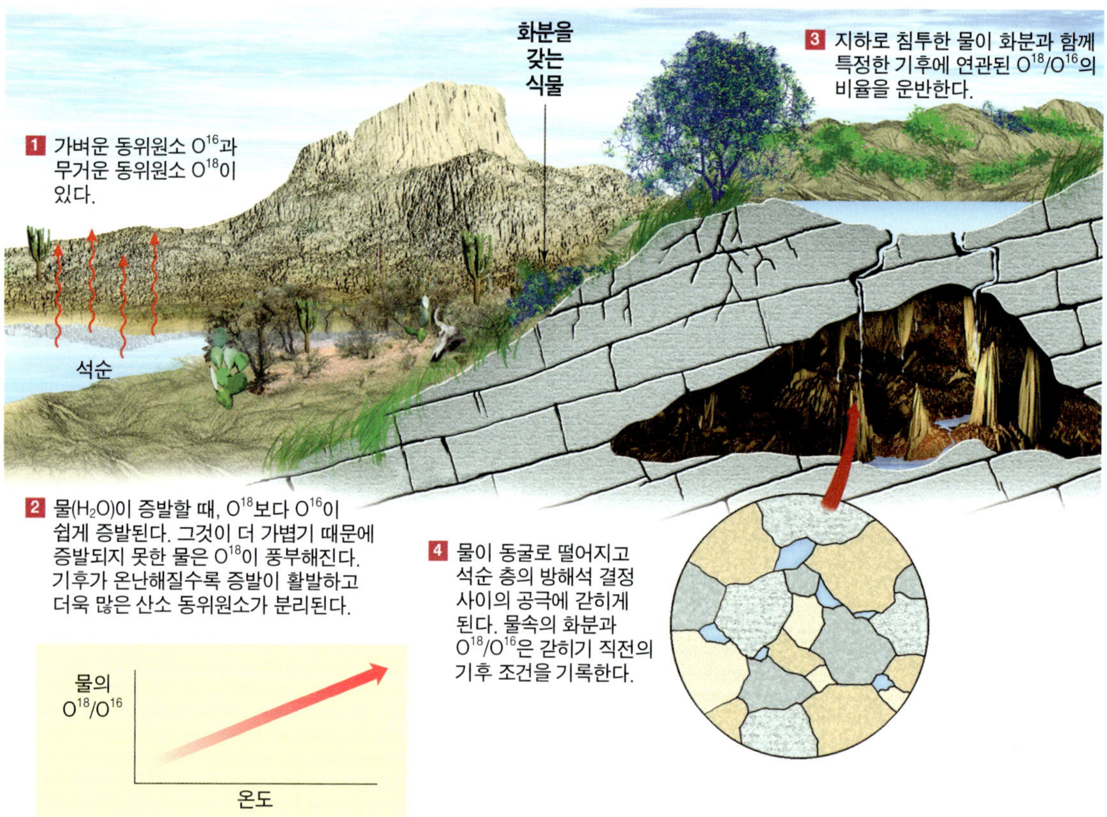

b 가벼운 O^{16}과 무거운 산소 O^{18}의 두 가지 산소 동위원소가 있다. O^{16}은 O^{18}보다 가볍기 때문에 물이 증발할 때 O^{18} 동위원소보다 쉽게 증발한다. 그러므로 기후가 온난해지면 증발이 증가하고 물에서 O^{18}/O^{16} 비율이 높게 된다. 비나 눈의 형태의 물은 지하로 침투하고 석순을 만든 방해석 사이의 공극에 붙잡히게 된다.

그림 4.13 **석순과 기후 변화**

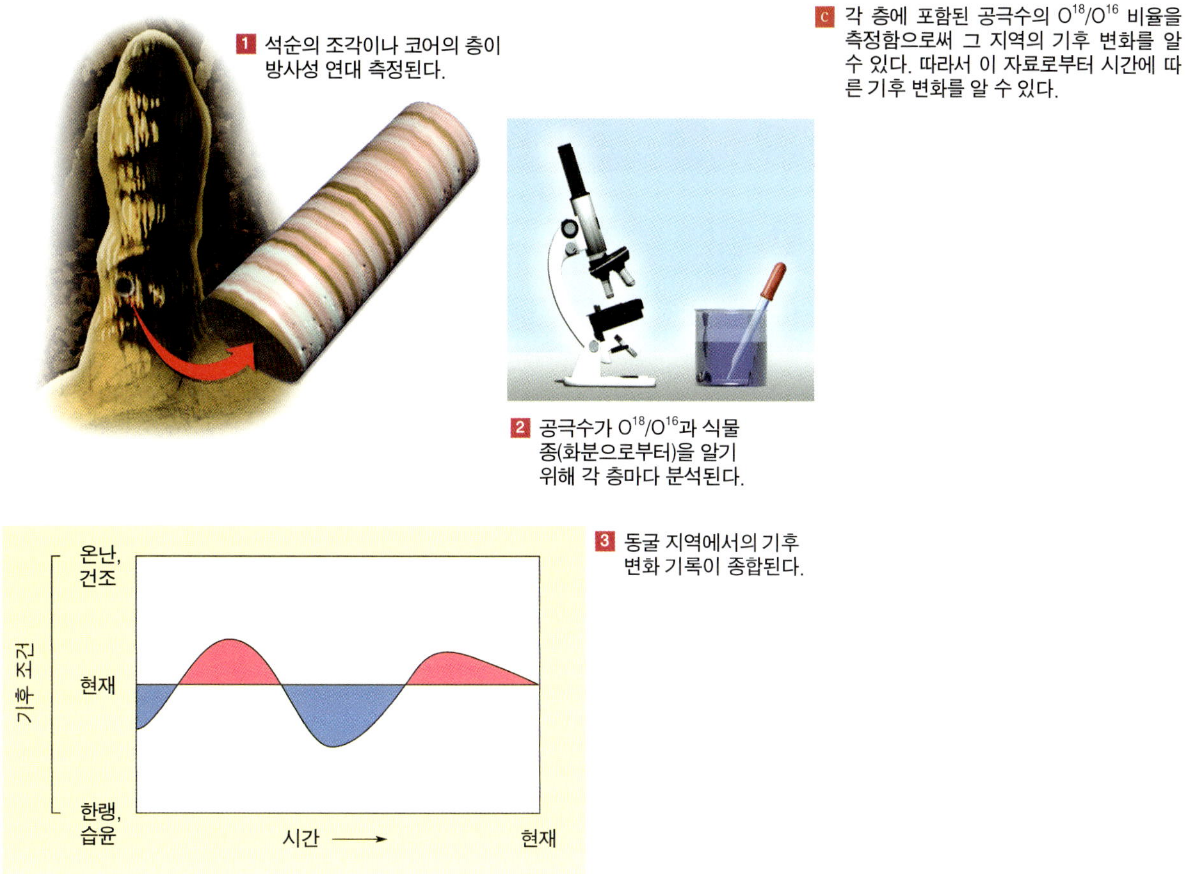

그림 4.13 **석순과 기후 변화** (계속)

수 없었을 것이다. 과거의 환경과 기후 변화 및 그들의 기간을 분석함으로써 지질학자들은 조만간 국지적인 기후 변화를 예측하고 변화시킬 수도 있다는 데 이들 자료가 이용되기를 기대한다.

조 망

덴버의 기후—2억 8,000만 년 전!

전 지구적 기후 변화에 관련하여 잠시 뒤로 물러나서 지질학적 조망으로 기후 변화를 살펴보는 것은 가치가 있다. 우리는 어떤 해는 다른 해보다 덥고, 어떤 해에는 비가 많으나 일반적으로 시간이 지나면 평균에 달하는 경향을 지닌다는 것을 안다. 우리는 애리조나에서 여름에 더울 것이고 미네소타에서는 겨울에 매우 추울 것이라는 것을 안다. 우리는 또한 과학자, 정치가 및 모든 곳의 관계자들이 인류가 지구가 경험하고 있는 것으로 생각되는 지구 온난화에 부분적으로 책임이 있는지에 대한 논쟁을 하고 있다는 것도 안다.

장기간의 기후 변화는 어떠할까? 우리는 지구가 예를 들자면 원생누대, 오르도비스기 말, 그리고 최근 플라이스토세 동안 과거에 빙하작용을 경험하여 왔다는 것을 안다. 지구는 또한 페름기 말부터 트라이아스기 초까지와 같은 대규모의 건조 시기를 겪었다. 그러한 장기간의 기후 변화는 아마 판구조 활동과 관계된 완만한 지리적 변화의 결과이다. 판은 고위도와 저위도로 이동될 뿐만 아니라 그들의 운동은 해수와 대기의 순환에 영향을 미치고 이들은 다시 기후에 영향을 주어 기후 변화로 이어진다.

우리들은 물리적으로 시간을 거꾸로 여행할 수 없지만 지질학자들은 과거에 기후가 어떠하였는지를 복원할 수 있다. 식물과 동물의 분포는 부분적으로 기후에 의하여 지배된다. 특히 식물은 기후 변화에 민감하며 많은 식물은 오직 특정한 환경에서만 서식한다. 식물과 동물 화석은 우리에게 이들 생물이 살았던 시기의 환경과 기후에 대한 정보를 말해 줄 수 있다. 더욱이 기후에 민감한 퇴적암은 과거의 기후 조건을 해석하는 데 이용될 수 있다. 사막의 사구는 전형적으로 분급이 양호하고 대규모의 사층리를 보인다. 석탄은 풍부한 식물의 성장을 돕는 담수 늪지의 기후 조건에서 형성된다. 암염과 같은 증발암은 사막 지역이나 뜨겁고 건조한 해안선을 따라서 증발이 강수보다 많을 때 형성된다. 빙퇴석(빙하 퇴적물)은 빙하작용으로 생기며 한랭 습윤한 환경을 지시한다. 그러므로 타당한 모든 지질학적 및 고생물학적 정보를 통합함으로써 지질학자들은 기후가 과거에 어떠했는지 그리고 어느 지역에서 기후가 시간에 따라 어떻게 변화하였는지 복원할 수 있다.

최근에 출판된 『Ancient Denver: Scenes from the Past 300 Millon Years of the Colorado Front Range』라는 책에서 존슨(Kirk R. Johnson)은 콜로라도 주 덴버가 과거 13개 다른 기간에 어떠하였는지를 서술하였다. 나눠진 시기들은 3억 년 전 펜실베이니아기(Pennsylvania Period) 동안 시작하고 대도시 덴버 남단의 주택이 확장되고 있는 중에 있는 프론트 산맥의 모습으로 끝난다.

덴버의 지질학적 과거를 결합한 정보는 주로 1999년 콜로라도 주 키오와(Kiowa) 아래에서 덴버 자연과 과학 박물관이 뚫은 688m 깊이 유정의 암석으로부터 얻어졌다. 유정에서 찾은 수집된 정보와 그 지역의 다른 부분에서 얻은 보충적인 지질학적 증거를 이용하여 박물관의 과학자와 예술가들은 덴버의 지질학적 과거를 복원할 수 있었다.

3억 년 전(펜실베이니아기)을 시작으로 덴버는 동부와 서부 경계에 해안선이 있었고, 산맥(오늘날의 로키 산맥이 아님)이 있었다. 기후는 오늘날 쇠뜨기류와 연관된 매우 큰 인목뿐만 아니라 양치류와 같은 씨 없는 관속 식물이 풍부한 거의 온난한 기후였다. 노래기, 바퀴벌레 및 잠자리와 같은 곤충은 거대하였고 작은(길이 약 3m) 뒤에 지느러미가 있는 파충류와 다양한 양서류가 이 지역에 서식하였다.

2억 8,000만 년 전에 오늘날의 사하라 사막과 같은 거대한 사막이 이곳을 덮었다. 이런 기후와 지형의 변화는 판게아의 형성 결과였다. 대륙이 충돌하면서 초대륙의 많은 부분에서 아건조 상태가 우세하였으며 덴버 지역도 예외가 아니었다.

후기 쥐라기(1억 5,000만 년 전) 동안 아파토사우루스(*Apatosaurus*)와 같은 초식 공룡 무리가 즙이 많고 풍부한 식물로 진수성찬을 먹으며 덴버 지역을 거닐었다. 풀과 꽃피는 식물은 아직 진화하지 않았으며 따라서 공룡들도 이 시기에 풍성했던 양치류와 나자식물을 먹었다.

약 9,000만 년 전이 시작되면서 조구조 힘이 오늘날의 로키 산맥을 이루게 하였던 라라미드(Lalamide) 조산운동이 시작되었다. 공룡은 아직도 덴버 주위의 땅을 배회하였으며 꽃피는 식물이 나타나기 시작하였다.

해수면 상승의 결과로 따뜻한 천해가 7,000만 년 전(후기 백악기) 덴버를 덮었다. 장경룡(plesiosaurs)과 모사사우루스(mosasaurs)와 같은 바다 파충류가 이 바다를 지배하였으며, 상공에서는 익룡이 먹이를 찾아 하늘로 날아올랐다.

5,500만 년 전(에오세) 경에 지구는 온난화가 심해진 상황에 놓였다. 오늘날 알아볼 수 있는 많은 나무로 이루어진 아열

조 망 (계속)

대 다우림이 풍경을 채웠다. 원시적 포유류가 더욱 풍부해졌고 온난한 기후를 좋아하는 많은 동물들이 북극권의 북쪽에 살고 있음을 볼 수 있었다.

비록 빙모가 아직도 북아메리카 지역을 덮었으나 매머드와 다른 포유류가 16,000년 전에 덴버의 평원을 거닐었다. 소수의 매스토돈(mastodons), 말, 바이슨(bison), 사자, 큰 나무늘보 모두가 이곳에 살았으며 그들의 화석은 이 지역의 퇴적암에서 발견되고 있다.

전에 다우림, 사막, 따뜻한 천해, 그리고 산맥 지역이었던 곳은 현재 수천 명의 사람들이 거주하고 있다. 덴버 지역이 앞으로 수백만 년 후에 어떻게 될 것인지는 추측일 뿐이다. 인류가 변화에 영향을 줄 수는 있으나 우리가 원인이 될 변화가 무엇일지는 논쟁으로 열려 있다. 확실히 과거에 덴버 지역을 만들었었던 것과 같은 힘이 미래를 지속적으로 결정할 것이다. 인류의 증가와 기술로 한 종으로서의 우리 또한 미래의 덴버 주민들이 어떠할까에 대한 영향을 줄 것이다. 우리가 만든 선택이 좋은 것이기를 희망해 보자.

요약

- 시간은 측정하는 데 이용된 방법에 의해 정의된다. 상대연대 측정은 지질 기록에서의 위치로부터 결정된 순서에 지질학적 사건을 배치한다. 절대연대 측정은 암석이나 지질학적 사건을 현재 이전의 햇수로 나타낸 특정 연대를 제공한다.
- 초기 기독교 신학자들은 시간이 직선적이고 지구는 매우 젊었다는 생각을 갖고 있었다. 대주교 어셔는 성경의 해석에 근거하여 지구의 나이를 6,000년으로 계산하였다.
- 18세기와 19세기 동안 계시록보다 과학적 증거에 기초를 둔 지구 나이를 결정하려는 시도가 이루어졌다. 비록 일부 시도가 상당히 독창적이기는 하였으나 그들은 오늘날 알려진 것보다 매우 젊은 다양한 나이를 산출하였다.
- 17세기, 18세기 및 19세기 초의 종교적, 정치적, 그리고 사회적 분위기를 생각한다면 왜 수성론, 격변설 및 매우 젊은 지구의 개념들이 열렬하게 환영받았었는지를 이해하는 것은 쉽다. 지질학적 자료가 축적됨에 따라 이러한 개념들은 증거에 의해 지지받지 못하였고 지구는 6,000년보다 매우 오래되어야 한다는 것이 명백해졌다.
- 많은 사람들에 의해 현대 지질학의 아버지로 생각되고 있는 허튼은 오랫동안에 걸쳐 작용한 오늘날의 과정은 지구의 모든 지질학적 특징을 설명할 수 있다고 생각하였다. 그는 또한 지구의 역사를 순환적으로 보았고 지구가 매우 오래된 것으로 생각하였다. 허튼의 관찰은 동일과정의 원리를 확립하는 데 유효하였다.
- 라이엘에 의해 명료해진 동일과정의 원리는 곧 지질학의 이정표적인 원리가 되었다. 이는 자연의 법칙은 시간을 통하여 일정하였으며, 비록 동일한 속도일 필요는 없더라도 오늘날 작용하는 동일한 과정이 과거에도 역시 작용하였었다는 것을 인정한다.
- 동일과정의 원리 이외에도 지층 누중의 원리, 지층 수평성의 원리, 횡적 연속성의 원리 및 상호 절단 관계의 원리는 상대적 지질 연대를 결정하고 지구의 역사를 해석하는 원리이다.
- 방사성은 19세기 후반 동안에 발견되었으며 그 이후 곧 방사성 연대 측정 기술은 지질학자들로 하여금 지질학적 사건들의 절대연대를 결정할 수 있게 하였다.
- 암석 시료의 절대연대는 보통 시료가 원래 결정된 이후 방사성 모원소의 반감기가 얼마나 지났는지를 측정함으로써 얻어진다. 반감기는 방사성 모원소의 반이 새롭고 더욱 안정한 자원소로 붕괴하는 데 걸리는 시간이다.
- 가장 정밀한 방사성 연대는 화성암에 있는 반감기가 긴 방사성 동위원소 쌍으로부터 얻어진다. 다섯 개의 흔한 반감기가 긴 방사성 동위원소 쌍은 우라늄 238-납 206, 우라늄 235-납 207, 토륨 232-납 208, 루비듐 87-스트론튬 87 및 칼륨 40-아르곤 40이다. 가장 신뢰할 만한 연대는 동일한 암석에서 적어도 두 개의 다른 방사성 붕괴 계열을 이용하여 얻어진 것이다.
- 탄소 14 연대 측정은 약 7만 년 전까지의 시기에 효과적이며, 오직 나무, 뼈 및 패류 등과 같은 유기물에만 이용될 수 있다. 반감기가 긴 동위원소 쌍과는 다르게 탄소 14 연대 측정 기술은 방사성 탄소 14와 안정한 탄소 12의 비율에 의해 나이를 결정한다.

- 과거의 기후 변화를 복원하고 그들을 가능한 원인과 연결하기 위하여 지질학자들은 가능한 한 정밀하고 정확한 지질학적 달력을 가져야 한다. 따라서 그들은 가능한 한 정밀하게 지질학적 사건과 기후 변화의 시기와 기간을 연대 측정할 수 있어야 한다.

주요 용어

격변설(catastrophism)
나이테 연대 측정(tree-ring dating)
동일과정의 원리(principle of uniformitarianism)
반감기(half-life)
방사성 붕괴(radioactive decay)
상대연대 측정(relative dating)
상호 절단 관계의 원리(principle of cross-cutting relationship)
수성론(neptunism)
절대연대 측정(absolute dating)
지층 누중의 원리(principle of superposition)
지층 수평성의 원리(principle of original horisontality)
탄소 14 연대 측정(carbon 14 dating)
핵분열 비적법 연대 측정(fission-track dating)
횡적 연속성의 원리(principle of lateral continuity)

복습 문제

1. 현대 지질학의 아버지라고 일반적으로 생각되고 있는 사람은 누구인가?
   a. ____ 베르너, b. ____ 라이엘, c. ____ 스테노, d. ____ 퀴비에, e. ____ 허튼
2. 어느 유형의 방사성 붕괴에서 핵의 중성자로부터 빠르게 운동하는 전자가 방출되는가?
   a. ____ 알파 붕괴, b. ____ 베타 붕괴, c. ____ 전자 포획, d. ____ 핵분열 비적, e. ____ 앞의 답 중에 없음
3. 어느 방사성 원소가 1,600만 년의 반감기를 갖는다면, 9,600만 년 후에는 모원소의 원래 양의 얼마만큼이 남게 될까?
   a. ____ 1/2, b. ____ 1/16, c. ____ 1/32, d. ____ 1/4, e. ____ 1/64
4. 변성작용 동안 가해진 열과 압력 때문에 자원자는 방사성 연대를 위해 측정된 광물로부터 이탈되었다. 그러므로 이 광물에서 얻은 연대는 실제 형성 나이와 어떠한가?
   a. ____ 보다 젊다, b. ____ 보다 오래되었다, c. ____ 같다, ____ d. ____ 측정될 수 없다, e. ____ 앞의 답 중에 없다.
5. 625,000,000개의 토륨 232 원자와 19,375,000,000개의 납 235 원자로 이루어진 광물이 생성되기에는 얼마나 많은 반감기가 필요한가?
   a. ____ 1, b. ____ 2, c. ____ 3, d. ____ 4, e. ____ 5
6. 지질학적 사건들은 지질학적 기록에서 그들의 위치로 결정된 시대적 순서로 배치하는 것은 무엇인가?
   a. ____ 절대연대 측정, b. ____ 대비, c. ____ 역사적 연대 측정, d. ____ 상대연대 측정, e. ____ 동일과정의 원리
7. 만약 사암과 같은 퇴적암에 포함된 흑운모 조각이 방사성으로 연대가 측정된다면 얻어진 자료는 어떤 시기를 지시하는가?
   a. ____ 흑운모 결정 형성, b. ____ 퇴적암 형성, c. ____ 모 방사성 동위원소 형성, d. ____ 자 방사성 동위원소 형성, e. ____ 앞의 답 중에 없음
8. 원소의 원자 번호는 핵 안의 무엇의 숫자로 결정되는가?
   a. ____ 양성자, b. ____ 중성자, c. ____ 전자, d. ____ 양성자와 중성자, e. ____ 양성자와 전자
9. 방사성 연대 측정에서 측정되는 것은 무엇인가?
   a. ____ 방사성 동위원소가 형성된 시간, b. ____ 동위원소를 포함한 광물의 결정된 시간, c. ____ 단지 모 동위원소의 양, d. ____ 측정된 광물이 퇴적암의 일부가 되는 시간, e. ____ 안정한 자원소가 형성된 시간
10. 방사성 탄소 연대 측정에서 탄소 14가 질소로 붕괴함

에 따라서 감소하는 동위원소 비율은 무엇인가?

a. ____ 질소 14 대 탄소 12, b. ____ 탄소 14 대 탄소 12, c. ____ 탄소 13 대 탄소 12, d. ____ 질소 14 대 탄소 14, e. ____ 질소 14 대 탄소 13

11. 상대연대 측정과 절대연대 측정 사이의 차이점은 무엇인가?
12. 변성작용은 이 장에서 논의된 모든 기술을 이용한 정확한 방사성 연대 측정을 위한 잠재력에 얼마나 영향을 주는가? 그러한 방사성 연대는 변성작용에 의하여 어떻게 영향을 받는가? 그러한 이유는?
13. 허튼과 라이엘에 따른 동일과정의 원리를 기술하시오. 이의 중요성은 무엇인가?
14. 여러분이 관입암체의 절대연대를 계산하려고 하는 경우 필요한 정보는 무엇인가?
15. 화산재층이 칼륨 40-아르곤 40과 루비듐 87-스트론튬 87 동위원소 쌍을 이용하여 방사성 연대가 측정되었다. 동위원소 쌍은 뚜렷하게 다른 연대를 산출하였다. 이들 두 동위원소 쌍이 다른 연대를 산출한 이유에 대하여 가능한 설명은 무엇인가? 연대의 차이를 수정하기 위해서 여러분은 무엇을 해야 하는가?
16. 이 장에서 언급된 방법 이외에도 여러분은 지구의 나이를 결정하는 데 이용될 수 있는 방사성이 아닌 다른 연대 측정 방법을 생각할 수 있는가? 여러분이 제안한 방법의 약점은 무엇일까?
17. 왜 캘빈 경의 논증과 계산이 그렇게 강력하였는가? 그의 가정에서 근본적인 약점은 무엇이었는가? 만약 방사성이 발견되지 않았었더라면 지질학의 교육과정이 어떠하였을 것으로 생각하는가?
18. 상대적 연대 측정의 다양한 원리들은 화성의 지사를 복원하는 데 이용될 수 있는가? 다른 행성의 지사 해석에 적용될 수 없는 원리는 무엇인가?
19. 왜 화성암은 가장 정확한 방사성 연대를 산출하는가? 왜 퇴적암은 방사성 연대 측정이 되지 않는가? 변성암의 연대 측정에서 어떤 문제가 대두되는가?
20. 왜 상대연대 측정에 이용된 기본 원리들이 지질학에 매우 중요한가?

응용 문제

1. 결정 구조에 현재 1,250,000,000개의 루비듐 87 원자와 38,750,000,000개의 스트론튬 87 원자가 존재하는데 얼마나 많은 반감기가 필요한가? 이렇게 많은 반감기가 지난 후 루비듐 87의 몇 %가 남아 있겠는가?
2. 지구 온난화에 관한 현재의 논쟁과 인간에 의한 여러 가능한 단기간의 결과를 가정하면 여러분은 지금부터 1만 년 또는 100만 년 후 세계는 어떻게 보일지 그려 볼 수 있을까? 여러분의 예상을 위하여 판 운동과 지구 온난화가 어떻게 해류, 기후 양식, 풍화 속도, 다른 요인에 영향을 주는 것은 물론 여러분이 판구조론과 판 운동의 방향과 속도에 대하여 배운 것을 이용하시오. 여러분은 그러한 단기간의 변화가 미래에 지구가 어떠할까를 예상하기 위한 장기간의 경향에 추정될 수 있을 것으로 생각하는가?

CHAPTER **5**

지질 기록의 이해를 위한 암석, 화석 및 시간

유타 주와 애리조나 주 경계에 있는 마뉴먼트 밸리 나바호 부족 공원(Monument Valley Navajo Tribal Park)에 노출된 이 암석들은 페름기의 지질학적 기록의 일부를 이룬다. 메사(mesa)와 뷰트(butte)를 이루는 최상부 암석층은 고기의 풍성 사구층이나 아래 놓인 암석은 하도와 범람원에서 형성되었다. 경치가 좋은 이곳은 많은 텔레비전 쇼와 특히 서부 영화의 배경으로 이용되어 왔다.

[개 요]

[단원 목표]

이 장을 학습한 후에 여러분은 다음 사항을 이해할 것이다.

- 여러분이 지질 기록을 분석하기 위해서는 먼저 암석이 변형되었더라도 가장 오래된 것부터 가장 젊은 것으로 암석의 올바른 수직적 순서를 결정하여야 한다.
- 암석이 지질시대의 사건에 대한 유일한 증거만을 제공하더라도, 암석기록은 흔히 불연속이기 때문에 어느 지역에서도 불완전하다.
- 층서학은 대부분 층을 이루는 퇴적암을 다루는 지질학의 한 분야이나 층서학의 많은 원리들은 화성암과 변성암에도 역시 적용된다.
- 여러 차례의 해침과 해퇴로 인하여 지질시대에 대륙의 많은 부분이 해수로 덮이게 되었고, 해수면 위로 드러나게 되었다.
- 지질시대 생물의 유해나 흔적인 화석은 여러 가지 방법으로 보존되고 어떤 유형의 화석은 대부분 사람들이 알고 있는 것보다 매우 흔하다.
- 퇴적암에서 발견되는 독특한 화석군은 멀리 떨어진 지역의 암석의 상대적 연대를 결정하는 데 유용하다.
- 지층 누중의 원리와 동물군 천이의 원리는 상대적 지질 연대표의 기본인 지질 주상도를 만드는 데 이용되었다.
- 지질학자들은 암석과 시간을 언급하기 위해서 용어를 발전시켜 왔다.
- 여러 가지 요소를 이용하여 넓은 지역에서 유사한 암석을 대비하거나 다른 지역의 암석이 같은 연대임을 설명하는 데 이용해 왔다.
- 퇴적암의 절대연대는 화성암이나 변성암의 방사성 연대 측정에 의하여 결정된다.

1. 서론

수성, 금성, 지구, 화성이 포함된 지구형 행성 중에서 지구와 어쩌면 금성을 제외한 모두는 지구의 달과 같이 본질적으로 죽은 세상이다. 지구 내부의 열은 지속적인 화산 활동, 지진 활동, 판 운동의 원인이며 수권, 기권, 생물권은 연속적으로 지표를 변화시킨다. 지구의 크기, 태양으로부터의 거리, 지표수, 산소가 풍부한 기권은 지구형 행성 중에서 지구를 유일무이하게 만들었다. 우리는 8장에서 지구의 뚜렷한 특징에 대하여 더 이야기할 것이다. 사실 지구는 역동적인 행성이다. **지질 기록**(geologic record), 즉 암석에 보존된 과거의 물리적, 생물학적 사건의 증거는 분명하게 지구가 존재하는 동안 시종 진화하였으며, 그렇게 진화를 계속한다는 것을 지시한다.

지구의 역사를 해석하기 위한 노력으로 지질학자들은 모든 종류의 암석을 연구하며 특히 퇴적암에 주의를 기울인다. 그러나 아무도 목격하지 못한 사건을 해석하는 것이 어떻게 가능할까? 아마 하나의 비유가 도움이 될 것이다. 여러분이 숲으로 걸어가고 조각난 숯으로 변한 나무를 보았다고 가정해 보자. 나무와 나무가 어떻게 자랐는지에 대한 여러분의 지식을 고려하여 여러분은 바로 나무가 현재의 형태로 항상 있지는 않았다는 것을 안다. 따라서 아마 여러분의 관찰이 폭발하는 폭탄으로 설명될 수 있으나, 여러분은 바로 여러분이 폭탄 크레이터나 폭탄의 파편(철 파편)의 증거를 보지 못했기 때문에 이 가설을 거부한다. 마지막으로 여러분은 번개를 맞았던 것으로 알려진 나무와 비교로 검토할 수 있는 가설인 나무가 번개를 맞았다고 결론짓는다.

우리의 가설적 예에서 여러분은 사건을 목격하지는 않았으나 사건이 일어났었다는 증거가 있기 때문에 무엇이 일어났는지를 결정하였다. 번개가 며칠 전 또는 몇 년 전에 나무를 맞혔는지는 상관이 없다. 단지 필요한 것은 증거가 아직도 존재한다는 것이다. 이와 같이 지질 기록은 일어났던 과거의 물리적, 생물학적 사건의 증거를 제공한다(이 장의 처음 사진 참조). 예를 들어서 이토가 건조할 때 이는 오그라들고 갈라지며 얕은 물의 파도는 모래를 연흔으로 변형시킨다(6장 참조). 만약 고기의 암석에서 발견된다면 이들은 오늘날 그들을 만든 동일한 과정으로 형성되었었다.

지구의 역사 해석에 대한 흥미로운 역사적 고찰은 1857년 지구가 위대한 시대의 출현과 함께 수천 년 전에 창조되었다고 주장한 영국의 박물학자인 고스(Philip Henry Gosse)의 작품에서 나온다. 이 생각에 따르면 용암류로부터 냉각된 것으로 보이거나 나중에 사암이 된 모래였던 것으로 보이는 암석은 그 출현과 함께 창조되었다. 마찬 가지로 화석 조개, 산호, 뼈 등도 역시 이러한 물체를 닮도록 창조되었다.

대부분의 사람들은 만약에 고스가 옳다면 사기성이 있는 조물주가 그들이 수용할 수 없는 논문인 지질 기록을 날조한 것이라고 생각하였다. 더욱이 만약 그가 옳았거나 자연적 과정에 의해 수백 만 년 이상에 걸쳐 형성되었다면 지질 기록은 완전하게 동일했을 것이기 때문에 어느 누구도 고스의 생각을 검토할 수 없다. 과학자들은 암석에서 관찰된 특징들은 현재 작용하고 있는 동일한 과정에 의하여 형성되었다고 생각할 수 있는 모든 논리를 가졌기 때문에 동일과정의 원리로 접근하는 선택을 하였다. 지구의 나이에 관하여서 고스조차도 지질 기록의 어느 것도 그의 결정을 지지하지 않았음을 인정하지 않을 수 없었다. 그의 비평가들은 만약 지구가 위대한 시대의 출현과 함께 창조되었다는 그의 생각이 옳았다면, 이는 모든 기록과 기억과 함께 조금 전에도 그리고 과거 어느 시간에도 창조되었을 것이라고 곧바로 지적하였다.

지구 역사에 대한 고스의 사고는 오늘날 단지 지구의 역사를 성경의 특별한 해석과 일치시키려는 실패한 시도로 생각된다. 동일과정의 원리를 적용한 방법은 훨씬 많은 효과적 접근을 제공하나 지질 기록은 복잡하고 어느 한 장소에서나 불완전하며 해석이 요구된다는 점을 유념해야 한다. 이 장에서 우리는 일부 조직을 이 기록에 가져오려고 노력한다.

2. 층서학

층서학(stratigraphy)은 지질학의 한 분야로서 퇴적암의 성분, 기원, 시대 관계 및 지리적 범위를 다루나 층서학의 원리는 층을 이루는 어떤 암석에도 적용된다. 퇴적암은 극히 소수 예외가 있으나 층을 이룬다(그림 5.1). 그러나 많은 변성암뿐만 아니라 용암류와 화산재 층을 포함한 화산암도 역시 층을 이룬다.

깊은 계곡의 벽에서와 같이 퇴적암이 잘 노출된 곳에서 여러분은 쉽게 개개의 층 사이의 수직적 관계를 결정할 수 있다. 횡적 관계도 동일하게 지질 기록을 분석하는 데 중요하나, 그들은 보통 지질학자들이 노두라고 부르는 여러 개의 떨어진 암석 노출지로부터 결정되어야 한다.

a 사우스다코타(South Dakota)의 이 암석은 심하게 침식되었으나 층리는 아직도 분명하게 보인다.

b 변형된 캘리포니아의 지층. 사진에서는 분명하지 않으나 가장 젊은 층은 오른쪽에 있다.

그림 5.1 **층리가 잘 발달된 퇴적암**

수직적 층서 관계

퇴적암의 수직적 연속 층에서 **성층면**으로 알려진 표면은 개개의 층과 층을 분리하거나(그림 5.1) 어느 암석에서 다른 암석으로 수직적으로 점차 변한다. 어느 성층면 아래와 위의 암석은 성분, 조직, 색 또는 이들의 조합이 다르며 이는 퇴적작용의 급변이나 새로운 퇴적작용으로 이어지는 무퇴적과 침식의 기간을 지시한다. 대조적으로 퇴적작용의 점이적 변화 조건은 수직적 점이를 나타내는 암석을 이루게 한다. 지층 사이에 수직적 관계의 특징에 관계없이 그들이 쌓여진 바른 순서 즉, 그들의 상대연대가 결정되어야 한다.

지층 누중의 원리 4장에서 우리는 17세기 동안 스테노(Nicolas Steno)의 업적으로부터 나온 **지층 누중의 원리**를 논의하였다. 이 원리에 따라서 여러분은 지층에서 그들의 위치에 의해 변형되지 않은 지층의 올바른 상대연대, 즉 가장 오래된 층이 지층의 바닥에 있고 위로 갈수록 점점 젊어진다는 상대연대를 결정할 수 있다(그림 4.2 참조). 만약에 지층이 단층작용, 습곡작용 또는 이들 모두에 의해 변형된다면, 일은 더 어렵지만 여러 퇴적 구조와 일부 화석들은 지질학자로 하여금 이러한 문제를 해결하게 한다(6장 참조).

포획의 원리(principle of inclusion) 또한 상대연대를 알아내는 또 다른 방법인데 이유는 암체에 있는 포획물 또는 파편은 암석 자체보다 더 오래여야 하기 때문이다. 명백하게 사암을 이루는 모래 입자들은 사암보다 더 오래되었으나, 그림 5.2에 있는 화강암과 사암의 상대연대는 어떠할까? 두 가지 해석이 가능한데, 하나는 화강암이 사암에 관입되었으며 따라서 가장 젊다는 해석이고, 다른 하나는 화강암이 모래의 기원이었으며 사암이 가장 오래되었다는 해석이다.

여러분이 대부분 퇴적암인 지층을 만나고 한 층이 현무암으로 이루어졌다고 가정하자(그림 5.3). 만약 현무암이 매몰된 용암류라면 여러분은 지층 누중의 원리에 의하여 용암류의 상대연대를 결정할 수 있으며, 만약 그것이 판 모양의 관입암체인 암상이라며 그는 아래 있는 층보다 젊을 것이고 바로 위의 층보다 젊을 것이다. 그림 5.3을 자세하게 공부하고 접촉 변성 효과뿐만 아

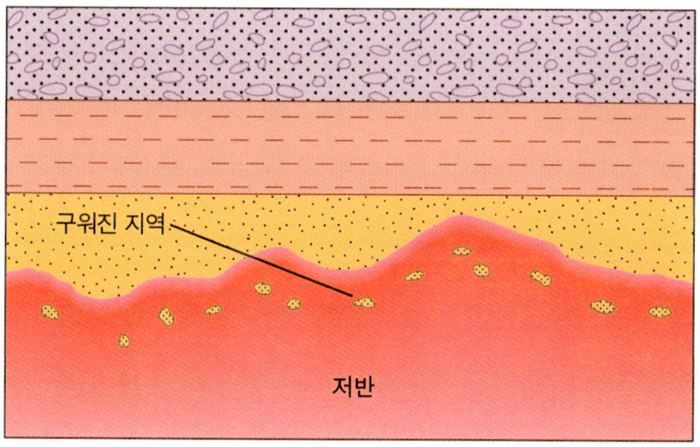

a 사암은 화강암과의 경계에서 구워졌고 화강암은 사암의 포획물을 갖고 있기 때문에 저반은 사암보다 젊다.

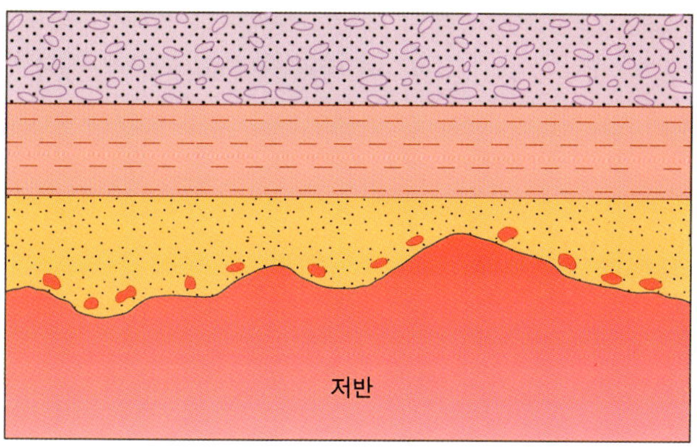

b 사암 중의 화강암 포획물은 저반이 모래의 기원이었고 따라서 더 오래되었음을 지시한다.

c 위스콘신(Wisconsin)의 화강암에 있는 현무암 포획물(흑색)은 현무암이 가장 오래되었음을 보인다.

그림 5.2 **포획의 원리**

a 매몰된 용암류가 아래 놓인 층 2를 구웠고, 용암의 입자들이 다른 퇴적물과 함께 층 4에 쌓였다. 용암류는 층 4, 5, 6보다 오래된 것이다.

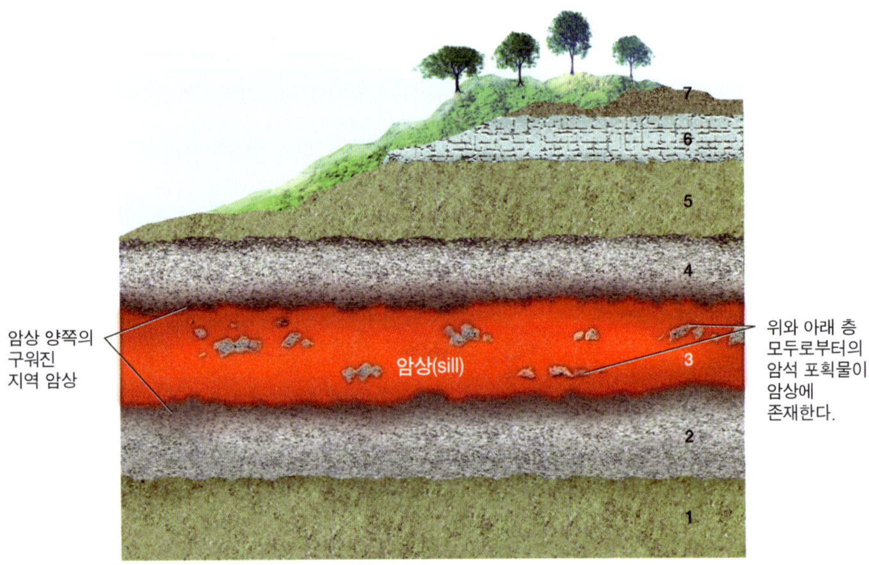

b 암상의 위와 아래 층이 구워졌고 따라서 암상은 층 2와 4보다 젊다. 여러분은 층 5, 6, 7과의 상대적인 암상의 연대를 결정할 수 있는가?

그림 5.3 용암류, 암상 및 수반된 퇴적암의 상대연대 결정 방법

니라 포획의 원리도 이 문제를 해결하는 데 도움이 됨을 주목하라.

부정합 지금까지 우리는 퇴적작용이 거의 연속적인 지층인 **정합적**(conformable) 지층 사이의 수직적 관계를 논의해 왔다. 지층 사이의 성층면은 수분에서 수십 또는 수백 년에 이르는 퇴적작용의 중지를 나타내나 이것은 지질시대의 상황에서는 대수롭지 않다. 그러나 많은 연계층에서 **부정합**(unconformity)으로 알려진 표면은 무퇴적과 침식의 시간을 나타내는 면을 말한다. 이런 부정합은 아마 100만 년 또는 1,000만 년의 긴 지질시대를 포함한다. 따라서 지질 기록은 없어진 페이지를 갖는 책이 불완전한 것과 같이 특정 지역에서 불완전하고, 층으로 나타나지 않은 지질시대의 간격은 결층이다(그림 5.4).

부정합은 평행 부정합, 난정합 및 경사 부정합이라고 불리는 세 가지 뚜렷한 세 가지 유형의 표면을 포함하는 일반 용어이다. 더욱이 국지적 규모의 부정합은 한 유형에서 다른 유형으로 변할 수 있으며 그들이 필수적으로 모든 곳에서 같은 규모의 지질시대를 포함하지는 않는다(그림 5.5a). 부정합은 흔하며 따라서 지질 기록은 부정합이 있는 곳에서 불완전하다. 그럼에도 불구하고 어느 지역의 암석에 의하여 기록되지 않은 지질시대는 다른 지역의 암석에 의하여 나타내진다.

평행 부정합(disconformity)은 서로 나란한 오랜 암석과 젊은 암석을 나누는 퇴적암의 침식면이다(그림 5.5b). 그러나 퇴적암으로 덮이는 심성암이나 변성암을 절단한 침식면은 **난정합**(nonconformity)이다(그림 5.5c). 마지막으로 **경사 부정합**(angular unconformity)

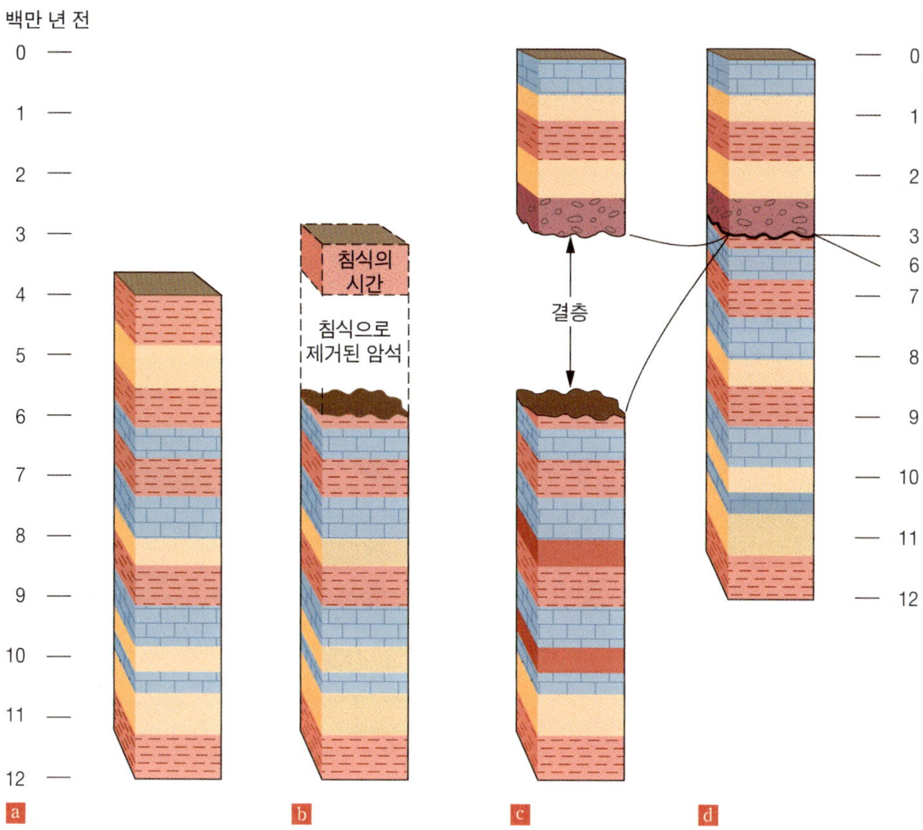

그림 5.4 부정합과 결층의 기원

a 퇴적작용이 1,200만 년 전에 시작되었고 400만 년 전까지 계속되었다.

b 100만 년의 침식 에피소드가 200만 년의 지질시대를 나타내는 암석이 침식되었던 동안에 일어났다.

c 300만 년 결층이 오래된 암석과 300만 년에 시작된 새로운 퇴적작용 동안에 형성된 암석 사이에 존재한다.

d 부정합을 보이는 실제 층서 기록

은 침식면 아래의 지층이 위의 지층과 어떤 각도로 경사진 경우 나타난다(그림 5.5d). 이 경우 우리는 사건의 순서가 퇴적작용, 고화작용, 변형작용, 침식작용 그리고 마지막으로 새로운 퇴적작용을 포함하였다는 것을 추론할 수 있다.

횡적 관계—암상(facies)

1669년 스테노는 퇴적물의 층은 끝날 때가지 모든 방향으로 퍼져 나간다는 의미의 횡적 연속성의 원리를 제안하였다(4장 참조). 암석층은 퇴적 분지의 가장자리와 접하는 곳, 그들이 침식된 곳, 또는 그들이 단층으로 절단되는 곳에서 갑자기 끝나게 된다. 암석 단위는 또한 그것이 소멸(pinch out)되거나 설교(intertonguing)라고 알려진 현상인 횡적으로 소멸되는 얇은 단위로 나눠질 때까지 점진적으로 얇아지기도 한다. 마지막으로 암석 단위는 그의 성분과(이나) 조직이 점점 달라짐으로써 횡적 점이(lateral gradation)에 의해 변하기도 한다(그림 5.6).

설교와 횡적 점이 모두 인접한 환경에서 다른 퇴적 과정의 동시 작용을 지시한다. 예를 들면, 대륙붕에서 모래는 고에너지의 연안 환경에 쌓이고, 동시에 이토와 탄산염은 저에너지의 외해 환경에서 퇴적된다. 횡적으로 접한 이들 환경의 각각에서 나타나는 퇴적작용은 독특한 물리적, 화학적 및 생물학적 특성을 갖는 퇴적암체인 **퇴적상**(sedimentary facies)을 산출한다.

1838년 그레슬리(Armanz Gressley)는 스위스 쥐라산맥의 퇴적암을 주의 깊게 추적하고 사암이 셰일로 점이하는 것과 같은 횡적 변화를 주목하면서 처음으로 상이라는 용어를 사용하였다. 그는 이러한 변화가 인접한 다른 환경에서의 퇴적작용을 지시한다고 판단하였다. 거의 같은 시대의 횡적으로 인접한 암석과 알아볼 수 있을 정도로 다른 퇴적암의 어떠한 특징은 퇴적상을 확립하기에 충분하다.

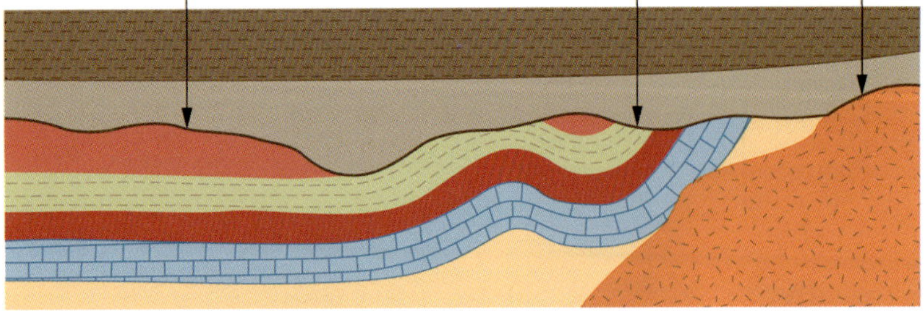

a 부정합의 국지적 변화를 보이는 단면

b 평행 부정합. 몬태나의 미시시피기와 쥐라기 암석 사이의 지질 기록에 1억 6,500만 년의 중단을 나타낸다.

c 와이오밍 빅호른(Bighorn) 산맥의 선캄브리아 시대 화강암과 캄브리아기 플랫헤드층 사이의 난정합

d 뉴멕시코 북동부 웨딩 케이크 뷰트(Wedding Cake Butte)의 평평한 중기 쥐라기 엔트라다 사암과 하부에 놓인 후기 트라이아스기 적색층 사이의 경사 부정합

그림 5.5 **부정합의 유형**

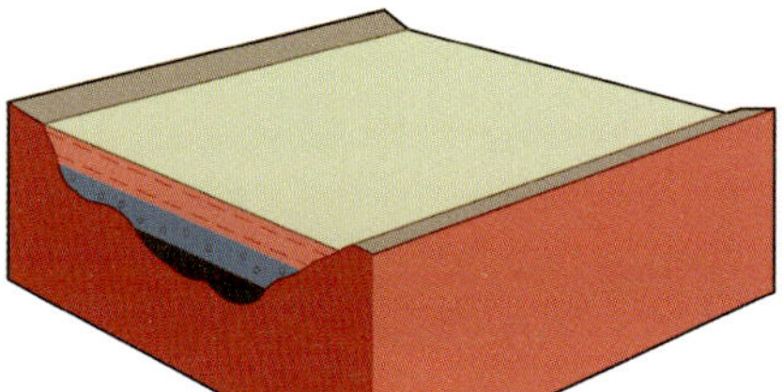

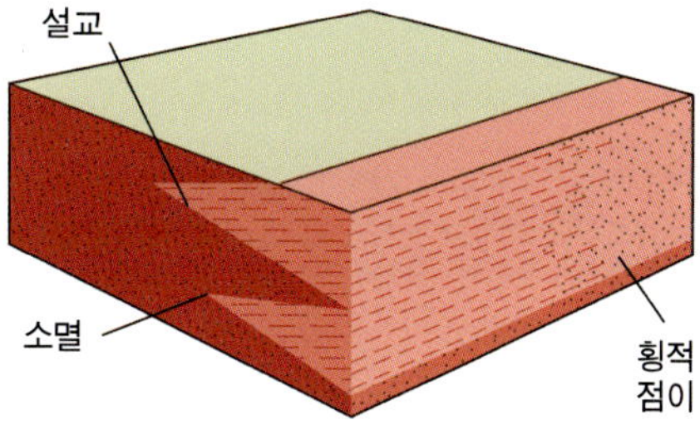

a 퇴적 분지 가장자리에서의 횡적 양상

b 설교, 소멸 및 횡적 점이 양상

그림 5.6 **암석층의 횡적 종결**

해침과 해퇴

애리조나의 그랜드캐니언의 벽에 노출된 세 개의 암석 단위는 사암과 그 위의 셰일 그리고 마지막의 석회암으로 구성된다(그림 5.7). 바다에 살았던 삼엽충과 완족류 화석을 갖는 이러한 세 가지 상은 별개로 쌓였다. 지층 누중의 원리는 그들의 상대연대를 말해 주나, 바다에서 먼 애리조나에 그들이 있는 이유는 무엇이고 어떻게 이러한 상들이 관찰된 순서로 쌓였을까? 이 퇴적층은 **해침**(marine transgression)이 일어나게 한 시기, 즉 육지에 대하여 해수면이 올라갔던 시기 동안에 형성되었다. 해침 동안 해안선은 육지 쪽으로 이동하고, 바다가 점진적으로 더 많은 육지를 덮음에 따라 해안선에 나란한 환경도 육지 쪽으로 이동한다(그림 5.8). 각각의 횡적으로 인접한 퇴적 환경은 퇴적상이 발달하는 장소라는 것을 기억하시오. 따라서 해침 동안 외해 환경에서 형성된 상은 연안 환경에 쌓인 상 위에 놓이게 된다.

해침의 또 다른 양상은 각각의 상을 이루는 암석이 육지 쪽으로 점점 젊어진다는 점이다. 그림 5.8의 사암, 셰일, 석회암상은 해안선이 육지 쪽으로 이동하면서 연속적으로 퇴적되었으나, 어떠한 상도 전체 지리적 범위에 걸쳐 동시에 쌓이지는 않았다. 다시 말하면, 암상은 그들의 연대가 장소에 따라서 다름을 뜻하는 이시성(time transgressive)이다.

분명하게 바다는 그랜드캐니언 지역에 더 이상 존재하지 않으며 따라서 그림 5.7의 암석을 이루게 한 해침도 끝났어야 한다. 사실 해수면이 육지에 대하여 하강하고 해안선에 나란한 환경이 바다 쪽으로 이동했던 **해퇴**(marine regression) 동안에 그러하였다. 달리 말하자면 해퇴는 해침과 정반대이며, 연안상이 외해상 위에

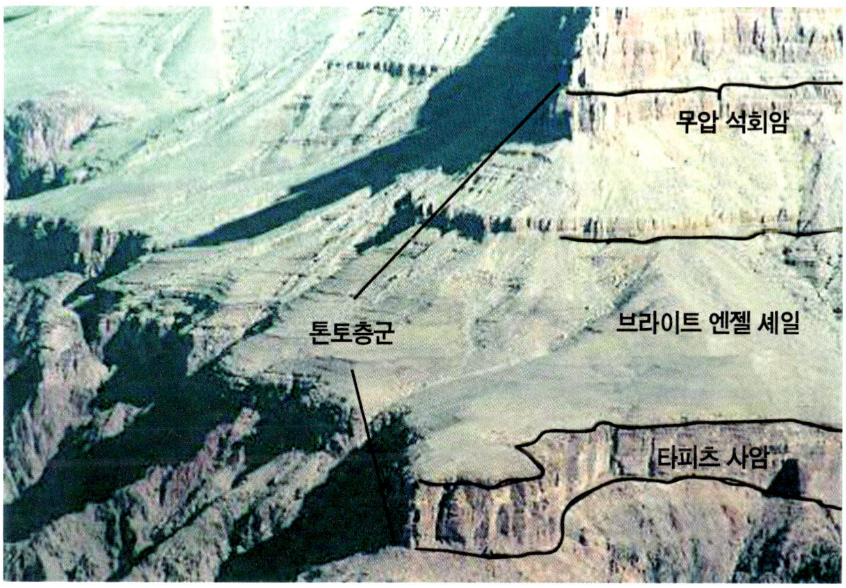

그림 5.7 **그랜드캐니언의 퇴적암** 애리조나 그랜드캐니언의 세 개 지층의 모습. 세 개의 상을 나타내는 이 암석은 해침 동안 퇴적되었다. 그림 5.8의 암석의 수직 연계층과 비교하시오.

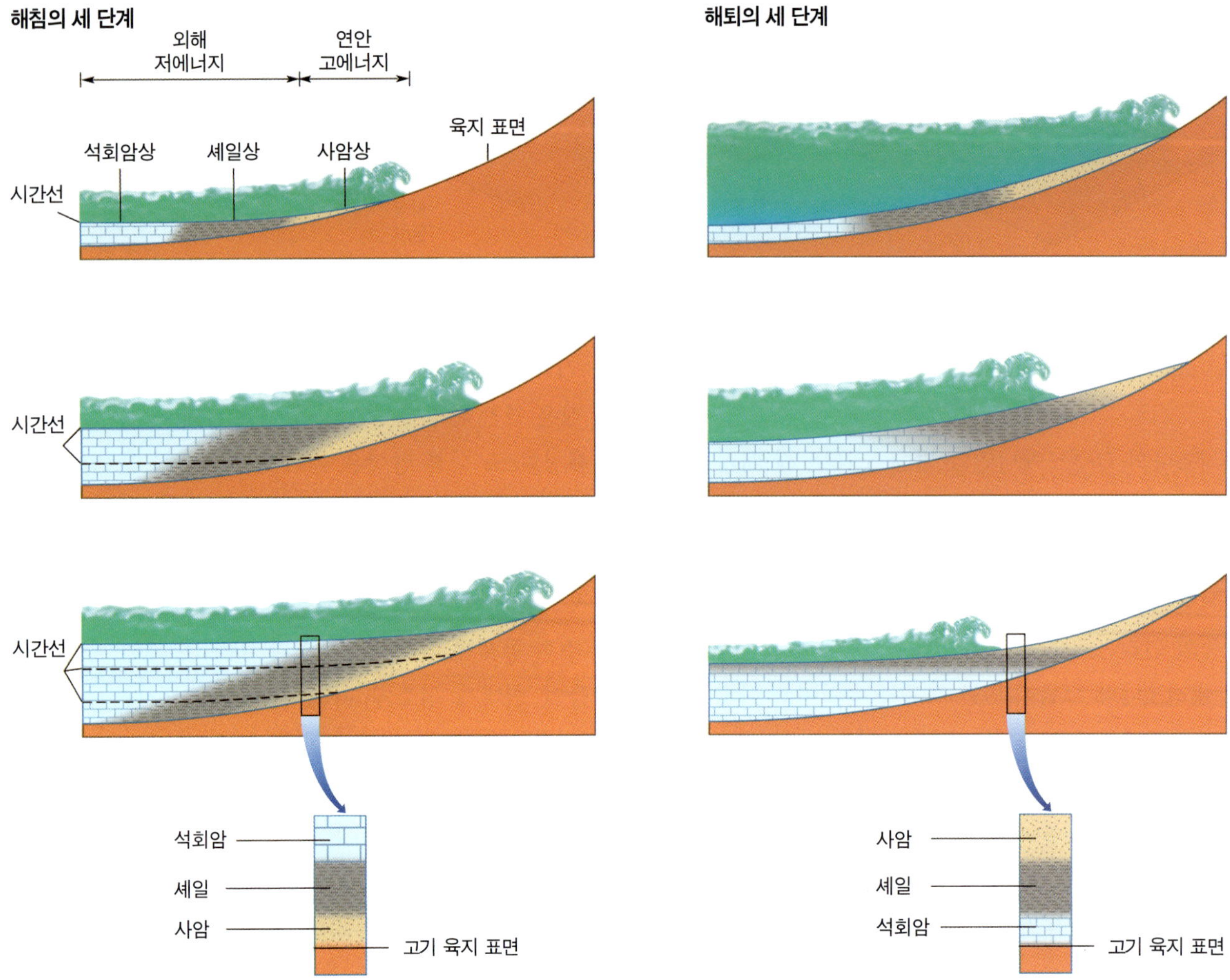

그림 5.8 **해침과 해퇴**

놓이는 수직의 연계층을 생성한다(그림 5.8). 이 경우 각각의 암석 단위는 바다 쪽으로 더 젊어진다.

해침과 해퇴의 논의에서 우리는 수직적 그리고 횡적 상관계 모두를 고려하였으며, 이들의 중요성은 왈터(Johannes Walther, 1860~1937)에 의해 최초로 알려졌다. 왈터는 암석 단위를 횡적으로 추적할 때 그는 그레슬리가 했던 것처럼 그가 만난 개개의 퇴적상을 횡적으로 인접한 환경에서 퇴적되었다고 생각하였다. 또한 왈터는 횡적으로 본 동일한 상이 수직적 연계층에서도 역시 존재한다는 점을 주목하였다. 그의 관찰은 이후 정합적인 수직 연계층에서 보이는 상은 역시 횡적으로 서로 교대될 것이라는 **왈터의 법칙**(Walther's law)으로 만들어졌다.

왈터의 법칙의 적용은 그림 5.8에서 보인 해침과 해퇴에 의하여 잘 설명되어 있다. 실제로 상 변화를 설명할 정도로 횡적으로 떨어져 있는 암석 단위를 따라가는 것은 일반적으로 어렵다. 횡적 관계를 알기 위해서는 수직적 상관계를 관찰하고 왈터의 법칙을 이용하는 것이 훨씬 더 쉽다. 그러나 왈터의 법칙은 오직 정합적인 지층에만 적용됨을 기억하라. 부정합의 위와 아래에 있는 암석은 관계가 없고 왈터의 법칙이 적용되지 않는다.

해침과 해퇴의 범위, 속도, 원인

지질학자들은 해침의 최대 범위와 해침 동안 바다가 최대로 후퇴한 범위를 결정하기 위해서 주의 깊게 퇴적암을 분석한다. 고생대와 중생대의 지사를 논의하기 위한 층서적 골격을 제공하는 부정합으로 경계 지어진 암석 연계층을 가져온 해퇴가 뒤따르는 6개의 큰 해침이 신원생대 이후 북아메리카에 일어났었다. 10장, 11장, 14장, 16장의 고지리도는 이들 사건 동안에 북아메리카가 바다로 덮였거나 노출되었던 범위를 보인다.

해침과 해퇴 동안 해안선의 이동은 아마 일 년에 수 cm를 넘지 않았던 것 같다. 해안선이 육지 쪽으로 2,000만 년 동안 1,000km 이동한 것을 가정하면 해침의 평균 속도는 5cm/년이 주어진다. 우리의 평균은 합리적이나, 우리는 대규모의 해침은 해안선이 육지 쪽으로 변함없이 이동하는 단순한 사건이 아니라는 점을 지적해야만 한다. 실제로 그들은 전반적인 해침의 경향에서 일부 퇴적암체 중 우리가 보는 설교를 설명할 수 있는 수많은 반전으로 특징 지워진다(그림 5.6b).

지질학자들은 대륙의 융기와 침강(아래로 운동), 빙하에 얼은 물의 양, 해저 확장의 속도가 해침과 해퇴의 원인이라고 동의한다. 대륙의 융기 동안 해안선은 바다 쪽으로 이동하고, 해퇴 동안에는 정반대가 일어난다. 펜실베이니아기 동안 광범위한 빙하가 확장되고 축소되었으며, 이는 해수면 변동을 일으켰고 해침과 해퇴로 나타났다. 실제로 오늘날 지구의 모든 빙하가 녹는다면 해수면은 약 70m 상승할 것이다.

지질학적 증거는 백악기에 해수면은 250m 더 높았으며, 그 결과 대륙의 많은 부분이 바다로 침입된 동안 광범위한 해침이 일어났음을 지시한다(그림 14.6 참조). 이 사건의 가능한 원인은 상대적으로 빠른 해저 확장이며, 이 동안 중앙 해령 아래의 열이 중앙 해령을 확장시키고 물을 대륙 위로 옮기게 하였다. 해저 확장이 느릴 때 중앙 해령은 침강하여 해양 분지의 부피를 증가시키고, 바다가 대륙으로부터 후퇴한다.

3. 화석과 화석화작용

여러분은 이제 지층 누중의 원리, 상호 절단 관계의 원리, 지층 수평성의 원리가 지사 해석에 필수적임을 아나, 그림 5.9에 있는 경우를 생각해 보자. 지질학자들이 **주상도**라고 부르는 두 기둥 중 어느 하나의 암석에서 상대연대는 지층 누중의 원리로부터 명백하나 다른 기둥의 암석과 비교된 한 기둥의 암석의 나이는 얼마일까? 제공된 자료로 여러분은 이 문제를 해결할 수 없다. 이 문제에 대한 화석과 화산재 층과 같은 짧은 기간의 물리적 사건을 이용하는 것이 필요하다.

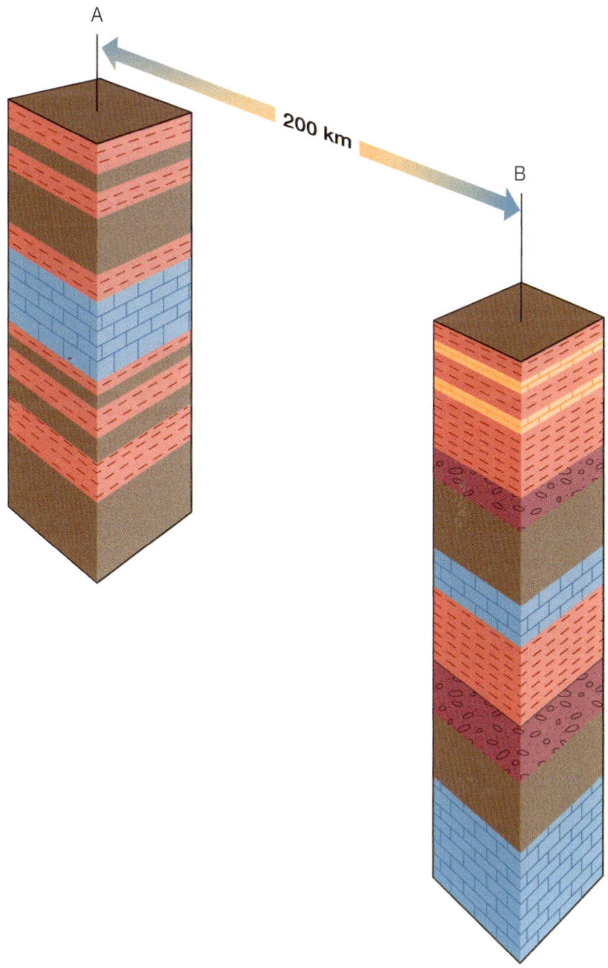

그림 5.9 **암석의 상대연대** 주상도 A나 B 어디에서나 암석의 상대연대를 결정할 수 있으나, B와 비교된 A의 암석의 상대연대를 말할 수 없다. A의 암석은 B보다 젊을 수도 있고, 같을 수도 있고, 오래될 수도 있다.

지질시대 생물의 유해나 흔적이 암석에 보존된 **화석**(fossil)은 퇴적암에서 가장 흔하나 화산재와 화산 이류에서도 발견된다. 지질학자들은 지층의 상대연대를 결정하기 위해서 광범위하게 화석을 이용하나, 화석은 또한 퇴적 환경 해석을 위한 유용한 정보를 제공하고(6장 참조), 진화론의 일부 증거를 성립시킨다(7장 참조). 간단히 말하면 화석은 지구와 생명의 역사를 완전하게 해석하는 데 필수적이다.

오늘날 암석에 있는 뼈, 이빨, 조개가 언제인가 살았던 생명체의 유해라는 것은 명백하나, 이런 생각은 다소 최근이다. 실제로 서양 세계에서 대부분의 역사시대 동안 사람들은 화석이 어떤 종류의 조형력에 의하여 암석에서 형성된 무기물 또는 믿음을 시험하기 위한 조물주나 불신의 씨앗을 심기 위한 사탄(Satan)에 의해 암석에 놓아진 물체라고 다양하게 믿었다. 1508년 다빈치(Leonardo da Vinci), 1665년 후크(Robert Hook), 1667년 스테노와 같은 통찰력 있는 일부 관찰자들은 화석의 진실한 성질을 알았으나, 그들의 생각은 대체로 무시되었다. 그러나 18세기와 19세기에 이르러 화석은 진짜 생물의 유해임이 명백하게 되었고, 많은 화석은 지금은 멸종해버린 생물이라는 것 또한 분명하게 되었다.

화석은 어떻게 형성될까?

화석의 정의는 껍데기, 뼈, 이빨과 같이 주로 골격으로 이루어진 **체화석**(body fossil, 그림 5.10a와 b)이라고 하는 '유해'라는 용어를 포함한다. 그러나 어떤 예외적인 환경에서는 연한 부분이 동결이나 미라화에 의하여 보존되기도 한다. 대조적으로 **생흔화석**(trace fossil)은 실질적인 유해는 아니고 발자국, 파행흔, 버로우(burrows), 둥지와 같은 생물의 활동의 지시자이다(그림 5.10c와 d). 분화석으로 알려진 생흔화석은 화석을 만든 동물의 음식물과 크기에 대한 정보를 제공하는 화석화된 배설물이다.

체화석이 보존되는 데 최적의 조건은 생물이 단단한 골격을 갖고 있고 빠른 매몰이 있는 장소에 살아야 한다는 것이다. 당연히 산호, 조개, 완족류는 그들이 이러한 기준에 맞기 때문에 좋은 화석 기록을 갖으나, 골격이 없는 해파리는 불량한 기록을 갖는다. 박쥐는 골격을 갖고 있으나 그것이 부스러지기 쉬우며 매몰이 쉽지 않은 곳에서 살기 때문에 역시 불량한 화석 기록을 갖는다. 이러한 조건과 박테리아에 의한 부패, 동물에 의한 썩은 고기 먹어치우기, 변성작용이 생물 유해를 파괴하는 사실이 있더라도, 어떤 생물의 화석은 흔하다.

어떤 생물에서도 죽음은 필연이지만 화석으로의 보존은 드물다. 그럼에도 불구하고 화석은 대부분의 사람들이 알고 있는 것보다 더 흔한데 그 이유는 수십억의 많은 생명체들이 수백만 년의 오랜 시간 동안 살아왔기 때문이다. 실제로 많은 곳에서 여러분은 수백 점의 산호와 완족류 화석을 채취할 수 있으며 어떤 지역에서는 공룡의 뼈와 이빨의 파편조차도 흔하다. 화석화작용이 일어나기 위해서 껍데기나 뼈가 모래나 이토와 같은 보호 매질에 빨리 매몰되어야 한다는 것은 사실이나, 빨리라는 것은 어떤 환경에서 여러 해가 걸리는 물리적 및 화학적 과정에 의하여 유해가 파괴되기 전만을 의미한다.

수천 점의 화석이 캘리포니아 로스앤젤레스(Los Angels)의 라 브레아 타르 피트(La Brea Tar Pits)에서 발견되어 왔으며, 캐나다의 뼈층은 수백 점의 뿔공룡 유해를 간직하고, 수백 점의 코뿔소, 세 발가락을 갖는 말, 사브르(saber) 모양의 이빨을 가진 사슴, 기타 동물이 네브래스카의 마이오세 화산재 퇴적층에서 발견되었다. 화석의 집중은 우리에게 친숙한 어느 평상시의 과정과 관련이 없는 것으로 보이나, 우리는 현재 일어나고 있는 화석화작용의 처음 단계에 대한 많은 예를 안다. 예를 들면 작은 동물들이 라 브레아 타르 피트의 원유가 스며 나오는 곳에 점착성 있는 중유에 빠져 갇히고, 수억 년 전 캐나다에서 뿔공룡들이 했던 것과 거의 유사하게 수백 마리의 무소가 강을 건너면서 익사한다. 화산재 중의 매몰은 최근의 분출 동안 일어났었던 바로 그것이기 때문에 놀랄 만한 것이 아니다. 요약하

a 공룡 뼈 체화석

b 무척추 해양 동물인 암모나이트(*Parapuzosia seppenradensis*) 체화석

c 새 발자국 생흔화석. 이 암석판은 실제 발자국 위에 형성되었으며 따라서 이는 발자국의 캐스트이다.

d 육식 포유류의 화석화된 배설물(분화석). 시료는 길이가 약 5cm이고 뼈와 이빨의 작은 파편을 포함한다.

그림 5.10 **체화석과 생흔화석**

면 암석에 보존된 과거 사건의 기록과 같이 우리는 화석이 어떻게 매몰되었고 보존되었는지를 결정하기 위해서 동일과정의 원리를 이용한다.

체화석은 원래의 성분과 구조를 간직한 비변질 유해(unaltered remains)(그림 5.11)와 성분과 구조에 어떤 변화가 일어난 변질 유해(altered remains)(그림 5.12)로 보존된다(표 5.1). 또한 **몰드**(mold)와 **캐스트**(cast)가 화석 기록에 흔하다(그림 5.13). 매몰된 생물 유해가 녹아서 조개나 뼈 같은 모양의 공동을 남길 때 몰드가 형성된다. 만약 광물이나 퇴적물이 나중에 공동을 채우면 원래 생물의 복제물인 캐스트를 만든다.

고기 생명의 기록인 화석 기록은 지질 기록의 일부분으로 지질 기록처럼 분석되고 해석되어야 한다. 지질시대 생물의 창고로서 이 기록은 삼엽충과 공룡과 같이 멸종한 동물에 대한 우리의 유일한 지식을 제공한다. 더욱이 화석에 대한 연구는 다음 절과 6장에서 논의할 여러 가지 실용성을 갖는다.

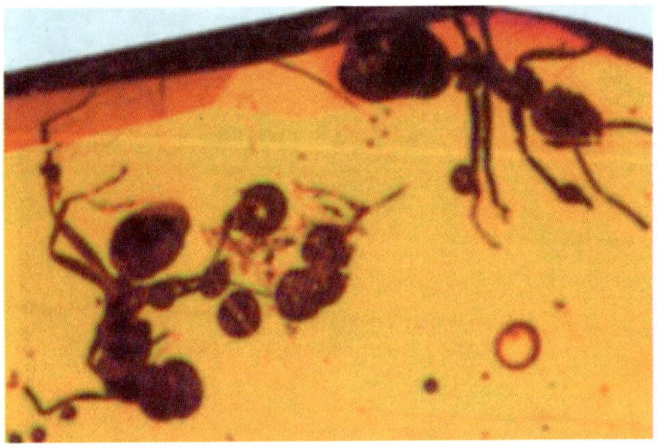

a 송진이 굳어진 호박에 보존된 곤충

b 매머드 체화석

그림 5.11 비변질 유해 비변질은 생물의 성분이나 구조에 변화가 없었음을 의미한다.

a 이탈리아 프로렌스(Florence)의 지질고생물 박물관에 전시된 매머드. 이 뼈는 광물이 뼈의 공극과 공동에 들어간 광충작용을 받았다.

b 오스트리아 비엔나(Vienna)의 자연사박물관에 전시된 에오세의 탄화된 야자수 잎

c 몬태나의 올리고세 지층에서 산출된 탄화된 곤충

그림 5.12 생물의 변질된 유해

표 5.1	화석 보존의 유형
체화석-비변질 유해	원래의 성분과 구조가 보존됨
동결	퇴적물에 얼은 빙하시대의 대형 포유류
미라화작용	연한 조직이 공기 중에서 건조해지고 오그라듦
호박에 보존	굳은 나무 송진에 붙잡혀 보존된 잎, 곤충, 작은 파충류
타르에 보존	원유가 스며나와 괸 곳의 아스팔트 같은 물질에 보존된 뼈와 곤충
체화석-변질 유해	원래 물질의 성분과(이나) 구조가 변함
석화작용	껍데기와 뼈의 공극과 공동에 광물이 첨가됨
재결정 작용	결정 구조의 변화—예, 조개의 아라고나이트가 방해석으로 재결정됨
교대작용	화학적 화합물이 다른 화합물로 교대됨—예, 황철석(FeS_2)이 조개의 탄산칼슘($CaCO_3$)을 교대함
탄화작용	유기물로부터 휘발 성분이 빠져나가고 탄소막을 남김; 잎과 곤충에서 매우 흔함
생흔화석	발자국, 파행흔, 버로우, 배설물, 둥지와 같은 생물 활동의 지시
몰드와 캐스트	몰드-뼈나 껍데기의 모양을 한 공동; 캐스트-광물이나 퇴적물로 채워진 몰드

화석과 시간 말하기

우리는 그림 5.9의 주상도를 참조하고 여러분이 지리적으로 떨어진 지역에서 지층의 상대연대를 어떻게 결정하는지를 질문함으로써 화석에 대한 절을 시작하였다. 우리의 대답은 '화석'이었으나, 화석이 어떻게 정확하게 이 문제를 해결할까? 화석의 유용성을 완전하게 이해하기 위해서 우리는 중요한 지질학적 법칙의 역사적 발전을 조사해야 한다.

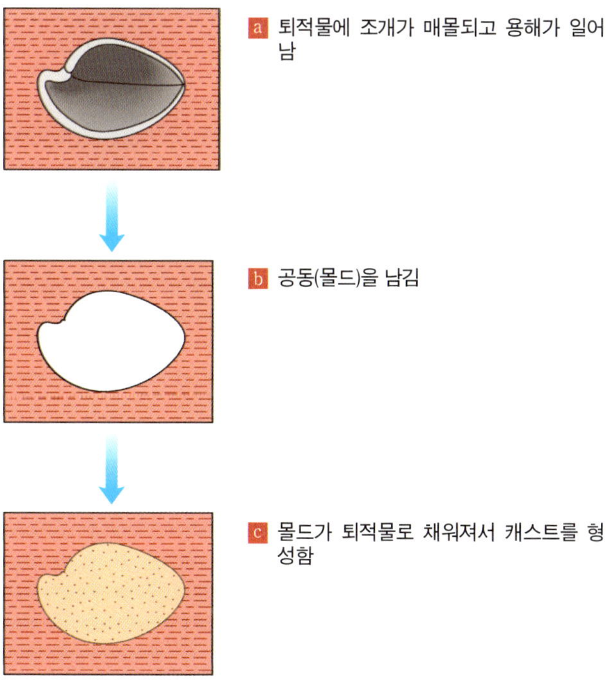

그림 5.13 **몰드와 캐스트의 성인**

상대연대 측정과 지질도 작성에서의 화석의 이용은 영국과 프랑스에서 1800년도 초기 동안 설명되었다. 영국 남부의 운하를 측량하고 건설한 영국의 토목기술자인 스미스(William Smith, 1769~1839)는 독립적으로 스테노의 지층 누중의 원리를 발견하였다. 그는 지층의 순서에서 가장 오래된 것이 바닥에 있고 가장 젊은 것이 최상부에 있다고 생각하였으며, 암석이 포함하는 어느 화석에 대해서도 같은 결론을 얻었다. 스미스는 노두, 광산, 채석장에서 수많은 관찰을 하였으며, 화석의 순서와 특히 화석군의 순서는 지역마다 일관적임을 발견하였다. 간단히 말하면 그는 다른 지역의 퇴적암의 상대연대는 그들의 화석에 의하여 결정될 수 있다는 것을 발견하였다(그림 5.14).

지층과 화석 사이의 관계를 인지함으로써 스미스는 그가 진에 방문하지 않았넌 어느 지역 암석에서 나타나는 화석의 순서를 예측할 수 있었다. 또한 암석과 화석에 대한 그의 지식은 그로 하여금 운하를 만들기 위한 최선의 노선과 다리를 세우는 데 최적의 장소를 예측하도록 하였다. 그 결과 그의 도움은 대단히 필요하게 되었다.

스미스는 상대연대를 결정하기 위해서 화석을 이용한다는 생각으로 많은 명성을 얻었으나, 프랑스의 브로

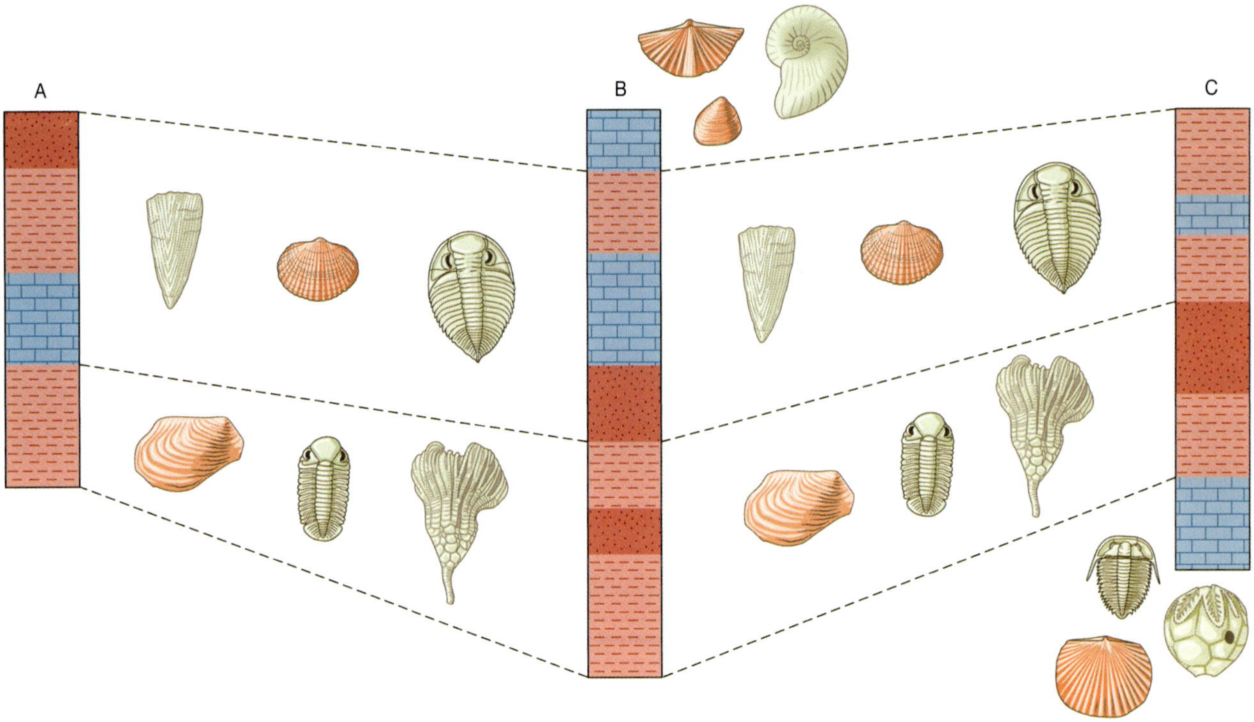

그림 5.14 **동물군 천이의 원리의 적용** 이 일반화된 단면은 지질학자들이 멀리 떨어진 장소의 암석의 상대연대를 결정하기 위해서 어떻게 동물군 천이의 원리를 이용하는지를 보인다. 가장 젊은 암석은 주상도 B에 있으나 가장 오래된 것은 주상도 C에 있음에 주목하라.

니아(Alexander Brongniart)와 같은 다른 지질학자들도 이런 관계를 인지하였다. 어느 경우에서도 그들의 관찰은 우리가 여기에서 **동물군 천이의 원리**〔principle (law) of fossil succession〕라고 부르는 것의 기초를 마련하였다. 이 중요한 원리는 화석 군집(화석군)이 규칙적이고 결정할 수 있는 순서로 시간을 통하여 다른 어느 것으로 천이한다는 것을 담고 있다.

그러나 왜 그림 5.9의 유사한 암석 유형들이 쉽게 대비되지 않고 그들의 나이가 같다고 쉽게 결론짓지 못할까? 예를 들어서 사암 같은 동일한 종류의 암석은 시간에 따라 반복적으로 형성되어 갔기 때문에 암석 유형은 문제를 해결하지 못할 것이다. 화석 또한 시간을 통하여 연속적으로 형성되어 왔으나, 다른 생물은 다른 시대에 존재하였기 때문에 화석 군집은 유일하다. 간략하게 말하면 어느 화석 군집은 더 젊거나 더 오래된 화석 군집과 비교된 독특한 양상을 갖는다. 그러므로 만약 우리가 유사한 화석을 포함하는 암석을 대비하면 우리는 그들이 같은 상대 연령을 갖는 것이라고 추측할 수 있다.

4. 상대적 지질 연대표

4장에서 우리는 18세기의 수성론자들이 암석의 상대적 연령을 결정하기 위하여 성분을 이용할 수 있다고 생각했다는 점을 주목하였다(표 4.1 참조). 그러나 19세기 동안 성분이 상대연대를 결정하는 데 불충분하나 지층누중의 원리와 화석의 내용이 매우 효과적이라는 것이 명백해지게 되었다. 1830년과 1842년 사이에 박물학자들에 의한 암석의 연구는 계(system)라고 부르는 암체의 인식과 상대적 지질 연대표의 기초가 되는 합성 지질 주상도를 만들게 되었다(그림 5.15a).

계를 인지하고 정의하는 데 이용되는 방법에 대한 짧은 논의는 여러분에게 지질 주상도와 상대적 지질 연대표가 어떻게 확립되었는지를 이해하는 데 도움이 될 것이다.

1830년대 동안 세지윅(Adam Sedgwick)은 북부 웨일스(Wales)의 암석을 연구하고 캄브리아계를 기술하였으며, 머치슨(Roderick Impey Murchison)은 남부 웨일스에서 실루리아계를 명명하였다. 세지윅은 존재하는 소수의 화석에 대하여 거의 주의하지 않았으며, 그의 캄브리아계는 처음 기재된 지역 이외에서는 인지될 수 없었다. 머치슨은 전형적인 실루리아계의 화석을 면밀하게 기재하였으며, 따라서 그의 계는 어느 곳에서도 동정될 수 있었다.

1835년 두 사람이 그들의 연구 결과를 발표하였을 때, 실루리아계의 암석이 캄브리아계의 지층보다 젊다는 것이 분명하였으나, 그들의 두 계가 경계에 대한 논쟁을 일으킨 부분적 중복임이 역시 분명하였다(그림 5.15b). 이 논쟁은 랩워스(Charles Lapworth)가 중복된 지역의 지층은 오르도비스계라는 새로운 계로 설정된다고 제안한 1879년까지 해결되지 못하였다. 그러므로 최종적으로 세 개의 계가 명명되었고, 그들의 층서적 위치가 알려졌으며, 각 계의 특징적인 화석이 기재되었다.

세지윅과 머치슨의 논쟁이 있기 전에, 그들은 아래 놓인 실루리아계의 암석과 위에 놓인 석탄계*의 암석의 화석과 뚜렷하게 다른 화석을 포함한 데본계를 명명하였다. 그리고 1841년 머치슨은 화석의 내용에 의하여 실루리아계, 데본계 및 석탄계로 지층을 동정한 서부 러시아를 방문하였다. 그는 석탄기 지층 위에 놓인 화석 산출 지층을 페름계로 설정하였다(그림 5.15a).

우리는 지층 누중의 원리와 화석의 내용이 계를 정의하는 데 이용된 기준이었다는 점을 제외하고, 다른 계들이 어디에서 언제 설정되었는지에 대한 상세한 내용을 논의할 필요가 없다. 중요한 점은 지질학자들이 계들은 그들의 올바른 시간적 순서로 배열되었기 때문에 사실상 **상대적 지질 연대표**(relative geologic time scale)인 합성 **지질 주상도**(geologic column)를 이어 맞추었다는 것이다(그림 1.11 참조). 여러분은 캄브리아 지층의 아래에 있는 모든 암석은 선캄브리아 시대(그림 5.15a)로 불린다는 상대적 지질 연대표의 또 다른 모습을 알아야 한다. 오래 전에 지질학자들은 이 암석들은 화석을 거의 포함하지 않고 따라서 효과적으로 그들을 계로 세분할 수 없다는 것을 알았다. 8장과 9장에서, 우리는 선캄브리아의 암석과 시대에 대한 용어를 논의할 것이다.

비록 과학자들이 오늘날 생물의 진화가 시대를 통하여 나타나는 생물의 차이를 밝힌다고 하더라도 진화는 지질 연대표를 위한 기준이 아니라는 점을 인식하는 것이 중요하다. 실제로 지질 주상도와 지질 연대표는 1840년 경 창조에 대한 성경적 설명을 전적으로 수용하고 1859년까지 공식화되지 않았던 진화에 대한 생각을 거의 갖지 않았던 과학자들에 의하여 짜 맞추어졌다. 우리가 개요를 말해 왔던 것처럼 이용되어야 할 화석에 대한 유일한 필요조건은 이들 차이에 대한 이유에 개의치 않고 시간에 따라서 그들이 다르다는 점이다.

* 북아메리카에서는 미시시피계와 펜실베이니아계가 각각 하부 석탄기와 상부 석탄기에 해당한다.

5. 층서학적 용어

계와 상대적 지질 연대표의 확립은 층서학에 일부 체계를 가져왔으나 문제들은 남아 있었다. 많은 퇴적암체들은 이시성이기 때문에(그림 5.8), 그들은 한 지역에서 한 계에, 그리고 다른 지역에서는 또 다른 계에 속하거나, 단순하게 두 계 사이의 경계에 걸쳐 있다. 따라서 지질학자들은 현새 근본적으로 다른 두 가지의 단위, 즉 내용에 의해 정의된 단위와 지질시대에 관련되거나 지질시대를 나타낸 단위에 대한 용어를 사용한다.

암석층서 단위와 생물층서 단위

기원의 시기를 고려하지 않은 암석 유형은 다른 암석층서 단위들과 구별되게 하는 통합된 특징을 갖는 하나

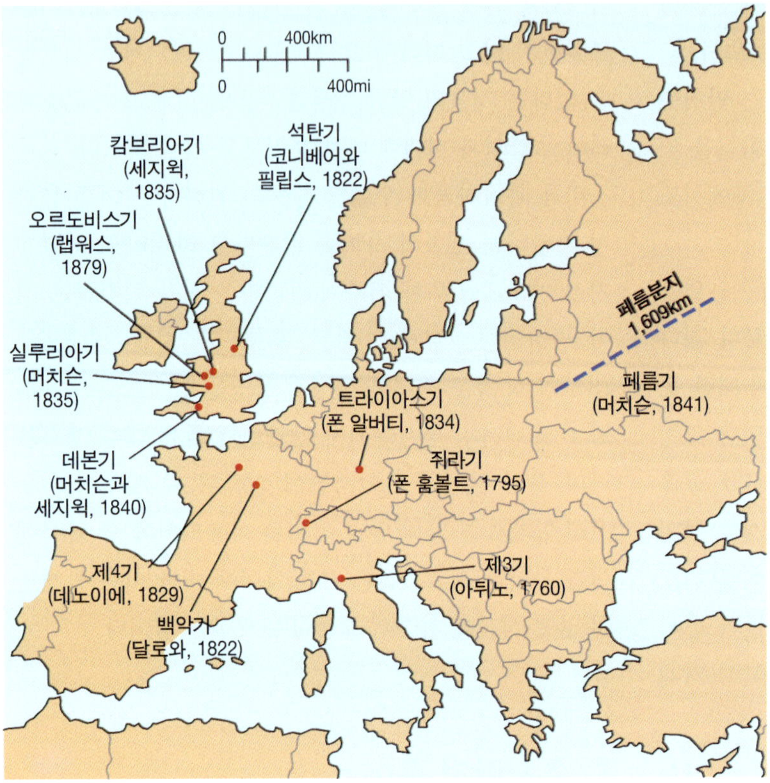

대	기		세	백만 년 전
신생대	제4기		홀로세(현세)	0.01
			플라이스토세	1.8
	신제3기		플라이오세	
			마이오세	
	고제3기		올리고세	
			에오세	
			팔레오세	66
중생대	백악기			146
	쥐라기			200
	트라이아스기			251
고생대	페름기			299
	석탄기	펜실베이니아기		318
		미시시피기		359
	데본기			416
	실루리아기			444
	오르도비스기			488
	캄브리아기			542
선캄브리아 시대				4600

a 지질 주상도는 계로 설정된 암석을 올바른 상대적 순서로 만들어졌으며, 따라서 주상도는 상대적 지질 연대표이다. 절대 연령은 한참 뒤에 추가되었다. 신생대는 그때 사용되었던 용어인 제3기와 제4기로 이루어짐을 주목하라.

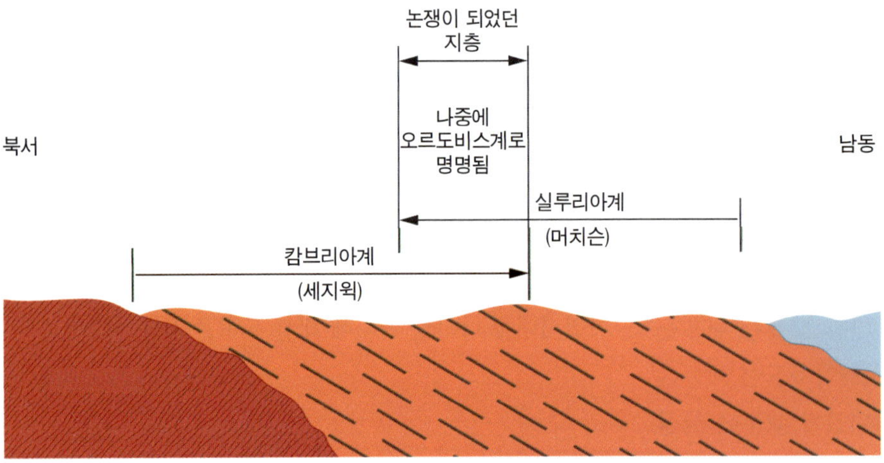

b 아담 세지윅과 로드릭 머치슨은 캄브리아계와 실루리아계를 설정하였으나, 여기에 보이는 것처럼 두 계는 중간 지역에서 중복되었다. 1879년 찰스 랩워스는 중복된 부분을 오르도비스계로 제안하였다.

그림 5.15 지질 주상도와 상대적 지질 연대표

표 5.2 층서 단위의 분류

물질에 의해 정의된 단위		지질시대를 나타내거나 지질시대와 관련된 단위	
암석층서 단위	생물층서 단위	시간-층서 단위	시간 단위
누층군	생물대	누대층	누대
층군		대층	대
층		계	기
층원		통	세
단위층		조	절

의 **암석층서 단위**(lithostratigraphic* unit)를 정의하는 데 이용되는 유일한 기준이다(표 5.2). 기본적인 암석층서 단위는 특징적인 상하 경계를 갖고 지질도에 표시될 수 있는 암체인 **층**(formation)이다. 층은 단일 암석 형태(레드월 석회암, Redwall Limestone)이나 다양한 관련 암석 형태(모리슨층, Morrison Formation)로 구성되며, 층이라는 용어는 변성암과 화성암〔러브조이 현무암(Lovejoy Basalt)〕에도 적용될 수 있다. 많은 층들은 **층원**(members)과 **단위층**(beds)으로 세분되며 이들은 **층군**과 **누층군**과 같은 더 포괄적인 단위의 부분이 되기도 한다(그림 5.16, 표 5.2).

대조적으로 **생물층서 단위**(biostratigraphic unit)는 암석의 유형이나 기원의 시대에 관련 없이 단지 화석의 내용에 의해서만 정의되고(표 5.2), 그들의 경계는 암석층서 단위의 경계에 꼭 대응되지 않는다. 기본적인 생물층서 단위는 대비에 대한 다음 절에서 더욱 자세히 논의될 **생물대**(biozone)이다.

시간-층서 단위와 시간 단위

시간-층서 단위와 시간 단위는 지질시대와 관련되거나 지질시대를 나타내는 범주를 구성한다(표 5.2). 지질학자들은 **시간-층서 단위**(time-stratigraphic units, chronostratigraphic** units라고도 함)를 특정한 지질시대 기간 동안에 형성된 암석으로 정의한다. 가장 흔히 사용되는 시간-층서 단위는 **계**(system)이며, 이는 계가 처음으로 기재된 지역의 암석으로 구성된 **표식 지층**(stratotype)을 기초로 한다. 계는 그들의 화석 내용에 의하여 표식 지층 이외에서도 인지된다. 1830년대와 1840년대 동안 어떻게 지질학자들이 계를 정의하고 인지하였는지, 그리고 어떻게 이 계들이 상대적 지질 연대표의 기초를 제공하였는지에 대한 우리의 논의를 기억하시오(그림 5.15).

시간 단위(time unit)는 특정한 지질시대의 기간을 지시하는 것이다. **기**(period)는 가장 흔히 이용되는 시간 단위이나, 두 개 또는 그 이상의 기가 하나의 대를 지시하고, 두 개 또는 그 이상의 대(era)가 누대(eon)를 구성한다. 기는 또한 세(epoch)와 절(age)과 같은 더 짧은 기간으로 세분되기도 한다. 비록 대층(erathem)과 누대층(eonothem)이라는 용어가 흔히 쓰이지는 않으나 모든 시간 단위는 대응하는 시간-층서 단위를 갖는다(표 5.2).

시간과 관련된 이 두 가지의 단위와 그들의 관계는 시작하는 학생들에게는 특히 혼란스러울 것이다. 그러나 시간-층서 단위는 지층 연속체에서 한 위치를 차지하는 암체이나(예: 데본계), 시간 단위는 오직 시간(데본기)에만 관계된다. 따라서 계는 하부, 중부, 상부로 된 암체이다. 대조적으로 데본기 같은 시간 단위는 데본계가 쌓였던 기간이고 우리는 전기, 중기, 후기로 세분하여 인용한다.

다음 예를 생각해 보면 아마 시간-층서 단위와 시간 단위의 차이가 더욱 분명해질 것이다. 동시에 한 층이 세워진 즉, 맨 아래층이 맨 처음에 그리고 계속해서 같

* Lith와 Litho는 '암석'이나 '암석 같은'을 의미한다.

** Chron과 Chrono는 시간을 지시하기 위해 단어에 붙여진다.

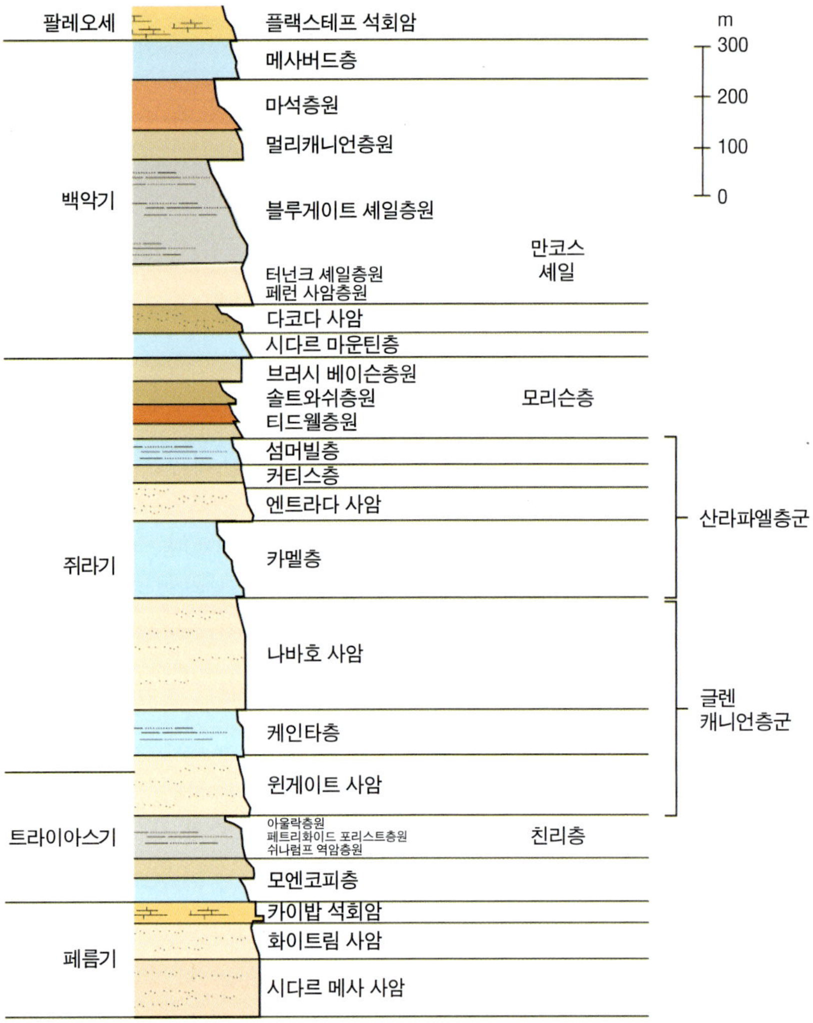

그림 5.16 **유타 주 캐피탈 리프 국립공원의 암석층서 단위의 도식적 표시** 일부 지층은 층원으로 더 나눠지고, 일부는 더 포괄적인 층군의 일부분임에 주목하라.

은 방법으로 세워진 3층 건물을 생각해 보자. 건물〔브룩스 홀(Brooks Hall)이라고 하자〕은 브룩스 홀 기라는 특정한 시간 동안에 지어진 물체인 브룩스 홀 계이다. 하부 브룩스 홀은 전기 브룩스 홀 기에 지어졌고 같은 방법으로 계속되었다. 계는 순서에서의 위치와 관련되기 때문에 우리는 3층을 후기 브룩스 홀 대신에 상부 브룩스 홀이라고 말하고, 마찬가지로 1층을 전기 브룩스 홀 대신 하부 브룩스 홀이라고 부르게 된다.

6. 대비

지질학에서 **대비**(correlation)라는 용어는 둘 또는 그 이상의 지역에서의 지질학적 현상을 대응시키는 것을 말한다. 예를 들면 우리는 전혀 연속되지 않은 지역에서 시간에 관계없이 같은 암석 단위를 간단하게 대비하기도 하며, 이 경우를 우리는 암석층서 대비라고 한다.

앞 절에서 우리는 계가 그들의 표식 지층 밖에서도 동물군 천이의 원리를 적용함으로써 계가 동정됨을 주목하였다. 이 경우 우리는 같은 상대 연령의 암석을 대응하였는데, 이것이 시간-층서 대비이다.

암석층서 단위의 대비는 층이나 층군이 특정 지역에 걸쳐 과거 언제인가 연속적이었다는 설명을 내포한다. 만약 노두가 충분하다면 암석층서 단위는 간혹 결층이 있더라도 횡적으로 추적될 수 있다(그림 5.17a). 암석층서 대비에 대한 다른 기준은 특징적인 건층의 존재, 연계층에서의 위치, 성분이 포함된다(그림 5.17b와 c). 성분은 단지 암석 단위의 지리적 범위만을 지시한다는 것을 유념하여야 한다('조망' 참조). 지구 물리학적 자료뿐만 아니라 시추 과정에서의 암석 코어와 유정의 절개 자료는 지하의 암석 단위 대비에 유용하다.

넓게 분포한 층과 같은 많은 퇴적암은 이시성이며, 따라서 우리는 시간적 동등성을 설명하기 위해서 암석층서 대비에 의존할 수 없다. 예를 들면 지질학자들은 애리조나의 사암과 콜로라도와 사우스 다코다의 유사한 암석을 정확하게 대비하여 왔으나 암석의 나이는 서쪽의 초기 캄브리아기에서부터 더 동쪽의 중기 캄브리아기까지 변한다. 다른 지역의 퇴적암의 시간-층서적

a 노두가 잘 발달된 지역에서 지질학자들은 스카이라인을 따라서 횡적으로 암석을 추적하며 간혹 결층이 있더라도 그들을 대비한다. 유타의 이 암석은 옛날에 훨씬 더 넓은 지역을 덮었다.

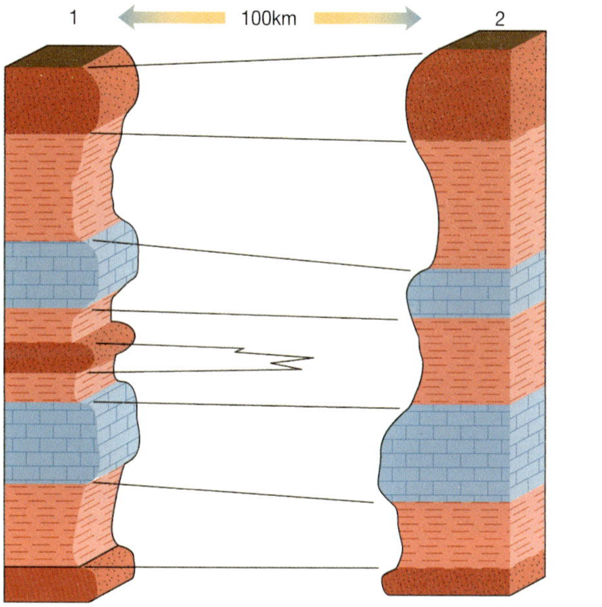

b 암석 유형의 유사성과 연계층에서의 위치에 의한 암석층서 대비. 주상도 1의 가운데 사암이 주상도 2의 셰일로 설교되거나 횡적으로 점이한다고 가정한다.

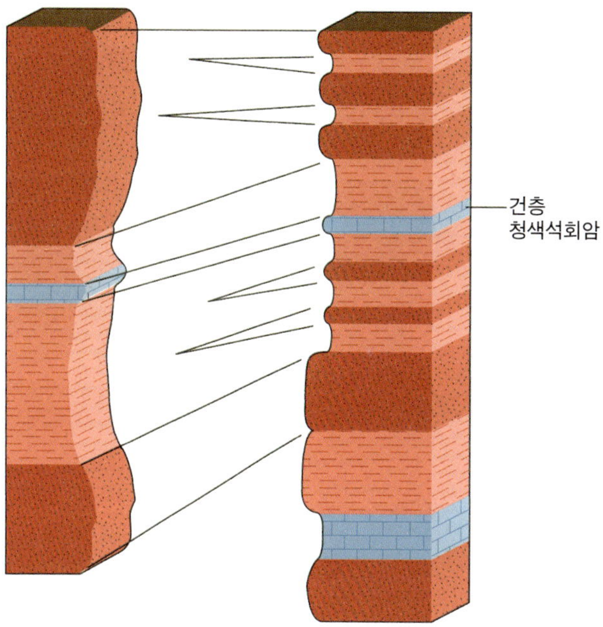

c 이 경우 특징적인 청색 석회암을 건층으로 이용한 암석층서 대비

그림 6.17 암석층서 대비 이 대비는 층이나 층군과 같은 암석 단위의 원래 지리적 연속성을 설명한다.

동등성을 설명하는 데 가장 효과적인 방법은 생물대(biozone)를 이용하는 것이나, 여러 다른 방법도 유용하다.

오늘날 멸종한 모든 생물의 생존은 기원한 시간과 멸종한 시간의 두 시기를 기록한다. **생존대**(range zone)로 알려진 생물대의 한 가지는 종이나 속이라고 하는 종과 관련된 집단과 같은 특정한 화석군의 지질학적 범위(생존한 총 기간)로 정의된다. 가장 유용한 화석은 쉽게 동정되고, 지리적으로 넓은 분포를 이루며 지질학적 범위가 다소 짧은 것이다.

조 망

마뉴먼트 밸리 나바호 부족 공원

나바호족에 의하면 암석 계곡이라는 의미의 체 비 엔드지스가이(Tsé Bii′ Ndzisgaii)는 마뉴먼트 밸리 나바호 부족 공원으로 더 잘 알려져 있다. 그것은 계곡이 전혀 아니며 오히려 깊은 침식이 남서부에서 가장 장엄한 전경의 일부를 만들어 낸 콜로라도 고원의 넓고 평탄한 부분이다(그림 1, 98쪽의 사진). 나바호주가 애리조나 주-유타 주의 경계에 있으며 비포장된 단 하나의 길로 접근할 수 있는 공원을 관리한다.

여러분은 이 지역의 주 고속도로에서 공원의 많은 지질학적 특징을 볼 수 있으나, 공원 자체의 방문은 시간을 들일 만한 가치가 충분하다. 이것은 많은 텔레비전 쇼와 특히 서부 영화의 배경으로 이용되어 온 그림 같은 비경일 뿐만 아니라 가까이에서 지질학을 경험할 수 있는 좋은 장소이다.

공원 남부의 주목할 만한 특징은 오래 전부터 침식되어 온 훨씬 큰 화도로 통했던 457m 높이의 화산 암경인 엘캡틴(El Captian)(에거서 피크, Agatha Peak)이다(그림 2). 그러나 공원에서 가장 매력적인 것은 한 때 전 지역을 덮었던 시다르 메사 사암의 수직의 절리를 따라서 일어난 침식에 의해 형성된 메사(mesas), 뷰트(buttes), 스파이어(spires) 및 후드(hoodoos)이다(그림 1).

메사와 뷰트는 여러 지역에서 교체하여 사용되나, 우리는 메사를 상부가 넓고 평탄한 단단한 암석층의 침식 잔유물을 지칭하는 데 사용하며, 반면에 뷰트

그림 1. 마뉴먼트 밸리 나바호 부족 공원의 뷰트. 왼쪽은 웨스트 미튼(West Mitten)이고 오른쪽은 이스트 미튼이다. 이 뷰트를 이루는 암석은 페름기의 사암이나, 뷰트 밑의 사면을 이루는 암석은 더 연한 셰일과 사암이다.

는 더욱 뾰족한 탑 같다. 그러나 매우 가느다란 침식 잔유물은 스파이어, 피너클(pinnacle), 마뉴먼트 및 스프린터(splinter)와 같은 여러 이름으로 부른다(그림 3).

시다르 메사 사암은 공원에서 가장 명료한 암석 단위이나, 메사와 뷰트의 기반에 경사면을 이루는 하부의 헬가이토(Halgaito) 셰일도 역시 존재한다. 여러 장소에서 시다르 메사 사암은 오리건 락(Oregon Rock)셰일에 의해 덮힌다. 오리건 락 셰일은 대부분 지역에서 매우 얇다. 시다르 메사 사암에 대한 정밀한 연구는 오늘날 북부 애리조나와 남부 유타의 넓은 지역을 덮었던 풍성 사구의 거대한 담요로서 대부분 퇴적되었음을 지시한다. 소량의 산화철이 적색을 띠게 하였다.

시다르 메사 사암의 원래 횡적 연속은 지질학의 초보자들에게도 명백한데, 그 이유는 한 노두에서 다음 노두까지의 암석을 대응 또는 대비하는 것이 쉽기 때문이다.

성분과 연계층에서 위치에 근거한 암석의 대응이 암석층서 대비이다. 실제로 약 50km 북쪽에 동일한 암석층이 신들의 계곡(Valley of the Gods)이라고 알려진 또 다른 경승지에 노출된다. 그러나 이런 대비는 단지 의문의 암석의 원래의 지리적 분포만을 설명한다는 것을 명심해야 한다. 약 2억 7,000만 년 전(페름기)인 암석의 나이는 전혀 다른 기준을 이용하여 확립되었다. 마뉴먼트 밸리 나바호 부족 공원은 경치가 아름답고 여러 분이 지질학적으로 흥미로운 다른 모습을 볼 수 있는 지역이다. 더욱이 잘 노출되고 평탄한 암석은 초보자들에게 침식이 어떻게 메사와 뷰트 등을 만드는지 이해하고 층서학의 일부 개념을 알 수 있는 이상적인 것이다.

그림 2 에거서 피크의 2,500만 년 된 암경. 이 암경은 사막 바닥 위로 457m 솟아 있다. 이는 이후로부터 침식되어 온 거대한 화산으로 통하던 화도에서 고화된 응회 각력암으로 구성된다.

그림 3 **그림 1**의 뷰트와 비슷한 토템 폴(Totem Pole)(앞쪽)과 중앙부의 이에 비 체이(Yie Bi Chei). 이들은 사암으로 이루어진 침식 잔류물이며 가느다란 모양을 하고 있어서 간단히 뾰족탑이라고 언급한다.

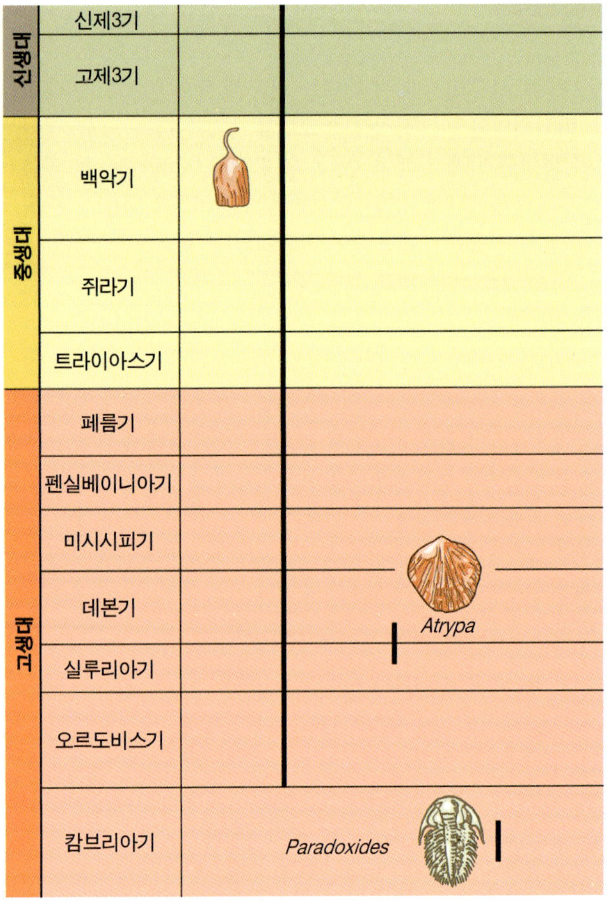

그림 5.18 세 가지 해양 무척추 동물의 지질학적 생존 범위(두꺼운 수직선)의 비교 *Lingula*는 긴 생존 기간을 가지므로 생물층서에 유용하지 않다. *Atrypa*와 *Paradoxides*는 넓은 분포를 보이며, 쉽게 동정되고 짧은 지질학적 범위를 가지므로 좋은 표준화석이다.

완족류의 일종인 *Lingula*는 처음 두 가지의 기준에 맞으나 지질학적 범위가 거의 이용하지 못하게 한다. 반면에 완족류 *Atrypa*와 삼엽충 *Paradoxides*는 **표준화석**(guide fossil)이며 그 이유는 그들이 시간-층서 대비에 매우 적합하기 때문이다(그림 5.18).

지질학자들은 종이나 속의 최초와 최후 산출에 의하여 정의되는 여러 유형의 간극대(interval zone)를 인지하나, 가장 유용한 것 중의 하나는 다른 생존 기간을 갖는 둘 내지 그 이상의 화석의 중복된 생존 기간을 나타내 설정된 **공존대**(concurrent range zone)이다(그림 5.19). 공존대의 대비는 멀리 떨어져 있는 지역의 퇴적암 사이의 시간적 동등성을 결정할 수 있는 가장 정확한 방법이다.

일부 물리적 사건 역시 시간적 동등성을 결정하는 데

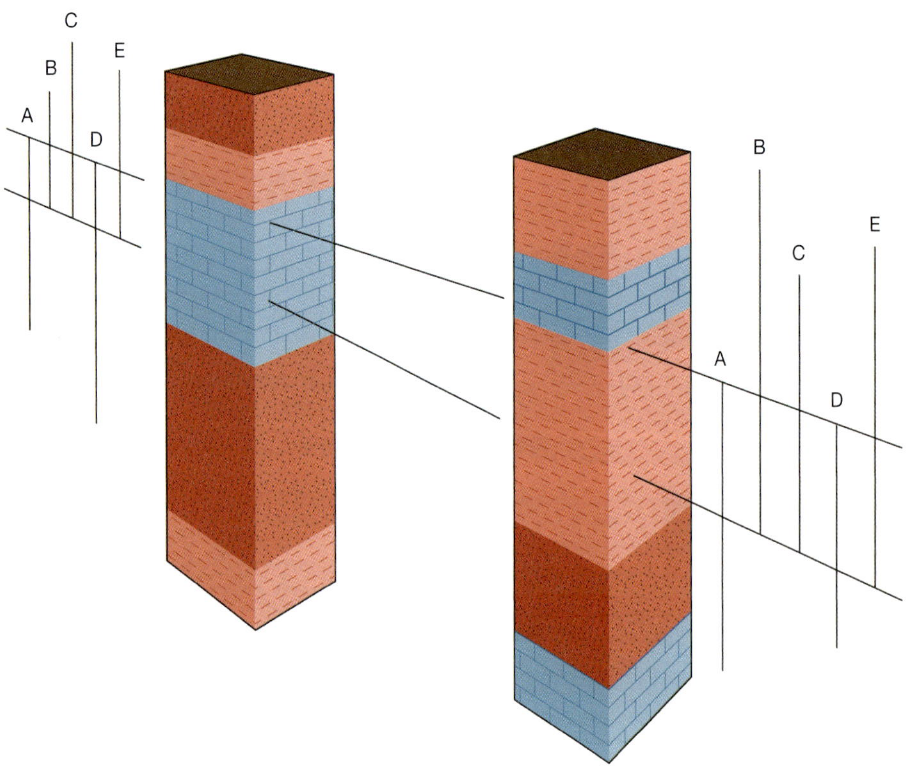

그림 5.19 공존대를 이용한 시간-층서 대비 공존대는 여기에서 A부터 E까지 표시된 화석의 중복된 생존 범위에 의하여 설정되었다.

이용된다. 대부분의 경우 암석 성분은 이런 노력에 유용하지 않음을 상기하라. 그러나 특히 용암류와 화산재와 같은 소수의 암석은 전체 범위에 걸쳐서 빠르게 형성된다. 따라서 예를 들어 화산재의 대비는 시간적으로 중요하다(그림 5.20). 더욱이, 화산재는 특정 환경에 국한되지 않으며, 따라서 그들은 대륙에서 바다 환경까지 퍼질 수 있다.

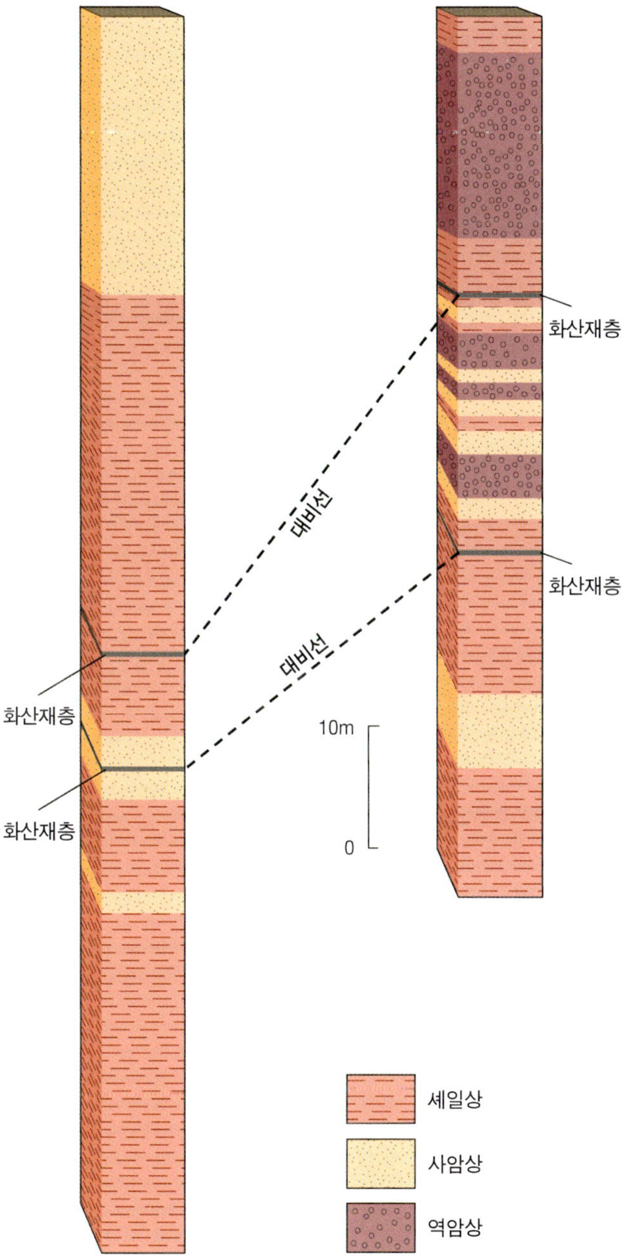

그림 5.20 시간-층서 대비에 이용된 화산재층 화산재는 넓은 지리적 범위에 걸쳐서 빠르게 퇴적되기 때문에 암석의 시간-층서 대비에 중요하다. 두 주상도의 두 대비선 사이에 있는 지층으로 퇴적 속도를 구할 수 있을까?

시간-층서 대비의 방법은 현생누대의 암석에 유용하나, 선캄브리아 시대의 암석은 화석이 거의 없고, 있는 화석도 대비에 매우 유용하지는 않다. 그러한 암석은 방사성 연대 측정에 기초한 절대 연령이 가장 유용하다.

7. 절대연대와 상대적 지질 연대표

약 150년 동안 지질학자들은 오르도비스기의 암석이 캄브리아기 것보다 더 젊고 실루리아기 것보다 더 오래됐었다는 것을 알아왔다. 그러나 그들이 얼마나 오래되었을까? 즉, 언제 오르도비스기가 시작하고 끝났을까? 초보자들은 화석을 포함한 오르도비스기 암석의 방사성 연대를 얻어 문제를 해결하는 것이 간단한 것으로 생각할지 모른다. 불행하게도, 퇴적암의 광물에서 결정된 절대 연령은 암석 자체의 나이가 아니라 단지 광물을 공급했던 기원암의 나이를 말한다. 예를 들면 천만 년 전에 형성된 사암은 30억 년 된 모래 입자를 포함할지도 모른다.

그러나 한 광물은 퇴적작용 직후 어떤 퇴적암에서 형성되며, 이는 칼륨-아르곤 방법에 의하여 연대가 측정될 수 있다(4장 참조). 해록석으로 알려진 이 녹색 광물은 쉽게 아르곤 자원소를 잃어버리며, 따라서 결정된 절대 연령은 일반적으로 매우 젊고 단지 모암의 최소 연대만을 알려 준다. 대부분의 경우, 퇴적암의 절대 연령은 수반된 화성암과 변성암의 연대 측정에 의하여 간접적으로 결정되어야 한다.

상호 절단 관계의 원리에 따르면, 암맥은 절단된 암석보다 젊어야 하며, 따라서 암맥의 절대연대는 모암의 최소 연령과 위에 놓인 암석의 최대 연령을 말한다(그림 5.21a). 국지적으로 변성된 암석에서 얻은 절대연대는 역시 위에 놓인 퇴적암의 최대 연령을 알려 준다.

퇴적암과 교호된 용암류와 화산재는 절대 연령을 결정하는 데 가장 유용하다(그림 5.21b). 모두 시간적으

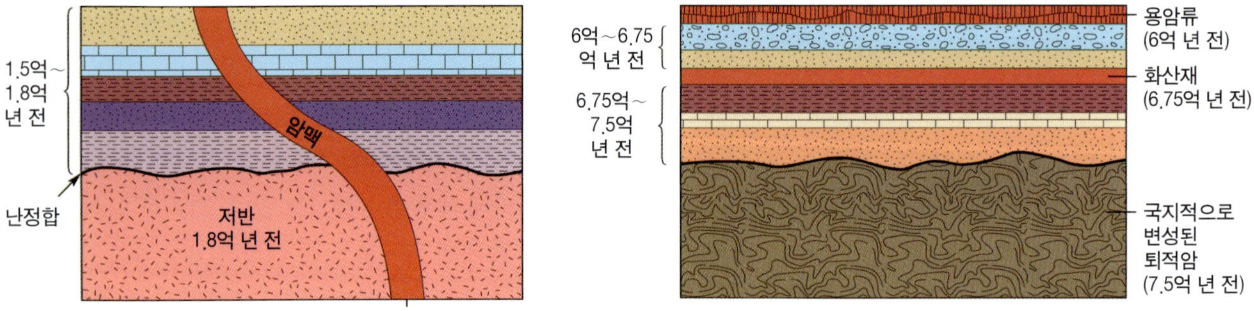

a 퇴적암이 저반보다는 젊고 암맥보다는 더 오래 되었음을 알 수 있다.

b 퇴적암은 절대연대가 알려진 변성암보다는 젊고 용암류보다는 오래되었다.

그림 5.21 퇴적암의 절대 연령 결정 퇴적암의 절대 연령은 흔히 수반된 화성암과 변성암의 방사성 연대 측정에 의하여 결정된다.

로 동등하며 위에 놓인 암석의 최대 연령과 아래 놓인 암석의 최소 연령을 제공한다. 층서적 연계층에서 여러 번에 걸친 용암류이나 화산재층은 이러한 노력에 특히 유용하다.

정확한 방사성 연대는 오늘날 화석 함유 퇴적암과 수반된 여러 용암류, 화산재, 심성암 및 변성암에서 유효하다. 지질학자들은 이 절대 연령을 지질 연대표에 더하여 왔으며, 따라서 우리는 현재 언제 오르도비스기가

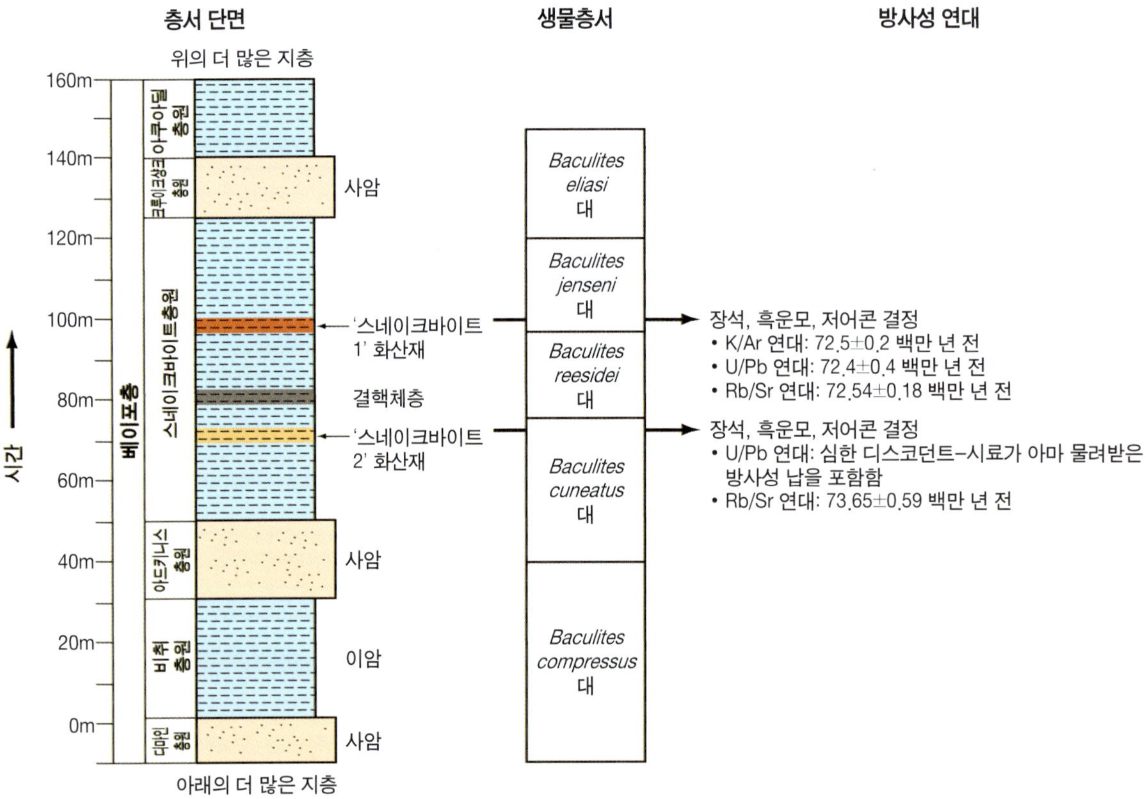

그림 5.22 캐나다 서스캐치원의 베어포층의 암석과 화석 왼쪽의 주상도는 층과 층원(암석층서 단위)을 보인다. 생물대의 경계가 암석층서 경계와 일치하지 않음에 주목하시오. 두 개 화산재층의 절대 연령은 *Baculites reesidei* 대가 약 7,300만~7,200만 년 전임을 지시한다.

시작하고 끝났는지와 같은 질문에 답할 수 있다(그림 5.15a). 또한 우리는 특징적인 생물이 언제 살았는지를 안다. 예를 들면, 캐나다 서스캐처원(Saskatchewan)의 베어포(Bearpaw)층에 있는 *Baculites reesidei* 생물층서대는 절대 연령이 수반된 화산재층에서 결정되었기 때문에 7,200만~7,300만 년이다(그림 5.22).

요약

- 어느 지역의 지사를 해석하는 첫 번째 단계는 분포하는 암석의 상대적 연령을 올바르게 결정하는 것이다. 따라서 암석층 사이의 수직적 관계는 비록 그들이 복잡하게 변형되었더라도 확인되어야만 한다.
- 지질 기록은 지질시대 사건들의 정확한 연대기적 기록이지만, 장소에 따라 불연속적이거나 부정합을 갖는 경우도 있다.
- 인접한 다른 환경에서의 동시에 퇴적되었을 때 특징적인 암석학적·생물학적 특성을 갖는 퇴적물이나 퇴적상을 생성한다.
- 왈터의 법칙에 의하면, 수직적으로 인접한 지층은 횡적으로도 서로 인접해 있다.
- 해침 동안에 암상의 수직적 순서는 외안암상이 연안암상 위에 놓이는 결과로 나타난다. 정반대의 암상 순서가 해퇴로부터 나타난다.
- 대륙의 융기와 침강, 빙하에 얼은 물의 양, 해저 확장의 속도는 해침과 해퇴의 원인이 된다.
- 대부분의 화석은 퇴적암에서 나타나지만, 화산재와 화산이류에서도 나타나는 경우가 있다.
- 단단한 골격과 매몰이 가능한 곳에 살았던 생물들이 화석으로 남는 경우가 많다.
- 스미스의 업적은 화석 군집이 예언할 수 있는 순서로 시간에 따라서 또 다른 화석 군집으로 계속 이어진다고 하는 동물군 천이의 원리를 위한 토대가 되었다.
- 지층 누중의 원리와 동물군 천이는 상대적 지질 연대표의 근거인 지질 주상도를 작성하는 데 이용되었다.
- 층서학적 용어의 체계를 만들기 위해서 지질학자들은 내용에 근거한 단위(암석층서와 생물층서 단위)와 시간과 관련된 단위(시간-층서 및 시간 단위)를 사용한다.
- 암석층서 대비는, 비록 현재는 이 단위가 이 지역에 연속적이지 않을지라도, 그 지역에서 형성된 암석 단위의 원래 연속성에 대한 설명을 내포한다.
- 생물층서대, 특히 공존대의 대비는 비록 암석의 종류가 다르더라도 같은 상대적 연령을 갖는다는 것을 설명한다.
- 퇴적암과 화석의 절대 연령을 결정하는 데 가장 좋은 방법은 관련된 화성암과 변성암의 절대 연령을 측정하는 것이다.

주요 용어

경사 부정합(angular unconformity)
계(system)
공존대(concurrent range zone)
기(period)
난정합(nonconformity)
대비(correlation)
동물군 천이의 원리(principle of fossil succession)
몰드(mold)
부정합(unconformity)
상대적 지질 연대표(relative geologic time scale)
생물대(biozone)
생물층서 단위(biostratigraphic unit)
생존대(range zone)
생흔화석(trace fossil)
시간 단위(time unit)
시간-층서 단위(time-stratigraphic units)
암석층서 단위(lithostratigraphic unit)
왈터의 법칙(Walther's law)
정합적(conformable)
지질 기록(geologic record)
지질 주상도(geologic column)
체화석(body fossil)
층(formation)
층서학(stratigraphy)
캐스트(cast)
퇴적상(sedimentary facies)
평행 부정합(disconformity)

포획의 원리(principle of inclusion) 해침(marine transgression) 화석(fossil)
표준화석(guide fossil) 해퇴(marine regression)

복습 문제

1. 가장 흔히 이용되는 시간-층서 단위는?
a. ____ 계, b. ____ 기, c. ____ 세, d. ____ 층원, e. ____ 층
2. 수직적 연계층에서 보이는 상이 횡적으로 서로 교체된다는 생각은 ____이다.
a. ____ 스미스의 견해, b. ____ 왈터의 법칙, c. ____ 스테노의 법칙, d. ____ 그리슬리의 모델, e. ____ 다윈의 학설
3. 층군은 무엇으로 이루어진 암석층서 단위인가?
a. ____ 적어도 3개의 기, b. ____ 4개의 계, c. ____ 불연속과 부정합, d. ____ 생물대와 층원, e. ____ 두 개 또는 그 이상의 층
4. 동물군 천이의 원리에 따르면
a. ____ 암맥은 그것이 절단한 퇴적암보다 더 오래된 것이다. b. ____ 시간-층서 단위는 암석의 유형에 의해 정의된다. c. ____ 화석군은 규칙적이고 예언할 수 있는 순서로 서로 계속 이어진다. d. ____ 해퇴는 바다가 상승하여 대륙을 침범할 때 일어난다. e. ____ 지질 주상도와 지질 연대표는 진화론에 기초를 둔다.
5. 다음의 용어 중 퇴적암에 의해 덮인 변성암을 절단하고 들어간 침식면을 기술하는 데 이용되는 것은?
a. ____ 층서적 불연속, b. ____ 표준화석, c. ____ 지질 이상, d. ____ 난정합, e. ____ 퇴적상
6. 다음 진술 중 옳지 않은 것은?
a. ____ 표준화석은 지리적으로 넓게 분포해야 한다. b. ____ 대는 두 개 또는 그 이상의 기로 이루어진다. c. ____ 생물대의 경계는 암석층서 경계와 일치할 필요는 없다. d. ____ 대부분의 화석은 화성암과 변성암에서 발견된다. e. ____ 외해상은 해침 동안 연안상 위에 놓인다.
7. 포획의 원리는?
a. ____ 화석 기록의 모든 양상은 지구의 역사 해독에 중요하다. b. ____ 왈터의 법칙은 오직 정합적인 지층의 연계층에만 적용된다. c. ____ 암석층에 있는 파편은 층 자체보다 더 오래된 것이다. d. ____ 누대는 둘 또는 그 이상의 대로 이루어진다. e. ____ 공존대는 시간-층서 대비에 유용하다.
8. 지질 주상도와 상대적 지질 연대표는 1840년대에 무엇에 의해 확립되었는가?
a. ____ 진화론, b. ____ 부정합의 법칙, c. ____ 지층 누중과 동물군 천이, d. ____ 암석층서적 생물대, e. ____ 방사성 붕괴 속도
9. 지질학자들은 지층 누중의 원리를 이용하여 무엇을 결정하는가?
a. ____ 얼마나 오래 전에 화석 생물이 살았는가, b. ____ 해퇴의 기간, c. ____ 지질 사건의 절대 연령, d. ____ 화석 유해가 변질되어 왔는지, e. ____ 수직 연계층에서의 암석의 상대 연령
10. 다음 중 생흔화석은 어느 것인가?
a. ____ 조개껍데기, b. ____ 공룡 뼈, c. ____ 벌레 버로우, d. ____ 경사 부정합, e. ____ 생물대
11. 어떻게 지층 누중의 원리와 동물군 천이의 원리가 상대적 지질 연대표를 짜 맞추는 데 이용될까?
12. 여러분은 화강암을 덮고 있는 사암층을 본 노두를 만난다. 어떠한 종류의 증거가 두 암석 중 어느 것이 더 젊은 것인지를 결정하게 하는가?
13. 해퇴가 일어났었음을 지시하기 위하여 지질 기록에서 여러분은 어떠한 종류의 특징을 보아야 할까?
14. 시간 단위와 시간-층서 단위가 어떻게 비교되는가?
15. 암석층서 단위는 어떻게 시간-층서 단위와 다른가?
16. 그림 5.9를 참조하시오. 만약 여러분이 왼쪽 주상도의 석회암(청색)을 오른쪽 주상도의 하부 석회암과 대비한다면, 여러분은 그들이 같은 상대 연령을 갖는다고 추측할 수 있는가? 설명하시오.
17. 어느 화석이 좋은 표준화석이기 위해서 어떠한 기준들이 필요한가?
18. 여러분은 고기의 풍성층의 기원과 같은 아무도 목격하지 않은 사건을 해석하는 데 어떻게 동일과정의 원리

를 어떻게 이용할 수 있는가?

19. 부정합은 지질 기록에서 흔하며 일부는 넓은 지역에서 발견되나 그 중 어느 것도 세계적이지는 않다. 왜인가?

20. 동일과정의 원리가 여러분에게 어떻게 화석이 매몰되고 보존되었는지를 이해하는 데 어떻게 도움을 주는지 설명하시오.

응용 문제

1. 여러분은 역암, 사암, 이암 및 석회암을 포함한 화석을 함유한 광범위한 퇴적암을 갖는 지구와 같은 행성을 방문한 첫 번째 우주비행사이다. 여러분은 어떻게 지질 주상도와 상대적 지질 연대표를 확립할 수 있을까? 또한 여러분은 어떻게 화석을 함유한 암석의 절대 연령을 결정할 수 있을까?
2. 우리의 국립공원 중 하나를 방문하는 동안, 여러분은 해양 화석 함유 석회함, 셰일 및 사암의 순서로 된 암석을 관찰하며, 모두 50도 경사져 있다. 이들 암석 위에 수평의 이암층이 놓이며, 이는 위에 놓인 현무암에 의해 구워졌다. 마지막으로 최상부는 현무암의 포유물을 갖는 사암이 놓인다. 이 지역의 지사를 해석하시오.
3. 그림 5.20의 상부 화산재층이 170만 년 전이고 하부 것이 190만 년 전이라고 가정하자. 오른쪽 주상도의 화산재층 사이의 기간 동안 평균 퇴적 속도는 연간 몇 cm일까? 여러분은 이 평균이 실제 퇴적 속도로 정확하다고 생각하는가? 설명하시오.
4. 밝은 색의 화강암과 어두운 색의 현무암을 보이는 아래 그림에서 어느 암석이 더 오래 되었으며 여러분은 어떻게 그것을 아는가?

CHAPTER 6

퇴적암—지구 역사의 기록 장소

유타 주 모압(Moab) 부근 아치스 국립공원(Arches National Park)의 쥐라기 엔트라다(Entrada) 사암에 있는 델리케이트 아치(Delicate Arch)의 모습. 이 공원은 절리라고 하는 큰 파쇄대를 따라서 풍화와 침식작용이 일어나서 형성된 아치(arches), 필라(pillars), 스파이어(spires)로 유명하다. 공원의 다른 곳에는 최초 형성 단계의 아치는 물론 붕괴된 아치들도 있다.

[개 요]

[단원 목표]

이 장을 학습한 후에 여러분은 다음 사항을 이해할 것이다.

- 퇴적암은 퇴적작용의 원인이 되는 지표의 변화 과정의 증거를 보존하고 화석을 포함하기 때문에 지구의 역사를 해석할 수 있는 특별한 암석이다.
- 지질학자들은 퇴적 환경을 갖는 육성, 전이 및 해성 환경의 세 가지로 구분한다.
- 퇴적암의 뚜렷한 특징은 특정한 퇴적 환경에서 작용한 과정으로부터 생긴다.
- 분급과 원마도와 같은 조직은 퇴적작용에 대한 증거를 제공한다.
- 퇴적암체의 3차원적인 모양과 화석은 퇴적 환경을 결정하는 데 유용하다.
- 다른 암석의 특징과 함께 연흔, 사층리, 건열과 같은 퇴적 구조는 퇴적 환경을 해석하는 데 유용하게 사용된다.
- 지사에 대한 장에서 퇴적암의 해석은 이 장에서 다룬 내용에 근거한다.
- 특히 퇴적암이 어떻게 어디에서 형성되었는지에 대한 이해는 지구의 고지리적 특징을 결정하기 위한 근거이다.

1. 서론

미국 남서부의 쥐라기 나바호 사암은 광대한 사구층으로 퇴적되었으며(그림 6.1), 반면에 애리조나 주의 캄브리아기 무압(Muav) 석회암은 해침 동안 따뜻하고 얕은 바다에서 퇴적되었다(그림 5.7 참조). 앞에서 언급한 바와 같이 어느 누구도 이들 사건을 목격하지 않았는데 어떻게 지질학자들은 그러한 결정을 내릴까? 앞 장에서 우리는 지질학자들이 아무도 목격하지 못한 사건, 바로 이러한 암석층이 퇴적되었던 환경을 어떻게 결정하는지를 해독하기 위해서 동일과정의 원리를 이용한다는 것을 주목하였다.

그림 6.1 **유타 주 자이언(Zion) 국립공원의 쥐라기 나바호 사암** 지질학자들은 현생 퇴적물과의 비교뿐만 아니라 이 암석의 여러 가지 특징에 근거하여 나바호 사암이 광대한 사구층으로 퇴적되었다고 결론짓는다. 이장의 많은 부분은 지질학자들이 그러한 결정을 내리는 데 이용하는 기준을 다룬다. 나바호 사암을 체커보드(checkerboard) 메사라고 부르며, 수직의 절리가 암석의 층을 교차하는 곳에서 형성된 무늬 때문에 그러한 이름이 붙여졌다.

우리는 또한 퇴적암이 지구의 역사를 해독하는 특별한 장소를 갖는다는 것을 앞에서 언급하였으나, 우리는 또한 모든 암석이 이런 시도에 중요하다는 점을 강조해야 한다. 확실히 화성암은 지질학자들이 고기의 수렴하는 판의 경계와 고기 화산 활동의 지역을 알아내는 데 도움을 주며, 퇴적암에 대한 절대 연령의 대부분은 수반된 암석으로 얻어진다(5장 참조). 변성암은 특히 판이 충돌하고 산맥이 형성된 지각에 우세하였던 온도와 압력에 대한 정보를 우리에게 말해 준다.

그럼에도 불구하고 이 장에서 우리의 중요한 강조점은 퇴적암이며, 그 이유는 (1) 그들이 유수, 바람, 파도, 빙하 등에 의한 퇴적물의 퇴적작용의 원인이 되는 지표 작용의 증거를 보존하고, (2) 많은 지층이 지질시대 생물의 유일한 기록인 화석을 포함하기 때문이다. 그러므로 우리는 특정한 **퇴적 환경**의 지층을 인지하는 데 이용되는 기준뿐만 아니라 퇴적물이 쌓이는 장소나 환경, 즉 퇴적 환경에 초점을 맞춘다. 그러므로 지질학자들은 이러한 특성들의 원인이 되는 과정은 현재 작용하는 과정과 동일하다는 점을 마음에 간직하고 퇴적암의 특징적인 성질을 조사한다(그림 6.1).

퇴적암은 또한 지질에 대한 어느 논의에서도 중요한데, 그 이유는 많은 퇴적암은 예를 들자면 건축에 이용되는 모래와 자갈 같은 자원이며, 그들은 석유와 천연가스와 같은 자원을 포함하기 때문이다. 석탄은 확실히 중요한 자원이며, 대부분은 발전소에서 이용되고, 인이 풍부한 퇴적암은 비료, 동물 사료, 야금, 성냥, 도자기 및 저장 식품에 이용된다. 더욱이 층상 철광층으로 알려진 퇴적암의 한 유형은 세계적인 철광석의 주요 공급원이다(9장 참조).

2. 퇴적암의 성질

퇴적암 또는 관심에 따라 어떤 유형의 암석을 연구하는 첫째 단계는 노출된 암석(노두)을 방문하여 관찰하고 자료를 수집하며, 조직, 성분, 화석(있는 경우), 두께 및 다른 암석과의 관계를 주의 깊게 조사하는 것이다. 이러한 초기의 야외 연구 동안 지질학자들은 일부 예비적 해석을 내린다. 예를 들면, 색깔은 일부 퇴적암의 유용한 특징인데, 적색 암석은 육상에서 퇴적되었을 것이며(126쪽의 사진 참조), 반면에 녹색 암석은 해양 환경에서 퇴적되었을 가능성이 높다. 그러나 예외가 무수히 많으며 따라서 색깔은 주의하여 이용되어야만 한다.

야외 조사를 마친 후 지질학자들은 현미경적 조사, 화학 분석, 화석의 동정 및 수직적·횡적 상관관계를 보이는 다이어그램의 작성에 의하여 더욱 주의 깊게 암석을 연구한다. 이러한 연구의 특히 중요한 방향은 퇴적암의 특징을 알려진 퇴적 환경에서 형성된 오늘 날의 퇴적층의 특징과 비교하는 것이다. 모든 자료가 분석되었을 때, 지질학자들은 환경적 해석을 한다.

퇴적암이 어떻게 퇴적되었는지에 대한 그들의 화석에 대한 조사는 지구와 생명의 역사에 대한 우리의 호기심을 만족시킨다. 만약 여러분이 캔자스(Kansas)에 산다면, 여러분은 상어와 거대한 해양 파충류뿐만 아니라 암모나이트로 알려진 껍데기를 갖는 동물들이 거주했던 넓게 퍼진 얕은 바다가 백악기 동안 거기에 있었음을 아는 데 흥미로울 것이다. 또한 광상, 석유 및 천연가스의 탐사에서 퇴적 환경을 결정하기 위한 경제적 이유가 있다.

성분과 조직

쇄설성 퇴적암은 100가지 이상의 광물을 포함하나 오직 석영, 장석 및 점토 광물이 매우 흔하다. 암석의 성분은 대부분 쇄설물이 운반되어 온 지역(기원지)의 암석 성분에 의존하나, 어떻게 퇴적작용이 일어났는지에 대한 내용은 거의 말해 주지 않는다. 예를 들어 석영은 하도, 사구 또는 해변에 퇴적되기도 하며, 따라서 성분 자체만으로는 환경 결정에 매우 유용하지는 않다.

화학적 퇴적암 중에서 석회암(방해석[$CaCO_3$]으로 이루어짐)과 고회암(고회석[$CaMg(CO_3)_2$]으로 이루어짐)은 가장 흔하며, 이들은 보통 따뜻하고 얕은 바다에서 대부분 퇴적되나, 소량은 호수에서 형성된다. 암염(소금[NaCl]으로 이루어짐)과 석고암(석고[$CaSO_4 \cdot 2H_2O$]*로 이루어짐)과 같은 증발암은 당연하게 증발률이 높은 건조 환경을 지시한다.

쇄설성 퇴적암의 입도는 우리에게 운반과 퇴적작용의 조건에 대한 것을 말해 준다. 역암은 자갈로 구성되며, 따라서 우리는 그것이 빠르게 흐르는 하천과 같은 에너지가 높은 과정, 파도 또는 빙하에 의하여 운반되었다는 것을 확신할 수 있다. 모래 또한 높은 에너지의 운반을 필요로 하며, 하도, 사막의 사구 및 해빈에 퇴적되는 경향이 있으나, 미사와 점토는 약한 유수에 의해서 운반되고 석호, 호수 및 하천 범람원과 같은 낮은 에너지 환경에서 퇴적된다.

조직은 쇄설성 퇴적암의 쇄설물의 입자, 입도 분포, 모양 및 배열을 말한다. 2장의 자갈, 모래, 미사 및 점토는 단순히 쇄설성 입자의 크기를 나타낸다는 것을 상기하시오(그림 2.13 참조). 그들의 날카로운 모서리와 귀퉁이가 마식작용으로 매끄럽게 되는 정도를 **원마도**(rounding)라고 한다(그림 6.2a). 자갈은 입자들이 서로 충돌함에 따라 매우 빠르게 원마되는 경향이 있으며, 상당히 운반되면 모래역시 원마되나, 더 작은 입자

* 석고($CaSO_4 \cdot 2H_2O$)는 해수에서 침전된 흔한 황화 광물이나, 깊이 매몰되면 석고가 물을 잃고 경석고($CaSO_4$)로 변한다.

a 원마도가 좋은 퇴적물. 초보자들은 이따금 원마작용이 구 또는 공 모양인 것을 의미하는 것으로 착각한다. 모든 이 암석들은 원상으로 그들의 날카로운 귀퉁이와 모서리가 매끄럽게 닳아 없어졌으나 왼쪽 위의 암석만이 구형이다.

b 분급이 보통이고 원마도가 양호한 퇴적물

c 분급이 불량하고 각진 자갈

그림 6.2 **퇴적물의 원마작용과 분급**

들은 물에 떠서 운반도가 보통 매우 양호하게 원마되지는 않는다.

또 다른 조직적 특징은 퇴적물이나 퇴적암에서 입도 변화를 말하는 **분급**(sorting)이다. 만약, 대부분의 입자들이 거의 같은 크기라면, 퇴적물이나 퇴적암은 분급이 양호하나, 만약 입자가 넓은 범위를 이룬다면 이들은 분급이 불량하다(그림 6.2c). 바람은 퇴적물을 운반하고 퇴적할 수 있는 능력이 제한되어 있기 때문에 그 퇴적물은 분급이 양호한 경향이 있으나, 빙하는 공급되는 어떠한 것도 운반하며 그 퇴적물도 분급이 불량하다.

퇴적 구조

대부분의 퇴적암은 퇴적작용 동안이나 그 직후에 형성된 **퇴적 구조**(sedimentary structure)라고 알려진 특징을 갖는다. 모든 것은 퇴적 환경에서 일어난 물리적, 그리고 생물학적 과정의 표현이며 따라서 이들 구조의 분석은 어떻게 퇴적작용이 일어났는지를 결정하기 위한 퇴적암의 유일한 가장 중요한 모습이다.* 지질학자들이 오늘날 형성되는 그들을 보고 많은 것들은 실험적으로 생성되어 왔기 때문에 퇴적 구조의 기원은 잘 알려져 있다(표 6.1).

매우 일부 예외가 있으나, 퇴적암은 **층리**(stratification 또는 bedding)라고 부르는 층상의 모습을 갖는다(126쪽의 사진과 그림 6.3 참조).

두께가 1cm 미만인 층은 엽층리이고, 반면에 단위층은 더 두껍다. 엽층은 이질암에서 가장 흔하고 미사와 점토가 뜬짐에서 침강하여 형성되나, 그들은 사암과 석회암에서도 발견된다. 그러나 많은 석회암뿐만 아니라 더 조립질인 암석, 사암 및 역암은 흔히 층을 이룬다. 한 층과 또 다른 층을 나누는 표면은 층리면이며, 층리면의 위와 아래에서 암석은 성분, 조직 및 색깔 또는 이들의 조합이 다르다.

---

* 퇴적 환경의 결정에 유용하지 않은 주로 화학적 과정에 의한 퇴적작용 이후 오랜 시간이 지나 형성되는 구조가 있다.

표 6.1	퇴적 구조의 요약	
물리적 퇴적 구조	**특징**	**기원**
엽층리	1cm 이하의 두께	주로 뜬짐에서 침강한 입자로 형성
단위층	1cm 이상의 두께	뜬짐과 하도에서의 모래처럼 이동하는 퇴적물에서 침강한 입자로 형성
점이층리	위로 갈수록 입자의 크기가 감소하는 개개의 층	저탁류에 의하거나 홍수가 약해지는 단계 동안에 퇴적
사층리	퇴적물이 쌓인 표면과 각도를 이루고 쌓인 층	바람이 불어가는 쪽 사구의 경사면 위에 퇴적
연흔	층리면 위의 작은(높이 3cm 미만) 능선	
유수 연흔	비대칭 연흔	한 방향으로 흐르는 유수나 바람에 의한 퇴적작용의 결과
파도 연흔	대칭 연흔; 뾰족한 관과 넓은 곡을 가짐	진동하는 파도에 의해 형성
건열	점토가 많은 퇴적물의 교차하는 갈라짐	호안이나 범람원 또는 조간대의 이토가 건조되고 오그라듦
생물 기원 퇴적 구조	**특징**	**기원**
생흔화석	발자국, 파행흔, 관 및 버로우	생물 활동의 지시자, 심한 활동은 퇴적물의 교란을 포함한 생물 교란작용을 초래

대륙 주변부의 바다에서 일어난 일부 퇴적작용은 저탁류로부터 발생하며, 이는 해수보다 더 밀도가 크기 때문에 해저를 따라 이동하는 퇴적물과 물의 혼합체이다. 저탁류의 흐름 속도가 감소할 때, 저탁류는 큰 입자를 퇴적시키고 이어서 점점 작은 입자를 퇴적시켜서 입자의 크기가 위로 갈수록 감소하는 **점이층리**(graded bedding)를 형성한다(그림 6.4). 점이층리는 또한 일시적인 홍수 동안에 흐름 속도가 갑자기 감소하는 일부 하도에서도 나타난다.

사구의 바람이 불어가는 경사면 또는 하도의 유사한 모양에서 일어난 퇴적작용은 퇴적작용이 일어난 표면과 어느 각도를 이루고 쌓이는 **사층리**(cross-bedding)를 만든다(표 6.1, 그림 6.5). 바람이나 물에 의한 운반과 퇴적은 사층리를 생성하고, 개개의 사층은 흐름의

a 유타 주 신들의 계곡(Valley of the Gods)의 층리가 발달한 암석. 그들은 원래 이 지역 전체에 걸쳐 연속적으로 분포되어 있었으나 심하게 침식되어 현재와 같은 모습으로 되었다.

b 미시간 주의 호상 철광층. 이 지층은 두께가 1cm 이하인 엽층리로 구성된 화학적 퇴적암이다. 연필의 길이는 약 14cm이다.

그림 6.3 **퇴적암의 층리**

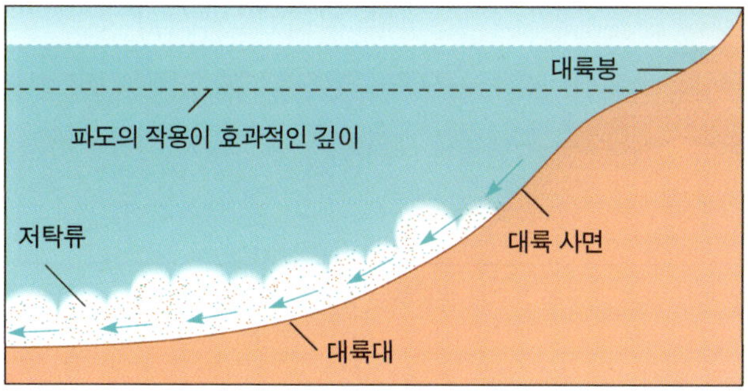

a 저탁류. 저탁류는 물보다 밀도가 더 높기 때문에 해저(또는 호저)를 따라 흐른다.

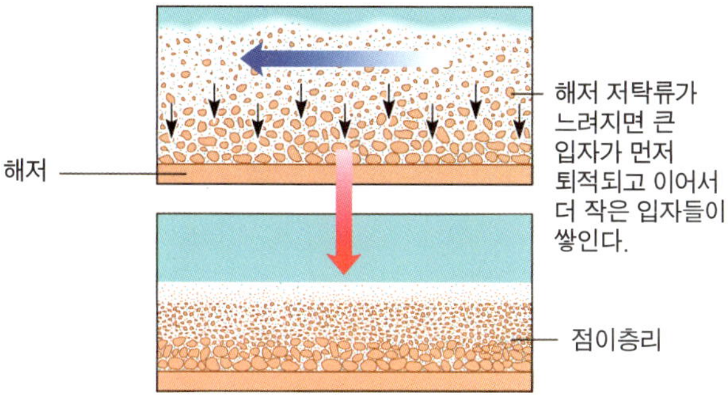

b 점이층리. 저탁류가 느려질 때 점점 더 작은 입자의 퇴적작용이 일어나 점이층리가 형성된다.

그림 6.4 저탁류와 점이층리

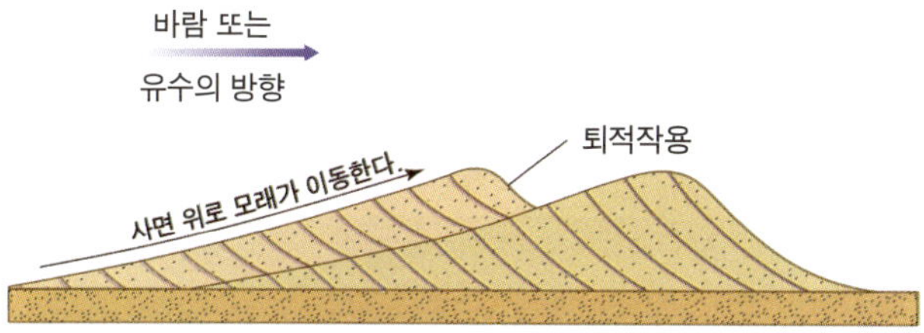

a 사막의 사구의 퇴적작용에 의한 사층리의 성인. 사층리는 하도와 대륙붕의 사구 모양의 구조에서도 형성된다.

b 위스콘신(Wisconsin) 주 위스콘신 델스(Dells)의 후기 캄브리아기 세인트 피터(St. Peter) 사암에 나타나는 수평 층리와 사층리. 층의 두께는 약 10m이다.

그림 6.5 사층리 사층리는 개개의 층이 쌓이는 표면과 어느 각도를 이루며 퇴적할 때 형성된다.

방향으로 경사진다. 그러므로 사층리는 고수류의 흐름 방향을 지시한다.

특히 모래에서 성층면에 흔한 작은 규모의 반복되는 능선과 골짜기가 **연흔**(ripple mark 또는 ripple)이다(표 6.1). 연흔은 바람이나 물의 한 방향 흐름에 의해 형성되며, 파도의 전후 운동에 의해서 형성된다. 바람이나 물의 흐름에 의해 형성된 유수 연흔은 완만한 사면과 흘러가는 쪽의 급한 사면으로 이루어진 비대칭 단면으로 갖는다(그림 6.6). 그들의 비대칭 때문에 그들은 원래의 흐름 방향을 지시한다. 파도 연흔은 대칭적인 단면을 갖는 경향이 있다(그림 6.7).

점토가 많은 퇴적물은 건조하면 오그라지려는 경향이 있고 **건열**(mud crack)이라고 하는 다각형 구조로 갈라지는 경향이 있다(표 6.1, 그림 6.8). 만약 여러분이 고기의 암석에서 건열을 본다면, 여러분은 호안, 하천의 범람원 또는 해안을 따라 저조 때 이토가 노출되는 장소와 같이 습윤과 건조가 번갈아서 일어났던 환경에서 퇴적작용이 일어났다는 것을 확신할 수 있다.

지금까지 논의한 모든 퇴적 구조는 물리적인 과정에 의해 형성되나, 생물학적 과정은 **생물 기원 퇴적 구조**(biogenic sedimentary structure)를 생성하며, 발자국, 파행흔, 버로우를 포함한다(표 6.1, 그림 6.9). 5장으로

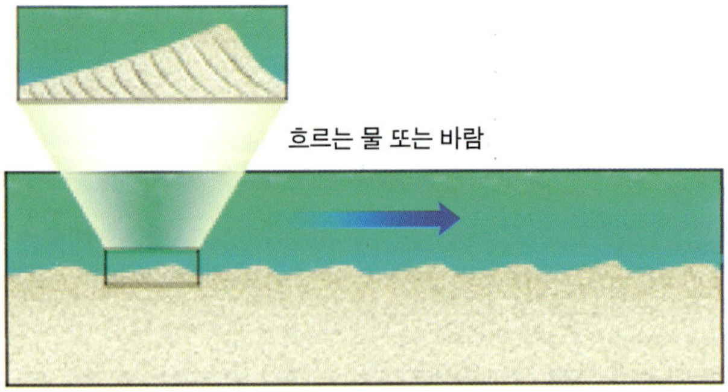

a 유수 연흔. 모래 위에 물이나 바람이 한 방향으로 흐르는 곳에 형성된다. 확대한 부분은 연흔의 내부 사층리를 보인다.

b 하도에서 형성된 유수 연흔. 유수는 어느 방향으로 흘렀을까?

c 바람에 의해 형성된 유수 연흔

그림 6.6 **유수 연흔** 유수 연흔은 비대칭 단면을 갖는 소규모(높이 3cm 미만) 퇴적 구조이다.

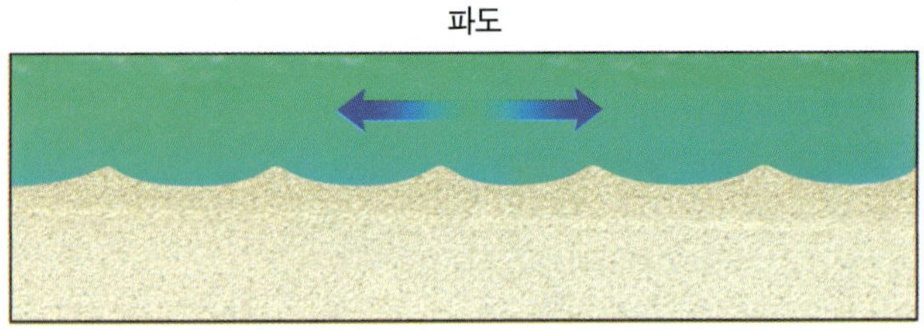

a 파도 연흔. 파도가 전후로 운동하는 곳에 형성된다.

b 천해의 파도에 의해 형성된 연흔

그림 6.7 **파도에 의해 형성된 연흔** 유수 연흔과 마찬가지로 소규모의 퇴적 구조이나 대칭적인 단면을 갖는 경향이 있다.

부터 이런 생물학적으로 만들어진 구조는 또한 생흔화석이라고 한다는 것을 기억해야 한다. 생물에 의한 심한 버로윙 또는 **생물 교란작용**(bioturbation)으로 알려진 구조는 퇴적물을 전반적으로 교란하여 다른 구조가 파괴된다.

퇴적 구조는 환경 분석에서 중요하나 어느 한 가지도 특정 환경에만 유일하지 않다는 것을 알아야 한다. 예를 들면 유수 연흔은 사막의 사구, 하도, 바다의 조류 수로에서 형성될 수 있다. 그러나 퇴적 구조들의 조합은 다른 퇴적암의 성질과 함께 지질학자들로 하여금 높은 신뢰도로 환경 해석을 가능하게 한다.

우리는 5장에서 어느 지역의 지사를 해독하기 위해 지질학자들이 퇴적암의 상대 연령을 결정하기 위해서 지층 누중의 원리를 이용한다는 것을 주목하였으나, 만약에 암석이 변형되었다면 작업은 더 어렵다. 일부 화석뿐만 아니라 여러 퇴적 구조는 지질학자들로 하여금 이러한 문제를 해결하게 한다(그림 6.10).

a 건열. 현재 환경에서의 건열

b 건열. 몬태나 주 빙하 국립공원(Glacier National Park)의 고기 건열. 건열들이 퇴적물로 채워져 있음을 주목하라.

그림 6.8 **점토가 많은 퇴적물이 건조하고 오그라들 때 건열이 형성된다.**

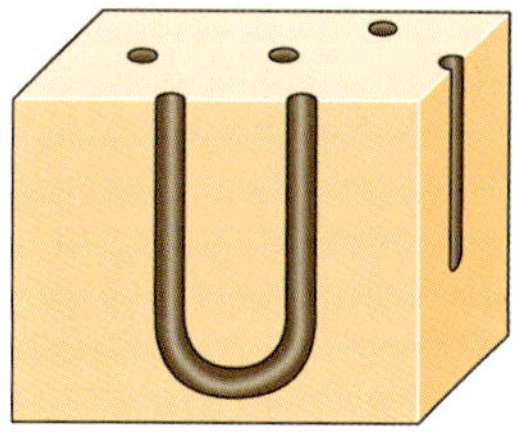

a U자 모양의 버로우

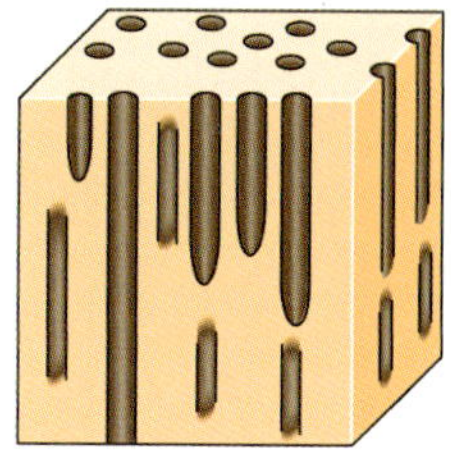

b 수직의 버로우

c 암석에서 검은 색의 수직 구조는 퇴적물로 채워진 버로우

그림 6.9 **퇴적물 속에 나타난 버로우 표본**

퇴적암의 모양

퇴적암체의 3차원적 모양, 즉 지오메트리(geometry)는 환경 해석에 도움이 될 수 있으나, 그것은 동일한 지오메트리가 하나 이상의 여러 환경에서 나타날 수 있기 때문에 주의를 갖고 이용되어야 한다. 더욱이 지오메트리는 암석화되는 동안 퇴적물이 다짐 작용과 침식 및

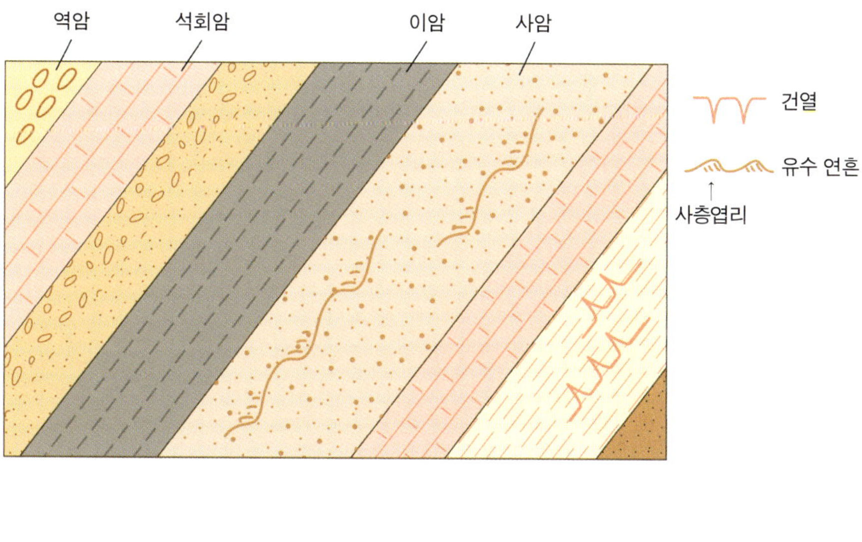

그림 6.10 **변형된 퇴적암의 상대 연령 측정을 위한 퇴적 구조의 이용** 지층 수평성의 원리에 따르면, 이 시층은 현재의 위치로 퇴적된 것이 아니라 다소 수평으로 퇴적된 후 변형되었다. 어느 층이 가장 오래되고 어느 층이 가장 젊은 것인지를 결정하기 위해서 퇴적 구조를 주목하라. 건열은 젊은 지층 쪽으로 위로 열린 V자 모양을 이루고, 유수 연흔은 오래된 지층 쪽으로 사층엽리가 발달되어 있다.

변형작용에 의해 변할 수 있다. 그럼에도 불구하고 그것은 다른 특징들과 함께 고려되는 경우 유용하다.

지질 기록에서 가장 광대한 퇴적암은 해침과 해퇴에 기인된다(그림 5.8 참조). 이러한 암석은 수백 또는 수천km^{2}를 덮으나 단지 수십 또는 수백m의 두께를 이룬다. 다시 말하면 그들은 길이와 폭에 비하여 두께가 매우 두껍지 않으며, 따라서 담요(blanket)나 판상(sheet) 형태를 갖는다.

일부 모래 퇴적층, 특히 하도나 연안 사주에 쌓인 모래 퇴적층은 길쭉하거나 구두 끈 모양의 슈스트링 형태를 갖는다.

삼각주 퇴적물은 횡단면이나 종단면에서 보았을 때 엽상인 경향이 있다. 매몰된 암초는 둥근 것들도 알려져 있으나 불규칙하며, 많은 것은 길고 좁다.

화석—퇴적암의 생물학적 내용

우리는 지질시대 생물의 유해나 흔적으로 화석을 정의하였으며, 지질학자들이 예를 들면 생물층서 단위를 확립하기 위하여 층서학의 어떤 견지에서 어떻게 화석을 이용하는지에 대하여 논의하였다(5장 참조). 화석은 또한 어떤 암석, 특히 완족류, 조개 및 산호와 같은 바다에 사는 동물의 껍데기 또는 이들 동물의 배설물 주로 이루어진 석회암의 중요 구성물이다(그림 2.15a 참조).

화석의 모든 퇴적암에 있는 것은 아니나, 만약 있다면 그들은 퇴적 환경을 결정하는 데 중요하다.

환경 분석에 화석을 이용할 때 우리는 두 가지 요소를 고려해야만 한다. 첫째, 의문의 생물이 매몰된 곳에 살았었는지 또는 그들의 유해가 거기로 운반되었는지? 예를 들면 공룡 화석은 보통 범람원 같은 육지 환경에서 퇴적을 지시하나, 만약 그들의 뼈가 조개, 산호, 해백합과 함께 암석에서 발견된다면, 우리는 시체가 바다로 씻겨 나간 것을 추정해야만 한다. 둘째로 생물들의 원래 어떤 서식지에 살았는지? 화석의 구조와 만일 있다면 그의 살아있는 유연 관계의 생물에 대한 연구가 도움이 된다. 무겁고 두꺼운 껍데기를 가진 조개는 전형적으로 얕고 교란된 물에서 사나, 반면에 얇은 껍데기를 가진 것은 저 에너지 환경에서 발견된다. 대부분의 산호는 공생 관계의 박테리아가 광합성을 하는 따뜻하고, 맑고, 얕은 바다 환경에서 산다.

지질학자들이 작은 암석 시료에서 많은 개체를 발견할 수 있기 때문에 미화석은 특히 유용하다. 원유 시추 과정에서 웰커팅(well cutting)이라고 하는 작은 암석 조각이 지표로 가져오게 된다. 이는 커다란 생물의 완전한 화석을 거의 포함하지 않으나, 그들은 상대 연령 결정과 환경 해석에 도움이 되는 수천점의 미화석을 갖기도 한다. 물론 원래의 장소로부터 운반되지 않은 일부 생흔화석은 또한 특정한 환경의 특징이다.

3. 퇴적 환경

우리는 **퇴적 환경**(depositional environment)을 퇴적물이 쌓이는 어느 지역으로 정의하였으나, 더 엄밀하게 말하면 그것은 물리적·화학적·생물학적 과정의 작용으로 특징적인 퇴적물을 만드는 특정 지을 의미한다. 지질학자들은 육성, 전이 및 해양 환경의 세 가지 넓은 퇴적 장소를 인지하며, 각각은 여러 특정 환경을 갖는다(그림 6.11).

육성 환경

대륙 및 육지의 퇴적작용은 하계(강과 하천), 호수, 사막 및 빙하로 덮이거나 빙하와 인접한 지역에서 일어난다(표 6.2). 각각의 이러한 환경에 쌓인 퇴적물은 그들이 실제로 육상에 쌓였는지를 결정하고 서로를 구분하게 하는 특징들의 조합을 보인다.

하성(fluvial)이라는 용어는 강과 하천의 활동과 그들의 퇴적물을 말한다. 이 하성 퇴적물은 망상 하천계나 사행 하천계에 쌓인다. **망상 하천**(braided streams)은 대부분 자갈과 사층리가 발달한 모래의 얇은 층이 쌓이며 이토는 거의 없는 넓고 얕은 여러 하도를 갖는다(그

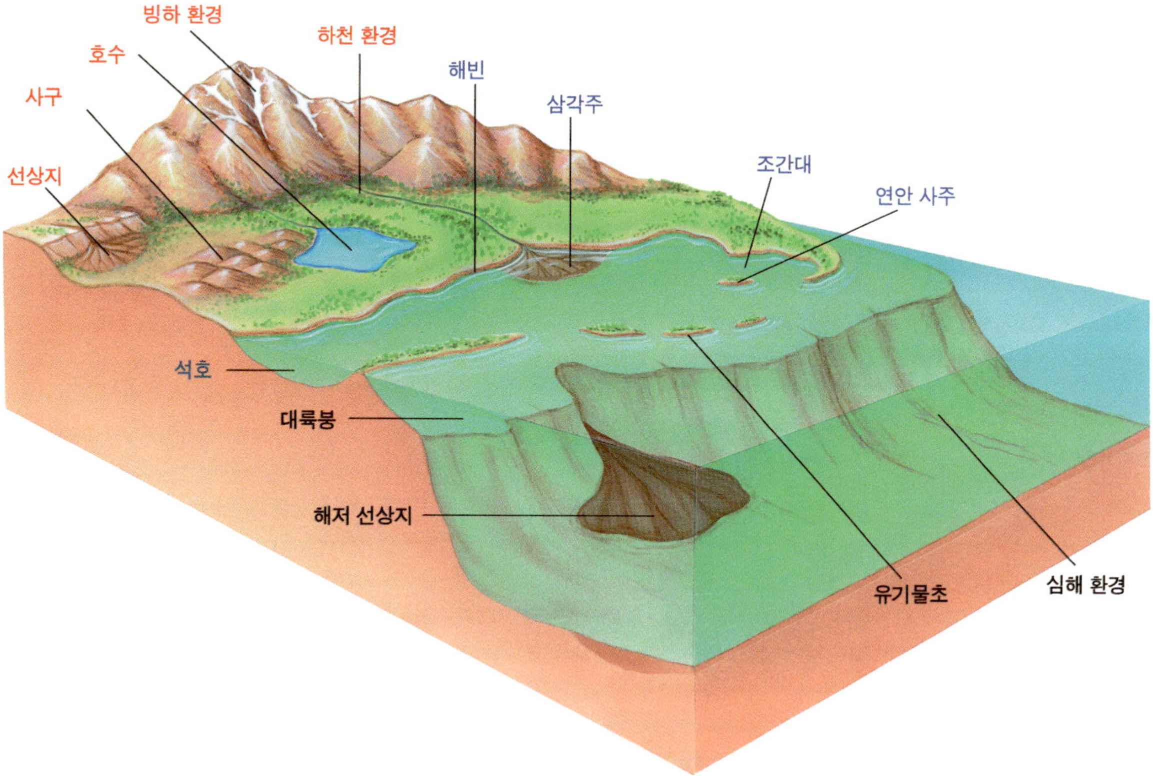

그림 6.11 **퇴적 환경** 육성상 환경은 빨간색 글자로 표시하였다. 파란색 글자로 표시된 해안선에 따른 환경은 육성과 해양의 전이 환경이다. 검은색 글자로 표시된 것은 해양 환경을 나타낸다.

림 6.12a와 b). 대조적으로 **사행 하천**(meandering streams)은 하나의 꾸불꾸불한 하도를 갖는다. 그들은 주로 범람원에 세립질 퇴적물을 퇴적시키거나, 각각 구두끈 모양의 형태를 갖는 사층리가 나타나는 모래 퇴적물을 갖는다(그림 6.12c와 d). 사행천의 가장 두렷한 특징 중의 하나는 사행 루프(loop)의 볼록한 부분에 발달한 침식면 위에 놓인 모래 퇴적물로 이루어진 **포인트바** 퇴적물이다(그림 6.12c).

사막 환경은 흔히 **사구**(sand dune), **선상지**(alluvial fan), **플라야호**(playa lake) 퇴적물에 나타난 특징의 조합으로부터 추측된다(그림 6.13). 선상지는 하천과 암설류가 산에서 계곡 바닥으로 흘러가는 사막 분지의 경계부를 따라서 잘 형성되고 모래와 자갈로 된 삼각형 모양의 퇴적물을 형성한다(그림 6.13a). 풍성 사구는 전형적으로 수m 내지 수십m 높이의 사층리를 갖는 분급이 양호하고 원마도가 좋은 모래로 구성된다(그림 6.13b). 그리고 물론 화석은 육상에 사는 식물과 동물 화석이다. 사막 분지의 더 중심부는 엽층리가 나타나는 이토와 증발암이 쌓이는 간헐적 호수(플라야 호수) 지역이다(그림 6.13c).

빙하 환경에 쌓인 모든 퇴적물은 집합적으로 **표석**(drift)이라고 하나, 우리는 두 가지의 표석을 구분해야 한다. **표석 점토**(till)는 대부분 **빙퇴석**(moraines)이라고 부르는 능선 모양의 퇴적층으로 빙하 얼음에 의하여 직접적으로 쌓인 분급이 불량하고 층리가 없는 표석이다(그림 6.14). 두 번째의 표석은 주로 녹은 빙하로부터 나타난 망상 하천에 의해 **융빙 유수층**(outwash)이라고 하는 퇴적된 모래와 자갈이다. 긁히고(조선이 나타나고) 연마된 기반암과 이 퇴적층의 연합은 빙하가 퇴적작용의 원인이었음을 지시한다. 도움이 될 만한 또 다른 특징은 어두운 엽층과 밝은 엽층이 반복적으로 보이는 빙하 호수 퇴적층이며, 각각의 어둡고 밝은 쌍은 **호**

표 6.2 퇴적 환경의 암석과 특징에 대한 요약 표

환경	우세한 암석 유형
육성 환경	
하성	
망상 하천	주로 수평 층리가 발달한 역암과 사층리가 발달한 사암; 이암은 흔치 않음
사행 하천	주로 이암이 범람원에 퇴적; 부수적이나 특징적인 렌즈상 사암이 포인트 바에 퇴적
사막	
선상지	암설류로부터 쌓인 분급이 불량한 역암과 사암-역암으로 채워진 하도
사구	대규모의 사층리를 갖는 분급이 양호하고 원마도가 좋은 사암
플라야 호(수)	엽층리가 발달한 이암/미사암; 증발암, 암염, 석고암, 기타
빙하	
융빙 유수층	망상 하천과 매우 비슷한 퇴적층
빙퇴석	분급이 불량하고 층리가 없는 모래와 자갈층
전이 환경	
삼각주(해양)	상향 조립화 연계층의 이암과 사암; 해양 기원의 암석이 수반됨; 해양과 육상에 사는 생물의 화석
해빈	분급이 다양하고, 껍데기나 껍데기 파편, 파도에 의해 형성된 연흔 및 소규모 사층리가 흔히 나타나는 원마도가 좋은 사암
연안 사주	
해빈	위와 같음
사구	사막의 사구와 매우 유사하나 모래 크기의 껍데기 파편을 갖음
조간대	상향 세립화 연계층의 이암과 사암; 사암의 특징적인 청어뼈형 사층리
해양 환경	
대륙붕	
내 대륙붕	파도로 형성된 연흔; 해양 화석, 생물 교란 구조를 갖는 주로 사층리가 발달한 사암
외 대륙붕	주로 이암과 부수적인 사암; 해양 화석과 생물 교란작용
대륙 사면과 대륙대	사암과 이암에 점이층리가 있는 해저 선상지의 저탁암 연계층
탄산염 대륙붕	석회암(고회암). 석회암은 패각암(조개껍데기 파편으로 구성)으로부터 어란상 석회암 및 미크라이트(탄산염 이토)까지 변함. 사층리, 건열, 연흔이 혼함; 해양 화석
심해 분지	원양성 점토와 석회질 및 규질 연니
증발 환경	암염과 석고암이 가장 흔하나 K와 Mg염을 포함한 다른 것이 존재하기도 함

상점토(varve)이다(그림 6.14d). 호상점토는 매년 쌓인 퇴적물을 나타내며, 밝은 층은 봄과 여름에 형성되고 미사와 점토로 이루어지며, 반면에 어두운 층은 호수가 얼었을 때 침강한 점토와 유기물질로 이루어진다. 빙산에서 나온 낙하석(dropstones) 역시 빙하 호수 퇴적층에 나타나기도 한다(그림 6.14d).

전이 환경

전이 환경은 해양 작용과 육상 환경에서 전형적인 작용이 모두 영향을 미치는 환경을 포함한다(그림 6.11, 표 6.2). 예를 들면 강이나 하천(하계)이 바다로 들어가는 곳의 퇴적작용은 **삼각주**(delta)라고 하는 퇴적물 층을 생성하나, 이 층은 해양 작용, 특히 파도와 조류에 의하여 변형된다. 호수에도 작은 삼각주가 역시 흔하지만, 해안을 따라 나타나는 삼각주는 훨씬 더 크고 훨씬 더

a 사우스 다코다의 화이트 리버(White River). 이 강은 하도를 여러 부분으로 나눈 사주를 갖으며, 따라서 망상 하천이다.

c 와이오밍(Whoming)주 옐로스톤 국립공원의 사행 하천. 이 하천은 하나의 꾸불꾸불한 하도를 갖으며, 따라서 사행 하천이다.

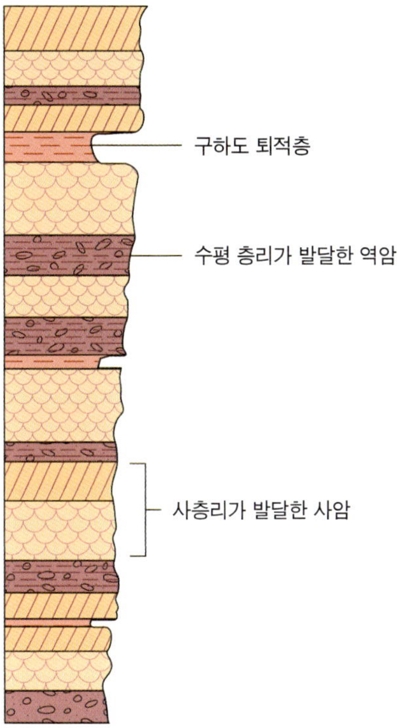

b 망상 하천 주상도. 망상 하천 퇴적물은 주로 자갈과 사층리가 발달한 모래이며, 소량의 이토를 갖는다.

d 사행 하천의 주상도. 사행 하천의 퇴적물은 주로 세립질 범람원 퇴적층과 소량의 모래층이다.

그림 6.12 망상 하천과 사행 하천의 하성층

복잡하며, 삼각주는 석유와 천연가스의 저유암을 형성하기 때문에 많은 삼각주는 경제적으로 중요하다.

호수의 삼각주와 같은 가장 간단한 삼각주는 그림 6.15a에 보인 것과 아주 같게 기저층, 전면층, 정상층의 3개로 세분된다. 삼각주 퇴적작용이 일어나면, 기저층이 조금 먼 외해에 퇴적되고 그 위에 전면층이 놓인다. 마지막으로 정상층을 이루는 하도에 퇴적작용이 일어난다. 결과적으로 삼각주가 **전진 퇴적**(progradation)이라고 하는 현상인 바다 쪽(또는 호수 쪽)으로 형성되고, 바닥에서부터 꼭대기로 입자가 커지는 암석의 수직적 연계층을 형성한다. 또한 기저층은 해양 화석(또는 호수에 사는 동물의 화석)을 포함하기도 하나 정상층은

a 캘리포니아 데스밸리(Death Valley)의 파나민트(Panamint) 산맥의 기저를 따라 나타나는 거대한 선상지

b 데스밸리에 있는 사구

c 네바다 주 팔론(Fallon) 근처의 플라야 호수. 2007년 6월에 이 사진을 찍었을 때 형성되고 있었던 암염층에 주목하라.

그림 6.13 사막의 퇴적물

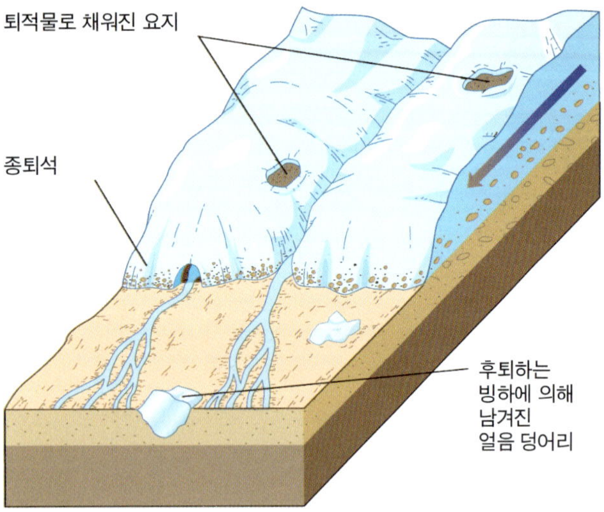

a 빙하 퇴적물. 빙하는 빙퇴석과 융빙 유수층으로 퇴적되는 엄청난 양의 퇴적물을 운반한다.

c 종퇴석. 종퇴석은 분급이 불량하고 층리가 없는 빙퇴석으로 이루어진다.

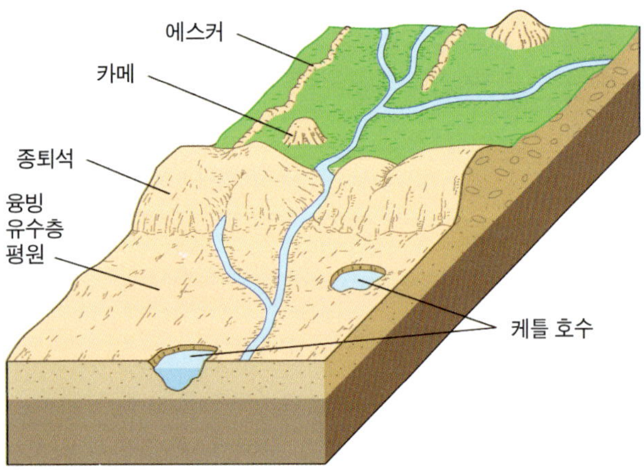

b a와 동일한 지역으로 얼음이 제거된 모습

d 캐나다의 호상점토를 보이는 빙하 호수 퇴적층의 낙하석

그림 6.14 빙하와 그의 퇴적층

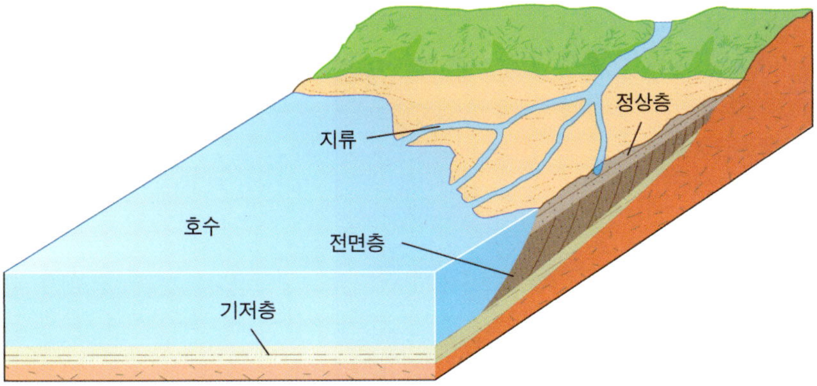

그림 6.15 **삼각주의 성인** 전진 퇴적하는 삼각주의 표면 모습과 내부 구조

보통 육상 식물과 동물의 화석을 갖는다.

해양 삼각주는 파도와 조류뿐만 아니라 하성 과정에 의하여 심하게 영향을 받기 때문에, 해양 삼각주는 이 단순한 세 가지 분류에 정확하게 일치하지는 않는다. 그러므로 하천의 영향이 우세한 삼각주는 미시시피 강의 삼각주와 같이 바다 쪽으로 멀리 확장된 긴 지류의 하도를 갖는다(그림 6.16a). 파도의 영향이 우세한 삼각주는 역시 지류 하도를 갖으나, 바다 쪽 경계가 전진하면 그것은 동시에 파도의 작용으로 변형된다(그림 6.16b). 조류의 방향과 나란한 조간대 모래층은 조류의 영향이 우세한 삼각주의 특징이다(그림 6.16c).

풍부한 모래를 갖는 넓은 대륙 주변주 위에 **연안 사주**(barrier island)는 석호에 의해 본토로부터 분리된 외안에 위치한다. 이 섬들은 걸프 해안을 따라서 흔하며, 미국의 대서양 해안에 많고, 이 지역의 많은 고기 퇴적층은 이 환경에서 형성되었다. 그림 6.17a로부터 연안 사주 복합체는 해빈 모래가 외해에서 껍데기 파편의 존재와 해양 화석과 생물 교란작용이 있는 세립질 석호 퇴적물에 의하여 사막의 사구 모래로부터 구별되는 더 세립질의 연안 사구 모래층으로 변하는 더 작은 환경을

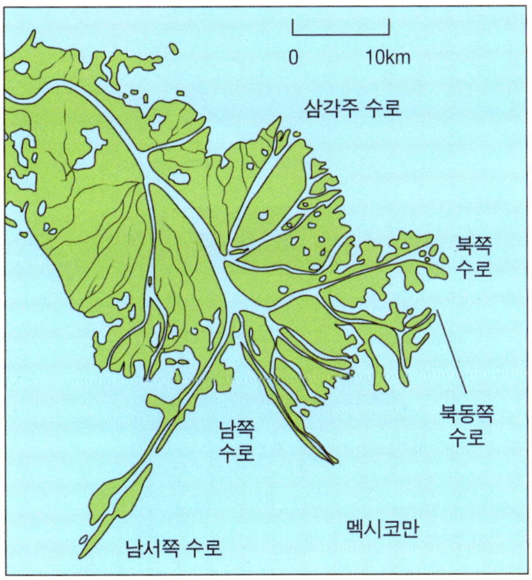

a 미국 걸프 해안의 미시시피강 삼각주. 하천의 영향이 우세하다.

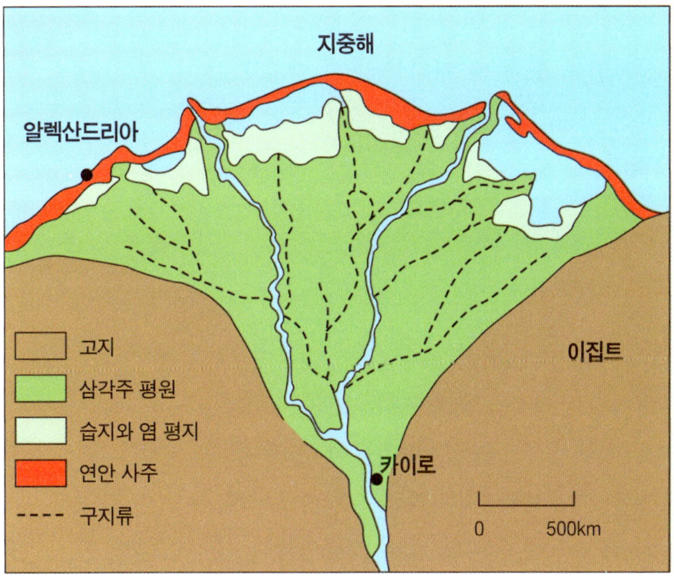

b 이집트의 나일 삼각주. 파도의 영향이 우세하다.

그림 6.16 **해양 삼각주**

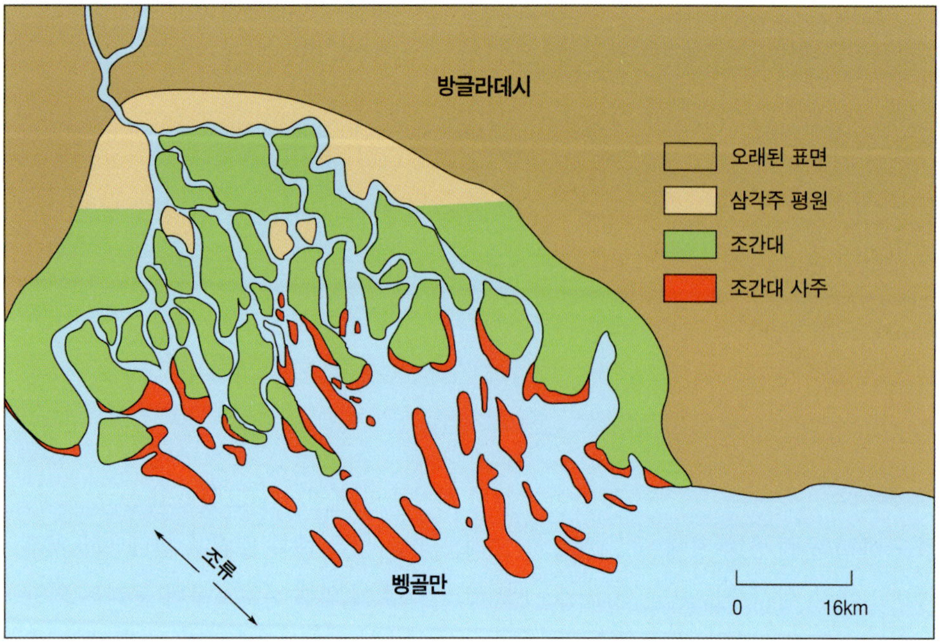

c 방글라데시의 갠지스–브라마푸트라 삼각주. 조류의 영향이 우세하다.

그림 6.16 **해양 삼각주** (계속)

갖는다는 것을 주목하라.

조간대(tidal flats)는 해안선 환경의 일부가 주기적으로 만조 때는 해수로 덮이고 간조 때는 노출되는 많은 해안선을 따라서 나타난다. 많은 조간대는 바다 쪽으로 성장 또는 전진하며 위로 가면서 모래로부터 이토로 변하는 암석의 연계층을 생성한다. 가장 특징적인 구조 중의 하나는 반대 방향으로 경사진 사층리인 청어뼈형 사층리이다(그림 6.17b).

해양 환경

해양 환경은 대륙붕, 대륙 사면, 대륙대 및 심해저를 포함한다(그림 6.18, 표 6.2). 대륙으로부터 침식된 많은 쇄설물이 결국에는 해양 환경에 퇴적되나, 다른 유형의 퇴적물도 이곳에서 발견된다. 많은 증발암뿐만 아니라 지질 기록에 있는 많은 석회암은 천해 환경에서 퇴적되었다.

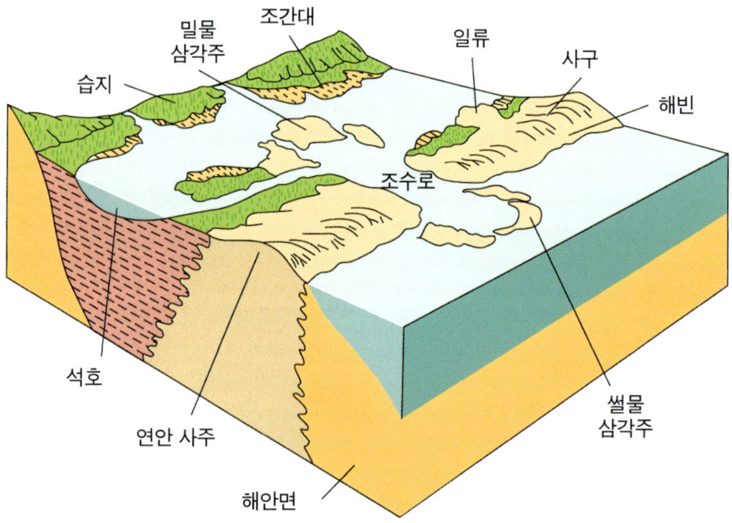

a 연안 사주. 연안 사주는 대부분 모래로 이루어지나, 이토나 모래–이토 혼합물이 퇴적되는 작은 환경들을 갖는다.

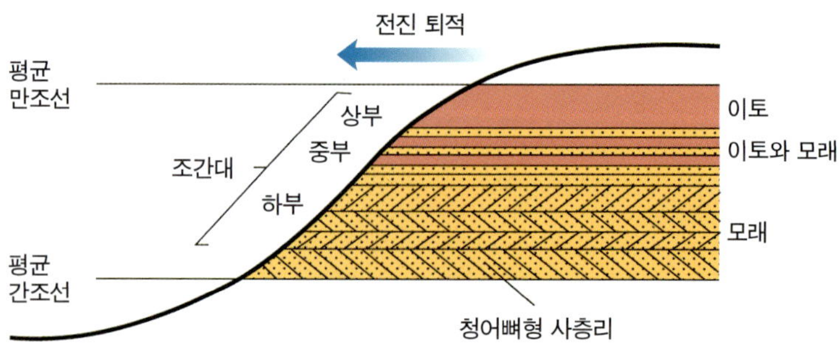

b 조간대 퇴적층. 이 조간대 퇴적층은 해안면이 바다로 전진하는 곳에서 형성된다. 방향이 바뀌는 조류 때문에 반대 방향으로 경사진 특직적인 청어뼈형 사층리에 주목하라.

그림 6.17 **연안 사주와 조간대**

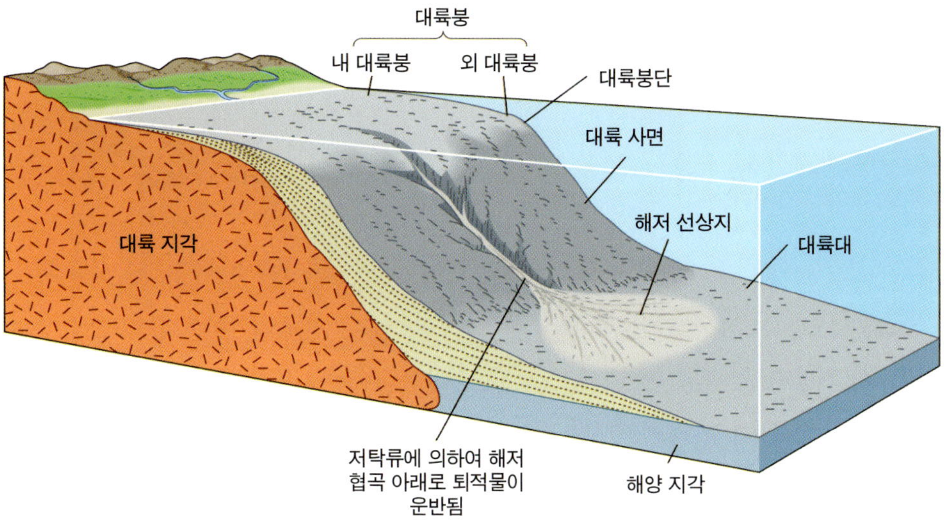

그림 6.18 대륙붕, 대륙 사면 및 대륙대의 퇴적 환경 해저 협곡은 대륙붕을 가로질러 퇴적물이 운반되는 주요 통로이다. 저탁류는 대륙붕 너머로 퇴적물을 운반하며, 해저 선상지로 퇴적된다.

쇄설성 해양 환경 대륙과 인접한 완만하게 경사진 지역인 **대륙붕**(continental shelf)은 두 부분으로 구성된다. 고에너지의 내부는 파도와 조류에 의하여 주기적으로 휘저어진다. 그 퇴적물은 대부분 대규모의 사층리가 발달한 사구 형태의 모래이며, 성층면은 파도에 의해서 형성된 연흔으로 나타난다. 물론 해양 화석이 특징적이고, 따라서 생물 교란작용이 나타난다. 저 에너지의 대륙붕 사이의 전이대에서는 모래와 이토층이 설교한다.

대륙에서 운반된 많은 퇴적물은 대륙붕을 가로지르며 좁은 통로를 따라 해저 협곡을 지나 더 깊은 물속으로 이동된다. 이들은 결국 **대륙 사면**(continental slope)과 일련의 중복된 해저 선상지인 **대륙대**(continental rise) 위에 쌓인다(그림 6.18). 퇴적물이 대륙붕의 경계부를 통과하면 저탁류가 그것을 운반하며, 따라서 점이층리가 발달한 모래가 흔하나 해수로부터 침강된 이토도 흔하다(그림 6.4).

대륙붕을 넘어서면 해저는 거의 원양성 점토와 연니로 알려진 세립질 퇴적물로 덮인다(그림 6.19). 주목할 만한 예외로는 새로운 해양 지각이 형성되는 중앙 해령이 있다. 어느 메커니즘도 육지로부터 조립질 퇴적물을 멀리까지 운반하지 못하기 때문에 모래와 자갈은 심해저에 거의 없다. 그러나 떠다니는 얼음은 그린란드와 남극 인근의 모래와 자갈층을 이루게 한 원인으로 생각된다.

심해 퇴적물의 주요 출처는 대륙이나 섬에서 불려온 먼지, 화산재 및 해양의 표수에 살았던 미생물의 껍데기이다. 원양성 점토라고 하는 한 가지 퇴적물은 해저의 깊은 지역 대부분을 덮는 점토로 구성된다. 대조적으로 석회질($CaCO_3$) 연니와 규질(SiO_2) 연니는 현미경적인 껍데기로 이루어진다(그림 6.19).

탄산염 퇴적 환경 석회암과 고회암(백운암)은 유일하게 넓은 분포를 보이는 탄산염암이며, 우리는 이미 대부분의 고회암은 변질된 석회암이라는 것을 안다. 따라서 우리의 논의는 고화되면 석회암이 되는 퇴적물의 성분에 집중한다.

어느 면에서 석회암은 쇄설성 퇴적암과 유사하며, 많은 석회암은 자갈과 모래 크기의 입자와 미크라이트라고 하는 미정질 탄산염 이토로 구성된다. 그러나 이 물질들은 그 곳으로 운반되었기보다는 퇴적작용이 일어나는 환경에서 형성된다. 그럼에도 불구하고, 국지적인 해류와 파도는 그들을 분급하고 사층리와 연흔 같은 퇴적 구조를 형성하며, 해안선을 따라 분포하는 미크라이트는 흔히 건열을 보인다.

일부 석회암은 호수에서 형성되나, 거의 대부분은 대륙붕의 따뜻한 천해에서 퇴적된다(그림 6.20). 어떤 경

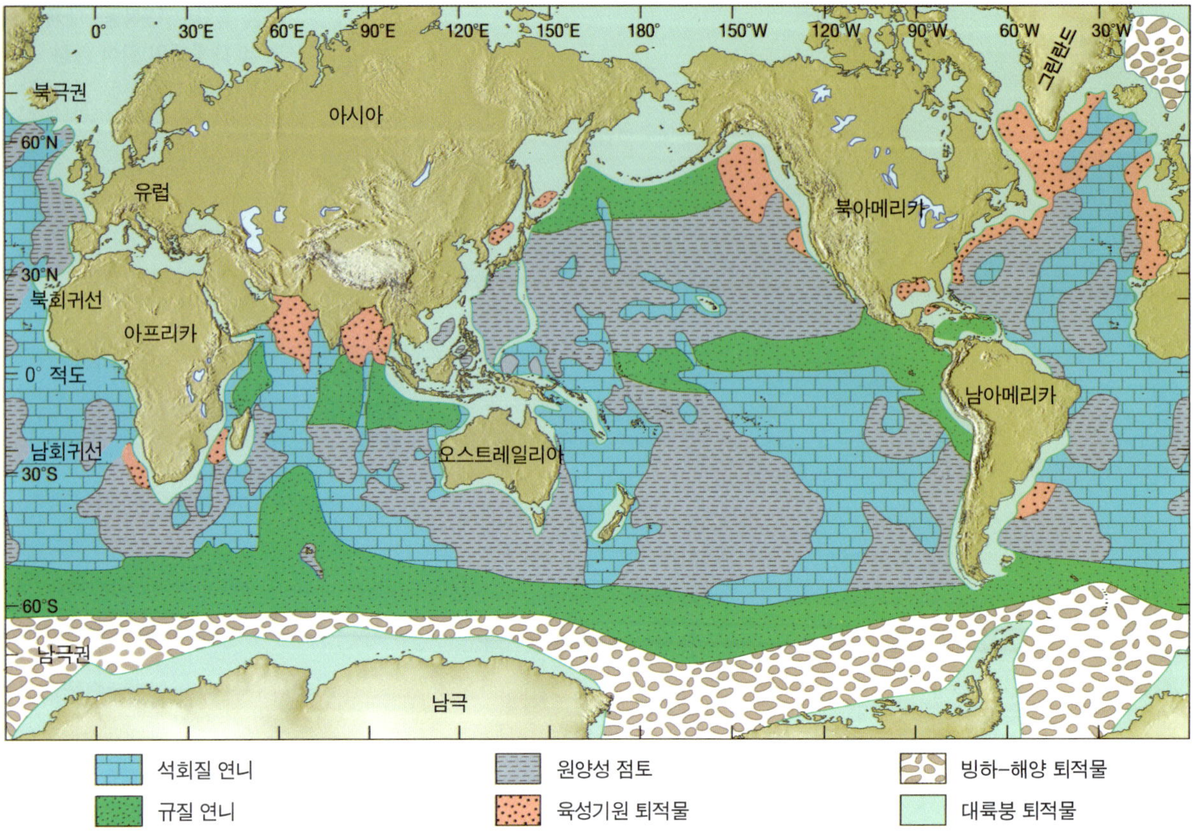

a 심해저 퇴적물. 대부분은 원양성 점토, 석회질 연니 및 규질 연니이다.

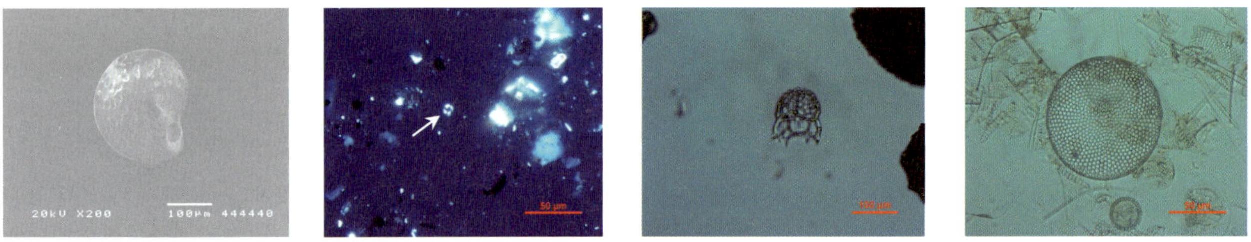

b 유공충 **c** 코콜리소포(coccolithophores) **d** 방산충 **e** 규조

1mm

그림 6.19 심해저 퇴적물 **a** 심해저 퇴적물의 대부분, **b** 유공충(부유성 단세포 동물)과 **c** 코콜리소포(부유성 단세포 식물)의 골격이며, 규질 연니를 이루는 것은 **d** 방산충(부유성 단세포 동물)과 **e** 규조(부유성 단세포 식물)의 골격이다.

우에서도, 퇴적작용은 쇄설성 퇴적물, 특히 이토가 거의 없는 곳에서 일어난다. 탄산염 연안 사주는 고에너지 지역에서 형성되며, 초, 골격 입자의 뱅크(bank), 또는 어란석이라는 구형의 탄산염 입자가 집적된 것이며, 주로 어란석으로 구성된 석회암은 어란석 석회암이라고 한다(그림 2.15b 참조). 초암(reef rock)은 구조가 없는 경향이 있고 산호, 연체동물, 해면 및 많은 다른 생물의 골격으로 구성되며, 반면에 탄산염 뱅크는 수평 층리, 사층리 및 파도에 의해 형성된 연흔을 갖는 층으로 구성된다. 그러나 석호는 해양 화석과 생물 교란작용이 있는 미크라이트를 갖는 경향이 있다.

증발암 환경 주로 암염과 석고암*으로 구성된 증발암은 플라야 호수와 염호에서 나타나나, 광범위한 퇴적

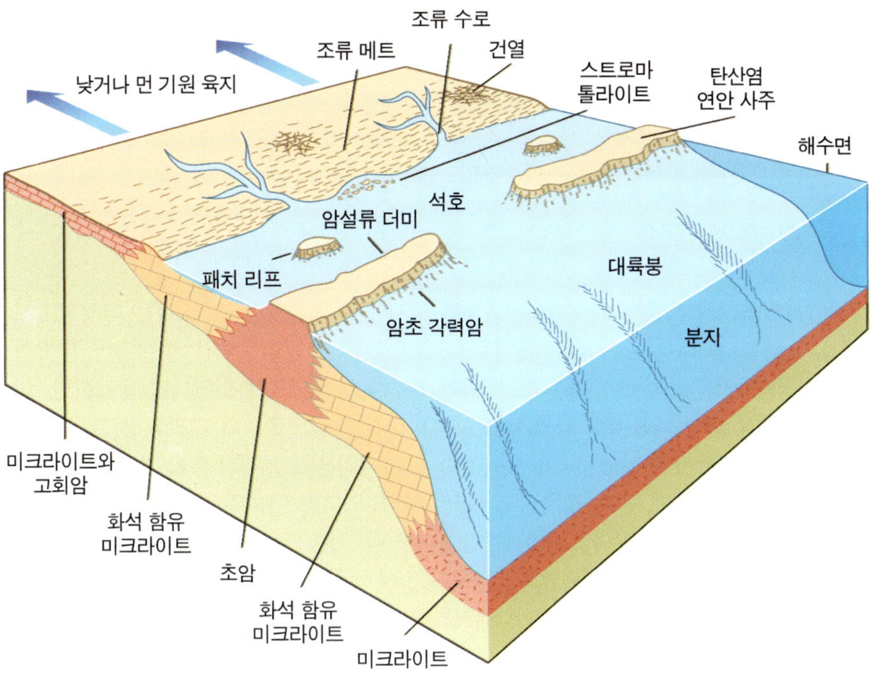

그림 6.20 **탄산염 퇴적 환경** 일부 석회암은 호수에서 형성되지만 대부분은 그림과 같은 탄산염 대륙붕에서 퇴적된다. 그러나 탄산염 연안 사주는 산호, 조개 및 조류의 암초이거나 어란석 모래 또는 골격 파편의 모래로 구성된다. 이와 같은 석회암의 퇴적은 페르시아만의 환경에서 일어나고 있다.

층의 대부분은 바다에서 형성된다. 국지적으로 중요하지만, 증발암은 사암, 이질암 및 석회암처럼 흔하지는 않다. 2km 이상 두꺼운 퇴적층이 지중해저 아래에 있고('조망' 참조), 커다란 퇴적층이 걸프 연안의 여러 주와 캐나다 서부는 물론, 미시간, 오하이오, 뉴욕에도 알려져 있다.

이러한 퇴적물이 정확하게 어떻게 기원되는지는 논란이 있으나 그들이 해수가 용액으로부터 광물이 침전할 정도로 충분하게 농집될 만큼 증발률이 높았던 곳에서 형성되었다는 것은 모두가 동의한다. 이러한 조건은 오늘날의 페르시아만처럼 건조한 지역의 해안 환경에 가장 잘 들어맞는다. 만약 그림 6.20에 보인 지역이 건조한 곳이라면, 석호로 들어가는 보통 해수의 유입은 제한적일 것이고 증발이 염분을 증가시키고 증발암을 퇴적시킬 것이다.

* 석고($CaSO_4 \cdot 2H_2O$)가 깊이 매몰되면 물을 잃고 경석고($CaSO_4$)로 변함을 기억하라.

4. 퇴적 환경의 해석

이 장을 시작하면서 미국 남서부에 분포하는 나바호 사암층이 여러 겹의 거대한 사구 퇴적층임을 언급하였는데(그림 6.1), 이 층이 해안이나 하도를 따라 퇴적되지 않았을까요? 사암은 대부분 분급과 원마도가 양호한 직경 0.2~0.5mm의 석영 입자로 이루어져 있고, 해양 기원의 가능성은 없는 가운데 공룡을 포함한 육상동물의 발자국이 있으며, 사암은 30m 높이의 사층리와 바람에 의해 형성된 것으로 보이는 연흔(ripple mark)도 나타난다. 이 모든 증거들로 보아 풍성사구 퇴적층이라는 해석이 가능하다. 실제로 사층리는 일반적으로 남서방향으로 경사하므로 바람은 대체로 북서방향에서 불어온 것이라고 자신 있게 말할 수 있다.

퇴적암과 그것의 현생 퇴적층과의 비교로 얻은 특징을 이용하여 해석한 한 가지 좋은 예로, 뉴저지와 펜실베이니아에 노출된 하부 실루리아기 지층을 들 수 있다. 이들 암석의 특징들을 그림 6.21에 요약하였는데, 지층은 동쪽에서 서쪽으로 흐른 망상 하천에서 퇴적되었다는 결론이다.

조 망

증발암—우리가 아는 것과 모르는 것

석고와 암염과 같은 증발암이 형성되려면, 그들을 이루는 광물이 용액으로부터 침전될 때까지 물이 증발되어 농축되어야만 한다는 사실을 지질학자들은 잘 알고 있다. 또 지질학자들은 현재 증발암이 형성되고 있는 건조 지역의 조간대와 플라야호와 같은 환경에 대해서도 이해하고 있다(그림 6.13c). 증발암의 지리적 분포는 꽤 제한적이고, 지질 기록상 풍부하게 발견되지 않는 것이 보통이나 캐나다와 미국 여러 곳에 거대한 증발암층이 있고, 유럽과 지중해 아래에도 증발암이 꽤 넓게 분포한다. 이들 증발암은 해양 환경에서 형성되었음이 분명해 보이나, 아직까지 우리는 그들의 정확한 형성 조건을 완전하게 알지는 못한다.

만일 1,000m 두께의 해수가 증발하면 15m 두께의 증발암이 형성될 것이라는 사실을 과학자들은 이미 1849년부터 알고 있었다. 더욱이 이 같은 증발로 처음에 석회암($CaCO_3$)이 침전되고, 이어서 석고($CaSO_4 \cdot 2H_2$)와 암염($NaCl$)이 침전된다는 사실도 알았다. 뒤에 이어질 고생대의 지사에서 천해 대륙붕의 여러 증발암층에 대해 언급하였는데, 여기에서는 심해 분지에서 형성되었을 것으로 보이는 지중해 아래의 증발암에 대해 초점을 맞추려고 한다.

지중해가 지브롤터해협을 통해 대서양과 연결되지 않았다면, 지중해는 말라버려 결국 해수면 아래 깊은 곳에 펼쳐진 거대한 사막이 될 것이다(그림 1). 지중해로 흘러드는 강물과 강우보다 증발로 인해 더 많은 물을 잃게 되기 때문이다. 일부 지질학자들은, 지중해 분지의 증발암이 지금과 같이 물이 가득 찬 깊은 분지에서 침전되었다기보다는 대서양에서 유입된 천해수로부터 침전되어 두께가 2.0km에 이르게 되었다고 생각한다. 이는 대서양으로부터 격리된 지중해가 거의 메마른 조건에서 증발 과정을 통해 형성되었다는 이론인데, 설득력이 있어 보인다(그림 2).

이 사건을 메시니언 염분 위기(Messinian salinity crisis)라고 하는데, 약 600만 년 전 마이오세 후기에 일어났다. 지금의 지중해가 말라버린다면 고작 25m의 증발암이 남겠지만, 메시니언 증발암의 두께는 2.0km이므로 지중해는 대서양과 수차례 격리와 연결의 역사를 반복했을 것으로 추정된다. 40여 차례는 그랬을 것이다. 두개의 크고 작은 바다가 연결되었을 때, 분지 주변에 자갈과 모래가 퇴적되고 분지 중앙부에는 심해 퇴적

그림 1 대서양과 지중해의 유일한 통로인 지브롤터해협. 지중해는 건조 환경이어서 증발로 인한 해수의 손실이 강우와 강물의 유입량을 능가하므로, 이 통로가 막힌다면 지중해는 증발로 인해 메말라버릴 것이다.

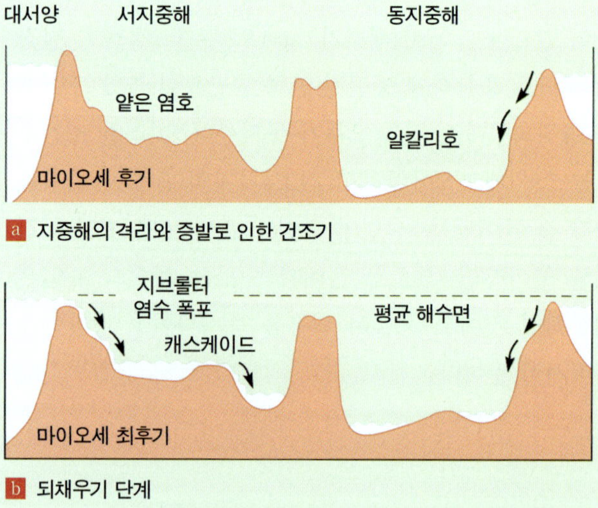

그림 2 지중해의 증발암을 설명하는 '깊은 분지-얕은 물' 모델. 여러 차례 주기적으로 격리-증발 후 바닷물의 되채우기 단계가 있었음을 가정한다.

작용이 일어났다. 격리되었을 때는, 먼저 분지 안에서 석회암이 침전되고 얕은 곳으로 가면서 점차 염분이 높은 석고와 암염이 침전되었다.

지중해 사막설에 대한 또 다른 증거로, 남유럽과 북아프리카의 강들을 들 수 있다. 강들은 지중해의 기저면이자 최저 침식면이다. 이 강들은 지금은 매몰된 계곡인 셈인데, 현재의 해수면보다 훨씬 아래의 기반암까지 침식되어 생긴 것이다. 예를 들면, 매몰된 수로는 유럽의 론 삼각주(Rhone delta)의 경우 표면 아래 900m 이상의 깊이에, 이집트의 나일강 쪽에서는 해수면 아래 200m 깊이에 있다. 이 같은 사실로 미루어, 이들 강은 기저면이 아주 낮았을 때 깊게 침식되었고, 기저면이 상승했을 때 계곡이 채워졌던 것 같다.

메시니언 증발암에 대한 '깊은 분지-얕은 물'(deep basin-shallow water) 모델은 폭넓게 그리고 만장일치로 받아들여지는 것은 아니다. 지중해가 대서양에 계속해서 연결되어 있었다는 또 다른 견해도 있다. 그러나 지중해는 건조한 환경이기 때문에 결국 포화점에 이르고 증발암의 침전이 일어났다는 것이다. 이것이 '깊은 분지-깊은 물'(deep basin-deep water) 모델이다(그림 3).

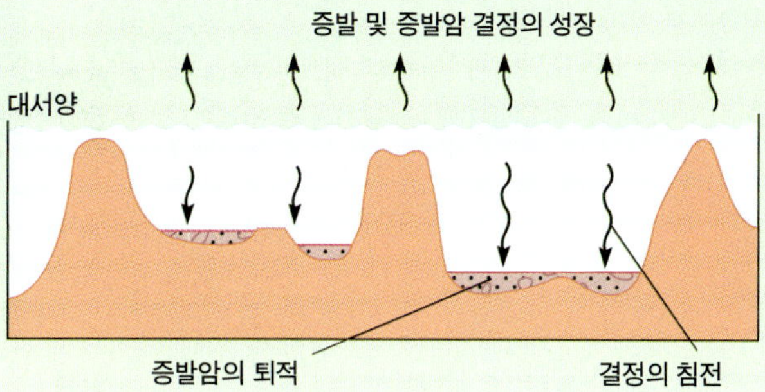

그림 3 그림 2의 모델과 달리 '깊은 분지-깊은 물' 모델은 지중해가 대서양으로부터 격리되지 않았다고 가정한다.

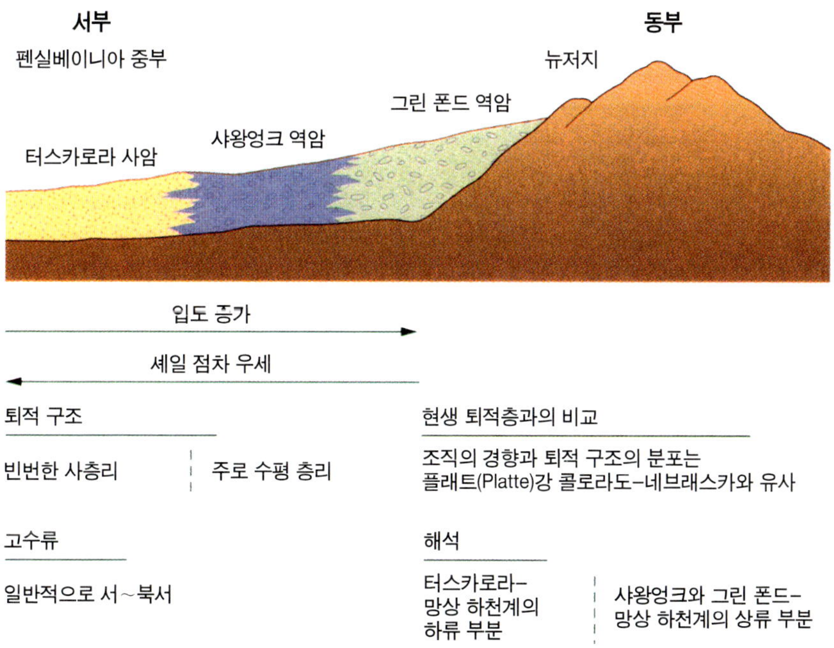

그림 6.21 미국 동부의 하부 실루리아기 지층 그린 폰드 역암(Green Pond Conglomerate), 샤왕엉크 역암(Shawangunk Conglomerate) 및 터스카로라 사암(Tuscarora Sandstone)의 횡적 관계를 단순화시킨 단면도와 이들 암석을 망상 하천 퇴적층이라고 해석한 근거.

앞의 예들은 대륙 퇴적 환경에 관한 것이었으나, 해양 퇴적층에 대해서도 이와 같은 추론이 가능하다. 예를 들면, 지질학자들은 아칸소 주에 분포하는 오르도비스기 암석들의 수직적 퇴적상 관계, 암석 유형, 퇴적 구조와 화석을 분석하여 그들이 해침하는 대륙붕의 탄산염 퇴적층이라고 결론 내렸다(그림 6.22).

다음 몇 장에서 북아메리카의 하성층, 옛 삼각주, 탄산염 대륙붕 퇴적층 등에 대해 언급될 것이다. 여기에서 퇴적 환경 해석에 쓰인 모든 증거들을 다룰 수는 없으나, 증거들은 이 장에서 논의될 기초적인 것들이다.

5. 고지리

앞서 언급한 나바호 사암층은 풍성사구 퇴적층이므로, 쥐라기 동안 미국 남서부에 넓은 사막이 존재했었음을 우리는 안다(그림 6.1). 또한 원생누대부터 캄브리아기 중기 사이에 해침이 일어나 북아메리카 동쪽과 서쪽에서 내륙으로 해안선이 이동했다는 사실도 알고 있다(그림 5.7 참조). 요약하면, 지구의 지리, 즉 다양한 지표 특징들의 분포 관계는 시간 흐름에 따라 다양하게 변화한다.

고지리(paleogeography)는 지구의 과거 지리를 다룬다. 지질시대의 고지리도를 보면 시대별 대륙 분포를 알 수 있는데, 대륙이 한 곳에 머물러 있지 않는 이유는 판의 이동 때문이다. 고지리는 지구의 해륙 분포를 통해 범지구 규모를 다루기도 하지만, 국지적 규모에 적

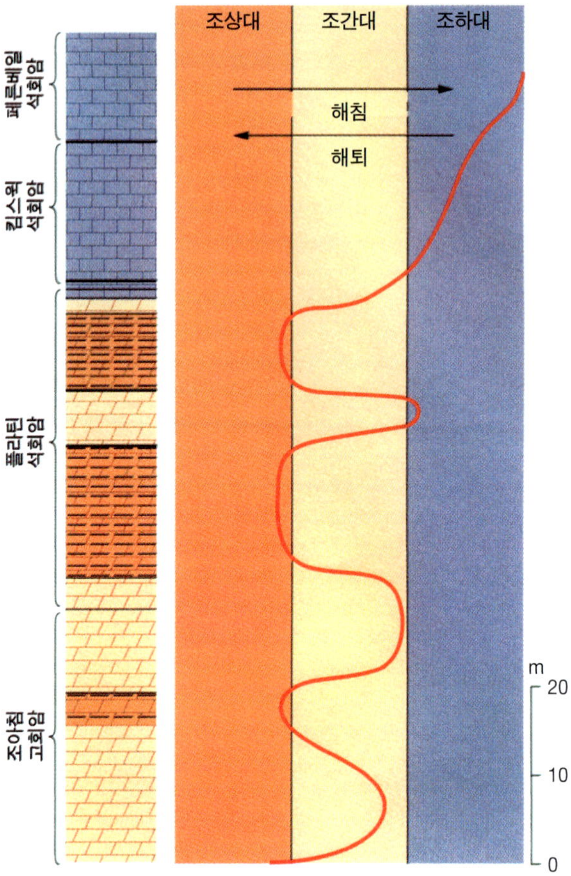

a 수직 층서와 추정 퇴적 환경. 해침에 유의하라.

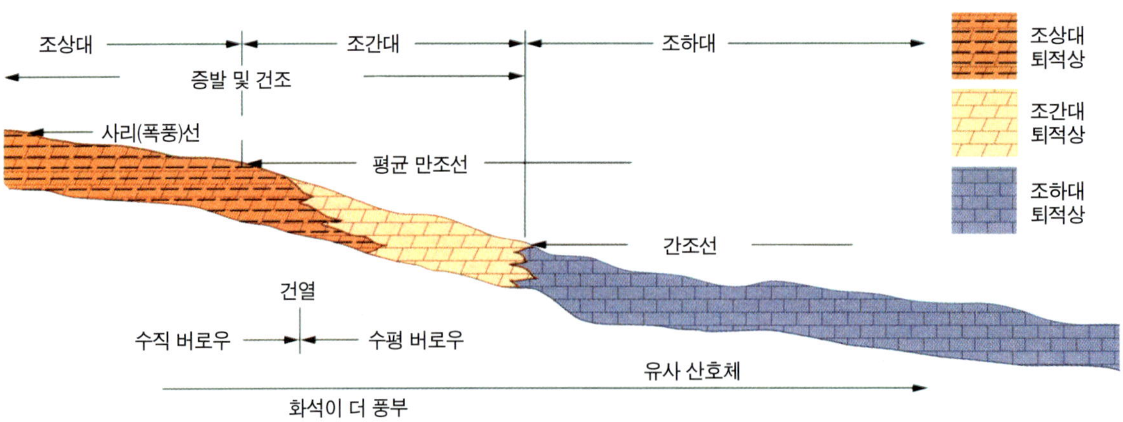

b 횡적 상 관계를 보여 주는 간략한 단면도. 퇴적상의 수직적 지층으로부터 횡적 관계를 추론한 것은 왈터의 법칙(Walther's law)을 응용한 좋은 예이다(5장 참조).

그림 6.22 **아칸소 북부의 오르도비스계 중부와 상부 지층**

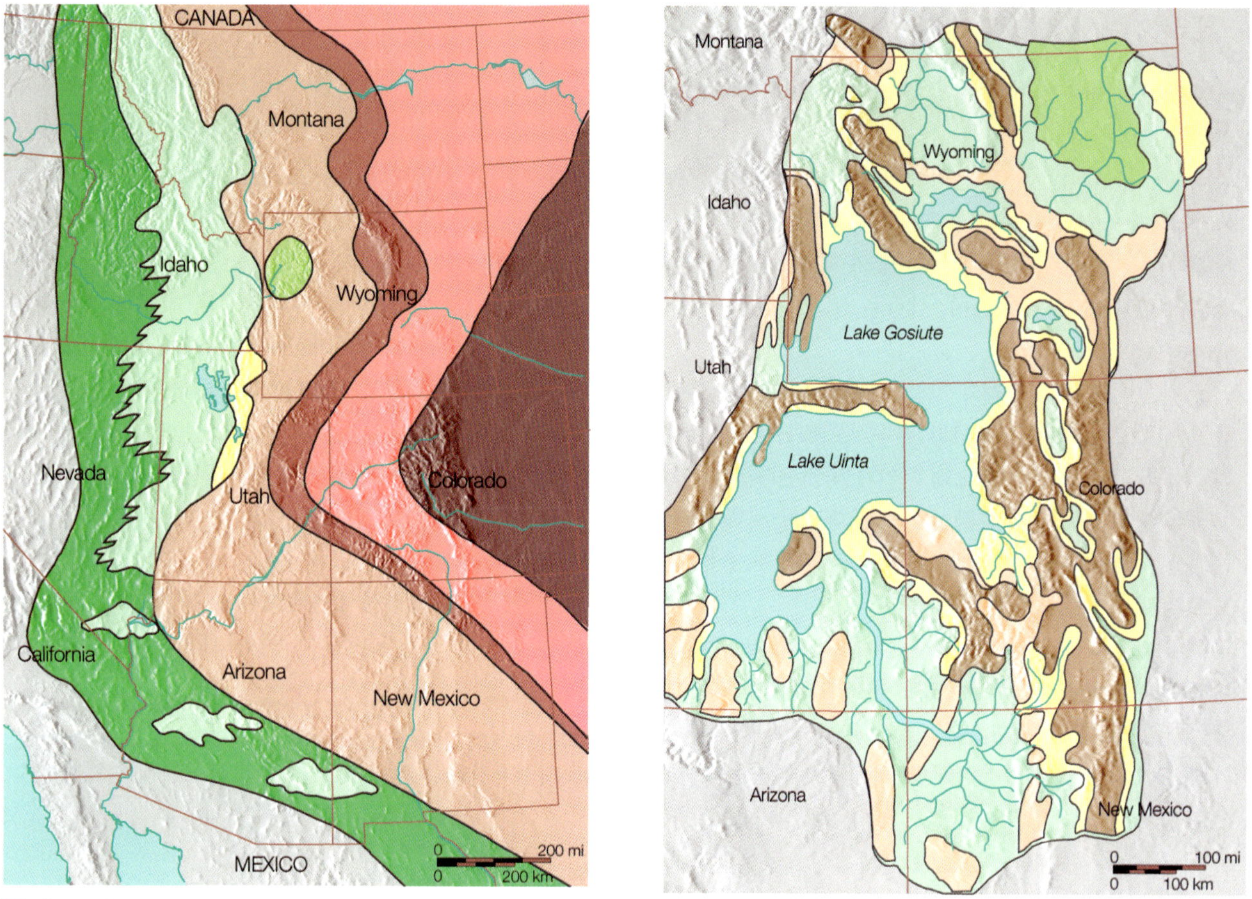

a 미국 서부 몇 개 주의 백악기 후기 고지리도. 대륙 환경들도 있으나 넓은 면적이 바다로 덮여 있음에 주목한다.

- 육지, 중~고 해발 고도; 퇴적물 기원
- 육지, 중~저 해발 고도; 퇴적물 기원
- 해성 사암, 사주 섬, 해빈 또는 연안 퇴적층
- 해성 셰일
- 충적 선상지
- 연안 평원의 비해성 암류; 주로 사암
- 석탄 늪지
- 해성 석회질이암

b a에 나타난 대부분 지역의 에오세 고지리도. 이 시기의 퇴적작용은 모두 대륙 환경에서 이루어졌다.

침식 지역

- 높은 기복
- 중~고 기복

퇴적 지역

- 충적 선상지
- 범람원; 혼합 환경
- 넓은 늪지; 두꺼운 석탄층
- 넓은 호수와 강

그림 6.23 고지리도

용되기도 한다. 예를 들면, 미국 서부 여러 주의 암석에 대한 정밀한 연구는, 백악기 후기에 그 지역들이 어떠하였는지 어느 정도 정확히 알게 한다(그림 6.23a). 이 고지리도에 따르면, 넓은 연안 평원이 산악지대로부터 동쪽의 바다 쪽으로 완만하게 기울어져 있다. 또 암석은 공룡과 포유류와 같은 많은 동물이 살았음을 밝혀준다. 그러나 그 후 이 지역에는 넓은 호수, 하천 범람원 및 충적 선상지가 넓게 형성되었고 바다는 대륙으로부터 퇴각하였다(그림 6.23b).

요약

- 퇴적암의 물리적 및 생물학적 특징은 퇴적 과정에 관한 정보를 제공해 준다.
- 퇴적 구조와 화석은 환경 분석에 있어서 아주 유용한 단서가 되며, 조직과 암체의 형태도 도움이 된다.
- 지질학자들은 주요 퇴적 장소를 세 가지, 즉 육성, 전이 및 해양 환경으로 나누는데, 각각은 몇 가지 환경으로 더 세분된다.
- 망상 하천에는 주로 모래와 자갈이 퇴적되는 반면, 사행 하천은 주로 이토가 퇴적되고 부수적으로 구두끈 모양의 기하학적 구조를 갖는 모래 더미가 퇴적된다.
- 충적 선상지, 사구 및 플라야호는 전형적인 사막 퇴적 환경을 가리킨다. 빙하 퇴적층은 주로 빙퇴석과 융빙 유수층의 표석 점토로 이루어져 있다.
- 호수에 발달하는 가장 단순한 삼각주는 기저의 세립질이 상부로 가면서 조립질로 입도 변화를 보이는 3개 부분의 지층으로 구성된다. 해양 삼각주는 하성 퇴적 과정과 파도 또는 거대하고 복잡한 조석의 지배를 받는다.
- 사주 섬 체계는 해빈, 사구, 석호 등의 세부 환경으로 구성되는데, 각각에는 독특한 암석, 퇴적 구조 및 화석이 나타난다.
- 내대륙붕 퇴적층은 대부분 모래로 구성된 반면, 외대륙붕은 대부분 이토이며, 모두 해양 화석과 생물 교란작용을 함유한다. 많은 육성기원 퇴적물은 대륙붕을 거쳐 대륙 사면과 대륙대에 퇴적되어 해저 선상지를 형성한다.
- 미세한 부유생물의 껍데기로부터 유래한 원양 점토나 연니는 모두 넓은 심해저를 덮는다.
- 석회암은 대개 쇄설성 이토가 거의 없는 얕고 따뜻한 해양에서 형성된다. 쇄설성 암석과 마찬가지로 탄산염암은 퇴적 과정에 관한 정보를 제공하는 사층리, 연흔, 건열 및 화석을 함유하기도 한다.
- 증발암은 여러 환경에서 형성되나 가장 광범한 환경은 해양이다. 어느 경우이든지 증발암의 형성은 증발률이 높은 건조 지역에서 이루어진다.
- 다른 암석과 마찬가지로, 퇴적암으로부터 얻은 정보로써 지질학자들은 과거 지표 특징의 분포를 밝혀낸다.

주요 용어

건열(mud crack)
고지리(paleogeography)
대륙 사면(continental slope)
대륙대(continental rise)
대륙붕(continental shelf)
망상 하천(braided streams)
분급(sorting)
사구(sand dune)
사층리(cross-bedding)
사행 하천(meandering streams)
삼각주(delta)
생물 교란작용(bioturbation)
생물 기원 퇴적 구조(biogenic sedimentary structure)
선상지(alluvial fan)
연안 사주(barrier island)
연흔(ripple mark)
원마도(roundness)
융빙 유수층(outwash)
전진 퇴적(progradation)
점이층리(graded bedding)
조간대(tidal flats)
층리(stratification 또는 bedding)
퇴적 구조(sedimentary structure)
퇴적 환경(depositional environment)
표석 점토(till)
표석(drift)
플라야 호(playa lake)
하성(fluvial)
호상점토(varve)

복습 문제

1. 망상 하천에는 대개 ____이 퇴적된다.
   a. ____ 얇은 모래와 자갈층, b. ____ 증발암, c. ____ 저탁암, d. ____ 석회암과 원양성 연니, e. ____ 해저 삼각주
2. 생물이 굴착 활동(burrowing)을 통하여 퇴적물을 마구 뒤섞는 과정은?

a. ____ 암석화작용, b. ____ 퇴적작용, c. ____ 생물교란작용, d. ____ 분급, e. ____ 원마도

3. 삼각주는 어디에서 형성되는가?
   a. ____ 미생물 껍질이 부유물로부터 침전하는 곳, b. ____ 강과 하천이 범람원을 가로 질러 확장하는 곳, c. ____ 빙하가 표석 점토와 융빙 유수층을 퇴적시키는 곳, d. ____ 퇴적물이 해저 협곡을 통해 운반되는 곳, e. ____ 하계가 정체된 수괴 속으로 흘러드는 곳
4. 반대 방향으로 경사하는 사층리는 ____ 환경에서 발견된다.
   a. ____ 사막, b. ____ 조간대, c. ____ 플라야호, d. ____ 사행 하천, e. ____ 충적 선상지
5. 지질 기록에서 대다수 점이층리는 ____의 퇴적작용에 의한 것이다.
   a. ____ 조류, b. ____ 부유물로부터 침강하는 이토, c. ____ 포인트 바, d. ____ 저탁류, e. ____ 파도가 지배하는 삼각주
6. 분급이 양호한 쇄설성 퇴적암은?
   a. ____ 직경 2mm 이상의 입자가 50% 이상이다. b. ____ 적어도 네 가지 광물이 들어 있다. c. ____ 미크라이트와 생물 껍질이 같은 비율로 들어 있다. d. ____ 대부분의 입자가 거의 같은 크기이다. e. ____ 석회암 속의 칼슘을 마그네슘이 치환하였다.
7. 다음 중 퇴적 구조가 아닌 것은 어느 것인가?
   a. ____ 융빙 유수층, b. ____ 연흔, c. ____ 건열, d. ____ 사층리, e. ____ 엽층리
8. 대규모 사층리, 파도 연흔 및 생물 교란작용이 나타나는 얇은 모래 퇴적체는 ____(위)에서 퇴적되었다.
   a. ____ 망상 하천계, b. ____ 사막 사구, c. ____ 내대륙붕, d. ____ 사주 섬 복합체, e. ____ 해저 선상지
9. 빙하호수(glacial lake)에서, 어둡고 밝은 색의 엽층리가 교호하여 형성된 것은?
   a. ____ 점이층리, b. ____ 유수 연흔, c. ____ 조간대 이토, d. ____ 호상점토, e. ____ 표석 점토
10. 다음 설명 중 올바른 하나는?
    a. ____ 원마도란 입자가 얼마나 구형에 가까운가를 말한다. b. ____ 사막 사구의 모래는 분급이 불량하다. c. ____ 심해저는 모래와 자갈로 덮여 있다. d. ____ 사층리는 과거의 유수 방향을 알려 주는 좋은 지시자이다. e. ____ 깨진 패각으로 이루어진 석회암을 미크라이트라고 한다.
11. 증발암은 어떤 조건에서 형성되며, 가장 흔한 증발암류는 무엇인가?
12. 내대륙붕과 외대륙붕 퇴적층은 어떻게, 그리고 왜 다른가?
13. 사막 환경의 퇴적작용을 지시하는 특징에는 어떤 것들이 있는가?
14. 망상 하천과 사행 하천의 퇴적층은 어떻게 다른가?
15. 파도 연흔과 유수 연흔의 유사성과 차이점은 각각 무엇인가?
16. 과거의 유수 방향을 결정하는 데 유용한 퇴적 구조는 어떤 종류가 있는가?
17. 가장 단순한 '전진형 삼각주'의 퇴적 결과로 생긴 수직 단면을 설명하라.
18. 점이층리가 어떻게 형성되는지 설명하라.
19. 조간대에서 반대 방향으로 경사하는 일련의 사층리가 왜 발견되는가?
20. 원마도와 분급의 퇴적학적 특징을 설명하라. 그들은 환경 분석에 유용한가?

응용 문제

1. 그 누구도 수백만 년 전에 기후·지리·지질 작용에 관한 자료를 기록한 사람은 없다. 그렇다면 관찰하지 못한 과거의 사건을 어떻게 해독할까? 다시 말해서 암석, 특히 퇴적암 속의 어떤 특징으로써 아주 먼 과거에 어떤 일이 일어났는지를 알 수 있을까?
2. 여러분은 퇴적암이 잘 노출된 대륙 안쪽에 살고 있다. 어느 곳의 원주민이 여러분에게 자신이 사는 곳 가까이에 공룡 화석을 포함한 사암과 이암층 위에 해양 패각을 포함한 사암이 놓여 있고, 다시 그 위에 산호와 해백합을 포함한 석회암이 있다고 말했다면, 여러분은 이 암석들의 퇴적을 이끈 사건들을 어떻게 정리하겠는가?

3. 아래 단면은 습곡작용을 받은 퇴적암을 보여 준다. 각기 어느 지층이 가장 오래 되었고, 또 가장 젊은가? 어떻게 그 같은 결론에 이르게 되었는가?

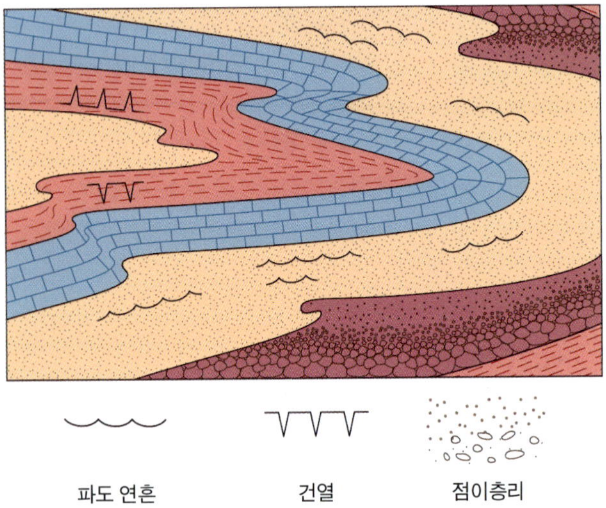

4. 아래 사진은 미국 유타 주의 내추럴 브릿지스 국립 마뉴먼트(Natural Bridges National Monument)에 있는 어느 노두이다. 화살표가 가리키는 지층은 어떤 종류의 층리로 되어 있는가, 그것은 어떻게 형성되었으며, 또 과거의 유수 방향을 추론할 수 있겠는가?

CHAPTER 7

진화—이론과 입증 자료

프랑스 식물학자이자 지질학자였던 라마르크(Jean-Baptiste Pierre Antoine Lamarck, 1744~1829)는 1809년 최초로 널리 받아들여진 공식적인 진화론을 제안하였다. 진화적 변화를 해명하는 메커니즘은 신뢰를 잃었지만, 그는 과학적 사고에 크게 기여하였다.

[개 요]

[단원 목표]

이 장을 학습한 후에 우리는 다음 사항을 이해한다.

- 진화론의 요점은, 현생 생물은 과거에 살았던 선조의 변형된 후손이라는 것이다.
- 라마르크(1809)는 널리 알려진, '획득형질의 유전'이라는 진화의 메커니즘을 최초로 제안하였다.
- 1859년 다윈과 월리스는 동시에 진화론을 발표하고, 그 메커니즘으로 '자연선택'을 제안하였다.
- 1860년대에 멘델은 실험을 통해, 개체집단 내의 변이는 유전되어도 변하지 않고 그대로 유지된다는 사실을 규명하였다.
- 현대적 진화의 관점에서, 변이는 대체로 유성생식과 성(생식)세포의 돌연변이로 설명된다.
- 화석 기록은 많은 대진화(신종, 신속 등의 출현을 가져오는 변화)의 좋은 예가 되고 있으나, 이들 변화는 소진화(종 안에서의 개체 간의 변화)의 누적 효과이다.
- 어류에서 양서류, 파충류에서 포유류로의 발전과 같이 선조에서 후손으로의 전이를 보여 주는 화석들은 잘 알려져 있다.
- 크기의 증가, 패각·이빨·팔다리의 형태 변화와 같은 많은 진화경향은 화석 표본이 충분한 생물을 통해 잘 알려져 있다.
- 진화론은 과학적이다. 왜냐면 관찰내용이나, 진화론을 지지하는 결과든 아니든 실험 결과를 고찰해 볼 수 있기 때문이다.
- 화석은 진화의 좋은 증거이고, 부가적인 증거는 분류학·생화학·분자생물학·유전학·지리적 분포 등에서 얻을 수 있다.

1. 서론

바위투성이인 한 무리의 에콰도르 부속도서들이 남아메리카에서 약 1,000km 떨어진 태평양 상에 떠 있다. 콜럼버스(Christopher Columbus)는 이들을 콜론군도(Archipelago de Colon)라 불렀는데, 갈라파고스제도라는 이름이 더 유명하다(그림 7.1). 다윈(Charles Robert Darwin)이 무급의 박물학자로 탐사선 비글호에 승선하여 5년의 항해(1831~1836)를 하던 중에 이 제도를 방문하였는데, 이곳에서 그는 그때까지 받아들여지던 종의 영속성(fixity of species)에 대한 그의 견해를 바꾸게 한 중요한 관찰을 하게 된다(그림 7.2). 종의 영속성이란, 모든 현생 종은 현재의 형태로 창조되었고, 이후 거의 또는 전혀 변하지 않았다는 개념이다.

다윈은 케임브리지 대학교 크라이스트 칼리지에서 신학학사를 취득한 지 얼마 안 돼 항해를 시작하였고, 비록 그가 종교에 무관심했을지 몰라도 창조에 대한 성서의 설명을 전적으로 받아들이던 때이다. 그런 그의 생각은 항해 중에 바뀌기 시작하였다. 예를 들면, 그가 남아메리카에서 채집한 포유동물 화석의 일부는, 오늘날의 라마, 나무늘보 및 아르마딜로와 매우 유사하지만 차이점도 있었다. 이로부터 그는 이 후손 동물들이 선조 종으로부터 변형되었음을 인식하였고, 따라서 종의 영속성에 의문을 품기 시작하였다.

다윈은 갈라파고스제도에 사는 멧새(finches)를 13종으로 분류하고, 이 새들이 남아메리카로부터 우연히 이 제도에 들어 온 공통 조상 종으로부터 진화한 것이라고 생각하였다. 정말, 그들의 조상은 현재 남아메리카의 태평양 연안에 살고 있는 등이 푸른 그래스쿠잇 멧새(grassquit finch)와 유사한 한 종이었을 것으로 추정된다. 제도의 먹이 부족은, 생존을 위해 물리적 특징, 특히 부리의 모양이 각기 다른 종으로 진화를 하였다(그림 7.3).

다윈은, 생물은 과거에 살던 조상 종으로부터 변형이 이루어져 후손에 이르게 된다는 확신을 갖게 되는데, 이것이 **진화론**(theory of evolution)의 요점이다. 그렇다면 우리는 왜 진화론을 연구하는가? 그 하나는, 시간 흐름에 따라 생물의 유전적 변화를 의미하는 진화야말로 생물학과 **고생물학**(paleontology)의 근간이 되기 때문이다. 고생물학은 화석을 통해 생물의 역사를 연구하는 학문이다. 더욱이 진화론은 판구조론과 같이 수많은 사실들을 통합하는 이론이다. 마지막으로, 이 이론은 뒷장에서 논의하게 될 '생명의 역사'의 기본 틀이 될 것이다. 불행하게도 진화론을 잘 모르는 사람과 오해하는 사람이 많다. 이 점은 이 장과 후속 장에서 일부 언급될 것이다.

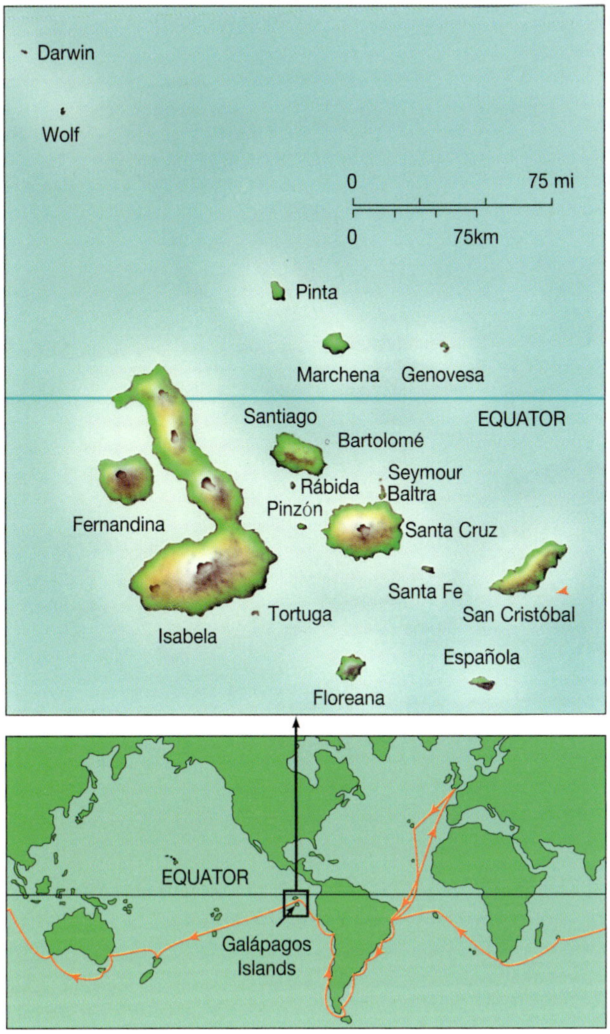

그림 7.1 **갈라파고스제도** 갈라파고스제도는 에콰도르 서쪽 태평양 상에 떠 있는 현무암 섬들이다. 지도상의 빨간색 선은 다윈이 1831년부터 1836년까지 비글호로 항해한 노선이다.

그림 7.2 **찰스 다윈** 비글호 항해 중에 그는 나중에 진화에 관한 발상의 도구로 쓰인 화석을 채집하고 관찰하였다.

2. 진화론은 무엇을 의미하는가?

진화는 생명이 기원한 이래 변화하는 과정, 즉 과거에 살던 조상이 변형되어 후손이 되는 과정이다. 진화론은 생명이 어떻게 기원하였는가에 관한 것이 아니고, 다만 시간 흐름 속에 어떻게 변하고 다양해졌는가에 관한 것이다. 생명의 기원을 설명하는 이론들은 8장에 소개되어 있는데, 그들에 대한 평가는 장단점을 잘 살펴서 해야 할 것이다.

흔히 생물 진화에 대한 견해는 다윈 혼자의 작품이라고 보기 쉬우나, 그가 태어나기 훨씬 전인 그리스시대부터 중세(476~1453)의 철학자와 신학자들이 이미 깊이 통찰하던 것이었다. 그럼에도 불구하고, 1700년대 유럽인들은 아리스토텔레스(B.C. 384~322)의 철학과 창세기 첫 2장 속에 중요한 모든 내용이 들어 있다는 것이 지배적인 신념이었다. 문자 그대로 해석하면, 창세기는 생물의 기원과 다양성, 그리고 지구 역사의 대부분에 대한 결론처럼 받아들여졌다. 그 같은 해석에 대해 의문시하는 것은 이단이었고, 그래서 가혹하게 다루어졌다.

유럽은 18세기에 사회적·지적 풍조가 변하였고, 모든 문제에 대한 교회의 절대 권위도 쇠퇴하였다. 역설적으로, 창세기를 지지하는 물리적 증거를 찾고자 했던 박물학자들이 찾아낸 것은 성서의 문자적 내용과 조화를 이룰 수 없는 증거뿐이었다. 예를 들면, 전에 단 한

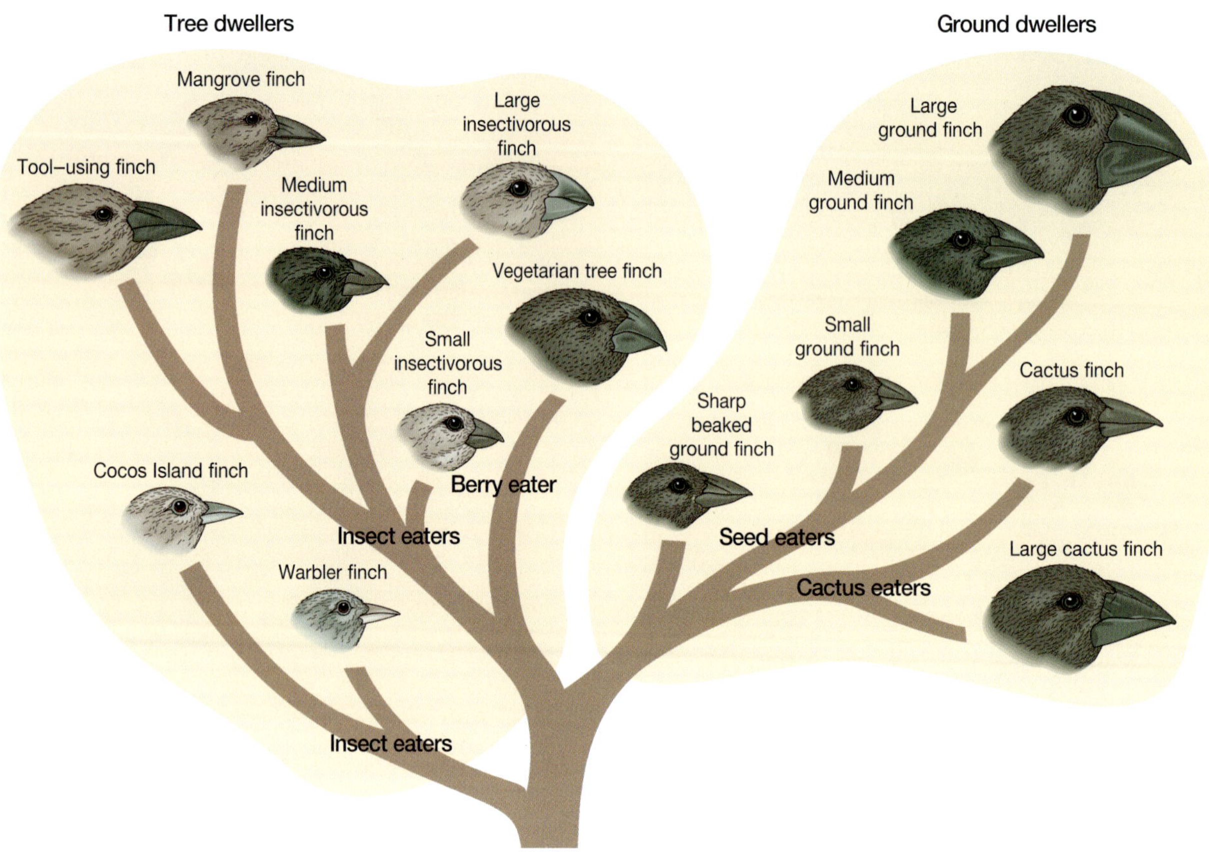

그림 7.3 **갈라파고스제도의 '다윈의 멧새류'** 크기·색깔·부리모양·먹이가 다른 멧새들의 배치는 그들의 진화 관계를 보여 준다. 멧새류는 남아메리카의 서해안을 따라 살고 있는 등 푸른 그래스쿠잇 멧새(grassquit finch)와 유사한, 우연한 이주자로부터 진화하였다.

차례 세계적인 홍수에 의해 생겨났다고 믿었던 퇴적암들을 박물학자들이 관찰해 본 결과, 그들은 한 순간이 아닌, 거대한 시간에 걸쳐, 오늘날과 똑같은 환경에서 생겨난 것임을 깨닫게 되었다. 그들은 이러한 증거가 창조자가 말하는 암석의 기원이 속임수라는 것을 제대로 설명할 수 있다고 논의한다(5장 서론 참조).

이 같은 지적 분위기의 변화 속에, 과학자들은 점차 동일과정의 원리와 아주 긴 지구의 나이를 인정하게 되었고, 프랑스 동물학자 뀌비에(Georges Cuvier)는 여러 유형의 동·식물들이 멸종하였음을 입증하기에 이른다. 특히 현생생물의 연구로부터 증거가 축적되면서 과학자들은 한 종으로부터 다른 종으로의 변화가 실제로 일어난다는 사실에 확신을 갖게 되었다. 그러나 그들은 여전히 진화를 설명할 이론적 틀을 갖지 못하였다.

라마르크와 진화에 대한 그의 견해

라마르크(1744~1829)는 진화의 메커니즘을 처음으로 제안한 사람은 아니지만, 1809년 진화에 대해 깊이 통찰한 최초의 사람으로, 자연계의 이해에 크게 공헌하였으며, 그는 **획득형질의 유전**(inheritance of acquired characteristics)이라는 이론으로 기억된다. 이 견해에 따르면, 생물의 새로운 특성은 그들의 필요에 의해 생겨난 것이고, 후손에게 전해진다는 것이다. 예를 들면, 목이 짧은 기린의 선조 개체집단이 나무 위로 길게 목을 뻗어 먹이를 섭취함으로써 목이 긴 새끼를 가질 능력을 얻게 되었다는 설명이다. 요약하면, 라마르크는 개체의 생애 중에 얻은 형질은 유전된다고 생각하였다.

그 당시 정보로 볼 때 라마르크의 이론은 논리적이어서, 일부 사람들에 의해 성공적인 진화의 메커니즘으로 받아들여졌다. 수십 년 뒤, 유선의 단위인 유전자는 생물이 일생을 통해 노력한다고 해서 변하지는 않는다는 과학자들의 발견이 있기 전까지 그의 이론은 전면 반박되지 않았던 것이 사실이다.

실제로, 획득형질의 유전을 입증할 모든 노력들은 성공하지 못하였다('조망' 참조).

다윈과 월리스의 공헌

다윈(1809~1882)(그림 7.2)은 1859년 『종의 기원』을 발표하여, 진화에 대한 자신의 견해를 밝히고 진화의 메커니즘을 제안하였다. 1859년이 현대적 진화론의 출발점이지만, 사실 다윈은 그 보다 20년 전에 진화론을 만들어 냈다. 발표가 늦어진 것은 진화에 관한 자신의 견해가 몰고 올 파장을 경계하였기 때문이다.

다윈은 비글호 항해 중(1831~1836)에 종은 변할 수 없는 고정된 것이 아니라는 결론을 냈으나, 무엇이 진화를 일으킬 수 있는가에 대해 알지 못하였다. 그러나 그는 자연선택을 동·식물 사육사에 의해 실행되는 것을 관찰함으로써 구체화하였고, 맬서스(Thomas Malthus)의 인구에 관한 수필을 읽음으로써 자신의 이론을 다져 나갔다.

동·식물 사육사들은 가치 있는 특성을 **인공선택**(artificial selection)하여 기르기 때문에 커다란 변화를 일으키게 한다(그림 7.4). 기이한 동·식물 변종을 본 다윈은 자연에서의 변종을 인공선택하였을 때에도 변화가 일어날까 궁금해 하였다. 성숙한 것보다 더 많은 동물이 태어나도 성숙한 개체집단은 거의 일정하다는 맬서스의 수필을 읽고, 다윈은 '선택의 힘'을 제대로 인식하게 되었다. 맬서스는, 자원(먹이)에 대한 경쟁은 유아기 사망률을 높여서 개체군의 크기를 제한한다는 논리를 내세웠다.

1858년 다윈은 남부 아시아에서 연구하던 박물학자 월리스(Alfred Russel Wallace, 1823~1913)로부터 편지를 받게 되는데, 편지에는 그도 맬서스의 에세이를 읽고 "자연의 과정은 생존을 위해 소수의 개체만을 선택한다."는 다윈과 같은 결론에 이르렀다고 적혀 있었다. 다윈과 월리스의 견해인 자연선택은 1859년에 동시에 런던의 린네학회에 제출되었다.

그림 7.4 **인공선택** 인간은 지난 수천 년 동안 인공선택을 해 왔고, 그 결과 개·비둘기·양·곡물·채소 등의 수십 가지 변종을 양산해 냈다. 위의 **야생 겨자**를 선택적으로 길러 브로콜리·꽃양배추·케일·양배추 등을 생산하였다.

자연선택의 의의

진화론을 설명하는 메커니즘인 **자연선택**(natural selection)의 가장 중요한 점을 요약하면 다음과 같다.

1. 모든 개체집단 내의 생물들은 유전될 수 있는 변이를 지닌다—크기·빠르기·민첩성·시력·소화 효소·

조망

비극의 리센코 사건

라마르크가 획득형질의 유전을 제안하였을 때, 진화를 해명하는 성공적인 설명이라고 받아들인 과학자들이 있었다. 사실 라마르크의 이론은 수십 년 동안 완전히 반박되지 않았고, 다윈조차도 한동안 라마르크 유전을 일부 받아들였었다. 그럼에도 불구하고 획득형질은 유전될 수 있다는 개념은 이제 과학사에서 흥미로운 각주(脚註, footnote)꺼리일 뿐이다. 그러나 비록 그 결말은 비극적이었지만 그 개념이 인기를 누린 일이 있었다.

논박된 과학 이론을 고수하는 가장 주목할 만한 예의 하나가 리센코(Trofim Denisovich Lysenko, 1898~1976) 사건인데, 그는 1938년 소비에트농업과학아카데미 원장을 지낸 사람이다. 그는 그 지위를 1953년에 잃었으나 같은 해에 유전학연구소의 책임자로 임명되어 1965년까지 근무하였다. 동·식물은 새로운 환경에 자신을 노출시킴으로써 바람직한 방법으로 변화시킬 수 있다고 생각하였기 때문에, 리센코는 라마르크의 이론을 지지하였다. 그는, 건조하거나 한랭한 조건에 노출된 씨앗은 가뭄이나 한랭기후에 대한 내성이 생기고, 이 특성이 후손에게 유전된다는 논리를 폈다.

리센코는 획득형질의 유전을 받아들였는데, 이 이론이 마르크스-레닌철학과 양립할 수 있다는 생각에서 그런 것이었다. 1929년 초, 소비에트 과학자들은 마르크스-레닌철학과 일관된 개념을 전개하도록 내몰려 있었다.

농업과학아카데미 원장으로서, 소비에트중앙위원회의 지지 속에 리센코는 유전에 관한 어떠한 연구도 허락하지 않았다. 공적으로 그에게 동의하지 않는 사람들은 실직되거나 강제노동 현장으로 보내졌다. 사실, 1948년 초 서구의 유전이론들을 가르치거나 연구하는 일은 불법이었고, 심지어 고등학교 교과서에 '유전에서 염색체의 역할'에 관한 어떠한 정보도 실려 있지 않았다.

불행하게도 소비에트 사람들에게 획득형질의 유전은 일찍이 50년 이상 불신되었다. 이 이론을 리센코가 정치적으로 단정하고 이행한 결과, 광범위한 경작 실패와 기근을 가져 왔고, 소비에트 농업 분야의 유전학 연구가 철저히 해체되었다. 사실, 소비에트 유전학연구프로그램이 이 같은 차질로부터 완전히 회복되기까지는 수십 년이 걸렸고, 그 뒤에야 비로소 과학자들은 다른 유전이론으로써 자유롭게 실험할 수 있게 되었다.

리센코의 유전에 대한 견해가 소비에트연합에서 위임통제된 것은 아니었다. 과학적 이점이 있고, 그러나 이보다 신념체계와 양립할 수 있다고 여겼기 때문이었다. 리센코는 권력이 있었고, 자신만의 연구 유형을 25년 넘게 고집하였다는 사실은, 철학적 또는 정치적 신념에 근거를 둔 과학적 이론이 불합리적이라는 증거이다. 다시 말해, 정부의 통치나 명령으로는 과학적 이론이 입증되지 않을 뿐 아니라 인기투표나 성직자의 칙령도 인증할 수 없다. 획득형질이 유전된다는 법령을 제정한다고 어떻게 그렇게 되겠는가!

색깔 등.

2. 어떤 변이는 다른 것에 비해 유리하다; 즉 몇 가지 변이 유형은 자원(먹이) 획득 및/또는 포식자로부터의 도피에서 경쟁 우위를 차지한다.
3. 유리한 변이는 생존 가능성과 그 변이의 대물림 가능성이 보다 더 크다.

자연선택을 가끔 '적자생존'(適者生存)이라고 표현하는데, '적자'는 생존한 것이고, 생존했으니 '적자'라고 풀이한다면 그것은 본질을 호도하는 것이다. 사실 적자생존은 성공적인 차별적 복제(differential reproduction)를 이끄는 유전적 변이를 포함한다. 어느 개체가 유리한 변이를 갖고 있다고 해서 생존이 보장되는 것은 아니고, 많은 개체집단에서 볼 때, 생존과 복제의 가능성이 보다 더 크다는 것이다.

자연선택은 개체집단 내 현존하는 변이에 작용해서 일부 개체에게 경쟁 우위를 제공한다. 그래서 자연선택에 의한 진화와 획득형질의 유전에 의한 진화 모두 검증이 필요한 것이나, 증거는 전자를 지지한 반면 후자를 입증하기 위한 시도는 실패하였다('조망' 참조).

다윈의 자신의 이론에 내재하는 잠재적인 문제에 대해 알지 못하였다. 사실, 그는 『종의 기원』에서 다음과 같이 말하고 있다.

> 수많은, 성공적인, 약간의 변형에 의해 형성될 수 없는 복잡한 어떤 기관(organ)이 만일 실증된다면 내 이론은 틀림없이 실패할 것이다. (p. 171)

비판자들은 그들이 제기한 눈이나 새의 날개 그리고 그 밖의 많은 다른 특징들은 자연선택으로 진화된 것이라고 하기에는 너무 복잡한 예라고 말한다. 왜냐하면, 그들에 의하면, 현존하는 구조들보다 더 작은 구조들은 어떠한 것들이라도 필요가 없을 거라는 주장이다. 척추동물들의 눈은 가장 좋은 예이다. 반쯤 진화한 눈은 무슨 용도가 있겠는가? 반쯤 진화한 눈이란 없는 것이다. 심지어 겨우 빛에 반응하는 점에 지나지 않거나, 미숙한 화상을 만드는 정도의 눈이라도, 또는 파충류, 새, 포유류들의 훨씬 더 발전된 눈들까지도 모든 눈들은 완전히 발달되어 있고 제대로 기능하는 것이다.

'진화됐다기에는 너무 복잡하다'라는 논쟁은 다른 점에서도 실패작이다. 왜냐하면 이 가설은 모든 구조들이 항상 현재 상태와 똑같은 모양으로 존재해 왔지 이보다 덜 발달된 것들은 불완전하거나 기능을 못하는 것으로 가정을 해버리기 때문이다. 땅위에 있기를 더 좋아하지만 성숙한 자고새는 날 수 있다. 그러나 어린 자고새 날개는 작고 쓸모가 없다. 그렇다면 자고새의 날개는 불완전하고 쓸모없는 것인가? 그건 아닌 것 같다. 어린 자고새가 나무 위를 기어오를 때는 힘차게 날갯짓한다. 날개를 테이프로 감는다면 그럴 수 없겠지만. 요컨대 소위 이 수직 달리기(vertical running)는 포식자들을 피하기 위한 하나의 메커니즘이므로, 자고새의 날개는 사실 아주 유용하다.

자연선택과 특히 적자생존에 관한 한 가지 오해는, 동물 중에 가장 크고, 힘이 세고, 빠른 동물만이 생존 가능성이 높다는 것이다. 정말 수컷 큰 뿔 양이 친구들과 싸울 때 크기와 힘은 중요하다. 그러나 암컷 양도 그들의 유전자를 따라 간다는 사실을 기억하라. 빠르다는 것은 분명히 포식자 일부에게 이점이 되겠지만, 족제비와 스컹크는 아주 빠르지 않으면서도 썩 잘 살아간다. 사실, 자연선택은 자원이 제한된 곳에서 가장 작은 생물을 선호하는 것 같다: 작은 섬이나 숨기에 용이한 곳, 새로운 식량원(food source)에 쉽게 적응할 수 있는 무리 또는 자연이나 사람이 만든 물질에 대해 해독 능력을 가진 무리 등.

실제로, 진화론은 꽤 빠르게 받아들여졌으나 다윈-월리스의 자연선택 이론은 저항에 직면하기도 하였다. 그것은 유전에 대해 아는 사람이 거의 없었기 때문이었다.

3. 멘델과 유전학의 탄생

다윈과 월리스가 변이의 기원 또는 변이가 개체집단 내에서 어떻게 유지되는가에 대해 해명할 수 없다는 것을 비판자들은 재빨리 지적하였다. 비판자들은, 변종의 특성은 드러나야 하고, 그것은 다른 특성과 섞이기도 하고, 사라지기도 할 것이라고 판단하였다. 실제로 비판자들의 물음에 대한 답변은 1900년까지 이어졌다.

멘델의 실험

오스트리아의 수도사였던 멘델은 1860년대에 유전형질이 고정된 순종(자가수분하면 항상 같은 특성이 나타나는)의 완두콩을 가지고 일련의 조작된 실험을 수행하였다. 그는 실험을 통해, 꽃의 색깔과 같은 특성은 한 쌍의 **유전자**(genes)에 의해 조절되고, 유전자는 서로 대응하는 형태, 즉 **대립유전자(형질)**(alleles)로 나타난다는 결론에 이르렀다. 나아가 그는, 둘 중 하나가 다른 대립유전자보다 우성이고, 자식(=잡종1세대)은 부모로부터(=상동염색체 중) 하나씩의 대립유전자를 받는다는 것도

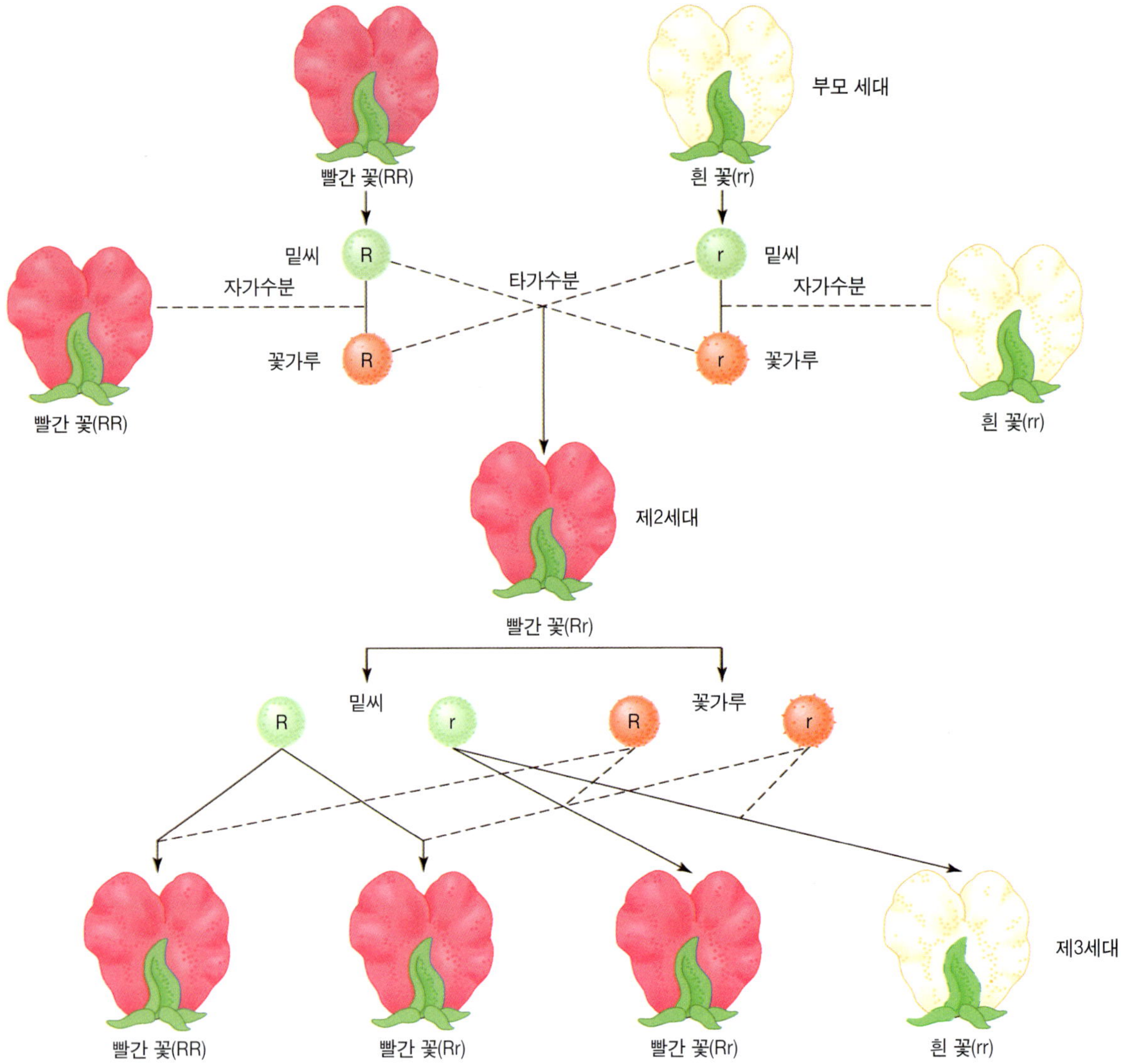

그림 7.5 멘델의 꽃의 색깔 실험 멘델은 완두콩 순종을 이용하여 꽃 색깔 실험을 하였다. 완두콩은 부모세대에서와 같이 자가수분하면 자식은 항상 똑같은 특성을 지니고 나타난다. 그러나 만일 타가수분하면 잡종2세대는 대립유전자 RR, Rr, Rr, rr이 나타나는데, R은 r에 대해 우성이므로 빨간 꽃 완두콩 3그루(유전자형 RR, Rr, Rr)와 흰 꽃 완두콩 1그루(유전자형 rr)가 나온다.

인식하였다. 예를 들면, 그림 7.5와 같이 R은 빨간색의 대립유전자를, r은 흰색의 대립유전자를 나타낸다. 그래서 자식이 받는 대립유전자는 RR(=순종 우성), Rr(=혼합 유전자형), rr(=순종 열성) 등 세 가지이다. R은 r보다 우성이므로 RR과 Rr은 빨간 꽃, rr조합인 자식만이 흰 꽃을 피우게 된다(역자 주: 양성잡종의 두 형질은 서로 다른 두 쌍의 유전요소에 의해 결정되고, 두 쌍의 유전요소는 배우자 형성 시 분리되어 각 배우자에 들어가며, 대립유전자끼리 만나면 어느 한쪽 형질만 나타난다).

멘델의 연구의 가장 중요한 측면을 요약하면, 유전자 특성은 유전과정에서 혼합되지 않고, 그것이 각 세대에서 발현되지 않는다 해도 사라지지는 않는다(그림 7.5). 그러므로 개체집단 내 부분적인 변이현상은 대립유전자의 교차발현(alternate expression)으로 설명된다. 멘델의 유전학은 물론 많은 내용을 포함하지만, 실제는 그가 인식한 것보다 훨씬 더 복잡하다. 여기에서의 논의는 특성을 지배하는 단일 유전자에 초점을 맞추었다. 그러나 대부분의 특성은 많은 유전자의 지배를 받으며, 몇 가지 유전자는 불완전 우성을 보여 준다. 멘델은 돌연변이, 염색체 그리고 일부 유전자들이 다른 유전자의 발현을 조절한다는 사실을 몰랐다. 더욱이 1980년대에 발견된 것으로, 주요 체절(body segment)의 발달을 규제하는 혹스(Hox) 유전자*에 대해 듣지도 못했다. 그럼에도 불구하고, 다윈과 월리스에게 필요한 답을 주었으나, 그의 연구는 무명의 학술잡지에 발표되어 1900년에 세 연구자가 그의 업적을 발견할 때까지 알려지지 않았다[역자 주: 세 연구자는 H. M. de Vries, C. E. Correns, E. S. von Tschermak이다).

유전자와 염색체

복잡한 두 가닥의 **디옥시리보핵산**(deoxyribonucleic acid; DNA) 나선분자가 **염색체**(chromosome)인데, 모든 생물의 세포 속에 들어 있다(그림 7.6). DNA 분자의 특별한 부분이 유전 단위인 유전자(gene)이다. 염색체 수는 단일 종에게 있어 독특한 것이나, 종마다 제각각 다르다. 예를 들면, 초파리는 8개(4쌍), 사람은 46개, 사육 말은 64개이다. 엽록체는, 같은 특성을 조절하는 유전자를 항상 한 쌍씩 갖는다는 것을 기억하라.

유성생식을 하는 생물에서 성세포(=생식세포; 식물의 꽃가루와 밑씨, 동물의 정자와 난자)는 **감수분열**(meiosis)이라는 세포분열을 통해 생산된다. 이 과정으로 염색체 수가 하나인 세포가 만들어져, 모든 성세포의 염색체 수는 모세포의 반으로 줄어든다(2n→n)(그림 7.7a). 생식 중에 정자(꽃가루)는 난자(밑씨)와 수정(수

---

* (역자 주) 머리-꼬리 축을 형성하는 유전자와 체 분절을 형성하는 유전자의 단백질 산물들은 다음에 발현될 유전자를 결정하게 되는데, 이를 혹스(=호메오) 유전자라고 한다. 이는 차례로 각 분절이 몸의 어떤 부분이 될 것인지를 결정하므로, 개체에서 몸의 형태의 발달을 명령하는 다른 유전자를 조절하는 총괄유전자인 셈이다.

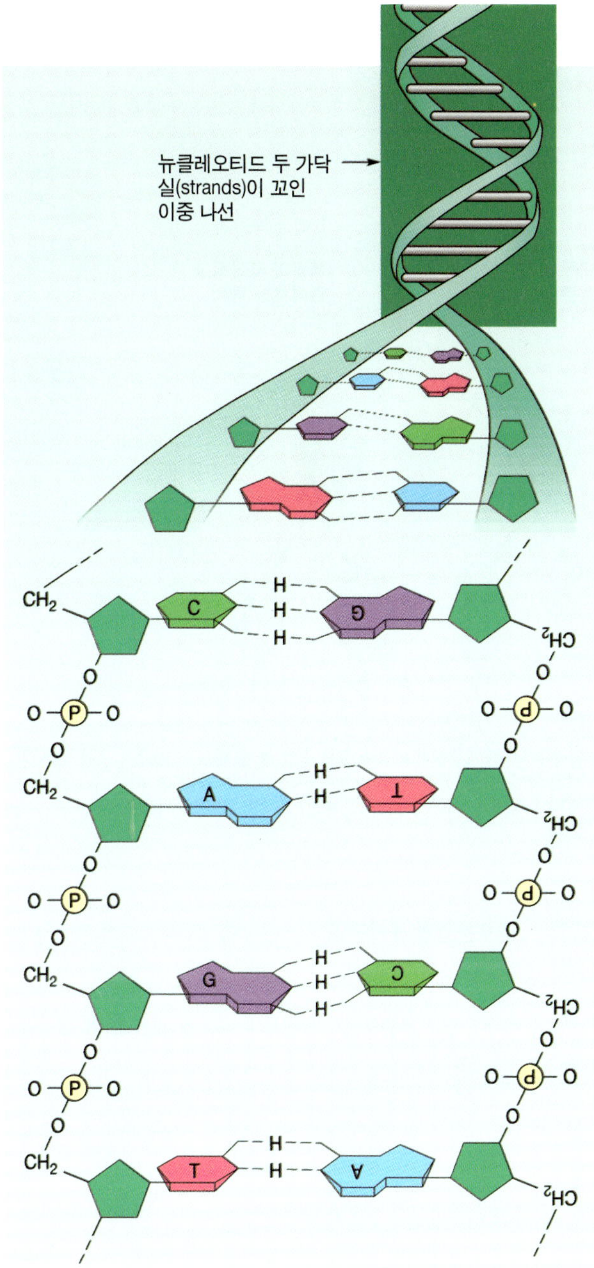

그림 7.6 **이중 나선 모양의 DNA 분자** 분자의 두 가닥은 수소결합으로 연결된다(H). 염기 A, G, C, T와 그들의 조합에 주목하라[역자 주: A, G, C, T는 DNA의 기본단위인 뉴클레오티드의 구성하는 질소 염기이다; A와 G는 퓨린(purine)에 속하는 아데닌(adenine)과 구아닌(guanine), C와 T는 피리미딘(pyrimidine)에 속하는 시토신(cytosine)과 티민(thymine). 그림 중의 P는 인산, 기호가 없는 청록색(A, G, C, T와 연결된)은 5탄당으로, 이들도 질소 염기와 함께 뉴클레오티드의 구성 물질이다].

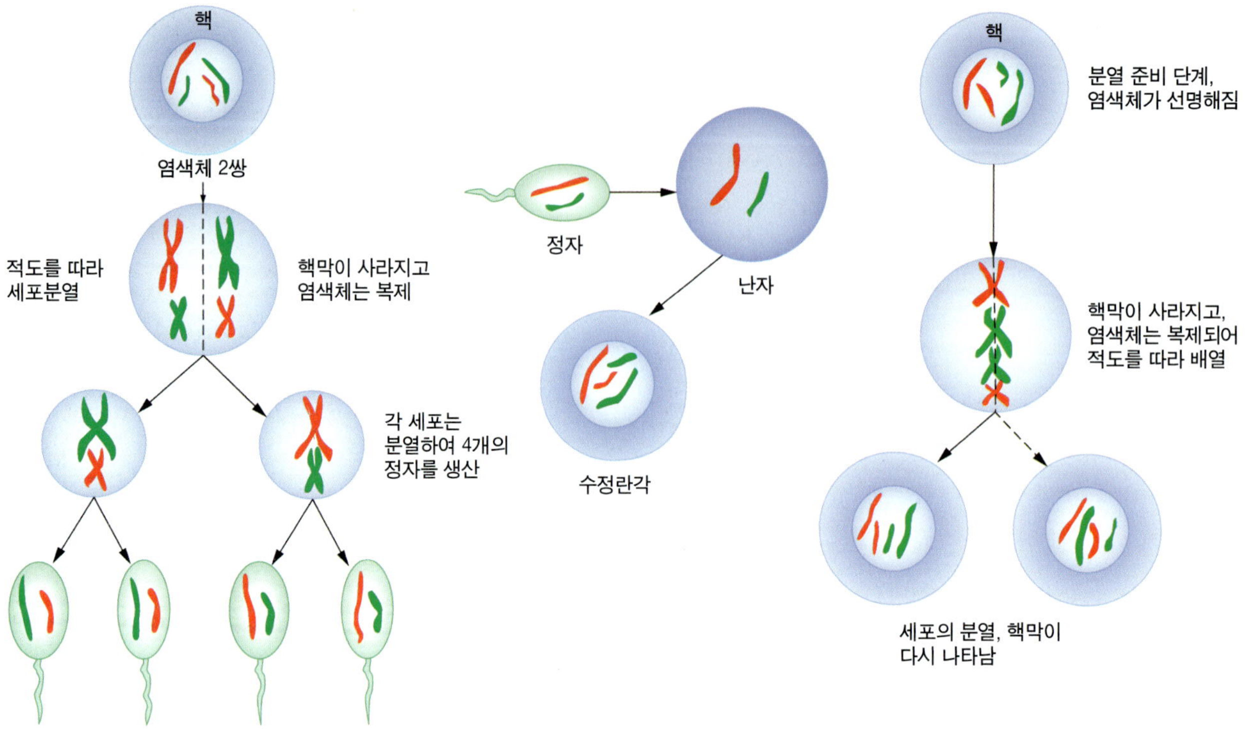

a 감수분열 중에 2쌍에서 1쌍으로 감소한 성세포. 그림은 정자의 형성을 표현한 것으로 난자도 이와 똑같고, 마지막 4개의 난자(2차 분열로 생긴) 중 하나만이 기능을 한다.

b 정자와 난자의 수정으로 다시 쌍을 이룬 2배체

c 완전 복제된유사분열로 세포. 즉, 4개의 염색체(2쌍)를 가진 하나의 세포가 역시 4개의 염색체를 갖는 2개의 세포로 나뉜다. 유사분열은 성세포를 제외한 모든 세포에서 일어난다. 난자의 수정으로 발달하는 배아(embryo)는 감수분열에 의해 성장한다.

그림 7.7 **감수분열과 유사분열**

분)하여 종이 갖는 본래의 염색체 수(2n)를 회복한 난자(밑씨)가 만들어진다.

멘델이 자신의 실험으로부터 추론한 것과 같이, 수정난의 염색체 수의 반은 부모로부터 온다. 그러나 수정난은 **유사분열**(mitosis)이라는 세포분열을 거쳐 발달하고 자란다. 유사분열 중에 세포는 복제될 뿐이므로, 감수분열 때와 같은 염색체 수의 감소는 없다(그림 7.7c).

4. 진화의 현대적 관점

1930~1940년대에 등장한 진화에 관한 **근대적 종합**(modern synthesis) 또는 신다윈주의(neo-Darwinism)는 고생물학자·유전학자·개체집단 생물학자 등의 합작품이다.* 유전의 염색체 이론이 진화론에 통합되었고, 유전자의 변화(돌연변이)가 개체집단 변이의 한 가지 근원으로 받아들여졌으며, 라마르크의 획득형질의 유전은 완전히 거부되었고, 자연선택의 중요성은 재확인되었다.

근대 진화론은 개체보다는 개체집단의 진화를 중시하는데 이를 인식할 필요가 있다. 개체들은 부모로부터 물려받은 유전적 청사진에 따라 발달하지만, 개체집단 내 대다수 구성원에는 없는 호의적인 유전적 변이를 그들은 갖을 수 있다. 요컨대, 유전적으로 변화하는 개체집단 내 개체들은 변이가 호의(긍정)적인 것이라면 생존과 생식 가능성이 보다 더 높고, 그 결과 후대의 개체집단이 그 변이를 갖게 될 빈도는 매우 높을 것이다. 그

* (역자 주) Fisher, R. A./ Dobzhansky, T./ Mayr, E. 등이 주축 멤버이다.

좋은 예가 갈라파고스제도 멧새류의 변화로, 약 80%가 1970년대에 있었던 가뭄으로 죽었다. 생존자들은 대부분, 단단한 씨앗을 깰 수 있는, 육중한 부리를 가진 큰 새들이었다. 학자들은 다음 세대의 개체들이 평균적으로 몸집이 크고 부리가 육중하였음을 발견하였다.

변이는 왜 생기는가?

자연선택은 개체집단의 변이에 작용하고, 세대가 거듭되면서 유전자의 재편을 가져온다. 수천 개 유전자 각각이 몇 가지 대립유전자를 갖고 있고, 후손은 각각의 부모로부터 절반의 유전자를 받는다면, 변이의 잠재성은 엄청나다. 그런데 이 변이는 이미 있었던 것이고, 새로운 변이는 염색체 또는 유전자가 변하는 **돌연변이**(mutation)에 의해 나타난다. 달리 말하면, 돌연변이는 유전정보의 변화이다. **염색체 돌연변이**(chromosomal mutation: 염색체 큰 부분에 영향을 주는)이든 **점 돌연변이**(point mutation: 특정 유전자의 변화)이든 그것이 성세포에서 일어나면 유전이 된다.

돌연변이를 제대로 이해하기 위해 좀 더 탐구해 보자. 먼저 돌연변이는 적절성(fitness)이 임의적이어서 이로울 수도, 중립적일 수도 또는 해로울 수도 있다. 만일 자신의 환경에 잘 적응한 어느 종에게 돌연변이가 일어난다면, 대개는 그 종에게 특별히 유용하기보다는 오히려 해로울 것 같다. 일부의 돌연변이는 전적으로 해롭다. 그러나 그 뒤 환경이 변하면 유용해질 수 있다. 예를 들어 보자. 어느 식물이 광산 주변의 오염된 토양에 대해 저항력을 길렀다. 정상적인 환경에 살던 동종(同種)의 식물을 오염된 토양에 옮겼을 때 병약(病弱)하거나 죽는 반면, 오염에 저항력이 있는 식물은 정상 환경에서는 매우 병약해진다. 오염 저항성에 대한 돌연변이는 개체군 내에서 반복적으로 나타나는 것 같다. 그러나 오염된 토양이 존재하는 한 돌연변이의 결과는 이롭지 않았다.

돌연변이가 어떻게 중립적일 수 있을까? 세포에서, 엽록체로 옮겨 온 정보는 적절한 아미노산을 선택하여 특별한 서열로 배열시킴으로써 단백질을 합성하도록 명령한다. 그러나 어떤 돌연변이는 합성되는 단백질의 유형에 영향을 미치지 않는다. 달리 말하면, 돌연변이 전이나 후나 똑같은 단백질이 합성된다. 그래서 돌연변이는 중립적이다.

무엇이 돌연변이를 일으키는가? 일부는 돌연변이율을 높이는 돌연변이 유발요인(mutagens)에 의해 일어난다. 특정 화학물질, 자외선, X-선에 노출되거나 극도의 온도 변화가 돌연변이의 원인이 될 수 있다. 그러나 알 수 없는 원인으로 우연히 일어나는 돌연변이도 있다.

개체집단 내 대다수 변이는 유성생식과 돌연변이로써 해명된다. 다른 요인으로, 교배의 기회 탓에 개체집단 내 유전자 구성이 임의적으로 변하는 유전자 부동(遺傳子 浮動, genetic drift)이 있다. 이 현상은 작은 개체집단에서 중요하지만 큰 개체집단에서는 거의 또는 전혀 중요하지 않다. 따라서 유전적 다양성이 제한된 소수의 개체만으로, 더 큰 개체집단이 재건(再建)된 격리된 곳의 진화가 좋은 예이다.

종의 분화와 진화의 속도

조상 종으로부터 새로운 종이 생기는 **종의 분화**(speciation)는 잘 입증되었으나, 그것이 일어나는 속도와 방법은 제각기 다르다. 먼저, **종**(species)의 의미를 살펴보자. 종은 자연에서 교배하여 자손을 출산하는 유사한 개체들의 집단을 말한다. 따라서 한 종은 생식적으로 다른 종과 격리된다. 이 같은 종의 정의는 무성 생식하는 박테리아에게는 적용되지 않으며, 기타 동·식물, 균류, 단세포 원생생물에 적용된다.

염소와 양은 물리적 특징으로 구별하며, 둘은 자연에서 교배하지 않는다. 따라서 둘은 독립된 종이다. 그러나 둘을 억류하여 강제로 후손을 생산하게 할 수 있다. 말도 얼룩말과 교배하면 **지브로이드**(zebroid)라는 잡종을 낳을 수 있다. 이들의 예는, 일부 종에서 생식의 장벽이 완전하지 않다는 것을 의미한다.

종 분화과정은 개체집단의 유전자 구성이 변하고 따라서 형태와 구조가 달라짐을 내포한다. 개체들이 아니라 개체집단이 진화한다는 사실에 유념하라. **이소적 개체집단**(異所的 個體集團, allopatric population) 개념에 따르면, 종은 개체집단의 작은 부분이 모(母) 개체집단으로부터 격리될 때 생겨난다(그림 7.8). 격리는 높은 산이 솟는다거나, 소수의 개체가 모 개체집단으로부터 멀리 동떨어지게 되면 일어난다. 1995년 이구아나 15마리가 허리케인에 떠밀려 나무를 타고 카리브해의 과들루프(Guadeloupe) 섬에서 280km나 떨어진 앙귈라(Anguilla)로 격리된 일이 있다. 이러한 예와 각기 다른 선택적 압력이 작용할 수 있으므로, 마침내 생식적으로 독립된 종이 나오게 된다.

과학자들은 대체로 이소적 종 분화에 대하여는 동의하나, 신종의 진화속도에 대하여는 의견이 다르다. '근대적 종합' 이론에 의하면, 작은 변화의 누적은 결국 신종을 탄생시킨다. 이를 **계통점진설**(系統漸進說, phyletic gradualism)이라고 한다. 또 다른 견해로 **단속평형설**(斷續平衡說, punctuated equilibrium)이 있는데, 이에 따르면 종은 생존 중 거의 또는 전혀 변하지 않으며, 진화는 빠르게 일어나 신종이 생기는 데 걸리는 시간은 대략 수천 년 정도로 짧다고 한다.

그림 7.8 **이소적 종 분화** 격리된 섬에서의 종 분화의 예

단속평형설의 지지자들은, 화석 기록상의 점진적 전이의 예는 거의 없다고 주장한다. 그러나 다윈도, 근대적 종합을 이끈 사람들 그 누구도, 모든 진화적 변화는 점진적이며 계속적인 것이라고 주장하지 않았다고 비판자들은 지적한다. 대다수 현재의 생물학자나 고생물학자의 견해도 그와 같다. 더욱이 대개의 환경에서의 퇴적작용은 연속적이지 않고, 따라서 많은 경우에 점진적 전이의 결여는 단순히 화석 기록상의 인위적 결과물이다. 화석 기록의 불완전성에도 불구하고, 조상 종으로부터 후손 종으로 점진적으로 전이한 예가 다소 있는 것은 사실이다.

앞서 설명한 바와 같이 종분화가 이루어진다면, 오늘날의 생물에게 그 증거가 남아 있어야 한다. 그 예가, 염색체 수가 2배로 되는 배수성(倍數性, polyploidy)으로 생겨난 식물의 일부 신종이다. 종 분화, 적어도 초기 단계의 종 분화가, 격리되거나 부분적으로 격리된 모기·벌·쥐·도롱뇽·조류 개체집단에서 일어난다(그림 7.9).

발산, 수렴 및 평행진화

고생물학자들은 **발산진화**(divergent evolution)로 여러 환경에 적응한 다양한 후손들의 조상 종에 주목한다. 중생대 후기에 공통 조상으로부터 오리너구리·아르마딜로·설치류·박쥐·영장류·고래·코뿔소 등으로 다양하게 진화한 것은 인상적인 예이다(그림 7.10).

발산진화에 의해 자신의 조상과 현저히 다른 후손이 나온다. 수렴진화와 평행진화는 서로 다른 군집에서 일어나는 유사한 적응 과정들이다. 불행하게도 이 두 가지 진화는 그 정도가 다르고, 구별이 항상 쉬운 것은 아니다. 그럼에도 불구하고, 동떨어진 생물들이 유사한 특

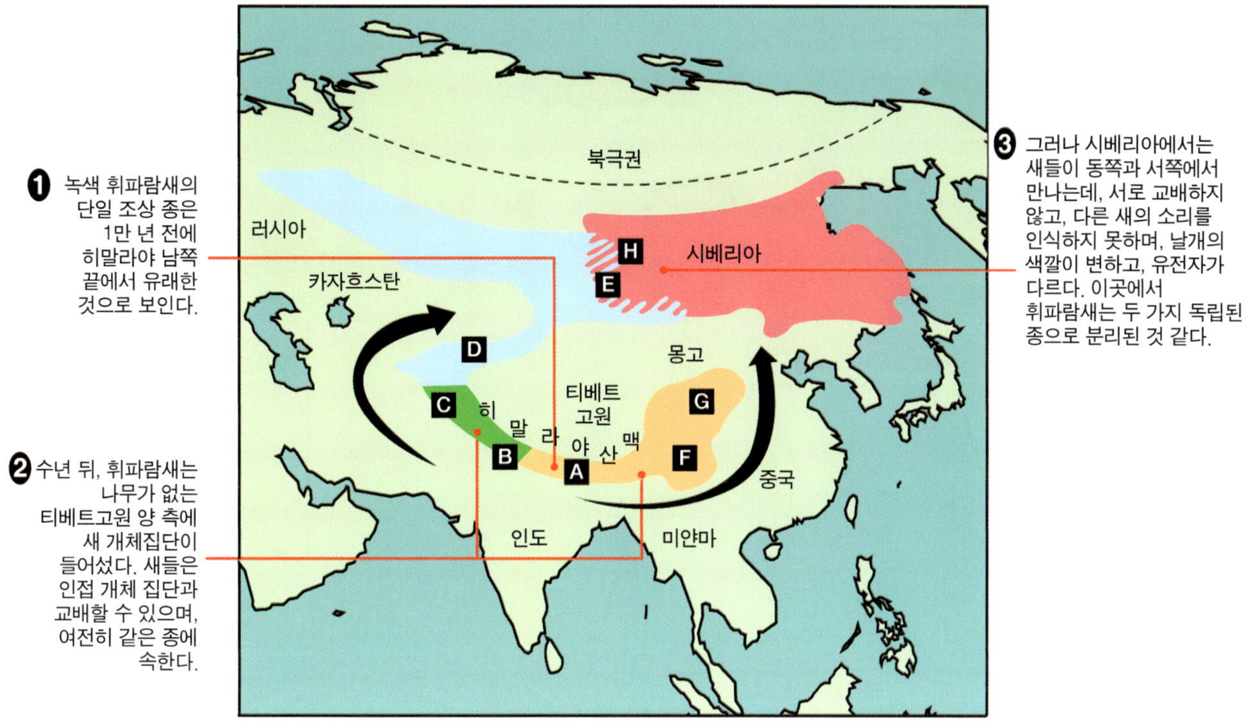

그림 7.9 **명금(songbirds)의 종 분화** 두 종의 유라시아 명금은 한 조상 종으로부터 진화한 것으로 보인다. 이 새와 인접한 개체집단, 예를 들면, A와 B 또는 F와 G는 약간 다르지만 교배가 가능하다. 그러나 개체집단 E와 H가 겹치는 시베리아에서는 교배할 수 없다.

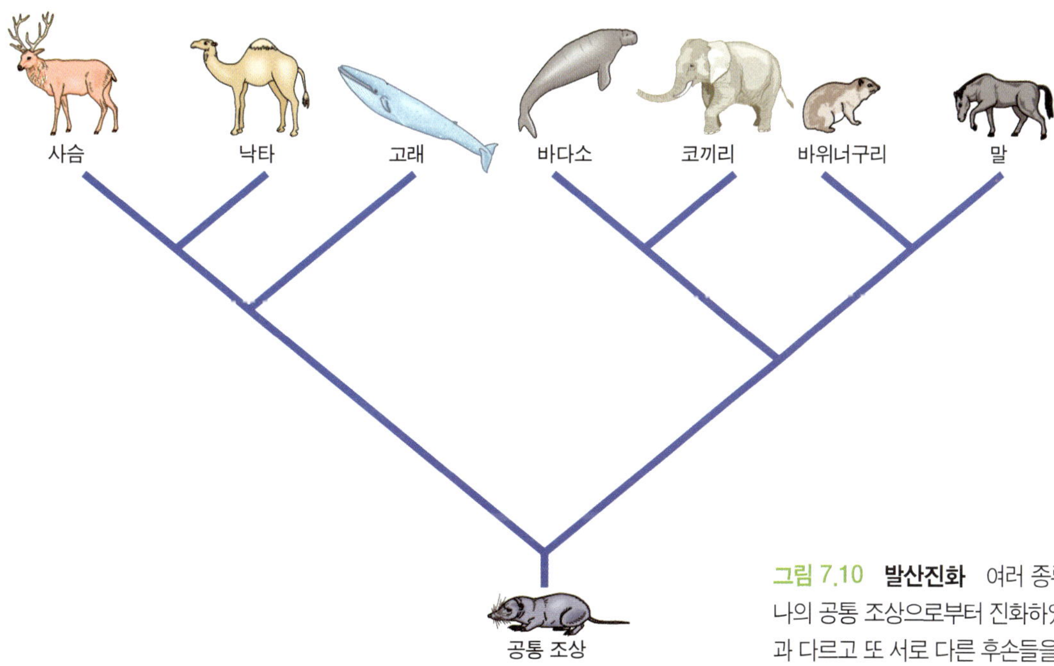

그림 7.10 **발산진화** 여러 종류의 태반 포유류는 하나의 공통 조상으로부터 진화하였다. 발산진화는, 조상과 다르고 또 서로 다른 후손들을 설명하는 이론이다.

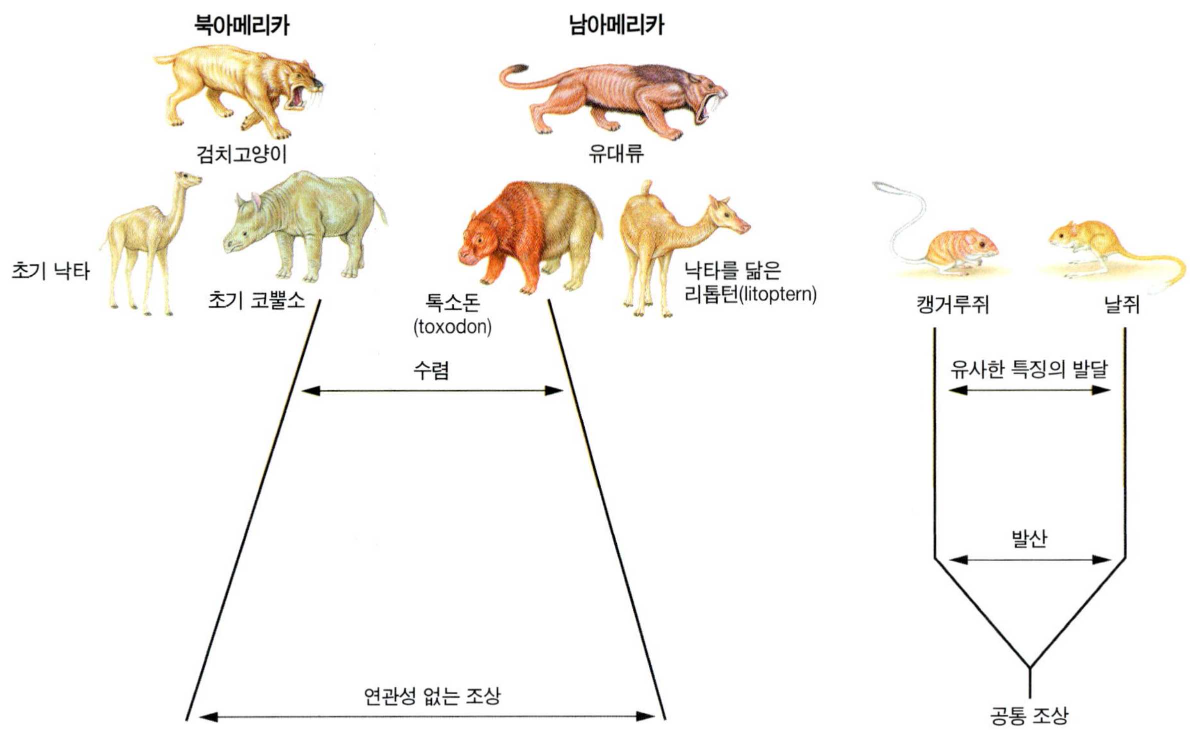

a 수렴진화. 서로 별개인 생물들이 비슷한 방법으로 진화하여 닮은 종이 생겼을 때 일어난다.

b 평행진화. 밀접하게 연관된 생물들이 독자적으로 유사한 특징을 갖게 된 것을 의미한다.

그림 7.11 수렴진화와 평행진화

징을 갖게 되는 **수렴진화**(convergent evolution)가 이 둘의 공통 현상이다. 그러나 밀접하게 연관된 생물들 사이에서 유사한 특징이 생길 때는 **평행진화**(parallel evolution)라 한다. 두 가지 진화의 경우, 유사한 특징이 독립적으로 발달하는데, 그것은 문제의 생물들이 비슷한 환경에 적응하기 때문이다. 다음 예가 두 가지 개념의 차이점을 밝혀줄 것이다.

신생대 대부분 동안, 남아메리카는 격리되어 진화한 독특한 포유류 동물군의 '섬 대륙'이었다. 그럼에도 불구하고 남아메리카와 북아메리카의 여러 포유류가 유사한 방법으로 적응한 결과 겉보기에 서로 닮아 보이는데, 이것이 수렴진화의 좋은 예이다(그림 7.11a). 마찬가지로 호주의 유대류와 태반 포유류 즉, 고양이 같은 육식 유대류와 고양이 등의 겉보기 유사성도 수렴진화로 해명된다. 이와 달리 평행진화는 밀접하게 연관된 생물들과 관련되는데, 독자적으로 진화하여 비슷한 특징을 갖는 날쥐와 캥거루쥐를 그 예로 들 수 있다.

소진화와 대진화

*micro*와 *macro*는 각각 '작다'와 '크다'를 의미하는 접두어이다. **소진화**(microevolution)는 한 종의 유전자 구성이 변하는 것으로, 한 종 안에서의 변화를 말한다. 예를 들면, 참새는 1852년에 북아메리카에 들어와 진화하여, 보다 크고 어두운 색깔의 북부 개체집단과 남부 개체집단으로 나뉘게 되었다. 개체집단의 분리는 기후 탓이 아닌가 한다. 마찬가지로, 소진화는 살충제와 농약에 저항력이 있는 생물들과 오염된 토양에 적응한 식물들에서 나타난다.

이와 달리, **대진화**(macroevolution)는 신종의 기원 또는 신속, 신과, 신목, 신강과 같은 종 이상의 분류군에 관계된다. 파충류로부터 조류의 기원, 포유류를 닮은

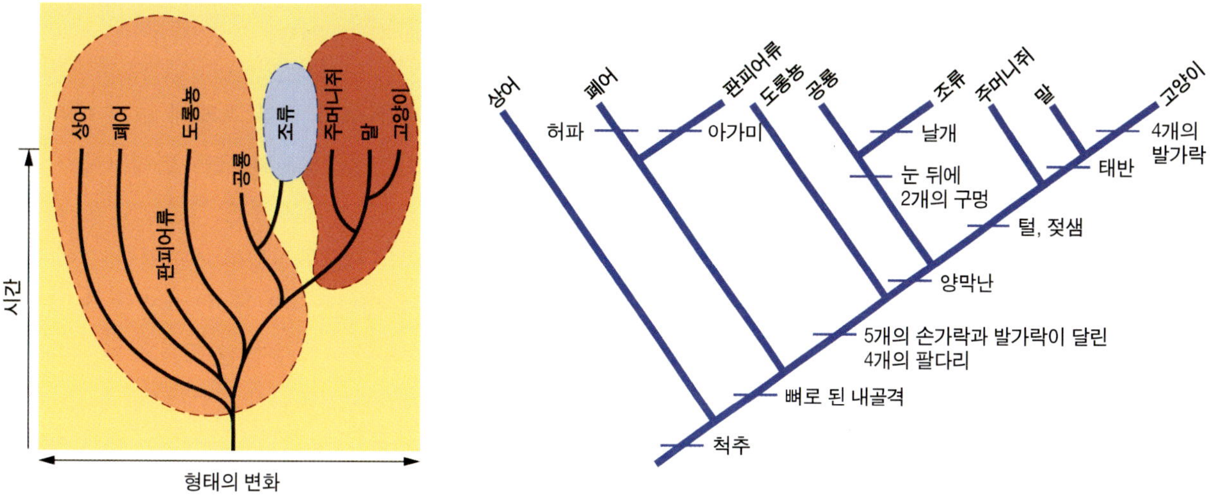

a 여러 가지 척추동물의 관계를 보여 주는 계통수

b 추정된 관계를 보여 주는 분기도. 이 그림을 그리는데 사용한 특징이 표시되어 있다.

그림 7.12 **계통수와 분기도**

파충류로부터 포유류의 기원, 육지에 살던 조상으로부터 고래의 진화 등 화석 기록에 좋은 예가 많다. 대진화는 소진화에 비해 큰 변화를 망라한다 해도, 소진화가 누적되면 대진화가 된다. 둘은 단지 변화의 정도가 다를 뿐이다.

분기와 분기도

분기(cladistics)는 원시 특징과 달리 유래한 것을 기초로 생물을 하나의 그룹으로 묶는 생물 분석의 한 유형이다. 예컨대, 모든 육지에 사는 척추동물은 뼈와 쌍을 이룬 팔다리를 가지므로 이 같은 특징은 원시적이고, 그들 사이의 관계 설정에 쓰이지 않는다. 그러나 털과 3개의 중이골(中耳骨)은 파생(유래)된 특징으로, **진화적 신기성**(進化的 新奇性, evolutionary novelties)이라고 하는데, 포유류만이 갖는 하나의 아분기군(亞分岐群, subclade)이다. 단지 포유류만을 생각한다면, 털과 중이골은 원시적 특징이지만, 정상출산은 대부분의 포유류와 알을 낳는 포유류를 구별하는 유래된 특징이다.

전통적으로 과학자들은 진화 관계를 **계통수**(phylogenetic tree)로써 묘사해 왔는데, 가로축은 해부학적 차이를, 세로축은 시간을 의미한다(그림 7.12a). 조상-후손의 관계양식은 특징의 다양성에 근거를 두었다. 이와 달리 **분기도**(cladogram)는 분기군 구성원 사이의 관계를 보여 주는데, 여기서 **분기군**(clade)은 가장 최신의 공통 조상을 포함하는 생물의 그룹이다(그림 7.12b).

분기도에 표현할 수 있는 생물의 수는 제한이 없으나, 많이 표현하면 할수록 복잡해지고 그리기 어려워진다. 그림 7.13은 박쥐·조류·개 사이의 관계를 각기 달리 해석한 세 가지 분기도이다. 박쥐와 조류는 날수 있으므로, 개보다는 그들 둘이 더 밀접하게 연관되었다고 생각할 수 있다(그림 7.13a). 반면에, 박쥐보다는 조류와 개가 더 밀접히 연관된다고 생각할 수도 있다(그림 7.13b). 그러나 털과 새끼를 키우기 위한 출산 등의 진화적 신기성에 집중한다면, 그림 7.13c처럼 조류와의 관계보다는 박쥐와 개가 더 밀접히 연관된다고 여길 것이다.

과학자들은 다양한 문제들을 해결하기 위하여 분기도를 이용한다. 예를 들자면, 고래가 발바닥이 평발인 우제류(사슴·하마·영양 등)와 더 가깝다면, 분기 분석이 가리키는 바와 같이, 이 같은 해석을 확인해 주는 해부학적 특성을 지녀야 한다. 사실 예전의 일부 고래들은 이 그룹의 전형적 특징인 독특한 '이중 도르래'(double pulley) 발목이 있었으나, 오늘날 고래의 뒤쪽 부속

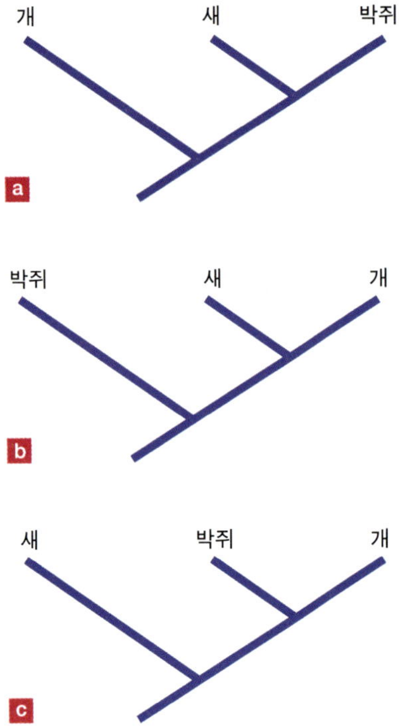

그림 7.13 **개, 새, 박쥐의 분기도** 개, 새, 박쥐 사이의 관계를 가정한 세 가지 분기도. 털과 새끼를 키우기 위한 출산 등의 파생된 특징은, c와 같이, 박쥐와 개가 가장 밀접히 연관됨을 가리킨다.

지(appendages: 지느러미)는 흔적만 남아 있다. 과학자들은 태평양 주목나무의 분기 분석을 통해, 한 화합물을 발견하여 암 치료에 썼고, 같은 화합물이 긴밀히 연관된 종에도 있을 것이라고 여겼다. 그것은 사실로 드러났고, 그 화합물은 이제 널리 사용되고 있다.

화석에 응용할 때, 특히 화석 기록이 적을 때, 무엇이 원시적이고 파생된 것인지를 조심스럽게 다루어야 한다. 더욱이 분기 분석은 공통 조상으로부터 물려받은 특징에만 의존하므로, 고생물학자들은 수렴진화로 생긴 특징에 대하여는 특히 조심해야 한다. 그럼에도 불구하고, 분기는 화석계통 사이의 관계를 분명하게 밝혀주는 강력한 도구이고, 이제 고생물학자들에 의해 광범위하게 사용된다.

모자이크 진화와 진화 경향

선택의 압력은 전체가 아닌 일부 특징에 크게 미치기 때문에, 진화적 변화는 한 생물의 모든 면에서 동시에 일어나지 않는다. 그 결과 같은 후손 그룹으로 묶는 기본 특징이, 그 그룹의 다른 특징들이 전형적인 것이 되기 이전에 나타날 수 있다. 예를 들면, 가장 오랜 새는 깃털과 조류의 전형적 특징인 융합된 쇄골을 가졌으나, 여전히 여러 파충류의 특징이 남아 있다(15장 참조). 따라서 이는 **모자이크 진화**(mosaic evolution) 개념을 대표하는 예로, 이 개념은 생물이 진화된 특징과 함께 옛 조상 그룹의 일부 특징을 공유한다는 의미이다.

고생물학자들은, 화석 표본이 충분하다면, 생물의 계통발생 또는 진화사와 진화경향을 구체적으로 밝힌다. 예컨대, 암모나이트류, 멸종한 오징어·문어와 가까운 혈족들의 한 가지 경향은 점점 복잡한 껍질로 진화했다는 것이다. 많은 화석으로 보아, 에오세 포유류인 티타노테레스(*Titanotheres*)는 크기의 증가뿐 아니라 코뿔이 커졌고, 나아가 두개골의 모양도 달라졌다(그림 7.14).

크기의 증가는 가장 흔한 진화경향이나, 그 경향은 복잡하고, 그 반대가 될 수도 있으며, 모두 같은 속도로 증가하는 것도 아니다. 말의 한 가지 진화경향 역시 크기의 증가이나, 멸종한 일부 말의 종들은 크기가 감소되었다. 그 밖의 말의 경향은, 다리가 길어지고 발가락 수가 줄어드는 것과 함께, 이빨과 두개골의 변화를 들 수 있다. 그러나 이러한 경향은 모두 같은 속도로 일어나지 않았다(18장 참조).

우리는 진화경향을, 변하는 환경이나 새로운 서식지에 반응하여 나타나는 일련의 적응과정이라고 생각할 수 있다. 그러나 일부 생물은 긴 기간 동안 아무런 진화경향을 보이지 않는다. 그 좋은 예가 완족동물인 링굴라(*Lingula*)인데, 이것의 패각은 오르도비스기 이후 크게 변하지 않았다(그림 5.18 참조). 같은 경향을 보이는 다른 예로, 투구게, 어류인 라티메리아(*Latimeria*), 은행 등이 있다(그림 7.15).

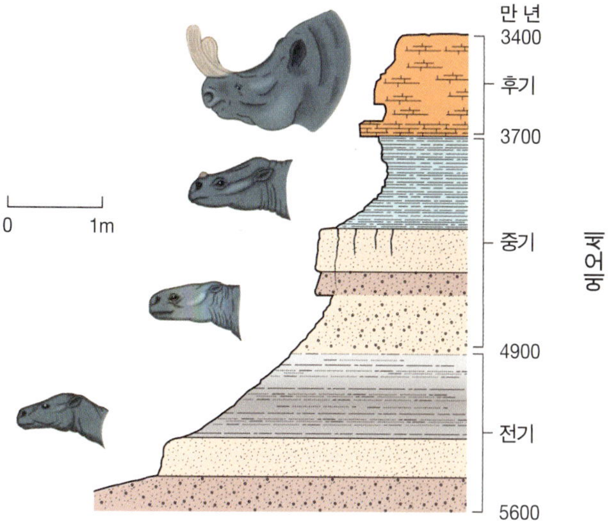

그림 7.14 **티타노테레스의 진화경향** 말과 코뿔소의 친척인 티타노테레스는 에오세 동안 2,000만 년에 걸쳐 살았다. 그 동안 작은 조상 종으로부터 어깨 높이가 2.4m나 되는 거대한 크기로 진화하였다. 이에 더하여, 큰 뿔을 발달시켰고, 두개골의 모양도 바뀌었다. 모두 16속이 알려져 있으나, 그림 중에는 4속만을 소개하였다.

a 라티메리아. 실러캔스의 한 그룹으로, 중생대 말에 멸종한 것으로 알려졌는데, 1938년 아프리카 동해안에서 한 마리가 잡혔고, 그 후에도 여러 마리가 잡혔다.

b 부채 모양의 현생 은행잎은 과거의 조상 종을 빼닮았다.

그림 7.15 **살아있는 두 가지 화석의 예**

물론 패각·이빨·뼈·나뭇잎의 변화가 뚜렷하지 않은 이유를 알 길은 없다. 그러나 투구게의 면역체계나 소화효소는 크게 변했을 수 있다. 이들과 주머니쥐 모두를 가리켜 **살아있는 화석**(living fossils)이라고 하는데, 다양한 환경조건에 살 수 있어서 환경 변화에 민감하지 않은 생물들이다. 이 같은 살아있는 화석의 정체성은 고생물학자와 진화생물학자가 아직까지 풀지 못한 생물세계의 일면이다.

그러나 자연선택에 의한 진화가 임의의 과정은 아니지 않을까? 만일 그렇다면 눈, 날개, 손과 같은 복잡한 구조는 어떻게 긴 기간 동안 같은 진화의 길을 견지할 수 있었는가, 우연히 그런 것인가? 실제로 자연선택에 의한 진화는 2단계 과정인데, 첫 번째 단계는 '우연'(chance)과 관계된다. 우선 일부 개체집단에서 변이는 반드시 존재하거나 발생한다. 돌연변이에 의한 변이가 '좋은 것이냐 나쁜 것이냐'는 정말 우연의 문제이나, 좋은 방향으로 변이하는 개체들만이 생존과 생식에 유리하므로, 두 번째 단계인 자연선택은 우연이 아니다. 어떤 의미에서 자연선택은 특별한 일련의 환경에 적응하지 못하는 개체들을 제거하고 솎아내는 과정이다.

멸종

화석 기록으로 판단할 때, 대부분의 생물들, 아마 모든 종의 99%는 이미 멸종(extinction)하였다. 실제로 자연선택이 선호하는 특성을 좇아 종이 진화한다면, 생물들은 고도로 완전하거나 매우 복잡하게 진화되지 않았을까? 척추동물은 적어도 기관의 전반적인 분화로 볼 때 박테리아보다는 더 복잡하지만, 신체의 복잡성이 반드시 생존에 우월하다는 의미는 아니다. 박테리아가 지난 30억 년 이상을 버텨왔음을 상기하라. 사실 자연선택으로 완전한 생물이 만들어지는 것이 아니라, 특정 시간에 특별한 환경에 적응한 생물이 만들어지는 것이다. 그래서 현생 대합이나 도마뱀이 수백만 년 전에 살던 그들의 선조보다 우월한 것은 아니다.

지속된 종의 멸종을 배경멸종(background extinction)이라 하는데, 멸종률이 가속되어 지구의 생물 다양성이 급격히 떨어지는 **대량멸종**(mass extinction)과는 분명히 구별된다. 멸종은 연속적으로 이루어지지만, 다른 종의 멸종으로 생긴 기회를, 항상 그런 것은 아니지만, 재빨리 이용하는 신종의 진화도 마찬가지이다. 공룡과 그 친척들이 사라졌을 때 포유류가 그 빈 적소(適所, niche)를 점령하면서 놀랄 만큼 다양해졌던 것이다.

5. 진화론을 지지하는 증거는 무엇인가?

찰스 다윈이 자신의 진화론을 제안하였을 때, 분류학·발생학·비교 해부학·지리적 분포·소수의 화석 기록 등의 증거를 인용하였다. 그에게 유전에 관한 지식은 거의 없었고, 생화학과 분자생물학은 그 당시에 생겨나지도 않았다. 이 같은 새로운 영역의 연구는 화석 기록에 대한 완전한 이해와 공조하여, 과학자들에게 진화론에 대해 확신을 갖게 하였다.

그렇다면 과연 진화론은 '과학적'인가? 진화론으로부터 예측 가능한 사실은 무엇인가? 먼저 진화론이 무엇이고, '예측 가능'이란 무엇을 의미하는지 분명히 해야겠다. 과학자들은 자연 현상에 대해 가설을 세우고, 검증하고, 어떤 경우에는 가설을 학설의 지위로 끌어 올린다. 그래서 학설이란 실험과/ 또는 관찰로 얻은 증거로써 지지되는 것을 말한다.

광학·유전·물질의 성질·현재의 대륙분포·생물세계의 다양성 등 과학의 거의 모든 분야는 어떤 이론적 토대를 갖는다. 물론 상당한 증거에 의해 지지되었을지 모르나, 최종적 의미로 입증된 학설은 아직 없으며, 모든 학설은 항상 질문과 재검토의 대상이고, 심지어 보다 설득력 있는 학설로 대체되기도 한다. 마이클 셸머(Michael Shermer)는 그의 저서 『왜 다윈이 중요한가』(pp. 1–2)에서 다음과 같이 말한다.

> 학설은 단지 누군가의 의견이나 과학자의 거친 추측이 아니고, 일련의 관찰내용을 설명하는, 잘 지지되고 입증된 '일반화'(generalization)이다.

예측(prediction)이란 흔히 다음 일식(日蝕)과 같은 어떤 미래의 사건을 예견하는 의미로 받아들여지나, 예측이 모두 미래에 관한 것만은 아니다. 예를 들어 판구조론에 의하면 해양 지각은 판이 벌어짐에 따라 계속해서 해령을 형성한다. 이것이 사실이라면, 해양 지각은 해령으로부터 멀어지면서 점차 나이가 많아야 하고, 해저퇴적물의 두께 역시 해령으로부터 멀어지면서 증가할 것이라고 예측하는 것이 논리적이다. 이 두 가지 예측은 사실로 입증되었다(그림 3.12 참조).

진화론으로 아주 먼 미래에 대해 예측할 수 없으나, 진화론에 부합되는 화석 기록뿐만 아니라, 현재의 생물계에 대한 예측들이 많다. 진화론에 부정적인 증거가 되는 관찰이나 실험에 대해 생각해 보는 것도 중요하다. 달리 말해, 우리가 이론을 왜곡하는 어떤 가능성을 지닌 관찰이나 실험에 대해 생각할 수 없다면, 그것은 자연 현상에 대한 쓸데없는 설명이 될 것이다. '지구는 몇 천 년 전에 창조되었다'고 한 고스(Philip Henry Gosse)의 생각은 하나의 좋은 예이다(5장 참조).

만일 진화론이 옳다면, 늑대와 코요테와 같이 밀접하게 연관된 종은, 해부학적 특성뿐 아니라 생화학적·유전학적·발생학적인 면에서도 유사해야 한다(표 7.1의 3번). 두 동물은 발생학적으로나, 생화학적 메커니즘으로나 다르다. 분명히 우리의 예측은 실패했고, 그래서 우리의 이론은 수정되어야 한다. 만일 다른 예측도 실패했다면, 예컨대 화석 기록에 포유류가 어류 이전에 나타난다든가 하는, 우리의 이론은 폐기하고 우리의 관찰을 올바르게 설명하는 다른 이론을 찾아야 한다.

분류—유사 집단 묶기

린네(C. Linnaeus: 1707~1778)는 생물을 속과 종명 두 가지를 나란히 쓰자는 분류법을 제안하였다; 예를 들면, 코요테는 *Canis latrans*이다. 표 7.2는 린네의 분류 체계를 보여 주는데, 등급이 위로 갈수록 분류군은 포

표 7.1	진화론으로부터의 예측

1. 진화가 일어난다면, 화석을 갖는 가장 오랜 암석에는 현생생물과 아주 다른 유해가 남아 있어야 하고, 보다 젊은 암석 중에는 보다 더 현생생물을 닮은 화석이 들어 있어야 한다.
2. 현생생물이 과거생물의 변형(modification)으로부터 유래한 것이라면, 목(目), 강(綱) 등을 잇는 특징을 함유한 화석이 있어야만 한다.
3. 진화가 사실이라면, 밀접히 연관된 종들은 해부학적 세부내용뿐 아니라 생화학적·유전학적·발생학적 유사성이 있어야 하고, 동떨어진 종들 간에는 유사성이 적어야 한다.
4. 진화론이 옳다면, 즉 현생생물이 공통 조상으로부터 유래했다면, 생물을 분류하였을 때 '특유의 유사성의 대물림'이 보여야 한다.
5. 진화가 실제로 일어났다면, 동굴 안에 사는 동·식물은, 다른 곳보다 동굴 바로 밖의 동·식물을 가장 닮았을 것이다.
6. 진화가 실제로 일어났다면, 섬에 사는 육상생물은 멀리 떨어진 곳보다 그 섬에 인접한 대륙의 육상생물과 가장 닮았을 것이다.
7. 진화가 일어났다면, 포유류는 어류가 출현하고 아주 긴 시간이 흐른 뒤에 나타났을 것이다. 파충류는 최초의 포유류나 조류 이전에 출현하였을 것이다.
8. 말과 코뿔소와 같은, 연관된 화석 기록을 살펴보면, 하나의 공통 조상으로부터 분기(divergence)하면 그들 사이는 아주 유사하지만, 분기가 진행될수록 점차 더 큰 차이가 남을 알 수 있다.

표 7.2	린네의 분류체계(예: 코요테, Canis latrans)

동물계—다세포 생물; 진핵생물(9장 참조); 유성생식; 기 형성된 유기분자를 양분으로 섭취

척색(삭)동물문—일생 중에 척색(삭), 새공(鰓孔, 아가미 구멍; gill slits), 속이 빈 등신경색을 갖음(13장 참조)

척추동물아문—분절(마디) 척추를 갖는 척색동물(13장 참조)

포유동물강—머리나 몸에 털, 젖샘이 있는 온혈 척추동물(15장 참조)

육식동물목—육식용 특수 이빨이 있는 포유동물(18장 참조)

개과—개를 닮은 육식동물(코요테, 늑대, 여우)

개속—밀접히 연관된 종으로만 구성(코요테, 늑대, 사육개)

종명(latrans)—자연에서 교배하여 자손을 낳을 수 있는 유사한 개체들로 구성

괄적이다. 코요테와 늑대(*Canis lupus*)는 수많은 특징을 공유하므로 함께 같은 속의 구성원인 반면, 그들과 붉은 여우(*Vulpes fulva*)는 공유하는 특징이 적어서 속은 다르지만 셋 모두 같은 개과(Family Canidae)의 구성원이다(그림 7.16). 모든 개과 동물은 고양이·곰·족제비와 일부 특징을 공유하므로 함께 **육식목**(肉食目, Order Carnivora)에 속한다. 육식목은 포유강(哺乳綱, Class Mammalia)의 18개 현생 목 중 하나인데, 포유강은 온혈이고 모피(fur) 또는 털(hair)로 덮여 있고, 젖샘(乳腺, mammary gland)이 있다.

린네가 생물 사이의 공통특징을 인지한 것은 단순히 종을 분류하려는 의도에서였고, 종은 특별히 창조된 것으로 불변하다고 믿었다. 1859년 다윈의 『종의 기원』이 발간된 뒤로, 과학자들은 '공통(공유)특징'이 진화와 관련하여 커다란 논쟁거리가 된다는 것을 금방 알아차렸다. 결국 현생생물이 과거 종으로부터 유래하였다면, 밀접히 연관된 종들과 그렇지 않은 종들 사이에, 어떠한 양상의 유사성과 차이점을 보이는지 우리는 예상해야 한다.

생물학적 증거가 진화론을 어떻게 지지하는가?

생물은 믿을 수 없을 정도로 다양해서, 과학자들은 적어도 150만 종을 기재하였고, 아직도 미기재 종의 수가 수천만 종에 이를 것이라고 추정한다. 그리고 현존하는 생물이 공통 조상으로부터 진화된 것이라면, 생물들 사이에 유사성이 남아 있어야 한다. 사실, 박테리아, 붉은

그림 7.16 공유특징에 의한 생물분류 어류·양서류·파충류·조류·포유류 등 척추동물아문의 모든 구성원은 마디로 된 척추를 갖는다. 아문(亞門)은 더 포괄적인 문(門)에, 문은 상위의 계(界)에 속한다(표 7.2 참조). 척추동물 중 몸과 머리에 털이 있고 젖샘이 있는 온혈 동물만이 포유동물이다. 여기에 보이는 육식(동물)목을 포함하여 포유류에는 목이 8개 있다. 개과는 개를 닮은 육식동물만을 포함하고, 개속은 밀접히 연관된 종만을 포함한다. 종의 영역에는 코요테(*Canis latrans*)만 들어 있다.

삼나무 또는 고래 등 모든 생물은 대체로 탄소·질소·수소·산소로 구성되어 있다. 더욱이 그들의 염록체는 DNA로 이루어져 있고, 모든 세포는 기본적으로 같은 방식으로 단백질을 합성한다.

생화학 연구도 진화 관계에 대한 증거를 제공한다. 혈액의 단백질은 모든 포유류가 유사할 뿐 아니라, 인간이 원숭이류를 거쳐 여우 원숭이 같은 하등 영장류에 이어 나온 유인원과 매우 유사하다는 것을 보여 준다. 생화학적 실험은, 화석 기록상의 증거로 볼 때 '조류는 파충류로부터 유래했다'는 견해를 지지한다.

인간·고래·개·조류의 팔(지느러미·앞다리·날개)은 겉보기에는 달라 보인다(그림 7.17). 그러나 그들 모두는 같은 뼈로 구성되었고, 기본적으로 근육·신경·혈관의 배열이 같으며, 신체의 다른 구조에 대해 유사하게 배열되어 있고, 배(=胚, embryo)의 발달양상도 유사하다. 이 같은 **상동구조**(相同構造, homologous structures)는 서로 다른 기능을 위해 변형된 척추동물의 앞다리들인데, 이 같은 특징은 그들이 공통 조상으로부터

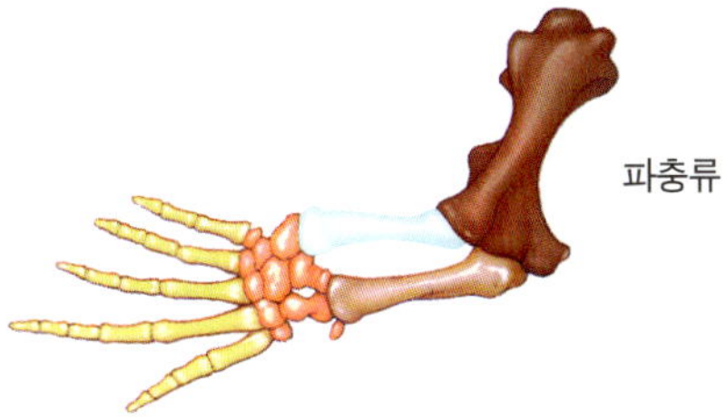

그림 7.17 상동구조 포유류의 손과 새의 날개는 그들의 선조인 파충류의 앞다리와 비교된다. 상동기관이 각기 다른 기능을 하나 모두 같은 뼈로 되어 있고, 다른 구조에 대하여 동일하게 배열되어 있으며, 유사한 배의 발달 과정을 겪었다.

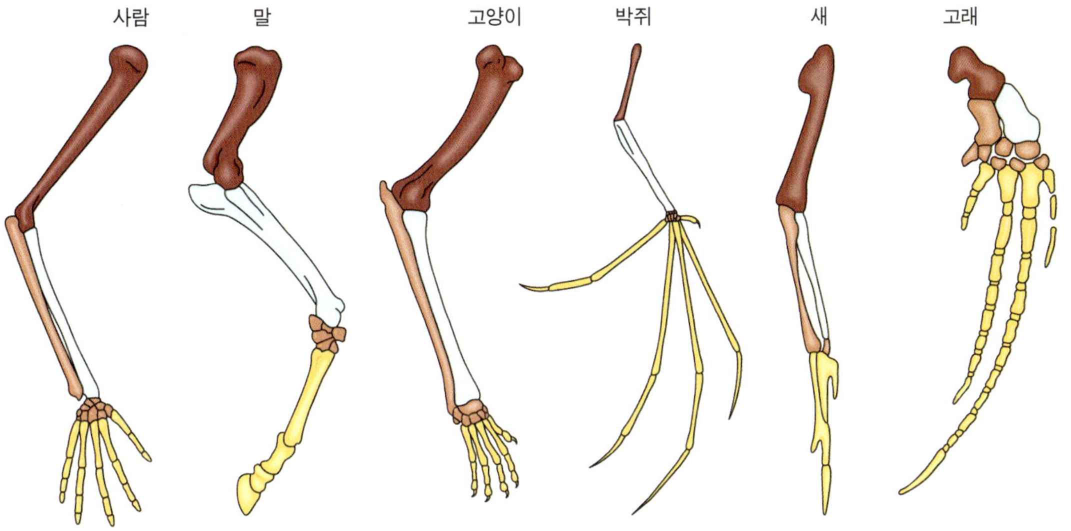

유래하였음을 의미한다. 그러나 진화와 무관하게 유사한 구조를 갖게 된 경우도 있다. 예를 들면, 곤충과 새의 날개의 기능은 같으나 구조와 발달과정이 전혀 다르다. 이를 **상사구조**(相似構造, analogous structures)라고 한다(그림 7.18).

왜 개는, 앞이나 뒷다리, 어떤 경우에는 모든 다리의 발가락이 아주 작은, 이른바 '며느리발톱'(dew-claws)을 하고 있을까(그림 7.19)? 조상 종은 제대로 기능을 하였으나 이제는 퇴화한 **흔적구조**(vestigial structures)이기 때문이다. 과거의 개는 모든 발에 발가락(digit)이 5개씩 있었고 모두가 땅에 닿았었다. 그러나 진화되어 4개의 발가락(toe)으로 걷게 되었고, 엄지발가락은 사라지거나 지금과 같은 상태로 감소되었다. 흔적구조의 기능은 대부분 감소한다. 발가락의 잔재는 돼지·사슴·말에도 있으며, 가끔 발가락이 더 달린 말이 태어나기도 한다. 드물게 뒷다리(지느러미)가 있는 고래와 역시 뒷다리가 있는 백악기의 뱀 화석 2점을 제외하면, 고래와 뱀의 일부는 골반을 갖으나 뒷다리가 없다.

개의 며느리발톱이 정말 필요한 것인가에 대해 심각하게 논의한 사람은 없을 것이다. 마찬가지로 사람의

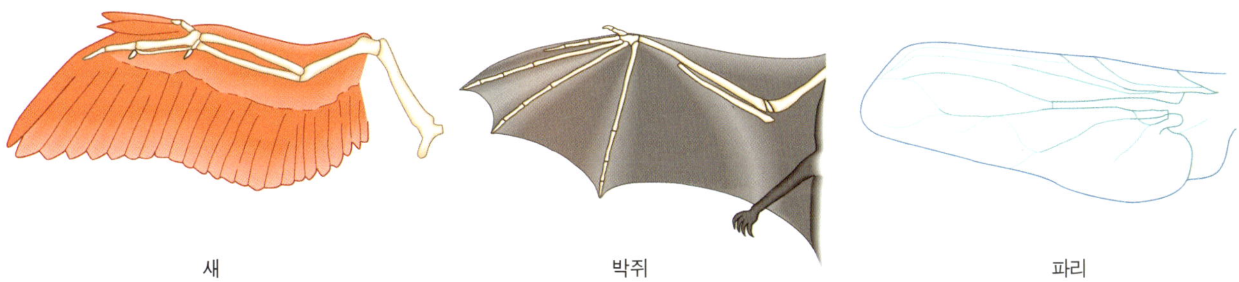

그림 7.18 상사구조 파리의 날개는 새·박쥐의 날개와 같은 기능을 한다. 그래서 상사관계인데, 그들의 구조와 배의 발달과정은 다르다.

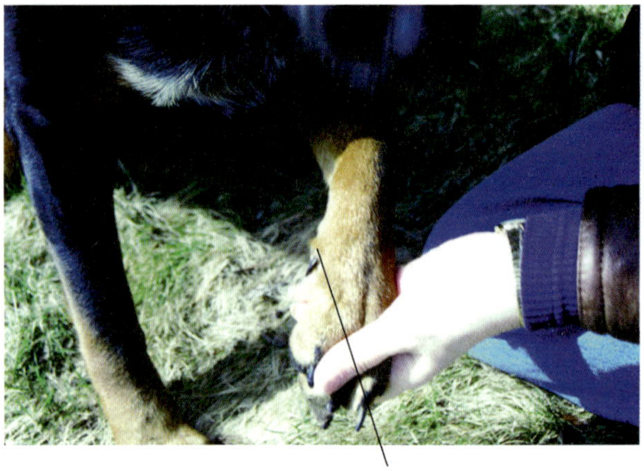

그림 7.19 **흔적구조** 개의 앞발에 나 있는 엄지발가락의 흔적(며느리발톱)

사랑니가 꼭 필요한 것인지를 납득시키기도 어려운 일이다. 사랑니가 잇몸을 뚫고 나오지 않는 사람들이 있고, 큰 고통과 함께 잇몸을 뚫고 나오는 사람도 있다. 그 이유는 무엇일까? 사람의 턱은 너무 짧아서 선조의 치아 수(數)를 모두 수용할 수 없다. 어떤 경우 흔적구조가 제 기능을 하지만, 선조가 하던 것과 전혀 다른 기능을 하기도 한다. 예를 들어, 포유류 중이(中耳)의 침골(incus)과 추골(malleus)은 포유류형 파충류의 턱과 두개골을 잇는 관절과 네모뼈에서 유래했다(15장 참조).

다른 유형의 진화의 증거는 현생생물의 소진화를 관찰하는 것이다. 앞에서 일부 식물의 오염된 토양에서의 적응에 대하여 언급한 바 있다. 사실, 소규모의 변화는 빠르게 일어나서, 즉 곤충과 설치류가 기존 환경에 대한 저항력을 키우기 때문에, 새로운 살충제와 농약은 계속 개발될 것이 분명하다. 항생제에 대한 내성이 있는 박테리아 계통에 대한 개발은 의학(醫學)의 오랜 문제이다. 이들 개체집단 내 변이가 기존에 존재하던 것이냐, 돌연변이에 의해 생겨난 것이냐 하는 문제와는 무관하다. 어떠한 경우에도, 일부 변종의 유형이 생존과, 유전자의 변화를 가져오는 생식에 유리하였다.

화석은 우리에게 무엇을 시사하는가?

초기 박물학자들이, 바다에서 먼 곳, 심지어 높은 산에서 발견된 해양 무척추동물 화석을 보았다면, 그 화석을 함유한 암석은 세계적인 홍수 때 퇴적된 것이라고 했을 것이다. 1508년 다빈치(Leonardo da Vinci)는 화석분포가 홍수의 확장과 무관함을 알았으나 홍수관련설은 지속되었고, 우드워드(John Woodward, 1665~1728)는 하나의 가설을 제안하였는데, 그는 화석의 모양·크기·밀도를 근거로 홍수로부터 침전되면서 화석은 분급된다고 하였으나, 관찰결과와 다르므로 이 가설은 곧 거부되었다. 다양한 크기·모양·밀도의 화석은 화석기록 곳곳에서 발견된다.

화석 기록에 있어서 일련의 연속성은 밀도·크기·모양·민첩성·서식지 등에 의한 것이 아니라, 시간 흐름에 따른 다양한 생물의 첫 출현에 의한 것이다. 즉, 단세포동물이 다세포동물보다 먼저, 식물이 동물보다 먼저, 척추동물보다 무척추동물이 먼저 나타난다. 척추동물 중에서는, 어류가 먼저이고 그 뒤로 양서류·파충류·포유류·조류가 연이어 나타난다(그림 7.20).

화석들 사이에는, 많은 사람들이 알고 있는 것보다 공통성(연계성)이 있어서 다음과 같이 질문할 수 있을 것이다: 공통 조상으로부터 말·코뿔소·맥(tapir: 중앙아메리카와 서남아시아에 사는 코가 뾰족한, 돼지를 닮은 동물)의 다양화 또는 파충류로부터 조류의 기원 또는 육서(陸棲) 조상으로부터 고래의 진화 등을 보여 주는 화석이 어디에 있는가? 사실, 한 그룹의 기원과 초기 다양화는 화석 기록으로 잘 알려져 있지 않으나, 우리가 예상하는 수준의 화석 종류는 알려져 있다.

말·코뿔소·맥을 한데 묶어 놓은 것이 특이하게 보일지 모르나, 화석과 현생동물 연구로 볼 때, 그들과 신생대 멸종 기제류 *Tithanothere*와 *Chalicothere* 등은 공통 조상에서 온 것으로 알려져 있다(그림 7.21). 그것이 사실이라면, 화석 기록으로 그들을 구별하는 일은 더욱 어려워질 것으로 예측된다(표 7.1). 나중에 분기가 진행되면서 점차 뚜렷이 달라져 갔지만, 사실 각각의 최

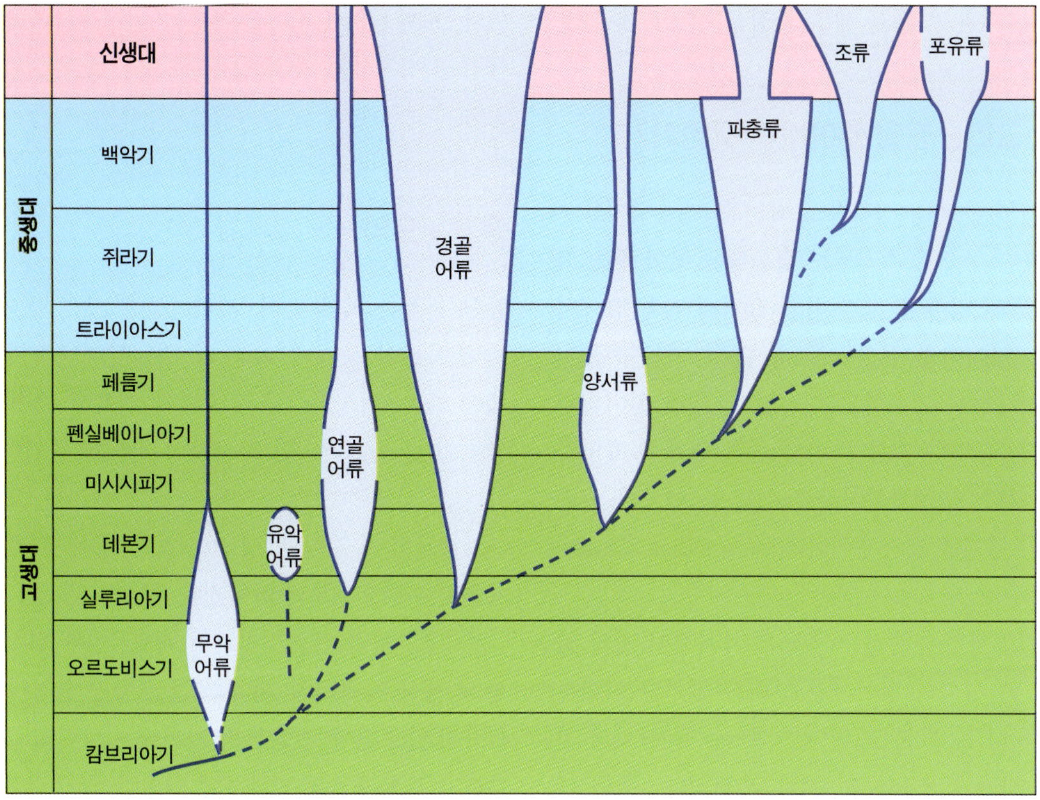

그림 7.20 화석 기록과 진화 그림은 척추동물들의 출현시기와 상대적 번성(abundance)을 나타낸다. 무악어류가 먼저 나타났고 그 뒤로 다른 어류들, 그 다음으로 다른 척추동물들이 나타났다. 파충류는 중생대 말에 대량멸종되었음을 보여 준다.

그림 7.21 말·코뿔소·테이퍼(기제목)의 관계를 보여 주는 분기도 이들의 관계는 화석과 현생동물 연구에 의해 잘 수립되어 있다. 공통 조상으로부터 처음 분기했을 때 이 세 동물들은 아주 유사하였으나, 분기가 진행되면서 그들은 달라져 갔다.

초 모습은 크기와 이빨의 세부 특징을 제외하면 매우 닮았다.

잃어버린 고리—정말 잃어버린 것인가?

화석 기록에 대한 가장 심각한 오해는, '고생물학자들은 조상과 후손 그룹으로 추정되는 생물들을 이어 주는 화석을 갖고 있지 않다'는 생각이다. 요컨대 과학 밖에서는 이 소위 '잃어버린 고리(missing links)'가 진화론이 틀렸음을 입증하는 것이라고 주장한다. 정말 잃어버린 고리는 있다. 그러나 그룹 사이의 중간 단계에 해당하는 화석도 많다. 고생물학자들은 이들을, 선조와 후손 그룹 모두의 특징을 갖는 **중간화석**(intermediate fossils)이라 부른다.

하나의 진화계통에 속하는 종들은 차이점이 거의 없기 때문에, 종 사이의 잃어버린 고리를 찾기란 어려운 일이다. 그러나 상위 분류군인 속·과·목·강 사이의 전이형태(transitional forms)는 점차 흔해진다. 예를 들면, 어류에서 양서류로의 전이는 화석에 의해 잘 입증되어 있고(13장 참조), 가장 고등한 포유류형 파충류와 최초의 파충류는 매우 흡사해서 서로 구별하기 어렵다. 해우(海牛, sea cows)의 일종인 듀공(dugongs)과 매너티(manatees)는 전적으로 물속에 사는 포유류로서, 앞지느러미(다리)가 변형되어 패들(노, paddles)로 변해 있다. 자메이카에서 나온 해우의 선조화석에서, 육상동물임을 지지하는 잘 발달된 사지와 골반을 관찰할 수 있다.

증거—요약

앞서 지적한 바와 같이, 과학자들은 다른 주요 이론처럼 진화론이 증거에 의해 잘 지지된다는데 동의한다. 예를 들면, 전이화석들은 강력한 진화의 증거이다. 화석이 물론 중요하지만 화석만이 진화의 유일한 증거는 아니다. 실로 수많은 증거들은, 비교 해부학·고지리학·분자생물학·유전학·발생학·생화학 등에서 제기된 증거들의 수렴으로부터 얻어진다.

분명히, 과학자들은 진화의 속도, 일부 화석의 중요성 및 생물 간의 정밀 관계와 같은 특정 쟁점에 대해 동의하지 않으면서, 진화론의 지지에는 강력히 결속한다. 그리고 과학자들은 진화론에 헌신적이고, 같은 데이터를 달리 설명하는 것을 싫어한다는 얘기에도 불구하고, 바로 그 반대도 사실이다. 다른 과학적 가설이 더 설득력이 있다면, 과학자들은 그것을 열심히 연구할 것이다. 과학에서, 널리 인정된 이론을 수정하거나 대체하는 일이야말로 가장 존경과 인정을 받는 길이다.

요약

- 모든 생물은 과거의 선조가 변형되어 내려온 것이라고 진화론은 주장한다.
- 최초로 널리 받아들여진 진화의 메커니즘은 1809년 라마르크가 제안한 획득형질의 유전이다.
- 개체집단 내 변이의 관찰, 인공선택, 맬서스의 인구론은 자연선택이 진화의 메커니즘이라는 다윈의 견해를 낳게 하였다.
- 1859년 다윈과 월리스는 자연선택을 제안하였는데, 그들에 따르면 개체집단의 일부가 생존, 생식 및 형질의 대물림에 유리한 '좋은 특성'을 갖게 된다는 것이다.
- 멘델의 완두콩을 이용한 교배실험으로, 변이와 그것이 개체집단 내에서 어떻게 유지되는가에 대해 일정 부분 알게 되었다. 그의 연구는 현대 유전학의 토대이다.
- 염록체의 특정 부분인 유전자는 모든 생물의 유전단위이다. 성세포의 유전자만 유전된다.
- 유성생식과 돌연변이(염록체나 유전자의 변화)는 개체집단의 변이를 가져온다.
- 자연선택에 의한 진화는 두 단계의 과정이다: 첫째, 변이는 반드시 존재하거나 발생하여 교배가 이루어지는 개체집단 안에 유지되어야 하고; 둘째, 좋은 변종은 생

존을 위해 선택되고 복제될 수 있다.

- 많은 종은 이소성 종분화에 의해 진화한다. 모(母)집단에서 격리된 작은 집단이 또 다른 선택적 압력을 받게 되어 결국 종이 갈리는 것이다.
- 공통 조상으로부터 다양한 종이 생길 때 발산진화라고 한다. 서로 다른 생물이 유사한 적응특성을 갖게 되면 수렴진화와 평행진화를 가져온다.
- 소진화는 한 종 안에서의 변화이고, 대진화는 종 수준 이상의 모든 변화를 망라한다. 대진화는 그저 오랜 시간 진행된 소진화의 결과이다.
- 과학자들은 전통적으로 계통발생 수(樹)를 이용하여 진화 관계를 묘사하였으나, 현재는 분기 분석과 분기도를 더 많이 사용한다.
- 배경멸종은 연속해서 일어난다. 그러나 대량멸종도 여러 차례 일어나, 그 기간 동안 지구의 생물 다양성은 크게 감소하였다.
- 진화론은 진정 과학적이다. 그것은 진화론이 틀렸다고 왜곡하는 관찰들을 우리가 평가할 수 있기 때문이다.
- 진화를 지지하는 많은 증거는 분류·비교 해부학·발생학·유전학·생화학·분자생물학 그리고 현재의 여러 소진화의 예에서 얻을 수 있다.
- 화석 기록도 진화의 증거를 제공하는데, 시간이 흐르면서 다른 생물들이 연속적으로 출현하는 현상이라든가, 화석으로써 조류·포유류·말·고래 등의 선조가 가졌을 것으로 예상되는 특징이 확인된다는 것 등이 그 예이다.

주요 용어

감수분열(meiosis)
계통점진설(phyletic gradualism)
고생물학(paleontology)
근대적 종합(modern synthesis)
단속평형설(punctuated equilibrium)
대량멸종(mass extinction)
대립유전자(allele)
대진화(macroevolution)
돌연변이(mutation)
디옥시리보핵산(deoxyribosenucleic acid; DNA)
모자이크 진화(mosaic evolution)
발산진화(divergent evolution)
분기(cladistics)
분기도(cladogram)
살아있는 화석(living fossils)
상동구조(homologous structure)
상사구조(analogous structure)
소진화(microevolution)
수렴진화(convergent evolution)
염색체(chromosome)
유사분열(mitosis)
유전자(gene)
이소성 종분화(allopatric speciation)
인공선택(artificial selection)
자연선택(natural selection)
종(species)
진화론(theory of evolution)
평행진화(parallel evolution)
획득형질의 유전(inheritance of acquired characteristics)
흔적구조(vestigial structure)

복습 문제

1. 같은 특성을 띤 유전자들은 ____라고 하는 또 다른 형태로 나타난다.
   a. ____ 감수분열, b. ____ 대립유전자, c. ____ 상사구조, d. ____ 돌연변이, e. ____ 공생
2. 감수분열로 만들어지는 것은?
   a. ____ 디옥시리보핵산, b. ____ 흔적구조, c. ____ 난자와 정자, d. ____ 분기도, e. ____ 획득형질의 유전
3. 신종과 신속이 기원하는 대규모의 진화는 무엇의 한 가지 예인가?
   a. ____ 계통점진설, b. ____ 월리스의 법칙, c. ____ 이명법, d. ____ 분기도, e. ____ 대진화
4. 획득형질의 유전은 1809년에 누가 제안하였는가?
   a. ____ 월리스, b. ____ 라이얼, c. ____ 라마르크, d. ____ 다윈, e. ____ 멘델
5. 화석 기록으로 드러난 생물의 역사를 연구하는 분야는?
   a. ____ 고생물학, b. ____ 고고학, c. ____ 광물학, d. ____ 생리학, e. ____ 파충류학

6. 말·고래·조류의 앞다리(지느러미/ 날개)는 무엇의 예인가?
   a. ____ 획득형질의 유전, b. ____ 수렴 종분화, c. ____ 인공선택, d. ____ 상동구조, e. ____ 평행진화
7. 더 이상 어떠한 기능도 하지 않거나, 과거와 전혀 다른 기능을 하는 동물의 구조는?
   a. ____ 불필요한 기관, b. ____ 추가 부속지, c. ____ 평행염색체, d. ____ 살아있는 화석, e. ____ 흔적구조
8. 다음 중 단속평형설에 대한 올바른 설명은?
   a. ____ 일생의 대부분의 기간 동안 변하지 않다가 갑자기 진화한다. b. ____ 서로 다른 강(綱)에 속하는 생물은 교배하지만 자손을 생산하지 못한다. c. ____ 생존을 위해 가장 크고 강한 것이 자연선택된다. d. ____ 생물은 천천히 그러나 지속적으로 진화한다. e. ____ 동식물은 그들이 살면서 획득한 형질을 자손에게 물려줄 수 있다.
9. 지구의 생물 다양성을 현저히 떨어뜨린 것은 무엇이 있었던 시기인가?
   a. ____ 종합진화(synthetic evolution), b. ____ 이소성 종분화, c. ____ 대량멸종, d. ____ 계통의 폭발, e. ____ 인공선택
10. DNA의 복잡한 이중나선 분자는 무엇인가?
   a. ____ 고대 화석, b. ____ 염색체, c. ____ 이소성 세포, d. ____ 배, e. ____ 유전 특성
11. 자연선택은 정말로 크고, 빠르고, 강한 자만이 생존에 유리하다는 것을 의미하는가?
12. 이소성 종분화에 대해 논의하고, 그것이 어떻게 일어나는지 두 가지 예를 들어라.
13. 흔적구조를 정의하는데 중요한 기준은 무엇인가? 몇 가지 예를 제시하라.
14. 발산진화와 수렴진화를 비교하고, 각각의 예를 들어라.
15. 계통점진설과 단속평형설의 개념은 무엇인가? 두 이론을 지지하는 증거는 있는가?
16. 진화론으로부터 예측할 수 있는 사실 세 가지를 제시하라.
17. 대진화의 의미를 설명하고, 화석 기록상의 예를 두 가지 들어라.
18. 상어·고래·곰의 관계를 보여 주는 세 가지 분기도를 그려라. 어느 것이 동물들의 관계를 가장 잘 묘사하고 있는가? 분기도를 그 같이 작성하는 데 이용한 기준은 무엇인가?
19. 진화론이 옳다면, 화석 기록에서 우리가 찾아야 할 증거의 종류는 무엇인가?
20. 멘델의 실험은, 다윈과 월리스를 괴롭힌 유전문제의 해결에 어떻게 도움을 주었는가?

응용 문제

1. 의회의 영향력 있는 그룹이 다음과 같이 명령했다고 가정해 보자: 향후의 모든 유전연구는 엄격한 지침에 따라야 한다—특히, 동·식물을 특정 환경에 내놓아 어려운 환경에서 살 수 있는 형질을 갖도록 해야 한다. 더욱이 이 그룹은 어떤 것이든 다른 분야의 유전연구는 금한다는 법률을 제정하였다. 그렇다면, 이 같은 연구 프로그램의 시행과 연구 유형의 제한이 현명하지 못한 이유는?
2. 과학자들에 의하면, 현생 맥·말·코뿔소는 다른 유제류(有蹄類)보다 서로 밀접한 연관성을 갖는다고 한다. 이 같은 사실은 무슨 종류의 생물 및 고생물학적 증거에 의해 지지되는가?
3. 어떤 사람이 당신에게 다음과 같이 말했다면 어쩌겠는가? "진화는 입증되지 않은 설에 불과하고, 화석 기록을 보면 생물이 시간에 따라 순서대로 나타나는데, 그 순서는 생물의 밀도·모양·서식지에 의해 결정된다." 첫 번째 진술이 일반이론과 무관한 이유는 무엇이고, 두 번째 표현을 논박하려면 무슨 증거를 인용하겠는가?

CHAPTER 8

선캄브리아 시대의 지구와 생명의 역사—시생누대

한국의 백령도 해안가에 노출된 선캄브리아 시대의 암석

[개 요]

[단원 목표]

이 장을 학습한 후에 우리는 다음 사항을 이해한다.

- 지질시대 대부분을 차지하는 선캄브리아 시대는 시생누대와 원생누대로 나뉜다.
- 시생누대의 지질학적 기록은 해석하기 어려운데, 그것은 이 시대의 많은 암석이 깊이 묻혀 있는, 변형된 변성암이고 화석이 드물기 때문이다.
- 각 대륙에는 적어도 하나의 선캄브리아 시대 암석의 노출지, 즉 순상지가 있고, 이것의 지하 연장부를 대지 또는 탁상지라고 한다. 순상지와 대지를 합하여 강괴라고 부른다.
- 모든 강괴에는 변형 운동, 변성작용 및 심성암 관입의 증거가 남아 있다. 그러나 선캄브리아 시대 이후 그 같은 작용의 영향은 거의 받지 않았다.
- 시생누대의 주요 암석 조합 두 가지는 가장 흔한 화강암-편마암 복합체와 주로 화성암으로 구성된 녹색암대이다. 퇴적암은 그들 윗부분에 놓여 있다.
- 녹색암대는 여러 지구조적 배경에서 형성되기도 하지만, 배호분지 연변이나 대륙 내 열곡에서 진화한 것으로 보이는 예도 많다.
- 판구조 운동은 시생누대 중에 일어나 판은 아마 빠르게 이동했고, 그때 화성 활동도 아주 빈번했다. 그 이유는 방사성 붕괴로부터 나온 많은 열이 지구에 축적되었기 때문이다.
- 화산 활동 중에 방출된 기체는 수권과 대기권을 생성시켰으나, 이 초기 대기 중에 산소는 희박했거나 없었다.
- 가장 오랜 화석생물은 단세포 세균(박테리아)과 고세균(古細菌, archaea)의 화학적 흔적(chemical traces)이다. 남조류(blue-green algae)는, 불규칙한 매트(mat)와 볼록 솟은 스트로마톨라이트(stromatolites)라고 하는 퇴적 구조를 만든다.
- 시생누대 암석에서 발견된 자원은 금·백금·구리·아연·철 등이다.

1. 서론

우리는 수 년 또는 몇 십 년과 같은 인간의 관점에서 시간을 생각한다. 그래서 우리에게는 수백만 년이나 수십억 년이라는 아주 긴 시간을 언급할 마땅한 틀이 없다. 따라서 40억 년 이상 지속된 선캄브리아 시대는 우리의 상상을 초월하는 시간 길이이다. 1초와 1년이 같다고 가정하고 지구의 나이 46억 년을 다 세려면, 여러분과 여러분의 자식 대(代)까지 해서 거의 146년은 걸릴 것이다. 다시, 46억 년을 24시간으로 축약할 때 선캄브리아 시대만 21시간이 넘어, 전 지질시대의 88%에 해당한다(그림 8.1).

선캄브리아(Precambrian)라는 용어는, 시간과 암석 모두를 표현할 때 널리 쓰인다. 시간 용어로는, 지구가 기원한 46억 년 전부터 현생누대가 시작되는 5억 4,200만 년 전까지의 지질시대를 가리키고, 암석 용어로는 캄브리아계 하위의 모든 암석을 가리킨다. 불행하게도 지질시대 초기 6억 년 동안의 암석은 남아 있지 않은 상태이므로 지질학적 기록은 실제로 약 40억 년 전부터 작성된다. 40억 년은 운석을 제외한 지구에서 가장 오래된 암석의 나이이다. 선캄브리아 시대의 특히 더 오래된 선캄브리아 시대의 지질 기록을 해독하기란 어려운 일이다. 그것은 (1) 많은 암석이 변성되었고 복잡하게 변형되었으며, (2) 젊은 암석 아래에 깊이 묻혀 있

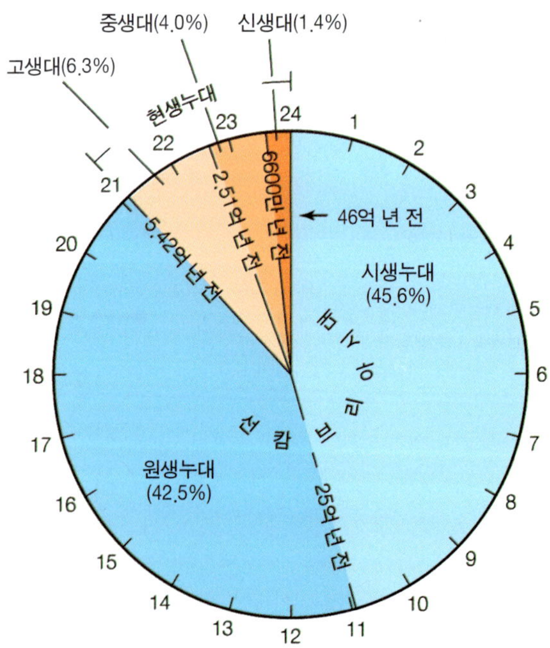

그림 8.1 **24시간으로 축약한 지질시대** 지질시대가 24시간이라면 선캄브리아 시대는 21시간 이상이므로, 전 지질시대의 88%를 상회한다.

고, (3) 생물층서에 유용한 화석을 거의 포함하지 않기 때문이다.

암석이 복잡하고 화석이 드물기 때문에, 선캄브리아 시대를 공식적으로 세분하기는 어렵다. 1982년, 용어의 표준화를 위해 북아메리카층서용어위원회(North American Commission on Stratigraphic Terminology)에서 선캄브리아 시대에 대해 2개 누대, 즉 **시생누대**(Archean)와 **원생누대**(Proterozoic)를 제안하였는데, 이제 널리 쓰이고 있다. 보다 최근인 2004년에, 국제층서위원회(International Commission on Stratigraphy, ICS)는 선캄브리아 시대를 그림 8.2와 같이 세분하였다. 주목할 점은 이 세분이, 시간-층서 단위가 아니라 절대연대를 기초로 이루어졌다는 것이다. 이는 표준 관례에서 벗어난 일이다. 5장에서, 예컨대 캄브리아계와 같은 계는 모식층(模式層, stratotype)을 기초로 정해 왔는데, 선캄브리아 시대의 명칭은 그것이 아님을 기억해 두기 바란다.

선캄브리아 시대의 지구를 연구하는 중요한 이유는, 이 시대가 지질시대 중 가장 길고, 이때 일어난 많은 사건이 그 뒤에 있을 지구와 생물 진화의 장(場)을 형성하였기 때문이다. 이 시기 중에 지구계(Earth system; 그림 1.1 참조)가 작동하기 시작하였다. 비록 모두가 동시에, 현재와 같은 형태로 작동된 것은 아니지만. 지구는 형성 후 수백만 년이 지나서야 맨틀과 핵이 분화되었다. 또, 내부의 열로 인해 판이 이동하고 대륙이 생겨나 진화하였다. 지구의 초기 대기는 이산화탄소가 많았는데 차츰 산소와 오존층을 포함한 대기로 진화하였고, 생물은 35억 년 전에 출현하였으며, 지표수가 축적되기 시작하였다.

요약하면, 형성 당시의 지구는 매우 다른 모습이었으나(그림 8.3) 선캄브리아 시대 동안 진화하여 갈수록 현재의 모습을 갖추어 갔다. 우리는 이 장과 그 뒤의 장에서 각 지질시대의 지질 기록을 살펴보게 될 것이다.

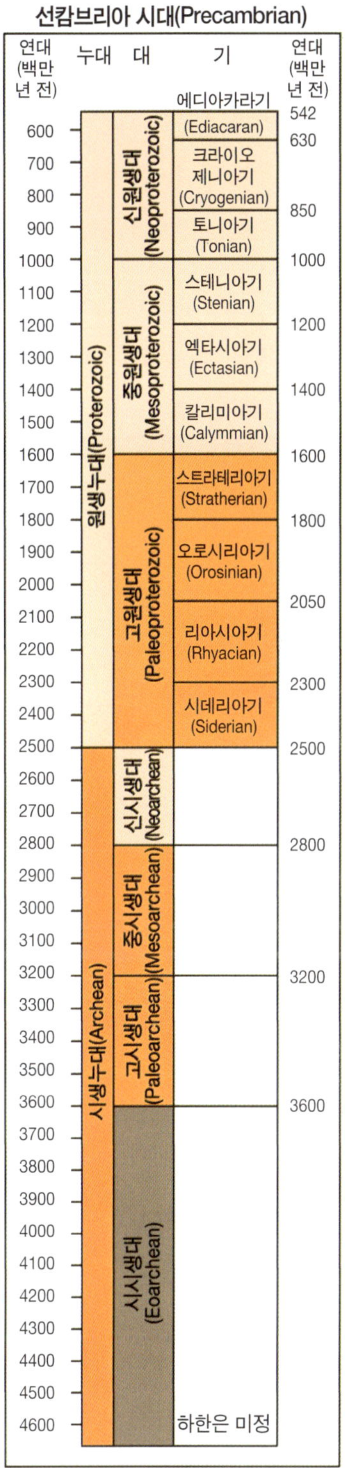

그림 8.2 선캄브리아 시대 지질연대 구분표 이 최신 지질 연대표는 2004년에, 국제층서위원회가 발간하였다. 접두어의 사용에 주의하라—eo(이른 또는 새벽), paleo(오래된 또는 고대의), meso(가운데), neo(새로운 또는 최근의). 기둥 왼쪽과 오른쪽의 시대는 100만 년 단위이다. 전체 지질 연대표는 그림 1.11을 참조.

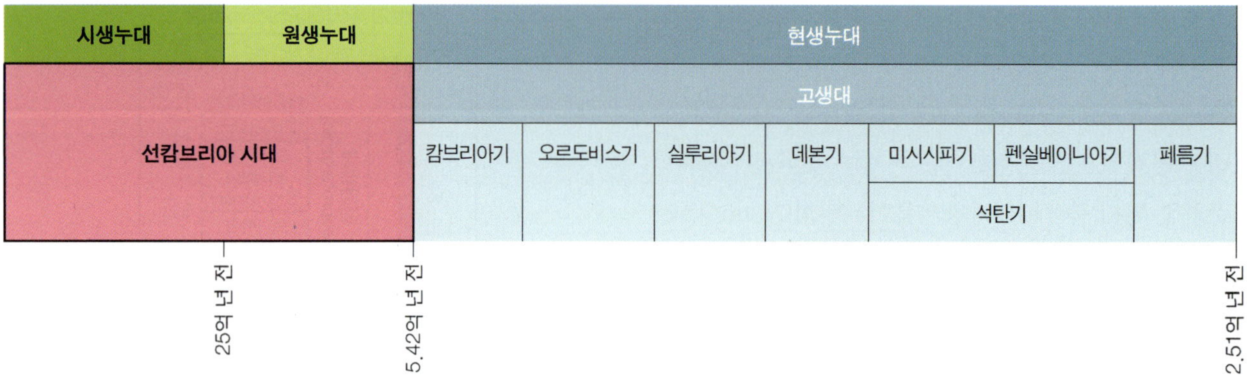

그림 8.3 **지구 형성 직후의 모습** 초기의 암석은 남아 있지 않으나 지질학자들은 형성 초기의 정황을 합리적으로 추론할 수 있다.

2. 시시생대에 무슨 일이 있었을까?

시시생대(Eoarchean Era)는 지구가 기원한 때부터 고시생대(Paleoarchean Era)가 시작되는 36억 년 전까지의 지질시대이다(그림 8.2). 불행하게도, 지구에서 가장 오랜 암석인 캐나다의 아카스타(Acasta) 편마암의 나이가 약 40억 년('조망' 참조)이므로, 그 이전 시생누대 초기의 지질 기록은 지구에 남아 있지 않다. 그럼에도 불구하고, 지구가 미행성들의 부가(附加)로 커지고, 핵과 맨틀이 분화되고(그림 1.5, 1.6 참조), 적어도 몇몇 대륙 지각이 44억 년 전쯤에 형성된 것 모두 이 시기 동안에 이루어졌다. 다른 지구형 행성 그리고 달과 마찬가지로, 지구도 운석들의 빈번한 공격을 받았다. 그러나 달과 달리, 이때 있었던 지구의 운석 충돌의 증거는 풍화·침식·판의 이동·조산운동 등에 의해 지워지고 남아 있지 않다. 미행성과의 충돌 외에도, 지구는 46~44억 년 전에 화성만한 크기의 미행성과 충돌하였다. 그 과정에서 대량의 뜨거운 물질이 방출되었고, 결국 그들이 뭉쳐져서 달을 형성하였다.

지구가 처음 형성되었을 때, 기원 당시에서 온 열이 많이 남아 있었고, 방사성 붕괴로부터 나온 열까지 더해져서 곳곳에서 화산 활동이 활발하였다. 초기의 지구 대기는 산소가 많은 오늘날의 대기와는 달랐고, 지표수는 지구가 충분히 냉각됐을 때 비로소 축적되기 시작했다. 만일 우리가 어떻게든 뒤돌아가 초기 지구를 방문한다면, 빠르게 자전하는, 뜨거운, 불모의, 물 없는, 운석과 혜성이 마구 떨어지는 지구를 보게 될 것이다. 또한 당시 지구는 대륙과 생명체가 없는 가운데 강렬한 우주 복사와 광범위한 화산 활동이 일어나고 있었을 것이다(그림 8.3). 가장 오랜 대륙 지각의 나이는 불확실하나, 적어도 대륙의 일부가 40억 년 전에는 존재하였고, 호주의 쇄설성 퇴적암 중의 저어콘($ZrSiO_4$)이 44억

현생누대									
중생대			신생대						
트라이아스기	쥐라기	백악기	고제3기			신제3기			
								제4기	
			팔레오세	에오세	올리고세	마이오세	플라이오세	플라이스토세	홀로세

2.51억 년 전

6,600만 년 전

년 전인 것을 보면, 그 정도의 근원암이 존재했음이 틀림없다.

지질학과 천문학 연구로부터, 조석효과 때문에 지구의 자전속도가 늦어지고 있다는 사실을 우리는 안다. 즉, 지구의 해양에 가해지는 달에 의한 마찰력 때문에, 지구의 자전은 매년 아주 조금씩 늦어진다. 지구가 처음 형성되었을 때, 지구의 자전주기는 아마 10시간이었을 것이다. 이 같은 달-지구 상호 작용의 또 다른 영향은, 달이 매년 몇 cm씩 지구로부터 멀어진다는 것이다. 따라서 시시생대 동안, 지구에서 본 달의 모습은 장관이었을 것이다.

형성 직후 지구는 아주 뜨거웠고, 화산 활동이 광범위하게 일어났다는 견해에 대해 지질학자들은 동의한다. 과거에는 불타던 지구가 냉각되는데 5억 년이 걸렸다고 믿었으나, 요즘의 일부 지질학자는, 44억 년 전에는 지표수가 축적될 정도로 충분히 냉각되었다고 생각한다. 이 같은 결론은, 저어콘 결정에 포획된 산소의 동위원소비($^{18}O/^{16}O$)에 근거한 것이다. 저어콘 속에 산소가 존재한다는 것은, 지표수와의 반응이 있었음을 의미한다.

맨틀의 고철질 마그마가 용승(湧昇)하여 형성된 최초의 지각은 지표를 교란시켰고, 수많은 섭입대가 발달하여 최초의 호상 열도가 만들어졌다(그림 8.4a). 호상 열도의 고철질암이 풍화되어 규산염(SiO_2)이 많은 퇴적물이 생성되고, 열도의 일부 마그마도 규산염이 풍부해졌다. 호상 열도들의 충돌로, 규산염이 풍부한 물질이 변성되면서 결국 대륙의 핵(contonental nucei)이 소수 형성되었다(그림 8.4b). 위로 떠오른 보다 큰 호상 열도 또는 원시대륙 그룹들은, 그들 연변을 따라 이루어진 부가에 의해 소규모의 열도나 대륙보다 빠르게 성장하여, 결국 최초의 대륙의 핵 또는 강괴를 형성시켰다(그림 8.4c).

3. 대륙의 토대—순상지, 대지 및 강괴

오늘날 대륙들의 대부분은 해수면 위로 드러나 있지만, 일부는 바다 밑에 있다. 그래서 대륙은 단순히 해수면 위의 육지가 아니다. 대륙은 화강암질 성분으로 이루어져 있고, 반면에 해양 지각은 현무암과 반려암 성분으로 이루어져 있다. 또 대륙 지각은 해양 지각보다 더 두껍고 밀도가 낮다. 더욱이 **선캄브리아 시대 순상지**(Precambrian shield)는 고대의 암석이 노출된 곳으로 모든 대륙에서 발견된다. 순상지 밖에는 넓은 **대지**(platform)가 분포한다. 순상지와 대지를 합하여 **강괴**(craton)라고 하는데, 대륙의 핵심체이다(그림 8.5).

강괴는 각 대륙의 기반이고, 그 연변을 따라 부가가 이루어져 현재의 크기와 모양을 갖게 되었다(그림 8.6). 예를 들면, 북아메리카의 경우 **캐나다 순상지**(Canadian shield) 안에 4개의 강괴〔슈피리어·헌(Hearne)·래(Rae)·슬레이브〕가 원생누대 동안에 변형대를 따라 합쳐져 하나의 커더란 강괴 덩어리를 구성한다(9장 참조). 시생누대와 원생누대의 암석은 강괴 안에서 발견되는데, 화성 활동, 변성작용과 조산운동을 수반하는

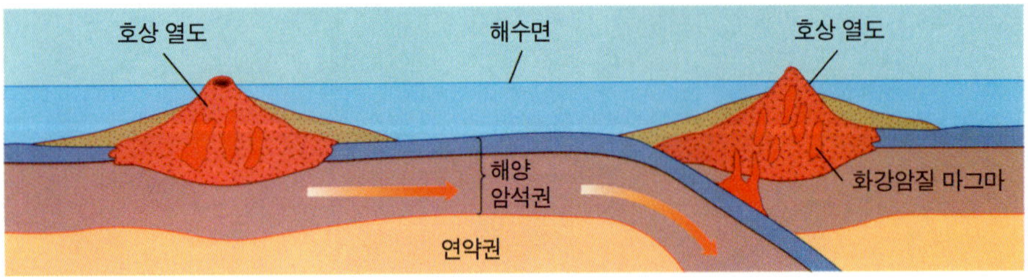

a 해양 암석권의 섭입과 현무암질 해양 지각의 부분용해에 의해 안산암질 호상 열도가 형성되고, 안산암의 부분용해로 화강암질 마그마가 생성

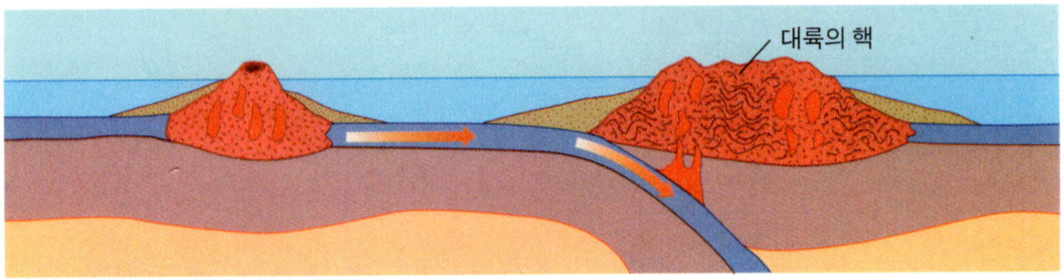

b a의 호상 열도가 전에 형성된 호상 열도와 충돌함으로써 대륙의 핵이 형성

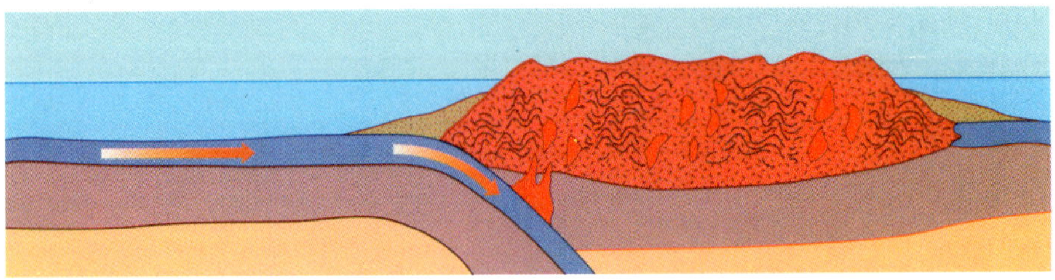

c b의 호상 열도가 발달하는 대륙과 충돌할 때 다시 앞의 과정이 반복되어 대륙의 핵심체인 강괴를 형성

그림 8.4 화강암질 대륙 지각의 기원

수차례의 변형 운동을 확인할 수 있다. 그러나 선캄브리아 시대 이후 거의 변형 받지 않은 강괴지역도 많다.

북아메리카에서 강괴의 노출지는 캐나다 순상지인데, 캐나다 북동부 대부분과 그린란드·뉴욕의 애디론다크(Adirondack) 산맥·미네소타·위스콘신·미시간의 슈피리어호 지역 일부를 점령한다(그림 8.5). 캐나다 순상지 대부분에는 수많은 호수가 자리 잡고 있고, 곳에 따라 시생누대와 원생누대의 암석은 얇은 플라이스토세 빙성층에 의해 덮여 있다. 구성암은 화산암, 심성암 및 퇴적암이며, 다양한 정도의 변성작용으로 변질되어 있다.

시추 및 지구물리 증거에 의하면, 선캄브리아 시대 암석, 즉 대지의 암석은 다른 대륙과 같이 북아메리카의 여러 곳의 지표 아래에서 발견되나, 순상지 밖에서는 침식과 융기된 지역에서만 볼 수 있다. 예를 들면, 시생누대와 원생누대의 암석들은, 그랜드캐니언의 깊은 곳, 로키 산맥과 애팔래치아 산맥 곳곳에 나타난다(이 장의 첫 페이지와 그림 8.7).

시생누대의 암석

지구에 노출된 선캄브리아 시대 지각 중 22%만이 시생누대인데, 가장 큰 곳은 아프리카와 북아메리카이다. 시생누대 지각은 다양한 암석으로 구성되어 있으나, 녹색암대와 화강암-편마암 복합체가 특징적이다. 둘 중에서 **화강암-편마암 복합체**(granite-gneiss complex)가 더 흔하다. 화강암-편마암 복합체는 화강암질 편마암과 화강암질 심성암 등 여러 암석으로 구성된다. 화강암질 심성암이 더 많고, 이들은 호상 열도의 심성암으로부터 유래된 것으로 보인다(그림 8.4). 그 밖에, 사문암으로부터 퇴적암에 이르는 다양한 암석이 있는데, 모두 다 변성되어 있다. 녹색암대는 부수적인 것으로 시생누대 암석의 10%에 불과하나, 복잡한 시생누대의 구조 사건을 푸는 데 중요하다.

녹색암대

녹색암대(greenstone belt)는 세 가지 주요 암석군(群)을 갖는다; 하부와 중부는 대체로 화산암이고, 상부는 퇴적암 위주로 되어 있다(그림 8.8a). 녹색암대는 전형적으로 향사구조를 이루는데, 너비가 40~250km, 길이는

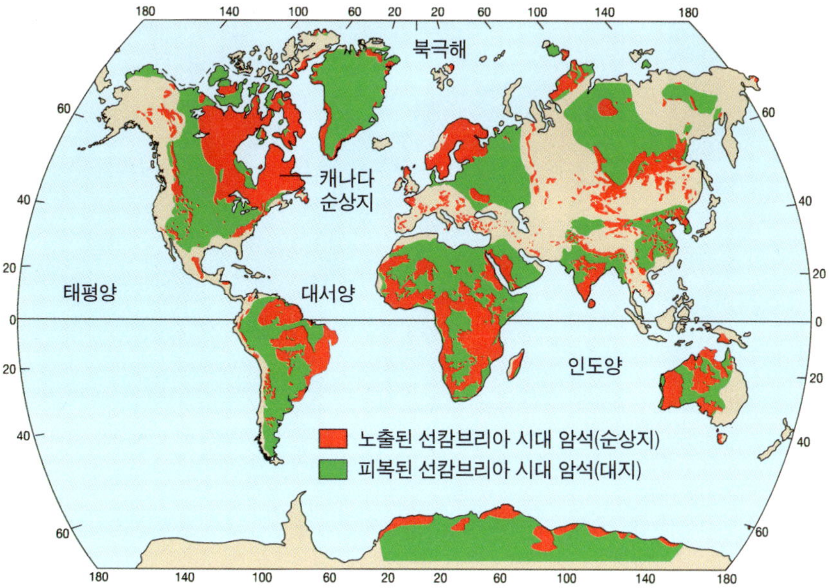

그림 8.5 선캄브리아 시대 암석의 분포 노출된 선캄브리아 시대 암석은 순상지를 구성하는 반면, 대지는 매몰된 선캄브리아 시대 암석으로 구성된다. 순상지와 인접한 대지는 강괴를 형성한다.

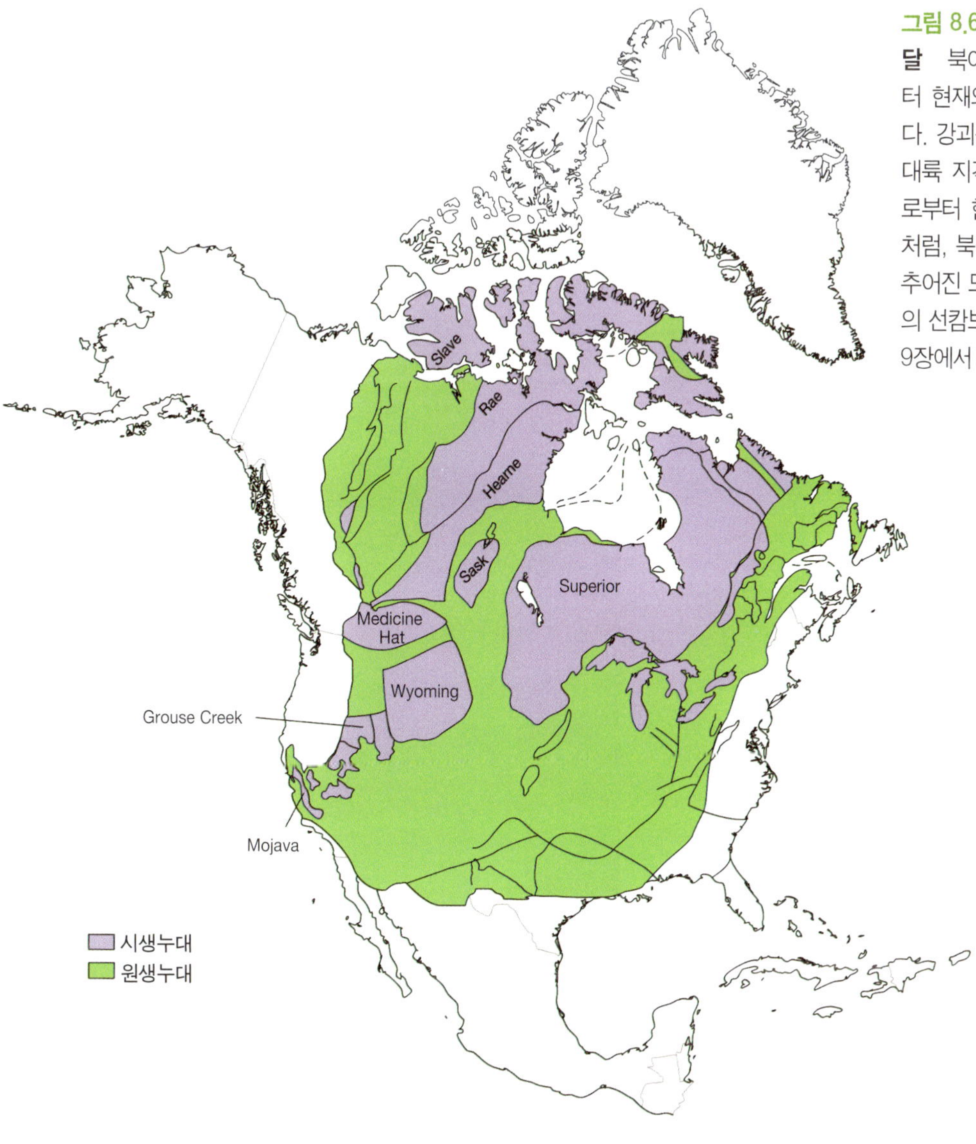

그림 8.6 북아메리카 대륙 지질의 발달 북아메리카는 시생누대 강괴로부터 현재의 크기와 모습으로 발달해 왔다. 강괴는 대륙의 핵심체로 이를 젊은 대륙 지각이 에워싸고 있다. 시생누대로부터 현재에 이르기까지, 다른 대륙처럼, 북아메리카도 여러 조각이 짜 맞추어진 모자이크 형태이다. 북아메리카의 선캄브리아 시대 지질학적 사건들은 9장에서 자세히 다룬다.

a 편마암이 화강암질 암맥에 의해 잘린 모습, 캐나다 온타리오의 화강암-편마암 복합체.

b 와이오밍의 빅혼(Bighorn)산의 협곡. 쉘 크릭(Shell Creek)이 29억 년 나이(중원생대)의 화강암을 잘라 협곡을 형성시켰다.

그림 8.7 북아메리카 대륙의 시생누대 암석 북아메리카의 시생누대 암석은 대부분 캐나다 순상지(a)에서 발견되나, 로키 산맥처럼 깊게 침식되거나 융기된 곳(b)에서도 발견된다.

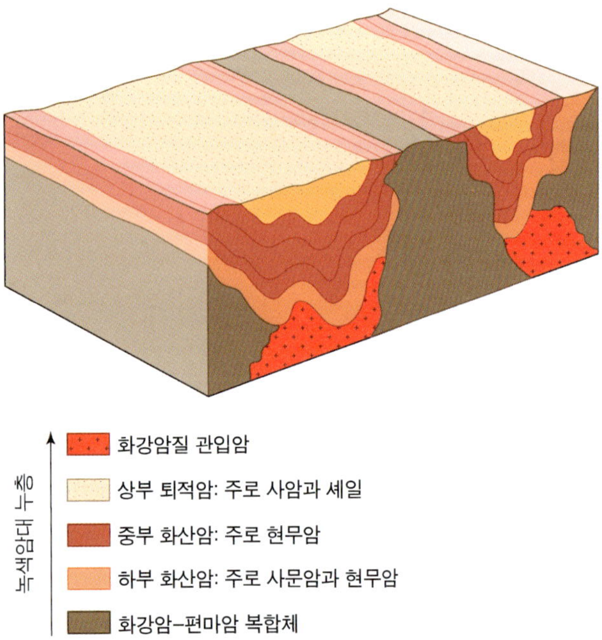

a 인접한 두 녹색암대. 하위(older belts; 28억 년 이상)에는 초고철질 암석, 그 위에 현무암이 놓여 있다. 젊은 암석들로는 하위의 현무암과 상위의 안산암-유문암이 있다. 두 가지 경우 모두, 퇴적암이 최상위에 놓이는 것이 보통이다.

b 미시간에 분포하는 이시페밍(Ishpeming) 녹색암대의 베개 용암

c 캐나다 온타리오 화강암-편마암 복합체의 편마암

그림 8.8 녹색암대와 화강암-편마암 복합체

120~80km에 이르고, 화강암질 마그마의 관입과 충상단층작용을 받았다. 화성암은 대개 녹색을 띠는데, 그것은 녹니석, 각섬석과 녹염석 등의 저변성 녹색광물을 함유하기 때문이다.

두껍게 쌓인 베개 용암은 녹색암대에 흔한 암석으로, 화산 활동이 수중에서 이루어졌음을 가리킨다(그림 8.8b). 이와 대조적으로, 화산 쇄설물은 화산의 중심부가 해수면 위에 있는, 대기 중의 분출로 형성된다. 녹색암대에 있는 가장 흥미로운 화성암은 코마타이트(komatiites)인데, 이는 초고철질 용암류가 냉각한 것으로, 시생누대보다 젊은 암석 중에는 드물고, 현재는 나타나지 않는다.

초고철질 마그마(SiO_2가 45% 이하)가 분출하려면, 마그마 표면 가까이의 온도가 1,600℃ 이상 되어야 한다; 현세의 가장 높은 표면온도는 1,350℃이다. 그러나 지구 역사 초기에는 방사성 열이 많았고, 맨틀의 온도도 지금보다 300℃ 더 높았다. 이러한 조건에서 초고철질 마그마가 지표에 올라올 수 있었으나, 지구의 방사성 열이 낮아지면서 맨틀은 식었고 초고철질 마그마는 더 이상 나타나지 않게 된 것이다.

그림 8.9 **북아메리카의 녹색암대** 캐나다 순상지의 시생누대 녹색암대(암녹색 부분)는 대부분 슈피리어와 슬레이브강괴 안에 분포한다.

퇴적암류는 녹색암대 내 곳곳에서 발견되는데, 상부단위에서 우세하게 나타난다(그림 8.8a). 대표적인 암석은 **잡사암**(점토와 암편이 풍부한 사암)과 **점토암**(약간 변성된 이질암)이다. 이중에는 저탁류 퇴적층의 특징인 소규모의 사층리와 점이층리가 발견된다(그림 6.4 참조).

다른 퇴적암류로 사암·역암·처트·탄산염암 등도 있으나 양은 적은 편이다. 철 성분이 풍부한 **호상철광층**도 발견되나 이는 원생누대 퇴적층 중에 보다 전형적으로 발견되므로, 이에 대해서는 9장에서 논의한다.

가장 오랜, 보존이 좋은 녹색암대는 남아프리카에 있고, 그 시대는 36억 년 전이다. 북아메리카에는, 캐나다 순상지의 슈피리어와 슬레이브강괴 중에 많고, 미시간과 와이오밍 등에도 소량 발견된다(그림 8.9). 그들의 나이는 27억~25억 년 전이다.

녹색암대의 진화

지질학자들은, 녹색암대가 대체로 시생누대와 원생누대 분포지에서 발견되고, 다수의 평행한 띠 모양으로 나타나며, 그들 각각은 화강암-편마암 복합체에 의해 분리되어 있다는 사실을 알고 있다(그림 8.8a). 지질학자들 대부분은, 그들이 여러 구조대에서 형성되었을 것이라는데 동의한다. 일부 시생누대 녹색암대의 기원에 대한 설득력 있는 한 가지 모델은, 판구조 운동과 관련된 것으로, 나중에 닫히게 되는 **배호 분지**(back arc marginal basin)에서 발달한다는 것이다(그림 8.10). 호상열도와 아시아 대륙 사이에 있는 지금의 동해는, 배호 분지의 좋은 예이다.

이 모델에 의하면, 배호 분지가 형성되면서 초기단계에는 확장이 일어나고, 이어 화산 활동, 심성암의 관입과 퇴적작용, 그 다음에는 분지가 닫히면서 압축작용(응력)이 이어진다. 나중의 단계에서, 발달 중인 녹색암대의 구성암이 변형작용, 변성작용 및 화강암질 마그마의 관입을 받게 된다. 이 모델의 지지자들은, 배호 분지가 열리고 닫히는 일이 여러 차례 반복되면서 녹색암대가 평행한 배열을 갖게 되었다고 말한다.

조망

지구에서 가장 오래된 암석

각 대륙은 아주 오래된 핵 또는 강괴가 하나 있고, 그 주위에 새로운 대륙물질이 부가되어 이루어졌는데, 부가현상은 선캄브리아 시대부터 시작되어 지금까지도 진행되고 있다. 예를 들면, 지각의 한 덩어리(220km × 75km)인 야쿠타트(Yakutat) 지역은 알래스카 남부와 결합 중이다. 이 대륙의 부가현상에 대해서는 9장에서 자세히 논의될 것이다. 각 대륙에서 가장 오래된 암석은 강괴 중에서 발견된다.

태양계에서 가장 오래된 물질은 운석이고, 방사성 동위원소 측정법으로 계산된 나이는 약 45억~46억 년이다. 1869년에 멕시코 북부에 떨어진 알렌데(Allende) 운석의 나이는 45억 6,300만 년 ±300만 년이다. 태양계 전체는 약 46억 년 전에 동시에 형성되었겠지만, 불행하게도 지구에는 그 나이의 암석이 없다. 캐나다의 아카스타(Acasta) 편마암이 지금까지 발견된 가장 오래된 암석으로, 40억 3,000만~40억 5,500만 년이다. 변성암이므로 이 암석의 모암(母岩)은 그보다 오래되었을 것이다(그림 1).

이 보다 더 오래된 것으로, 저어콘 측정값이 있다. 저어콘($ZrSiO_4$)은, 화강암질 암석, 규장질 화산암과 일부 변성암과 퇴적암 속에 부수광물로 들어 있다. 저어콘은 내구력이 극히 좋은 광물로, 흔히 중심의 핵을 동심원상의 띠들이 에워싼 모양을 하고 있다. 각 띠는 광물이 겪은 역사를 내포하고, 당연히 중심부가 가장 오래된 것이다. 저어콘은 12월의 탄생석이고, 연마재, 금속 저어콘과 백금을 용해하는 용광로로 쓰기 위해 채광된다.

지질학자들은 저어콘을 함유한 암석을 채집하여 연마한 뒤 광물 알갱이들을 분리시킨다. 그런 다음, 용액 속에서 침전시키거나(저어콘은 암석 속의 다른 광물보다 밀도가 더 크다) 반자성(反磁性, diamagnetism)의 특징을 이용하여(저어콘은 자기장에 반발성을 띤다) 저어콘을 다른 광물로부터 분리시킨다. 앞서 말한 대로, 저어콘은 흔히 띠를 이루는데, 각 띠는 성분이 약간 다르고, 나이도 다르다. 과학자들은 띠들을 분석하여 우라늄동위원소를 찾는다. 소량의 우라늄이 붕괴하는 성질을 이용해 연대 측정이 가능한 것이다.

과학자들은 하도(channel)에 퇴적된, 호주 일간(Yilgarn) 강괴의 저어콘을 분석하여 그의 연대가 43억~44억 년 전임을 알아냈는데, 이는 그 무렵에 대륙 지각이 존재했었음을 가리킨다. 오래된 암석의 증거를 발견하기란 쉬운 일이 아니다. 왜냐면 지구의 오래된 지각 대부분은 변성·재순환·변형·교란작용을 받았기 때문이다. 예를 들면, 지구가 기원하여 38억 년 전까지, 다른 지구형 행성과 달이 그랬던 것처럼, 운석 및 혜성과 충돌하는 일이 빈번했었다.

물론 연대 측정법이 모든 조건에서 잘 되지는 않지만, 방사성 동위원소 측정법의 가장 큰 장점은 결과의 일관성이다. 앞서 언급한 아카스타 편마암은 각기 다른 다섯 가지 방법으로 측정되었다. 편마암은 40억~34억 년 전 사이에 적어도 4차례의 화성 활동 또는 변성작용을 받았던 것으로 정밀 분석되었다. 추후 이보다 더 오래된 암석이 발견될 수도 있겠으나, 현재로서는 아카스타 편마암이 지구에서 가장 오래된 암석 기록이다.

그림 1 캐나다 북서부에서 발견된 약 40억 년 전의 아카스타 편마암. 지금까지 알려진 지구에서 가장 오래된 암석이다.

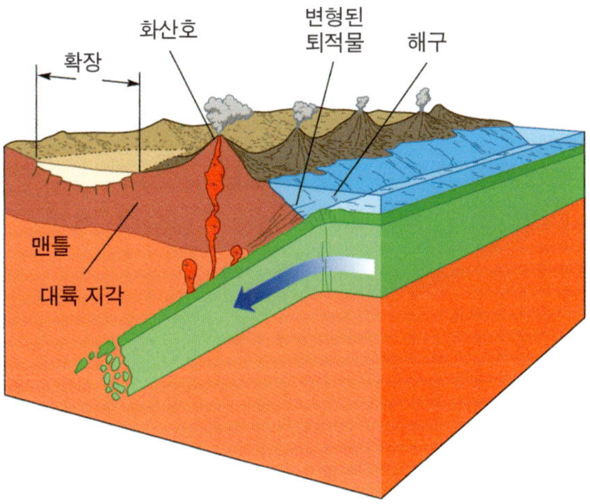

a 화산호(volcanic arc)의 대륙쪽에 열곡이 생겨나 배호 분지가 형성. 섭입된 해양 암석권의 부분융해로, 안산암질과 섬록암질 마그마가 호상 열도에 관입함

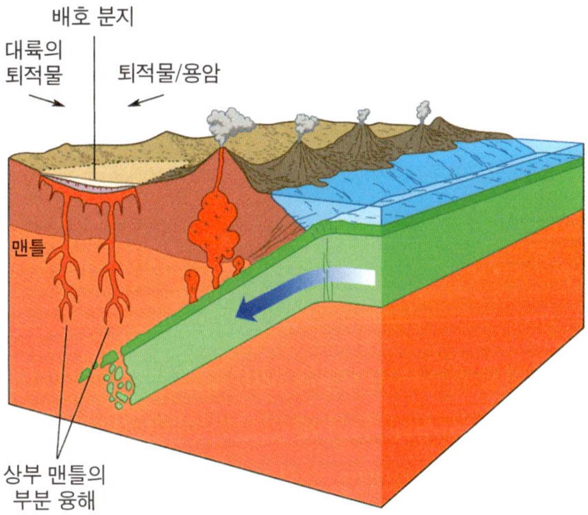

b 호상 열도와 대륙에서 유래한 현무암질 용암과 퇴적물이 배호 분지를 채움

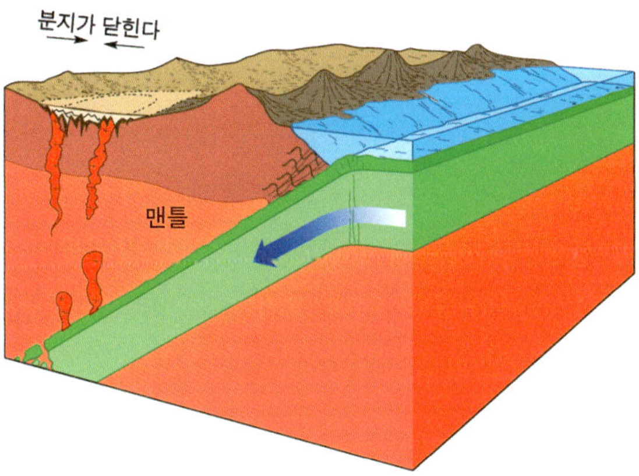

c 배호 분지가 닫히고 압축과 변형작용을 받음. 향사 유사구조가 형성되고, 그곳에 화강암질 마그마의 관입이 이루어짐

그림 8.10 **배호 분지에서 녹색암대의 기원**

녹색암대의 기원을 설명하는 배호 분지 모델은 많은 지질학자들이 잘 받아들이는 것이지만, 녹색암대 일부는 상승하는 맨틀 플룸(mantle plumes) 위의 내륙 내 열곡대에서 형성된다고 생각하는 사람들도 있다(그림 8.11). 그들의 설명은 이렇다. Si와 Al이 많은 대륙 지각 아래에서 맨틀 플룸이 상승할 때 생긴 장력의 작용으로 열곡이 형성된다. 맨틀 플룸은 녹색암대 하부와 중부 화산암단위의 근원이고, 상부의 퇴적암단위는 열곡 측면의 화산암류가 침식된 결과이다. 마지막으로, 열곡이 닫히고 변형, 저변성작용 및 심성암의 관입이 일어난다(그림 8.11).

4. 시생누대 판구조 운동과 강괴의 기원

해양 분지가 열리고 닫히는 현재의 판 구조체제는, 분명히 고원생대(Paleoproterozoic) 이래 지구의 진화를 우선적으로 이끌었다. 많은 지질학자들은 시생누대에도 어떤 종류의 판구조 활동이 있었을 것이라고 확신하나, 현재 진행되고 있는 것과는 그 세부내용이 달랐다. 지구의 기원 후 남은 열과 방사성붕괴에서 온 많은 열로 인해, 판은 더 빠르게 이동했고, 마그마도 더 급속히 형성되었다. 그 결과, 대륙들은 호상 열도와 다른 판과 충돌하며 그들의 연변을 따라 부가[**대륙의 부가**(continental accretion)]가 이루어져, 빠르게 성장하였음이 분명하다. 또한 초고철질 용암류(lava flows; 코마타이트)도 보다 흔했다.

그러나 시생누대와 그 다음 시대 사이에는 현저한 차이가 있었다. 시생누대 암석이 넓은, 비활동적인 대륙 연변에 퇴적되었다는 증거는 거의 없으나, 원생누대 분포지에는 광범위하다. 충돌하는 강괴들 사이에 존재하는 변형대는, 시생누대에 판구조 운동이 활발했음을 가리키나, 젊은 수렴경계에 아주 전형적으로 나타나는 오피올라이트(ophiolites)는 드물다.

그럼에도 불구하고, 지질학자들은 여러 곳에서 신시생대 오피올라이트의 존재 가능성을 보고하였다. 러시

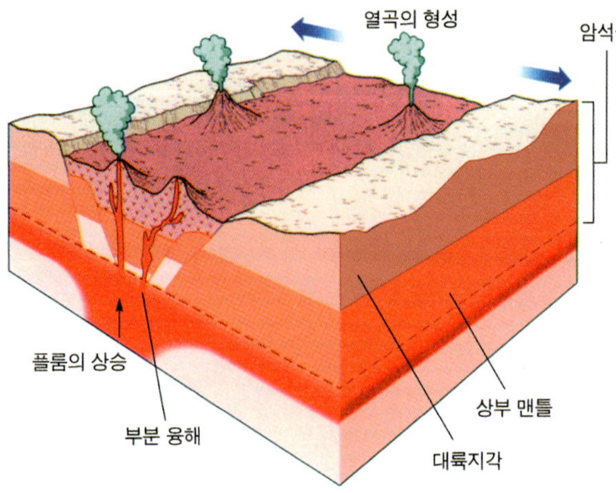

a 상승하는 맨틀 플룸이 열곡을 형성시키고 화산 활동을 야기

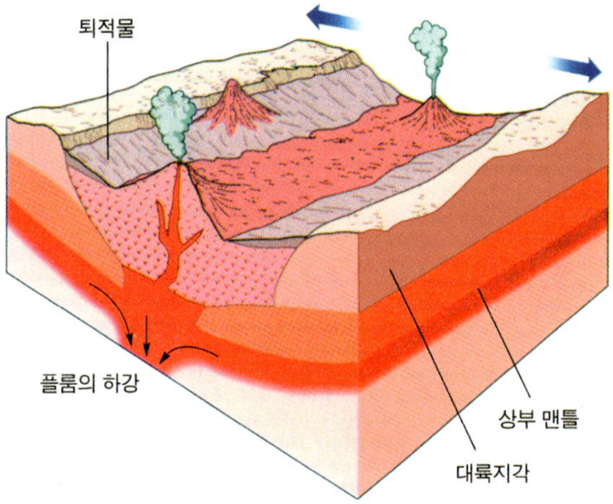

b 플룸이 하강하면 열곡 양측에서 침식이 일어나 퇴적물이 형성

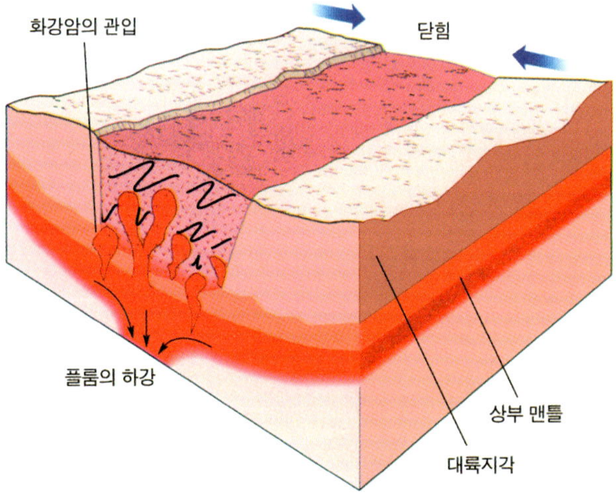

c 열곡이 닫히면 압축과 변형이 일어나고 녹색암대에 화강암질 마그마가 관입

그림 8.11 대륙 내 열곡에서 녹색암대의 기원

아 어느 곳의 나이는 28억 년인 반면에, 중국의 동완지(Dongwanzi)복합체는 25억 년이다. 그러나 중국의 복합체는 심하게 변형되고 중생대의 것으로 보이는 마그마의 관입을 받았으며, 이것이 정말 오피올라이트 누층이냐에 대하여 학자들 사이에 견해가 다르다. 와이오밍의 윈드리버(Wind River) 산맥에도 오피올라이트일 가능성이 있는 또 다른 예가 있는데, 마찬가지로 심하게 변형되어 해석하기 어렵다. 이들이 진정한 오피올라이트일지는 미해결 문제이나, 고원생대에는 분명히 그 존재가 확인된다(9장 참조).

어쨌든 시생누대에 여러 작은 강괴들이 존재했고, 그들 연변에 부가가 이루어져 성장하였다(그림 8.6). 시생누대 말에 이르러, 현재 대륙 지각 부피의 30~40%가 형성되었고, 이들 강괴들은 원생누대 중에 큰 덩어리로 합쳐졌다(9장 참조). 녹색암대의 변형, 화성 활동, 그리고 변형 운동을 근거로 하여, 캐나다 슈피리어강괴 남부의 시생누대 지각의 진화가 연구되었다(그림 8.12). 이것이 시생누대 지각진화에 대한 일반 모델이 될 것이다.

슈피리어강괴 남부(그림 8.12b)를 탄생시킨 사건은, 중시생대와 신시생대 동안에 있었던 아주 강렬한 조산 운동의 일부이다. 캐나다 순상지 내 여러 부분과 와이오밍, 몬태나 및 미시시피강 계곡에 분포된 시생누대 암석 일부는, 변형 운동에 의해 기원하였다. 캐나다 순상지 북서부의 스노우버드(Snowbird) 구조대를 따라 일어난 변형 운동 결과 32억~26억 년 나이의 변성암이 생겼는데, 변성상은 백립암(granulite)상으로 적어도 700℃, 일부는 1,000℃ 이상의 고온에서 형성된 것이다. 이 시생누대 사건이 끝날 때까지 여러 강괴들이 형성되었고, 캐나다 순상지 내 고기(古期, older) 지역에서 확인된다(9장 참조).

5. 기권과 수권

1장에서 2계(systems), 즉 대기권과 수권의 상호 작용

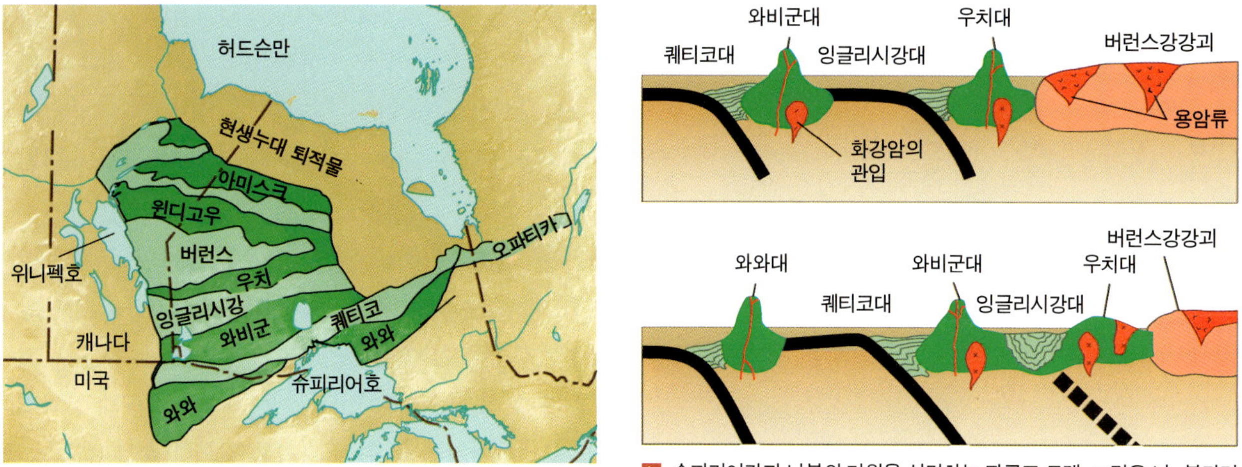

a 녹색암대(암녹색)와 화강암–편마암 복합대(연녹색)를 보여 주는 지질도

b 슈피리어강괴 남부의 기원을 설명하는 판구조 모델. 그림은 남–북단면이고, 윗 그림이 초기 발달단계이다.

그림 8.12 슈피리어강괴 남부의 기원

이 지표에 엄청난 영향을 주었다는 점을 강조한 바 있다(그림 1.1 참조). 지구형성 직후, 대기권과 수권은 물론 존재하였으나 지금과는 아주 달랐다. 그러나 그 둘은 생물권의 발달에 중요한 역할을 하였다.

대기권은 어떻게 형성되고 진화하였을까?

앞서 기술한 바와 같이 지금의 대기는 전혀 유해하지 않다. 대부분 질소와 풍부한 유리산소(O_2)로 이루어져 있다. 유리산소란 이산화탄소(CO_2)와 수증기(H_2O)와 같이 다른 원소와 결합하지 않은 상태를 말한다. 또 대기 중에는 적지만 중요한 다른 기체(예: 오존)도 들어 있다(표 8.1). 대기권 상층부에 충분히 존재하는 오존은, 태양의 자외선 복사 대부분을 차단해 주는, 우리에게 이로운 기체이다.

지구 최초의 대기는, 우주에 풍부한 수소와 헬륨으로 구성되었을 것으로 보인다. 그렇다면, 다음과 같은 두 가지 이유에서 초기 대기는 우주공간에 잃어버렸을 것이다. 첫째, 그처럼 분자량이 작은 기체를 붙잡아 둘 만큼 당시 지구중력이 충분하지 않았고, 둘째, 지구가 분화되기 전에 핵이나 자기장이 없었기 때문이다. 따라서 자기장이 행성 주위에 국한되는 영역인 자기권(magnetosphere)이 없어서, 태양풍(solar wind; 태양으로부터 흘러나오는 이온의 강한 흐름)이 어떠한 대기라도 휩쓸어버렸을 것이다. 그러나 지구가 분화되고 자기권이 형성되었을 때부터, 화산 활동에 의한 지구 내부의 **가스 방출**(outgassing)로 인해 대기는 축적되기 시작하였다(그림 8.13).

오늘날 화산에서 뿜어져 나오는 가장 흔한 기체는 수증기이나, 이산화탄소·황·수소·염소·질소 등도 함께 나온다. 이와 마찬가지로 시생누대 화산들도 같은 기체들을 방출했고, 그래서 대기가 발달하였지만, 유리산소

표 8.1 지구의 현재 대기 조성

	기호	부피비*
불변기체		
질소	N_2	78.08
산소	O_2	20.95
아르곤	Ar	0.93
네온	Ne	0.0018
기타		0.001
가변기체와 미립자		
수증기	H_2O	0.1~0.4
이산화탄소	CO_2	0.038
오존	O_3	0.00004
기타 기체		극소량
미립자		보통 극소량

*극소량의 백분율(수증기 제외)은 건조공기에 대한 것임

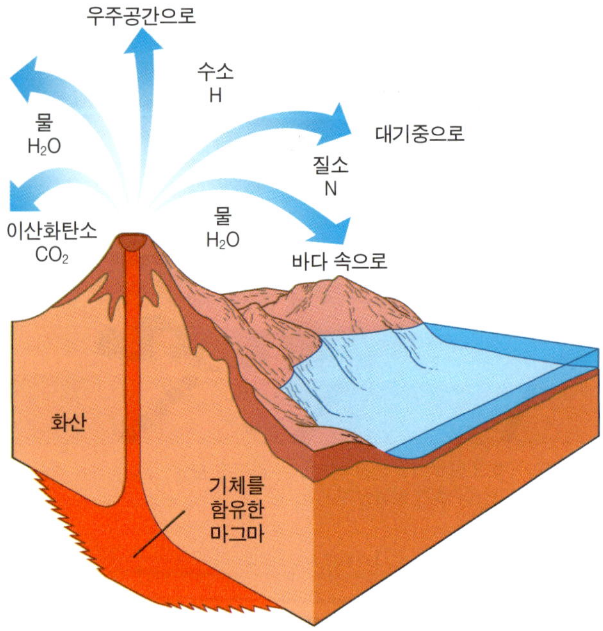

그림 8.13 지구의 초기 대기의 방출 분출하는 화산에서는 대체로 수증기·이산화탄소·여러 다른 기체들(유리산소 제외)이 방출된다. 그 밖에, 초기 대기 중의 화학반응으로 메탄(CH_4)과 암모니아(NH_3)가 생성되었을 것이다.

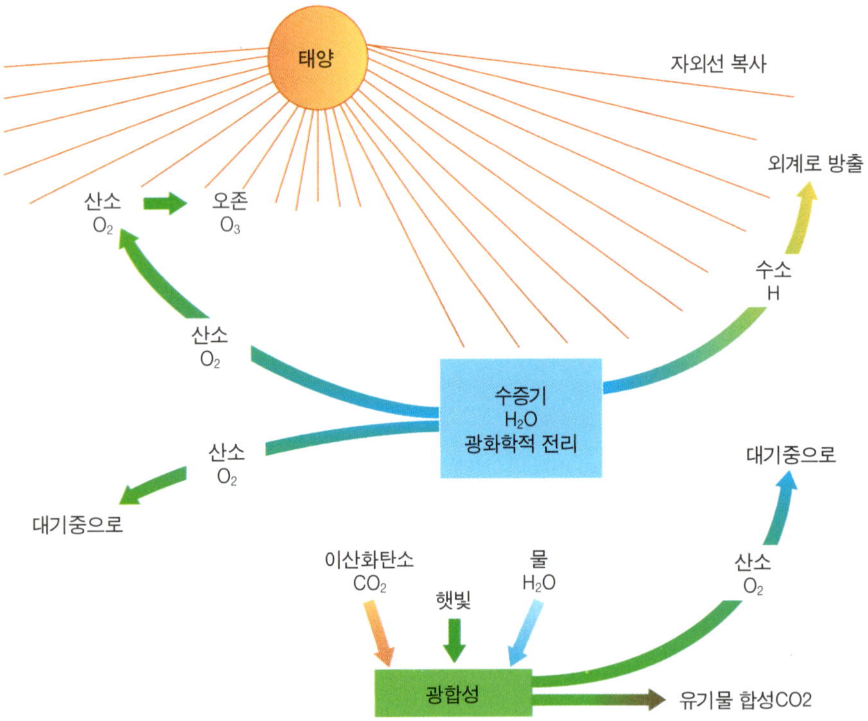

그림 8.14 대기의 진화 자외선 복사가 물 분자를 교란하여 수소(H_2)와 유리산소(O_2)로 분리시키는 광화학적 전리가 일어난다. 유리산소의 일부가 전환하여, 자외선 복사를 차단해 주는 오존(O_3)이 된다. 광합성 생물은 햇빛 아래에서 이산화탄소(CO_2)와 물(H_2O)을 이용하여 유기물 분자를 합성하고 그 부산물로 산소를 방출한다.

와 오존층은 없었다. 대기 중에는 이산화탄소가 풍부하였고, 기체들의 반응으로 암모니아(NH_3)와 메탄(CH_4)이 형성되었을 것이다.

시생누대 동안 내내, 이처럼 산소가 부족하고 이산화탄소가 풍부한 대기 상태가 지속되었다. 이 같은 결론을 도출케 한 증거로, 유리산소가 존재하면 급속히 산화하는, 황철석(FeS_2)과 우라니나이트(UO_2)를 함유한 쇄설퇴적물을 들 수 있다. 그래서 대기는 산화성이라기보다 환원성이었다. 그러나 원생누대 암석 중에 산화철이 점차 흔해지는데, 이는 적어도 일부라도 유리산소가 있었음을 지시한다(9장 참조).

대기 중에 유리산소가 도입된 하나 또는 두 가지 과정이, 시시생대 중에 시작되었다. 첫째가 **광화학적 전리**(photochemical dissociation)인데, 이는 태양의 자외선 복사가 대기 상층부에서 물 분자를 교란시켜 수소와 산소로 방출하는 현상이다(그림 8.14). 이를 통한 산소의 공급량은 현재 전체 산소량의 2%이고, 이로써 오존이 형성되어 자외선 복사의 차단벽(오존층)이 구축된다. 더 중요한 것이 **광합성**(photosynthesis)으로, 이는 식물이 이산화탄소와 물을 사용하여 유기물 분자를 만들고 부산물로 산소를 방출하는 신진대사 과정이다(그림 8.14). 그러나 25억 년 전, 시생누대 말에 지구의 유리산소는 현재의 1% 미만이었을 것이다.

지표수—수권

지구의 모든 물은 수권의 일부이고, 97% 이상이 해양에 들어있다. 물은 어디서 왔고, 어떻게 변했을까? 지구 내부로부터 수증기가 방출되어 나오고, 지구가 충분히 냉각되면 수증기가 응결되고, 지표수가 축적된다. 결국 액상의 물이 되는, 또 다른 수증기의 근원은 운석과, 특히 얼음혜성이다(그림 8.3). 지구 내부 방출과 운석-혜성 중 어느 쪽이 더 중요한지 알 수 없지만, 시시생대에 해양이 존재했음을 우리는 알고 있다. 비록 그것의 체적과 지리적 분포는 밝혀지지 않았지만. 그리고 분출하는 수많은 화산과, 초기의 강력한 운석과 혜성 충돌로, 지표수가 빠르게 축적되는 시생누대의 지구를 상상해 볼 수 있다.

초기, 약 38억 년 전까지 계속된 운석과 혜성의 충돌 사건으로, 지구의 지표수 축적은 소량에 불과했으나, 화산들은 계속 분출하여 수증기(많은 수증기가 지표에서 재순환된다)를 내뿜은 결과, 해양의 체적이 증가한 것이 아닐까? 그럴 수 있었겠으나, 그 속도는 크게 감소했을 것이다. 왜냐하면, 기원 당시의 많은 잔열(殘熱)은 소멸되고, 지구 내부의 열원(熱源)인 방사성붕괴의 양도 줄어들어, 화산 활동이 빈발하지 않았을 것이기 때문이다(그림 8.15). 따라서 지금 해양에 추가되는 물의 양은 전체 해양의 체적에 비하면 사소한 것이다.

4장에서, 지구의 나이를 밝힌 초기의 방법 중에, 지구

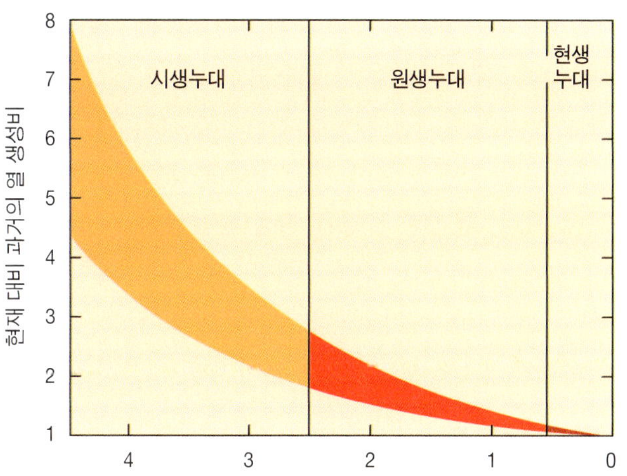

그림 8.15 **현재 대비 과거 방사성 열 생성비** 컬러 띠는 여러 모델의 다양한 비를 아우른 구역으로, 모두 방사성 원소의 기하급수적 붕괴를 보여 준다. 40억 년 전의 열 생산은 현재보다 3~6배 더 컸으나, 현생누대가 시작될 때에는 지금보다 조금 높은 정도에 지나지 않았다.

형성 직후에 해양이 형성되었고, 처음에는 담수이었으며, 염분은 일정한 속도로 증가했다는 전제 아래, 해양이 현재의 염분 수준에 이르는데 얼마나 걸렸는지 계산하는 방법이 소개된 바 있다. 이들 전제가 올바르지 않으므로, 계산된 나이는 천차만별이었다. 최초 해양은 염분이 있었고, 그 정도는 아마 지금의 그것과 같았음을 지금 우리는 알고 있다. 즉, 최초부터 해양은 화학적 평형상태에 이르렀고, 그 이후 거의 평형상태가 꾸준히 유지되어 왔다.

6. 생명의 기원

가장 오래된 것으로 알려진 화석은 35억 년 전쯤이나, 그린란드에서 발견된 38억 년 전의 화학적 증거는, 35억 년보다 더 오래된 생명체의 존재 가능성을 시사한다. 오늘날 지구 생물권은 6계(界, kingdom; 고세균계·세균계·균계·원생생물계·식물계·동물계)에 속하는 수백만 종의 생물로 구성된다. 이 중, 시생누대 암석에서 알려진 것은 고세균(Archaea)과 세균(=박테리아)뿐이다(고세균은 세균을 닮은 미세한 생물이나, 유전적으로 그리고 생화학적으로 서로 다르다).

7장에서 진화론은, '생명이 어떻게 기원하였는가?'가 아닌 '생명이 시간이 가면서 단지 어떻게 변하였는가?'를 다룬다고 언급한 바 있다. 이제, 어떻게 생명이 무기물로부터 기원하였는가, 즉 **자연발생**(abiogenesis)에 대해 살펴보기로 하자. 먼저 생물이 살아 있다는 것이 무엇인가를 분명히 해야 한다. 개·벌레·식물은 살아 있고, 암석·물은 그렇지 않은 것이므로, 대개의 경우 쉽게 구별된다. 생물학자들은, 성장과 자극에 대한 반응 등 몇 가지 구별 기준을 내세우겠지만, 적어도 살아있는 생물이라면 생존을 위해 몇 가지 화학반응(신진대사)을 수행해야 하고, 자신이 속한 그룹의 장기생존을 위해 복제능력이 있어야 한다.

이 신진대사와 복제가 생존여부를 구별하는 충분한 기준으로 보이나, 구별이 생각처럼 항상 분명하지만은

않다. 박테리아는 살아있는 생물이나, 어느 환경에서는 전혀 살아 있다는 기색 없이 견디다가 다시 살아간다. 바이러스들은 어떠한가? 그들도 적절한 숙주세포(host cell)에서는 마치 살아있는 것처럼 행동하나, 숙주세포 밖에서는 신진대사도 복제도 하지 않는다. 미소구체(microspheres)라고 하는 비교적 단순한 유기분자들은 자연발생적으로 형성되고, 어느 정도 생물과 유사한 방식으로 성장하고 분열하나, 그 과정들은 보다 임의적인 화학반응들이어서 그들은 살아 있다고 할 수 없다.

바이러스와 미세구체는 생명의 기원과 어떤 관련이 있을까? 그들은, 살아 있음과 그렇지 않음의 구별이 항상 쉬운 일이 아님을 예시해 준다. 또 그들의 예로 볼 때, 생명이 자연발생하였다면, 독립체들은 살아 있다는 징표를 보이긴 하나 진정 살아 있다고 볼 수 없는 생물발생 이전의 단계(prebiotic stages)를 거쳐 왔음에 틀림없다.

자연발생에 관한 한 가지 해명은, 무기물로부터 박테리아나 심지어 복잡한 유기물 분자와 같은 살아있는 생물이 '갑자기' 생겨났음을 의미하지 않는다는 것이다. 생명의 기원은, 무기물로부터 살아있는 유기물로의 이행한 한 번의 커다란 발걸음보다는, 조직화와 복잡성을 증대시켜 나간 여러 작은 발걸음과 관련된다.

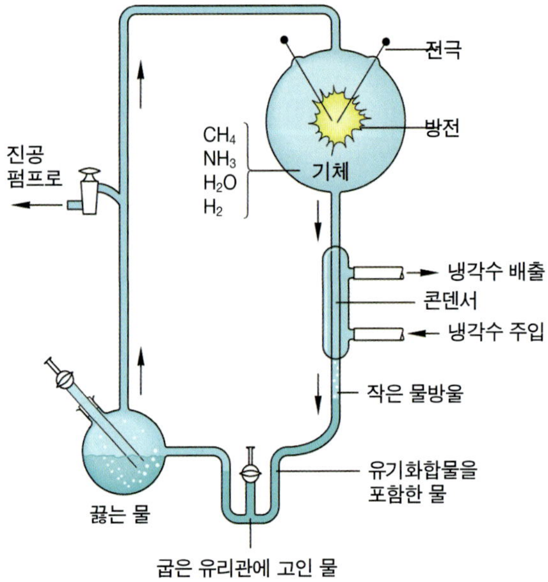

그림 8.16 **밀러의 실험 장치** 밀러는 유기물을 이용하여 여러 아미노산을 합성하였다. 방전은 번개를 가상한 것이고, 기체는 지구의 초기 대기와 유사하게 준비하였다.

실험적 증거와 생명의 기원

학자들은 생명의 기원의 여러 면에 대해 불일치를 보이고 있으나, 자연발생에 두 가지 요건이 필요하다는데 동의한다: (1) 유기물 분자를 만든 원소들의 근원과, (2) 화학반응을 촉진시킬 에너지. 모든 생물은 주로 탄소·수소·질소·산소로 구성되어 있고, 이들은 이산화탄소(CO_2)·수증기(H_2O)·질소(N_2)와 아마도 메탄(CH_4), 암모니아(NH_3)와 같은 상태로 지구의 초기 대기 중에 존재하였다. 번개·화산작용·자외선 복사로부터 나온 에너지는 화학반응을 촉진시켰고, C·H·N·O·S·P는 결합하여, 아미노산과 같은 비교적 단순한 유기물 분자인 **단량체**(單量体, monomers)를 형성시켰다.

단량체는 보다 복잡한 유기물 분자의 빌딩 블록(building block: 구성 요소)이지만, 정말 그것이 말한 바와 같이 기원하였을까? 실험 결과 '그렇다'고 나왔다. 1950년대에, 밀러(Stanley Miller)는 밀폐된 유리 기구에 초기의 대기성분을 넣고 순환시킴으로써 여러 가지 아미노산을 합성하는데 성공하였다(그림 8.16). 이 혼합물을 초기의 번개를 가상해 전기 방전시켰더니, 며칠 뒤 구름처럼 흐린 물질이 기구 바닥에 생겼다. 그것을 분석해 보니, 형성된 물질은 생물(단백질)을 구성하는 여러 아미노산이었다. 뒤에 진행된 실험에서, 과학자들은 모두 20가지의 아미노산을 성공적으로 합성하였다.

단량체를 만든 것은 중요한 일이지만, 생물분자들은 **중합체**(重合體, polymers)로, RNA(ribonucleic acid)와 DNA(deoxyribonucleic acid)와 같은 단백질과 핵산을 포함한다. RNA와 DNA는 단량체가 특유의 염기서열로 연결되어 구성된다(역자 주: DNA는 이중나선구조로 된 매우 복잡한 물질이고, RNA는 한 가닥으로 이루어진 상대적으로 간단한 물질이다). 그렇다면, 이 중합현상은 어떻게 일어날까? 답하기 어려운 문제다, 특히 그

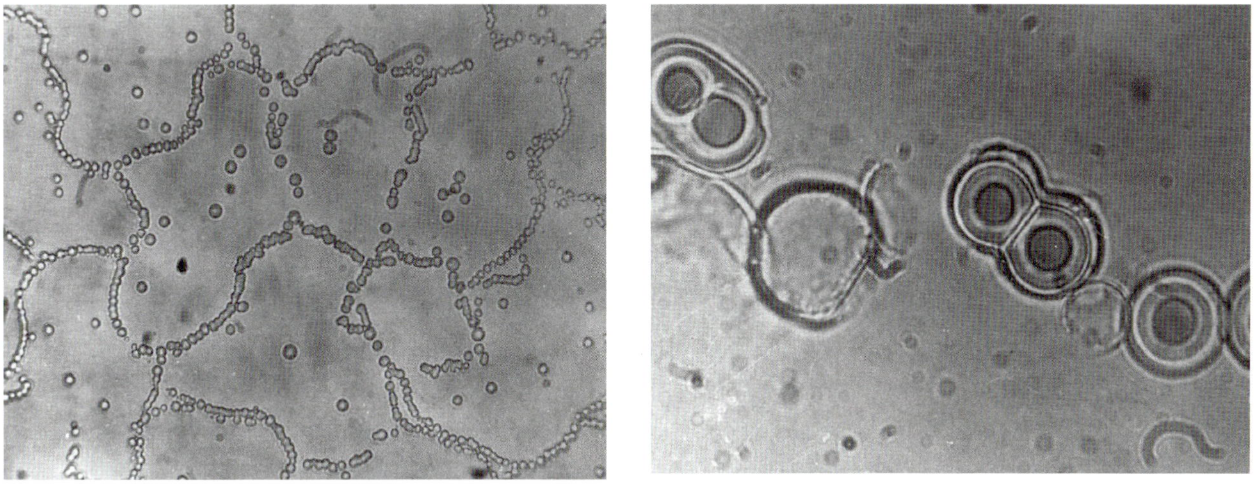

a 박테리아와 유사한 단백질성 물질

b 미세구체를 형성하는 단백질성 물질의 집합체

그림 8.17 실험을 통한 단백질성 물질과 미세구체의 생성

것이 물속에서 일어난다면. 물은 보통 중합을 분해하는, 해중합(解重合, depolymerization)을 일으킨다. 그러나 연구자들은 작은 **단백질성 물질**(protenoids 또는 thermal proteins)을 합성하였다. 이 물질의 일부는, 탈수·농축시킨 아미노산을 가열시켰을 때, 200개 이상의 연결된 아미노산으로 구성되었다(그림 8.17a). 이 같은 조건에서, 농축된 아미노산은 자발적으로 중합되어 단백질성 물질을 형성하였다. 초기 지구에 이와 유사한 중합조건이 존재하였을 것이다.

이 분자들을 **원시생물**(protobionts)이라고 하는데, 무기화합물과 살아있는 유기물 사이의 중간 단계이다. 이들이, 어떤 형태의 외부막(outer membrane)없이는 살기 어려웠을 것이다. 달리 말하면, 오늘날의 세포와 같이 독립체가 되어야만 했다. 실험 결과, 단백질성 물질은 스스로 뭉쳐져 미세구체(微細球体, microspheres)를 형성한다(그림 8.17b). 미세구체는 세포와 유사한 막으로 나뉘어져 있고, 박테리아와 같이 분열한다.

생물기원의 실험은 흥미로운 일이나, 실험을 35억 년 이전에 지구에 나타났을 것으로 보이는 그 무엇과 어떻게 연관시킬 수 있을까? 단량체는 35억 년까지 계속해서 형성되고 해양에 증가해 갔을 것이다. 그것은, 영국의 생화학자 할데인(J. B. S. Haldane)이 말한 대로 '뜨거운 묽은 수프'였다. 이 수프 속의 아미노산은 해빈(beach)이나 어쩌면 분석구(cinder cone) 위까지 씻겨 올라와, 증발작용에 의해 농축되고, 열에 의해 중합되었을지 모른다. 그 뒤 중합체는 다시 해양으로 들어가, 거기서 반응을 계속해 나갔다.

생명의 기원에 있어서 결정적인 그 다음 단계, 즉 복제(생식) 메커니즘의 발달에 관해 알려진 것이 많지 않다. 미세구체(그림 8.17b)는 분열하며, 일부 전문가는, 그들이 원시생물계(protoliving system)를 갖는다고 생각한다. 문제는, 핵산은 단백질효소 없이는 복제가 불가능하고, 적절한 효소는 핵산 없이 만들어질 수 없다는 점이다. 이는 '닭이 먼저냐 달걀이 먼저냐' 하는 질문과 같은 진행형 문제이다.

우리는 이제, 작은 RNA 분자는 단백질효소의 도움 없이 복제할 수 있음을 알고 있다. 이 사실로 볼 때, 최초의 복제체계는 RNA 분자이었을 것으로 보인다. 사실, 일부 학자들은, 무기화합물과 DNA를 기초로 한 유기물 분자의 중간 단계인 이 생물의 세계를 초기 'RNA 세계'라고 제안하였다. 그러나 RNA는 초기 지구의 조건에서 쉽게 합성될 수 없어서, 이 문제는 미해결 과제로 남아 있다.

RNA 복제와 같은 다루기 힘든 문제라도 결국 해결의

길이 있기 마련이다. 예를 들면, 여러 해 동안 과학자들은, RNA의 리보오스(ribose)는 초기 지구에 존재 가능한 어떤 분자혼합물의 전생물적 합성(前生物的 合成, prebiotic synthesis)으로 만들어질 수 없다고 생각하였다. 그러나 결국 과학자들은, 시시생대의 가상적 조건에서는 리보오스가 자연스럽게 형성될 수 있었음을 알아냈다.

학자들은 생명의 기원에 몇 가지 기본요건이 필요하다는데 동의하나, 해결을 위한 꼼꼼한 경로와 몇 가지 실험 결과의 중요성에 대하여 논의해 왔다. 우리는 주로, 단량체와 중합체의 기원에 대기가 어떤 역할을 하였는가에 대해 논의해 왔는데, 과학자 중에는 생명이 해저열수공(hydrothermal vents) 가까이에서 기원하였다고 생각하기도 한다.

해저열수공과 생명의 기원

해수는 확장하는 해령이나 그 가까이에서 해양 지각 속으로 스며들어가, 마그마에 의해 가열된 뒤, **해저열수공**(submarine hydrothermal vent)을 통해 해저로 상승, 방출된다. 열수공은 이제 대서양, 태평양 및 인도양에서 발견되고, 용해된 광물로 포화된 물을, 마치 검은 연기와 같이 방출하므로, **검은 굴뚝**(black smokers, 煙氣熱水孔)이라고 한다(그림 8.18a). 지구는 형성 초기에 방사성 열이 더 많았기 때문에, 그때 해저열수공도 더 많았을 것으로 추정된다.

해저열수공 주변에는 아연·구리·철 등의 광물이 침전되고, 전에 알려지지 않은 독특한 생물 군집이 사는 흥미로운 곳이다(그림 8.18b). 최근 몇몇 학자는, 최초의 자기복제분자는 이 같은 열수공 가까이에서 생겨났다고 제의하였다. 필요한 원소(C·H·O·N·S·P)가 해수 중에 있고, 단량체 형성에 필요한 열에너지도 제공될 수 있다는 설명이다. 이 가설을 지지하는 사람들은, 중합이 점토광물 표면에서 일어났고, 마침내 원세포(原細胞, protocells)가 해저에 쌓였다고 생각한다. 실제로, 아미노산이 열수공 방출물 일부에서 감지된 적이 있다.

a 동태평양해령(East Pacific Rise; 깊이 2,800m)의 검은 굴뚝. 플룸이 해수를 가열하고 광물을 용해하였다.

b 검은 굴뚝 주변에 서식하는 이매패 군집

그림 8.18 해저열수공

모든 과학자가, 이곳에서 생명이 기원했을 것이라고 확신하지는 않는다. 그런 과학자들은, 이 같이 뜨거운 수성환경에서 중합이 일어나기 어려우므로, 다른 곳에서 기원한 뒤 이 같은 어려운 환경에 적응한 것이라고 주장한다. 그래서 현재, 열수공에서의 생물기원 문제는 논쟁 중이다.

가장 오래된 생물

최초의 생물은 원핵세포로 된 고세균(Archaea)과 세균(박테리아)이다. **원핵세포**(procaryotic cell)란 핵막과 기타 진핵세포(9장에서 논의한다)의 전형적인 구조가 없는 세포를 말한다. 고세균류는 세균과 같이 단세포이고, 세균과 매우 흡사하지만 유전적인 세부내용과 화학 성분이 다르다. 고세균류는 세균이 살 수 없는 온도, 산도(acidity)와 염분이 매우 높은 환경에서 살 수 있다. 1950년대 이전에는, 캄브리아기 암석에 흔한 화석이, 지구형성 초기로 거슬러 올라가는 긴 역사를 가졌다고 추정하였으나, 실제 화석 기록은 그렇지 않다. 실제로 선캄브리아 시대 암석에는 화석이 없어서, 전에는 이 시대를 생물이 없다는 의미로 무생물대(Azoic)라고 불렀다.

1900년대에, 월코트(Charles Walcott)는 캐나다 온타리오의 고원생대 건플린트(Gunflint)처트에서, 볼록 솟은(mondlike) 성층구조를 기재하였다. 지금은 **스트로마톨라이트**(stromatolite)라고 부르는 이 구조를, 그는 조류에 의해 형성된 초(礁, reef)라고 하였고(그림 8.19), 1954년에서야 올바른 해석이 나왔다. 현생 스트로마톨라이트는 달팽이조차 살 수 없는 제한된 환경에서, 광합성 하는 남세균(藍細菌, cyanobacteria: 남조류)의 끈적끈적한 매트(mat) 위에 퇴적물입자가 갇혀 성장한다.

현재 가장 오랜 것으로 확실한 스트로마톨라이트는 남아프리카의 30억 년 전 암석에서 발견되지만, 호주 와라우나층군(Warrawoona Group, 33~35억 년)의 표본도 스트로마톨라이트일 가능성이 있다. 앞서 언급했듯이, 그린란드의 38억 년 전 암석에 남은 화학적 증거는, 그 시기에 생물의 생존 가능성을 시사한다. 이들 오랜 남세균은 광합성 생물이다. 광합성은 복잡한 대사과정(metabolic process)이므로, 이에 앞서 단순한 유형의 대사과정이 분명히 있었을 것이다.

더 오랜 화석 기록은 없으나, 있다면 그들은 유리산소가 불필요한, 세균(박테리아)을 닮은 **무산소성**(anaerobic)생물이었을 것이다. 부연하면, 그들은 전적으로 외부 영양원에 의존하는 **종속영양**(heterotrophic) 생물이었고, 모두 원핵세포였을 것이다. 이들 초기 생물의 영양원은 ATP(adenosine triphosphate)가 유력하고, 그것은 세포 내에서 에너지가 필요한 반응을 추진시켰다. ATP는 단순한 기체와 인산염으로부터 쉽게 합성될 수 있으므로, 초기 지구환경에서 틀림없이 구할 수 있었다. 초기생물들이 그들의 환경으로부터 ATP를 얻었을 것이 틀림없으나, 세포들의 먹이경쟁이 더욱 심해지는 한 이 상황이 오래갈 수 없었다. 초기생물들은 보다 정교한 대사를 수행하기 위해, 발효(fermentation)를 이

a 썰물 때 드러난 현생 스트로마톨라이트, 호주 샤크만(Shark Bay).

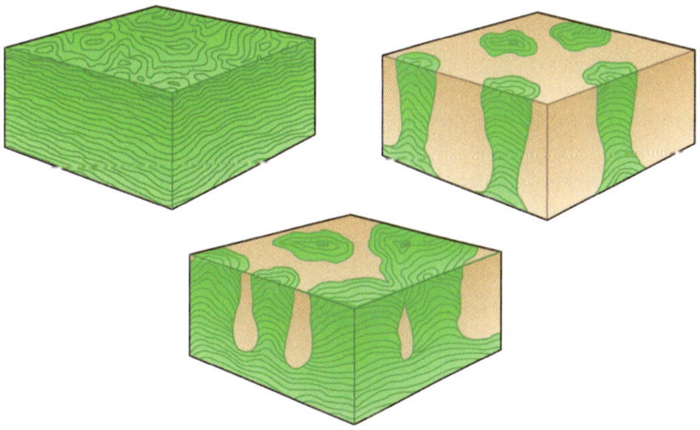

b 여러 종류의 스트로마톨라이트: 불규칙한 매트, 분리된 기둥과 매트로 연결된 기둥

그림 8.19 **스트로마톨라이트**

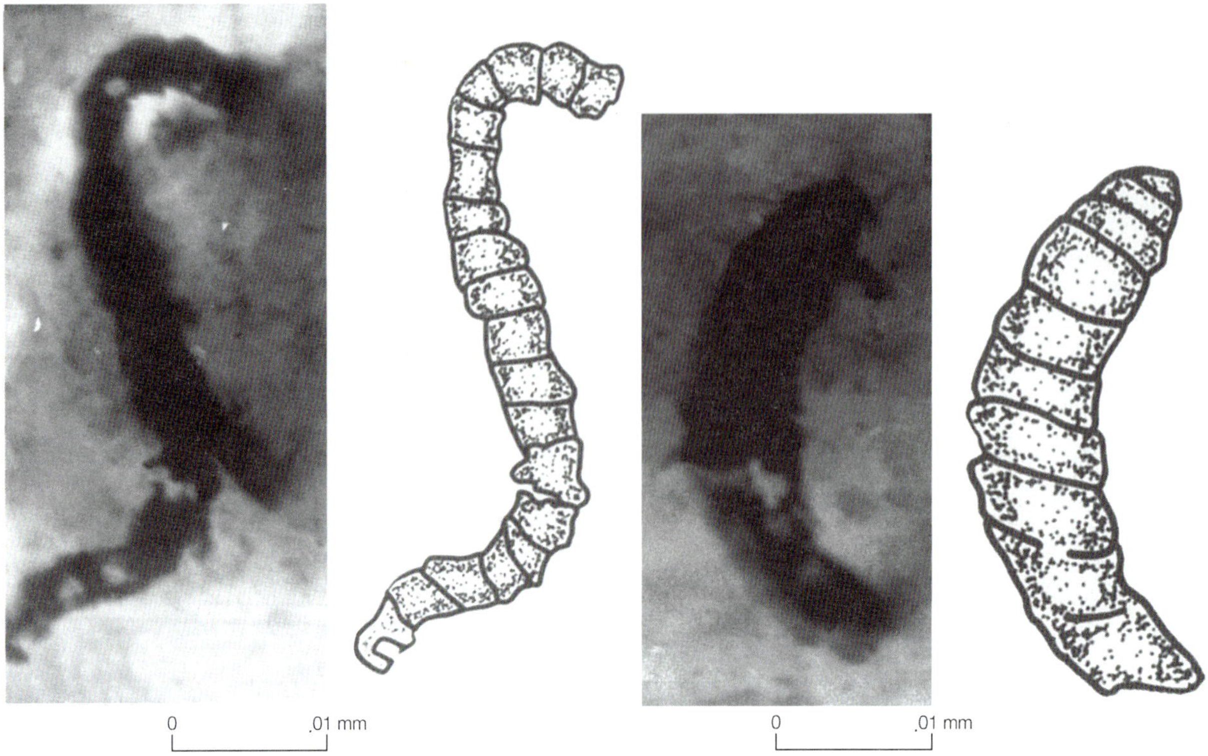

그림 8.20 **시생누대 미화석 유사체** 박테리아를 닮은 이들 화석과 복원도는 호주 서부 와라우나층군에서 나온 것이다. 이들은 용암류 사이의 처트층(34억 6,500만 년 ± 500만 년 전)에서 발견되었다.

용하여 그들의 에너지 수요에 대처했을 것이다. 발효란 당분과 같은 분자가 쪼개지며, 이산화탄소·알코올·에너지를 내놓는 무산소 과정이다. 실제로 많은 현생 원핵세포는 발효한다.

생명의 기원 외에, 시생누대의 가장 중요한 생물 사건은 광합성이라고 하는 독립영양과정의 발달(35억 년 전 무렵)이었다. 이때까지 세포들은 여전히 원핵세포이고 무산소성이었으나, 독립영양하게 되면서 더 이상 미리 만들어진 유기분자에 의존하지 않아도 되었다. 시생누대 미화석들(그림 8.20)은 무산소성, 독립영양의 원핵세포들이다.

7. 시생누대의 광물 자원

시생누대 암석에서 발견된 여러 유형의 광상 중에서, 금은 가장 흔한 금속광물이다. 이 부드러운 황색 금속은 불화와 전쟁의 원인이 되어 왔고, 아메리카를 탐험하는 유럽인에게 주어지는 인센티브(incentive)의 하나였다. 이 광물은 포상금으로 쓰이고, 또 여전히 통화의 표준으로, 잔(杯)의 재료로, 전기회로와 화학공업의 재료로 쓰이고 있다. 1886년부터 남아프리카의 시생누대와 원생누대 암석에서 세계 금 생산량의 절반이 생산되었다. 금 광산들은 캐나다 슈피리어강괴의 시생누대 암석에서도 발견된다.

아연·구리·니켈과 같은 시생누대 황화광상은 호주·짐바브웨·캐나다 온타리오의 아비티비(Abitibi)녹색암대 등에서 알려져 있다. 이들 중 일부는, 현재 검은 굴뚝 주위에서 그렇듯이, 광물이 해저열수공 인근에서 쌓여 형성되었을 것으로 보인다(그림 8.18a).

전 세계 크롬의 약 1/4은 시생누대 암석, 특히 짐바브웨에 매장되어 있다. 이 광상은 녹색암대의 화산암단위에서 발견되는데, 광물 결정이 고철질 및 초고철질 암상(岩床, sills)과 같은 심성암 하부에서 침전·농축될 때 형성된 것 같다. 미국은 철강공업에 필요한 크롬 매장량이 극히 적어, 사용량 대부분을 수입에 의존한다.

미국에 있는 크롬광상의 하나는 몬태나의 스틸워터(Stillwater)복합체 안에 있다. 그곳의 저품위 광석을 1, 2차 세계대전과 한국전쟁 중에 채광하였으나, 그저 비축용이었고 제련하지 않았다. 같은 암석 속에 값비싼 백금도 들어 있는데, 백금은 자동차공업에서 촉매 컨버터(converter, 전환 장치), 화학공업과 암(癌)에 대한 화학요법에 쓰이기도 한다. 현재 백금은 거의 남아프리카 부시벨드(Bushveld)복합체에서 생산된다.

철광석의 1차 원료인 지구의 호상철광층 대부분은 원생누대에 형성되었고, 약 6%는 시생누대에 형성되었다. 시생누대 호상철광층은 원생누대의 그것에 비해 얇고, 분포가 좁아 일부만이 채굴되었다(9장 참조).

거정질 화강암(巨晶質 花崗岩, pegmatites)은 화강암 성분에 가까운 결정이 매우 큰(2mm 이상) 심성암으로, 상업적 가치는 매우 낮다. 그러나 캐나다 마니토바의 허브 레이크(Herb Lake)지역과 아프리카 로디지아(Rhodesia) 지방과 같은 일부 지역의 시생누대 거정질 화강암 중에는 귀중한 광물이 들어 있는데, 그 중에는 보석 수준의 광물뿐 아니라 리튬·베릴륨·루비듐·세슘 등이 있다.

요약

표 8.2에는 이 장에서 논의된 시생누대의 지질학적 및 생물학적 사건들이 요약되어 있다.

- 지구가 형성된 후부터 현생누대의 시작 전까지를 선캄브리아라고 한다.
- 지질학자들은 선캄브리아 시대를 시생누대와 원생누대의 2개 누대로 나누고, 각 누대는 다시 더 세분한다.
- 시시생대 후기 암석이 존재하는 것으로 보아, 그때 지각이 형성되었음을 알 수 있다. 그러나 남아 있는 암석은 아주 적다.
- 모든 대륙은 노출된 순상지와 지표 아래의 대지로 구성된, 고대(古代)의 강괴로 되어 있다. 북아메리카의 캐나다 순상지는, 시대와 구조적 방향에 의해 구별된 작은 단위로 이루어져 있다.
- 시생누대 녹색암대는, 광범한 화강암-편마암 복합체 내에 분포하는, 직선상의 암체이다.
- 이상적인 녹색암대는, 주로 화성암으로 된 하부 2개 단위와, 상부의 1개 퇴적단위로 구성된다. 그들은 배호 분지와, 대륙 내 열곡대를 포함하는 여러 구조적 배경에서 형성되었을 것으로 보인다.
- 많은 지질학자들은, 시생누대에 판구조 운동이 일어났고, 방사성붕괴 열이 많았던 탓에, 판은 빠르게 이동하였으며, 화성 활동도 빈번하였을 것이라고 확신한다.
- 화산의 가스방출로 초기 대기와 수권이 형성되었으며, 나중에는 혜성도 이에 일조하였다.
- 생명이 기원하려면, 무산소 대기·유기분자에 필요한 성분·유기분자 합성을 촉진할 에너지가 필수요건이다.
- 최초로 형성된 유기분자는 아미노산과 같은 단량체이고, 이들이 연결되어 핵산과 단백질을 포함하는 보다 복잡한 중합체를 형성하였다.
- RNA 분자는 최초로 자기복제를 하였을 것이다. 그러나 어떻게 복제체계를 갖게 되었는지는 불확실하다.
- 시생누대의 유일한 화석은 남조류와 같은 단세포이자 원핵세포인 박테리아이다. 시생누대 암석 중에 남은 화합물은, 고세균(Archaea)의 존재를 지시한다.
- 광합성을 하는 세균(박테리아)에 의해 형성된 스트로마톨라이트는 35억 년 전의 암석에서 발견된다.
- 시생누대 광물 자원으로는 금·크롬·아연·구리·니켈 등이 있다.

표 8.2 본문에서 논의된 시생누대 지질 및 생물사건 요약

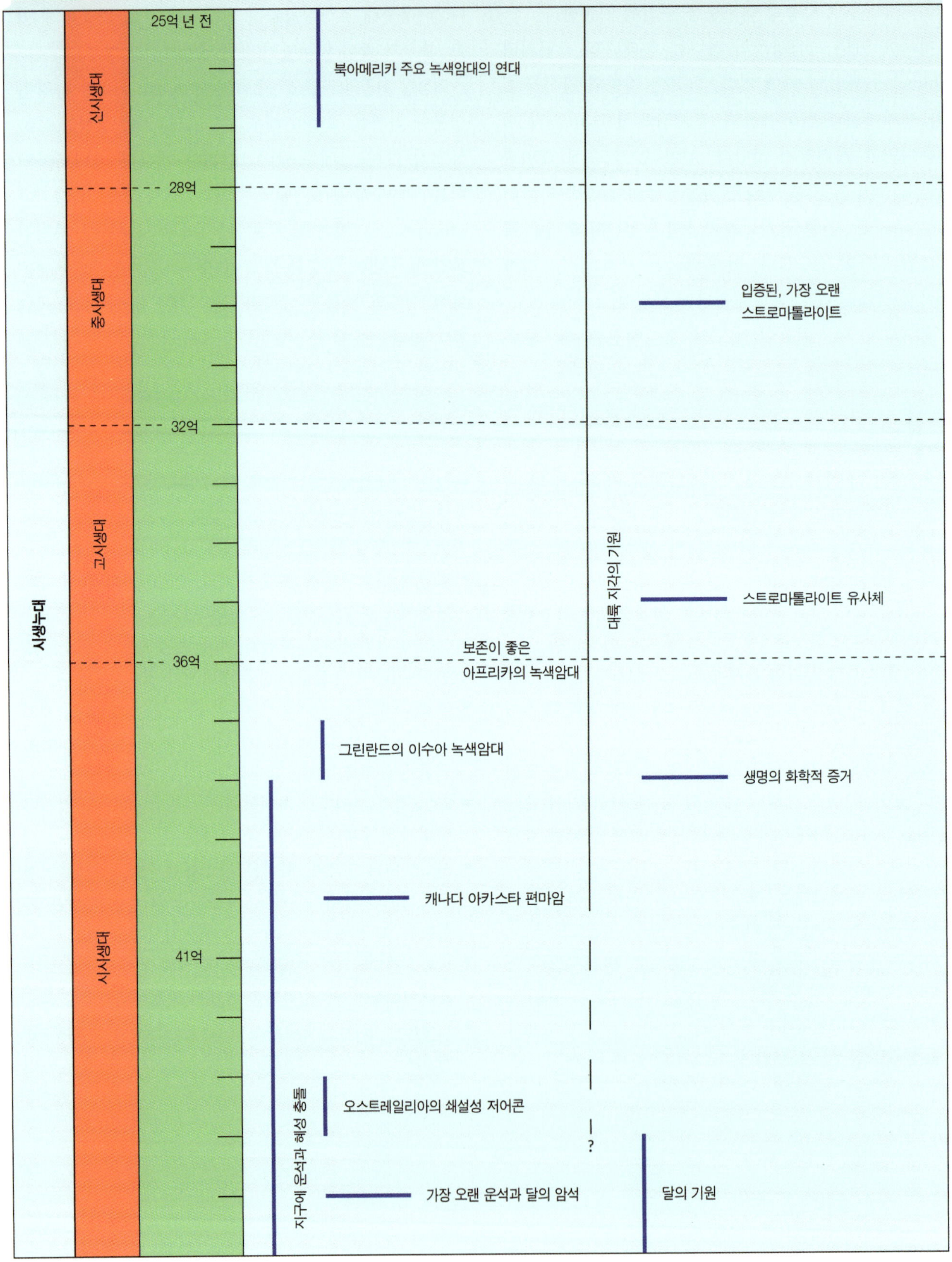

주요 용어

가스방출(outgassing)
강괴(craton)
검은 굴뚝(black smoker)
광합성(photosynthesis)
광화학적 전리(photochemical dissociation)
녹색암대(greenstone belt)
단량체(monomer)
대륙의 부가(성장)(continental accretion)
대지(platform)
독립영양의(autotrophic)
무산소의(anearobic)
배호 분지(back-arc marginal basin)
선캄브리아 시대 순상지(Precambrian shield)
스트로마톨라이트(stromatolite)
원핵세포(prokaryotic cell)
자연발생(abiogensis)
종속 영양 생물의(heterotrophic)
중합체(polymer)
캐나다 순상지(Canadian shield)
해저열수공(submarine hydrothermal vent)
화강암-편마암 복합체(granite-gneiss complex)

복습 문제

1. 무기물로부터 생명이 기원한 것을 무엇이라고 하는가?
a. ____ 탈기체, b. ____ 자연발생, c. ____ 강괴화, d. ____ 생물 부가, e. ____ 중합
2. 순상지와 대지로 구성된 고대 대륙의 안정된 부분은 무엇인가?
a. ____ 스트로마톨라이트, b. ____ 녹색암대, c. ____ 강괴, d. ____ 검은 굴뚝, e. ____ 코마타이트
3. 광화학적 전리는 무슨 과정인가?
a. ____ 식물의 유기분자 합성, b. ____ 동물 호흡의 대사 부산물로 형성되는 이산화탄소, c. ____ 부가에 의한 대륙의 성장, d. ____ 지구 내부 방출 가스인 메탄과 암모니아의 대기권 유입, e. ____ 물 분자가 교란되어 수소와 산소로 분리
4. 스트로마톨라이트는 남조류에 의해 생성되는데, 남조류의 다른 이름은?
a. ____ 청녹조, b. ____ 진핵세포, c. ____ 검은 굴뚝, d. ____ 종속영양생물, e. ____ 중합체
5. 화강암-편마암 복합체는?
a. ____ 가장 광범한 시생누대 암석이다. b. ____ 해저산맥에서 발견된다. c. ____ 저탁류 퇴적층과 아주 유사하다. d. ____ 동·식물 화석으로 유명하다. e. ____ 녹니석과 녹염석을 함유하므로 녹색을 띤다.
6. 최초로 자기복제를 하였던 것으로 추정되는 것은?
a. ____ ATP 세포, b. ____ 독립영양생물, c. ____ 단백질성 물질, d. ____ RNA 분자, e. ____ 스트로마톨라이트
7. 초고철질 용암류(코마타이트)는 주로 어디에서 발견되는가?
a. ____ 비활동적 대륙연변의 사암층, b. ____ 호상철광층, c. ____ 녹색암대의 하부 화산암단위, d. ____ 화성쇄설암-편마암 단층 지구대층, e. ____ 신생대 화산암층
8. 북아메리카 대륙에 있는 강괴의 노출된 부분을 무엇이라고 하는가?
a. ____ 캐나다 순상지, b. ____ 와이오밍지질구, c. ____ 애디론다크암층, d. ____ 미시간분지, e. ____ 중앙대륙대지
9. 다음 중 지질시대명을 시대 순으로 올바르게 기술한 것은?
a. ____ 시생-현생-원생, b. ____ 원생-현생-시생, c. ____ 현생-시생-원생, d. ____ 시생-원생-현생, e. ____ 원생-시생-현생
10. 녹색암대의 기원은 충분히 해명되지 않았지만, 많은 지질학자들은 녹색암대의 일부가 ____에서 형성되었다고 생각한다.
a. ____ 대륙붕 환경, b. ____ 배호 분지, c. ____ 탄산염암-증발암 퇴적장소, d. ____ 변환경계 전단대, e. ____ 강의 범람원 환경
11. 검은 굴뚝은 무엇인가, 그리고 그의 경제적 및 생물학적 의의는?
12. 대륙의 부가성장 과정을 기술하고, 그것이 어떻게 일어나는지 설명하라.

13. 초기 지구대기에 산소가 추가된 두 가지 과정을 설명하라. 어느 것이 더 중요한가?
14. 중합체와 단량체란 무엇인가, 그리고 자연에서 그들이 어떻게 형성되었는가?
15. 전형적인 녹색암대의 암석유형 누층을 서술하고, 녹색암대가 배호 분지에서 어떻게 기원하였는지 설명하라.
16. 녹색암대에는 잡사암과 점토암이 일부 들어 있다. 이들 암석이 무엇이고, 어떻게 그들이 퇴적되었을까?
17. 스트로마톨라이트는 어떻게 형성되며, 그것의 의의는?
19. 지층 누중의 원리의 응용과, 시생누대 암석들의 시층서 관계 결정이 왜 그렇게 어려운가?
19. '최초의 생물은 종속영양, 무산소의 원핵세포였다'는 말이 무엇을 의미하는지 설명하라.

응용 문제

1. 시시생대 지각 일부의 존재를 나타내는 증거를 요약하라. 이때 형성된 아주 적은 암석이 왜 보존되었다고 생각하는가?
2. 왜 시생누대 암석에서 발견되는 초고철질 용암류(코마티아이트)는 그 시대 이후의 암석에는 드문가?
3. 당신이 고등학교 교사라면 학생들에게, 초기에 뜨겁던 지구가 냉각되었고, 아주 먼 미래 어느 때에는, 지구 내부에서 유발된 과정들이 멈출 것이라고 설명해야 한다. 그러면, 지구 내부 열로 인해 유발된 화산 활동·지진 활동·판의 운동·조산운동의 발생이 둔화된 이유는 무엇일까?
4. 선캄브리아 시대 암석에는 화석이 적어서 그것으로는 층서확립에 도움이 되지 못한다. 그러면 서로 다른 지역에 분포하는 시생누대 암석이 동시대인 것을 어떻게 입증할까? 또한 선캄브리아 시대 지사(地史) 해석에 지층 누중의 원리, 퇴적면 수평성의 원리 및 포획의 원리를 이용할 수 있을까?

CHAPTER **9**

선캄브리아 시대의 지구와 생물의 역사—원생누대

몬태나 빙하 국립공원 내 원생누대 암석. 이들 암석은 벨트누층군(Belt Supergroup)으로, 로키 산맥 북부에 광범위하게 분포한다. 캐나다 앨버타에도 이 같은 암석이 분포하는데, 그곳에서는 퍼셀(Purcell) 누층군이라고 한다. 이들 암석은 본래 해성 및 육성 환경의 퇴적암이었으나, 라라미드(Laramide) 조산운동(백악기~신생대 초기) 중에 변형을 받았다. 현재의 모습은 곡빙하(谷氷河, valley glaciers)에 의해 침식된 결과이다.

[개 요]

[단원 목표]

이 장을 학습한 후에 우리는 다음 사항을 이해한다.

- 주로 그린란드와 북아메리카로 구성된 로렌시아(Laurentia)대륙은, 고원생대(Paleoproterozoic) 중에 시생누대 강괴들이 변동대를 따라 결합한 것이다.
- 로렌시아는 남쪽과 동쪽 연변을 따라 부가가 이루어져 성장하였다.
- 로렌시아의 중원생대는 폭넓은 화성 활동, 조산운동 및 단층 지구대 형성 시기이었다.
- 폭넓은 원생누대 사암·셰일·탄산염암층은 지금의 비활동적 대륙연변에 퇴적된 암석들과 매우 닮았다.
- 원생누대 중에도 판구조 운동이 지금과 마찬가지로 가동되었고, 하나 또는 두개의 초대륙(supercontinents)이 형성되었다.
- 호상철광층과 대륙의 적색층이 존재하는 것을 볼 때, 대기 중에 적어도 얼마간의 유리산소가 있었다.
- 고원생대와 신원생대 중에 광범위한 빙하작용이 있었다.
- 최초의 진핵세포(하나의 핵과 내부구조를 갖는 세포)가 12억 년 전에 원핵세포로부터 진화하였다.
- 다세포동물의 인상화석이 남극을 제외한 모든 대륙에서 발견된다.
- 철광의 원료인 호상철광층은 금·구리·백금·니켈과 함께 중요한 원생누대의 자원이다.

1. 서론

원생누대의 시간 길이는 19억 5,800만 년으로, 전체 지질시대의 42.5%를 차지하며(그림 8.1 참조), 이 장에서는 이 시대의 지질과 생명의 역사를 다루게 된다. 다음 10장에 걸쳐서는 우리에게 친숙한 현생누대(고생대·중생대·신생대)를 다루게 되는데, 외견상 장(chapters)의 할애가 불균형해 보이지만 현생누대의 지질 기록 중에 수많은 사건이 있었기 때문이다. 선캄브리아 시대의 암석들은 깊이 묻혀 있는 곳이 많고, 특히 시생누대의 많은 암석들은 변성작용과 변형 운동을 받았음을 상기하라. 비록 원생누대의 꽤 많은 암석들도 변성암이지만, 거의 또는 전혀 변성 받지 않은 암석도 넓은 지역에 있다. 그러나 화석이 적어서 층서 해석에 크게 도움이 되지 않는다(그림 9.1).

최근 국제층서위원회(International Commission on Stratigraphy, ICS)는 원생누대를 3개 대, 즉 고원생대·중원생대·신원생대로 구분하고, 각 대를 다시 여러 기(紀, periods)로 구분한 바 있다(그림 8.2 참조). 시생누대의 시대명과 마찬가지로, 원생누대의 그것도, 모식층(模式層, stratotypes)을 제시한 시간-층서 단위에 근거를 두지 않았다. 시생누대와 원생누대의 경계인 25억 년 전은, 지각진화 유형이 변화한 근사치로, 근사치를 기준으로 한 이유는 시생누대 유형의 지각진화가 모든

a 애리조나 그랜드캐니언의 비쉬누(Vishnu)편암(검은색). 이 암석은 17억 년 전 조라스터(Zoraster)화강암의 관입을 받았으며, 원암은 용암류와 퇴적암류였다.

b 몬태나 빙하 국립공원 안에 있는 사암과 이암 노두. 이 노두의 연령은 10억 년이며 변성작용으로 약간 변성되었다.

그림 9.1 **원생누대 암석** 원생누대 암석 일부는 변성암이나, 대부분은 거의 또는 전혀 변질되지 않았다.

지역에서 동시에 끝나지 않았기 때문이다.

여기에서, 지각진화 유형의 변화란 무엇을 의미하는가? 첫째로, 강괴를 형성한 화강암-편마암 복합체와 녹색암대의 기원이 시생누대의 특징이다(그림 8.8 참조). 이 같은 암석들이 원생누대 중에도 계속 형성되었으나, 그 비율은 현저히 줄어들었다. 더욱이 많은 시생누대 암석들은 변성암이나, 원생누대 암석들은 전혀 변질되지 않거나 조금 변질된 암석이 곳곳에 많고(이 장의 첫 페이지 사진 참조), 시생누대와 원생누대 암석들은 많은 곳에서 부정합으로 분리되어 있다. 게다가 원생누대 중에 퇴적암류가 비활동적 대륙연변에 널리 퇴적되어 있고, 판구조 운동 방식이 기본적으로 현재의 그것과 같다.

지각진화 방식의 변화에 더하여, 원생누대는 대기와 생물권의 진화 및 몇 가지 중요한 천연 자원의 기원이 있었던 중요한 시대이다. 산소에 의존하는 생물들과, 오늘날의 대다수 생물을 구성하는 세포유형은 이때 진화하였다. 이 시기 말경에는 최초의 다세포생물들이 출현하였다. 화석 기록은 현생누대에 비해서는 여전히 열악하나, 시생누대보다는 크게 나아졌다.

2. 원생누대 대륙의 진화

8장에서 호상 열도와 소대륙들의 충돌로 시생누대 강괴가 형성되었음을 논의하였다. 이 강괴들을 핵으로 하여 이들 주위에 원생누대 지각이 부가되었고, 그럼으로써 아주 커다란 대륙으로 성장하였다. 오늘날 판이 수렴하는 것과 아주 유사하게 핵 주위에 부가가 이루어졌는데, 당시 지구의 방사성 열이 더 많았고 판의 이동이 빨랐기 때문에 부가도 보다 빠르게 진행되었다. 현재 북아메리카·그린란드·스코틀랜드 북서부·스칸디나비아의 발틱순상지 일부까지를 아우르는 땅의 전신(前身)인 **로렌시아**(Laurentia)의 진화에, 우리의 초점이 맞추어져 있다.

녹색암대 대부분은 시생누대 중에 형성되었으나 원생누대 중에도 계속 형성되었고, 적어도 한 군데, 즉 오스트레일리아의 캄브리아기 암석이 녹색암대이다. 그러나 원생누대 녹색암대는 많지 않고, 초고철질 분출암이 거의 없다는 것이 한 가지 중요한 차이점이다. 8장에서 논의한 바와 같이, 그 분명한 이유는 방사성 열의 생성이 감소한 결과이다(그림 8.15 참조).

로렌시아의 고원생대 역사

로렌시아의 진화는 길고, 복잡하며 아직 완전히 이해되지 않고 있다. 그럼에도 불구하고, 지질학자들은 강괴들의 결합, 화산호(弧, arc)와 해양암층의 부가 그리고 광범한 관입·변성·화산 활동을 해석하는데 큰 진전을 이루어냈다. 20억~18억 년 전 사이가 중요한데, 이때 시생누대 강괴들의 충돌로 선형(linear)-아치형 변동대인 **조산대**(orogens)가 여러 개 형성되었다. 조산대는 마그마의 관입을 받았고, 마그마는 나중에 냉각되어 저반과 같은 심성암을 형성시켰다. 그 결과, 이들 옛 강괴들은 조산대를 따라 봉합되었고, 그럼으로써 아주 큰 대륙을 형성하게 되었다(그림 9.2a). 그린란드의 대부분과 캐나다 중부 및 미국 중북부가 이 대륙에 속한다.

이들 강괴 형성 과정의 훌륭한 예가, 슬레이브와 래(Rae)강괴가 충돌한 캐나다 북서부의 텔론(Thelon) 조산대(19억 6,000만~19억 2,000만 년 전)와 슈피리어·헌(Hearne)·와이오밍강괴들이 봉합한 미국과 캐나다의 허드슨횡단(Trans-Hudson) 조산대(18억 4,000만~18억 2,000만 년 전)의 암석 속에 기록되어 있다. 이 외에, 수천만 년에 걸쳐 로렌시아 남쪽 연변을 따라 페노키아(Penokean) 조산대가 형성되었는데, 가장 강렬한 사건은 약 18억 5,000만 년 전에 일어났다.

캐나다 북서부의 웝메이(Wopmay) 조산대의 퇴적암들은, 해양 분지가 개폐(開閉: 이를 윌슨 주기라고 함)한 결과물이다. 완전한 **윌슨 주기**(Wilson cycle)는 캐나다 지질학자 윌슨(J. T. Wilson)의 이름을 딴 것으로, 비활동적 대륙연변부가 양쪽에 있는 해양 분지의 단층지구운동과 열림(opening)현상이 이에 포함된다(그림

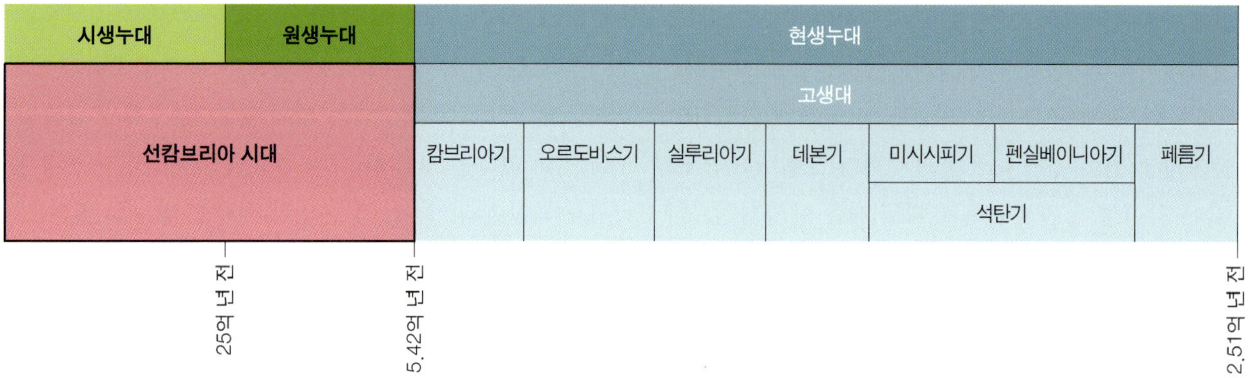

그림 9.2 원생누대 중 로렌시아의 발달 이 그림은 원생누대 중 로렌시아의 전반적인 발달 경향을 보여 준다.

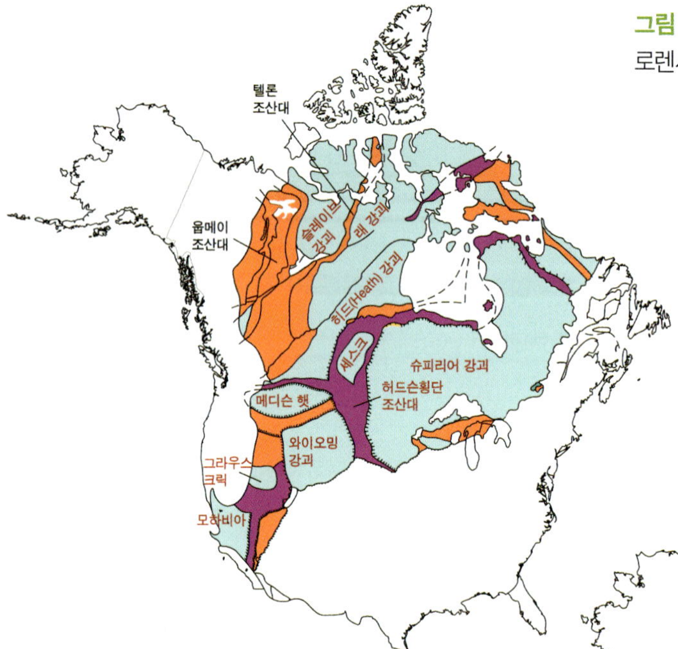

a 고원생대 동안 시생누대 강괴들은 변동대(조산대)를 따라 봉합됨

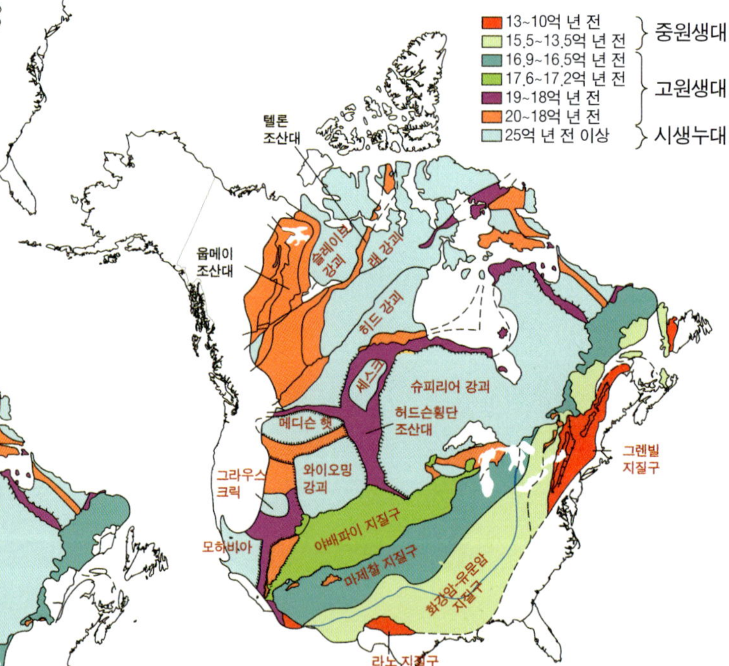

c 원생누대 마지막 부가 사건은 화강암-유문암 지질구와 그렌빌-라노지질구의 기원임

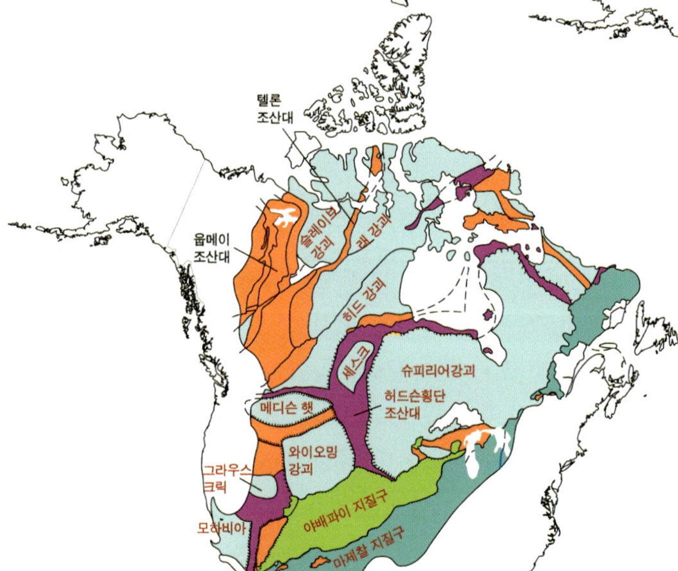

b 로렌시아는 남동 연변부를 따라 야배파이와 마제찰지질구가 부가되어 성장함

현생누대									
중생대			신생대						
트라이아스기	쥐라기	백악기	고제3기			신제3기			
								제4기	
			팔레오세	에오세	올리고세	마이오세	플라이오세	플라이스토세	홀로세

2.51억 년 전

6,600만 년 전

9.3). 단층지구운동의 결과 넓은 해양 분지가 형성되나, 종국에는 닫히기 시작하고, 섭입대와 호상 열도가 해양 분지 양쪽에 형성된다. 마지막으로 대륙판-대륙판의 충돌로 비활동적 연변 퇴적층과 해양 지각의 암석이 변형을 받는다.

웁메이조산대 암석의 일부는, 비활동적 대륙연변 위에 형성되는 **사암-탄산염암-셰일 조합**(sandstone-carbonate-shale assemblage)으로 이루어져 있다. 비활동적 연변 퇴적층은 시생누대 중에는 드물거나 없었으나, 원생누대와 그 후로는 흔해져 간다. 이 암석 조합은 미국과 캐나다 그레이트(Great)호(湖) 지역의 페노키아 조산대에서도 잘 나타난다(그림 9.4).

강괴의 초기 결합에 이어, 호상 열도 및 해양암층과 충돌하면서 로렌시아 남동 연변을 따라 부가가 일어났다. 그 결과 17억 6,000만 년~16억 5,000만 년 전 사이에 야배파이(Yavapai)와 마제찰(Mazatzal) 조산대가 이 성장하는 대륙에 합쳐졌다(그림 9.2b). 물론 이들은 중대한 조산운동이므로, 암석들은 변성작용을 받아 변형·변질되고, 화강암질 저반이 관입하였으며, 로렌시아에 합쳐졌다.

앞서 살펴보았던 고원생대의 사건과 암석은 로렌시아의 발달에 중요하다. 그러나 이 시기에는 또한 지구의 대량 **호상철광층**(banded iron formations, BIF)과 최초의 **대륙적색층**(continental red beds: 산화철을 포함하는 사암과 셰일층)이 퇴적되었다. 이에 대해서는 뒤의 '진화하는 대기' 절(節)에서 다루기로 한다. 또 다른 고원생대의 중대한 사건은, 거대한 운석이 캐나다 온타리오 북부에 떨어진 일이다('조망' 참조). 마지막으로, 원생누대 일부 암석 및 그것과 연관된 특징으로 보아 광범위한 빙하작용이 있었다(이 장 뒷부분에서 다룬다).

중원생대의 부가성장과 화성 활동

몇 백만 년의 소강상태를 거쳐 구조 운동과 대륙의 부가성장이 로렌시아 남동쪽 연변을 따라 재개되었다. 다시 말해, 15억 5,000만 년~13억 5,000만 년 전은 광범위한 화성 활동 시기이었는데, 화성 활동의 일부는 조산운동이 아닌, 화강암-유문암 지질구의 형성과 관련이 있다(그림 9.2c). 또 기존의 대륙 지각을 관입한 화성 활동도 있었다. 그 결과 생겨난 화성암이 캐나다 동부에서 그린란드를 가로질러 연장·분포하고, 스칸디나비아의 발틱순상지에서도 발견된다. 그러나 대부분 지역에서는 젊은 암석 아래에 묻혀 있다.

이들 화강암과 회장암(anorthosite: 거의 사장석으로 구성된 관입암)·심성암(pluton)·칼데라와 그 충진물·넓은 판상의 유문암과 화산회류(火山灰流, ash flows) 등의 기원이 논의의 대상이다. 하나의 가설에 의하면, 원생누대 초대륙 아래의 대규모 마그마가 상승하여 이들 암석이 생겨났다는 것이다. 이 가설은, 지구의 방사성 열 생성이 점차 감소하였기 때문에, 초대륙 아래 맨틀의 온도가 그 후의 맨틀 온도보다 높았을 것이라고

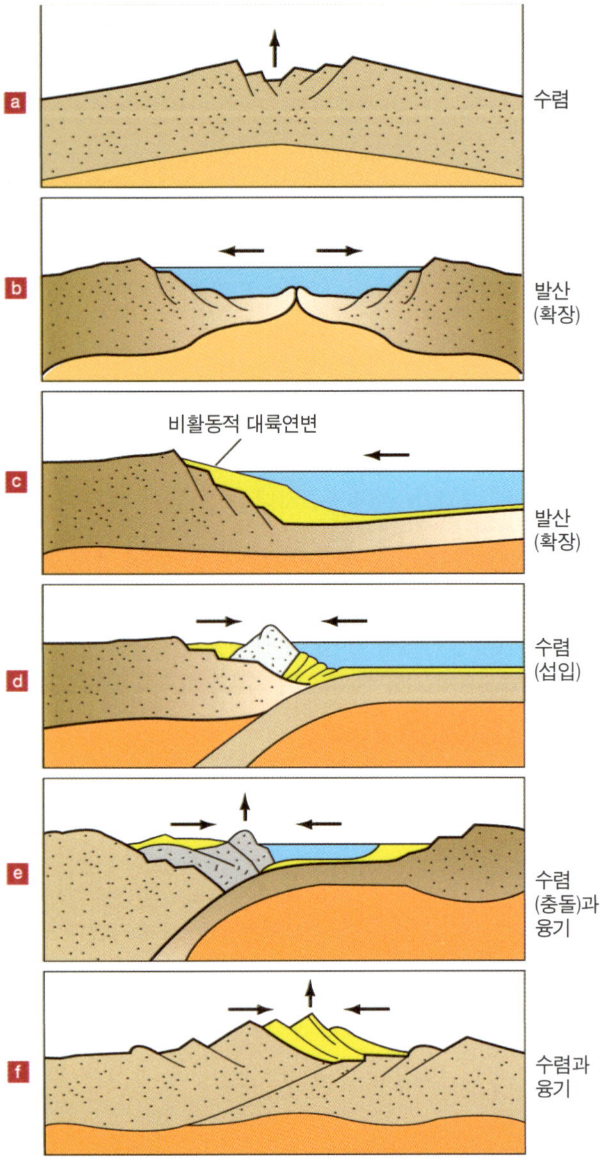

a~f 사실 웁메이조산대의 퇴적암 일부는 c와 같이 비활동적 대륙연변에 퇴적된 것으로 보임

그림 9.3 웁메이조산대와 윌슨 주기 몇몇 지질학자들은 캐나다의 웁메이조산대가 그림과 같이 완전한 윌슨 주기를 갖는다고 생각한다. 이것과 다른 생동적인 그림을 보려면 지질학 자료 센터(www.cengage.com/sso)로 접속해 보기 바란다.

가정한다. 따라서 최초 초대륙의 통합에 뒤이어 비조산운동성 화성 활동이 일어났을 것으로 보인다.

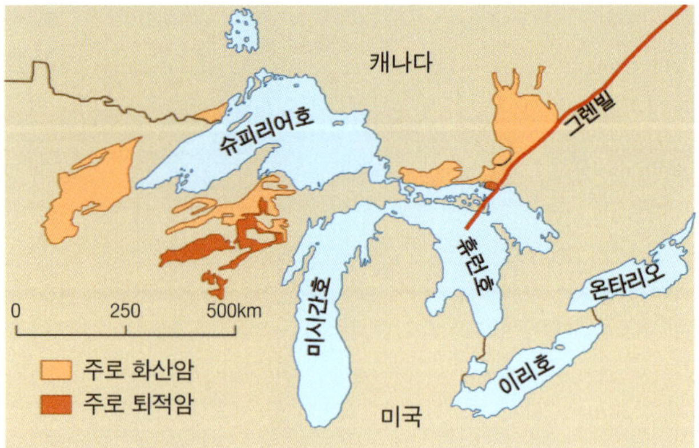

a 그레이트(5대)호 주변의 고원생대 암석의 분포

b 미스나드(Mesnard)규암의 노두. 연흔의 정부(頂部, crest)는 관찰자를 향해 있다.

c 코나(Kona)백운암. 파상의 둥근 모양은 남조류의 활동으로 생긴 스트로마톨라이트이다.

그림 9.4 고원생대 퇴적암류

중원생대의 조산운동과 단층 지구대운동

로렌시아의 중원생대 조산운동 사건, 즉 13억~10억 년 연대의 **그렌빌 조산운동**(Grenville orogeny)은 발달하는

조 망

서드베리(Sudbury) 운석 충돌과 그 여파

지구는 역동적인 행성으로서 침식·화산 활동·조산운동으로 약 38억 년 전에 끝난 강력한 운석 충돌의 증거는 인멸되었다. 그러나 크게 감소는 하였지만 운석 충돌은 계속되고 있다. 6,500만 년 전의 운석 충돌은 공룡과 가까운 계통의 멸종을 촉진했거나 원인이 되었다(15장 참조). 운석은 3,500만 년 전에도 체서피크(Chesapeake)만에 떨어졌고, 약 5만 년 전에는 100m 직경의 운석이 애리조나 운석 구덩이를 만들어 놓았다. 특히, 캐나다 온타리오의 길이 60km, 폭 30km인 운석 구덩이가 주목할 만한데, 본래는 폭이 250km는 되었을 것이다. 충돌은 18억 5,000만 년 전인 고원생대 동안에 있었고, 지금의 서드베리분지를 형성시켰다.

서드베리 운석 충돌은 분명히 장관이었겠지만, 목격자는 고세균과 세균뿐이었다. 충돌에 의한 폭발과 방출 열은 수백km 이내의 모든 생물을 멸종시켰을 것이고, 지진파도 전 세계에서 감지되었을 것이다. 암석조각은 충돌지점으로부터 800km는 날아갔고, 틀림없이 수천 톤의 암석이 증발되었을 것이며, 엄청난 양의 가스가 대기 중으로 방출되었고, 수백km^{2}의 암석이 용융되었을 것이다. 충돌은 대규모의 격변적 사건임이 확실하나, 충돌 결과 서드베리분지가 오늘날 세계에서 가장 풍부한 채광지역이 된 것은 다행한 일이기도 하다.

고속의 운석 충돌로 인해 용융된 암석으로부터 금속광물이 서드베리분지에 집중되게 되었다는 가설이 있다. 정말로, 이 분지의 많은 암석들은 반려암, 자소휘석반려암(norite)과 같은 고철질 관입암과 문상반암(granophyres), 섬록암과 같은 심성암이다. 화성암 상부의 서드베리화성암복합체는 충돌 이후 분지를 채운 수백m 두께의 충돌각력암과 퇴적암류로 되어 있다.

1883년 광물이 처음 발견된 이후, 분지 주변부에 90여 개의 광산이 들어서서 수백 톤의 구리·팔라듐(palladium)·백금·니켈·구리·은을 생산하였다. 이들 자원은 모두 산업화 사회에 필수적이다. 미국은 구리를 일부 수입하지만, 서부 몇 개 주의 광산에서 생산되기도 한다. 그러나 백금 그룹 금속(백금, 팔라듐)은 남아프리카와 영국에서 많이 수입하고, 서드베리분지에서 조금 수입한다. 2007년 미국의 국내 니켈 생산은 없었고 수입에 의존했는데, 40% 이상을 서드베리에서 수입하였다.

본래 서드베리분지의 폭이 250km 정도라면, 이는 지구에서 두 번째로 큰 운석 구덩이이고, 직경 300km인 남아프리카의 브레데포트(Vredefort) 구덩이(20억 년 전 이상)가 가장 크다. 그러나 직경 170km인 멕시코 유카탄 반도의 칙슬루브(Chixulub) 구덩이도 2위 그룹이다(15장 참조).

대륙의 동부에서 일어났다(그림 9.2c). 그렌빌 암석은 오늘날의 애팔래치아 산맥 북부(그림 9.5)·캐나다 동부·그린란드·스칸디나비아에 잘 노출되어 있다. 텍사스의 라노지질구는 그렌빌조산대의 서쪽 연장부인 것 같다. 많은 지질학자들은, 그렌빌조산대는 해양 분지가 닫혀(윌슨 주기의 마지막 단계) 생겨났다고 생각한다. 사실, 그렌빌 조산운동은 신원생대까지 지속된 로디니아(Rodinia) 초대륙이 통합하면서 일어난 마지막 사건이었을 수 있다.

그림 9.5 **그렌빌조산대의 암석** 하부의 그렌빌조산대 변성암(뉴욕 알렉산드리아 부근)이 후기 캄브리아기 포츠담(Potsdam)층에 의해 부정합으로 덮여 있다.

그렌빌 조산운동의 원인이 무엇이든지, 그것은 로렌시아에 있었던 원생누대 대륙 부가성장의 마지막 단계

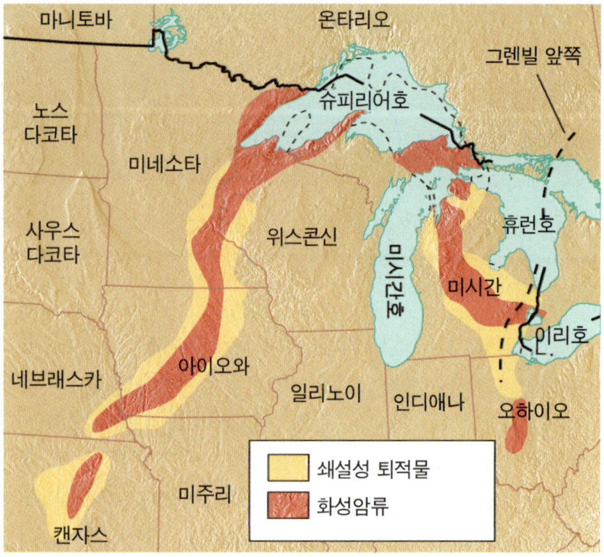

a 지구대를 채운 쇄설성 퇴적물과 화성암류. 암석은 미국과 캐나다의 슈피리어호 주위에 노출되어 있으나, 그 밖의 지역에서는 지하에 깊이 매몰되어 있다.

c 미시간의 커퍼하버역암

d 미시간의 포티지호화산암

그림 9.6 **중앙대륙 단층 지구대**

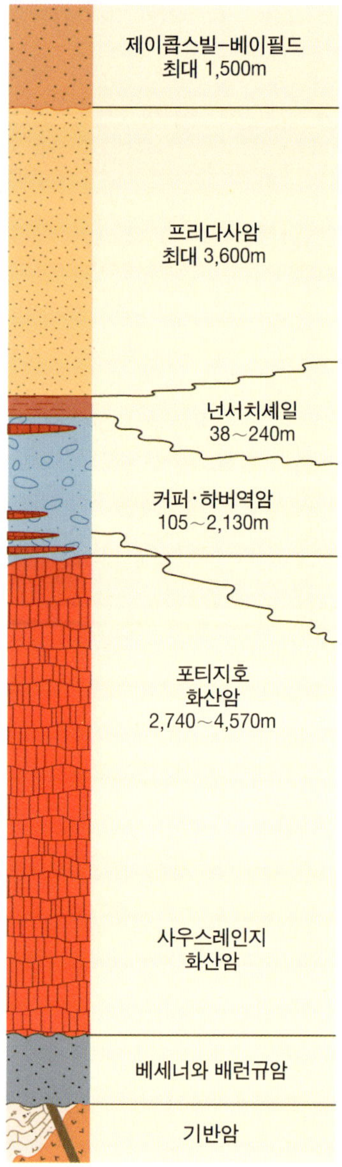

b 암석의 수직 관계를 보여 주는 중앙대륙 단층 지구대의 주상 단면도

이었다(그림 9.2c). 그때까지 로렌시아는 오늘날 북아메리카의 75% 정도이었고, 나머지 25%는 현생누대 중에 로렌시아의 동·서부 연변을 따라 일어난 부가로 생겨난 것이다.

약 11억 년 전이 시작될 무렵, 장력의 작용으로, 단층에 의해 경계되는 좁고 긴 곡부(谷部, trough)인 **중앙대륙 열곡**(Midcontinent rift)이 열렸다. 곡부는 두 방향인데, 하나는 남동쪽으로 캔자스에 이르고, 다른 하나는 남서쪽으로 미시간을 거쳐 오하이오에 이른다(그림

9.2c와 9.6). 지구대는 동쪽에서 시생누대와 원생누대 암석들을 절단하고 그렌빌조산대와 접촉한다. 모두가 동의하지는 않지만, 많은 지질학자들은, 중앙대륙 단층 지구대를 로렌시아를 쪼개지 못한 '미완성' 단층 지구대라고 생각한다. 단층지구운동이 계속되었다면 로렌시아는 2개의 땅덩이로 분리되었겠지만, 이 운동은 약 2,000만 년 뒤에 그쳤다.

화성암과 퇴적암이 잘 노출된 슈피리어 지역을 제외한 중앙대륙 단층 지구대 대부분은 젊은 암석에 의해 덮여 있다(그림 9.6c, d). 지구대 중앙부에는 수많은 용암류가 겹겹이 쌓여 그 두께가 수km에 달한다. 지구대 연변을 따라서, 역암이 커다란 충적 선상지에 쌓였고, 퇴적물 근원지에서 멀어질수록 사암과 셰일로 점차 변해 간다.

중원생대와 신원생대 퇴적작용

그렌빌 조산운동은 오르도비스기 이전 로렌시아 대륙에 있었던 최후의 대규모 변형 운동이다(그림 9.2c). 그 외에, 지금의 미국 동부와 캐나다, 캘리포니아의 데스밸리(Death Valley) 지역 그리고 서부의 3개 거대 분지의 퇴적작용과 같은 중요한 지질사건이 일어났다(그림 9.7a).

중원생대와 신원생대 퇴적암류는 몬태나, 아이다호와 캐나다 앨버타의 로키 산맥에 특히 잘 노출되어 있다. 플라이스토세와 홀로세 빙하작용에 의한 그들의 색깔, 변형특징과 침식지형은 참으로 환상적이다. 5대호 지역의 고원생대 암석과 같이 그들 역시 대부분 사암·셰일·스트로마톨라이드를 함유한 탄산염암이다. 원생누대 퇴적암류는 유타 주에서도 관찰된다.

그랜드캐니언누층군의 원생누대 암석은 시생누대 암석 위에 부정합으로 놓이고, 현생누대 암석에 의해 부정합으로 덮여 있다(그림 9.7b). 주로 사암·셰일·돌로스톤으로 구성된 퇴적암류는 천해와 하성 환경에서 퇴적되었다. 일부 암석 중에 스트로마톨라이트와 탄소성분의 조류(algae) 인상화석의 보존은, 그들이 바다에서

a 미국 서부와 캐나다의 중-신원생대 분지

b 그랜드캐니언의 신원생대 사암

그림 9.7 **미국 서부와 캐나다의 원생누대 암석**

퇴적되었음을 짐작케 한다.

이 절('원생누대 대륙의 진화')에서 로렌시아의 지사(地史)를 사건이 일어난 순서에 따라 기술하였다. 그러나 아주 긴 지구진화라는 사건에 대해 여러분이 예상하였겠지만, 실제 역사는 이 책에 나타난 것보다 더욱 복잡하다. 여기에서는, 변형작용·관입작용·변성작용에 관한 다수의 사건들과, 작은 지각 덩어리들이 로렌시아에 봉합된 내용, 나아가 방대한 양의 침식에 대해서도 언급하지 않았다. 요컨대, 거의 20억 년의 지사를 겨우 몇 페이지로 압축한 것이다.

3. 원생누대 초대륙

대륙은 화강암질 지각과 해수면 위의 광활한 지표로 구성되어 있지만, 화강암질 대륙 지각이 현무암질 해양 지각으로 변하는, 대륙의 '지질학적' 경계는 해수면 아래에 위치한다. 이와 달리 **초대륙**(supercontinent)은 적어도 2개 대륙이 하나로 통합된 것이고, 지구 역사적 입장에서는 해양의 섬 이외의 지구의 땅덩어리 모두 또는 대부분이 하나로 통합된 것을 의미한다. 여러분은 이미 고생대 말에 존재했던 초대륙 판게아(Pangaea)를 알고 있겠지만, 그 이전의 초대륙에 대해서는 들어본 일이 없을 것이다.

초대륙을 자세히 살펴보기 전에, 해양 분지의 개폐를 포함한 현재의 판구조 운동 유형은, 틀림없이 고원생대에 확립되었다는 사실에 유의할 필요가 있다. 수렴경계의 증거인 오피올라이트(ophiolites)는 러시아와 중국(?)의 신시생대와 고원생대 암석 중에서 실제로 알려졌다. 더욱이 이들 고기의 오피올라이트는, 고도로 변형되었으나 완전한 핀란드 욜무아(Jormua)의 고철질-초고철질 복합체와 같은, 잘 연구된 젊은 오피올라이트와 밀접하게 비교된다(그림 9.8).

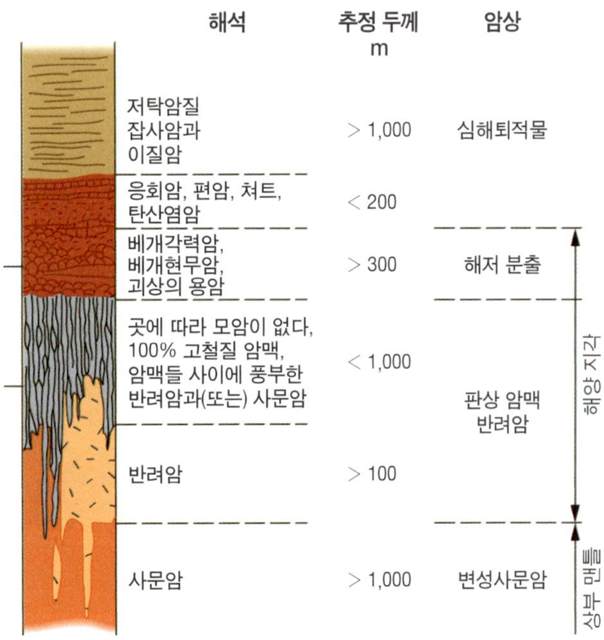

a 오피올라이트를 구성하는 암층 복합체의 층서 주상 단면도

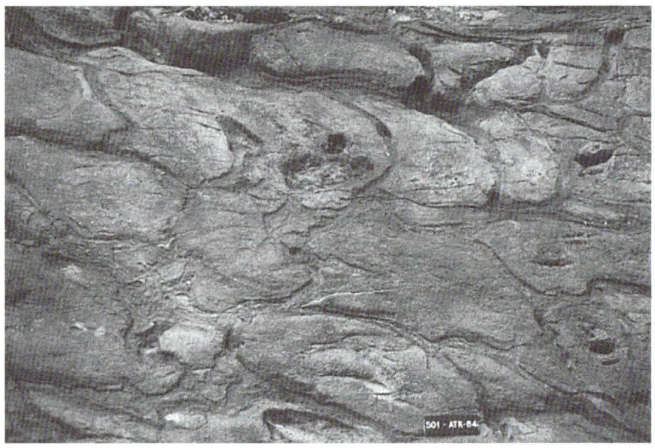

b 변성 받은 현무암질 베개 용암. 축척의 길이는 약 12cm

c 고철질 암맥들 사이의 변성반려암. 망치의 손잡이 길이는 65cm

그림 9.8 핀란드 욜무아의 고철질-초고철질 복합체 19억 6,000만 년 전의 암석으로 심한 변형을 받았으나 가장 오랜 오피올라이트 중 하나이다.

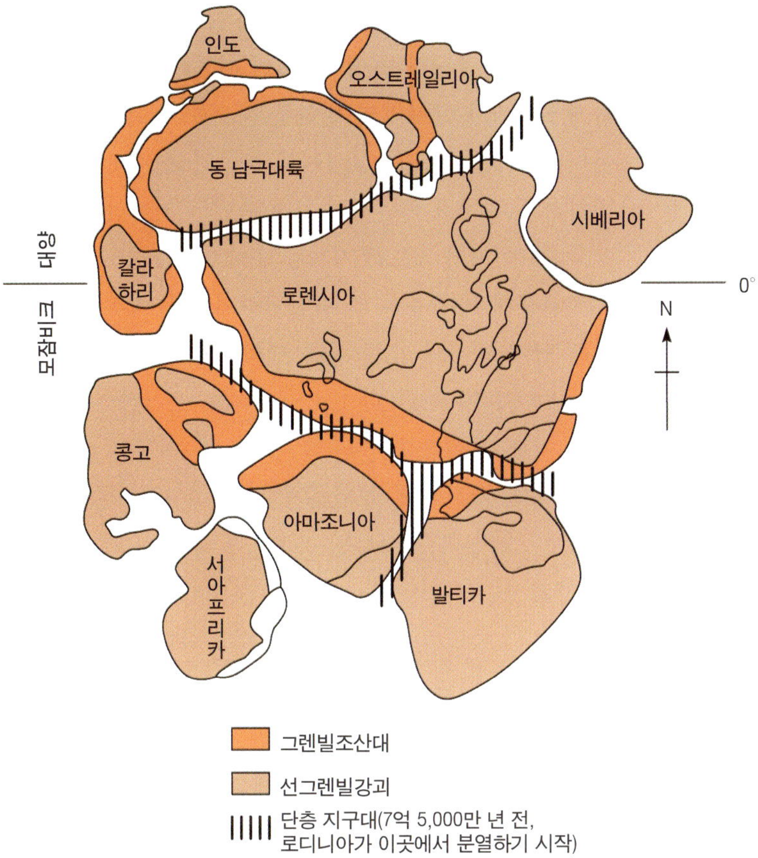

그림 9.9 로디니아 7억 5,000만 년 전 신원생대 초대륙 로디니아의 추정 분포도

초대륙이 이미 신시생대에 존재했을 수도 있으나 그 증거가 확보되어 있지 않다. 지질학자들이 어느 정도 확실하게 인정하는 첫 번째 초대륙은 **로디니아**(Rodinia, 그림 9.9)로, 13억 년 전에서 10억 년 전 사이에 형성되었다가 7억 5,000만 년 전부터 분열되기 시작하였다. 지금의 남반구 대륙들에서 대규모 변형을 일으킨 범아프리카 조산운동(Pan-African orogeny)으로 판단해 볼 때, 로디니아의 분리된 조각들은 약 6억 5,000만 년 전에 다시 모아져, 다른 초대륙인 **파노티아**(Pannotia)를 형성하였다. 그 뒤 신원생대 최후기(약 5억 5,000만 년 전)에 분열되어, 현생누대 초기의 대륙분포가 생겨났다(10장 참조).

4. 원생누대 빙하와 빙성층

지구 역사 중에 빙하가 광범하게 덮은 시기는 아주 적다. 가장 잘 알려진 빙하기는 최근의 플라이스토세(180만~1만 년 전) 빙하기이지만, 펜실베이니아빙하(11장 참조)와 원생누대의 두 차례 빙하작용의 증거도 남아 있다. 그러나 원생누대에 빙하작용이 있었다는 것을 어떻게 확신할 수 있을까? 결국 가장 일반적인 빙성암인 빙성층(氷成層, tillites)에 의존하는데, 이 암석은 다른 과정으로 생긴 역암과 아주 흡사하게 보일 수도 있는, 역암의 한 가지 유형이다.

고원생대의 빙하

선캄브리아 시대의 빙성층 또는 빙성층 유사 퇴적층은 적어도 300 군데에서 알려졌지만, 그들 중 일부는 빙하와 무관한 듯하다. 그러나 다른 곳에서는 빙성층의 지리적 분포가 넓고, 빙하 조선과 연마된 기반암과 같은 빙하작용의 독특한 특징이 함께 나타난다. 이 같은 특징을 기초로 이제 지질학자들은 고원생대 중에 광범위한 빙하작용이 있었음을 확신한다.

미시간·와이오밍·퀘벡에 거의 같은 시기의 빙성층이 존재하는 것으로 보아, 허드슨만 남서쪽에 중심을 둔 빙상이 북아메리카 대륙에 있었던 것 같다(그림 9.10a). 이와 유사한 시기의 빙성층이 호주와 남아프리카에서도 발견되나, 연대 측정이 정확치 않아 하나의 광범위한 빙하기이었는지, 시기와 장소가 각기 다른 빙하기이었는지는 불분명하다. 캐나다 온타리오에 있는 브루스(Bruce)층의 빙성층은, 연대가 약 27억 년 전이므로 신시생대에 속한다.

신원생대의 빙하

9억~6억 년 전의 빙성층과 다른 빙하 특징들은, 남극을 제외한 모든 대륙에서 발견된다. 이 기간 전체를 통해 빙하작용이 지속된 것이 아니고, 네 차례의 주요 빙하작용이 반복되었다. 그림 9.10b는 이들 빙하의 '개괄적인' 분포를 보여 주는데, '개괄적'이라고 표현한 것은 빙하들의 실제 규모를 알 수 없기 때문이다. 덧붙여, 그림 9.10b에서 분포지의 빙하들은 모두가 같은 시기는 아니다. 이 같은 불확실성에도 불구하고, 이 신원생대 빙하작용은 지구 역사에서 가장 광범한 것이었다. 실제로, 빙하는 거의 적도에 가까운 곳에도 있었던 것 같다.

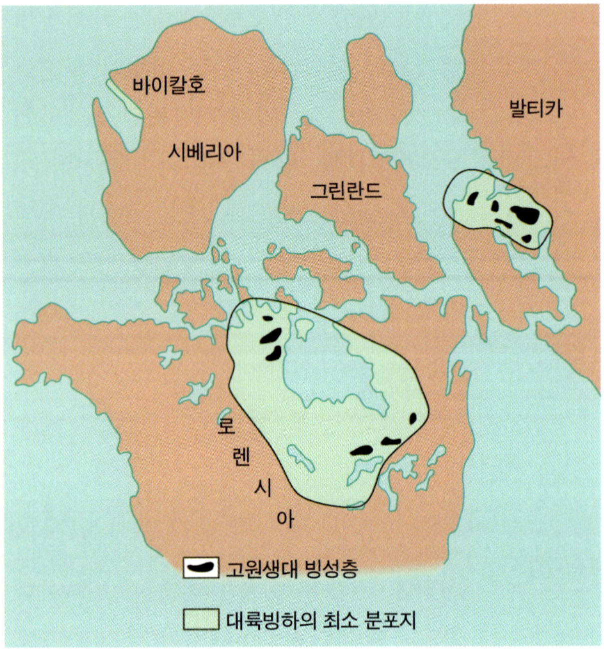

a 미국과 캐나다에 분포하는 고원생대 빙성층(氷成層). 당시 로렌시아에 광범위한 빙상(ice sheet)이 형성되었음을 나타낸다.

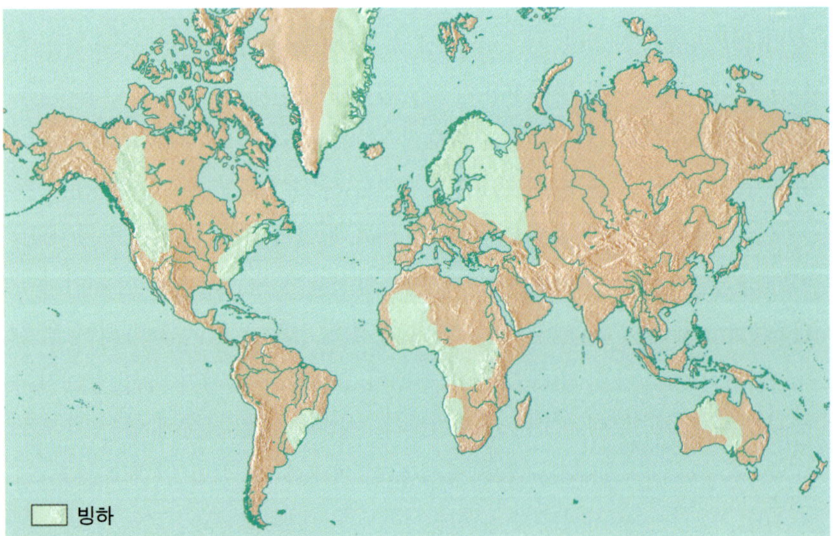

b 신원생대 빙하의 대륙별 중심 분포지

그림 9.10 고원생대와 신원생대의 빙하

신원생대 빙성층은 꽤 광범위하기 때문에, 지질학자들은 당시 빙하가 모든 땅을 덮었고, 바다는 얼어붙어 눈덩어리 지구(snowball Earth)였다고 생각한다. '눈덩어리 지구' 가설은 논란이 많으나, 지지자들은 모든 대륙이 적도 가까이에 위치하게 된 것이 빙하기를 촉발하였고, 그 결과 가속화된 풍화작용에 대기 중의 막대한 양의 이산화탄소가 쓰였을 것이라고 주장한다. 대기 중에 CO_2가 희박하면 빙하가 형성되어 태양 복사를 반사하고 그러면 빙하는 확장될 것이다.

지구가 실제로 눈덩어리였다면, 왜 동결상태가 지속되지 않았을까? 물론 화산들이 계속 분출하여 이산화탄소, 메탄 등의 온실가스를 포함한 화산가스를 뿜어냄으로써 대기가 따뜻해져 빙하기가 끝났을 수 있다. 사실 이 가설의 지지자들은 대륙들이 고위도로 이동할 때까지 눈덩어리 지구가 여러 차례 나타났을 것이라고 말한다. 모든 땅이 얼음으로 덮였고 바다가 얼었다면 생명체는 어떻게 살 수 있었는가? 이것이 이 가설에 대한 한 가지 비판이다. 이 의문을 해명하는 다음과 같은 여러 가지 견해가 있었다—생명은 해저열수공에서 지속되었다; 광합성은 얇은 얼음 아래에서도 가능하다; 생명은 지금의 남극에서처럼 빙하 아래 호수에서 지속되었다; 활동 중인 화산 가까이에 물웅덩이가 있었을 것이다.

5. 진화하는 대기

시생누대 대기 중에는 유리산소가 거의 또는 전혀 없어서(8장 참조), 지금과 같은 정도의 산화가 이루어지지 않았다는데 지질학자들은 동의한다. 광화학적 전리와 광합성은 대기에 유리산소를 더했으나, 원생누대가 시작될 때의 양은 현재의 1%에 지나지 않았고, 원생누대 말에 이르러서도 10%를 넘지는 못했을 것이다. 앞에서 논의한 것처럼, 시생누대에 남조류가 있었으나, 그것이 형성한 스트로마톨라이트(stromatolite)는 고원생대인 23억 년까지 흔하지 않았다. 어쨌든 이들 광합성생물과 광화학적 전리는 모두 진화하는 대기에 유리산소를 추가하였다(그림 8.14 참조).

8장에서 지구의 초기 대기 중에 유리산소가 거의 또는 전혀 없고, 이산화탄소가 풍부하였다는 것을 보여주는, 몇 가지 증거를 인용하였다. 여기서 필자들은, 더 많은 산소를 이용할 수 있게 되고, 반면에 이산화탄소의 양은 감소하였다는 사실을 다시금 강조한다. 그렇다면 대기가 점차 산화성으로 바뀌었음을 입증할 증거는 무엇이고, 대기 중에서 사라진 이산화탄소는 지금 어디에 있는가? 물론 지금의 대기 중에 소량의 CO_2가 있고, 온실효과에 일조하여 지구 온난화에 일부 책임이 있다. 그러나 이제 CO_2 대부분은 석회암, 돌로스톤과 같은 탄산염암과 생물권 속에 들어 있다. 원생누대 대기가 화학적으로 환원성에서 산화성으로 진화한 증거 두 가지를 퇴적암을 통해 논의하고자 한다.

호상철광층

세계의 철광석 대부분은, 철이 풍부한 광물과 처트층이 mm~cm 두께로 교호하는 **호상철광층**(縞狀鐵鑛層, banded iron formations, BIFs)으로부터 생산된다(그림 9.11a, b). 호상철광층 일부는 시생누대의 암석에서 발견되는데, 주로 녹색암대에서 소규모로 발견되며, 해저 화산 인근에서 형성되었을 것으로 보인다. 그러나 92%는 고원생대 초기 동안(25억~20억 년 전) 천해 대륙붕 환경에서 퇴적되었다. 이들 퇴적층은 시생누대의 그것보다 아주 광범위해서, 진화하는 지구대기에 중요한 암시가 된다.

호상철광층의 철 성분은 적철석(Fe_2O_3)과 자철석(Fe_3O_4) 중의 산화철이고, 처트층은 거의 이산화규소(SiO_2)이다. 철은 매우 반응을 잘하는 원소로, 산화 대기에서 산소와 결합하여 물에서는 쉽게 용해되지 않는 녹(rust)같은 산화물을 만든다. 그러나 산소가 없으면 쉽게 용액이 되어 바다에 대량으로 축적될 수 있는데, 시생누대 중에 그랬을 것이다. 시생누대 대기에는 산소가 결핍되어, 해수 중에 대량의 용존산소가 있었을 것 같지 않다. 그러나 광합성생물의 방출로 바다에 유리산소가 축적되어 감에 따라, 산화철과 규산염의 침전이 가능해졌고, 그 결과 호상철광층이 기원하였다.

호상철광층 침전의 세부내용을 설명하는, 인기 있는 한 가지 모델이 있다. 그것은 곧, 고원생대 해양이 용해된 철과 규산염을 포함하는 대량의 하부 무산소 해수층과, 산소 공급이 원활한 상부 해수층 등 2개 층으로 되어 있었다는 것이다. 용해된 철의 일부는 육지의 풍화로부터 왔을 것이고, 그보다 더 많은 양이 지금처럼 해저열수공에서 나왔을 것이다(그림 8.18 참조). 무산소대에서 표층으로 해수의 이동 또는 용승은, 철과 규산염이 풍부한 물을 발달 중인 천해 대륙붕으로 공급해주었고, 거기에서 두 성분이 산소와 결합하여 호상철광층의 침전이 광범위하게 이루어졌다(그림 9.11c). 호상철광층의 침전은 해수 중의 철 성분이 고갈될 때까지 계속되었으며, 이제 대기는 얼마간의 유리산소를 함유하였으므로, 철은 더 이상 바다에 들어가 대량으로 용해되지 않게 되었다.

대륙 적색층

대륙 적색층(continental red beds)이란 문자 그대로 대륙 위의 적색 암석이나, 구체적으로 말하면 산화철, 특히 적철석(Fe_2O_3)에 의해 착색된 적색 사암 또는 셰일을 의미한다(그림 9.7b). 이 층은 약 18억 년 전에 최초

a 적색 처트층과 은색 철질 광물층이 번갈아 쌓인 미시간 이시페밍(Ishpeming)의 노두.

b 미시간 네고니(Negaunee)의 전형적인 호상철광층 노두

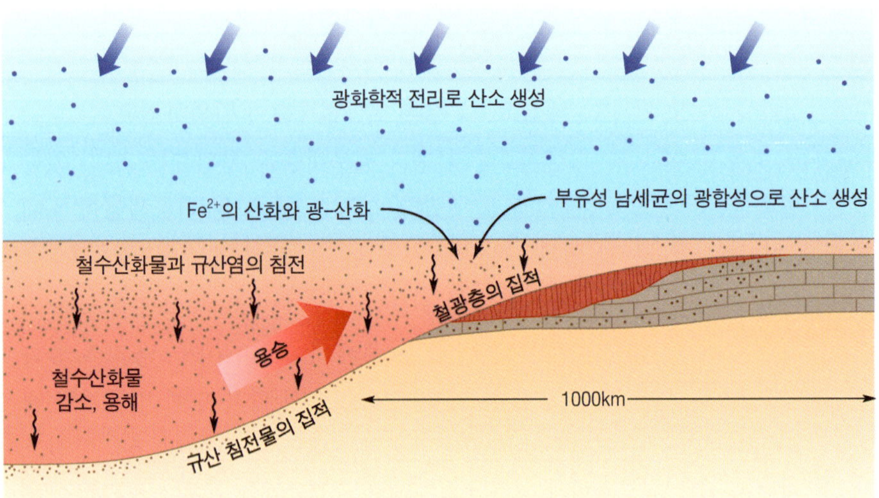

c 호상철광층의 기원을 설명하는 퇴적 모델

그림 9.11 **고원생대 호상철광층**

로 나타나 그 후의 원생누대 동안 점차 풍부해졌으며, 현생누대에는 아주 흔하다.

적색층이 퇴적되기 시작한 것은, 유리산소가 원생누대 대기 중에 도입된 것과 일치한다. 그러나 그 당시, 대기 중의 산소는 현재의 1~2%에 지나지 않았을 것이다. 그 정도의 산소는 퇴적물 속의 산화철을 해명하기에 충분한 양인가? 아마 아닐 것이다. 그래서 우리는 이 대기의 다른 속성들도 고려해 보아야 한다.

유리산소(O_2)가 있기 전에, 기권 상층부에 오존(O_3)층은 존재하지 않았다. 그러나 광합성생물이 유리산소를 대기 중으로 방출하면 자외선 복사가 유리산소를 산소(O)와 오존(O_3)으로 전환시키는데, 이 둘은 O_2보다 더 효과적으로 광물을 산화시킨다. 일단 오존층이 형성되면 자외선 복사 대부분은 지표에 도달하지 못하고, 그러면 O_2가 광물을 산화시키는 첨병이 된다.

6. 원생누대의 생물

시생누대의 화석 기록은 드물어서 세균(박테리아)과 고세균—분명히 당시 여러 유형이 살았겠지만—이 고작이다. 마찬가지로 고원생대에도 이들 생물이 특징적이고(그림 9.12a), 남세균에 의해 생성된 스트로마톨라이트가 더 흔해졌다(그림 9.4c, 9.12a). 사실은, 원핵세포가 무성생식을 하기 때문에, 생물 다양성이 이 같이 낮은 것에 대해 크게 놀랄 일은 아니다. 유성생식

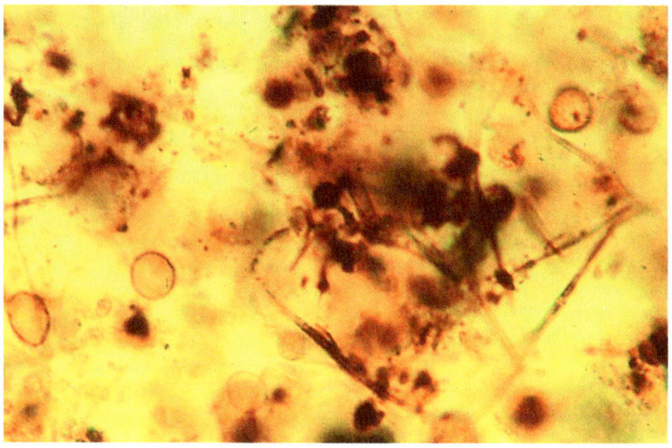

a 원생누대의 박테리아 화석. 이들 구형과 실모양(사상체)의 미화석(캐나다 온타리오의 건플린트 쳐트층)은 현생 박테리아를 닮았다. 사상체의 두께=약 1/1,000mm.

b 원생누대의 스트로마톨라이트 표본. 이 암석은 침식을 받았지만, 함께 성장한 2개의 스트로마톨라이트를 뚜렷하게 보여 준다.

그림 9.12 원생누대 박테리아 화석과 스트로마톨라이트

생물과 달리 무성생식 생물은 유전물질〔역자 주: 원핵세포의 생식은 2분법이고, 유전자가 같은 2개의 세포로 나뉜다. 어떤 조건에서는 접합(conjugation)하여 세포와 세포 사이에 유전물질이 전달되기도 한다〕을 공유하지 않으므로, 진화는 비교적 느리게 진행되었다. 중원생대 말에 나타난 유성생식 생물은, 여전히 대단히 느리다고 느껴질지 몰라도, 그 이후 빠른 속도로 진화하였다.

진핵세포는 진화한다

원핵세포보다 훨씬 큰 **진핵세포**(eukaryotic cell)에는, 핵막으로 감싸인 핵(염색체 함유)과 원핵세포에는 없는 다른 기관들이 들어 있다(그림 9.13). 진핵생물은 다세포이고 유산소성이어서, 대기 중에 유리산소가 있기 전에는 존재할 수 없었다. 덧붙여 진핵생물은 대부분 유성생식을 한다.

원핵세포와 진핵세포의 구분은 모든 생물 영역에서 가장 기초적인 것 중 하나이다. 생물학자들은 생물계를 고세균(Archaea)·세균(박테리아)·원생생물·균·식물·동물 등 6계(界, kingdoms)로 나누지만(표 9.1), 넓게 3개 영역(domain)으로 구분하는 것이 각광 받는 분류체계이다(그림 9.14). 원핵생물의 2개 영역(고세균과 진정세균)과 진핵생물을 모두 묶은 1개 영역(진핵생물)이 그것이다.

캐나다 중원생대 암석(12억 년 전)에는 가장 오랜 진핵생물 화석이 들어 있다. 이들 미세한 생물 *Bangiomorpha*는 단세포이고, 아마 유성생식을 하였으며, 현생 홍조류(紅藻類, red algae)와 매우 유사해 보인다. 다른 원생누대 암석들로부터 더 오랜 화석들이 나왔으나, 그들의 유연관계는 알려지지 않았다. 예를 들면, 미시간 주의 네고니철광층(21억 년 전)에서 나온 가장 오래된 대형화석 *Grypania*는 단세포 박테리아나 조류의 한 유형일 것 같다(그림 9.15).

가장 오래되고 그 실체가 인정된 진핵생물 *Bangiomorpha*는 세포의 크기가 60μm를 넘고, 적어도 14억 년 전에 풍부하게 산출되었다. 많은 화석 표본은 더욱 복잡한 조직을 갖고 있고, 몇몇 표본에서는 핵막으로 감싸인 핵이 관찰된다. 덧붙여, 속이 빈 화석 아크리타치(acritarchs)는 부유성 조류의 포낭(cysts)으로 여겨지며, 중원생대와 신원생대 중에 점점 더 흔해졌다(그림 9.16a, b). 신원생대 생물에 대한 그 밖의 흥미로운 증거는 잠정적으로 조류의 포낭으로 감정된 꽃병 모양의 미화석으로 애리조나 주의 그랜드캐니언에서 발견되었다(그림 9.16c).

내부공생과 진핵세포의 기원

널리 받아들여지는 이론에 따르면 진핵세포는 공생관

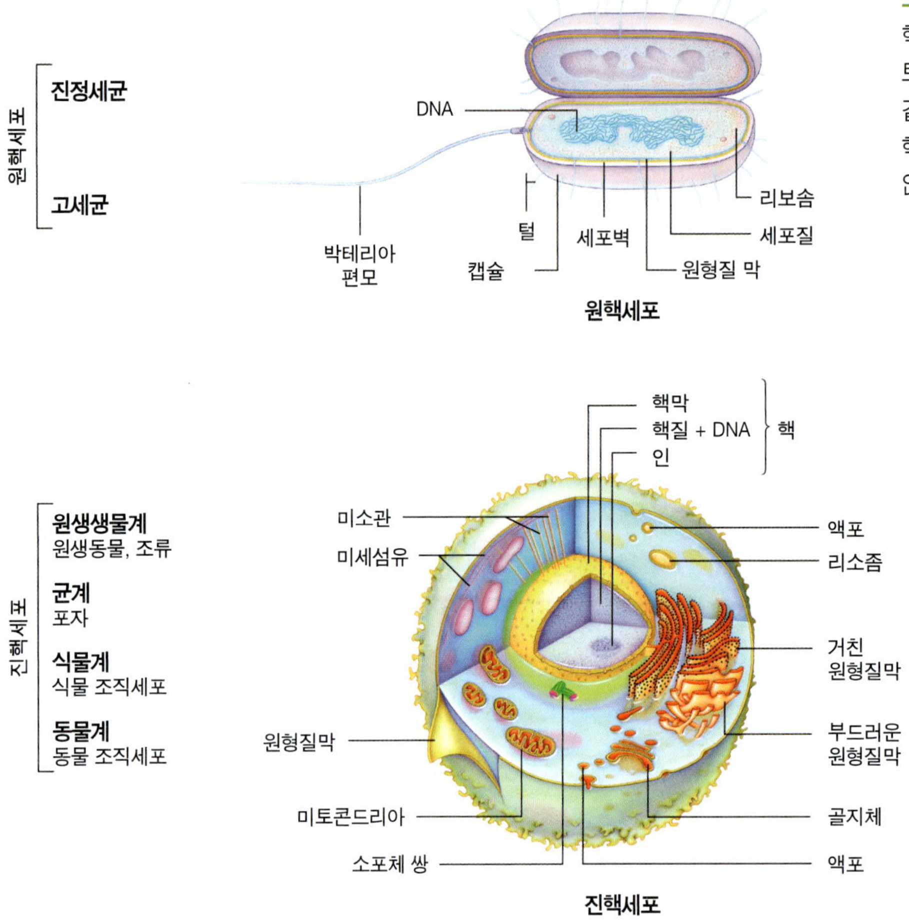

그림 9.13 원핵세포와 진핵세포 진핵세포에는 유전물질을 함유한 핵과 미토콘드리아, 색소체(식물은 엽록체)와 같은 소기관이 들어 있다. 이와 달리 원핵세포는 작고 진핵세포처럼 복잡하지 않다.

계에 있는 생물 속으로 들어간 원핵세포로부터 생겼다. 둘 또는 그 이상의 다른 생물의 오래된 공동생활을 포함하는 공생은 오늘날에는 흔하다. 많은 경우에 공생자 양자는 한때 식물로 생각되었으나 실제로는 진균류와 조류 사이의 공생 관계인 이끼 식물에서처럼 공동생활로부터 이익을 얻는다.

공생 관계에서 각각의 공생자는 일반적으로 신진대사와 번식을 할 수 있으나 어떤 관계에서 의존도는 한쪽 또는 양자의 공생자가 독립적으로 살 수 없는 그러한 관계이다. 이것은 단위 생물이 오직 전체로서만 존

표 9.1 생물의 6계(고세균과 세균만이 원핵세포를 가짐을 주목하라)

계	특징	예
고세균	원핵세포; 단세포, 박테리아와 유전학적, 화학적으로 다름	메탄 생산 미생물, 호염균, 내열성 세균
박테리아	원핵세포; 단세포, 세포벽이 고세균과 진핵세포와 다름	남세균, 미코플라스마
원생생물	진핵세포; 단세포; 박테리아보다 내부 복잡성이 훨씬 큼	다양한 형태의 조류, 규조, 원생동물
진균류	진핵세포; 다세포; 주요 분해자와 영양 재순환자	균류, 효모, 곰팡이, 버섯
식물계	진핵세포; 다세포; 광합성에 의해 영양분을 얻음	나무, 풀, 장미, 골풀, 야자나무, 브로콜리, 덩쿨옻나무
동물계	진핵세포; 다세포; 이미 생성된 유기 분자의 섭취로 영양분을 얻음	벌레, 대합, 산호, 해면동물, 해파리, 어류, 양서류, 파충류, 조류, 포유류

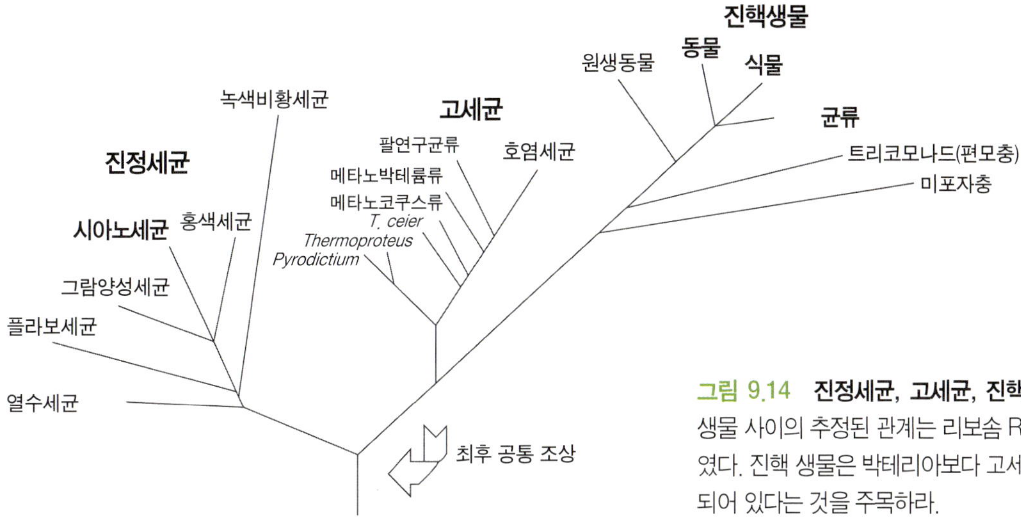

그림 9.14 진정세균, 고세균, 진핵생물의 분류 체계 이들 생물 사이의 추정된 관계는 리보솜 RNA의 유형 분석에 근거하였다. 진핵 생물은 박테리아보다 고세균에 한층 더 가깝게 관계되어 있다는 것을 주목하라.

그림 9.15 가장 오랜 진핵생물과 대형 화석 가장 오랜 대형 화석 *Grypania*(21억 년 전). 박테리아나 조류의 한 종류일 것 같다. 가로 길이 약 1cm.

재할 수 있을 때까지 점점 서로 의존하게 된 원생누대의 공생 원핵생물의 경우였을지 모른다. 그러나 이 관계에서 한 공생자가 다른 공생자 내에 살았으며 이러한 특수한 형태의 공생을 **내부공생**(endosymbiosis)이라고 한다(그림 9.17). 내부공생은 이미 1905년에 제안되었으나 진핵세포의 기원을 설명하는 확실한 이론이 내부공생이었음을 과학자들이 확신하게 한 것은 린 마굴리스(Lynn Margulis)의 연구와 그녀의 1970년 출판물이었다. 내부공생의 이론을 지지하는 증거는 내부 구조 또는 미토콘드리아와 색소체 같은 세포기관을 포함한 살아있는 진핵세포의 연구로부터 나왔다. 이들 세포기관은 이들의 고유한 유전 물질을 가지며 이들은 원핵세포의 합성과 똑같이 단백질을 합성한다. 그래서 세포기관은 아마 공생관계 속으로 들어가 자유롭게 사는 박테리아를 의미하며 결국에는 진핵세포를 탄생시켰다. 세포 사이의 이러한 관계가 확실하다는 것은 아메바를 연구하는 미생물학자가 그의 표본이 아메바를 침범하여 대부분의 아메바를 죽게 한 박테리아에 의해 감염되었다는 것을 발견한 1966년에 증명되었다. 그럼에도 불구하고 수개월 후에 아메바와 박테리아는

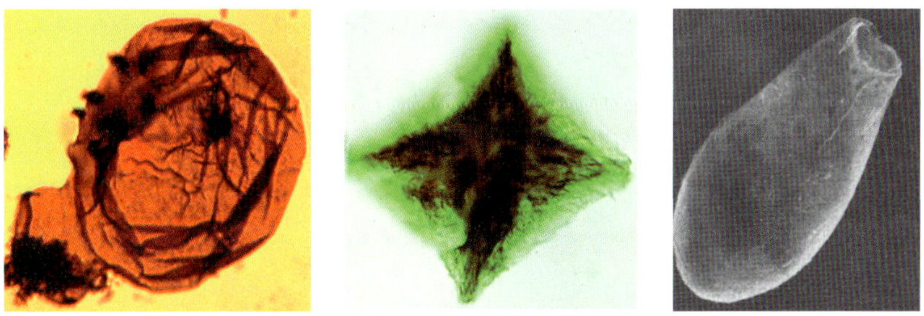

a 중국 중원생대 암석에서 산출된 아크리타치 *Tappania piana*

b 아크리타치로 알려진 *Octoedryxium truncatum*, 스웨덴 신원생대 암석에서 발견되었다.

c 애리조나 주 그랜드캐니언의 신원생대 암석에서 산출된 꽃병 모양의 미화석. 조류의 포낭이다.

그림 9.16 원생누대 화석 이들은 진핵생물로 생각되며, 크기는 직경 40~50μm이다.

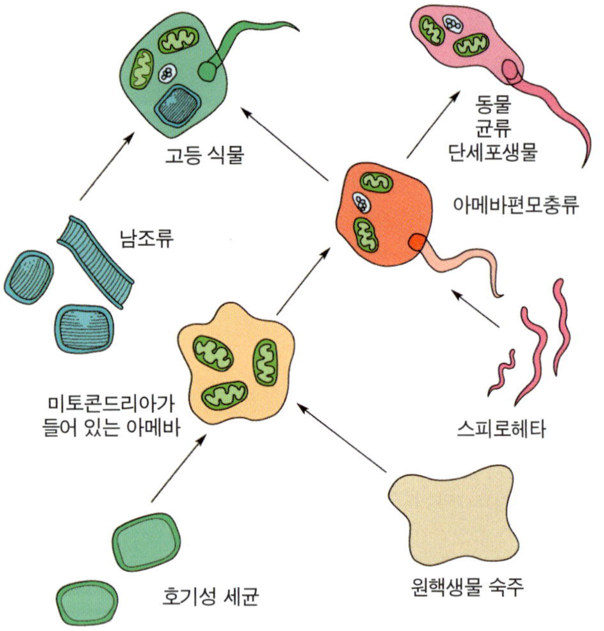

그림 9.17 **내부공생과 진핵세포의 기원** 호기성 세균과 커다란 숙주 세균이 합체되어 미토콘드리아가 들어있는 아메바가 생성되었다. 아메바편모충류는 아메바와 스피로헤타 그룹의 세균이 합체되어 생성되었다; 이 아메바편모충류는 동물성 균류와 단세포생물계를 탄생시켰다. 식물계는 남조류가 아메바편모충류 내에서 색소체가 되었을 때 생겨났다.

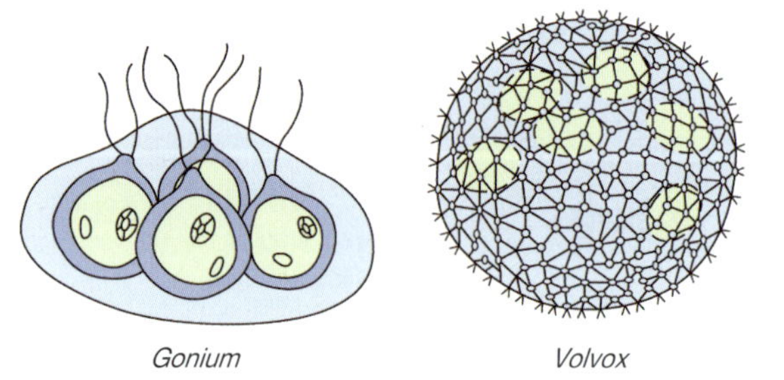

a *Gonium*은 단지 4개의 세포로 구성되어 있으며, 이들 모든 세포는 비슷하며 새로운 군집을 번식시킬 수 있다. *Volvox*는 특정 기능을 할 수 있는 분화된 몇몇 세포를 갖고 있어서 *Volvox*는 단세포 생물과 다세포 생물을 분리시키는 경계를 넘었다.

b 몬태나 주의 리틀 벨트 산맥(Little Belt Mountains)에서 산출된 탄소질의 인상화석. 아마 다세포의 조류에서 유래된 것이다.

그림 9.18 **단세포 생물과 다세포 생물**

내부공생 관계로 공존하였다; 아메바는 필수 단백질을 생성하는 박테리아 없이 더 이상 살 수 없다.

다세포 생물의 출현

우리들은 분명히 현미경적인 생물들이 지배적인 세상에 살고 있지만 다세포 식물과 동물에 더욱 익숙하다. 그러나 **다세포 생물**(multicelled organisms)은 단순히 많은 세포로 이루어져 있을 뿐만 아니라 번식과 호흡과 같은 특정 기능을 하는 특성화된 세포를 갖고 있다. 우리는 다세포 생물이 신원생대에 존재했으나 화석 기록이 이들 변화가 어떻게 일어났는지 말해 주지 않는다는 것을 알고 있다. 그럼에도 불구하고 현생 생물에 대한 연구는 아마 무엇이 일어났는지에 대한 상당한 단서를 제공할 것이다. 실제로 다세포일 때 적어도 4개의 동일한 세포를 가지며 이들 모두는 그들의 고유한 방법으로 살 수 있는 몇몇 살아있는 생물들이 있다(그림 9.18).

하나의 단세포 생물이 분열하여 제각기 분산되지 않고 하나의 군체로 남아 세포들이 한 무리를 형성하였다고 상상해 보자. 어떤 군체 내의 세포는 오늘날 군체를 이루는 몇몇 생물의 세포처럼 어느 정도 분화되었다. 그 이상의 분화는 번식, 호흡 및 먹이 섭취와 같은 기능을 수행하는 세포로 이루어진 해면동물과 같은 단순한 다세포 동물이 생기게 했을 것이다. 원생누대의 다세포 조류의 탄질 인상(carbonaceous impressions)이 많은 지역에서 알려졌다(그림 9.18b).

다세포가 되는 것이 어떤 특별한 장점이 있는가? 아무튼 약 15억 년 동안 모든 생물들은 단세포였으며, 생물들은 번성했던 것으로 보인다. 실제로 단세포 생물들은 이들이 행하는 것에 아주 능숙하지만 그들이 행하는 것에는 한계가 있다. 예를 들면 이들은 아주 크게 될 수 없다. 왜냐하면 크기가 증가함에 따라 부피에 비하여 비례적으로 더 적은 세포가 외부 환경에 노출된다. 그래서 부피가 증가함에 따라 표면적의 비율은 감소하며 외부에서 내부로의 물질의 이동은 효과적이지 못하다. 또한 다세포 동물은 세포가 대체될 수 있고 더 많은 자손을 생산할 수 있기 때문에 더 오래 산다. 결국 세포들은 특정한 기능을 갖는 기관으로 분화될 때 증대된 기능의 효율성을 갖는다.

신원생대의 생물

생물학자들이 말하는 번식 방법과 신진대사 형태와 같은 기준은 동물과 식물을 쉽게 구분할 수 있게 한다. 또는 이것은 그럴듯하게 보인다. 그러나 오늘날 몇몇 생물은 이러한 구분을 어렵게 하며, 이것은 원생누대 몇몇 화석에 대해서도 마찬가지이다. 그럼에도 불구하고 논쟁의 여지가 없는 동물 화석이 오스트레일리아의 에디아카라 동물군과 그 밖의 지역의 동일한 연령의 비슷한 동물군으로부터 발견되었다.

에디아카라 동물군 1947년 오스트레일리아 지질학자 스프리그(R. C. Sprigg)는 남 오스트레일리아의 에디아카라 힐스(Ediacara Hills)에 분포하는 파운드 규암층(Pound Quartzite)에서 연체로 된 동물의 인상을 발견하였다. 다른 학자들에 의한 추가적인 발견은 동물의 인상으로 밝혀진 여러 화석들을 발견하였으며, 많은 화석은 오늘날 현존하는 어떤 동물도 닮지 않았다(그림 9.19). 이들 화석이 발견되기 전에는 지질학자들은 현생누대보다 오래된 지층에서 화석을 포함한 암석의 분명한 부재에 당황하였다. 지질학자들은 캄브리아계 암석 내에 아주 흔한 화석은 긴 이전의 역사를 가졌을 것을 가정하였으나 이러한 결론을 지지할 만한 증거가 거의 없었다. 에디아카라 동물군의 발견과 그 이후의 발견은 현생누대 이전 동물에 대한 모든 의문에 답하지는 못했으나 이들은 확실히 생물의 역사에 대한 우리들의 지식을 증대시켰다.

몇몇 연구자들은 현생의 3개 동물 문이 에디아카라 동물군에 나타나 있는 것으로 생각한다: 해파리와 바다조름(자세포동물문), 체절로 된 연충(환형동물문) 및 절지동물 문(곤충, 거미, 게 및 그 밖의 동물)의 원시 형태의 구성원들이다. 에디아카라 화석 중 하나인 *Spriggina*는 삼엽충의 그럴듯한 조상으로 인용되어 왔으며(그림 9.19b), 또 하나는 극피동물 문의 원시 형태의 구성원일 것이다. 그러나 일부 과학자들은 이들 에디아카라 동물들은 오늘날의 무척추동물의 조상과 아주 다른 초기 진화 무리를 나타내는 것으로 생각한다.

에디아카라 힐스의 화석과 비슷한 화석 군집에 대한 집합적인 이름인 **에디아카라 동물군**(Ediacaran fauna)은 현재는 남극을 제외한 모든 대륙에서 알려졌다. 예를 들면 5억 4,500만~6억 년 된 동물군의 아주 훌륭한 화석이 아프리카의 나미비아와 캐나다의 뉴펀들랜드에서 발견되었다. 따라서 에디아카라 동물은 넓게 퍼져 분포하고 있었으나 튼튼한 골격이 없었기 때문에 이들의 화석은 그리 흔하지 않다.

그 밖의 원생누대 동물 화석 비록 드물지만 에디아카라 동물군의 동물 화석보다 더 오래된 수 종의 동물 화석이 알려졌다. 해파리와 유사한 인상화석이 파운드 규암층보다 2,000m 아래에 발달된 암석에서 산출된다. 그리고 많은 지역에서 아마도 벌레에 의해 만들어진 굴착 구조가 적어도 7억 년 된 암석에서 발견된다. 중국에서 산출된 유사 화석의 연령은 7억~9이다(그림 9.20a).

알려진 모든 원생누대 동물은 연체로 이루어져 있었으나 골격 진화에 있어 가장 초기 단계가 진행 중인 몇몇 증거가 있다. 심지어 몇몇 에디아카라 동물들은 키틴질의 껍데기를 가지며, 다른 동물들은 탄산칼슘으로 된 반점이나 또는 작은 부분을 가진 것으로 밝혀졌다. 중국에 있는 5억 9,000만~6억 년 된 암석에 보존된 가지 친 작은 관은 산호의 초기 친척인 것 같다(그림 9.20b). 러시아의 신원생대층에서 발견된 *Kimberella*로 알려진 이상한 동물은 오늘날의 몇몇 해서무척추동물의 외피와 비슷한 단단한 외피를 갖고 있다(그림

a *Tribachidium*의 소속동물. 이것은 아마 원시적인 극피동물이거나 혹은 자포동물인 것 같다.

b *Spriggina.* 원래 마디로 된 벌레(환형동물)로 생각되었으나 오늘날에는 절지동물—아마 심지어는 삼엽충의 선조—에 훨씬 더 밀접하게 관계된 것으로 밝혀졌다.

c 방패 모양의 *Parvanconrina.* 아마 절지동물과 관계되어 있는 것으로 추측

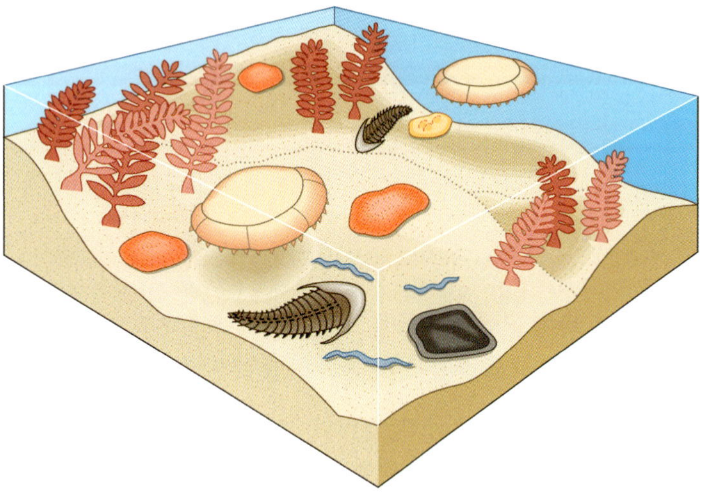

d 에디아카라 동물군 서식 환경의 복원

그림 9.19 오스트레일리아의 에디아카라 동물군

9.20c). *Kimberella*가 무엇인지는 정확히 알 수 없다; 그럼에도 불구하고 일부 학자들은 이 동물을 연체동물이라고 생각한다.

패류와 유사한 미세한 조각들과 작은 이빨 같은 돌기와 아마 해면동물에서 유래된 골침은 골격을 가진 여러 동물들이 신원생대의 가장 후기에 존재하였음을 암시한다. 그럼에도 불구하고 규산, 탄산칼슘 및 키틴(복잡한 유기 물질)으로 된 더욱 단단한 골격은 현생누대의 시작인 5억 4,200만 년 전까지는 풍부하게 출현하지 않았다(12장 참조).

7. 원생누대의 광물 자원

이전 절에서 우리는 세계 철광상의 대부분은 고원생대의 호상 철광층에서 산출되며(그림 9.11) 캐나다와 미국은 미국 슈피리어호 지역과 캐나다의 동부 지역에 이들 암석의 대규모 광상을 갖고 있음을 언급하였다(그림 9.21). 양 국가는 철광석 생산에 있어 10대 주요 생산국에 든다.

캐나다 온타리오 주에 소재한 서드베리 광산 지역에는 원생누대 암석으로부터 니켈과 백금이 추출된다('조망' 참조). 니켈은 스테인리스 강철과 모넬메탈(니켈과

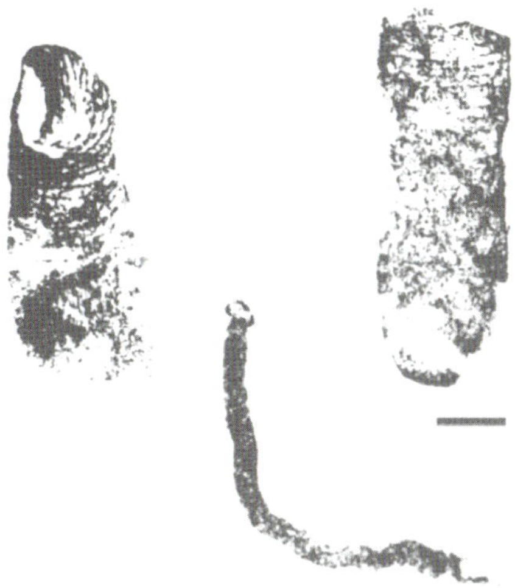

a 중국의 7억~9억 년 된 암석에서 산출된 벌레로 추정되는 화석

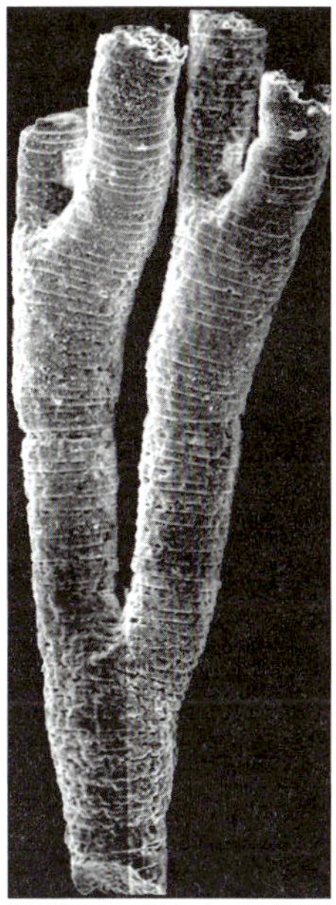

b 작은 가지를 갖는 관 모양의 생물 화석. 직경은 겨우 0.1~0.3mm이다. 이 관을 만든 동물은 산호와 관련 있는 생물이었을 것으로 추측한다.

c 러시아의 신원생대에서 산출된 *Kimberella*. 연체동물의 일종으로 추측한다.

그림 9.20 신원생대 화석

구리의 합금)과 같은 니켈 합금을 만드는데 없어서는 안 될 중요한 원소이다. 이들은 이들의 강도와 부식과 열에 대한 내성 때문에 높이 평가된다. 미국은 사용하는 니켈의 50% 이상을 대부분 서드베리 광산 지역에서 수입하여야만 한다.

보석, 수술용 장비 및 화학과 전기 장비용 일부 백금이 또한 캐나다에서 미국으로 수출된다. 그러나 주요 백금 수출국은 남아프리카 공화국이다. 남아프리카 공

a 미시간 주의 팔머(Palmer)에 있는 엠파이어(Empire) 광산. 철광석은 고원생대의 네고니 철 층(Negaunee Iron Formation)에서 채광되었다.

b 정련된 철광석 분립. 분립은 약 65%의 철을 포함하고 있으며 지름은 약 1cm이다.

그림 9.21 슈피리어호 지역의 철광산

화국의 부시벨드 복합체는 화성암의 층상 복합체이며, 이로부터 백금과 크롬의 유일한 광석인 크롬철광이 채광되고 있다. 미국에서 사용되는 대부분의 크롬은 남아프리카 공화국에서 수입된 것이다. 크롬은 강철을 만드는 데 대부분 사용된다.

경제적으로 개발할 만한 석유와 천연가스가 중국과 시베리아에 분포하는 원생누대 암석에서 발견되었으며 탄화수소의 잠재적 근원지로 중앙대륙 열곡대에 대한 상당한 관심을 갖게 하고 있다(그림 9.6). 지금까지 토지는 개발하기 위해 임차되었으며 수많은 지구물리학적인 조사가 수행되었다. 그러나 비록 열곡 내의 어떤 암석들이 석유를 함유하고 있다할지라도 석유나 천연가스를 생산하는 유정은 가동되지 않고 있다.

수많은 페그마타이트는 경제적으로 중요하다. 일반적으로 지질시대가 신원생대로 생각되는 메인 주의 던톤(Dunton) 페그마타이트는 보석 수준의 전기석과 그 밖의 광물 표품(원석)을 막대하게 생산하였다. 다른 페그마타이트는 보석의 원석뿐만 아니라 주석, 그리고 장석, 운모류, 석영과 같은 산업 광물, 세슘, 루비듐, 리튬 및 베릴륨과 같은 원소를 포함한 광물 등을 얻기 위해 채광되었다.

지질학자들은 사우스다코타 주의 블랙힐스(Black Hills)에 분포하는 하니피크화강암(Harney Peak Granite)에 인접한 모암 내에서 20,000개 이상의 페그마타이트를 확인하였다. 이들 페그마타이트는 화강암이 암맥과 암상의 복합체로 정치된 약 17억 년 전에 생성되었다. 수개의 페그마타이트는 보석 원석, 주석, 리튬 및 운모류를 얻기 위해 채광되어 왔으며, 세계에서 가장 큰 광물 결정의 몇몇이 이들 페그마타이트 내에서 발견되었다.

요약

본문에서 논의된 원생누대의 지질 및 생물학적 사건은 표 9.2에 요약되어 있다.

- 시생누대의 화강암-편마암 복합체와 녹색암대를 형성한 지각 형성 작용은 원생누대에도 계속되었으나 그 속도는 감소하였다.
- 시생누대의 강괴 사이에서 일어난 고원생대 충돌은 대륙핵 주위에 지각을 부가시켰다. 대륙핵 역할을 하는 거대한 강괴의 형성으로부터 결국 거대한 대륙이 만들어졌는데 그 중 하나가 대부분의 북아메리카와 그린란드로 이루어진 로렌시아이다.
- 고원생대에 일어난 강괴의 병합, 이어 일어난 중원생대 화성 활동(그렌빌 조산운동) 및 중앙대륙 열곡대는 로렌시아 진화에 있어 중요한 사건이다.
- 수렴하는 판의 경계를 나타내는 오피올라이트층은 신시생대와 고원생대에서 그 존재가 처음으로 충분히 입증되었다. 이들은 오늘날 일어나고 있는 것과 비슷한 판의 운동 형태가 확립되었다는 것을 지시한다.
- 비활동적 대륙 연변에 쌓인 사암-탄산염암-셰일의 조합은 원생누대에 아주 흔해졌다.
- 초대륙 로디니아는 13억~10억 년 전 사이에 병합되고, 분리되었으며, 그런 다음에 다시 병합되어 6억 5,000만 년 전에 파노티아를 형성하였다. 이 초대륙은 5억 5,000만 년 전에 다시 분리되기 시작하였다.
- 빙하는 고원생대와 신원생대 양 시대에 광범위하게 발달하였다.
- 광합성은 대기 중에 자유 산소를 계속하여 방출하였으며, 대기의 산소는 전 원생누대를 통해 점점 풍부해졌다.
- 적어도 호상 철광층 형태인 지구의 철광상의 92%는 25억~20억 년 전 사이에 퇴적되었다.
- 18억 년 전부터 넓게 분포하는 대륙 적색층은 지구 대기가 철 화합물을 산화시킬 정도로 충분한 자유 산소를 가졌음을 암시한다.
- 원생누대에 알려진 생물의 대부분은 단세포의 원핵생물(박테리아)이다. 언제 진핵세포가 처음 출현했는지는 확실치 않다. 그러나 이들은 아마 12억 년 전에는 존재하였을 것이다. 내공생설은 진핵세포 기원에 대해 널리 받아들여지는 이론이다.
- 가장 오래된 다세포 생물은 아마 조류이며, 이들의 일부

는 고원생대까지 거슬러 올라간다.

- 충분히 입증된 다세포 동물은 신원생대층의 분포 지역 여러 곳에서 발견된다. 다세포 동물들은 이 시기에 넓게 분포하였으나 이들 모두는 단단한 골격이 없었기 때문에 화석은 흔하지 않다.
- 세계 철광석 생산의 대부분은 원생누대의 호상 철광층에서 이루어진다. 그 밖의 중요한 자원은 니켈과 백금을 포함한다.

표 9.2
분문에서 논의된 원생누대의 지질 및 생물 사건의 요약

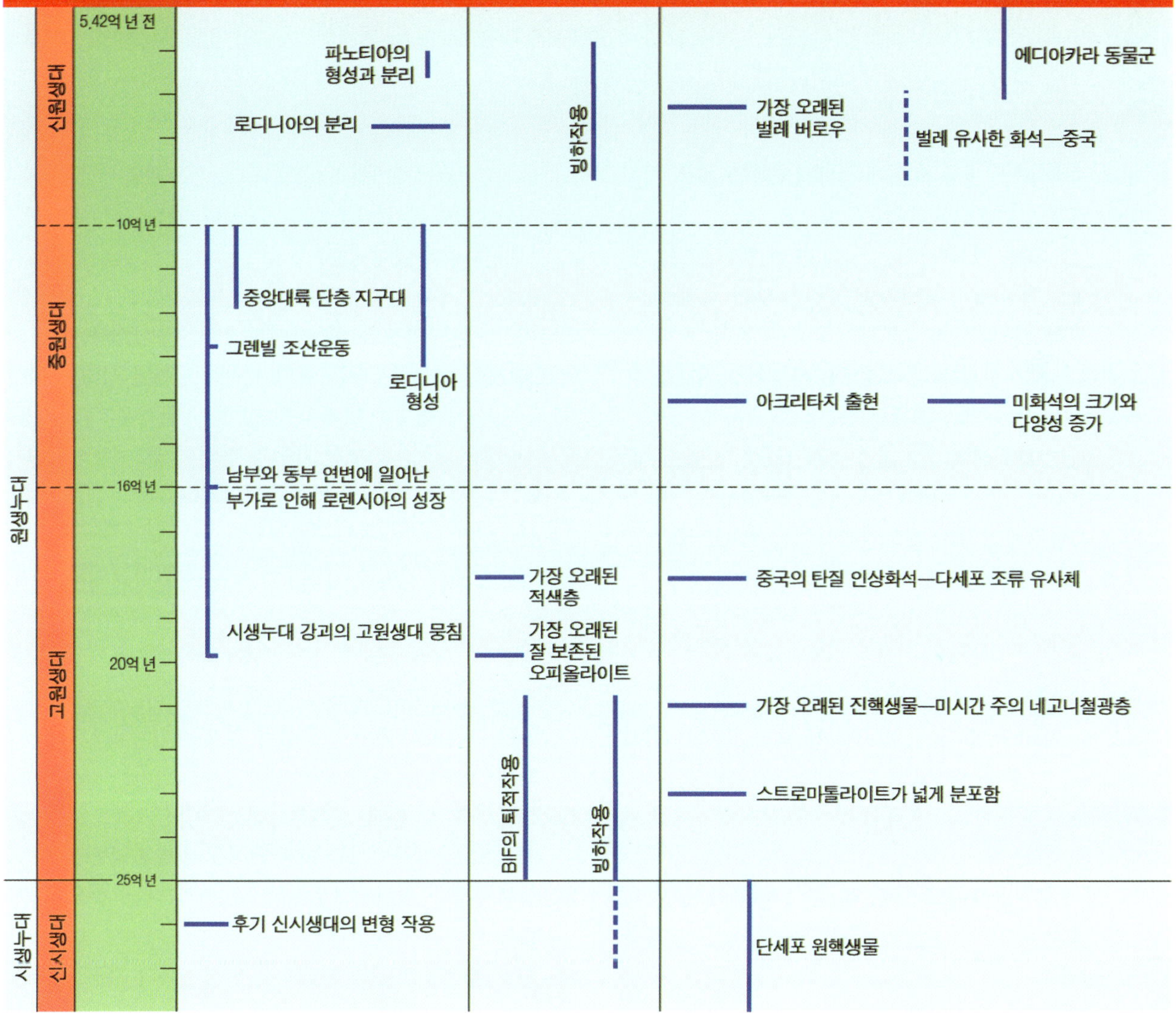

주요 용어

그렌빌 조산운동(Grenville orogeny)
내부공생(endosymbiosis)
다세포 생물(multicelled organism)
대륙 적색층(continental red beds)
로디니아(Rodinia)
로렌시아(Laurentia)
사암-탄산염암-셰일 조합(sandstone-carbonate-shale assemblage)
에디아카라 동물군(Ediacara fauna)
윌슨 주기(Wilson cycle)
조산대(orogen)
중앙대륙 열곡대(Midcontinent rift)
진핵세포(eukaryotic cell)
초대륙(supercontinent)
파노티아(Pannotia)
호상철광층(banded iron formation, BIF)

복습 문제

1. 대기 중에 어느 정도 산소가 존재하였다는 것을 지시하는 원생누대의 암석 유형은?
a. ____ 대륙 적색층, b. ____ 탄소-역암 조합, c. ____ 초고철질 용암류, d. ____ 윌슨 주기 퇴적층, e. ____ 원핵생물의 집적
2. 그린란드 대부분과 북아메리카로 이루어진 거대한 대륙으로 원생누대에 존재했던 것은?
a. ____ 그렌빌리아, b. ____ 에디아카라, c. ____ 로렌시아, d. ____ 파노티아, e. ____ 로마니아
3. 막으로 둘러싸인 핵과 세포기관이라고 부르는 내부 구조를 갖는 세포는 무엇이라고 부르는가?
a. ____ 코마티아이트, b. ____ 내공생, c. ____ 반상조직, d. ____ 현정질, e. ____ 진핵세포
4. 다음 중 원생누대에 존재했던 초대륙은?
a. ____ 판게아, b. ____ 로디니아, c. ____ 에디아카라, d. ____ 로라시아, e. ____ 메소아메리카
5. 해양 분지의 개폐를 포함하는 판구조 운동의 순환으로 알려진 것은?
a. ____ 오피올라이트 누층, b. ____ 대륙내 열곡, c. ____ 윌슨 주기, d. ____ 분리 조산운동, e. ____ 충돌 조산운동
6. 해양 지각으로 덮인 맨틀 암석과 심해 퇴적물로 이루어진 육상의 암석 연계층은?
a. ____ 화강암-편마암 복합체, b. ____ 저탁암층, c. ____ 사문암, d. ____ 대륙 육성층, e. ____ 슈퍼 사이클
7. 가장 오래된 동물 화석으로 오스트레일리아에서 발견된 동물군은?
a. ____ 에디아카라, b. ____ 파노티아, c. ____ 윌슨, d. ____ 스트로마톨라이트, e. ____ 그렌빌
8. 시아노박테리아(남조류)의 활동에 의해 생성된 기둥 모양의 암석 덩어리는?
a. ____ 종속영양 생물, b. ____ 내공생, c. ____ 조산대, d. ____ 스트로마톨라이트, e. ____ 삼엽충
9. 로렌시아의 중원생대는 어떤 사건이 일어난 시대인가?
a. ____ 광범위한 빙하작용, b. ____ 골격을 가진 동물의 출현, c. ____ 조산 활동과 관련이 없는 화성 활동, d. ____ 가장 오래된 녹색암대의 출현, e. ____ 판게아의 형성
10. 진핵세포의 기원을 설명하는데 널리 받아들여지는 이론은?
a. ____ 내공생설, b. ____ 단성생식설, c. ____ 이분법, d. ____ 범생설, e. ____ 독립영양
11. 화석 기록에서 최초의 동물은 언제 출현하였으며 이들 화석이 아주 흔하지 않는 이유는 무엇인가?
12. 중앙대륙 열곡대는 어디에 있고, 어떤 과정으로 생성되었으며, 이곳에서는 어떤 암석들이 발견되는가?
13. 진핵세포가 원핵세포로부터 생성되었다는 것을 지시하는 증거는 무엇인가?
14. 호상 철광층과 대륙 적색층은 원생누대의 지구 대기의 변화에 대한 어떤 증거를 제공하는가?
15. 원생누대에 로렌시아의 발달을 일으킨 사건의 개요를 설명하라.
16. 윌슨 주기는 무엇인가? 선캄브리아 시대의 암석 내에는 이들의 순환에 대한 어떤 증거가 있는가?
17. 빙퇴석으로 밝혀진 노두를 발견했다. 이 암석이 빙하작용에 의해 쌓였다는 결론을 내리는데 어떤 증거가

유용한가?

18. 비활동적 대륙 연변에서 전형적으로 발견되는 암석의 조합은 무엇인가? 지질 기록에서 이들은 언제 풍부해지게 되었는가?

19. 지각의 진화 형태가 시생누대와 원생누대에 어떻게 달랐는가?

응용 문제

1. 로키 산맥의 북부 지역에 분포하는 원생누대의 퇴적암의 두께는 4,000m이며 14억 5,000만 년 전에서 8억 5,000만 년 전 사이에 쌓였다. 퇴적암의 평균 퇴적률은 1년에 몇 cm인가? 이 계산치는 실질적인 퇴적률을 나타내지 않는 이유는?

2. 우리가 지구와 같이 대륙과 광대한 바다를 가진 행성을 방문하였다고 가정하자. 가상적인 이 행성의 대륙이 지구상의 대륙들과 같이 형성되었다는 것을 지시하는 어떤 종류의 증거가 있는가?

3. 아래 그림은 몬태나 주의 빙하 국립공원(Glacier National Park) 내에 발달된 두께가 40~90m이고 연령이 14억 5,000만 년인 퍼셀 암상(Purcell Sill)을 나타낸다. 어떤 증거가 이것이 덮인 용암류라기보다는 관입한 암상이라는 것을 확신시켜 주는가? 암상의 상하부에 분포하는 암석의 절대 연령은 얼마라고 말할 수 있는가? 암상의 중심부에 있는 광물의 크기는 암상의 하부와 상부 근처의 광물들보다 더 크다. 그 이유는 무엇인가?

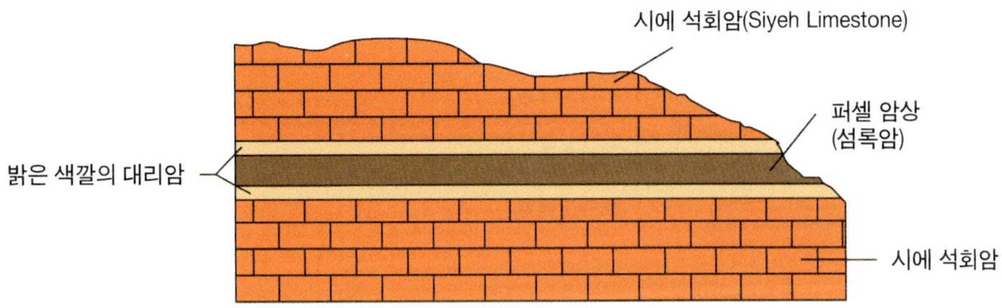

4. 그림의 지질 주상도는 그랜드캐니언에 분포하는 몇몇 암석을 나타낸다. 물음에 답하라:

a. 가장 오래된 것은 부쉬누편암인가 혹은 조라스터 화강암인가? 어떻게 알 수 있는가?

b. 비쉬누편암과 조라스터화강암을 덮는 그랜드캐니언 누층군 사이에는 어떤 종류의 부정합이 발달되어 있는가?

c. 그랜드캐니언 누층군과 태피트츠사암층 사이에는 어떤 종류의 부정합이 발달되어 있는가?

d. 석회암으로 덮인 셰일에 의해 덮인 사암으로 구성된 톤토층군의 퇴적상의 수직 누층의 변화를 어떻게 설명할 수 있는가?

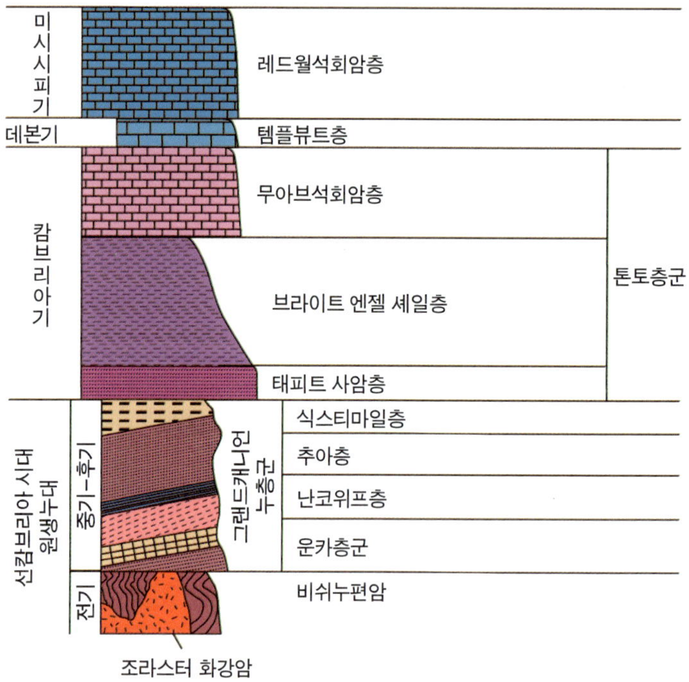

CHAPTER **10**

전기 고생대의 지구 역사

1700년대 후반기와 1800년대 전반기에 석탄 광산에서 사용 장소로 값싸게 운반해야 할 필요성은 영국에서 광범위한 운하 건설 사업을 일으켰다. 여러 탄광 지역의 지질도를 작성하는 작업을 시작하였으며, 나중에는 영국의 최초 지질도를 작성한 윌리엄 스미스(William Smith)는 석탄을 시장으로 운반하는데 가장 효율적인 운하 노선을 찾는 데 도움을 주는 중요한 역할을 맡았다. 1898년 나무에 새긴 목각에 나타난 그랜드 정션 운하(Grand Junction Canal) 같은 운하는 석탄을 광산에서 시장으로 운반할 뿐만 아니라 사람과 상품을 운송하는 데 중요한 수단이었다.

[개 요]

[단원 목표]

이 장을 학습한 후에 우리는 다음 사항을 이해한다.

- 고생대 초기에는 6개의 주요 대륙이 존재하였으며, 전기 고생대 동안의 판의 이동은 고생대 말에 초대륙 판게아를 형성하게 한 몇몇 대륙의 충돌을 야기하였다.
- 북아메리카의 고생대 역사는 6개의 강과 연계층으로 나눌 수 있으며, 이들은 주요 해침-해퇴 순환을 나타낸다.
- 소크 연계층 시대 동안에는 따뜻하고 얕은 바다가 북아메리카의 대부분을 덮고 있었으며, 단지 캐나다 순상지와 다수의 커다란 섬만이 해수면 위로 노출되었다.
- 소크 연계층처럼 티피캐노우 연계층은 광범위한 사암층에 이어 대규모의 탄산염암과 증발암을 퇴적시킨 주된 해침으로부터 유래되었다.
- 티피캐노우 시대 동안 북아메리카의 동부 가장자리(애팔래치아 변동대)를 따라 타코닉 조산운동을 일으킨 해양판-대륙판의 수렴경계를 형성하였다. 이는 이 지역에 영향을 미친 몇몇 조산운동 중 첫 번째이다.
- 전기 고생대의 암석은 다양하고 중요한 광물 자원을 포함한다.

1. 서론

1815년 8월 1일은 지질학의 역사에 있어 중요한 날이었다. 이날 운하 건설업자인 스미스는 세계 최초로 정확한 지질도를 발행하였다. 높이가 8피트 이상이고 폭이 6피트에 달하는 손수 색칠한 스미스의 영국 지질도는 20년 이상 자세히 연구한 영국의 암석과 화석의 분포를 나타낸다.

영국은 지질 역사가 풍부한 나라이다. 6개의 고생대계 중 5개(캄브리아계, 오르도비스계, 실루리아계, 데본계 및 석탄계)가 영국에 노출된 암석을 기준으로 기술되었으며 이름이 붙여졌다(5장 참조). 영국의 석탄기 석탄층은 산업 혁명을 유발시키는 데 도움을 주었으며, 석탄을 채광된 곳에서 이용되는 곳으로 값싸게 운송하게 하는 요구는 1700년대 후반기와 1800년대 전반기에 운하 건설의 붐을 일으켰다. 이 기간 동안 여러 탄광을 측량했던 윌리엄 스미스는 암석과 화석이 어떻게 예측할 수 있는 방식으로 반복되는지를 최초로 인식하기 시작하였다. 그 후 수년 동안 스미스는 석탄을 시장으로 운송하는 데 가장 효율적인 운하 경로를 찾기 위하여 영국의 여러 지방을 조사하였다. 그의 성공의 대부분은 운하를 파는 사람들이 어떤 암석과 마주칠 것인가를 예측할 수 있는 그의 능력에 기초한다. 스미스는 그의 관찰이 한 지역의 지질 역사를 밝히고 한 지역의 암석을 다른 지역의 암석과 대비하는 것을 가능하게 한다는 것을 깨달았으며, 전 영국의 최초 지질도 작성에 착수하였다!

윌리엄 스미스가 어떻게 세계 최초의 지질도를 발행하게 되었는가에 대한 일화는 결단력과 인내의 매혹적인 이야기이다. 그러나 명성과 성공을 인지하는 대신 스미스는, 4년이 약간 안 된 후에, 채무자 감옥에 감금된 것을 알게 되었으며, 2개월 이상 감옥에 투옥된 후 석방과 동시에 노숙자가 되었다. 그러나 만약 이와 같은 이야기가 해피엔딩으로 끝날 수 있었다면 윌리엄 스미스는 적어도 그가 당시 갓 태어난 지질학에 기여한 중요한 공헌에 대해 끝내 인정받고 영예를 얻을 수 있도록 충분히 오래 살았을 것이다.

윌리엄 스미스가 영국의 지질을 해석하는 데 기초적인 지질학적인 원리를 적용하는 것과 마찬가지로 우리는 다음 두 장에서 고생대의 지질을 해석하는 데 이와 동일한 원리를 적용한다. 두 개의 장에서 우리는 지구의 계와 지구와 관련된 지질 과정이 고생대 동안 대륙의 땅덩어리, 해양 분지 및 우리가 오늘날 가지고 있는 지형의 분포에 초석을 마련하기 위해 어떻게 상호 작용을 했는가를 설명하는 데 도움을 주기 위해 앞선 장에서 논한 지질학적인 원리와 개념을 적용한다.

대부분 대륙의 고생대 역사는 대륙의 가장자리를 따라 일어난 주요 조산운동과 대륙 내부로의 천해의 수많은 해침과 해퇴를 포함한다. 이들 해침과 해퇴는 아마도 해저의 확장 속도와 빙하작용과 관련된 해수면의 전 세계적인 변화에 의해 야기되었다.

다음 두 장에서 우리는 고생대에 북아메리카에서 일

어났던 지질학적 사건들의 정황을 배치하기 위해 전 세계적인 고생대의 지사에 대한 개요를 설명한다. 그런 다음에 우리는 기에 따른 연대순 배열이 아니라 대륙에서 일어난 해침과 해퇴와 함께 이 기간에 일어난 조산운동의 관점에서 북아메리카의 지사에 대해 집중한다. 이와 같은 접근 방법은 북아메리카의 지질학적인 사건들을 전 세계적인 정황 속에 배치할 수 있다.

2. 대륙의 구조: 강괴와 변동대

선캄브리아 시대 동안 일어난 대륙의 부가와 조산 활동은 꽤 큰 대륙을 형성하였다. 신원생대 동안 이들 대륙의 이동은 지질학자들이 파노티아(Pannotia)라고 부르는 판게아 같은 하나의 초대륙을 형성하였다(9장 참조). 이 초대륙은 신원생대의 어느 때에 분리되기 시작하였으며, 고생대가 시작할 때에는 6개의 주요 대륙이 존재하였다. 각 대륙은 두 가지의 주요 구성 요소로 나눌 수 있다: 즉 강괴와 하나 또는 그 이상의 조산대이다.

강괴(craton)는 대륙의 비교적 안정하고 고정된 지역이며 그 위에 현생누대의 퇴적물이 쌓이는 토대를 이룬다(그림 10.1). 강괴는 전형적으로 2부분으로 이루어진다. 즉, 순상지와 대지이다.

순상지(shield)는 대륙의 결정질 기반암이 노출된 부분이며 선캄브리아 시대의 대규모의 조산운동의 역사를 나타내는 선캄브리아 시대의 변성암과 화성암으로 구성되어 있다(8장과 9장 참조). 그러나 현생누대 동안 순상지는 매우 안정하였으며 대륙의 토대를 이루었다.

순장지로부터 외곽으로 확장된 지역은 강괴의 다른 한 부분인 대지(platform)를 이루는 선캄브리아 시대 암석을 덮고 있다. 대지를 덮고 있는 지층은 강괴 위로 밀려오거나 빠져나간 광범위한 천해에 쌓인 평탄하게 놓이거나 또는 완만하게 경사진 현생누대의 쇄설성 및 화학적 퇴적암이다. **내륙해**(epeiric seas)라고 부르는 이들 천해는 대부분의 고생대 강괴 역사에서 흔한 지형이다. 대륙 빙하와 해저 확장의 속도에 의해 주로 야기된 해수면의 변화가 이들 내륙해의 전진과 후퇴를 초래하였다.

고생대의 대부분의 대지 암석들은 여전히 본질적으로 평탄하게 놓여 있는데 반해 몇몇 지역에서 대지 암석들은 국부적인 아치(arches), 돔 및 분지로 완만하게

그림 10.1 **주요 강괴 구조와 변동대** 고생대에 형성된 북아메리카의 주요 강괴 구조와 변동대

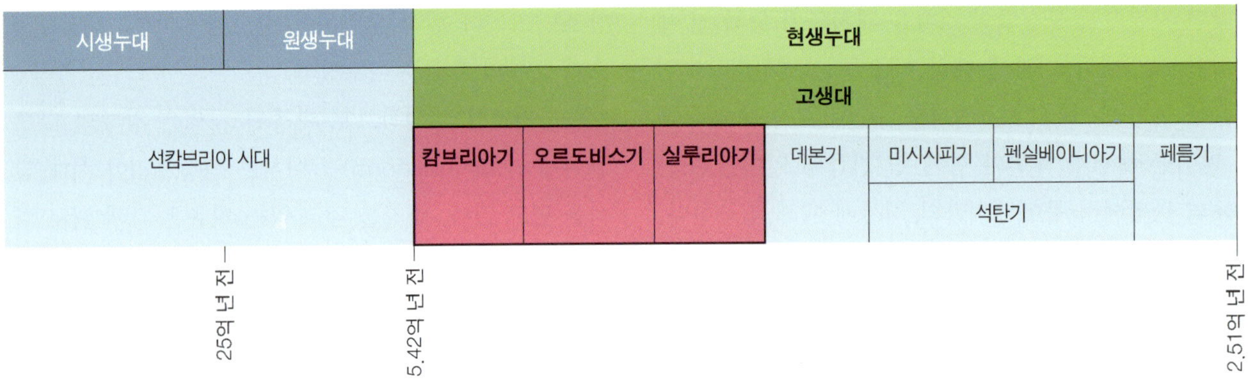

습곡되어 있다(그림 10.1). 많은 경우에 이들 구조의 일부는 고생대 동안에 낮은 섬으로 돌출되어 있었으며 이들을 둘러싸고 있는 내륙해에 퇴적물을 공급하였다.

변동대(mobile belt)는 조산작용이 활발한 길게 연장된 지역이다. 이들은 대륙붕의 비교적 얕은 바다와 대륙 사면 기저의 좀 더 깊은 바다에 퇴적물이 쌓이는 대륙의 가장자리를 따라 발달된다. 이들 가장자리를 따라 판이 수렴하는 동안 퇴적층은 변형되고 마그마가 관입하여 산맥이 생성되었다.

고생대 동안에 북아메리카의 강괴의 가장자리를 따라 4개의 변동대가 생성되었다: 즉 **프랭클린**(Franklin), **코딜레라**(Cordillera), **오우아치타**(Ouachita) 및 **애팔래치아**(Appalachia) **변동대**이다(그림 10.1). 이들 각각은 수렴하는 판의 경계를 따라 작용한 압축 응력에 의해 조산운동이 일어난 지역이며 애팔래치아 산맥과 오우아치타 산맥 같은 산맥이 형성되었다.

3. 고생대의 고지리

판구조 운동의 결과의 하나는 지구의 지형은 끊임없이 변화한다는 것이다. 대륙과 해양 분지의 현재 형태는 단지 때맞추어 찍은 스냅 사진에 불과하다. 판이 이동함에 따라 대륙과 대륙 분지의 위치는 끊임없이 변한다. 판이 이동함에 따라 대륙의 위치와 해양 지역의 위치도 계속 변한다. 지사학의 목표 중의 하나는 지질시대 동안의 세계의 고지리를 재구성하는 것이다. 관련된 고기후, 고지구자기, 고생물, 퇴적층, 층서 및 가능한 구조적 자료를 모두 종합함으로써 지질학자들은 고지리 지도를 작성한다. 이와 같은 지도는 지질시대에 있어 어떤 특정 시대의 한 지역의 지리적 위치를 나타내는 간단한 설명서이다. 고지리 지도의 대부분은 육지와 바다의 분포, 있음직한 기후구 및 산맥, 늪지와 빙하 같은 지형을 나타낸다.

예를 들면 고생대의 고지리적인 역사는 중생대와 신생대처럼 정확하게 알려져 있지 않다. 왜냐하면 해양 지각에 보존된 자기 이상의 패턴은 판게아가 형성되는 동안 고생대 해양 지각이 섭입될 때 파괴되었기 때문이다. 따라서 고생대의 고지리 복원은 주로 구조적인 관계, 적색층, 증발암 및 탄층과 같은 기후에 민감한 퇴적암뿐만 아니라 식물과 동물의 화석에 기초한다.

고생대 초기에는 6개의 주요 대륙이 분포하였다. 지질학자들은 또한 거대한 이들 대륙 외에 아발로니아(Avalonia, 현재의 벨기에, 프랑스 북부, 영국 웨일즈, 아일랜드, 캐나다의 내륙해 주와 뉴펀들랜드의 일부분과 미국의 뉴잉글랜드의 일부분으로 구성됨)와 같은 수많은 소대륙과 이들과 관련된 다양한 호상 열도를 확인하였다. 그러나 우리는 우선 6개의 주된 대륙의 역사와 이들의 상호 관계를 다룬다. 6개의 주된 고생대 대륙은 **발티카**(Baltica, 우랄 산맥 서쪽의 러시아와 북유럽의 대부분 지역), **중국**(China, 서로 멀리 떨어져 있지 않으며 이 책에서는 중국, 인도차이나 및 말레이 반도를 포함

현생누대									
중생대			신생대						
트라이아스기	쥐라기	백악기	고제3기			신제3기		제4기	
			팔레오세	에오세	올리고세	마이오세	플라이오세	플라이스토세	홀로세

2.51억 년 전 6,600만 년 전

하는 것으로 간주한 최소 3개의 고생대 대륙으로 이루어진 복합 지역), **곤드와나**(아프리카, 남극, 오스트레일리아, 플로리다, 인도, 마다카스카르, 중동과 남부 유럽의 일부), **카자흐스타니아**(카자흐스탄을 중심에 둔 삼각형 모양의 대륙, 그러나 일부 학자들은 고생대의 시베리아 대륙의 연장으로 간주함), **로렌시아**(Laurentia, 현재의 대부분 북아메리카, 그린란드, 북서부 아일랜드 및 스코틀랜드) 및 **시베리아**(Siberia, 우랄 산맥의 동부 러시아, 카자흐스탄 북부와 몽고 남부의 아시아)이다. 그림 10.2에 있는 고지리의 재구성은 위치, 지세 및 고대륙의 환경 조건을 결정하고 해석하는 데 사용되는 방법에 기초한다.

전기 고생대의 전 지구적 역사

오늘날의 전 지구적인 지형과는 현저히 다르게 캄브리

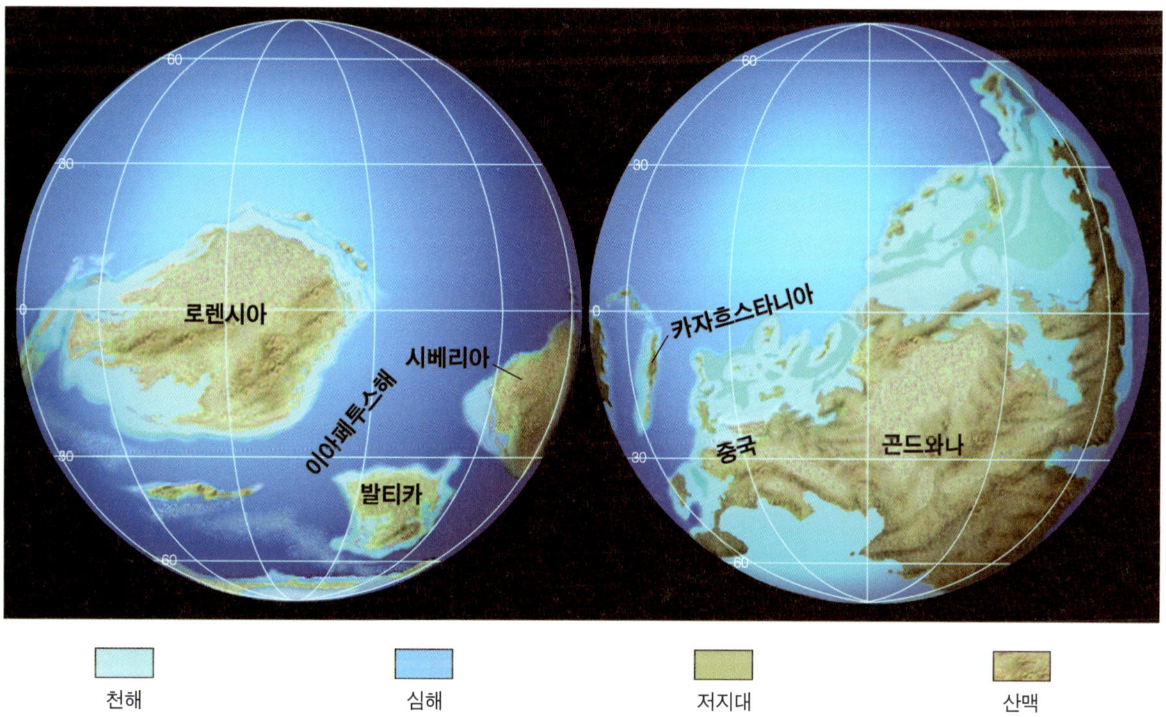

a 후기 캄브리아기

그림 10.2 **고생대의 고지리** 세계의 고지리(a 후기 캄브리아기; b 후기 오르도비스기; c 중기 실루리아기)

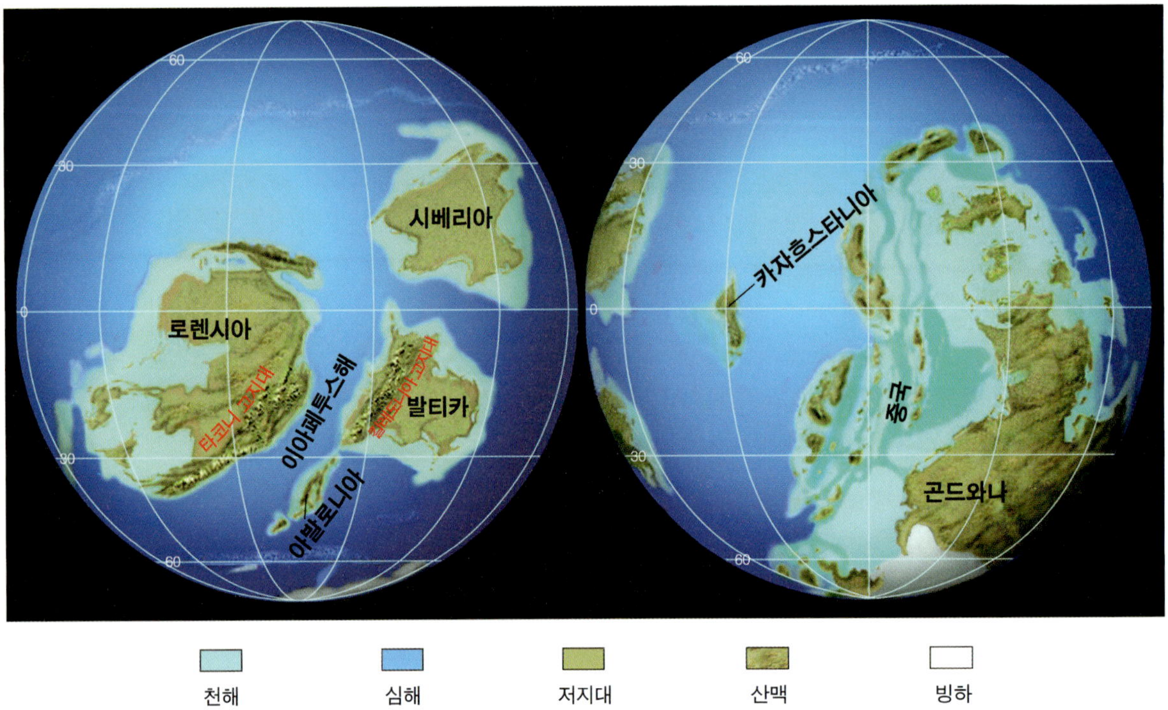

b 후기 오르도비스기

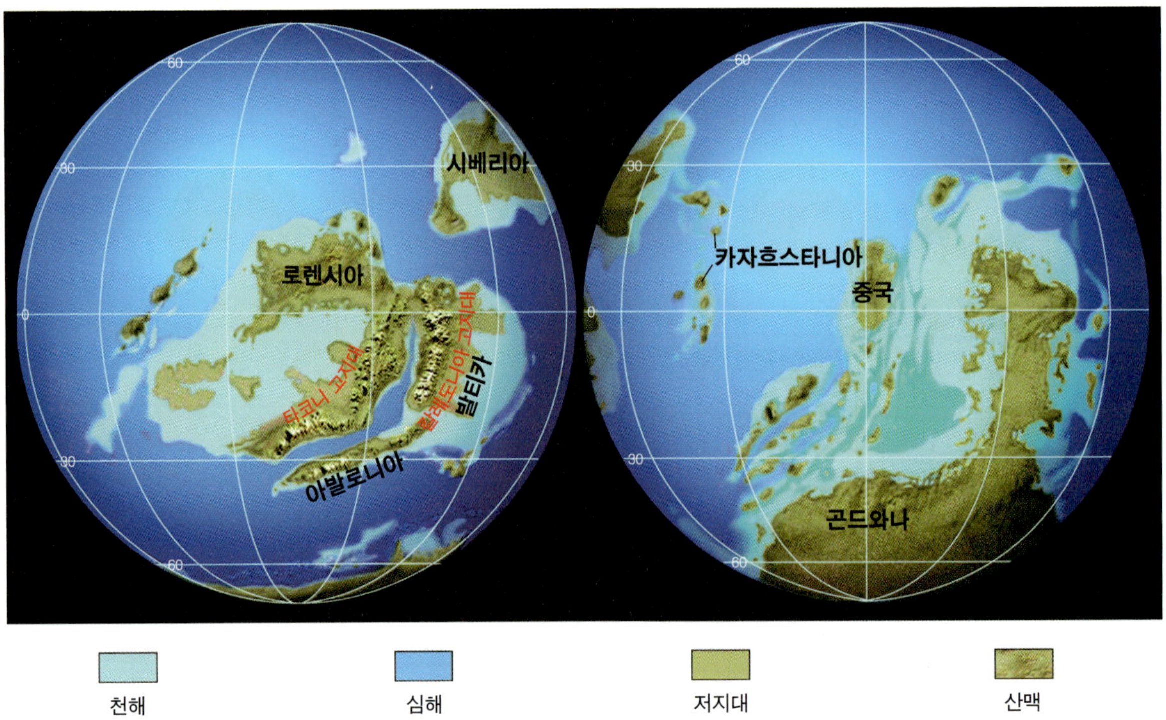

c 중기 실루리아기

그림 10.2 **고생대의 고지리** (계속)

아기의 세계는 지구의 열대 저위도 주위에 분산되어 분포하는 6개의 주요 대륙으로 이루어져 있었다(그림 10.2a). 해수는 해저 분지 사이를 자유롭게 순환하였으며 극지방은 대개의 경우 얼음이 없었다. 후기 캄브리아기까지 내륙해가 로렌시아, 발티카, 시베리아, 카자흐스타니아 및 중국 지역을 덮고 있었으며, 이에 반해 곤드와나 북동부, 시베리아 동부 및 중앙 카자흐스타니아에는 높은 지대가 존재하였다.

오르도비스기와 실루리아기 동안 판의 이동은 전 지구적인 지형의 변화에 중요한 역할을 하였다(그림 10.2b와 c). 오르도비스기에 곤드와나는 남쪽을 향해 이동하였으며 오늘날 사하라 사막에서 발견된 상부 고생대의 빙퇴석이 지시하듯이 남극을 가로지르기 시작하였다. 전기 오르도비스기 동안 아발로니아 소판은 곤드와나에서 분리되어 북쪽을 향해 이동하기 시작하였으며 후기 오르도비스기~전기 실루리아기 동안 아발로니아는 이곳에서 최종적으로 발티카와 충돌하였다. 캄브리아기에 로렌시아가 보여 준 비활동적인 대륙 가장자리와는 대조적으로 뉴잉글랜드에서 일어난 후기 오르도비스기의 타코닉 조산운동이 지시하는 바와 같이 오르도비스기 동안 로렌시아의 동쪽 가장자리에는 활동적으로 수렴하는 판의 경계가 형성되었다.

실루리아기 때 발티카는 새로이 합쳐진 아발로니아와 함께 로렌시아에 대해 상대적으로 북쪽을 향해 이동하였으며 로렌시아와 충돌하여 한층 더 큰 대륙 로라시아를 형성하였다. 북부 이아페투스해를 닫히게 한 이 충돌은 칼레도니아 조산운동으로 나타났다. 이 조산운동 후에 이아페투스해의 남부는 로렌시아와 아발로니아~발티카 사이에서 여전히 열려 있었다(그림 10.2c). 시베리아와 카자흐스타니아는 캄브리아기에 남부 적도 지역에서 실루리아 말까지 북쪽의 온대 지방으로 이동하였다.

이러한 판구조론의 개요를 마음에 간직하고 이제 우리는 북아메리카(로렌시아)와 전 세계의 전기 고생대 지사에 있어 이의 역할에 집중한다.

4. 전기 고생대의 북아메리카의 진화

북아메리카 강괴의 지사는 두 부분으로 나누는 것이 편리하다: 첫 번째는 그 위로 내륙해가 해진하고 빠져나가는 비교적 안정한 대륙 내부를 다루며, 다른 하나는 조산운동이 일어나는 조산대를 다룬다.

1963년 미국의 지질학자 슬로스(Laurence Sloss)는 북아메리카의 퇴적암의 기록을 6개의 강괴 연계층으로 나누었다. **강괴 연계층**(cratonic sequence)은 전 강괴에 걸친 부정합에 의해 경계된 주요 해침-해퇴의 순환을 나타내는 규모가 큰(누층군보다 더 큰) 암석층서 단위이다(그림 10.3). 일반적으로 더 젊은 퇴적층에 의해 덮이는 해침상은 보편적으로 잘 보존되는 반면에 각 연계층의 해퇴상은 부정합으로 나타난다. 고유한 연령의 암석이 분포하는 곳에서 6개의 부정합 중 각각은 북아메리카 강괴 내의 다양한 퇴적 분지를 가로질러 강괴 가장자리를 따라 발달된 조산대까지 연장된다.

지질학자들은 또한 북아메리카 이외의 강괴 내에서도 주요 부정합에 의해 경계된 연계층을 확인하였다. 이와 같은 전 세계적인 해수면의 해침과 해퇴의 순환은 주요 조구조적 운동과 빙하활동의 결과로 생각된다.

암석 단위는 강괴 연계층들로 나눌 수 있다는 것과 이들 연계층은 더 작은 단위로 나뉘며 대비될 수 있다는 인식은 퇴적암 내에서 시간과 퇴적상 관계의 세밀한 분석을 가능하게 하는 중요한 개념의 기초를 지질학에 제공하였다. **연계층 층서학**(sequence stratigraphy)은 침식 또는 무퇴적 면으로 경계된 관련된 퇴적상의 시간-층서 관점에서 암석의 상호 관계를 연구하는 것이다. 연계층 층서학의 기본 단위는 연계층(sequence)이며, 이는 부정합과 이들에 상당하는 정합적인 지층에 의하여 경계된 암석의 연속된 지층이다. 연계층의 경계는 해수면의 상대적인 하강에 의해 생긴다. 연계층 층서학은 지질학자들이 시간-층서적으로 중요한 경계에 의해 퇴적암을 관련된 단위로 더 세분할 수 있기 때문에 지질학에서 중요한 수단이다. 지질학자들은 아주 정밀한 대비와 지질도 작성뿐만 아니라

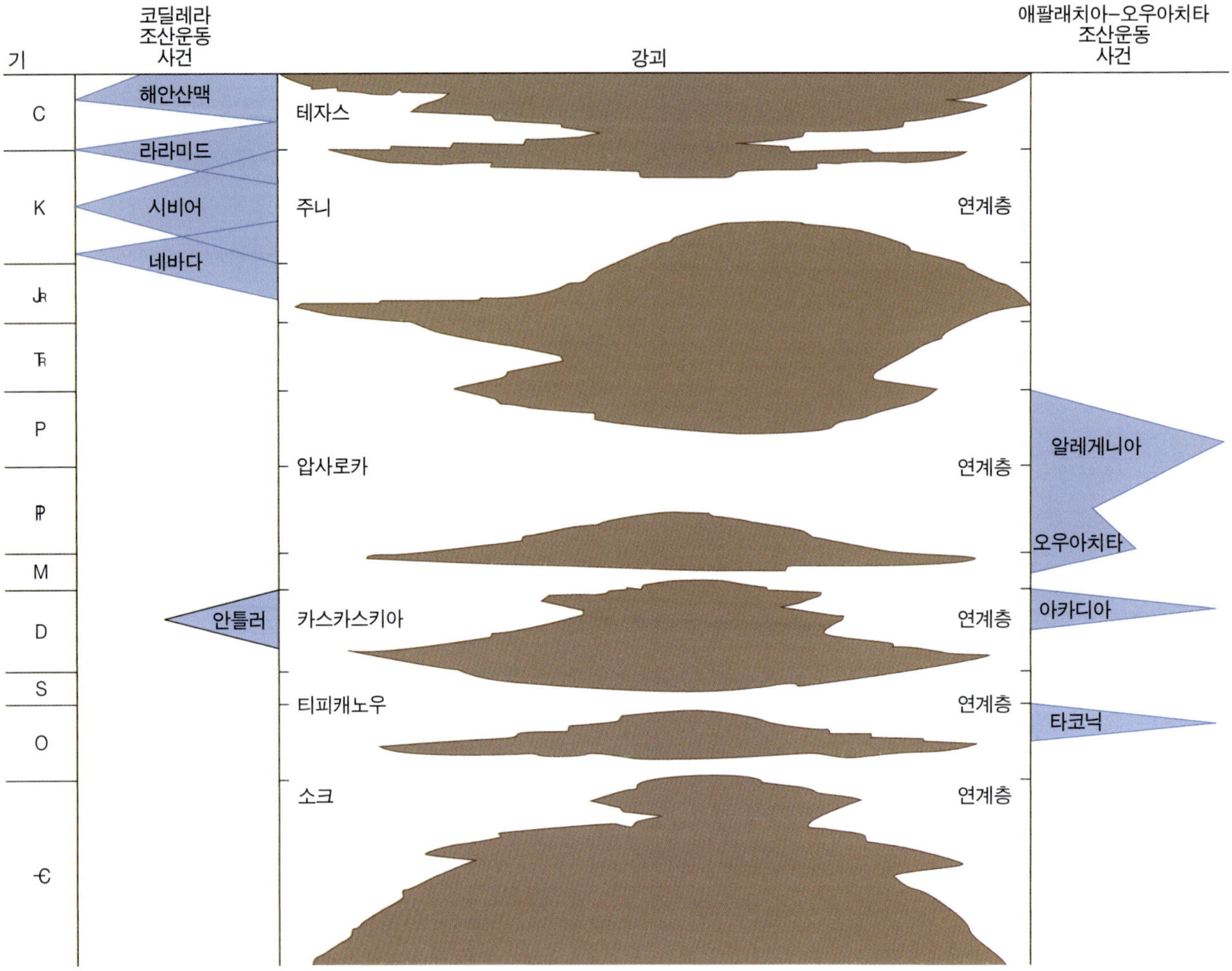

그림 10.3 **북아메리카의 강괴 연계층** 강괴 연계층은 주요 해침–해퇴 순환과 강괴 전체에 걸친 부정합으로 경계된 연계층을 나타내는 대규모의 암석층서 단위이다. 백색 지역은 대규모의 부정합(갈색 지역)에 의해 분리된 암석의 연계층을 나타낸다. 주요 코딜레라 조산운동은 왼쪽에 표시하였으며 주요 애팔래치아 조산운동은 오른쪽에 표시하였다.

퇴적 환경을 해석하고 예측하는 데 연계층 층서학을 활용한다.

5. 소크 연계층

소크 연계층(Sauk Sequence, 신원생대~전기 오르도비스기)의 암석은 북아메리카 강괴 위에 일어난 최초의 주요 해침의 기록을 나타낸다(그림 10.3). 신원생대와 전기 캄브리아기 동안 해성층의 퇴적작용은 북아메리카 강괴의 애팔래치아와 코딜레라 가장자리에 위치한 비활동적인 대륙붕 지역에 한정되었다. 강괴 자체는 해수면 위로 노출되었으며 넓은 범위에 걸친 풍화와 침식작용을 받았다. 이 시기에 북아메리카는 열대 기후에 놓여 있었으며 육상 식생을 지시하는 어떤 증거도 없기 때문에 노출된 선캄브리아 시대의 기반암의 풍화와 침식작용은 매우 빠르게 진행되었을 것이다.

중기 캄브리아기에 북아메리카 강괴를 해진한 내륙해와 함께 소크 연계층의 해침상이 시작되었다('조망' 참조). 후기 캄브리아기까지 이들 내륙해는 북아메리카 대부분을 덮고 있었으며, 다만 캐나다 순상지의 일부와 수 개의 커다란 섬을 해수면 위로 노출시켰다(그림

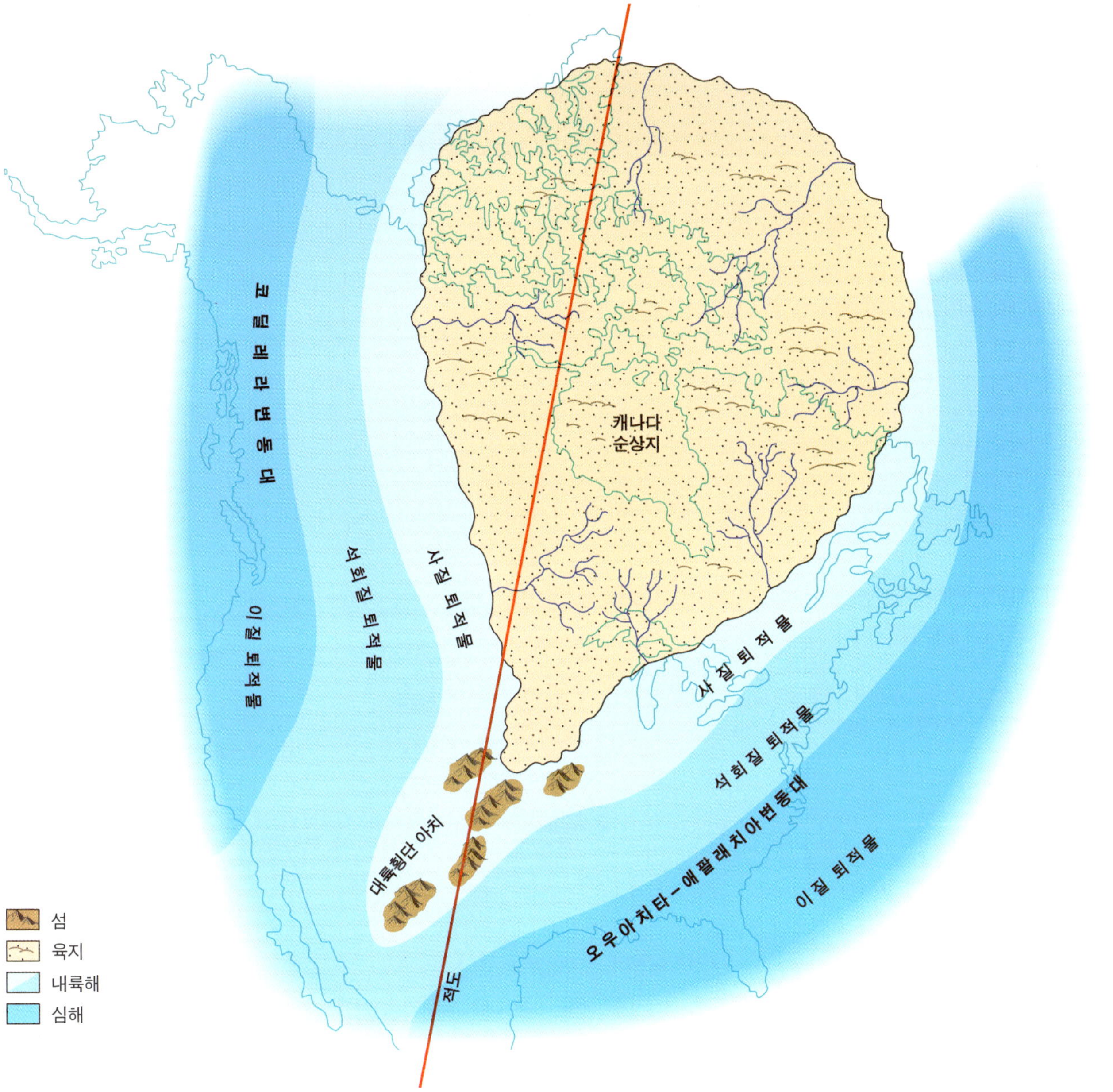

그림 10.4 캄브리아기의 북아메리카의 고지리 캄브리아기의 적도 위치를 주의하라. 이 시대 동안 북아메리카는 그림 10.2a에 제시된 바와 같이 적도에 걸쳐 있었다.

10.4). 통틀어 **대륙횡단 아치**(Transcontinental Arch)라고 부르는 이들 섬은 뉴멕시코에서 미네소타와 슈피리어호 지역까지 뻗쳐 있다.

강괴 위와 강괴 가장자리의 대륙붕 지역을 따라 쌓인 퇴적물은 천해 퇴적작용을 지시하는 풍부한 증거를 보여 준다. 대륙붕과 강괴 퇴적물 사이의 유일한 차이는 대륙붕의 퇴적물이 더 두껍다는 것이다. 양 지역에서 사암은 일반적으로 기질의 양이 적고, 분급이 양호하며, 대개 연흔과 소규모의 사층리를 포함한다. 많은 탄산염암은 생쇄설물(생물 잔유물의 파편으로 이루어짐)로 구성되며 스트로마톨라이트를 포함하거나 또는 어란석(작은 구형의 탄산칼슘 입자) 조직을 갖는다. 이와 같은 퇴적 구조와 조직은 천해 퇴적작용을 지시한다.

조 망

그랜드캐니언—지질학자들의 지상 낙원

루즈벨트(Theodore Roosevelt) 대통령은 "그랜드캐니언은 모든 미국인이 꼭 보아야 할 하나의 위대한 경관이며, 우리는 그랜드캐니언의 웅대한 경관을 훼손하는 어떤 행위를 해서는 안 된다."라고 선언하였다. 그래서 그는 1908년에 개발로부터 이를 보호하기 위해 그랜드캐니언을 국립 천연 기념물로 지정하였다. 그랜드캐니언 국립 천연 기념물은 무엇보다도 협곡에 노출된 풍광과 지질이 비할 바가 없기 때문에 1919년에 국립공원으로 승격되었다.

북서 애리조나의 콜로라도 대지에 위치한 그랜드캐니언 국립공원은 약 1,218 에이커를 에워싸며 몇몇 주요 생태계를 포함한다(그림 1). 국립공원의 5,000 km^2 이상의 대부분은 자연보호구역으로 보존되며, 탐방객들에게 낮과 밤으로 미개척지를 도보로 여행할 수 있는 기회를 제공하는 많은 등산로가 나 있다.

콜로라도강의 침식작용에 의해 생성된 그랜드캐니언은 북서 애리조나를 거쳐 500km 이상을 굽이져 흐르며, 평균 깊이는 1,220m이고 가장 깊은 지점에서

그림 1 애리조나 주의 그랜드캐니언 국립공원은 서로 다른 3개의 지구로 이루어져 있다: 남부 림(South Rim), 북부 림(North Rim) 및 내부 협곡(Inner Canyon).각 지구는 독특한 기후와 식생을 가지며 탐방객들에게 색다른 경험을 제공한다.

그림 2 세계적으로 유명한 그랜드캐니언의 장엄하고 아름다운 경관은 매년 대략 500만 명의 탐방객이 찾게 만든다. 서부 림 도로(West Rim Drive)에 위치한 모하비 포인트(Mohave Point)는 그랜드캐니언의 남부 림과 주위의 고원 지역을 조망하는 데 인기 있는 지점이다.

그림 3 모하비 포인트에서 바라본 그랜드캐니언의 남부 림(South Rim). 사진의 중앙에 있는 콜로라도강은 그랜드캐니언과 이 지역에 발달된 그 밖의 협곡을 깎아내는 데 중요한 역할을 했다.

깊이는 1,830m이다(그림 2). 콜로라도 대지가 완만히 융기함에 따라 지난 약 3,000만 여 년 동안 콜로라도강이 그랜드캐니언과 그 밖의 깊은 협곡을 깎아냈다(그림 3).

남북 전쟁의 참전 용사인 포웰(John Wesley Powell) 소령은 1869년에 그랜드캐니언을 통해 콜로라도강을 따라 최초의 지질 탐사를 지휘하였다(그림 4). 지도나 혹은 그 밖의 어떤 정보도 없이 포웰과 그의 팀원들은 부서지기 쉬운 나무배로 콜로라도강의 많은 급류를 거슬러 올라가며 그들이 본 것을 급히 기록하였다. 포웰은 그의 일기에 "나에게 모든 것은 흥미로운 지질 기록이다. 책은 열려 있으며 나는 거슬러 올라가면서 읽었다."라고 적었다. 첫 번째 답사에 이어 그는 1871년에 사진사 1명, 측량 기사 1명, 지형학자 3명을 포함한 두 번째 원정을 이끌었다. 이 원정은 그랜드캐니언 지역의 상세한 지형도와 지질도뿐만 아니라 이 지역에 대한 최초의 사진 기록물을 작성하였다.

그랜드캐니언의 암석은 10억 년 이상의 지구 역사를 기록하고 있다(그림 5). 비쉬누편암은 선캄브리아 시대에 일어난 주요 조산운동의 에피소드를 나타낸다. 이 산맥의 침식작용에 뒤이어 고생대 동안 온갖 종류의 해양, 연안 및 육성 환경에 퇴적물이 쌓였으며, 오늘날 협곡의 벽에 노출되어 있는 암석층으로 고화되었다(그림 2와 3).

비록 그랜드캐니언 국립공원이 지질로 가장 잘 알려져 있을지라도 이 국립공원에는 89종의 포유동물, 56종의 파충류와 양서류, 300종 이상의 조류(鳥類), 17종의 물고기, 그리고 1,500종 이상의 식물들이 살고 있다(그림 6). 국립공원의 엄청난 생물 다양성은 공원 경계 내에 북아메리카에 있는 7개의 생물 분포대 중 5개와 4개의 사막 형태 중 3개가 있다는 사실에 바탕을 둔 것으로 생각된다.

그림 4 1869년 포웰(John Wesley Powell) 소령. 애리조나 주에 있는 그랜드캐니언을 거쳐 콜로라도강을 따라 수행된 최초의 지질 탐사를 이끌었다.

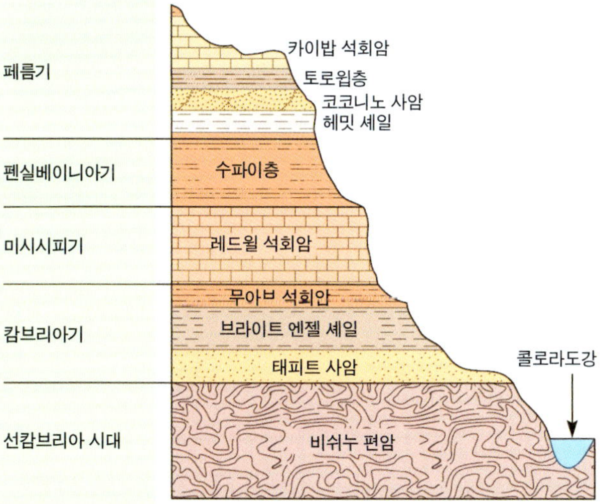

그림 5 그랜드캐니언의 주상도. 이 암석들은 조산운동과 침식 기간뿐만 아니라 이 지역에서 일어난 해침과 해퇴 기간을 포함하여 10억 년 이상의 지구 역사를 간직하고 있다.

그림 6 북부 림(North Rim)에서 북쪽으로 28km 떨어진 데모테(DeMotte) 야영장에서 볼 수 있는 백색 사시나무와 소나무. 그랜드캐니언에서 관찰되는 전형적인 수종이다.

그랜드캐니언 지역의 캄브리아계: 해침상 모형

5장에서 퇴적물은 육지에서 점점 더 멀어질수록 가늘어진다는 것을 배운 점을 상기해 보자. 따라서 해수면이 동일하게 유지되는 안정된 환경에서 조립의 쇄설성 퇴적물은 전형적으로 연안 환경에서 쌓이며, 더 가는 세립의 퇴적물은 근해에 쌓인다. 탄산염암은 쇄설성 퇴적물이 도달할 수 있는 구역을 넘어서 육지에서 가장 먼 지역에서 생성된다. 해침이 일어나는 동안 이들 퇴적상(특정한 환경을 나타내는 퇴적물)은 육지 쪽의 방향으로 이동한다(그림 5.8 참조).

그랜드캐니언 지역의 캄브리아계 암석(4장 74쪽 사진 참조)은 해침이 일어나는 바다의 퇴적작용의 패턴을 보여 주는 아주 훌륭한 모형을 제공한다. 그랜드캐니언 지역은 소크 시대 동안 비활동적인 대륙붕과 강괴의 서부 가장자리를 점유하였다. 신원생대와 전기 캄브리아기 동안 강괴의 대부분은 해수면 위에 노출되어 있었으며 해성 퇴적물의 퇴적작용은 대부분 강괴의 가장자리(대륙붕과 대륙 사면)에 한정되었다.

그랜드캐니언 지역에서 태피트 사암은 전기 캄브리아기 동안 해수가 대륙붕을 가로질러 강괴의 서부 가장자리 바로 위로 해침이 일어남에 따라 쌓인 해침상의 해안선의 기저 퇴적물을 나타낸다(그림 10.5). 이들 퇴적물은 오늘날 해변에서 발견할 수 있는 깨끗하고 분급이 양호한 모래이다. 해침이 중기 캄브리아기까지 계속됨에 따라 브라이트 엔젤 셰일의 이암이 태피트 사암 위에 쌓였다.

후기 캄브리아기에는 소크해가 멀리 강괴 위의 그랜드캐니언 지역까지 해진하여 무아브 석회암(Muav Limestone)의 탄산염암이 브라이트 엔젤 셰일 위에 쌓이게 되었다.

사암(태피트), 셰일(브라이트 엔젤) 및 석회암(무아브)으로 된 수직 연속층은 전형적인 해침상의 연계층을 형성하며 시간이 경과함에 따라 원해 퇴적상이 강괴 쪽으로 점진적으로 이동하였음을 나타낸다(그림 10.5와 그림 5.7 참조).

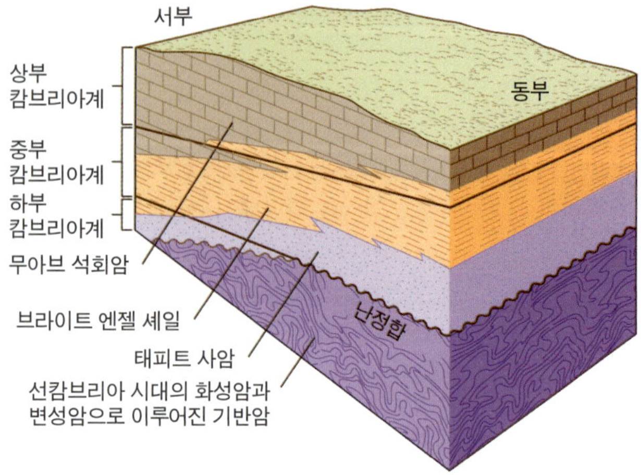

a 그랜드캐니언에 노출된 캄브리아기 지층의 입체도. 상부·중부·하부 캄브리아계의 해침상을 보여 준다.

b 애리조나 주의 그랜드캐니언의 브라이트 엔젤 등산로를 따라 노출된 캄브리아기 암석의 입체도.

그림 10.5 그랜드캐니언의 캄브리아기 지층

그랜드캐니언 지역의 캄브리아계 암석은 또한 많은 층들이 이시성임을 보여 준다. 즉 이들 층의 연령은 이들이 발견되는 모든 곳에서 같지 않다. 지질도 작성과 동물군의 증거에 근거한 대비는 태피트 사암의 퇴적작용이 강괴 위에서 완료되기 전에 무아브 석회암의 퇴적작용이 이미 대륙붕 위에 시작되었다는 것을 지시한다. 브라이트 엔젤 셰일의 화석 동물군의 분석은 브라이트 엔젤 셰일의 연령이 캘리포니아 지역에서 전기 캄브리아기이며, 그랜드캐니언 지역에서 중기 캄브리아기임을 지시한다. 따라서 이는 층과 퇴적상의 이시성의 특성을 잘 보여 준다.

이와 동일한 퇴적상 관계가 또한 바다가 애팔래치아

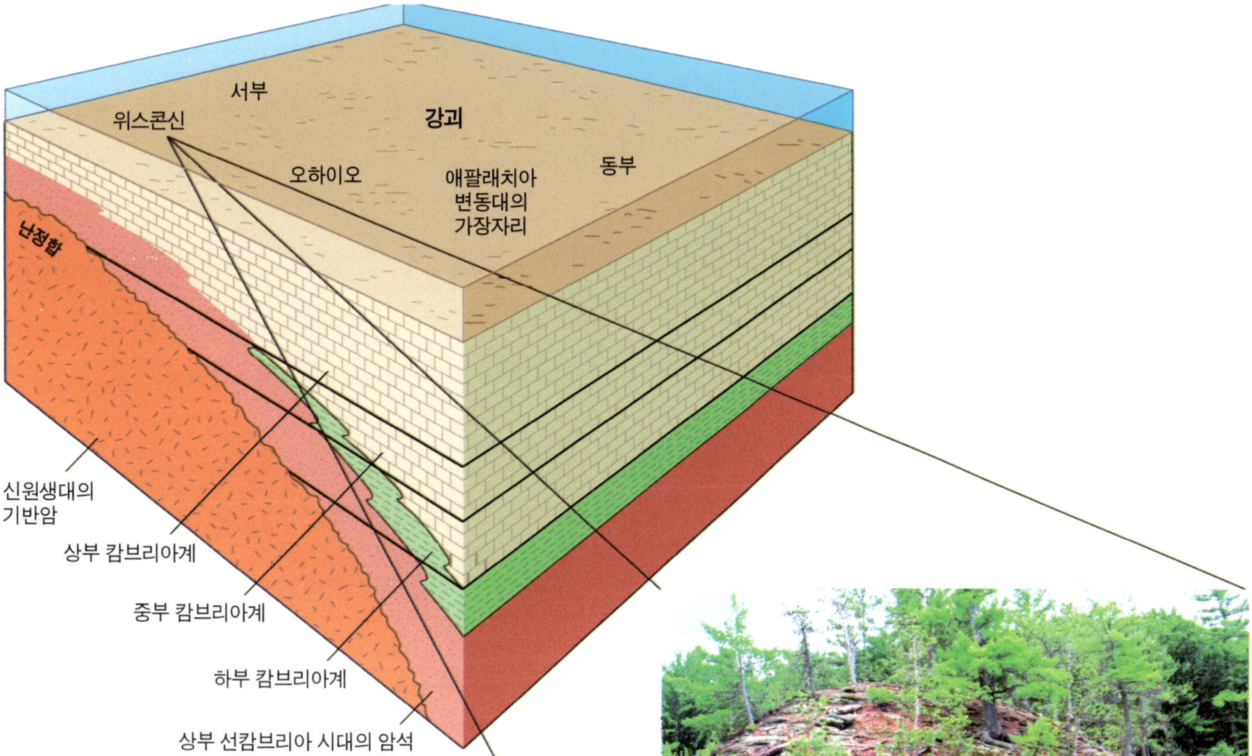

a 강괴의 내부로부터 애팔래치아 변동대 가장자리까지의 입체도. 3개의 주요 캄브리아기 퇴적상과 그 이시성의 특성을 보여 준다. 상승하는 소크해에 의해 쇄설성 근원암 지역이 물에 잠기게 되어 생성된 탄산염 암상의 점진적 퇴적에 주목하라.

b 위스콘신 주의 델스(Dells) 지역에 분포하는 사층리가 발달된 상부 캄브리아계 사암의 노두

그림 10.6 **이시성의 캄브리아기의 퇴적상**

와 오우아치타 변동대에서 강괴 안쪽으로 해진함에 따라 강괴 위의 다른 곳에서도 발생하였다(그림 10.6). 전기 오르도비스기 동안 소크해의 해침이 계속됨에 따라 탄산염 퇴적물의 퇴적작용은 강괴 위에서 지배적으로 일어났으며, 소크해의 전진은 대륙횡단 아치의 섬들을 곧바로 침수시켰다. 소크 시대의 말에 대부분의 강괴는 따뜻한 적도의 내륙해 아래로 잠기었다(그림 10.2a).

6. 티피캐노우 연계층

전기 오르도비스기 동안 강괴로부터 소크해가 후퇴함에 따라 기복이 낮은 지형이 해수면 위로 노출되었다. 노출된 암석은 소크해의 해침의 일부로서 초기에 쌓인 석회암과 백운암이 지배적이었다. 바다가 후퇴할 때 북아메리카가 여전히 열대 환경에 위치하였기 때문에 이들 탄산염암은 그 당시에 넓은 범위에 걸친 침식작용을 받았다(그림 10.7). 따라서 그 결과로 생성된 전 강괴에 걸친 부정합은 소크 연계층과 티피캐노우 연계층 사이

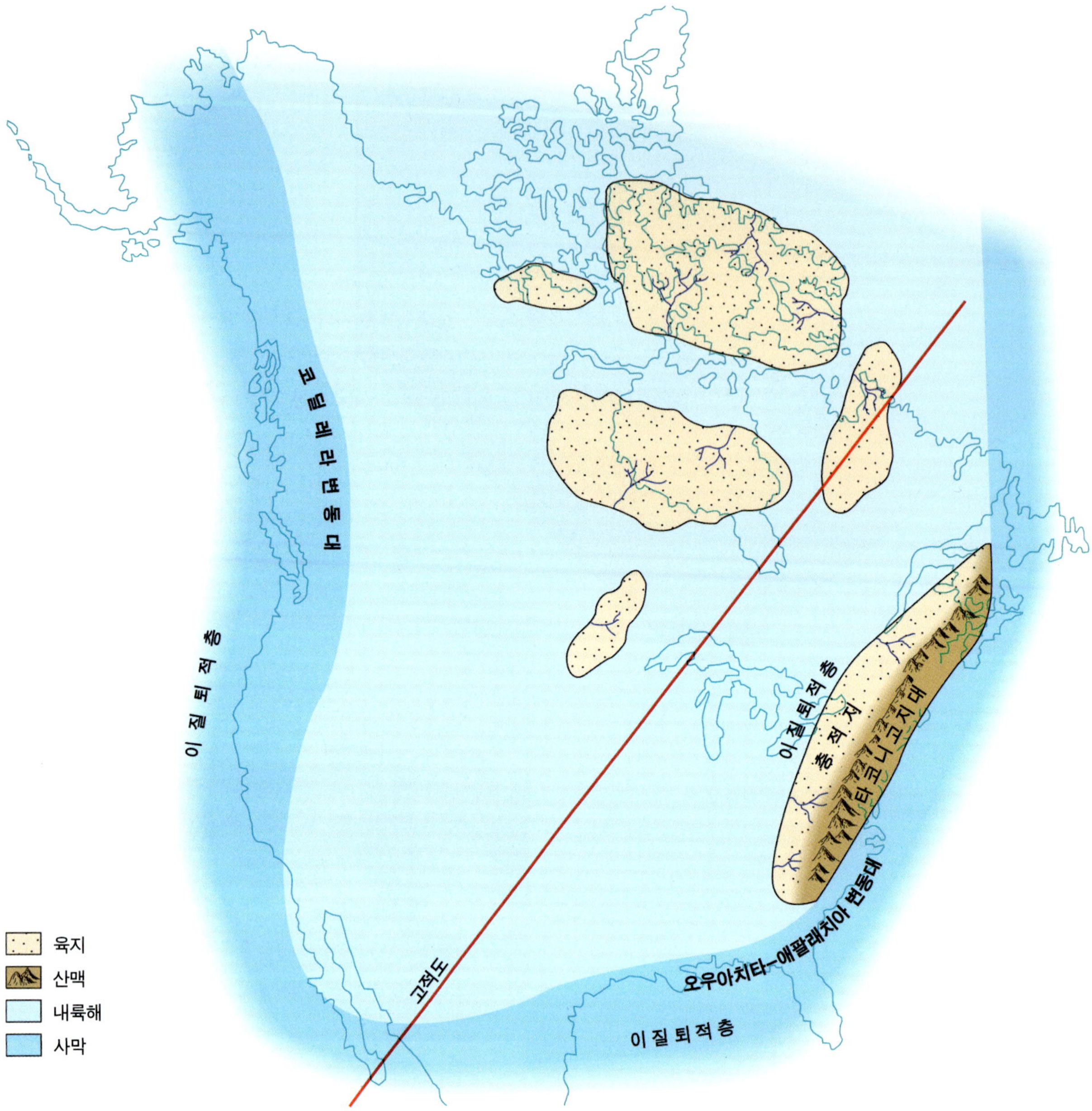

그림 10.7 **오르도비스기의 북아메리카 고지리** 캄브리아기 이후 적도의 위치가 바뀌었으며, 북아메리카가 오르도비스기에 반시계 방향으로 회전하고 있음을 주목하라.

의 경계를 나타낸다.

소크 연계층과 같이 **티피캐노우 연계층**(Tippecanoe Sequence, 중기 오르도비스기~전기 데본기)는 강괴 위로 일어나 주된 해침과 함께 시작되었다. 해진하는 이 바다는 깨끗하고 분급이 양호한 석영 모래를 대부분의 강괴 위에 퇴적시켰다. 티피캐노우의 기저 사암으로 가장 잘 알려진 것은 거의 순수하다고 할 만한 석영사암으로 유리 제작에 사용되는 성 피터 사암(St. Peter Sandstone)이다. 이 사암은 대부분의 소대륙에 걸쳐 분포하며 소크해의 해침 동안에 퇴적된 원생누대와 캄브리아기 사암의 풍화작용과 침식작용의 수많은 순환에 의해 생성되었다(그림 10.8).

티피캐노우 기저 사암은 광범위한 탄산염암의 퇴적작용으로 이어졌다(그림 10.7). 석회암은 일반적으로

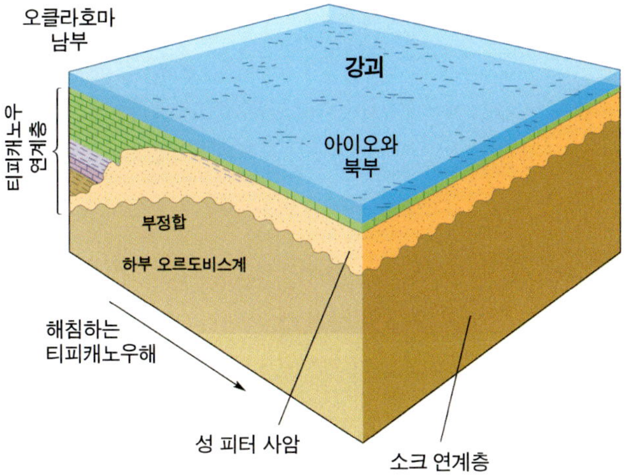

그림 10.8 해침하는 티피캐노우해 티피캐노우해의 해침은 강괴의 넓은 지역에 걸쳐 성 피터 사암(중기 오르도비스기)의 퇴적작용을 일으켰다.

산호, 완족동물, 층공충 및 태선동물과 같은 탄산칼슘을 분비하는 생물체의 퇴적작용에 의해 생성된 것이다. 석회암 이외에 많은 백운암이 또한 분포한다. 대부분의 백운암은 방해석 내의 칼슘을 마그네슘이 치환한 결과로 생성된다. 따라서 석회암이 백운암으로 전환된다.

강괴의 동부 지역에서 탄산염암은 측방으로 점점 셰일로 변한다. 이들 셰일은 애팔래치아 변동대에서 일어난 조구조 운동으로 생성되고 추후에 논의될 타코닉 고지의 풍화와 침식작용으로부터 유래된 쇄설성 퇴적물의 가장 먼 범위를 나타낸다.

티피캐노우 초와 증발암

생물체의 초(organic reefs)는 초의 뼈대에 골격 물질을 제공하는 살아있는 일부 생물체에 의해 형성된 석회암 구조이다(그림 10.9). 오늘날 산호와 석회질 조류는 가장 중요한 초의 구성원이나 과거 지질시대에는 다른 생물체들이 주요 역할을 했다.

초의 군집을 지배하는 생물체와 상관없이 초는 지질시대에도 오늘날 초가 점유한 동일한 생태적인 적소를 점유하였던 것으로 밝혀졌다. 초를 이루는 생물체의 생태적인 요구 때문에 오늘날 초는 적도의 남북으로 대략 30° 사이의 위도상으로 좁은 지대에 한정되어 있다. 오늘날 초를 구성하는 주요 생물체인 산호는 최적 성장을 위해 따뜻하고 맑으며 평균 염분의 천해를 필요로 한다.

초의 크기와 형태는 대부분 초를 구성하는 생물체, 해저 지형, 바람과 해파의 작용, 해저의 침강의 상호 작용의 결과이다. 초는 또한 해수의 순환 또는 해파의 작용에 대한 장애물을 형성함으로써 그들 주위의 지역을 변형시킨다.

초는 전형적으로 한쪽으로는 얕은 대지와 다른 한쪽으로는 비교적 깊은 해양 분지 사이에 장벽을 형성하는 긴 선형의 형체이다. 이와 같은 초는 보초(barrier reef)로 알려져 있다(그림 10.9). 초는 밀려오는 파도의 에너지를 흡수하는 바다 쪽으로 경사가 급한 전면을 형성하며 유지한다. 초의 전면으로부터 골격 물질이 떨어져 나오자마자 이들은 전초 경사면을 따라 너덜겅(talus)으로 쌓인다. 보초 자체는 다공질이며 초를 이루는 서로 다른 많은 생물체로 구성되어 있다. 초의 육지 쪽 측면에 있는 석호 지역은 퇴적물을 붙잡는 연약한 생물체가 번성하는 에너지가 낮은 잔잔한 지대이다. 석호 지역은 또한 순환이 외해와 차단될 때에는 증발암이 퇴적되는 장소가 될 수 있다. 보초의 현대 예는 플로리다키스제도, 바하마 섬 및 호주의 대보초(Great Barrier Reef)이다.

초는 캄브리아기 이래 저위도 지역에서 흔한 지형이며 다양한 생물체에 의해 형성되었다. 초와 유사한 구조의 골격을 최초로 형성한 생물체는 고배류(archaeocyatids)였다. 원추 모양의 이들 생물은 캄브리아기에 살았으며 구멍이 뚫린 이중으로 된 석회질의 벽을 갖추고 있다. 고배류는 남아메리카를 제외한 모든 대륙에서 발견된 작은 마운드를 형성하였다.

중기 오르도비스기의 초기에 층공충-산호초가 저위도 지역에서 보편화되었으며 비슷한 초가 나머지 현생누대 동안 실제로 존속하였다. 후기 오르도비스기에서 데본기에 관찰된 폭발적인 초 형성은 아마 쇄설성 퇴적물의 영향을 벗어난 광범위한 탄산염 해저와 대지의 출현에 의해 유발된 진화적인 변화에 응하여 일어났을 것

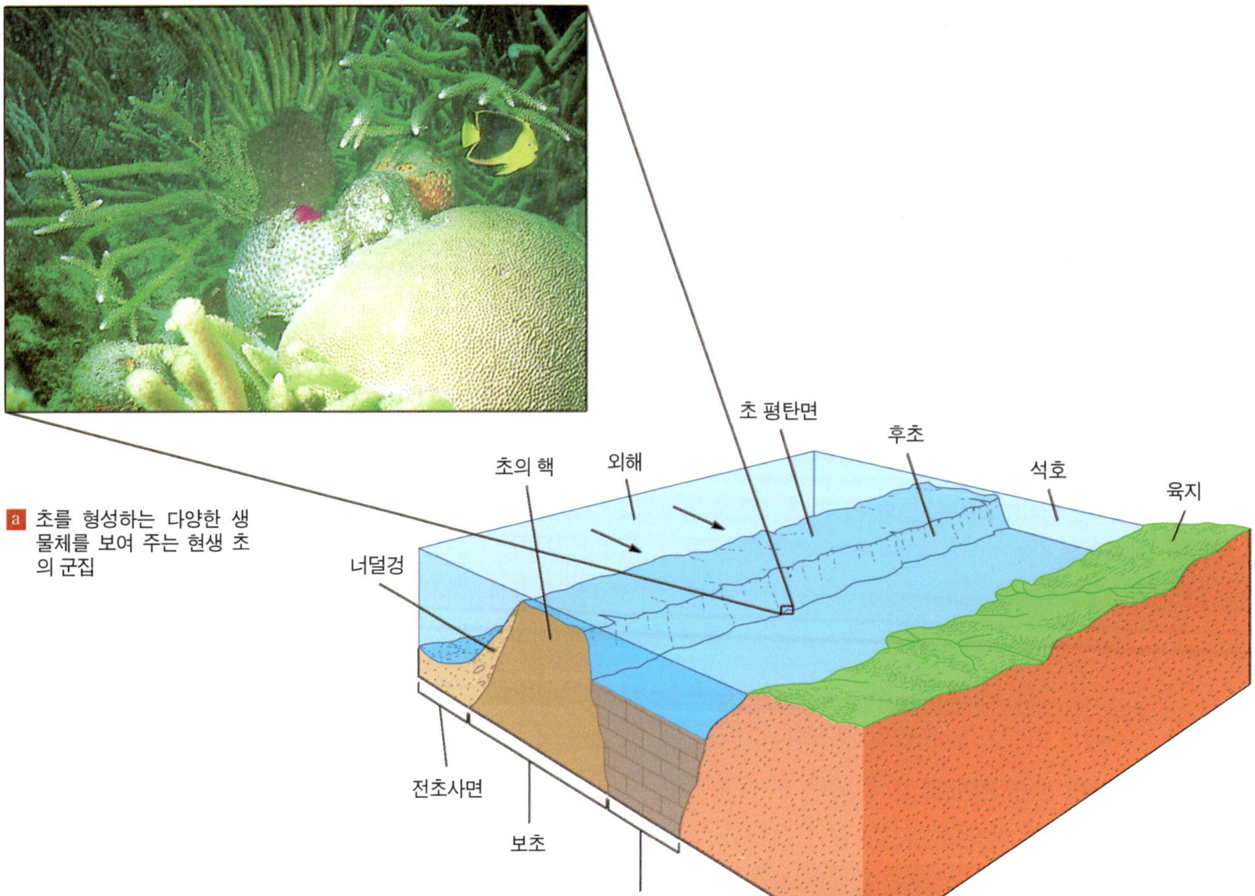

a 초를 형성하는 다양한 생물체를 보여 주는 현생 초의 군집

b 초의 복합체 내의 다양한 환경을 보여 주는 입체도

그림 10.9 **생물체 초**

이다.

오늘날 오대호 지역에 분포하는 중기 실루리아기 암석(티피캐노우 연계층)은 초와 증발암으로 세계적으로 유명하다(그림 10.10). 이 지역에서 가장 잘 알려진 미시간 분지의 구조는 커다란 보초로 둘러싸인 널따란 원형의 분지이다. 이들 초는 분지 내에서 제한된 순환과 상부 실루리아계의 증발암이 침전하는 데 더욱 기여하였다는 것은 의심할 여지가 없다(그림 10.11).

빠르게 침강하는 분지의 내부에서 다른 형태의 초가 발견되었다. 피너클 초(Pinnacle reefs)는 높고 길며 가는 구조로 높이는 100m에 달한다. 이들은 분지가 침강하는 동안 초자체를 해수면 가까이에 유지해야 하므로 위쪽으로 빠르게 성장했음을 반영한다(그림 10.11a). 피너클 초 외에도 층을 이룬 탄산염암과 암염과 석고의 두꺼운 연계층이 또한 미시간 분지 내에서 발견된다(그림 10.11).

후기 실루리아기 동안 티피캐노우해가 강괴로부터 점점 물러남에 따라 애팔래치아, 오하이오 및 미시간 분지 내에 증발 광물의 침전이 일어났다(그림 10.1). 미시간 분지 한 곳만 해도 대략 1,500m의 퇴적암이 퇴적되었으며 퇴적암의 거의 반은 암염과 석고이다. 이와 같이 두꺼운 증발암 연계층은 어떻게 쌓였을까? 하나의 가능성은 해수면이 낮아질 때 보초의 꼭대기는 해수면 높이와 같거나 또는 해수면보다 높아졌으며, 따라서 새로운 해수가 분지 내로 유입되지 못하였던 것이다. 분지 내의 해수의 증발은 함수(brine)를 생성하였을 것이

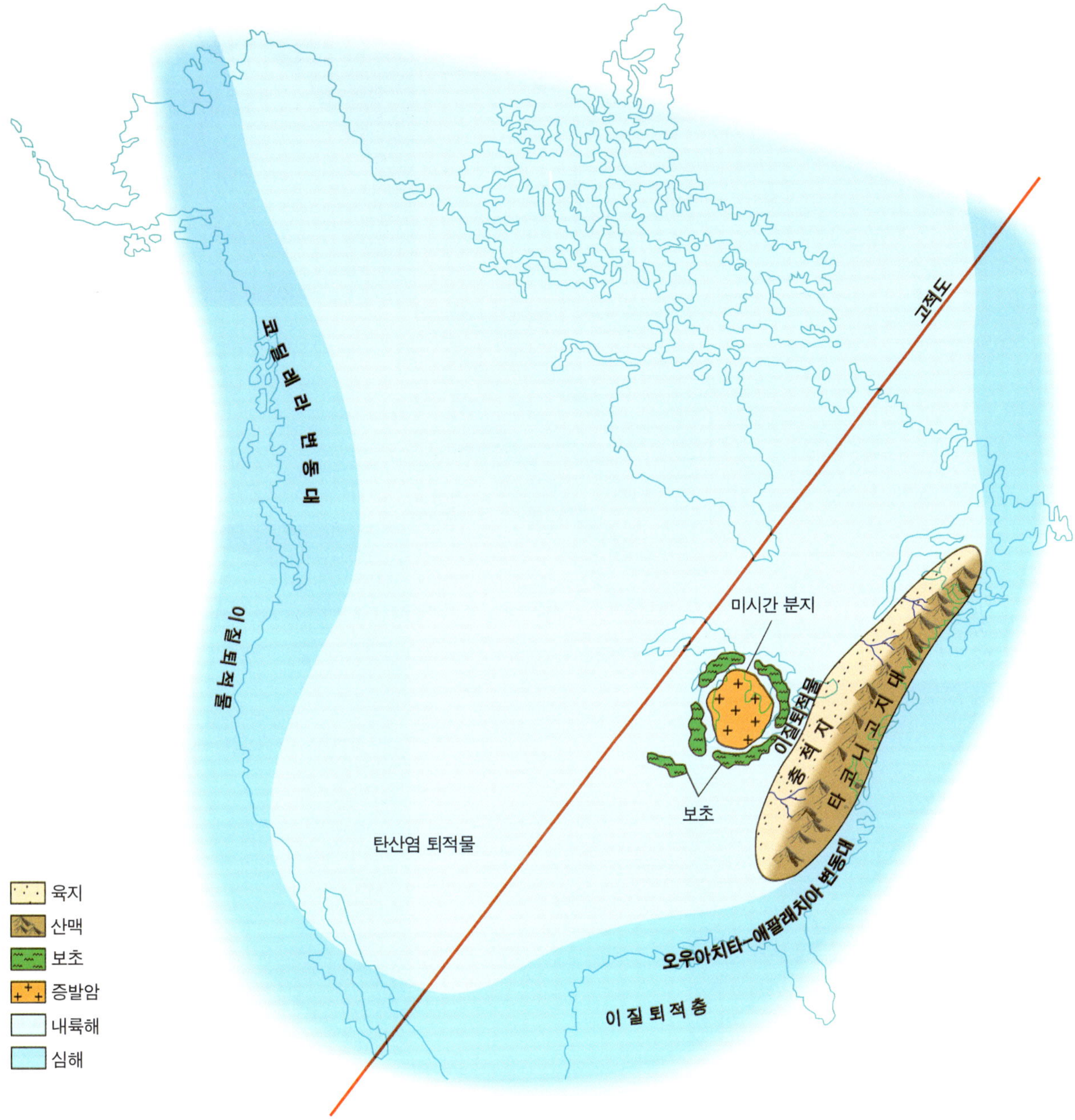

그림 10.10 실루리아기의 북아메리카 복원도 미시간 주, 오하이오 주 및 인디애나 주–일리노이 주–켄터키 주 지역에 초가 발달되어 있음을 주목하라.

며, 함수가 점점 농축하게 되면 염류의 침전이 일어날 것이다. 두 번째 가능성은 초가 해수면에 아주 가까이 위쪽으로 성장한 결과 내부 순환을 떨어뜨리고 결국에는 증발암을 생성시키는 밀도가 높은 함수를 생성하는 해수의 증발을 가능하게 하는 방지 턱이나 장벽을 형성한 것이다(그림 10.12).

실루리아기 동안 여전히 적도 근처에 위치한 북아메리카에서 기온은 아마 높았을 것이다(그림 10.2c). 미시간 분지로의 순환이 제한되거나 또는 완전히 멈춤에 따라 분지 내의 해수는 증발하여 함수를 형성하기 시작하였다. 함수는 무겁기 때문에 분지 바닥 근처에 가라앉아 침전된 광물과 함께 증발암을 형성하였다. 해저

a 실루리아기 동안의 북부 미시간 분지의 일반화한 입체도

b 탄산염 퇴적상의 석회암

c 층공충 보초 퇴적상에 발달된 층공충 군집의 단면

d 증발암 퇴적상의 암염 시추 표본

그림 10.11 미시간 분지

융기부 위 또는 보초에 발달된 수로를 통해 해수가 미시간 분지 내로 흘러들면 보충된 새로운 해수는 함수의 형성과 증발암의 침전 자체를 반복되게 하였다.

해수로부터 침전되는 염류의 생성 순서와 형태는 염의 용해도, 해수의 원래 농도 및 분지의 국지적인 조건에 달려 있다. 일반적으로 염류는 용해성이 가장 낮은 염으로부터 시작하여 용해성이 가장 큰 염으로 끝나는 순차적인 순서에 따라 침전한다. 따라서 탄산칼슘이 일반적으로 먼저 침전되며 이어 석고*가 침전되고 암염이 마지막으로 생성된다. 그러나 분지 내로 유입되는

* 석고($CaSO_4 \cdot 2H_2O$)는 해수에서 침전되는 흔한 황산염 광물이나 깊게 매몰되면 석고는 물 분자를 잃고 무수석고($CaSO_4$)로 변환된다는 것을 6장으로부터 상기해 보라.

제안되지 못했다.

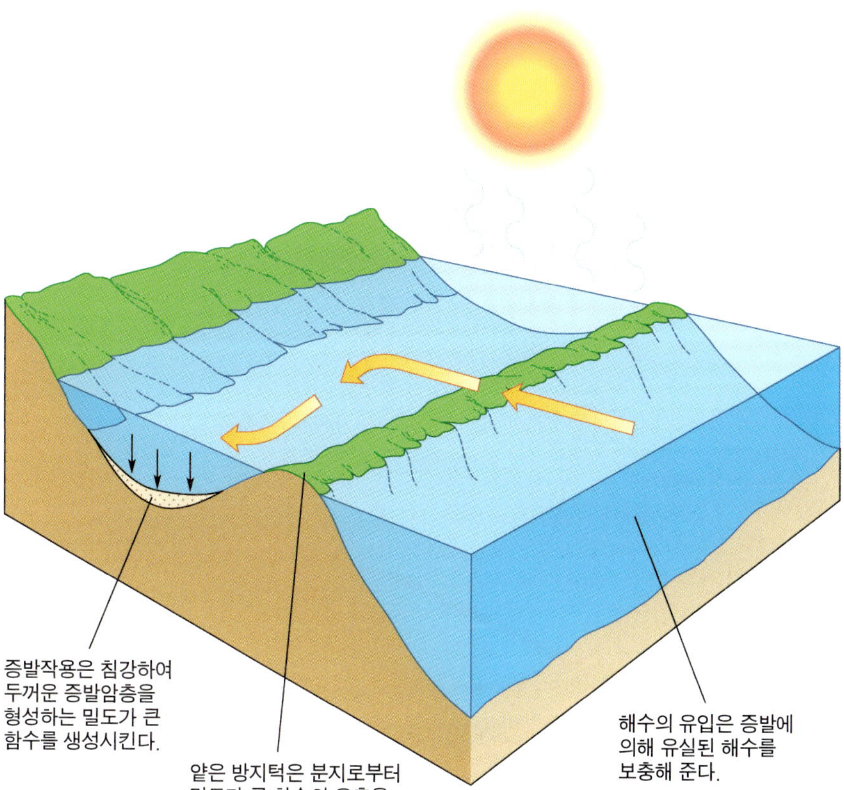

그림 10.12 **증발암의 퇴적작용** 해수로부터 직접적인 침전작용에 의해 일어나는 증발암의 퇴적작용을 나타내는 문지방 분지 모형. 수직 축적은 크게 과장되었다.

해수의 양과 지질 조건의 변화 때문에 많은 측면 변화와 석회암, 무수석고 및 암염상의 설교(interfingering)가 일어날 수 있다.

따라서 해수면의 주기적인 증발은 이제 방금 논의된 바와 같이 미시간 분지 내에서 관찰되는 증발암의 수직 및 수평 분포를 설명할 수 있다. 그러나 이들 증발암과 관련된 것은 피너클 초이며, 이들 초를 구성하는 생물들은 이와 같이 염분이 높은 환경에서는 살 수가 없었다(그림 10.11). 그렇다면 이와 같이 모순된 현상은 어떻게 설명될 수 있을까? 초의 성장의 중단 후 증발암이 쌓였다는 것에서부터 초의 성장과 증발암의 퇴적작용이 교대되었다는 것까지 수많은 모형이 제안되었다. 비록 미시간 분지가 수년 동안 광범위하게 연구되었으나 분지의 다양한 초, 탄산염암 및 증발암상의 생성과 관계를 완벽하게 설명할 수 있는 어떤 모형도 아직까지 제안되지 못했다.

티피캐노우 연계층의 종료

전기 데본기에 물러나는 티피캐노우해는 강괴의 가장자리까지 후퇴하였으며 저지대의 지세를 광범위하게 노출시켰다. 이 해퇴가 일어나는 동안 해성 퇴적작용은 초기에는 수 개의 서로 연결된 강괴 분지에 한정되었으며 티피캐노우 시대 말에는 최후로 강괴를 둘러싸고 있는 변동대에만 한정되었다.

티피캐노우해가 전기 데본기 동안 물러남에 따라 강괴는 많은 돔과 아치 및 분지를 형성하는 완만한 변형작용을 받았다(그림 10.1). 이들 구조는 강괴가 노출되어 있던 기간 동안 대부분 침식되었으며, 뒤이어 해진한 카스카스키아해에서 쌓인 퇴적물이 이들을 덮었다.

7. 애팔래치아 변동대와 타코닉 조산운동

지금까지 강괴의 소크와 티피캐노우 지사를 조사하였으므로 이제 우리는 중기 오르도비스기에 현생누대의 최초 조산운동이 시작되었던 애팔래치아 변동대를 논한다. 고생대 동안 일어난 조산운동은 강괴의 기후와 퇴적작용의 역사에 큰 영향을 미쳤다. 또한 이 변동대는 대륙을 서로 봉합시키고 고생대 말에는 판게아를 형성한 전 지구적인 조구조 운동 지역의 일부였다.

소크 시대(신원생대~전기 오르도비스기) 동안 애팔래치아 지역은 넓고 비활동적인 대륙 가장자리였다. 퇴적작용은 광범위한 탄산염 퇴적물이 두꺼운 천해 사암의 뒤를 이어 쌓임에 따라 침강에 의해 거의 균형을 이루었다. 이 기간 동안 판의 발산경계를 따라 일어나는 판의 이동은 **이아페투스해**(Iapetus Ocean)를 확장시켰다(그림 10.13a). 로렌시아 밑으로 이아페투스 판(해양판–대륙판의 수렴경계)이 섭입하기 시작하면서 애팔래치아 변동대가 태어났다(그림 10.13b). 이 결과로 일어나는 **타코닉 조산대**—오늘날의 뉴욕 동부, 매사추세츠 동부 및 버몬트에 걸쳐 발달된 타코닉 산맥의 이름을 따서 명명한—는 애팔래치아 지역이다.

애팔래치아 변동대는 두 개의 퇴적 환경으로 나눌 수 있다. 첫째는 광대한 천해의 탄산염 대지로 동부의 널따란 대륙붕을 이루었고 뉴펀들랜드에서 앨라배마까지 뻗어 있다(그림 10.13a). 이것은 강괴 위로 소크해의 해침이 일어나 넓은 천해에 탄산염암이 쌓이는 동안 형성되었다. 스트로마톨라이트, 건열 및 이 밖의 퇴적 구조와 화석은 대지 위의 얕은 바다 깊이를 지시한다.

중기 오르도비스기 때 탄산염암의 퇴적작용은 동부 해안을 따라 중단되었으며 얇은 층리가 잘 발달된 흑색 셰일, 점이층리, 조립 사암, 그레이와케 및 이에 수반된 화산 분출물질로 특징되는 심해 퇴적물로 대체되었다. 이와 같은 한 조의 퇴적암은 조산운동의 시작을 나타내며, 이 경우에는 타코닉 조산운동이다. 로렌시아 밑으로 이아페투스 판의 섭입은 화산작용과 탄산염 대지의 하향요곡(downwarping)을 일으켰다(그림 10.13b). 애팔래치아 변동대의 도처에서 퇴적상의 형태, 고수류 및 퇴적 구조 모두는 이들 퇴적물이 타코닉 고지와 이와 관련된 화산이 융기하고 있는 동쪽에서 유래되었음을 지시한다.

추가적인 구조, 층서, 암석 및 퇴적학적인 증거는 이 조산운동의 시기와 기원에 대하여 많은 정보를 제공한다. 예를 들면 타코닉 변동대 내의 많은 곳에서, 급하게 경사진 하부 오르도비스계 암석이 완만하게 경사지거나 혹은 수평인 실루리아계와 더 젊은 암석에 의해 덮인 곳에서는 뚜렷한 경사 부정합이 관찰된다.

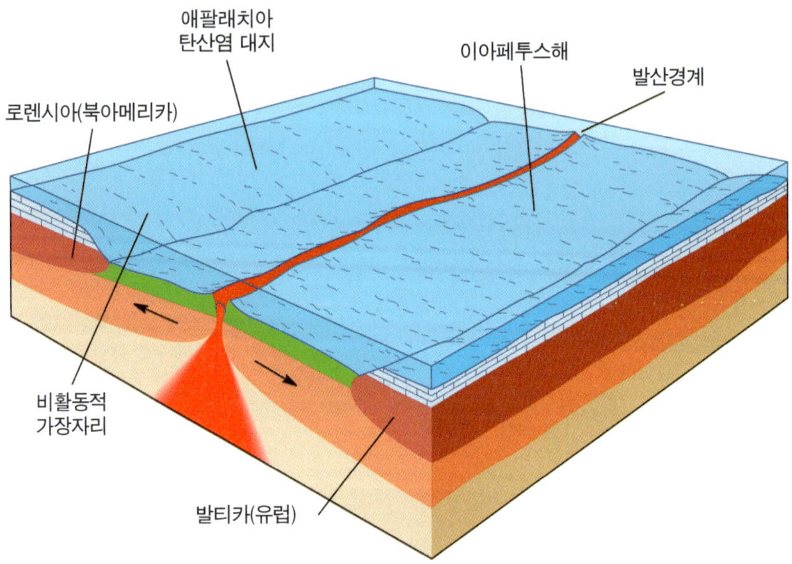

a 신원생대에서 전기 오르도비스기 동안 이아페투스해는 판의 발산경계를 따라 열리고 있었다. 로렌시아의 동쪽 해안과 발티카의 서쪽 해안 모두는 넓은 탄산염 대지를 가진 비활동적인 대륙 주변부였다.

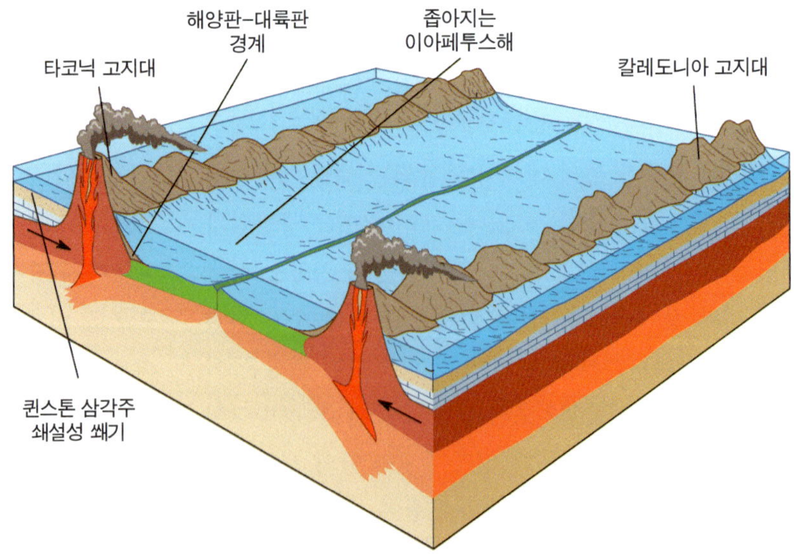

b 중기 오르도비스기의 초기에 로렌시아와 발티카의 비활동적 주변부는 해양판–대륙판의 활동적인 경계로 바뀌어 조산운동이 일어났다(그림 10.2).

그림 10.13 신원생대에서 후기 오르도비스기까지의 애팔래치아 변동대의 진화

그 밖의 증거는 심해의 용암류 형태의 화산 활동, 화산재층 및 오늘날의 조지아에서 뉴펀들랜드까지의 지역 내에 발달된 관입 암체를 포함한다. 이들 화성암의 관입 시기는 중기 내지 후기 오르도비스기에 상당하는 방사성 연령에 밀집됨을 보여 준다. 또한 광역적인 변성작용도 방사성 연대와 일치한다.

타고닉 조산운동에 대한 증거의 마지막 요소는 융기된 지역에 인접한 곳에 쌓인 대부분의 쇄설성 퇴적물의 광대한 퇴적체인 커다란 **쇄설성 쐐기**(clastic wedge)의 발달이다. 이들 퇴적암은 고지대 지역에 가장 가까운 곳에서 가장 두껍고 가장 조립이며 근원지에서 멀어지면 얇아지고 세립질이며 결국에는 탄산염 강괴 퇴적상(carbonate cratonic facies)으로 점차 변화해 간다(그림 10.14). 타코닉 고지의 침식작용의 결과로 생성된 쇄설성 쐐기는 **퀸스톤 삼각주**(Queenston Delta)라고 부른다. 이들 퇴적암에 대한 면밀한 지질도 작성과 대비는 60만 km^3 이상의 암석이 타코닉 고지로부터 침식되었다. 이 계산 값에 근거하여 지질학들은 타코닉 고지대의 높이가 적어도 4,000m인 것으로 추정하였다.

타코닉 조산운동은 애팔래치아 변동대 내에서 일어난 조산운동의 최초의 박동을 나타내며 로렌시아의 동쪽 해안 밑에서 일어난 섭입의 반응이었다. 이아페투스해가 좁아지고 폐쇄됨에 따라 또 다른 조산운동이 실루리아기에 유럽에서 일어났다. 칼레도니아 조산운동(Caledonian orogeny)은 본질적으로 타코닉 조산운동과 아카디아 조산운동의 대칭 상이었으며(11장 참조) 고생대에 일어난 전 지구적 조산운동 에피소드의 일부이다(그림 10.2c). 비록 칼레도니아 조산운동이 티피캐노우 시대에 일어났을지라도 우리는 이를 다음 장에서 논한다. 왜냐하면 이는 데본기의 아카디아 조산운동과 직접적으로 관련되어 있기 때문이다.

8. 전기 고생대의 광물 자원

전기 고생대의 암석은 건설용 모래와 자갈, 석재 및 시멘트 제조에 이용되는 석회암을 포함한 갖가지의 중요한 광물 자원을 포함한다. 산업용 모래 또는 규사의 중요한 근원은 미네소타 주와 위스콘신 주의 상부 캄브리아계의 조르단 사암, 펜실베이니아 주와 버지니아 주의 하부 실루리아계의 투스카로라 사암 및 중기 오르도비스계의 성피터 사암이다. 티피캐노우 연계층(그림 10.8)의 기저 사

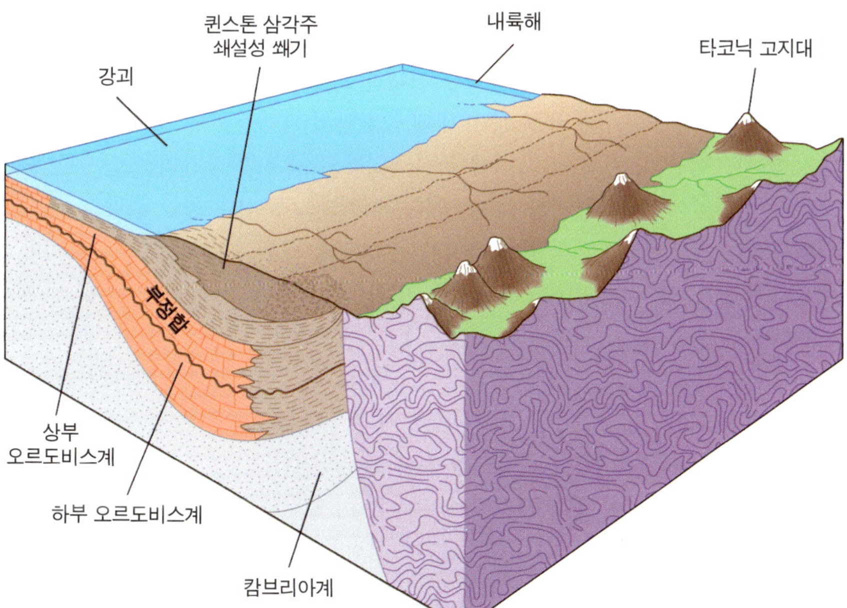

그림 10.14 **타코닉 고지대와 퀸스톤 삼각주 쇄설성 쐐기의 복원** 타코닉 고지대의 침식작용에 의해 생긴 퀸스톤 삼각주 쇄설성 쐐기는 고지대에 가장 가까운 곳에서는 조립질의 두꺼운 쇄설성 퇴적물로 이루어지며 강괴를 덮고 있는 내륙해에서는 측면으로 얇아지는 세립질의 퇴적물로 구성된다.

암인 후자는 몇몇 주에 분포하나 가장 잘 알려진 생산 지역은 일리노이 주의 라 살레 카운티에 있다. 규사는 유리, 용광로용 내화 벽돌 및 철, 알루미늄 및 구리 합금의 주물용 거푸집의 제조를 포함한 다양한 용도로 쓰인다. 수압 파쇄 모래(hydraulic fracturing sands)라고 하는 일부 규사는 기름 또는 천연가스를 포함하는 암석을 파쇄하여 기름 또는 천연가스가 유정으로 이동할 수 있는 투수성의 통로를 제공하기 위해 유정 내로 투입된다.

대부분 암염(NaCl)과 무수석고($CaSO_4$)로 변한 석고($CaSO_4 \cdot 2H_2O$)로 된 실루리아기 증발암의 두꺼운 퇴적층이 미시간 주의 일부 지역, 오하이오, 뉴욕 및 캐나다 온타리오 주의 인접 지역의 지하에 분포한다. 이들 암석은 다양한 염류의 중요한 원천이다. 또한 이들 증발암과 관련된 탄산염암 내에 있는 보초와 피너클 초는 미시간 주와 오하이오 주에서 석유와 천연가스의 저류암이다.

남동 미주리 주에 있는 납과 아연 광상의 모암은 캄브리아계의 백운암이다. 비록 일부 오르도비스계 암석이 이들 금속을 만족할 만큼 포함하고 있을지라도 말이다. 이들 광상은 1720년 이래 채광되어 왔으나 대부분 고갈되었다. 오늘날 미주리 주에서 채광되는 대부분의 납과 아연은 미시시피기의 퇴적암에서 산출된다.

실루리아계의 클린턴층은 앨라배마에서 북쪽으로 뉴욕까지 노출되며, 이와 동등한 암석이 뉴펀들랜드에서 발견된다. 이 층은 많은 지역에서 철을 얻기 위해 채굴되었다. 미국에서 품위가 가장 높은 광석과 규모가 가장 큰 광산업이 버밍햄과 앨라배마 근처에서 활발하였으나 현재에는 소량의 광석만이 이 지역에서 채광되고 있다.

요약

전기 고생대 동안의 북아메리카 강괴의 지사와 변동대뿐만 아니라 전 지구적 사건, 해수면의 변동 및 주요 진화 사건들은 표 10.1에 요약되어 있다.

- 대부분의 대륙들은 두 개의 주요 요소로 구성되어 있다: 하나는 상대적으로 안정한 강괴로 그 위로 내륙해가 해침과 해퇴가 일어났으며, 다른 하나는 강괴를 둘러싸고 있는 변동대로 이곳에서는 조산운동이 일어났다.
- 고생대 초기에 6개의 주요 대륙과 수많은 소대륙 및 호상 열도가 존재하였다. 이들 모두는 캄브리아기 동안에는 저위도 지역에 분산되어 분포했다.
- 오르도비스기와 실루리아기에 판의 이동은 전 지구적인 지형 변화를 일으켰다. 상부 오르도비스계의 빙퇴석이 보여 주듯이 곤드와나는 남쪽 방향으로 이동하여 남극을 가로지르기 시작하였다; 아발로니아 소대륙은 전기 오르도비스기에 곤드와나로부터 분리되었으며 후기 오르도비스기~전기 실루리아기에 발티카와 충돌하였다; 새로이 달라붙은 아발로니아와 함께 발티카는 로렌시아에 대해 북서쪽으로 이동하였으며 실루리아기에는 로렌시아와 충돌하여 로라시아를 형성하였다.
- 지질학자들은 북아메리카의 지사를 모든 강괴에 걸쳐 일어난 해침과 해퇴 기간에 형성된 강괴 연계층으로 나눈다.
- 강괴 위로 일어난 최초의 주요 해침은 소크 연계층을 퇴적시켰다. 최대 해침 때에 소크해는 캐나다 순상지의 일부와 북동–남서 방향으로 배열된 일련의 큰 섬으로 이루어진 대륙횡단 아치를 제외하고 강괴를 모두 덮었다.
- 티피캐노우 연계층은 노출되어 침식된 소크 지대 위에 일어난 광범위한 사암의 퇴적작용과 함께 시작되었다. 티피캐노우 시대 동안 광범위한 탄산염암의 퇴적작용이 일어났다. 또한 거대한 보초가 분지를 둘러쌌으며 그 결과 이들 분지 내에 증발암의 퇴적작용이 일어났다.
- 소크 시대에 북아메리카의 동부 가장자리는 안정한 탄산염암 대지이었다. 티피캐노우 시대 동안 해양판–대륙판의 수렴경계가 형성되었으며 그 결과로 애팔래치아 변동대에 영향을 미친 3개의 주요 조산운동 중 첫 번째인 타코닉 조산운동이 일어났다.
- 새로이 형성된 타코닉 고지는 서쪽의 내륙해 내부로 퇴적물을 공급하였으며 지질학들이 퀸스톤 삼각주라고 부르는 쇄설성 쐐기를 형성하였다.
- 전기 고생대의 암석은 석재, 시멘트용 석회암, 규사, 탄화수소, 증발암 및 철광을 포함한 다양한 광물 자원을 포함한다.

표 10.1
전기 고생대의 지질과 생물 진화 사건의 요약

연대(100만 년)	기	연계층	해수면의 상대적인 변화 (상승 / 하강)	코딜레라 변동대	강괴	오우아치타 변동대	애팔래치아 변동대	북아메리카 외 지역의 주요 사건	생물의 주요 진화 사건
416–444	실루리아기	티피캐노우			광범위한 보초와 증발암 혼합		아카디아 조산대	칼레도니아 조산운동	최초의 턱뼈어류 진화 초기 육상 식물—종자가 없는 유관속 식물
444–488	오르도비스기	티피캐노우 소크			퀸스톤 삼각주 쇄설성 쐐기 티피캐노우해의 해침 해퇴가 넓은 지역을 노출시켜 침식시킴		타코니 조산운동	남반구에 대륙 빙하	오르도비스기 거의 말기에 많은 해서 무척추동물의 대량 멸종 식물 육지로 이동? 모든 무척추동물 무리의 적응적인 큰 확산
488–542	캄브리아기	소크			캐나다 순상지와 대륙횡단 아치만 해수면 위로 노출 소크해의 해침				캄브리아기 거의 말기에 많은 삼엽충이 멸종됨 최초의 척추동물—턱뼈 없는 어류 진화

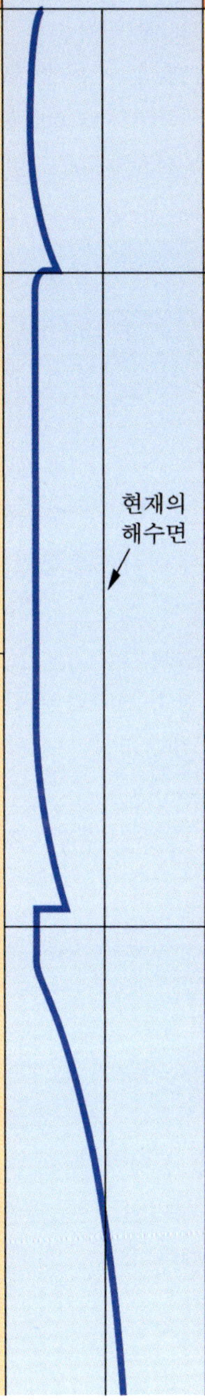

주요 용어

강괴 연계층(cratonic sequence)
강괴(craton)
곤드와나(Gondwana)
내륙해(epeiric sea)
대륙횡단 아치(Transcontinental Arch)
로렌시아(Laurentia)
발티카(Baltica)
변동대(mobile belt)
생물초(organic reef)
소크 연계층(Sauk Sequence)
쇄설성 쐐기(clastic wedge)
시베리아(Siberia)
애팔래치아 변동대(Appalachian mobile belt)
연계층 층서(sequence stratigraphy)
오우아치타 변동대(Ouachita mobile belt)
이아페투스해(Iapetus Ocean)
중국(China)
카자흐스타니아(Kazakhstania)
코딜레라 변동대(Cordilleran mobile belt)
퀸스톤 삼각주(Queenston Delta)
타코닉 조산운동(Taconic orogeny)
티피캐노우 연계층(Tippecanoe Sequence)

복습 문제

1. 북아메리카 강괴 위에 쌓인 최초의 주요 해침상 연계층은?
   a. ____ 압사로카, b. ____ 소크, c. ____ 주니, d. ____ 카스카키아, e. ____ 티피캐노우
2. 타코닉 조산운동을 일으킨 판의 경계 형태는?
   a. ____ 발산경계, b. ____ 변환단층 경계, c. ____ 해양판-해양판 수렴경계, d ____ 해양판-대륙판 수렴경계, e. ____ 대륙판-대륙판 수렴경계
3. 어떤 연계층 시대 동안 로렌시아의 동부 가장자리가 비활동적인 판의 경계에서 활동적인 판의 경계로 변하였는가?
   a. ____ 주니, b. ____ 티피캐노우, c. ____ 소크, d. ____ 카스카키아, e. ____ 압사로카
4. 강괴 전체 범위에 걸친 큰 부정합에 의해 경계된 주요 해침-해퇴 순환(cycle)은?
   a. ____ 생층서 단위, b. ____ 강괴 연계층, c. ____ 조산운동, d. ____ 천해, e. ____ 윤회층
5. 조산운동 지대를 나타내는 길게 연장된 지역은?
   a. ____ 윤회층, b. ____ 변동대, c. ____ 대지, d. ____ 순상지, e. ____ 강괴
6. 어떤 연계층 시대에 증발암과 초의 탄산염암이 강괴의 주된 암석을 이루었는가?
   a. ____ 카스카키아, b. ____ 주니, c. ____ 소크, d. ____ 압사로카, e. ____ 티피캐노우
7. 중기 오르도비스기의 어떤 층이 산업용 규사의 중요한 원천인가?
   a. ____ 성 피터, b. ____ 투스카로나, c. ____ 요르단, d. ____ 오리스카니, e. ____ 클린턴
8. 발티카로부터 로렌시아를 분리시킨 바다는?
   a. ____ 판탈랏사, b. ____ 테티스, c. ____ 이아페투스, d. ____ 아틀란티스, e. ____ 페루니카
9. 북아메리카의 동쪽을 따라 어떤 변동대가 분포하는가?
   a. ____ 프랑클린, b. ____ 코딜레라, c. ____ 오우아치타, d. ____ 애팔래치아, e. ____ 프랑클린과 코딜레라
10. 소크 연계층이 쌓이는 동안 대륙횡단 아치 외에 유일하게 노출된 지역은?
   a. ____ 강괴의 가장자리, b. ____ 캐나다 순상지, c. ____ 퀸스톤 삼각주, d. ____ 애팔래치아 변동대, e. ____ 타코닉 고지
11. 어떤 고지의 풍화작용이 퀸스톤 삼각주의 쇄설성 쐐기를 형성하였는가?
   a. ____ 대륙횡단 아치, b. ____ 아카디아, c. ____ 타코닉, d. ____ 시비어, e. ____ 칼레도니아 고지대
12. 태피트 사암, 브라이트 엔젤 셰일 및 무아브 석회암으로 된 수직 연속층을 나타내는 것은?
   a. ____ 해침, b. ____ 시간 해침상 층, c. ____ 애리조나 주의 그랜드캐니언의 암석, d. ____ 소크해에 의해 퇴적된 퇴적암, e. ____ a, b, c, d 모두
13. 캄브리아기 초에 몇 개의 주요 대륙이 분포했는가?
   a. ____ 3, b. ____ 4, c. ____ 5, d. ____ 6, e. ____ 7

14. 고생대 동안의 대륙의 위치를 결정하는 데 이용될 수 있는 방법에는 어떤 것들이 있는가?
15. 왜 강괴 연계층이 고생대의 지사를 연구하는 데 편리한 방법인지 설명하라.
16. 그랜드캐니언의 캄브리아계 암석이 해진하는 바다의 퇴적작용의 형태를 어떻게 나타내는지 설명하라.
17. 연계층 층서가 전 지구적 대비에 어떻게 이용될 수 있으며 과거 사건을 재구성하는 데 왜 아주 유용한지 설명하라.
18. 중기 오르도비스기에 이아페투스가 폐쇄되기 시작했다는 것을 지시하는 증거는 무엇인가?
19. 실루리아기에 미시간 분지의 증발암이 어떻게 생성되었는지 설명하라.
20. 지질 기록에서 어떤 증거가 타코닉 조산운동이 일어났다는 것을 지시하는가?

응용 문제

1. 지질도 작성과 대비로부터 얻은 계산 값에 따르면 퀸스톤 삼각주는 타코닉 고지대가 침식되어 유래된 60만 km^3 이상의 암석을 포함한다. 이 수치에 근거하여 지질학자들은 타코닉 고지대의 높이는 적어도 4,000m였다. 이들은 또한 캣스킬 삼각주(11장 참조)는 퀸스톤 삼각주의 3배만큼의 퇴적물을 포함한다. 무엇으로부터 타코닉 고지대와 아카디아 고지대의 지리적 분포를 알 수 있으며, 아카디아 고지대의 높이가 얼마이었는지 추정할 수 있는가?
2. 고생대 동안 세계가 어떻게 생겼는지를 보여 주는 고지리도는 거의 대부분의 지구 역사책과 수많은 과학 학술지에서 찾아볼 수 있다. 어떤 기준이 과거 대륙과 해양 분지의 위치를 결정하는 데 이용되며, 왜 다양한 책과 논문에서 고대륙의 위치와 크기는 미세한 차이밖에 없는가?
3. 당신이 한 여행사에 근무하며 그랜드캐니언을 거쳐 콜로라도강을 따라 래프팅을 구상하고 있다고 하자. 교육적인 관점에서 여행에 흥미를 끌기 위해 이와 같은 래프팅에 대한 일반적인 정보 외에 어떤 종류의 지질학적인 정보를 팸플릿에 포함시킬 것인가?

CHAPTER 11

후기 고생대의 지구 역사

후기 고생대의 식생 모습

[개 요]

[단원 목표]

이 장을 학습한 후에 우리는 다음 사항을 이해한다.

- 고생대 동안 주요 6개 대륙의 이동은 고생대 말에 초대륙 판게아를 형성시켰다.
- 고생대 동안 대규모의 판의 상호 작용 외에 미소판과 부가체 활동이 또한 판게아 형성에 중요한 역할을 하였다.
- 카스카스키아 연계층의 대부분은 탄산염암과 이와 관련된 증발암이 지배적이다.
- 압사로카 연계층이 쌓이는 동안 낮은 곳에 위치한 강괴 위로의 해침과 해퇴는 윤회층과 석탄을 생성시켰다.
- 후기 고생대 동안 조산운동은 애팔래치아, 오우아치타, 코딜레라 변동대에서 일어났다.
- 칼레도니아, 아카디아, 헤르시니아, 알레게니아 조산운동 모두는 판게아의 집합으로부터 일어난 전 지구적인 조구조 활동이었다.
- 후기 고생대의 암석은 석유, 석탄, 증발암, 다양한 금속 광상을 포함한 여러 가지 광물 자원을 포함한다.

1. 서론

대략 3억 년 전에 오늘날의 일리노이 주에는 물의 흐름이 느린 강이 늪지를 거쳐 남서쪽으로 흘렀으며 아열대의 천해까지 확장된 커다란 삼각주를 형성하였다. 이들 강은 이 지역에 사는 식물과 동물을 매몰시킨 막대한 양의 진흙을 퇴적시켰다. 따라서 빠른 매몰과 철광석의 형성은 많은 생물들을 화석으로 보존시켰다. 대부분의 화석 표품이 발견되는 일리노이 주의 북동부 지역을 대표하여 메이존 크릭(Mazon Creek) 화석으로 알려진 이들은 그 지역에 사는 생물군의 연체 조직에 대한 중요한 지식을 제공한다. 이들 과거 생물군의 예외적인 보존 때문에 메이존 크릭 화석은 전 세계적으로 알려져 있으며 많은 박물관들이 이 지역에서 수집한 광범위한 화석을 전시하고 있다.

펜실베이니아 시대 동안 북동부 일리노이 주에는 두 가지의 주요 서식처가 있었다. 그 중 하나는 육상 삼각주의 숲이 무성한 늪지이며, 다른 하나는 삼각주가 활발하게 전진하는 천해 환경이다.

삼각주 전면의 따뜻하고 얕은 바다에는 수많은 자포동물, 연체동물, 성게류, 절지동물, 벌레, 어류들이 살았다. 삼각주를 둘러싸고 있는 늪지성의 낮은 지대는 400종 이상의 식물, 수많은 곤충, 거미 및 전갈과 양서류 같은 다른 동물들의 서식처이었다. 웅덩이, 호수 및 강에는 많은 물고기, 작은 새우, 개형충이 살았다. 식물의 거의 대부분은 펜실베이니아기에 석탄이 형성되는 늪지에 번성했던 전형적 식물인 양치식물이었다.

한층 더 흥미로운 메이존 크릭 화석 중 하나는 툴리 괴물이며, 이 화석은 일리노이 주에 유일할 뿐만 아니라 이 주의 공식적인 화석이다. 1958년 이 화석을 처음 발견한 툴리(Francis Tully)의 이름을 따서 명명한 툴리 몬스투룸 그레가리윰(*Tullimonstrum gregarium*: 화석의 학명)은 약 3억 년 전에 일리노이 주를 덮는 따뜻하고 얕은 바다에 살았던 길이가 30cm에 달한 작은 연체동물이다.

툴리 괴물은 작은 이빨이 있는 '집게발(claw)'을 가진 상대적으로 긴 주둥이를 갖고 있다. 원형 내지 타원형인 몸통은 마디로 이루어져 있으며 가로막대(cross-bar)을 포함하고 있다. 일부 학자들은 팽대된 가로막대의 끝부분을 이 동물의 감각 기관으로 해석하고 있다. 꼬리에는 수평으로 된 2개의 지느러미가 발달되어 있다. 이 생물이 2개의 지느러미 뒤에서 일어나는 대부분의 파상 운동으로 아마 뱀장어처럼 수영했을 것이다. 현재 툴리 괴물이 어떤 동물 문에 속하며 어떤 동물과 관계가 있는지에 대해 서로 합의가 이루어지지 않았다.

후기 고생대는 흥미로운 진화적인 혁신과 툴리 괴물과 같은 진기함뿐만 아니라 세계의 대륙들이 판의 수렴 경계를 따라 충돌하는 시대였다. 이들 충돌은 지구 역사와 지구 생물의 역사에 크게 영향을 미쳤으며 결국에는 페름기 말까지 초대륙 판게아를 형성하였다.

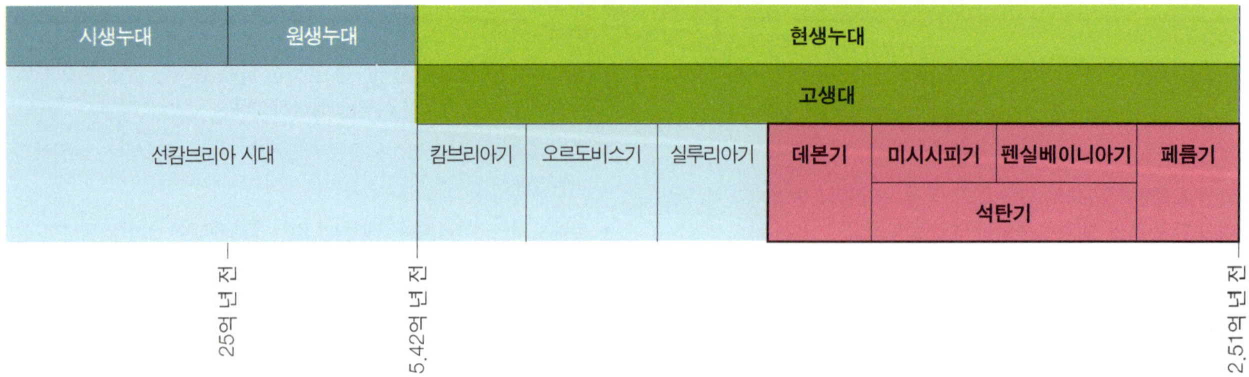

2. 후기 고생대의 고지리

후기 고생대는 대륙의 충돌, 조산운동, 해수면의 변동 및 변화가 많은 기후가 특징이다. 석탄, 증발암 및 빙퇴석은 후기 고생대 동안 여러 대륙들이 겪었던 다양한 기후 조건의 증거가 된다. 곤드와나가 후기 미시시피기에서 전기 페름기 동안 계속하여 남극 위를 이동함에 따라 주요 빙기와 간빙기가 대부분의 곤드와나에서 발생하였다. 이 기간 동안의 대륙 빙하의 성장과 후퇴는 지구상의 생물군에 큰 영향을 미쳤을 뿐만 아니라 전 지구적인 해수면 변동의 원인이 되었다. 대륙 사이의 충돌은 페름기 말까지 초대륙 판게아를 형성하였을 뿐만 아니라 해수와 대기의 순환 패턴에 큰 영향을 미친 조산운동을 일으켰다. 고생대 말까지 광범위한 건조 및 반건조 기후가 대부분의 판게아를 지배하였다.

데본기

이미 아발로니아와 합쳐진 발티카가 실루리아기 동안 판의 수렴경계를 따라 충돌하여 한층 더 큰 **로라시아**(Laurasia)를 형성하였다는 것을 10장으로부터 상기해 보자. 북부 이아페투스해를 폐쇄시킨 이 충돌은 **칼레도니아 조산운동**(Caledonian orogeny)으로 나타났다.

데본기 동안 로라시아와 곤드와나 사이의 남부 이아페투스해가 좁아지면서 로라시아의 동부 가장자리를 따라 조산운동이 계속되었으며 그 결과가 **아카디아 조산운동**(Acadian orogeny)이다(그림 11.1a). 뒤이어 일어난 고지대의 침식작용은 막대한 양의 적색 하성 퇴적물을 북유럽의 넓은 지역(구 적색 사암)과 동부 북아메리카(캣스킬 삼각주)에 공급하였다.

아마 로렌시아와 발티카의 충돌과 관련된 데본기의 다른 구조적 사건은 코딜레라의 **안틀러 조산운동**(Antler orogeny), 로렌시아의 북부 가장자리를 따라 일어난 **엘레스미어 조산운동**(Ellesmere orogeny: 로렌시아와 시베리아의 충돌을 나타냄) 및 동부 발티카의 우랄 변동대 내에서 일어난 비활동적인 대륙 가장자리에서 활동적인 판의 수렴경계로의 변화를 포함한다. 초, 증발암 및 적색층의 분포뿐만 아니라 전 지구에 걸쳐 비슷한 식물상의 존재는 데본기 동안 전 지구적인 기후가 상당히 균일하였음을 암시한다.

석탄기

석탄기 동안 곤드와나 남부는 남극 위로 이동하였으며 그 결과 광범위한 대륙 빙하작용이 일어났다(그림 11.1b와 11.2a). 이들 빙하의 전진과 후퇴는 강괴 위에서 일어나는 퇴적작용의 패턴에 영향을 미친 전 지구적인 해수면의 변화를 일으켰다. 곤드와나가 북쪽으로 이동함에 따라 전기 석탄기 동안 로라시아와 충돌하기 시작하였으며 석탄기 나머지 기간 동안 로라시아와의 봉합은 계속되었다(그림 11.1b와 11.2a). 곤드와나가 로라시아에 대해 상대적으로 시계 방향으로 회전하였기

현생누대									
중생대			신생대						
트라이아스기	쥐라기	백악기	고제3기			신제3기			
								제4기	
			팔레오세	에오세	올리고세	마이오세	플라이오세	플라이스토세	홀로세

2.51억 년 전

6,600만 년 전

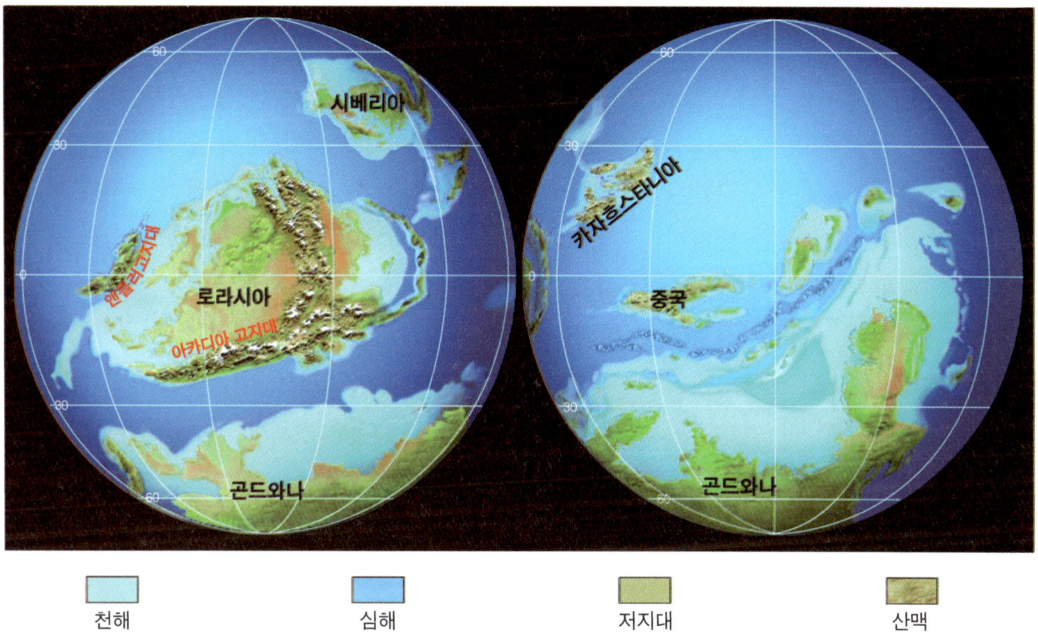

a 후기 데본기

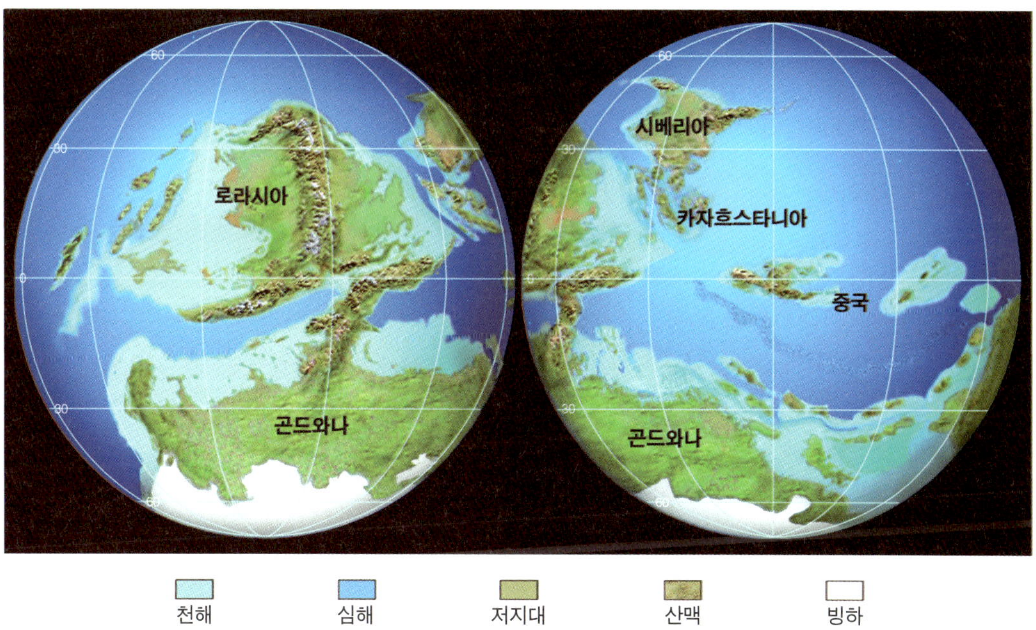

b 전기 석탄기

그림 11.1 고생대 고지리 후기 데본기 a와 전기 석탄기 b 동안의 세계 고지리

때문에 변형작용은 일반적으로 두 대륙의 헤르시니아, 애팔래치아 및 오우아치타 변동대를 따라 북동-남서 방향으로 진행되었다. 곤드와나와 로라시아 사이의 마지막 충돌 단계는 후기 석탄기와 전기 페름기에 충상작용에 의해 형성된 오클라호마 주의 오우와치타 산맥으로 나타났다.

그 밖의 다른 곳에서는 시베리아는 카자흐스탄과 충돌한 후 로라시아(발티카)의 우랄 가장자리를 향해 이동하였으며 전기 페름기에 로라시아와 충돌하였다. 판게아가 형태를 갖추기 시작하면서 석탄기 말까지 여러 대륙 덩어리들은 꽤 가까워졌다.

동부 북아메리카, 서부 유럽, 우크라이나의 도네츠 분지의 석탄 분지 모두는 강수량이 많고 기온이 일관되게 따뜻한 적도 지역에 위치하였다. 이들 석탄 분지에서 산출된 목재 화석에 계절을 나타내는 뚜렷한 나이테가 없는 것은 이러한 기후를 지시한다. 그러나 시베리아의 석탄에서 발견된 목재 화석은 잘 발달된 나이테를 보여 준다. 이들 나이테는 온대 지방(북위 40~60°의 위도)과 같이 풍부한 강수량과 뚜렷한 계절이 있는 계절적인 성장을 나타낸다.

빙하 기후와 남반구의 고위도 지역에 발달된 커다란 대륙 빙상(ice sheets)은 남부 곤드와나에 있는 광범위한 빙퇴석과 빙하 조선에 의해 증명되었다. 이들 대륙 빙상은 적도 쪽으로 확장되었으며 최대로 성장했을 때는 중위도의 온대 지대까지 충분히 확장되었다.

페름기

판게아의 형성은 석탄기에 시작된 많은 대륙들의 충돌 결과로 페름기에 본질적으로 완료되었다(그림 11.2b). 비록 지질학자들이 초대륙의 서쪽 반의 형태와 위치에 대해서는 일반적으로 동의할지라도 판게아의 동쪽 반을 구성하는 다양한 부가체와 육괴의 수 또는 형태에 대해서는 합의가 이루어지지 않았다. 동쪽 부분의 정확한 형태와 상관없이 지질학자들은 초대륙이 페름기 동안 다양한 섭입대로 둘러싸여 있었으며 북쪽을 향해 끊임없이 이동하였다는 것을 알고 있다. 게다가 하나의 거대한 **판탈랏사해**(Panthalassa Ocean)가 판게아를 둘러싸고 있었으며 지구의 북극에서 남극까지 연결되어 있었다(그림 11.2b). 이 바다의 해수는 아마 오늘날보다 한층 더 자유롭게 순환하였을 것이며 그 결과 더욱 균일한 수온을 유지할 수 있었다.

게다가 하나의 거대한 초대륙의 형성은 육지 환경을 나타내는 기후를 형성한다. 페름기의 육상 퇴적물은 건조와 반건조의 기후가 판게아 위로 넓게 펼쳐져 있었음을 지시한다. **헤르시니아 조산운동**(Hercynian orogeny), **알레게니아 조산운동**(Alleghenian orogeny) 및 **오우아치타 조산운동**(Ouachita orogeny)에 의해 형성된 산맥들은 오늘날 서부 남아메리카에서 남부 안데스 산맥과 마찬가지로 습윤한 아열대의 동풍을 막아주는 비 그늘을 형성할 정도로 충분히 높았다. 이것은 서부 북아메리카, 중앙 유럽 및 러시아의 일부 지역에서 발견된 광범위한 페름기의 적색층과 증발암에서 분명히 밝혀진 것처럼 북아메리카와 유럽에 아주 건조한 기후를 형성하였다. 풍부한 강수량을 지시하는 페름기 석탄은 대부분 온대 지방(북위 40~60°)의 북부에 한정된 반면에 석탄기의 대륙 빙하의 마지막 잔류물은 계속하여 후퇴하였다.

3. 후기 고생대 북아메리카의 진화

후기 고생대의 북아메리카 강괴의 역사는 광범위한 천해의 탄산염암의 퇴적작용과 대규모의 석탄을 형성하는 늪지뿐만 아니라 증발암을 형성하는 건조한 기후의 기간들을 포함한다. 강괴의 사건들은 대부분 곤드와나의 빙하작용과 판게아의 형성과 관련된 구조적인 사건에 의해 초래된 해수면의 변동 결과로 일어났다.

오르도비스기의 타코닉 조산운동과 함께 시작된 조산운동은 칼레도니아, 아카디아, 알레게니아 및 오우아치타 조산운동으로 계속되었다. 이들 조산운동은 고생대 말에 판게아의 형성으로 끝난 전 지구적인 조구조적 과정의 일부이다.

4. 카스카스키아 연계층

티피캐노우 연계층과 이를 덮고 있는 **카스카스키아 연계층**(Kaskaskia Sequence, 중기 데본기~후기 미시시피기) 사이의 경계는 두드러진 부정합에 의해 나타났다. 카스카스키아해가 강괴의 굴곡이 낮은 지대 위로 침투함에 따라 깨끗하고 분급이 양호한 석영 모래로 구성된 최하부의 기저층이 쌓였다. 좋은 예는 뉴욕 주와 펜실베이니아 주의 오리스카니 사암과 횡적으로 이와 동등한 지층들이다(그림 11.3). 오리스카니 사암은 티피캐노우 연계층의 기저 성 피터 사암처럼 중요한 유리 원료 모래일 뿐만 아니라 양호한 천연가스의 저류암이다.

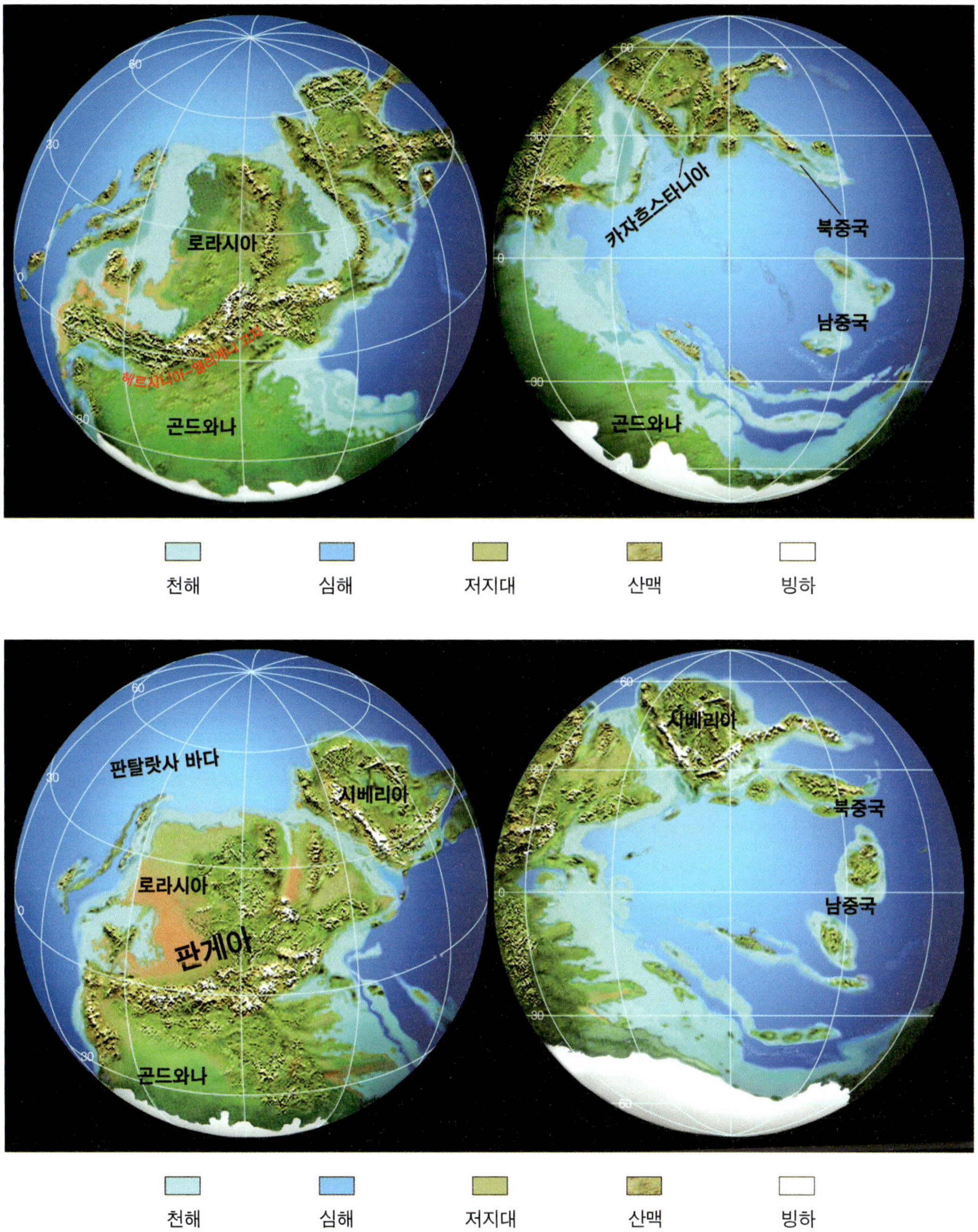

a 후기 석탄기

b 후기 페름기

그림 11.2 **고생대 고지리** 후기 석탄기 a와 후기 페름기 b 동안의 세계 고지리

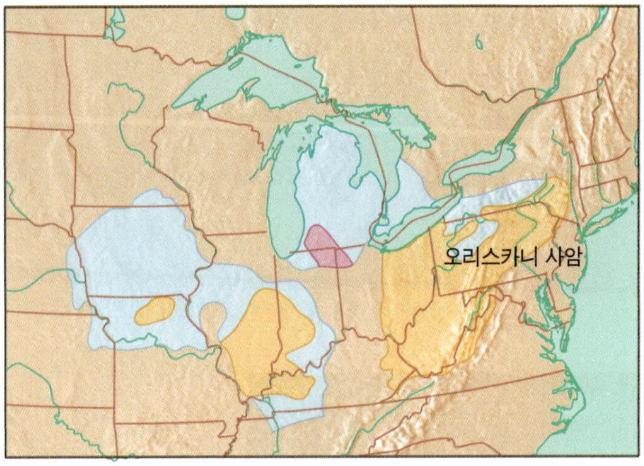

사암 셰일 석회암

그림 11.3 **카스카스키아 연계층의 기저 암석** 미국 동부와 중북부에 분포한 카스카스키아 연계층의 기저 암석

카스카스키아 기저 사암의 근원지는 일차적으로 애팔래치아 변동대 지역의 침식되는 고지대(그림 11.4), 오자크 돔의 측면을 따라 노출된 캄브리아기와 오르도비스기의 사암 및 위스콘신 지역의 캐나다 순상지의 노출지이다. 티피캐노우-카스카스키아 부정합 아래에 발달된 실루리아기 탄산염층 내에 비슷한 사암이 없는 사실은 티피캐노우 연계층이 쌓일 때에 카스카스키아 기저 쇄설성 암석의 근원지는 물속에 잠겨 있었다는 것을 암시한다. 층서학적인 연구는 이들 근원지가 융기하였으며 티피캐노우 탄산염암은 카스카스키아해가 해침하기 전에 침식작용에 의해 삭박되었다는 것을 말해 준다.

강괴 위의 다른 지역에서 카스카스키아 기저 암석은 화석을 포함하지 않는 한 흔히 하부의 티피캐노우 탄산염암과 구분하기가 쉽지 않은 탄산염암으로 구성되어 있다.

넓게 분포하는 상부 데본계와 하부 미시시피계의 흑색 셰일을 제외하고는 대부분의 카스카스키아 암석은 초를 포함한 탄산염암과 이와 관련된 증발암이다. 남부 영국, 벨기에, 중앙 유럽, 오스트레일리아 및 러시아와 같은 그 밖의 세계 여러 지역에서 중기와 후기 데본기 초기는 주요 초가 형성되는 시기였다('조망' 참조).

서부 캐나다에서의 초 발달

서부 캐나다의 중기와 후기 데본기의 초는 거대한 석유 저류암을 포함하고 있으며 노두와 지하에서 광범위하게 연구되었다(그림 11.5). 이들 초는 카스카스키아해가 남쪽 방향으로 해침을 일으켜 남부 캐나다로 침투함에 따라 형성되기 시작하였다. 중기 데본기 말까지 이들 초들은 후초로 흘러드는 해수의 흐름을 제한하여 증발 광물이 침전하는 조건을 형성하는 하나의 거대한 초의 시스템으로 합쳐졌다(그림 11.5). 후초 지역에는 실루리아기 동안 미시간 분지에서 일어난 방법과 매우 유사하게 300m에 달하는 증발암이 침전되었다(그림 10.11 참조). 비료로 쓰이는 칼륨의 세계 생산량의 반 이상이 이들 데본기 증발암에서 산출된다. 비록 비초(nonreef) 탄산염암의 퇴적작용은 계속되었지만 서부 캐나다 지역에서 초의 성장은 후기 데본기의 중기에 멈추었다.

흑색 셰일

북아메리카에서 탄산염암-증발암의 퇴적작용이 일어났던 대부분 지역은 중기 데본기에 시작하여 후기 데본기까지 계속되어 쌓인 셰일과 조립의 쇄설성 퇴적암의 많은 부분으로 대체되었다. 이와 같은 쇄설성 퇴적물의 퇴적작용의 변화는 북아메리카에서 아카디아 조산운동에 수반된 조산운동에 의해 야기된 새로운 근원지의 생성에 기인한다(그림 11.4).

데본기가 끝남에 따라 북아메리카 강괴 위에 광범위한 셰일의 출현과 함께 퇴적작용에 뚜렷한 변화가 일어났다(그림 11.6a). 미국의 동부에서 이들 흑색 셰일은 일반적으로 차타누가 셰일(Chattanooga Shale)이라고 부르지만 그 밖의 지역에서는 이들은 다양한 지역 이름으로 알려져 있다〔예를 들면 뉴알바니(New Albany) 셰일과 앤트림(Antrim) 셰일〕.

비록 이들 흑색 셰일이 애팔래치아 변동대를 따라 강괴의 가장자리에서 미시시피 계곡까지 가장 잘 발달되

조 망

오스트레일리아의 캐닝 분지—데본기의 대보초

주위 평지보다 50~100m 정도 더 높고 웅장하게 솟아 있는 오스트레일리아의 캐닝 분지의 대보초(Great Barrier Reef)는 세계에서 가장 크고 가장 장엄하게 노출된 화석 초의 복합체 중의 하나이다(그림 1). 이 보초 복합체는 열대의 내륙해가 캐닝 분지에 발달되어 있던 중기와 후기 데본기에 형성되었다(그림 11.1a).

초 자체는 주로 석회질 조류, 층공충 및 다양한 산호로 이루어져 있으며, 이 들은 또한 당시 세계의 거대한 초 복합체의 구성원이기도 하였다. 윈드자나 협곡(Windjana Gorge)을 따라 발달된 노두는 데본기의 대보초 복합체의 다양한 특징과 퇴적상을 보여 준다(그림 2).

초핵(reef core)의 바다 쪽에는 조류, 해면동물 및 층공충과 같은 생물들이 서식하는 경사가 급한 전초의 사면이 발달되어 있다(그림 10.9 참조). 이 퇴적상은 해파에 의해 전초로부터 침식된 파편들이 쌓인 너덜겅(reef talus)을 상당히 포함하고 있다.

초핵 자체는 대부분 석회질 조류, 층공충 및 산호로 구성된 괴상의 석회암으로 이루어져 있다(그림 10.9). 후초의 퇴적상은 층상이며 전체 초 복합체의 주요한 부분이다(그림 10.9 참조). 이런 석호 환경에는 석회 조류, 층공충, 산호, 이매패, 복족류, 두족류, 완족동물 및 바다나리로 이루어진 다양하고 풍부한 생물군이 서식하였다. 후기 데본기 말경에는 캐닝 분지의 대보초와 그 밖의 거대한 보초 복합체와 관련되었던 많은 동물군뿐만 아니라 초를 형성했던 거의 대부분의 생물들이 멸종하였다. 12장에서 논의되는 바와 같이 소수의 괴상의 판상 산호-사사 산호-층공충 초는 세계 어디든지 데본기의 말기 혹은 더 젊은 암석에서 알려져 있다.

그림 1 데본기의 대보초를 보여 주는 윈드자나 협곡의 항공사진

그림 2 윈드자나 협곡을 따라 발달된 데본기 대보초의 노두. 괴상의 초핵에서 아래로 경사진 사진의 왼쪽에서 전초의 초애추를 볼 수 있다. 초핵의 오른쪽은 수평으로 층을 이루는 후초 퇴적상이다.

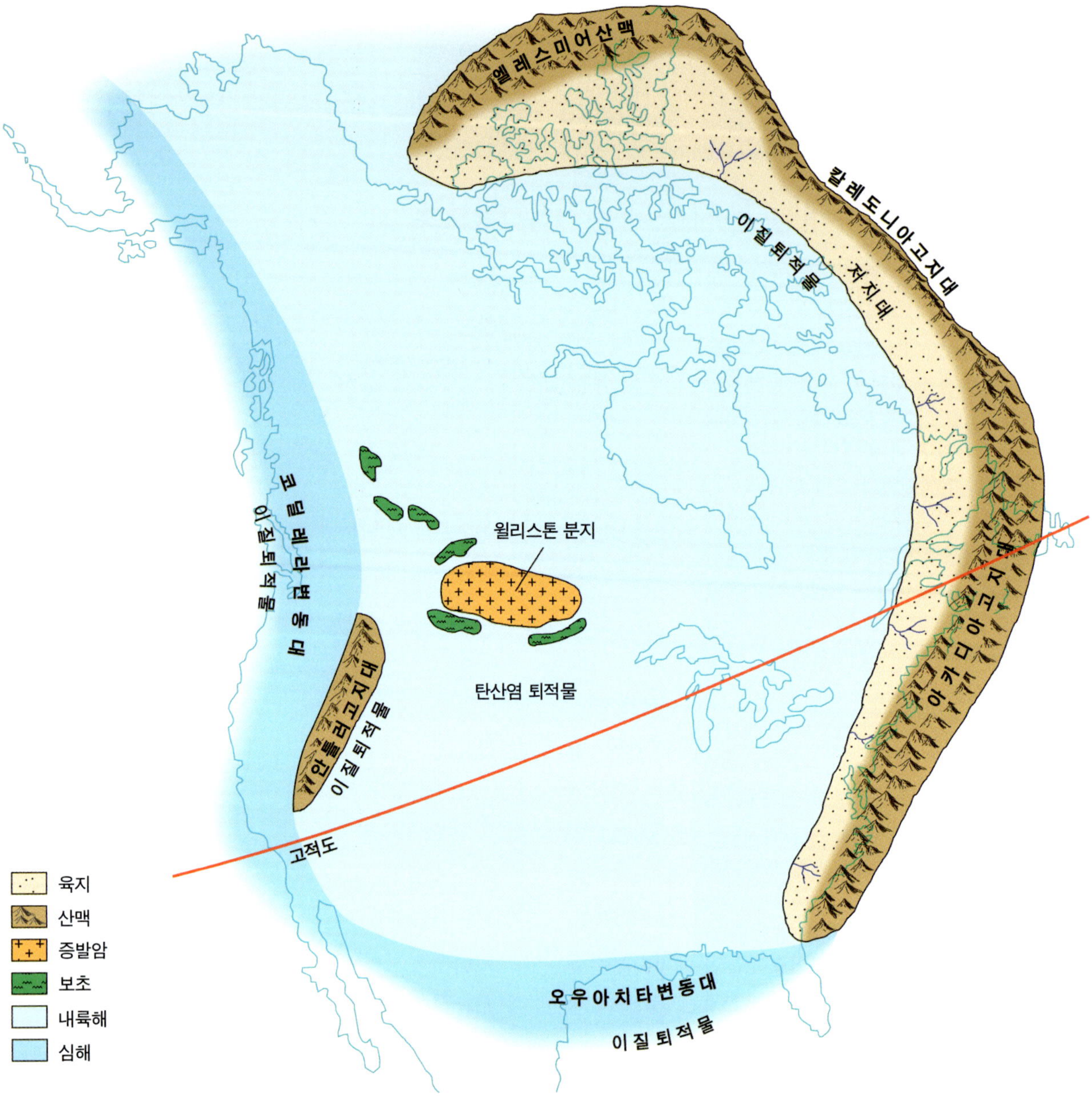

그림 11.4 **데본기의 북아메리카 고지리**

어 있을지라도 대비되는 지층들을 서부의 많은 주와 캐나다 서부에서 또한 발견할 수 있다(그림 11.6a).

북아메리카의 후기 데본기~전기 미시시피기의 흑색 셰일은 전형적인 비탄산염암으로 얇은 층을 이루며 두께는 10m 미만이다(그림 11.6b). 일반적으로 화석은 드물지만 일부 상부 데본기 흑색 셰일은 코노돈트를 풍부하게 포함한다(그림 12.11a). 대부분의 흑색 셰일은 몸체 화석을 포함하지 않기 때문에 이들의 연대를 측정하고 대비하는 것이 어렵다. 그러나 코노돈트, 아크리타치(arcitarches, 현미경적인 조류, 그림 12.9 참조) 또는 식물 포자가 발견되는 곳에서 이들 화석들은 하부층의 지질시대가 후기 데본기이고 상부층은 전기 미시시피기임을 지시한다.

비록 넓게 분포하는 이들 흑색 셰일의 기원은 여전히 논의되고 있을지라도 이들을 생성하는데 필요한 본질적인 요소는 교란되지 않은 혐기성의 저층수, 조립의

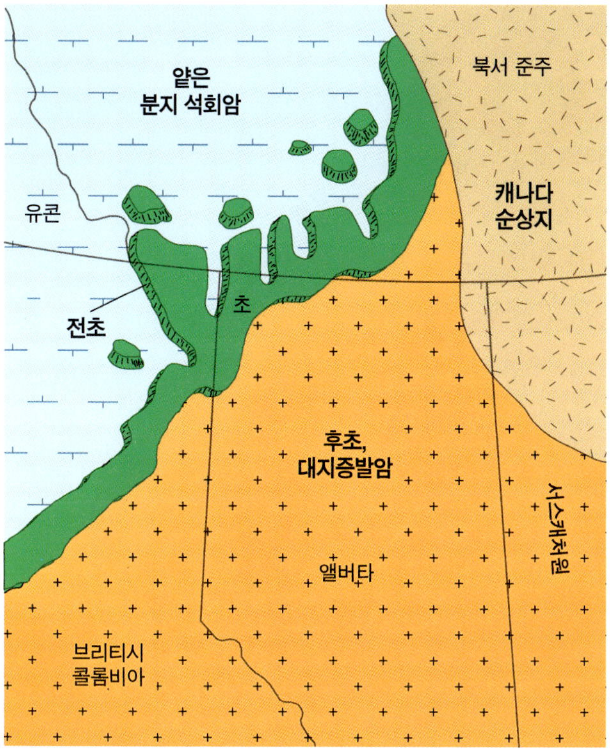

그림 11.5 서부 캐나다의 데본기 초의 복합체 서부 캐나다에 분포하는 데본기의 광대한 초의 복합체 복원. 광대한 이들 초는 데본기 내륙해의 광역적인 퇴적상을 지배하였다.

쇄설성 퇴적물의 공급 감소 및 산소가 풍부한 표층수 내에서의 생물의 높은 생산성을 포함한다. 표층수에서의 높은 생산성은 교란되지 않은 해저에서 분해되어 퇴적물-물의 경계면에 녹아 있는 산소를 고갈시키는 유기 물질을 억수같이 쏟아지게 한다.

북아메리카에서 이와 같이 확실한 천해 기원의 흑색 셰일의 광범위한 분포는 어려운 문제로 남아 있다. 그럼에도 불구하고 이들 셰일은 우라늄이 풍부하며, 애팔래치아 지역에서 석유와 천연가스의 잠재성이 큰 중요한 근원암이다.

후기 카스카스키아–광범위한 탄산염암의 퇴적작용으로 되돌아감

상부 데본계에서 하부 미시시피계의 광범위한 흑색 셰일의 퇴적작용에 이어 강괴 위에서 일어난 탄산염암의 퇴적작용은 나머지 미시시피기에 지배적이었다(그림 11.7). 이들 모두는 천해 환경을 지시한다. 이와 유사한 특징이 오늘날 바하마 뱅크(Bahama Banks)에서 관찰된다. 또한 생물체로 이루어진 수많은 작은 초들이 미

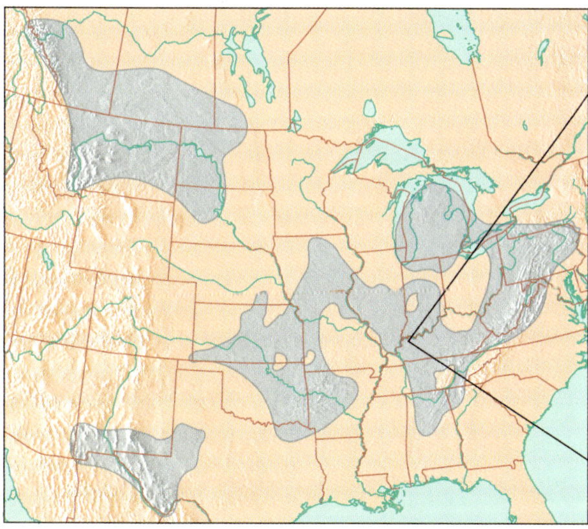

a 북아메리카에서 상부 데본계에서 하부 미시시피계의 차타누가 셰일과 이와 동시대의 지층(앤트림 셰일과 뉴 올버니 셰일)의 분포

b 켄터키 주의 버튼 몰드 놉 채석장(Button Mold Knob Quarry) 내의 상부 데본계의 뉴 올버니 셰일

그림 11.6 **상부 데본계–하부 미시시피계의 흑색 셰일**

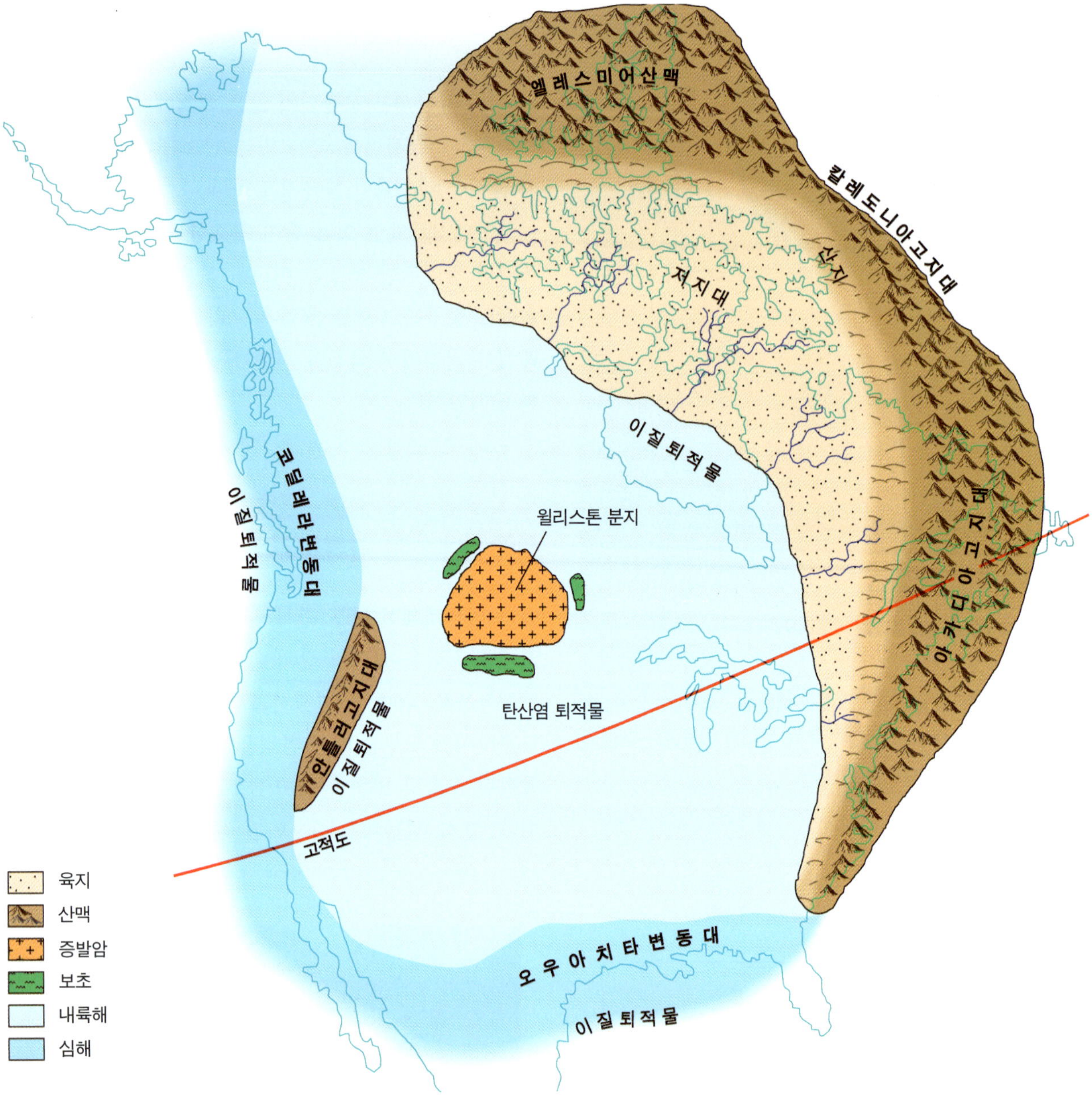

그림 11.7 미시시피기의 북아메리카 고지리

시시피기 동안 강괴의 도처에 나타났다. 이들 모두는 고생대 초기 바다를 지배했던 거대한 보초의 복합체보다 훨씬 작았다.

강괴로부터 카스카스키아해가 빠져나가는 후기 미시시피기 동안 막대한 양의 쇄설성 퇴적물이 탄산염암의 퇴적작용을 대체하였다. 그 결과로 생성된 사암은, 특히 일리노이 분지에서, 아주 상세하게 연구되었다. 왜냐하면 이들 사암은 아주 훌륭한 석유 저류암이기 때문이다. 미시시피기 말 이전에 내륙해는 강괴 가장자리까지 물러나 다시 한 번 강괴를 광범위한 풍화작용과 침식에 노출시켰으며 카스카스키아 연계층의 끝 부분에 모든 강괴에 걸친 부정합이 생겼다.

5. 압사로카 연계층

압사로카 연계층(Absaroka sequence)은 펜실베이니아기부터 전기 쥐라기까지 쌓인 암석을 포함한다. 그러나 이 장에서 우리는 압사로카 연계층의 고생대 암석만을 다룬다. 카스카스키아 연계층과 압사로카 연계층을 분리하는 넓은 지역에 걸친 부정합은 본질적으로 지층을 북아메리카의 미시시피계와 펜실베이니아계로 나눈다. 이들 2계는 유럽의 하부 및 상부 석탄계 각각과 아주 동등하다. 압사로카 연계층의 암석은 카스카스키아 연계층의 암석과 다를 뿐만 아니라 다른 구조구에서 생성되었다.

압사로카 연계층의 최하부 퇴적암은 강괴의 가장자리에 한정되어 있다. 이들 퇴적암은 일반적으로 애팔래치아 변동대와 오우아치타 변동대의 새로 생겨난 고지대에 가까운 동쪽과 남동쪽에서 가장 두꺼우며 강괴의 서쪽에서 얇다. 암석 또한 동쪽의 육성 쇄설성 퇴적암과 석탄에서 해성–비해성의 점이층을 거쳐 멀리 서부에서 대부분 해성의 쇄설성 퇴적암과 석회암으로 바뀌는 수평적인 변화를 보여 준다(그림 11.8).

윤회층은 무엇이며, 이들은 왜 중요한가?

펜실베이니아계 지층의 독특한 특징 중 하나는 해성과 비해성 기원의 암석이 교대로 쌓인 지층이 반복되는 패턴이다. 이와 같이 규칙적으로 반복되는 퇴적 연계층을 **윤회층**(cyclothems)이라고 부른다. 이들은 일반적으로 기복이 낮은 지역에서 반복되는 해성과 비해성 환경의 교대로부터 생성된다. 비록 겉보기에는 단순할지라도 윤회층은 비해성 삼각주 환경과 천해의 삼각주 사이(interdeltaic) 환경 및 대륙붕 환경 상호간의 섬세한 상호 작용을 반영한다.

실례로 일리노이 분지의 함탄 윤회층을 자세히 보아라(그림 11.9a). 이와 같은 윤회층은 석탄층으로 덮이고 해성층들로 피복되는 육성층을 포함한다. 그림 11.9a는 윤회층이 형성되는 퇴적 환경을 보여 준다. 최초의 층은 삼각주와 하성 퇴적층을 나타낸다. 이들 위에는 상부의 석탄을 형성하는 식물과 나무의 뿌리 흔적을 빈번히 포함하는 하반점토가 있다.

석탄층은 식물 물질이 쌓여 생성되며 일반적으로 풍부한 해성 무척추동물군 화석을 포함한 석회암과 셰일이 교대되는 해성층에 의해 덮인다. 해성층 부분은 침식면으로 끝난다. 새로운 윤회층은 비해성의 삼각주 사암으로 시작한다. 해성 환경에서 비해성 환경으로 급격한 변화나 혹은 침식작용에 의해 일부 층들이 제거되기 때문에 이상화한 윤회층에 제시된 모든 층들은 항상 발달되지 않는다.

윤회층들은 하나의 윤회층을 다른 윤회층으로부터 분리시키는 침식면을 가진 해침과 해퇴의 연계층을 나타낸다. 따라서 이상화된 윤회층은 위쪽을 향해 하성–삼각주 퇴적암에서 석탄을 거쳐 천해의 쇄설성 퇴적암으로 변해 가며, 최후에는 외해 환경의 전형인 석회암으로 변한다.

미시시피 삼각주, 플로리다 에버글레이즈, 조지아의 오키페노키 늪지 및 네델란드의 저지대와 같은 지역은 펜실베이니아기에 존재했던 환경과 비슷한 현생의 석탄 형성 환경을 나타낸다. 이들 현생의 유사한 환경을 연구함으로써 지질학자들은 지질시대에 존재했던 조건에 대해 합리적인 추론을 할 수 있다.

펜실베이니아기의 석탄 늪지는 바다에 인접한 지형의 기복이 거의 없는 넓게 펼쳐진 지역이었을 것이다(그림 11.9c). 이런 경우에 해수면의 아주 경미한 상승은 널따란 이들 저지대를 범람하였을 것이고 약간의 해수면의 하강은 넓은 지역을 노출시켰으며 그 결과 해성 환경과 비해성 환경이 교대로 생성되었다. 이와 동일한 결과는 또한 상승하는 해수면과 오늘날 루이지애나에서 일어나고 있는 것과 같은 커다란 삼각주의 전진(퇴적물의 퇴적에 의한 삼각주의 바다 쪽으로의 확장)의 조합에 의해서도 야기될 수 있다.

광범위한 지역에서 이와 같이 반복되는 퇴적작용은 설명이 필요하다. 대부분의 경우 한정된 범위의 지역적인 윤회층은 바다에 인접한 기복이 낮은 늪지–삼각주 복합체에서 전진 또는 지역적인 지각 운동과 같이 빠르

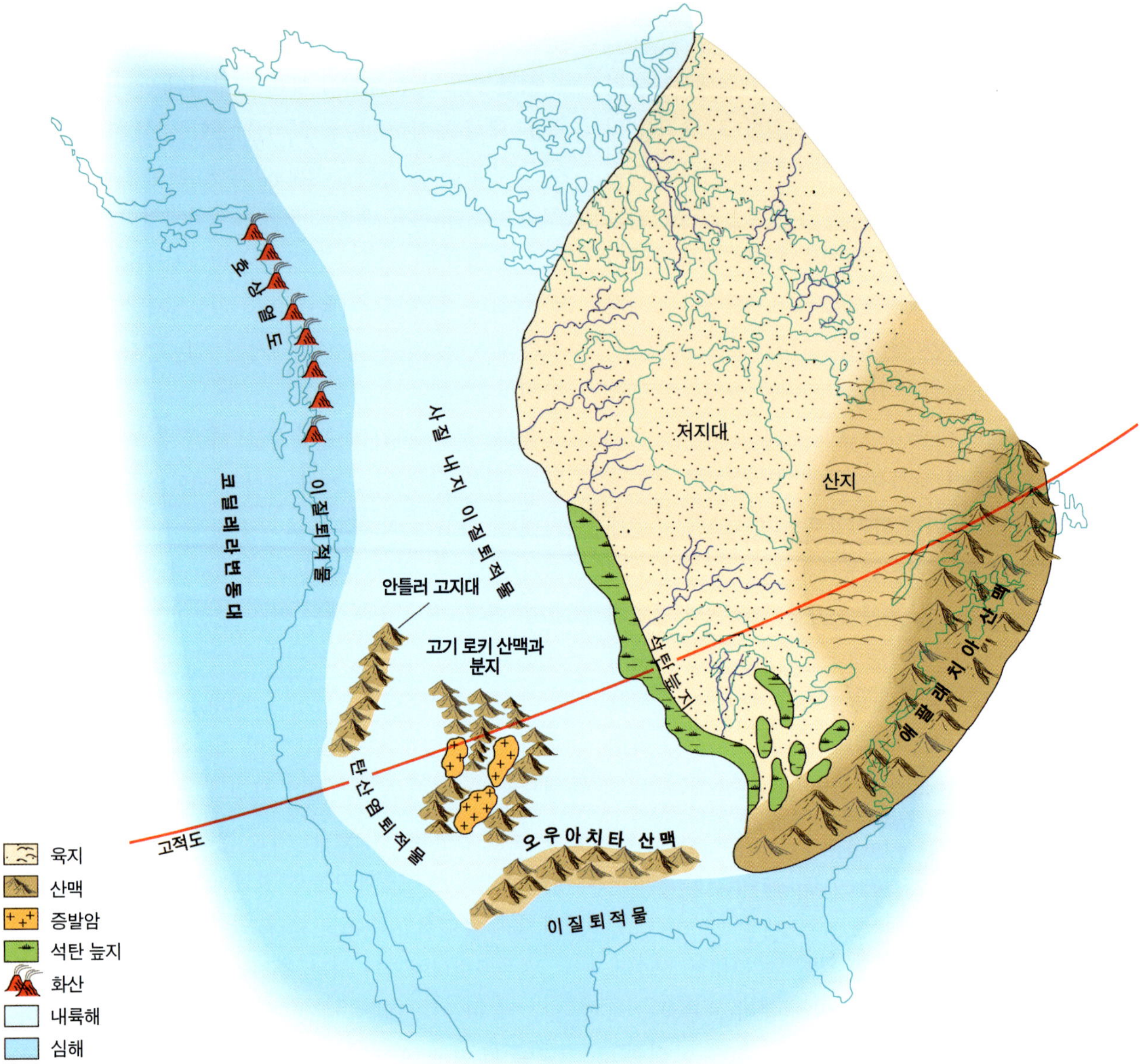

그림 11.8 펜실베이니아기의 북아메리카 고지리

지만 미약한 해수면의 변화로 설명할 수 있다.

광범위한 윤회층에 대한 설명은 한층 더 어렵다. 오늘날 많은 지질학자들이 선호하는 가설은 곤드와나의 대륙 빙하의 전진과 후퇴와 관련된 해수면의 상승과 하강이다. 곤드와나 대륙 빙하가 전진할 때는 해수면이 낮아지고 빙하가 녹을 때는 해수면이 상승한다. 모든 강괴에서 후기 고생대 윤회층의 생성 과정은 곤드와나의 빙기-간빙기 순환과 잘 일치한다.

강괴의 융기—고기 로키 산맥

강괴는 안정한 지역이며 이들이 겪은 변형작용은 일반적으로 미약했다는 것을 상기해 보자. 그러나 펜실베이니아기는 강괴의 변형작용이 매우 격렬하게 일어났던 시기였으며 그 결과 선캄브리아 시대의 암석을 노출시킬 정도로 충분한 규모로 융기되었다. 새로 생성된 고원과 분지에 더하여 신시내티 아치, 내슈빌 돔, 오자크

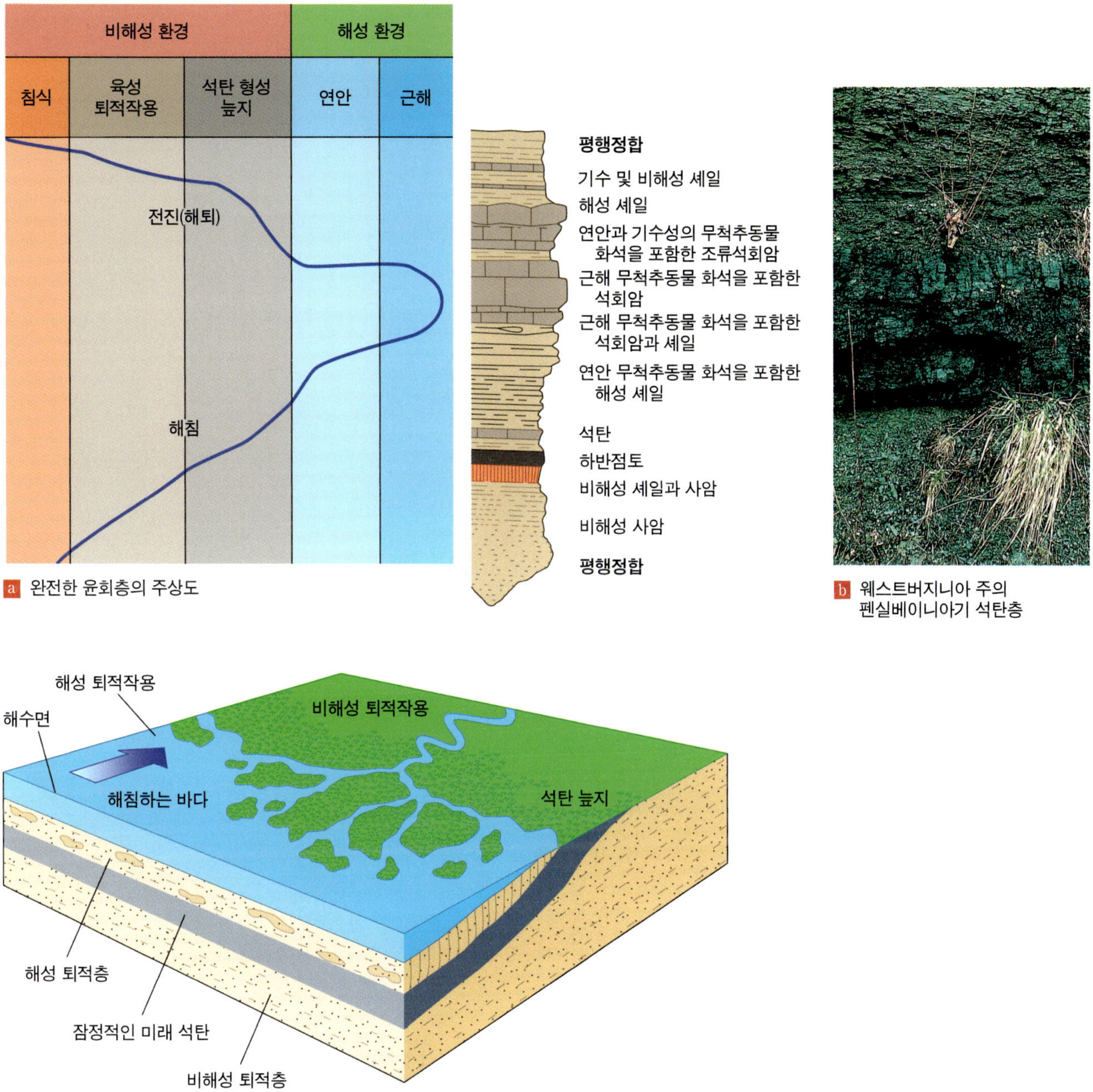

a 완전한 윤회층의 주상도

b 웨스트버지니아 주의 펜실베이니아기 석탄층

c 펜실베이니아기 석탄을 형성한 늪지 환경의 복원도

그림 11.9 **윤회층**

돔과 같이 이전에 형성된 많은 아치와 돔들이 다시 활성화되었다(그림 10.1 참조).

후기 압사로카 시대(펜실베이니아기) 동안 가장 큰 변형작용이 일어났던 지역은 단층으로 경계된 융기된 일련의 블록들이 **고기 로키 산맥**(Ancestral Rockies)을 형성한 북아메리카 강괴의 남서부에 위치한다. 이들 산맥은 다양한 지질 역사를 가지며 모두 동시에 높아지지 않았다. 이들 산맥의 융기—이들의 일부는 거의 수직인 단층을 따라 2km 이상 높아졌다—는 상부에 놓인 고생대 암석과 선캄브리아 시대의 노출된 화성암과 변성 기반암을 침식시켰다(그림 11.10b). 산맥이 침식됨에 따라 막대한 양의 조립의 적색 장석질 사암과 역암이 부

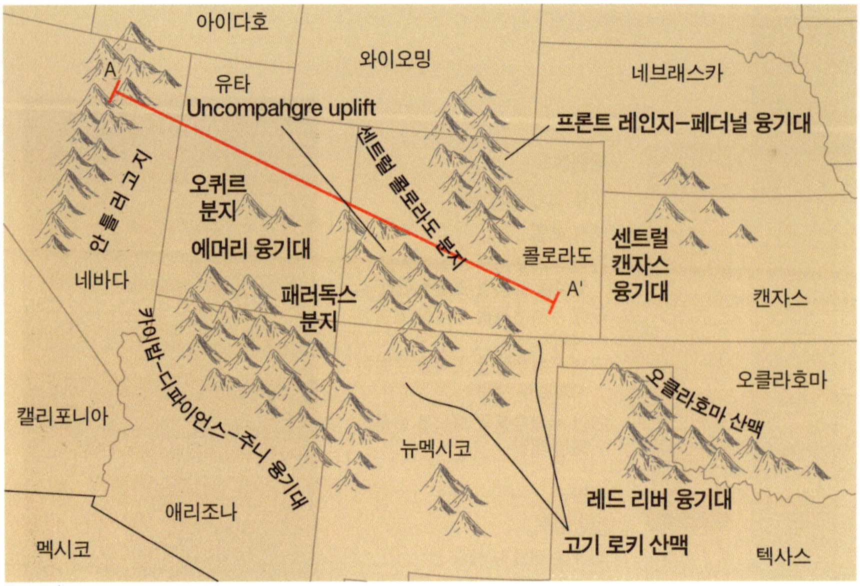

a 강괴의 서남부에 발달된 펜실베이니아기 주요 고지대 지역과 분지

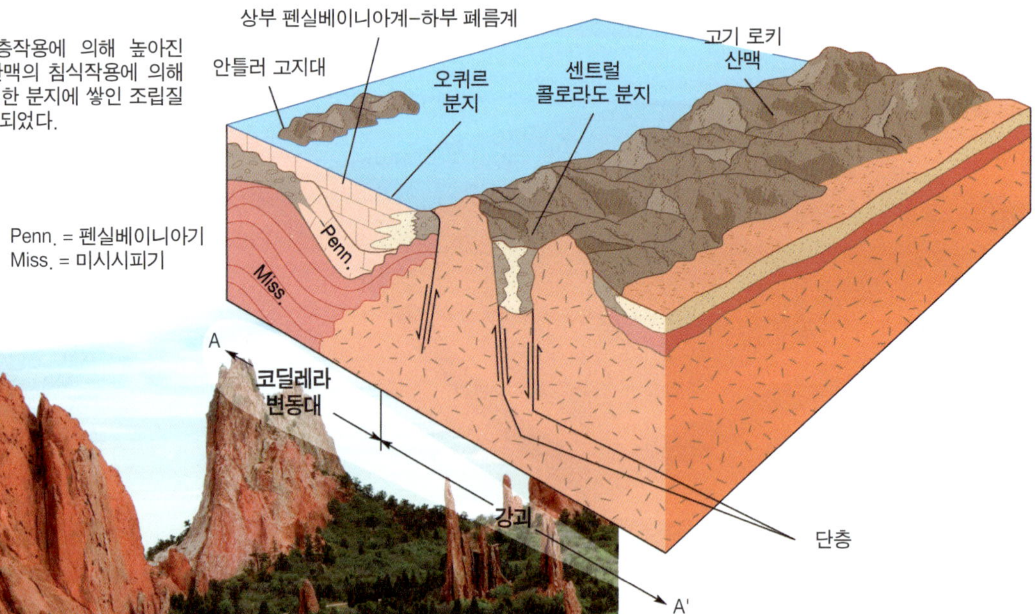

b 펜실베이니아기의 단층작용에 의해 높아진 고기 로키 산맥. 이 산맥의 침식작용에 의해 고기 로키 산맥이 인접한 분지에 쌓인 조립질의 적색 퇴적물이 생성되었다.

c 콜로라도 주의 콜로라도스프링스에 있는 니어 히든 인(Near Hidden Inn)에서 바라본 신들의 정원(Garden of the Gods)의 전경

그림 11.10 **고기 로키**

근의 분지에 쌓였다. 이들 퇴적암은 콜로라도 주의 스프링스 부근의 신의 정원(Garden of the Gods, 기암이 많은 사암 지대)과 콜로라도 주의 모리슨 부근의 적색 암석 원형 극장(Red Rocks Amphitheatre)의 암석을 포함한 많은 지역에 보존되어 있다.

강괴 사이의 산맥은 보기 드문 것이며 이들의 성인은 오래 동안 논의되어 왔다. 현재는 오우아치타 변동대를 따라 일어난 곤드와나와 로라시아의 충돌이 북아메리카 강괴의 서남부 지역에 큰 응력을 생성한 것으로 여겨지고 있다. 지각에 쌓인 이들 응력은 단층 형성으로 완화되었다. 이들 단층을 따라 일어난 운동은 융기된 강괴 블록과 인접한 하향 요곡 분지를 생성하였으며, 일련의 관련된 산맥과 분지(ranges and basins)가 형성되었다.

중부 압사로카－더 많은 증발암과 초

후기 펜실베이니아기 동안 강괴 사이의 다양한 분지에 퇴적물이 쌓이는 동안에 내륙해는 강괴로부터 서서히 물러나기 시작하였다. 전기 페름기 동안 압사로카해는

그림 11.11 페름기의 북아메리카 고지리

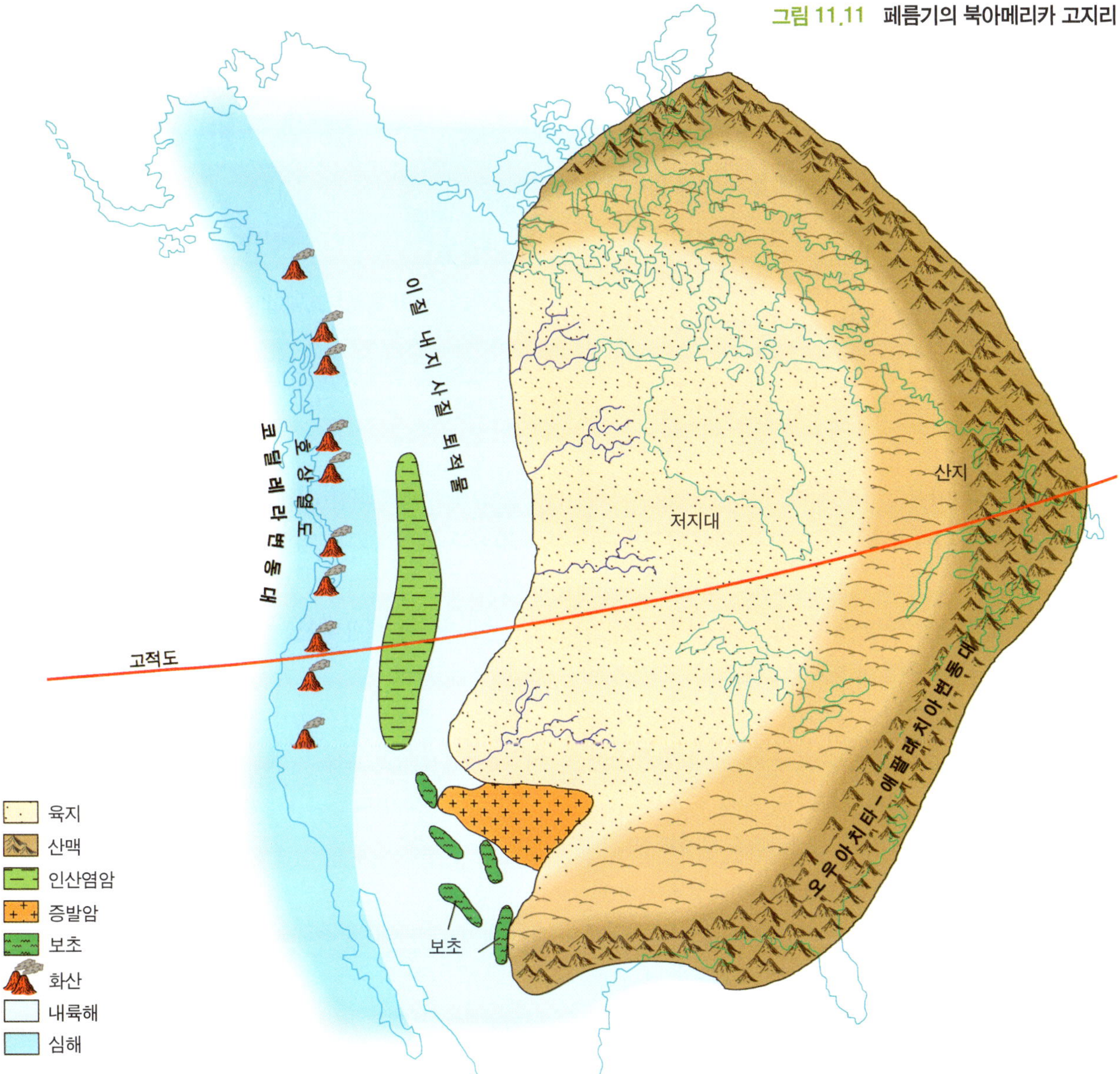

그림 11.12 **서부 텍사스의 페름기 분지와 주변의 초** 중기와 후기 페름기 동안 석호, 보초 및 외대륙붕 환경이 밀접하게 관계된 복합체가 서부 텍사스와 남부 뉴멕시코 지역에 형성되었다. 이 지역의 막대한 석유가 이들 초에서 생산된다.

그림 11.13 **중기 페름기의 캐피탄 석회암의 초 환경** 중기 페름기의 캐피탄 석회암의 초 환경 복원. 완족동물, 산호, 태선동물 및 거대한 해면동물을 볼 수 있다.

네브래스카 주에서 서부 텍사스 주까지의 좁은 지역을 덮고 있었다(그림 11.11). 중기 페름기까지 이 바다는 텍사스 주 서부와 뉴멕시코 주 남부까지 물러났다. 캔자스 주와 오클라호마 주의 두꺼운 증발암은 전기와 중기 페름기 동안의 압사로카해의 제한된 특성과 강괴의 중앙부로부터 이 바다가 남서쪽으로 후퇴하였음을 보여 준다.

중기와 후기 페름기 동안 압사로카해는 서부 텍사스 주와 남부 뉴멕시코 주에 한정되었으며 석호, 초 및 외대륙붕(open-shelf) 환경이 밀접하게 관련된 복합체를 형성하였다(그림 11.12). 페름기에는 이 지역에 발달된 2개의 수중 플랫폼에 의해 3개의 분지가 분리되었다. 대규모의 초가 분지의 가장자리 둘레에 성장하였으며(그림 11.13), 석회암, 증발암 및 적색층이 초 후면에 발달된 석호 지역에 쌓였다. 보초가 성장하고 분지 사이의 통로가 한층 더 제한됨에 따라 후기 페름기의 증발암이 점진적으로 개개의 분지에 쌓였다.

이 지역의 지질 역사를 보여 주는 장엄한 퇴적층은 오늘날 캐피탄 석회암(Capitan Limestone)이 이들 산맥의 정상부(caprock)를 형성하는 텍사스 주와 뉴멕시코 주의 과다루프 산맥에서 볼 수 있다(그림 11.14). 이들 초는 이 지역에서 막대한 양의 석유가 산출되므로 자세히 연구되었다.

페름기 말까지 압사로카해는 강괴로부터 물러났으며, 대부분의 남서부와 동부 지역에 쌓였던 대륙의 적색층을 노출시켰다(그림 11.2b).

6. 후기 고생대 변동대의 역사

강괴에서 일어난 카스카스키아와 압사로카의 역사에 대한 조사를 마치고 이제 우리는 변동대의 조산운동에 대해 논하고자 한다. 이 기간 동안 일어난 조산운동은 강괴의 기후와 퇴적 과정에 매우 큰 영향을 미쳤다. 또한 이 조산운동은 고생대 말에 판게아를 형성한 대륙을 봉합시키는 전 지구적인 구조 운동 지역의 일부였다.

그림 11.14 텍사스의 과다루프 산맥 돌출된 캐피탄 석회암은 과다루프 산맥의 정상부를 형성하였다. 캐피탄 석회암에는 산호 화석과 초의 생물과 관계된 화석이 풍부하다.

코딜레라 변동대

신원생대와 전기 고생대 동안 코딜레라 지역은 비활동적인 대륙의 가장자리였으며 이 가장자리를 따라 광범위한 대륙붕 퇴적물이 쌓였다(그림 9.7과 10.5 참조). 소크해가 강괴 위로 침입함에 따라 해성 퇴적물의 두꺼운 퇴적층은 측면으로 강괴상의 얇은 퇴적층으로 점진적으로 변화한다. 중기 고생대의 초기에 강괴의 서쪽 가장자리에서 멀리 떨어진 곳에 호상 열도가 형성되었다. 동쪽으로 이동하는 호상 열도와 강괴의 서부 경계 사이의 충돌이 후기 데본기와 전기 미시시피기에 일어났으며 고원 지대를 형성하였다(그림 11.15).

이 조산운동—안틀러 조산운동—은 섭입에 의해 야기되었으며 그 결과 심해 퇴적물과 해양 지각 암석은 동쪽 방향으로 천해의 대륙붕 퇴적층 위로 충상하였고, 따라서 강괴로부터 호상 열도를 분리시킨 좁은 해양 분지가 폐쇄되었다(그림 11.15). 이미 형성된 안틀러 고지의 침식작용은 강괴를 덮고 있는 내륙해의 동부와 심해의 서부에 쌓인 많은 양의 퇴적물을 만들어냈다. 안틀러 조산운동은 코딜레라 변동대에 영향을 미친 일련의 조산운동 중 첫 번째였다. 중생대와 신생대 동안 이 지역은 해양판–대륙판의 수렴과 다양한 부가체의 부가에 의해 야기된 두드러진 조구조 운동이 일어나는 지역이었다.

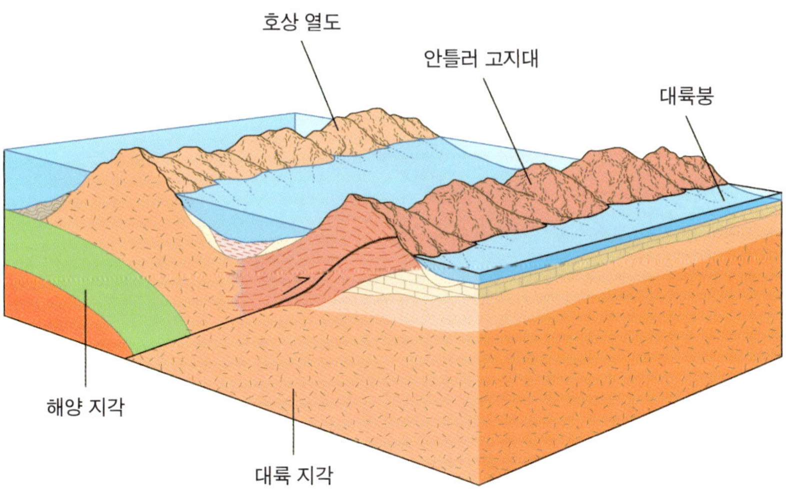

그림 11.15 안틀러 조산운동 전기 미시시피기 동안의 코딜레라 변동대의 복원. 이곳에서는 대륙 사면의 심해 퇴적물이 동쪽의 천해의 대륙붕 탄산염암 위로 충상되어 안틀러 고지대를 형성하였다.

오우아치타 변동대

오우아치타 변동대는 미시시피 주의 수면 아래에서 텍사스 주의 마라톤까지 대략 2,100km 가량 뻗쳐 있다. 이전 변동대의 약 80%는 중생대와 신생대의 퇴적층 밑에 매몰되어 있다. 이 지역에서 2개의 주요 노출 지역은 오클라호마 주와 아칸소 주의 오우아치타 산맥과 텍사스 주의 마라톤 산맥이다.

후기 원생누대에서 전기 미시시피기 동안 천해의 쇄설성 퇴적물과 탄산염 퇴적물이 넓은 대륙붕 위에 쌓였으며 접해 있는 변동대의 심해 지역에는 층리가 발달된 처트와 셰일이 쌓였다(그림 11.16a). 미시시피기 초에 이 지역이 비활동적인 판의 가장자리에서 활동적인 판의 수렴경계로 바뀜에 따라 퇴적물의 퇴적률은 급격히 증가하였으며, 이는 오우아치타 조산운동의 시작을 나타낸다(그림 11.16b).

곤드와나가 로라시아와 충돌함에 따라 섭입대를 따라 생성된 압축 응력에 의해 펜실베이니아기와 전기 페름기 전 기간 동안 퇴적물의 충상작용은 계속되었다(그림 11.16c). 곤드와나와 로라시아의 충돌은 거대한 산맥의 형성으로 나타났다. 중생대 동안 이 산맥은 대부분이 깎여나갔으며 다만 재활된 오우아치타 산맥과 마라톤 산맥만이 한때 우뚝 솟은 산맥으로 남아 있다.

오우아치타 변형작용은 곤드와나가 로라시아와 충돌할 때 일어난 전 세계적인 보편적 조구조 운동의 일부이었다. 헤르시니아, 애팔래치아 및 오우아치타 변동대는 연속적이었으며 로라시아의 남쪽 경계를 나타낸다(그림 11.12). 오우아치타 변동대를 융기시킨 조구조 운동은 매우 복잡했으며 로라시아와 곤드와나의 충돌뿐만 아니라 결국에는 중앙아메리카가 될 대륙 사이의 몇몇 소판과 부가체를 포함한다. 오우아치타 변동대에 영향을 미친 압축 응력은 또한 북아메리카의 남서부를 넓게 융기시킴으로써 강괴에 영향을 미쳤다.

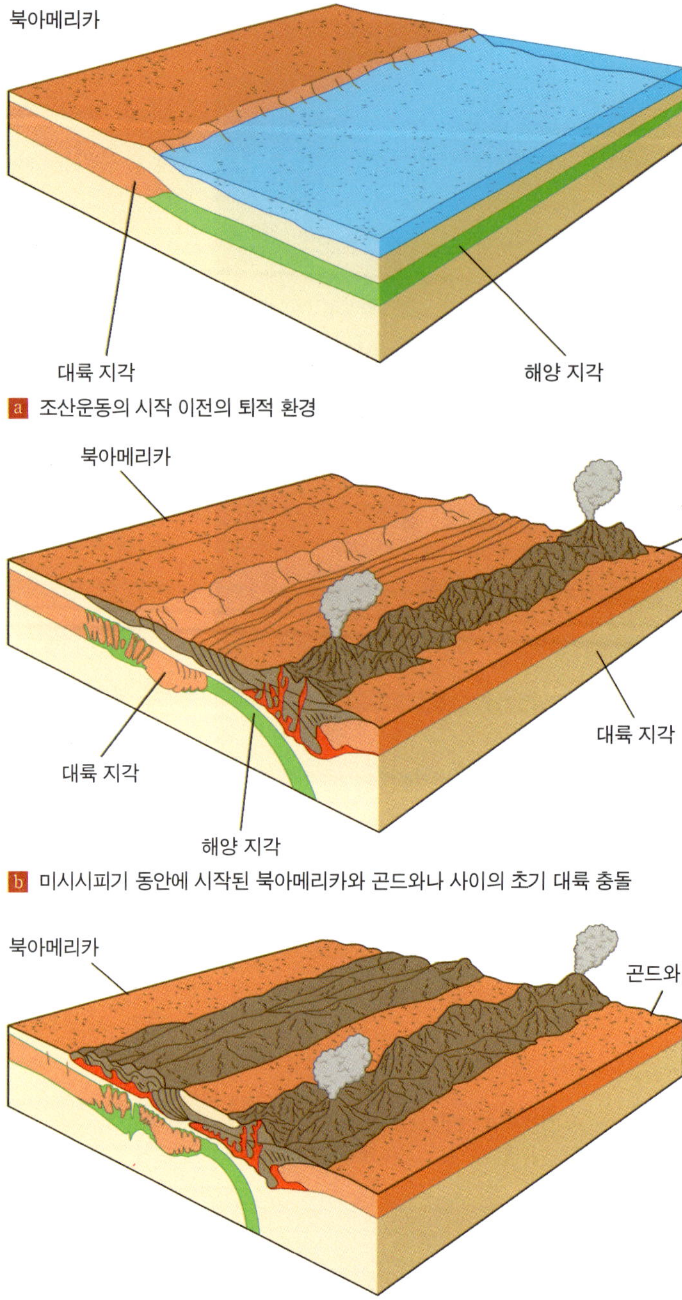

a 조산운동의 시작 이전의 퇴적 환경

b 미시시피기 동안에 시작된 북아메리카와 곤드와나 사이의 초기 대륙 충돌

c 펜실베이니아기와 페름기 동안 계속된 대륙 충돌

그림 11.16 오우아치타 변동대 오우아치타 변동대의 변형을 나타내는 판구조 운동의 모형.

애팔래치아 변동대

칼레도니아 조산운동 칼레도니아 변동대는 발티카의 서부 경계를 따라 뻗쳐 있으며 오늘날의 스코틀랜드, 아일랜드 및 노르웨이를 포함한다. 중기 오르도비스기 동안 이아페투스 판과 발티카(유럽) 사이의 경계를 따라 섭입이 시작되었으며 로렌시아(북아메리카)의 동쪽 해안에서 떨어진 곳에 수렴경계의 좌우대칭 모양을 형성하였다.

앞에서 언급한 칼레도니아 조산운동의 절정은 발티카의 서부 가장자리를 따라 일어난 산맥의 형성과 함께 후기 실루리아기와 전기 데본기에 이루어졌다(그림 10.2c 참조). 칼레도니아 고지대의 전면을 따라 쌓인 적색 퇴적물은 구 적색 사암(Old Red Sandstone)으로 알려진 거대한 쇄설성 쐐기를 형성하였다.

아카디아 조산운동 로렌시아와 발티카에 영향을 미친 세 번째 고생대 조산운동은 후기 실루리아기에 시작되었으며 데본기 말에 완결되었다. 아카디아 조산운동은 퇴적암이 습곡되고 강괴 위로 충상됨에 따라 뉴펀들랜드 주에서 펜실베이니아 주까지 발달된 애팔래치아 변동대에 영향을 미쳤다.

앞서 일어난 타코닉 조산운동 및 칼레도니아 조산운동과 함께 아카디아 조산운동은 해양판-대륙판의 수렴경계를 따라 일어났다. 데본기 동안 이아페투스해의 북부가 계속하여 폐쇄됨에 따라 발티카를 운반하는 판은 최종적으로 로렌시아와 충돌하고, 이 충돌대를 따라 대륙판-대륙판의 수렴경계를 형성하였다(그림 11.1a). 강해진 변성작용과 화성 활동이 지시하는 바와 같이 아카디아 조산운동은 타코닉 조산운동보다 한층 더 강렬했으며 더 오래 지속되었다. 아카디아 조산운동과 관련된 변성암과 화성암의 방사성 연대는 3억 6,000만~4억 1,000만 년 전 사이로 밀집된다. 타코닉 조산운동과 마찬가지로 아카디아 조산운동 기간 동안 심해 퇴적물은 습곡되고 북서 방향으로 충상되었으며, 상부 실루리아계와 미시시피계 암석을 구분 짓는 경사 부정합이 생성되었다.

아카디아 고지대의 풍화작용과 침식작용은 두꺼운 쇄설성 쐐기가 잘 노출된 뉴욕 주의 북부에 발달된 캣스킬 산맥의 이름을 따서 부르는 **캣스킬 삼각주**(Catskill Delta)를 형성하였다. 적색의 조립 역암, 사암 및 셰일로 이루어진 캣스킬 삼각주는 퀸스톤 삼각주보다 거의 3배나 많은 퇴적암을 포함한다.

뉴욕 주의 데본계 암석은 대륙에서 연구가 가장 잘된 암석 중 하나이다. 데본계 지층의 단면은 캣스킬 퇴적상의 근원지가 동부임(아카디아 고지)을 분명하게 나타낸다(그림 11.17). 이들 쇄설성 암석은 조립의 퇴적암의 두께가 3km에 달하는 펜실베이니아 동부에서 삼각주 퇴적상의 두께가 겨우 100m에 달하고 강괴에 쌓인 셰일과 탄산염암으로 이루어진 오하이오 주까지 추적이 가능하다.

캣스킬 삼각주의 적색층의 붉은색은 퇴적물 내의 적철석에서 유래된다. 식물 화석과 적철석의 산화는 적색층이 대륙 환경에서 퇴적되었음을 지시한다. 서쪽 방향으로 적색층은 측면으로 늪지와 소택지 환경을 지시하는 나무 줄기 화석을 포함한 회색 사암과 셰일로 점차 변화해 간다.

구 적색 사암 캣스킬 삼각주의 적색층은 영국 제도에 분포하는 구 적색 사암 내에 유럽의 대비층을 갖는다(그림 11.17). 구 적색 사암은 북아메리카의 캣스킬 대비층과 똑같이 칼레도니아 고지대로부터 동쪽 방향으로 발티카 강괴 위로 성장한 데본기의 쇄설성 쐐기이며 수많은 담수 어류, 초기 양서류 및 육상 식물 화석을 포함한다.

데본기 말에는 발티카와 로렌시아가 충돌하여 로라시아를 형성하였다(그림 11.17). 캣스킬 삼각주의 적색층은 북쪽으로 캐나다와 그린란드를 거쳐 영국 제도의 구 적색 사암과 북부 유럽까지 추적할 수 있다. 이들 적색층은 수렴하는 판의 경계에서 형성된 산맥의 측면에 발달된 비슷한 환경에서 퇴적되었다.

타코닉, 칼레도니아 및 아카디아 조산운동 모두는 이

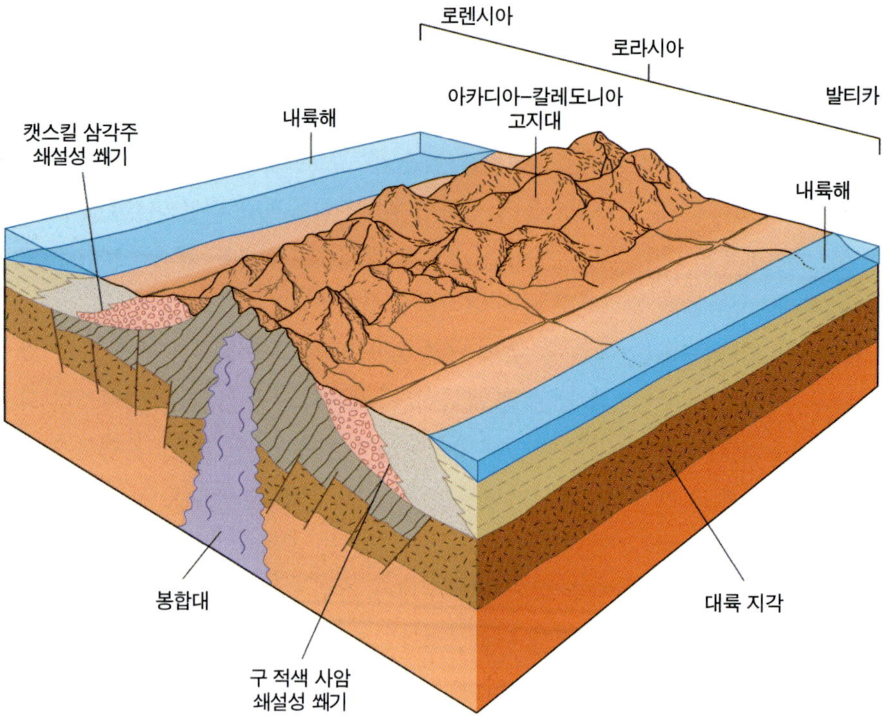

그림 11.17 로라시아의 형성 로렌시아와 발티카 사이의 충돌 지역을 보여 주는 입체도. 캣스킬 삼각주의 쇄설성 쐐기와 구 적색 사암의 좌우 대칭과 아카디아와 칼레도니아 고지대에 대한 이들의 관계를 주목하라.

로 곤드와나(아프리카)와 합쳐졌다(그림 11.2).

동부 로라시아와 곤드와나의 초기 충돌은 미시시피기에 헤르시니아 변동대를 따라 시작되었다. 최대 변동은 펜실베이니아기와 페름기에 일어났으며 헤르시니아 조산운동이라고 부른다. 애팔래치아 변동대(뉴욕 주에서 앨라배마 주까지)의 중부와 남부는 로라시아 동부와 곤드와나가 봉합되면서 습곡되고 강괴를 향해 충상되었다. 이 조산운동은 북아메리카에서 알레게니아 조산운동이라고 부른다.

후기 고생대의 이들 3개 조산운동(헤르시니아, 알레게니아 및 오우아치타)은 페름기에 로라시아와 곤드와나가 최종적으로 판게아로 합쳐지는 것을 나타낸다.

아페투스해의 폐쇄와 관련된 동일한 대규모 조산운동의 일부이었다(그림 10.13b와 그림 11.17 참조). 이 조산운동은 타코닉 조산운동과 칼레도니아 조산운동 기간 동안 쌍을 이룬 해양판-대륙판의 수렴경계로부터 시작되었으며, 로렌시아와 발티카가 봉합되면서 아카디아 조산운동이 일어나는 동안 대륙판-대륙판의 수렴경계를 따라 절정을 이루었다. 이 조산운동 후에 헤르시니아-알레게니아 조산운동이 시작되었으며 오우아치타 변동대 내의 조산운동으로 이어졌다.

헤르시니아-알레게니아 조산운동 남부 유럽의 헤르시니아 변동대와 북아메리카의 애팔래치아와 오우아치타 변동대는 유럽(로라시아의 일부)이 곤드와나와 충돌했던 지역을 나타낸다(그림 11.1). 펜실베이니아기와 페름기에 오우아치타 변동대 지역 내에서 곤드와나와 로라시아가 충돌하는 동안 동부 로라시아(유럽과 북아메리카 남동부)는 헤르시니아-알레게니아 조산운동의 일부

7. 판게아 형성에 미소판과 부가체는 어떤 역할을 하였는가?

우리는 고생대 대륙의 가장자리를 이루는 변동대의 변천사를 판의 수렴경계를 따라 일어나는 섭입의 관점에서 설명하였다. 그러나 대륙 가장자리를 따라 일어나는 부가는 우리가 설명했던 다소 단순한 대규모 판의 상호작용보다 한층 더 복잡하다는 것이 점점 분명해진다. 오늘날 지질학자들은 수많은 부가체 또는 소판들이 고생대 동안 존재하였으며 이 기간 동안에 일어난 조산운동에 깊이 관여하였다는 것을 인지하였다.

이 장과 이전 장에서는 우리는 단지 6개의 주요 고생대 판만을 다루었다. 그러나 다양한 크기의 부가체와

소판이 고생대에 존재하였으며 판게아의 형성에 참여하였다. 예를 들면 앞장에서 언급한 바와 같이 아발로니아의 소판은 뉴잉글랜드의 몇몇 해안 부분, 남부 뉴브런즈윅, 노바스코티아의 대부분, 동부 뉴펀들랜드의 아발론 반도, 남동 아일랜드, 웨일즈, 잉글랜드 및 벨기에와 북부 프랑스의 몇몇 지역으로 이루어져 있다. 이 소판은 전기 오르도비스기에 곤드와나로부터 분리되었으며, 후기 오르도비스기~전기 실루리아기에는 발티카와 충돌할 때까지 독립된 판으로 존재한 다음에 실루리아기에 로렌시아(발티카의 일부)와 충돌하였다(그림 10.2b, 10.2c 및 11.1a).

그 밖의 부가체와 소판은 이베리아-아모리카(Iberia-Armorica: 남부 프랑스 일부분, 사르디니아 및 이베리아 반도의 대부분), 페루니카(Perunica: 보헤미아), 수많은 알프스 판(특히 오스트리아 내)뿐만 아니라 호상 열도와 봉합대의 많은 다른 파편과 조각을 포함한다. 이들 부가체와 소판은 고생대 동안 큰 대륙 육괴들로부터 분리되어 이동하였을 뿐만 아니라 이들은 보편적으로 그들의 고유하고 독특한 동물군과 식물군을 발달시켰다.

따라서 비록 고생대 동안 판게아 형성의 기본 역사는 본질적으로 동일할지라도 오늘날 지질학자들은 소판과 부가체가 판게아 형성에 또한 중요한 역할을 했다는 것을 분명히 이해하였다. 게다가 이들은 이전의 비정상적인 지질 및 고생물학적 상황을 설명하는 데 도움을 준다.

8. 후기 고생대의 광물 자원

후기 고생대의 암석은 에너지 자원과 금속 및 비금속 광상을 포함하는 다양하고 중요한 광물 자원을 포함한다. 석유와 천연가스는 연령이 데본기에서 페름기 범위인 암석에서 상업성을 가진 양으로 산출된다. 예를 들면 미시간 분지, 일리노이 분지, 몬태나 주의 윌리스톤 분지, 사우스다코타 주 및 캐나다 앨버타 주의 인접 지역에 분포하는 데본기 암석은 상당한 양의 탄화수소를 산출한다. 미국 서부, 특히 텍사스 주에 분포하는 페름기 초와 그 밖의 암석은 또한 풍부한 생산자이다.

비록 페름기 석탄층은 아시아, 아프리카 및 오스트레일리아를 포함하여 몇몇 지역에서 알려져 있을지라도 북아메리카와 유럽 대부분의 석탄은 펜실베이니아기(후기 석탄기)의 광상에서 산출된다. 애팔래치아 지역과 중서부 미국 내의 많은 지역의 하부에는 막대한 석탄 광상이 발달되어 있다(그림 11.18). 이들 석탄 광상은 펜실베이니아기에 석탄을 형성한 늪지에 번성했던 무성한 식생으로부터 생성되었다(그림 11.9).

이들 석탄의 대부분은 80%의 탄소를 포함한 역청탄이다. 이것은 완전히 변질되어서 식물 잔류물을 좀처럼 볼 수 없는 밀도가 큰 흑색 석탄이다. 역청탄은 역청탄의 융합된 가루로 만든 회색의 단단한 물질인 코크스(coke)를 만드는 데 사용된다. 코크스는 철을 생산하기 위해 용광로를 가열하는데 사용된다.

북아메리카에서 생산되는 펜실베이니아기 석탄의 일부는 98%에 달하는 탄소를 포함한 변성된 석탄의 한 종류인 무연탄이다. 대부분의 무연탄은 애팔래치아 지역에 분포한다(그림 11.18). 무연탄은 탈 때 연기가 나지 않으며 다른 종류의 석탄보다 단위 부피당 더 많은 열을 발생하기 때문에 특별히 유용하다. 불행하게도 무연탄은 가장 드문 종류이며, 미국에서 사용되는 석탄의 대부분은 역청탄이다.

후기 고생대의 다양한 증발암은 중요한 비금속광물 자원이다. 유럽의 젝스쉬타인(Zechstein－역자 주: 후기 페름기) 증발암은 영국에서 북해를 거쳐 덴마크, 네덜란드, 독일, 농부 폴란드 및 리투아니아까지 뻗쳐 있다. 증발암 자체 외에도 젝스쉬타인의 증발암은 네덜란드와 북해의 일부 지역의 가스전의 거대한 저류암의 덮개암을 형성한다.

그 밖의 증발암의 중요한 광물 자원은 서부 텍사스와 뉴멕시코의 페름기의 델라웨어 분지의 증발암과 캐나다의 엘크 포인트 분지(Elk Point Basin) 내의 데본기 증발암을 포함한다. 미시간 주에서는 석고를 채광하여

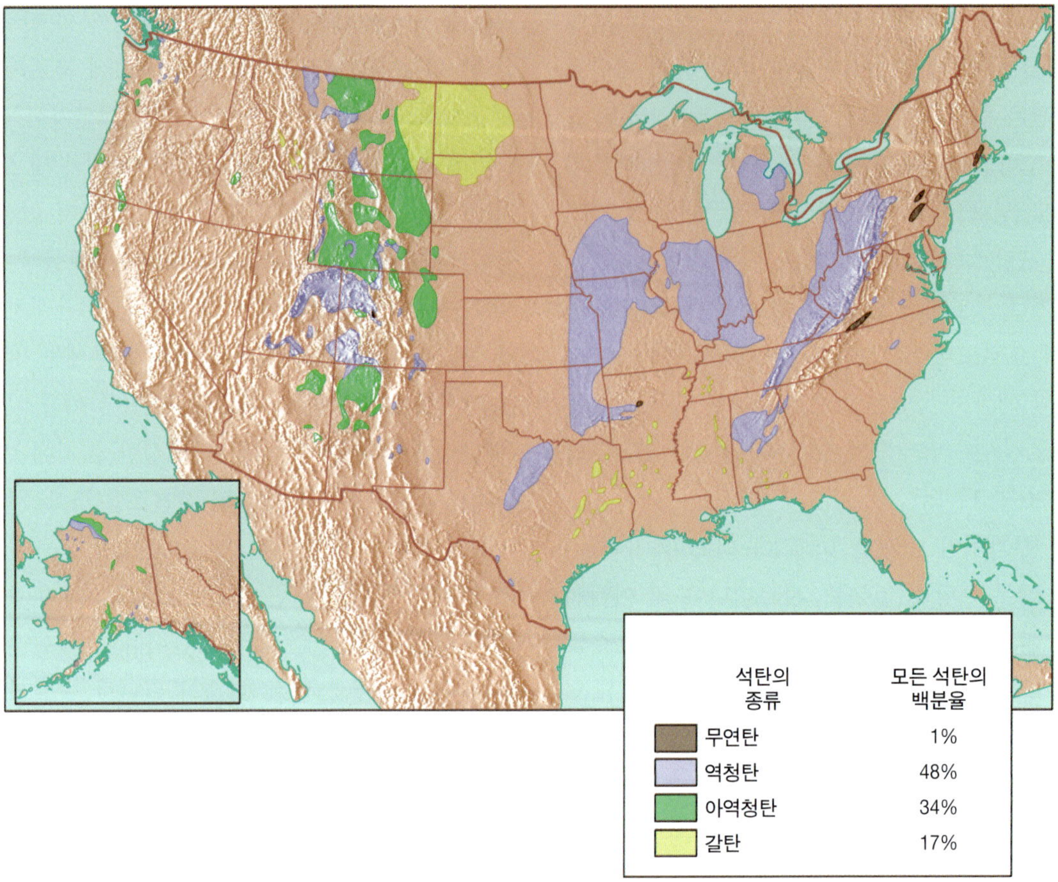

그림 11.18 미국 내에서 석탄층의 분포 미국 중서부의 여러 주와 애팔래치아 지역에 부존된 석탄의 연령은 대부분 펜실베이니아기인 반면에 서부 지역의 석탄 연령은 백악기와 신생대이다.

석고 보드 생산에 사용한다. 북아메리카의 많은 지역으로부터 후기 고생대의 석회암은 시멘트 제조에 사용된다. 석회암은 또한 개발되어 철을 생산하기 위해 용광로 내에서 사용된다.

미국에서 개발되는 대부분의 규사는 미시시피 강의 동부에서 산출되며, 이들의 대부분은 후기 고생대의 암석으로부터 산출된다. 예를 들면 데본기의 리지리층(Ridgeley Formation)은 웨스트버지니아 주, 메릴랜드 주 및 펜실베이니아 주에서 개발되며, 데본기의 실바니아 사암(Sylvania Sandstone)은 오하이오 주의 톨레도(Toledo) 근처에서 개발되고 있다. 규사는 유리를 제조하고, 용광로 내의 내화 벽돌 제조, 알루미늄, 철 및 구리의 주물을 만드는 거푸집 제작, 그리고 그 밖의 다양한 용도에 사용된다는 것은 10장으로부터 상기해 보자.

주석, 구리, 금 및 은을 포함하는 금속광물 자원은 또한 후기 고생대의 암석, 특히 조산운동 기간 동안 변형된 암석으로부터 알려져 있다. 비록 미주리 주의 납과 아연 광상의 정확한 기원은 밝혀지지 않은 채 남아 있을지라도 이들 금속의 광석은 미시시피계 암석으로부터 산출된다. 실제로 미주리 주의 광산은 미국 국내 모든 납 광석 생산의 상당한 양을 차지한다.

요약

표 11.1에는 후기 고생대 동안의 북아메리카 강괴와 변동대의 지사 및 전 지구적인 사건, 해수면 변동, 생물의 진화 사건이 요약되어 있다.

- 후기 고생대에 발티카와 로렌시아가 충돌하였으며 로라시아가 형성되었다. 시베리아와 카자흐스타니아가 충돌하였으며 최종적으로 로라시아로 통합되었다. 곤드와나는 남극 위로 이동하였고 몇 번의 빙기-간빙기를 겪었으며, 전 세계적인 해수면의 변동과 강괴 가장자리의 저지대를 따라 해침과 해퇴를 일으켰다.
- 로라시아와 곤드와나는 석탄기에 시작되는 일련의 충돌을 겪었다. 페름기에 판게아의 형성은 완결되었다. 초대륙을 둘러싼 전 지구적인 바다, 판탈랏사가 존재하였다.
- 북아메리카 강괴의 후기 고생대 역사는 카스카스키아 연계층과 압사로카 연계층의 암석으로부터 밝혀낼 수 있다.
- 노출된 티피캐노우 표면 위에 퇴적된 카스카스키아 연계층의 기저층은 타코닉 고지의 침식작용에서 유래된 사암으로 구성되거나 또는 탄산염암으로 이루어져 있다.
- 카스카스키아 연계층의 대부분은 탄산염암과 이와 관련된 증발암이 지배적이다.
- 데본기는 서부 캐나다, 남부 잉글랜드, 벨기에, 오스트레일리아 및 러시아에서 주요 초가 형성되는 시대였다.
- 후기 데본기와 전기 석탄기 동안에 광범위한 흑색 셰일이 강괴의 넓은 지역 위에 퇴적되었다.
- 미시시피기의 대부분은 탄산염 퇴적물이 지배적이었다.
- 곤드와나 대륙 빙하의 전진과 후퇴에 의해 북아메리카 강괴의 저지대 위에 일어난 해침과 해퇴는 펜실베이니아기의 윤회층과 석탄 형성의 원인이 되었다.
- 전 강괴에 걸친 조산운동—엄밀히 말하면 고기 로키 산맥—이 펜실베이니아기에 일어났으며 조산대 사이에 발달된 분지 내에 두꺼운 육성의 쇄설성 퇴적물과 증발암이 퇴적되었다.

표 11.1
후기 고생대의 지질과 진화 사건의 요약

연대(100만 년)	지질 시대	연계층	해수면의 상대적인 변동 (상승 / 하강)	코딜레라 변동대	강괴	오우아치타 변동대	애팔래치아 변동대	북아메리카 외 지역의 주요 사건	주요 진화 사건
251–299	페름기	압사로카	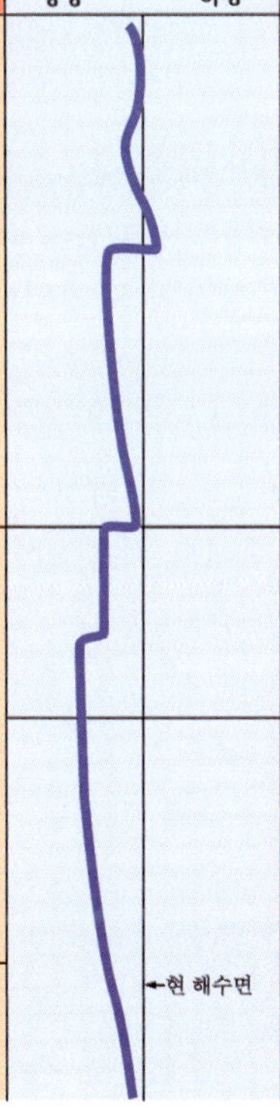		미국 남서부의 사막, 증발암 및 육성의 적색층 텍사스 지역의 대규모 초		판게아 형성 앨러게니 조산운동	판게아 형성 헤르시니아 조산운동	무척추동물에 영향을 미친 가장 큰 대량 멸종 사건 많은 척추동물 멸종 겉씨식물의 다양화와 풍부
299–318	석탄기 – 펜실베이니아기	압사로카			석탄 늪지 혼합 고기 로키 산맥 형성 압사로카해 해침	오우아치타 조산운동		남반구의 대륙 빙하	양서류의 다양화와 풍부 양치식물과 많은 석탄 늪지
318–359	석탄기 – 미시시피기	카스카스키아			광범위한 흑색 셰일				파충류 출현 겉씨식물 출현
359–416	데본기	카스카스키아 / 티피캐노우	←현 해수면	안틀러 조산운동	광범위한 흑색 셰일 캣스킬 삼각주 쇄설성 쐐기 서부 캐나다에 광범위한 보초 형성 카스카스키아해 해침		아카디아 조산운동	구적색사암 영국 제도의 쇄설성 쐐기 칼레도니아 조산운동	초를 형성하는 많은 무척추동물 멸종 양서류 출현 주요 종류의 모든 어류 존재—어류 시대 초기 육상 식물—양치식물

- 전기 페름기에 압사로카해가 강괴 중남부의 좁은 지대를 차지하였다. 여기에는 몇 개의 거대한 초와 이와 관련된 증발암이 발달하였다. 페름기 말에 이 내륙해는 강괴로부터 물러났다.
- 코딜레라 변동대는 안틀러 조산운동이 일어난 지역이었다. 규모가 작은 데본기의 이 조산운동 기간에 심해 퇴적물이 동쪽의 천해 퇴적물 위로 충상되었다.
- 펜실베이니아기와 전기 페름기에 조산운동이 오우아치타 변동대에서 일어났다. 이 조구조 운동은 부분적으로 남서부 지역에서 모든 강괴에 걸친 융기를 초래하였으며, 그 결과 고기 로키 산맥이 생겼다.
- 칼레도니아, 아카디아, 헤르시니아 및 알레게니아 조산운동 모두는 판게아의 집합으로부터 일어난 전 지구적인 조구조 운동의 일부이었다.
- 고생대에는 수많은 소판과 아발로니아, 이베리아-아모리카 및 페루니카와 같은 부가체들이 존재하였으며 판게아 형성에 있어 중요한 역할을 하였다.
- 후기 고생대 암석은 석유, 석탄, 증발암, 규사, 납, 그 밖의 금속 광상을 포함하여 다양한 광물 자원을 함유한다.

주요 용어

고기 로키 산맥(Ancestral Rockies)
로라시아(Laurasia)
아카디아 조산운동(Acadian orogeny)
안틀러 조산운동(Antler orogeny)
압사로카 연계층(Absaroka Sequence)
알레게니아 조산운동(Alleghenian orogeny)
오우아치타 조산운동(Ouachita orogeny)
윤회층(cyclothems)
카스카스키아 연계층(Kaskaskia Sequence)
칼레도니아 조산운동(Caledonian orogeny)
캣스킬 삼각주(Catskill Delta)
판탈랏사해(Panthalassa Ocean)
헤르시니아 조산운동(Hercynian orogeny)

복습 문제

1. 다음 중 어떤 것이 판 내부의 변형작용에 의해 생성되었는가?
   a. ____ 안틀러 고지대, b. ____ 고기 로키 산맥, c. ____ 아카디아 고지대, d. ____ 칼레도니아 고지대, e. ____ 타코닉 고지대
2. 캣스킬 삼각주의 쇄설성 쐐기는 ____ 고지대의 풍화작용과 침식작용으로부터 생성되었다.
   a. ____ 타코닉, b. ____ 네바다, c. ____ 대륙횡단 아치, d. ____ 아카디아, e. ____ 시비어
3. 유럽의 구 적색 사암은 북아메리카의 어떤 지층과 대비되는가?
   a. ____ 퀸스톤 삼각주, b. ____ 캐피탄 석회암, c. ____ 포스포리아층, d. ____ 오리스카니 사암, e. ____ 캣스킬 삼각주
4. 고생대의 어느 강괴 연계층 시대에 윤회층이 흔했는가?
   a. ____ 소크, b. ____ 압사로카, c. ____ 카스카스키아, d. ____ 주니, e. ____ 티피캐노우
5. 곤드와나 대륙의 광범위한 대륙 빙하는 어느 시대에 나타났는가?
   a. ____ 캄브리아기, b. ____ 실루리아기, c. ____ 데본기, d. ____ 석탄기, e. ____ 페름기
6. 해성과 육성 퇴적암이 교대되는 반복적인 퇴적 연계층은?
   a. ____ 윤회층, b. ____ 초, c. ____ 조산운동, d. ____ 증발암, e. ____ 빙퇴석
7. 코딜레라 변동대에서 처음 일어난 고생대 조산운동은 어느 것인가?
   a. ____ 아카디아, b. ____ 알레게니아, c. ____ 안틀러, d. ____ 칼레도니아, e. ____ 엘레스미어
8. 후기 고생대의 보초를 발견할 수 있는 두 지역은 어디인가?
   a. ____ 미시간 주와 오하이오 주, b. ____ 서부 캐나다와 미시간 주, c. ____ 서부 캐나다와 텍사스-뉴멕시코 주, d. ____ 콜로라도 주와 텍사스-뉴멕시코 주,

c. ____ 몬태나 주와 유타 주

9. 후기 데본기~전기 미시시피기에 흑색 셰일이 퇴적된 이후에 남은 미시시피기 동안에 강괴 위에 어떤 종류의 퇴적암이 지배적이었는가?
   a. ____ 탄산염암, b. ____ 쇄설성 퇴적암, c. ____ 증발암, d. ____ 화산암, e. ____ 처트와 잡사암(graywackes)
10. 고기 로키 산맥이 형성된 지질시대는?
   a. ____ 페름기, b. ____ 펜실베이니아기, c. ____ 미시시피기, d. ____ 데본기, e. ____ 실루리아기
11. 윤회층 내에 부존된 경제적으로 가치 있는 자원은?
   a. ____ 자갈, b. ____ 금속 광석, c. ____ 석탄, d. ____ 탄산염암, e. ____ 증발암
12. 이아페투스해의 폐쇄 과정에 포함되지 않은 조산운동은?
   a. ____ 알레게니아, b. ____ 아카디아, c. ____ 타코닉, d. ____ 칼레도니아, e. ____ 안틀러
13. 고생대 동안 판의 이동이 전 세계적인 기후 패턴에 어떻게 영향을 미쳤는지 설명하여라.
14. 펜실베이니아기에 오우아치타 조산운동과 강괴에서 일어난 강괴 규모의 융기 사이의 관계는 무엇인가?
15. 밀란코비치 주기와 빙기-간빙기의 주기적인 순환을 일으킨 전자의 역할에 대한 논의에 근거하면(17장 참조) 후자의 순환이 펜실베이니아기에 윤회층을 생성시킨 해침-해퇴 순환의 부분적인 원인이 될 수 있는가?
16. 판게아와 판탈랏사의 형성이 고생대 말의 세계 기후에 어떻게 영향을 미쳤는가?
17. 고생대의 애팔래치아, 오우아치타 및 코딜레라 변동대 사이의 큰 차이는 무엇인가?
18. 고생대의 이아페투스해의 지질학인 역사를 설명하라.
19. 칼레도니아, 아카디아, 오우아치타, 헤르시니아 및 알레게니아 조산운동은 판구조 운동의 현대 개념과 어떻게 관련되어 있는가?
20. 카스카스키아 연계층의 증발암의 기원은 티피캐노우 연계층의 증발암의 기원과 어떻게 비교 되는가?

응용 문제

1. 우리들은 여행 중에 동부 미국에 있는 많은 건물과 영국의 수많은 성곽들이 동일한 조립의 적색 사암과 역암으로 지어진 것처럼 보이는 것을 인지하였다. 이와 같은 일치를 어떻게 설명할 수 있는가? 또는 이들이 정말로 일치하는가? 설명하여라.
2. 오하이오 주의 톨레도 근처와 주위에 고생대 규사 광상을 가진 것이 자동차 생산업에 어떤 경제적 이익이 있는가?
3. 당신이 국제적인 광산 회사의 지질 담당 팀장이라고 하자. 당신 회사는 아프리카의 서부 해안을 따라 넓은 면적의 블록(넓은 구간의 면적)에서 채굴권을 갖고 있다. 이들 채굴권의 임차 기간이 곧 만료되고 당신에게 어떤 임차권이 가장 장래성이 있는지를 평가하는 임무가 주어졌다. 고생대의 판구조 운동에 대한 당신의 지식이 이들을 평가하는데 당신에게 도움을 줄 수 있다는 것에 대해 어떻게 생각하는가?
4. 스코틀랜드의 글라스고우에 있는 건물의 데본기 적색 사암의 확대 사진은 특유의 퇴적 구조를 보여 준다. 어떤 퇴적 구조인지 말하고 어떤 퇴적 환경에서 이 암석이 퇴적되었는지를 말하여라. 그리고 이 암석이 유래된 층의 이름을 말하여라.

CHAPTER 12

고생대 생물의 역사: 무척추동물

중기 캄브리아기 버제스셰일 엽각류층(葉脚類層, phyllopod bed)의 생물군과 환경을 보여 주는 디오라마. 디오라마에서 뒤쪽의 해저 수직벽에 붙어서 자라고 있는 것들은 조류(藻類)이며, 앞쪽의 진흙 바닥 위에 있는 크고 원통형의 주름진 생물들은 해면동물이다.

[개 요]

[단원 목표]

이 장을 학습한 후에 우리는 다음 사항을 이해한다.

- 고생대가 시작될 무렵 골격을 가진 동물들이 갑자기 등장했으며 짧은 시간 동안 진화적으로 급격한 다양화가 이루어졌다.
- 오늘날의 해양 생태계는 생물체들끼리 뿐만 아니라 생물과 물리적 환경과도 서로 복잡하게 상호 작용하는 생물체들의 조직이다.
- 캄브리아기는 많은 진화적 사건을 바탕으로 거의 모든 주요 무척추동물 문이 진화했던 혁명적인 시기이다.
- 오르도비스기는 해양 생물군에 급격한 변화가 일어나 패각동물군(shelly fauna)이 급증했으나 말기에는 대량멸종이 일어났다.
- 실루리아기와 데본기는 주요한 산호초들이 형성되고 많은 무척추동물 문이 다시 다양해지고 증가한 시기이다.
- 데본기 후기의 대량멸종 이후에 해양 생태계는 석탄기와 페름기 동안에 적응방산과 다양화가 재개되었다.
- 대량멸종은 짧은 시간 동안에 많은 수의 종들이 비정상적으로 멸종할 때 일어난다. 지구 역사상 가장 대규모의 대량멸종은 페름기 말에 일어났다.

1. 서론

하계 야외조사 기간이 끝날 무렵인 1909년 8월 30일과 31일 지질학자이자 미국 스미스소니언 재단의 이사장이었던 월콧(Charles Walcott)은 캐나다 브리티시컬럼비아 주 필드 근처의 필드산(Mount Field)과 왑타산(Mount Wapta) 사이의 버제스 능선에서 화석을 찾고 있었다. 월콧은 이 능선의 서쪽 사면에 있는 버제스세일층에서 초기 생명의 역사를 해독하는 데 매우 중요한 최초의 연체부 화석을 발견하였다. 월콧과 그의 팀원들은 일주일 동안 무수히 많은 셰일에서 층리면에 탄화된 인상으로 아름답게 보존된 연체부 화석들을 발견하였다. 이듬해 여름 월콧은 그 곳을 다시 찾아가서 산길 위의 가파른 경사면에서 이 화석들이 보존되어 있는 셰일층 노두를 알아냈다. 월콧은 그곳에서 수천 개의 화석 표본을 채집하여 미국국립자연사박물관으로 가져와 목록화 작업과 연구를 수행하였다.

월콧이 버제스셰일에서 화석을 발견한 일은 보존 상태가 좋은 또 다른 캄브리아기 화석을 채집했다는 사실보다는 이전에는 거의 알려지지 않았던 약 5억 3,000만 년 전의 희귀 연체부 생물들의 세계를 엿볼 수 있는 기회를 주었다는 점에서 중요한 의미가 있다. 아름답게 보존된 버제스셰일의 화석들을 통해서 우리는 중기 캄브리아기 생물 군집을 더 자세히 이해할 수 있게 되었다. 사실, 100속 이상의 전체 화석 군집 중에서 60% 정도는 연체부 동물들로 이루어져 있는데, 이 비율은 오늘날의 해양 생물 군집에 버금가는 것이다.

과연 어떠한 조건 때문에 버제스셰일생물군이 놀라울 만한 상태로 보존될 수 있었을까? 버제스셰일이 퇴적된 지점은 해저의 가파른 절벽 기저부이다. 버제스셰일에 절묘하게 보존된 화석들은 이 절벽 꼭대기의 이토제방 위나 그 속에서 살고 있던 동물들의 잔해이다. 이 불안정한 지역은 주기적으로 저탁류의 형태로 무너져 내렸을 것이다. 함께 쓸려내려 온 이토와 동물들은 생명체가 살 수 없는 무산소 환경의 심해 절벽 아래에 퇴적되었다. 그러한 환경으로 인해 매몰된 동물들에서는 박테리아의 분해활동이 일어나지 못했고, 뒤덮인 퇴적물의 하중에 의해 동물들이 압축되어 결과적으로 탄화된 막의 형태로 보존되었다.

다음의 두 장에서 다룰 내용은 서로 연관이 있는 일련의 생물학적 및 지질학적 사건들로 이루어진 일종의 체계적 관점에서 바라본 고생대 생명의 역사이다. 진화와 판구조론의 과정들은 이런 계를 유도하는 힘이다. 해양 및 육상 생물 군집의 진화는 근본적으로 해양 분지의 열림과 닫힘, 내륙해의 해침과 해퇴, 산맥의 형성, 대륙의 이동 등에 의해 영향을 받았다.

거대한 생물학적 변화는 선캄브리아 시대에서 캄브리아기로의 전환기에 골격을 가진 동물이 출현함으로써 시작되었다. 그 후 해양 무척추동물들이 적응방산과 진화를 시작하면서 고생대 해양 무척추동물계는 매우 다양화되었다. 사실 고생대 해양 무척추동물군의 역사는 다양화와 멸종의 일부였으며, 지구 역사상 최대 규

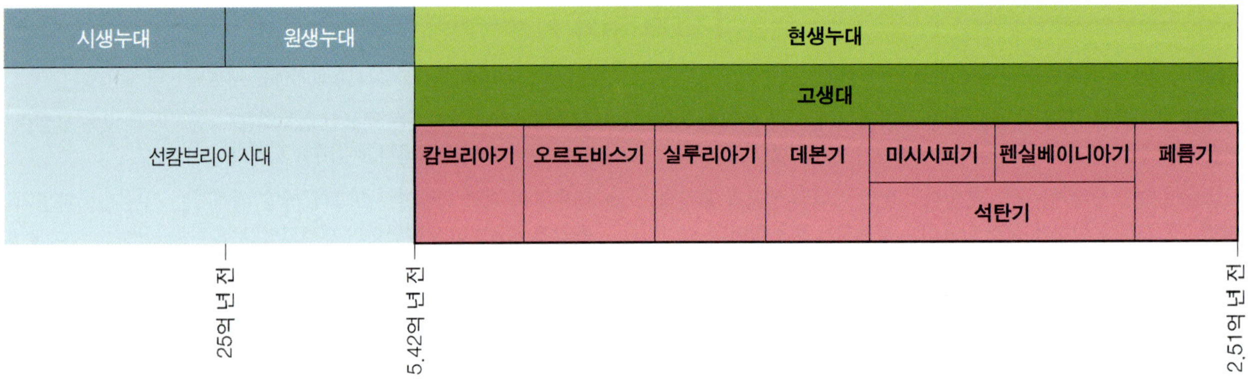

모의 대량멸종은 고생대 말에 절정을 이루었다.

2. 캄브리아기의 대폭발이란?

고생대의 시작과 함께 골격을 가진 동물들이 갑자기 출현하였다. 대부분의 과학자들은 새로운 형태의 동물들이 폭발적으로 출현했던 이 현상을 캄브리아기 대폭발이라고 부른다. 그러나 화석 기록에서 새로운 동물들의 갑작스런 출현은 지질학적 시간 맥락에서만 급격한 것이며, 실제로는 캄브리아기 초기 수백만 년 동안 일어난 일이다. 화석 기록상 이와 같은 갑작스런 동물들의 출현이 최근에 알려진 것은 아니다. 초기 지질학자들도 골격화된 동물들의 잔해가 화석 기록상 다소 갑자기 출현했다는 사실을 알고 있었다. 다윈(Charles Darwin)은 그의 저서 『자연선택에 의한 종의 기원』(1859)에서 이 문제를 언급하였다. 새로운 동물들의 갑작스런 등장은 납득할 만한 설명이 없이는 그의 새롭게 해석된 진화론과 조화되기 어렵다는 것을 발견했다.

캄브리아기 초기에 패각을 가진 동물들의 갑작스런 출현은 앞선 원생누대에 살던 생물군과 극명하게 대조된다. 에디아카라 동물군이 진화하기 전까지 지구상에는 주로 단세포 생물들이 살고 있었다. 9장에서 살펴보았듯이 남극대륙을 제외한 모든 대륙에서 발견되는 에디아카라 동물군이 주로 다세포 연체부 생물들로 구성되어 있음을 상기해 보자. 지렁이처럼 생긴 부유섭식 생물들이 거주했을 것으로 생각되는 매우 작은 석회질 관들이 몇몇 지역에서 발견되기도 한다(그림 9.20b). 또한 지렁이나 민달팽이 같은 동물들이 기어간 흔적이나 구멍들이 에디아카라 동물군과 함께 모든 대륙에서 발견된다. 이러한 흔적은 오늘날의 연체부 생물들의 흔적과 유사하다.

최근까지도 에디아카라 동물군의 멸종과 최초의 캄브리아기 화석 사이에는 시간적으로 상당히 큰 간격이 있었던 것으로 여겨졌다. 이 시간적 간격은 최근 새로운 원생누대 화석 산지들이 속속 발견됨에 따라 매우 좁혀졌다. 오늘날에는 원생누대 화석 군집들이 캄브리아기 직전까지 이어지는 것으로 알려졌다.

그럼에도 불구하고 전기 캄브리아기 동안 그렇게 다양한 동물 문들이 갑작스럽게 등장한 이유는 여전히 뜨거운 논란의 대상이다. 진화생물학자들은 다른 종들 간의 동일한 유전자의 분자서열을 비교할 수 있는 새로운 분자생물학적 기술들을 많은 생물들의 계통진화 또는 진화 역사에 적용하고 있다. 또한 새로운 화석산지와 세밀한 층서 연구들을 통해서 다양한 무척추동물문의 초기 역사와 계보들이 밝혀지고 있다.

캄브리아기 생물의 대폭발은 아마도 원생누대에 그 기원을 두고 있을 것이다. 그러나 이 사건을 유발한 기작은 아직도 연구의 대상이다. 비록 일부 연구자들이 우연한 단일 사건 때문이라고 주장하기도 하지만, 캄브리아기의 대폭발은 생물학적 및 지질학적 요인들이 복합적으로 작용했을 가능성이 높다. 예를 들어, 지질학

현생누대									
중생대			신생대						
트라이아스기	쥐라기	백악기	고제3기			신제3기		제4기	
			팔레오세	에오세	올리고세	마이오세	플라이오세	플라이스토세	홀로세

2.51억 년 전

6,600만 년 전

적 증거는 지구가 원생누대 동안 한 번 이상의 빙하기를 겪었으며 캄브리아기 동안 지구 온난화가 수반되었음을 지시해 준다. 이러한 전 지구적 환경 변화로 진화가 촉진되고 캄브리아기 대폭발이 일어났던 것으로 여겨진다.

이와 달리 해양의 화학 성분 변화가 광물화된 동물골격의 진화를 촉진했을 것이라는 주장도 제기되었다. 이 시나리오에 의하면 후기 원생누대부터 전기 캄브리아기까지 해양의 칼슘 농도 증가로 무척추동물 대부분의 패각을 이루는 탄산칼슘과 인산칼슘이 침전된 것이다.

골격을 가진 동물군의 빠른 진화가 포식자의 진화에 대한 대응이었다는 가설 또한 지지를 얻고 있다. 이 시기에 패각 또는 광물질 골격은 다양한 포식자들로부터 자신을 보호하기 위한 역할을 했을 것이다.

캄브리아기의 대폭발과 관련된 흥미로운 연구에는 몸의 각 부분의 발달을 조절하는 유전자 서열인 혹스(Hox) 유전자가 있다. 이들에 대한 연구가 지시하는 바는 모든 동물의 기본적인 체제(body plan)는 분명히 캄브리아기의 대폭발이 끝날 무렵까지 확립되었고 그 후로는 단지 작은 변형만이 일어났다는 것이다. 캄브리아기의 대폭발의 근본적인 원인이 무엇이었든지 전기 캄브리아기에 골격을 가진 생물이 출현한 것과 그들이 급속하게 다양해진 것은 생명 역사에 있어서 가장 주요한 사건이었음이 분명하다.

3. 패각동물군(shelly fauna)의 등장

단단한 부분을 가진 최초의 생물은 세계 몇몇 지역의 원생누대 에디아카라 동물군에서 발견된 석회질 관들이다. 이들에 뒤이어 다른 골격화된 미화석들이 전기 캄브리아기(그림 12.1) 지층에서 발견되고 캄브리아기의 대폭발 동안 골격을 가진 큰 동물들이 등장하였다. 화석 기록에서 동물들이 왜 이렇게 갑자기 등장했는지 만큼이나 호기심을 자극하는 질문은 왜 그들이 처음에 골격을 갖게 되었고 골격이 어떤 선택적 이점을 주었는가 하는 것이다. 왜 해양 생물들의 골격이 진화했는지에 대한 다양한 해석이 있지만 아직까지 완벽하게 만족스럽거나 보편적으로 받아들여지는 설명은 없다.

외골격 또는 패각의 형성은 생물체에게 많은 도움을 준다: (1) 자외선 방사를 막아주므로 얕은 물가로 진출할 수 있게 해 준다. (2) 조간대 환경에서 살아남을 수 있도록 도와준다. (3) 외골격이든 내골격이든 지지골격은 몸을 키우는 것을 가능하게 하고 근육이 부착할 장소를 제공해 준다. (4) 포식자로부터 몸을 지킬 수 있게 해 준다. 일부 동물들의 반포식(antipredatory) 적응뿐만 아니라 포식자의 실제 화석과 상처를 입은 먹이의 화석 표본이 발견됨에 따라 캄브리아기 동안 포식의 영향이 너무 커서 껍데기를 가진 무척추동물의 빠른 진화가 포식자들의 증가에 대한 반응이었다는 가설이 제기되었다(그림 12.2). 캄브리아기 해양 생태계에서 포식자들의 역할이 중요해지면서 동물을 보호했던 기작이

a 호주에서 발견된 원뿔형 골편인 랍워텔라(*Lapworthella*)

b 캐나다 노스웨스트 테리토리 주의 맥켄지 산맥에서 산출된 소속 불명의 구형 화석 아르케오이데스(*Archaeooides*)

그림 12.1 **수 mm 크기의 전기 캄브리아기의 패각(shelly) 화석**

a 전기~중기 캄브리아기에 살았던 포식자 아노말로카리스(*Anomalocaris*)가 버제스셰일에서 발견되는 많은 멸종된 동물들 중의 하나인 오파비니아를 잡아먹고 있는 모습. 아노말로카리스는 길이가 약 45cm이며 부속지를 사용하여 원형의 입으로 먹이를 가져간다.

b 삼엽충 올레넬루스 롭소넨시스(*Olenellus robsonensis*)의 몸통에 있는 상처(자 바로 위의 부분). 상처는 아물었는데 그것은 동물이 살아 있었을 때 상처가 생긴 것이며 속이 빈껍데기에 생긴 것이 아님을 보여 준다.

그림 12.2 **캄브리아기 포식 활동**

나 특징 등은 분명히 생물이 적응하는 데 장점으로 작용했을 것이다.

오늘날 과학자들은 해양 생물들이 왜 캄브리아기의 대폭발 시기와 그 직후에 광물질 골격을 발달시켰는지에 대한 분명한 답을 제시하지 못하고 있다. 의심할 여지없이 광물질 골격들은 다양한 생물학적 및 환경적 요인들 때문에 발달하게 되었다. 이유가 무엇이든 광물질 골격의 발달은 무척추동물들이 넓고 다양한 해양 서식처를 성공적으로 점유할 수 있도록 했던 중요한 진화적 혁신이었다.

4. 고생대의 해양 무척추동물

선캄브리아 시대~캄브리아기 해양 생물군의 기원, 분화, 진화를 고려하여, 고생대 동안 해양 무척추동물군집에 일어났던 변화를 고찰하게 될 것이다. 각 무척추동물 문(phylum)의 역사(표 12.1)에 초점을 맞추기보다는, 시간에 따른 해양 무척추동물군들의 진화를 주요한 특징과 변화에 집중하여 살펴볼 것이다. 그러기 위해서는 현재의 해양 생물군의 특성과 구조를 간략히 살펴보고, 이 과정을 통해서 화석 기록을 합리적으로 이해할 수 있다.

표 12.1 주요 무척추동물군의 층서적 범위

원생동물문(Protozoa)	캄브리아기~현세	**연체동물문(Mollusca)**	캄브리아기~현세
육질충강(Sarcodina)	캄브리아기~현세	단판강(Monoplacophora)	캄브리아기~현세
유공충목(Foraminifera)	캄브리아기~현세	복족강(Gastropoda)	캄브리아기~현세
방산충목(Radiolaria)	캄브리아기~현세	이매패강(Bivalvia)	캄브리아기~현세
해면동물문(Porifera)	캄브리아기~현세	두족강(Cephalopoda)	캄브리아기~현세
보통해면강(Demospongea)	캄브리아기~현세	**환형동물문(Annelida)**	선캄브리아 시대~현세
층공충목(Stromatoporida)	캄브리아기~올리고세	**절지동물문(Arthropoda)**	캄브리아기~현세
고배류문(Archaeocyata)	캄브리아기	삼엽충강(Trilobita)	캄브리아기~페름기
강장동물문(Cnidaria)	캄브리아기~현세	갑각강(Crustacea)	캄브리아기~현세
산호충강(Anthozoa)	오르도비스기~현세	곤충강(Insecta)	실루리아기~현세
판상산호목(Tabulata)	오르도비스기~페름기	**극피동물문(Echinodermata)**	캄브리아기~현세
사방산호목(Rugosa)	오르도비스기~페름기	바다꽃봉오리강(Blastoidea)	오르도비스기~페름기
육방산호목(Scleractinia)	트라이아스기~현세	바다나리강(Crinoidea)	캄브리아기~현세
태형동물문(Bryozoa)	오르도비스기~현세	성게강(Echinoidea)	오르도비스기~현세
완족동물문(Brachiopoda)	캄브리아기~현세	불가사리강(Asteroidea)	오르도비스기~현세
무교강(Inarticulata)	캄브리아기~현세	**반삭동물문(Hemichordata)**	캄브리아기~현세
유교강(Articulata)	캄브리아기~현세	필석강(Graptolithina)	캄브리아기~미시시피기

현재의 해양 생태계

오늘날의 해양 생태계 분석을 위해서는 생물들이 어디에 사는지, 어떻게 무리를 이루는지, 그리고 어떻게 먹이를 섭취하는지를 이해해야 한다(그림 12.3). 해저면 위의 수중에서 사는 원양성 생물들은 크게 두 그룹으로 나뉘는데, 떠다니는 것들은 **부유생물**(plankton), 헤엄치는 것들은 **유영생물**(nekton)이라고 한다.

부유생물은 대부분 비활동적이어서 해류의 흐름에 따라 이동한다. 규조류, 와편모류, 다양한 조류와 같은 식물성플랑크톤(phytoplankton)은 크기가 작아 현미경으로만 관찰이 가능하다. 동물성플랑크톤(zooplankton)은 또한 대부분 매우 작고, 유공충, 방산충, 해파리 등이 있다. 유영생물은 활동적으로 헤엄쳐 다니는 생물들이며 물고기와 같은 척추동물들이 대부분이다. 무척추 유영생물에는 두족류가 포함된다.

해저의 바닥이나 그 아래에 사는 **저서생물**(benthos)은 해저면 위에 사는 동물군인 표생동물군(epifauna)과 표생식물군(epiflora), 또는 퇴적물 속이나 그 속에서 이동하며 사는 내생동물군(infauna)으로 구분된다. 저서생물은 다시 한 곳에 정착해 사는 고착성 생물과 퇴적물 위 또는 그 속에서 돌아다니며 사는 이주성 생물로 구분된다.

생물들의 먹이 섭식 전략은 해양 생태계에서 다른 생물들과의 관계에 있어서도 중요하다. 기본적으로 네 가지 유형의 먹이 섭식 집단이 존재한다. **부유물섭식동물**(suspension feeder)은 물속에 용해된 영양분뿐만 아니라 미세 동식물들을 제거하거나 소비하고, **초식동물**(herbivores)은 식물을 먹고사는 동물이다. **육식동물-부식동물**(carnivore-scavengers)은 육류를 섭취하며, **퇴적물 섭취생물**(sediment-deposit feeders)은 퇴적물을 섭취하여 영양분을 추출한다.

어디에 살고 어떻게 먹는가에 따라 해양 생태계에서 생물의 위치가 정의된다. 예를 들어, 유교강 완족동물은 저서성 표생동물군 부유섭식자인 반면 두족류는 유영성 육식동물이다.

하나의 생태계는 섭식 층위 내에서 먹이 생산과 소비의 계층인 몇 가지 영양 단계들을 포함한다. 한 생태계 안에서 섭식 층위와 그에 따른 에너지의 흐름은 생산자, 소비자, 분해자들 사이의 복잡한 관계인 먹이사슬을 구성한다(그림 12.4). **1차 생산자**(primary producer) 또는 독립영양생물들은 그들 자신의 먹이를 직접 제조

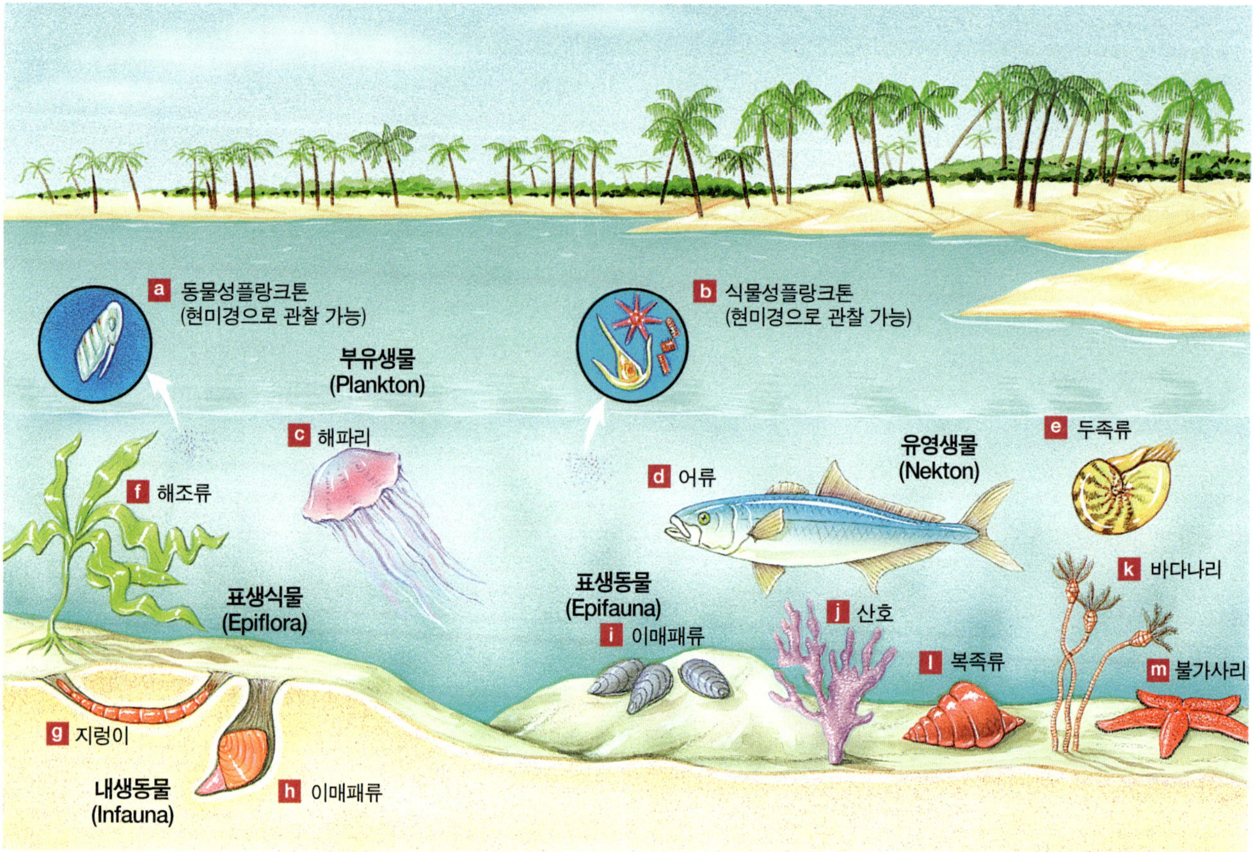

그림 12.3 해양 생태계 해양 생태계에서 동식물이 사는 장소와 방법. 플랑크톤: a~c. 유영동물: d, e. 저서생물: f~m. 고착성 표생식물군: f. 고착성 표생동물군: i, j, k. 이주성 표생동물군: l, m. 내생동물군: g, h. 부유물 섭식자: i, j, k. 초식동물: l. 육식-부식동물: m. 퇴적물 섭취생물: g.

하는 생물들이다. 사실상 모든 해양 1차 생산자들은 식물성플랑크톤이다. 1차 생산자를 먹고 사는 생물들이 1차 소비자이며 대부분 부유물 섭식자이다. 2차 소비자는 1차 소비자를 먹고 살기 때문에 포식자들이다. 역시 포식자인 3차 소비자들은 2차 소비자들을 먹고 산다. 생산자와 소비자 이외에 변형자와 분해자도 있다. 이것들은 유기화합물로 소비되어 재활용되지 못한 죽은 생물체들을 파괴하는 세균들이다.

오늘날의 해양영역을 보면 생물들의 구성이 영양 상호 작용에 의해 연관되고 물리적 환경 변화에 의해 영향을 받아서 매우 복잡하다는 것을 알 수 있다. 시스템의 한 부분이 변하면 전체 구조가 변하는데, 그 변화가 때로는 거의 미미하거나 격변적이다.

고생대 해양 생태계의 진화에서 지질학적 및 진화적 변화들이 그 구성과 구조에 얼마나 중요한 영향을 미쳤는지를 이해해야 한다. 그 예로, 대륙을 덮은 주요 해침 사건들은 넓은 지역에 걸쳐 생물들이 살 수 있는 얕은 바다를 형성하였다. 대륙의 이동은 환경 변화를 유발할 뿐만 아니라 해양 순환 패턴에도 영향을 미쳤다.

캄브리아기의 해양 생물군

캄브리아기는 많은 새로운 체제(body plan)가 진화하고 동물들이 새로운 생태적 지위를 차지하게 된 기간이다. 캄브리아기는 다른 어떤 지질시대보다도 새로운 동물군의 등장 비율이 높은 시기였다.

대부분의 주요 무척추동물문이 캄브리아기에 진화했지만(표 12.1), 많은 문들이 소수의 종으로 이루어져 있다. 생흔화석이 풍부하고 극피동물도 다양하지만, 삼엽충, 무교강 완족류, 고배류 등이 캄브리아기의 골격화된 생물의 대부분을 차지한다.

삼엽충은 캄브리아기 해양 무척추동물군 중 가장 눈에 띄는 분류군이며, 전체 동물군의 약 절반 정도를 차지한다. 대부분의 삼엽충은 바다 밑바닥을 기어다니거나 해저 부근에서 헤엄을 치던 저서성 및 이주성의 퇴적물 섭식자들이다('조망' 참조).

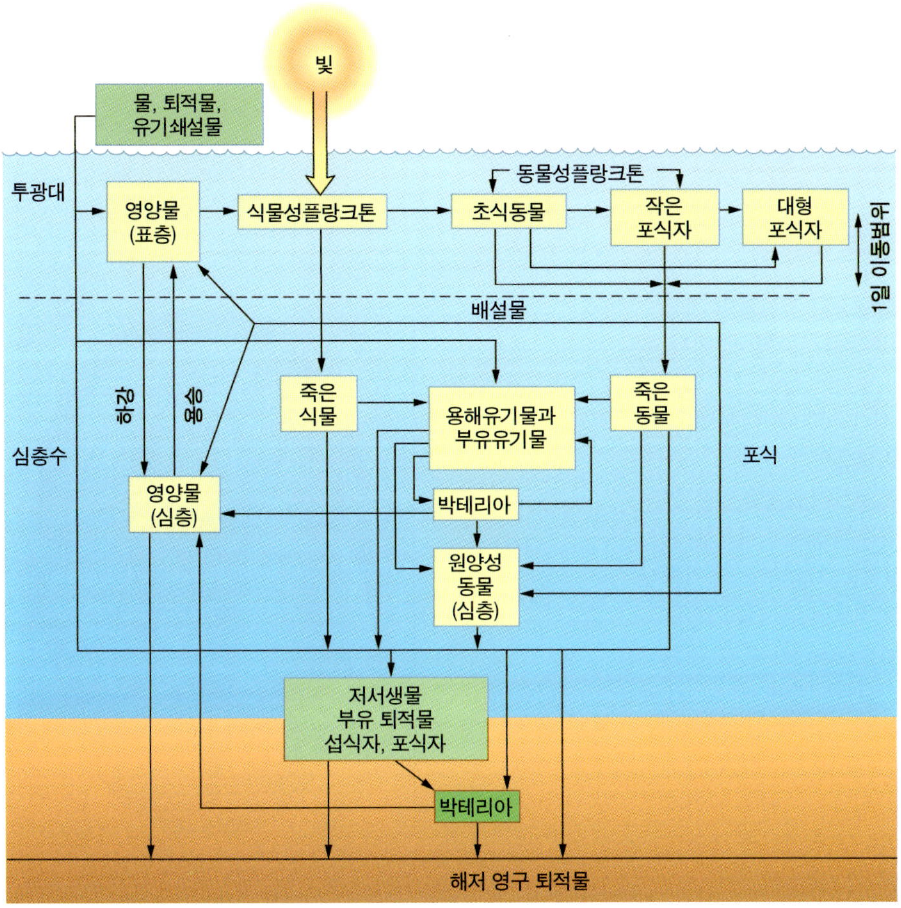

그림 12.4 **해양 먹이사슬** 생산자(식물성플랑크톤), 소비자(초식동물, 크고 작은 포식자, 부유성 및 저서성 동물), 분해자(세균) 사이의 관계를 보여 주는 해양 먹이사슬 도표

캄브리아기 완족류는 대부분 무교강류에 속하는 유형이었다. 그들은 인산칼슘과 결합된 유기 화합물 키틴으로 구성된 키틴-인산염 각질을 분비한다. 무교강 완족류는 또한 두 껍질이 교접하는 관절 부분을 따라 배열된 이빨-소켓 구조가 없다. 이빨-소켓 구조가 있는 유교강 완족류도 존재했지만 오르도비스기 이전에는 풍부하게 번성하지 못했다.

캄브리아기 생물들 중 세 번째로 중요한 분류군은 고배류이다(그림 12.5). 이 생물은 전기 캄브리아기부터 생물초를 형성했던 저서성의 고착성 생물로서 아마도 부유물 섭식자였을 것으로 생각된다. 고배류는 캄브리아기 말에 멸종하였다.

그림 12.5 **고배류** 고배류에 의해 형성된 캄브리아기 생물초 구조의 복원도

나머지 캄브리아기 동물군은 짧은 기간 동안 살았으며 많은 생물들이 포함된다(그림 12.6). 적응방산과 진화적 실험 기간인 캄브리아기의 많은 무척추동물들은 곧 멸종하였다.

버제스셰일 생물군

연체부가 보존된 동식물군의 가장 좋은 예인 버제스셰일 생물군을 언급하지 않고는 캄브리아기의 생물을 제대로 이해할 수 없다. 소크해(Sauk Sea)가 코딜레라

조 망

삼엽충—고생대의 절지동물

멸종한 절지동물문의 한 강(class)인 삼엽충은 사람들이 가장 선호하고 연구가 많이 이루어진 무척추동물 화석일 것이다. 삼엽충은 전기 캄브리아기부터 페름기 말까지 살았으며 후기 캄브리아기에 가장 다양했다. 지금까지 15,000종 이상의 삼엽충이 기재되었으며 9개의 목(目)으로 분류된다.

삼엽충은 고생대 동안 전 지구적으로 분포하였는데 얕은 연안으로부터 깊은 바다까지 대부분의 해양 환경에서 서식했다. 삼엽충은 매우 다양한 서식지를 점유했었고, 대부분은 유기물질을 찾아다니거나 미생물 또는 조류를 먹으며 해저를 기어다니는 저서성 동물이었다. 또 다른 삼엽충들은 자유롭게 헤엄치는 포식자이거나 수중에 사는 부유물 섭식자였다.

삼엽충의 몸통은 크게 세 부분, 즉 눈과 입 그리고 감각 기관을 포함하는 머리(cephalon), 각각의 마디로 구성된 가슴(thorax), 꼬리(pygidium)로 나뉜다(그림 1). 그런데 삼엽충이라는 이름은 몸의 세 부분을 의미하는 것이 아니라 중앙의 축엽(axial lobe)과 양쪽 가장자리의 측엽(pleural lobes)으로 구성된 가슴부위에 세로로 발달한 돌출부에 해당하는 '세 개의 엽'을 의미한다.

그림 1 미국 유타 주의 캄브리아기 윅스층(Weeks Formation)에서 발견된 세다리아 미노르(*Cedaria minor*)가 삼엽충 몸의 주요 부분들을 잘 보여 주고 있다.

삼엽충의 부속지들은 거의 보존되지 않는다. 그러나 연체부의 해부학적 구조가 인상의 형태로 보존된 표본을 통해 고생물학자들은 각각의 가슴마디 아래에 호흡에 사용되는 아가미가 달린 외부 가지와 관절로 이루어진 안쪽 가지(보행다리)의 두 부분으로 구성된 부속지가 있다는 것을 알고 있다(그림 2).

그림 2 미국 데본기의 삼엽충(*Dalmanites*)

삼엽충은 많은 아그노스티드(agnostid) 삼엽충(그림 3)에서 볼 수 있듯이 길이 수 mm부터, 세계최대의 삼엽충(그림 4)으로 기록된 70cm 이상까지 크기가 다양하다. 그러나 대부분의 삼엽충들은 3~10cm 정도이다.

삼엽충은 아그노스티드처럼 눈이 없거나(그림 3) 한 쌍의 눈을 가지고 있다. 전안(全眼, holochroal eyes)은 일반적으로 육각형의 양면 볼록렌즈의 특징을 갖는데, 이들은 서로 가까이 연결되어 있고 모든 렌즈를 덮는 단일 각막으로 덮여 있다(그림 5). 이런 눈의 형태는 현재의 겹눈과 유사하며 모자이크 시야를 제공한다.

열안(裂眼, schizochroal eyes)은 각각이 별개의 각막으로 덮여 있으며 두꺼운 벽에 의해 인접 렌즈와 구분되는 상대적으로 큰 각각의 렌즈들로 구성된다(그림 6). 열안 렌즈들은 행과 열에 맞추어 배열되어 있고 그림자로 이루어진 시야를 형성했을 것으로 생각된다.

삼엽충은 포식자에 저항하는 보호막으로써 어느 정도 유용하게 쓰였던 단단한 등 부분 외골격을 가지고 있었지만, 일부 삼엽충들은 아마도 더듬이, 다리, 연약한 배쪽의 부속지들을 보호하기 위해 몸을 둥그렇게 말 수도 있었다. 그렇게 함으로써 삼엽충은 부드러운 배쪽의 조직들을 보호하면서도 주위를 살필 수 있었을 것이다(그림 7).

앞에서 언급한 바와 같이 삼엽충은 매우 성공적인 분류군이었다. 그들은 캄브리아기 초기에 출현하여 빠르게 다양화하다가 캄브리아기 후기에 다양성이 정점에 도달하였다. 그리고 캄브리아기 말, 오르도비스기 말, 데본기 말에 다양성이 크게 감소하였다.

아직까지 삼엽충의 멸종 원인을 정확히 알지는 못하지만, 대륙붕의 축소, 경쟁의 심화, 포식자의 번성 등 여러 요인들이 복합적으로 작용했을 가능성이 있다. 일부 과학자들은 바닷물 수온의 하강이 특히 오르도비스기 말의 멸종 사건에 큰 영향을 미쳤을 것이라고 제안하기도 했다. 다른 대부분의 동시대 해양 무척추동물들과 같이 삼엽충도 페름기 말 대량멸종 사건의 희생자가 되었다.

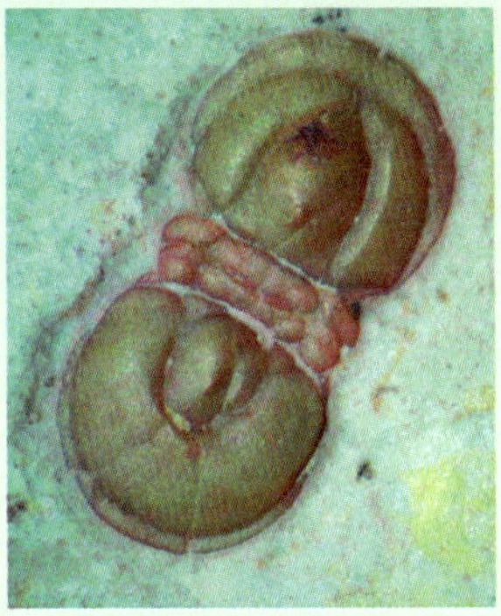

그림 3 미국 유타 주의 캄브리아기 마줌층(Marjum Formation)에서 산출된 작은 아그노스티드 삼엽충 히파그노스투스 파르비프론스(*Hypagnostus parvifrons*)

그림 5 삼엽충 스쿠텔룸 캄파니페룸(*Scutellum campaniferum*)의 전안

그림 6 삼엽충 에오파콥스 트라페지켑스(*Eophacops trapeziceps*)의 열안

그림 4 캐나다 매니토바의 오르도비스기 처칠리버층군에서 산출된 세계 최대(길이 70cm 이상)의 삼엽충(*Isotellus rex*)

그림 7 폴란드의 무티로와에서 산출된 오르도비스기의 말린 삼엽충(*Pilomera*)

그림 12.6 **원시 극피동물 헬리코플라쿠스(*Helicoplacus*).** 약 5억 1,000만 년 전에 등장한 후 2,000만 년 후에 멸종된 원시 극피동물 헬리코플라쿠스. 이 생물(단명한 몇몇 극피동물 중의 한 강)은 캄브리아기 무척추동물군의 특성을 보여 준다.

대륙붕(Cordilleran shelf)으로부터 대륙 육괴의 서쪽 가장자리 쪽으로 밀려올라왔을 때, 캄브리아기 초기에 쌓인 모래 바닥은 다양한 연체부 화석들이 보존된 중기 캄브리아기의 검은 이토에 의해 덮였다. 앞에서 언급한 바와 같이, 1909년 월콧(Charles Walcott)은 캐나다 브리티시컬럼비아 주의 필드(Field) 인근에서 이 화석들을 발견했다. 이 화석들은 부드러운 몸체로 이루어진 동식물의 탄화된 흔적으로 보존되어 있기 때문에, 20세기의 가장 의미 있는 화석 발견 중 하나이다(그림 12.7). 이 발견으로 우리는 많은 멸종된 생물들의 연체부 구조뿐만 아니라 보존되기 힘든 생물들에 대한 귀중한 정보를 얻게 되었다.

최근 많은 버제스셰일 화석에 대한 복원, 분류, 해석이 달라지면서 캄브리아기 생명의 대폭발에 대한 새로운 이론과 설명들이 제기되었다. 후기 원생누대 동안 다세포 생물들이 진화하고 곧이어 단단한 부분을 갖는 동물들이 출현한 사실을 상기해 보자. 뒤이어 캄브리아기 동안 새로운 무척추동물들이 폭발적으로 출현하였는데, 이들 중 많은 분류군이 멸종하여 현재는 볼 수가 없다. 이들 캄브리아기 생물체들은 모든 현생 무척추동물들의 조상임을 지시해 준다.

고생물학자들이 여전히 논쟁하고 있는 문제는 얼마나 많은 문이 캄브리아기 동안 출현하였는지이고, 그 논란의 중심에 버제스셰일 화석들이 있다. 오랫동안 대부분의 고생물학자들은 버제스셰일 생물들의 대부분을 현생 생물 문으로 분류하였고 극소수의 생물들만 멸종한 문에 귀속시켰다. 따라서 캄브리아기의 문들은 현재의 문들과 수는 같지만 포함되는 종 수는 적은 것으로 이해되었다. 이러한 견해에 따라 생명의 역사는 시간의 흐름에 따라 각 문 안의 종 다양성이 점차적으로 증가한다고 생각되었다. 그러므로 다세포 생물들의 초기 방산 이후, 기본적인 체제의 수는 다소 일정했다는 것이다.

그러나 이러한 견해는 캄브리아기에 다양한 생물들이 폭발적으로 출현한 이후 단기간의 실험을 거쳐 많은 문들이 멸종했다고 생각하는 다른 고생물학자들에 의해 도전받게 되었다. 현생 생물의 풍부함과 다양성은 캄브리아기의 멸종 사건들을 견디고 살아남은 기본적인 체제가 반복된 변이의 결과라는 것이다. 버제스셰일 생물군의 구성원들이 우리에게 이렇게 특이하게 보이는 이유는 현존하는 어떤 생물체도 그들의 체제를 가지고 있지 않아서 그들 대부분이 새로운 문으로 재분류되었기 때문이다.

시리우스 파셋(Sirius Passet), 그린란드, 중국 운남성 등과 같은 지역에서 새로운 캄브리아기 화석이 발견됨에 따라 일부 버제스셰일 화석 표본들을 현생의 문으로 재분류하게 된 것이다. 지금까지 알려진 문으로의 재분류가 옳다고 증명된다면 캄브리아기의 대폭발에 뒤이은 대량멸종 사건은 없었으며, 생명은 시간의 흐름에 따라 점진적으로 다양성을 증가시켜 왔다고 할 수 있다. 아직까지 이러한 논쟁에 대한 명확한 답은 없으며 더 많은 화석들이 발견된 후에야 결론이 날 것이다.

a 육식성 환형동물인 오토이아(*Ottoia*)

b 유연관계가 불확실한 비늘로 덮인 민달팽이처럼 생긴 위왁시아(*Wiwaxia*)

c 벨벳 벌레, 할루시제니아(*Hallucigenia*)

d 절지동물 왑티아(*Waptia*)

그림 12.7 **버제스셰일의 화석** 버제스셰일에 보존된 동물화석의 일부

오르도비스기의 해양 생물군

중기 오르도비스기에 시작된 주요 해침〔티피캐노우 연계층(Tippecanoe Sequence)〕으로 인해 넓은 지역에 걸쳐 대륙 육괴가 침수되었다. 이 시기 동안 균일하게 따뜻한 기후에 속했던 이 광활한 내륙해(epeiric sea)는 곧 다양한 생물체들이 살 수 있는 많은 새로운 해양 서식처를 제공해 주었다.

캄브리아기부터 오르도비스기까지 퇴적 양상이 극적으로 변했을 뿐만 아니라 동물군 역시 놀라운 변화를 겪었다. 삼엽충, 무교강 완족류, 고배류가 캄브리아기 무척추동물 생태계를 우점했다면 오르도비스기는 다른 많은 동물 문(유교강 완족류, 태형동물, 산호 등)의 적응방산이 특징이며, 그 결과 전체 패각동물군의 다양성

그림 12.8 중기 오르도비스기 해양 생물군 중기 오르도비스기 해저 동물군의 복원도이며, 두족류, 해백합(바다나리), 군체산호, 태형동물, 삼엽충, 완족동물 등이 보인다.

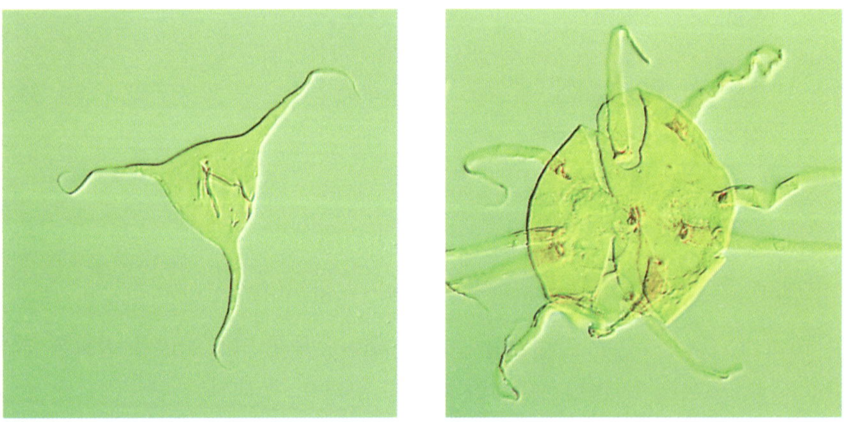

그림 12.9 후기 오르도비스기 아크리타치 오클라호마 후기 오르도비스기 실반 셰일에서 상출된 아크리타치. 아크리타치는 유기질 벽을 가진 식물성플랑크톤으로 고생대 동안 부유물 섭식자들에게 주요한 먹이 공급원이었다.

이 극적으로 증가했다(그림 12.8). 오르도비스기는 아크리타치(유기질 막을 가진 식물성플랑크톤으로 유연관계가 불분명)의 다양성과 개체 수가 크게 증가한 시기였는데 이들은 고생대 동안 중요한 식물성플랑크톤으로서 부유물 섭식자들의 주요 먹이가 되었다(그림 12.9).

캄브리아기 동안에는 고배류가 생물초 같은 구조를 구성하는 주요 생물이었으나 중기 오르도비스기가 시작될 무렵에 태형동물, 층공충, 판상산호, 사방산호들이 그 역할을 대신하게 되었다. 다수의 생물초들은 캄브리아기와는 다른 조성을 가지면서도 유사한 크기의 작은 생물초였으나 일부는 매우 거대했다. 현재의 생물초와 같이 오르도비스기의 생물초들도 높은 생물 다양성을 보여 주며 특히 부유물 섭식자들이 지배적이었다.

오르도비스기의 생층서 대비에는 3개의 화석 생물군, 즉 **유교강 완족류**, **필석**, **코노돈트**가 특히 유용하다. 캄브리아기에 출현한 유교강 완족류는 오르도비스기 동안에 천해 환경에서 매우 다양해지기 시작했으며(그림 12.10a), 오르도비스기와 이후 고생대 기간 동안 크세 번성한 무척추동물이다.

대부분의 필석류는 부유성으로 해류를 따라 이동하였고, 거의 모든 종들이 100만 년 이상 존속하지 못했기 때문에 필석은 가장 대표적인 표준화석이다. 필석은 특히 오르도비스기와 실루리아기 동안 매우 풍부했으며, 흑색 셰일에서 탄화된 자국으로 보존되어 가장 흔히 발견된다(그림 12.10b).

a 저서 고착성 부유물 섭식자인 완족류

b 떠서 사는 부유물 섭식자인 필석. 표본은 노르웨이의 필로그랍투스 앙구스티폴리우스(*Phyllograptus angustifolius*)

그림 12.10 대표적인 완족동물과 필석

코노돈트는 인회석(인산칼슘) 광물로 이루어진 작은 이빨 모양의 골격화석이다(그림 12.11a). 150여 년 전부터 알려져 왔지만, 1983년 코노돈트 동물이 발견되기까지 그들의 유연관계는 논란의 대상이었다(그림 12.11b). 스코틀랜드의 하부 석탄기 지층에서 발견된 몇몇 코노돈트 동물의 탄화된 인상화석 표본들은 이들이 척삭동물문에 속하는 원시적인 무악동물의 한 분류군이라는 것을 지시해 준다. 이 표본들을 연구한 결과 코노돈트 동물은 아마도 긴 모양의 헤엄치는 동물이었을 것으로 생각된다. 코노돈트는 넓은 지리적 분포와 짧은 층서적 범위 덕분에 생층서대 설정과 대비에 매우 훌륭한 화석이다.

오르도비스기 말은 해양 생태계에서 대량멸종이 일어났던 시기이다. 100과(科) 이상의 해양 무척추동물들이 멸종했으며, 북아메리카에서만 절반 이상의 완족류와 태형동물들이 멸종했다. 어떤 이유 때문일까? 많은 지질학자들은 이러한 멸종 사건이 오르도비스기 말 곤드와나 대륙에서의 광범위한 빙하작용의 결과라고 생각한다(10장 참조).

실루리아기와 데본기의 해양 생물군

오르도비스기 말 대량멸종에 뒤이어 다수의 생물군들이 다시 다양화되거나 회복되는 현상이 일어났다. 완족동물, 태형동물, 복족류, 이매패류, 산호, 해백합(바다나리), 필석 등이 실루리아기 동안 다시 다양화된 대표적인 분류군들이다.

10장과 11장에서 다룬 바와 같이, 실루리아기와 데본기는 주요한 생물초들이 형성된 시기였다. 실루리아기

a 이빨처럼 생긴 코노돈트 미화석. 네바다 주 모니터 산맥 코펜하겐층(중기 오르도비스기)에서 산출된 카하바그나투스 스위티(*Cahabagnathus sweeti*)(좌); 네바다 주 쉥글석회암에서 산출된 스콜로포두스(*Scolopodus* sp.)(우)

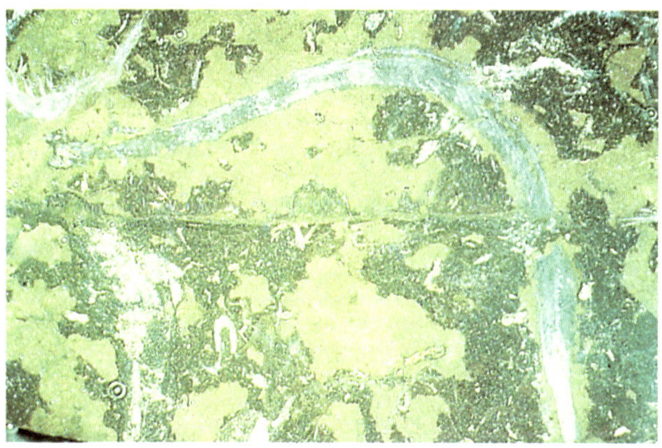

b 스코틀랜드 에딘버러의 하부 석탄계 그랜튼 슈림프층에 탄화된 인상으로 보존된 코노돈트 동물. 두께 약 2mm, 길이 40mm

그림 12.11 코노돈트와 코노돈트 동물

그림 12.12 **중기 데본기의 해양 생물초 모습** 북아메리카 그레이트 호수 지역의 중기 데본기 생물초를 복원한 모습. 산호, 두족류, 삼엽충, 해백합, 완족동물 등이 보인다.

동안 대부분의 무척추동물 방산이 생태적 지위를 다시 차지한 것에 불과한 반면에, 생물초를 형성한 생물들은 새로운 방식으로 다양화되어 캄브리아기 또는 오르도비스기 동안에 형성된 그 어떤 것보다도 거대한 생물초를 형성하였다. 이러한 개체수의 증가는 부분적으로 대륙 육괴 위로 재개된 해침에 기인하는 것으로 여겨진다. 실루리아기 말에는 주요한 해수면 하강이 일어났지만 고생대 중기의 해수면은 일반적으로 높았다(표 10.1 참조).

실루리아기와 데본기 생물초들은 판상산호, 군집성 사방산호, 층공충들이 주를 이루었다(그림 12.12). 실루리아기와 데본기 생물초의 동물군이 그 이전의 생물초나 생물초 구조의 동물군과는 다소 다르지만, 일반적 조성과 구조는 오늘날의 생물초와 같다.

그림 12.13 **암모노이드** 후기 데본기의 암모노이드. 독특한 봉합선 형태, 짧은 층서적 범위, 넓은 지리적 분포 때문에 훌륭한 표준화석으로 사용된다.

실루리아기와 데본기는 바다전갈류(전갈같은 몸통과 인상적인 집게다리를 가진 절지동물)가 번성했던 기간이기도 했는데, 다른 많은 무척추동물과는 달리 바다전갈류는 기수와 담수로까지 서식지를 확장했다. 두족류의 아강인 암모나이트류는 전기 데본기 노틸러스류로부터 진화하여 빠르게 다양화되었다. 암모나이트류는 독특한 봉합선 양식, 짧은 층서적 범위, 넓은 지리적 분포를 보이기 때문에 데본기부터 백악기까지의 훌륭한 표준화석이다(그림 12.13).

데본기 말 무렵, 전 세계에 걸쳐 대형 생물초 군집들을 거의 절멸시킨 또 한 차례의 대량멸종이 일어났다. 그러나 육상의 양치식물들은 거의 영향을 받지 않은 것처럼 보인다. 이 시기의 멸종은 해양생물 특히 생물초와 원양성 생물군들에서 가장 광범위하게 일어났다.

고생대 중기 생물초 군집의 소멸로 인해 데본기 말의

대량멸종은 지리적으로 큰 차이를 보인다. 열대지역의 생물군들이 가장 심각한 영향을 받은 반면 고위도 지역의 생물군들은 거의 영향을 받지 않은 것으로 보인다. 전 지구적인 기온하강이 데본기 말 대량멸종의 주요 원인이었다는 것은 분명하다. 그와 같은 한랭화 기간 동안 열대 환경이 사라지면서 생물초와 다른 온대성 생물들이 심각한 영향을 받았을 것이다. 이와 달리 냉수종들은 단지 적도 쪽을 향해 이주할 수 있었을 것이다. 비록 온도 하강이 데본기 말 대량멸종에 큰 영향을 주었지만, 이아페투스해(Iapetus Ocean)의 닫힘과 이 시기의 조산운동들(그림 11.1a) 또한 많은 해양 무척추동물들이 살던 얕은 대륙붕 환경을 축소시킴으로써 대량멸종을 촉진했던 것이 확실하다.

석탄기와 페름기의 해양 생물군

후기 데본기의 대량멸종 영향을 받은 석탄기 해양 무척추동물군과 마찬가지로 후기 오르도비스기의 대량멸종 영향을 받은 실루리아기의 해양 무척추동물군도 적응방산과 다양화 과정을 재개하였다. 완족동물과 암모나이트류는 급속하게 회복되어 생태적으로 중요한 역할을 맡게 되었다. 망상 태형동물이나 해백합과 같은 다른 생물군들은 석탄기 동안 다양성이 최고에 달했다. 층공충, 판상산호, 사방산호의 쇠퇴와 함께, 고생대 초기의 대형 생물초들이 거의 사라지고 매우 작은 생물초들로 대체되었다. 이 생물초들은 주로 해백합, 바다꽃봉오리(blastoid), 망상 태형동물, 완족동물, 석회조류 등에 의해 형성되었고 후기 고생대 동안 번성하였다(그림 12.14). 게다가, 태형동물과 해백합의 골편들이 대량으로 공급됨으로써 하부 석탄기(미시시피기) 퇴적암의 대부분을 차지하는 층상의 석회암이 넓은 지역에 걸쳐 형성되었다.

페름기의 해양 무척추동물군들은 석탄기의 동물군과 유사하지만 널리 분포하지는 못했는데, 그 이유는 대륙과 위의 얕은 바다가 좁게 분포하고 대륙 연안의 대륙붕 공간이 축소되었기 때문이다(그림 11.11 참조). 가시가 많고 기이한 형태의 완족동물군집이 페름기 동안 텍사스 지역에 형성되었던 산호초 복합체에 중요한 역할을 했다. 전기 석탄기 말에 출현하여 후기 석탄기 동안 매우 다양해진 방추충(방추형의 저서성 유공충)(그림 12.15)은 페름기 동안 다양화가 지속되었다. 풍부한 개체수, 다양성, 전 지구적 산출로 인해 방추충은 전기 석탄기와 페름기의 중요한 표준화석이다. 태형동물, 해면동물, 일부 석회조류들 또한 대표적인 페름기 무척추동물군들이다.

5. 대량멸종

지질시대를 통해서 다양한 동식물 종들이 멸종해 왔다. 사실 멸종은 화석 기록상 일반적인 특징이며, 시간에 따른 멸종 비율의 변동 폭은 매우 작았다. 새로운 종이 진화하듯 다른 것들은 멸종한다. 그러나 지질시대 동안의 대량멸종은 짧은 시간 동안에 많은 수의 종들이 사라진 사건이다. 이러한 대량멸종은 지역적 또는 전 지구적 규모의 급격한 환경 변화에 의해서만 일어날 수 있다.

과거 지질시대 동안 일어났던 대량멸종 사건들을 보면, 몇 가지 공통점을 찾을 수 있다. 첫째, 대량멸종은 전형적으로 해양과 육상 양쪽 모두의 생물에 영향을 미쳤다. 둘째, 열대 해양생물들이 온대, 극지방의 생물들보다 더 큰 영향을 받았다. 셋째, 일부 동물 분류군들에서는 대량멸종이 반복적으로 일어났다.

지난 6억 5,000만 년 동안의 대량멸종 사건들을 살펴보면, 첫 번째 멸종은 아크리타치만 해당됨을 알 수 있다. 몇 번의 멸종 사건들이 캄브리아기 동안 일어났고 이때는 해양 무척추동물들 특히 삼엽충이 영향을 받았다. 고생대 동안 다른 세 번의 대량멸종이 일어났다. 많은 무척추동물들이 멸종한 오르도비스기 말, 원시적인 갑주어류뿐 아니라 생물초를 형성하는 생물체들에 영향을 미친 데본기 말, 약 90%의 해양 무척추동물 종들과 65% 이상의 육상동물들이 멸종한 가장 혹독했던 페

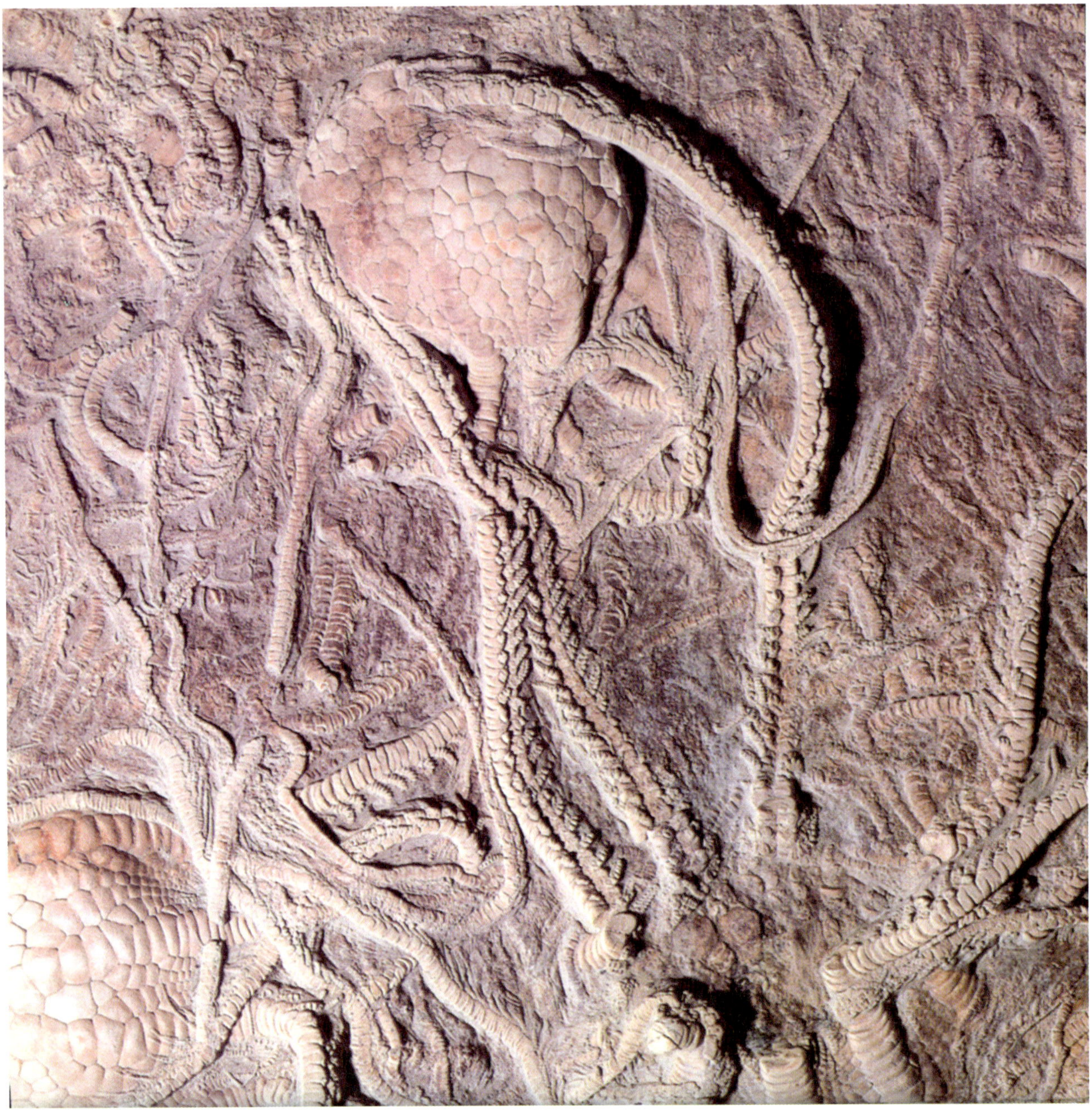

그림 12.14 **하부 석탄기 해백합 화석군**

름기 말의 대멸종이 그것이다.

중생대에도 몇 번의 대량멸종이 일어났는데, 가장 큰 규모의 사건은 백악기 말에 일어났다. 공룡, 익룡, 수장룡, 어룡과 같이 해양 생활에 알맞은 동물 등 거의 모든 대형동물들이 멸종했다. 많은 과학자들은 백악기 말 대량멸종이 운석 충돌 때문에 일어났다고 생각한다(15장 참조).

몇 번의 대량멸종은 신생대 동안에도 일어났다(18장 참조). 가장 극심했던 사건은 에오세 말 무렵이었으며 전 지구적 한랭화 및 기후 변화와 연관이 있다. 가장 최근의 멸종은 플라이스토세 말에 일어났다.

많은 과학자들이 해양생물의 대량멸종은 지질학적

그림 12.15 방추충 방추충은 후기 석탄기와 페름기의 훌륭한 표준화석인 방추형의 저서성 유공충이다. 캘리포니아 주 Inyo County의 하부 페름계 오웬스 계곡층군에서 발견된 세 개의 방추충 단면 모습이다. 두 개의 길쭉한 표본은 파라푸줄리나(*Parafusulina* sp.)이며 우측 하단의 원형 표본(장축의 수직으로 잘린 단면)은 미확인 방추충이다.

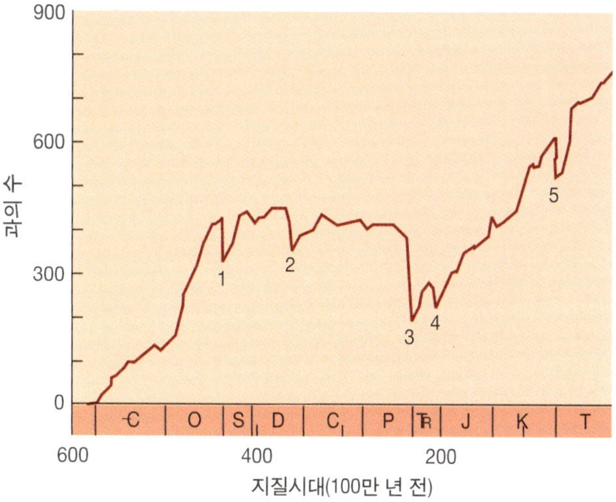

그림 12.16 현생누대의 해양생물 다양성 현생누대 해양 무척추동물과 척추동물과의 다양성. 고생대 동안 세 번의 대량멸종 사건 중 페름기 말에 일어난 사건이 가장 규모가 컸다.

관점에서 갑작스런 사건이라고 생각하지만, 사실 인간의 관점에서 보면 수십만 년, 심지어 수백만 년에 걸쳐 일어나는 점진적인 현상이다. 게다가 많은 지질학자들은 단일의 격변적 사건보다는 특히 해양에서는 1차적으로 기후 변화가 멸종의 원인이라고 생각한다. 빙하 기록의 증거나 지구 온난화와 같은 기후 변화의 흔적들이 화석 기록에 나타난 멸종과 대비되어 왔다.

페름기 말의 대량멸종

지구에 영향을 준 가장 극심한 대량멸종은 페름기 말에 일어났다(그림 12.16). 페름기가 끝나는 시기까지 모든 해양 무척추동물 과(family)의 약 50%, 종(種, species)의 약 90%가 멸종했다. 삼엽충과 바다꽃봉오리(blastoid)뿐만 아니라 방추충, 사방산호와 판상산호, 일부 태형동물과 완족동물 목들이 페름기 말에 사라졌다. 이 모든 생물군들은 고생대 동안 매우 성공적으로 생존하였다. 게다가 육지에서는 약 33%의 곤충뿐만 아니라 모든 양서류와 파충류의 65%가 멸종하였다.

무엇이 해양과 육상에 살던 생물체 모두에게 그러한 격변을 가져 왔을까? 많은 가설들이 제기되었으나 아직까지 완전히 만족할 만한 답은 찾지 못했다. 멸종 사건은 페름기 말 수백만 년에 걸쳐 일어났기 때문에, 백악기 말에 일어났던 운석 충돌(15장 참조)은 배제될 수 있다.

판게아의 형성으로 유발된 대륙붕 영역의 감소와 빙하작용의 결과로 일어난 넓은 지역의 해퇴도 페름기 말 멸종의 주요 원인은 아니다. 이미 페름기 말 이전에 대부분의 대륙 충돌이 일어났고, 대륙붕의 감소 또한 이미 대량멸종이 본격적으로 시작되기 이전에 일어났다. 더욱이 석탄기에 일어났던 광역적인 빙하작용은 페름기에 들어와 약화되고 있었다.

현재, 많은 과학자들은 심해의 무산소 환경과 대양의 이산화탄소량 증가로 후기 페름기 동안 해수는 층상구조를 형성하였다고 생각한다. 다시 말해, 산소가 풍부한 표층수와 심층수와의 순환이 거의 없었다는 것이다. 이 기간 동안 정체된 물이 대륙붕까지 연장되면서 천해의 해양 생물군이 영향을 받았다.

게다가 후기 페름기 동안 지구 온난화가 가속화된 증거도 있다. 오늘날과 마찬가지로 고위도 지방의 온난화는 극지방의 차갑고 산소를 많이 포함한 물을 저위도의 심층수로 침강시키는 작용을 심각하게 감소시키거나 방해하기 때문에 전 지구 대양의 층상화에 기여했을 것이다. 그 결과 잘 혼합되고 산소가 풍부한 해양시스템보다는 정체되고 층상화된 해양이 만들어졌을 것이다.

후기 페름기 동안, 광역적인 화산작용과 대륙에서의 열극분출이 일어나 이산화탄소가 대기 중에 추가로 방출되어 기후 불안정과 생태적 붕괴를 가중시켰다. 페름기 말까지 해양과 육상생태계 모두 거의 파괴되는 일이 일어났다. 이러한 황폐화의 궁극적 원인은 여전히 연구와 논쟁의 대상이지만, 아마도 지질학적 및 생물학적 사건들이 서로 복합적으로 작용했을 것이라는 것이 설득력이 있다.

요약

표 12.2는 고생대의 주요 진화적 및 지질학적 사건들을 요약한 것으로 이들 상호간의 관계를 보여 준다.

- 다세포 생물들은 단단한 부분을 갖지 않았던 선캄브리아 시대의 긴 역사를 가졌을 것이다.
- 단단한 부분을 가진 무척추동물들은 캄브리아기 대폭발이 일어난 전기 캄브리아기 동안 갑자기 출현하였다. 골격은 포식자에 대항하는 보호, 근육의 지지 등과 같은 장점을 제공하여, 생물체로 하여금 크게 성장하고 운동의 효율성을 높일 수 있게 하였다. 경질부는 하나의 원인이라기보다는 아마도 다양한 지질학적 및 생물학적 요인들의 결과로 진화했을 것이다.
- 해양 생물들은 떠다니는 부유생물, 헤엄치는 유영생물, 해저면 위 또는 곳에 사는 저서생물로 분류된다.
- 해양 생물들은 네 가지 기본 섭식 생물군으로 구분된다. 물속에 용융된 영양분 또는 현미경적인 크기의 동식물을 섭취하는 부유물 섭식자, 식물을 먹고 사는 초식동물, 고기를 먹고 사는 육식-부식동물, 그리고 퇴적물을 섭취하여 영양분을 흡수하는 퇴적물 섭식자가 있다.
- 해양 생태계는 먹이의 생산과 소비의 다양한 영양단계로 이루어져 있다. 다른 모든 생물체들이 의존하는 1차 생산자가 가장 기저에 있다. 1차 생산자들을 먹는 것들이 1차 소비자들인데 이들은 상위 소비자들에게 또 잡아먹힌다. 분해자들은 죽은 생물의 복잡한 유기화합물을 분해하고 생태계 내에서 그것들을 재활용하는 박테리아들이다.
- 캄브리아기의 무척추동물군은 세 주요 생물군 즉, 삼엽충, 무교강 완족동물, 고배류가 주를 이룬다. 이들 무척추동물 사이에 생물 분화는 거의 없었고 대부분의 문들은 단지 몇 종으로 대표되었다.
- 중기 캄브리아기 버제스셰일은 세계에서 가장 보존 상태가 좋은 연체부 생물군들을 포함하고 있다.
- 오르도비스기 해양 무척추동물군은 패각동물군에 의한 우점의 시작과 대규모 생물초 형성의 시작을 반영한다. 오르도비스기 말은 수많은 무척추동물 문이 사라지는 멸종이 일어난 시기이다.
- 실루리아기와 데본기는 생물초를 형성하는 동물들에 의해 우점된 다양한 동물군의 시기였다. 반면, 석탄기와 페름기에는 무척추동물의 다양성이 크게 감소하였다.
- 대량멸종은 이례적으로 많은 수의 생물들이 짧은 기간 동안에 멸종해 버리는 사건이다. 지난 6억 5,000만 년 동안 그러한 사건이 여러 차례 일어났다.
- 주요 멸종 사건은 고생대 말에 일어나 척추동물뿐만 아니라 무척추동물에게도 영향을 미쳤으나, 그 원인은 아직도 논쟁의 대상이다.

표 12.2

고생대의 주요 진화 및 지질학적 사건들

연대(100만 년)	지질 시대	무척추동물	척추동물	식물	주요 지질학적 사건
251–299	페름기	무척추동물들에 영향을 준 최대 규모의 대량멸종	극어류, 판피어류, 용반류 멸종 파충류 중 수궁류와 반룡류 번성	다양하고 풍부한 겉씨식물	판게아의 형성 앨러게니 조산운동 헤르시니아 조산운동
299–318	석탄기 – 펜실베이니아기	방추충 다양화	다양하고 풍부한 양서류	주로 양치식물과 겉씨식물로 이루어진 석탄 늪지	석탄 늪지 흔함 고기 로키 산맥 형성 곤드와나 대륙의 빙하작용
318–359	석탄기 – 미시시피기	해백합, 망상 태형동물, 바다 꽃봉오리 풍부 많은 생물초 형성 생물군의 멸종 후 재개된 적응방산	파충류의 진화	겉씨식물의 등장 (후기 데본기에 진화)	쿼치다 조산운동 흑색 셰일의 광역적 퇴적
359–416	데본기	데본기 말 생물초를 형성하는 많은 무척추동물 멸종 생물초 형성 지속 바다전갈류 번성	양서류의 진화 대부분의 주요 어류 출현—어류의 시대	최초의 종자식물 진화 양치식물 다양화	흑색 셰일의 광역적 퇴적 아카디아 조산운동 앤틀러 조산운동
416–444	실루리아기	주요 생물초 형성 무척추동물의 높은 다양성	갑피어류가 보편적 최초의 유악어류인 극어류 출현	초기 육상식물—양치식물	칼레도니아 조산운동 광범위한 보초와 증발암 형성
444–488	오르도비스기	오르도비스기 말 다양한 해양 무척추동물 멸종 무척추동물군의 주요 적응방산 부유물섭식자 번성	갑피어류 다양화	식물의 육상 진출?	곤드와나 대륙의 빙하작용 타코니 조산운동
488–542	캄브리아기	많은 삼엽충들이 캄브리아기 말엽 멸종 삼엽충, 완족류, 고배류 가장 풍부	최초의 척추동물—갑피어류로 불리는 무악어류		북아메리카 대륙 육괴에서 현생누대 최초의 해침

주요 용어

부유물 섭식자(suspension feeder)
부유생물(plankton)
유영동물(nekton)
육식-부식동물(carnivore-scavenger)
1차 생산자(primary producer)
저서생물(benthos)
초식동물(herbivore)
퇴적물섭식자(sediment-deposit feeder)

복습 문제

1. 음식물을 스스로 만드는 생물을 ____이라 한다.
   a. ____ 독립영양생물, b. ____ 초식동물, c. 저서생물, d. ____ 표생동물군, e. ____ 답 없음
2. 유기질 세포벽을 가진 고생대 식물성플랑크톤의 주요 생물군을 ____이라 한다.
   a. ____ 아크리타치, b. ____ 코코리소포리드, c. ____ 규조류, d. ____ 와편모충류, e. ____ 필석
3. 특히 오르도비스기와 실루리아기 동안 풍부했던 부유성 무척추동물군 중 가장 훌륭한 표준화석은?
   a. ____ 완족동물, b. ____ 두족류, c. ____ 방추충, d. ____ 필석, e. ____ 삼엽충
4. 해저면 위 물 속에 서식하는 생물들을 ____이라 한다.
   a. ____ 저서생물, b. ____ 표생동물, c. ____ 내생동물, d. ____ 표생식물, e. ____ 원양성생물
5. 버제스셰일 동물군은 ____을 포함하고 있기 때문에 중요하다.
   a. ____ 최초의 각질 동물, b. ____ 멸종한 많은 연체부 동물들의 탄화된 흔적, c. ____ 최초라고 알려진 저서생물군, d. ____ 희귀한 해양 식물화석, e. ____ 코노돈트 동물
6. 완족동물은 ____이다.
   a. ____ 저서성의 이주성 육식동물, b. ____ 저서성의 이주성 부식동물, c. ____ 저서성의 부유물 섭식자, d. ____ 유영성의 육식-부식동물, e. ____ 부유성 1차 생산자
7. 어떤 유형의 무척추동물들이 오르도비스기 무척추동물을 우점했는가?
   a. ____ 표생식물성인 부유성 1차 생산자, b. ____ 내생성, 유영성 육식동물, c. ____ 내생성, 저서성 고착성의 부유물 섭식자, d. ____ 표생동물성, 저서성, 이주성의 부유물 섭식자, e. ____ 표생동물성, 저서성, 고착성의 부유물 섭식자
8. 외골격은 ____ 유익하다.
   a. ____ 조간대 환경에서 건조를 방지하기 때문에, b. ____ 자외선 복사를 막아주기 때문에, c. ____ 포식자로부터 보호하기 때문에, d. ____ 강력한 근육 발달을 위한 부착지점을 제공하기 때문에, e. ____ 모두
9. 대량멸종은 어느 세 지질시대 말 또는 말엽에 일어났는가?
   a. ____ 캄브리아기, 오르도비스기, 페름기, b. ____ 캄브리아기, 실루리아기, 데본기, c. ____ 오르도비스기, 데본기, 페름기, d. ____ 실루리아기, 데본기, 페름기, e. ____ 캄브리아기, 데본기, 페름기
10. 최초의 유사 생물초 구조는 ____에 의해 만들어졌다.
    a. ____ 태형동물, b. ____ 연체동물, c. ____ 고배류, d. ____ 해면동물, e. ____ 산호
11. 버제스셰일의 시대는 ____이다.
    a. ____ 캄브리아기, b. ____ 오르도비스기, c. ____ 실루리아기, d. ____ 데본기, e. ____ 하부 석탄기
12. 지구 역사에서 가장 큰 규모의 대량멸종은 어느 지질시대 말에 일어났는가?
    a. ____ 캄브리아기, b. ____ 오르도비스기, c. ____ 데본기, d. ____ 페름기, e. ____ 백악기
13. 캄브리아기 골격화된 생물의 대부분을 구성한 세 무척추동물 집단은 ____이다.
    a. ____ 삼엽충, 고배류, 완족동물, b. ____ 극피동물, 산호, 태형동물, c. ____ 완족동물, 고배류, 산호, d. ____ 삼엽충, 극피동물, 산호, e. ____ 삼엽충, 완족동물, 산호
14. 주요 생물초 형성 시기는 ____였다.
    a. ____ 캄브리아기, 오르도비스기, b. ____ 오르도비스기, 실루리아기, c. ____ 실루리아기, 데본기, d. ____ 데본기, 전기 석탄기, e. ____ 후기 석탄기
15. 변화하는 지질학적 조건들이 고생대 동안 어떻게 무척

추동물들의 진화에 영향을 끼쳤는지에 대해 논하시오.

16. 캄브리아기 생명의 폭발적 진화가 점유되지 않은 생태적 지위를 채운 결과의 일부로 일어난 것이라면, 왜 페름기 말이나 백악기 말의 대량멸종에 뒤이어 일어난 급속한 진화를 볼 수 없는가?
17. 최초의 각질동물 출현의 중요성과 광물화된 외골격을 얻게 된 가능한 원인들에 대하여 논하시오.
18. 화석 기록의 불완전성이 캄브리아기 대폭발이라고 알려진 현상에 어떤 역할을 하는지에 대하여 논하시오.
19. 캄브리아기와 오르도비스기 해양 생물군의 주요 차이점은 무엇인가?
20. 페름기 말 대량멸종 사건의 가능한 원인에 대하여 논하시오.

응용 문제

1. 생산자, 소비자, 분해자 사이의 관계를 보여 주는 해양 먹이사슬을 그려보시오.
2. 환경론자들의 한 가지 관심은 환경파괴가 전 지구적인 생물 다양성의 큰 감소를 가져온다는 것이다. 고생물학자로서 여러분은 지구 역사상 일어났던 대량멸종 사건들을 알고 있다. 지구의 생물군이 산업화와 같은 인간 활동에 의해 반대 영향을 받는지 아닌지에 대한 논쟁에 집중하도록 도움을 주는 지질학적 관점에서 당신은 어떤 사실과 정보를 줄 수 있으며, 전 지구적 생물다양성이 심각하게 감소한다면 어떤 결과가 가능하겠는가?

CHAPTER 13

고생대 생물의 역사: 척추동물과 식물

아일랜드 발렌시아섬에 있는 후기 고생대 사족동물의 보행렬. 이 발자국은 3억 6,500만 년보다 더 오래 전의 것이며, 최초의 육상 사족동물들 중의 하나이다.

[개 요]

[단원 목표]

- 척추동물은 캄브리아기에 처음 진화하였으며, 어류는 고생대 동안 빠르게 다양화되었다.
- 양서류는 화석 기록상 후기 데본기에 처음 출현하였으며, 석탄을 형성한 늪지가 광범위하게 형성되었던 시기인 펜실베이니아기 동안에 매우 풍부해졌다.
- 양막란의 진화로 파충류는 후기 미시시피기가 시작될 무렵에 육상의 모든 영역에서 서식하게 되었다.
- 등 쪽에 부채 모양의 돌기가 있는 파충류인 용반류는 페름기 동안 가장 지배적인 파충류였으며, 포유류처럼 생긴 파충류인 수궁류의 조상이었다.
- 최초의 육상식물은 오르도비스기 지층에서 산출되는 반면에, 가장 오래된 육상의 관속식물은 중기 실루리아기에 처음으로 출현하였다.
- 양치류처럼 씨 없는 관속식물은 펜실베이니아기 동안에 매우 풍부하였다.
- 페름기 동안 기후가 건조해지면서 겉씨식물이 전체 식물군의 주요한 구성원이 되었다.

1. 서론

1992년 처음으로 3억 6,500만 년보다 오래된 사족동물의 발자국 화석이 발견됨에 따라 고생물학자들은 동물이 언제, 어떻게 육상으로 진출하게 되었는지에 대해서 재고하게 되었다. 그 해 스위스 지질학자 스퇴셀(Iwan Stössel)은 아일랜드 남서해안의 발렌시아섬에서 후기 데본기 보행렬 화석을 발견하였는데, 이는 사족동물(*tetrapods*: 그리스어로 4를 뜻하는 *tetra*와 발을 의미하는 *podos*의 합성어)의 초기진화에 대한 이해에 중요한 정보를 제공하였다. 이들 발자국 화석을 근거로 지질학자들은 이 동물은 크기가 3피트 이상이고 매우 큰 뒷다리를 갖고 있었으며, 건조한 땅 위에서 걸었던 것이 아니라 수생식물과 포식성 물고기들이 풍부한 열대 지방의 얕은 하천 부근을 거닐거나 걸어서 물을 건넜던 것으로 해석하였다. 이러한 가설은 발자국 뒤로 꼬리의 자국이 없는 점에 근거한 것이다. 불행히도 뼈화석이 함께 산출되지 않아서 이 원시적인 형태의 사족동물의 생김새는 알 수가 없다.

고생물학자들에게 흥미로운 질문 중의 하나는 왜 사지가 사상 먼저 진화했는지이다. 이는 아마도 육상에서 걷기 위해서는 아니었을 것이다. 실제로 많은 과학자들은 수중에서 사지 덕분에 수생식물이나 그 밖의 다른 쇄설물들로 채워진 하천, 호수, 늪지 주변을 쉽게 이동할 수 있었던 것으로 생각한다. 이 장에서는 물에서 육지로의 이동과 새로운 환경에 적응하는 데 있어서 사지의 역할에 대해서 좀 더 자세히 다루게 된다.

오늘날 최초의 사족동물 진화에 대해서는 알려진 사실에 비해 궁금한 점들이 더 많다. 1990년대 동안 단지 소수의 데본기 사족동물이 알려졌으며, 물에서 육지로의 진화적 이동으로 잘 알려진 계통발생으로는 총기어류인 유스테놉테론(*Eusthenopteron*: 어류에서 양서류로 진화하는 모습을 잘 보여 줌)에서 양서류인 이크티요스테가(*Ichthyostega*)로의 진화가 있다. 하지만 오늘날 고생물학자들은 이 두 분류군에 대해서 더욱 자세히 이해하고 있으며, 화석이 추가로 발견됨에 따라 어류와 양서류 사이의 진화적 틈새를 채울 수 있게 되었다. 현재 그와 같은 발견으로 다양한 생물들의 진화를 추론하는 것이 가능하여 어류–양서류의 계통발생을 더욱 완전하게 이해할 수 있게 되었다. 게다가 여러 지역에서 얻은 더 많은 고환경학적 및 고생태학적 자료와 분석이 이루어짐에 따라 형태적 변화와 환경 사이의 연결고리를 더 자세히 알 수 있게 되었다. 더욱이 오늘날 새로운 기술의 발달로 화석으로부터 더욱 더 자세한 정보들을 추출해 내는 것이 가능하게 되었다.

12장에서 우리는 무척추동물의 역사, 즉 경질부의 획득으로 시작하여 모든 무척추동물의 약 90%, 모든 양서류와 파충류의 65% 이상에 달하는 페름기 말의 대량멸종에 대해서 살펴보았다. 이 장에서 다룰 내용은 고생대 동안 척추동물과 식물의 진화이다.

물에서 육지로 진출하는 데 있어서 식물과 동물 모두 기본적으로는 동일한 문제점들을 갖고 있었다. 생식방법은 다양한 육상환경으로 진출하는 데 있어서 동식물 모두에게 주요한 장벽이었다. 식물에서는 종자가 동물

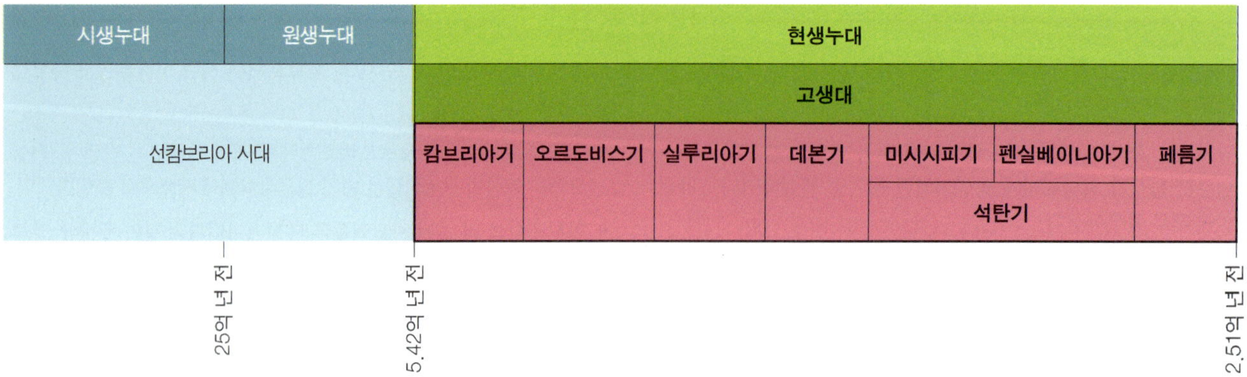

에서는 양막란이 진화함에 따라 식물과 동물 모두 육상으로 서식처를 확장하게 된 것이다.

2. 척추동물의 진화

척삭동물(chordate, 척색동물문)은 일생 동안 또는 개체발생 기간 중에 척삭(脊索, notochord) 즉, 등 쪽의 속이 비어 있는 신경색(nerve cord)과 아가미틈(gill slits)을 갖고 있는 동물이다(그림 13.1). 등뼈가 있는 **척추동물**(vertebrate)은 척삭동물의 아문이다.

척색동물문의 조상들과 아문들은 새로운 화석 기록을 남긴 연체부를 가진 생물들이었다(그림 13.2). 따라서 척삭동물과 척추동물의 초기 진화사에 관해서는 거의 알려진 것이 없지만, 놀랍게도 극피동물(표 12.1 참조)과 척삭동물 사이의 가까운 유연관계로 인해 그들은 어쩌면 서로 공통의 조상을 갖고 있을 수도 있다. 이는 극피동물과 척삭동물의 배(胚) 발달이 동일하기 때문인데, 즉 방사형 난할(卵割)의 세포분열로 세포들이 수정란의 장축에 평행하거나 수직을 이루는 면을 따라 나뉘어진다(그림 13.3a). 극피동물을 제외한 다른 모든 무척추동물의 세포분열은 나선형 난할(radial cleavage)을 하는데, 이 경우 세포들은 수정란의 장축에 비스듬히 나선형 패턴으로 배열된다(그림 13.3b). 더욱이, 극피동물과 척삭동물은 근육활동과 혈액단백질의 생화학적 특성뿐만 아니라 유생단계에서 매우 유사하다.

그러므로 척추동물로의 진화경로는 많은 과학자들이 오랫동안 생각했던 것보다 훨씬 더 일찍 그리고 더 빠르게 일어났던 것으로 보인다. 화석 기록과 최근의 분자생물학의 발달에 기초할 때, 척추동물은 바로 윤난노준(*Yunnanozoon*)과 유사한 척삭동물로부터 진화하여 두 번째 유전인자를 획득했다는 시나리오가 가능하다. 이 가설에 의하면, 돌연변이에 의해 중복 세트의 유전자가 만들어져서 조상형의 척추동물은 진화적으로 장점이 있는 완전히 새로운 구조를 발달시키게 된다. 하지만 모든 과학자들이 이 가설을 받아들이는 것은 아니며, 척추동물의 기원은 아직도 논란의 대상이다.

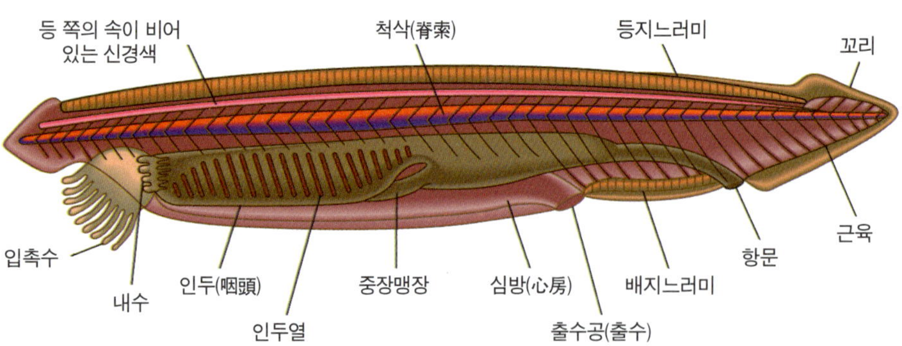

그림 13.1 척삭동물의 세 가지 특징 척삭동물의 세 가지 특징(척삭, 신경색, 아가미틈)을 잘 보여주는 창고기(*Amphioxus*)의 구조(길이는 약 5cm)

현생누대									
중생대			신생대						
트라이아스기	쥐라기	백악기	고제3기			신제3기			
								제4기	
			팔레오세	에오세	올리고세	마이오세	플라이오세	플라이스토세	홀로세

2.51억 년 전

6,600만 년 전

그림 13.2 **윤난노준 리비둠(*Yunnanozoon lividum*)** 중국 운남성에서 발견된 5억 2,500만 년 전의 윤난노준 리비둠은 길이가 5cm 정도이며, 가장 오래된 척삭동물 중의 하나이다.

방사 난할(放射卵割)

나선 난할(卵割)

a 척삭동물과 극피동물의 특징인 방사형 난할의 경우 세포들은 서로 바로 위에 인접해서 배열.

b 극피동물을 제외한 무척추동물의 특징인 나선형 난할에서는 세포가 서로 다른 세포들 사이에 배열되어 방사상 패턴을 보임

그림 13.3 **세포분열**

3. 어류

어류는 가장 원시적인 척추동물이며, 가장 오래된 어류화석 중 일부는 미국 와이오밍 주 북동부에 있는 후기 캄브리아기 데드우드층(Deadwood Formation)에서 발견된다(그림 13.4). 이곳에서는 무악강(턱이 없는 물고기)의 일종인 아나톨레피스(*Anatolepis*)의 비늘과 단단한 피부화석들이 해성 퇴적층에서 발견되었다. 지금까지는 모든 캄브리아기와 오르도비스기의 어류화석들이 얕은 연근해의 해성층에서 산출되었으나, 가장 오래된 담수 어류화석은 실루리아기 지층에서 발견되었다. 이 사실은 확실하지는 않지만 어류의 기원이 바다일 가능성이 크다는 것을 말해 준다.

어류는 후기 캄브리아기부터 오늘날까지 생존하고 있다(그림 13.5). 가장 오래된 초기 형태의 무악강은 '골질 피부'를 갖고 있는 **갑피어류**(ostracoderm)이다(표

그림 13.4 **갑피어류 피부판** 와이오밍 주의 후기 캄브리아기 데드우드층에서 산출된 아나톨레피스(*Anatolepis cf. A. heintzi*)의 피부 화석. 아나톨레피스는 가장 오래된 어류화석 중의 하나이다.

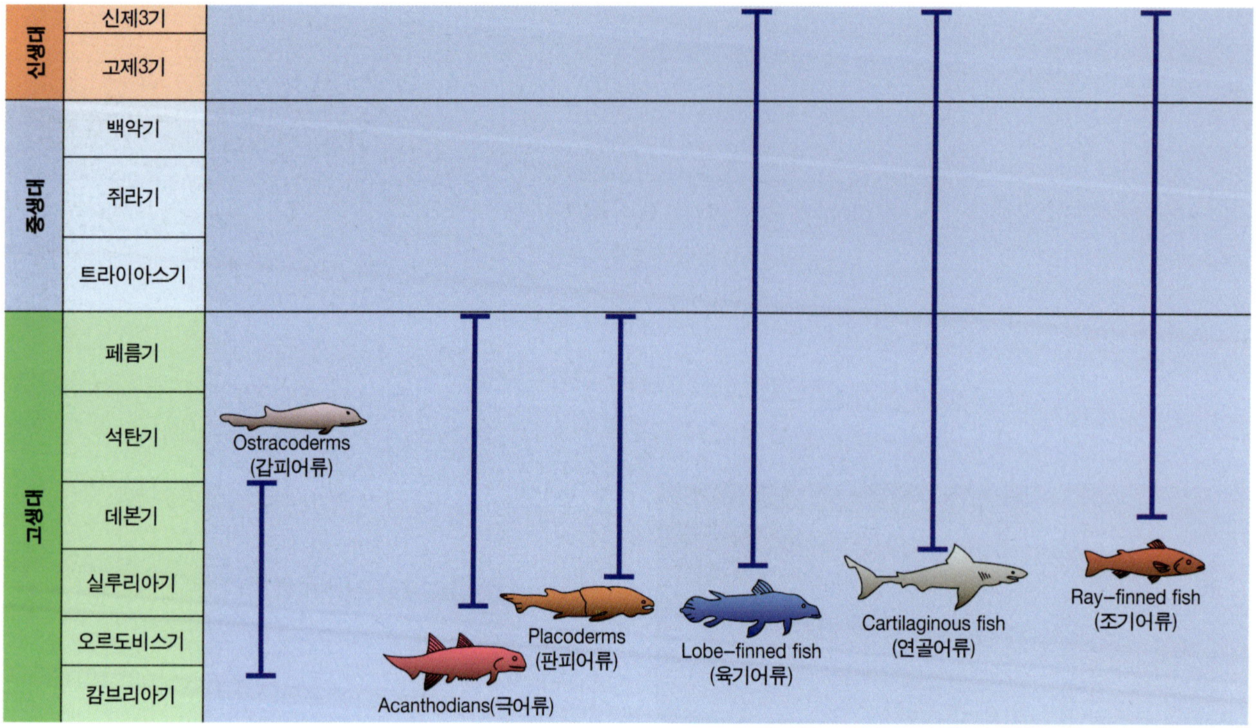

그림 13.5 **주요 어류의 생존 기간** 갑피어류는 가장 오래된 무악강(턱이 없는 어류)이며, 최초의 턱을 가진 어류는 극어류이다. 판피어류(판피어강)는 갑주로 싸여 있고 턱이 있는 어류이다. 육기어류(육기어아강)와 조기어류(조기어아강)는 경골어강에 속하는 반면에, 연골어류는 연골어강에 속한다.

13.1). 갑주로 싸여 있고 턱이 없는 갑피어는 후기 캄브리아기에 처음 출현하여 실루리아기와 데본기에 절정을 이루다가 멸종하였다.

대부분의 갑피어류는 해저에 살았으며, 헤미사이클라스피스(*Hemicyclaspis*)가 대표적이다(그림 13.6a). 수직으로 발달한 비늘을 갖고 있는 헤미사이클라스피스는 몸을 옆으로 흔들면서 추진력을 얻어 해저 바닥을 이동했으며, 눈이 머리 위쪽에 위치하여 자신을 향해

표 13.1 교재에 나오는 어류의 분류

분류	생존 기간	현생의 예
무악강(Agnatha) (턱뼈가 없는 어류) 초기 무악어류가 갑피어류이다.	후기 캄브리아기~현세	칠성장어, 먹장어 현생 갑피어류는 없음
극어강(Acanthodii) (턱뼈가 있는 최초의 어류)	전기 실루리아기~페름기	없음
판피어강(Placodermii) (갑주가 있는 유악어류)	후기 실루리아기~페름기	없음
연골어강(Chondrichthyes)	데본기~현세	상어, 가오리, 홍어
경골어강(Osteichthyes)	데본기~현세	참치, 농어, 배스, 메기, 송어, 연어, 폐어, 라티메리아
조기아강(Actinopterygii)	데본기~현세	참치, 농어, 배스, 메기, 송어, 연어
육기아강(Sarcopterygii)	데본기~현세	폐어, 라티메리아
실러캔스목(Coelacanthimorpha)	데본기~현세	라티메리아
폐어목(Dipnoi)	데본기~현세	폐어
총기목(Crossopterygii)	데본기~페름기	없음
선기아목(Rhipidistia)	데본기~페름기	없음

그림 13.6 **데본기의 해저** a 갑피어류, b 판피어류, c 극어류, d 조기어류를 보여 주는 데본기의 바다 모습

다가오는 두족류와 이빨이 있는 물고기 같은 포식자들을 감지하였다. 이들은 이빨이 없는 입으로 바닥의 작은 음식물 부스러기나 퇴적물들을 섭취했던 것으로 생각된다. 또 다른 형태의 갑피어류인 테라스피스(*Pteraspis*)는 더욱 기다란 모양이며, 활발하게 헤엄을 칠 수 있었던 것으로 여겨진다.

원시적인 척추동물에서 턱의 진화는 중요한 진화적 발달이었다. 턱이 없는 무악어류들이 퇴적물 부스러기를 먹고 살았던 반면에 유악어류들은 음식물을 씹어 먹는 포식자로서 많은 새로운 생태적 지위를 갖게 되었다.

척추동물의 턱은 진화적 기회주의의 아주 좋은 예이다. 지금까지의 많은 연구결과에 의하면 턱은 원래 무악어류의 앞쪽 2~3개 아가미활(gill arch)로부터 진화하였다. 아가미는 부드럽기 때문에 뼈 또는 연골로 된 아가미활에 의해 지지된다. 그러므로 턱의 진화는 음식물 섭취보다는 호흡과 관련이 있었던 것으로 보인다(그림 13.7). 앞쪽의 아가미활에 관절이 진화하면서 무악어류는 입을 더 크게 벌릴 수 있었다. 물고기는 끊임없이 입을 열고 닫으므로 더 많은 물이 아가미를 통해서 나가게 되고 그 결과 산소 섭취량이 증가하는 것이다. 앞쪽의 단단한 아가미활들이 관절형태로 변형되면서 음식물과 산소 섭취량이 증가하였고 턱은 음식섭취 구조로 빠르게 진화하였다.

최초의 유악어류 화석은 하부 실루리아계 지층에서 산출된 극어류(acanthodians)이며, 이들은 큰 가시, 쌍으로 된 지느러미, 몸을 덮고 있는 비늘, 턱, 이빨, 매우 작아진 갑주 등이 특징이다(그림 13.6c, 표 13.1). 다른 어류와의 유연관계가 아직은 불분명하지만 극어류는 오늘날의 경골어류와 연골어류의 조상을 포함하는 분류군으로 생각된다. 극어류는 데본기 동안에 가장 풍부하였고 석탄기를 거치면서 감소하다가 페름기에 멸종

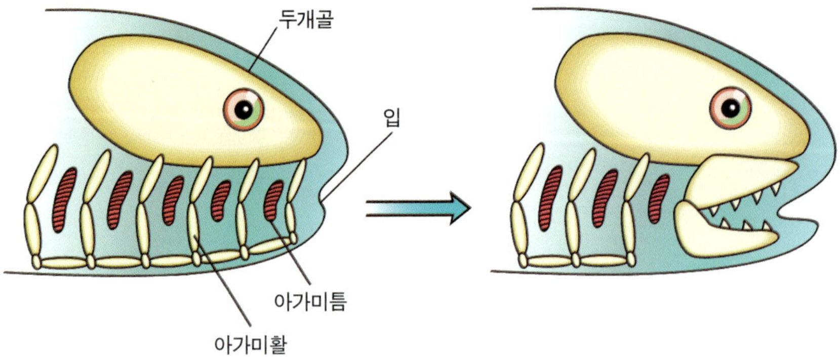

그림 13.7 **척추동물 턱의 진화** 척추동물 턱의 진화는 앞쪽 2~3개의 아가미활(gill arch)이 변형된 산물로 여겨지는데, 이 가설은 현생 척추동물과의 비교해부학에 근거한다.

하였다.

또 다른 유악어류인 **판피어류**(placoderm, 판피어강)는 피부가 단단한 판으로 이루어져 있어서 붙여진 이름이며, 실루리아기에 출현하였다. 판피어류는 해양과 담수에 모두 살았던 유악어류이며 머리는 두꺼운 갑주로 덮여 있고 극어류와 마찬가지로 데본기 동안에 가장 크게 번성하였다.

판피어류의 형태는 매우 다양한데, 크기가 작고 바닥에 거주하는 종(그림 13.6b)이 있는가 하면, 후기 데본기 동안 북아메리카 대륙 중앙부의 천해에 살았던 던클레오스테우스(*Dunkleosteus*)처럼 몸집이 큰 포식자도 있다(그림 13.8a). 던클레오스테우스는 몸길이 12m 이상으로 지금까지 크기가 가장 큰 어류였는데, 머리와 어깨 쪽 부분이 두꺼운 갑주로 덮여 있고 면도칼처럼 날카로운 이빨이 나 있는 큰 턱과 유연한 꼬리를 갖고 있는 것이 특징이다.

데본기 동안에는 풍부한 극어류, 판피어류, 갑피어류 이외에도 연골어류와 경골어류를 포함하는 다른 어류들도 진화하였다. 그러므로 주요 어류 분류군들이 번성했던 데본기를 '어류의 시대'라고 부른다.

오늘날의 상어, 가오리, 홍어 등을 포함하는 **연골어류**(cartilaginous fish, 연골어강, 표 13.1)는 전기 데본기에 처음 출현하였으며, 후기 데본기까지는 클래도셀라키(*Cladoselache*) 같은 원시적인 해양 상어류가 번성하였다(그림 13.8b). 연골어류는 지금까지 경골어류처럼 개체수가 풍부하거나 종 다양성이 큰 적이 없었으나, 해양 척추동물군 중에서 여전히 큰 비중을 차지하고 있다.

경골어류(bony fish, 경골어강, 표 13.1)도 연골어류와 마찬가지로 데본기에 출현하였다. 경골어류의 진화 과

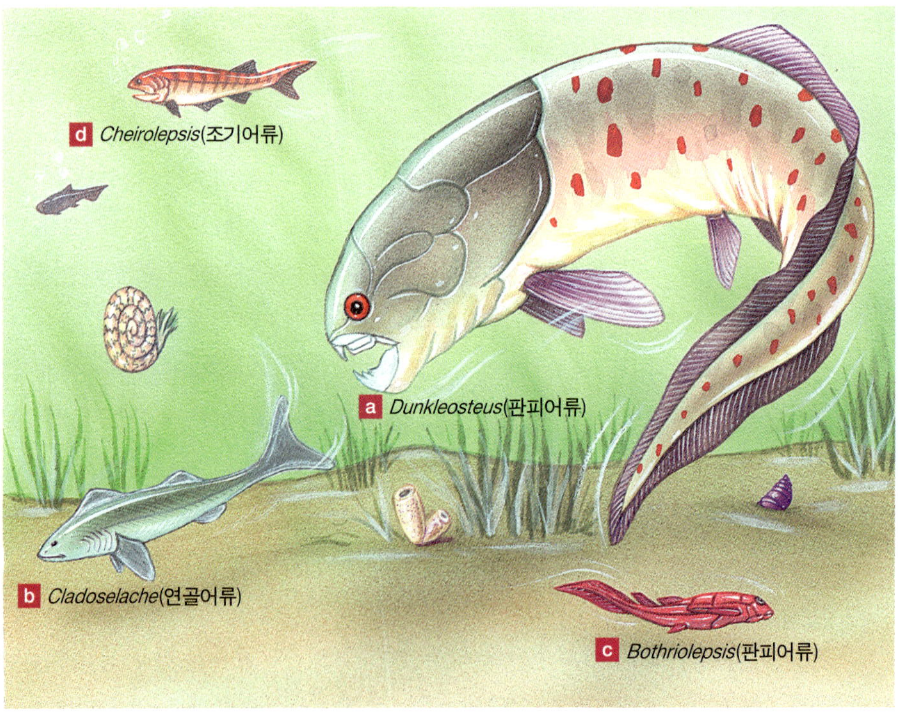

그림 13.8 **후기 데본기의 해저** 북아메리카 대륙 중앙부의 후기 데본기의 바다 모습. a 거대한 판피어류 던클레오스테우스(몸길이 12m 이상), b 연골어류인 상어 클래도셀라키(몸길이 약 1.2m), c 해저 바닥에 사는 보스리오렙시스(몸길이 40~50cm), d 헤엄치는 조기어류 케이롤렙시스(몸길이 40~50cm)

정이 특히 중요한 이유는 경골어류가 모든 어류 중에서 가장 다양하고 개체수가 많으며 양서류가 경골어류에서 진화했기 했기 때문이다. 경골어류는 두 그룹으로 구분되는데, 하나는 가장 흔한 **조기어류**(조기아강, Actinopterygii)(그림 13.8d)이며, 다른 한 그룹은 **육기어류**(lobe-finned fish, 육기아강, 표 13.1)이다.

조기(ray-finned)라는 명칭은 지느러미가 몸에서 나온 얇은 뼈에 지지되는 방식에서 붙여진 것이다(그림 13.9a). 조기어류는 데본기에 담수에서 출현한 이후 급속히 다양화되어 중생대와 신생대 바다에서 가장 풍부한 분류군으로 자리 잡았으며, 오늘날의 송어, 바스, 농어, 연어, 참치처럼 우리에게 익숙한 대부분의 어류들이 조기어류에 포함된다.

현생 육기어류는 근육질의 지느러미가 특징인데, 이들 지느러미는 살집에 의해 몸체에 붙어 있으면서도 방사상의 뼈가 아니라 지느러미 속에 여러 마디들이 연결된 형태의 뼈로 이루어져 있다(그림 13.9b). 따라서 지느러미가 강력하게 물살을 가를 수 있기 때문에 효율적인 수영이 가능하다. 육기어류는 3개의 목(실러캔스, 폐어, 총기류)으로 분류된다(표 13.1).

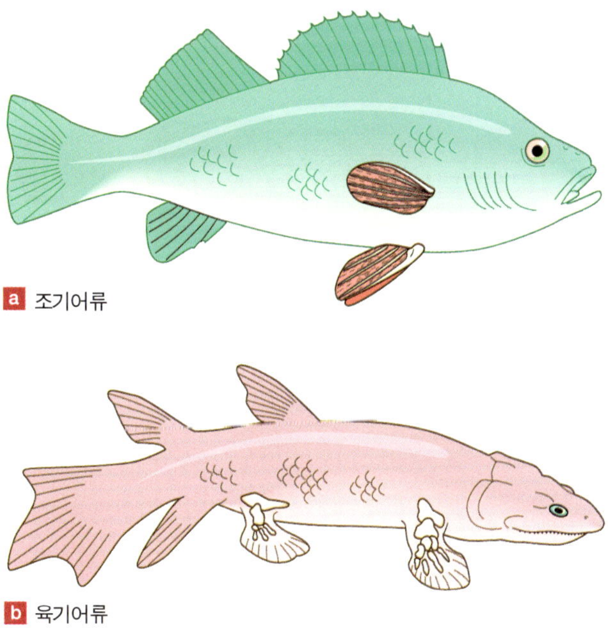

그림 13.9 **조기어류와 육기어류** a 전형적인 조기어류의 지느러미, b 육기어류의 지느러미 뼈 배열. 육기어류는 근육이 지느러미로 연장되어 조기어류에 비해 유연성이 좋다.

실러캔스(총기어목, Coelacanths)는 중기 데본기에 출현하여 백악기 말에 멸종한 것으로 여겨지는 해양 육기어류이다. 그러나 1938년 한 어부가 마다가스카르 심해에 살고 있는 실러캔스를 잡은 이후(그림 7.15a)마다가스카르 해역과 인도네시아 부근에서도 수 십 마리 이상의 실러캔스가 잡혔다.

폐어(폐어목, Dipnoi)는 데본기 동안에 매우 풍부했으나, 오늘날에는 남아메리카, 아프리카, 호주에서 각각 1속씩 오직 3속만이 생존하고 있다. 오늘날 폐어의 분포는 중생대 동안 곤드와나 대륙의 분리를 반영하는 것일 수 있다(14장 참조).

사실 현생 폐어의 '폐'는 대부분의 물고기가 수영할 때 부력을 얻기 위해 사용하는 변형된 부레이다. 폐어는 호수나 하천에 서식하는 동안 물이 흐르지 않거나 말랐을 때 이 폐를 사용하여 산소를 들여 마신다. 건기 동안에는 퇴적물속으로 굴을 파고 들어가 탈수를 방지하며, 그들이 살고 있는 호수나 하천에 다시 물이 채워지기 시작하면 부레를 사용하여 호흡을 한다. 폐어가 다시 물속으로 들어오면 아가미 호흡을 한다.

총기류(총기목, Crossopterygii)는 육기어류 중 중요한 그룹인데, 그 이유는 양서류가 총기류에서 진화한 것으로 여겨지기 때문이다. 하지만 총기류에서 진정한 양서류로의 전이는 생각만큼 단순하지가 않다. 총기류 중에서 리피디스티류(rhipidistians)가 조상형으로 보이는데(표 13.1), 이들은 몸길이가 2m 이상이었으며 후기 고생대 동안 담수에서 지배적인 포식자였다. 에우스노프테론(*Eusthenopteron*)은 리피디스티류에 속하며 어류와 양서류의 중간형이다. 에우스노프테론은 길쭉한 형태의 몸체 덕분에 물속을 재빠르게 이동할 수 있었으며, 쌍으로 된 근육질의 지느러미를 사용하여 땅 위에서의 이동이 가능했던 것으로 생각된다(그림 13.10). 총기류와 최초 양서류의 구조적 유사성은 한 분류군에서 다른 분류군으로의 전이를 보여 주는 예로서 가장 널리 인용되고 있다(그림 13.11). 하지만 더 오래된 육기어류와 사족동물 같은 어류가 발견됨에 따라 어류에

그림 13.10 **리피디스티류의 총기류(Rhipidistian Crossopterygian)** 총기류는 양서류의 조상으로 생각되는 어류이다. 리피디스티류에 속하는 에우스노프테론은 길쭉한 형태의 몸체와 땅위에 이동하는데 사용된 지느러미를 가지고 있다.

서 사족동물로 진화하는 과정을 좀 더 잘 이해할 수 있게 되었다.

어류에서 사족동물로의 전이와 양서류의 진화를 논하기에 앞서, 더 큰 규모의 고생대의 진화적 관점에서 고생대 어류의 진화 과정을 살펴볼 필요가 있다. 바다전갈류와 암모나이트류처럼 유악어류의 진화와 다양성은 해양 생태계에 막대한 영향을 끼쳤다. 방어능력이 없던 생물들은 방어기작을 발달시켰거나 그렇지 못하면 멸종에 이를 만큼 큰 손실을 입었다.

12장에서 다룬 것처럼 삼엽충은 캄브리아기 말에 크게 감소하였고, 오르도비스기 동안에 다소 회복을 하였으나 오르도비스기 말에 다

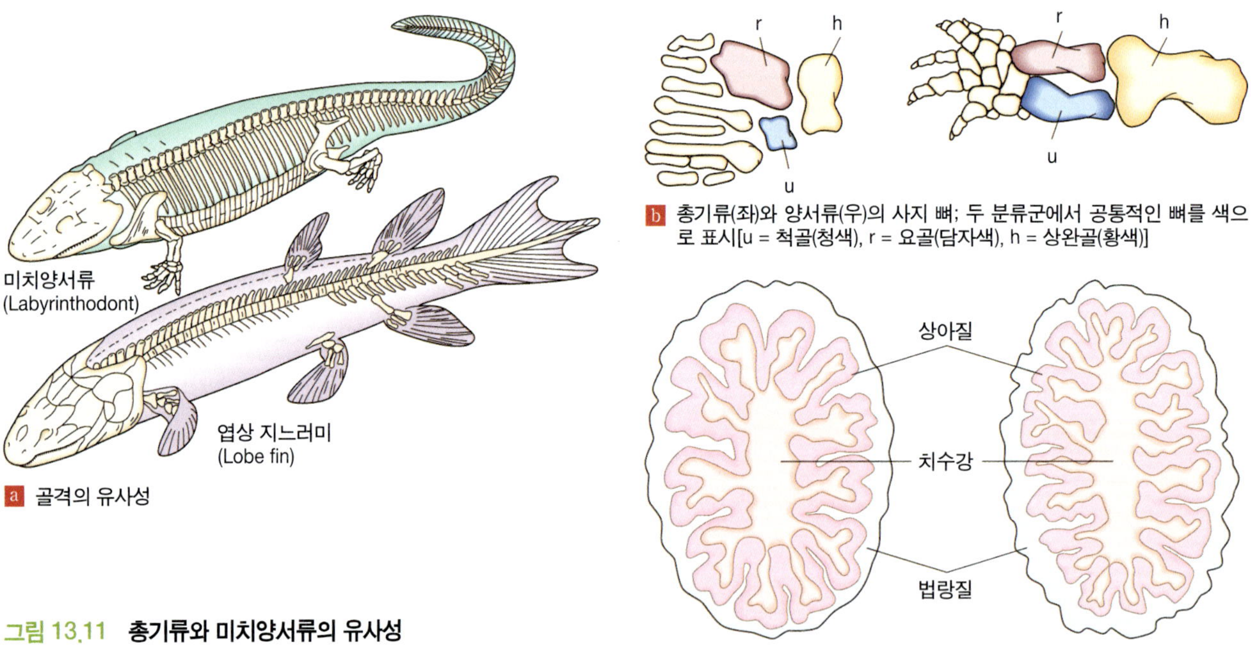

a 골격의 유사성

b 총기류(좌)와 양서류(우)의 사지 뼈; 두 분류군에서 공통적인 뼈를 색으로 표시[u = 척골(청색), r = 요골(담자색), h = 상완골(황색)]

c 총기류(좌)와 미치양서류(우)의 이빨 단면

그림 13.11 **총기류와 미치양서류의 유사성**
육기어류의 총기류와 미치양서류 사이의 유사성

시 감소하여 페름기 말에 멸종하였다. 삼엽충은 일부 방해석 성분의 외골격으로 인해 빠르게 진화하는 유악어류와 두족류에게 손쉬운 먹잇감이 되었던 것으로 여겨진다.

갑피어류도 피부가 단단한 갑주에 싸여 있음에도 불구하고 날쌘 유악어류의 먹잇감이 되었다. 갑피어류는 유악어류가 빠르게 진화했던 데본기 말에 멸종하였다. 판피어류는 극어류처럼 데본기 이후에 크게 감소하여 고생대 말에 멸종하였다. 이와 대조적으로, 연골어류와 조기어류는 암모노이드형 두족류처럼 후기 고생대 동안 번성하여(그림 12.13) 후기 고생대 바다에서 또 하나의 주요한 포식자 역할을 하였다.

4. 양서류—척추동물의 육상진출

양서류는 최초의 육상 척추동물이었지만 최초의 육상 생물은 아니었다. 육상식물은 녹조류에서 진화하여 오르도비스기에 처음으로 출현하였다. 더욱이 곤충, 지네, 거미는 물론이고 달팽이 같은 동물들도 양서류보다 먼저 육지에 진출하였다. 화석 기록에 의하면, 전갈과 날지 못하는 곤충 같은 육상 절지동물들은 이미 데본기에 출현하였다.

물에서 육지로의 전이과정에서 동물들은 몇 가지 장벽을 극복해야 했는데, 가장 큰 장벽은 건조, 생식, 중력의 영향, 그리고 물속에서의 아가미 호흡 대신에 폐호흡으로 대기 중의 산소를 들여 마시는 일이었다. 1990년대까지만 해도 대부분의 학자들은 에우스테노프테론(*Eusthenopteron*) 같은 총기류가 이크티요스테가(*Ichthyostega*) 같은 원시적인 형태의 양서류로 진화한 것으로 생각하였다. 당시에 고생물학자들의 연구대상은 단지 2속의 화석이었으며, 비록 이 화석들이 형태적으로 차이는 있었지만 총기류와 최초의 양서류가 서로 유연관계에 있음을 쉽게 알 수 있었다(그림 13.11).

총기류는 이미 등뼈와 보행에 필요한 사지 그리고 산소를 들여 마실 수 있는 폐를 갖고 있었다(그림 13.11). 한편 가장 오래된 양서류 화석은 그린란드 동부의 상부 데본계 구 적색 사암에서 산출되는 이크티요스테가이다. 이크티요스테가는 육상에서의 보행에 적응하기 위한 구조로서 네 개의 다리, 강한 등뼈, 흉곽, 요대와 흉대 이외에도 유선형의 몸체, 긴 꼬리, 등지느러미를 갖고 있는 것이 특징이다(그림 13.12). 그러므로 이크티요스테가는 총기류로부터 많은 특징들을 거의 대부분 물려받은 것으로 보인다(그림 13.11).

그럼에도 불구하고 동물이 언제 물에서 육지로 진출하였는지에 대해서는 여전히 의문이며, 왜 사지가 가장 먼저 진화했는지는 더욱 흥미로운 질문이다. 하지만 앞에서 언급했듯이 사지의 진화는 보행을 위한 것이 아니었다. 실제로, 최근 많은 과학자들은 수서 동물들이 하천과 호수 그리고 식물과 다른 암석파편들로 채워진 늪지에서도 사지를 이용하여 쉽게 이동이 가능했다고 생각한다. 1990년대에 발견되기 시작한 화석들도 이러한 가설을 잘 뒷받침해 주고 있다.

라트비아에서 산출된 몸길이 1.3m의 약 3억 8,000만 년 전(후기 데본기) 어류인 판데릭티스(*Panderichthys*)는 기본적으로 에우스테노프테론과 동일한 시기에 생존하였는데, 사족동물처럼 코는 뾰족하고 머리는 크며, 눈은 등 쪽에 위치해 있고, 귀 쪽의 두개골 부분이 변형되어 있는 것이 특징이다. 고환경학적 증거에 의하면, 판데릭티스는 얕은 조간대와 강어귀에 살았으며, 엽상형 지느러미를 이용하여 얕은 물속을 헤엄쳐 다녔던 것으로 생각된다.

그린란드의 3억 6,000만 년 전 지층에서 산출된 사족동물인 아칸소스테가(*Acanthostega*)의 화석에 의하면, 이 동물은 사지를 갖고 있으나 육지에서는 걸을 수 없었다는 것이 확실하다. 수백 개의 아칸소스테가 화석을 발견하여 연구한 고생물학자 클락(Jennifer Clack)에 의하면, 아칸소스테가의 사지는 육상에서 자신의 체중을 지탱할 만큼 강력하지 못했으며, 이들의 흉곽도 필요한 근육에 비해 너무 작아서 땅 위에서 몸을 지탱할 수가 없었다. 게다가 아칸소스테가는 아가미와 폐를 갖고 있었는데, 이 사실은 아칸소스테가가

그림 13.12 **후기 데본기의 자연환경** 물속과 땅 위에서 사는 이크티오스테가는 몸길이가 약 1m에 이르는 양서류였다. 후기 데본기 동안 식물군의 조성은 다양했고 크고 작은 양치식물의 관속식물로 구성되었다.

육상에서도 살 수 있었지만 물속에서 사는 것이 더 적합했다는 것을 의미한다. 클락은 아칸소스테가가 사지를 이용하여 늪지처럼 식물들이 빽빽한 물속에서 이동했다고 생각한다.

하지만 아칸소스테가와 거의 같은 시기에 살았던 다른 사족동물의 화석 파편들을 연구한 결과, 이들 초기의 사족동물 중 일부는 물속 보다는 땅 위에서 더 많은 시간을 보냈던 것으로 보인다. 그와 같은 화석이 발견됨에 따라 어류와 양서류의 중간 형태를 보이는 수많은 속들이 존재한다는 사실이 밝혀졌으며, 초기 형태의 총기류에서 양서류로의 계통발생 과정에서 나타나는 진화적 간격이 메워지게 되었다.

2006년에는 몸길이 1.2~2.8m의 3억 7,500만 년 전(후기 데본기) '사지형 어류(fishapod)'가 발견되었다. 캐나다 북부 엘즈미어섬에서 발견된 틱타알릭 로제(*Tiktaalik roseae*)는 이뉴잇족의 언어로 '하천에 사는 큰 물고기'라는 뜻인데, 판데릭티스 같은 육기어류와 최초의 사족동물인 아칸소스테가의 중간형으로 알려졌다.

틱타알릭 로제는 사실 어류와 사족동물의 특징을 모두 갖고 있는 '사지형 어류'이다. 예를 들면, 틱타알릭 로제는 아가미와 어류의 비늘을 갖고 있으나 사족동물의 특징인 넓은 두개골, 머리 꼭대기에 위치한 눈, 육지나 얕은 물속에서 자신의 몸을 지탱할 수 있는 유연한 목과 큰 흉곽, 폐를 갖고 있다. 하지만 과학자들의 이목을 끄는 것은 틱타알릭 로제에서 진정한 사족동물의 사지가 발달하기 시작하여 마침내 변형된 귀 부분과 함께 기능적인 팔목뼈와 다섯 개의 손가락이 형성되었다는 사실이다. 퇴적학적 증거도 틱타알릭 로제가 후기 데본기 로라시아대륙의 범람원과 연결된 얕은 물속에서 살았다는 것을 지시해 준다.

앞에서 언급한 바와 같이 가장 오래된 양서류인 이크티오스테가는 육지에서 생활할 수 있는 골격구조를 갖고 있다. 양서류는 후기 데본기까지는 진화하지 않았기 때문에 데본기 육상생태계에서 차지하는 비중은 미미하였다. 이전에 생물들이 서식한 적이 없는 새로운 곳으로 이주했던 다른 동물군과 마찬가지로, 양서류도 빠른 적응방산을 통해 석탄기와 전기 페름기 동안에 풍부해졌다.

후기 고생대의 양서류는 오늘날의 양서류를 대표하는 개구리, 두꺼비, 영원류(蠑螈類, newts), 도롱뇽 등과는 전혀 유사성이 없으며, 오히려 크기, 형태, 생활양식 등이 매우 다양한 것으로 밝혀졌다(그림 13.13). 양서류 중 **미치양서류**(迷齒兩棲類, labyrinthodonts)는 이빨의 저작면이 복잡하게 얽히고 주름진 형태를 보인다(그림 13.11c). 대부분의 미치양서류는 길이가 2m에 달했으며, 늪지와 하천에서 느림보처럼 움직이며 물고기, 식물, 곤충과 다른 작은 양서류를 잡아먹고 살았다(그림 13.13).

그림 13.13 **석탄기의 석탄 늪지**

미치양서류는 광범위한 지역에 걸쳐서 늪지가 형성되었던 석탄기에 번성하였으나(11장 참조), 기후가 변하면서 페름기 동안에는 다시 쇠퇴하였고 단지 몇 종이 트라이아스기까지 생존하였다.

5. 파충류의 진화—육상의 정복

양서류는 알을 낳기 위해 다시 물로 돌아가야 했기 때문에 육지를 점령하는데 한계가 있었다. 하지만 **양막란**(amniote egg, 그림 13.14)이 진화하면서 이러한 문제는 해결되었다. 양막란의 경우 태아(胚)는 액체로 채워진 주머니 즉 양막으로 둘러싸이고, 음식물주머니인 난황낭(卵黃囊, yolk sac)과 노폐물주머니인 요낭(尿囊, allantois)을 모두 갖고 있다. 이러한 방식에서는 새로 태어나는 파충류가 본질적으로 아주 작은 성체로서 물속에서의 유생단계에 필요한 것들을 생략하게 된다. 양막란의 진화로 척추동물은 더 이상 생식주기의 일부과정으로써 물속으로 다시 돌아갈 필요가 없어졌기 때문

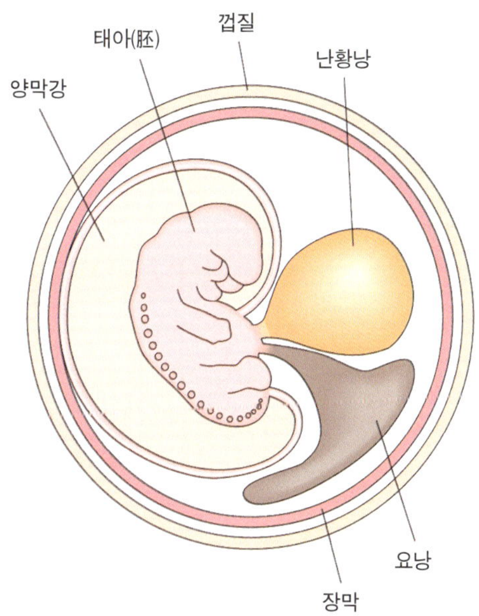

그림 13.14 **양막란** 양막란에서 태아(胚)는 양막(amnion cavity)에 의해 둘러싸이고 난황낭(yolk sac)과 요낭(allantois)을 갖고 있다. 양막란의 진화로 파충류는 생식을 위해 다시 물속으로 돌아갈 필요가 없어졌으며 육상의 어느 곳에서나 서식할 수 있게 되었다.

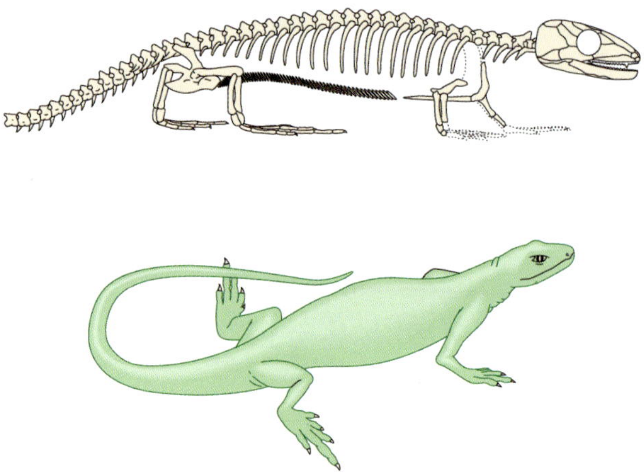

그림 13.15 **히로노무스 리옐리(*Hylonomus lyelli*)** 가장 오래된 파충류 화석인 펜실베이니아기 *Hylonomus lyelli*의 복원도와 골격. *Hylonomus lyelli*는 몸길이가 약 30cm이며, 화석은 나무 줄기를 채우고 있는 퇴적물에서 산출되었다.

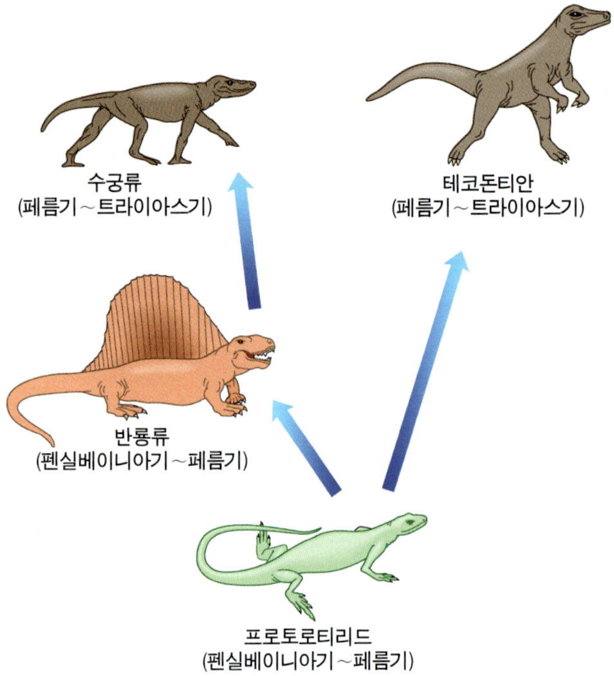

그림 13.16 **고생대 파충류의 진화 관계**

에 육상의 어느 곳에서나 살 수가 있었다.

양서류와 파충류 사이의 많은 차이점들은 생리학적인 것이므로 화석 기록으로는 보존되지 않는다. 그럼에도 불구하고 양서류와 파충류는 두개골 구조, 턱뼈, 귀의 위치, 척추의 구성이 서로 상이한데, 이는 파충류가 후기 미시시피기까지 미치양서류로부터 진화했음을 지시해 준다. 이러한 해석은 가장 오래된 파충류인 웨스트로티아나(*Westlothiana*)의 잘 보존된 골격화석과 스코틀랜드의 후기 미시시피기 지층에서 산출된 다른 파충류화석의 발견에 근거를 두고 있다.

다른 초기의 파충류 화석은 캐나다 노바스코샤 주의 전기 펜실베이니아기 조긴스층(Joggins Formation)에서 발견되었다. 이곳에서 힐로노무스(*Hylonomus*) 화석은 나무 줄기를 채우고 있는 퇴적물에서 산출된다(그림 13.15). 스코틀랜드와 캐나다에서 발견된 이들 최초의 파충류 화석은 크기가 작고 재빨랐으며 주로 유충과 곤충을 잡아먹었다. 힐로노무스는 넓은 의미에서 **프로토로티리드**(protorothyrids)와 같은 그룹에 속하며, 최초의 파충류들이 이 그룹에 포함된다(그림 13.16). 페름기 동안 파충류가 다양해지면서 많은 양서류가 쇠퇴하기 시작하였다. 파충류는 강한 피부와 비늘 덕분에 피부건조를 피할 수 있었을 뿐만 아니라, 생식방법의 발달, 턱과 이빨의 진화, 그리고 육상에서 빠르게 이동할 수 있는 능력 덕분에 일부는 계속해서 살아남았다.

반룡류(盤龍類, pelycosaurs)는 등 쪽에 부채 모양의 돌기가 있는 파충류이며, 펜실베이니아기 동안 프로토로티리드로부터 진화하여 페름기 초에 지배적인 파충류로 자리 잡았다. 반룡류는 다양한 형태의 초식동물로 진화하였는데, 초식동물인 에다포사우루스(*Edaphosaurus*)와 디메트로돈(*Dimetrodon*) 같은 육식동물이 대표적이다(그림 13.17). 반룡류는 등 쪽에 부채 모양의 돌기가 있는 것이 특징이다. 이 부채 모양의 돌기는 척추에서 나온 골침들로 이루어져 있고 피부로 덮여 있으며, 기능적으로는 성적 구애표현, 적으로부터의 방어수단, 그리고 더욱 사납게 보이기 위한 장식 등 다양하게 설명되었다. 최근에는 이 특징적인 구조가 햇빛을 모아 체온을 올리거나 바람을 일으켜 체온을 내리는 등 일종의 미숙한 열순환장치 역할을 했던 것으로 널리 받아들여진다. 반룡류가 일종의 체온조절 기능을 갖고 있었다는 사실이 흥미로운 이유는 반룡류로부터 수궁류가 진

그림 13.17 **반룡류** 대부분의 반룡류는 등 쪽에 부채 모양의 돌기를 갖고 있는 것이 특징이다. 이들의 기능에 대해서는 미숙한 열 순환 장치라는 가설이 있는가 하면, 성적 구애 표현이나 적을 위협하는 도구라는 가설도 있다. 그림에 있는 동물은 육식성의 디메트로돈과에 속하는 초식성의 에다포사우루스이다.

그림 13.18 **수궁류** 디키노돈(*Dicynodon*)과 모스콥스(*Moschops*)를 포함하는 남아프리카 후기 페름기의 모습이다. 수궁류는 온혈성이며 몸이 털로 덮여 있었던 것으로 생각된다.

화한 것으로 보이기 때문이다.

반룡류는 페름기에 멸종하기 시작하여 **수궁류**(獸弓類, therapsids)로 진화하였다. 포유류형 파충류인 수궁류는 육식성 반룡류의 조상으로부터 진화하였으며, 각각 초식성과 육식성으로 빠르게 다양화되었다(그림 13.18). 수궁류는 자그마하거나 중간 크기의 파충류로서 다음과 같이 많은 초기 포유류의 특징을 갖고 있다. 즉, 작은 두개골 뼈들 중 다수가 서로 붙어 있어서 두개골은 더 적은 수의 뼈로 이루어져 있으며, 아래쪽 턱뼈는 길게 늘어난 형태이고, 이빨은 물기, 찢기, 음식물 저작 등의 기능으로 서로 다른 형태를 보인다. 또한, 원시 파충류와는 달리 유연성을 증가시키기 위해 다리는 수직으로 뻗어 있다.

더욱이, 수궁류는 온혈성이어서 내부 체온을 일정하게 유지할 수 있었던 것으로 생각된다. 이와 같은 특징 때문에 수궁류는 다양한

조망

화분학—지질학과 생물학의 연결고리

화분학은 화분 화석(Palynomorphs)이라 불리는 유기질 미화석을 연구하는 학문이다. 유기질 미화석은 우리에게 익숙한 포자와 화분을 포함하며(많은 사람들에게 알레르기를 유발시킨다), 생소한 아크리타치류(Acritarchs)(그림 12.9), 와편모충류(dinoflagellates)(바다와 민물에 서식하는 단세포 식물성 플라크톤, 이 플라크톤 중 몇 종은 조개에 많이 농축되어 있어 사람을 중독시킨다)(그림 15.1c), 키티노조아류(Chitinozoans)(꽃병 모양의 조상이 확인되지 않은 미화석), 스코레코돈트(Scolecodont)(해양환형동물의 턱)와 아주 작은 녹조류 군체를 포함한다. 화석 화분은 부패에 대해 저항력이 강하며 암석을 여러 가지 산으로 녹이는 방법에 의해 퇴적암으로부터 추출한다.

많은 생물학자와 지질학자가 관심을 갖는 화분학의 특성은 포자와 화분을 연구하는 것이다. 퇴적암에 보존된 포자와 화분의 화석을 연구함으로써 화분학자는 식물이 언제 지구 표면을 개척했는지 알아낼 수 있고(그림 13.19), 차례로 영향을 끼쳤던 날씨와 침식률, 토양 구성, 대기 가스 구성 요소의 변화와 같은 것들을 알아낼 수 있다. 또한 식물은 화석만큼 흔하지 않기 때문에 포자와 화분의 연구는 흔히 다양한 식물 그룹의 기원과 멸종에 대한 시대와 지역을 알려 준다.

포자와 화분 화석의 분석은 많은 지질학적, 생물학적 문제를 해결하는 데 사용된다. 그 중에서 더 중요한 한 가지는 퇴적암의 지질학적 연대를 측정하는 데 쓰이는 것이다. 포자와 화분은 현미경으로 확인될 정도로 작고 쉽게 부패되지 않으며 해양과 육지 양쪽에 퇴적되기 때문에 상당히 양이 많고, 식물 생활사의 한 부분(그림 13.22)이기 때문에, 시대를 측정

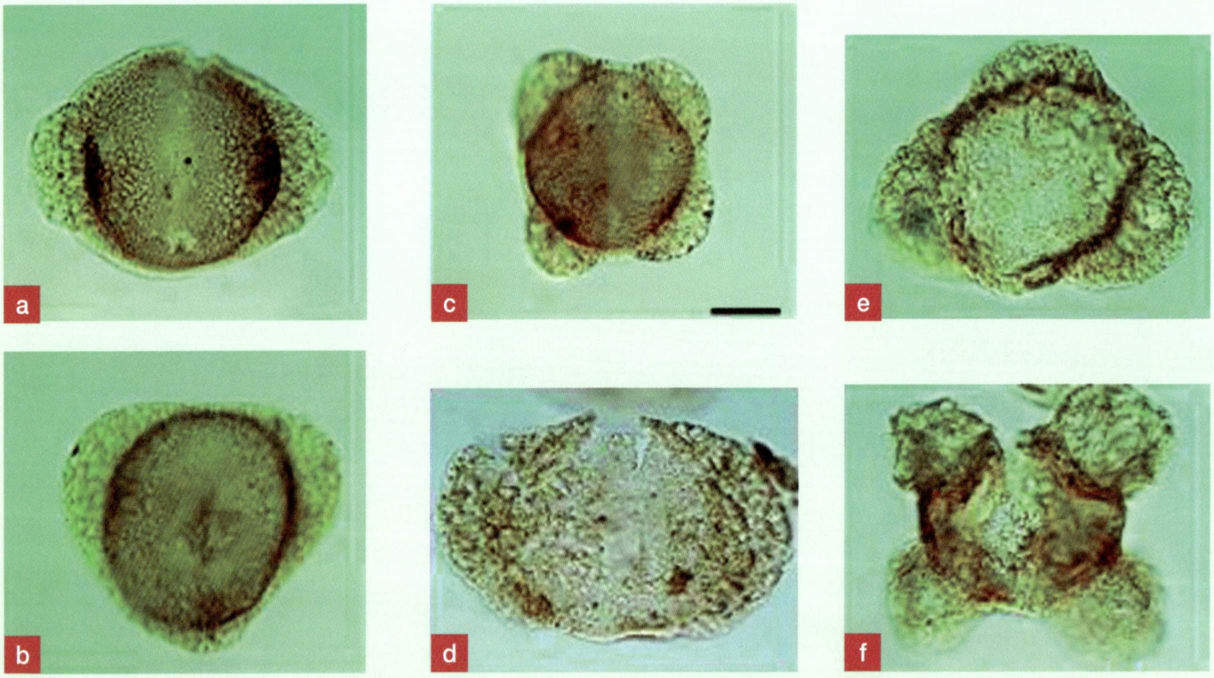

그림 1 러시아 네두부르포(Nedubrovo)(a~c)와 중국의 중가르 분지(Junggar Basin)에서 (d~f) 산출된 크로시로폴레니테스 쇼베르게리(*Klausipollenites schaubergeri*)의 정상과 비정상의 화분립. 크로시로폴레니테스 쇼베르게리의 정상 화분은 2개의 화분낭을 가지고 있으며(a와 d), 비정상 화분은 3~4개의 화분낭을 가진다 b~c; e~f. 크로시로폴레니테스 쇼베르게리의 비정상 화분립은 러시아와 중국에서 페름기의 대량멸종에 관계있는 대기오염의 증거로서 자주 이용되는 페름기와 트라이아스기의 경계 구간의 퇴적암에서 많이 발견된다. c의 스케일 바는 25μm(25/1,000mm)이다. 사진은 클린톤 B. 포스터(호주 지오사이언스, 석유해양국)와 세르게이 A. 아포닌(이전의 러시아, 모스크바 고생물학연구소)이 제공.

하는 데 매우 유용하게 쓰인다. 많은 포자와 화분의 종은 짧은 생존 기간을 갖기 때문에 훌륭한 표준화석이 된다.

대형 화석만을 찾는 고생물학자가 화석이 적다고 여기는 암석에는 사실 종종 수천 가지 혹은 수백만 개의 포자와 화분 화석을 포함하고 있을 수 있다. 이러한 포자와 화분 화석은 화분학자에게 소위 화석이 없는 암석의 연대 측정을 할 수 있게 해 준다. 또한 포자와 화분 화석은 과거의 환경과 기후를 결정하는 데 매우 유용하다. 퇴적암에 들어 있는 포자와 화분 화석의 존재는 비록 그 시대의 식물과 나무들이 화석으로 보존돼 있지 않더라도 화분학자에게 그 시대에 어떤 종류의 식물과 나무가 존재했는지를 파악하는 데 도움을 준다.

식물은 기후 변화에 매우 민감하며 좁은 지역에 다양한 종류와 많은 양의 식물이 존재한다. 보존된 포자와 화분 화석에 기초한 화석의 양과 존재하는 식생의 형태를 분석함으로써 화분학자는 과거의 기후와 시대를 통하여 기후 변화를 측정할 수 있다(그림 17.6).

페름기~트라이아스기의 경계 부근에서—즉 이 시기는 전 세계적으로 페름기 멸종 사건이 일어난 시기이다—대기 상태가 나빠진 상태와 관련된 겉씨식물 화분의 형태학적 기형에 관해 포스터(C.B. Foster)와 아포닌(S.A. Afonin)이 2005년에 흥미로운 논문을 발표하였다. 겉씨식물과 속씨식물의 형태학적 기형을 유발한 이유의 하나는 그 식물에 가해진 환경적 스트레스이다. 식물은 환경 변화의 민감한 지시자이다. 그 연구에 의하면 화분벽의 기형이 대기 오염, 자외선 B의 복사 혹은 이 두 가지의 결합에 의해 야기되었다.

중국의 중가르 분지(Junggar Basin)와 신장 분지(Xinjiang Basin), 그리고 러시아의 네두브로포(Nedubrovo)에 위치한 페름기~트라이아스기의 경계 부근에 있는 육성 퇴적암에서 표본을 채집하는 과정에서 종류가 다양하고 풍부하며 잘 보존된 화분군집이 발견되었다.

화분군집의 조사에서 전체 화분의 3% 이상의 화분이 형태학적 기형이라는 것이 밝혀졌다(그림 1). 이 발견에 기초하여 저자들은 이러한 기형이 대규모의 화산 활동으로 인한 대기 오염과 자외선의 증가가 원인이라고 결론을 내렸다. 그린란드에서 호주까지 걸쳐 있는 페름기 말의 퇴적암에서 나온 화분에 대한 다른 연구도 비슷한 형태학적 기형이 나타났음을 보여 준다.

이러한 연구들의 뒤를 이어 2007년에 발간된 한 연구에서는 시베리아 트랩(Siberian Traps)의 홍수 현무암이 광범위하게 오존의 감소를 초래했고 그 결과 페름기 말기에 자외선 B의 양이 증가했다고 논의했다. 이 연구의 저자는 시베리아의 용암 분출이 페름기 말기의 성층권의 오존층을 어떻게 변하게 했는지를 알아내기 위해 2차원의 대기화학 운송 모델을 사용했다. 또한 저자는 논문 첫 부분에서 형태학적 화분 기형의 증가에 대해서도 서술했다.

최근의 연구(2008)는 현미분광기를 이용해 고위도의 북부에서 저위도의 남부 지역에 현재 존재하고 있는 마젤란석송(*Lycopodium magellanicum*)과 개석송(*L. annotinum*)의 포자 외벽의 생화학을 조사했다. 그 연구는 두 개의 자외선 B를 흡수하는 화합물의 집중은 자외선 B의 변화를 반영한다는 것을 나타냈다. 이러한 화합물이 과거 성층권의 오존층이 변화로부터 복구되는 동안에 해로운 자외선 B의 복사를 생물군 표면에서 차단하는 데 유용했을지도 모른다.

12장에서 언급했듯이 페름기 멸종의 가능한 원인 중의 하나는 지구 온난화로 인한 대기층의 이산화탄소 양의 증가와 화산 활동이다. 대기층의 이산화탄소가 증가될 수 있는 한 가지 방법은 화산 활동과 대륙의 틈새분출이다. 하지만 페름기 말 대량멸종의 원인은 아직 밝혀지지 않았지만, 앞선 세 가지 연구 결과는 기후 변화와 지구 생물권에 미치는 충격에 대한 흥미로운 연구가 진행됐다는 것을 알려 준다.

화분학은 포자와 화분에 관한 학문이며 이 학문은 과거의 식물, 식물의 진화, 기후의 종류 그리고 기후의 변화에 대한 방대한 양의 정보를 제공해 준다. 또한 포자와 화분은 암석의 상대연대 측정과 지역과 전 세계적으로 해양과 육상의 암석을 서로 대비하는 데 매우 유용하다.

환경에서 살 수가 있었으며, 실제로 이들의 화석이 산출되는 페름기 지층은 저위도 지역뿐만 아니라 중위도와 고위도 지역에도 분포되어 있다.

고생대가 끝날 무렵에 수궁류는 알려진 파충류 속(屬)의 약 90%를 차지하였으며, 광범위한 생태적 지위를 차지하였다. 고생대가 끝날 무렵 해양동물군을 사라지게 만든 대량멸종은 육상생물 군집에도 똑같이 큰 영향을 미쳤다(12장 참조). 페름기 말에 모든 해양 무척추동물 종의 약 90%가 멸종했는데, 이는 모든 양서류와 파충류에 속하는 종의 2/3보다도 높은 비율이다. 이와 대조적으로, 식물에서는 동물만큼 큰 규모의 교체가 일어나지 않았다.

6. 식물의 진화

식물이 물에서 육지로 올라왔을 때 식물은 동물이 탈수 현상, 지지능력, 중력의 효과와 같은 문제를 해결한 것과 똑같은 문제의 대부분을 해결해야만 했다. 식물은 실루리아기, 데본기와 그 후의 기간 동안 나중에 적응방산과 다양화하는 데 필수적인 구조적 적응의 다양성을 발전시켜서 그 문제들을 해결했다('조망'과 표 13.2 참조). 대부분의 전문가들은 육상 식물의 선조가 처음에 해양 환경에서 발전을 했고, 그리고 그들은 담수환경으로 이동해 왔으며 마침내 육지로 올라왔다는 것에 동의한다. 여기에서 염수와 담수 사이의 삼투압 차이는 식물이 이미 수중에 있을 때 극복하였다.

고등한 육상식물은 크게 비관속식물과 관속식물의 두 그룹으로 나뉜다. 대부분의 육상식물은 관속식물이다. **관속식물**(vascular)의 의미는 물과 영양분의 이동을 위한 특수화된 세포가 있는 조직 시스템을 갖춘 식물을 뜻한다. 비관속식물은 이러한 특수화된 세포가 없는 선태식물(우산이끼, 붕어마름, 이끼), 진균류와 같은 식물들이고 주로 저지대의 습한 곳에서 서식한다.

중기에서 후기 오르도비스기에 발견되는 가장 초기의 육상 식물은 아마도 작았을 것이고 전체적인 유기조직은 선태류와 비슷한 구조를 가졌을 것이다(그러나 반드시 선태류에 연결시킬 필요성은 없다). 식물에서 영양분과 물을 운반할 수 있게 해 주는 관속조직의 진화는 중요한 한 단계였다.

관속식물의 대형화석과 특징적인 포자의 발견은 아마 관속식물이 중기 실루리아기 이전에 이미 상당히 진화되어 있었다는 것을 고생물학자들에게 알려 준다. 각피 같은 세포층은 즉, 오늘날 육상식물의 표면을 덮고

표 13.2 육상식물의 진화에 있어서의 주요 사건. 데본기는 육상식물에 있어 급속한 진화의 시기였다. 주요 사건은 잎의 출현, 이형포자성, 2차성장 및 종자의 출현이었다.

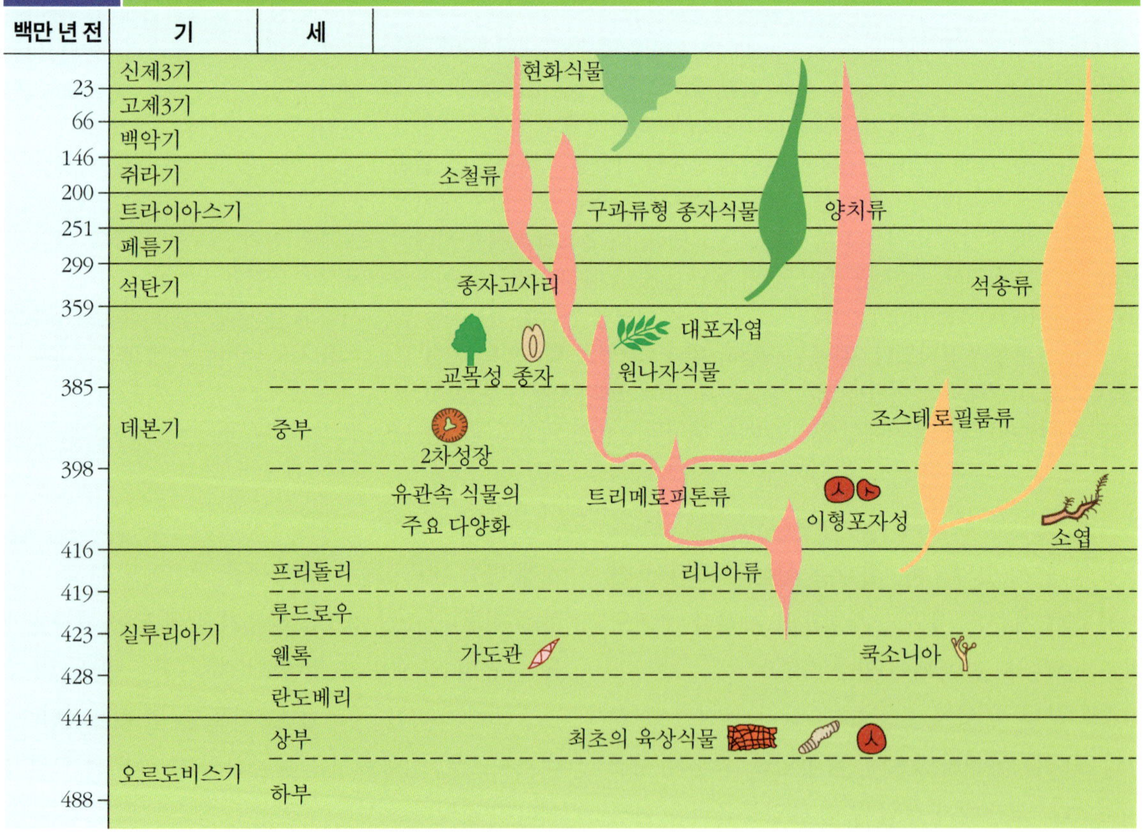

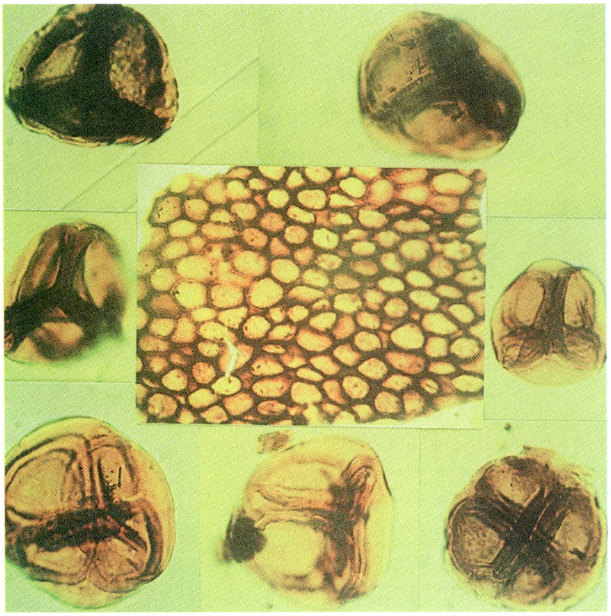

그림 13.19 **후기 오르도비스기 식물의 포자와 세포** 화석은 원시적 육상식물의 포자 사면체형에 매우 비슷하다. 각피 같은 판상의 세포(중앙)는 리비아의 상부 오르도비스계의 메리츠 초그란층(Melez Chograne)에서, 다른 것은 드제파라층(Djeffara)에서 각각 산출된 것이다.

있는 세포이고, 그리고 원시적 육상식물의 사면체형 포자에 매우 비슷한 사면체형 구조는 리비아의 서부와 다른 지역에 분포하는 중부 및 상부 오르도비스계에서 각각 보고되었다(그림 13.19).

육상 관속식물의 조상은 아마도 녹색조류의 어느 종류였을 것이다. 비록 녹색조류에서 육상 관속식물로 변화하는 화석 기록은 아직 발견되지 않았지만 그들의 생리학적 비교는 강한 연계성을 보여 준다. 양치류와 같은 원시적인 양치식물은(다음 장에서 이 문제를 다룰 것임) 그들의 색소, 중요한 신진대사 효소, 그리고 생식주기의 유형에서 녹조류에 비슷하다. 게다가 녹조류는 염수에서 담수로의 이동에 성공한 몇 안 되는 식물 그룹 중 하나이다.

수중에서 육상 관속식물로의 진화, 아마도 녹조류의 조상은 다양한 변화를 거쳐서 새롭고 가혹한 환경에 적응하였을 것이다. 관속조직은 물과 영양분을 식물의 구석구석까지 운반해 주는 중요한 기능 이외에도 식물체를 지지하는 데 어느 정도 도움을 주었다. 식물의 세포벽 전체에 들어 있는 리그닌과 셀루로즈의 유기화합물로부터 나온 추가적인 힘도 식물체를 지지하는 데 큰 역할을 하였다.

탈수 문제는 식물의 외벽층에 있는 유기화합물, 즉 큐틴의 진화로 해결할 수 있었다. 큐틴은 또한 산화작용, 자외선과 기생충의 침입에 대한 저항력을 제공한다.

뿌리는 물과 영양분을 토양으로부터 흡수할 수 있도록 또한 식물이 땅에서 고정될 수 있도록 진화되었다. 줄기에서 나온 작은 돌기 또는 가지에서 잎으로의 진화는 식물에게 광합성을 위한 효과적인 집광 시스템을 제공하였다.

실루리아기와 데본기의 식물군

가장 초기의 관속식물은 웨일즈와 아일랜드의 중부 실루리아계 지층에서 발견되어 쿡소니아(*Cooksonia*)로 명명된 작은 Y자 모양의 줄기이다. 이와 함께 스코틀랜드, 뉴욕 주와 체코 공화국에서 발견된 상부 실루리아계와 하부 데본계의 지층에서 발견된 종들 역시 작고, 단순하며, 줄기에 잎이 없고 그 선단에 포자를 생산하는 포자낭이 붙어 있다(그림 13.20). 그들은 종자를 생산하지 못하기 때문에 **양치식물**(seedless vascular plant)이라 불리고, 또한 진정한 뿌리 구조도 없다. 지하경은 땅속에 있는 줄기의 일부분으로 물을 땅에서 식물로 운반하고 식물을 땅에 고정시키는 역할을 한다. 이러한 식물화석이 들어 있는 퇴적암은 그 식물들이 낮고 습한 늪지대의 담수 환경에 살았다는 것을 지시한다.

양치식물과 양서류 사이에는 서로 흥미로운 비슷한 점이 있다. 그 둘은 물에서 육지로 전이했을 때, 식물과 동물 둘 다 복잡한 전이와 같은 문제를 극복해야만 했다. 양치식물과 양서류 모두 이동에는 성공했지만 번식하기 위해서는 물이 필요했다. 양서류의 경우에는 젤라틴으로 된 막이 알을 감싸 습기를 머물게 했고, 양치식물은 정자가 난자로 도착하기 위해서 물을 필요로 했다.

그림 13.20 **쿡소니아** 가장 초기의 육상식물로 알려진 쿡소니아는 남부 웨일즈의 상부 실루리아계에서 발견되었다. 쿡소니아는 직립의 줄기와 분지된 가지의 선단에 붙은 포자낭(포자를 생산하는 기관)으로 구성된다. 또한 육상식물의 전형적인 강인한 각피와 포자를 생산한다. 이 식물은 아마도 이토 바닥과 같은 습한 환경에서 살았을 것이다. 이 표본의 크기는 1.49cm이다.

이런 간단한 시작으로부터 양치식물은 현재의 식물에 있는 잎, 뿌리와 2차성장과 같은 많은 중요한 구조적 특징을 서서히 발전시켜 나갔다. 이러한 발전은 모두 동시에 일어나지 않았고 모자이크 진화로 알려진 패턴대로 서로 다른 시간대에 일어났다. 이러한 다양화와 적응방산은 후기 실루리아기와 초기 데본기에 일어났고, 그 결과 종의 종류가 상당히 다양해졌다(그림 13.21). 데본기 동안에 식물 속(genus)의 수는 그 전 시대와 거의 비슷했지만 식물군의 구성은 달라졌다. 초기 데본기의 육상 경관은 비교적 키가 작고, 늪지에서 서식하는 종류의 초본성 식물들이 주류를 이루었지만, 후기 데본기에는 크고, 10m 높이까지 자랄 수 있는 목본성 식물의 숲이 지구를 뒤덮었다.

후기 데본기에는 다양한 양치식물 이외에 또 다른 중요한 사건이 식물군에서 일어났다. 이 시기에 일어난 종자로의 진화는 육상식물이 물의 의존으로부터 독립해 식물이 육지 어디라도 뻗어 나갈 수 있게 되었다.

양치식물은 성공적인 수정을 위해서는 물이 필요하다. 왜냐하면, 성공적으로 포자를 생산하는 세대의 식물체(포자체)를 만들기 위해서는 배우자를 만드는 식물체(배우체)의 표면에서 반드시 정자가 난세포로 이동해야 하기 때문이다. 물이 없다면 정자는 난세포에 도달하지 전에 말라버릴 것이다(그림 13.22a). 종자의 생식방법을 하는 경우에는 양치식물처럼 포자를 주변으로 방출하지 않는다. 다만 포자체인 상태를 유지하다가, 거기에서 배우자를 만드는 세대의 자성배우체와 웅성배우체가 함께 만들어진다.

겉씨식물(gymnosperm)과 꽃이 피지 않는 종자식물의 경우, 이들은 자성 구과와 웅성 구과를 가지고 있다(그림 13.22b). 웅성 구과는 탈수현상을 막기 위해 밀랍으로 덮인 정자가 들어 있는 화분을 생산하고 난자 혹은 배아의 종자가 자성 구과에서 생산된다. 수정이 된 후에 종자는 성숙한 구과식물로 자라게 된다. 이와 같은 방법으로 배우체 세대가 습한 환경을 필요로 하는 문제가 해결되었다. 따라서 종자식물이 파충류와 같이 더 이상 습한 환경에 얽매이지 않고 이전에 이동하지 못했던 건조한 지역으로 자유롭게 이주할 수 있게 되었다.

종자식물이 이렇게 진화하기 전에 진화의 중간 단계가 필요했다. 종이 두 가지 종류의 포자를 생산하는 이형포자성으로의 발달이었다: 큰 포자(대포자)는 암컷 배우자를 만드는 식물체에서 만들어지고, 작은 포자(소포자)는 수컷 배우자를 만드는 식물체에서 만들어진다(그림 13.2). 최초의 이형포자성의 증거는 초기 데본기 식물인 캘류리아 시로사(*Chaleuria cirrosa*)이다. 이 식물은 확실히 크기가 다른 두 종류의 포자를 생산했다(그림 13.23). 이형포자성의 등장은 수백만 년 후에 원나자식물의 출현으로 이어졌다—중기와 후기 데본기의 식물로 양치류와 같은 번식방법과 겉씨식물의 해부학적 구조를 가졌다—원나자식물은 후기 데본기에 종자

그림 13.21 **전기 데본기의 육상 풍경** 가장 초기의 육상식물을 보여 주는 전기 데본기의 육상 풍경의 복원

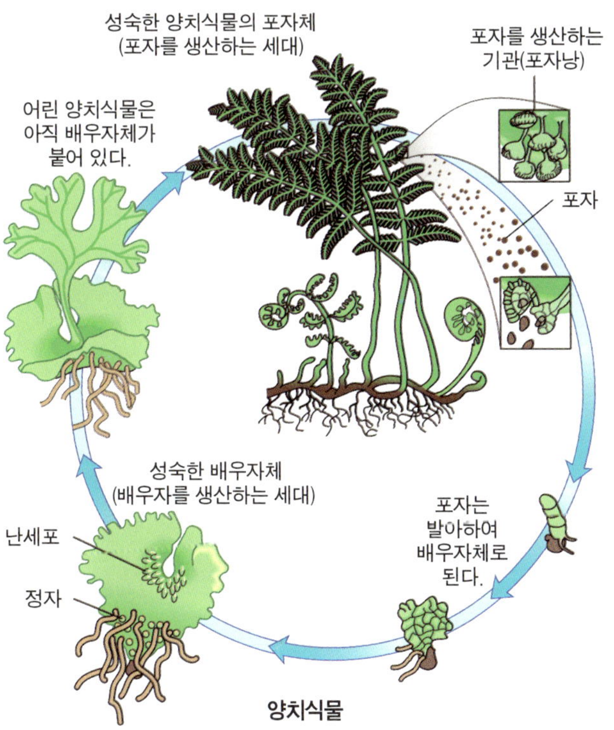

a 양치식물의 세대교번의 생활사. 성숙한 포자체 식물은 포자를 만들고, 포자가 발아하여 자라면 작은 배우체가 되고 거기에서 정자와 난자가 만들어진다. 수정된 난세포는 자라서 포자를 만드는 성숙한 식물로 된다. 포자체-배우체 생활사가 반복된다.

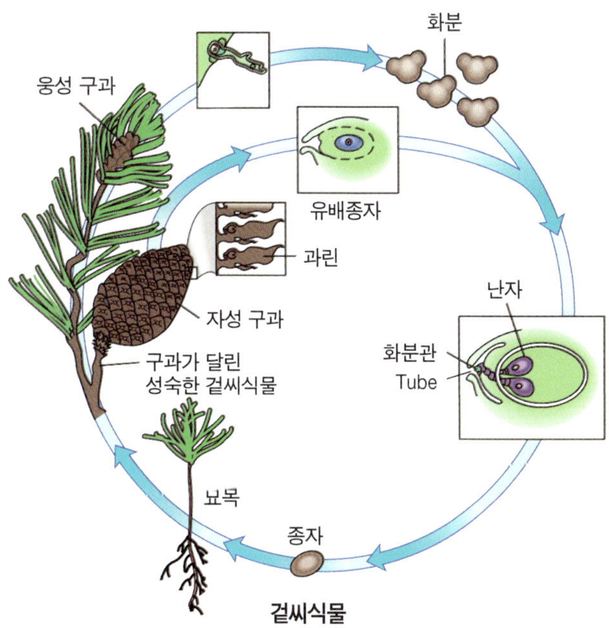

b 겉씨식물의 세대교번의 생활사. 성숙한 식물은 화분립을 만드는 구과와 종자를 만드는 구과를 모두 만든다. 화분립은 바람에 의해 운반된다. 화분에서 자라난 습한 화분관을 통해서 나온 정자가 배주의 씨와 만나 수정이 이루어진다. 배주는 성숙하여 종자가 된다.

그림 13.22 **양치식물과 겉씨식물의 세대교번의 역사**

그림 13.23 **캘류리아 시로사(*Chaleuria cirrosa*)** 캐나다 뉴 브룬스위크(New Brunswick)에서 나온 초기 데본기의 식물, 캘류리아 시로사의 표본. 이 식물은 이형성(heterosporous)으로 두 종류의 포자를 생산했다.

고사리와 구과류형 종자식물과 같은 다른 겉씨식물 그룹의 출현을 이끌었다(표 13.2).

비록 양치식물이 석탄기의 석탄을 만든 늪지대의 식물군을 장악했지만, 겉씨식물은 후기 고생대의 식물군, 특히 늪이 아닌 지역에서 중요한 요소로 발전하였다.

후기 석탄기와 페름기의 식물군

이전에 언급됐듯이 펜실베이니아기(후기 석탄기)의 퇴적암은 전 세계 석탄의 주요 원천이다. 석탄은 낮은 늪지대에서 장기간에 걸쳐 축적된 식물 잔재물이 변질되어 만들어진 것이다. 펜실베이니아기의 지질학적 및 지리학적 상태는 양치식물이 성장하기에 이상적인 조건이었다. 그 결과, 이러한 석탄 늪지대는 매우 다양한 식물군을 형성했다(그림 13.24).

전기 석탄기 식물군과 후기 데본기의 식물상이 비슷하다는 화석 기록의 증거를 볼 때, 후기 고생대의 석탄 늪지대와 이웃 서식지의 식물군을 매우 성공적으로 이끌 수 있는 대단히 진화적인 실험이 일어났다. 양치식물 중에서 석송류와 속새류는 펜실베이니아기에서 석

그림 13.24 **펜실베이니아기 석탄 습지** 특징적인 양치식물의 식생을 갖는 펜실베이니아기 석탄 습지의 복원

탄을 형성하는 데 가장 중요한 그룹이었다.

석송류는 데본기 동안에 존재했고 주로 크기가 작은 식물이었으나 펜실베이니아기에 이르러서 석송류는 석탄 늪지대를 장악했고 인목과 봉인목 같은 속은 30m까지 자랄 수 있게 되었다. 펜실베이니아기 석송류의 나무는 현재의 야자나무 잎과 비슷한 가늘고 긴 잎이 있으며, 나무의 정상 부근 이외엔 가지가 없다는 점이 흥미롭다. 나무가 성장함에 따라 잎은 위에서부터 교체가 되고 나무의 줄기 표면에 눈에 띄는 특징적인 줄이나 나선모양의 흔적을 남긴다.

속새류는 석탄 형성에 있어서 중요한 식물 그룹으로 줄기에 마디가 있고 지중에서 수평으로 뻗어나가는 지하경과 여기에서 지상경이 나오는 것이 특징이다. 노목 같은 많은 속새류 식물은 보통 5~6m까지 자랐다. 소형의 양치식물과 종자고사리는 나무 같은 식물 밑에서 두꺼운 덤불이나 지표식물을 형성했다(그림 13.25).

모든 식물이 석탄이 만들어진 늪지대에만 서식한 것은 아니었다. 높고 건조한 지대에서 서식하던 식물 중의 하나는 코르다이테스(*Cordaites*)였다. 코다이테스는 높이 50m까지 자랄 수 있는 큰 겉씨식물의 나무였고 아마도 거대한 숲을 형성했을 것이다(그림 13.26). 늪지대에서 서식하지 않은 또 다른 중요한 식물은 글로솝테리스(*Glossopteris*)이다. 이 유명한 식물은 곤드와나 대륙에 풍부하게 산출되며(그림 3.1 참조), 그 분포는 시대에 따라 대륙이 이동했다는 것에 대한 결정적 증거로 인용되고 있다.

펜실베이니아기 동안에 풍부했던 식물군은 페름기까지 살아남았다. 그러나 판구조론적 사건으로(11장 참조) 인한 기후 변화와 지질학적 변화 때문에 펜실베이니아기 식물군은 그 수와 중요도가 감소하였다. 페름기 말기에 이르러서는 코다이테스는 멸종했고 석송류와 속새류는 크기가 소형화되어 대부분 작고 덩굴 같은 모양으로 변했다. 더 온난하고 건조한 페름기 기후에 더 생활하기 적합한 겉씨식물은 다양해졌고 페름기, 트라이아스기와 쥐라기 시대의 육지를 지배하였다.

그림 13.25 속새류의 속새 현생의 석송류는 속새를 포함한다.

그림 13.26 후기 석탄기의 코다이테스 숲 코르다이테스는 겉씨식물의 한 그룹이며 높이 50m까지 자랐다.

요약

표 13.3은 고생대에 일어난 중요한 진화적, 지질학적 사건과 그들의 관계를 요약한 것이다.

- 척색동물은 척색, 등의 속이 빈 신경조직과 아가미구멍이 있는 것이 특징이다. 초기의 척색동물은 연질부의 생물이어서 화석화된 것이 드물다. 척추동물은 척색동물의 아문이다.
- 상부 캄브리아계에서 처음 발견된 어류 화석은 가장 오래된 척추동물이다. 어류는 턱이 없는 형태, 턱이 있는 형태, 장갑을 갖는 형태(갑피어류, 판피어류), 연골어류, 경골어류를 포함하며 길고 다양한 역사를 가지고 있다. 육기어류에서 양서류로 진화했다.
- 육기어류의 총기류와 가장 초기의 양서류와의 연결은 서로 비슷한 뼈구조와 치아구조 때문에 설득력이 있다. 하지만 새로운 화석의 발견은 두 그룹간의 변이 과정이 원래의 가설보다 몇 번의 중간 단계 형태를 포함한 좀 더 복잡한 것을 보여 준다.
- 양서류는 후기 데본기 동안에 진화했고 미치양서류는 석탄기 동안에 육지에서 가장 우세한 척추동물이 되었다.
- 가장 최초의 파충류 화석은 후기 미시시피기에서 발견된 것이다. 양막란으로의 진화는 파충류가 육지로 완전히 진출하는 데 결정적 역할을 하였다.
- 반룡은 전기 페름기에 우세한 파충류였지만, 그 외의 페름기 동안에는 수궁류가 육상을 지배하였다.
- 물에서 육지로 이동하기 위해서 식물은 동물도 해결해야 했던 탈수현상, 생식문제와 중력과 같은 기본 문제를 해결해야만 했다.
- 최초의 육상식물의 화석 기록은 중부와 상부 오르도비스계 암석에서 발견되었다. 이 식물은 아마도 작고 전체적으로 선태류 식물과 같은 생물이었을 것이다.
- 관속조직의 진화는 식물의 진화에서 중요한 역할을 했다. 관속조직은 식물의 구석구석에 영양분과 수분을 전달할 수 있게 했고 식물을 지지하는 역할을 하였다.
- 육상 관속식물의 조상은 색소 형성 과정과 중요한 신진대사 효소와 생식주기의 유형의 유사점에 근거하면 아마도 녹조류의 어느 종이었을 것이다.
- 가장 초기의 양치식물은 작고 잎이 없는 줄기의 형태였으며 그 줄기 끝에 포자를 만드는 기관이 붙어 있다. 과거의 식물은 이러한 간단한 조직의 시작에서 오늘날 식물의 특징과 같은 많은 중요한 구조적 장치로 발전해 왔다.
- 데본기 말에는 10m까지 자랄 수 있는 나무 크기의 식물로 구성된 숲으로 변화되었다. 또한 후기 데본기에는 꽃이 피지 않는 종자식물(겉씨식물)로의 진화가 나타났고, 이 식물은 생식 방법에 있어서 물 가까이에 머물 필요가 없었다.
- 석탄기는 양치식물에게 이상적인 생활환경이었으며 광대한 석탄늪의 시대였다. 페름기 동안에 더욱 건조한 기후 조건으로 겉씨식물은 전 세계 식물군의 우세한 요소가 되었다.

주요 용어

갑피어류(ostracoderm)
겉씨식물(gymnosperm)
경골어류(bony fish)
관속식물(vascular plant)
미치양서류(labyrinthodont)
반룡류(pelycosaur)
수궁류(therapsid)
양막란(amniote egg)
양치식물(seedless vascular plant)
연골어류(cartilaginous fish)
육기어류(lobe-finned fish)
척삭동물(chordate)
척추동물(vertebrate)
총기어류(crossopterygian)
판피어류(placoderm)
프로토로티리드(protorothyrid)

표 13.3
고생대의 주요 진화경향과 지질학적 사건

연대(100만 년)	지질시대	무척추동물	척추동물	식물	주요 지질학적 사건
251	페름기	대형 동물의 멸종 사건이 무척추동물에 영향을 미침	극어류, 판피어류, 반룡의 멸종 수궁류, 반룡이 가장 풍부한 파충류	겉씨식물이 다양하고 풍부	판게아의 형성 앨러게니 조산운동 헤르시니아 조산운동
299	석탄기 – 펜실베이니아기	방추충류의 다양화	양서류가 풍부하고 다양	양치식물과 겉씨식물이 석탄 습지 형성	석탄 습지가 일반적 고기 로키 산맥의 형성 곤드와나에 대륙빙하
318	석탄기 – 미시시피기	해백합류, 태형동물, 바다꽃봉오리류가 번성 많은 조초성 동물들이 멸종한 후 적응방산의 재개	파충류가 진화	겉씨식물 출현 (후기 데본기 동안에 진화)	오우아치타 조산운동 블랙 셰일의 광범위한 퇴적
359	데본기	데본기 말 가까이에서 많은 조초성 무척추동물이 멸종 조초가 진행되고 바다전갈류가 풍부	양서류가 진화 현생 어류의 모든 주요 분류군의 출현—어류의 시대	최초의 종자식물로 진화 양치식물의 다양화	블랙 셰일의 광범위한 퇴적 아카디아 조산운동 안틀러 조산운동
416	실루리아기	주요 조초가 형성 무척추동물의 다양성이 많이 존재	갑피어류가 일반적 극어류(최초의 턱뼈를 갖는 유악류)로 진화	초기의 육상식물—양치식물	칼레도니아 조산운동 거대한 보초와 증발암
444	오르도비스기	오르도비스기 말 가까이에서 다양한 해양무척추동물의 멸종 모든 무척추동물군의 주요 적응방산 현탁물식자가 우세	갑피어류가 다양화	식물이 육상으로 이동?	곤드와나에 대륙빙하 타코니 조산운동
488	캄브리아기	많은 삼엽충류가 캄브리아기 말 가까이에서 멸종 삼엽충, 완족류, 고배류가 가장 풍부	갑피어류로 불리는 가장 최초의 무악류 척추동물		북아메리카 강괴에 최초의 현생누대의 해침
542					

복습 문제

1. 미치양서류란 무엇인가?
a. ____ 식물, b. ____ 물고기, c. ____ 양서류, d. ____ 파충류, e. ____ 보기 중 답 없음
2. 배세포 분할의 유사점에 근거하여 척색동물과 가장 가까운 종족의 무척추동물 문은 무엇인가?
a. ____ 연체동물문, b. ____ 극피동물문, c. ____ 해면동물문, d. ____ 환형동물문, e. ____ 절지동물문
3. 다음 중 양서류가 진화해 나온 그룹은?
a. ____ 실러캔스, b. ____ 조기어류, c. ____ 육기어류, d. ____ 용반류, e. ____ 수궁류
4. 다음 중 생식을 위해 습한 지역이 필요하지 않았던 최초의 식물 그룹은 어떤 것인가?
a. ____ 양치식물, b. ____ 종자고사리식물, c. ____ 겉씨식물, d. ____ 속씨식물, e. ____ 꽃식물
5. 어떤 식물 그룹이 육지 공략에 첫 번째로 성공했는가?
a. ____ 양치식물, b. ____ 겉씨식물, c. ____ 종자고사리식물, d. ____ 속씨식물, e. ____
6. 척색동물로 분류되기 위해 적어도 생애주기 일부분 동안이라도 생물이 지니고 있어야 하는 것은?
a. ____ 척색 등의 속이 빈 신경조직, 폐, b. ____ 척추 등의 속이 빈 신경조직, 아가미구멍, c. ____ 척추, 등의 속이 빈 신경조직, 폐, d. ____ 척색 복부의 속이 꽉 찬 신경조직, 폐, e. ____ 척색 등의 속이 빈 신경조직, 아가미구멍
7. 다음 중 많은 과학자들이 온혈 동물로 생각하는 것은?
a. ____ 총기류, b. ____ 궁류, c. ____ 양서류, d. ____ 선기류, e. ____ 미치양서류
8. 어떤 파충류 그룹이 포유동물로 진화를 했는가?
a. ____ 미치양서류, b. ____ 극어류, c. ____ 반룡, d. ____ 프로토틸리드, e. ____ 수궁류
9. 어류의 시대는 언제인가?
a. ____ 캄브리아기, b. ____ 실루리아기, c. ____ 데본기, d. ____ 펜실베이니아기, e. ____ 페름기
10. 파충류가 육상을 지배할 수 있게 해 준 진화적 혁신은 무엇인가?
a. ____ 눈물샘, b. ____ 부가적인 턱의 뼈, c. ____ 중이골, d. ____ 난황낭, 요낭 그리고 배 주위에 액체로 채워진 양막란, e. ____ 물이 육지에서 무게를 지탱할 수 있게 해 준 팔다리와 등뼈
11. 용반류란?
a. ____ 무악어류, b. ____ 턱이 있는 판피어류, c. ____ 파충류, d. ____ 양서류, e. ____ 식물
12. 관속식물의 조상일 것 같은 조류 그룹은 무엇인가?
a. ____ 황조류, b. ____ 황녹조류, c. ____ 적조류, d. ____ 갈조류, e. ____ 녹조류
13. 양서류와 양치식물이 풍부했던 시기는 언제인가?
a. ____ 페름기, b. ____ 펜실베이니아기, c. ____ 미시시피기, d. ____ 실루리아기, e. ____ 캄브리아기
14. 틱타알릭 로제(*Tiktaalik roseae*)의 발견은 어떤 이유로 의미가 있는가?
a. ____ 현재 파충류의 조상이기 때문이다. b. ____ 총기류와 양서류의 중간 단계이기 때문이다. c. ____ 최초의 관속식물이기 때문이다. d. ____ 양서류와 파충류 사이의 잃어버린 연결고리이기 때문이다. e. ____ 가장 오래된 물고기로 알려졌기 때문이다.
15. 양치식물과 겉씨식물의 중요한 차이점은 무엇인가? 그리고 육상환경을 개척하는 데 있어서 이러한 차이점이 더욱 의미 있는 이유는 무엇인가?
16. 어류 진화의 역사를 간단히 서술하시오.
17. 생물체가 육지에 완전히 정착하기 전에 극복해야 했던 문제점을 서술하시오.
18. 반룡 돛의 중요성과 가능한 이점을 토론하시오.
19. 파충류가 양서류보다 훨씬 더 성공적으로 서식지를 확장할 수 있었던 이유는 무엇인가?
20. 지질학적 조건의 변화가 식물과 척추동물의 진화에 끼친 영향에 대해 토론하시오.

응용 문제

1. 당신이 알고 있는 석탄기 지질에 근거하여(12장), 이 시기에 식물과 양서류의 진화가 왜 그렇게 유리했는지 설명하시오.
2. 최근 공립학교에서 진화론을 가르치는 것에 대한 논쟁 때문에 당신의 학교 위원회에서 당신에게 생명의 역사와 진화론은 근거가 확실한 과학적 이론이라는 내용의 30분 길이의 프레젠테이션을 부탁했다. 다루어야 할 내용은 너무 많고 시간은 부족한 당신은 고생대 척추동물의 진화사에 대해 집중하기로 결정했다. 당신이 고생대를 선택한 이유는 고생대가 후에 공룡, 새와 포유동물의 진화를 위한 모든 무대가 완성된 시기이고 대부분의 대중에게 친숙한 주제이기 때문이다. 당신은 어떤 고생대 척추동물의 화석 기록을 강조하겠는가? 그리고 당신은 진화가 실재 일어난 일이라고 어떻게 학교 위원회를 설득하겠는가? 가장 최근에 발견된 틱타알릭 로제(*Tiktaalik roseae*)가 당신의 토론에 어떻게 도움이 되겠는가?

CHAPTER 14

중생대의 지구 역사

평양시 대동강변에 분포하는 중생대 쥐라기의 규화목 화석림(Shimakura, 1936).

[개 요]

[단원 목표]

이 장을 학습한 후에 우리는 다음 사항을 이해한다.

- 중생대의 판게아 분열이 지질학적, 생물학적 사건들에 큰 영향을 끼쳤다.
- 트라이아스기 동안에 북아메리카의 대부분은 해수면 위에 있었다.
- 쥐라기 동안에 해수가 북아메리카 서쪽 지역의 내부까지 침입하였다.
- 백악기 동안에 전 지구에서 일어난 해수면 상승은 멕시코만에서부터 북극해까지 이어진 거대한 내부해로를 만들었고, 이는 북아메리카를 두 개의 거대한 지괴로 나누었다.
- 북아메리카의 서부는 해양판-대륙판 경계에서 일어난 4개의 서로 연관된 조산운동의 영향을 받았다.
- 부가체의 부가는 북아메리카 서부에서 발생한 중생대의 지질학적 역사에 큰 영향을 끼쳤다.
- 석탄, 석유, 우라늄, 구리 광상은 중생대 때 만들어진 중요한 광물 자원이다.

1. 서론

거대한 심성암이 시에라네바다 산맥(네바다 조산운동)을 형성한 지 대략 15억~21억 년이 지난 후, 캘리포니아 콜로마 지역으로 흐르는 아메리카강의 사우스포크에 있는 서터(John Sutter)의 제재소에서 금이 발견되었다. 1848년 1월 24일 서터의 제재소를 짓고 있던 목수인 마샬(James Marshall)은 제재소의 방수로에서 반짝이는 금속 조각들을 발견하였다. 곧바로 캘리포니아에 가면 바로 부자가 될 수 있다는 소문이 퍼지면서 콜로마로의 이주가 전면적으로 금지되었다.

금의 발견 소식이 대서양 연안에 퍼진지 1년 안에, 서터의 제재소 부근은 모두 부자가 되기 위해 온 8만 명 이상의 금 채굴자들로 득실거렸다. 적어도 25만 명의 금 채굴자들이 서터의 제재소에서 일했고, 대부분이 미국인들이었지만, 일부는 중국같이 먼 나라를 포함해 전 세계에서 왔다. 대부분은 금이 그들이 가져가기만을 기다릴 것이라고 생각했고, 채굴이 힘든 작업이라는 것을 깨닫지 못했다.

아무도 서터의 제재소 부근에 이렇게 많은 사람들이 집중되는 것에 대한 결과를 생각하지 않은 채 쉽게 돈을 버는 것에만 몰두하였다. 사실 채광 캠프에서의 삶은 엄청나게 어렵고 돈이 많이 들었다. 상점 주인들과 상인들이 종종 금 채굴자들보다 더 많은 돈을 벌었다. 실제로 극소수의 금 채굴자만이 엄청난 돈을 벌었거나 꽤 성공적이었다. 나머지는 그들의 꿈을 포기하고 집으로 돌아가기 전까지 겨우 근근이 살아갈 수 있을 정도였다.

많은 금 채굴자들이 금의 원천이나 광맥을 찾았지만, 그들이 발견한 금은 대부분 표사 광상[모래와 자갈로 이루어지고 패닝(panning) 작업으로 찾을 수 있을 만큼 큰 금 입자를 함유하고 있는 광상]에서 발견되었다. 화성암의 풍화와 유수의 운반과정에서 광물의 밀도로 인해 일어나는 역학적 분리가 표사광상을 형성한다. 표사광상에서 금을 회수하는 일반적인 방법인 패닝 작업은 퇴적물을 담기 위해 얕은 냄비를 강바닥에 담그는 것이다. 그 다음에 물질을 빙빙 돌려가면서 가벼운 물질들을 부어 없앤다. 대부분의 모래 알갱이들이나 암석 조각보다 약 6배 정도 무거운 금은 냄비의 바닥에 가라앉아 꺼낼 수 있게 된다.

어떤 금 채굴자들은 1주일 동안 3만 달러 가치의 금가루를 한 채굴지에서 파냈고 어떤 금은 실제로 바닥의 표면에서 발견되었다. 이와 같이 쉽게 찾을 수 있는 금의 대부분은 골드 러쉬의 가장 초기에 발견되었다. 대부분의 금 채굴자들은 채굴지에서 일하면서 그들의 생활비를 겨우 마련했다. 그럼에도 불구하고, 골드 러쉬 기간인 1848년부터 1853년까지 5년간, 2억 달러 이상의 금이 추출되었다.

중생대(2억 5,100만 년~6,600만 년 전)는 지구의 역사에서 중요한 시대였다. 가장 주요한 지질학적 사건은 판게아의 분열이었고, 이 사건은 기후와 해양 순환 패턴들과 육상과 해양의 생물군의 진화에 영향을 미쳤다. 판의 이동으로 인해 일어난 중생대의 다른 중요한 지질학적 사건들은 대서양 유역과 로키 산맥의 기원, 원유

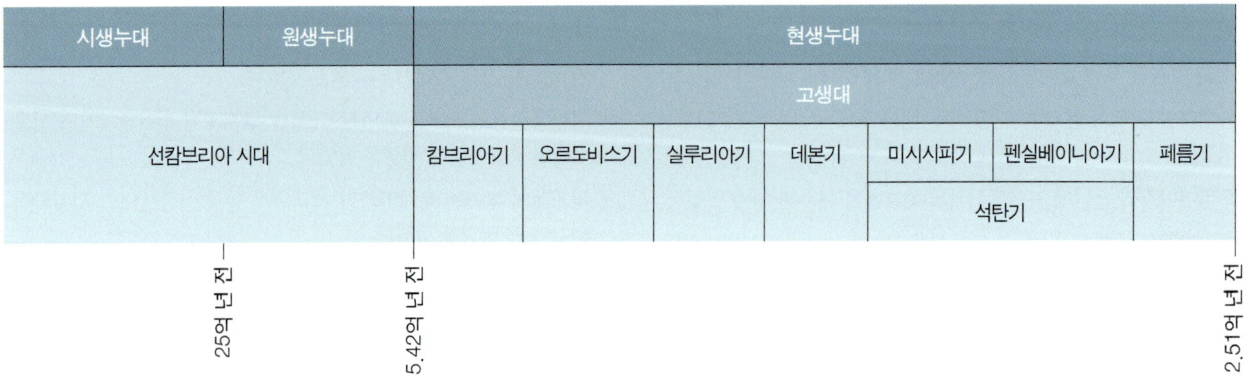

와 천연가스가 묻힌 곳 근처에 암염 돔을 생성시킨 거대한 염분 퇴적물들의 축적, 그리고 1800년대 중반에 캘리포니아 골드러시를 일으킨 금을 포함한 각종 광물 자원들의 기원인 거대한 저반들이 형성된 것이다.

2. 판게아의 분열

고생대 동안에 판게아의 형성이 지질학적 및 생물학적 사건들에 영향을 끼친 것처럼, 초대륙 판게아의 분열은 중생대 동안에 지질학적, 생물학적으로 엄청난 영향을 끼쳤다. 대륙의 이동은 전 지구적 기후와 해양의 영역뿐 아니라, 각각의 대륙의 기후에도 영향을 미쳤다. 개체군은 고립되거나 다른 개체군을 만나게 되었으며, 생물군의 점진적인 변화가 일어났다. 이 분리가 세계에 미친 효과가 너무 커서 이장의 중심 테마를 이룬다.

지자기 이상이 해양 지각에 보존되어 있기 때문에(그림 13.12), 지질학자들은 판게아 분열의 역사와 중생대와 신생대 동안 여러 대륙들이 이동한 방향에 대하여 아주 좋은 기록을 가지고 있다.

판게아의 분열은 트라이아스기 동안 일어난 로라시아와 곤드와나 대륙의 균열로 시작되었다(그림 14.1a). 트라이아스기 말기에, 새로 만들어져 팽창하는 대서양은 아프리카로부터 북아메리카를 분리시켰다. 후기 트라이아스기와 전기 쥐라기 사이에 북아메리카와 남아메리카의 분리가 뒤이어 일어났다.

대륙들의 분열은 테티스해로부터 팽창하고 있는 중앙 대서양 쪽으로 해수가 흐르도록 한 반면, 태평양의 해수는 새로 형성돼 제한된 만보다 조금 더 큰 멕시코만 쪽으로 흐르게 하였다(그림 14.2). 그 시대에 이 지역들은 저위도의 열대 지방에 위치해 있었고, 그 지역들은 기온이 높고 증발양이 많아서 두꺼운 증발암의 형성에 적합한 장소였다.

곤드와나 대륙이 분열되기 시작한 것은 후기 트라이아스기와 쥐라기 동안에 일어났다. 남극과 호주는 서로 붙어 있는 상태에서 북아메리카와 아프리카로부터 멀어진 반면, 인도는 곤드와나 대륙에서 분리되어 북쪽으로 이동했다.

남아메리카와 아프리카는 쥐라기 동안에 분리되기 시작했고(그림 14.1b), 두 대륙의 분리는 좁은 분지를 형성시켰으며, 그 곳에서 두꺼운 증발암 퇴적물이 남쪽 해수의 증발로 인해 퇴적되었다(그림 14.2). 이 시기 동안에, 테티스해의 동쪽 끝은 로라시아의 시계 방향으로의 회전과 북쪽으로 이동한 아프리카로 인해 닫히기 시작하였다. 후기 쥐라기와 백악기에 아프리카와 유럽 사이에 있던 이 해로는 현존하는 지중해의 전신이었다.

백악기 말에, 호주와 남극은 서로 분리되었고, 인도는 남반구의 저위도로 이동하여 거의 적도 부근에 위치해 있었다. 남아메리카와 아프리카는 상당히 분리가 되었고, 그린란드는 근본적으로 독립적인 대륙이었으며,

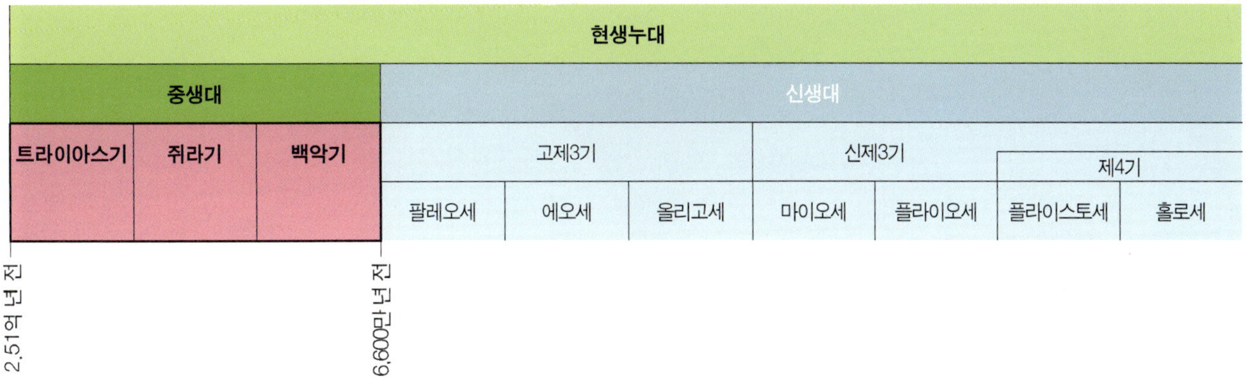

그린란드와 북아메리카 및 유럽 사이에는 오직 얕은 바다가 있었다(그림 14.1c).

백악기 중에 일어난 전 지구적 해수면의 상승은 대륙에 전 세계적인 해침을 야기했다. 높은 열류량과 해령의 급속한 확장이 해침의 원인이 되었다. 중기 백악기에, 해수면은 오르도비스기 때 이후로 가장 높았을 것이고, 현존하는 대륙의 1/3 정도가 내륙해로 되었다(그림 14.1c).

판게아 분열의 마지막 단계는 신생대 동안에 일어났다. 이 시기 동안, 호주는 계속 북쪽으로 움직였고, 그린란드는 유럽과 북아메리카 대륙으로부터 완전히 분리되어 독립된 대륙을 형성했다.

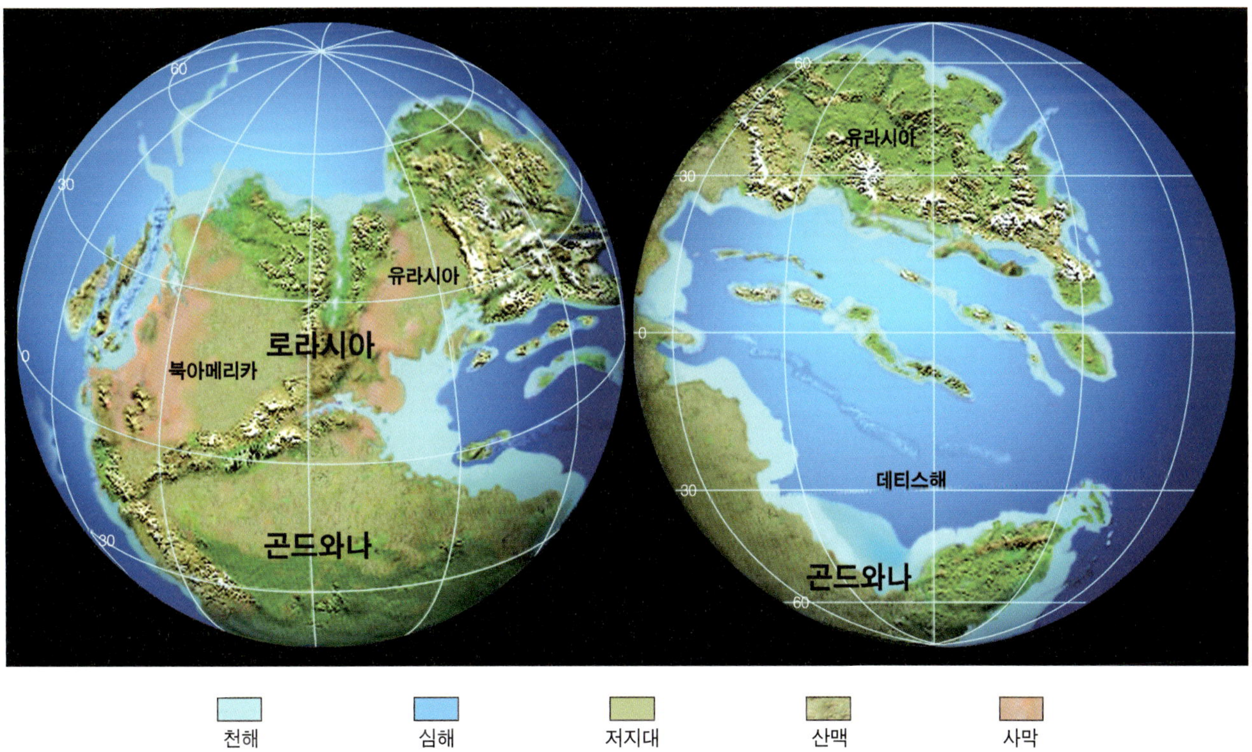

a 트라이아스기

그림 14.1 **중생대의 고지리** a 트라이아스기, b 쥐라기, c 후기 백악기 동안의 세계의 고지리

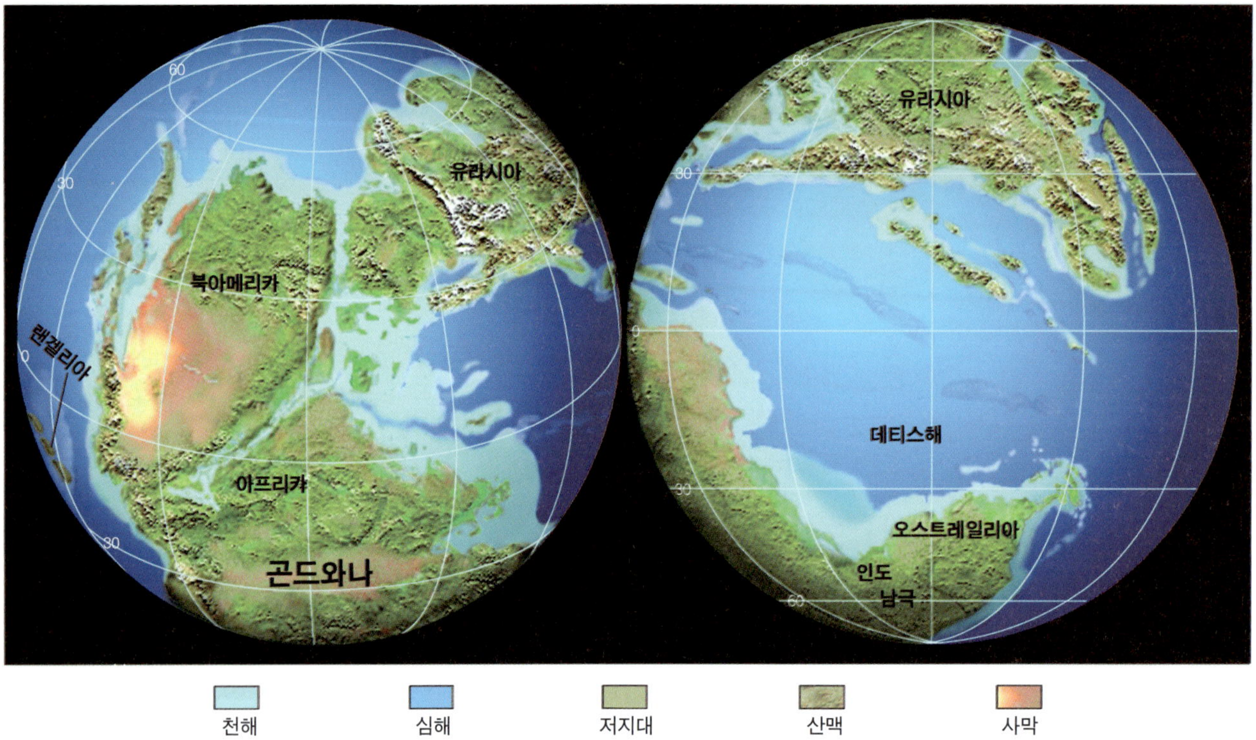

b 쥐라기

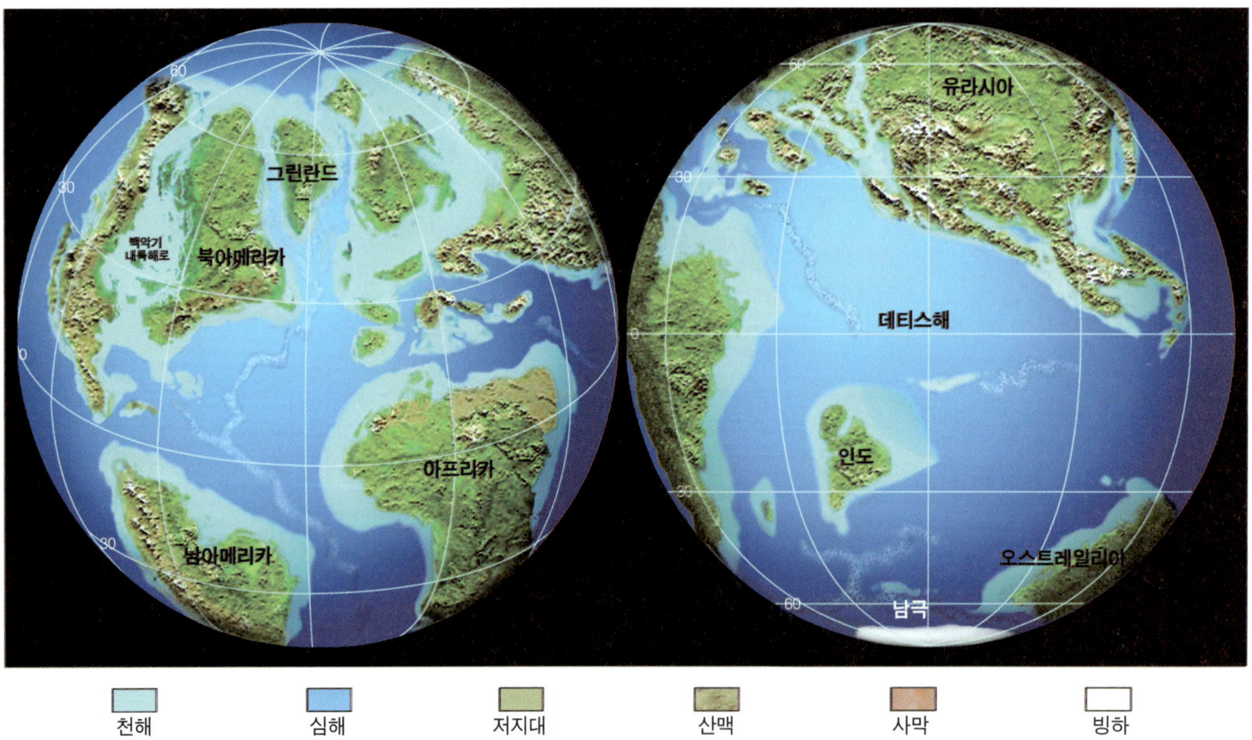

c 후기 백악기

그림 14.1 중생대의 고지리 a 트라이아스기, b 쥐라기, c 후기 백악기 동안의 세계의 고지리 (계속)

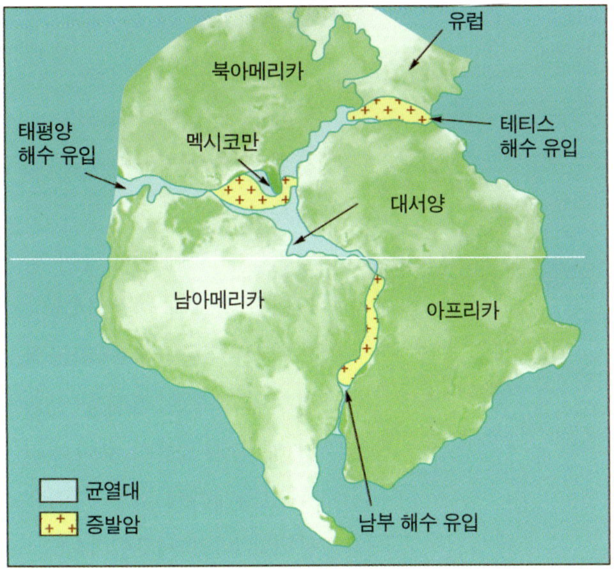

그림 14.2 **증발암층** 증발암은 중생대 전기 동안에 분열된 판게아의 천해 분지에서 만들어졌다. 해수가 데티스해로부터 대서양 중심부로, 그리고 태평양에서 새롭게 형성된 멕시코만으로 유입되었다. 남쪽으로부터 해수가 대서양 남부로 유입되었다.

판게아의 분열이 전 지구적 기후와 해양 순환 패턴에 끼친 영향

페름기 말기에, 판게아는 극에서 극까지 확대되어 지구 표면의 약 1/4을 덮었고, 대략 경도 300°를 포함하는 거대한 해양인 판탈랏사로 둘러싸여 있었다(그림 11.2b). 그러한 배치는 지구의 기후에 엄청난 영향을 끼쳤고, 그 결과 판게아 내부의 많은 지역이 대체적으로 건조한 환경으로 변했다.

세계의 기후는 바람과 해류의 복합 상호 작용과 대륙의 위치와 지형으로 인해 변화된다. 일반적으로 건조기후는 수분 공급원으로부터 멀리 떨어진 지역의 거대 대륙들이나 산맥처럼 습한 공기를 막는 장벽이 있는 곳에 존재한다. 습윤기후는 물이 많이 있는 곳이나 바람이 대륙으로 습윤공기를 운반할 수 있는 곳에 존재한다.

과거의 기후상태는 기후 민감성 퇴적물들의 분포로부터 추정할 수 있다. 증발암은 증발량이 강수량보다 많을 때 만들어진다. 비록 사구나 적색층이 지역적으로 습한 지역에서도 만들어질 수는 있지만, 그들은 건조한 지역의 특징적인 암석들이다. 석탄은 온난한 지역과 서늘한 습윤 기후 모두에서 만들어진다. 식물이 최종 석탄으로 변하기 위해서는 최소한 계절적으로 물의 공급이 있어야 한다. 그러므로 석탄 퇴적물들은 습한 환경의 지시자이다.

남아메리카, 북아메리카, 유럽, 아프리카의 저위도와 중위도 지역에 광범위하게 분포하는 트라이아스기의 증발암, 적색층, 사막의 사구는 그 지역들이 건조한 기후였음을 지시하고, 반면에 석탄 퇴적물들은 주로 고위도에서 발견되며, 습한 환경이었음을 알려 준다. 고위도에 있는 석탄은 오늘날 스코틀랜드의 토탄지나 캐나다의 물이끼로 뒤덮인 소택지와 유사하다. 테티스해 경계선상에 있는 대륙들은 아마도 따뜻하고 습윤한 바람과 판게아의 동쪽 해안선을 따라 흐르는 해류로 인해 생긴 계절성 몬순의 영향을 많이 받았을 것이다.

열대지방과 극지방 사이의 온도 구배도 또한 해류와 대기의 순환에 영향을 미친다. 열대지방과 극지방 사이의 온도차가 클수록 온도 구배가 크며 해류 순환과 대류의 속도가 더 빨라지게 된다. 해양은 태양 복사열의 약 90% 정도를 흡수하는 것에 비해 대륙은 50% 정도밖에 흡수하지 못하고, 눈으로 덮여 있을 경우에는 흡수율이 더 낮다. 나머지 태양 복사열은 우주로 다시 반사된다. 해양이 우세한 지역들은 대륙이 우세한 지역들보다 더 따뜻하다. 지질학자들은 어느 지역이라도 해양과 대양 분지의 분포를 알면 그 지역의 연평균기온과 온도 구배를 알 수 있다.

후기 트라이아스기 동안에 판게아의 분열은 세계의 온도 구배를 상승시켰는데 이는 북반구의 대륙들이 더 북쪽으로 이동하여 고위도의 바다들을 대신해 자리를 잡았기 때문이다. 고위도의 온도 감소와 대륙의 위치 변화로 인해 더 가파르진 세계 온도 구배 때문에 중생대 동안에 해류의 순환과 대기대순환 패턴은 크게 변하였다(그림 14.3).

대륙에서 온도 구배와 계절성이 쥐라기와 백악기 동안에 증가했지만, 중위도와 고위도의 바다들은 테티스해의 난수가 고위도 쪽으로 순환하였기 때문에 꽤 따뜻

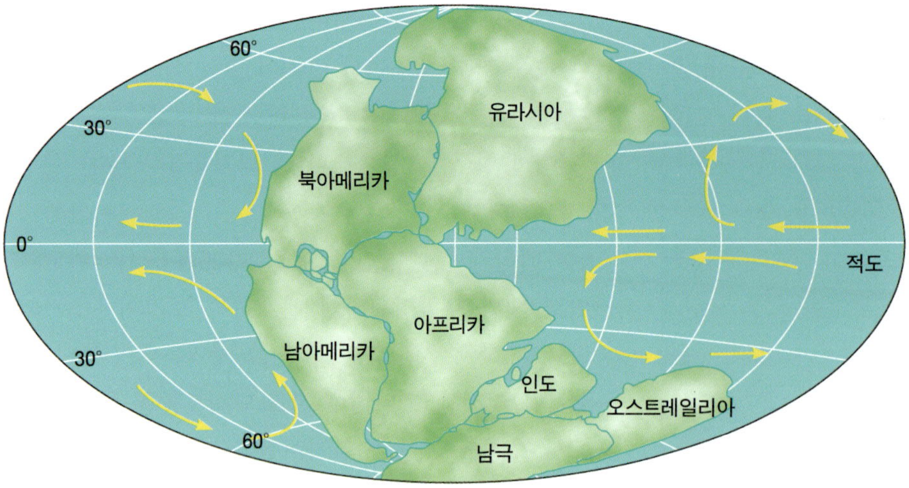

a 트라이아스기

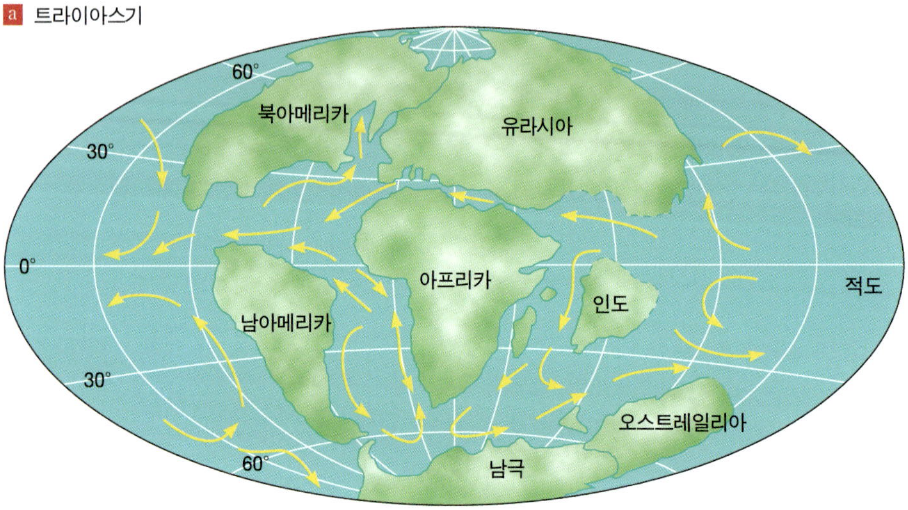

b 백악기

그림 14.3 **중생대의 해양 순환 모형** 해양 순환은 한 개의 대륙(판게아)과 한 개의 바다(판탈랏사)로 된 간단한 모형 a에서 백악기 동안에 새롭게 형성된 복잡한 모형 b로 변하였다.

하였다. 그 결과 백악기 말기까지 세계적으로 변화가 거의 없는 일정한 기후가 유지되었다.

3. 북아메리카의 중생대 지사

중생대의 시작은 지각변동과 퇴적작용의 관점에서 볼 때 앞 선 북아메리카의 페름기와 본질적으로 같다(그림 11.11 참조). 육지의 퇴적작용은 강괴를 중심으로 지속되었고, 북아메리카의 애팔래치아 지역과 아프리카가 분리되기 시작하면서 단층 지괴 운동과 화성 활동이 시작되었다(그림 14.4). 새로 형성된 멕시코만에서는 후기 트라이아스기와 쥐라기 동안에 북아메리카가 남아메리카로부터 분리되면서 광범위한 지역에 증발암이 퇴적되었다(그림 14.2, 14.5).

백악기 동안 전 지구의 해수면 상승은 해침을 일으켜 해양 퇴적물이 북아메리카 코딜레라의 많은 지역에 쌓이게 되었다(그림 14.6).

페름기 동안에 강괴의 서쪽 가장자리에 형성된 화산성 호상 열도는 페름기 또는 트라이아스기 동안에 북아메리카 쪽으로 붙었다. 이 사건을 소노마 조산운동이라 하며, 이장의 뒷부분에서 논의될 것이다. 쥐라기 동안에, 코딜레라 지역 전체가 산맥 형성의 과정을 겪었는데, 그 결과 시에라네바다 산맥, 로키 산맥, 그리고 더 작은 산맥들이 형성되었다. 각각의 조산운동 과정은 이름이 따로 있지만, 이런 모든 산맥의 형성 과정을 단순히 코딜레라 조산운동(이 장의 뒷부분에서 논의될 것임)이라 부른다. 이렇게 단순화된 북아메리카의 중생대 역사를 알게 되었으니 이제 대륙의 특정 지역들에 대해 살펴볼 것이다.

4. 대륙 내부

북아메리카 강괴의 역사는 내륙해의 전진과 후퇴를 반

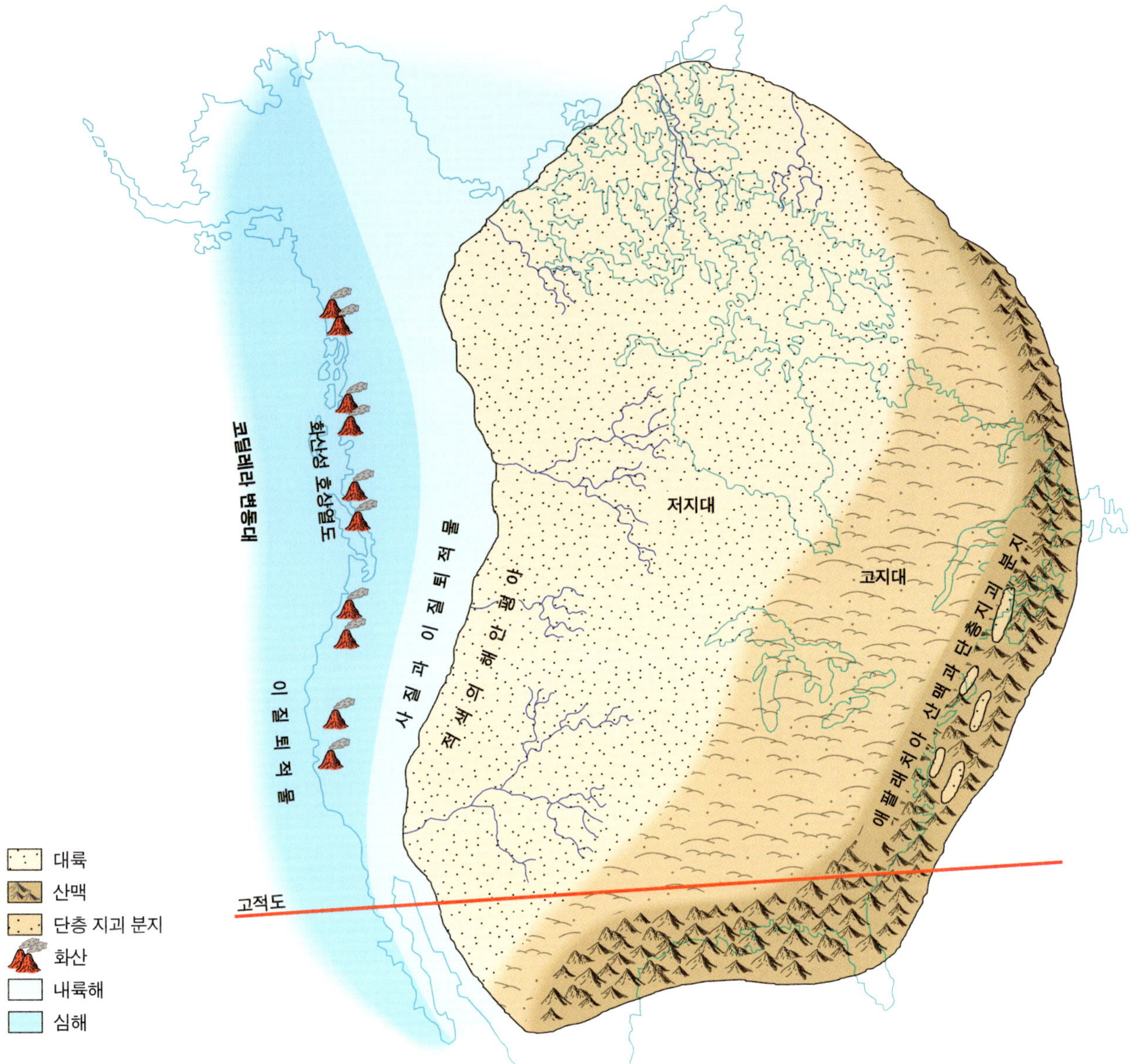

그림 14.4 **북아메리카의 트라이아스기 고지리**

영하는 부정합의 연속 사건들로 나누어지는 것을 기억하라(그림 10.3 참조). 해침과 해퇴가 고생대에는 대륙의 지질학적 역사에 큰 영향을 미쳤지만, 중생대에는 별로 중요하지 않았다. 중생대 동안에 대부분의 육지는 해수면보다 훨씬 위에 있었고 범람하는 바다에 의해 침수되지 않았다. 결과적으로, 두 개의 중생대 강괴 연계층인 압사로카 연계층(Absaroka Sequence, 후기 미시시피기부터 전기 쥐라기까지)과 주니 연계층(Zuni Sequence: 전기 쥐라기~전기 팔레오세까지; 그림 10.3 참조)은 여기서 따로 취급되지 않는다; 대신, 우리는 북아메리카에서 세 대륙 주변부 지역의 중생대 지사를 알아볼 것이다.

5. 동부 해안 지역

전기와 중기 트라이아스기 동안에, 최근에 융기한 애팔래치아 산맥(알레게니아 조산운동)의 침식으로부터 생

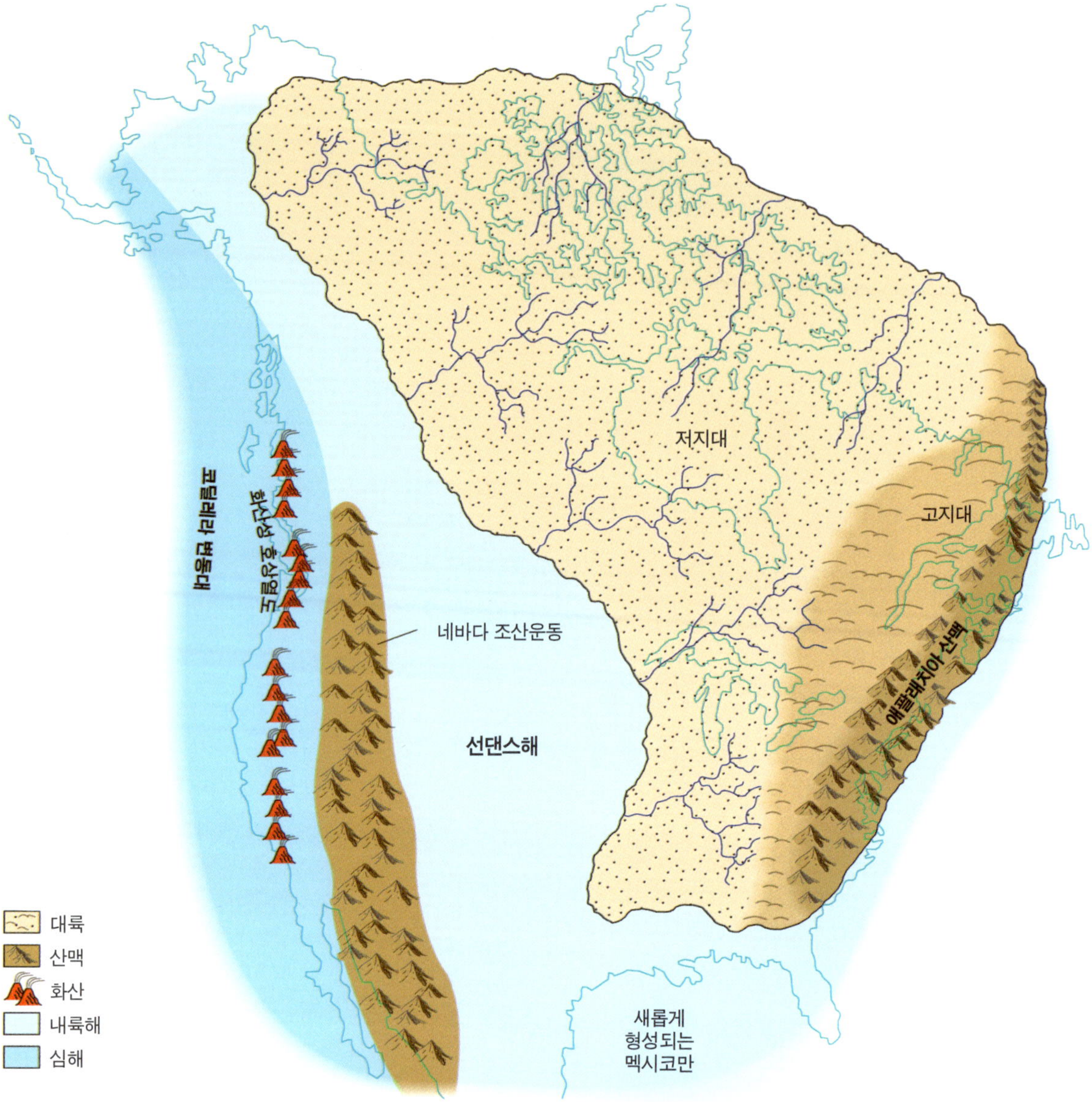

그림 14.5 **북아메리카의 쥐라기 고지리**

성된 조립질의 쇄설성 퇴적물이 많은 산간 지역의 분지를 채웠고 주변 지역으로 퍼져나갔다. 풍화와 침식작용이 중생대 동안 계속 진행되면서, 한 때 높았던 산맥들이 낮은 평원으로 변하였다.

후기 트라이아스기에 판게아 분열의 첫 단계는 북아메리카가 아프리카에서 분리되면서 시작되었다. 단층 지괴 분지들이 현재의 노바스코샤부터 노스캐롤라이나까지 이어지는 판게아 하부의 지역에서 마그마가 상승하면서 형성되었다(그림 14.7). 단층 지괴 산맥에서 침식된 상당한 양의 퇴적물이 인근에 있는 분지에 쌓였는데(6,000m 정도), 이것을 **뉴어크층군**(Newark Group)이라 부르며 분급이 불량한 육성의 쇄설성 퇴적물로 구성되어 있다.

파충류는 이 분지에 형성된 호수와 시냇물 근처를 배회하며, 그들의 발자국을 부드러운 퇴적물 위에 남겼다(그림 14.8). 뉴어크층군의 암석에는 많은 공룡 발자국

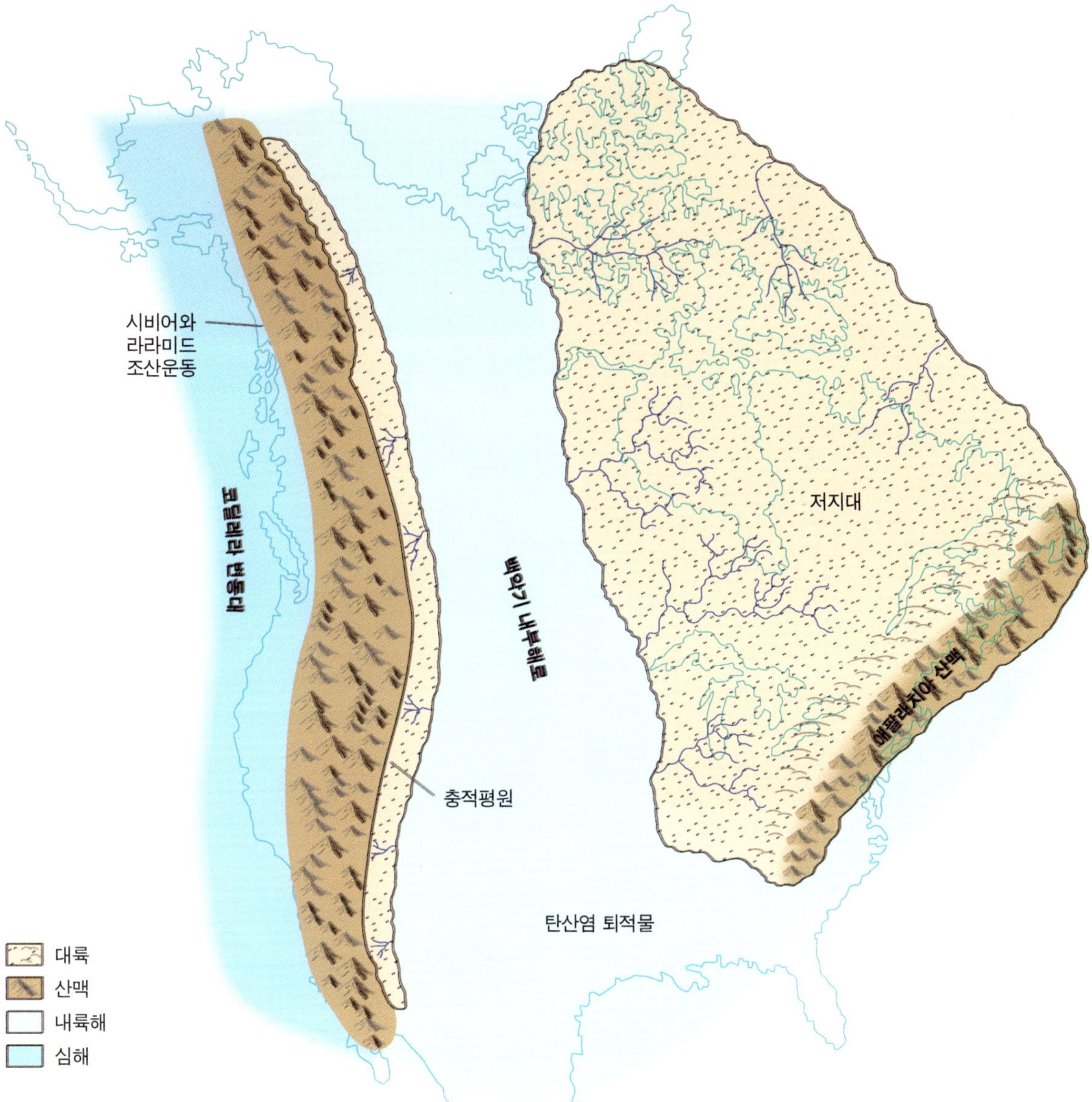

그림 14.6 **북아메리카의 백악기 고지리**

들이 있지만 공룡뼈는 거의 발견되지 않았다! 뉴어크층군은 시대가 대부분 후기 트라이아스기이지만, 어떤 지역에서는 전기 쥐라기까지 퇴적되지 않은 곳도 있다.

단층 지괴 분지들의 퇴적과 동시에 일어난 것은 분지의 바닥을 뒤덮은 광범위한 용암류와 여러 종류의 암맥과 암상의 관입암체이다. 가장 유명한 관입은 뉴욕-뉴저지 지역의 허드슨강을 따라서 나타나는 유명한 팰리세이드(Palisades) 암상이다(그림 14.7d).

대서양이 커지면서 열곡이 북아메리카의 동쪽 가장자리 쪽에서 멈추었고, 한때 활발했던 수렴형 판의 경계는 활동성이 없어지고 길게 이어진 대륙 주변부로 변했다. 열곡이 만들어 낸 단층 지괴 산지들은 쥐라기와 전기 백악기 동안에 계속 침식이 진행되어 결국 주변보다 약간 높은 지역 밖에 남지 않게 되었다.

침식으로부터 만들어진 퇴적물들은 성장하고 있는 동쪽의 대륙붕에 기여를 하였다. 백악기 동안 애팔래치

a 북아메리카 동부 지역에 노출된 단층 지괴 퇴적층 지역

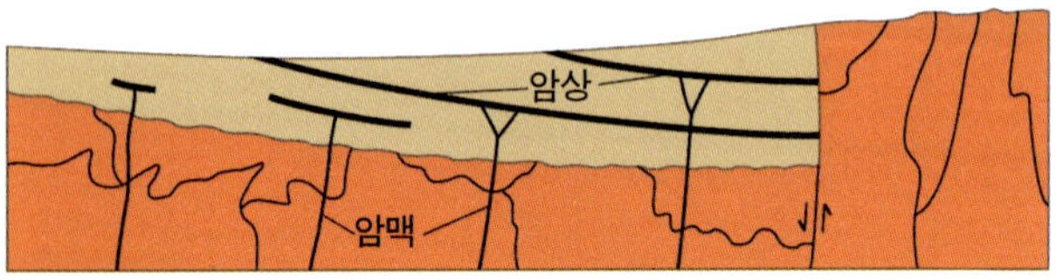

b 애팔래치아 조산운동 후 중기 트라이아스기에 침식되어 저지대의 평원이 되었다. 이것과 같은(단면도에서 보여 주는) 단층 지괴 분지가 북아메리카와 아프리카 사이에서 후기 트라이아스기의 균열에 의해서 형성되었다.

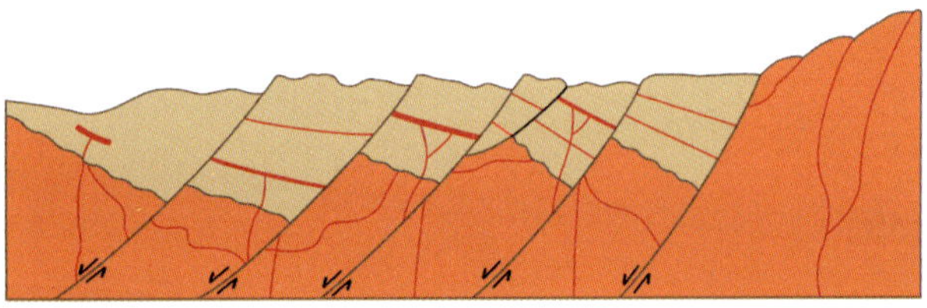

c 이러한 계곡에 엄청난 두께의 퇴적물이 쌓였고, 균열되는 동안 이 계곡은 정단층의 복합체에 의해서 깨졌다.

d 허드슨강의 팰리세이드 암상. 이 암상은 아프리카로부터 북아메리카의 분리를 나타내는 후기 트라이아스기의 균열 동안에 뉴어크 퇴적물에 많이 관입된 것 중의 하나이다.

그림 14.7 북아메리카의 트라이아스기 단층 지괴 분지

그림 14.8 트라이아스계 뉴어크층군의 파충류 발자국 트라이아스기계 뉴어크층군의 파충류 발자국은 코네티컷 하트퍼드에서 새로운 주립 건물을 세우기 위해 터파기를 하던 중에 발견되었다. 이 발자국은 대단히 중요했기 때문에 이 장소는 주립공원으로 지정되었다.

아 지역이 다시 융기하여 대륙붕에 퇴적물을 공급하면서, 3,000m 정도 두께의 완만하게 경사지고 바다 쪽으로 갈수록 두꺼워지는 퇴적층을 형성하였다. 이 퇴적층은 현재 뉴욕의 롱아일랜드부터 조지아까지 이어지는 지역에 드러나 있다.

6. 멕시코만 지역

멕시코만 지역은 후기 트라이아스기까지 해수면보다 위에 있었다(그림 14.4). 후기 트라이아스기와 전기 쥐라기 동안에 북아메리카와 남아메리카가 분리되면서 멕시코만이 형성되기 시작하였다(그림 14.5). 새로 형성된 얕고 제한된 분지에 해류가 흘러 들어오면서 증발암 형성에 알맞은 조건이 만들어졌다. 두께가 1,000m 이상의 증발암이 이 시기에 퇴적되었으며 대부분의 지질학자들은 이 쥐라기 시대의 증발암이 현재의 멕시코만과 루이지아나의 남부에서 발견되는 신생대 암염돔의 근원이라고 생각한다. 이 암염돔의 역사와 이와 관련된 석유의 축적에 대해서는 16장에서 논할 것이다.

후기 쥐라기에 멕시코만에서의 해류 순환이 어느 정도 자유로워지면서 증발암 퇴적이 끝나게 되었다. 이 지역은 정상의 해안 환경으로 되돌아왔고 해침과 해퇴를 반복하는 바다를 갖게 되었다. 그 결과 퇴적물은 수천m의 두께를 갖는 백악기와 신생대의 퇴적물로 묻혀 버렸다.

백악기 동안에 멕시코만 지역은 다른 대륙의 주변부처럼 북쪽으로 향하는 해침에 의해 잠기게 되었다(그림 14.6). 그 결과, 연안 해역의 사암은 심해의 특징인 세립질 퇴적물로 피복되었다. 전기 백악기의 말기에 대규모의 해퇴가 일어난 다음에 북극해에서 멕시코만(그림 14.6)까지 뻗는 넓은 바닷길이 만들어지는 동안 본격적인 해침이 시작되었다. 백악기 동안에 멕시코만 지역에 쌓인 퇴적물은 바다 쪽으로 갈수록 두꺼워지는 쐐기를 형성하였다.

백악기 동안에 루디스트스(rudists)(15장 참조)라는 이매패로 주로 이루어진 암초들이 멕시코만 지역에 광범위하게 만들어졌다. 그들의 높은 다공성과 투과성 때문에 루디스트스로 만들어진 암초들은 훌륭한 석유의 저류암이 되었다. 백악기 암초 복합체의 좋은 예는 텍사스에서 발견되는데, 암초들의 방향성이 그 지역의 탄산염 대지의 퇴적에 영향을 주었다(그림 14.9). 백악기 탄산염 암석의 상 패턴은 고생대의 주요한 보초 시스템만큼이나 복잡하다.

7. 서부 지역

중생대의 구조 운동

중생대에 코딜레라 변동대의 지질학적 역사는 아주 복잡하고, 동쪽 방향으로 진행된 파랄론 해양판이 북아메리카 대륙판 아래로의 섭입을 포함한다. 이 해양판과 대륙판 사이의 수렴경계를 따라서 일어난 활동은 변형이 동쪽으로 이동하는 결과를 낳았다. 이 조산운동은 해구와 대륙사면, 대륙붕, 그리고 강괴의 주변 지역에 점진적으로 영향을 주었으며 대륙 지각을 두꺼워지게 하였다. 또한, 북아메리카 서쪽 주변부를 따라 생긴 부

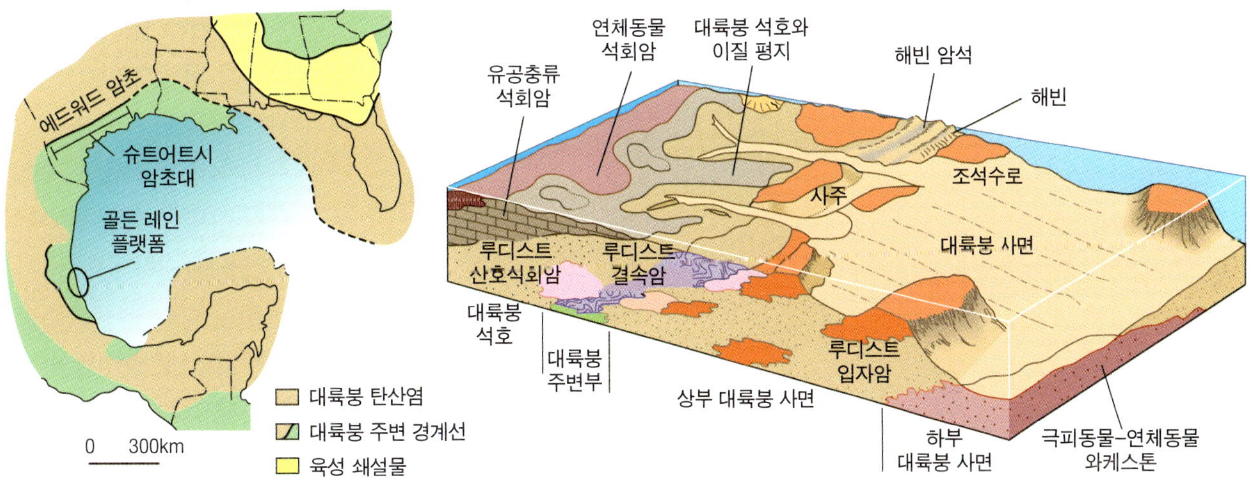

a 멕시코만 분지 주변에 있는 전기 백악기 대륙붕 주변부의 퇴적상. 암초대의 분포는 검은색으로 표시되어 있다.

b 남부 텍사스의 슈트어트시 암초대를 횡단하는 퇴적 환경과 상변화의 복원도

그림 14.9 전기 백악기 대륙붕 주변의 퇴적상

가체의 부가와 작은 판은 이 지역의 중생대 구조 운동 역사에 중요한 역할을 하였다.

후기 데본기~전기 미시시피기의 안틀러 조산운동(Antler orogeny)(그림 11.15)을 제외하고, 북아메리카의 코딜레라 지역은 고생대 동안에 약간의 지각변동을 겪었다. 한편, 호상 열도와 대양분지가 페름기 동안에 북아메리카 강괴의 서부에 형성되었고(그림 14.4) 그 이후 호상 열도 아래에 있는 해양판이 섭입했으며, 해양과 호상 열도가 강괴 주변부의 동쪽 방향으로 밀고 들어 왔다(그림 14.10). 과거에 일어난 안틀러 조산운동과 비슷한 이 사건은 **소노마 조산운동**(Sonoma orogeny)으로 알려져 있고, 페름기와 트라이아스기의 경계나 그 가까이에서 일어났다. 안틀러 조산운동처럼 이 사건은 북아메리카 서부의 주변부를 따라서 호상 열도 부가체의 부가와 소노미아(Sonomia)라는 지괴가 형성되는 결과를 낳았다.

소노마 조산운동 동안에 후기 고생대~전기 중생대의 화산성 호상 열도가 파괴된 후, 북아메리카의 서부 주변부는 해양-대륙 수렴 판의 경계가 되었다. 후기 트라이아스기 동안에는 북아메리카의 서쪽 주변부를 따라서 급하게 경사진 섭입대가 발달했다. 이 섭입대는 파랄론판 위로 북아메리카 대륙의 서향 이동에 의해 만들어진 것이다. 이 새로 형성된 해양판-대륙판의 경계는 중생대의 나머지 기간과 신생대의 대부분 동안 코딜레라 구조 운동을 통제하였다; 이 섭입지역은 지금의 환태평양 조산운동 시스템의 시작을 나타낸다.

일반적 용어인 **코딜레라 조산운동**(Cordilleran orogeny)은 쥐라기 동안에 시작되어 신생대까지 계속되었던 조산운동 활동에 해당된다(그림 14.11). 코딜레라 조산운동은 다른 지역에서 서로 다른 시기에 발생하지만 어느 범위까지는 겹치고, 각각의 이름을 갖는 계열이지만 서로 연관된 조산운동 과정, 또는 파동(pulse)으로 구성되어 있다. 대부분의 코딜레라 조산운동은 파랄론판 위로 계속된 서쪽으로의 이동과 관련되어 있고 역사가 매우 복잡하다.

코딜레라 조산운동의 첫 번째 파동인 **네바다 조산운동**(Nevadan orogeny, 그림 14.11)은 중기와 후기 쥐라기부터 백악기까지 진행되었다. 중기와 후기 쥐라기 초에, 서로 반대 방향으로 경사하는 두 개의 섭입대가 북아메리카의 서쪽 주변부를 따라 형성되었다. 북아메리카판이 서쪽으로 움직이면서 대서양이 열렸고 곧 서쪽으로 경사진 섭입대 위로 올라가면서 그것을 파괴하였으며, 서쪽 주변부를 따라서 동쪽으로 경사하는 섭입대만이 남았다. 동쪽으로 경사하는 해양 지각이 계속 섭입함으로써 많은 양의 화강암질 마그마가 북아메리카 서쪽 주변부의 아래 깊은 곳에 생성되었다. 이 화강암질

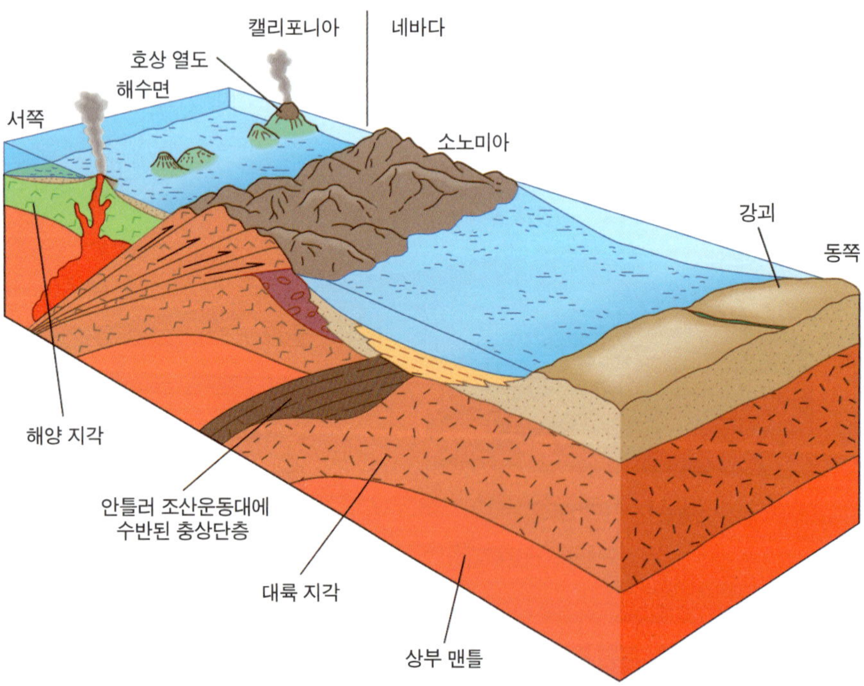

그림 14.10 **소노마 조산운동** 북아메리카의 남부 주변부와 에서 페름기~트라이아스기에 절정을 이룬 소노마 조산운동은 북아메리카 주변부와 호상 열도계 사이에서 일어난 충돌의 결과이다.

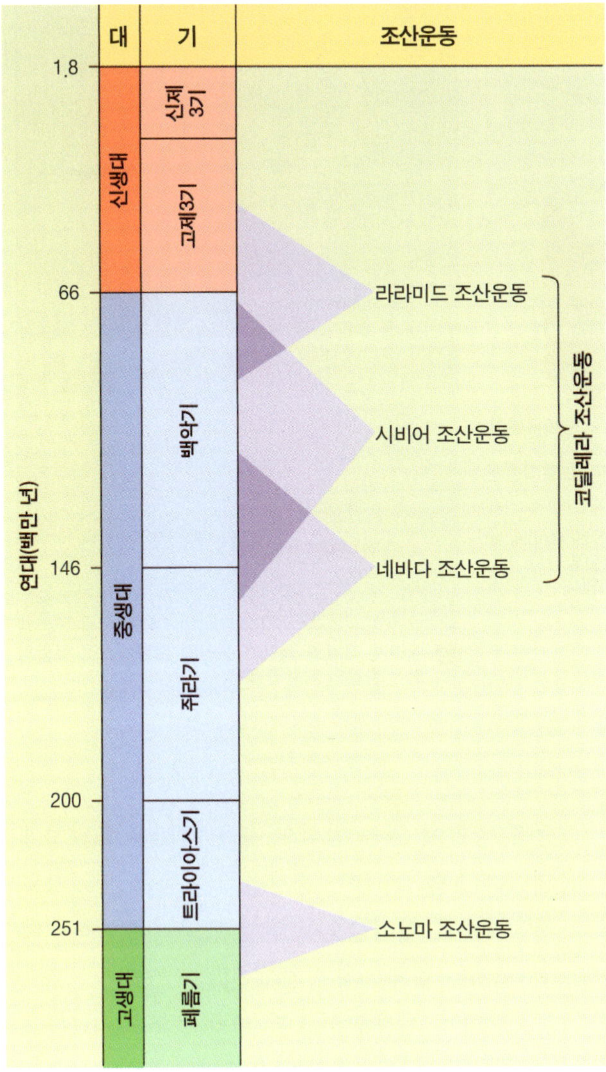

그림 14.11 중생대의 코딜레라 조산운동 코딜레라 변동대에서 일어난 중생대의 조산운동

그림 14.12 코딜레라 저반 북아메리카의 서부에서 쥐라기와 백악기 저반의 위치

덩어리는 현재 시에라네바다, 캘리포니아 남부, 아이다호, 그리고 해안 산맥의 기대한 저반을 이루고 있다(그림 14.12). 또한 이 시기에 **프란체스코 복합체**(Franciscan Complex)와 **그레이트 밸리층군**(Great Valley Group)이 퇴적되었고, 이들은 코딜레라 변동대의 네바다 조산운동의 한 부분으로 변형되었다.

두께가 7,000m 정도인 프란체스코 복합체는 후기 쥐라기와 백악기 동안에 형성되었고, 무질서한 암석의 혼합으로 구성된 특이한 암석체이다. 다양한 종류의 암석 유형—그레이와케, 화산 각력암, 미사암, 흑색 셰일, 처트, 베게 현무암, 청색편암 변성암—은 대륙붕, 대륙사면, 그리고 심해 환경이 해양의 해구에서 북아메리카가 섭입하는 파랄론판 위로 올라갈 때 모두 온 것이라는 것을 시사한다(그림 14.13).

프란체스코 복합체와 이것의 동쪽에 위치한 그레이트 밸리층군은 둘 다 파랄론판이 북아메리카판 밑으로 섭입한 결과 북아메리카 강괴의 경계에서 찌그러졌다. 프란체스코 복합체와 그레이트 밸리층군은 주요 충상

그림 14.13 **프란체스코 복합체**

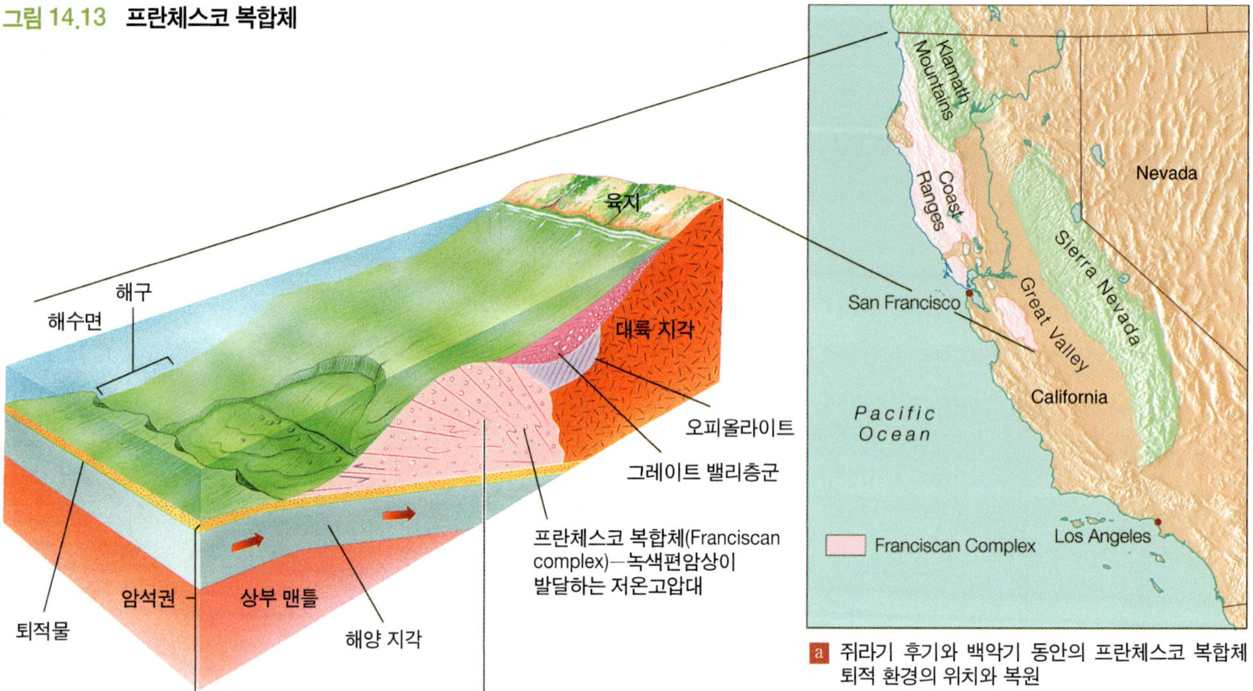

a 쥐라기 후기와 백악기 동안의 프란체스코 복합체 퇴적 환경의 위치와 복원

b 캘리포니아 마린 카운티에 노출된 층상 처트. 대부분의 층은 5cm 두께이다.

단층에 의해 현재 분리되어 있다. 그레이트 밸리층군은 프란체스코 퇴적물들이 해구에 축적될 때와 같은 시기에 대륙붕과 대륙사면에 퇴적된 16,000m 이상의 역암, 사암, 미사암, 셰일로 이루어져 있다(그림 14.13).

후기 백악기에 대부분의 화산 활동과 심성 활동은 동쪽의 네바다와 아이다호 쪽으로 이동하였다. 이러한 이동은 아마도 고각도 섭입에서 저각도 섭입으로의 변화로 인해 일어났을 것이고, 그 결과 섭입한 해양판은 더 동쪽 방향에 있는 암석의 용융 깊이에 도달하게 되었다(그림 14.14). 충상단층은 동쪽 방향으로 점진적으로 일어났으며 후기 백악기에는 아이다호-워싱턴 경계까지 확장하였다.

코딜레라 조산운동의 두 번째 파동인 **시비어 조산운동**(Sevier orogeny)은 북아메리카의 서부에서 알래스카부터 멕시코까지 영향을 미쳤다. 비록 이 조산운동은 후기 쥐라기에 시작은 되었지만, 그리고 이전에 일어난 네바다 조산운동과 관련이 있음에도 불구하고 대부분이 백악기에 일어났다(그림 14.11). 이 시기에 북아메리카판 밑으로 파랄론판이 섭입하여 많은 수의 중첩하는 완경사 충상단층이 생겼다. 섭입대에서 압축하는 힘이 동쪽으로 전송되면서, 많은 수의 더 이전에 생긴 고생대의 지괴들을 동쪽방향으로 최근에 생성된 지층 위로 밀어냈다(그림 14.15). 이 변형은 영향을 받은 범위 내에서 지각의 축소를 일으켰고, 남북방향의 산맥을 형성하였다.

후기 백악기에서 전기 신생대 동안에 코딜레라 조산운동의 마지막 파동이 일어났다(그림 14.11). **라라미드**

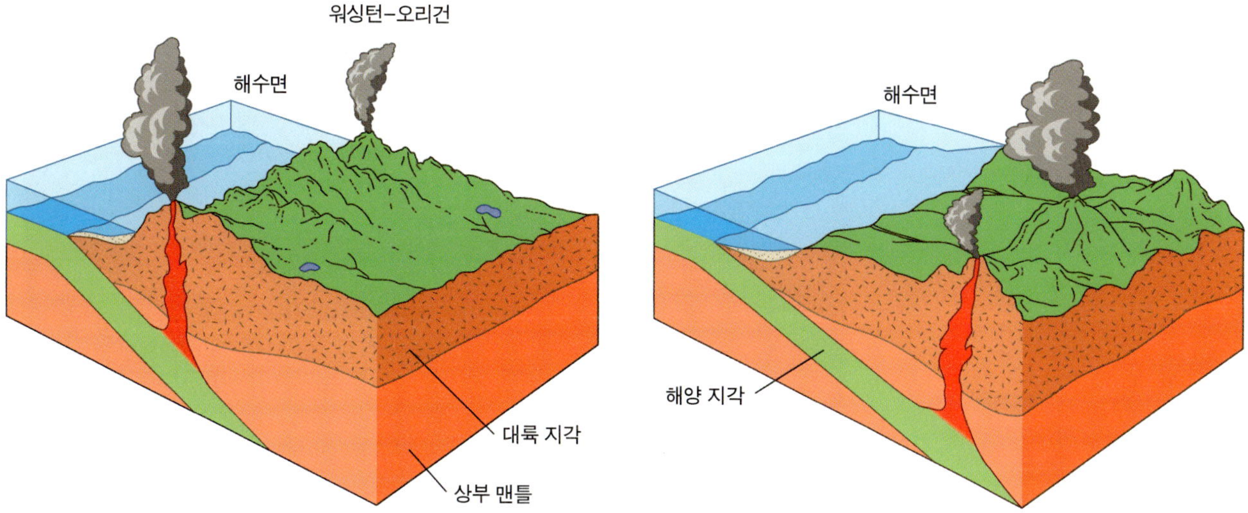

a 고각도 섭입 b 저각도 섭입

그림 14.14 코딜레라 변동대에서 백악기 섭입 백악기 동안에 코딜레라 지역에서 화성 활동이 동쪽으로 이동한 것에 대한 원인의 하나는 고각에서 저각으로의 섭입의 변화. 섭입하는 판이 저각도로 아래쪽으로 이동함으로써 용융점의 깊이는 동쪽으로 이동한다.

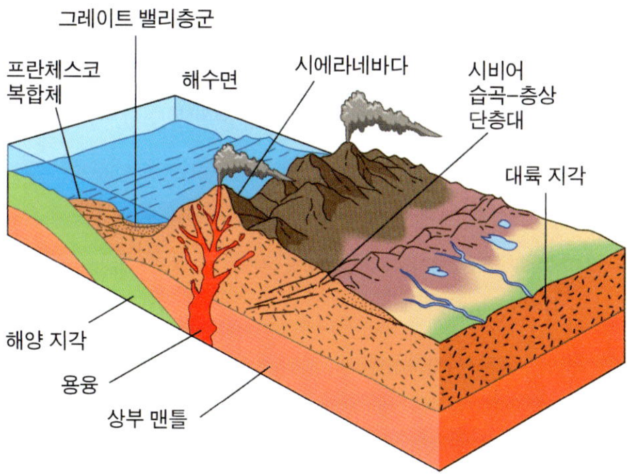

그림 14.15 시비어 조산운동 파랄론판이 북아메리카판 아래로 섭입되어 일어난 후기 백악기의 시비어 조산운동과 관련된 구조적 특징을 보여 주는 복원도

조산운동(Laramide orogeny)은 현재의 뉴멕시코, 콜로라도, 그리고 와이오밍을 포함한 로키 산맥 지역인 시비어 조산대 동부에서 발달하였다. 현재의 로키 산맥 특징들의 대부분은 라라미드 조산운동의 신생대 상에서 나왔으며, 이 때문에 16장에서 다루어질 것이다.

중생대의 퇴적작용

코딜레라 변동대의 지각 운동과 공존한 전기 트라이아스기의 퇴적작용은 대륙붕의 서부에서 일어났으며 천해의 사암, 셰일과 석회암으로 구성되었다. 중기와 후기 트라이아스기 동안에 서부의 천해는 더 서쪽으로 퇴행하였고, 그 곳에 있었던 넓은 영역의 해저를 침식시켰다. 주변의 해성 및 육성의 트라이아스계 암석, 특히 적색층은 형형색색의 장관을 이룬다.

미국 남서부의 하부 트라이아스계 모엔코피층(Moenkopi Formation)은 연속적인 벽돌색과 초콜릿 색깔의 이암으로 이루어져 있다(그림 14.16). 건열과 연흔 같은 퇴적 구조는 양서류, 파충류 화석 및 그들의 발자국과 마찬가지로 하도, 범람원, 담수와 기수 모두를 포함하는 다양한 육성 환경에서의 퇴적을 지시한다. 얇은 혀 모양의 해성 석회암은 잠시 동안의 해수의 난입을 지시하는 반면, 석고와 암염 결정 캐스트를 포함하는 국지적인 지층은 그곳이 꽤 건조한 기후였다는 것을 입증해 준다. 모엔코피층 위에 부정합으로 놓여 있는 것은 상부 트라이아스계 시나럼프 역암(Shinarump Conglomerate)이며, 광범위하게 분포하고 일반적으로 두께가

a 미국 서부에서의 트라이아스기와 전기 쥐라기 지층의 층서 주상도

b 자이언 국립공원의 동쪽 입구의 전망, 유타의 자이언 국립공원. 밝은 색의 거대한 암석은 쥐라기의 나바호 사암이고, 나바호 사암의 아래로 경사진 층은 전기 쥐라기의 카엔타층이다.

그림 14.16 미국 서부의 트라이아스기와 쥐라기 지층

50m 이하이다.

시나럼프 역암 위에는 여러 색상의 셰일, 미사암, 사암으로 된 상부 트라이아스계 **친리층**(Chinle Formation)이 있다(그림 14.16a). 이 층은 콜로라도 고원 도처에 널리 드러나 있으며 아마도 애리조나의 화석림 국립공원에 장엄하게 펼쳐진 화석림 때문에 가장 유명할 것이다('조망' 참조). 거기에서 고사리 화석이 발견되기는 했지만, 이 공원은 풍부하고 아름답게 보존된 겉씨식물의 통나무 화석, 특히 구과류와 소철류(그림 15.3 참조)로 불리는 화석이 가장 잘 알려져 있다. 이들은 식물조직이 규화되면서 화석화되었다. 하성과 삼각주 기원의 친리층에 들어 있는 화산재의 풍화가 규화작용을 위한 대부분의 실리카를 공급하였다. 어떤 나무들은 그 자리에 보존되었으나, 대부분은 홍수에 의해 이동되었으며 사주와 범람원에 퇴적되고 화석화작용이 진행되었다. 매몰 이후, 실리카가 풍부하게 포함된 지하수가 퇴적물에 스며들어 나무를 규화시켰다.

비록 규화목으로 가장 잘 알려져 있기는 하지만, 친리층은 미치양서류의 양서류, 피토사우르스, 그리고 작은 공룡 화석들도 산출된다(마지막 두 동물군에 관한 논의는 15장 참조). 또한, 화분학 연구들은 친리층과 동쪽 해안가의 하부 뉴어크층군에 서로 비슷한 화석 군집이 있다는 것을 알려 주고, 이들은 친리층과 하부 뉴어크층군의 연령이 서로 같다는 것을 지시한다.

서부의 넓은 지역에 분포하는 초기 쥐라기의 퇴적암은 대부분 풍성퇴적물을 지시하는 깨끗한 사층리를 갖는 사암층으로 구성된다. 최하부는 사막 사구퇴적물인 **윈게이트 사암**(Wingate Sandstone)이고, 그 위에 하천과 호성퇴적물인 **케이엔타층**(Kayenta Formation)이 놓여 있다(그림 14.16a). 이들 두 층은 유타의 남서부 지역에 잘 드러나 있다. 가장 두껍고 유명한 쥐라기의 사층리 사암층은 나바호 사암층인데(그림 14.16b), 이것은 강괴의 남서부 주변부를 따라서 해안사구환경에 광범위하게 쌓인 지층이다. 이 사암층의 가장 현저한 특징은 대규모의 사층리 구조인데, 어떤 것은 높이가 25m 이상이다(그림 14.7). 나바호 사암층의 상부에는 소규모의 사층리, 공룡과 악어 화석이 산출된다.

중기 쥐라기에 **선댄스해**(Sundance sea)의 해로가 두

그림 14.17 나바호 사암 유타의 자이언 국립공원에 노출된 쥐라기의 나바호 사암의 거대한 사층리

번에 걸쳐 북아메리카의 서부로 난입하면서 이 지역은 해양 환경으로 바뀌게 되었다(그림 14.5). 그 결과로 생긴 퇴적층인 **선댄스층**(Sundance Formation)은 해안선을 평행하게 만든 서쪽 방향의 구조 운동으로 생긴 고지대의 침식으로 인해 생성되었다. 이 고지대는 트라이아스기 동안에 시작된 관입 화성 활동과 관련된 화산작용의 결과로 형성되었다.

후기 쥐라기 동안에 네바다 조산운동에 의해 생긴 변형의 결과로 네바다, 유타, 그리고 아이다호에 길게 늘어진 산계가 만들어졌다. 산계는 성장하고 퇴적물은 동쪽으로 퇴적시키면서, 선댄스해는 다시 북쪽으로 되돌아가기 시작하였다. 이전에 선댄스해 지역이었던 넓은 영역들은 형형색색의 사암, 이암, 셰일, 그리고 가끔 렌즈상의 역암으로 구성된 유명한 **모리슨층**(Mprrison Formation)으로 피복되었다(그림 14.18a).

모리슨층은 세계에서 가장 풍부한 쥐라기 공룡 화석 군집의 하나를 포함하고 있다. 비록 대부분의 뼈가 부러진 상태로 나타나지만, 50개 정도의 개체가 좁은 지역에서 함께 발견되었다. 이러한 집중은 뼈들이 홍수기간 동안에 한 곳으로 모아져 하도의 사주에 퇴적되었다는 것을 지시한다. 모리슨의 토양은 이곳이 계절적으로 건조했다는 것을 알려 준다.

대부분의 유명한 박물관들이 완전한 공룡 골격이나 또는 최소 모리슨층에서 나온 뼈를 가지고 있다고 할지라도, 아직도 암석 속에 묻혀 있는 뼈를 가장 잘 볼 수 있는 곳은 유타의 버널 근처에 있는 국립공룡기념관의 관광객 센터이다(그림 14.18b).

전기 백악기말이 끝나기 직전에, 극지방의 해수가 남쪽을 향하여 강과 위로 유입되어 코딜레라 지역에 넓은 내륙해가 만들어졌다. 중기 백악기의 해침은 다른 대륙에서도 일어났고, 그리고 모든 것은 중기 백악기 때 판게아가 계속 분열함으로써 가속화된 해저 확장에 의해 전 세계적으로 일어난 해수면 상승의 일부였다. 중기 백악기의 해침은 대양지역, 천해 대륙붕지역, 그리고

a 유타 주 국립공룡화석유적지의 방문 센터에서 보이는 쥐라기 모리슨층의 입체적인 전경

b 방문 센터의 북쪽 벽에 노출된 1억 4,000만 년 전의 공룡뼈

그림 14.18 모리슨층

조 망

화석림 국립공원

화석림 국립공원은 홀브룩에서 약 42km 동쪽에 있는 애리조나의 동부에 위치해 있다(그림 1). 이 공원은 두 영역으로 구성되어 있다: 40번 고속도로의 북부에 있는 오색사막(painted desert)과 남부에 있는 화석림이다.

오색사막은 하루 동안 색과 빛깔이 수시로 바뀌며 훌륭한 색채를 띠는 풍경을 보여 준다. 트라이아스기 친리층의 형형색색의 암석은 침식되고 풍화되어 많은 수의 도랑, 산등성이, 언덕, 그리고 메사 지형을 형성했다. 친리층은 여러 가지 색을 갖는 셰일의 지층이 우세하다. 이 셰일과 이와 관계된 화산재층은 쉽게 풍화와 침식이 일어난다. 셰일과 렌즈모양의 역암, 사암, 석회암이 겹겹이 쌓여서 단순한 셰일보다 풍화와 침식에 더 강하다.

화석림은 원래 이 공원의 남부 지역에 노출되어 있는 많은 규화목들을 보호하기 위한 국립기념관이었다(그림 2). 대륙횡단철도가 애리조나 아다마나에 석탄과 물 저장소를 건설했을 때, 행인들은 석화된 숲을 보기 위해서 그 당시 '캘시도니(Chalcedony) 공원'이라고 불리던 곳으로 여행하도록 권유를 받았다. 단 시간 동안에 수집가들과 기념품 수집자들은 많은 양의 석화된 나무와 석영 결정, 그리고 북아메리카 유물들을 가져갔다. 연마재로 사용하기 위해 나무들을 분쇄하기 위한 거대한 암석 분쇄기가 설치되었을 때에 비로소 그 지역이 국립기념물로 지정되어 석화된 숲들이 보존되고 보호를 받게 되었다.

트라이아스기 동안, 이 지역의 기후는 현재보다 더 습했고, 많은 강, 시내, 호수들이 있었다. 약 40 종의 식물 화석이 치넬층에서 발견되었다. 이 중에서는 양치식물 등의 포자관속식물이나 소철, 구과류 같은 겉씨식물들이 포함된다. 이런 식물들은 범람원이나 습지 같은 곳에서 많이 자랐다. 대부분의 나무들은 구과류였고 아라우카리오키시론(*Araucarioxylon*) 속에 속한다(그림 2). 어떤 나무들은 높이가 60m 이상이었고 직경이 4m 이하였다. 이 구과류의 대부분은 높은 지대나 강둑에서 자랐을 것이다. 많은 나무들이 현지에 묻히기는 했지만 대부분은 홍수 동안에 뿌리째 뽑혀 물살이 거센 시냇물에 의해 운반되었던 것으로 보인다. 나무들이 매몰되는 과정은 빠르게 일어났고, 근처의 화산 폭발에서 온 실리카로 포화된 지하수는 빠르게 나무들을 규화시켰다.

쥐라기와 백악기 동안 퇴적이 콜로라도 고원지대에서 계속되면서 친리층을 더 두껍게 만들었다. 라라미드 조산운동 동안에 콜로라도 고원지대는 융기한 후

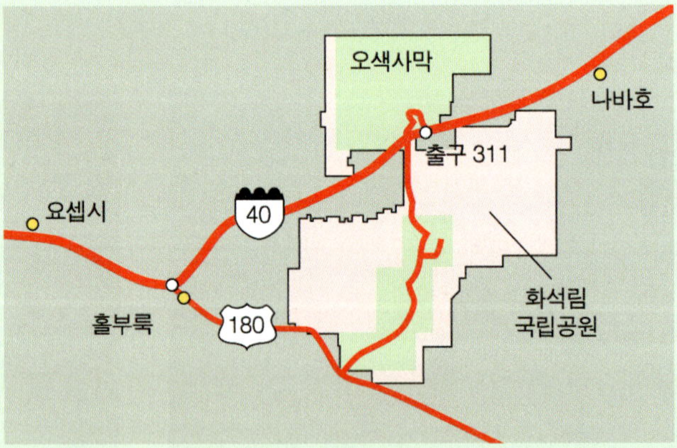

그림 1 오색사막과 화석림의 두 부분으로 구성된 애리조나 화석림 국립공원. 오색사막은 40번 고속도로 북쪽에 위치하고 있으며, 화석림은 180번 고속도로와 40번 고속도로 구간에 걸쳐 있다.

침식되어 친리층이 드러나게 되었다. 치넬층은 대부분 셰일로 구성되어 있기 때문에, 그것은 쉽게 침식되고 더 저항력이 강한 석화된 나무들과 나무 파편들을 표면에 남겼다.—이것들이 우리가 현재 보는 것들이다(그림 2).

그림 2 애리조나 화석림 국립공원. 그림의 통나무는 아라우카리오키시론(*Araucarioxylon*)이고, 공원에 가장 많다. 규화목은 현재 친리층에서 풍화되고 있다. 이들은 2억 년 전에 현재의 장소에서 묻혔으며 대부분 그 자리에 위치해 있다.

해침에 의해 침수된 대륙지역 내에 광범위한 흑색셰일 퇴적층을 남겼다.

후기 백악기가 시작되면서, 이 해침은 만 지역으로부터 와서 북쪽 방향으로 대륙으로 들어온 해수와 합해져서 거대한 **백악기 내륙해로**(Cretaceous Interior Seaway)를 형성하여 시비어 조산대의 동쪽 지역을 점령하였다. 멕시코 만부터 북극해까지 이어져 있고, 너비가 최대 1,500km 이상인 이 해로는 실제적으로 북아메리카를 두 개의 거대한 지괴로 분리시켰다. 이 해로는 후기 백악기말 직전까지 존재했다(그림 14.6).

이 해로의 퇴적물과 그 결과 생긴 퇴적암 연계층은 해수면 변화와 인접한 지괴로부터의 퇴적물 공급, 구조운동, 그리고 기후 등을 포함하는 복잡한 상호 작용의 결과로 만들어진 것이다. 두께가 100m 이하인 백악기 퇴적물은 백악기 내륙해로의 동쪽 주변부가 천천히 섭입하고 드러난 낮은 기복의 강괴 동쪽으로부터 소량의 퇴적물을 공급받았다는 것을 지시한다. 그러나 서쪽 해안선은 전후로 움직였는데, 이것은 주로 코딜레라 시비어 조산대로부터 서쪽 방향으로 퇴적물 공급의 변동 때문에 일어났다. 상 관계는 산맥 지대에 인접한 역암과 조립사암이 세립질 사암, 미사암, 셰일로, 그리고 심지어 동쪽에서 석회암, 백악으로 바뀌는 측방 변화를 보여 준다(그림 14.19). 특히, 활발했던 산맥 형성 기간 동안, 자갈과 모래의 조립 쇄설성 쐐기는 더욱 동쪽으로 진행하였다.

중생대가 끝났을 때, 백악기 내륙해로는 강괴로부터 물러났다. 이 해퇴 동안, 해수는 남쪽과 북쪽으로 후퇴하였고, 주변부의 해양과 육성 퇴적은 연안 평원에 광범위한 석탄층이 형성되었다.

8. 부가체의 부가작용이 북아메리카 서부의 성장에 어떤 역할을 하였을까?

이전의 단원에서, 우리는 대륙의 부가를 일으킨 수렴경계의 조산운동에 대해 논하였다. 이러한 사건들 중에 대륙에 부가된 많은 양의 물질은 오래된 대륙 지각을 침식시켰다. 한편, 섭입과 부분적 용융의 결과로 생긴 화성암 같은 새로운 물질들 또한 많은 양이 대륙에 부가되었다. 섭입은 조산운동을 하는 많은 지역에서 구조운동 역사에 주된 영향을 미치지만, 다른 작용들 또한

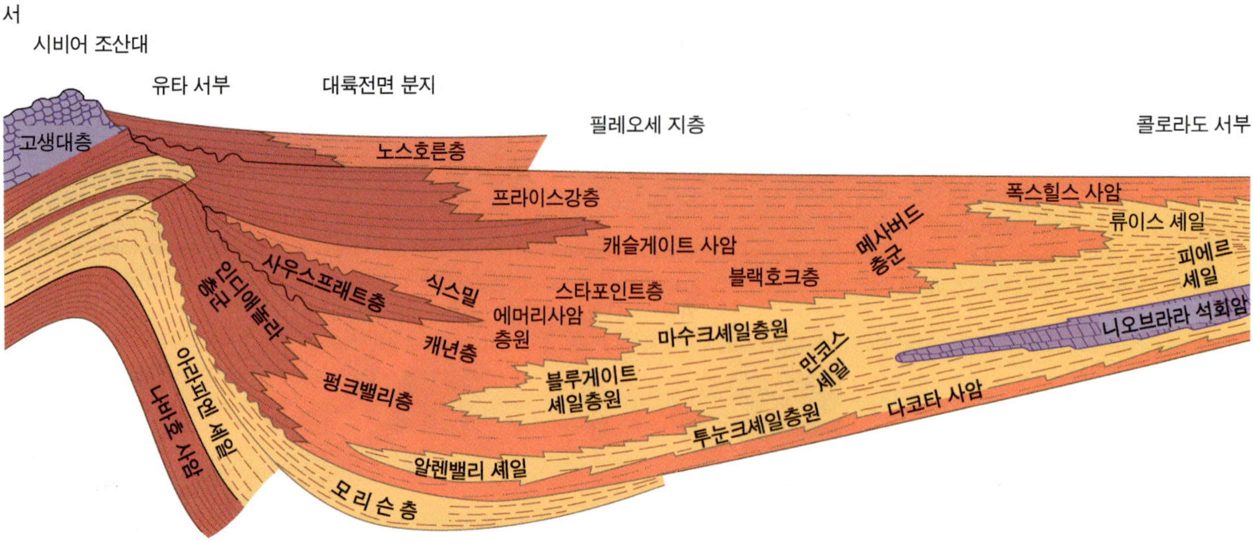

그림 14.19 **백악기 내륙해로 서쪽의 백악기 퇴적상** 시비어 조산대의 관계를 보여 주는 백악기 퇴적상의 동-서 단면의 복원도

조산운동과 대륙의 부가, 특히 부가체 부가에 연관되어 있다.

현재 지질학자들은 많은 산맥 시스템의 부분들이 명백하게 외부에서 온 작은 크기의 부가된 암석권의 블럭으로 이루어져 있다는 것을 알고 있다. 이러한 **부가체**(terrane)는 그들이 갖고 있는 화석의 종류, 층서, 구조적 경향성, 그리고 주변을 둘러싸고 있는 산의 체계와 가까운 곳의 강괴에서 온 암석에서 서로 차이가 난다. 실제로, 이 부가체는 주변의 암석들과 너무 달라서 대부분의 지질학자들은 이것이 다른 곳에서 생성되어 다른 판의 구성물로서 다른 부가체나 대륙과 충돌할 때까지 많은 거리를 이동해 왔을 것이라고 생각한다.

지질학적 증거들은 알래스카부터 캘리포니아까지 전체의 태평양 해안의 25% 이상이 부가된 암층으로 구성되어 있다는 것을 암시한다. 이런 부가된 암층들은 호상 열도, 해령, 해산, 화산고원, 열점, 그리고 그들을 운반하던 해양판이 대륙 아래로 삽입될 때 벗겨진 후 대륙 주변부에 첨가된 대륙의 작은 조각들로 구성되어 있다.

지질학자들은 100여 개의 다른 크기의 부가체들이 지난 2억 년 동안 북아메리카의 서쪽 가장자리에 부가되었을 것으로 추정한다(그림 14.20). 랜젤리아(Wrangellian)층은 북아메리카의 서쪽 가장자리에 부가된 지층의 좋은 예이다(그림 14.20).

기본적인 판구조 운동에 의한 재구성과 대륙의 부가는 순서가 바뀌지 않았지만 이러한 세부적인 재구성은 부가체 구조 운동의 관점에서 보았을 때 분명히 달랐다. 예를 들면, 활동적인 대륙 주변부에서 비활동적인 대륙 주변부보다 성장이 더 빠른데 이는 부가체 부가 때문이다. 뿐만 아니라, 이런 부가체들은 오래된 대륙의 물질을 재조정하기보다는 주로 대륙에 새롭게 더해지게 된다.

지금까지, 대부분의 부가체는 북아메리카의 태평양 해안지역의 산맥에서 발견되었다. 하지만 이러한 판의 상당수는 다른 산맥에서도 발견된다. 한편, 이것은 침식과 변형 때문에 애팔래치아 같이 오래된 산의 체계에서는 더 알아보기 힘들다. 따라서 부가체는 지구를 바라보는 또 다른 시각을 제공하고, 대륙의 지질학적 역사를 이해하는 데 도움을 줄 수 있다.

9. 중생대의 광물 자원

북아메리카에서 생성되는 대부분의 석탄은 펜실베이니아기나 고제3기에 생성되었지만, 주요한 중생대의 석탄

그림 14.20 **중생대의 부가체** 부가체로 불리는 암석권 지괴의 일부는 북아메리카의 서부 주변부에서 형성되었다. 암갈색 지괴는 아마도 부가체 기원이고 북아메리카에 부가되었다. 연녹색 지괴는 북아메리카 대륙에 부가된 부분이다. 북아메리카 강괴는 암녹색이다. 쥐라기 동안 란젤리아 부가체의 위치는 그림 14.1b를 참조하라.

들은 로키 산맥 주에서 발견된다. 이들은 대부분 갈탄과 역청탄이지만 무연탄 또한 존재한다. 특히 북아메리카 서부에 널리 분포하는 것은 백악기의 석탄이다. 중생대 석탄은 호주, 러시아, 중국에도 있다.

석유가 집중되어 있는 지역은 많이 있지만 확인된 모든 매장량의 50% 이상이 페르시아만에 위치한다. 중생대 동안, 현재 만 지역인 곳은 석유의 형성을 위한 광대한 비활동적 대륙 주변부였다. 미국과 중앙아메리카의 현재의 멕시코만 지역에서도 비슷한 상황이 존재했다. 여기에서 석유와 천연가스가 해퇴와 해침이 일어난 넓은 대륙붕에서 또한 형성되었다. 이 지역에서 탄화수소는 삼각주의 지류 수로, 그리고 해안 외주(barrier island)와 해빈 모래로 된 저류암에 많이 보존되어 있다. 이 탄화수소의 일부는 상승하는 암염돔 주변에 형성된 구조들과 연관되어 있다. 로안 솔트(Louann Salt)라고 불리는 이 암염은 처음에는 판게아의 분리 도중 북아메리카가 유럽과 북아프리카로부터 분리되었을 때 길고 좁은 바다에서 형성되었다(그림 14.2).

미국에서 가장 풍부한 우라늄 광석은 콜로라도와 그리고 인접한 와이오밍, 유타, 애리조나, 그리고 뉴멕시코 일대에 분포하는 콜로라도 고원의 중생대 암석에 광범위하게 발달한다. 카노타이트(carnotite)라고 불리는 칼륨, 우라늄, 바나듐의 광물로 구성된 비교적 순수한 이 광석은 과거의 강가에 퇴적된 사암층과 관련이 있다.

9장에서 말했듯이, 원생누대의 호상철광층은 주요 철광석 자원이다. 한편 중요한 몇 가지 예외들이 존재한다. 예를 들면, 쥐라기 어란상 갈철석과 적철석으로 구성된 '미네트(Minette)'는 프랑스, 독일, 벨기에, 룩셈부르크에서 아주 중요한 광석이다. 영국에서 쥐라기의 저품위 철광석은 어란상 능철석으로 구성된다. 그리고 스페인에서 백악기의 암석은 철광물의 모암이다.

보석 품질 수준의 금강석 생산에 있어 세계적인 선도 국가이며 산업용 금강석 가공 분야에서 선두 국가 중 하나인 남아프리카공화국은 암회석이나 청색의 화성암으로 구성된 원추형의 관입암체인 킴벌라이트 관상 광맥에서 금강석을 채광한다. 고온 고압의 깊은 곳에서 형성된 금강석은 킴벌라이트 파이프를 형성하는 화산의 폭발 중에 지표면으로 올라오게 된다. 킴벌라이트 파이프는 지질시대를 통해서 형성되어 왔지만, 남아프리카공화국과 다른 인접한 국가에서 그러한 화산 활동의 가장 극심한 폭발은 백악기 동안에 일어났다. 시베리아에서도 트라이아스기와 쥐라기에 금강석이 들어 있는 킴벌라이트가 존재한다.

서론에서 우리는 캘리포니아의 골드러시 동안에 개발된 표사광상에 대한 주맥이나 원천은 쥐라기 때 시에라네바다 산맥의 관입암에 있었다는 것에 대해 얘기하였다. 사금 광산은 또한 캘리포니아와 오리건에 있는 백악기의 클라매스산의 역암에서도 알려져 있다.

반암동광석(porphyry copper)은 원래 미국 서부의 반정질 화강섬록암에서 나오는 구리광산에 대해 붙여진 이름이었다. 하지만 현재 이 개념은 다양한 암석에서 나오는 저품위 구리광상을 의미한다. 이 반암동광상은 수렴경계와 분배, 집중, 그리고 가치 있는 금속광상의 개발 사이에서 관계를 보여 주는 좋은 예이다. 수렴하는 판의 부분 용융에 의해 형성된 마그마가 지표면을 향해 올라오면서 냉각되고 여러 금속성 광물을 농축시킨다. 세계에서 가장 큰 구리광산은 중생대와 신생대에서 형성된 북아메리카와 남아메리카의 서쪽 주변부를 따라서 특정 지대를 이루며 형성됐다(그림 3.30).

요약

표 14.1은 중생대 동안에 북아메리카의 지사뿐만 아니라 전 지구적 사건과 해수면의 변화를 요약한 것이다

- 우리는 판게아의 분열을 다음과 같이 요약할 수 있다.
  1. 후기 트라이아스기 동안에 북아메리카는 아프리카로부터 분리되기 시작했다. 북아메리카와 남아메리카의 균열은 그 후에 일어났다.
  2. 후기 트라이아스기와 쥐라기 동안에 함께 연결되어 있었던 남극대륙과 호주가 남아메리카와 아프리카로부터 분리되기 시작했고, 인도가 곤드와나로부터 열곡을 이루기 시작했다.
  3. 남아메리카와 아프리카는 쥐라기 동안에 분리되기 시작했고, 유럽과 아프리카가 이 시기에 수렴되기 시작했다.
  4. 판게아 분열의 마지막 시기는 신생대 동안에 일어났고, 이때 그린란드는 유럽과 북아메리카로부터 완전히 분리되었다.
- 판게아의 분열은 전 지구적 기후와 대기 순환 패턴에 영향을 미쳤다. 중생대 동안에 열대에서 극까지의 온도 구배가 점진적으로 증가 했지만, 전체적으로 전 지구의 온도는 변화 없이 유지되었다.
- 백악기 동안에 해저 확장률의 증가는 해수면의 상승과 해침을 야기했다.
- 대륙 주변부의 해침과 두 번의 큰 해침(선댄스해와 백악기 내륙해로)을 제외하고, 북아메리카 강괴는 중생대기 동안 해수면보다 위에 있었다.
- 동부 연안 평원은 후기 트라이아스기 동안에 북아메리카가 아프리카로부터 분리되기 시작한 초기의 장소이다. 백악기 동안에 이곳은 해침으로 인해 침수되었다.
- 멕시코만 지역은 북아메리카와 남아메리카가 균열되던 쥐라기 동안에 증발암이 축적된 곳이다. 백악기 동안에 이곳은 해침이 최대로 일어나 바다에 잠겨 있었고, 이는 북쪽의 해침과 연결되면서 백악기 내륙해로를 만들었다.
- 북아메리카 서부의 중생대 암석은 다양한 육성 환경과 해양 환경에서 만들어졌다. 퇴적암의 분포 패턴을 조절하는 주요한 요소의 하나는 구조 운동이다.
- 북아메리카의 서부는 관련된 4개의 조산운동(소노마 조산운동, 네바다 조산운동, 시비어 조산운동, 라라미드 조산운동)의 영향을 받았다. 각각은 화성암의 관입과 동쪽의 충상단층과 습곡을 포함한다.
- 네바다, 시비어, 라라미드 조산운동의 원인은 북아메리카 대륙판 밑에 있는 파랄론 해양판의 섭입된 각도가 변했기 때문이다. 판 운동의 시기, 속도, 이동 방향은 해저 확장과 대서양의 열개와 관련이 있다.
- 코딜레라 변동대에서 해양과 대륙 수렴경계를 수반한 조산운동은 북아메리카의 서쪽 주변의 구조적 특징을 설명한다. 그러나 북아메리카 서부 주변부의 25% 이상이 부가체의 부가작용에 의해 형성되었다.
- 중생대의 암석은 석탄, 석유, 우라늄, 금, 구리를 포함하여 다양한 종류의 광물 자원을 포함한다.

표 14.1
중생대 지질 사건의 요약

연대(100만 년)	지질시대	연계층	해수면의 상대적 변화 (상승 / 하강)	코딜레라 변동대	북아메리카 내부	멕시코만 지역	동부 해안 지역	전 지구적 판구조 운동 사건
66–146	백악기	주니		라라미드 조산대 시비어 조산대 네바다 조산대 코딜레라 조산대 쥐라기와 백악기의 지각변동은 북아메리카판 아래로 동쪽으로 섭입되는 태평양판의 섭입과 부가체의 부가 작용에 의해서 규제		주요 후기 백악기 해침 초가 부분적으로 풍부 전기 백악기 말에 해퇴 전기 백악기 해침과 해양 퇴적작용	애팔래치아 지역이 융기 후기 트라이아스기에서 전기 쥐라기에 형성된	남아메리카판과 아프리카판이 크게 분리 그린란드가 유럽으로부터 분리되기 시작
146–200	쥐라기	주니 아브사로카	현재 해수면			사암, 셰일과 석회암이 해침과 해퇴 동안에 퇴적 두꺼운 증발암이 새로이 형성되는 멕시코만에 퇴적	단층지괴산맥의 침식 단층지괴산맥과 분지가 북아메리카의 동부에 발달	남아메리카와 아프리카가 후기 쥐라기 동안에 분리되기 시작
200–251	트라이아스기	아브사로카		섭입대는 북아메리카 대륙이 서쪽으로의 이동으로 인해서 발달 소노마 조산운동		후기 트라이아스기 동안에 멕시코만이 형성되기 시작	뉴어크층군의 퇴적; 용암류, 암상과 암맥	판게아의 분열이 로라시아와 곤드와나의 열개에 의해서 분열되기 시작 초대륙 판게아가 아직 존재

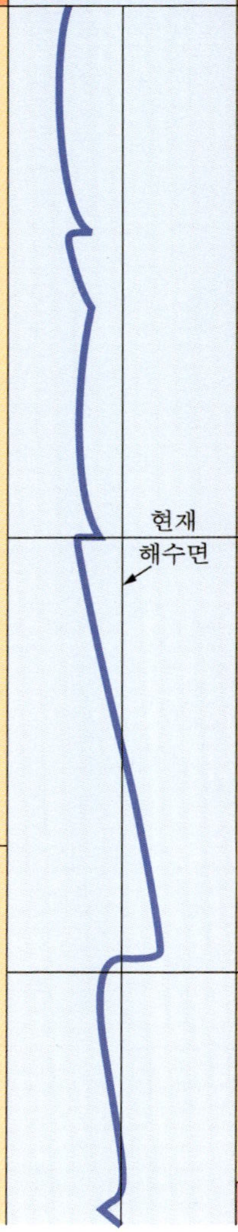

주요 용어

네바다 조산운동(Nevadan orogeny)
라라미드 조산운동(Laramide orogeny)
백악기 내륙해로(Cretaceous Interior Seaway)
부가체(terrane)
선댄스해(Sundance sea)
소노마 조산운동(Sonoma orogeny)
시비어 조산운동(Sevier orogeny)
코딜레라 조산운동(Cordilleran orogeny)

복습 문제

1. 오색사막과 화석림의 장관을 이루는 풍경의 원인이 되는 복합체 또는 층은 무엇인가?
a. ____ 프란체스코, b. ____ 모리슨, c. ____ 친리, d. ____ 윈게이트, e. ____ 나바호
2. 어떤 변화로 인해 백악기 동안에 코딜레라 지역에서 화성 활동이 동쪽으로 이동해 갔는가?
a. ____ 고각도에서 저각도로 변한 섭입, b. ____ 발산 판 주변부 활동에서 섭입으로 변화, c. ____ 섭입에서 발산 판 주변부 활동으로 변화, d. ____ 해양판-해양판 수렴이 해양판-대륙판 수렴으로 변화, e. ____ 발산에서 수렴 판 주변부 활동으로 변화
3. 코딜레라 지역에서 처음으로 나타난 중생대의 조산운동은?
a. ____ 시비어 조산운동, b. ____ 라라미드 조산운동, c. ____ 소노마 조산운동, d. ____ 안틀러 조산운동, e. ____ 네바다 조산운동
4. 쥐라기 동안에 새로이 만들어진 멕시코 만은 원래 어떤 퇴적물의 장소였는가?
a. ____ 증발암, b. ____ 규질쇄설암, c. ____ 화산 쇄설암, d. ____ 쇄설암, e. ____ 규질쇄설암과 화산쇄설암
5. 어떤 두 대륙 사이의 트라이아스기의 열곡에서 판게아의 분열이 시작되었는가?
a. ____ 인도와 오스트레일리아, b. ____ 남극과 인도, c. ____ 남아메리카와 아프리카, d. ____ 북아메리카와 유라시아, e. ____ 로라시아와 곤드와나
6. 북아메리카로 흐른 첫 번째 주요 해로는?
a. ____ 백악기 내륙해로, b. ____ 선댄스, c. ____ 코딜레라, d. ____ 주니, e. ____ 뉴어크
7. 오늘날 로키 산맥에 조산운동이 일어나는 데 영향을 끼친 것은
a. ____ 시비어, b. ____ 네바다, c. ____ 안틀러, d. 소노마, e. ____ 라라미드
8. 고생대 이후의 가장 큰 강괴의 범람은 지질학적으로 어떤 시기에 일어났는가?
a. ____ 트라이아스기, b. ____ 쥐라기, c. ____ 백악기, d. ____ 고제3기, e. ____ 신제3기
9. 어떤 조산운동이 시에라네바다, 캘리포니아 남무, 아이다호, 코우스트 산맥의 저반을 만들었는가?
a. ____ 라라미드, b. ____ 소노마, c. ____ 네바다, d. ____ 시비어, e. ____ 모두 아니다
10. 후기 트라이아스기에 북아메리카 해안 동쪽의 단층 지괴 분지에 쌓인 적색육성퇴적물은 어떤 층 또는 층군인가?
a. ____ 모리슨, b. ____ 친리, c. ____ 나바호, d. ____ 프란체스코, e. ____ 뉴어크
11. 중생대의 고지리가 고생대보다 재건하기 쉽고 더 정확한 이유는?
12. 지질학자들이 중생대 동안에 기후상태를 해석할 때 사용하는 증거들을 간단하게 설명하시오.
13. 중생대의 석탄이 주로 갈탄과 역청탄인 반면에, 왜 고생대의 석탄이 고품위 역청탄과 무연탄으로 이루어져 있는가?
14. 판구조론의 관점에서 볼 때, 중생대 동안에 코딜레라 변동대에서 일어난 조산운동이 고생대 동안에 애팔래치아 조산대에 일어난 조산운동과 어떻게 다른가?
15. 중생대에 북아메리카의 동해안에서 일어난 열곡은 어떻게 코딜레라 변동대의 지각변동에 영향을 미쳤는가?
16. 멕시코만의 증발암의 퇴적 환경을 고생대의 증발암 연계층과 비교하시오.

17. 판게아의 분열은 해양과 기후순환 패턴에 어떤 영향을 끼쳤는가? 트라이아스기의 해양 순환과 백악기 시대의 해양 순환을 비교하시오.

18. 중생대에 관련된 부가작용이 북아메리카 서쪽 주변부에서 일어난 조산운동과 어떤 연관이 있는가?

19. 소노바의 지각변동과 안틀러의 지각변동을 비교하시오.

20. 해저 확장의 증거가 어떻게 대륙 주변부를 따라서 해수면을 상승시키는지 설명하고 도표를 그리시오.

응용 문제

1. 판게아의 분열은 광대한 대륙의 분포와, 해양 분지 그리고 해양과 대기순환 패턴에 영향을 끼쳤고, 이는 결국 천연 자원 분포와, 지형 그리고 지구 생물군의 진화에 영향을 미쳤다. 세계의 판게아 분리의 가설 중 하나를 들어 보면, 대륙이 다른 순서로 분열이 일어났다면, 어떻게 이 시나리오는 천연 자원 분포에 영향을 미쳤을까? 석탄과 석유 매장량은 지금과 같을까? 진화에 어떤 영향을 미쳤을까? 인간의 역사는 다를까?

2. 1848년 미국 켈리포니아의 셔터스 제재소에서 발견된 금은 켈리포니아의 골드 러쉬에 불을 붙였다. 이 금은 시에라네바다 저반의 화강암에 넓게 퍼져 있고, 표사 광산에 집중되어 있다. 네바다 조산운동 동안에 다른 몇 개의 화강암 저반이 북아메리카의 코딜레라 지역에 관입했다. 거기에서 이들의 관입과 연관되어 금이 발견된 적이 있는가? 그렇다면 왜 그런가?

3. 중동 지방의 정치적인 사건 때문에, 이 지역에서 석유를 생산하는 국가들은 석유수출량을 줄였고, 결과적으로 미국에 석유 부족 현상을 야기했다. 미국에 수입되는 외국 석유의 의존도를 줄이기 위해서, 큰 석유 회사들은 국회가 그들이 국립공원과 환경적으로 민감한 연안 지역에서 석유를 탐사할 수 있도록 허락해 주기를 원했다. 국립공원 시스템의 책임자에 의하면, 너는 미국 청문회에서 가능성을 증명해야 한다고 한다. 당신은 어떤 논거를 사용하여 이러한 탐사를 반대할 것인가? 그 지역의 지질학적인 지식이 너의 증언에 도움을 줄 것인가? 설명해 보자.

CHAPTER **15**

중생대의 생물

전남 해남군 우항리의 백악기 우항리층에서 산출되는 공룡 발자국 화석

[개 요]

[단원 목표]

이 장을 학습한 후에 우리는 다음 사항을 이해한다.

- 고생대의 대량멸종에서 살아남은 해양 무척추동물들이 중생대 바다에서 다양해지고 다시 번성하였다.
- 육상식물이 상당히 변화하여 백악기 동안 현화식물이 진화하였다.
- 파충류의 다양화는 미시시피기부터 시작되어 중생대 전반에 걸쳐 계속되었다.
- 중생대의 파충류 중에서 공룡은 후기 트라이아스기까지 진화하였으며 뒤이어 가장 지배적인 육상척추동물이 되었다.
- 중생대는 공룡 이외에도 비행 파충류와 거북, 도마뱀, 뱀, 악어 등과 같은 해양 파충류의 시대였다.
- 조류는 파충류로부터 진화하였으며 소형 육식공룡으로부터 진화된 것으로 보인다.
- 포유류는 공룡과 유연관계가 적은 파충류로부터 진화했으며, 공룡과 공존하였다.
- 파충류로부터 포유류로의 진화는 화석 기록으로 잘 설명된다.
- 중생대 포유류 중 일부는 크기가 작고 다양하지 못했다.
- 중생대 동안 대륙 간의 지리적 근접성과 비교적 온난한 기후로 많은 동식물이 광범위한 지역으로 퍼져나갔다.
- 중생대 말의 대량멸종은 규모면에서 고생대의 대량멸종보다 작았지만, 공룡의 멸종으로 다른 어떤 멸종보다도 주목을 받았다.

1. 서론

1842년 오언(Richard Owen, 1804~1892, 영국의 비교해부학자)이 공룡(dinosaur)이라는 용어를 사용한 이래로, 공룡은 무수히 많은 기사, 책, TV와 영화의 소재로 등장하며 단연 호기심의 대상이 되었다. 오늘날에는 《쥐라기 공원》(1993)과 이의 속편인 《잃어버린 세계》(1997), 《쥐라기 공원3》(2001) 이외 공룡이 등장하는 몇 편의 영화 덕택에 공룡에 대한 관심이 더욱 증가하였다. 현생 또는 멸종된 어떤 동물군도 대중의 상상력을 이토록 완전히 사로잡지는 못한다. 하지만 공룡은 몇몇 주목할 만한 중생대 파충류와 다른 동물군 사이에서도 유일하게 대중으로부터 관심의 대상이 되고 있다.

중생대는 공룡뿐만 아니라 익룡, 해양 파충류(어룡, 수장룡, 모사사우루스류), 거대한 악어들이 번성한 시대였다. 이들 중 지금까지 살아남은 것은 거북과 도마뱀 그리고 뱀이다. 일반적으로 중생대는 다양한 형태의 파충류가 육지와 하늘 그리고 바다에 서식하고 있었다. 실제로 파충류가 매우 번성했기 때문에 지질학자들은 중생대를 '파충류의 시대'라고 한다. 그렇지만 '시대'라고까지 명명하는 것은 단순히 개인적인 선호를 반영한 것일 뿐이고, 중생대 동안에는 훨씬 더 많은 종류의 새와 곤충이 살고 있었다.

중생대가 파충류 진화의 중요한 시기였던 것은 분명하며, 최근의 발견들은 이들 멸종된 생물에 관한 지식의 폭을 넓혀 주었다. 일례로 중국의 깃털 공룡과 같은 놀라운 발견은 온혈, 냉혈 공룡의 논란과 더불어 공룡과 새의 유연관계에 대한 중요한 암시를 보여 주었다. 쥐라기에 처음 출현한 새는 작은 육식동물로부터 진화한 것으로 추정된다. 포유동물은 트라이아스기를 거치며 포유류형 파충류로부터 진화하였다. 포유동물은 비록 종류가 많지 않고 크기도 작았지만 공룡과 동시대에 공존하였다.

백악기 육상식물군에도 중요한 변화가 찾아왔는데, 현화식물이 진화하여 이내 육상식물 중에서 가장 다양하고 수가 많아졌다. 고생대 대량멸종에서 살아남은 무척추동물들은 트라이아스기 동안 바다 속에서 개체수를 늘려가며 더욱 다양해졌으며, 두족류와 이매패류를 비롯한 몇몇 종들이 대표적이다. 요컨대, 모든 생물계에서 생물 다양성이 다시 증가했다가 중생대 말에 다시 감소하였다. 중생대 말의 대량멸종은 고생대 말기에 일어났던 대량멸종에 비해서 규모는 작았지만, 공룡의 멸종으로 더 널리 알려져 있다.

이 책에서 다룰 내용 중 하나는 지구와 생물의 역사에 대한 체계적인 접근이다. 육지와 해양의 분포는 해양의 순환에 엄청난 영향을 주고, 해양의 순환은 다시 부분적으로 기후를 조절하는 역할을 한다는 점과 대륙의 분포는 부분적으로 생물의 지리적 분포에도 영향을 준다는 점을 기억할 필요가 있다. 판게아는 트라이아스기부터 지금까지 계속 분리되고 있고, 그로 인해 대부

시생누대	원생누대	현생누대						
선캄브리아 시대		고생대						
		캄브리아기	오르도비스기	실루리아기	데본기	미시시피기	펜실베이니아기	페름기
						석탄기		

25억 년 전 5.42억 년 전 2.51억 년 전

분의 생물들에게 있어서 대륙간 동물군의 이동은 훨씬 더 어려워졌다. 사실 남아메리카와 호주는 다른 대륙과 동물군으로부터 고립되어 있어서 독립적으로 진화를 하게 되었고 시간이 지날수록 점점 더 다른 양상을 띠게 되었다.

2. 해양 무척추동물과 식물성플랑크톤

페름기 대량멸종 이후, 중생대는 해양 무척추동물이 바다에서 다시 번성한 시기이다. 전기 트라이아스기에는 무척추동물군이 그다지 다양하지 않았으나, 후기에 이르러 해양에 부유성 유공충에서부터 두족류까지 다양한 무척추동물들이 번성하였다. 고생대 동안 왕성하게 번성했던 완족동물은 멸종위기에서 간신히 살아남아 일부 종을 제외하고는 대부분의 생태적 지위를 이매패류에게 넘겨준 상태이다.

두족류, 이매패류, 복족류와 같은 연체동물은 중생대의 해양 무척추동물군 중 가장 큰 비중을 차지하는 생물이었으며, 특히 두족류의 경우에는 빠른 진화 속도와 유영하는 생활방식 때문에 훌륭한 표준화석이다. 봉합선을 가진 두족류인 암모노이드류는 세 가지 형태, 즉 고니아타이트(goniatites), 세라타이트(ceratites), 암모나이트(ammonites)로 분류된다. 중생대 전반에 걸쳐 생존했던 암모나이트는 쥐라기와 백악기 동안에 가장 번성하였다. 대부분의 암모나이트는 나선형이며 일부는 직경이 2m에 이르렀지만, 다른 종류들은 직선형으로 저서성에 가까웠다. 암모나이트는 백악기 말에 멸종하였으나, 서로 유연관계가 있는 두 종류의 두족류는 신생대까지 살아남았다: 현생 노틸러스(nautilus)를 포함하는 **노틸로이드**(*nautiloids*)와 오늘날의 오징어, 문어, 쥐라기와 백악기의 표준화석인 시석류(belemnoids)를 포함하는 콜레오이드(*coleoids*)를 말한다.

중생대의 이매패류는 많은 표생동물군과 내생동물군의 생태적 지위를 차지하면서 다양화되었다. 굴과 홍합(표생 부유물 섭식자)이 특히 다양하고 풍부해졌으며 백악기 말에 다양성이 감소되기는 했지만, 오늘날의 해양동물군에서 여전히 중요한 위치를 차지하고 있다.

오늘날과 마찬가지로, 산호초는 따뜻하고 깨끗한 천해에서 풍부하였지만, 페름기의 대량멸종 이후 중기 트라이아스기까지는 자취를 감추었다. 중생대에는 루디스트(rudists)라고 알려진 이매패류가 주요 생물초 형성자였는데, 이들은 쥐라기에 출현하여 백악기 동안 크게 번성하였다.

또한 새롭고 유사한 형태의 **육방산호**(scleractinians)가 트라이아스기에 출현하였지만, 아직까지는 화석 기록이 없어서 이들이 사방산호로부터 진화했는지 또는 연체부를 가진 조상에서 진화했는지 불확실하다. 오늘날 산호초를 형성하는 군체형 육방산호와 마찬가지로 독립 개체형 육방산호 역시 중생대 동안에는 비교적 깊은 바다에 서식하였다.

극피동물은 중생대 동안에 번성했던 또 다른 무척추

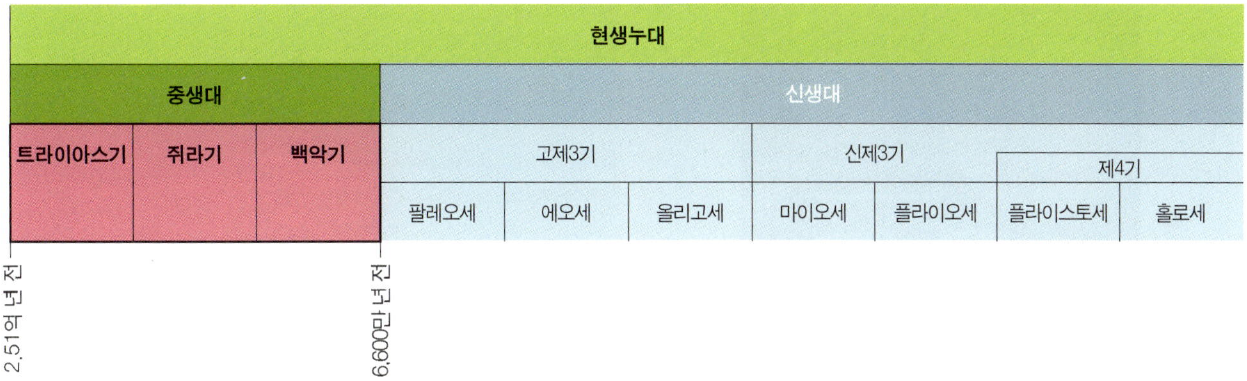

동물군이었으며, 고생대 동안에는 전적으로 표생동물이었으나, 중생대 동안에 서식형태가 내생동물로 바뀌었다. 두 가지 형태의 극피동물 모두 후기 트라이아스기 동안에 주요한 적응방산을 시작하였으며 신생대까지 생존하였다.

중생대 해양 무척추동물군이 고생대의 해양 무척추동물과 눈에 띄게 다른 점은 혈거성 생물(burrowing organisms)이 다양해지고 개체수가 증가했다는 것이다. 몇 가지 예외가 있기는 하지만 고생대의 혈거성 생물들은 지렁이처럼 골격이 없는 연체부 동물이었다. 고생대 동안 표생동물이었던 이매패류와 극피동물은 다양한 수단의 내생형 서식처를 발달시켰다. 이처럼 내생형 서식처를 추구하는 경향은 빠르게 진화하는 어류와 두족류의 포식활동에 대응하기 위한 수단이었을 것이다. 예를 들면, 이매패류는 중생대 동안 내생형 생태적 지위를 확장하고 구멍을 파고 들어가 포식자를 피할 수 있었다.

단세포 소비자인 유공충은 쥐라기와 백악기 동안에 빠르게 다양화되었으며, 현재까지 계속해서 다양성과 개체수가 증가하고 있다. 특히, 부유성 유공충이 빠르게 다양화되었으나 대부분의 속(屬)은 백악기 말에 멸종하였다. 부유성 유공충은 훌륭한 백악기 표준화석이다.

중생대 바다의 1차 생산자들은 다양한 형태의 미생물이었다. 코콜리소포어(*Coccolithophores*)는 쥐라기에 처음 출현하여 백악기 동안에 엄청나게 번성한 석회질 식물성플랑크톤 그룹에서 중요한 위치를 차지한다(그림 15.1a). 실리카 성분의 골격을 형성하는 규조류(*Diatom*, 그림 15.1b)는 백악기에 출현하였으나, 신생대 동안에 1차 생산자로서 더욱 중요하다. 오늘날 규조류는 차가운 해양에 가장 풍부하며 일부 종은 담수호에 서식한다. 쌍편모조류(*Dinoflagellates*)는 중생대 동안에 번성했으며 오늘날에는 따뜻한 바다의 주요한 1차 생산자이다(그림 15.1c).

우리는 일반적으로 중생대를 해양 무척추동물군의 다양성이 증가하는 시기로 생각하고 있다. 하지만 트라이아스기가 시작될 무렵에 다양성은 낮고 먹이사슬은 짧았다. 백악기 말엽에 해양 무척추동물군은 매우 복잡해졌으나 이들의 먹이사슬은 서로 밀접하게 연관되어 있었다. 이러한 진화 역사는 3장에서 언급한 바와 같이 판구조 활동의 영향을 받아서 지질학적인 조건들이 변화하고 있음을 반영한다.

3. 수생 및 반수생 척추동물

어류가 캄브리아기에 출현하여 특히 주요 생물군이 등장한 데본기 동안에 다양해진 사실을 상기해 보자(13장 참조). 양서류도 데본기에 출현하여 현재까지 생존하고 있으나, 이들의 다양성과 개체 수가 절정에 이르렀던 시기는 펜실베이니아기이다.

그림 15.1 1차 생산자 코콜리소포어, 규조류, 쌍편모조류는 중생대와 신생대의 바다에서 1차 생산자였다. a 멕시코만에서 산출된 마이오세의 코콜리스(좌)와 플라이오세-마이오세의 코콜리스, b 자바섬에서 산출된 후기 마이오세 규조류, c 앨라바마(좌)와 멕시코만(우)에서 산출된 에오세 쌍편모조류

그림 15.2 중생대의 어류 *Leedsichthys*(뒤)와 짧은 목을 가진 수장룡 *Liopluerodon* *Leedsichthys*는 중간형에 속하는 어류(전골어류, Holostei) 중 몸집이 가장 컸다. 골침이 떨어져나가서 전체길이는 모르지만 약 9~30m에 이르는 것으로 추정되며, 플랑크톤을 먹고 살았던 것으로 추정된다.

어류

오늘날, 지구의 바다, 호수, 강, 하천에는 약 24,000여 종의 경골어류가 살고 있는 것으로 추정되지만, 현생 연골어류는 약 930여 종에 불과하고 그나마도 대부분이 해양에서 서식하고 있다. 상어와 다른 연골어류들은 중생대 동안에 더욱 풍부해지기 시작하였으나, 경골어류의 다양성에 비하면 비교의 대상이 되지 못한다. 그럼에도 불구하고 진화적으로 안정한 분류군인 상어는 일부가 해수에서 플랑크톤을 걸러먹고 살지만 해양동물군에서 포식자로서 여전히 중요한 위치를 차지하고 있다.

단지 몇 종의 폐어와 총기류가 중생대까지 생존하다가 쇠퇴하여 중생대 말에 거의 멸종하였다. 실제로, 오늘날에는 단지 한 종의 총기류만이 살고 있는데(그림 7.15a), 신생대의 화석 기록으로는 알려진 것이 없다. 폐어는 훨씬 더한데, 오직 세 종이 아프리카, 남아메리카, 호주에서 각각 한 종씩 생존하고 있다.

폐어와 총기류를 제외한 모든 경골어류는 세 분류군에 속하는데, 편의상 원시형(primitive), 중간형(intermediate), 진화형(advanced)으로 구분한다. 외견상 이들이 서로 비슷하게 보이지만 한 분류군이 다른 분류군으로 대체될 때는 중요한 변화가 일어난다. 예를 들면 원시형과 중간형에 속하는 종들의 내부 골격은 부분적으로 연골어류와 같지만, 진화한 분류군에서는 완전히 경골어류의 특징을 보여 준다. 원시형은 주로 고생대 동안에 존재하였으나, 쥐라기까지는 중간형에 속하는 분류군이 월등하게 우세하였고, 지금까지 알려진 어류 중 가장 몸집이 큰 분류군이었다(그림 15.2). 공식적으로는 진골어류(teleosts)라고 알려진 진화형은 담수와 해수에서 백악기까지 모든 경골어류 중에서 가장 다양했는데, 오늘날에도 모든 척추동물 중에서 가장 다양하고 개체수가 많다.

양서류

미치양서류는 고생대 후기에 번성했으나, 소수가 중생대까지 살아남았다가 트라이아스기 말에 멸종하였다. 양서류는 후기 석탄기 동안에 다양성과 개체수가 절정을 이루었다가, 이후에는 전체 척추동물 중에서 작은 비중을 차지한다. 일부 과학자들은 텍사스 주의 페름기 지층에서 산출된 **용개구리**(frogmander)라는 애칭의 양서류 화석에 대한 최근의 연구와 현생 양서류에 대한 분자생물학적인 증거에 근거하여 개구리와 도롱뇽은 후기 페름기 또는 전기 트라이아스기 동안에 분화한 것으로 추정하고 있다. 개구리와 도롱뇽은 중생대까지 살았던 것이 확실하지만 이를 뒷받침할 화석 기록은 빈약하다.

4. 식물—육상의 1차 생산자

후기 고생대 동안과 마찬가지로 트라이아스기와 쥐라기의 육상 식물군집은 양치식물과 겉씨식물이 지배적이었으며, 사실상 이들 두 분류군은 오늘날에도 대표적으로 풍부한 식물군이다(그림 15.3). 겉씨식물 중에서 키가 큰 종자고사리류는 트라이아스기 말에 멸종하였으나 은행나무(ginkgos, 그림 7.15b 참조)는 계속 번성하여 아직도 여러 독립된 지역에서 살고 있다. 한편 구과류(conifer)는 계속해서 다양화되어 오늘날 해발고도가 높은 곳과 고위도 지역까지 매우 광범위한 지역에 걸쳐서 살고 있다. 새로운 형태의 겉씨식물인 **소철류**(cycad)는 트라이아스기에 출현하여 번성하다가 오늘날에는 열대 및 아열대 지역에 살고 있다(그림 15.3b).

오랜 기간 동안 번성했던 양치식물과 겉씨식물은 후기 쥐라기 또는 전기 백악기에 쇠퇴하여 꽃이 피는 **속씨식물**(angiosperm)로 대체되었다(그림 15.4). 불행하게도 최초의 속씨식물은 화석 기록이 부족하여 이들의 조상이 어떤 식물이었는지는 불명확하다. 그럼에도 불구하고 현생식물 및 식물화석에 대한 연구 결과 겉씨식물과의 유연관계는 가까운 것으로 알려졌다.

속씨식물은 처음 출현한 이후 고산지대부터 사막, 소택지, 늪에 이르기까지 거의 모든 육상 서식처에 적응하였으며, 일부는 심지어 얕은 연안에서도 서식하였다. 속씨식물이 놀라울 정도로 진화적으로 성공하고 무엇보다도 꽃을 피울 수 있게 된 몇 가지 특징으로는 껍질로 둘러싸인 씨가 발달하고 곤충처럼 수분(授粉) 매개동물이 있다는 점이다. 모든 생물은 몇 가지 방식으로 상호 작용하며 다른 생물의 진화에 영향을 주지만, 현화식물과 곤충 사이의 상호 관계는 매우 밀접하여 **공진화**(共進化, coevolution)처럼 서로 영향을 주며 진화해 나간다.

a 구과류와 소철류 같은 겉씨식물과 양치류를 포함하는 씨 없는 관속식물이 번성한 쥐라기의 식생을 보여 주는 그림

b 쥐라기의 소철류와 매우 유사한 현생 소철류

그림 15.3 **중생대의 식생**

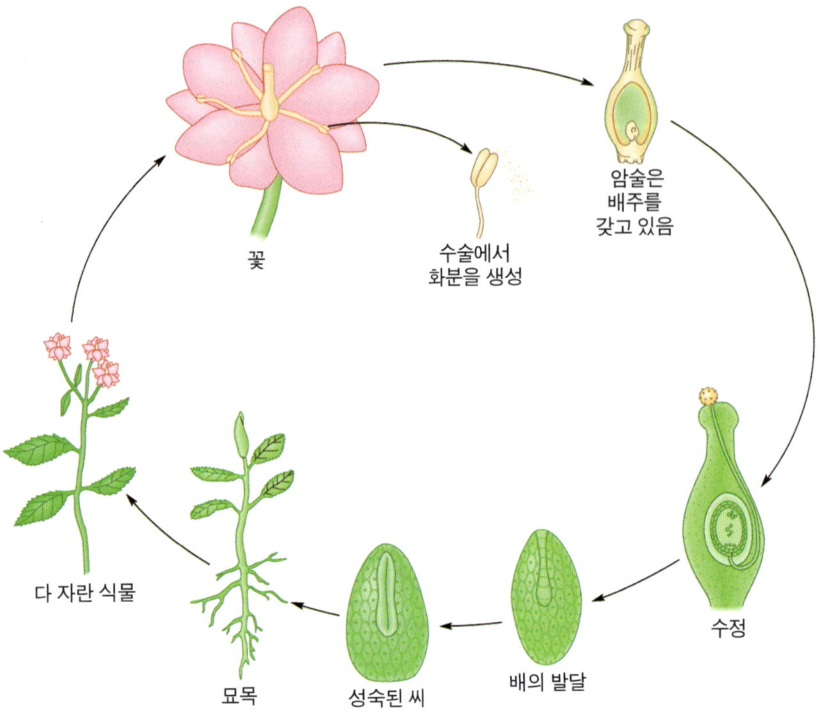

a 속씨식물의 생식 주기

b 중국의 하부 백악계 지층에서 산출된 아케프룩투스 시넨시스(*Archaefructus sinensis*). 가장 오래된 속씨식물 중의 하나이다.

c 아케프룩투스 시넨시스의 복원도

그림 15.4 속씨식물(현화식물)

모든 육상식물 종의 90% 이상을 차지하는 현생 속씨식물은 250,000~300,000여 종이 알려져 있고, 다른 식물이 살기에 적합하지 않은 환경에서도 살 수 있다는 사실은 속씨식물이 진화적으로 성공하게 된 것에 대한 반증이기도 하다. 그럼에도 불구하고 양치식물과 겉씨식물은 오늘날의 식물군에서 여전히 중요한 위치를 차지하고 있다.

5. 파충류의 다양화

앞에서 언급한 바와 같이 파충류가 다양했던 중생대를 '파충류의 시대'라고 부른다. 파충류는 사실상 미시시피기에 처음 출현했으며, 파충류가 처음에 양서류에서 진화할 때는 조상과 아주 달라 보이지 않았다. 그럼에도 불구하고 소위 줄기 **파충류**(stem reptiles)는 다른 모든 파충류, 조류 및 포유류로 진화했다(그림 15.5). 악어, 도마뱀, 뱀, 스페노돈도마뱀(tuatara)을 포함하는 모든 현생 파충류는 냉혈동물이며 양막란을 낳고 체내수정을 하며 비늘로 덮힌 강한 피부를 갖고 있다. 게다가 거북을 제외한 현생 파충류와 마찬가지로 공룡과 익룡은 두개골 옆의 관자놀이 부분에 두 개의 구멍이 있다.

공룡은 파충류에 속하지만 다른 파충류와 구별되는 몇 가지 특징이 있다. 공룡은 위아래가 서로 잘 들어맞는 이빨, 짧아진 종아리뼈(비골), 3개 이상의 척추뼈에 의해 척추와 연결된 골반(pelvis), 허벅지뼈(femur) 위의 공처럼 생긴 머리, 그리고 긴 주둥이뼈를 갖고 있다. 게다가 공룡은 다른 파충류들이 기는 자세나 반쯤 서 있는 자세를 취하는 것과 달리 몸통 아래로 다리가 완전히 똑바로 선 자세를 취한다. 사실상, 공룡이 놀라울 정도로 번성할 수 있었던 것은 부분적이지만 직립자세를 취하고 다른 사지들이 변형되었기 때문이다.

우리가 일반적으로 생각하는 것과는 다르게 중생대 동안 비행하거나 물에서 살 수 있는 파충류가 있기는 했지만 날라 다니거나 전적으로 물에서 사는 공룡은 없

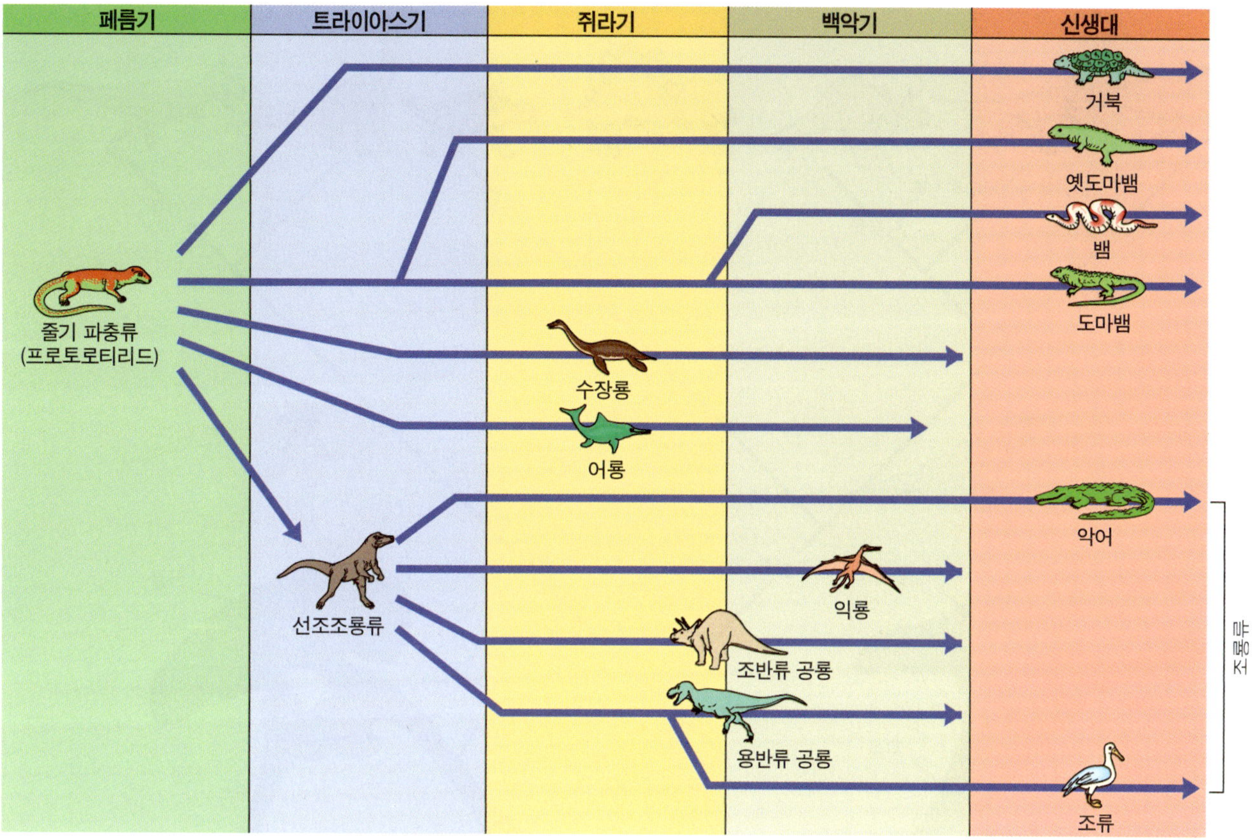

그림 15.5 **화석 및 현생 파충류와 조류와의 관계**

었다. 비록 매우 거대한 공룡도 있었지만, 모든 공룡의 몸집이 다 컸던 것은 아니다. 또한, 공룡으로부터 진화한 것으로 여겨지는 조류를 제외한다면, 공룡은 오직 중생대 동안에만 생존했던 파충류이다.

조룡류와 공룡의 기원

조룡류(archosaurs)는 '지배'라는 의미의 *archo*와 '도마뱀'을 뜻하는 *sauros*의 합성어로서 악어, 익룡, 공룡, 새를 포함하는 파충류이다. 이처럼 하나의 분류군에 다양한 동물군을 포함하고 있다는 것은 조룡류에 속하는 분류군들이 공통의 조상에서 분화되었음을 의미하며, 실제로 이들에게는 몇 가지 공통적인 특징이 있다. 현생 조류를 제외하고는 모든 조룡류가 위아래가 서로 잘 들어맞는 이빨을 갖고 있으며, 최초의 새들도 이러한 특징을 보여 준다. 또한 조룡류는 다른 파충류에는 없는 두개골 구멍(skull opening) 한 개가 눈 앞쪽에 있다.

공룡은 서로 많은 특징을 공유하고 있으나 아직까지도 고생물학자들은 주로 골반의 형태에 근거하여 두 개의 목(目) 즉, **용반목**(Saurischia)와 **조반목**(Ornithischia)으로 구분한다. 용반목 공룡들은 도마뱀처럼 생긴 골반을 갖고 있어서 비공식적으로는 용반류라고 하며, 조반목 공룡들은 새처럼 생긴 골반을 갖고 있어서 조반류라고 한다(그림 15.6). 수십 년 동안 고생물학자들은 두 목이 후기 트라이아스기 동안에 독립적으로 진화한 것으로 생각하였으나, 오늘날에는 두 목이 아르헨티나의 중기 트라이아스기 지층에서 산출된 조룡류를 더 많이 닮은 공통의 조상에서 분화되었다는 것이 확실하게 밝혀졌다. 이들 긴 다리를 갖고 있는 작은(1m 이내) 공룡의 조상은 네 개의 다리를 모두 사용했던 **사족보행**

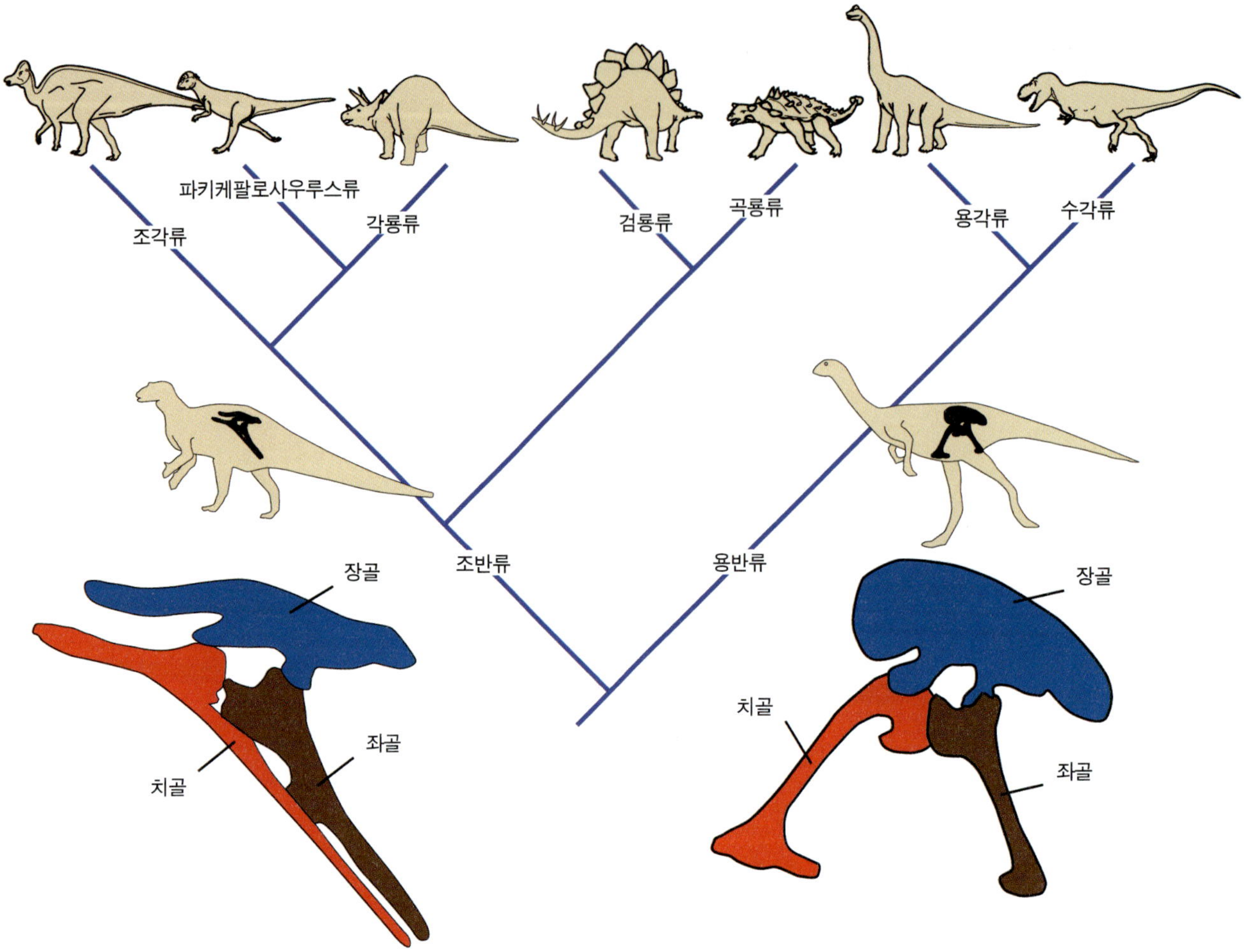

그림 15.6 **공룡의 계통도** 조반류와 용반류 공룡의 골반을 비교하는 그림이다. 수각류를 제외하면 그림 속의 모든 공룡은 초식공룡이다. 용반류와 조반류 모두 2족 보행 및 4족 보행 공룡을 포함한다.

(quadrupedal)과는 달리 뒷다리로 걷고 달렸던 **이족보행**(bipedal)이었다.

공룡

공룡(dinosaur)이라는 이름은 1842년 오언 경(Sir Richard Owen)이 '굉장히 큰 도마뱀'을 가리키는 의미로 사용했으나, 오늘날에는 '무서운 도마뱀'이라는 의미로 사용된다. 물론 공룡이 오늘날의 다른 어떤 동물보다도 훨씬 더 무서운 동물이었으며 도마뱀은 아니었다고 생각할 이유는 없다. 그럼에도 불구하고 이러한 생각들은 여전히 지속되고 있으며 만화나 영화 속에 등장하는 공룡조차 흔히 부정확한 내용이어서 공룡을 잘못 이해하는데 크게 영향을 미쳤다. 예를 들면 많은 사람들이 모든 공룡은 몸집이 크고 멸종했기 때문에 새로운 환경에 잘 적응하지 못했던 것으로 생각한다. 실제로 많은 공룡들이 지금까지 육상에 살았던 동물 중에서 몸집이 가장 컸다. 하지만 공룡은 몸무게가 수십 톤에 이를 만큼 거대한 종류에서부터 불과 2~3kg 정도로 작은 종류까지 다양하다. 공룡이 환경에 잘 적응하지 못했다고 생각하는 것은 공룡이 엄청나게 다양하고 1억 4,000만 년 동안 번성한 동물군이라는 사실을 모르기 때문이다.

오늘날 여러 방송매체들이 공룡을 매우 활동적인 동물로 소개하고 있기는 하지만 아직도 공룡을 멍청하고

a 콤프소그나투스. 몸길이 약 60cm, 체중은 불과 2~3kg이었으며, 흉곽 속에 들어 있는 뼈 화석을 보면 도마뱀을 잡아먹고 살았음을 알 수 있다.

b 데이노니쿠스(*Deinonychus*)의 실물 복원 디오라마. 데니노니쿠스는 몸길이 3m, 체중은 80kg 정도이고, 뒷발에 크고 휘어진 발톱을 갖고 있다.

그림 15.7 **이족보행하는 수각류** 수각류는 크기가 작은 콤프소그나투스(*Compsognathus*)에서부터 몸길이 13m, 몸무게 수십 톤에 이르는 티라노사우루스(*Tyrannosaurus*)처럼 거대한 종류까지 매우 다양하다.

둔감한 짐승으로 오해하는 사람들이 있다. 최근의 증거에 의하면 어떤 공룡들은 적어도 다른 보통의 파충류보다는 영리했으며, 이전에 생각했던 것보다 훨씬 활동적이었다. 아마도 일부 공룡들은 온혈 동물이었을지도 모르며, 어떤 종들은 주로 조류와 포유류에서 볼 수 있듯이 부화하고 나서 자신의 새끼를 돌보았을 수도 있다. 아직까지도 공룡에 관해서는 많은 의문점들이 남아 있지만, 공룡화석과 공룡이 산출되는 지층에 관한 연구로 공룡의 진화와 행동양식이 더욱 자세히 밝혀지고 있다.

용반류 공룡 고생물학자들은 용반류를 다시 수각류(獸脚類, theropods)과 용각류(龍脚類, sauropods)로 분류한다(그림 15.6). 수각류는 이족보행의 육식공룡으로 이주 작은 콤프소그나투스(*Compsognathus*)에서부터 티라노사우루스(*Tyrannosaurus*)처럼 거대한 종류까지 매우 다양하다(그림 15.7, 표 15.1). 1996년부터 중국의 과학자들은 깃털을 가진 몇 속의 수각류* 화석을 발견하였다.

영화 《쥐라기공원》에서는 더 작은 수각류 공룡들이 등장하여 인기를 누렸는데, 특히 뒷발에 낫처럼 날카롭게 생긴 발톱을 가진 몸길이 1.8m의 벨로시랍토르(*Velociraptor*)가 대표적이다. 벨로시랍토르와 약간 더 큰 데이노니쿠스(*Deinonychus*)는 공격시 이 발톱을 사용했던 것으로 추정된다(그림 15.7b). 영화와 TV에서 어떻게 묘사되었는지와 상관없이 오늘날의 포식자들처럼 수각류는 자신보다 더 크고, 위험한 먹이는 회피하는 대신에 어리거나, 노쇠했거나, 장애가 있는 등 쉬운 사냥감을 먹이로 삼았거나 썩은 고기를 먹고 살았다. 몸집이 더 큰 수각류들은 사냥감과 상관없이 단지 자신보다 더 작은 포식자들을 쫓아 다녔던 것이 확실하며, 아주 작은 코엘로피시스(*Coelophysis*)와 중간 크기의 데이노니쿠스(*Deinonychus*) 같은 수각류들은 무리를 지어 사냥을 했다는 증거가 있다.

용각류는 아파토사우루스(*Apatosaurus*), 디플로도쿠스(*Diplodocus*), 브라키오사우루스(*Brachiosaurus*)처럼 매우 크고 사족보행하는 초식공룡이다. 용각류는

---

* 중국에서 산출된 것으로 알려지고 미국 유타에서 매매가 이루어진 깃털달린 표본 한 점은 위조된 표본으로 밝혀졌으며, 과학자들에 의해 사기라는 것이 판명되기 전까지는 내셔널 지오그래픽에까지 소개된 바 있다.

표 15.1 공룡의 목(Orders)과 아목(Suborders) 요약표 (몸길이와 체중은 대략적인 수치임)

목	아목	대표적인 속(屬)	주요 특징
용반류	수각류	알로사우루스, 코엘로피시스, 콤프소그나투스, 데이노니쿠스, 티라노사우루스*, 벨로시랍토르	이족보행 육식공룡. 후기 트라이아스기~백악기 말. 몸길이 0.6m~15m, 체중 2~3kg~7.3톤. 더 작은 종류들은 무리를 지어 사냥
	용각류	아파토사우루스, 브라키오사우루스, 카마라사우루스, 디플로도쿠스, 티타노사우루스	거대한 사족보행 초식공룡. 후기 트라이아스기부터 백악기 동안 살았으나 쥐라기에 가장 번성. 몸길이 27m, 체중 75톤**. 발자국 화석을 보면 용각류는 무리를 지어 살았으며, 이보다 더 작은 고용각류가 그 이전에 출현.
조반류	조각류	아나토사우루스, 콤프토사우루스, 힙실로포돈, 이구아노돈, 파라사우롤로푸스	아나토사우루스 같은 일부 조각류는 납작한 오리주둥이 같은 입을 소유(오리주둥이 공룡). 몸길이 수m~13m, 체중 3.6톤. 백악기 동안 매우 번성. 주로 이족보행 초식공룡이나 네발로 걸을 수도 있었음
	후두류	스테고세라스	몸길이 2m. 체중 55kg. 두개골 덮개가 두꺼운 뼈로 되어 있어서 짝짓기나 싸움에서 타격에 유리했을 것으로 추정. 백악기의 이족보행 초식공룡.
	곡룡류	안킬로사우루스	몸길이 7m 이상, 체중 4.5톤, 머리 꼭대기, 등, 좌우에 골판이 두껍게 장식. 사족보행 초식공룡
	검룡류	스테고사우루스	다양한 종류의 검룡류가 알려졌으나 등과 뾰족한 꼬리에 골판이 있는 스테고사우루스가 가장 잘 알려짐. 골판은 열을 흡수하거나 방출하는 역할. 쥐라기 동안 가장 풍부했던 사족보행 초식공룡. 스테고사우루스는 몸길이 9m, 체중 1.8톤
	각룡류	트리케라톱스	수많은 속이 보고됨. 초기형은 이족보행, 후기형은 사족보행하는 초식공룡. 크기는 매우 다양; 몸길이 7.6m, 체중 5.4톤, 목위로 큰 골질의 프릴 발달, 두개골 위에 3개의 뿔, 새의 부리 같은 입. 백악기 동안에 매우 번성

* 몸무게 4.5톤의 티라노사우루스가 최대의 수각류로 알려졌으나, 오늘날에는 아르헨티나와 아프리카에서 이와 비슷하거나 더 큰 것들이 알려지고 있다.

** 화석 기록에 의하면 몸길이 30m, 체중 100톤에 이를 만큼 더 큰 브라키오사우루스가 살았다.

지금까지 살았던 육상동물 중에서 크기가 최대였으며(표 15.1), 특히 브라키오사우루스는 용각류 평균보다도 훨씬 커서 체중이 75톤에 달했는데, 일부 화석들은 그 보다도 더 큰 것들도 존재했음을 지시해 준다. 발자국 화석을 보면 용각류는 무리를 지어 다녔음을 알 수 있다.

용각류보다 더 작은 고용각류(Prosauropods)는 후기 트라이아스기~전기 쥐라기에 출현하였는데, 고용각류는 용각류와 연관이 있는 것이 분명하지만 용각류의 조상은 아니었을 수도 있다. 용각류는 쥐라기에 가장 번성하였으며, 몇몇 속들이 백악기까지 생존하였다.

조반류 공룡 조반류의 중요한 특징은 골반이 새의 골반처럼 생긴 것이라는 점이며, 용각류와는 여러 가지 면에서 차이가 있다. 그 예로, 조반류는 입 앞 쪽에 이빨이 없는 반면에 용각류는 이빨이 있다. 또한 조반류는 등 쪽에 뼈 같은 건(腱, tendons)이 발달되어 있으며, 5개의 아목 즉, 조각류(鳥脚類, ornithopods), 후두류(pachycephalosaurs), 곡룡류 (曲龍類, ankylosaurs), 검룡류(劍龍類 stegosaurs) 및 각룡류(ceratopsians)로 구분된다(그림 15.6, 표 15.1).

1822년, 맨텔(Gideon Mantell)과 그의 부인 마리 앤(Mary Ann)은 조각류에 속하는 이구아노돈(*Iguanadon*)의 이빨화석을 발견했다. 또 다른 조각류인 하드로사우루스(*Hadrosaurus*) 화석이 1858년 북아메리카에서 발견되었는데, 원형대로 복원되어 박물관에 전시된 것으로서는 최초의 공룡이다. 몇몇 조각류 중에서 백악기 동안에 특히 풍부했던 오리주둥이 공룡

a 샨퉁고사우루스(*Shantungosaurus*). 머리에 볏은 없지만 전형적으로 오리주둥이처럼 생긴 입을 갖고 있다.

b 친타오사우루스(*Tsintaosaurus*). 머리에 볏이 없는 대신에 두개골에서 돌출된 단단한 돌기가 있어서 유니콘 공룡이라고 부른다.

그림 15.8 오리주둥이 공룡 오리주둥이 공룡은 오리주둥이처럼 납작하게 생긴 입을 갖고 있으며, 일부는 머리에 볏이나 다른 장식이 있다. a, b는 중국에서 산출되어 포틀랜드의 오레곤 과학산업박물관에 특별전시중인 화석들

(hadrosaurs) 중 일부는 머리에 볏이 달려 있었는데, 이는 으르렁 거리는 소리를 증폭시키거나 성적 구애 표현으로 또는 동종 간의 구별에 사용되었던 것으로 여겨진다(그림 15.8). 모든 조각류는 초식이고 주로 이족보행이었으나, 앞발이 잘 발달되어 네발로도 걸을 수 있었다.

또 다른 오리주둥이 공룡인 마이사우라(*Maisaura*, '착한 엄마공룡')는 군집형태로 알을 낳았고 계속해서 동일한 둥지를 사용했다. 더욱이 직경 2m 정도의 둥지들은 7m 간격 또는 어미 크기의 거리만큼 떨어져 있다. 일부 둥지에서는 몸길이가 부화했을 때보다 훨씬 더 큰 1m 정도의 아기 화석이 발견되었다. 그러므로 이 새끼들은 둥지에 머무르면서 어미의 보호를 받고 어미가 주는 먹이를 받아먹고 살았던 것으로 보인다. 마이사우라에 관한 또 다른 재미있는 사실은 미국 몬태나 주의 뼈 화석층에서 대략 1만 개의 화석이 발견되었다는 것이다. 증거에 의하면 마이사우라는 화산가스를 마신 후 범람원 퇴적물에 의해 매몰되었다.

이족보행의 초식공룡 파키케팔로사우루스의 독특한 특징으로는 두껍고 딱딱한 뼈에 의해 형성된 돔형의 두개골을 들 수 있다. 파키케팔로사우루스는 몸길이가 1~4.5m까지 다양하며 오직 북반구 대륙의 백악기 지층에서만 발견되고 있다. 비록 모든 고생물자들이 인정하는 것은 아니지만, 파키케팔로사우루스가 짝짓기 경쟁을 할 때나 우월하게 보이기 위해 머리로 박치기를 하였다는 견해도 있다.

뿔공룡인 각룡류의 화석 기록을 보면 후기 쥐라기의 소형 이족보행 공룡들은 트리케라톱스 같은 후기 백악기의 큰 사족보행 공룡들의 조상이라는 것을 알 수 있다(그림 15.9a). 머리에 세 개의 뿔을 가진 트리케라톱스(*Triceratops*) 및 이들과 유연관계에 있는 속(屬)들은 큰 머리와 목 위쪽에 뼈로 된 프릴을 갖고 있는 것이 특징이며, 백악기 동안 북아메리카 지역에 특히 풍부하였다. 몸집이 큰 초식공룡이었던 각룡류의 발자국 화석은 이들이 무리를 지어 이동했음을 지시해 준다. 실제로, 단일 종에 속하는 수십 마리의 뼈 화석이 보존된 지층을 보면 여러 마리의 공룡이 강을 건너다가 한꺼번에 갑자기 죽은 것으로 보인다.

누구에게나 친숙한 스테고사우루스(*Stegosaurus*)는 대표적인 검룡류의 공룡이다. 스테고사우루스는 등을 따라서 삼각형 모양의 커다란 골판들이 배열되어 있고 꼬리 끝에는 방어용 으로 2쌍의 길고 끝이 날카로운 뼈

a 코뿔소만한 크기의 후기 백악기 각룡류 트리케라톱스(*Triceratops*)의 골격.

b 길이 약 9m의 후기 쥐라기 스테고사우루스(*Stegosaurus*). 등에 발달한 큰 골판들과 꼬리에 달린 길고 날카로운 골침을 주목하라.

그림 15.9 **대표적인 조반류 공룡**

가 달려 있다. 골판의 배열은 정확하게 알려지지 않았으나 대부분의 복원도에서는 서로 엇갈리는 형태로 2열로 배열되어 있다. 골판의 배열과는 상관없이 대부분의 고생물학자들은 골판이 열을 흡수하고 방출하는 기능을 했던 것으로 생각한다. 스테고사우루스는 몸집은 중간 크기이며 쥐라기 동안에만 살았던 사족보행의 초식공룡이다. 스테고사우루스와 더불어 몇몇 다른 속들은 등에 넓은 골판 대신에 뾰족한 골침들을 갖고 있었다.

곡룡류(ankylosaurs)는 다른 어떤 공룡보다도 더욱 두껍게 장식된 사족보행의 초식공룡들이다(표 15.1). 따라서 이들은 그다지 빠르지는 않았고 가장 빨리 달릴 때의 속도가 시속 약 10km 정도였다. 곡룡류의 등, 옆구리, 머리 꼭대기는 뼈로 이루어진 장식으로 보호받을 수 있었고, 안킬로사우루스(*Ankylosaurus*) 같은 일부 종의 꼬리에는 공격하는 포식자를 물리칠 수 있는 커다란 곤봉 모양의 뼈가 달려 있었다. 만일 안킬로사우루스의 꼬리에 곤봉 모양의 무기가 없었다면, 이들은 단지 숨어서 포식자의 공격을 피할 수밖에 없었을 것이다. 티라노사우루스조차도 몸길이 9m, 체중이 4.5톤에 달하는 안킬로사우루스를 공격하는 일은 어려웠을 것이다.

공룡은 일반적으로 공격적이고 위험한 짐승으로 묘사되어 왔으나, 최근에는 공룡이 오늘날의 육상동물들처럼 행동했다고 생각하는데 충분한 이유가 있다. 확실한 것은 일부 공룡들은 무리를 지어 살았으며, 방어 시에는 발을 구르고, 영역 싸움을 하고, 다른 동물들을 공격했다는 것이다.

온혈 공룡?

공룡은 오늘날의 포유류와 조류처럼 **내온성**(endotherm, 온혈 동물)이었을까 아니면 오늘날의 모든 파충류처럼 **외온성**(ectotherm, 냉혈동물)이었을까? 오늘날 거의 모든 사람들은 공룡이 체내 온도 조절작용을 했다고 믿고 있지만, 이러한 견해는 다시 세 가지로 나뉜다. 즉, (1) 모든 공룡은 온혈 동물이었다, (2) 단지 일부의 공룡들만 온혈 동물이었다, (3) 공룡은 물질대사를 하여 체온 조절 능력을 갖고 있었다.

온혈 동물의 뼈에는 살아 있을 때 혈관이 지나가는 도관이 무수히 많지만, 냉혈동물의 뼈는 이보다 훨씬 더 적은 도관을 갖고 있다. 공룡의 체내 온도조절작용을 지지하는 사람들은 공룡의 뼈가 현생 내온성동물의 뼈와 매우 유사하다고 생각한다. 악어와 거북은 이와 같은 소위 온혈 동물의 뼈를 갖고 있지만 냉혈동물이며, 일부 작은 포유류들은 더욱 전형적인 냉혈동물의 뼈를 갖고 있다. 뼈 구조는 체내 온도조절작용보다는 몸체의 크기 및 성장패턴과 더 밀접한 연관이 있을지 모르기 때문에 이 증거는 결정적인 것이 못된다.

온혈 동물들은 대사율이 매우 높기 때문에 비슷한 크기의 냉혈동물보다 많이 먹어야 한다. 따라서 온혈 동물의 포식자들은 큰 먹이 군집을 필요로 하고, 그 결과 그들의 먹이보다도 전체 동물군집에서 훨씬 더 작은 군집(보통 수%)을 구성한다. 이와 대조적으로 냉혈동물 포식자들이 먹는 비율은 50%에 이를 만큼 높다. 공룡 포식자들이 전체군집의 3~5%를 차지했다는 추정을 가능케 하는 증거는 많다. 그럼에도 불구하고 고생물학자들에게 확신을 주기에는 아직 자료가 불확실하다.

몸체에 비해서 뇌가 큰 경우에는 매우 일정한 체온유지가 필요하므로 체내 온도조절작용을 한다는 것을 의미한다. 몸집이 작거나 중간 크기의 일부 수각류들은 실제로 머리가 좋았다. 그러므로 뇌의 크기가 공룡의 경우에는 설득력이 있는 주장일 수도 있다. 공룡과 새의 관계 및 최근 중국에서 깃털 공룡이 발견됨에 따라 수각류의 체내 온도조절작용은 더욱 설득력을 얻고 있다(그림 15.10). 오늘날에는 온혈 동물들만이 단열을 위해 머리카락과 체모를 갖고 있거나 깃털이 있다.

과학자들은 일부 오리주둥이 공룡들이 냉혈동물보다 훨씬 더 빠르게 성장하고 성숙하였으므로 온혈 동물 이었을 것으로 해석하였다. 더욱이 1993년에 발견된 조각류 화석에서는 오늘날의 포유류나 조류처럼 4심방의 심장을 확인할 수 있었다. 현재 노스 캐롤리나 자연과학 박물관에서 전시되고 있는 이 구조의 입체 이미지는 많은 과학자들로 하여금 이 동물이 온혈 동물이었다는 확신을 갖게 해 주었다.

그림 15.10 **깃털 공룡** 중국에서 산출된 전기 백악기 깃털 공룡 카우디프테릭스(*Caudipteryx*)의 복원도. 짧은 앞발과 대칭적인 깃털을 갖고 있으며, 가장 오래된 새 보다도 더 크다는 사실은 카우디프테릭스가 날 수 없었다는 사실을 말해 준다.

체내 온도조절작용의 좋은 예는 수각류를 포함한 몇 가지 형태의 공룡에서 찾을 수 있는데, 비록 큰 용각류들이 온혈 동물은 아니었을지라도 매우 일정한 체온을 유지할 수 있었다. 몸집이 큰 동물들은 체적에 비해 작은 표면적을 갖고 있기 때문에 몸집이 작은 동물보다도 더욱 느리게 체온을 올리거나 내린다. 용각류는 열 손실과 관련하여 비교적 더 작은 표면적을 갖고 있기 때문에 그들과 유연관계가 있는 더 작은 공룡들보다도 열을 더욱 효과적으로 유지할 수 있었다.

비행 파충류

고생대의 곤충은 비행에 성공한 최초의 동물이었으며, 척추동물 중에서는 비행 파충류인 **익룡**(pterosaurs)이 최초이다. 익룡은 후기 트라이아스기부터 백악기 말까지 하늘에서 흔하게 볼 수 있는 파충류였다(그림 15.11). 비행에 대한 적응은 길게 늘어난 네 번째의 손가락으로 지지되는 날개막(그림 15.11c)과 가볍고 속이 빈 뼈를 갖고 있으며, 근육의 조정과 시야를 조절했던 뇌의 각 부분들이 발달했기에 가능했다.

영화에서는 익룡이 크고 공격적인 생물로 묘사되는 것이 일반적이지만 일부는 오늘날의 참새, 울새, 까마귀보다도 작았다. 하지만 몇 종은 날개폭이 수m에 달했으며, 백악기에 살았던 한 종의 익룡은 최소한 12m에 달하는 날개폭을 갖고 있었다. 그럼에도 불구하고 가장 큰 익룡조차 몸무게는 몇 십 kg밖에 되지 않았다.

a 테로닥틸루스(*Pterodactylus*). 긴 꼬리를 갖고 있는 잘 알려진 후기 쥐라기 익룡이다. 이 속에 속하는 몇몇 종들은 날개폭이 50cm에서 2.5m까지 다양하다.

b 짧은 꼬리를 갖고 있는 테라노돈(*Pteranodon*). 날개폭이 6m가 넘는 큰 익룡이다.

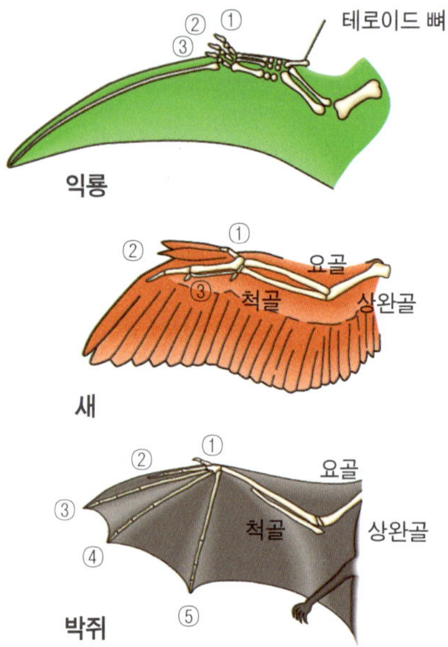

c 모든 비행 척추동물에서 날개는 변형된 앞발이다. 익룡의 날개는 길다란 네 번째 손가락에 의해 지지되지만, 조류에서는 두 번째와 세 번째 손가락이 붙어 있고, 박쥐에서는 ②번부터 ⑤번까지의 손가락이 날개를 지탱해 준다.

그림 15.11 익룡(비행 파충류)

화석에 대한 연구 결과 테라노돈(*Pteranodon*, 그림 15.11b) 같은 대형 익룡의 날개뼈가 날갯짓을 하기에는 너무나 약했다. 비교적 큰 익룡들은 날기 위해서 상승하는 대기의 흐름을 이용하여 급상승했거나 때로는 방향조절을 위해 날갯짓을 했을 것으로 여겨진다. 이와 대조적으로 더 작은 익룡들은 오늘날의 작은 새들처럼 힘찬 날갯짓을 통해 높이 날라 올랐을 수도 있다.

1971년 오늘날의 카자흐스탄에 발견된 소르데스 필로수스(*Sordes pilosus*)라는 작은 익룡은 머리카락처럼 생긴 날개를 갖고 있었다. 이와 같은 형태적 특징이외에도 오늘날의 조류에서 볼 수 있는 것처럼 높은 물질대사율과 효율적인 호흡계와 순환계를 갖고 있다는 점은 일부 또는 모든 익룡이 온혈 동물이었다는 사실을 지시해 준다.

중생대의 해양 파충류

트라이아스기의 연체동물을 부숴먹었던 플라코돈트와 마찬가지로 거북과 일부 악어류 같은 중생대 파충류들은 해양 환경에 잘 적응하였다. 그러나 여기에서 우리는 어룡, 수장룡 및 덜 친숙한 모사사우루스(mosasaurs)를 중심으로 다루었다. 이들은 모두 수생의 해양 포식자들이었으나, 다른 파충류와 달리 이들 간의 유연관계가 가까운 것은 아니다. 더욱이 일부 미디어에서는 공룡과 가까운 친척으로 묘사하지만 그렇지 않다.

a 어룡. 오늘날의 돌고래처럼 생겼고 생활방식도 비슷했던 것으로 여겨진다. 대부분의 어룡은 몸길이가 수 미터였으나 일부는 15m가 넘는 것도 있었다.

b 수장룡. 수생 파충류였으나 지느러미발처럼 생긴 앞발을 사용하여 뭍으로 나왔을 것으로 여겨진다. 긴 목과 짧은 목을 가진 두 종류의 수장룡이 있다(그림 15.2 참조).

그림 15.12 **중생대 해양 파충류** 어룡과 수장룡은 수생 파충류였으나, 서로 가까운 유연관계는 아니었다.

유선형이면서 마치 돌고래처럼 생긴 **어룡**(ichthyosaurs)은 몸길이가 불과 70cm에서부터 15m 이상으로 거대한 종류까지 다양했다(그림 15.12a). 이들의 조상이 어떠했는지는 아직도 불확실하지만 일본에서 산출된 어룡화석을 연구한 료수케 모타니(Ryosuke Motani)는 "내가 알기로는 우타츠사우루스(*Utatsusaurus*)가 바로 오랫동안 고생물학자들이 찾고 싶어 했던 것이다."라고 말했으며, 다리를 갖고 있는 도마뱀처럼 생긴 어룡이라고 하였다.*

어룡은 강력한 꼬리를 사용하여 추진력을 얻었으며 지느러미발처럼 생긴 앞발로 방향을 조정하였다. 어룡은 날카로운 이빨을 많이 갖고 있었고 위 속에 보존된 내용물은 어룡이 물고기, 두족류, 그리고 다른 생물들을 잡아먹고 살았음을 지시해 준다. 어룡이 뭍으로 올라올 수 있었는지는 불확실하므로, 암컷은 체내에 알을 부화시켜 새끼를 낳았을 것으로 추정된다. 이러한 해석은 어미 뱃속에 작은 어룡이 들어 있는 화석이 몇 마리 발견되었기 때문이다.

고생물학의 역사에서 한 가지 흥미로운 방주(傍註)는 메리 애닝의 이야기이다('조망' 참조). 메리 애닝은 겨우 열한 살 때 영국 남부지방에서 거의 완벽하게 보존된 어룡화석을 발견하고 발굴작업을 지휘하였다.

수장룡(plesiosaurs)은 짧은 목과 긴 목을 가진 두 종류 중의 하나에 속한다(그림 15.2, 15.12b). 대부분의 수장룡은 몸길이 3.6~6m에 속하는 중간 크기이지만, 남극대륙에서 발견된 한 종은 몸길이가 15m에 이른다. 짧은 목을 가진 수장룡은 해저 바닥에서 먹이를 찾았지만 목이 긴 수장룡은 뱀처럼 긴 목을 움직이면서 수많은 날카로운 이빨을 사용하여 물고기를 잡아먹었다. 수장룡은 알을 낳기 위해 해안가로 올라왔을 수도 있다.

모사사우루스(mosasaurs)은 오늘날의 코모도왕도마뱀이나 왕도마뱀과 유연관계에 있는 후기 백악기 해양 도마뱀류이다. 어떤 종들은 몸길이가 2.5m를 넘지 않았으나, 틸로사우루스(*Tylosaurus*)처럼 9m가 넘는 종들도 있었다. 모사사우루스의 앞발은 노 모양의 지느러미

* Ryosuke Motani. 2004. Rulers of the Jurassic Seas. Scientific American, v.14, no.2, p.7.

발과 비슷하며 주로 방향조정에 사용한 반면에, 긴 꼬리로 추진력을 얻었다. 모든 모사사우루스가 포식자였으며, 위 속에 보존된 내용물은 모사사우루스가 물고기, 새, 더 작은 모사사우루스, 암모나이트를 포함한 다양한 무척추동물을 잡아먹고 살았음을 의미한다.

모사사우루스의 조상일 수도 있는 화석이 1989년 텍사스에서 발견되고 수년간의 조사와 연구가 이루어졌다. 한편 상부 백악계 지층에서 산출된 달라사우루스(*Dallasaurus*)는 모사사우루스의 골격을 갖고 있으나, 지느러미발 대신에 뭍에서 걷는데 적합한 완전한 사지를 갖고 있었다.

악어, 거북, 도마뱀 및 뱀

모든 악어는 양서류이므로 물속에서 많은 시간을 보내지만, 뭍에서도 걸을 수 있는 구조를 잘 갖추고 있다. 쥐라기까지 악어는 담수에서 가장 풍부한 포식자였다. 전반적으로 악어의 진화는 느린 편이며, 몸길이는 쥐라기 동안에 1m 정도였으나 백악기에는 15m에 달할 만큼 다양한 종이 서식하였다.

거북 또한 트라이아스기에 출현한 이후 느리게 진화하였다. 거북의 가장 현저한 특징은 무거운 골질의 갑판이며, 화석과 현생동물을 통틀어서 다른 어떤 척추동물보다도 몸 전체가 가장 완벽하게 장식된 동물이다. 거북의 조상은 불확실하다. 페름기 동물 중에서 넓게 확장된 8개의 늑골을 가졌던 종(種)이 거북의 장식에서 첫 번째 발달단계를 나타내는 것일 수도 있다.

도마뱀과 뱀은 서로 가까운 유연관계에 있으며 사실상 도마뱀이 뱀의 조상이다. 뱀에서 사지가 없는 조건(일부 도마뱀도 사지가 없다)과 뱀이 입을 매우 크게 벌릴 수 있도록 해 준 두개골의 변형이 바로 도마뱀과 뱀 사이의 주요한 차이점이다. 가장 오래된 도마뱀 화석은 상부 페름계 지층에서 발견되었지만 후기 백악기까지는 풍부하지 않았다. 최초의 뱀은 백악기 동안에 출현하였으나 대부분의 현생 뱀들이 속하는 과(科)들은 전기 마이오세에 분화된 것이다. 이스라엘에서 발견된 전기 백악기의 한 속(屬)은 뱀과 도마뱀의 중간적 특징을 보여 준다.

6. 파충류에서 조류로의 진화

조류는 깃털이 있는 반면에 파충류는 비늘이나 단단한 구슬모양의 피부를 갖고 있으며, 조류는 오늘날의 어떤 파충류도 닮지 않았다. 그런데 왜 과학자들은 조류가 파충류에서 진화한 것이라고 생각할까? 오래전부터 과학자들은 조류와 파충류가 서로 밀접한 관계에 있다는 것을 알고 있었다. 조류와 파충류는 둘 다 난황이 껍질로 둘러싸인 알을 낳으며, 턱이 두개골에 연결되는 방식을 포함하여 일부 공통적인 골격 특징을 갖고 있다. 더욱이 1860년 이후 독일 남부의 졸른호펜 석회암(Solnhofen Limestone)에서는 파충류와 조류의 유연관계를 입증해 주는 10여개의 화석이 발견되었다. 이곳에서 발견된 화석들은 날개와 차골(叉骨, wishbone)을 갖고 있는데, 차골은 조류에서 매우 전형적인 유합쇄골(癒合鎖骨, fused clavicle)로 이루어진 것이다. 하지만 아직까지 다른 물리적 특징들은 작은 수각류 공룡과 매우 유사하다.

이곳에서 발견된 **시조새**(*Archaeopteryx*: 그리스어로 '과거'라는 의미의 *archaios*와 날개를 뜻하는 *pteryx*의 합성어) 화석은 학문적 정의로는 조류에 해당하지만 파충류의 특징들을 많이 갖고 있다는 점에서 시조새의 조상을 수각류 중에서 찾을 수 있다는 확신을 갖게 해 준다(그림 15.13).

유합쇄골(차골)은 일부 수각류 공룡에서도 발견되며, 지난 수년 동안 중국의 고생물학자들은 수각류와 조류 사이의 관계를 더 잘 입증해 주는 깃털달린 수각류 화석을 발견하였다. 수각류에서 조류로의 진화설에 반대하는 소수의 학자들은 수각류가 백악기 지층에서 발견되는 반면에 시조새는 쥐라기 지층에서 발견된다는 사실을 거론한다. 하지만 중국에서 산출된 화석 중 일부는 시조새가 수각류와 조류 사이의 틈새를 좁혀주는 것

고생물학에 대한 메리 애닝의 공헌

오늘날엔 성별과 국적에 상관없이 누구나 연구 성과를 인정받지만, 약 200년 전만 해도 고생물학 분야는 남성들의 전유물이었다. 하지만 유럽 남성들만이 독점적으로 연구하던 고생물학 분야에도 예외는 있었다. 메리 애닝(Mary Anning, 1799~1847)은 11살 때부터 화석 수집가로서 뛰어난 업적을 남기기 시작했다.

메리는 잉글랜드 남쪽 해안가에 위치한 라임 레지스(Lyme Regis)에서 태어났다. 15개월 밖에 되지 않았던 어린 시절 메리와 가족은 벼락을 맞았는데, 기록에 따르면 이때 여자형제 세 명과 보모를 잃었다고 한다. 또한 열 명 정도 되는 형제들 중 메리와 조세프만이 어른이 될 때까지 살아남았다고 한다.

메리의 아버지는 가구를 제작하는 소목장이었고, 부업으로 화석을 파는 일을 하여 가족의 생계를 유지하였다. 1810년 아버지가 돌아가시면서 메리의 가족은 더욱 빈곤한 환경에서 생활하였다. 메리는 아버지가 부업으로 하던 화석 사업을 계속 이어나갔고, 이내 그 당시 고생물학자들은 메리를 화석 수집 전문가로 인정하였다. 이들 중 몇몇 사람들은 메리가 운영하는 가게를 방문해 화석을 사거나 정보를 얻어가기도 했다. 메리는 라임레지스와 근접한 곳에 위치한 도르셋(Dorset) 해안에서 주로 화석을 수집하였다. 혀가 꼬일 정도로 발음이 어려운 어구(tongue twister)로 잘 알려진 'She sells seashells by the sea shore'가 바로 여기서 비롯되었다고 한다.

아버지께서 돌아가신지 얼마 되지 않아 메리는 중요한 첫 발견을 하게 된다. 쥐라기 익룡 화석을 거의 원형 그대로 발견한 것이다. 이 사실은 1814년 에버라드 경(Sir Everard Home)의 기록에서 찾아볼 수 있다. 이 화석을 판매한 수입으로 메리의 가족은 경제적으로 제법 안정적인 생활을 유지할 수 있는 정도였다. 이어서 1821년 또 한 번 중요한 발견을 한다. 중생대 해양 파충류인 수장룡 화석을 발굴한 것이다. 1818년에는 중생대 익룡 화석을 발견하기도 했는데 이는 영국에서 처음 발견된 것이었다. 이 익룡 화석은 옥스퍼드대학교의 저명한 지질학자 윌리엄(Buckland William)에게 보내졌다.

1830년에 이르러서 화석 수집가들과 박물관들은 예전만큼 화석에 투자하지 않았다. 다시금 궁핍하게 생활할 처지에 놓인 메리를 구해 준 것은 같은 마을에 거주하는 친구 베체(Henry Thomas de la Beche, 1796~1855)의 덕택이었다. 베체는 그림을 통해서 메리가 수집했던 화석들에게 생명력을 불어넣어 주었다. 초기 도르셋 지역의 모습을 그린 그림(Duria antiquior)은 인쇄되어 널리 판매되었고, 그 수익금은 직접 메리에게 돌아갔다.

메리는 1847년 암으로 세상을 떠났다. 겨우 48년 동안의 인생 여정에서 36년은 화석 수집에 몰두하며 보낸 시간이었다. 오늘날 메리의 업적은 널리 인정받고 있지만, 메리가 사망했을 당시에는 그녀를 기억해 주는 사람은 거의 없었다. 심지어는 메리의 화석을 구입한 사람들이 그 화석을 찾은 것처럼 인정받기도 했다고 한다. 비록 화석 수집가로서는 유명했지만, 당시의 과학자들은 정식 교육을 받지 않은 어린 소녀가 그만한 지식과 솜씨가 있다는 것을 받아들일 수 없었던 것이다. '과학자들은 하류 계층의 여성이 쌓은 공을 인정할 생각조차 하지 못했다. 아무리 훌륭한 일을 해 냈다 하더라도 말이죠. 비록 메리는 정식 교육을 받지는 못했지만 두뇌회전이 빨랐고 관찰력이 뛰어났으며, 무엇보다 19세기 지질학의 혁명기를 이룩하는데 중요한 역할을 했다. 그러고 나서 우리는 단순히 메리를 잊고 말았죠.'*

비록 고생물학에 대한 메리의 기여는 대부분 잊혔지만, 2002년부터 영국고생물학회는 고생물학 전문가는 아니지만 고생물학에 현저한 공헌을 한 사람에게 '메리 애닝상(Mary Anning Award)'을 수여하고 있다.**

---

* John Lienhard, University of Houston.

** The Paleontological Association (http://www.palass.org/modules.php?name=palaeo&sec=Awards&page=122)

그림 15.13 **독일의 쥐라기 졸른호펜 석회암에서 산출된 시조새 (*Archaeopteryx*).** 시조새는 깃털과 차골을 갖고 있어서 조류에 속하지만 대부분의 해부학적 특징들은 작은 수각류 공룡과 매우 유사하다. 시조새는 파충류 같은 이빨을 갖고 있으며, 날개에 발톱이 있고, 긴 꼬리가 특징이다.

처럼 거의 동일한 지질시대의 것들이다.

최근 시조새보다 약간 후기의 또 다른 새 화석이 중국에서 발견되었다. 이 새 화석은 시조새와 작은 수각류처럼 복부 쪽에 늑골이 있으나, 오늘날의 조류와 더욱 비슷한 짧은 꼬리를 갖고 있는 것이 특징이다. 2004년과 2005년 중국에서 발견된 5개의 전기 백악기 새 화석 표본들은 오늘날의 새의 조상이 수생조류였을 가능성도 보여 준다. 몇 가지 특징만 빼면 간수스 유메네시스(*Gansus yumenesis*)의 뼈 화석은 현생 조류의 뼈와 매우 유사하다.

시조새 화석이 중요하기는 하지만 시조새가 오늘날 살고 있는 새의 조상이었는지 또는 후손을 남기지 않은 다른 초기의 새 조상이었는지를 해결하기에는 시조새나 다른 초기의 새 화석들이 충분하지 않다. 그렇다고 해서 시조새가 파충류와 조류의 특징을 모두 갖고 있다는 사실을 부인할 수도 없다(7장의 모자이크진화 내용 참조). 그러나 최초의 새로 추정되는 것이 하나 더 있다. 일부 과학자들은 크기가 까마귀만한 프로토아비스(*Protoavis*)를 새라고 주장한다. 프로토아비스 화석은 미국 텍사스 주의 상부 트라이아스계 지층에서 두 개체가 발견되었다. 프로토아비스는 속이 비어 있는 뼈와 오늘날의 조류에서 볼 수 있는 차골을 갖고 있으나 발견된 화석 표본들이 불완전하고 깃털 흔적은 발견되지 않았기 때문에 대부분의 고생물학자들은 이들이 작은 수각류 공룡이라고 생각한다.

조류의 비행 기원에 관한 두 가지 가설 중 '땅 위로 날아오르기(from the ground up)'는 조류의 조상이 이족보행을 했으며 발이 빨랐고 곤충을 잡아먹거나 포식자로부터 도망가기 위하여 짧은 거리는 공중으로 날아오를 수 있도록 날개를 사용했다는 것이다. 한편 또 다른 가설인 '나무에서 아래로 활공하기(from-the trees-down)'는 새의 조상이 나무를 기어올랐던 이족보행 동물이었으며 날개는 글라이딩과 패러글라이딩을 하는 데 사용했다는 것이다. 첫 번째 가설은 소형 수각류의 앞발이 시조새의 앞발과 매우 비슷하기 때문에 이족보행하는 수각류가 새의 조상이라는 것으로 더 많은 지지를 얻고 있다. 하지만 비록 착륙이 일종의 모험일지라도 높은 지점에서 아래로 내려앉는 것이 비행보다는 쉽기 때문에 두 번째 가설이 더 많은 지지를 받고 있다.

7. 포유류의 기원과 진화

13장에서 다룬 바와 같이 **수궁류**(therapsid)라 불리는 포유류형 파충류가 페름기 동안에 초식 및 육식 종으로 다양화되었다. 바로 이 초식 및 육식 동물들이 페름기 당시에 가장 풍부하고 다양한 육상 척추동물이었다. 수궁류 무리 중 **견치류**(cynodont)가 포유류에 가장 가까웠고 트라이아스기 후반에 견치류로부터 진정한 포유류가 진화하였다.

표 15.2 파충류에서 포유류로의 변화를 나타내는 요약표

특징	전형적 파충류	견치류	포유류
아래턱	치골과 몇 개의 다른 뼈	치골의 확대, 다른 뼈들의 축소	치골만(초기 포유류 제외)
턱-두개골 관절	관절뼈-방형골	관절뼈-방형골; 진보한 견치류의 경우 파충류와 포유류의 턱-두개골 관절을 모두 가지고 있다.	치골-측두린골
중이골(中耳骨)	등자뼈	등자뼈	등자뼈, 모루뼈, 망치뼈
2차 구개골	없음	부분적으로 발달	잘 발달
이빨	분화되지 않음; 뿌리가 하나인 어금니	약간 분화됨; 일부 두 뿌리를 가진 어금니	앞니, 송곳니, 어금니로 완전히 분화; 두 뿌리를 가진 어금니
이빨 교체	계속적 교체	일부 진보된 견치류에만 2조의 이빨을 가짐	유치, 영구치의 2조
후두과	단일	부분적으로 나뉨	두개
교합(음식을 갈 수 있도록 위아래 어금니의 표면이 서로 잘 맞아들어감)	교합 없음	일부 진보된 견치류에서만 보임	교합
온혈 또는 냉혈	냉혈	온혈로 추측	온혈
몸통 덮개	비늘로 덮임	한 화석에서 포유류 비슷한 피부	털이 난 피부

견치류와 포유류의 기원

포유류는 젖샘과 털을 가진 온혈 동물이며 오리너구리와 바늘두더지를 제외하고는 모두 새끼를 낳는 것으로 알려져 있다. 그러나 이러한 특징들은 포유류 화석을 인지하는 데 충분하지 않다. 왜냐하면 화석은 오직 골격구조로만 분류될 수 있기 때문이다. 포유류형 파충류에서 포유류로 진화하는 과정에서 몇 가지 골격구조의 변화가 일어났지만, 이 둘을 구분하는 기준은 주로 중이(中耳, middle ear), 아래턱, 이빨의 세부구조이다(표 15.2). 다행히도 견치류로부터 포유류로의 진화는 화석 기록으로 아주 잘 확인되므로 어떤 화석을 파충류나 포유류로 분류하는 것은 어렵다.

파충류는 중이에 등자뼈 하나만 있는 반면에 포유류는 모루뼈, 망치뼈, 등자뼈라는 세 개의 뼈를 가지고 있다. 또, 포유류의 아래턱은 치골 하나로 이루어져 있는데 비해 파충류의 턱은 여러 뼈 조각들로 이루어져 있다(그림 15.14). 게다가 파충류의 턱은 관절뼈와 방형골 사이에서 두개골과 접합되어 있으나 포유류의 치골은 두개골의 측두린골과 연결되어 있다(그림 15.14).

견치류에서 포유류로 진화하는 과정에서 파충류의 두개골과 턱 사이를 연결하는 방형골 및 관절뼈가 포유류의 중이에 해당하는 모루뼈와 망치뼈로 바뀐 것이다(그림 15.14, 표 15.2). 치골이 포유류 턱의 유일한 요소가 되기까지 점진적으로 대형화되었다는 것은 화석 기록을 통해서 알 수 있다. 파충류에서 포유류의 턱관절로의 점진적인 변화가 화석으로 남아 있다. 사실, 가장 발달한 견치류 중 일부는 점이적인데 그 이유는 이 동물들이 (1) 파충류의 특징인 관절뼈와 방형골을 갖고 있으며, (2) 포유류와 같은 치골과 측두린골로 이루어진 복합적인 턱관절을 가지고 있기 때문이다(표 15.2).

이 밖에도 견치류의 몇 가지 특징들은 견치류가 포유류의 조상임을 말해 준다. 견치류의 이빨이 포유류와 같이 2중 뿌리이고, 특정한 기능을 하는 독특한 형태로

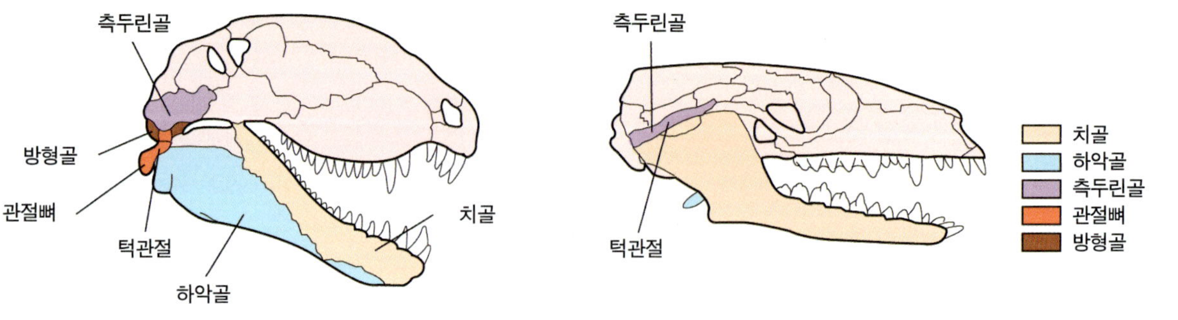

파충류의 턱

포유류의 턱

a 견치류는 관절뼈와 방형골 사이의 턱과 턱–두개골 관절에 약간의 뼈를 가진다.

b 포유류의 턱은 치골이라는 하나의 뼈로 이루어져 있으며 치골과 측두린골 사이에 턱–두개골 관절이 형성된다.

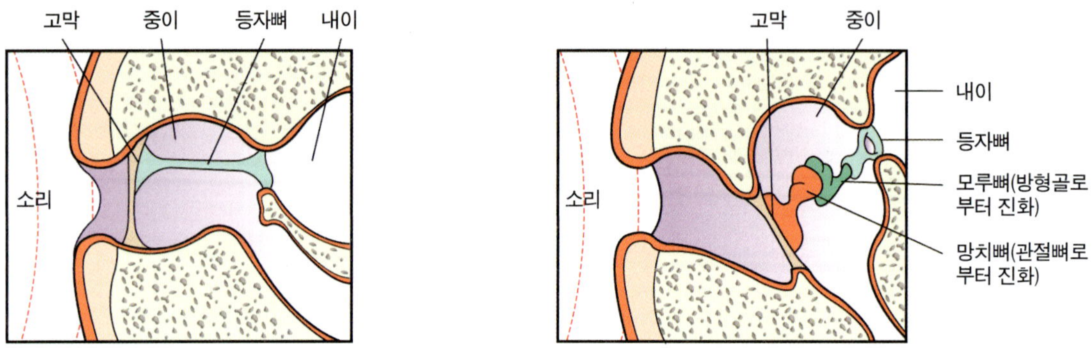

파충류 귀 뼈

디메트로돈(파충류)

포유류 귀 뼈

모르가누코돈(포유류)

c 파충류에게 소리는 고막과 중이의 유일한 뼈인 등자뼈를 통해 전달된다.

d 포유류는 중이에 등자뼈, 망치뼈, 모루뼈 등 세 가지 뼈를 갖는다. 망치뼈와 모루뼈는 각각 관절뼈와 방형골이 변형된 것이다.

그림 15.14 포유류의 턱과 중이의 진화 포유류의 이빨은 앞니, 송곳니, 어금니(앞어금니와 어금니)로 완전히 분화되어 있다.

분화되었다. 포유류에서 이빨은 앞니, 송곳니, 씹는 이로 완전히 분화되어 있으나 전형적인 파충류들은 분화된 이빨을 가지고 있지 않다(그림 15.15). 게다가 포유류는 일생 동안 오로지 유치와 영구치라는 두 종류의 이빨만을 갖는다. 몇 종류의 견치류를 제외하면 파충류는 일생 동안 계속해서 이빨을 교체하지만 포유류형 견치류는 오직 유치와 영구치 단계만 있다. 포유류 이빨의 또 다른 중요한 특징은 교합이다. 즉, 씹는 이들끼리는 먹이를 갈수 있도록 표면끼리 서로 잘 맞물린다. 따라서 포유류는 먹이를 씹을 수 있지만 파충류, 양서류, 어류는 씹지 못한다. 그러나 이빨 교합은 진화한 일부 견치류에서도 관찰된다(표 15.2).

파충류와 포유류는 아틀라스라고 하는 첫 번째 척추의 와(窩, socket)에 꼭 맞는 두개골 뼈돌기를 가지고 있다. 후두과(後頭顆, occipital condyle)라는 이 구조는 전형적인 파충류에서는 한 개이지만 견치류는 전형적인 포유류에서처럼 부분적으로 이중으로 나뉘어 있다(표 15.2). 또 다른 포유류의 특징인 2차 입천장(口蓋, palate)은 진화한 견치류에서 부분적으로 발달되어 있다. 구강으로부터 비강 통로를 분리하는 골질의 입천장은 먹이 섭취와 동시에 호흡을 할 수 있도록 적응된 결과로서 높은 산소 요구량을 가진 온혈 동물을 위한 필수요건이다.

1837년 독일의 과학자 레이체르테(Karl Reichert)는 포유류 성체가 치골 하나만 가지는 반면, 배아일 때에는 아래턱에 관절뼈가 추가된다는 사실을 발견했다. 또 윗턱에서는 방형골(quadrate)이라 불리는 골격을 발견했다. 이 두 뼈는 파충류에서처럼 턱과 두개골의 관절

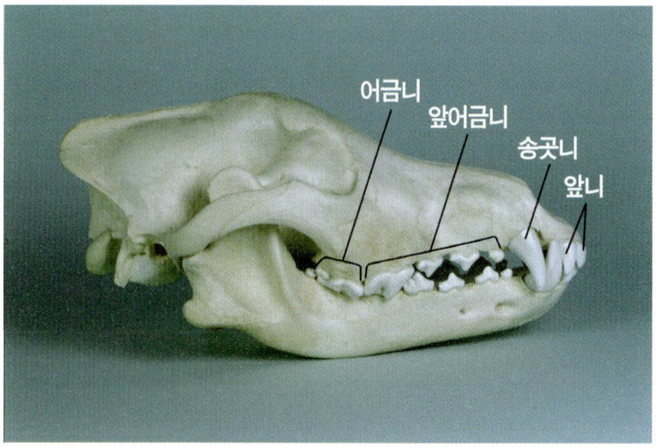

a 포유류의 두개골. 늑대 두개골에서 보이듯 포유류 이빨은 앞니, 송곳니, 앞어금니, 어금니로 구분된다.

b 파충류의 두개골. 여기에서 악어로 대표된 파충류는 크기가 다소 다른 것을 빼고 모양이 똑같은 이빨을 가지고 있다. 일부 포유류형 파충류에서 예외를 찾을 수 있다.

그림 15.15 **포유류와 파충류의 이빨 비교**

을 이룬다. 그러나 배아가 성숙단계에 이르면 관절뼈와 방형골이 중이로 이동하여 모루뼈와 망치뼈가 되며, 비로소 전형적인 포유류의 턱-두개골 관절이 형성된다. 일례로, 태어날 당시의 주머니쥐는 관절뼈와 방형골 사이에 파충류형 턱-두개골 관절을 갖지만 성장할수록 이 뼈들은 중이로 이동하고 포유류형 턱-두개골 관절이 형성된다.

중생대의 포유류

최초의 공룡이 출현한 지 얼마 지나지 않아 포유류가 등장했다. 이후 중생대 동안 대부분의 포유류 몸집은 작았으나 몇 가지 예외도 있었다. 중국에서 발견된 몸길이 약 50cm의 중기 쥐라기 수생포유류는 털이 있는 가장 오래된 화석으로 알려져 있다. 다른 하나는 역시 중국에서 발견된 레페노마누스 기간티쿠스(*Repenomamus giganticus*)라는 전기 백악기 포유류로서 몸길이 약 1m, 몸무게 12~14kg이었는데, 뱃속에서 새끼공룡이 발견되었다. 다른 대부분의 중생대 포유류들은 쥐만한 크기였고 신생대에 비해서 다양성은 매우 작았다. 포유류의 특징뿐만 아니라 아직 파충류의 특징도 가지고 있는 것들이 있었는데, 예를 들어 트라이아스기의 삼추치류(triconodonts)는 전형적인 포유류와 같이 분화된 이빨을 가지고 있으면서도 파충류와 포유류의 턱 관절 특징을 공유하고 있다. 즉, 일부 포유류의 특징은 다른 특징들보다 일찍 나타났다(7장의 모자이크 진화 개념 참조).

초기의 포유류는 독특한 두 종류로 분화되었다. 한 종류는 삼추치류를 포함하며(그림 15.16) 호주 지역에 분포하는 알을 낳는 **단공류**(monotreme)인 바늘두더지와 오리너구리가 후손으로 추정된다. 또 다른 종류는 주머니를 가진 **유대류**(marsupial mammal)와 **태반류**(placental mammal), 태반류의 조상인 유판토테레(eupantothere)를 포함한다(그림 15.16).

단공류의 역사는 확실하지는 않지만 일부 중생대의 동물화석들이 유대류와 태반류의 진화에 단서를 제공한다. 유대류와 태반 포유류의 분화는 백악기 초에 공통의 조상으로부터 일어났다.

8. 중생대의 기후와 고생물지리

트라이아스기 후반에 판게아의 분열이 시작되었으나 중생대 대부분의 시간 동안 여러 대륙들은 서로 인접해

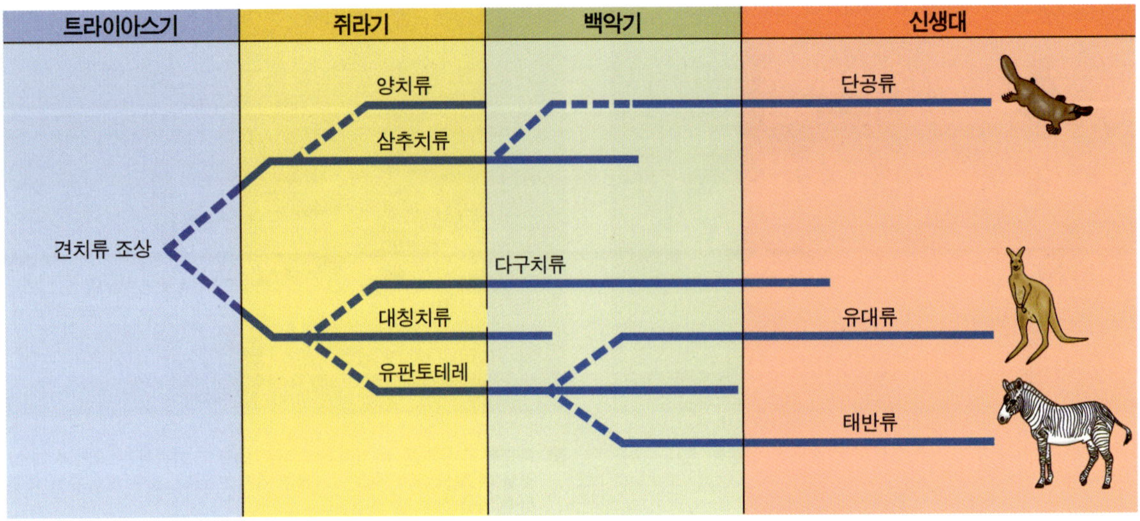

그림 15.16 초기 포유류와 후손 관계 포유류의 진화는 크게 두 가지로 갈라져 진행되었다. 하나는 알을 낳는 단공류이고, 다른 하나는 유대류, 태반류이다.

있었다. 그러나 기후가 생물의 넓은 확산을 저해하는 요인으로 작용하기 때문에 대륙의 인접성만으로 중생대의 생물지리 분포를 설명하기에는 무리가 있다. 중생대 동안의 기후는 현재와 같이 남북의 차이가 크지 않고 다소 고른 상황이었다. 중생대의 식물과 동물들은 지리적으로 매우 넓은 범위를 차지할 수 있는 기회를 가졌다.

판게아는 대부분의 트라이아스기 동안 초대륙으로 유지되었다(그림 14.1a). 현재의 미국 남서부와 같은 일부 지역은 건조했지만, 트라이아스기의 기후는 난대부터 열대까지 넓은 분포를 보인다. 포근한 온도가 북위 또는 남위 50° 지역까지 확장되었고 심지어 극지방도 온난한 기후였을 것으로 생각된다. 그래서 동물은 거의 전 지구적으로 분포하였다. 어떤 공룡들은 로라시아에서 곤드와나까지 광범위한 지역에 걸쳐 분포하였고 독특한 형태의 날도마뱀류는 뉴저지와 영국 지방에 살았다. 파충류에 속하는 식룡류(phytosaur)는 북아메리카, 유럽, 마다가스카르에 살았다.

쥐라기 후반에 로라시아는 북대서양이 열리면서 부분적으로 분리되었으나 여전히 연결되어 있었다. 남대서양이 열리기 시작하자 아프리카 남부와 남아메리카가 분리되어 바다가 형성되었다. 이런 일이 일어나지 않았다면 남반구 대륙들은 아직도 가까이 모여 있을 것이다.

트라이아스기의 온화한 기후는 쥐라기까지 지속되었다. 현재는 동남아시아의 열대지방에서만 살고 있는 나뭇고사리류가 남위 63도, 북위 75도 지역까지 분포했었고, 공룡은 로라시아와 곤드와나에 널리 분포하였다. 거대한 용각류인 브라키오사우루스가 북아메리카 서부와 아프리카 동부에서 발견되는 것이 그 좋은 예이다. 검룡류와 일부 육식공룡은 로라시아 전역과 아프리카에 살았다.

백악기 후반에 북대서양이 더 갈라지고 아프리카와 남아메리카가 완전히 분리되었다(그림 14.1c). 남아메리카는 신생대 후기까지 섬으로 존재했기 때문에 동물군은 다른 대륙의 동물군과 큰 차이를 보인다(18장 참조). 유대류는 남극대륙을 거쳐 남아메리카에서 호주로 확산되었으나 결국 남아메리카 유대류와의 연관성은 단절되었다. 박쥐와 약간의 설치류를 제외한 태반류는 호주까지 도착하지 못했기 때문에 오늘날에도 호주에서는 유대류가 계속 번성하고 있다.

백악기의 기후는 위도에 따라 확연히 구획되었으나 백악기 말까지 비교적 따뜻하고 고르게 유지되었다. 백악기 이후에는 계절별로 기후가 더욱 뚜렷하게 구분되고 서늘해졌는데 이러한 경향은 신생대까지 계속되었다. 화석을 통해 특히 로라시아의 여러 지역들 사이에는 여전히 공룡과 포유류의 교류가 가능했음을 알 수 있다.

9. 생물 역사의 위기, 대량멸종

화석이 매우 드물기 때문에 선캄브리아 시대 동안에 대량멸종이 있었는지는 알 수 없다. 그러나 현생누대 동안 지구의 생물 다양성을 급격하게 감소시킨 최소한 다섯 번의 대량멸종과 작은 규모의 멸종이 일어났다(그림 12.16). 가장 규모가 컸던 대량멸종은 고생대 말에 일어났는데 여기서는 중생대 말의 대량멸종에 대해 살펴보자. 중생대 말의 대량멸종은 공룡과 공룡의 친척들을 절멸시켰기 때문에 다른 대량멸종 사건들에 비해 더 주목을 받는다. 이 시기의 대량멸종은 암모나이트, 이매패의 루디스트, 일부 부유성 생물들을 포함하는 몇 가지 해양 무척추동물에게도 엄청난 충격이었다. 중생대 대량멸종을 설명하는 여러 가설들이 제기되었지만 대부분은 개연성이 낮거나 입수된 자료들과 일치하지 않아서 받아들여지지 않았다. 그러나 1980년에 발표된 제안은 널리 지지를 받고 있다. 이탈리아의 백악기와 고제3기 경계에 있는 2.5cm 두께의 점토층에서는 백금족 원소인 이리듐의 농도가 현저하게 높게 나타난다. 백악기와 고제3기의 경계가 노출된 다른 많은 지점에서도 이리듐 농도가 높게 나타났다(그림 15.17a).

이리듐 이상(iridium anomaly)은 이리듐이 지각의 암석에서는 매우 드물지만 일부 운석에서는 높은 농도를 보인다는 것이다. 그래서 어떤 학자들은 이 이리듐 이상을 설명하기 위해 운석 충돌을 제안하면서 그 운석의 지름은 약 10km였고 이 운석 충돌의 연쇄반응이 대량멸종을 일으켰다는 가정을 하였다. 일부 백악기와 고제3기의 경계부 지점에서 발견되는 그을음이나 충격 변성된 석영 입자들도 충돌의 증거로 언급된다.

운석 충돌설에 의하면 운석 질량의 60배에 달하는 지각 물질이 대기 중으로 분출되었으며, 충돌시 발생한 열에 의해 산불이 강하게 번져 그을음과 같은 작은 입자들이 추가적으로 대기에 유입되었다. 몇 달 동안 태양빛이 차단되어 일시적으로 광합성 활동이 정지되었다. 이로 인해 먹이사슬이 붕괴되고 멸종으로 이어졌다는 설명이다. 또한 태양빛이 현저히 감소하고 지구의 표면 온도가 급격하게 하강하여 생물들에게는 치명적인 압박으로 작용하였다. 또 다른 운석 충돌의 결과는 증발된 암석과 대기 중의 기체가 반응하여 황산(H_2SO_4)

a 뉴멕시코 레이튼 분지의 이리듐이 농축된 백악기–고제3기 경계의 점토층(흰색층) 근접 사진

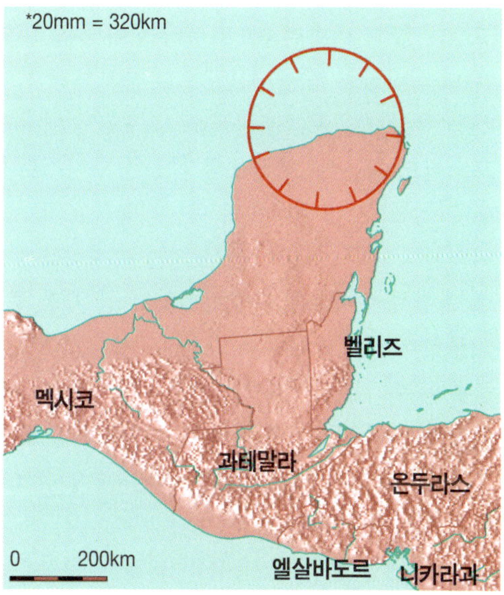

b 멕시코 유카탄반도의 칙슬루브에 중심을 둔 운석 충돌구로 제안된 지점

그림 15.17 **중생대 멸종의 끝**

과 질산(HNO_3)이 만들어졌다는 것이다. 이 두 물질은 강한 산성비를 만드는 데 기여하여 식생과 해양생물들에게 파괴적인 영향을 미쳤을 것이다.

오늘날 멕시코 유카탄 반도의 칙슬루브(Chicxulub) 마을을 중심으로 한 지점을 당시의 운석 충돌 장소로 지목하는 지질학자들도 있다(그림 15.17b). 직경 170km의 이 충돌 구조는 퇴적층 아래에 있으며 지질시대도 일치한다. 칙슬루브에 있는 충돌 구조가 충돌 분화구라는 결론을 뒷받침하는 증거로는 충격 변성된 석영, 거대한 파도에 의해 쌓인 퇴적물, 충돌 시 녹아서 대기 중으로 비산되었다가 떨어진 작은 암석 조각인 텍타이트 등이 있다.

실제로 운석이 지구를 강타했다고 하더라도 그 결과로 이런 대량멸종이 일어났다고 단정할 수 있을까? 만일 그렇다면 육상과 해양에서 동시에 멸종이 일어나야 할 것이다. 그러나 현재까지 육상과 해양에서의 멸종 시기는 정확하게 일치하지는 않는다. 따라서 멸종의 선택적 특성 또한 문제이다. 육상의 영역에서 대형 동물들은 대부분 멸종의 영향을 받았는데 모든 공룡이 거대하지는 않았고, 공룡의 가까운 친척뻘인 악어는 일부 종을 제외하고 살아남았다. 어떤 고생물학자들은 공룡, 일부 해양 무척추동물, 다양한 식물들이 쇠퇴하고 있었으며 백악기 말 이전에 이미 멸종의 길에 접어들었다고 생각한다. 운석 충돌은 단지 멸종의 과정을 앞당긴 것일 수도 있다.

결국 중생대의 대량멸종은 모두를 만족시킬 만큼 설명되지 못했다. 대부분의 지질학자들은 대형 운석 충돌이 일어났다는 것을 인정하면서도 오늘날의 인도에서 대규모의 용암 분출이 있었다는 사실도 알고 있다. 아마도 이 두 가지 현상에 의해 대기는 유해한 성분으로 바뀌었을 것이다. 백악기 말엽에는 대륙의 광범위한 지역을 덮고 있던 넓고 얕은 바다가 물러났으며, 중생대의 온화하고 고른 기후도 점점 혹독해지고 계절 변화가 심해졌다. 그럼에도 불구하고 멸종은 선택적이었고 한 가지 설명으로 생명 역사의 위기를 모두 밝힐 수는 없다.

요약

표 15.3은 중생대의 주요한 진화 사건과 기후 변화를 요약한 것이다.

- 고생대 말의 대량멸종으로부터 살아남은 무척추동물들은 더욱 다양한 해양 생물군으로 분화하였다.
- 가장 풍부했던 무척추동물은 두족류 중에서도 특히 암모노이드, 유공충, 생물초를 형성한 루디스트 등이었다.
- 트라이아스기와 쥐라기의 육상식물군은 양치식물과 겉씨식물로 이루어졌다. 꽃이 피는 속씨식물은 백악기 초에 출현하여 빠르게 다양화되었고 곧 가장 풍부한 육상식물로 자리를 잡았다.
- 공룡은 후기 트라이아스기에 작은 이족보행 조룡류로부터 진화하여 쥐라기와 백악기 동안에 가장 번성하였다.
- 모든 공룡은 공통의 조상에서 진화했으나 조반목과 용반목으로 양분된다.
- 공룡이 온혈 동물이었음을 증명하는 특징은 골격구조, 포식-피식 관계 등이 있다. 아직 정설로 인정된 것은 아니지만, 많은 고생물학자들이 일부 공룡은 실제로 온혈동물이었을 것으로 추측하고 있다.
- 깃털을 가지고 있었다는 점 때문에 일부 수각류는 온혈동물이었으며 조류로의 진화에 대한 증거를 제공한다.
- 최초의 비행 척추동물인 익룡은 참새만한 크기부터 거대한 크기까지 다양했다. 큰 익룡들은 공중에 떠 있기 위해 활공에 의존했던 반면 작은 익룡들은 날갯짓을 했다. 최소한 한 종은 털 또는 털처럼 생긴 깃털을 가지고 있었다.
- 물고기를 잡아먹고 돌고래처럼 생긴 어룡은 수중 생활에 완벽히 적응했으나 노처럼 생긴 다리를 가진 수장룡은 산란을 위해 육지로 나왔을 가능성이 크다. 모사사우루스로 알려진 해양 파충류는 도마뱀과 유연관계가 가장 가까운 생물이었다.
- 거북과 도마뱀은 중생대 대부분의 시간 동안 존재했으며, 악어는 쥐라기 동안 담수생태계를 지배하였다. 백악

표 15.3
중생대의 주요 진화 및 기후적 사건들

연대(100만 년)	지질시대	무척추동물	척추동물	식물	기후
66–146	백악기	백악기 말 암모나이트, 루디스트, 대부분의 부유성 유공충의 멸종 암모나이트와 벨렘나이트류의 지속적인 번성 루디스트가 주요 생물초 구성 요소가 됨	공룡, 나는 파충류, 해양 파충류, 일부 해양 무척추동물의 멸종 대반류, 유대류 포유류의 다양화	속씨식물의 진화 및 급속한 다양화 양치식물과 겉씨식물 혼했으나 덜 풍부하고 다양함	백악기 말 기후는 더 서늘해지고 계절적으로 변함 기후의 남북 구획화가 뚜렷해졌으나 여전히 고른 기후
146–200	쥐라기	암모나이트와 벨렘나이트류의 다양성 증가 육방산호류 흔함 루디스트의 등장	공룡류의 아주 많은 다양성 최초의 조류 등장 (후기 트라이아스기에 진화했을 가능성 있음) 대형 용각류의 번성	양치식물과 겉씨식물만 존재	트라이아스기와 대동소이 현재 열대지방에 국한된 후손을 가지는 양치식물들은 당시 고위도지방에 서식하여 온난한 기후 지시
200–251	트라이아스기	페름기 대량멸종에서 살아남은 무척추동물들의 바다 재정복 이매패류와 성게류의 내생성 지위 확장	견치류 멸종 견치류로부터 포유류 진화 조룡류에서 공룡으로의 진화 나는 파충류와 해양 파충류의 등장	육상의 양치식물과 겉씨식물의 식물군은 고생대 후반과 유사	난대에서 열대 기후에 해당 고위도까지 온화한 기온분포 확대; 극지방도 온난했을 것 국지적으로 건조

기 무렵 도마뱀으로부터 뱀이 진화했다.

- 가장 오래된 새인 쥐라기의 시조새는 수각류의 특징을 많이 갖고 있어서 대부분의 고생물학자들은 수각류와 새가 매우 가까운 유연관계를 보이는 것으로 생각한다.
- 후기 트라이아스기에 등장한 포유류는 그들의 조상인 견치류와 크게 다르지 않았다. 아래턱, 이빨, 중이에는 약간의 차이가 있다.
- 중생대에는 몇 가지 종류의 포유류가 있었으나 크기가 작았고 다양성이 떨어졌다. 유대류와 태반류는 백악기에 유판토테레(eupantothere)라는 그룹으로부터 진화하였다.
- 중생대 동안 대륙들은 서로 인접해 있었고 기후가 온화했기 때문에 식물과 동물들은 현재와 비교하여 더 넓은 지리적 범위를 차지하고 있었다.
- 공룡, 비행 파충류, 해양 파충류와 일부 해양 무척추동물들이 중생대 대량멸종의 희생자가 되었다. 거대한 운석 충돌이 멸종을 초래했다고 생각되는데 일부 고생물학자들은 다른 요인들 또한 중요하다고 주장한다.

주요 용어

견치류(cynodont)
공룡(dinosaur)
냉혈(변온)동물(ectotherm)
단공류(monotreme)
모사사우루스(mosasaur)
사족보행(quadrupedal)
속씨식물(angiosperm)
수궁류(therapsid)
수장룡(plesiosaur)
시조새(*Archaeopterix*)
어룡(ichthyosaur)
온혈(항온)동물(endotherm)
용반목(Saurischida)
유대류(marsupial mammal)
이리듐 이상(iridium anomaly)
이족보행(bipedal)
익룡(pterosaur)
조룡류(archosaur)
조반목(Orhithischida)
태반포유류(placental mammal)

복습 문제

1. 속씨식물로 알려져 있는 생물 집단은 모든 ____를 포함한다.
   a. ____ 현화식물, b. ____ 공룡의 조상, c. ____ 부유성 이매패류, d. ____ 포유류형 파충류, e. ____ 이족보행 냉혈동물
2. 새의 골반처럼 생긴 골반을 가진 모든 공룡은 ____목에 속한다.
   a. ____ 수궁목, b. ____ 육기강, c. ____ 익룡목, d. ____ 조반목, e. ____ 각룡목
3. 포유류의 중이골은 포유류형 파충류의 이 뼈들로부터 진화하였다.
   a. ____ 구개골과 서골, b. ____ 관절뼈와 방형골, c. ____ 전두엽과 두정부, d. ____ 치골과 모루뼈, e. ____ 경골과 비골
4. 다음 중 중생대 해양 파충류인 것은?
   a. ____ 경골어류, b. ____ 수장룡, c. ____ 익룡, d. ____ 견치류, e. ____ 단공류
5. 다음 중 맞는 말은?
   a. ____ 최초의 비행 파충류는 판피어류이다. b. ____ 어룡은 지금의 주머니쥐를 닮았다. c. ____ 최초의 포유류는 백악기에 등장했다. d. ____ 루디스트는 중요한 중생대 생물초를 형성하는 동물이었다. e. ____ 대부분의 트라이아스기 식물들은 현화식물이었다.
6. 날개를 지지하기 위하여 손가락이 길어져 손의 구조가 변형된 것은
   a. ____ 새, b. ____ 곤충, c. ____ 수각류, d. ____ 박쥐, e. ____ 익룡
7. 빠른 진화와 유영성 생활방식 때문에 표준화석으로 좋은 집단은?
   a. ____ 양서류, b. ____ 두족류, c. ____ 땅을 파는 지렁이, d. ____ 조반류, e. ____ 이매패류
8. 중생대에 흔했으며 지금은 따뜻한 바다의 주요 1차 생산자인 것은 무엇인가?
   a. ____ 암모나이트류, b. ____ 앵무조개류, c. ____ 초형류, d. ____ 쌍편모충류, e. ____ 루디스트
9. 수각류란?
   a. ____ 긴 목을 가진 해양 파충류, b. ____ 알을 낳는 포유류, ____ c. 이족보행을 하는 육식공룡, d. ____ 돔형의 머리를 가진 초식 포유류, e. ____ 비행 파충류
10. 유판토테레(eupantothere)란?
    a. ____ 태반류와 유대류의 공통 조상, b. ____ 가장 돌고래에 가깝게 생긴 어룡, c. ____ 가장 큰 용각류, d. ____ 날 수 있었던 최초의 척추동물, e. ____ 가장 다양했던 쌍자엽 겉씨식물
11. 포유류형 파충류에서 포유류로 진화하는 과정에서 턱과 중이에 어떤 일이 일어났는가? 포유류형 파충류와 포유류가 가깝게 연관되어 있음을 지시하는 다른 특징은 무엇인가?
12. 깃털이 달린 공룡도 발견되었는데, 왜 시조새(*Archaeopterix*)를 새로 분류하는가?
13. 대륙의 위치와 기후가 중생대 동식물의 지리적 분포에 어떤 영향을 미쳤는지 설명해 보시오.
14. 많은 지질학자들이 중생대 말에 운석 충돌이 있었다고 믿는 증거를 요약해 보시오.

15. 포유류의 주요 세 분류군은 무엇이며 서로 어떻게 다른가?
16. 익룡이 날 수 있도록 변형된 구조를 기술하시오.
17. 트라이아스기, 쥐라기, 백악기 동안의 주요 식물군은? 오늘날 어떤 식물군이 가장 우세하고 어떤 점에서 성공적이었는가?
18. 공룡의 두 가지 큰 집단은 무엇이며 그들은 서로 어떻게 다른가?
19. 몇몇 공룡이 온혈 동물이었다고 생각되는 근거는 무엇인가?
20. 중생대 동안 해양 무척추동물의 전반적인 경향을 짧게 요약하시오.

응용 문제

1. 고등학교 과학시간에, 한 학생이 어룡과 돌고래가 비슷해 보인다는 것을 발견하고 어룡이 돌고래의 조상일 것이라고 가정했다. 그 여학생은 돌고래와 어룡은 형태가 비슷하고, 둘 다 해양 포식자들이며, 돌고래 이전에 어룡이 살았으므로 이 두 동물 사이에 관련이 있을 것이라고 추론했다. 이 학생의 결론을 지지할 수 있는 증거가 없음을 어떻게 설명할 수 있나?(단서, 7장의 토의 부분, 18장에서 고래에 관한 토의 부분 참조).
2. 삼엽충과 완족동물 화석이 있는 50° 경사의 석회암 위에 화산재 층이 퇴적되어 있고, 그 위에 공룡 화석이 있는 15° 경사의 사암층이 놓여 있다. 현무암 암맥이 이 모든 지층을 끊고 있다. 사건들이 일어난 순서를 해석하시오. 이렇게 해석하는 데 있어서 어떤 기초 원리를 적용했는가? 이 사건들의 절대연령을 결정할 수 있는가? 그렇다면 설명하시오.
3. 조류, 용반류, 조반류, 포유류, 견치류의 관계를 보여 주는 분기도를 작성하시오(단서, 그림 15.7, 15.20 참조).
4. 현행 악어는 포유류와 같이 매우 잘 발달된 2차 구개골과 2심방 2심실의 심장을 가지고 있다. 그런데 악어는 왜 포유류가 아닌 파충류로 분류될까?

CHAPTER 16

신생대의 지구 역사: 고제3기와 신제3기

사우스다코타 주의 배들랜즈 국립공원에 분포하는 화이트리버층군에서 올리고세의 브륄르층은 대부분이 하도와 범람원에서 퇴적되었다. 이 암석들과 하드론층 아래에 있는 층들은 세계에서 가장 완전한 포유류 화석의 천이를 보여 준다. 날카롭게 각진 비탈면과 산등성이 그리고 많은 협곡들은 전형적인 악지 지형임을 인식하라.

[개 요]

[단원 목표]

이 장을 학습한 후에 우리는 다음 사항을 이해한다.

- 지질학자들은 6,600만 년 동안의 신생대를 고제3기와 신제3기로 나누며 각각의 기는 여러 세들로 세분한다.
- 판게아의 분열은 트라이아스기부터 시작되어 현재까지 계속되고 있고, 현재의 육지와 바다의 분포를 이루게 하였다.
- 신생대의 조산운동은 2개의 지역에 집중되어 있는데, 하나는 태평양 분지를 거의 둥글게 둘러싸고 있고, 다른 것은 지중해 분지와 동남아시아로 이어지는 동서 방향을 갖는다.
- 후기 백악기부터 에오세까지 지속된 라라미드 조산운동에 의해서 알래스카부터 멕시코까지 뻗어 있는 북아메리카 코딜레라 서쪽의 광대한 지역에 변형이 일어났다.
- 라라미드 조산운동 이후, 북아메리카 코딜레라는 화산 활동, 넓은 고원의 융기, 대규모의 지괴단층운동, 그리고 깊은 침식이 일어나면서 계속 발달하였다.
- 대평원 지대는 로키 산맥에서 침식되어 동쪽으로 운반된 많은 양의 퇴적물로 이루어져 있다.
- 섭입대는 판이 확장하는 해령과 충돌하여 산안드레아스와 퀸 샬로트 변환단층을 만들 때까지 북아메리카판의 서쪽 주변부를 따라서 존재하였다.
- 고제3기 동안에 내륙해는 일시적으로 북아메리카 대륙 내부를 덮었다.
- 두꺼운 퇴적물이 멕시코만과 대서양 연안 평원을 따라 퇴적되었다.
- 오늘날 애팔래치아 산맥은 계속된 융기와 침식의 결과이다.
- 고제3기와 신제3기의 암석은 석유, 오일 셰일, 석탄, 인, 금과 같은 광물 자원을 포함한다.

1. 서론

6,600만 년의 신생대는 지질시대의 1.4%에 해당하며 전체 지질시대를 하루라고 한다면 20분 정도에 불과하다(그림 8.1 참조). 따라서 지질시대의 규모로 볼 때 신생대는 비교적 짧은 시간이지만, 다른 기준으로 비교한다면 매우 긴 시간이다. 이 시간은 판들이 위치를 바꾸거나, 산과 지형이 계속적으로 발달하거나, 빙하기가 오거나, 생물군의 진화에 현저한 변화가 일어나기에 충분히 긴 시간이었다. 요약하면, 신생대 중에 시작된 많은 사건들은 현재까지 계속되고 있는데, 계속 진행 중인 그랜드캐니언의 침식과 아시아의 히말라야 산맥과 남아메리카의 안데스 산맥의 지속적인 융기와 침식, 산안드레아스 단층의 기원과 발달, 그리고 캐스케이드 산맥을 이루고 있는 화산들의 기원이 포함된다.

지질학자들은 신생대를 서로 다른 길이의 두 구간으로 구분한다. 고제3기(6,600만~2,300만 년 전)는 팔레오세, 에오세, 올리고세를 포함하고 있고, 신제3기(2,300만 년 전부터 현재까지)는 마이오세, 플라이오세, 플라이스토세, 홀로세 또는 현세를 포함하고 있다. 일부의 지질학자들에 의해 제3기(6,600만~180만 년 전)와 제4기(최근의 180만 년)라는 말이 계속 쓰이고는 있지만, 이 용어들은 더 이상 신생대를 분리하는 용어로 권장되지 않는다(그림 16.1).

신생대의 암석은 가장 최근에 생겼을 뿐더러 지표면에서 접근하기 쉽거나 가깝고 쉽게 찾을 수 있기 때문에, 지질학자들은 지구 역사 중 어떤 부분들보다도 신생대에 대해 잘 알고 있다. 북아메리카의 서쪽에 넓게 드러난 신생대의 퇴적암과 화성암은 대륙 내부에 천해의 존재, 육성 퇴적 환경과 용암류, 그리고 태평양의 북서쪽에서 일어난 대규모의 화산 활동의 존재를 확인시켜 준다(그림 16.2). 북아메리카의 동쪽에는 빙하기의 퇴적물을 제외하고는 신생대 암석의 노출이 제한되어 있지만, 극히 예외적으로 플로리다와 메릴랜드에는 신생대 중기부터 말기까지의 화석을 포함하는 암석이 분포한다.

신생대의 지사를 공부하는 주된 이유는 현재의 육지와 바다의 분포, 기후나 해양의 순환 패턴, 지구에 현존하는 독특한 지형들은 이 시기의 시스템 간 상호 작용들의 결과이기 때문이다. 이 장에서, 우리가 염두에 두어야 할 것은 고제3기와 신제3기(플라이스토세와 홀로세를 제외한)이다. 신제3기의 후반부는 지구 역사에서 몇 개의 빙하가 광범위하게 퍼져 있던 특이한 시대이기 때문에 플라이스토세와 홀로세는 17장에서 다룬다.

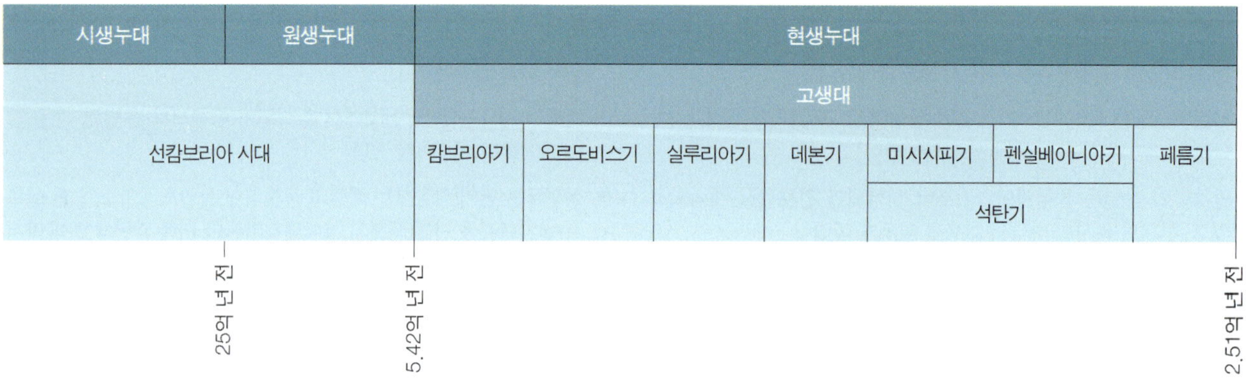

대	기			세	기간, 백만 년 (약)	백만 년 전 (약)
				홀로세/현세	.01	
신생대	제4기	신제3기	제4기	플라이스토세	1.79	1.8
신생대	제3기	신제3기		플라이오세	3.20	5.0
신생대	제3기	신제3기		마이오세	18.0	23
신생대	제3기	고제3기		올리고세	11.0	34
신생대	제3기	고제3기		에오세	22.0	56
신생대	제3기	고제3기		팔레오세	10.0	66

그림 16.1 신생대의 지질 연대표 과거에 제3기와 제4기의 용어가 사용되었지만, 2004년에 열린 층서국제분과위원회에서 고제3기와 신제3기의 사용을 권장하였다. 여기에서 이 권장안을 따른다. 제4기의 지위는 아직 미해결 상태다.

2. 신생대의 판구조론—개관

계속 진행 중인 판게아의 분열과 고생대 말에 존재했던 초대륙은 현재 지구 대륙의 분포를 설명해 준다(그림 14.1). 이동하는 판 또한 생물권에 직접적인 영향을 끼쳤는데 대륙의 지리적인 위치가 대기권과 수권에 깊은 영향을 미쳤기 때문이다. 신생대의 생명의 역사를 조사해 보면, 어떤 중요한 생물학적인 사건들은 대륙 간의 분리와/또는 연결과 깊은 관련이 있다는 것을 알게 될 것이다(18장 참조).

그림 16.3을 보면 남·북아메리카 대륙은 유럽과 아프리카에서 떨어져 나왔고, 대서양 해양 분지가 처음에는 남쪽, 그리고 나중에는 북쪽에서 열렸다는 것을 알 수 있다. 대서양중앙 해령과 동태평양 해령 같이 확장하는 해령은 새로 형성되거나 형성되고 있는 해양 지각을 따라서 만들어졌다. 한편, 태평양의 해양 지각의 나이는 비대칭적인데 그 이유는 동태평양 해역의 분지에 있는 많은 지각들이 서쪽으로 움직이는 남·북아메리카판 밑으로 섭입되었기 때문이다(그림 3.12 참조).

다른 중요한 판구조론적 사건은 인도판이 북쪽으로 이동하여 결국 아시아판과 충돌한 것이다(그림 16.3b). 동시에 아프리카판이 북쪽으로 이동하면서 테티스해는 폐쇄되었고, 현재 인도의 북쪽에서부터 지중해의 동-서 지역에서 구조적 활동이 시작되었다. 이탈리아와 그리스의 화산 폭발과 이탈리아, 터키, 그리스 그리고 파키스탄의 지진 활동은 이 지역에서 계속되는 판들의 상호 작용을 상기시켜 준다.

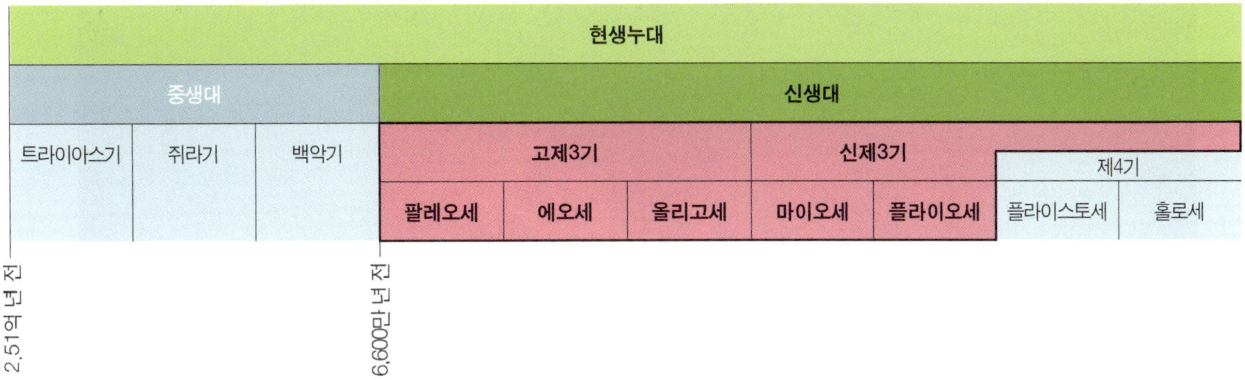

a 몬태나의 팔레오세의 캐넌볼층

b 캘리포니아 체로키 인근의 에오세의 이아온층(밝은 색)과 위에 놓이는 마이오세의 러브조이 현무암

그림 16.2 미국 서부에 분포한 신생대의 퇴적암과 화산암

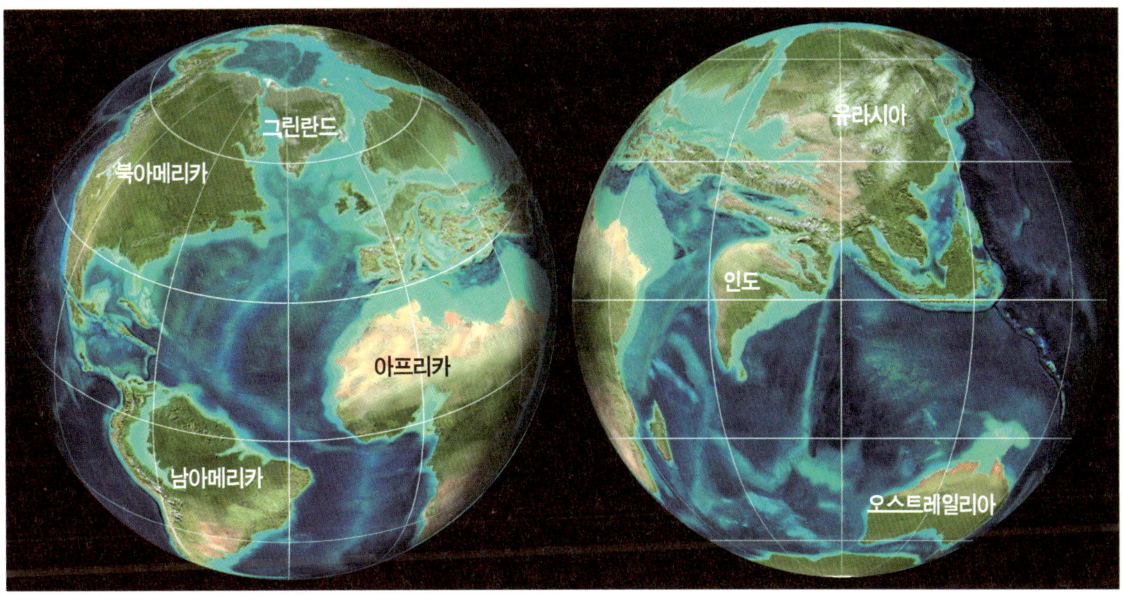

a 에오세

그림 16.3 신생대 세계의 고지리

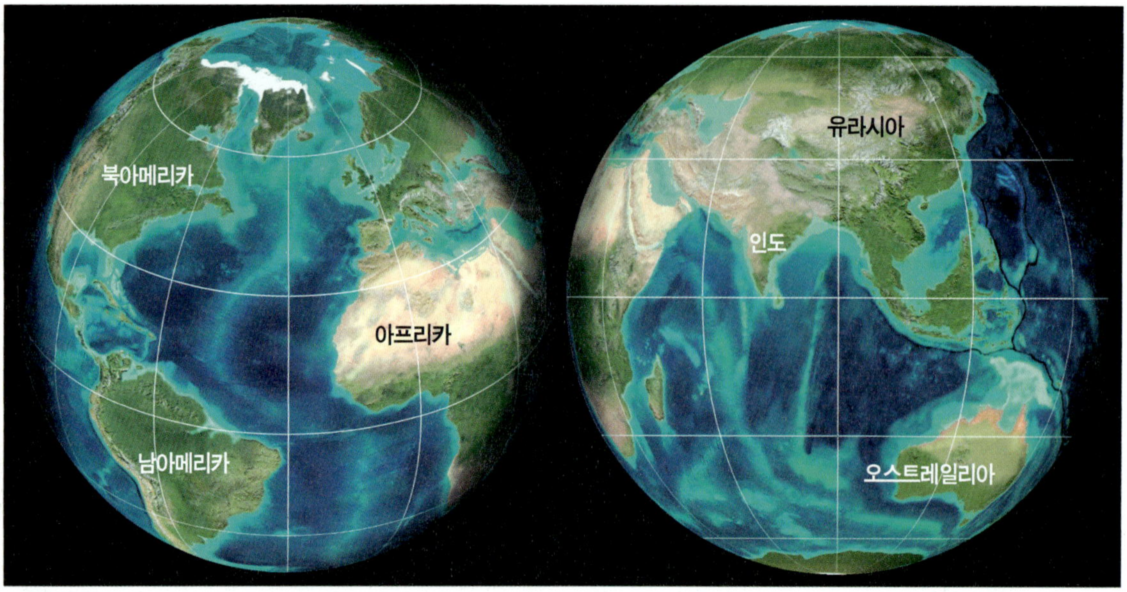

b 마이오세

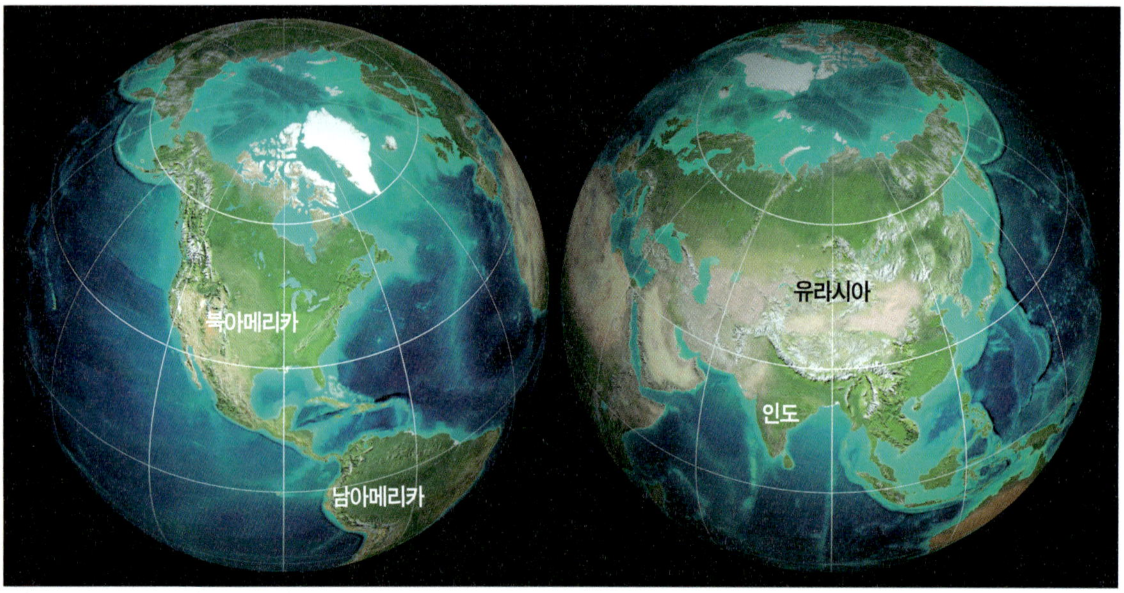

c 현재의 세계

그림 16.3 **신생대 세계의 고지리** (계속)

신제3기의 열곡은 동아프리카, 홍해, 그리고 아덴만에서 시작되었다(그림 3.16 참조). 동아프리카에 있는 열곡은 아직 초기 단계에 있는데, 대륙 지각 밑에서 새로운 해양 지각이 생길만큼 대륙 지각이 충분히 늘어나거나 얇아지지 않았기 때문이다. 그럼에도 불구하고, 이 지역은 지진과 화산 활동이 잦은 지역이다. 홍해에는 열곡과 플라이오세 후기의 해양 지각은 많은 현무암이 분출한 후에 만들어졌고, 아덴만에서는 지각이 마이오세 말에 충분히 늘어나고 얇아져서 상승하는 현무암질 마그마가 새로운 해양 지각을 형성할 수 있었다. 그림 3.16을 보면 아라비아판이 북쪽으로 이동하였으며, 이것 또한 지중해부터 인도를 통해서 일어난 어느 정도

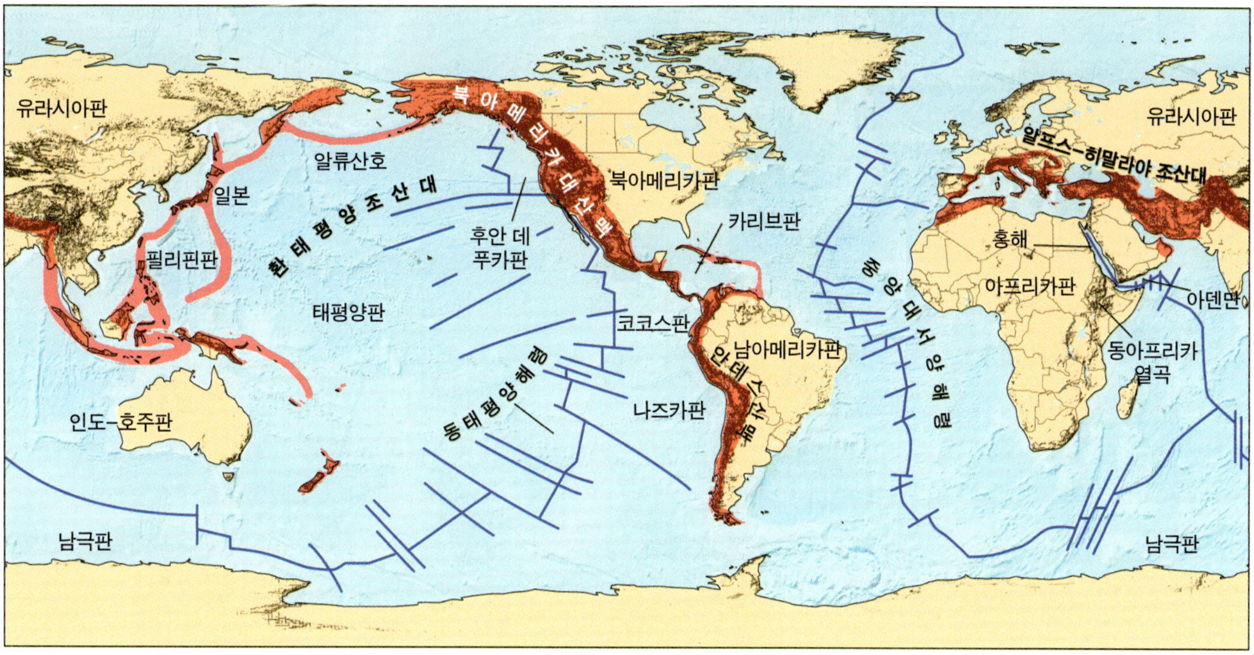

그림 16.4 **오늘날 지구의 조산대** 지질학적으로 말하면 지구의 최근과 현재의 조산활동의 대부분은 환태평양 조산대와 알프스-히말라야 조산대에서 일어난다. 각 조산대는 더 작은 단위의 조산대로 구성되어 있다.

의 변형을 일으키는 원인이 되었다.

한편, 남·북아메리카판은 대서양 해양 분지가 확장되고 있을 때 계속 서쪽으로 이동하였다. 섭입대 경계는 두 대륙의 서쪽 가장자리에 경계를 이루고 있었으나, 북아메리카가 동태평양 융기의 북쪽 확장 쪽으로 이동하면서 상황이 바뀌었고, 후에 더 많이 언급하겠지만, 현재는 변환단층 경계가 있고 여전히 태평양 북서쪽에서 섭입이 계속되고 있다.

3. 신생대의 조산대

조산운동은 가늘고 긴 지역에서 변형이 일어나는 동안 산맥이 만들어지는 사건임을 기억하라. 덧붙여 대부분의 조산운동은 화산 활동, 심성암의 관입, 그리고 지구의 지각이 지역적으로 두꺼워지고 다른 주변 지역보다 높게 위치하면서 생기는 광역변성작용을 포함한다. 신생대의 조산운동은 크게 두 개의 주요한 지역 또는 대에서 일어났다(그림 16.4). 알프스-히말라야 조산대와 환태평양 조산대의 두 지대는 **조산대**(orogen)라고 불리는 각각의 특징적인 작은 부분들로 구성된다.

알프스-히말라야 조산대

알프스-히말라야 조산대(Alpine-Himalayan orogenic belt)는 스페인에서부터 동쪽으로 지중해 지역을 거치고 중동과 인도를 거쳐 남동아시아까지 이어져 있다(그림 16.4). 중생대 동안에 테티스해가 곤드와나 대륙을 유라시아 대륙으로부터 분리시켰다는 사실을 기억하라. 테티스해는 신생대 동안 아프리카판과 인도판이 북쪽의 거대한 대륙과 충돌하면서 폐쇄되었다(그림 16.3). 화산 활동, 지진 활동, 그리고 변형은 알프스 히말라야 조산대가 활동적임을 상기시켜 준다.

알프스 산맥 **알프스 조산운동**(Alpine orogeny)이 진행되는 동안 변형은 스페인에서부터 동쪽으로 그리스와 터키까지 확장된 남부 유럽의 직선상의 지역에서 일어났다. 그와 동시에 아프리카의 북서쪽 주변부에서도 변형이 일어났다(그림 16.4). 이 길고 복잡한 사건의 세부적인 면들은 쉽게 이해되지 않지만 전반적인 그림은 현재 분명해지고 있다.

알프스 산맥의 변형을 일으킨 사건은 중생대부터 시작되었지만, 에오세부터 마이오세 말까지의 변형 또한 중요하다. 유라시아판 가까이에서 아프리카판과 아라비아판은 북쪽으로 이동하여 압축과 변형을 일으켰지만, 전반적인 상황은 몇 개의 조그만 판들이 유럽과의 충돌로 더 복잡해졌다. 이 작은 판들 또한 변형되었으며 지금은 알프스 조산대에 있는 산에서 발견된다.

알프스 조산운동은 프랑스와 스페인 사이에 있는 피레네 산맥과, 이탈리아의 아펜니노 산맥, 그리고 유럽 본토의 알프스 산맥을 만들었다(그림 16.4). 확실하게 판의 충돌로 인한 압축력에 의해 복합적인 충상단층과 나페(nappe)라고 알려진 거대한 역전된 습곡이 생겼다(그림 16.5). 그 결과, 프랑스, 스위스, 오스트리아에 있는 알프스의 지질학은 매우 복잡하다. 판의 수렴은 또한 거의 완전히 고립된 바다를 테티스해의 일부였던 지중해 분지에 만들었다. 마이오세 말의 건조한 기후에서 이 해양 퇴적은 약 2km 두께의 증발퇴적물을 만들었다(6장 '조망' 참조).

아프리카판과 유라시아판 사이의 충돌 또한 아프리카 북서쪽의 아틀라스 산맥이 생성된 이유이고, 더 동쪽에 있는 지중해 분지에서 아프리카판이 그리스와 터키 아래에서 계속해서 해양 암석권을 북쪽으로 이동시켰다. 이탈리아와 그리스의 화산과 이 지역의 지진 활동은 남부 유럽과 중동이 지질학적으로 활동적이라는 것을 나타낸다. 예를 들면, 2005년 리히터 규모 7.6의 지진은 파키스탄에서 86,000명 이상의 사상자를 냈으며, 이탈리아의 베수비우스 화산은 A.D. 79년 폼페이가 사라지고 난 뒤에도 80회나 계속해서 분출을 일으켰고, 가장 최근의 폭발은 1944년에 일어났다.

히말라야 산맥–세계의 지붕 전기 백악기 동안에 인도는 곤드와나 대륙에서 분리되어 북쪽으로 이동하였고, 해양 암석권은 남쪽 아시아의 가장자리에 있는 섭입대에서 소멸되었다(그림 16.6a). 침강하는 판은 부분 용융되어 마그마가 생성된 후, 상승하여 화산 사슬을 만들었고, 지금의 티베트에 있는 거대한 화강암질 심성암을 만들었다. 인도판은 결국 이런 화산들에게 접근하여 아시아 대륙과 충돌할 때 화산들을 제거하였다. 그 결과 두 대륙판은 지금은 **히말라야 조산대**(Himalayan orogeny)라고 불리는 지역을 따라 이어졌다(그림 16.6b).

5,000만~4,000만 년 전 동안에, 인도판의 이동 속도는 15~20cm/년에서 5cm/년으로 급감했다. 대륙 암석권이 섭입될 만큼 충분히 밀도가 크지 않았기 때문에, 이러한 감속은 충돌의 시대와 인도의 섭입에 대한 저항을 나타낸다. 인도판의 낮은 밀도와 섭입에 대한 저항

a 스위스의 인터라켄 부근에서 바라본 알프스의 전경

b 스위스의 뤼션탈의 습곡된 암석

그림 16.5 **알프스–히말라야 조산대의 일부분인 유럽의 알프스**

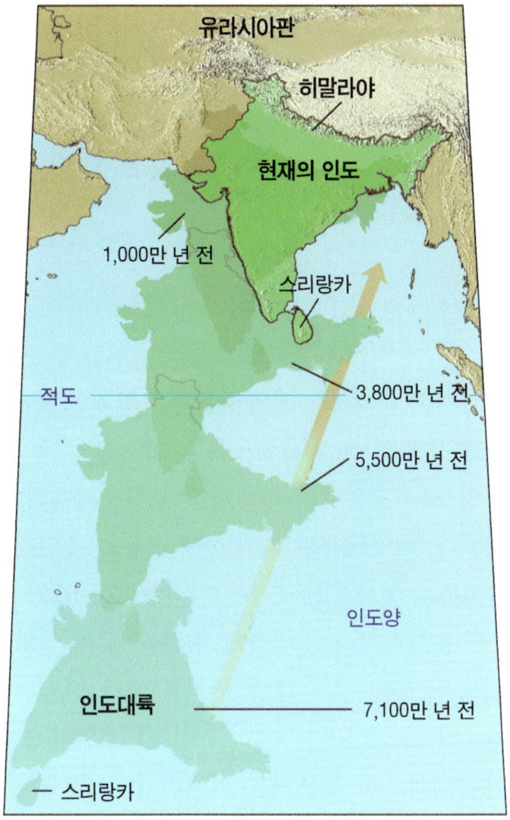

a 인도판의 이동. 인도판은 유라시아판과 충돌할 때까지 수백만 년 동안 북쪽으로 이동하였으며, 그 결과 지각을 두껍게 하고 히말라야를 융기시켰다.

b 카라코람 산맥. 파키스탄 카리마배드에서 보이는 카라코람 산맥은 히말라야 기원이다. 그 지역은 파키스탄, 중국, 인도의 경계에 위치한다.

그림 16.6 **판구조론과 히말라야 조산대**

때문에, 인도판은 아시아의 2,000km 아래에서 충하 충상단층을 이루면서 지각의 두께 증가와 상승을 야기하였는데, 이것은 연간 5cm씩 계속해서 일어나고 있다. 더 나아가서, 아시아의 남쪽 바다 밑에서 형성된 퇴적암들은 북쪽 티베트 쪽으로 밀려올라갔고, 두 개의 커다란 충상난층이 아시아 기원의 고생대와 중생대의 암석을 인도판 위로 운반하였다.

히말라야에서는 화산 활동이 없는데 이는 인도판이 마그마를 만들 만큼 충분히 깊이 들어가지 못했기 때문이다. 그러나 지진 활동은 계속되었다. 실제로, 티베트 고원을 포함하는 전체의 히말라야 지역과 중국은 지진 활동이 활발하다. 2008년 5월 12일 약 70,000명의 사상자가 발생한 중국 쓰촨성 지진은 인도판과 아시아판 사이의 충돌 때문에 일어난 것이었다.

환태평양 조산대

환태평양 조산대(Circum-Pacific orogenic belt)는 아메리카 대륙의 서쪽 주변부와 아시아의 동쪽 주변부, 호주와 뉴질랜드 북섬에 있는 조산대를 포함하고 있다(그림 16.4). 변형과 화성 활동을 수반하는 해양 암석권의 섭입은 서 및 북태평양 조산대의 특징이다. 예를 들면, 일본은 태평양판이 섭입되고 있는 일본 해구가 동쪽의 경계를 이루고 있고, **배호 분지**(back-arc marginal basin)

인 동해는 일본과 아시아 본토 사이에 놓여 있다(그림 16.7). 일부 지질학자들에 의하면 일본은 한때 아시아 대륙의 일부였으나 배호 확장이 일어나면서 분리되었다고 한다. 분리는 백악기 때 일본이 동쪽 태평양판 위로 이동하면서 시작되었고 동해에 해양 지각이 형성되었다. 일본의 지질학은 복합적이며, 변형의 대다수는 신생대 이전에 일어났지만 상당한 변형, 변성작용, 화산작용은 신생대 때부터 시작되어 지금까지 계속되고 있다.

태평양의 북쪽 지역에서는, 알류샨 해구에서 태평양판의 분지 섭입은 그 지역의 구조 운동을 설명한다. 알래스카의 80개 정도의 폭발 가능성이 있는 화산들 중 적어도 반은 1760년 이후에 분출하였고, 당연한 일이지만 지진 활동은 현재 계속되고 있다.

태평양 동쪽에서, 코코스판과 나즈카판은 동태평양 해령에서부터 동쪽으로 이동하여 중앙아메리카와 남아메리카의 서쪽 해안을 따라서 위치한 섭입대에서 소멸되었다(그림 16.3). 화산 활동과 지진 활동은 중앙아메리카와 남아메리카의 조산대들이 활동적이라는 것을 보여 준다. 남아메리카에서 구조적 활동 징후 중의 하나는 6,000m보다 높은 49개 이상의 봉우리를 갖는 안데스 산맥이다. 안데스 산맥이 형성되고, 중생대-신생대 판의 수렴으로 인해 퇴적암들이 변형되고, 융기되고 거대한 화강암질 심성암이 관입되어 지각 두께가 증가되면서 안데스 산맥 형성이 계속 되었다(그림 16.8).

4. 북아메리카의 코딜레라

북아메리카 서쪽에 위치하는 산악지형의 복합체인 **북아메리카 코딜레라 산맥**(North American Cordillera)은 알래스카에서 중앙 멕시코까지의 환태평양 조산대의 넓은 부분을 차지한다. 미국에서는 로키 산맥의 동쪽 측면에서부터 태평양까지 동서 1,200km에 달한다(그림 16.9).

북아메리카 코딜레라의 지질학적 진화는 많은 양의 퇴적물이 서쪽을 향해 있는 대륙 분지를 따라 퇴적된 신원생대 때부터 시작되었다(그림 9.7 참조). 퇴적은 고생대까지 계속되었으며 데본기를 거치면서 그 지역의 일부가 안틀러 조산운동에 의해 변형되었다(11장 참조). 코딜레라 조산운동으로 알려져 있고 오랫동안 지속된 이 변형은 후기 쥐라기부터 네바다, 시비어 그리고 라라미드 조산운동이 서쪽에서 동쪽까지 계속해서 영향을 미치면서 시작되었다(그림 14.11 참조). 앞의 두 조산운동에 대해서는 14장에서 다루었다. 백악기 후반부터 에오세까지 진행된 라라미드 조산운동은 다음 절에서 다룰 것이다.

라라미드 이후에 변형은 에오세 동안에 끝났으며, 북아메리카 코딜레라의 많은 부분이 대규모의 단층 지괴운동, 대규모의 화산 활동, 그리고 수직적 융기와 깊은 침식을 겪으면서 발달을 계속하였다. 뿐만 아니라 신생대의 전반 동안에 섭입대는 코딜레라의 서쪽 주변부를 따라서 존재했지만, 지

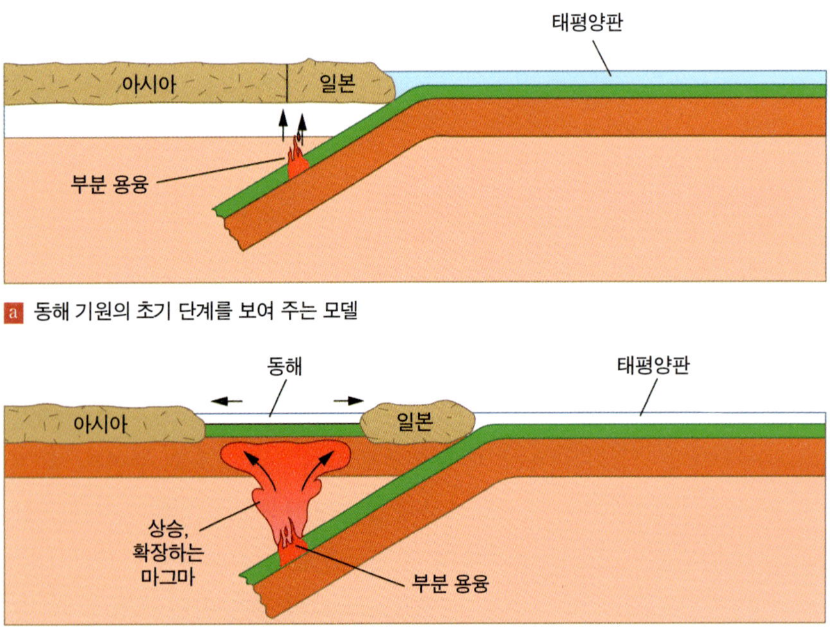

a 동해 기원의 초기 단계를 보여 주는 모델

b 배호 분지에서 동해가 발달된 단계

그림 16.7 **배호 확장과 동해**

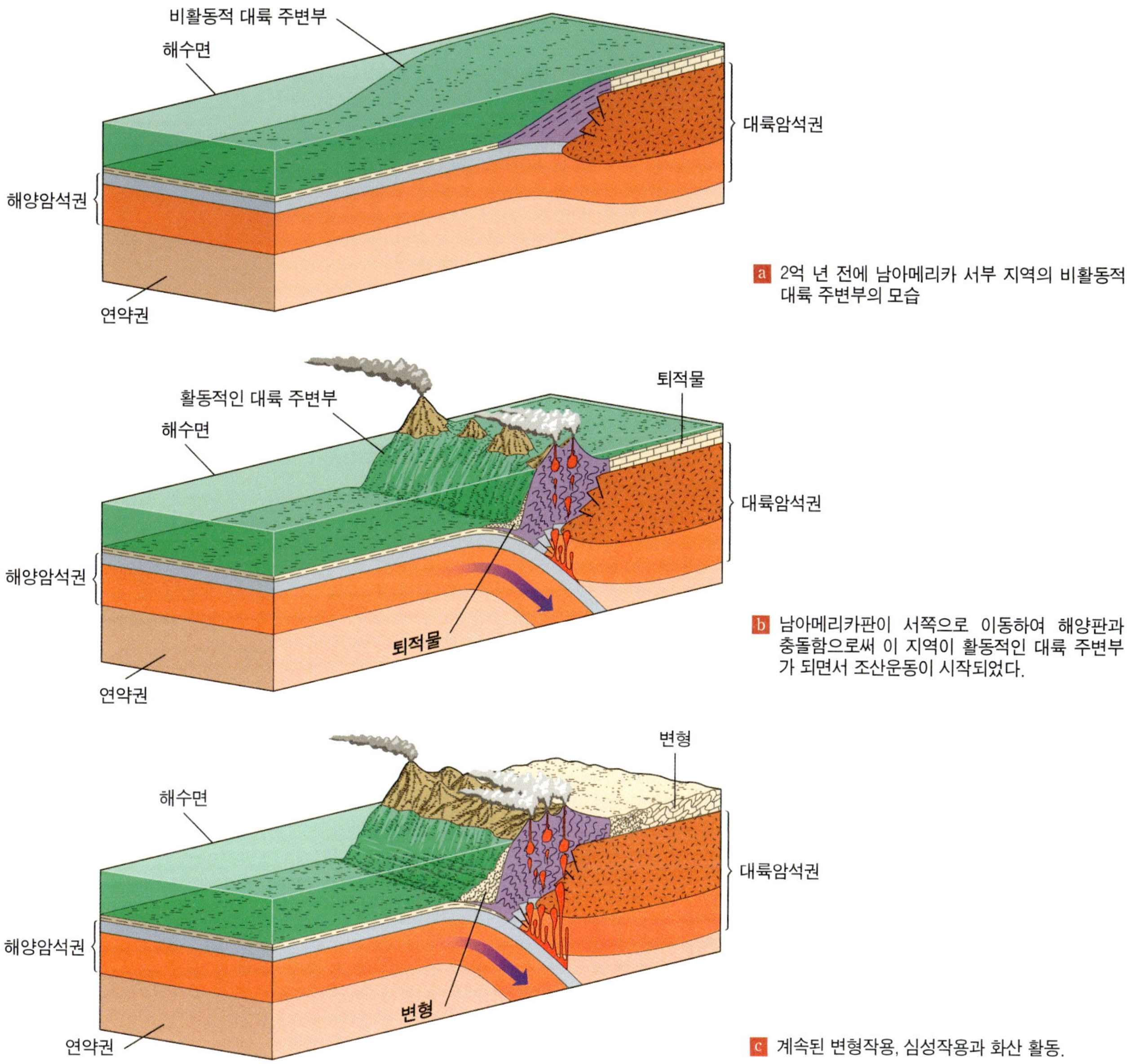

그림 16.8 남아메리카의 안데스 산맥

금은 대부분 변환단층으로 판 경계를 이룬다. 지진 활동과 화산 활동은 판의 상호 작용이 코딜레라에, 특히 서쪽 주변부 근처에서 계속된다는 것을 나타낸다.

라라미드 조산운동

이미 앞에서 **라라미드 조산운동**(Laramide orogeny)이 후기 쥐라기 동안에 코딜레라가 형성될 때 일어난 변형의 세 번째 사건임을 언급했다. 한편, 이 조산운동은 후기 백악기부터 에오세 사이에 일어났으며, 이전의 조산운동과 다른 중요한 차이들이 있다. 첫째, 이것은 수렴경계에서 멀리 떨어진 내륙에서 발생했으며, 화산 활동과 심성암의 관입이 거의 없었다. 또한, 변형은 대부분의 조산운동에서 일어나는 압축으로 인한 습곡과 충상단층의 형태를 띠기보다는 대부분 수직의 융기와 단층에 의한 융기의 형태를 띠었다. 이런 차이를 설명하기 위해, 지질학자들은 수렴경계에서 일어나는 조산운동에 대한 모델을 수정하였다. 앞선 네바다 조산운동과 시비

그림 16.9 **미국과 캐나다에서 북아메리카 코딜레라와 주요 지질구**

어 조산운동(Sevier orogeny) 동안에 파랄론판은 북아메리카의 서쪽 주변부를 따라 50°의 각도로 섭입되었다. 화산 활동과 심성 활동은 해구에서 150km~200km 떨어진 내륙에서 일어났으며, 대륙 주변부의 퇴적물들은 압축되고 변형되었다. 대부분의 지질학자들은 후기 백악기와 전기 고제3기 동안에 파랄론판이 거의 수평하

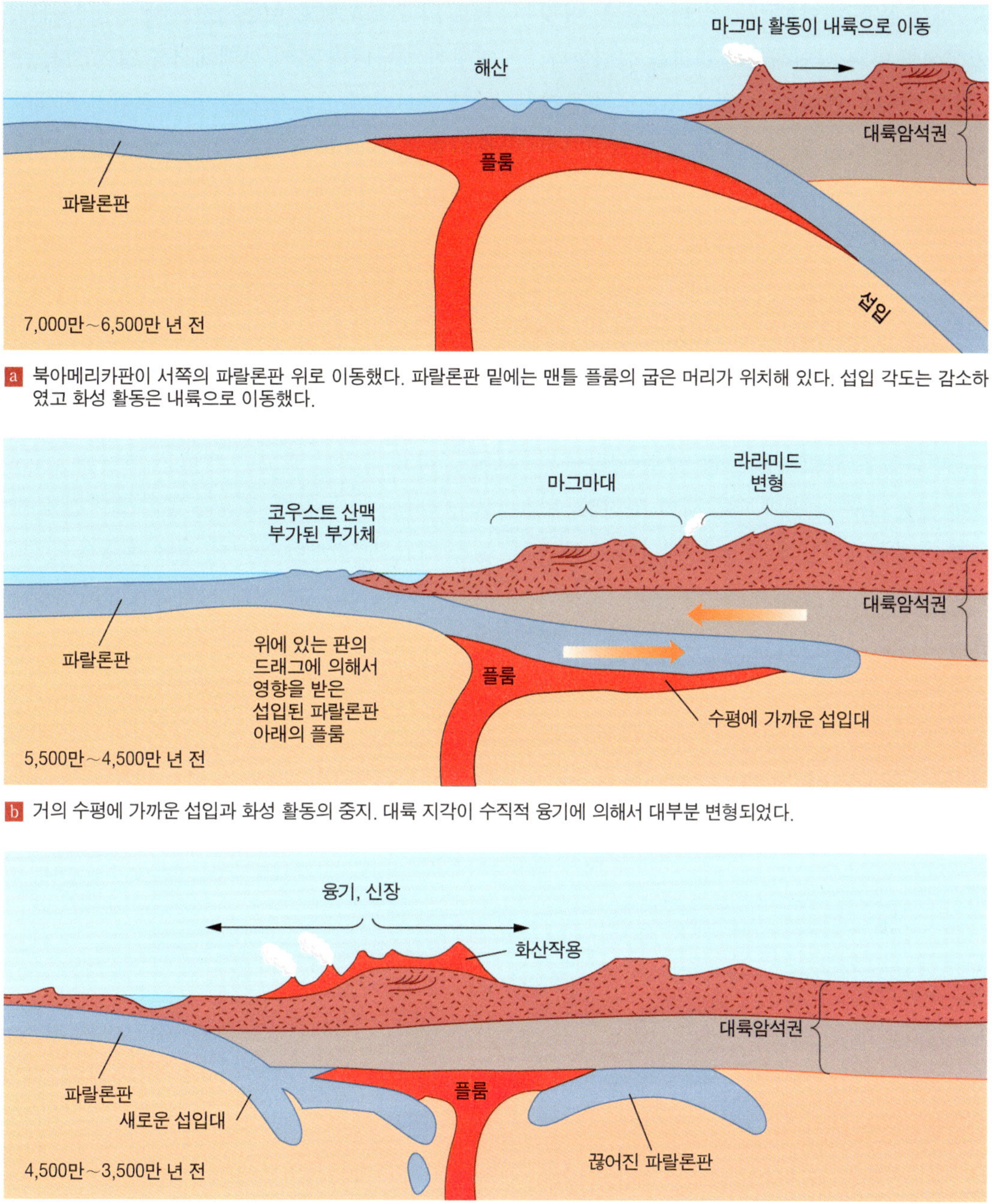

a 북아메리카판이 서쪽의 파랄론판 위로 이동했다. 파랄론판 밑에는 맨틀 플룸의 굽은 머리가 위치해 있다. 섭입 각도는 감소하였고 화성 활동은 내륙으로 이동했다.

b 거의 수평에 가까운 섭입과 화성 활동의 중지. 대륙 지각이 수직적 융기에 의해서 대부분 변형되었다.

c 맨틀 플룸에 의한 해양판의 분열. 새로운 화성 활동을 시작하게 하였다.

그림 16.10 **라라미드 조산운동** 후기 백악기에서 에오세에 걸쳐 파랄론판이 북아메리카판 밑으로 섭입함으로써 라라미드 조산운동이 일어났다.

게 북아메리카판 밑으로 섭입되는 각도의 변화가 있었다는 것에 동의하지만, 무엇이 섭입되는 각도의 변화를 야기했는지에 대해서는 서로 의견이 충돌한다.

하나의 가설에 의하면, 파랄론판의 일부였던 부력이 있는 해양대지가 북아메리카판 아래로 섭입함으로써 얕은 섭입대가 만들어졌다는 것이다. 다른 가설에 의하면, 북아메리카판이 파랄론판 위로 덮었는데, 파랄론판 밑에는 맨틀 플룸의 아래로 굽은 머리 부분이 있었다

(그림 16.10). 맨틀 플룸 위의 암석권은 떠올랐고, 이것은 깊은 섭입대에서 얕은 섭입대로의 변화를 설명한다. 결론적으로 화성 활동은 멀리 있는 내륙 쪽으로 이동하였고, 최종적으로 침강하는 판이 맨틀을 뚫고 들어가지 못하였기 때문에 중지되었다.

이 섭입각의 변화는 또한 변형의 종류를 바꾸었다. 시비어 조산운동의 습곡-충상단층 변형은 단층으로 인한 수직 방향의 융기와 대규모의 굴곡과 파괴를 수반하였다. 융기된 지괴들의 침식은 바위투성이인 산악지형을 만들어냈고 오목한 분지에 퇴적물을 공급했다.

라라미드 조산운동은 와이오밍 주와 콜로라도 주의 중앙과 남부에 있는 로키 산맥에 집중되어 있지만, 변형은 멀리 남쪽과 북쪽에서도 일어났다. 캐나다의 몬태나와 앨버타의 북부 로키 산맥에서 선-라라미드층의 거대한 판은 충상단층을 따라서 동쪽으로 이동했다. 몬태나의 루이스 충상단층은 선캄브리아의 암석을 동쪽으로 약 75km 정도 이동시켰으며(그림 16.11), 비슷한 변형이 캐나다의 로키 산맥에서도 일어났다. 주된 라라미드 조산대에서 남쪽으로 멀리 떨어진 시에라 마드리 오리엔탈 산맥의 동부-중앙 멕시코의 퇴적암은 현재 주요한 습곡-충상단층대의 일부분이다.

중기 에오세에 라라미드 변형은 끝났고, 화성 활동이 암석권 밑에 있는 맨틀 플룸이 위에 놓인 해양판을 분열시킬 때 코딜레라에서 시작되었다(그림 16.10c). 라라미드 조산대의 융기된 지괴는 계속해서 침식되었고 신제3기에 이르러 바위투성이의 산은 거의 그들의 잔해에 묻히고 하천이 흐르는 드넓은 초원을 만들었다. 새로운 침식주기 동안에 하천은 멀리 떨어진 분지에 퇴적물을 채웠고, 융기된 지괴에 깊은 계곡을 만들었다. 신제3기 후기의 융기는 현재 지역을 설명해 주고, 어떤 지역에서는 지금도 융기가 계속되고 있다.

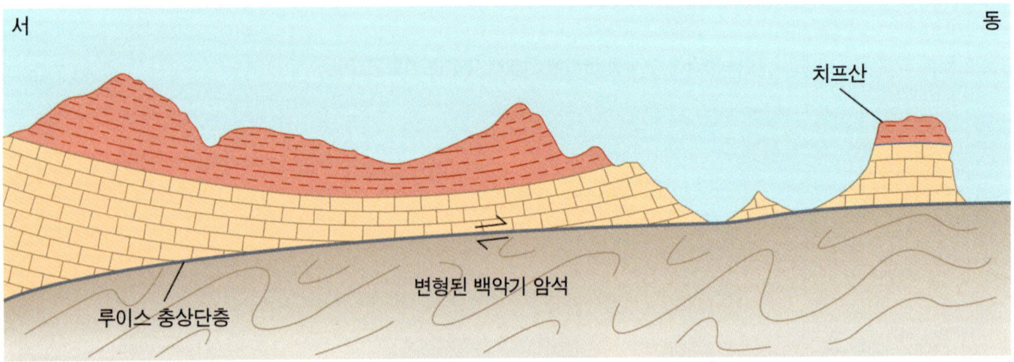

a 몬태나 빙하 국립공원 내의 루이스 충상단층을 보여 주는 단면도. 벨트누층군의 중-신원생대 암석이 변형된 백악기 암석 위에 놓여 있다.

b 루이스 충상단층. 흔적은 이 사진에서 산맥 옆의 밝은 색 선으로 나타난다.

c 치프산의 형성. 충상단층 위의 암석이 침식되어 치프산이 형성되었다.

그림 16.11 로키 산맥 북부에서의 라라미드 변형

코딜레라 화성 활동

캐나다 브리티시 콜롬비아의 아이다호, 그리고 캘리포니아의 시에라네바다에 있는 거대한 저반은 중생대 동안에 형성되었지만(14장 참조), 관입 화성 활동은 고제3기까지 계속되었다. 유타, 네바다, 애리조나 그리고 뉴멕시코에서 구리와 몰리브덴을 포함하는 많은 소규모의 심성암체가 만들어졌다.

화산 활동은 코딜레라에서 보편적이지만, 지역, 강도, 폭발유형은 다르게 나타났으며, 라라미드 조산대에서는 일시적으로 중지하였다(그림 16.12a). 태평양의 북서쪽에 있는 콜롬비아 고원(그림 16.9)은 20만km^3에 달하는 콜롬비아강 현무암의 마이오세 용암류로 덮여 있으며, 이는 총 2,500m의 두께를 이룬다. 이 넓은 용암류는 현재 콜롬비아강, 스네이크강과 그들의 지류에 의해 침식된 협곡의 벽에

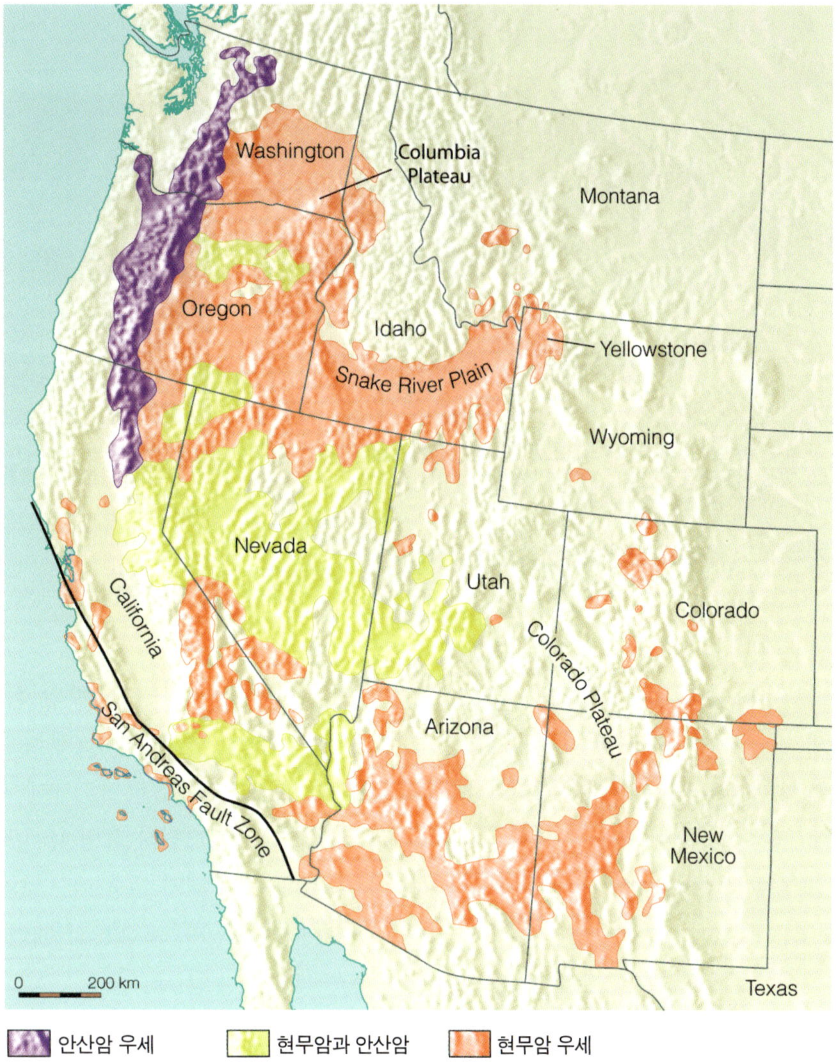

a 미 서부 지역의 신생대 화산암의 분포도

b 콜롬비아강 현무암. 오리건의 콜롬비아강에 의해 침식된 이 협곡에 노출되어 있다. 멀트노마 폭포는 189m이다.

c 현무암 용암. 아이다호 말라드 고지주립공원에서 스네이크강 평원으로 흘렀다.

그림 16.12 **신생대의 화산작용**

a 분석구. 플라이오세에서 플라이스토세의 화산작용은 캘리포니아의 코소 화산 지역에서 일어났다. 붉은 언덕이라 불리는 분석구는 수만 년보다 더 오래되지는 않았다.

b 현무암 노두. 오리건의 폴웨더에서 보이는 이 암석은 현무암 노두로 마이오세 화산의 잔재물이다.

그림 16.13 **캘리포니아와 오리건의 신생대 화산작용**

잘 드러나 있다(그림 16.12b, c). 이 거대한 용암의 분출과 판구조론과의 관계는 아직 확실하진 않지만, 일부 지질학자들은 이것이 북아메리카 서부의 아래에 있는 맨틀 플룸에 의한 결과라고 생각한다.

대부분 아이다호에 위치하는 스네이크강 평원(그림 16.9)은 마이오세와 그보다 나중에 만들어진 유문암, 화산재, 그리고 현무암으로 채워진 지각이 움푹 파인 곳이다(그림 16.12c). 이 암석은 남서쪽 지역이 가장 오래 되었으며 북동쪽으로 갈수록 연령이 낮아지는데, 이것은 지질학자들이 북아메리카가 와이오밍 주의 옐로스톤 국립공원 아래에 있는 맨틀 플룸 위로 이동했다고 하는 제안을 유도한다. 다른 지질학자들은 이 사실에 동의하지 않으며, 이 화산암들은 내륙의 열곡대를 따라서 분출했다고 생각한다.

스네이크강 평원의 북동쪽 경계(그림 16.9)에는 플라이오세와 플라이스토세의 화산 활동에 의해 만들어진 옐로스톤 고원이 있다. 방금 언급했듯이 아마도 그 지역 아래에 맨틀 플룸이 있어 그 곳에서 일어나고 있는 열수작용을 설명할 수 있겠지만, 그 열은 아직 식지 않은 마그마의 관입에 의한 것일 수도 있다.

코딜레라의 다른 지역에서, 대부분 올리고세에 만들어진 안산암, 화산각력암, 용결응회암이 콜로라도에 위치하는 산 후안 화산지대의 25,000km^2 이상의 지역을 덮고 있다. 캘리포니아의 코소 화산지대에서의 폭발은 플라이오세에 시작되어 불과 몇 천 년 전까지 계속되었다(그림 16.13a). 애리조나의 샌프란시스코 화산지대가 플라이오세와 플라이스토세 동안에 만들어졌으며, 오래곤의 해안을 따라서 화산 활동이 일어났다(그림 16.13b).

코딜레라에 있는 웅장하고 높은 산의 일부는 캘리포니아, 오리건, 그리고 워싱턴의 북쪽과, 브리티시 콜롬비아와 캐나다의 남쪽에 있는 **캐스케이드 산맥**(Cascade Range)에 있다(그림 16.14). 천 개의 화구가 존재하지만, 그것들 중 가장 놀라운 것은 여러 개의 또는 대규모의 복합 화산과 세계에서 가장 큰 용암 원정구인 캘리포니아 라센 피크(lassen peak)이다. 이 지역의 화산 활동은 후안 데 푸카판의 남아메리카판 아래로의 섭입과 관련이 있다. 캐스케이드 산맥에서의 화산 활동은 최소한 올리고세 이전으로 거슬러 올라가지만, 가장 최근의 사건은 후기 마이오세와 전기 플라이오세에 있었다. 1914년부터 1917년까지 캘리포니아의 라센 피크의 분출과 1980년과 2004년의 워싱턴의 세인트헬렌스산(Mount St. Helens)의 화산 분출은 캐스케이드 산맥의 화산들이 여전히 활동적이라는 것을 보여 준다.

그림 16.14 **캐스케이드 산맥의 화산작용** 캐스케이드 화산작용은 적어도 올리고세까지 거슬러 올라간다. 그러나 산맥의 거대한 화산은 아주 최근에 형성되었다. 이것은 오리건의 산 정상을 보여 준다. 지난 큰 분출은 1970년대에 일어났지만, 소규모의 분출 활동은 1800년대 중엽 동안에 일어났다.

분지와 산맥 지질구

분지와 산맥 지질구(Basin and Range Province, 그림 16.9)의 지각—네바다를 중심으로 약 78만km^2의 지역에 분포하지만, 인근의 주들과 멕시코 북쪽까지 이어진다—은 늘어나고 얇아져서 골짜기나 분지가 있는 남-북 방향으로 배열된 산맥(그림 16.15a)으로 구성된다. 400개 정도의 산맥들이 한쪽 면 또는 양쪽 면이 아마도 깊이에 따라 굽어지거나 완경사로 변하는 급경사의 정단층과 경계를 이루고 있다. 어쨌든 단층은 이동과 회전을 보여 주는 지괴의 윤곽을 나타낸다.

단층작용이 일어나기 전에 그 지역은 네바다, 시비어, 라라미드 조산운동 동안에 변형이 일어났다. 그 후 고제3기를 거치면서 지역 전체는 대규모의 침식작용을 받는 고지대 지역으로 변했고, 전기 마이오세에는 유문암질 용암류의 분출과 화성쇄설물이 넓은 지역을 뒤덮

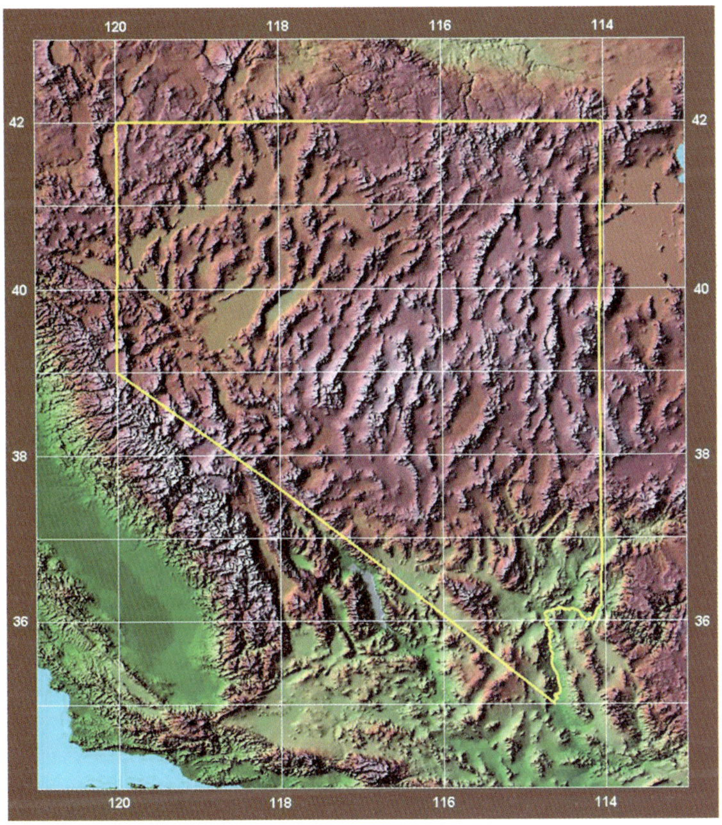

a 분지와 산맥 지질구. 대부분 네바다에 있지만, 이웃한 주와 멕시코 북부까지 연장된다. 산맥의 사이에 있는 분지는 남북의 방향을 갖는다. 각 산맥은 한쪽 또는 양쪽이 정단층으로 경계되어 있다.

b 융기된 시에라네바다. 분지와 산맥 지질구의 서쪽 주변부에서 시에라네바다는 정단층을 따라서 융기되었다. 이 융기로 인해서 시에라네바다는 동쪽에서 계곡보다 3,000m 이상 높다.

그림 16.15 **분지와 산맥 지질구**

었다. 후기 마이오세에는, 거대한 규모의 단층작용이 시작되었고, 분지와 산맥구를 형성하였다. 산맥으로부터 생성된 퇴적물은 인접한 분지로 운반되었고 충적선상지와 플라야호의 퇴적물로서 쌓였다.

서쪽 가장자리에서, 분지와 산맥구는 시에라네바다의 동쪽 측면을 따라 존재하는 단층에 의해 경계를 이루고 있다(그림 16.15b). 플라이오세와 플라이스토세의 융기는 시에라네바다를 서쪽으로 기울였고, 그것의 꼭대기는 현재의 동쪽에 있는 분지보다 3,000m 위에 있다. 융기가 일어나기 전에는 분지와 산맥 지역은 아열대 기후였지만, 솟아오른 산들이 비 그늘을 형성하여 건조한 기후로 변했다.

지질학자들은 분지와 산맥구를 설명하기 위하여 몇 가지 모델을 제안하였으나, 하나의 통일된 결론에 이르지는 못하였다. 제안된 모델 중에서는 배호의 확장, 분지와 산맥구 아래에 놓여 있다고 생각되는 지역의 북부 지역인 동태평양 융기지에서의 확장, 맨틀 플룸 위에서의 확장, 그리고 산안드레아스 단층의 움직임과 관련 있는 변형 등이 있다.

콜로라도 고원

콜로라도, 유타, 애리조나, 그리고 뉴멕시코에 넓게 분포하는 융기 지역을 **콜로라도 고원**(Colorado Plateau)이라고 부르며(그림 16.9), 화산과 밝은 색깔의 암석, 그리고 깊은 협곡으로 이루어져 있다. 11장과 14장에서 본 것과 같이, 페름기와 트라이아스기 동안 콜로라도 고원 지역은 광대한 적색암층 퇴적물이 쌓인 지역이었다. 이들 암석의 대부분은 현재 융기와 협곡에 의해 겉으로 드러나 있다(그림 16.16).

백악기의 해양 퇴적암은 콜로라도 고원이 해수면 아래에 있었다는 것을 보여 주지만, 고제3기 동안에 일어난 라라미드 변형을 거치면서 넓은 배사구조와 돔, 분지, 그리고 다수의 큰 정단층들이 만들어졌다. 한편, 이 변형은 다른 지역에서 일어난 코딜레라보다 훨씬 약한 것이었다. 신제3기의 융기를 거치면서 그 지역은 해수면 가까이에서부터 1,200m까지 오늘날은 1,800m까지 상승하였고, 융기가 진행되면서 하천과 강들이 침식되어 깊은 협곡으로 변하게 되었다.

a 아가슬라 피크(Agathla peak). 애리조나의 마뉴먼트 밸리 나바호 부족 공원에 솟아 있는 457m의 암경이다. 그것은 응회각력암으로 구성되어 있으며 2,500만 년 전의 올리고세 후기에 형성되었다.

b 유타 주의 멕시코 모자. 이 모자는 폭이 18m인 침식지형이다. 이것은 페름기 암석이지만, 현재의 모습은 신생대의 침식작용에 의해 형성되었다.

그림 16.16 콜로라도 고원의 암석

지질학자들은 그랜드캐니언과 같이 이 지역의 전형적인 협곡이 생긴 과정의 세부 사항에 대해 서로 동의하지 않는다. 어떤 연구자는 하천이 현재의 지형으로 발달하기 이전에 존재했었고 융기가 진행되면서 이것이 아래로 침식되었다고 생각한다. 다른 연구자들은 하천이 다른 것 위에 놓여 있었다고 생각하는데, 이것은 하천이 만들어 진 곳을 젊은 지층이 모두 덮었다는 것을 암시한다. 즉, 융기가 진행되면서, 하천들은 이 젊은 지층을 벗겨내면서 그 아래 지층으로 내려갔다고 생각한다. 어떤 경우든, 지형은 협곡의 침식과 그들의 지류로 인해 더 깊어지고 넓어지면서 계속 발달한다.

리오그란데 열곡

리오그란데 열곡(Rio Grande rift)은 콜로라도의 중심, 뉴멕시코와 북쪽 멕시코를 지나 북쪽에서 남쪽으로 약 1,000km 정도 뻗어 있다. 오대호 지역의 중원생대 대륙 중심부의 열곡과(9장 참조), 현 아덴만, 홍해, 그리고 동아프리카의 열곡에 대해 논의한 것을 상기해 보라(그림 3.16 참조). 리오그란데 열곡은 지각이 얇아지고 늘어나면서 양쪽 측면이 정단층으로 경계를 이루고 있고 지진 활동이 이어지며, 화산과 칼데라가 생긴다는 점에서 다른 열곡과 비슷하다(그림 16.17). 실제로 리오그란데 열곡은 현재 리오그란데를 흐르는 강과 여러 개의 분지로 이루어져 있지만, 강은 단순히 바다로 가는 쉬운 길로서 만들어진 것이고 급류 자체와는 상관이 없다.

이 지역에서의 열곡은 2,900만 년 전에 처음 시작되어 1,000만~1,200만 년 동안 계속되었다. 즉, 후기 올리고세부터 전기 마이오세에 해당한다. 열곡의 두 번째 시기는 약 1,700만 년 전 중기 마이오세에 시작되어서 현재까지 계속되고 있다. 몇몇 단층은 약 8,000m 정도 이동했지만, 단층과 공존하면서 열곡에 있는 분지들은 많은 퇴적물과 화산암으로 가득 채워졌다. 19~24km 정도의 크기를 갖는 발스 칼데라(Valles caldera)와 반델리어 응회암(Bandelier tuff)과 같은 화산의 특징은 뉴멕시코의 명소이다(그림 16.17b). 열곡의 분열은 계속 진행되고 있지만 일 년에 2mm 혹은 그보다 느린 속도로 매우 느리게 진행된다. 즉, 열곡은 결국 이 지역을 갈라놓아 홍해처럼 될 수 있겠지만, 그것은 아마도 먼 미래의 일일 것이다.

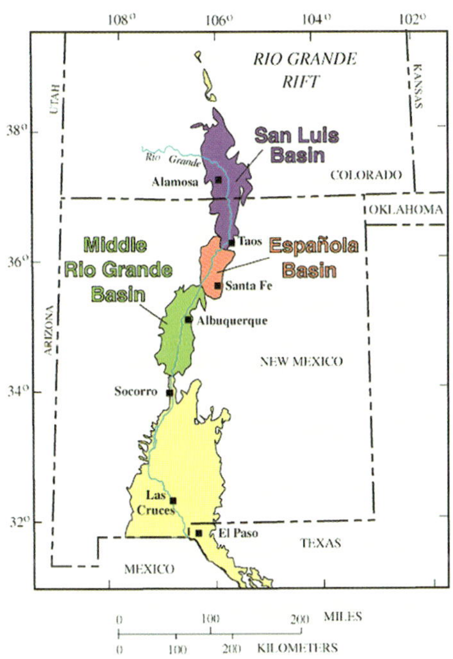

a 리오그란데 열곡을 나타내는 분지의 위치. 정단층 복합체는 열곡의 양쪽에 있다.

b 뉴멕시코 반델리어국립천연기념물에 있는 반델리어 응회암. 114만 년 전에 제메즈 화산 지역에서 분출했다.

그림 16.17 **리오그란데 열곡**

태평양 해안

에오세 이전에, 모든 태평양의 해안은 **파랄론판**(Farallon plate)이 멕시코에서부터 알래스카까지 뻗어 있는 섭입대에서 소멸되는 수렴경계였다. 현재는 두 개의 작은 잔재물만이 남아 있는 데, 바로 후안 데 푸카판과 코코스판이다(그림 16.18). 이 두 개의 작은 판의 계속된 수렴은 태평양 북서쪽과 중앙아메리카에서 각각 현재의 지진 활동과 화산 활동을 일으킨다.

이 두 판의 상호 작용에 의해 생긴 또 다른 중요한 결과는 북아메리카판이 서쪽으로 이동하면서 태평양-파랄론 해령과 충돌한 것이다. **태평양-파랄론 해령**(Pacific-Farallon ridge)이 북아메리카판 주변부와 비스듬하게 있으므로 대륙과 해령의 충돌이 먼저 에오세 동안에

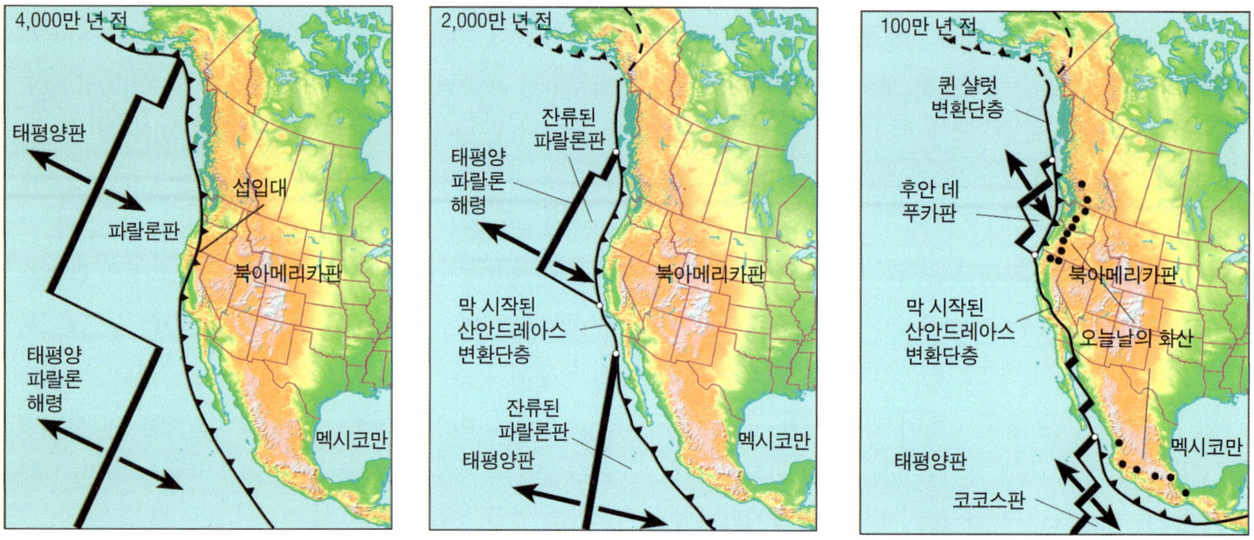

a 북아메리카의 서쪽 이동의 3단계와 태평양-파랄론 해령과의 충돌. 북아메리카가 해령위로 이동함으로써 그 주변은 태평양 북서쪽을 제외하고 변환단층으로 접하게 되었다.

b 상공에서 바라본 현재의 산안드레아스 변환단층. 지면에서 이것을 우수 주향단층이라 한다. 개울은 약 100m 어긋나 있다.

그림 16.18 산안드레아스 단층과 퀸 샬로트 단층의 기원

캐나다 북부에서 일어났고, 그 다음은 올리고세 동안에 캘리포니아 남부에서 일어났다(그림 16.18). 캘리포니아 남부에서는 두 개의 삼중점(triple junction)이 만들어졌는데, 하나는 북아메리카판, 후안 데 푸카판 그리고 태평양판이 겹치는 곳이고, 다른 하나는 북아메리카판, 코코스판 그리고 태평양판이 겹치는 곳이다. 북아메리카판이 계속해서 서쪽 방향으로 태평양판 위로 움직여서, 삼중점이 하나는 북쪽으로 하나는 남쪽으로 이동하게 되어 **산안드레아스 변환단층**(San Andreas transform fault)이 융기하였다(그림 16.18). 캐나다의 서쪽 해안을 따라 생긴 비슷한 현상으로 퀸 샬로트 변환단층(Queen Charlotte transform fault)이 만들어졌다.

산안드레아스 변환단층에서의 지진 활동이 생기는 이유는 북아메리카판과 태평양판이 파쇄된 암석의 복합 지대를 따라 계속 이동하기 때문이다. 단층이 캘리포니아 해안을 가로지르는 곳은 대략 2km 정도의 폭을 갖는 지역이고, 많은 곁가지들을 가지고 있다. 이러한 복합단층 시스템에서의 이동은 단층 주변이나 지괴의 암석을 신장 응력과 압축 응력으로 분지나 융기된 지역을 만드는데, 후자가 전자에게 퇴적물을 공급한다. 캘리포니아 지역 남부에서 단층으로 경계된 분지의 대다수는 해수면 아래로 가라앉았고 바로 저탁암과 다른 퇴적물로 채워졌다. 이런 분지들은 원유와 가스가 많이 나오는 지역이다.

5. 대륙 내부

그림 16.9에서 북아메리카 중앙의 대부분은 대평원 지대(Great plains)와 중앙 저지대(Central Lowlands)로 이루어진 **대륙 내부**(continental interior)라고 불리는 넓은 지역이 있다는 사실을 기억해 두어라. 백악기 동안, 대평원 지대는 주니 내륙해(Zuni epeiric sea)로 덮여 있었지만, 전기 고제3기에 이 바다는 노스다코타 주에 상당한 크기의 잔재물을 남기고 사라졌다. 라라미드 고지대에서 침식된 퇴적물들이 이 바다로 이동해 와서 전이

그림 16.19 **라라미드의 고지대에서 공급된 거대한 양의 퇴적물이 대평원 지대에 퇴적** 노스다코타의 시오도르 루스벨트공원의 스코리아 포인트에서 보이는 팔레오세의 퇴적암. 붉은 색을 띄는 스코리아는 화산암이 아니다. 스코리아 같이 보이는 물질은 고대에 석탄층이 탈 때 주위에 있는 점토와 미사가 구어 져서 형성된 것이다.

환경과 해양 환경에서 퇴적되었다. 이 짧은 해양 퇴적의 뒤를 이어 대평원 지대의 다른 모든 퇴적물들은 육성 환경, 특히 하성 환경에서 퇴적되었다. 이것은 현재 모든 지역 아래에 놓여 있고 동쪽으로 얇아지는 쐐기형 퇴적물을 만들었다(그림 16.9).

대평원 지대에서 유일하게 지역적 퇴적물의 근원은 사우스다코타에 있는 블랙 힐즈(Black Hills)였다('조망' 참조). 대평원 지대는 백악기 동안 해양 퇴적의 역사가 있고, 그 뒤를 이어 현 사우스다코타 배들랜즈 국립공원(Badlands National Park)에 분포하는 블랙 힐즈로부터 공급된 퇴적물이 육성 환경에서 퇴적되었다(380쪽의 사진 참조). 퇴적암과 포유류를 비롯한 다른 동물의 많은 화석에 근거하여 판단하면, 이 지역은 본래 아열대 기후의 숲으로 덮여 있었지만, 기후가 점점 건조해지면서 초원이 숲의 자리를 대체하였다(18장 참조).

화성 활동은 대륙 내부에서 많지는 않았지만 대평원 지대의 일부에서는 현저하게 일어났다. 예를 들면, 뉴멕시코의 북동부에서의 화성 활동은 화산과 많은 용암류(그림 16.20a)를 흐르게 했고, 그리고 콜로라도, 와이오밍, 몬테나, 사우스다코타, 그리고 뉴멕시코에 몇 개의 소규모의 심성암이 관입되었다. 전체 대륙에서 가장

a 시에라 그란데. 뉴멕시코의 북동부에 있는 순상화산이다. 그 높이는 600m이고 직경 15km에 이른다. 400만 년 전부터 260만 년 전까지 활동하였다.

b 650m 높이의 와이오밍의 악마의 탑. 이 탑은 48km 떨어진 곳에서도 볼 수 있다. 5,000만~4,500만 년 전의 에오세 동안에 작은 심성암으로 형성되었다.

그림 16.20 **대평원 지대에서 신생대의 화산작용**

잘 알려진 화성암체 중 하나인 와이오밍 주 북동쪽의 악마의 탑(Devil's Tower)은 아마도 에오세의 화산암경으로 생각되지만, 일부 지질학자들은 침식된 병반이라고 생각한다(그림 16.20b).

지금까지 우리의 논의는 대평원 지대에 초점이 맞추어져 있었지만, 동쪽의 중앙 저지대는 어떨까? 이 지역의 북부와 대평원 지대의 북부(17장 참조)에는 플라이스토세의 빙하 퇴적물이 보이지만, 대부분의 신생대 동안 중앙 저지대는 퇴적보다는 침식이 활발한 지역이었다. 물론 그때 침식된 물질은 어딘가에 퇴적되었어야 했을 것이고, 그 곳이 바로 멕시코만 평원이다(그림 16.9).

6. 애팔래치아 산맥의 신생대 지사

현재의 애팔래치아 산맥 지역에서 일어난 변형과 산맥의 형성은 신원생대의 그렌빌 조산운동과 함께 시작하였다(그림 9.2c 참조). 이 지역은 타코닉(Taconic) 조산운동과 아카디아(Acadian) 조산운동을 거치면서 다시 변형이 일어났고, 후기 고생대 동안에 아이페투스해(Iapetus ocean)가 폐쇄되면서 헤르시니아-알레게니아(Hercynian-Alleghenian) 조산운동이 일어났다(10장과 11장 참조). 그 후, 후기 트라이아스기 동안, 판게아의 분열에 의해 모든 지역에서 단층 지괴운동이 일어났다(그림 14.7 참조). 중생대 말기에는, 침식작용에 의해 산들이 낮아지고 하천이 동쪽으로 흘러 바다에 이르는 평지로 바뀌었다.

현재 애팔래치아 산맥의 독특한 양상은 신생대 때 융기와 침식에 의한 결과이다(그림 16.21). 융기가 진행되면서, 뒤집힌 모양의 저항에 잘 견디는 암석들은 북동-남서 방향의 능선지대를 형성하였고, 사이에 있는 계곡에서는 저항력이 약한 암석들이 침식되었다. 융기가 일어나는 동안 아래쪽으로 침식되던 본래 존재하던 하천이 저항력이 강한 바위 위로 흐르고, 산마루를 가로질러 큰 협곡을 만들고, 하천이 흐르는 깊은 통로인 **수극**(water gaps)을 형성하였다(그림 16.22). 그리고 더 이상 하천이 흐르지 않는 수극인 **풍극**(wind gaps)을 형성하였다.

애팔래치아 산맥의 고도가 다른 지역의 침식 표면은 지질학자들이 계속하여 토론하는 주제 중 하나이다. 어떤 지질학자들은 비교적 평평한 표면들은, 침식후의 융기, 새로운 융기, 침식의 다른 순환 등의 증거라고 확신한다. 다른 지질학자들은 각각의 표면이 침식과 풍화에

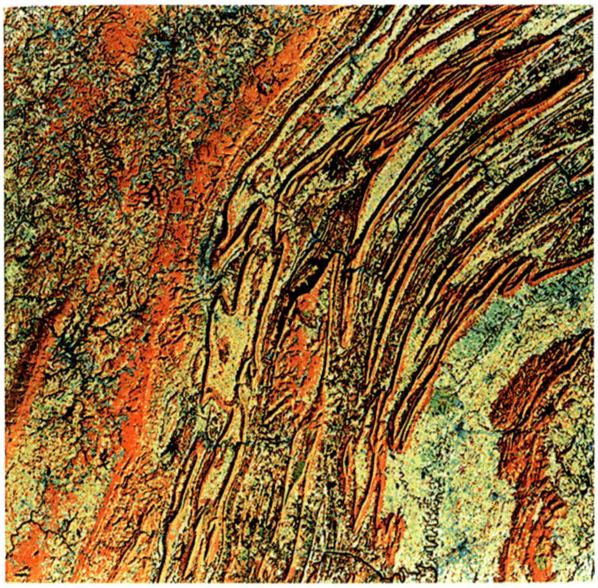

그림 16.21 애팔래치아 산맥의 인공위성 영상. 애팔래치아의 이 영상은 펜실베이니아의 중심부를 보여 준다. 긴 산맥과 계곡들을 주목하라.

대한 다른 반응들을 나타낸다고 생각한다. 이 견해에 의하면, 낮은 고도의 침식 표면은 부드러운 지층에서 다소 균일하게 침식이 일어난 반면, 더 높은 고도의 표면은 더 저항력이 강한 암석에서의 풍화와 침식을 보여 준다.

7. 북아메리카 남부와 동부의 대륙 주변부

앞 절에서, 우리는 신생대 동안 중앙 저지대의 많은 부분이 침식되었다는 사실을 언급하였다. 신생대의 많은 암석이 퇴적된 대평원 지대에서도, 퇴적물은 그 지역을 가로질러 멕시코만의 배수 장치까지 운반되었다. 이와 비슷하게, 애팔래치아 산맥의 서쪽 주변부에서 침식된

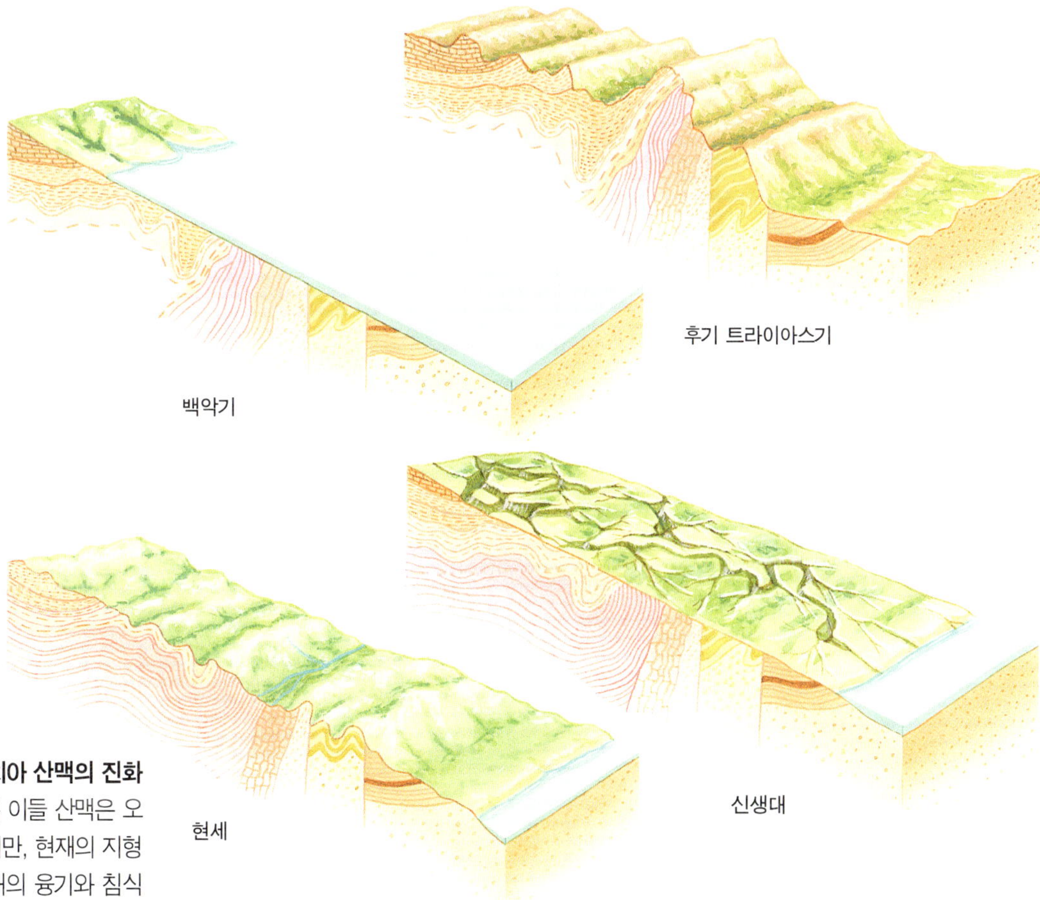

그림 16.22 **애팔래치아 산맥의 진화와 현재의 지형** 비록 이들 산맥은 오랜 역사를 가지고 있지만, 현재의 지형적 특징은 주로 신생대의 융기와 침식의 결과이다.

조 망

대평원 지대

로키 산맥 동쪽에 있는 대평원 지대는 북에서 남으로는 3,200km, 서에서 동으로는 800km에 이르며, 미국의 10개 주, 캐나다의 3개 주, 그리고 북부 멕시코 지역을 덮고 있는 거대하고 넓게 트인 지역이다(그림 1). 많은 사람들이 대평원 지대를 단조로운 풍경이라고 생각하고 별 관심을 보이지 않지만, 그러한 평가는 올바르지 않다. 실제로, 이곳에는 지질학적 흥미, 아름다운 장관, 그리고 캐나다 앨버타의 공룡주립공원, 네브래스카 주의 마노 화석층국립기념물, 와이오밍 주의 악마의 탑(devil's tower)국립기념물, 뉴멕시코 주의 캐플린 화산국립천연기념물 등과 같은 역사적 중요성을 갖고 있는 지역들이 많다. 그렇지만 여기에서는 사우스다코타의 배들랜즈 국립공원과 노스다코타의 시어도어 루스벨트 국립공원 두 지역에만 집중할 것이다(그림 16.19a).

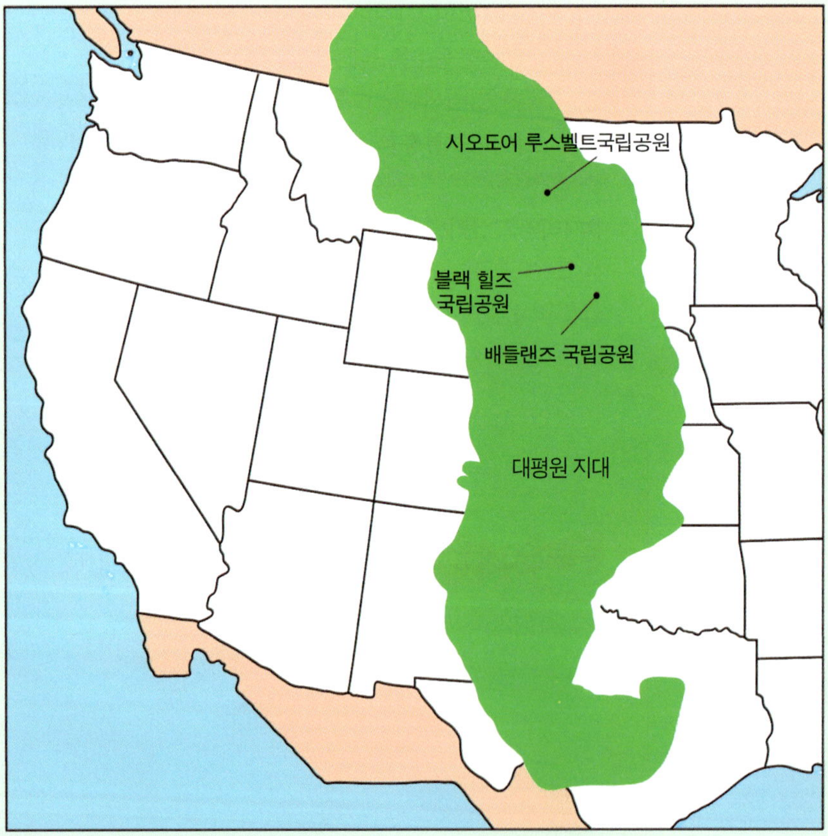

그림 1 대평원 지대의 많은 곳에 관심이 있지만, 단지 노스다코타의 시어도어 루스벨트국립공원과 사우스다코타의 배들랜즈 국립공원의 두 개만을 토의한다. 사우스다코타의 블랙 힐즈는 배들랜즈 국립공원의 암석을 만든 퇴적물의 공급지이기 때문에 여기에 표시하였다.

두 국립공원 모두 라라미드 산악 지대에서 서쪽 방향으로 이동한 퇴적물로 구성되어 있지만, 배들랜즈 국립공원의 경우에는, 블랙 힐즈에서 기원된 퇴적물로부터 만들어진 신생대 퇴적암이 특징이다. 퇴적물의 대부분은 사행천에 의해 동쪽으로 운반되어 하천의 하도, 범람원, 작은 호수 등에 퇴적되었다. 시어도어 루스벨트 국립공원에서 발견된 탄층은 초목이 늪에 묻혀서 생성된 것이다(그림 16.19). 또한, 두 영역 모두 그 당시에는 많은 종류의 포유류들이 거주하고 있었고, 그 중 일부는 멸종되었다. 실제로, 배들랜즈 국립공원은 세계에서 후기 에오세와 올리고세의 가장 완전한 포유류 화석 연계층 중의 하나이다. 공원관리청은 이 화석들 중 여러 개를 제자리에 남겨두었지만 관람을 위해 보호하고 있다. 시어도어 루스벨트국립공원은 그만큼 많은 화석이 발견되지는 않지만, 비슷한 동물들이 살았다는 것에 확신을 가질 수 있다.

두 공원에서 또 다른 흥미로운 특징들은 악지 지형이다. 악지 지형은 건조한 지역에서 발달하며 식물이 희박하고 점토가 많은 암석은 쉽게 침식된다. 이렇게 무방비 상태의 암석 위로 쏟아지는 빈번하지 않지만 강렬한 폭우는 급격히 흘러넘치고 복잡하게 표면을 깎아내어 많은 수의 가까이 밀착된 조그마한 도랑과 깊은 협곡을 형성하고, 경사가 가파른 비탈면과 각진 산마루를 만들었으며, 뾰족한 탑 지형을 형성하였다(380쪽의 사진 참조). 명백히 배들랜즈 국립공원은 잘 발달된 악지 지형이기 때문에 이런 이름이 생겨났지만, 비슷한 지형이 캐나다 앨버타부터 텍사스까지 이르는 불연속적인 지역에서도 발견된다. 그리고 같은 종류의 지형이 비슷한 조건이 존재하는 다른 대륙에서도 발견 된다.

악지 지형에서 기복은 크지 않지만, 표면은 매우 복잡하여 횡단하기 어렵다. 실제로, 금 채굴자들과 다른 사람들이 슈족(Sioux)의 조약을 무시하고 악지를 통하여 사우스다코타의 블랙 힐즈로 몰래 들어가려고 시도했던 이야기들이 있다. 이 사람들 중 어떤 이들은 절망적으로 길을 잃었고 결국 갈증 때문에 사망하였다.

많은 퇴적암들과 어떤 쇄설암에는 결핵체, 즉 아마 조개껍질 또는 뼈 같은 핵 주변에서 광물의 침전에 의해 생성된 단단하고, 불규칙한 구형의 덩어리가 들어 있다. 어떤 경우에든, 그것들은 모암보다 훨씬 단단하며 모암이 변색되거나 모암이 침식되어 제거될 때 표면에서 발견된다. 시어도어 루스벨트국립공원에 있는 모양 때문에 이름이 붙여진 주목할 만한 캐논볼 결핵체(Cannonball concretion)는 대부분 직경이 1m 이하인 조그마한 물체들이지만 어떤 것은 3m 정도에 이른다(그림 2).

우리는 대평원 지대 내에 있는 두 영역에 초점을 맞추었고 다른 것들도 언급하였다. 한편, 우리는 흥미로운 많은 다른 영역들이 있다는 사실로 이 구획을 끝마칠 것이다. 예를 들어, 뉴멕시코의 십록(Shiprock)은 경치가 좋고 그 지역의 원주민에 의해서 신성한 것으로 여겨지는 거대한 화산암경이 있고, 네브래스카의 굴뚝암(Chimney Rock)은 개척자들이 오리건 기찻길을 따라 가는 것을 도운 유명한 시형물이다.

그림 2 캐논볼 결핵체. 이 구형 덩어리들의 암석은 노스다코타의 시어도어 루스벨트국립공원에 있는 것이다. 지름이 60cm인 이 결핵체는 단단하고, 기반암이 풍화되면 지표면에서 볼 수 있다.

퇴적물은 멕시코만에서 끝났지만, 이 산들은 또한 대서양 연안 평원의 방대한 양의 퇴적물을 동쪽으로 이동시켜 대서양 연안 평원을 따라서 퇴적시켰다. 그림 19.4에 **대서양 연안 평원**(Atlantic Coastal Plain)와 **멕시코만 평원**(Gulf Coastal Plain)는 미국의 북동쪽에서부터 텍사스까지 확장되어 연속적인 지대를 형성했다는 사실을 알아라. 두 지역 모두 대부분 하천에 의해 퇴적된 수평 방향 또는 바다 쪽으로 완만하게 경사진 지층이다. 연안 평원의 바다 쪽에는 대륙붕, 대륙사면, 대륙대와 주목할 만한 중생대와 신생대의 암석이 있다.

멕시코만 평원

백악기와 고제3기 초에 주니 내륙해(Zuni sea)가 물러간 후 신생대의 **테자스 내륙해**(Tejas epeiric sea)가 대륙에 잠시 출현했다. 한편, 내륙해의 최대 확장은 대서양과 멕시코만 평원과 캘리포니아 해변에 의해 크게 제한받았다. 한편, 이것은 미시시피강 계곡까지 확장되어 일리노이즈 남부 및 북부까지 도달하였다.

멕시코만 평원의 전체적인 퇴적 패턴은 쥐라기 때 형성되었으며 신생대까지 이어졌다. 코딜레라, 서부 애팔래치아, 중앙 저지대에서부터 이동한 퇴적물은 멕시코만으로 운반되어 육성 환경, 전이환경, 해양 환경에서 퇴적되었다. 일반적으로, 퇴적물은 북쪽에서 육성상을 띠고 남쪽으로 갈수록 해성상의 특성을 띠며 바다 쪽으로 갈수록 두꺼워지는 쐐기를 형성하였다(그림 16.23).

퇴적상의 발달은 대부분 테자스 내륙해의 해퇴에 의해 조절되었다. 고제3기 때 대륙 쪽으로 최대로 확장한 후, 바다는 멕시코만 쪽으로 물러나기 시작하였다. 한편, 이 해퇴는 주기적으로 작은 해침들에 의해 뒤바뀌

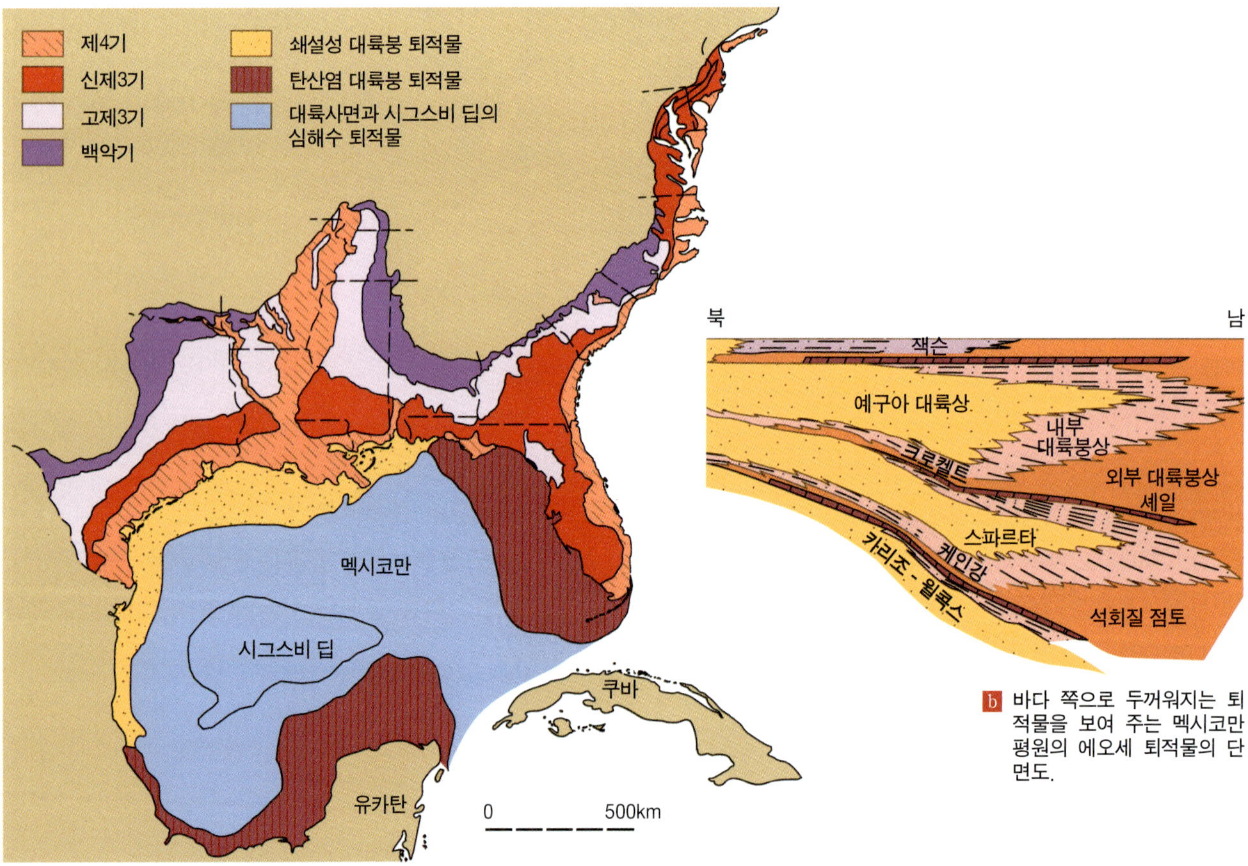

b 바다 쪽으로 두꺼워지는 퇴적물을 보여 주는 멕시코만 평원의 에오세 퇴적물의 단면도.

a 멕시코만의 퇴적 지역과 만과 대서양 연안 평원의 지표 지질

그림 16.23 **멕시코만 평원의 신생대 퇴적층**

있다. 8개의 해침–해퇴 사건들이 멕시코만 평원의 퇴적암에 기록되어 있고, 이는 다양한 암상 중에서 설교(intertonguing)의 존재가 그 이유이다.

멕시코만 평원의 많은 퇴적암들은 탄화수소의 근원암이거나 저류암인데, 우리는 고제3기와 신제3기의 광물 자원이라는 부분에서 이에 대해 더 자세히 논할 것이다.

대부분의 멕시코만 평원은 쇄설성 퇴적물이 우세하지만, 플로리다 지역과 멕시코만에서는 많은 탄산염 퇴적물이 퇴적되었다. 플로리다는 백악기 때 탄산염 대지였으며 전기 고제3기까지 탄산염 퇴적이 계속되었다; 탄산염 퇴적은 현재도 플로리다만과 플로리다 사주에서 일어나고 있다. 플로리다 남동쪽의 85km의 플로리다 해협에는 그레이트 바하마 뱅크(Great Bahama Bank)가 있는데, 이곳은 백악기 때부터 현재까지 탄산염이 퇴적되고 있는 지역이다.

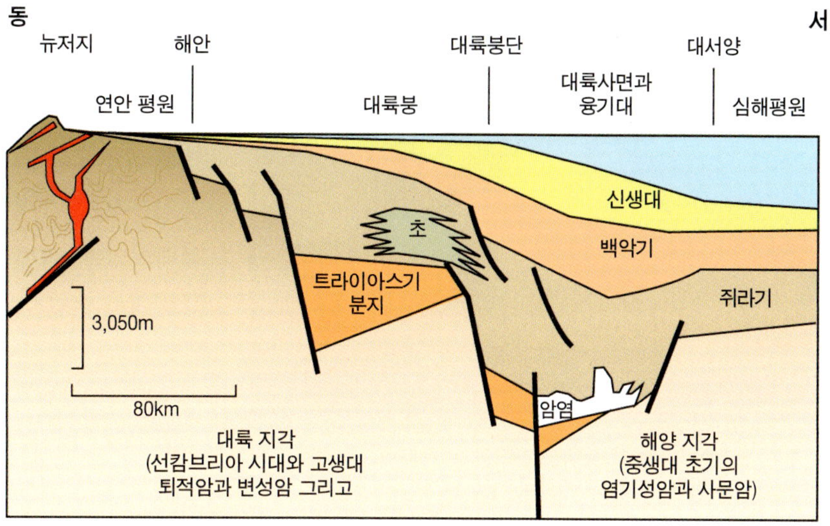

그림 16.24 북아메리카 동부의 대륙 주변부 뉴저지의 연안 평원 대륙 주변부는 대부분 신생대의 사암과 셰일로 덮여 있다. 이 암석들의 하부에는 백악기와 아마도 쥐라기 퇴적암이 놓여 있다.

대서양 대륙 주변부

북아메리카의 동해안은 대서양 연안 평원을 포함하고 바다 쪽으로 대륙붕, 대륙사면 그리고 대륙대를 가로질러 연장된다(그림 16.24). 트라이아스기 동안에 판게아가 분열될 때 대륙 지각이 갈라졌고 새로운 해양 분지가 생성되기 시작했다. 북아메리카판이 서쪽으로 움직였기 때문에 해양 분지의 동쪽 주변부는 판의 안쪽에 있었고, 비활동적 대륙 주변부가 발달되었다는 사실을 기억하라.

대서양 대륙 주변부에는 균열에 의해 생긴 중생대와 신생대의 분지가 많고, 쥐라기 때 퇴적이 시작되었다. 깊은 유정에서 쥐라기의 암석이 약간 발견되었지만, 지질학자들은 대륙 주변부 아래에 그런 암석이 놓여 있을 것이라고 추정한다. 백악기와 신생대 암석의 분포는 더 잘 알려져 있는데, 그 이유는 두 종류의 암석 모두 대서양 연안 평원에 노출되어 있으며 대륙붕에 있는 유정에 의해 관통되었기 때문이다.

넓은 대서양 연안 평원과 대륙붕, 대륙사면, 그리고 대륙대의 퇴적물은 애팔래치아 산맥에서 공급되었다. 많은 강과 하천이 퇴적물을 동쪽으로 이동시켰고, 이 퇴적물은 서쪽의 육성퇴적물에서 동쪽의 해성퇴적물로 바뀌며 바다 쪽으로 갈수록 두꺼워지는 쐐기(14km 이하 두께)를 만들었다. 예를 들어, 메릴랜드의 칼버트 절벽(Calvert cliff)은 인근의 해양 환경에서 퇴적된 암석으로 구성되어 있다(그림 16.25).

대서양 연안 평원의 지질학적 진화에 관하여 흥미 있는 기록은 직경이 3~5km의 혜성이나 소행성의 충돌이 오늘날 체사피크만(Chesapeake Bay) 지역에서 일어났다는 것을 지시하는 증거이다. 이 사건은 약 3,500만 년 전인 후기 에오세에 일어난 것으로, 85km의 지름과 1.3 km의 깊이로 측정되는 크레이터를 남겼다. 300~500m 아래에 놓여 있는 젊은 퇴적암이 시추작업과 지구물리학적 탐사를 통해 발견되었다.

그림 16.25 **대서양 연안 평원의 퇴적암** 메릴랜드, 칼버트 절벽의 로키 포인트에서 보이는 마이오세와 플라이오세의 퇴적암

8. 고제3기와 신제3기의 광물 자원

와이오밍, 유타, 그리고 콜로라도에서 화석으로 잘 알려진 에오세의 그린 리버층(Green River Formation)은 화석뿐만 아니라 경제적으로 가치가 있는 많은 양의 오일 셰일과 증발암을 포함한다. 오일 셰일은 점토 입자와 탄산염 광물, 그리고 액체 오일과 연소하는 가스가 추출될 수 있는 케로젠(kerogen)이라 불리는 유기 화합물로 구성되어 있다. 현재 이 암석으로부터 직접 석유가 나오지는 않지만, 한 측정 결과에 의하면 현대 기술로 8,000만 배럴의 석유를 추출할 수가 있다고 한다. 증발암인 중탄산소다석은 그린 리버층에서 채굴되어 나트륨 화합물에 사용된다.

플로리다 중부에서 채굴하는 인이 풍부한 퇴적암은 주의 자원생산량의 절반 이상을 차지한다. 이 암석에서 나오는 인은 금속공학, 방부제, 세라믹, 성냥, 비료, 그리고 동물의 사료로 사용된다. 또한 어떤 인회암은 흥미로운 포유류 화석 군집을 포함한다(18장 참조).

규조토는 부드럽고 밀도가 낮은 퇴적암으로, SiO_2 골격을 갖는 단세포 해양 또는 담수 식물인 규조류의 미세한 각의 껍질로 이루어져 있다(그림 15.1b 참조). 사실, 규조토는 매우 다공성이 많고 가벼워서 건조되면 물 위에 뜰 것이다. 규조토는 대부분 가스를 정화하거나 당밀, 과일주스, 하수와 같은 액체를 여과하는 데 사용된다. 미국은 세계 규조토 생산량의 대부분을 차지하며, 대부분은 캘리포니아, 오리건, 워싱턴의 신생대 퇴적물에서 생산된다.

역사적으로, 미국에서 생산되는 석탄의 대부분은 펜실베이니아, 서버지니아, 켄터키, 오하이오에 분포하는 광산에서 펜실베이니아기의 역청탄이 채굴되었다(캐나다는 석탄 매장량이 적다). 현재는 대평원 지대의 북부에 매장된 많은 양의 갈탄과 아역청탄이 중요한 자원이 되고 있다. 후기 백악기와 전기 고제3기 때 만들어진 석탄은 노스다코타, 몬테나, 그리고 와이오밍의 윌스톤과 파우더 리버(Powder River) 분지에 가장 풍부하다. 이들은 황의 함량이 낮고, 어떤 석탄층은 30m 이상의 두께를 갖는다.

태평양 해안의 있는 주, 특히 캘리포니아의 금은 표사광상이 발견된 하천 자갈에서 많이 발견된다. 사금은 하천이나 해변에서 밀도가 높은 광물이 밀도가 낮은 광물로부터의 분리와 농축이 축적된 결과이다. 이런 표사광상의 금은 중생대 시에라네바다의 저반과 그 주변의 암석에 있는 석영 맥에서의 풍화와 침식에서 비롯되었다(14장의 서론 참조).

탄화수소는 캘리포니아 남부의 신생대 단층 경계 분지와 멕시코만 평원의 많은 암석에서 발견된다. 후자의 지역에 있는 많은 암석은 석유와 천연가스의 저류암을 형성하는데, 이는 지층의 다른 물리적 특성 때문이며, 이를 층서집유장(stratigraphic trap)이라고 한다. 탄화수소는 또한 단층, 특히 암염돔 인근에 있는 단층과 같은 지질학적 구조에서도 발견되며, 이는 구조집유장(structural trap)이라 한다. 암염은 밀도가 낮은 퇴적암이기 때문에 깊이 묻히고 압력을 받으면 지면 위로 상승하면서 위의 암석을 뚫고 올라가면서 주변 암석을 변형시킨다.

또 다른 잠재적 자원은 메탄 하이드레이트로, 얼은 물에 의해 생성된 그물망 안에 들어 있는 하나의 메탄 분자로 구성되어 있다. 북아메리카의 동쪽 대륙의 주변부를 따라 많은 양의 메탄 하이드레이트가 퇴적되어 있으나, 그것이 실용적으로 채취되어 에너지 자원으로 사용될 수 있는지는 의문이다. 한 조사 결과에 의하면, 메탄 하이드레이트에 있는 탄소의 양이 세계의 석탄, 석유, 천연가스가 보존하는 양의 2배라고 한다.

요약

- 후기 트라이아스기의 판게아의 분열은 신생대까지 계속되었고, 현재의 대륙과 해양의 분포를 설명한다.
- 신생대 조산활동은 알프스-히말라야 조산대, 환태평양 조산대에 집중되었다. 각 조산대는 더 작은 단위의 조산대로 이루어져 있다.
- 알프스 조산운동은 아프리카판과 유라시아판의 수렴에 의해서 일어났다. 조산운동은 남유럽과 중동 그리고 북아프리카에서 일어났다. 판의 이동은 지중해 분지의 폐쇄를 야기하였고, 이는 증발암의 퇴적지가 되었다.
- 인도는 곤드와나 대륙에서 분리되어 북쪽으로 이동하였고, 궁극적으로 아시아와 충돌하여 히말라야의 변형과 융기를 야기했다.
- 해양판의 섭입과 화산 활동으로 특징지어지는 조산운동은 서태평양과 북태평양 분지에서 일어났다. 배호는 확장해서 동해와 같은 배호 분지를 만들었다.
- 해양판의 섭입은 신생대 동안에 미국의 서쪽 지역에서 일어났다.
- 섭입은 중앙아메리카와 남아메리카 아래로 계속되고 있지만, 북아메리카판은 북태평양과 서태평양을 제외하고 대부분 변환단층으로 접하고 있다.
- 북아메리카 코딜레라 산맥은 알래스카에서 멕시코까지 이어지는 복잡한 산맥이다. 신생대의 진화는 라라미드 조산운동 동안에 일어난 변형, 분지와 산맥 구조를 형성시킨 신장된 구조 운동, 관입과 분출 화성 활동, 그리고 융기와 침식활동을 포함한다.
- 파랄론판이 북아메리카판 아래로의 얕은 저각도 섭입으로 인해 라라미드 조산운동의 수직 융기가 일어났다. 라라미드 조산운동은 로키 산맥의 중부와 남부를 중심으로 일어났지만, 변형은 알래스카에서 멕시코까지 일어났다.
- 코딜레라 화산 활동은 신생대 동안 코딜레라 지역에서 계속되었다. 콜롬비아강 현무암은 세계적으로 거대한 분출 사건의 하나이다. 화산 활동은 태평양 북서쪽의 캐스케이드 산맥에서 계속 일어났다.
- 분지와 산맥 지질구에서 지각 확장은 남북 방향으로 배열된 정단층을 만들었다. 이들 단층의 차별 이동은 퇴적물로 채워진 넓은 분지에 의해 분리된 융기 산맥을 형성하였다.
- 콜로라도 고원은 코딜레라에서 다른 지역보다 덜 변형되었다. 신제3기 말기의 융기와 침식은 그 지역의 현재 지형과 연관이 있다.
- 북아메리카의 서향 이동은 북아메리카판과 태평양-파랄론 해령과의 충돌로 나타났다. 섭입이 중단되고 후안데 푸카판이 북아메리카판과 지속적으로 충돌하는 곳을 제외하고 대륙 주변부는 커다란 변환단층으로 접하게 되었다.
- 남북 방향을 갖는 리오그란데 열곡은 콜로라도에서 멕시코로 연장되는 지역에서 일어났다. 이 열곡에 있는 분지는 퇴적물과 화산암으로 채워졌다.
- 라라미드 융기로 인해 침식된 퇴적물은 산간 분지와 대평원 지대, 그리고 노스다코타의 잔류된 백악기 내륙해에 퇴적되었다.
- 신생대 동안에 퇴적작용은 멕시코만 평원과 대서양 연안 평원에서 일어났고, 결과적으로 바다 쪽으로 가면서 육상암상에서 해양암상으로 바뀌면서 두꺼워지는 쐐기 모양의 퇴적암이 만들어졌다.
- 신생대의 융기와 침식은 애팔래치아 산맥의 현재의 지형과 연관이 있다. 애팔래치아에서 침식된 많은 퇴적물들은 대서양 연안 평원에 퇴적되었다.
- 고제3기와 신제3기의 광물 자원은 석유, 천연가스, 금, 인이 풍부한 퇴적암을 포함한다.

주요 용어

대륙 내부(continental interior)
대서양 연안 평원(Atlantic Coastal Plain)
라라미드 조산운동(Laramide orogeny)
리오그란데 열곡(Rio Grande rift)
멕시코만 평원(Gulf Coastal Plain)
배호 분지(back-arc marginal basin)
북아메리카 코딜레라 산맥(North American Cordillera)
분지와 산맥 지질구(Basin and Range Province)
산안드레아스 변환단층(San Andreas transform fault)
알프스 조산운동(Alpine orogeny)
알프스-히말라야 조산대 (Alpine-Himalayan orogenic belt)
조산대(orogen)
주니 내륙해(Zuni epeiric sea)
캐스케이드 산맥(Cascade Range)
콜로라도 고원(Colorado Plateau)
태평양-파랄론 해령(Pacific-Farallon ridge)
테자스 내륙해(Tejas epeiric sea)
파랄론판(Farallon plate)
환태평양 조산대(Circum-Pacific orogenic belt)
히말라야 조산운동(Himalayan orogeny)

복습 문제

1. 미국에 있는 환태평양 조산대의 복합체는?
   a. ____ 테자스 퇴적물 연계층, b. ____ 북아메리카 코딜레라, c. ____ 리오그란데 열곡, d. ____ 대서양 연안 평원, e. ____ 태평양-파랄론 해령
2. 미국의 분지와 산맥구는?
   a. ____ 넓은 단층 지괴, b. ____ 주로 캔자스와 네브래스카, c. ____ 주로 화산 산맥으로 이루어짐, d. ____ 압축과 두꺼운 지각이 특징적, e. ____ 동쪽은 애팔래치아와 서쪽은 대평원 지대와 경계를 이룬다.
3. 북아메리카가 서쪽으로 이동할 때 어떤 판이 대륙 밑으로 섭입되었다고 추측되는가?
   a. ____ 주니, b. ____ 조산대, c. ____ 캐스케이드, d. ____ 알프스, e. ____ 파랄론
4. 지질학적 증거는 언제 라라미드 조산대가 중단된 것을 나타내는가?
   a. ____ 마이오세, b. ____ 제4기, c. ____ 에오세, d. 페름기, e. ____ 중생대
5. 워싱턴 주를 대부분 덮은 광대한 용암류를 뭐라고 하는가?
   a. ____ 코우스트 산맥, b. ____ 산 후안 화산지역, c. ____ 콜롬비아강 현무암, d. ____ 멕시코만 평원, e. ____ 주니 내륙해
6. 히말라야산맥은 ____판과 ____ 판이 충돌할 때 생성되었다.
   a. ____ 파랄론판과 태평양판, b. ____ 나즈카판과 코코스판, c. ____ 아프리카판과 유라시아판, d. ____ 인도판과 아시아판, e. ____ 오스트레일리아판과 남아메리카판
7. 신생대는 ____기와 ____기로 이루어져 있다.
   a. ____ 고제3기와 신제3기, b. ____ 페름기와 백악기, c. ____ 원생누대와 시생누대, d. ____ 중생대와 트라이아스기, e. ____ 마이오세와 에오세
8. 대부분의 대서양 연안 평원의 신생대의 퇴적물은 어디에서 공급이 되었는가?
   a. ____ 로키 산맥, b. ____ 캐스케이드 산맥, c. ____ 애팔래치아 산맥, d. ____ 오자크 고원, e. ____ 파랄론 해령
9. 신생대 석회암의 퇴적물은 어디에서 흔히 볼 수 있는가?
   a. ____ 멕시코만 평원의 플로리다의 단면, b. ____ 서 캘리포니아의 단층으로 인해 생긴 분지, c. ____ 노스다코타의 캐논볼해, d. ____ 태평양 연안 북서부의 미국과 캐나다, e. ____ 분지와 산맥구
10. 산안드레아스 단층은 북아메리카가 어떤 판 위로 올라왔을 때 생겼는가?
    a. ____ 오우아치타 섭입대, b. ____ 주니 내륙해, c. ____ 안데스 산맥, d. ____ 태평양-파랄론 해령, e. ____ 대서양 연안 평원
11. 콜로라도 고원의 신생대의 지사가 북아메리카 코딜레라의 다른 지역의 지사와 어떻게 다른가?
12. 캐스케이드 산맥은 어디에 있고, 그 곳에 어떤 종류의

화산이 있는가? 또 한 이 지역의 현재 화산 활동은 무엇으로 설명할 수 있는가?

13. 라라미드 조산운동은 수렴경계에 나타나는 다른 조산운동과 어떻게 다른가?
14. 멕시코만 평원과 대서양 연안 평원의 특징은 무엇인가? 이 두 지역에 어떠한 차이가 있는가?
15. 언제 그리고 어떤 사건들이 아시아의 히말라야의 기원을 야기하였는가?
16. 판의 상호 작용이 어떻게 산안드레아스 단층의 기원과 관계가 있는지 설명하시오
17. 분지와 산맥 지질구란 무엇이고 어디에 있는가? 이 지역이 특징적인 구조를 이루게 된 원인을 추측해 보시오.
18. 어떤 종류의 퇴적암이 대평원 지대에 존재하고, 퇴적물의 근원은 무엇인가?
19. 배호 분지는 어떻게 형성되는가?
20. 아프리카판이 북쪽으로 이동하여 유럽판과 아시아판과 대립했을 때 어떤 일이 일어났는가?

응용 문제

1. 궁금증이 많은 고등학생이 왜 북아메리카 서부가 화산, 지진, 많은 산맥과 작은 빙하를 가지고 있는 반면에, 동쪽에서는 이러한 특징들이 나타나지 않는 이유를 알고 싶어 한다. 너는 어떻게 이 차이를 설명할 것이며, 더 나아가 어떻게 하면 이 상황이 반대로 일어날 수 있을지 생각해 보자. 즉, 어떤 사건들이 동쪽에 지질학적 변화를 야기할까?
2. 추측에 의하면, 80억 배럴의 석유가 와이오밍, 콜로라도, 유타의 에오세 그린 리버층의 유모 셰일에서 생산될 수 있다고 하지만, 이곳들 중 어느 곳도 석유가 생산되고 있지 않다. 미국 내 석유 생산량은 하루에 8.45만 배럴(2008년 3월)이고, 수입량은 하루에 총 12.36만 배럴인 것을 감안할 때, 그린 리버층의 총 매장량이 현실이라고 한다면 그린 리버층은 어떤 기여를 할 수 있는가? 여러분의 예상에 문제가 있다고 생각하는가? 또한, 어떤 경제적, 기술적, 환경적 문제와 부딪히게 될까?
3. 미국은 매장돼 있는 250억 톤의 석탄 중 매년 1억 톤의 석탄을 사용한다. 모든 석탄이 채취가 가능하다고 가정한다면, 현재의 사용 속도로는 석탄이 얼마나 지속될 수 있을까? 현재의 사용속도가 같을 것이라고 생각할 수 있는 이유가 있는가? 또한, 총 매장되어 있는 석탄이 모두 발견될 것이라는 것이 가능한가?
4. 지금으로부터 이삼십년 후 당신이 이 과정에서 배운 용어들과 사건들을 기억할 수 있을지는 당신이 지질학자 혹은 관련된 분야에서 일을 하지 않는 이상 확신할 수 없다. 북아메리카 코딜레라 산맥의 진화에 대해 지질학자가 아닌 사람들이 쉽게 알아들을 수 있도록 당신은 어떻게 설명할 것인가?

CHAPTER 17

신생대의 지구 역사: 플라이스토세와 홀로세

알프스 최대빙하인 알레치(Aletsch) 빙하를 이루는 두 곡빙하가 모이는 장소인 스위스 융프라우(Jungfrau) 만년설의 모습. 이곳에서 빙하말단까지는 23km 거리이다. 알레치 빙하의 면적은 120km^{2}이나 이 장소에서 지류의 폭은 약 1.5km 정도이다. 이들과 유사한 곡빙하들은 오스트레일리아를 제외한 모든 대륙에 존재하나, 플라이스토세(빙하기)에는 현재보다 훨씬 많고 더 큰 규모였다.

[개 요]

[단원 목표]

이 장을 학습한 후에 우리는 다음 사항을 이해한다.

- 플라이스토세와 홀로세 또는 현세는 지구 역사의 180만 년에 불과하다.
- 180만 년 전부터 1만 년 전까지 지속된 플라이스토세는 광역적인 빙하로 잘 알려져 있으나 역시 조산운동과 화산작용이 계속되었던 시기였다.
- 플라이스토세 기후에 관한 대다수의 정보는 산소 동위원소비, 화분 분석 및 부유성 유공충의 분포와 감기는 방향에서 얻어진다.
- 플라이스토세 대륙빙하는 남극대륙뿐만 아니라 북반구 대륙들에 존재했었다. 그리고 수천 개의 소빙하들은 모든 대륙의 산 계곡에 있었다.
- 해양에서 온 물이 육지에서 얼마나 동결되었는가에 따라 플라이스토세 빙하의 여러 번에 걸친 전진과 후퇴 동안 해수면의 상승과 하강이 나타났다.
- 대륙빙하의 막대한 무게는 지각이 맨틀 속으로 침강하게 하기도 하고 빙하가 물러가면 다시 융기하게 하는 원인이 되었다.
- 빙하지역에서 먼 현재의 건조지대는 플라이스토세에 많은 강수와 낮은 증발률 때문에 거대한 호수들이 존재했고 빙하주변을 따라 수많은 호수들이 형성되었다.
- 빙하시대의 시작에 대해 현재 널리 수용되고 있는 학설은 지구의 자전과 공전궤도의 불규칙성에 근거한다.
- 플라이스토세의 중요한 광물 자원에는 모래와 자갈, 규조토, 토탄, 사금광상 등이 포함된다.

1. 서론

플라이스토세와 홀로세 또는 현세는 지질시대에서 가장 최근 180만 년 동안에 해당한다(그림 16.1 참조). 과거에 제4기는 플라이스토세와 홀로세로 구분되었지만, 최근에 제4기는 신제3기(Neogene) 내의 하부기(sub-period)로 취급된다. 그러나 제4기의 시간-층서적 위치에 대해 아직 명확한 설정이 이루어지지 않아 이에 대한 더 많은 참고자료가 제공될 것이다. 따라서 플라이스토세와 홀로세는 신제3기의 최근 두 세에 해당한다. 확실히 플라이스토세는 홀로세보다 더 오래 전인 180만 년 전에서 1만 년 전까지이다. 그래서 이 장의 논의는 그 지질시대의 간격에 초점을 맞춘다.

물론, 180만 년이라는 기간은 우리가 느끼기에는 긴 시간이나, 지질시대의 관점에서 보면 단기간이다. 모든 지질시대의 길이를 24시간에 맞춘다고 가정하면(그림 8.1), 플라이스토세는 단지 38초 정도이다. 그러나 적어도 우리 관점에서는 중요한 38초이다. 왜냐하면 이 기간 동안에 우리 인류(호모 사피엔스)가 진화했고, 지구 역사에서 광범위한 빙하가 존재했던 몇 안 되는 기간 중의 하나이기 때문이다.

빙하(glacier)는 가소성 흐름(압력에 대한 내부 변형)과 기저면 활강(저면에 대한 미끄러짐)의 결과로 이동하는 육상의 빙괴이다. **대륙빙하**(continental glacier, 빙상이라고도 함)는 이 장에서 우리의 가장 중요한 관심의 대상이다. 빙하의 정의에 의하면, 대륙빙하는 분포 면적이 5만km^2 이상이며 한 점이나 집적된 지점들에서 밖으로 유동하지만 지형 때문에 제한받지는 않는다(그림 17.1a). **빙모**(ice cap)는 대륙빙하와 유사하나 분포 면적이 5만km^2 이하이다(그림 17.1b). 마지막으로, **곡빙하**(valley glacier)는 산의 계곡 사이에서 좁고 긴 혀 모양을 이루며 높은 곳에서 낮은 곳으로 흐른다(그림 17.1c).

판단해 보건대, 1830년대의 많은 학자들은 가장 최근의 지질학적 과거에 북반구 대륙에 광역적으로 분포한 빙하의 존재를 인정하지 않았다. 그들 중의 많은 학자들은 유럽 전역의 기원지에서 멀리 운반된 거력들을 설명하기 위하여 성경의 대홍수 개념에 의존하기도 하였으며, 어떤 사람들은 그 거력들이 광역적인 홍수 시기의 빙괴에 의해 현재 위치로 이동되었다고 생각하기도 하였다. 1837년 스위스의 자연과학자 아가씨(Louis Agassiz)는 많은 지역의 U자형 빙하곡, 연마된 조선이 있는 기반암뿐만 아니라, 거력들은 육상에서 거대한 얼음덩어리들의 이동 결과라고 강하게 주장하였다.

우리는 지금 흔히 빙하시대로 알려진 플라이스토세가 보다 온난한 간빙기들에 의해 구분되는 여러 번의

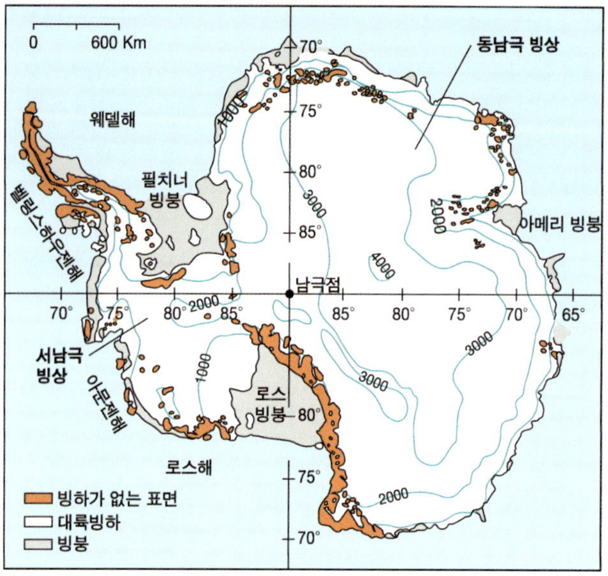

a 동–서 남극대륙의 빙상. 평균 2,160m 두께를 이루면서 서로 연결된다.

b 캐나다 배핀섬(Baffin Isalnd)의 펜니(Penny) 빙모. 면적은 약 6,000km^{2}이다.

그림 17.1 대륙빙하, 빙모, 곡빙하

c 곡빙하. 알래스카에서의 이러한 곡빙하는 산의 계곡을 따라 움직이는 길고 좁은 혀 모양을 이룬다.

빙하 전진이 있었던 시기였음을 알고 있다. 덧붙여, 빙하 확장기에는 북아프리카의 사하라(Sahara) 사막과 캘리포니아의 데스밸리(Death Valley) 같은 현재의 건조 지역들은 지금보다 강수량이 많았는데, 이는 이 두 지역들에 하천, 호수 그리고 무성한 식생들을 출현하게 하였다. 사실상, 4,500년 전에 현재의 사하라 사막에는 문명이 존재했었다. 우리는 빙하시대에 관해 많은 것을 알고 있지만, 빙하기가 정말로 끝났는지 아니면 단지 다음에 닥쳐올 새로운 빙하 현상 사이의 간빙기에 있는 것인지를 알지 못하지 않는가?

이제 이 장에서 플라이스토세 빙하에 초점을 맞추기로 하자. 왜냐하면 그 빙하들은 대륙들에 심각한 영향을 주었지만 최대 확장기에도 지구 전체 면적의 단지

30%만을 덮었을 뿐이었다는 것을 염두에 두어야 하기 때문이다. 물론, 빙하 현상이 이끌어 낸 기후 변화는 전 세계적 파급 효과를 가져왔지만, 다른 작용들은 평상시처럼 진행되었다. 1장에서 소개되었던 계의 탐구에서 살핀 것처럼, 빙하는 수권의 일부이다. 물론 일부 지질학자들은 빙하, 해빙, 심지어 영구동토(영구적으로 동결된 토양)까지를 포괄하여 지구상의 모든 동결된 물을 빙권(cryosphere)이라 부르기도 한다.

2. 플라이스토세와 홀로세의 구조작용과 화산작용

플라이스토세는 광대한 빙하와 이에 관련된 현상들로 잘 알려져 있으나 홀로세에서 현재에 이르기까지 지속되는 구조작용과 화산작용의 시기이기도 하다. 현재도 판들은 장소에 따라 분열하고 합쳐지고, 판의 경계를 따라 서로 스쳐지나가기도 한다. 결론적으로, 조산운동이 지진작용과 화산분출과 함께 진행 중인 것이다.

구조작용

16장에서, 인도와 아시아판 사이의 대륙판과 대륙판의 충돌 그리고 안데스 산맥을 형성시켰던 태평양판과 남아메리카판의 수렴에 대해 논의했다. 이들 지역들에서는 조산운동이 알류샨 열도, 일본 열도, 필리핀 제도 및 타 열도 등에서처럼 지속되고 있다. 산안드레아스 변환단층 경계를 따라 일어나는 북아메리카판과 태평양판 사이의 상호 작용은 습곡작용, 단층작용, 수많은 분지와 융기 지대를 형성시켰다. 플라이스토세 퇴적물로 덮인 해안단구들은 미국의 태평양 연안을 따라 일어나는 융기를 입증한다.

화산작용

중앙아메리카와 북서 태평양 지역들 바로 밑으로 파랄론판(Farallon plate)의 잔류부가 섭입하면서 이들 지역에 화산작용이 동반되었다. 캘리포니아의 캐스케이드(Cascade) 산맥, 오리건, 워싱턴, 브리티시컬럼비아 지역들은 올리고세에 이루어진 것으로 측정되나, 큰 복합화산들과 거대한 용암돔인 라센 피크(Lassen Peak)는 대부분 플라이스토세와 홀로세에 형성되었다. 캘리포니아의 라센 피크와 워싱턴 주의 세인트헬렌스(St. Helens) 화산은 1900년대에 분화하였으며 후자는 2004년 활동을 재개하였다.

화산작용은 애리조나, 아이다호, 캘리포니아를 포함하는 미국 서부의 여러 다른 지역들에서 일어났으며(그림 17.2), 알래스카의 여러 화산들이 최근에 분화하였다. 초대형 분화에 수반하여, 와이오밍의 옐로스톤 국립공원 지역에 거대한 칼데라들이 만들어졌다. 200만 년 전과 130만 년 전에 광대한 분화가 일어났으며 60만 년 전의 분화는 직경 76에서 45km에 이르는 복합칼데라를 남겼다. 그 거대한 분화 때문에, 이 지역의 일부는 리서전트 돔(resurgent dome)을 이루면서 표면 하의 마그마에 기인하여 융기가 이루어진 것 같다. 그리고 최종적으로 150,000~75,000년 전 동안에 옐로스톤 응회암이 분출하여 칼데라를 일부 채웠다.

아이슬란드, 스피츠베르겐(Spitzbergen), 아조레스(Azores)를 비롯해 남아메리카, 필리핀 제도, 일본, 동인도 제도 등 세계 다른 곳들에서도 화산들이 분화하였다. 따라서 지구 내부에서 생성된 열량이 시간에 따라 감소한다고 하더라도(6장 참조), 내부 열원에 의해 이루어지는 화산작용과 다른 작용들은 중요성을 지니고 있다.

3. 플라이스토세 층서

지질학자들은 암석들을 플라이스토세 표식층*에 어떤

* 표식층은 계나 통 같은 층서 단위로 정의되는, 예를 들어 웨일즈 캄브리아계의 표식층 같은 암석의 단면임을 5장의 내용에서 상기하라.

시생누대	원생누대	현생누대						
선캄브리아 시대		고생대						
		캄브리아기	오르도비스기	실루리아기	데본기	미시시피기	펜실베이니아기	페름기
						석탄기		

25억 년 전 / 5.42억 년 전 / 2.51억 년 전

a 북부 캘리포니아의 하이 홀(High Hole) 분화구. 115m 높이의 이 분석구는 거대한 순상화산의 측면에 위치한다. 전면에 보이는 아아 용암류는 약 1,100년 전에 분출하였다.

b 캘리포니아 맥클라우드(McCloud) 강의 로우어(Lower) 폭포. 플라이스토세 용암류로 된 3.5m 높이의 절벽에서 떨어진다.

그림 17.2 **플라이스토세와 홀로세의 화산작용**

방식으로 배치시키는 가에 대해 계속 논의를 하고 있지만, 플라이스토세의 시작이 180만 년 전이라는 것에는 동의한다. 1만 년 전의 플라이스토세-홀로세 경계는 대부분 현재 빙상의 용융과 시기를 같이하는 한랭한 기후에서 온난한 기후로의 기후 변화에 바탕을 둔다. 해양생물의 패각으로부터 결정된 산소 동위원소비뿐만 아니라 식생의 변화는 이러한 기후 변화에 대한 많은 증거를 제공한다.

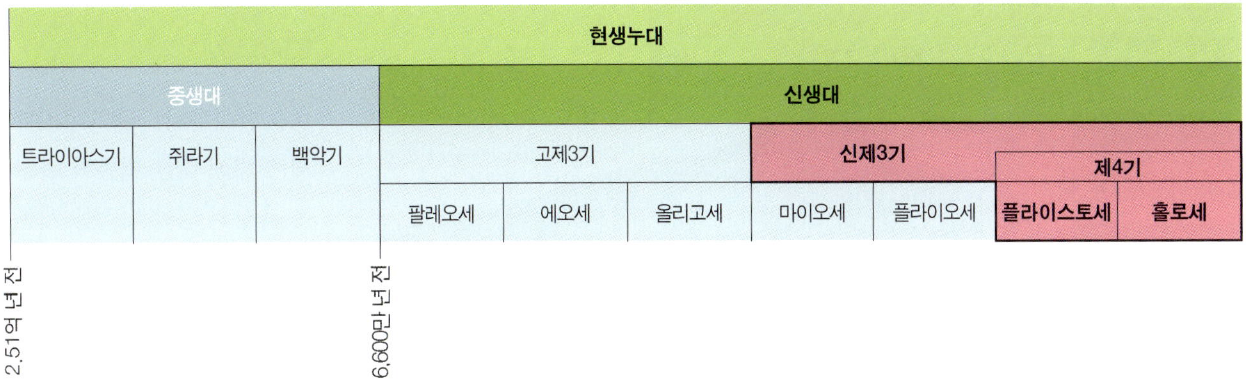

육상층서

아가씨(Agassiz)가 빙하작용에 관한 이론을 제창한 후, 연구는 빙하시대의 역사 규명에 초점을 맞추게 되었다. 이런 연구들에는 육상의 빙하 지형 인식과 분포도 작성과 함께 층서적 순서에 빙하를 어떻게 위치시키는가 하는 것들이 포함된다. 빙퇴석, 미아석, 빙하 조선 등의 자료로부터 지질학자들은 플라이스토세 빙하는 최대 확장기에 빙하의 두께가 3km였고, 현재 빙하 면적의 3배에 달하는 약 4,500만km^2였다고 밝혔다(그림 17.3). 더구나, 빙하지형의 상세한 분포도 작성에 의해 여러 번 빙하가 전진하고 후퇴했음을 알았다.

지질학자들은 빙하퇴적층 분포도를 작성하여, 북아메리카가 적어도 네 번의 주요 플라이스토세 빙하작용을 겪었음을 밝혔다. 각각의 빙하전진 뒤에는 빙하후퇴와 온난한 기후가 뒤따랐다. 위스콘신(Wisconsinan), 일리노이(Illinoian), 캔자스(Kansan), 네브래스카(Nebrascan) 등 네 **빙기**(glacial stage)들은 최남단에 빙하 퇴적층이 잘 노출된 주의 이름을 따라 명명되었다. 상가몬(Sangamon), 야머스(Yarmouth), 아프토니아(Aftonian) 등 세 **간**

a 북아메리카

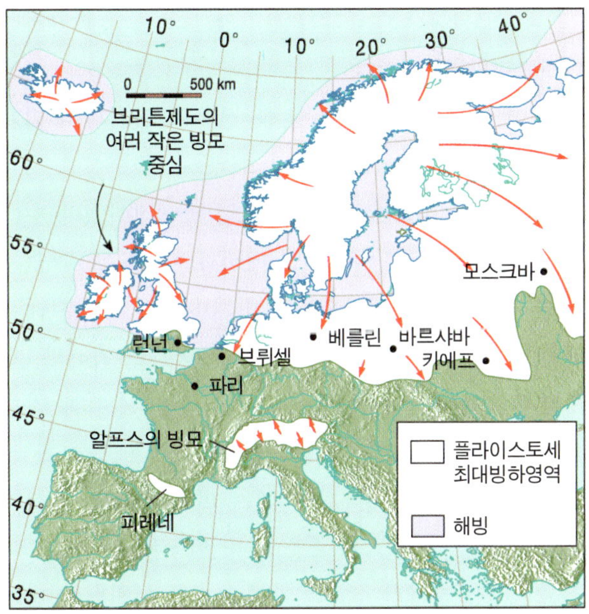

b 유럽과 아시아 일부

그림 17.3 **플라이스토세 빙하의 중심부와 최대 분포 범위**

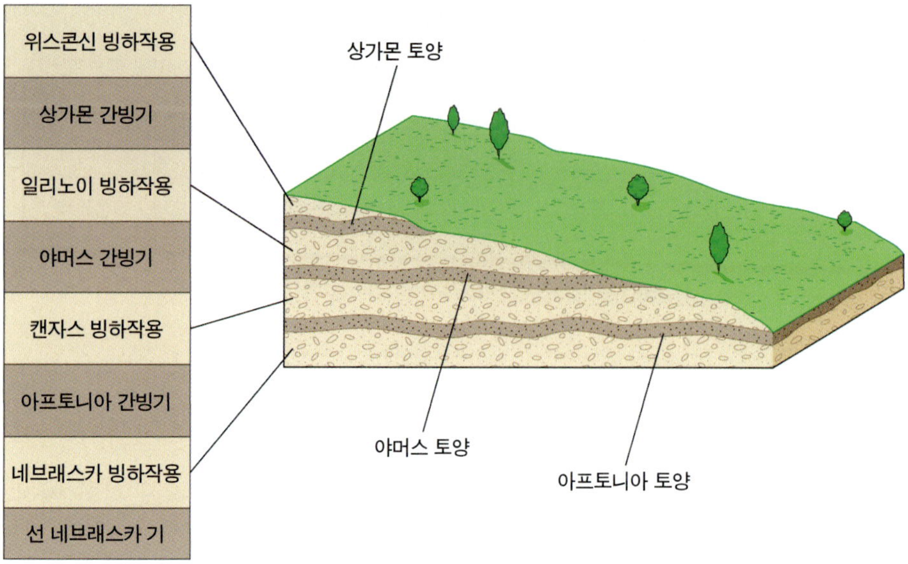

a 북아메리카의 플라이스토세 빙기와 간빙기의 전통적 용어

b 빙기와 간빙기 동안에 전개된 퇴적층과 토양의 이상적인 연속층

그림 17.4 **북아메리카의 플라이스토세 빙하**

빙기(interglacial stage)는 간빙기 토양과 다른 퇴적층들이 잘 나타나는 지명을 따라 명명되었다(그림 17.4). 최근의 빙하퇴적층에 대한 상세한 연구들은 일리노이 빙기 이전에 이미 빙하활동이 있었고 북아메리카 빙하의 전진과 후퇴가 이전에 생각했던 것보다 좀더 복잡하다는 것을 시사하고 있다.

유럽에서는 6~7회의 주요한 빙하의 전진과 후퇴가 인식되고 적어도 20번의 온난-한랭 주기가 심해 시추코어에서 측정된다. 빙하가 그처럼 광역적이었다면 다른 지역들에서 보다 바람직한 대비가 이루어질 수 없는가? 문제의 일부는 빙하퇴적층이 대비하기 어려운 대표적인 조립질 물질의 무질서한 혼합물이라는 점이다. 더구나 빙하의 전진과 후퇴는 이전의 빙하 전진 때 잔류한 퇴적물을 불분명하게 하거나 파괴한다. 심지어 한 번의 주 빙하전진 내에서도 여러 번의 소규모 전진과 후퇴가 일어날 수 있다. 예를 들면, 위스콘신 빙기의 퇴적물에 대한 상세한 연구는 위스콘신과 일리노이 빙기의 7만 년 동안에 적어도 네 번의 분명한 빙하 주변부 변동이 있었음을 밝혔다.

심해 층서

1960년대까지, 플라이스토세 연대에 대한 전통적 관점은 육상의 빙하 퇴적물 계통에 바탕을 두었다. 그러나 해양 퇴적물 시료로부터의 새로운 증거는 플라이스토세 동안 수많은 기후변동을 지시한다. 이와 같은 기후변동의 증거는 부유성 유공충의 패각에 기록된 표층해수의 수온에서 얻어지는데, 유공충은 사후 해저에 가라앉아 퇴적물로 쌓인다.

해양의 과거 표층수온을 측정하는 한 방법은 부유성 유공충의 온난과 한랭 해수종을 판별하는 것이다. 많은 부유성 유공충은 온도 변화에 민감하여 표층수온이 변화하면 다른 위도로 이주한다. 예를 들어, 보다 한랭한 시기 동안 열대해역 서식종인 글로보로탈리아 메나르디(*Globorotalia menardii*)는 적도 부근에서만 발견된다.

어떤 부유성 유공충은 수온변동에 따라 몸체가 감기는 방향이 변화한다. 플라이스토세 종인 글로보로탈리아 트렁카툴리노이데스(*Globorotalia truncatulinoides*)는 10℃ 이상에서는 우측으로 감기는 것이 우세하나 8~10℃ 아래에서는 대부분 좌측으로 감긴다. 감기는 비의 변화에 바탕을 두고, 지질학자들은 플라이스토세와 초기 세들의 상세한 기후 변화곡선을 작성하였다.

부유성 유공충 패각의 O^{18} 대 O^{16}의 변화도 기후에 대한 자료를 제공한다. 유공충 석회질($CaCO_3$) 패각의 이들 두 산소 동위원소들의 함량은 유공충 패각이 형성될 때의 물 분자 내의 산소 동위원소비와 수온과의 함수관계이다. 이들 동위원소들의 비는 빙하빙(glacial ice)에 축적된 바닷물의 양을 반영한다. 해수는 빙하빙에 비해 더 높은 O^{18} 대 O^{16}의 비를 가지는데 그 이유는 보다 가벼운 동위원소 O^{16}을 포함하는 물이 동위원소 O^{18}을 포함하는 물보다 쉽게 증발하기 때문이다. 그러므로 플라이스토세 빙하빙은 O^{18}에 비해 O^{16}이 더 풍부하며, 반면에 O^{18}은 해수에 농집된다. 빙하작용 기간 동안 해수에서의 O^{16}의 감소와 이에 따른 O^{18}의 증가 기록은 부유성 유공충 패각에 보존된다. 결론적으로 산소 동위원소 변동은 표층해수 수온변화와 이에 관련된 기후 변화를 지시한다.

불행히도, 지질학자들은 아직까지 이와 같은 상세한 기후 변화를 육상의 퇴적기록과 대비시킬 수 없었다. 냉각화 시작과 이에 수반되는 빙하전진 사이의 시간적 지연은 해양과 육상 기록들 사이의 불일치를 초래하게 한다. 따라서 심해 퇴적층에 기록된 모든 소규모 기후 변동들이 항상 육성퇴적층과 대비될 수 있는 것은 아닌 것 같다.

4. 빙하시대의 시작

빙하 환경은 사실상 남반구 고위도의 표층 해수가 빠르게 냉각되었던 약 4,000만 년 전에 시작되었으며, 심층 해수는 이미 그 이전에 더 차가워진 상태였다. 올리고세 동안에 테티스해의 점진적 폐쇄는 온난한 해수의 흐름을 고위도에 제한하게 하였으며, 중기 마이오세에는 매우 한랭한 해수의 형성을 가속화시키면서 남극 빙상이 형성되었다. 플라이오세의 온난화 이후, 약 180만 년 전—플라이스토세 빙하가 시작되었다—북반구에 대륙빙하가 형성되기 시작하였다.

플라이스토세와 홀로세의 기후

플라이스토세 빙하작용을 일으켰던 기후조건은, 주지하는 것처럼, 세계적이었다. 만화와 영화에서 대중적으로 알려진 내용이나 묘사와는 달리, 당시 지구가 그렇게 추운 것은 아니었다. 사실상, 여러 증거들은 세계의 기후가 에오세에서 플라이스토세 기간 동안 점차 냉각되었다는 것을 시사한다(그림 17.5). 심해 코어에서 얻어진 산소 동위원소비(O^{18} 대 O^{16})는 지난 200만 년 동안 지구에서는 온도가 10℃ 정도 폭으로 변동하는 20번 정도의 주요한 온난-한랭 주기가 있었다는 것을 시사한다('심해층서' 부분 참조). 그리고 빙하퇴적층의 연구는 북아메리카에서 적어도 네 번의 빙하작용이 있었고 유럽에서도 6~7회의 유사한 사건이 있었음을 밝혔다. 빙하의 성장 동안에, 빙하에 의해 덮이거나 주변 지역들은 짧고 서늘한 여름과 길고 습한 겨울을 겪었다. 빙하에서 멀리 떨어진 지역들은 다양한 기후들이 나타났다.

빙하가 성장하여 전진했을 때, 해수의 낮은 수온은 증발량을 감소시켜 세계 대부분은 현재보다 건조하였다. 오늘날의 건조한 어떤 지역은 빙하기 동안 더 습윤했었다. 예를 들면, 고위도에서 냉각 지대의 확장은 온대, 아열대, 열대 지역들을 적도 쪽으로 좁아지게 하였다. 결과적으로 현재 지중해 지역의 강수대가 남하하여 북아프리카의 사하라에 위치하여 현재는 사막인 지역에 무성한 숲을 이루게 하였다. 북아메리카에서는 북부 빙상 상공의 고압대가 폭풍들을 편향시켜 건조한 남서부가 현재보다 훨씬 더 습윤하였었다.

화분 분석(pollen analysis)은 고기후학에 매우 유용하다(그림 17.6). 종자식물의 웅성 생식체(male reproductive body)인 화분들은 대다수가 화석으로 보존되기에 유리한 저항성 있는 밀랍형 피막을 보유한다. 대부분의 종자식물들은 화분을 바람에 실어 산포시켜, 이들이 하천, 호수, 늪지, 소택지 그리고 연안 환경 등에 낙하하게 된다. 고생물학자들이 퇴적물에서 화분을 발견하면, 화분을 만든 식물의 종류를 동정하고, 그 지역의 식물상 조성을 규명하여 기후적인 관련성을 밝힌다(그림 17.6).

화분 분포도(그림 17.6b), 연륜 분석(4장 참조), 곡빙하의 전진과 후퇴의 연구는 지난 1만 년 동안의 북반구 기후에 관한 풍부한 정보를 제공하였다—즉, 1만 년 전 이후 주요 대륙빙하가 후퇴하고 소멸하였다. 화분 분석 자료는 약 6,000년 전까지 지속적인 기후 온난화를

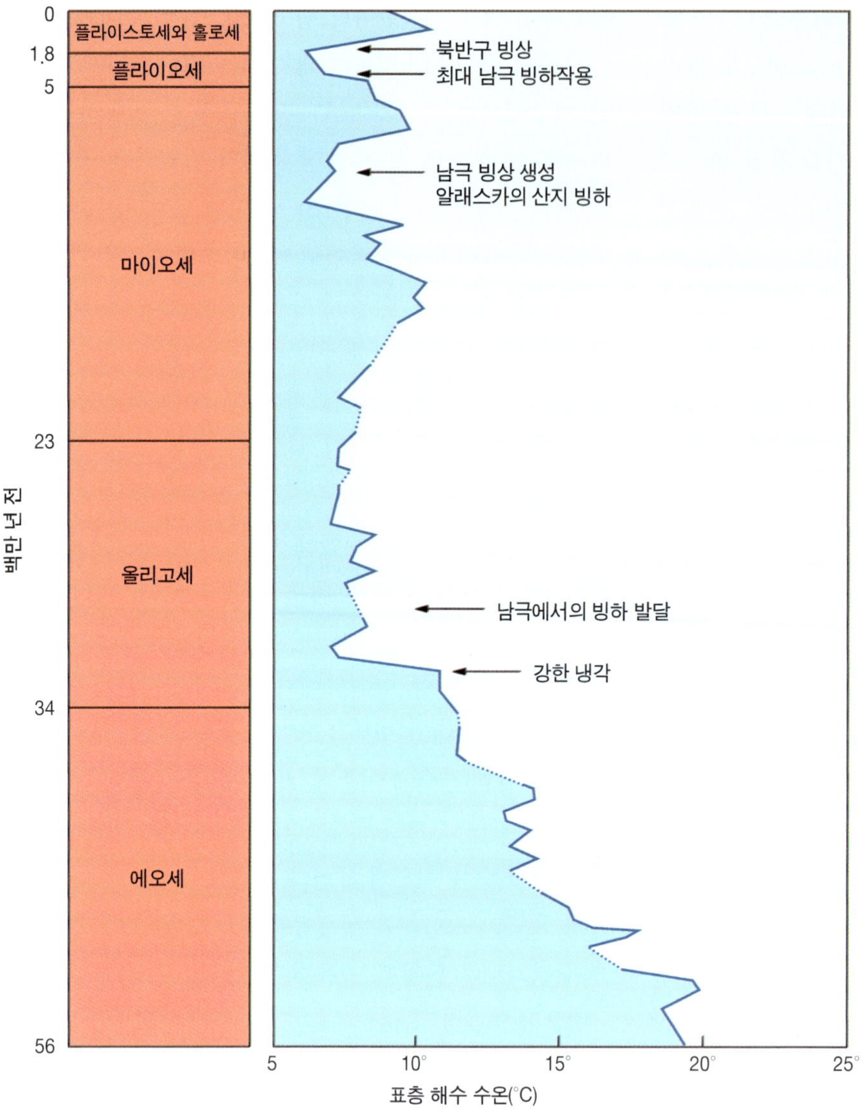

그림 17.5 **신생대의 기후 변화** 서부 태평양의 코어 퇴적물에서 얻어진 산소 동위원소비는 해양의 표층수온이 지난 5,600만 년 동안 변화했음을 지시한다. 온난 해수에서 한랭 해수로의 변화는 약 3,200만 년 전에 일어났다.

시사한다. 사실상, 6,000~8,000년 전까지는 매우 온난하였다. 그 후, 기후는 북반구 대륙들에서 곡빙하의 성장을 촉진할 정도로 한랭하고 습윤해졌다. 소위 **신빙하작용**(neoglaciation) 동안 세 번의 빙하 확장이 일어났었다. 이 중 가장 최근의 사건인 **소빙하기**(Little Ice Age)는 1500년대와 1800년대 중-후반기 사이에 일어났다. 소빙하기 동안, 산골짜기의 빙하들은 확장하고, 아이슬란드에 빙모가 형성되었으며, 북부 고위도 지역들에서는 봄과 여름에까지 해빙(sea ice)이 유지된 한편, 유럽에서는 강과 운하들이 통상적으로 결빙되었다. 그러나 서늘하고 습한 여름과 짧아진 작물 생육기간의 가장 큰 효과는 인류에게 미친 것이었으며 그 결과, 기근이 일어나고 많은 유럽인들이 신세계로 이주하였다. 영국에서는 작물 생육기간이 1680년과 1730년 사이에 5주가 채 못 되었다. 유럽과 아이슬란드에서는 1800년대 초에 빙하가 역사상 알려진 최대 확장을 기록했으며 미국 서부, 알래스카, 캐나다에서도 빙하가 확장하였다.

빙하—어떻게 형성되는가?

육상에서 이동하는 빙괴들은 대륙빙하, 빙모, 곡빙하의 관점에서 정의한다(서론, 그림 17.1 참조). 플라이스토세 동안 모든 형태의 빙하들은 현재보다 더 광범위했었다. 예를 들어, 현재의 대륙빙하는 남극과 그린란드에만 있으나(그림 17.7), 플라이스토세 동안에 빙하는 지구상 육지의 30%를 덮었고, 특히 북반구 대륙들에서 현저했다. 이들 대륙빙하들은 빙하지역과 그 주변지역들에 현재와 같은 모습의 대부분의 지형을 형성시키면서 여러 번 빙하가 이루어지고 전진하며 후퇴하는 작용을 반복하였다. 플라이스토세는 작은 곡빙하들이 산맥들에 보다 많이 존재했던 때이기도 하였다. 실제로, 와이오밍의 그랜드 테튼(Grand Teton) 국립공원과 몬태나

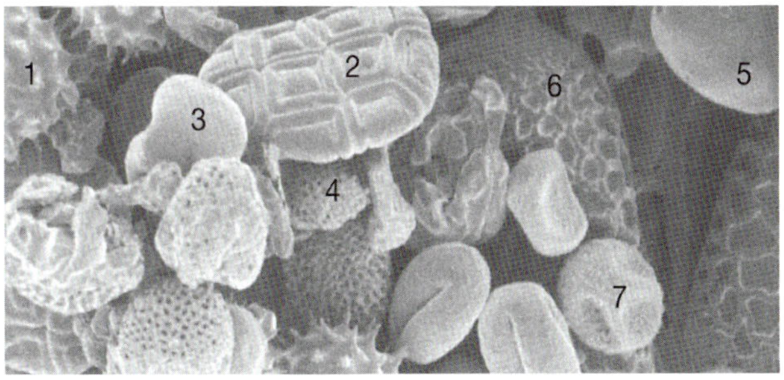

a 현생 화분의 주사전자현미경 사진: (1) 해바라기, (2) 아카시아, (3) 참나무, (4) 흰 겨자, (5) 작은 호두, (6) 용설란, (7) 향나무

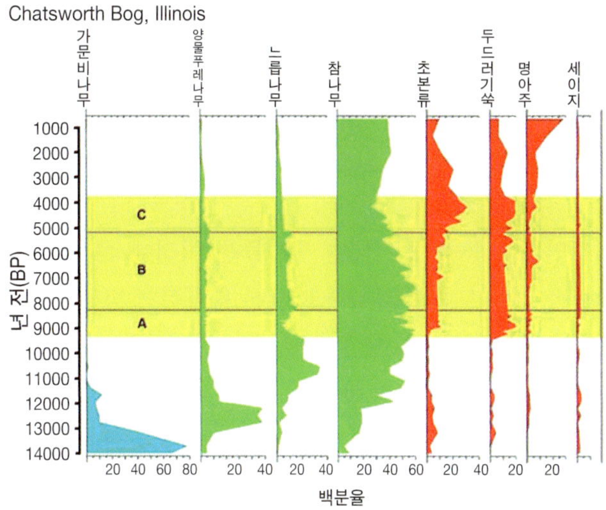

b 일리노이 채츠워스(Chatsworth) 소택지의 과거 4,000년간의 화분 분포도. 가문비나무 숲이 보다 습윤한 기후에서 양물푸레나무와 느릅나무로 대체되었다. 초원의 발달을 지시하는 참나무, 초본류 그리고 개쑥갓 속들이 증가하였다.

그림 17.6 화분 분석과 기후

그림 17.7 그린란드 빙상 그린란드는 3,000m 이상 두께의 대륙빙하로 거의 덮여 있다. 단지 소수의 고산 지대만이 얼음으로 덮이지 않았음을 주목하라. 플라이스토세 동안 대륙빙하는 훨씬 더 광역적이었으나, 오늘날에는 그린란드와 남극대륙에만 대륙빙하가 있다.

의 빙하 국립공원과 같은 지역들의 장관은 곡빙하에 의한 침식의 결과이다.

'빙하는 어떻게 형성되는가?'라는 질문은 비교적 용이하게 답변할 수 있으나, '어떻게 빙하시대가 시작되는가?'라는 경우는 그렇지 않다. 따뜻한 계절에 눈이 녹는 지역에 비해 추운 계절에 그 이상으로 더 많은 눈이 내리는 지역은 매년 순적설량이 있게 된다. 눈의 집적이 일어나면, 심부의 눈은 빙하빙으로 바뀌고 그 두께가 40m 이상의 임계치를 넘으면, 압력 때문에 유동이 시작된다. 한 번 빙하가 형성되면, 부가되는 양이 유실량을 넘는 집적대로부터 유실량이 부가량보다 많은 소실대 방향으로 이동한다. 이 두 장소 간의 균형이 유지되는 한, 빙하는 균형량을 보유하나, 이 두 장소들 간의 불균형이 발생하면 이에 따라 빙하 적재량의 감소 혹은 증가가 일어날 수 있다. 결론적으로, 한 빙하의 말단은 빙하 적재량에 따라 전진, 후퇴 또는 현상 유지 등이 일어날 수 있다.

5. 빙하작용과 그 효과

지표면을 이동하는 거대한 빙하들은 이전에 존재하던 지형을 다른 모습으로 바꾸고 많은 특징적인 빙하 지형을 형성한다. 얼마나 많은 물이 육지에서 결빙되는 가에 따라 빙하가 형성되고 소멸되었으며, 해수면은 하강하고 상승하였다. 그리고 대륙 주변부가 노출되거나 해수로 덮이기도 하였다. 덧붙여 빙하성장을 촉발했던 기후 변화는 빙하 자체보다 더 큰 효과를 미쳤다. 플라이스토세가 남긴 또 다른 유산은 한 때 빙하가 덮었던 지역이 지각평형 반발작용에 의해 아직까지 상승하는 것이다.

빙하 지형

빙하는 유동하는 빙괴이고 그러한 대륙 및 곡빙하들이 쉽게 인지할 수 있는 수많은 침식 또는 퇴적지형을 만든다는 것을 상기하자. 캐나다 대부분과 일부 북부 주들에서는 **빙하 침식 평원**(ice-scoured plain)의 특징들인 토양이 없거나 거의 없고 조선과 원마된 기반암 노출 그리고 불량한 표면 하계 등의 지형이 지배적이다. 플라이스토세 곡빙하들은 **권곡**(cirque)으로 알려진 산측면의 단지 모양의 함몰지와 **U-자형 빙하곡**(U-shaped glacial trough, 그림 17.8 및 개관 참조)이라 불리는 편평한 계곡 같은 여러 특징적인 지형을 이루었다.

그림 17.8 **대륙과 곡빙하에 의한 침식.** 특징적인 지형을 이루게 한 알래스카의 추가치(Chugach) 산맥의 곡빙하는 예리하고 각진 봉우리와 능선 그리고 넓고 편평한 계곡을 만들었다.

대륙과 곡빙하 퇴적층에는 빙하빙에 의해 직접 퇴적된 분급이 불량한 무질서 혼합물인 **빙퇴석**(moraine)과 하성 퇴적기원의 사력층인 **융빙 유수층**(outwash)들이 있다(그림 17.9). 빙하 말단의 빙퇴석을 종퇴석이라 하나 **종퇴석**(end moraine)에는 말단(terminal)과 후퇴(recessional) 종퇴석 유형이 있음을 고려해야 한다. 남부 오하이오, 인디애나, 일리노이의 말단 종퇴석과 융빙 유수층은 대륙 중심부에서 플라이스토세 대륙빙하의 최대 남측 확장경계를 표시한다. 후퇴 종퇴석은 북측 방향에 대한 통상적 빙하후퇴 동안의 빙하의 일시적 안정화를 시사한다(그림 17.10).

물론 빙하는 물의 동결에서 형성되어 지구의 주 계들 중의 하나인 수권을 이룬다. 1장에서 지구의 역사에 다가가기 위해서 계들의 중요성을 역설한 바 있으며, 여기서 활동 중인 계들 사이의 상호 작용을 관찰할 수 있

a 종퇴석과 융빙 유수층. 빙하 최대 확장기에 퇴적된 종퇴석은 말단 종퇴석이다. 동시에 융빙수가 흐르는 하천에서는 융빙 유수층이 형성된다.

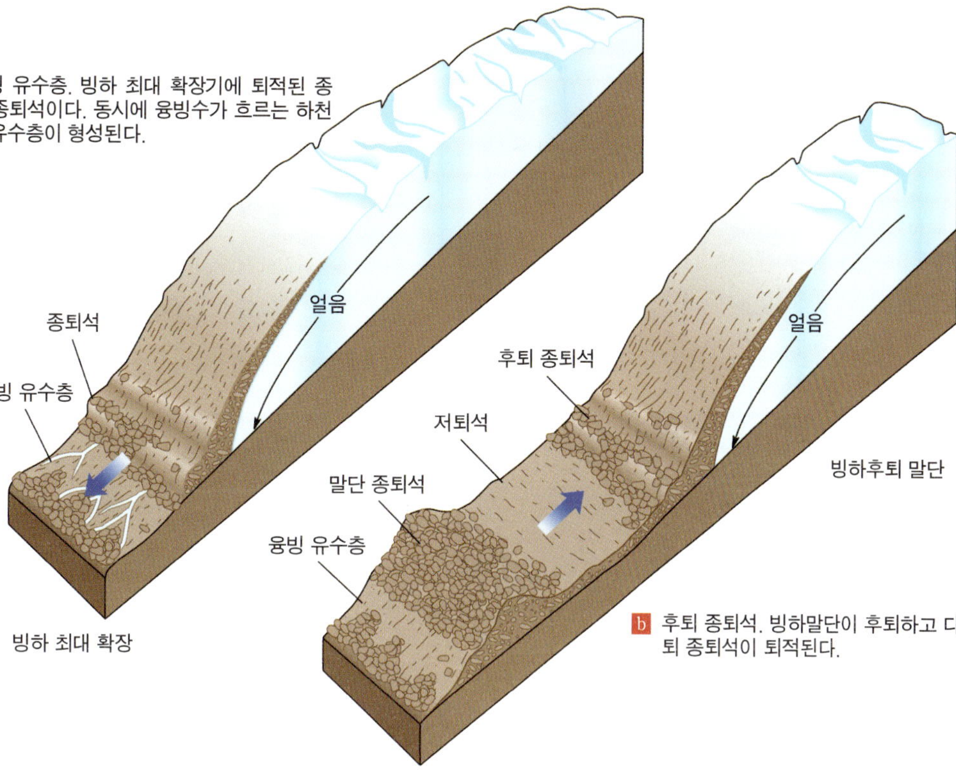

b 후퇴 종퇴석. 빙하말단이 후퇴하고 다시 안정화되면 후퇴 종퇴석이 퇴적된다.

c 전형적인 캘리포니아의 말단 종퇴석. 분급이 불량하고 층리가 없다.

d 융빙 유수층. 위싱턴 주 레이니어(Rainnier) 산의 빙하 녹은 물이 흐른 하천에 의해 퇴적된 융빙 유수층

그림 17.9 종퇴석과 융빙 유수층의 기원

는 좋은 기회를 가질 수 있다. 매사추세츠의 케이프 코드(Cape Cod)는 대서양으로 돌출하여 사람의 팔을 닮은 특징적인 지형이다. 이 곳과 근처의 마르타스 바인야드(Martha's Vineyard) 및 낸터킷(Nantucket) 섬은 플라이스토세 빙하 퇴적에 의해 이루어졌으며 풍랑과 연안류에 의해 퇴적층이 변화하고 있다(그림 17.11).

해수면 변화

현재, 2,800만~3,500만km^{3}의 물이 빙하로 동결되어 있으며, 이들 모두는 해양에서 유래하였다. 그러나 플라이스토세 빙하의 최대 확장기에는 7,000km^{3}의 얼음이 대륙에 존재했었다. 이러한 거대한 빙괴들은 빙하지

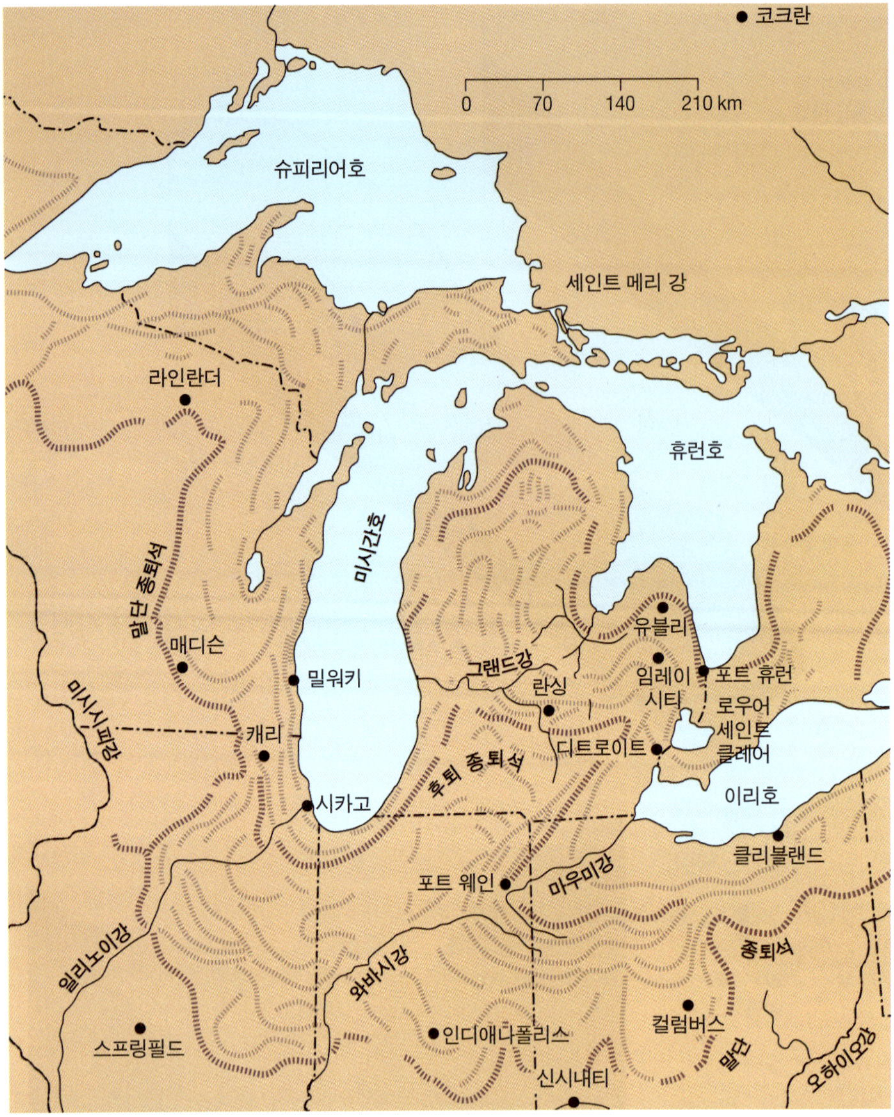

그림 17.10 대륙 중부의 말단과 후퇴 종퇴석 이 종퇴석은 위스콘신 빙하기의 후반 동안에 퇴적되었다. 남쪽으로 가장 먼 위치에 있는 가장 오래된 것은 16,000년 전의 것이다. 위스콘신 빙하의 최대 확장을 지시하는 하나의 말단 종퇴석이 분포한다. 지도상의 다른 모든 빙퇴석은 후퇴 종퇴석들이다.

역에 극심한 영향을 주었고(다음 절 참조), 이 빙괴들은 해수면을 130m 하강시킬 수 있는 물을 포함하였다. 따라서 현재 대륙붕의 대부분은 대기 중에 노출되어 있었고, 빠르게 식생으로 뒤덮였다. 사실상, 베링 해협(Bering Straight)에서는 넓은 육교에 의해 알래스카와 시베리아가 연결되었고 이를 건너 아메리카 원주민과 들소 같은 포유류들이 건너갔다(그림 17.12). 북해(North Sea)의 얕은 해저는 수면 위로 드러나 영국과 유럽 본토는 단일 육지를 이루었다. 빙하가 녹으면서, 이들 지역은 홍수가 일어나 식물들은 물에 잠기고 동물들은 이주하려고 노력하였다.

여러 번의 플라이스토세 빙기 동안의 낮은 해수면은 강과 하천이 바다로 흘러가면서 유수가 침식할 수 있는 기준면(base level)에도 역시 영향을 미쳤다. 해수면이 하강하면서, 강들은 더 깊게 계곡을 침식하였고 밖으로 드러난 대륙붕을 가로질러 확장해 갔다. 낮은 해수면 시기들에 강들은 막대한 양의 퇴적물을 노출된 대륙붕을 횡단하여 대륙 사면으로 운반하였으며, 이 퇴적물은 해저 선상지를 성장시켰다. 그러나 빙하가 녹고 해수면이 상승하면서, 북아메리카 동해안을 따라 이루어진 강들의 골짜기 말단부는 물에 잠긴 반면, 서해안을 따라서는 이런 부분들에 깊은 해저협곡이 형성되었다.

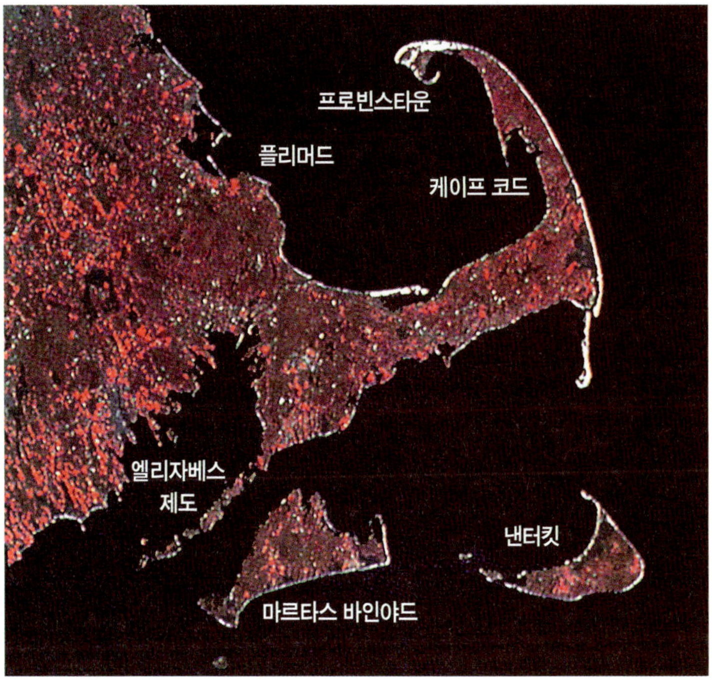

a 케이프 코드와 인근 도서의 퇴적층들이 23,000~14,000년 전에 퇴적된 이래 파도에 의해 변화되긴 했으나 대부분 종퇴석으로 구성되었다.

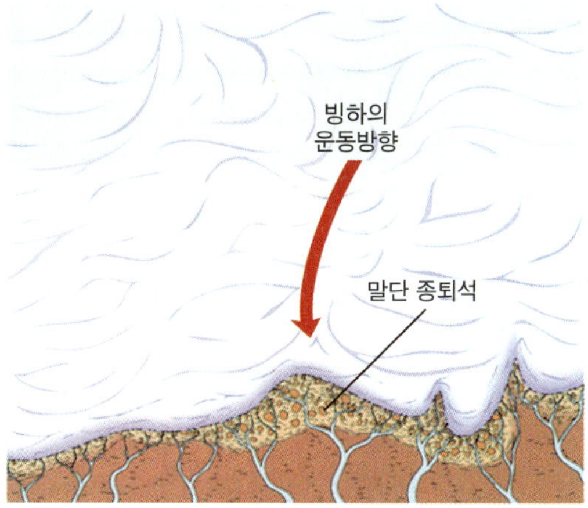

b 마르타스 바인야드와 낸터킷 섬들이 형성되었을 때 말단 종퇴석을 퇴적시킨 빙하의 위치.

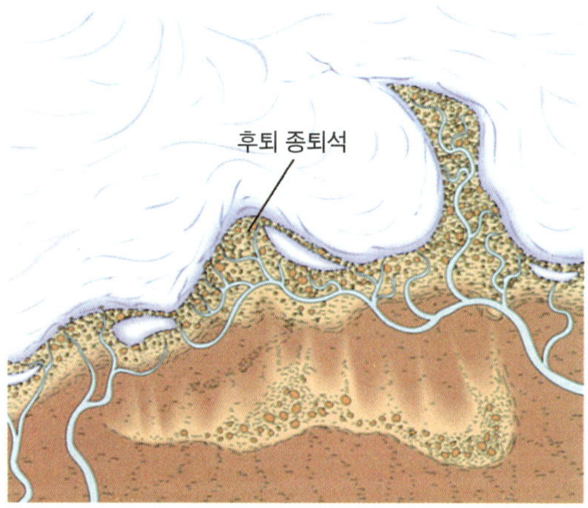

c 현재 케이프 코드의 대부분을 이루는 후퇴 종퇴석을 퇴적시켰을 때의 빙하의 위치

그림 17.11 **빙하기 동안의 매사추세츠 주의 케이프 코드와 인근 지역의 지질학적 진화**

베링 육교

그림 17.12 **베링 육교** 플라이스토세 동안의 해수면은 현재보다 130m 낮았으며 베링 육교(Beringia)라 불리는 넓은 지역이 아시아와 북아메리카를 연결했었다. 그 육교는 빙하 전진 시기 동안 해수면 위로 노출되었으며 인류, 동물 및 식물의 이주 통로의 역할을 했다.

세계의 빙하가 모두 녹는다면 어떤 일이 일어날 것인가? 분명히, 빙하의 물은 바다로 되돌아가고 해수면은 약 70m 정도 상승할 것이다. 이런 일이 벌어진다면, 세계 인구 밀집중심지 대부분은 수몰될 것이다.

빙하와 지각평형

말하자면, 지각이 아래의 보다 밀도가 높은 맨틀 위에 떠 있는 것을 지질학자들은 **지각평형**(isostasy)이라는 현상으로 부른다. 이 개념을 이해하기 위해 비유를 들어 볼 수 있다. 확실히 이 개념은 직관적인 것은 아니다. 결국, 어떻게 암석 위에 암석이 떠 있을 수 있는가? 빙산을 생각해 보자. 얼음은 물보다 밀도가 약간 작아서,

조 망

앨버타 워터튼 호수 국립공원과 몬태나 빙하 국립공원

캐나다 앨버타 워터튼(Waterton) 호수 국립공원과 몬태나 빙하 국립공원은 서로 인접해 있으며, 1932년 최초의 국제 평화공원으로 지정되었다. 두 공원은 장엄한 풍경, 산양, 큰 뿔 양, 회색 곰 등 야생동물들과 인상적인 지질학적 역사를 지니고 있다. 현재의 지형은 백악기에서 에오세에 걸친 변형과 융기에 이은 하천과 빙하에 의한 심한 침식의 결과인 것이다. 공원의 방문자들은 장소에 따라 보이는 대단층 같은 조산운동 동안 작용했던 현상학적 힘의 결과나 북아메리카에서는 가장 멋진 U자형 빙하곡, 아레트, 권곡 또는 호른 같은 빙하지형을 볼 수 있을 것이다(그림 1).

빙하 국립공원에 노출되는 대부분의 암석은 후기 원생누대의 벨트(Belt) 누층군*에 속하나(그림 9.1b와 9.7a 참조), 워터튼 호수 국립공원의 암석들은 퍼셀(Purcell) 누층군에 해당한다. 경계의 남과 북에서 그 명칭들은 다르나 암석은 동일하다. 이 벨트-퍼셀 암석들은 거의 4,000m 두께에 달하며 1억 4,500만~8500만 년 전에 퇴적되었다. 이들 암석 자체도 흥미롭지만, 특히 이토와 두꺼운 석회암층으로 이루어진 적색과 녹색의 암석들은 많은 관심을 불러일으킨다. 덧붙여, 많은 암석들은 지질학자들이 이들 암석의 퇴적과정을 해석할 수 있게 돕는 건열, 연흔, 사층리 등의 퇴적 구조들을 포함한다. 어두운 색의 이암과 사암들은 현재 공원지역을 포함한 북아메리카의 광대한 지역에서 해침이 일어났던 백악기 동안 퇴적되었다. 공원에서 가장 인상적인 지질구조로는 루이스(Lewis) 오버드러스트**를 들 수 있는데, 이 단층은 벨트-퍼셀 암석들을 동쪽으로 약 75km를 이동시켜 새로운 백악기 암석 위에 놓이게 하였다(그림 16.11 참조). 만약 빙하 국립공원의 마리아스(Marias) 고개로부터 행로를 잡아 그 단층에 더 접근한다면, 단층 위에 놓인 암석의 강한 변형을 관찰할 수 있을 것이다.

플라이스토세 동안에 빙하가 만들어지고 성장하면서 계곡 사이의 경계들을 덮어씌웠고 거의 전 지역에 빙모를 형성시켰다. 사실상, 여러 번의 플라이스토세 빙하작용이 일어났었으나, 가장 최근의 빙하작용 증거가 가장 명백하다. 이 빙하들은 사방으로 유동해 대륙빙하로 합쳐져서 캐나다 대부분과 북부 주들을 덮었다. 이와 같은 빙하작용의 사건들 동안 계곡들처럼 공원 대부분의 지형들이 깊게 파이고 넓어졌으며 권곡, 아레트 및 호른들이 전개되었다(그림 1).

현재는 24개 정도의 작은 빙하들만이 이 공원에서 활동 중이다. 그러나 이전의 빙하들처럼 이들도 상당히 약화되기는 하였지만 침식, 운반 그리고 퇴적물을 퇴적시키고 있다. 실제로 1850년에는 빙하 국립공원에는 150여 개의 빙하가 있었지

그림 1 몬태나 빙하 국립공원의 세인트 메리 호수 이들 예리한 첨봉과 넓고 둥근 계곡들은 곡빙하에 의한 침식의 결과이다.

*누층군은 둘 이상의 층으로 구성된 층군이 둘 이상인 경우의 지질학적 용어

**오버드러스트 단층은 단층운동이 통상 수km 정도인 매우 저각도인 드러스트 단층

조 망 (계속)

만 현재는 소멸했거나 단지 조각보 형태로 잔류할 뿐이다. 그리고 심지어 다른 빙하들의 경우에도 빙하의 규모가 작고 일 년에 수 m 정도로 느리기 때문에 얼마 정도의 빙하가 활동 중인지를 파악하기는 어렵다. 그러나 빙하들은 소빙하기 동안 분명히 확장했으며 현재는 후퇴하고 있다(그림 2).

이 작은 빙하들은 기후 변화에 매우 민감해서 1900년 이래 이 지역에서 여름 평균기온이 1℃ 상승한 결과로 수축하고 있다. 미국 지질조사 보고서에 의하면, 예상되는 온난화는 2030년 이들 빙하를 소멸시킬 것이고 설사 추가적인 온난화가 없더라도 2100년에는 빙하가 사라질 것이라고 예상한다. 이들 두 공원에서 활동성 빙하가 도로에까지 도달한 것은 없으나 여러 개는 먼 거리에서 관찰할 수 있다. 그럼에도 불구하고, 플라이스토세 빙하들과 현재 잔류한 활동성 빙하들이 이러한 장관의 대부분을 연출한 것이다. 현재, 풍화, 사태 그리고 하천들이 빙하 지형을 변화시키는 중이다.

그림 2 1938~2006년 사이의 굴드(Gould) 산 그린넬(Grinnell) 빙하의 변화 모습

빙산은 자체 부피의 10% 정도만 물 밖으로 나오고 나머지는 평형을 이룰 때까지 잠긴다. 지각은 더 복잡하나 지각의 두께와 밀도에 따라 평형에 도달할 때까지 하나의 유체처럼 행동하는 맨틀 속으로 잠긴다. 해양 지각은 다양한 두께를 지닌 대륙 지각보다 얇으나 밀도가 더 크다.

지각에 퇴적물이 집적되거나 빙하가 형성되어 질량이 더해지면, 평형상태에 도달할 때까지 맨틀 속으로 가라앉는다. 그러나 침식이나 빙하용융으로 하중이 제거되면, 지각은 **지각평형 반발**(isostatic rebound)에 의해 서서히 융기한다. 다시 빙산으로 되돌아가 보자. 해수면 위의 어떤 부분이 녹으면, 평형을 얻을 때까지 빙산은 물 밖으로 상승한다.

지각이 플라이스토세 동안에 거대한 빙하의 무게 때문에 침강하였고 다시 반발되고 지금도 이 현상이 지속되는 것에 의문을 갖지는 않는다. 사실상, 어떤 장소의 지표는 빙하 전 고도 밑으로 300m나 하강하였다. 그러나 빙하가 녹아서 제거됨에 따라, 눌렸던 지역이 점차 이전 위치로 복원되었다. 지각평형 반발 증거는 스칸디나비아와 북아메리카 오대호 지역과 같은 전에 빙하작용을 받았던 장소들에서 잘 보인다. 스칸디나비아의 어떤 연안 도시들은 단지 수 세기 전에 건설한 부두가 현재는 내륙에 위치할 정도로 충분한 복원이 이루어졌다. 그리고 캐나다에서는 지난 6,000년 동안 100m의 지각

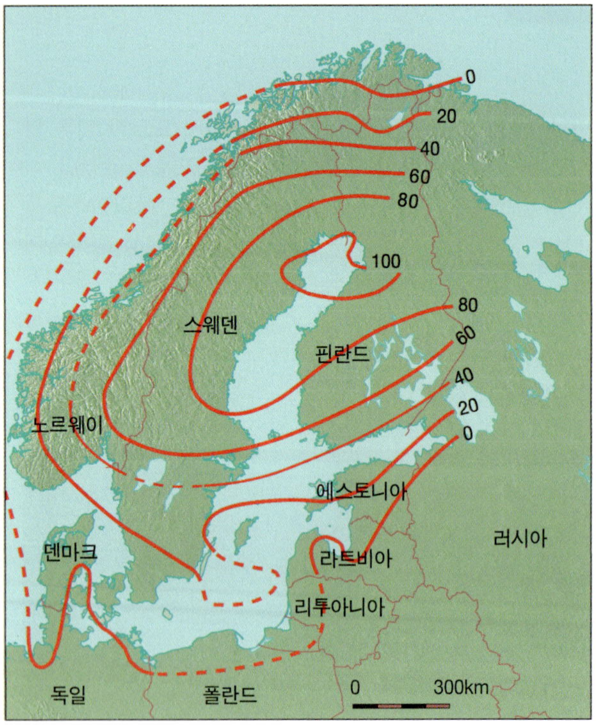

a 스칸디나비아의 지각평형 반발 융기. 선들은 100년당 융기한 높이를 나타낸다.

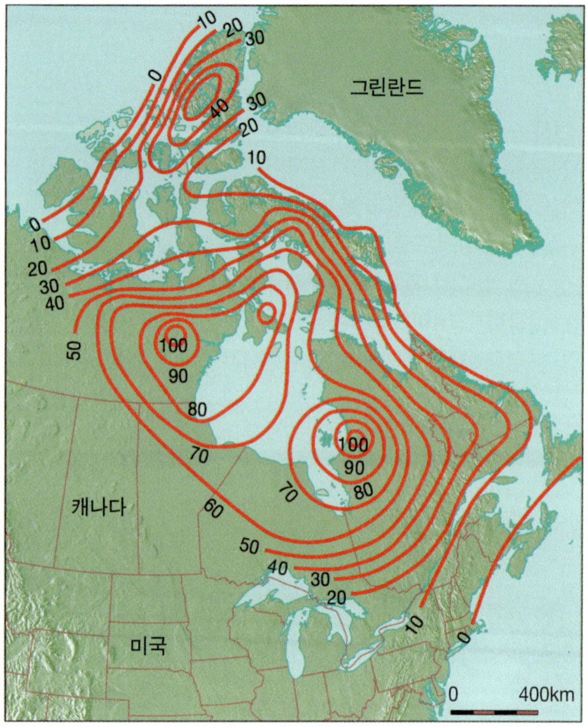

b 지난 6,000년 동안 캐나다 동부에서의 지각평형적 반발 융기. 단위는 m이다.

그림 17.13 **빙하와 지각평형**

평형 반발이 이루어졌다(그림 17.13).

다우호와 빙하연변호

위스콘신 빙기 동안, 미국 서부의 현재 건조지대인 지역들에는 빙하가 북쪽 먼 곳에 있었을 때, 거대한 호수들이 존재하였다. 명칭에서처럼, 이들 **다우호**(pluvial lake)들은 특히 증발량을 낮추었던 여름 동안의 훨씬 많은 강수량과 보다 서늘한 기온 때문에 유지되었다. 담수생물의 화석과 수반된 파식절벽, 호안, 삼각주 및 호성퇴적층들은 이들 호수들의 존재를 입증한다(그림 17.14).

캘리포니아–네바다 경계의 데스밸리는 북아메리카에서 가장 덥고 건조한 장소이나, 위스콘신 빙기 동안에는 거대한 다우호인 맨리(Manly)호가 존재하였다(그림 17.14). 이 호수는 길이가 145km, 깊이가 거의 180m 정도였으며 말라붙었을 때, 계곡 바닥에 용해성 염류들이 침전되었다. 이 호성퇴적층에서 나오는 광물 중의 하나인 붕사는 요업, 화학비료, 유리, 땜납, 제약 등에 사용하기 위해 채굴된다.

다우호와는 대조되게, 빙하작용 지역들에서 멀리 떨어진 곳에서는 융빙수가 빙하주변을 따라 집적되는 장소에는 **빙하연변호**(proglacial lake)가 형성된다. 프랑스의 박물학자 아가씨를 기리기 위해 명명된 아가씨호는 이러한 방법으로 이루어졌다. 이 호수는 노스다코타, 매니토바, 사스캐치완, 온타리오에 걸쳐 약 25만km^2를 차지하였으며, 호수의 북부 연변을 따라 얼음이 녹고 물이 북쪽 허드슨만으로 배수가 될 때까지 존속하였다.

빙하 근처나 인근 호수들의 퇴적층은 자갈에서 이토에 이르기까지 다양하나, 어둡고 밝은 층들이 교호하는 엽층으로 구성된 이토 퇴적층이 특별한 관심을 끈다. 각각의 밝고 어두운 한 쌍의 층은 일 년 동안의 퇴적층으로 호상점토라 한다. 미사와 점토의 밝은 색 층은 봄과 여름에 형성되며, 어두운 색 층은 호수가 얼어붙는

a 플라이스토세의 호수. 피라미드(Pyramid)호와 그레이트 솔트호는 훨씬 더 컸던 고기 호수가 수축된 것이다. 이 호수들 중, 컬럼비아호와 미주라호 만이 빙하연변호이다. 미주라호의 물을 가두고 있었던 600m 높이의 얼음 댐이 붕괴되었을 때, 물은 서쪽으로 흘렀고 워싱턴 주 동부의 암반용암지대를 삭박하였다.

b 이 사진에 보이는 네바다 팔론(Fallon) 동부 지역은 라호탄(Lahotan) 호가 덮고 있었다. 사실상, 이 사진은 당시 호안에 살았던 아메리카 원주민의 고고학적 유적지인 그림즈 포인트(Grimes Point)에서 촬영되었다.

그림 17.14 미국 서부에 분포하는 플라이스토세 호수

겨울 동안에 보다 세립질인 입자와 유기물로 이루어진다. 이들 호상점토퇴적층은 녹은 얼음에서 분리된 빙하낙하석(dropstone)이라는 자갈 크기 입자들을 포함하기도 한다.

미주라(Missoula) 빙하호 1923년, 지질학자 브레츠(J Harlan Bretz)는 현재 서부 몬태나에 있었던 플라이스토세 호수가 주기적으로 얼음으로 된 댐을 무너뜨리고 북서 태평양 연안에 홍수를 일으켰다고 주장했다. 그는 더나가 하부의 기반암을 노출시키면서 표층퇴적물을 삭박시켜 이루어진 워싱턴 주 동부의 암반용암지대(scabland)뿐만 아니라 몬태나와 아이다호에서 볼 수 있는 거대 연흔과 다른 하천지형들이 이러한 거대한 홍수에서 비롯되었다고 하였다(그림 17.15a).

브레츠의 가설은 초기에는 상당한 반대에 부딪혔으나, 그는 계속 증거를 제시하였고 결국 지질학자들은 18,000~20,000년 전인 아주 가까운 과거에 이런 대홍수들이 일어났음을 확신하게 되었다. 약 7,800km^{2}에 펼쳐져 있던 거대한 빙하연변호인 미주라호는 아이다호의 얼음 댐으로 가둬져 있었으나 주기적으로 댐이 붕괴되었었다는 것이 받아들여지고 있다. 실제로, 이 고대 호수의 호안선은 몬태나 미주라 주변의 산사면에서 볼 수 있다. 얼음 댐이 붕괴될 때, 몬태나와 아이다호에서 볼 수 있는 다양한 하천지형과 워싱턴 주 동부의 암반용암지대에서 입증되는 것처럼 물이 격렬한 속도로 휩쓸었었다(그림 17.14a).

본네빌(Bonneville) 호 최대 면적 약 50,000km^{2}와 최대수심 335m의 본네빌호는 현재의 유타와 거의 맞먹는 다우호였으나 일부는 네바다 동부와 아이다호 남부까지 확장되었다(그림 17.14). 약 15,000년 전 본네빌호는 흘러넘쳐 아이다호의 레드 록(Red Rock) 고개의 자연댐을 빠르게 침식시키면서 격변적 홍수를 일으켰다. 그 홍수는 스네이크(Snake)강의 유로를 따라 흘렀으며 미주라호의 홍수처럼 통과했다는 많은 증거를 남겼다. 예를 들어, 아이다호의 멜론 자갈(Melon Gravel)은 직경

a 소위 거대연흔이라고도 하는 자갈 능선으로 된 이 주름진 표면은 미주라호의 물이 몬태나 카마스 프레리(Camas Prairie)를 가로질러 흘렀을 때 형성되었다.

b 멜론 자갈. 본네빌호의 홍수에 의해 퇴적되었다. 이 광경은 아이다호 해거맨(Hagerman) 근처이다.

그림 17.15 미주라 빙하호는 빙하연변호, 본네빌호는 다우호

3m 이상의 둥근 현무암 표력으로 이루어지는데, 이 역질 바(gravel bar)들은 90m 폭과 2.4km 길이로 전개된다(그림 17.15b). 격변적 홍수의 추정배수량은 1.3 km^3/hr이나 미주라호 홍수의 배수량은 거대 규모 홍수의 약 30배에 달했었다. 유타의 솔트 레이크 시티(Salt Lake City) 서쪽 본네빌 염분 평원의 광대한 염분퇴적층은 이 고기 호수 일부가 말라붙었을 때 이루어졌고, 그레이트솔트호는 한 때 훨씬 거대했던 호수의 축소된 잔류물인 것이다.

오대호의 주요 역사 플라이스토세 이전, 오대호 지역은 넓은 하곡을 가진 다소 평탄한 저지였다. 캐나다로부터 남쪽으로 대륙빙하가 전진해 옴에 따라, 모든 지역은 얼음으로 덮였고 심하게 침식되었다. 사실상, 다섯 개의 오대호 분지들 중 네 분지는 해수면 아래까지 침식당했다. 유수에 의한 침식이 진행됨에 따라, 빙식작용은 침식기준면에 제한되지 않았다. 어떤 경우에, 빙하는 남쪽으로 멀리 전진하였으나 전에도 그랬던 것처럼 수많은 후퇴 종퇴석을 퇴적시키면서 북쪽으로 후퇴하였다(그림 17.10).

약 1만 4000년 전에 미시간과 이리호 분지의 일부에는 얼음이 없었으며 융빙수가 다우호를 이루기 시작했었다(그림 17.16). 빙하전면이 북쪽으로 후퇴하면서—일부 소규모 재전진이 있었으나—오대호 분지들은 결국 얼음이 없는 상태가 되었고 호수들은 현재 크기와 모습이 될 때까지 확장되었다.

이러한 오대호 지방의 역사는 대체로 타당하나 지나치게 단순화되었다. 일찍이 언급된 빙하전면의 작은 재전진들은 호수를 큰 폭으로 변동시켰고 호수가 물로 채워지면서 주변지역으로 넘치고 부분적으로 배수되었다. 추가적으로, 빙하가 한번 물러나면, 지각평형 반발이 일어나고 이 역시 오대호 지역에 영향을 미쳤다.

6. 플라이스토세 빙하작용의 원인은 무엇인가?

현재 우리는 빙하가 어떻게 움직이고, 침식하고, 퇴적물을 운반하고 퇴적시키는가에 대해서 잘 알고 있으며 심지어 빙하가 생기는데 필요한 조건—다음해 따뜻한 계절 동안 녹는 양보다 많은 겨울 강설량—에 대해서도 알고 있다. 그러나 빙하기 동안, 대규모 빙하작용의 원인과 왜 여러 번 빙하작용이 일어났는지에 대한 포괄적인 질문에 대한 정확한 답변을 가지고 있지 않다. 지질학자들, 해양학자들, 기후학자 및 다른 학자들은 빙하기의 모든 현상들을 설명할 수 있는 보편적인 이론을 제안하기 위해 한 세기가 넘게 노력해 왔으나, 완전히 성공적이라 하기는 상당히 어렵다. 그런 보편적 이론이

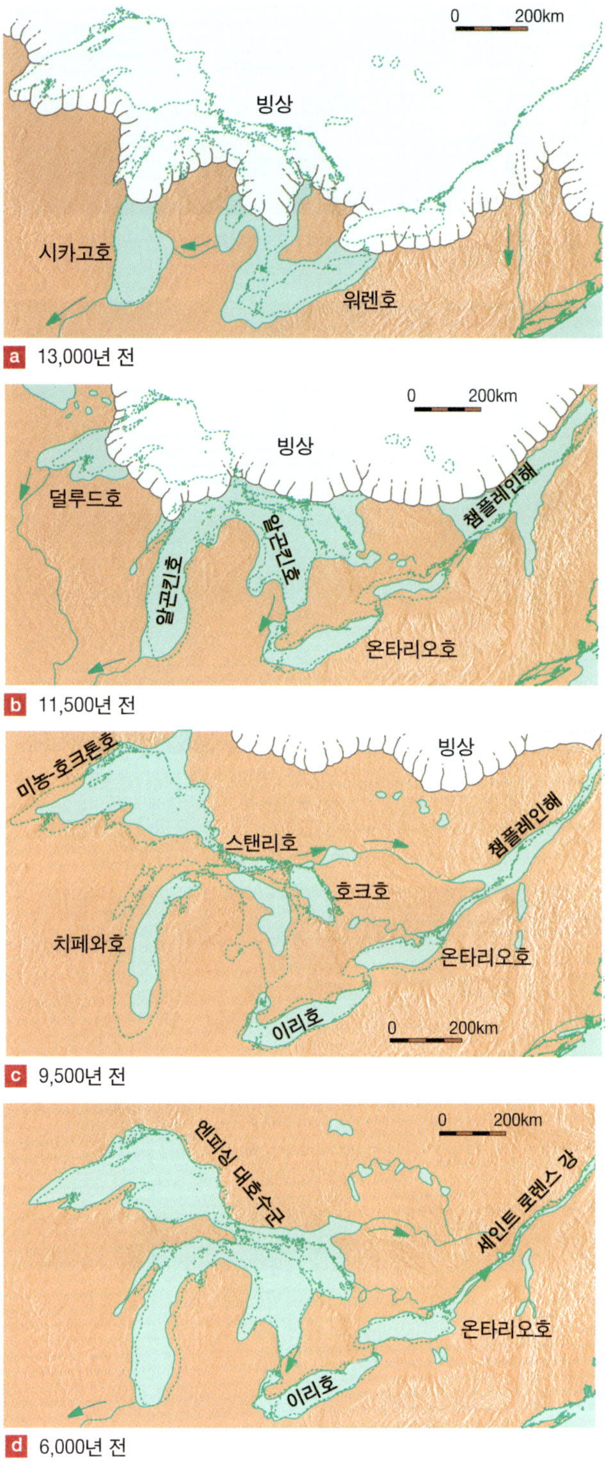

그림 17.16 오대호 지방 진화의 네 단계 빙하가 북쪽으로 물러감에 따라 호수 분지들은 융빙수로 채워진다. 점선은 현재의 호안선을 지시한다.

출처: V. K. 프레스트, 경제 지질 보고 1, 5d, 1970, pp. 90–91(그림 7–6). 캐나다 지질조사소, 에너지, 광물, 자원부, 조달부 장관의 허가로 재출판

결여되는 이유 중 하나는 빙하작용을 일으키는 기후 변화, 빙기–간빙기의 주기적 출현, 소빙하기 같은 단주기 현상 등이 매우 다른 시간 단위로 작용하기 때문이다.

지질학적 기록에서 인식되는 몇 번의 빙하작용은 온난한 기후를 가진 긴 기간들에 의해 구분된다. 판구조론과 관련된 완만한 지리적 변화는 아마도 그런 장기간 기후 변화의 원인이 될 것이다. 판의 운동은 충분한 적설량에서 빙하가 생성될 수 있는 위도로 대륙을 이동시킬 수 있을 것이다. 장기간의 기후 변화는 해수면 위로 광역적인 지역의 융기를 가져오는 대륙의 충돌로부터 일어나기도 하는데, 물론 육지와 바다의 분포는 해양과 대기의 대순환 체제에 중요한 역할을 한다.

중생대 후 냉각화의 시작과 플라이스토세 빙하작용을 정점으로 이끌었던 원인에 대한 하나의 제안된 기구는 대기 중 이산화탄소(CO_2) 수준의 감소이다. 이산화탄소는 온실효과 기체인데, 그 양이 태양광을 잡아두기에 부족하게 되면, 지구 전체 기온은 빙하가 형성될 정도로 하강할 수 있다.

문제는 CO_2량의 감소가 실제로 일어났는지를 입증할 수 있는 명확한 자료가 없을 뿐만 아니라 비록 히말라야나 다른 산맥들에서 융기가 있었기는 하였지만 그러한 감소의 원인이 되는 기작에 학자들이 동의하지 않는다는 것이다.

지난 수백만에서 수십만 년에 이르는 플라이스토세 빙기와 간빙기 같은 중간 규모의 기후 변화 역시 설명하기 어렵다. 그러나 오래전에 제창된 밀란코비치 이론이 현재 널리 받아들여지고 있다.

밀란코비치 이론

중간 규모 기후적 사건의 원인으로서 지구궤도의 변화는 1800년대 중반에 처음 제안되었으나 이러한 생각은 세르비아의 천문학자 밀란코비치(Milutin Milankovitch)에 의해 1920년대에 일반화되었다. 그는 지구 자전과 공전의 작은 불규칙성이 주어진 위도에 입사되는 태양광량을 변화시키는 데 충분하여 기후 변화를 가져올

수 있다고 제창하였다. 현재 **밀란코비치 이론**(Milankovitch theory)으로 알려진 이 이론은 처음에는 무시당했으나 1970년대 이후 재차 관심의 대상이 되고 현재는 널리 받아들여지고 있다.

밀란코비치는 지구공전의 세 가지 측면의 변이가 플라이스토세 빙하기의 시작을 가져왔다고 하였다. 첫째는 공전궤도 이심률(orbital eccentricity)인데, 이는 지구가 태양 주위를 공전하는 궤도가 시간이 지나면 변하는 정도이다(그림 17.17a). 공전궤도가 거의 원에 가까우면, 남반구와 북반구의 계절의 차이가 유사하다. 그러나 궤도가 타원으로 되면, 뜨거운 여름과 추운 겨울이 한 쪽 반구에서 나타나는 반면, 다른 반구에서는 따뜻한 여름과 서늘한 겨울이 생기게 될 것이다. 계산에 따르면 최대 이심률 사이는 약 10만 년 주기 정도이며, 이는 플라이스토세 사이의 20개의 온난-한랭 기후주기와 매우 유사하다.

밀란코비치는 또한 지구의 축과 지구 공전궤도면에 직각인 선 사이의 각도가 현재 23.5°인데 이 값이 41,000년 주기로 1.5° 정도 변화한다고 지적하였다(그림 17.17b). 이 축경사의 변화가 적도에서는 거의 효과를 미치지 못하나, 고위도에 입사되는 태양광량과 지구의 극과 인접지역의 어두운 주기(dark period)의 지속기간에 큰 영향을 준다. 분점(equinox)의 세차운동인 지구공전 변화의 세 번째 측면과 병행하여 고위도 지방은 빙하성장과 용융에 영향을 주기에 충분한 15% 정도의 태양 복사 감소가 있을 것이다.

밀란코비치가 지적한 지구공전의 세 번째 측면인 분점의 세차운동(precession of the equinoxes)은 분점들의 시간에 따른 변화를 말한다. 현재 분점은 태양이 적도에 직하로 내리 쬐는 3월 21일과 9월 21일 경이다. 그러나 지구가 축을 중심으로 자전하면서 축경사가 1.5° 정도 진동하게 된다. 자체변화만 가지고는 분점의 변화는 기후적인 효과를 거의 나타낼 수 없으나, 지구 축경사의 변화는 원일점(aphelion)과 근일점(perihelion)의 시간을 변화시킨다. 이들은 지구가 공전하면서 태양에서 가장 먼 시기와 가장 가까운 시기를 말한다(그림 17.17c). 지구는 현재 북반구가 겨울인 동안 태양에 가장 가까운 근일점에 있으나, 약 11,000년경에는 근일점이 7월에 있게 된다. 따라서 지구는 1월에 태양에서 가장 먼 원일점에 있게 되고 더 추운 겨울이 될 것이다.

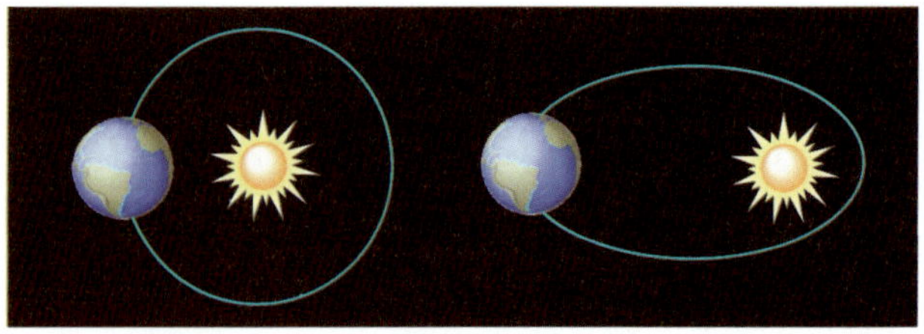

a 지구 공전궤도가 거의 원(좌측)에서 타원(우측)까지 변하며 약 10만 년 뒤에 되돌아온다.

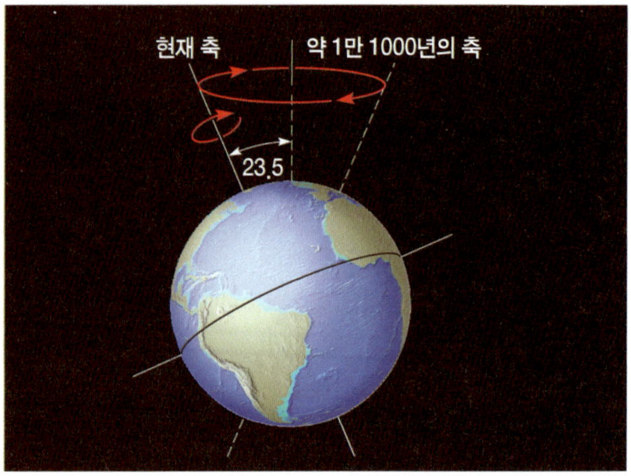

b 지구는 지축을 중심으로 자전하면서 공전궤도를 따라 움직인다. 지축은 지구가 태양 주위를 도는 공전궤도면의 직각방향에 대해 23.5° 기울어져 있으며 그 방향은 북극성 방향이다. 지구의 축이나 자전운동은 서서히 이동하여 공간상에 원추형 궤적을 그린다.

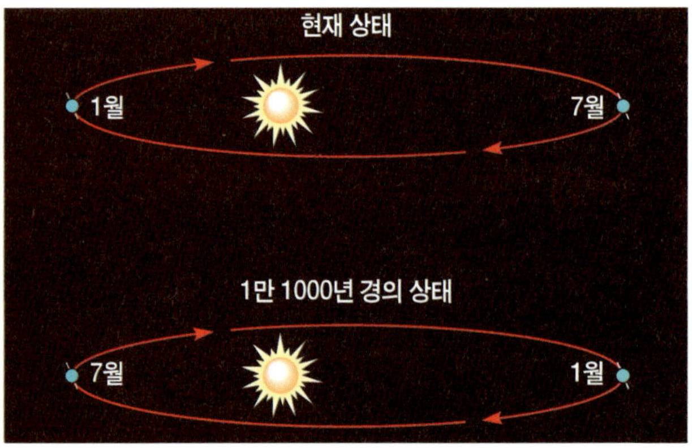

c 현재, 지구는 북반구가 겨울인 1월(위쪽)에 태양에서 가장 가깝게 있다. 그러나 약 1만 1000년에는 세차운동의 결과로, 북반구가 여름인 7월(아래쪽)에 태양에 가장 근접할 것이다.

그림 17.17 기후 변화에 영향을 주는 밀란코비치 이론. 지구 자전과 공전의 작은 불일치들이 기후 변화에 영향을 미친다.

지구공전과 축경사의 계속적인 변화는 어떤 위도에 입사되는 태양 열량을 시간이 지남에 따라 약간씩 변화하게 할 것이다. 행성에 입사되는 전체 열량은 거의 변화가 없을 것이나, 현재 다수의 학자들이 동의하는 바이기도 하는 밀란코비치에 따르면, 이러한 변화는 복잡한 기후적 변동을 가져오고 플라이스토세의 빙기-간빙기 현상의 방아쇠 역할을 했을 것이다.

단기간의 기후적 사건

소빙하기 같은 수 세기에 걸친 기후적 사건은 판구조론이나 밀란코비치 주기 등에 의해 설명하기는 너무 짧다. 태양 에너지의 변동과 화산작용을 포함하는 여러 가설들이 이를 설명하기 위해 제안되어 왔다.

태양에너지의 변동은 태양 자체에서 기인할 수도 있고 태양에서 지구로 입사되는 에너지양을 감소시키는 어떤 원인에서 비롯될 수도 있다. 후자는 태양계가 성간먼지나 기체를 통과하거나 태양 복사를 반사시키는 대기 중의 물질이 원인일 수도 있다. 지난 90년간 축적된 기록들은 최근의 태양 복사는 아주 미세하게 변화하였음을 시사한다. 태양에너지의 변동은 단기간의 기후적 사건에 영향을 미칠 수는 있지만, 아직 그런 연관성이 제안된 적은 없다.

거대한 화산 폭발 동안, 막대한 양의 화산재와 기체들이 대기 중으로 산포되어 입사되는 태양에너지를 반사해 기온을 하강시킨다. 여러 해 동안, 황의 미립자가 대기 중에 잔류하여 기후에 큰 영향을 줄 수 있다. 1815년, 탐보라(Tambora) 화산의 분화 같은 여러 개의 대규모 화산 활동들은 기후적 영향을 미쳤었던 것으로 알려진다. 그러나 아직까지 화산 활동의 주기와 빙하작용의 주기 사이에 관련성이 확립된 적은 없다.

7. 현재의 빙하

현재의 빙하는 훨씬 국부적이나, 그럼에도 침식, 퇴적물 운반, 퇴적의 영력으로 작용한다. 결국, 빙하는 현재 육지의 단지 10%만을 덮고 있다. 학자들은 빙괴를 움직이는 역학 특성을 보다 잘 이해하기 위해 빙하의 행동을 계속 지켜보고 있으나 한편으로, 기후 변화의 지시자로서도 흥미 있게 주시하는 것이다.

지난 100여 년 동안 지구 대기의 따뜻해짐을 말하는 **지구 온난화**(global warming)는 의심의 여지가 없다. 많은 학자들은 지구 온난화의 원인이 화석연료의 사용으로 인한 온실기체 특히 이산화탄소의 증가라고 확신한다. 다른 사람들은 표면온도가 상승하기는 하였으나 정상적 기후변동에 해당한다는 것에 동의한다. 양자의 경우에 모두 빙하는 단기간 기후 변화의 좋은 지시자 역할을 한다.

어떤 빙하의 행동은 적재량—획득량 대 손실량 차이—에 의존하는데, 바꾸어 말해, 온도와 강수량에 관계된다. 추산에 의하면 남극과 그린란드를 제외하고 16만 개의 곡빙하와 빙모들이 있고 알래스카에만 수만 개가 존재한다. 이들 빙하의 많은 수가 아직 연구되지 못한 것도 사실이나, 이들 중 많은 수가 경고할 만한 경향을 보인다. 많은 빙하들은 움직임을 완전히 중단하고 후퇴하거나 사라지고 있다.

예를 들어, 1850년에 몬태나 빙하 국립공원에 약 150개의 빙하가 존재했으나, 현재는 24개만 남아 있으며 북서 태평양의 캐스케이드 산맥의 거의 모든 빙하는 후퇴하고 있다. 워싱턴 주의 글래시어 피크(Glacier Peak)는 12개의 빙하가 모두 후퇴하고 있고, 화이트척(White-chuck) 빙하는 곧 활동을 중단할 것이다. 워싱턴 주의 세인트헬렌스 화산이 분화했을 때, 12개의 모든 빙하들이 파괴되거나 상당히 축소되었다. 1982년, 이 산의 분화구 안의 용암돔이 빙하가 생길 정도로 충분히 냉각되었다. 현재 그 두께는 190m이다(그림 17.18). 비록 세인트헬렌스 화산이 빙하가 존재할 수 있는 상태가 되었다고 할지라도 하나의 빙하만이 재생성되었다는 것은 그 산맥의 다른 빙하들에서 얻어진 증거들을 거슬리지는 못한다는 것을 상기해야 한다.

캐스케이드 산맥의 빙하 수축에 대해서 특기할 만한

그림 17.18 **캐스케이드 산맥의 빙하** 2005년 4월 19일에 관찰된 세인트헬렌스 화산 분화구의 용암돔(어두운 부분)과 새로 형성된 크레이터 빙하의 모습. 빙하표면의 화산재와 거대한 크레바스에 주목하라.

예외가 있다. 캘리포니아의 샤스타(Shasta) 산의 일곱 빙하들은 모두 성장하고 있는데, 아마 태평양의 온난화에 따른 강수량 증가가 원인인 것 같다. 그럼에도 불구하고 그 빙하들은 작고 오래 지속될 것 같지는 않아 보이는데, 온난화의 지속이 계속되면서 강설량 증가의 효과를 추월할 것이기 때문이다.

그린란드의 빙상은 2003~2005년 사이에 약 162km^{3}의 얼음을 유실하였는데, 빙상에서 바다로 흘러가는 빙하들의 이동 속도가 주목할 정도로 빨라지고 있다. 예를 들어, 캉게르드루그수악(Kangerdlugssuag) 빙하는 일 년에 약 14km(38.4m/일) 속도로 이동 중이며, 2005년에만 빙하말단이 5km 후퇴했다. 알래스카의 빙하말단들도 역시 후퇴하는 중인데, 특히 바다로 유출되는 곡빙하(이른바 조수빙하, tidewater glacier)에서 현저하다.

대부분의 남극빙하들은 체적이 감소하는 징후를 보이지 않는데, 대륙 자체가 고위도에 위치하고 빙하 용융이 일어나기 어려울 정도로 한랭하기 때문이다. 여기서 가장 중요하게 고려해야 할 것은 빙붕—바다로 유입되는 광대한 빙하의 일부—의 일부가 붕괴될 것이고 내륙빙하가 빠르게 흘러 들어가는 것을 허용할 것이라는 사실이다. 사실상, 최근 빙붕의 거대한 부분이 파쇄되어 육지에서 발원한 빙하의 해양으로의 유출이 허용되고 있다. 빙붕 자체는 떠 있는 상태이므로 녹는다고 하여 해수면 상승을 일으키지는 않으나, 육지의 빙하가 바다로 유입되어 용융되면, 해수면 상승을 가져온다.

8. 플라이스토세의 광물 자원

많은 광물 퇴적층들이 플라이스토세와 홀로세 동안에 빙하작용의 직간접적인 결과로 형성되었다. 이미, 플라이스토세의 다우호가 증발하면서 이루어진 유타의 넓은 염분 퇴적층과 캘리포니아 데스밸리의 붕사 퇴적층에 대해 언급한 바 있다. 그리고 규조라는 현미경적인 식물의 골격으로 구성된 규조토 퇴적층이 후기 신제3기에 서부 해안 주들에 형성되었다.

캐나다 지역뿐만 아니라 많은 미국 주들에서 가장 가치 있는 광물적인 상품으로 건축에 사용하는 모래와 자갈이 있는데 이들 대부분은 빙하퇴적층 특히 융빙 유수층에서 발견되고 있다. 이와 똑같은 상품들이 역시 대륙붕 퇴적물과 빙하작용과 무관한 하성퇴적층에서도 발견된다. 규사는 유리 제조에 사용하고 세립질 빙하호 퇴적층은 벽돌과 요업재료에 쓰인다.

1840년대 후반과 1850년대 초반의 캘리포니아 골드러시는 아메리카강(14장 참조)의 플라이스토세와 홀로세의 금 표사광상의 발견에 의해 점화되었다. 거의 2억 달러 가량의 금이 1848~1853년까지 캘리포니아의 표사광상에서 채굴되었다. 캐나다 유콘 테리토리(Yukon Territory)에서의 금 표사광상의 발견은 이 지역의 정착에 1차적 원인이 되었다.

소택지와 습지에서 반 탄화된 식물체로 이루어진 토탄은 캐나다와 아일랜드에서 탐사되는 중요한 자원이다. 이들은 어떤 지역에서는 연료로 쓰이나 정원조성 같은 다른 용도들도 탐색되고 있다.

요약

- 가장 최근의 지질시대는 플라이스토세(180만~1만 년 전까지)와 홀로세 또는 현세(1만 년 전~현재)이다.
- 플라이스토세는 광범위한 빙하로 잘 알려져 있으나, 화산작용과 구조작용의 시기이기도 하다.
- 플라이스토세 빙하는 육지의 30% 정도를 덮었고 북반구 대륙들에서 가장 광역적이었다.
- 북아메리카에서는 적어도 네 번의 플라이스토세 빙하작용의 확장이 있었는데 이들은 각각 간빙기에 의해 구분된다. 화석과 산소 동위원소 자료는 플라이스토세 동안 약 20번의 온난-한랭 주기가 일어났음을 시사한다.
- 빙하와 멀리 떨어진 지역에서도 플라이스투세 빙하의 영향이 미쳤다. 기후대는 적도 쪽으로 압축되었고, 현재 건조한 지역에 다우호가 형성되었으며, 그 빙하가 존재했을 때, 해수면은 현재보다 130m 밑에 있었다.
- 빙퇴석, 빙하 조선, 융빙 유수층 그리고 다양한 빙하지형들은 캐나다와 미국의 북부 주변 및 곡빙하가 존재하는 많은 산맥에서 발견된다.
- 플라이스토세 빙하의 막대한 하중은 지각의 지각평형적 침강을 야기하였다. 빙하가 녹았을 때, 지각평형적 반발 융기가 시작되었고 어떤 지역들에서는 현재까지 지속되고 있다.
- 수천만 년이나 수억 년 기간으로 구분되는 큰 빙하 사건들은 아마 판들의 위치 변화와 관계될 것이며 그런 현상은 해양과 대기의 순환체계에 심각한 영향을 미친다.
- 밀란코비치 이론에 의하면, 지구 자전과 공전의 작은 변화들이 빙기-간빙기 기간들을 이루는 기후 변화를 가져온다.
- 소빙하기 동안 일어난 것과 같은 단기간의 기후 변화 원인은 잘 알려지지 않았다. 태양에너지 변동과 화산작용의 두 가지 가설이 제안되었다.
- 플라이스토세 광물 자원으로는 모래와 자갈, 금의 표사광상 그리고 붕사 같은 증발잔류광물 등이 있다.

주요 용어

간빙기(interglacial stage)
곡빙하(谷氷河, valley glacier)
권곡(cirque)
다우호(pluvial lake)
대륙빙하(continental glacier)
밀란코비치 이론(Milankovitch Theory)
빙기(glacial stage)
빙모(ice cap)
빙퇴석(moraine)
빙하(glacier)
빙하연변호(氷河緣邊湖, proglacial lake)
빙하침식평원(ice-scoured plain)
소빙하기(Little Ice Age)
신빙하작용(neoglaciation)
융빙 유수층(outwash)
종퇴석(end moraine)
지각평형 반발(isostatic rebound)
지각평형(isostasy)
호상점토(varve)
화분 분석(pollen analysis)
U자형 빙하곡(U字形氷河谷, U-shaped glacial trough)

복습 문제

1. 플라이스토세 빙기-간빙기 기간 같은 중간 기간 기후 변동을 설명하기 위한 제안은 a. ____ 빙퇴석 가설, b. ____ 밀란코비치 이론, c. ____ 베게너의 의견 d. ____ 누중의 원리 e. ____ 지각평형설이다.
2. 강수량 증가와 증발량 감소로 빙하작용 시기 동안 존재했던 호수를 ____ 호라 한다.
   a. ____ 충적 선상지, b. ____ 융빙 유수층, c. ____ 호상점토, d. ____ 다우, e. ____ 권곡
3. 1500년에서 1800년대 어느 시점까지 괄목할 만한 정도로 빙하가 확장되었던 시기는 ____ 로 불린다.
   a. ____ 소빙하기, b. ____ 중세 한파, c. ____ 위스콘신, d. ____ 다우호 사건, e. ____ 밀란코비치 기간
4. 다음 내용 중 어떤 서술이 타당한가?
   a. ____ 북아메리카 모든 지역이 플라이스토세 동안에 빙하로 뒤덮였다.
   b. ____ 대륙빙하는 산의 계곡 안에서 길고 혀 모양을 한다.
   c. ____ 빙하의 최대 확장기에 형성되는 퇴적층을 후퇴 종퇴석이라 한다.
   d. ____ 호상점토는 호수의 격변적 홍수 동안에 이루어지는 자갈 퇴적층이다.
   e. ____ 플라이스토세는 180만 년 전에 시작하여 1만 년 전에 끝났다.
5. 북아메리카의 플라이스토세와 홀로세 화산작용에 있어 중요한 지역은 a. ____ 캐스케이드 산맥, b. ____ 케이프 코드, c. ____ 내부 저지, d. ____ 미주라 빙하호, e. ____ 대서양 연안 평원이다.
6. 대륙빙하의 침식에 의해 만들어졌으며 빙하 조선이 있는 기반암과 토양이 거의 없는 특징적으로 완만한 지형은 a. ____ 융빙 유수층 평원, b. ____ U자형 빙하곡, c. ____ 빙하침식 평원, d. ____ 빙모, e. ____ 다우지형이다.
7. 지각이 거대한 빙하가 녹으면서 하중이 제거되어 상승하는 현상은 a. ____ 세차운동, b. ____ 조산운동 변형, c. ____ 지각평형적 반발 융기, d. ____ 신빙하작용, e. ____ 후빙기 조정이라 불린다.
8. 북아메리카에서 가장 최근의 빙하작용 사건은 a. ____ 몬태나, b. ____ 위스콘신, c. ____ 미시간, d. ____ 오클라호마, e. ____ 뉴저지이다.
9. 그레이트솔트호 이전에 있었던 거대한 다우호는 a. ____ 온타리오호, b. ____ 아가씨호, c. ____ 미주라호, d. ____ 본네빌호, e. ____ 챔플레인호였다.
10. 빙하말단의 능선과 비슷하고 분급이 불량하며 층리가 없는 퇴적층은 a. ____ 빙퇴석, b. ____ 호상점토, c. ____ 삼각주, d. ____ 권곡, e. ____ 포인트 바이다.
11. 밀란코비치 이론이 빙하시대의 시작을 어떻게 추론하가를 설명하시오.
12. 대륙빙하에 의해 침식된 지형은 곡빙하에 의해 침식된 지형과 어떻게 다른가?
13. 소빙하기는 무엇이며, 언제 일어났고, 인류에게 어떤 충격을 주었는가?
14. 다우호와 빙하연변호는 무엇인가? 각각 예를 들어보시오.
15. 종퇴석은 어떻게 만들어지는가? 말단 종퇴석과 후퇴

종퇴석을 구분하는 기준은 무엇인가?

16. 지각평형은 무엇이며 이 현상이 일어났다는 것은 어떤 유형의 증거들에서 알 수 있는가?

17. 미주라 빙하호의 기원과 그 뒤의 역사를 설명하시오.

18. 산소 동위원소비와 화분 분석은 과거의 기후를 추론하는데 어떻게 사용되는가?

19. 캐스케이드 산맥에서 화산 분화의 지속은 무엇 때문인가? 그리고 알래스카를 제외한 미국 태평양 연안의 나머지 부분에 화산이 없는 이유는?

20. 해저 퇴적물에 기록된 한랭–온난 기간의 순서와 육상의 빙하기록과 대비하기 어려운 이유는?

응용 문제

1. 여러 해 동안 동일한 곡빙하를 관찰한 후에, (1) 빙하말단이 2km 후퇴했으나 (2) 빙하표면의 쇄설물이 분명히 빙하말단 쪽으로 이동하였다고 결론이 났다. 이 현상을 어떻게 설명할 수 있을까?

2. 서부 네바다에 살고 있다고 가정하자. 주말의 야외 답사에서 매우 평탄한 계곡을 보았다. 침식된 장소인 계곡 바닥의 퇴적층에는 모래가 산포되고 대부분 엽층으로 된 이토층을 볼 수 있었다. 더구나 계곡 주위의 산사면을 따라 벤치 모양의 면을 볼 수 있다. 지질도는 이 퇴적층이 플라이스토세임을 보여 준다. 그러나 지도는 이 퇴적층이 어떻게 이루어졌고 벤치모양의 면들이 무엇인지는 알려 주지 않는다. 이 지역의 지질을 어떻게 해석할 수 있을까?

3. 매사추세츠 플리머스의 지역지질에 관해 논의할 때, 케이프 코드와 인근 섬들이 어떻게 현재 모습으로 진화해 왔는지 어떻게 요약할 수 있을까?

4. 협곡에서 다음과 같은 것들을 보았다. 협곡 하부에서 선상의 긁힌 자국과 연마된 기반암의 면들을 볼 수 있는데 그 위는 이토, 모래, 일부는 직경이 2m가 넘는 자갈들로 되고, 12m 두께의 층리가 나타나지 않는 혼합층이 덮고 있었다. 그 위는 사층리가 나타나는 분급이 다소 양호한 사질층과 역암의 수평층이 있었다. 그 암석 계통의 최상부는 밝고 어두운 점토층이 교호하는 얇은(2～4mm 두께)층으로 되어 있는데 직경 10～15 cm인 소수의 표력들이 포함되었다. 이들 암석들이 나타내는 지사를 기술하시오.

신생대 플라이스토세의 큰 엘크 사슴과 매머드의 모습

CHAPTER 18 신생대의 생물

[개 요]

[단원 목표]

이 장을 학습한 후에 우리는 다음 사항을 이해한다.

- 중생대 멸종의 생존자들은 진화하여 오늘날의 해양 무척추동물군을 이루었다.
- 속씨식물은 분화하여 우세한 육상식물군을 형성하였으나 양치식물과 겉씨식물들도 아직 존재한다.
- 오늘날 많은 조류의 과와 속들이 진화해 나왔으나 신생대 초에는 날개 없는 거대한 새들이 중요한 포식자였다.
- 만약 팔레오세로 갈 수 있다면, 많은 포유류들을 알아보기 어려울 것이다. 그러나 점차 이후의 세들로 가면서 더 친숙한 포유류로 진화하였다.
- 설치류, 토끼류, 식충류, 박쥐같은 작은 포유류들은 큰 포유류들이 서식 불가능한 작은 서식지에 적응하였다.
- 육식성 포유류 화석은 초식성 포유류에 비해 흔하지는 않으나 진화 경향과 상호유연관계를 파악하는 데 충분하다.
- 기제류와 우제류의 포유류의 진화 역사는 화석으로 잘 나타난다.
- 오늘날의 거대한 육상 포유류(코끼리)와 해양 포유류(고래)들은 신생대 초의 작은 선조들에서 진화하였다.
- 플라이스토세 말의 멸종은 아메리카 대륙과 오스트레일리아에서 심하게 일어났으며, 멸종의 영향을 받은 다수의 동물은 주로 거대 육상 포유류였다.
- 판게아가 신생대 동안 분열을 계속하면서, 대륙 간 이동은 점점 어렵게 되었다.
- 후기 신생대에 남·북아메리카 사이를 연결했던 육교는 양 방향으로의 이주를 일어나게 하였다.

1. 서론

8장에서 본 것처럼, 지구가 탄생했을 때는 뜨겁고, 황량하며 물이 없었을 뿐만 아니라 대기는 유독했다; 운석과 혜성들에 의해 피폭당하고 어떤 생명체도 존재하지 않았다. 그러나 선캄브리아 시대, 고생대, 중생대를 지나는 동안, 우리 행성과 생물권은 진화하였고, 신생대에 와서 지구와 생물들은 현재와 같은 모습을 지니게 되었다. 신생대가 전체 지질시대의 단지 1.4%(그림 8.1 참조)에 지나지 않는다 할지라도, 6,600만 년이라는 기간은 상당한 변화가 일어나기에 충분한 시간이다. 16장에서 판들은 운동하고, 화산들은 분화하고, 지형은 변화하고 산맥들은 진화하는 등 지구의 진화는 변함없이 계속되어 온 것이 이미 강조된 바 있다. 여기서, 지구의 생물권 역시 진화하고 있으며, 우리 관점에서 보아 그 변화의 대부분이 소규모일지라도 그 변화가 중요하다는 것을 역설하는 것이다.

15장으로부터 포유류가 후기 트라이아스기에 출현하여 공룡과 공존했었다는 것을 기억해야 한다. 더구나, 최초의 포유류들은 선조인 견치류와는 거의 차이가 없었으나 진화를 거듭함에 따라 점점 현재와 비슷하게 되었다. 신생대 동안 포유류들은 수중환경과 박쥐들처럼 비행하는 종류를 비롯하여 거의 모든 육상환경에 수많은 형태들로 적응해 갔다. 이 장에서는 포유류의 진화를 중요하게 다루나 이 시기에 일어났던 다른 생물학적 사건들도 비중 있게 취급할 것이다.

현화식물인 속씨식물들은 백악기에 출현하여 곧 지배적인 육상식물이 되었다—현재 이들은 모든 육상식물 종의 90% 이상을 차지한다. 그러나 그 지리적 분포는 기후 변화에 따라 신생대 동안 변화를 거듭하였다. 최초의 조류는 쥐라기에 나타났으나 대부분 현생의 과들은 고제3기와 신제3기 동안에 출현하였으며, 플라이스토세에 극성기에 달하였고 그 이후 약간 감소하였다. 해양 무척추동물들은 중생대 멸종에서 살아남아 분화하였고 현재의 해양 동물군처럼 번성하게 되었다. 결국 신생대 동안 동물군과 식물군은 시간이 지나면서 현재와 점점 더 유사하게 된 것으로 생각한다.

16장에서 언급한 것처럼, 신생대 암석은 지표나 지표 근처에서 가장 용이하게 접근할 수 있어서 이전의 대(Era)들에 비해 더 많은 생물의 역사를 알 수 있다. 신생대 암석의 광역적인 노출지가 미국 서부에 있으며, 대부분 육성 환경에서 퇴적되었으나, 멕시코만 지역과 대서양 연안을 따라 발견되는 이 시기의 많은 암석들은 점이적 환경과 해양 환경에서 퇴적되었다. 여하튼, 신생대 생물에 대한 좋은 화석 기록들을 보유한다. 네브래스카의 아게이트 화석층(Agate Fossil Beds) 국립기

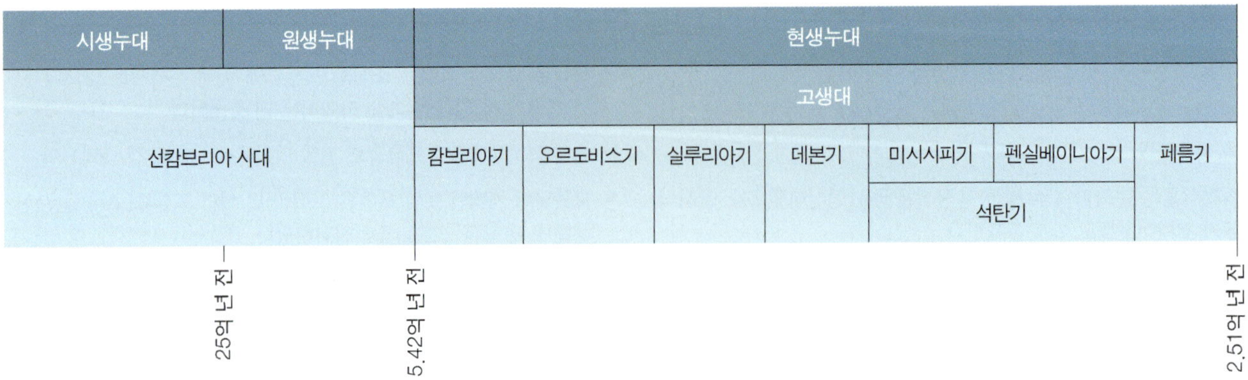

념관, 사우스다코타의 배들랜즈(Badlands) 국립공원, 오리건의 존 데이(John Day) 화석층 국립기념관을 비롯한 서부의 주립공원들 및 여러 국립공원과 기념관들은 포유류 화석들을 전시하고 있다.

육상 서식 포유류 화석을 포함하는 육성 퇴적층들은 동부에는 흔하지 않으나, 플로리다는 대표적인 예외이다. 그럼에도 불구하고, 메릴랜드, 사우스캐롤라이나, 앨라배마 등 일부 동부와 남부 주들에는 무척추동물과 상어 화석과 함께 해양 포유류 화석들을 포함하는 퇴적층들이 있다. 실제로, 앨라배마 주를 대표하는 화석은 에오세에 살았던 화석고래인 바실로사우루스 세토이데스(*Basilosaurus cetoides*)이다. 물론 포유류 화석은 다른 대륙들에서도 발견되는데, 가장 유명한 예는 독일의 멧셀(Messel) 화석지이다('조망' 참조).

2. 해양 무척추동물과 식물플랑크톤

신생대 해양 생태계는 거의 중생대 말의 멸종에서 살아남은 식물, 동물, 단세포생물들로 구성된다. 암모나이트, 후치(厚齒) 루디스트(rudist: 이매패류), 부유성 유공충의 대부분은 절멸했다. 특히 풍부한 신생대 무척추동물 군들은 유공충, 방산충, 산호, 태선동물, 연체동물, 성게류 등이다. 일반적으로 신생대 동안 해양 무척추동물들은 해류의 변화와 위도에 따른 수온 경사 때문에 지역색이 강해졌다. 부가해서, 신생대 무척추동물군들은 현재와 더 유사하게 되었다.

식물플랑크톤의 거의 대부분 과(科)들은 고제3기에 살아남은 각 주요 분류군의 몇 종들을 제외하고는 백악기 말에 멸종되었다. 이들은 신생대 동안 아마도 경쟁의 압력이 감소한 것 때문에 다양화되고 확산되었다. 백악기 쇠퇴로부터 살아남은 인편모충류, 규조류, 와편모조류들은 신생대 동안 수적으로 번성하였다. 규조류는 마이오세 동안 특히 풍부해졌는데 이는 이 시기 동안 화산작용의 증가에 기인한 것 같다. 화산재는 해수에 용해된 실리카를 증가시키고 규조류가 이를 이용해 골격을 형성하였다(그림 18.1).

유공충은 신생대 무척추동물 군집의 주 구성원이었다. 상대적으로 작은 형태들이 우세하였으나(그림 18.2), 신생대 테티스해의 온난한 해수에는 예외적으로 큰 형태들도 서식하였다. 이들 대형 유공충의 각들이 쌓여 두꺼운 석회암층이 되었으며, 이들 중의 일부는 고대 이집트인들이 스핑크스와 기자의 피라미드를 건설하는데 사용되었다(그림 18.2c).

산호는 중생대 멸종의 대표적인 수혜자인 것 같다. 산호는 중기 백악기에 연체동물에게 초(reef) 형성의 주된 역할을 넘겨주었으나, 다시 지배적인 초 형성자로서 복귀하였다. 산호들은 신생대 해양의 온난한 해수에서 광범위한 초를 이루었으며 카리브해와 인도-태평양 해역에서 특히 번성하였다.

태선동물과 해백합(바다나리)류 같은 부유 섭식자들 역시 고제3기와 신제3기에 풍부해졌으며 성공적으로

현생누대									
중생대			신생대						
트라이아스기	쥐라기	백악기	고제3기			신제3기			
								제4기	
			팔레오세	에오세	올리고세	마이오세	플라이오세	플라이스토세	홀로세

2.51억 년 전

6,600만 년 전

그림 18.1 마이오세 규조토와 규조류

a 캘리포니아 뉴포트 라군 몬테레이(Monterey)층의 규조토 노두. b와 c의 규조들은 이 층에서 산출되었다.

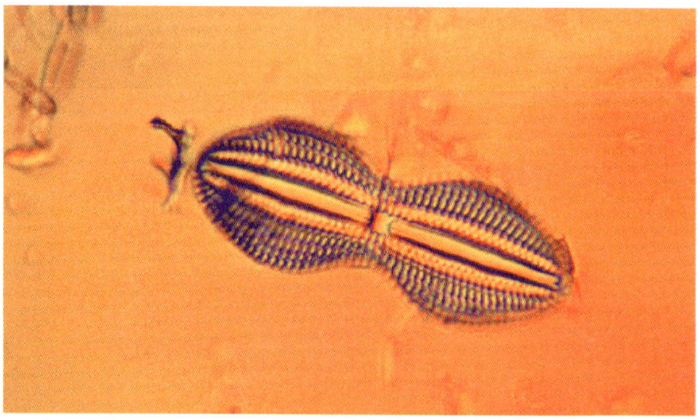

b 우상규조

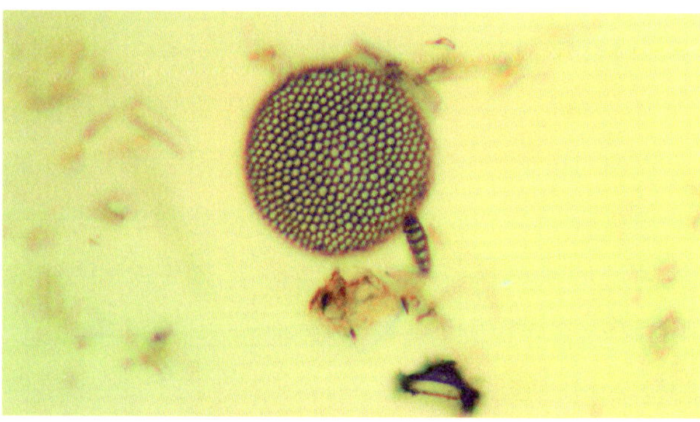

c 중심 규조

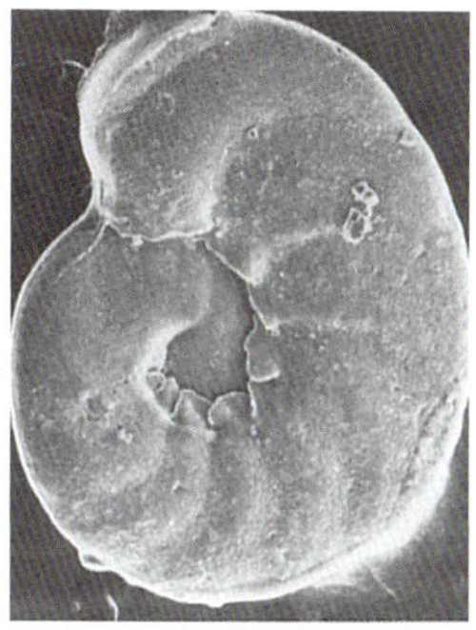

a 글로비게리노이데스 피스툴로수스(*Globigerinoides fistulosus*). 남태평양에서 산출된 플라이스토세 부유성 유공충이다.

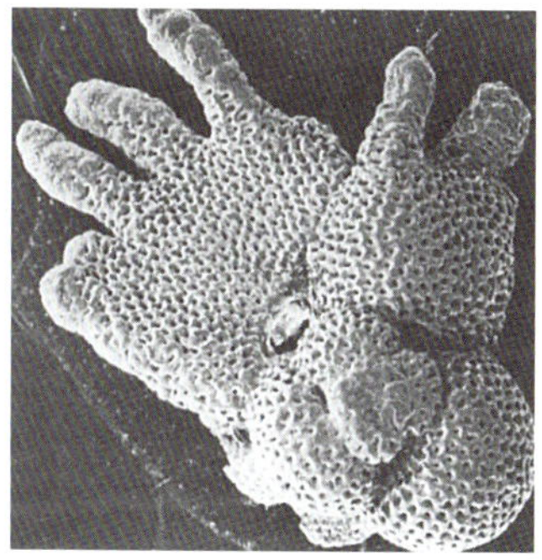

b 캘리포니아 마이오세 초기에서 산출된 시비시데스 아메리카누스(*Cibicides americanus*). 저서성 유공충이다.

c 화폐석. 사진의 수많은 원반형 물체는 이집트 기자 대지(Giza Plateau)의 피라미드 건설에 사용했던 석회암 내의 저서성 유공충인 에오세 화폐석(*Nummulites*)이다.

그림 18.2 신생대 유공충

적응하였다. 특히, 태선동물들은 크게 번영하였다.

아마도 신생대 해양 무척추동물 중 가장 소수로 전락한 것은 현재 60속 정도만 생존하는 완족류였다. 완족류는 고생대 말의 다양화의 쇠퇴 후 다시 재번영하지 못했다(12장 참조).

중생대처럼, 이매패류와 복족류들은 신생대에도 해양 무척추동물의 대표적인 주자들이었으며 특징적으로 현재와 같은 모습을 가지고 있다(그림 18.3a, b).

백악기말 암모나이트와 벨렘나이트의 멸종 후, 신생대 두족류 동물군은 앵무조개, 오징어와 문어 같은 패각이 없는 두족류들로 구성되었다.

성게류는 신생대 동안 내생 서식습성(infaunal habitat)을 가지고 확산을 지속하면서 매우 번성하였다. 연잎성게류 같은 새로운 형태들이 이 시기 동안에 비스킷 모양의 선조들로부터 진화하였다(그림 18.3c).

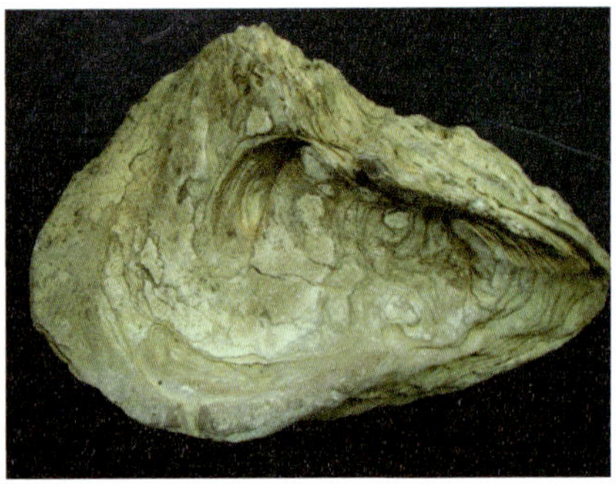

a 한국 마이오세의 천북역암에서 산출된 굴화석(*Crassostrea*)

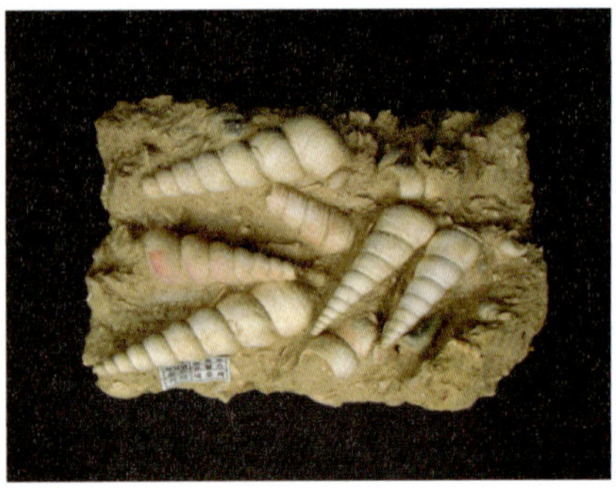

b 프랑스 에오세의 지층에서 산출된 복족류 화석

c 일본의 팔레오세 지층에서 산출된 극피동물(*Spatangoid*)

그림 18.3 **신생대 무척추동물 화석**

3. 신생대의 식생과 기후

신생대 동안 양치식물들과 속씨식물들이 많이 존재하였지만, 속씨식물들은 분화를 거듭하여 더욱 더 현재와 비슷한 모습들로 진화하였다. 사실상 고제3기의 많은 식물들은 현재와 비슷하나, 지리적 분포는 현재와 다른데 그 이유는 변화하는 기후환경에 따른 식물분포의 이동이 일어났기 때문이다.

현재 어떤 식물들은 열대에 제한되나 다른 종류들은 보다 건조한 환경에 적응하였으며 과거에 기후가 식물분포를 강력하게 조절하였다는 많은 증거들이 있다. 이와 함께, 많은 경우 잎에서 물이 쉽게 떨어질 수 있게 잎의 선단이 뾰족하고, 전연(全緣) 또는 매끈한 엽연을 갖는 잎들은 강수량이 많고 연평균 기온이 높은 지역에서 우세하다. 톱니 모양의 엽연을 갖는 작은 잎들은 보다 서늘하고 건조한 지역을 대표한다(그림 18.4a). 따라서 거의 매끈한 엽연을 갖는 잎을 포함하는 화석식물상은 습윤하고 온난한 환경을 지시하는 반면, 톱니 모양의 엽연과 뾰족한 끝이 없는 작은 잎들은 서늘하고 건조한 기후에서 우세하다.

북아메리카 서부 내륙의 팔레오세 암석들은 양치류와 야자수 화석들을 포함하는데 이들은 온난한 아열대 기후를 시사한다. 100종의 식물을 포함하는 콜로라도의 팔레오세 식물상은 70% 이상이 매끈한 엽연을 갖는 많은 종류가 뾰족한 잎 끝을 보유한다. 식물의 다양성과 병행한 이러한 잎의 특성은 현재의 열대우림과 매우 유사하다. 실제로, 콜로라도의 플로리선트(Florissant) 화석층 국립기념관의 전기 올리고세 화석식물군은 당

조 망

독일의 멧셀 피트(Messel Pit) 화석지

이 장에서는 이미 오리건의 존 데이 화석층 국립 기념관 같은 여러 개의 뛰어난 화석산지들을 언급했었으나, 여기서는 독일 프랑크푸르트의 멧셀 피트 화석지에 집중하고자 한다. 그 이유는 이 장소가 세계적으로 특기할 만한 화석산지 중의 하나이기 때문이다. 실제로 이곳은 세계 문화유산으로 지정되어 있는데 이 유산은 세계적인 중요성을 지녀 유네스코(UNESCO)가 지정하고 국제연합규약에 그 보호를 요청한다고 서약한 국가에 의해 보존되는 지역이나 구조물이다.* 이 유산은 878개소가 등재되어 있는데, 679개가 문화적(이집트 기자의 피라미드), 174개가 자연적(독일의 멧셀 피트 화석지) 그리고 25개가 혼합적[그리스의 아토스(Athos)산]이다.

실제로, 멧셀 피트 화석지의 화석들은 1875년 이래 알려져 왔으나, 지난 수십 년간 많은 흥미를 끌어 왔다. 이 화석지는 원유를 생산하기 위해 1886년에서 1971년까지 오일 셰일을 채굴했던 거대한 토탄지였다. 16장에서 오일 셰일은 원유와 가연성 가스를 추출하는 이토와 유기화합물인 케로진(kerogen)으로 이루어진 암석이라는 것을 알고 있다. 이 유기질이 풍부한 이질암은 약 5,000만 년 전의 에오세 때 단층곡의 작지만 깊은 호수에 퇴적되었다. 야자, 감귤, 월계수, 너도밤나무 및 다른 식물들의 화석은 당시 기후가 열대나 아열대였음을 지시한다.

하천은 이 작은 호수에 이토와 일부 모래를 운반하였고, 이곳은 혐기성 박테리아 외에는 존재하지 않는 산소가 결여된 깊은 호수였다. 결론적으로, 깊은 물속에 가라앉은 생물들의 잔해는 완전히 분해되지 않았으며 새 깃털의 인상, 박쥐 날개, 인상적으로 풍뎅이 날개의 무지개 빛깔 내지 심지어는 위 내용물과 내장의 윤곽까지도 보존되었다. 호수의 내부와 주변에 다양한 형태의 생물들이 존재하지만(척추동물의 대부분은 어류이다), 가장 유의할 만한 것은 포유류이다. 이 동물들의 어떤 종류들은 발가락뼈와 꼬리의 모든 골질부를 포함하여 모든 뼈가 보존되었다.

멧셀에서 발견된 모든 동물화석의 목록이 나열된 것은 아니지만, 10,000점 이상의 화석어류, 수천 점의 곤충화석이 발견되었다; 또한 '원시-타조'와 디아트리마(*Diatryma*)와 유사한 거대한 날개 없는 육식 조류를 포함하여 12속의 조류(그림 18.5); 몇 가지 유형의 양서류와 파충류; 그리고 각종 분류군의 포유류 등이 발견된다. 실제로, 그 화석 포유류들에는 개미핥기, 천산갑, 유대류, 박쥐, 식육류, 설치류, 말의 초기 근연종들이 포함된다.

멧셀의 화석은 풍부하고 커다란 과학적 흥미를 가지게 하지만 화석을 수집하고 보존하는데 특별한 문제점이 있다. 화석을 포함하는 오일 셰일은 40% 이상의 수분을 포함하므로 암석이 건조되면 주름이 잡히면서 화석이 유실될 수 있다. 그래서 학자들은 화석이 보존된 암석표면에 합성수지 피막을 입히는 방법을 개발하였다.

그와 같은 경이로운 화석 군집은 현재 독일이 5,000만 년 전에 어떠했는가에 대한 독특한 실마리를 제공하는 것이다. 다행스러운 것은 멧셀 화석지가 오일 셰일 채굴이 중단되었을 때, 완벽한 매립이 예정되어 세계문화유산으로 등재되었기 때문이다.

---

*http://encarta.msm.com/dictionary_1861714109/world_heritage_site.html

시 온난하고 습윤한 기후가 유지되었음을 지시한다.

해저 퇴적층과 지구화학적 증거는 약 5,500만 년 전 갑작스러운 온난화가 일어났음을 시사한다. **팔레오세-에오세 최대 온난기**(Paleocene-Eocene Thermal Maximum)로 알려진 이 시기에, 거대한 해양 순환이 단절되어 적도에서 극 쪽으로 열의 전달이 축소되거나 중단되었다. 그 결과 해양 심층수가 온난해져 많은 심해 유공충의 멸종을 가져왔다. 일부 학자들은 이 심층의 온난 해수가 해저의 메탄 하이드레이트(methane hydrate)에서 메탄을 유출시키고 대기 중에 온실기체를 방출하여 이 시기의 기온 상승을 유발하였거나 또는 기온 상승을 도왔다고 생각한다.

아열대 환경은 북아메리카에서 에오세까지 지속되어 신생대 전체에서 가장 온난한 시대였을 것이다. 오리건

존 데이 화석층의 화석식물군에는 양치류, 무화과, 월계수 등이 있는데 이들 모두는 멕시코와 중앙아메리카처럼 매우 습윤한 지역의 식물들이다. 와이오밍의 옐로스톤 국립공원 지역은 온난하고 건조한 여름과 춥고 눈이 많은 겨울을 가진 온대기후이나 아보카도, 목련, 그리고 월계수가 자라는 것을 기대할 지역은 아니다. 그러나 에오세에 이 지역에 그들의 존재는 당시에는 현재보다 상당히 더 온난했음을 시사한다.

중요한 기후 변화가 에오세 말에 일어났는데, 약 300만 년 동안에 연평균 기온이 7℃ 하강했다(그림 18.4b). 올리고세 이후 세계적으로는 연평균 기온이 다소 변동이 있었으나 플라이스토세를 제외하고는 중위도에서는 전체적으로 보아 기온의 큰 변화는 없었다.

지난 2,500만 년 동안 강수량의 일반적인 감소가 북아메리카 중앙내륙에서 일어났다. 올리고세의 광대한 숲들이 처음에는 사바나 환경(초원과 드문드문 산개된 나무)으로 바뀌고 나중에는 스텝 환경(사막 주변의 짧은 풀의 프레리 초원)으로 되었다. 많은 초식 포유류들은 풀을 소화시키기에 적절한 씹는 이를 발전시켜 이 새로운 환경들에 빠르게 적응하였다.

4. 신생대 조류

오늘날 조류는 가장 쉽게 관찰되는 척추동물일 정도로 다양하고 수가 많다. 현존하는 올빼미, 매, 오리, 펭귄, 독수리를 포함하는 조류의 목(目)들은 고제3기에 진화하였다. 마이오세 시작과 함께, 여러 명금류(songbird)가 출현하였고, 1,000만~500만 년 전에 현존하는 많은 속들이 나타났다. 조류는 다양한 서식지에 적응하고 플라이스토세까지 방산을 계속하였으나, 그 이후, 약간 방산의 정도가 감소하였다.

현재, 조류는 먹이, 서식지, 적응 그리고 크기 면에서 매우 다양하다. 그럼에도 골격구조는 신생대를 통하여 놀라울 정도로 변화를 보이지 않았다. 조류가 시조새(*Archaeopteryx*, 그림 15.13 참조)와 매우 유사한 생물에서 진화하였다고 한다면, 이러한 동질성은 비행을 위한 적응면에서의 변화의 한계 때문에 그리 놀랄 만 한 것은 아니다. 펭귄은 수중환경에 적응하였고, 멸종해버린 어떤 거대하고 날개 없는 조류나 현존하는 날개 없는 조류는 골격이 튼튼해졌고 날개는 흔적만 남았다.

선사시대 생물에 관한 다수의 전문가들은 조류가 공룡류와 매우 근연관계라고 확신하여 조류를 조류성 공룡류로 하고 나머지 다른 공룡들을 비조류성 공룡류로 부른다. 사실상, 중생대

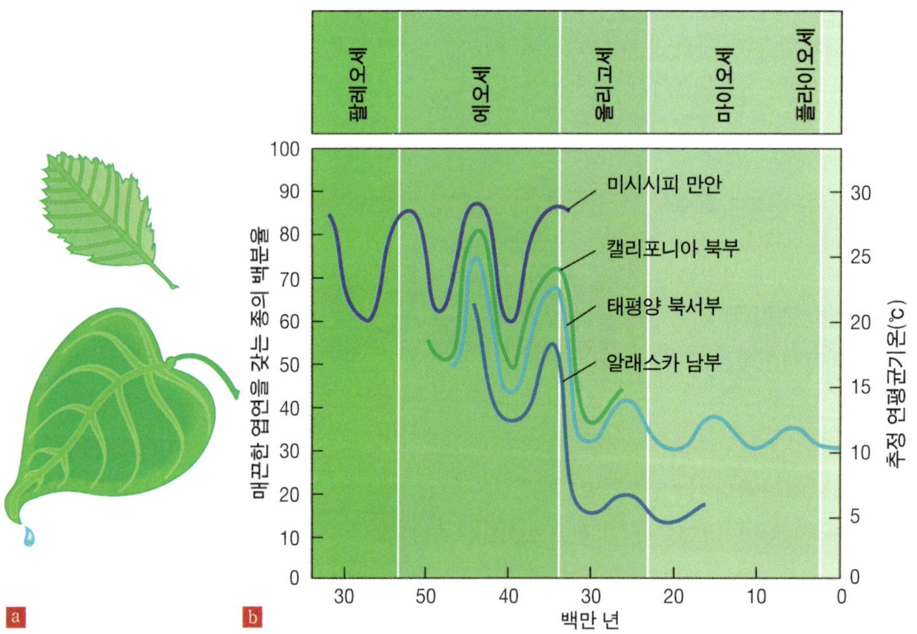

그림 18.4 신생대 식생과 기후

a 전형적으로 서늘한 기후에 적응한 식물들은 톱니모양 엽연이 있는 작은 잎을 가지나(위), 습윤하고 온난한 기후에 적응한 식물은 크고 매끈한 엽연이 있는 잎을 갖는 한편, 대다수가 물을 떨어뜨리는 뾰족한 끝을 가진다.

b 매끈한 엽연을 갖는 식물의 백분율에 근거한 북아메리카 네 지역의 기후 변화 경향

그림 18.5 **디아트리마의 복원도** 디아트리마는 키가 2m 이상이고 날개 없는 육식동물이었다. 이 새는 팔레오세와 에오세에 걸쳐 북아메리카와 유럽에 살았다.

말에 비조류성 공룡류들이 멸종함에 따라, 팔레오세와 에오세까지 번영한 거대한 육상의 지배자인 육식동물은 날개 없는 새인 조류성 공룡류였다. 이들 육식동물 중에는 디아트리마(*Diatryma*) 같은 새들이 있었는데, 이들은 2m 높이의 큰 머리와 부리, 큰 발톱을 가진 발가락, 그리고 흔적만 남은 날개를 지니고 있었다(그림 18.5). 그 새의 거대하고 짧은 다리는 디아트리마가 매우 빠르지는 않았지만, 그렇다고 이 새를 포식할 만한 포유류가 없었다는 것을 시사한다. 이 경이로운 조류와 이에 관련된 속들은 북아메리카와 유럽에 널리 퍼져 있었고, 남아메리카에서는 올리고세에 육식포유류들에 의해 지배자가 바뀔 때까지는 가장 지배적인 육식동물이었다.

가장 주목할 만한 두 종류의 거대하고 날개 없는 조류로는 지금은 멸종한 뉴질랜드의 모아새(moa)와 마다가스카르의 코끼리새(elephant bird)가 있다. 모아새는 3m 높이였으며, 코끼리새는 키는 작지만 500kg 이상의 체중으로 큰 체구였다. 그들은 플라이스토세 퇴적층에서만 알려지는데, 둘 다 인간이 각각의 서식지에 침입한 이후 빠르게 멸종하였다.

거대한 날개 없는 조류는 정말로 특기할 만한 피조물들이나, 조류 중에서 실제로 성공한 사례는 비행하는 종류라고 해야 할 것이다. 신생대에 골격변화는 거의 없었지만, 적응 형태에 있어서 하나의 놀라운 사례가 일어났던 것이다. 종의 수와 서식지의 다양성이 성공적인 생물의 척도라 한다면, 조류는 적어도 포유류만큼은 성공적이었던 것이다.

5. 포유류 시대의 시작

포유류는 1억 4,000만 년 이상 공룡과 공존했으나, 그 기간 동안 다양한 방산도 하지 못했고 크기도 1m를 넘지 못했다. 심지어 곧 변화가 근접한 상황이었던 백악기 말까지도 포유류는 단지 몇 과(科) 정도에 불과하였다. 비조류성 파충류인 공룡과 유연종들의 멸종과 함께 포유류는 재빨리 적응기회를 이용하여 신생대 동안 방산을 시작하고 지속하였다. 포유류의 시대가 시작된 것이었다.

이미 언급한 것처럼 신생대 퇴적층은 지표나 지표 근처에서 접근이 용이하며, 보다 고기의 암석들에 비해 변성작용과 변형에 의한 변화가 별로 없다. 덧붙여, 포유류의 치아는 완전히 다양한 형태로 분화했기 때문에(그림 15.15 참조), 다른 척추동물의 강(綱)들에 비해 동정과 분류가 쉽다. 사실상, 포유류의 치아들은 구강의 앞에서 뒤로 가면서 달라질 뿐만 아니라, 다양한 포유류의 목에 따라 심지어는 속이나 종에 따라서도 달라진다. 이러한 현상은 씹는 치아인 **작은 어금니**(premolar)와 **어금니**(molar)의 경우에 특히 명백하다. 통상 단 하나의 씹는 치아만 가지고도 그 치아를 가졌던 속을 판단하는데 충분하다.

단공류와 유대류

털과 유선(乳腺, mammary gland)을 갖는 모든 온혈 동물들은 포유류에 속하는데, 여기에는 오스트레일리아의 오리너구리와 바늘두더지 같은 난생 포유류인 **단공류**(monotremes)와 캥거루, 어퍼섬(opossum), 웜뱃(wombat) 등의 '주머니를 가진 포유류'인 **유대류**(marsupial) 그리고 **유태반류**(placental mammals) 등을 포함한다(약 18목). 암컷 단공류는 젖 같은 물질을 분비하는데 새끼는 어미의 털에서 이 젖을 핥아 먹는다. 그러나 유대류와 유태반류는 진정한 유선을 가지고 이 젖으로 새끼를 기른다. 단공류는 포유류라 부를 수 있는 분명한 특징을 지니나, 그들은 유대류와 유태반류와는 완전히 구분되는 진화사를 가졌던 것으로 나타나고 있다(그림 15.16 참조). 불행하게도 이들의 화석 기록은 매우 드물다.

유대류의 새끼가 태어나면, 거의 배아 상태(embryonic state)의 미성숙체여서 어미의 주머니에서 더 성숙하는 과정을 겪는다. 유대류는 판게아가 완전히 분열하기 전에 남극대륙을 경유하여 현재 이들을 흔히 볼 수 있는 유일한 지역인 오스트레일리아로 이주했던 것으로 생각한다. 이들은 단지 수백만 년 전까지인 신생대 대부분 기간 동안 남아메리카에서도 흔한 종류였다. 그러나 아메리카 대륙들 사이가 최종적으로 육지로 연결되었을 때, 남아메리카의 유대류들은 북아메리카에서 이주한 유태반류들이 그들을 대치하면서 멸종하였다. 현재 오스트레일리아와 주변 도서들 밖에서 생존하는 유일한 유대류는 주머니쥐이다.

유태반류의 방산

유대류처럼, **유태반류**(placentals)도 새끼를 낳으나, 유태반류의 생식방법은 세부적인 면에서 중요한 차이가 있다. 유태반류에서 양막난(amniote egg)의 양막(amnion, 그림 13.14 참조)은 태반을 형성하는 자궁벽에 유착되어 있다. 양분과 산소는 새끼가 출생 전에 더욱 충분히 성장할 수 있게 태반을 통해 배아로 전달된다. 실제로 유대류 역시 태반을 가지고는 있으나 태아가 충분히 성장할 수 없을 정도로 덜 효율적이다.

유태반류가 성공적이라는 척도는 부분적으로 생식방법과 관계가 있다—화석과 멸종 포유류의 90% 이상이 유태반류이다.

유태반류를 다루는 다음 논의에서는 주로 현존하는 18목 정도 중, 몇 종류의 기원과 진화에 집중할 것이다(그림 18.6). 팔레오세에 여러 목의 포유류가 있었지만, 단순히 중생대에서 잔존한 종류이거나 새로 출현하기는 했지만 현생 후손을 남기지 못한 단기간 존속한 종류들이었다. 이들 유대류, 식충류, 설치류와 비슷한 다구치류(multituberculates) 등 소위 고포유류(archaic mammals)들이 여러 새로운 포유류 목들(그림 18.7)인 최초의 설치류, 토끼류, 영장류, 식육류, 유제류의 선조들과 함께 당시에 존재했었다. 이들 팔레오세 포유류들은, 현재까지 존속하는 목들에 속하는 종류들까지도, 그들의 선조와 명확히 분화되지 못하였고 초식성과 육

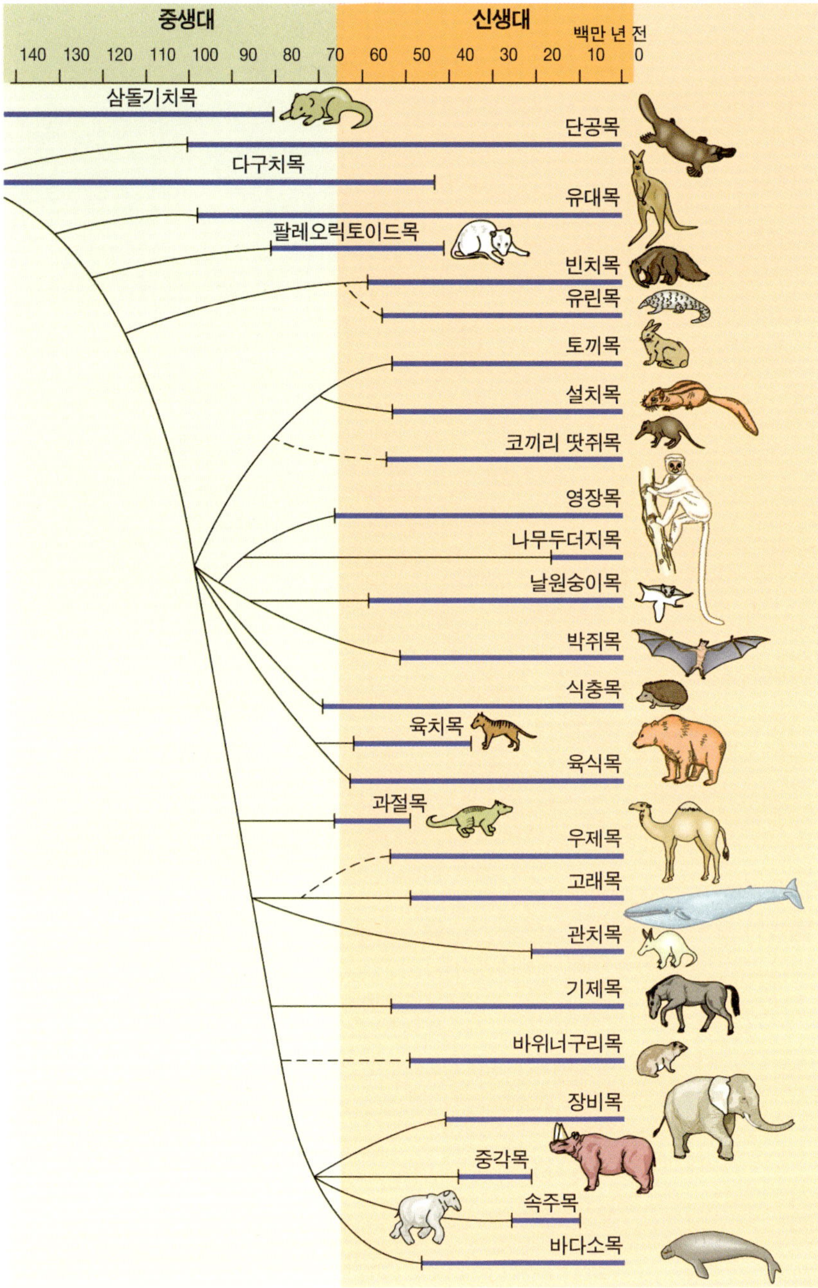

그림 18.6 **포유류의 진화** 포유류는 중생대에도 존재했었으나 대부분의 유태반류는 팔레오세와 에오세에 방산하였다. 생존하는 포유류 목 중, 단공류와 유대류를 제외하고는 모두 유태반류이다. 멸종된 몇몇 목은 나타내지 못했다. 파란색의 굵은 선은 지질학적 생존 기간이고 가는 선은 그 종류로 추정된 분화관계를 나타낸다.

식성도 별 차이가 없었다.

팔레오세 포유류 동물군 역시 대부분 크기가 작은 종류들이었다. 팔레오세 말에 다소 큰 포유류들이 있기도 했지만 에오세까지 거대한 육상 포유류는 나타나지 않았다. 현재는 절멸한 유니타데어(unitathere)로 더 잘 알려진 공각목(恐角目, Dinocerata)과 아르시노이테리엄(*Arsinoitherium*) 같은 특이한 종류의 진화와 함께, 한두 종류의 거대한 포유류 들이 그 이후 존재했다(그림 18.8). 부가하여, 에오세에는 약 3m 길이의 늑대를 닮은 육식동물인 앤드류사르쿠스(*Andrewsarchus*) 같은 식육류도 있었다.

팔레오세에 출현했던 많은 포유류 목들이 절멸했으나 에오세에 나타났던 여러 목들 중에서는 단 하나의 목만이 멸종했다. 그래서 에오세에 현존하는 대부분의 포유류가 존재했으나, 만약 당시로 되돌아가 본다면, 이들 동물들의 대다수를 알아보기 힘들 것이다(그림 18.7). 분명히 이들이 포유류이고 어떤 종류들은 적어도 다소나마 친숙할 수는 있으나, 말, 낙타, 코끼리, 고래, 무소 등의 선조들은 이들의 후손과 거의 닮지 않았다.

온난하고 습윤한 기후가 북아메리카의 팔레오세와 에오세에는 유지되었으나, 올리고세에는 건조하고 쌀쌀한 환경이 우세하였다. 에오세에 출현하였던 여러 동물군들과 함께 팔레오세의 고포유류들이 이 시기에 멸종하였다. 무소와 비슷한 티타노데어(titanothere)가 멸종하고 바로 위에서 언급한 유니타데어 역시 사라졌다. 덧붙어, 과절류(髁節類, condylarths)에 속할 것으로 보이는 초식동물, 크레오돈트(*creodont*)로 알려진 육식동물, 잔류 다구치류의 대부분 및 일부 영장류들을 포함하는 여러 포유류군들이 멸

그림 18.7 **팔레오세의 고포유류** 이 포유류들은 1 초기 육식류인 프로틱투스(*Protictus*), 2 식충류, 3 나무에 서식하는 19cm 크기의 다구치류인 틸로두스(*Ptilodus*), 4 1m 정도 높이의 판토람브다(*Pantolambda*)로 알려진 전치류

그림 18.8 **초기 거대 포유류들** 전기 올리고세의 무소에서 코끼리 크기 정도의 아르시노이테리엄(*Arsinoitherium*)의 두개골

종하였다. 이 모두를 종합하면, 이때는 상당한 생물상 변화의 시기였다.

올리고세에는 현존 포유류 목들이 거의 대부분 존재했었으며, 이들은 더욱 더 다양해지고 현재와 비슷한 속들이 출현하였다. 만약 이들 중 어떤 동물들을 지금 마주친다면, 약간 이상하다고 생각하긴 하겠지만 이들이 무소(어떤 종류는 뿔이 없었다), 코끼리, 말, 설치류 및 다른 포유류임을 확인하는데 그리 어렵지 않을 것이다. 그러나 말처럼 생기고 발톱을 가진 거대한 칼리코데어(chalicothere)와 대형 돼지와 비슷한 엔텔로돈트(entelodont)들은 아마 친숙하지 않을 것이고 어떤 종류들은 지금 그 지역에는 살고 있지 않은 동물—예를 들어 북아메리카의 코끼리—을 발견할 수 있을 것이다.

플라이오세는 물론 마이오세에도, 대부분의 포유류

는 현존 포유류와 아주 비슷하다. 그러나 좀 더 자세히 살펴본다면, 세 개의 발굽을 가진 말, 거대한 송곳니를 가진 고양이, 큰 코 위에 포크 모양의 뿔을 가진 사슴과 비슷한 동물 그리고 키가 크고 날씬한 낙타 등을 볼 수 있었을 것이다. 여기서는 다소 특이한 포유류들을 언급하였으나, 전체적인 동물상은 현재와 매우 비슷하였다.

6. 고제3기와 신제3기의 포유류

포유류가 후기 트라이아스기에 견치류(犬齒類, cynodont)라는 포유류와 유사한 파충류에서 진화하여 신생대에 분화하고 결국 현재와 같은 포유류 동물군을 이루게 되었다는 것을 이미 알고 있다. 현재 포유류는 작은 뾰족뒤쥐에서 거대한 고래에 이르기까지 무려 5,000종이 넘는 종류가 생존하고 있다. 그럼에도 불구하고, 포유류라는 용어를 언급할 때는 말, 돼지, 소, 사슴, 개, 고양이 등등이 마음에 떠오르나, 설치류, 뾰족뒤쥐, 토끼, 박쥐같은 매우 많은 작은 포유류들은 흔히 염두에 두지 않는다. 그러나 전체의 70% 이상을 차지하는 대부분의 포유류는 몸무게 1kg 미만의 아주 작은 종들이다.

소형 포유류—식충류, 설치류, 토끼류, 박쥐류

식충류, 설치류, 토끼류, 박쥐류들은 공통 조상을 가졌으나, 그들이 처음 나타난 이래 분리된 진화적 역사를 가졌었던 것 같다. 예외적으로 박쥐만이 가장 고기의 화석이 에오세 암석에서 발견되나 다른 종류들은 중생대나 팔레오세에 존재했었다. 이들을 함께 살펴보는 까닭은 이들이 예외 없이 크기가 작고 큰 포유류들이 적응할 수 없는 작은 서식지에 적응했기 때문이다. 덧붙여, 박쥐는 크기가 작기도 하지만 비행능력을 가진 유일한 포유류이다.

식충류라는 이름에서 알 수 있는 것처럼 이 동물에 속하는 종류들—오늘날의 뾰족뒤쥐, 두더지, 고슴도치—은 곤충을 먹는다. 식충류는 후기 백악기에 출현한 이래 아마 모습이 크게 변화하지 않았던 것 같다. 사실상, 식충류 같은 생물들은 유태반류의 대규모 방산 측면에서 바닥에 놓이는 것이 옳을 것이다.

현존하는 포유류의 40% 이상이 대부분 매우 작은 동물인 설치목에 속하는 종류들이다. 비버(beaver)와 남아메리카의 카피바라(capybara)를 포함하는 일부는 크기가 큰 종류들도 있는데, 카피바라는 1m 이상의 길이와 45kg 이상의 체중을 지닌다. 팔레오카스토르(*Paleocastor*)로 알려진 한 마이오세 비버는 특별히 큰 종류는 아니었지만 특기할 만한 동혈을 만들었으며(그림 18.9), '랫질라(ratzilla, 거대 쥐)'라 불리는 별난 이름의 마이오세 설치류는 체중이 740kg으로 추정된다. 설치류는 팔레오세에 출현하여 빠르게 방산하였으며 대단히 광범위한 서식지에 적응하였다. 그와 같은 적응현상의 성공 이유 중의 하나는 그들이 거의 모든 것을 먹을 수 있었기 때문이다.

토끼류(토끼목)는 외관상 설치류를 닮았으나 여러 가

그림 18.9 **설치류 화석** 설치류의 대부분의 종들은 생쥐와 쥐 크기이나, 과거와 현재까지도 일부 예외적인 경우가 있다. 팔레오카스토르(*Paleocastor*)는 네브래스카의 마이오세 지층에서 산출된 30cm 길이의 육상 서식 비버가 만든 나선형 버로우이다. 그 지방에서는 이 버로우를 악마의 타래송곳(코르크를 따는)으로 부른다.

지 해부학적 세부구조에서 차이가 난다. 더구나, 토끼류와 설치류는 팔레오세에 공통 조상으로부터 발생한 이래 서로 독립적으로 진화하였다. 설치류와 마찬가지로 토끼류도 갉아 먹는 치아의 세부적인 면이 다르기는 하지만 갉아 먹는 동물이다. 이들의 가장 분명한 진화경향은 속력을 내기 위한 길고 강한 뒷다리의 발전이다.

가장 오래된 화석박쥐(박쥐목)는 와이오밍의 에오세 그린 리버(Green River)층에서 산출되지만, 잘 보존된 표본들은 다른 지역들에서도 보고된다. 앞다리가 날개로 변화한 것에서는 크게 달라졌지만, 박쥐는 식충류에 속하는 직계선조와 거의 다르지 않다. 사실상, 날개를 제외하고는 박쥐는 뾰족뒤쥐와 매우 닮아 있다. 익룡과 조류와는 다르게, 박쥐는 네 개의 긴 손가락이 날개를 지지하는 손의 변화를 차용하고 있다(그림 15.11c).

영장류의 주요사

영장류(Primates)는 '하등 영장류〔안경원숭이(tarsier), 여우원숭이(lemur), 늘보원숭이(loris)〕'와 원숭이(꼬리 있는), 유인원(민꼬리 원숭이), 그리고 인류를 통칭하는 '고등 영장류'들을 포함한다. 영장류 역사의 많은 부분은 19장에서 더 상세히 서술하고 인류의 진화를 다룰 것이다. 그래서 이 장에서는 주요한 부분만 설명한다. 영장류는 후기 백악기에 출현했을 것이며, 팔레오세에는 의심할 여지없이 존재했었다.

팔레오세의 작은 영장류는 같은 시기에 살았던 뾰족뒤쥐 같은 식충류와 매우 유사하였다. 에오세에 큰 영장류들도 나타났지만, 현재 그들의 후손과 닮은 여우원숭이와 안경원숭이가 아시아와 북아메리카에 존재했었다. 그리고 올리고세에 원시적인 신세계 원숭이들과 구세계 원숭이들이 남아메리카와 아프리카에서 각각 발전 하였다. 유인원과 인류를 포함하는 무리인 사람 상과(hominoid)는 마이오세에 진화하였다.

육식동물—육식류

육식목(Carnivora)은 매우 다양하며, 곰, 바다표범, 족제비, 개, 고양이 등을 포함한다. 그들 모두는 육식동물이어서 고기를 먹으나, 식습관은 상당히 다채롭다. 예를 들어, 고양이는 고기 외는 거의 먹지 않으나 곰, 너구리, 스컹크는 여러 가지를 섭식하여 잡식성(omnivorous)이라 한다. 대부분의 식육류는 잘 발달되고 끝이 날카로운 송곳니와 고기를 자를 목적을 가진 **열육치**(carnassial)로써 알려지며 자르는 역할로 특화된 치아를 보유

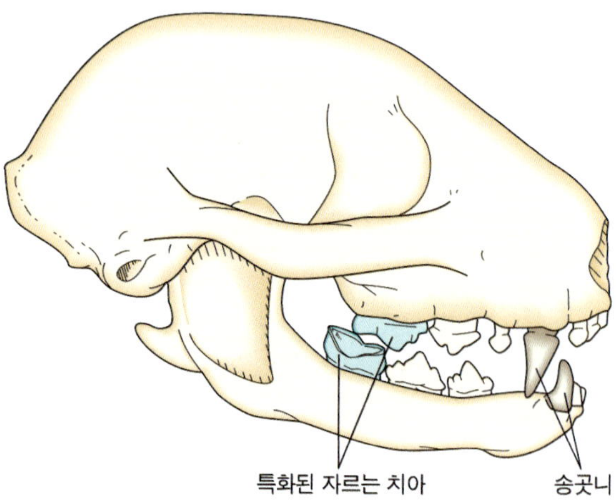

a 현생 큰 고양이의 두개골과 턱. 육식 포유류의 특화된 예리하게 생간 가는 이빨을 갖는다.

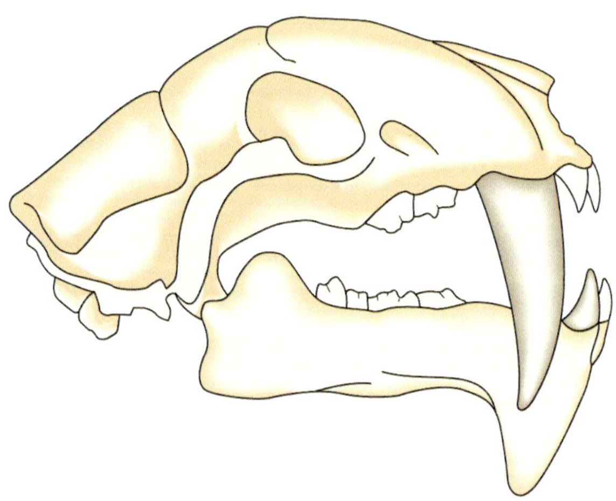

b 육식 포유류는 예리하고 끝이 뾰족한 송곳니를 가지나 유스밀러스(*Eusmilus*) 같은 검치호랑이는 윗 송곳니가 매우 크다.

그림 18.10 **육식류의 치아**

한다(그림 18.10). 어떤 육상 식육류는 먹이를 추적하기 위해 속력, 기민함, 지능에 의존하나, 다른 종류들은 또 다른 방책을 사용한다. 예를 들어, 오소리는 굴을 파서 먹이를 잡으며 어떤 작은 고양이들은 먹이를 잡기 위해 은신하다 갑자기 달려드는 방법에 의존한다.

육식 포유류의 화석들은 많은 다른 포유류들처럼 그리 흔치 않다—왜 그렇게 되었을까? 먼저, 온혈(내온성) 동물들 중 식육류는 전체 군집에서 5%를 넘지 못하며 아마 그 이하일 것이다. 둘째로, 전체는 아니지만 대부분의 식육류가 단독 생활을 하여 많은 수가 함께 보존될 기회가 별로 없다는 것이다. 그럼에도 불구하고, 화석 식육류는 어느 정도 제한은 있지만 전체적인 진화경향을 파악하는 데는 충분하다.

육식목은 팔레오세에 **크레오돈트**(creodont)와 **미아시드**(miacid)라는 두 개의 분리된 계열이 나타나면서 방산을 시작하였다. 양쪽 다 잘 발달된 송곳니와 열육치를 가졌으나 다소 짧은 다리와 편평한 발을 보유하였다. 확실히 그들은 매우 빠르지는 않았으나 먹잇감보다 느리지는 않았다. 크레오돈트 계열은 마이오세에 멸종하여 더 고려할 필요가 없으나, 족제비와 비슷한 미아시드에서 진화한 또 다른 계열은 현존하는 모든 육식 포유류의 선조가 되었다.

육식 포유류의 흥미로운 부분은 고양이, 하이에나, 사향고양이류(사향고양이와 몽구스)들이 공통 조상을 가지나, 개는 다소 멀어 하이에나를 닮은 어떤 종류와 관련된 것으로 보인다. 사실상, 개(개과)와 하이에나(하이에나과)는 모습이 비슷할 뿐만 아니라 예외 없이 집단 사냥꾼들이다. 그렇지만, 화석 기록과 현생동물들에 대한 연구는, 하이에나는 고양이와 몽구스에 더 가까움을 지시한다. 개와 하이에나 사이의 유사성은 수렴진화의 또 다른 예이다.

고양이류에서 가장 괄목할 만한 발전 중의 하나는 검치호랑이의 거대한 송곳니의 진화이다(그림 18.10). 검치호랑이는 신생대 대부분을 통하여 존속하였고 특히 플라이스토세 퇴적층에서 잘 알려지고 있다.

물개, 바다 사자, 해마 등의 수생 식육류는 대개 곰과 밀접히 관련되나 불행히 그들의 선조는 식육류의 다른 과들에 비해 잘 알려져 있지 않다. 수중 생활에의 적응은 유선형 몸체, 보온을 위한 피하지방층 및 지느러미로 변화한 다리 등의 변화를 포함한다. 이들 대다수는 어류를 먹고 보다 단순한 끝이 뾰족한 치아들을 지니나 해마의 경우는 예외적으로 패각을 부수기 위해 편평한 치아를 가진다.

유제류 또는 유제 포유동물

유제류(有蹄類, ungulates)는 **우제목**(偶蹄目, order Artiodactyla)과 **기제목**(奇蹄目, order Perissodactyla)을 포함하는 현존 또는 멸종한 포유류의 여러 무리를 일컫는 정형화되지 않은 용어이다. 짝수의 발굽을 지니는 우제류는 가장 방산되고 수가 많으며 소, 염소, 양, 돼지, 영양, 사슴, 기린, 하마, 낙타 등의 170여 종의 현존종이 있다. 이에 뚜렷이 대비되게 홀수의 발굽을 가지는 기제류는 말, 무소, 맥 등 16종만이 존재한다. 그러나 신생대 초만 하더라도 기제류가 우제류에 비해 더 많았다.

이들 무리를 구분하는 특징들은 발가락의 수와 발가락에 체중이 실리는 방법이다(치아도 역시 구별된다.) 우제류는 두 개 또는 네 개의 발가락을 가지며 세 번째와 네 번째 발가락 사이를 지나는 축을 따라 체중이 실린다(그림 18.11a). 두 개의 발가락을 가지는 오늘날의 돼지와 사슴 같은 우제류에 있어서는, 첫 번째, 두 번째, 다섯 번째 발가락들은 유실되거나 흔적만 남아 있다. 기제류는 소수의 화석종에서 앞발에 네 번째 발가락이 유지되는 경우도 있지만, 하나나 또는 세 개의 발가락을 가진다. 그럼에도 불구하고, 그들의 체중은 세 번째 발가락을 지나는 축을 따라 실린다(그림 18.11a). 현재의 말은 측면 발가락들이 흔적만 남아 있지만, 매우 드물게 세 개의 발가락을 가지고 태어나기도 한다.

영양과 말 등의 많은 유제 포유동물들은 개방된 초원에서 육식동물들로부터 도망치기 위해서는 빨라야 한다. 결과적으로 그들은 큰 보폭을 위해 길고 날씬한 다

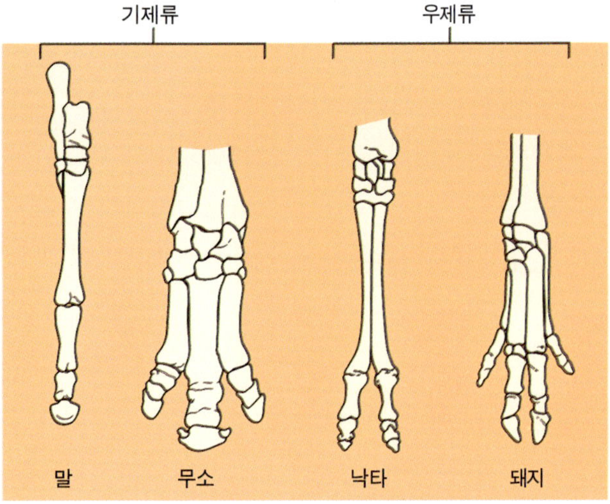

a 기제류와 우제류. 기제류는 하나 혹은 3개의 기능성 발가락을 가지는 반면, 우제류는 2개 또는 4개의 발가락을 보유한다. 기제류는 체중이 세 번째 발가락에 실리나 우제류에서는 세 번째와 네 번째 발가락들에 실린다.

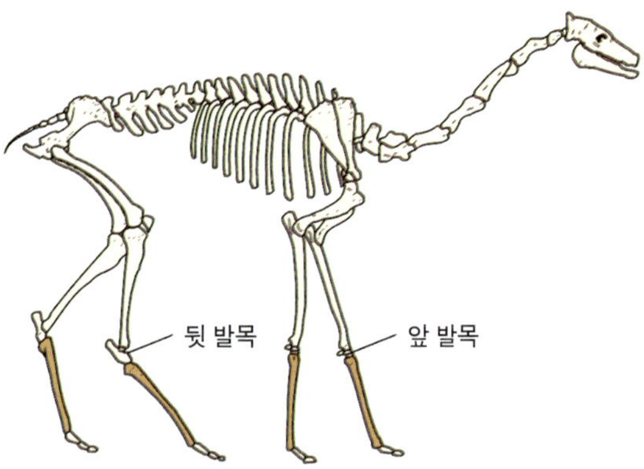

b 다수의 유제 포유동물에서는 앞 발목(wrist)과 발가락, 뒷 발목(ankle)과 발가락 사이의 뼈들이 길어져 길고 날씬한 다리로 진화하였다.

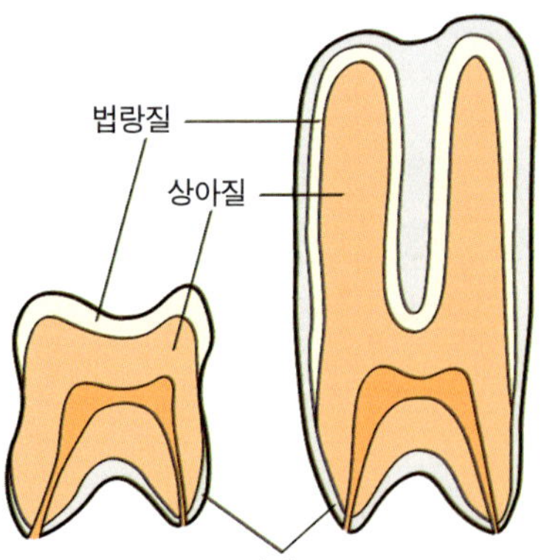

c 풀을 먹는 데 적응한 유제 포유동물에서는 높은 치관(齒冠, crown)과 시멘트(cement)로 피복된 씹는 치아가 발달했다. 낮은 치관의 씹는 치아는 영장류와 돼지 등 잡식을 하는 많은 다른 포유류에서 발견된다.

그림 18.11 유제 포유동물의 특징과 진화

리를 가지게 되었다. 그림 18.11b에서처럼 이들의 앞발과 뒷발의 발바닥뼈가 매우 길다는 것에 유의해야 한다. 덧붙여, 이들 빠른 주자들은 발가락 수가 몇 안 되므로 발 뼈의 수도 적다. 모든 유제 포유동물이 긴 다리를 가지고 빠른 주자인 것은 아니다. 어떤 종류들은 크기도 작고 포식자에 의해 위협당할 때는, 무성한 수풀이나 땅 속의 동굴로 재빨리 피한다. 길고 날씬한 다리를 가진 말, 영양, 사슴 등과는 대조적으로 무소와 하마는 육중하게 체중을 지탱하는 다리를 발전시켰다.

모든 우제류와 기제류는 식물을 소화시키기 위해 변화된 씹는 치아—작은 어금니와 어금니—를 가진 초식동물들이다. 이들 동물들에서 하나의 진화경향은 작은 어금니가 어금니에 더욱 더 비슷하게 되는 과정인 **대구치화**(大臼齒化, molarization)인데, 그래서 마모하는 치아들이 연속적인 열(列)을 이루게 된다. 어떤 유제류—예를 들어 말—들은 풀을 먹기 때문에 **풀을 먹는 동물**(grazer)로 특징지어지고, 반면에 어떤 종류들은 부드러운 나뭇잎, 잔가지, 나무나 관목의 싹과 **어린 잎을 먹는 동물**(browser)이다. 풀(초본류)은 토양을 통해 자라나오기 때문에 미세한 미사와 모래를 부착시켜서 치아를 닳게 해서 매우 마모적이라 할 수 있다. 결과적으로, 한 번 풀을 먹도록 진화하게 됨에 따라, 많은 유제 포유동물들은 풀을 먹는 동물이 되었고 마모에 저항할 수 있는 씹는 치아 형태인 높은 치관을 보유하게 되었다.

우제류–짝수 발굽을 가진 포유동물 가장 오래된 우제류는 그들의 선조와 거의 차이가 없는 에오세 초의 토끼 크기의 동물이었다. 그러나 이 작은 동물이 짝수 유제 포유동물의 현존 및 멸종한 여러 과들을 포함하는 수많은 종류들의 선조였다(그림 18.12). 멸종한 과들 중에는 북아메리카에서, 플라이오세에 일어난 멸종 때까지 살았으며 돼지를 많이 닮은 오레오돈트(oreodont)와 코에 포크 모양의 뿔이 나 있는 특별한 속(屬)인 신테토세라스(*Synthetoceras*) 등이 있다.

신생대의 대부분을 통해, 특히 북아메리카에서는 한 종류 이상의 낙타가 흔하게 존재했다. 가장 초기의 종

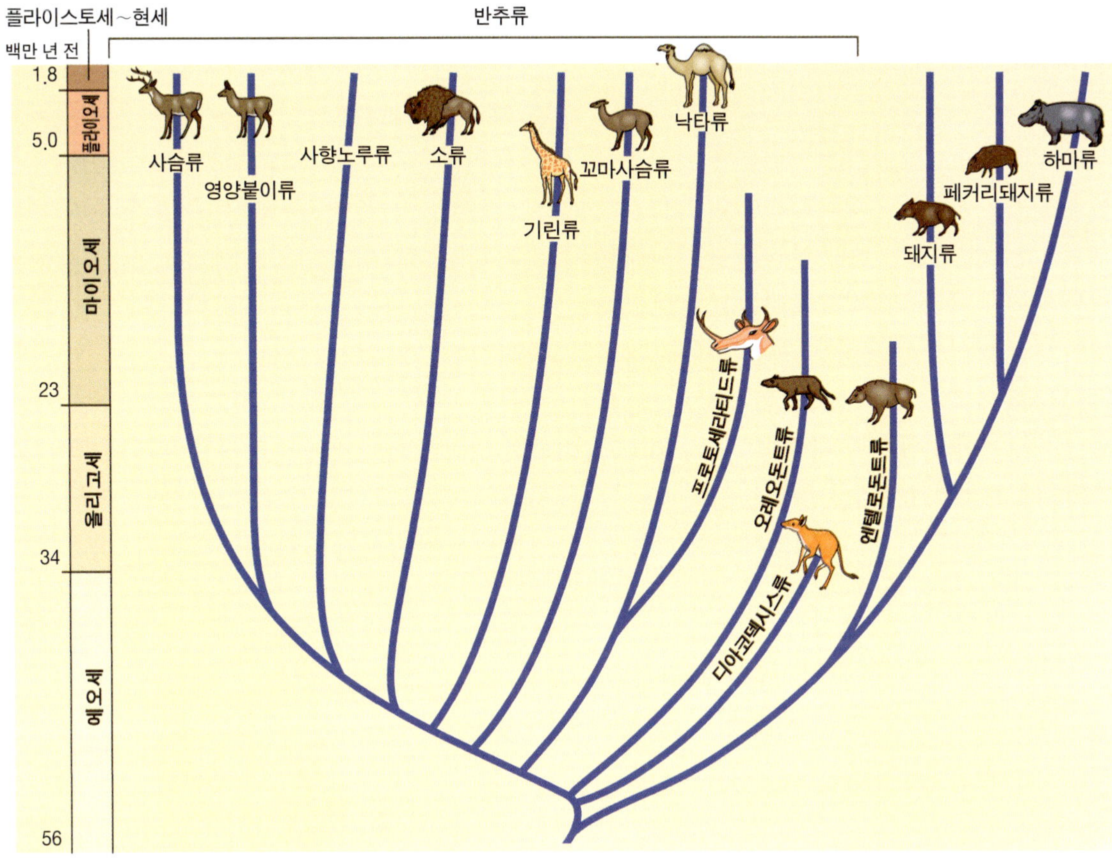

그림 18.12 우제류(짝수 유제 포유동물)의 진화 대부분의 우제류는 3개와 4개의 위를 갖는 반추동물이다. 예를 들면, 소류는 가장 다양하고 풍부한 현생 우제류이며 과거에는 다른 그룹이 번성하였다. 가장 오래된 우제류인 *Diacodexis*는 길이가 50cm에 불과했다.

류는 네 개의 발굽을 가졌는데, 올리고세에는 모두가 두 개의 발굽을 가진 종류였다. 다양한 낙타 유형들 중에는 매우 키가 큰 기린을 닮은 종류, 날씬하고 가젤 영양 같은 종류, 어깨 높이가 3.5m인 거대한 종류들이 있었다. 대부분의 낙타의 진화는 북아메리카에서 일어났으나 플라이오세 동안에 아시아와 남아메리카로 이주하였는데 거기서만 현재 생존종들이 있다. 북아메리카의 낙타들은 플라이스토세 말에 완전히 멸종하였다.

우제류 중에서는 소과(科)의 종류들이 가장 광역적으로 방산하여 소, 들소, 양, 염소, 영양 등을 포함하는 많은 종류들이 존재한다. 이 과는 마이오세까지는 나타나지 않았으나 북반구 대륙들에서 플라이오세에 이 종류들 대부분의 방산이 전개되었다. 소과 종류들은 현재 아프리카와 남아시아에서 수적으로 가장 많은 동물들이다. 북아메리카에서는 아직까지 큰 뿔 양과 산양 같은 소과 동물들이 존속하고 있으나 신생대 동안에 가장 흔한 종류들은 들소(아시아에서 이주함), 가지뿔 영양, 오레오돈트 같은 종류들이었으며 이들 모두는 거대한 무리를 이루어 떠돌아다녔다.

그림 18.12에서 대부분의 우제류는 되새김질을 하는 **반추동물**(ruminant)이라는 것을 유의해야 하는데, 이들의 위는 먹이에서 더 많은 영양분을 뽑아내기 위한 과정을 거치는 복잡한 세 개 혹은 네 개의 위(胃)들을 가지고 있다. 기제류는 그처럼 복잡한 소화계가 결여되어 있다. 아마도 우제류가 기제류에 비해 똑같은 먹이를 보다 효율적으로 사용했다는 사실이 발굽을 지닌 동물군에서 우제류가 번성하고 기제류를 거의 대체해버린 이유일 것이다.

기제류-홀수 발굽을 갖는 포유동물 표 7.1에서 보는 것처럼 '말과 무소 같은 서로 연관된 생물들의 화석 기록을 검토한다면, 그들이 공통 조상으로부터 분지되었을 때는 매우 비슷했었으나 분화가 계속됨에 따라 차이가 증가했다는 것을 발견할 것이다.' 이미 말, 무소, 맥, 그리고 멸종한 연관 종류들인 칼리코데어와 티타노데어들에 있어서의 화석 기록이 어떻게 이러한 종류의 증거들을 명확히 제공하는 가에 대한 것을 논의했다. 짧게 말해, 이들 동물들이 화석 기록 상, 처음 출현하였을 때는 크기와 치아구조에서 약간의 차이 밖에는 없었으나 진화를 거듭함에 따라 각 종류들 사이에는 차이가 더 확연하게 되었다. 기제류는 팔레오세 동안에 하나의 공통 조상으로부터 진화하였으며, 올리고세 동안에 최대의 방산에 도달하고 그 이후에는 현저하게 감소하였다.

낙타도 가능한 예가 있지만, 말보다 더 좋은 화석 기록을 가지는 포유류 무리는 존재하지 않는다. 사실상, 말 화석은 흔하며 특히 진화 과정의 대부분이 일어났었던 북아메리카에서 그렇다. 따라서 말에 대한 진화사와 진화 경향은 잘 알려져 있다. 말과의 가장 초기 종은 **히라코테리엄**(*Hyracotherium*)으로 알려진 여우 크기 동물이다(그림 18.13). 이 작고 숲에 살았던 동물은 네 개의 앞발가락과 세 개의 뒷 발가락을 가지며 각 발가락은 작은 발굽으로 싸여 있다. 다시 말하면, 이 종류는 현재와 같은 말의 모습은 거의 보유하지 않는다. 그런데 이 종류가 어떻게 말과에 속한다고 확신할 수 있을까?

말의 진화는 복잡하며 신생대 동안 여러 시기에 존재했던 수많은 속과 종들이 분기되었다(그림 18.13a). 그럼에도 불구하고 그들의 예외적인 화석 기록은 중간적인 특성을 소유하는 일련의 동물들에 의하여 히라코테

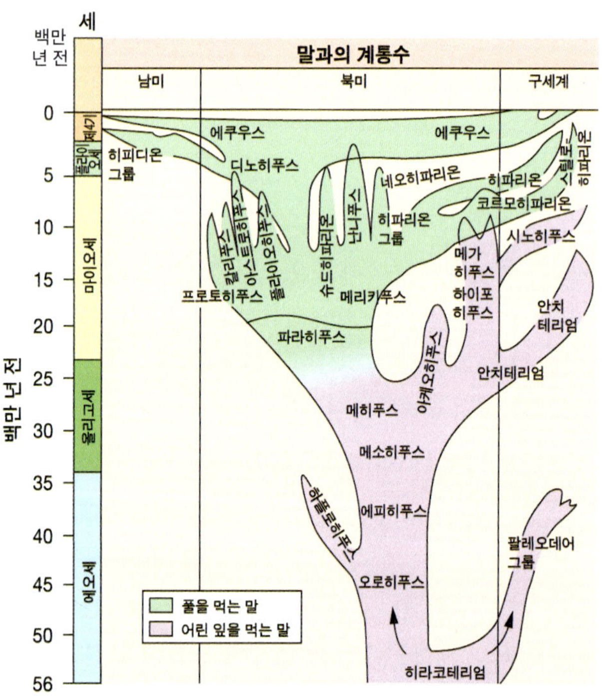

a 말 속들 간의 유연관계를 보여 주는 요약도. 올리고세 동안에 두 계통이 발생하였는데, 한 계통은 세 개의 발굽을 가진 어린 잎을 먹는 동물이었고 다른 하나는 오늘날의 말인 에쿠우스를 포함하는 하나의 발굽을 가진 계통이었다.

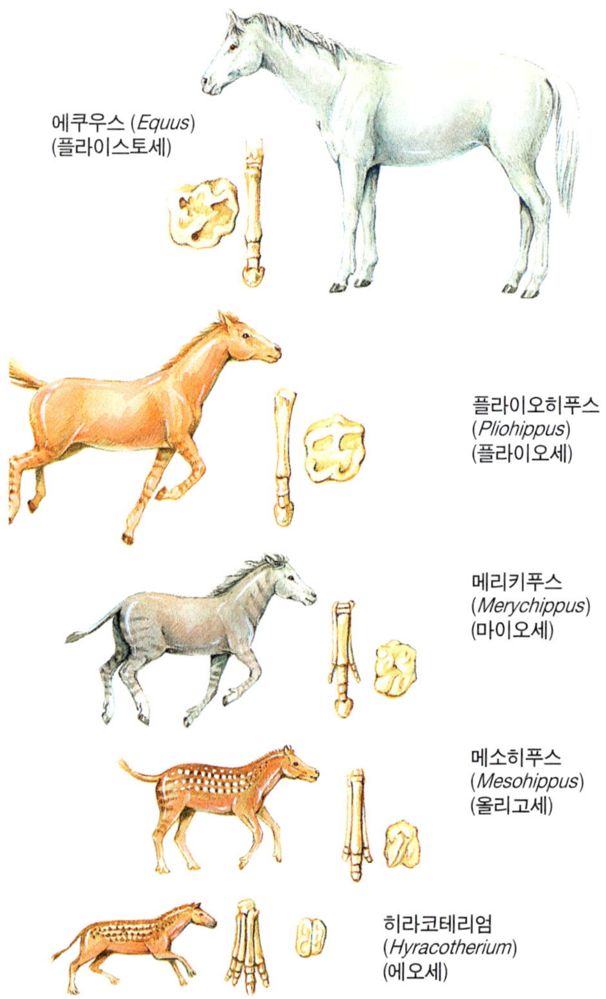

b 말의 진화 일부 경향을 보여 주는 단순화된 다이어그램. 이 진화경향에는 크기 증가, 다리의 길이 증가, 발굽 수의 감소, 복잡한 씹는 표면을 가지는 높은 치관의 발달을 포함한다.

그림 18.13 **말의 진화**

표 18.1	오늘날의 말인 에쿠우스의 신생대의 진화경향. 신생대에는 수많은 말의 속들이 서로 다르게 진화하였다. 예를 들면 어떤 말들은 풀을 먹기보다는 어린 잎을 먹는 종류였고 높은 치관을 가지는 씹는 치아를 보유하지 않았으며 세 개의 발굽을 유지하였다.

경향(Trends)

1. 체구가 증가한다.
2. 달리는 데 적응하기 위하여 다리와 발이 길어진다.
3. 측면 발굽이 흔적만 남게 된다. 에쿠우스에서는 단지 세 번째 발굽만이 기능을 맡게 된다.
4. 등 부분의 직선화와 강화
5. 앞니가 넓어진다.
6. 작은 어금니의 대구치화(molarization)는 식물을 연마시키기 위한 연속적인 치아열을 이루게 한다.
7. 씹는 치아인 작은 어금니와 어금니는 풀의 연마로 인한 마모 때문에 높은 치관과 상아질로 피복되게 된다.
8. 작은 어금니와 어금니의 씹는 면 역시 풀의 연마로 인한 마모 때문에 더 복잡해진다.
9. 두개골의 전면과 아래턱은 높은 치관을 가진 작은 어금니와 어금니에 맞추기 위해 아래로 더 내려간다.
10. 높은 치관에 맞추기 위해 눈 앞 쪽의 면상부분이 길어진다.
11. 크고 더 복잡해진 두뇌

리엄이 분명히 현재의 말인 에쿠우스와 연계되어 있음을 보여 준다.

즉, 후기 에오세와 전기 올리고세의 말들은 더욱 최근으로 오면서 현재의 에쿠우스에서 발견되는 진전된 발전을 보여 준다(표 18.1).

그림 18.13a는 말의 진화가 두 가지 다른 계통으로 발전하였음을 나타낸다. 한 경향은 현재는 모두 멸종하였지만 세 개의 발가락을 지닌 어린 잎을 먹는 말이었고, 다른 하나는 세 개의 발가락을 가진 풀을 먹는 말이었는데 이들은 나중에 하나의 발가락을 가진 말로 되었다. 높은 치관을 가진 씹는 치아를 보유하는 풀을 먹는 말의 출현은(그림 18.11c), 마이오세에 초본류의 진화 및 전파 시기와 일치한다. 속력은 말들의 이러한 서식지에 기본적인 것이 되었고, 말의 다리는 더 길어지고 발가락의 수는 감소하여 최종적으로는 하나로 되었다(그림 18.13b). 조랑말 크기의 메리키푸스는 풀을 먹는 초기 말의 좋은 예이다. 이들은 세 개의 발가락을 가졌으나 높은 치관과 마모에 저항성이 강한 상아질로 덮인 치아를 보유하였다.

또 다른 생존 기제류인 무소와 맥(tapir)들은 전기 신생대의 선조형보다 체구가 증가하였으며 현재보다 다양했고 더 넓게 분포하였다. 대부분의 무소들은 구세계에서 진화하였으나 북아메리카에서 무소들은 플라이스토세 말에 절멸할 때까지 흔한 동물이었다. 어깨 높이가 5m 이상이고 체중이 13~14톤에 달하는 아시아의 뿔 없는 무소들은 당시 육상포유류에서는 가장 거대한 존재였다.

나머지 기제류인 칼리코데어와 티타노데어에 있어서, 티타노데어는 좋은 화석 기록을 가진다. 특별히 수가 많지는 않았지만 칼리코데어는 큰 말 정도 크기로 이 과에 속하는 종류들이 발굽보다는 발에 발톱을 가지고 있어 흥미를 끈다. 현재 이 발톱들에 대한 가장 우세한 의견은 이들이 갈고리처럼 사용되어 나뭇가지를 끌어당기는 데 이용되었다고 하는 것이다. 티타노데어는 특징적으로 단기간만 생존했던 기제목 동물로 에오세에만 존속했다. 그들은 작은 선조에서 진화하여 어깨까지 높이가 2.5m나 되는 큰 종류로 되었다(그림 1.14 참조).

거대한 육상 포유류—코끼리

지금까지 가장 거대한 육상 포유류는 뿔 없는 무소라고 알고 있으나 **장비목**(長鼻目, order Proboscidea)에 속하는 오늘날의 코끼리도 거대한 동물이다. 기록상 가장 큰 코끼리는 거의 12톤의 체중과 어깨까지 높이가 4.2m였으나 멸종한 어떤 매머드도 크기가 비슷하거나 약간 더 컸던 것 같다. 큰 크기에 더하여 코끼리의 독특한 한 특징은 그들의 긴 코(proboscis)이다. 신생대 대부분을 통하여 한 종류 이상의 장비류(마스토돈, 매머드, 코끼리)들이 북반구 대륙들에 널리 분포하였으나, 현재는 남아시아에 1종, 아프리카에 2종 등 3종만이 존재한다. 이 목의 가장 최초의 종류는 100에서 200kg 정도의 에오세에서 산출되는 메리테리엄(*Moeritherium*)인데 이들은 코끼리의 특성을 별로 보유하지 않았다. 이 종류는 아마 수중 생활을 했던 것 같다.

올리고세에 코끼리는 크기가 커지는 경향을 가졌고 긴 코와 길어진 앞니인 엄니를 보유하였다. 대부분 코끼리들은 윗 턱에만 발달된 엄니가 있었으나 일부 종류들은 양쪽 턱에 엄니가 다 있었고 데이노데어(deinothere) 같은 종류는 아래쪽 엄니를 가지고 있었다(그림 18.14).

현존 종류들 외에 가장 친숙한 코끼리로는 멸종한 마스토돈(mastodons)과 매머드(mammoth)가 있다. 마스토돈은 아프리카에서 진화하였으나, 마이오세에서 플라이스토세에 걸쳐 북반구 대륙들로 널리 전파 되었고 한 속은 남아메리카까지 도달하였다. 이들 거대한 어린

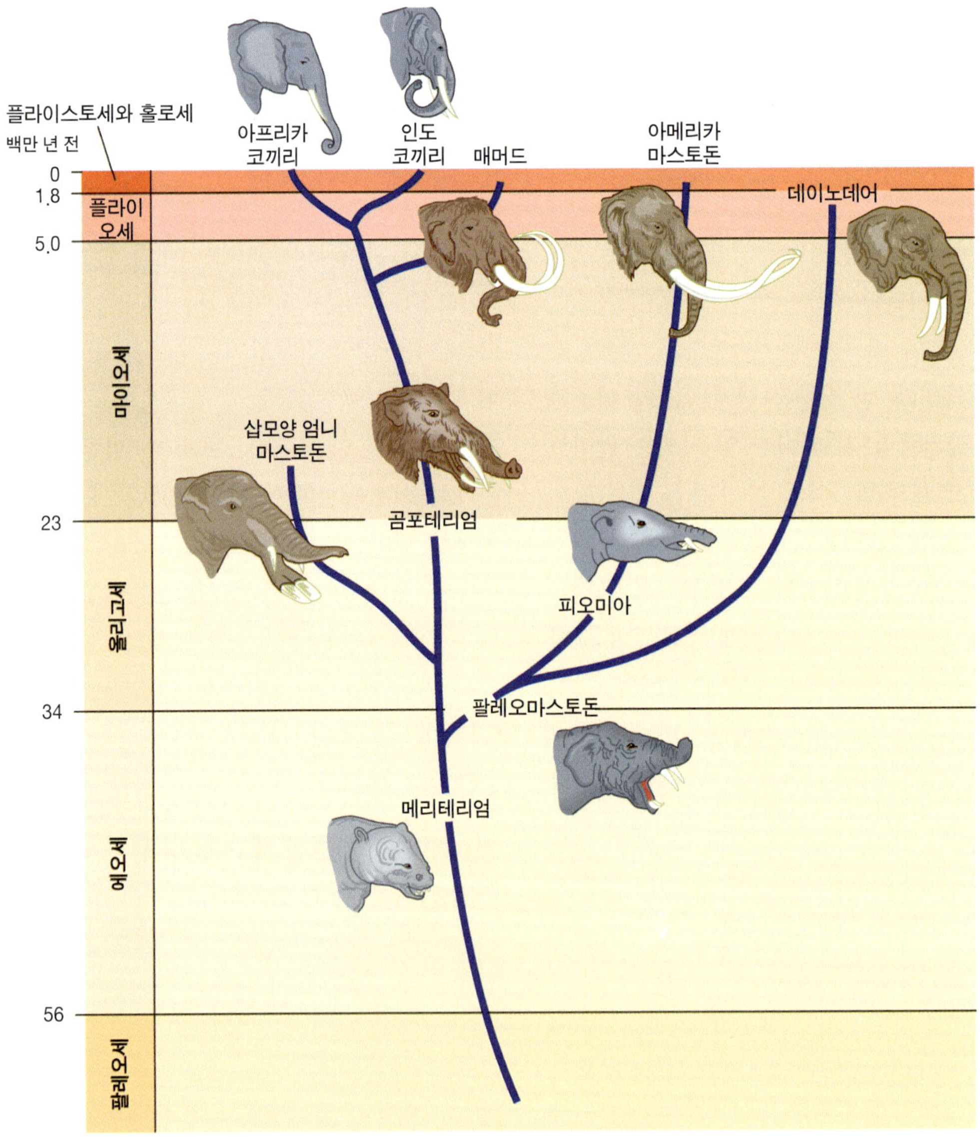

그림 18.14 코끼리들의 계통 발생 큰 몸집, 긴 코 및 엄니는 장비류의 진화경향이었다. 여러 장비류에 해당하는 종류들이 여기서는 표현되지 않았으며 이 그림에서 보는 것보다 더 다양한 종류들이 있었다.

잎을 먹는 동물들은 단지 수천 년 전에 멸종하였다. 플라이오세와 플라이스토세에 매머드와 현재 코끼리들이 확산하였다(그림 18.14). 매머드들은 현재 코끼리 크기였으나 어떤 코끼리보다 큰 엄니를 가지고 있었다. 사실상, 매머드의 엄니는 시베리아에 매우 흔해서 상아 공급원이 되었고 그 역할이 계속될 정도였다. 플라이스토세 말경 멸종할 때까지, 매머드는 인도와 아프리카는 물론 북반구 전 대륙들에서 살고 있었다.

거대한 수중 포유류—고래류

거대한 공룡에 관한 흥미가 현재 생존하고 있는 역사상 가장 큰 동물에 대한 관심을 줄이지는 못한다. 30m 이상 체장과 130톤으로 추정되는 몸무게를 지닌 흰수염고래는 미국삼나무 같은 어떤 식물들을 제외하고는 살아있는 어떤 생물보다도 크다. 그러나 모든 고래가 몸집이 큰 것은 아니다. 예를 들어 참돌고래와 쇠돌고래 등은 어느 정도 몸집은 있으나 거대하지는 않다. 그럼에도 고래진화에서 중요한 경향은 몸길이의 증가이다.

여러 포유류들이 수서나 준수서 생활을 하나 육지에 올라오지 않고 일생을 수중에서 보내는 종류는 바다소류(바다소목)와 고래류(**고래목**, order Cetacea)이다. 동남아시아의 에오세에서 발견되는 화석들은 고래의 육상서식 선조들이 작은 개 크기의 라오엘리드(raoellid)류에 속했음을 지시한다(그림 18.15). 육상 거주 동물에서 수중의 고래로의 전이 동안, 앞다리는 노 같은 지

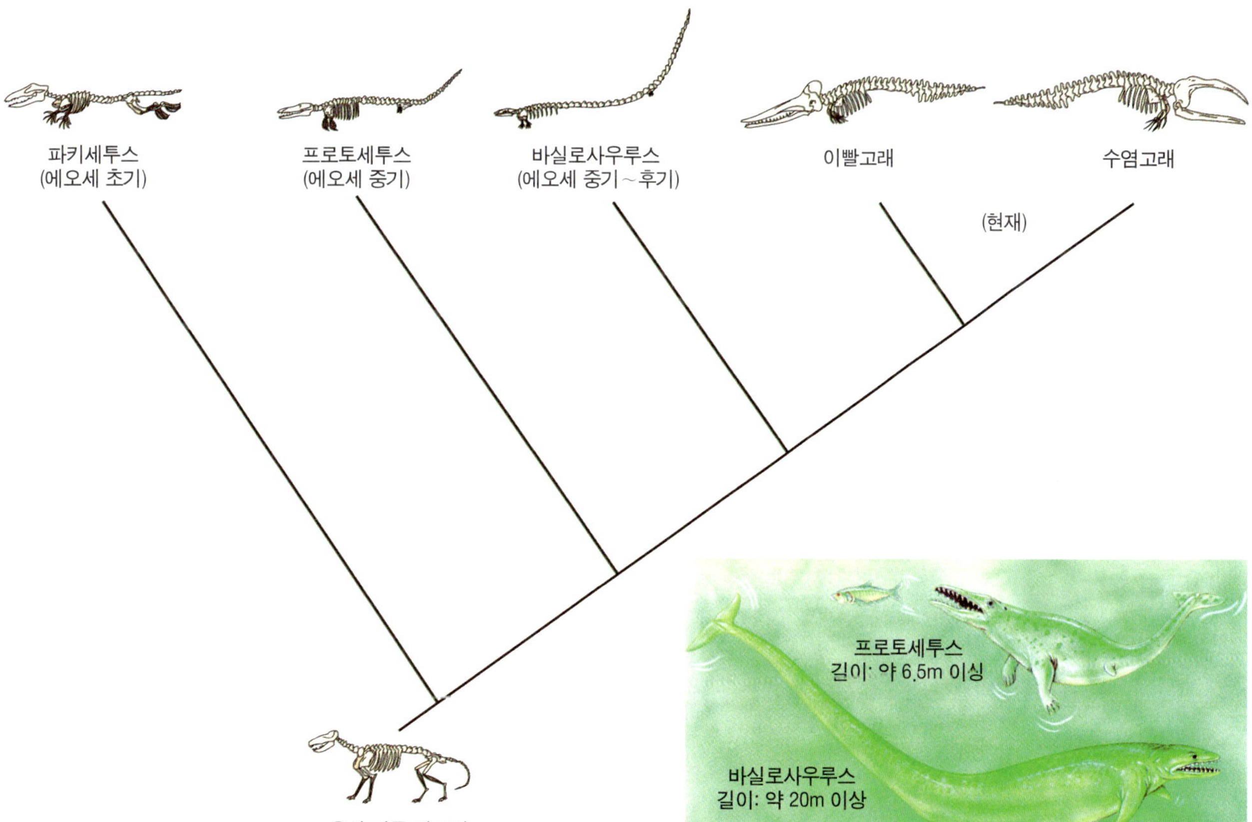

a 파키세투스(*Pakicetus*)는 잘 발달된 뒷다리를 보유하였으나 프로토세투스(*Protocetus*)와 바실로사우루스(*Basilosaurus*)는 흔적만 남았음에 주목하라. 파키세투스는 길이가 2.0m였다. 다른 고래들은 비교축척이 주어지지 않았다.

b 프로토세투스와 바실로사우루스의 복원도. 바실로사우루스는 완전히 수중 서식 고래였으나 오늘날의 고래 형태와는 상당히 달랐다.

그림 18.15 **고래의 분기도**

느러미 모양의 발(flipper)로 바뀌었고 뒷다리는 사라졌다. 그리고 콧구멍은 머리 위로 위치를 바꾸었으며 추진에 사용되는 크고 수평인 꼬리지느러미가 발달하였다.

많은 세월 동안, 고생물학자들은 육상서식 동물과 완전히 수중 생활을 하는 고래와를 연결하는 화석증거를 거의 찾지 못했다. 7장에서 이미 언급한 것처럼, 그러나 이러한 중요한 변화는 화석 기록이 거의 알려지지 않은 세계의 어떤 지역에서 일어났을 것이다. 약 20여 년 전에 고생물학자들은 이와 같은 진화적인 수수께끼를 해결할 수 있는 괄목할 만한 발견을 하였다. 예를 들어, 전기 에오세 고래인 암불로세투스(*Ambulocetus*)는 아직까지 육상에서 몸을 지탱할 수 있는 사지를 가지고 있었던 반면에 15m 크기의 후기 에오세의 고래인 바실로사우루스(*Basilosaurus*)는 작고 흔적만 남은 뒷다리를 가지고 있었을 뿐이었다(그림 18.15). 후자는 그들의 선조와 비슷한 치아를 가지고 있었고 콧구멍은 코 위에 있었으나 현재의 고래와 비교해 상당히 다르기는 해도 실질적으로 고래라고 할 수 있었다. 올리고세에 현존하는 고래무리인 두 종류—수염고래(Baleen Whale)와 이빨고래(Toothed Whale)—가 진화하였다.

화석고래에 관한 흥미로운 기록으로 1840년대에 코흐(Albert Koch)가 남긴 것이 있는데, 그의 주장에 따르면 그가 앨라배마의 에오세 암석에서 화석 바다뱀을 발견했다고 하는 것이었다. 그것은 실제로, 멸종한 고래의 거의 완전한 골격이었다. 그의 복원도에서, 코흐는 다섯 종류의 척추동물들을 거의 35m 길이의 '바다뱀'으로 표현하였다. 과학적인 학술단체들에서는 아무도 어리석은 일에 동조하지 않았으나, 코흐는 그의 작품을 관람용으로 전시하였다—물론, 요금을 징수하면서.

7. 플라이스토세의 동물군

고포유류, 현존 포유류 목들의 친숙하지 않은 선조형들, 거대한 육식성 조류 등의 팔레오세 동물군과는 달리, 플라이스토세 동물군은 대부분 친근한 모습의 동물들로 이루어진다. 그럼에도, 그들의 지리적인 분포는 놀라움을 줄 정도인데, 그 까닭은 북아메리카에 무소, 코끼리, 낙타가 있었고 칼리코데어와 중무장한 글립토돈트 같은 예상외의 동물들이 존재했기 때문이다. 비행하는 동물군 중에는 거대한 모아새와 코끼리새가 뉴질랜드와 마다가스카르에 각각 존재하였다.

빙하시대의 포유류

플라이스토세 포유류 동물군의 가장 특기할 만한 관점은 매우 거대한 종들이 많이 있었다고 하는 것이다. 마스토돈, 매머드, 큰 들소, 거대한 나무늘보(ground sloth), 어마어마한 낙타, 어깨 높이 2m의 비버 등이 북아메리카에 있었다. 남아메리카에도 역시 거대한 종류들이 살았는데 늘보와 글립토돈트들이 특징적이었다. 코끼리, 동굴곰, 아일랜드 엘크사슴으로 알려진 큰 사슴들이 유럽과 아시아에 살았으며, 오스트레일리아에는 3m 키의 캥거루와 무소 크기의 웜뱃이 있었다.

물론 작은 포유류들도 많이 존재했었으나 플라이스토세 포유류에 있어 분명한 경향은 거대한 체구였다. 아마도 이런 현상은 당시에 지배적이었던 한랭한 환경에 적응하기 위한 것이었을 것이다. 거대한 동물들은 몸의 체적에 비해 표면적이 상대적으로 적어 작은 동물들에 비해 보다 효율적으로 체온을 유지하였을 것이다.

세계의 유명한 화석들 중 일부는 플라이스토세 퇴적층에서 산출된다. 시베리아와 알래스카에서는 매머드, 들소, 그 외 몇몇의 동결된 포유류에 관해 들어본 일이 있을 것이다. 매우 드물긴 하지만, 이런 예외적인 화석들은 대부분의 화석들이 제공하는 것보다 훨씬 더 많은 정보를 알려 준다(그림 5.11b 참조). 대중 매체에서 들었던 내용과는 대조적으로, 이 모든 동결된 동물들은 부분적으로 부패되어 있고 먹을 수 있을 정도로 충분히 신선하거나, 얼음 덩어리 또는 빙산에서 발견되는 것은 전혀 없다. 이들 모두는 영구동토로 알려진 영구적으로 동결된 토양에서 발견된다.

고생물학자들은 북아메리카의 많은 장소에서 플라이스토세 동물들을 발견하였다. 대표적으로 기억해둘 만한 장소로 플로리다와 남캘리포니아 란초 라 브레아의 라 브레아 타르 피트가 있다. 실제로, 플로리다는 미국 동부에서 신생대 육상 거주 동물들의 화석이 흔하게 나오는 몇 안 되는 장소 중의 하나이다(그림 18.16a). 라 브레아 타르 피트에서는 원유가 지표로 스며 나온 후 휘발성분이 증발하고 남은 끈적끈적한 잔류 물질에 적어도 230 종류의 척추동물들이 빠졌다. 그 '타르'는 실제로는 자연적으로 형성된 아스팔트이며, 원래 타르는 토탄이나 석탄에서 제조되는 산물이다. 화석들 중에는 특히 다이어 울프(dire wolf), 검치호랑이, 독수리 같은 많은 육식동물들이 있는데, 이들은 그 타르 속에서 빠졌던 포유류들을 먹이로 하려고 모여들었던 것이었다(그림 18.16b).

플라이스토세 멸종

플라이스토세의 북아메리카 대륙 내에는 말, 무소, 낙타, 매머드, 마스토돈, 들소, 거대한 지상 늘보, 글립토돈트, 검치호랑이, 다이어 울프, 설치류, 토끼 등이 무리를 이루고 있었다. 그러나 약 14,000년 전 무렵에 이들 동물들, 특히 거대한 종류들이 멸종하였다. 이 플라이스토세 멸종은 고생대와 중생대 말의 멸종들에 비해서는 약했으나 그것은 큰 육상 거주 포유류(44kg 이상의 체중을 가진)들에는 심각한 타격을 줄 정도로 예상외의 것이었다. 특히 큰 충격이 오스트레일리아와 아메리카대륙들에 가해졌다.

오스트레일리아에서는 그 대륙의 16속의 거대 포유류 중 15속이 멸종했다. 북아메리카에서는 거대 포유류 45속 중 33속이 사라졌고 남아메리카에서는 58속의 거대 포유류에서 46속이 멸종했다. 이에 반해, 유럽에서

a 플로리다의 플라이오세와 플라이스토세의 다양한 포유류 중에는 6m 크기의 나무늘보(ground sloth)와 2톤이 넘는 몸무게의 갑주로 덮인 글립토돈트(glyptodont) 등이 있었다.

b 캘리포니아 로스앤젤레스의 라 브레아 타르 피트(La Brea Tar Pits)에 있는, 현재 원유가 스며나오는 장소의 끈적이는 타르에 빠진 매머드의 복원도

그림 18.16 **플로리다와 캘리포니아의 플라이스토세 화석**

는 23속의 거대 속들 중 단 7속이 멸종했으며 사하라 이남의 아프리카는 44속 중 2속만 손실되는데 그쳤다. 이러한 자료들은 세 가지 의문을 제기하는데 이 중 어느 것에 대해서도 완벽히 답변하는 사람은 없다. (1) 무엇이 플라이스토세 멸종을 일으켰는가? (2) 어떤 이유에서 이러한 멸종이 주로 거대 포유류에 한정되었는가? (3) 멸종이 오스트레일리아와 아메리카 대륙들에서 왜 가장 심했는가? 과학자들은 현재 이러한 멸종에 관한 두 가지 경쟁적인 가설들에 대해 논쟁 중에 있다. 한 가설은 **기후 변화 가설**(climatic change hypothesis)인데 이는 플라이스토세 말의 기후의 급격한 변화가 멸종을 초래하였다는 것이며, 반면 다른 하나는 인간 사냥꾼들이 원인이 된 **선사시대 과잉살육**(prehistoric overkill)이라 불리는 가설이다. 기후와 식생의 급격한 변화는 빙하가 후퇴하면서 지구 표면의 매우 많은 부분에서 일어났다. 북아메리카와 북유라시아의 개방된 초원 형태의 툰드라는 날씨가 온난해지고 습윤화가 우세해짐에 따라 송백류와 활엽수림에 의해 대체되었다. 북극권 지역 식물상은 다양한 거대 포유류를 지탱할 정도로 생산성이 높은 초본 식물상에서 훨씬 더 산개된 동물군만을 뒷받침할 수 있는 상대적으로 황량하고 수분이 많은 툰드라로 변화하였다. 미국 남서부 지역 역시, 검치호랑이, 지상늘보, 매머드가 돌아다니던, 수많은 호수를 가진 습윤한 지역에서 거대 포유류로 된 다양한 동물군을 지탱할 수 없는 반건조 기후로 변화하였다.

기후와 식생에서의 급격한 변화는 확실히 동물 군집 조성에 영향을 미칠 수 있으나, 기후 변화 가설에는 여러 가지 문제점들이 존재한다. 첫 번째로, 기후와 식생이 변화함에 따라 거대 포유류들이 더 적절한 서식지로 이주하지 못하였는가? 하는 것이다. 결국, 많은 동물들이 그렇게 했었다. 예를 들어, 마지막 빙기 동안 남프랑스에 살았던 순록과 북극여우는 기후가 온난해짐에 따라 북극권으로 이주하였다. 기후 변화 가설에 대한 두 번째 논의는 멸종과 플라이스토세를 통하여 일어난 멸종 이전의 빙하 전진 및 후퇴에 대한 대비가 사실상 결여되었다는 것이다. 그 이전의 기후 변화들은 집단멸종 사건들과 특징적으로 관련지어지지 않았다.

선사시대 과잉살육 가설의 제안자들은 남·북아메리카와 오스트레일리아에서의 대량멸종은 인류의 도착시기와 일치한다고 주장한다. 아마도 사냥꾼들은 약 11,000년 전 무렵, 인류와 접촉한 경험이 없던 남·북아메리카 동물군에 괴멸적인 타격을 주었을 것이다. 거의 같은 일이 훨씬 더 전에 오스트레일리아에서도 약 4만년 전 인류가 도착한 직후 발생했을 것이다. 아프리카와 유럽 대부분에서는 큰 규모의 멸종은 일어나지 않았는데, 이들 지역들에서는 동물들이 오랜 동안 인류와 친숙하게 공존해 왔기 때문인 것 같다.

선사시대 과잉살육에 관한 하나의 문제는 고고학적 증거들이 오스트레일리아뿐만 아니라 남·북아메리카에서도 초기 거주 인류들이 음식을 채집하고 사냥을 하면서 아마도 산개된 작은 사회를 이루고 살았다는 증거를 제시한다는 것이다. 어떻게 소수의 사냥꾼들이 그렇게 많은 대형 포유류들을 살육할 수 있었을까? 그러나 인간이 대양의 섬들에서 생물 멸종의 원인이 되었던 것은 사실이다. 예를 들어, 뉴질랜드에 도착한 후, 약 600년 동안에 인류는 모아새라 불리는 거대하고 날개 없는 새의 여러 종들을 전멸시켰다.

두 번째 문제는 현대의 사냥꾼들은 보다 작고, 수가 많으며 덜 위험한 동물들에 관심을 집중한다는 것이다. 말, 순록, 기타 작은 동물들의 잔해가 유럽의 많은 선사시대 유적지들에서 발견되나, 매머드와 털이 난 무소들은 매우 드물다.

마지막으로 남·북아메리카에서 멸종한 동물들의 잔해에서는 인간이 만든 도구들이 거의 발견되지 않는다는 것이며, 그러한 동물들이 사냥 당했다는 증거가 별로 없다. 이러한 논란에 맞서서 이전에 사냥당한 경험을 가지지 못한 동물군들에 대한 충격이 너무 빠르게 이루어져 그 증거가 거의 남지 않았다는 반론이 있다.

플라이스토세 거대 포유류의 멸종에 대한 원인은 아직 해결되지 못했으나 아마 언젠가 해결할 수 있을 것이다. 그러한 멸종은 아마 서로 다른 사건들이 조합된 결과로 설명할 수도 있을 것이다. 이미 기후 변화 때문에 압박을 받고 있던 동물 집단들은 사냥에 취약했을 것이고 특히 암컷과 어린 동물들은 더욱 더 사냥의 목표물이 되었을 것이다.

8. 대륙 간 이주

북아메리카, 유럽, 북아시아의 포유류 동물군들은 신생대 전반에 걸쳐 많은 유사성을 나타낸다. 심지어 오늘날에도 아시아와 북아메리카는 좁은 베링 해협에 의해 분리되어 있을 뿐인데, 신생대에는 이곳에 여러 번 육지 회랑(corridor)이 형성되어 포유류들이 이주하였었다(그림 17.12 참조). 전기 신생대 동안에 유럽과 북아메리카 사이의 육지의 연결은 모든 북반구 대륙들에 포유류가 거주할 수 있게 하였다. 많은 종류들이 그렇게 하였다. 낙타와 말은 단지 두 가지 예들일 뿐이다.

그러나 남반구의 대륙들은 신생대의 대부분 기간에 격리된 섬 형태의 대륙이었다. 아프리카는 유라시아에 상당히 근접한 상태로 남아 이들 두 대륙 사이의 동물군 교류가 가능했었다. 예를 들어, 코끼리는 아프리카에서 진화하였으나, 모든 북반구 대륙들로 이주하였다.

남아메리카는 500만 년 전 북아메리카와 육지로 연

그림 18.17 **아메리카 동물군 대교환** 남아메리카는 신생대 대부분의 기간을 통해 고립되어 있었고, 그 포유류 동물군은 다른 어떤 지역에도 살고 있지 않은 유태반 포유류와 유대류들로 이루어져 있었다. 플라이오세 후기에 파나마 지협이 형성되었을 때, 많은 유태반 포유류들이 남으로 이주하였고 많은 남아메리카 포유류들이 멸종하였다. 소수 남아메리카 포유류는 북으로 이주하여 북아메리카에 성공적으로 정착하였다.

결될 때까지 후기 백악기 이래 모든 다른 대륙으로부터 고립된 상태였다. 육지와의 연결이 되기 전에는, 남아메리카의 동물군은 유대류와 다른 어떤 지역에도 살고 있지 않은 여러 목의 유태반 포유류로 이루어져 있었다. 이 동물들은 고립상태에서 번창하였고 북아메리카의 유태반 포유류와 함께 주목할 만한 적응수렴상태를 보여 주었다(그림 7.11a 참조). 파나마 지협(Isthmus of Panama)이 형성되면서 북아메리카에서 온 이주 포유류들은 남아메리카의 토착 포유류들을 곧 대체해 버린 반면, 남쪽에서 올라간 소수 이주자들 역시 북아메리카에서 성공적으로 정착하였다(그림 18.17). 이 **아메리카 동물군 대교환**(great American interchange)의 결과로, 오늘날 남아메리카 포유류의 약 50%는 북쪽에서 왔고, 북아메리카에는 단지 20%만이 남쪽에서 온 것이다. 심지어 현재까지도 코요테(*Canis latrans*)는 북쪽에서 중앙아메리카를 통하여 그 영역을 계속 확장하는 중이다.

거의 대부분의 생존 유대류 종들은 오스트레일리아 지역에 제한되어 있다. 15장에서 오스트레일리아가 곤드와나에서 분리되기 전에 유대류들이 거기에 있었다는 것을 상기해 보고, 박쥐와 일부 설치류를 제외한 포유류들은 그 포유류들이 인간에 의해 반입될 때까지는 오스트레일리아에 전혀 없었다. 그래서 현재 다른 대륙과 연결된 남아메리카와는 달리, 오스트레일리아는 고립된 상태로 남아 고유한 동물군을 유지하게 되었다.

요약

- 중생대 멸종에서 살아남은 해성 무척추동물군은 신생대 동안에 다양화되었다. 이매패류, 복족류, 산호류, 그리고 유공충 같은 여러 종류의 식물성플랑크톤들이 번성하였다.
- 전기 신생대의 대부분 동안에 북아메리카는 아열대와 열대삼림으로 덮였었으나, 올리고세와 마이오세에 결쳐 특히 대륙 내부에서 기후가 건조해졌다.
- 현생 조류의 목과 과들은 고제3기 동안에 진화하였다. 고제3기의 거대하고 날개 없는 육식조류는 결국 육식 포유류에 의해 대체되었다.
- 진화경향은 척추동물의 다른 강보다 포유류강에서 잘 알려진다. 그것은 포유류가 좋은 화석 기록을 가지고 있고, 치아가 특징적이며, 신생대 퇴적층이 용이하게 접근할 수 있기 때문이다.
- 난생 포유류(단공류)와 유대류는 주로 오스트레일리아 지역에만 존재한다. 유태반 포유류—가장 흔한 포유류—는 생식방법 때문에 성공적인 포유류가 되었다.
- 모든 유태반 포유류와 유대류는 후기 백악기부터 고제3기 사이에 존재했던 뾰족뒤쥐를 닮은 선조로부터 유래되었다.
- 식충류, 설치류, 토끼류 같은 소형 포유류들은 다른 큰 포유류들이 살 수 없는 작은 서식지에서도 살아간다. 유일한 비행 포유류인 박쥐는 앞다리가 날개로 변화했으나 다른 부분은 선조형과 크게 달라진 것이 없다.
- 물개 같은 일부 수중 포유류들이 나무못을 닮은 치아를 소유하기도 하나 대부분의 육식 포유류는 잘 발달된 송곳니와 특화된 가는 치아를 보유한다.
- 가장 흔한 유제류는 짝수 유제 포유동물(우제류)과 홀수 유제 포유동물(기제류)들인데, 그들은 에오세 동안에 진화하였다. 많은 유제류들은 속력을 내기 위한 다리의 길어짐뿐만 아니라 작은 어금니의 대구치화 같은 진화경향을 보유한다.
- 고제3기 동안에 기제류는 우제류에 비해 보다 더 흔한 종류였으나 오늘날 현존하는 16종은 세계 유제 포유동물의 10% 미만에 지나지 않는다.
- 현재의 에쿠우스는 말과(科)의 가장 오래된 종류인 히라코테리엄과 상당히 다르나 매우 양호한 화석 기록은 연속적인 일련의 계통이 이들 두 종류가 서로 연관됨을 보여 준다.
- 멸종한 티타노데어와 칼리코데어뿐만 아니라 말, 무소, 맥 등은 서로 밀접하게 닮지는 않았으나 화석들은 이들이 에오세에 공통 조상으로부터 다양화되었음을 보여준다.
- 고래의 화석 기록은 그들이 에오세 동안에 육상에 살았던 선조로부터 진화하였음을 증명한다.
- 코끼리는 작은 선조로부터 진화하여 특히 북반구 대륙

들에서 아주 다양해지고 번성하였으나 현재는 단 3종으로 축소되었다.

- 말, 낙타, 코끼리, 다른 포유류는 신생대 동안에 여러 시대에 대륙들 사이에 존재했던 대륙연결 때문에 북반구 대륙들로 퍼져나갔다.
- 신생대 대부분 기간 동안에 남아메리카는 고립되었으며 그 포유류 동물군은 고유한 것이었다. 신생대 후반에 아메리카 대륙 사이에 대륙 연결이 이루어졌고 쌍방향으로 동물들의 이주가 일어났다.
- 플라이스토세 포유류와 일부 조류들에서 하나의 중요한 진화 경향은 거대화였다. 이들 거대 종들은 약 4만 년 전부터 멸종하였다.
- 서식지의 변화와 선사시대 과잉살육은 플라이스토세 멸종을 설명하는 두 가설들이다.

주요 용어

고래목(Cetacea)
기제목(奇蹄目, Perissodactyla)
대구치화(大臼齒化, molarization)
반추동물(ruminant)
어금니(molar)
어린 잎을 먹는 동물(browser)
열육치(carnassials)
영장류(Primates)
우제목(偶蹄目, Artiodactyla)
유제류(有蹄類, ungulate)
육식목(Carnivora)
작은 어금니(premolar)
장비목(長鼻目, Proboscidea)
팔레오세-에오세 최대 온난기(Paleocene-Eocene Thermal Maximum)
풀을 먹는 동물(grazer)
히라코테리엄(*Hyracotherium*)

복습 문제

1. 말, 무소, 맥 등은 ____ 포유류로도 알려진 기제목 포유류의 모든 종류들이다.
   a. ____ 육식성/잡식성, b. ____ 홀수 발굽의, c. ____ 반추, d. ____ 비행할 수 없는 육식동물, e. ____ 장비류
2. 육식 포유류로 구체화할 수 있는 특징 중의 하나는 ____이다.
   a. ____ 열육치, b. ____ 작은 어금니의 대구치화, c. ____ 발굽, d. ____ 어린 잎을 먹기 위해 적응한 치아, e. ____ 짧고 육중한 다리
3. 신생대에 지구 기온이 가장 높았던 기간은 ____ 동안이다.
   a. ____ 플라이스토세, b. ____ 플라이오세, c. ____ 에오세, d. ____ 백악기, e. ____ 신제3기
4. 신생대 태선동물은 특히 풍부하고 성공적인 ____였다.
   a. ____ 육식 조류, b. ____ 해성 파충류, c. ____ 육식 포유류, d. ____ 부유물 섭식자, e. ____ 우제류
5. 다음 중 어떤 내용이 옳은가?
   a. ____ 아프리카에서 플라이스토세 말의 멸종의 대부분이 일어났다, b. ____ 가장 오래된 말 종류는 히라코테리엄이다, c. ____ 유제류는 모든 설치류, 토끼류, 박쥐류를 포함한다, d. ____ 어린 잎을 먹는 동물은 높은 치관의 씹는 치아를 보유한다, e. ____ 말의 진화에서 하나의 경향은 발가락 수의 증가이다.
6. 생존하는 난생 포유류들은 ____ 뿐이다.
   a. ____ 다구치류, b. ____ 메가돈트(megadont), c. ____ 유대류, d. ____ 메로데어(moerothere), e. ____ 단공류.
7. 서늘한 기후를 시사하는 것은 ____ 이다.
   a. ____ 머리의 정부에 콧구멍이 있는 포유류, b. ____ 톱니모양 엽연을 갖는 작은 잎, c. ____ 거대한 날개 없는 조류의 진화, d. ____ 유세 포유동물의 다양성의 증가, e. ____ 인편모조류의 멸종.
8. 에오세 고래가 육상 거주 선조형을 시사하는 하나의 특징은 ____ 이다.
   a. ____ 낮은 치관의 씹는 치아, b. ____ 해초를 먹기 위해 변화된 치아, c. ____ 흔적만 남은 뒷다리, d. ____ 길고 날씬한 몸체, e. ____ 커진 눈.
9. 신생대 해양 무척추동물군의 주 구성원 중의 하나는 ____ 였다.

a. ____ 유공충, b. ____ 고래류, c. ____ 장비류, d. ____ 유제류, e. ____ 암모나이트.

10. 다음 중 어떤 것이 플라이스토 멸종을 설명하기 위해 제안되었는가?
a. ____ 운석 충돌, b. ____ 기후 변화, c. ____ 풀의 진화, d. ____ 오스트레일리아로부터 포유류의 이주, e. ____ 태양으로부터의 증가된 에너지
11. 남아메리카의 신생대 포유류 동물군이 다른 지역의 동물군과 다르게 되었던 과정과 원인 그리고 어떻게 변화했는지를 설명하시오.
12. 개방된 평원 서식지에서 풀을 먹는 유제 포유동물의 주요한 진화경향은 무엇인가?
13. 미국 서부에서 왜 그처럼 많은 화석 포유류가 발견되는데 반해 동부에서는 적은 이유는?
14. 화석 나뭇잎과 고식물상의 구성이 옛날의 기후에 관해 어떻게 실마리를 주는지 설명하시오.
15. 전기 신생대에 우세했던 육상-거주 포유류는 무엇이었으며 그들에게 무슨 일이 일어났는가?
16. 고래에서 보여지는 세 가지 진화경향들을 논의하시오.
17. 화석은 말의 고대 선조인 히라코테리엄으로부터 현재의 말의 진화에 관해 무엇을 나타내는가?
18. 신생대 동안에 일어났던 기후 변화를 요약하시오.
19. 고생물학자들은 왜 팔레오세 동물군을 고풍(古風) 동물들로서 생각하는가?
20. 개와 하이에나는 서로 비슷하나 먼 유연관계이다. 어떻게 이처럼 되었는지 설명하시오.

응용 문제

1. 플라이오세의 유기물이 풍부한 이암과 점토암이 있는 지역에서 작업하는 동안에 주목할 만한 발견을 했다. 많은 화석 말, 낙타, 마스토돈들 그리고 수십 개체의 검치호랑이, 개, 독수리들이 그것이다. 이러한 화석 군집에 관해 비정상적인 점은 무엇인가? 그리고 이와 같은 난제를 해결하기 위해서는 암석의 어떤 특징에서 도움을 입을 수 있는가?
2. 여러분이 이름표가 부착되지 않은 수많은 포유류와 식물화석을 받은 한 과학 교사이다. 여러분은 이 화석들의 속과 종들을 감정할 수는 없으나 여러분의 학생들에게 먹이와 빠르기에 관한 포유류의 적응을 보여 주기를 원한다. 어떤 동물이 초식성(풀을 먹는 동물 대 어린 잎을 먹는 동물)이고 육식성인지, 그리고 어떤 동물들이 빠른 주자인지를 추론하기 위해서는 두개골, 치아, 골격의 어떤 특징들을 고려해야 하는가? 역시, 옛날의 기후에 관한 어떤 추정을 하기 위해서 식물 화석을 사용할 수 있는가?
3. 어류에서 포유류에 이르기까지 척추동물들의 진화를 살펴보았는데, 기술적인 용어를 사용하지 않고 과거에 일어났던 주요 사건들을 요약할 수 있는가? 다시 말하면, 제복을 입은 청중들이 흥미를 가지게끔 척추동물의 전반적인 진화를 어떻게 설명하겠는가?
4. 플라이스토세 멸종에 있어서 인류에 의한 과잉살육과 기후 변화 가설들을 입증하거나 아니면 오류를 찾아낼 수 있는 증거를 생각해 볼 수 있는가?

CHAPTER 19

영장류와 인류의 진화

탄자니아 북부, 세렝게티 평원(Serengeti Plain) 동부의 올두바이 계곡(Olduvai Gorge)은 많은 중요한 인류화석이 발견되었기 때문에 자주 '인류의 요람'이라고 일컬어진다. 동아프리카 열곡대(East African Rift Valley)의 일부인 이 계곡은 길이가 48km이고 깊이가 90m이며 동아프리카를 이루는 구조적인 힘이 작용하여 형성되었다.

[개 요]

[단원 목표]

이 장을 학습한 후에 우리는 다음 사항을 이해한다.

- 영장류는 다른 포유류에서 발견되는 것 같은 강한 특성화현상이 결여되어 한 개의 목으로서 특징지어지기는 어렵다.
- 영장류는 여우원숭이, 늘보원숭이, 안경원숭이, 나무타기쥐를 포함하는 원원류(原猿類)와 원숭이, 유인원, 사람을 포함하는 진원류(眞猿類)의 두 아목으로 구분된다.
- 사람과는 현대인류와 그 선조들을 포함한다.
- 인간의 진화는 매우 복잡하고 새로운 화석과 과학적 발견들이 계속 쏟아지는 상태이다.
- 모든 화석 인류 중에서 가장 유명한 것은 네안데르탈인인데 이들은 약 3만 년 전에 크로마뇽인에 의하여 승계되었다.

1. 서론

우리는 누구인가? 우리는 어디서 왔는가? 인류의 계통(genealogy)은 무엇인가? 이런 것들은 아마도 어떤 때 우리 스스로에게 아니면 다른 사람에게 던지는 기본적인 질문들이다. 많은 사람들이 그들이 할 수 있는 한, 자신들의 가족사를 추적하는 것을 즐기는 것처럼, 고생물학자들은 최근에 발견된 화석에 근거하여 우리가 생각하는 것보다 훨씬 더 거슬러 올라가는 인류의 가계(家系)를 찾는 중이다. 실제로, 2002년 아프리카 중북부의 차드(Chad) 공화국에서 발견되어 사헬란트로푸스 차덴시스〔*Sahelanthropus tchadensis*, 투르마이(Toumaï)라는 별명을 얻었는데 이는 현지어인 고란(Goran)어로 '생의 희망'을 의미한다〕라 명명된 두개골은 인류 기원의 역사를 거의 700만 년 전까지 끌어올렸다. 2006년에 보고된 다른 발견은 두 초기 인류 계통들 사이의 후손관계인 한 선조형에 대한 강한 증거를 제공하는데, 그 계통 중 하나가 우리 자신의 계통일 것이다.

그래서 진화적으로 말해 이것은 우리를 어디에 위치시키는가? 그것은 우리 자신의 종의 역사를 밝히기 위한 탐사를 해가는 과정의 매우 고무되는 시점에 우리를 있게 하는 것이다. 우리의 계통에 대한 이해는 날로 증가하고 있으며, 각각의 새로운 화석 인류의 발견은 우리의 선조에 대해서 더 많은 빛을 던져주고 있다. 어떤 경우는 좌절을 겪기도 하지만, 인류의 진화는 불명확한 진화 경로를 따라갔던 다른 무리의 경우와 같은 것이다. 새로운 종이 진화하면 그 종은 생태적 지위를 점하고 변화하는 환경에 더 잘 적응할 수 있는 후손이 생기거나 아니면 멸종하게 된다. 그래서 우리 자신의 진화 역사가 많은 '멸망으로 종결된' 곁가지들을 가지고 있다는 것이 별로 놀랄 일은 아닐 것이다.

이 장에서는 여러 가지 영장류 무리, 특히 우리의 선조들을 포함하는 무리인 사람과의 기원과 진화를 알아본다. 그러나 과학적 분석에 있어서 새로운 기술의 발전뿐만 아니라 화석 인류의 새로운 발견 역시 우리의 선조에 관한 새로운 가설을 이끌어 내고 있다는 것을 유념해야 한다. 지금 이 장을 읽고 있는 순간에도 새로운 발견들이 여기서 언급한 결론들을 변경시킬 가능성도 있는 것이다. 바로 그것이 고인류학의 특성이며 인류의 연구가 그처럼 흥분되는 것인지의 이유이기도 한 것이다.

2. 영장류란 무엇인가?

영장류(primate)는 대부분의 포유류 목(目)들에서 발견되는 것과 같은 강한 특성화가 결여되어 있기 때문에 하나의 목으로써 특징짓기가 어렵다. 그러나 그들의 진화에서 영장류임을 규정하는 데 도움을 주고 나무 위에 거주하는 특성인 **수상생활**(樹上生活, arboreal)을 했던 선조와 관련되는 여러 가지 경향들을 추적할 수 있다. 이들 경향들은 골격과 이동방법에서의 변화, 뇌 용량의 증가, 덜 분화된 치아, 입체적인 시야(stereoscopic vision)의 진화 및 마주볼 수 있는 엄지손가락을 가진 쥘 수 있는 손 등을 포함하고 있다. 이러한 경향들은 모든 영장류 무리에서 일어난 것은 아니며, 각 무리들에서

표 19.1 영장류의 분류

영장목(Order Primates): 여우원숭이, 늘보원숭이, 안경원숭이, 나무타기쥐, 원숭이, 유인원, 인류

- 원원아목(Suborder Prosimii): 여우원숭이, 늘보원숭이, 안경원숭이, 나무타기쥐(하등 영장류)
- 진원아목(Suborder Anthropoidea): 원숭이, 유인원, 인류(고등 영장류)
  - 긴꼬리원숭이 상과(Superfamily Cercopithecoidea): 짧은꼬리 원숭이(macaque), 비비, 긴코원숭이(proboscis monkey) [구세계 원숭이]
  - 꼬리감는원숭이 상과(Superfamily Ceboidea): 고함 원숭이(howler monkey), 거미 원숭이, 다람쥐원숭이(squirrel monkey) [신세계 원숭이]
  - 사람 상과(Superfamily Hominoidea): 유인원, 인류
    - 성성이과(Family Pongidae): 침팬지, 오랑우탄(orangutan), 고릴라(gorilla)
    - 긴팔원숭이과(Family Hylobatidae): 긴팔원숭이(gibbon), 주머니긴팔원숭이(siamangs)
    - 사람과(Family Hominidae): 인류

같은 수준으로 발전한 것도 아니다. 사실상, 일부 영장류들은 분명히 원시적인 특성들을 유지하고 있으며 반면에 다른 종류들은 이들 경향의 모두 또는 대부분을 나타내기도 한다.

영장목은 **원원아목**(原猿亞目, Prosimii)과 **진원아목**(眞猿亞目, Anthropoidea)의 두 아목으로 나누어진다(표 19.1). 하등 영장류인 원원류는 여우원숭이, 늘보원숭이, 안경원숭이 및 나무타기쥐를 포함하며 고등한 영장류인 진원류에는 원숭이, 유인원 그리고 인류가 있다.

북아메리카, 유럽, 아시아에 널리 퍼져 있었다(그림 19.1). 대륙들이 신생대 동안에 북으로 이동하고 기후가 온난한 열대에서 서늘한 중위도 기후로 변화하면서, 원원류 집단들은 풍부도와 다양도 면에서 감소하였다.

한 때 널리 퍼졌던 에오세 군집들이 올리고세에 아프리카, 아시아의 온난한 위도와 동남아시아 등으로 이주함에 따라 북쪽 대륙들에는 거의 원원류가 잔류하지 않게 되었다. 현재, 원원류들은 아시아, 인도, 아프리카, 마다가스카르의 열대 지역에서만 발견된다.

3. 원원류

원원류(prosimian)는 일반적으로 크기가 생쥐에서 집고양이 정도로 작다. 그들은 수상(樹上)생활을 하며 손과 발에 각각 5개의 손톱이나 발톱을 가진 손가락과 발가락을 보유하고 잡식성이다. 이들은 밤에 볼 수 있는—그래서 대개 야행성인—전방 주시로 특화된 큰 눈을 가진다. 이름이 암시하는 것처럼(*pro*는 '이전', *simian*은 '유인원'), 이들은 팔레오세까지 거슬러 올라가는 화석 기록을 가진 가장 오래된 영장류 계통이다.

에오세에 원원류들은 매우 번성하고 방산하였으며

그림 19.1 **에오세의 원원류** 북아메리카에서 산출된 원시적인 에오세 원원류인 노타르크투스(*Notharctus*)

시생누대	원생누대	현생누대						
선캄브리아 시대		고생대						
		캄브리아기	오르도비스기	실루리아기	데본기	미시시피기	펜실베이니아기	페름기
						석탄기		

25억 년 전 5.42억 년 전 2.51억 년 전

4. 진원류

진원류(anthropoid)는 후기 에오세 동안에 원원류 계통에서 진화하였으며 올리고세에는 잘 발달된 집단이었다. 진원류의 초기 진화 역사에 관한 지식의 대부분은 이집트 카이로 남서쪽의 작은 사막 지역인 파윰(Fayum) 구역에서 발견된 화석에서 얻어진다. 후기 에오세와 올리고세 동안, 이 지역은 다양하고 풍부한 동물군과 식물군을 뒷받침할 수 있는 숲이 우거진 열대 다우림이었다. 이 숲 안에는 다양한 원원류뿐만 아니라 수상생활을 하는 서로 다른 많은 진원류들도 살고 있었다. 사실상, 20종 이상의 영장류에 속하는 수천 점의 화석표본들이 이 지역의 암석에서 발견되었다. 가장 초기의 원원류 중의 하나인 애집토피테쿠스(*Aegyptopithecus*)는 약 5kg 정도 체중의 작은 에오세 영장류로 과일을 먹고 수상생활을 했었다. 애집토피테쿠스는 원숭이 특징뿐만 아니라 유인원 같은 특성을 더 많이 보유했다.

진원류는 긴꼬리원숭이 상과(구세계 원숭이), 꼬리감는원숭이 상과(신세계 원숭이), 사람 상과(유인원과 인류)의 세 상과로 나누어진다(표 19.1).

구세계 원숭이(긴꼬리원숭이 상과)는 짧은꼬리 원숭이, 비비, 긴코 원숭이 등을 포함하며 몰려 있고 아래로 향한 콧구멍(유인원과 인류와 유사), 쥐는 손, 잡을 수 없는 꼬리 등으로 특징 지워진다. 현재 구세계 원숭이는 아프리카와 아시아의 열대 지역에 걸쳐 분포하고 있으며 올리고세 동안의 어떤 시기에 애집토피테쿠스를 닮은 원시적인 유인원 선조에서 진화한 것으로 생각되고 있다.

신세계 원숭이(꼬리감는원숭이 상과)는 중앙아메리카와 남아메리카에서만 발견된다. 그들은 잡을 수 있는 꼬리, 편평해진 얼굴, 넓게 떨어진 콧구멍 등으로 특징지어지고, 고함 원숭이, 거미 원숭이, 다람쥐 원숭이 등을 포함한다. 신세계 원숭이는 아마 올리고세 초기의 어떤 시기에 확장되는 대서양을 건너 이주했던 아프리카 원숭이들에서 진화한 것 같으며, 그들은 오늘날까지 고립된 상태로 진화해 온 것 같다. 중앙아메리카나 남아메리카에는 원원류나 다른 원시적인 영장류가 존재했다는 증거나 이들이 아프리카에서 이주한 후에 구세계 원숭이들과 어떤 접촉이 있었다는 증거는 없다.

사람 상과(hominoid)는 세 개의 과로 구성된다. 침팬지, 오랑우탄, 고릴라를 포함하는 큰 유인원류(민꼬리원숭이, 성성이과); 긴팔원숭이와 주머니긴팔원숭이 같은 작은 유인원류(긴팔원숭이과); 인류와 그 멸종한 선조형들인 사람과 종류(사람과).

사람 상과의 계통은 마이오세 이전 어느 시기에 구세계 원숭이로부터 분지하였으나 그 정확한 시기는 아직까지 논란의 대상이다. 그러나 일반적으로 사람 상과가 아프리카에서 진화하였고 아마도 애집토피테쿠스를 포함하는 공통 선조로부터 기원했을 것이라는 것은 받아들여지고 있다.

후기 에오세에 대륙들이 북쪽으로 이동하기 시작하

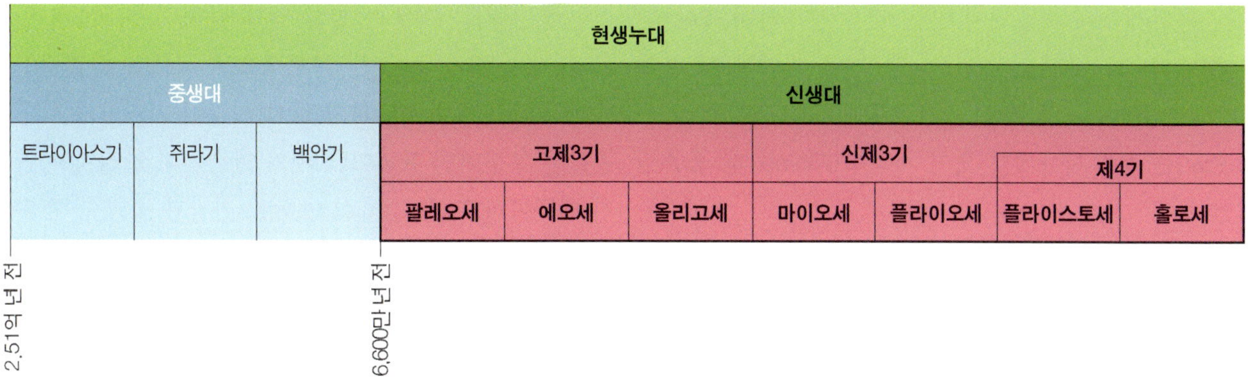

면서 거대한 기후변동이 뒤따랐다는 것을 상기해 보자. 아프리카, 유럽, 아시아 및 기타 다른 곳들에서 주된 냉각경향이 시작되었고(그림 18.4b 참조), 열대와 아열대의 다우림들은 기온과 강수량이 감소하면서 사바나와 개방된 초원들에 의해 분리된 혼합림으로 변화하기 시작하였다. 기후가 바뀌면서 영장류 집단들 역시 변화하였다. 원원류와 원숭이들은 희소해졌고, 반면에 사람 상과는 새롭게 형성된 환경에 방산하면서 번영하게 되었다. 유인원들은 다양해진 숲의 형태에 따라 생식적으로 고립되게 되고, 이는 사람 상과에 있어 적응방산과 다양도를 증가시키게 하였다. 마이오세에 아프리카는 유럽과 충돌하여 추가적인 기후 변화와 함께 두 육괴들 사이에 동물들의 이주기회를 제공하게 되었다.

마이오세에 유인원을 닮은 두 집단이 진화하여 최종적으로 현재의 사람 상과가 출현하게 되었다. 아직까지 사람 상과 간의 초기 진화 관계에 관해 의견의 일치가 이루어지지 않고 있지만, 화석증거와 현대의 사람 상과들 간의 DNA 분자 유사성들은 사람 상과들 간의 진화 경로와 유연관계의 보다 명확한 구도를 제공하고 있다.

첫 번째 집단인 드라이오피테쿠스류(*dryopithecines*)는 마이오세에 아프리카에서 진화하였으며 이어서 앞의 두 대륙 사이의 충돌에 뒤따라 유라시아로 퍼져나갔다. 드라이오피테쿠스류는 크기, 골격 특성, 생활 습성에서 변화된 사람 상과의 한 집단이었다. 나중의 모든 사람 상과에서 가장 잘 알려진 것이 프로콘술(*Proconsul*)인데 이들은 지상에서는 제한된 활동만을 하면서 수상생활을 했으며 4족 보행의 유인원을 닮았고 과일을 먹던 동물이다(그림 19.2). 드라이오피테쿠스류는 마이오세와 플라이오세에, 특히 아프리카에서, 매우 번성하고 다양해졌다.

두 번째 집단인 시바피테쿠스류(*sivapithecids*)는 마이오세에 아프리카에서 진화하여 유라시아로 전파되었다. 시바피테쿠스류의 화석잔해는 풍부하고 주로 두개골, 턱뼈, 떨어진 치아 등이다. 몸체나 사지(四肢)뼈들이 드물어 그들이 어떤 모습이고 어떻게 돌아다녔는지를 파악하는 데는 제한이 있다. 시바피테쿠스류는 강한 턱과 편평한 씹는 면을 보유하는 두꺼운 법랑질 치아를 가지고 있어 견과류 같은 단단하고 거친 먹이를 먹을 수 있었던 것으로 추정한다.

화석증거로부터 시바피테쿠스류가 인간으로 이어

그림 19.2 **프로콘술** 드라이오피테쿠스류의 하나인 프로콘술의 추정 모습

지는 진화계통에 포함되지 않는 것은 분명하며, 그들은 현재의 오랑우탄으로 진화하는 선조 계열인 것 같다. 사실상, 이중 한 속인 기간토피테쿠스(*Gigantopithecus*)는 동아시아에서 초기 사람속(*Homo*)과 공존했었다.

특히, 아프리카의 사람 상과 종류의 화석 기록 상의 중요한 기간 동안을 비롯한 많은 부분들이 미확인 상태이기는 하지만, 화석 기록뿐만 아니라 DNA 분자 연구는 아프리카의 유인원인 드라이오피테쿠스류와 사람 상과 종류가 밀접하게 관련되는 한 계통을 이룬다는 것을 시사한다. 바로 논의했던 것처럼, 시바피테쿠스류와 오랑우탄은 인류로 이어지는 것과는 또 다른 하나의 계통을 형성한다.

5. 사람과 종류

현재의 인류와 멸종한 선조형(표 19.1)을 포함하는 **사람과**(hominid)는 거의 700만 년 전으로 거슬러 올라가는 화석 기록을 보유한다. 여러 가지 특징들이 그들을 다른 사람 상과들과 구별하게 한다. 사람과는 이족보행을 하는데 이는 그들이 직립자세를 취했고 그들 골격에서의 여러 가지 변이들에 의해 시사된다(그림 19.3a). 부가하여, 그들은 뇌의 용적증가와 내부적 재구성 방향의 경향을 가지고 있었음을 보여 준다(그림 19.3b). 다른 특징들에는 얼굴의 축소, 축소된 송곳니, 잡식성 식습관, 손작업의 민첩성 증가 그리고 발전된 도구 사용 등을 포함된다.

많은 인류학자들은 이러한 사람 상과의 특성들이 마이오세에 시작하여 플라이오세까지 지속된 주된 기후 변화 때문이라고 생각한다. 이 기간 동안에, 광대한 사바나가 하등 영장류와 구세계 원숭이들이 그처럼 많았던 아프리카의 열대다우림을 대체하였다. 사바나와 초원이 계속 확장됨에 따라 사람과는 진정한 삼림 거주에서 숲과 초원이 혼합된 환경의 생활로 전환하게 되었다.

현재, 사람과 계통의 진화 역사에 관해 명확하게 일치된 것은 없다. 이것은 부분적으로 새로운 발견뿐만 아니라 불완전한 사람과의 화석 기록에 기인하며 어떤 종들은 부분적인 표본이나 뼈의 파편만이 알려지고 있기 때문이기도 하다. 이런 연유로, 사람과 종의 전체 수에 대해서도 불일치가 나타난다. 제안된 모든 사람과의 종에 대한 총괄적인 논의와 사람과 진화의 다양한 논쟁의 체계들에 대한 것은 이 장의 범위를 벗어난다. 그러나 일반적으로 인정되는 분류군들과 사람과 진화의 현대의 대표적인 일부 이론들을 논의할 것이다.

사람과 진화에 대한 화석 기록이 완전하지는 않지만, 존재하는 화석은 잘 기술되어 있다는 것을 상기해야 한다. 더구나, 그와 같은 화석 기록의 해석은 자주 우리의 진화 역사에 관하여 격렬하고(그림 19.4) 때로는 신랄하기까지 한 논쟁 속에 휘말리게 한다.

2002년 7월 차드 북부의 주라브(Djurab) 사막에서 발견된 거의 700만 년 전의 사헬란트로푸스 차덴시스(*Sahelanthropus tchadensis*)의 두개골과 치아 잔해는 지금까지 발굴된 가장 오래된 사람과 화석이었으며 인류가 우리와 가장 근연인 침팬지에서 분기해 나온 시기 또는 거의 근접한 시기의 화석인 것이다.

현재, 대부분의 고생물학자들은 인류-침팬지 계열이 약 800만 년 전에 고릴라류에서 분리되었고 인류는 약 500만 년 전에 침팬지에서 갈라져 나왔다는 것에 동의한다. 가장 오래된 사람과 화석이라는 것 이외에도 사헬란트로푸스 차덴시스는 고인류학자들을 흥분되고 혼돈에 빠트릴 원시적이고도 진보된 특징들이 뒤섞여 있다. 이 종류는 뇌용적이 작고 대부분의 치아가(송곳니는 제외) 침팬지와 비슷하다. 그러나 상당히 편평한 코와 두드러진 안와돌기(眼窩突起, brow ridge)는 현재까지는 사람속인 호모(*Homo*)에서만 보이는 특징들이다. 사헬란트로푸스 차덴시스가 걷는 방식에서 아마 이족보행이었을 가능성이 가설화되어 있으나 다리와 발의 뼈가 발견될 때까지는 그런 가정은 추측으로 남아 있을 것이다.

두 번째로 오래된 사람과 화석은 오로린 투게넨시스

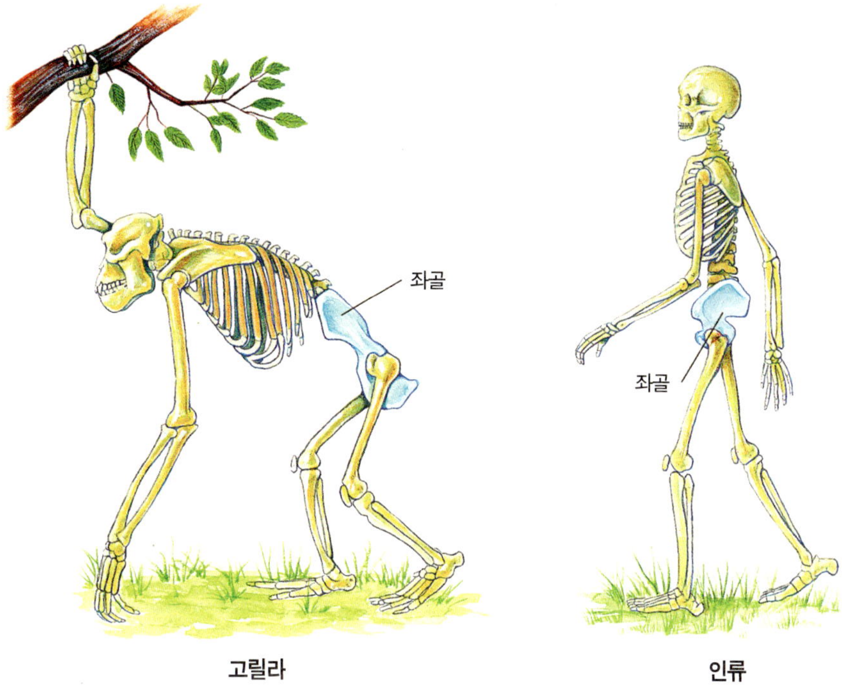

a 고릴라에서 좌골(ischium bone)은 길고 전체적인 골반(pelvis)은 수평 쪽으로 경사진다. 인류에서는 좌골이 훨씬 짧고 골반은 수직적이다.

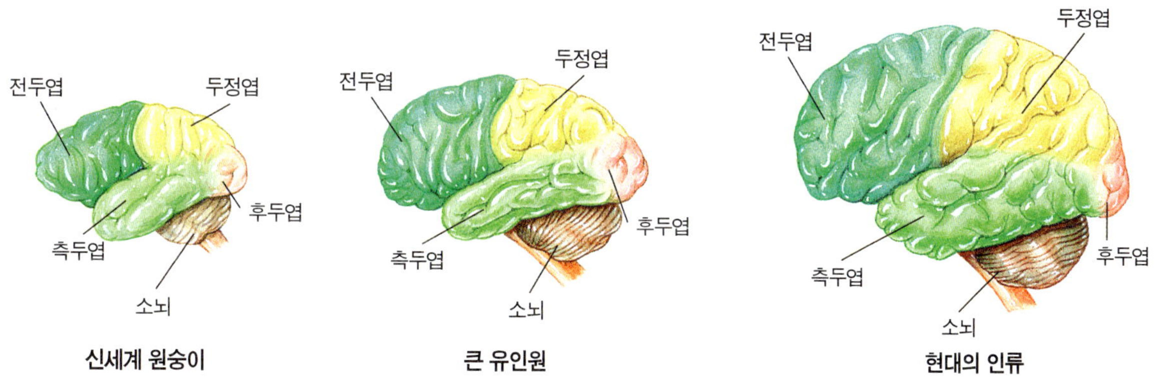

b 신세계 원숭이(꼬리감는원숭이 상과), 큰 유인원(사람 상과; 성성이과), 현대의 인류(사람 상과; 사람과)들의 뇌의 비교에서 뇌의 크기와 조직화의 증거가 뚜렷하게 보인다.

그림 19.3 고릴라와 사람의 이동 형태 비교 및 진원류의 뇌 크기

(*Orrorin tugenensis*)인데, 이들은 약 600만 년 전 정도로 측정되고 몇 조각의 턱뼈, 떨어져 나온 치아, 손가락뼈, 팔뼈, 윗 다리뼈의 일부 등으로 이루어진다(그림 19.4). 이 시기에 오로린 투게넨시스가 사람과의 계통에서 어디쯤 위치할 것인가는 아직까지 논란의 대상이다.

580만 년 전과 520만 년 전 사이의 어느 시기에 또 다른 사람과의 종류가 동부 아프리카에 있었다. 아르디피테쿠스 라미두스 카납바(*Ardipithecus ramidus kadabba*)는 440만 년 전의 근연종류인 아르디피테쿠스 라미두스 라미두스(*Ardipithecus ramidus ramidus*)보다 오래되었다(그림 19.4). 아르디피테쿠스 라미두스 카답바는 아르디피테쿠스 라미두스 라미두스와 모든 특징 면에서 매우 유사하나 치아의 특별한 모습에서 보다 새로운 근연종이라기보다는 유인원에 더 가깝다.

많은 고인류학자들은 오로린 투게넨시스와 아르디피

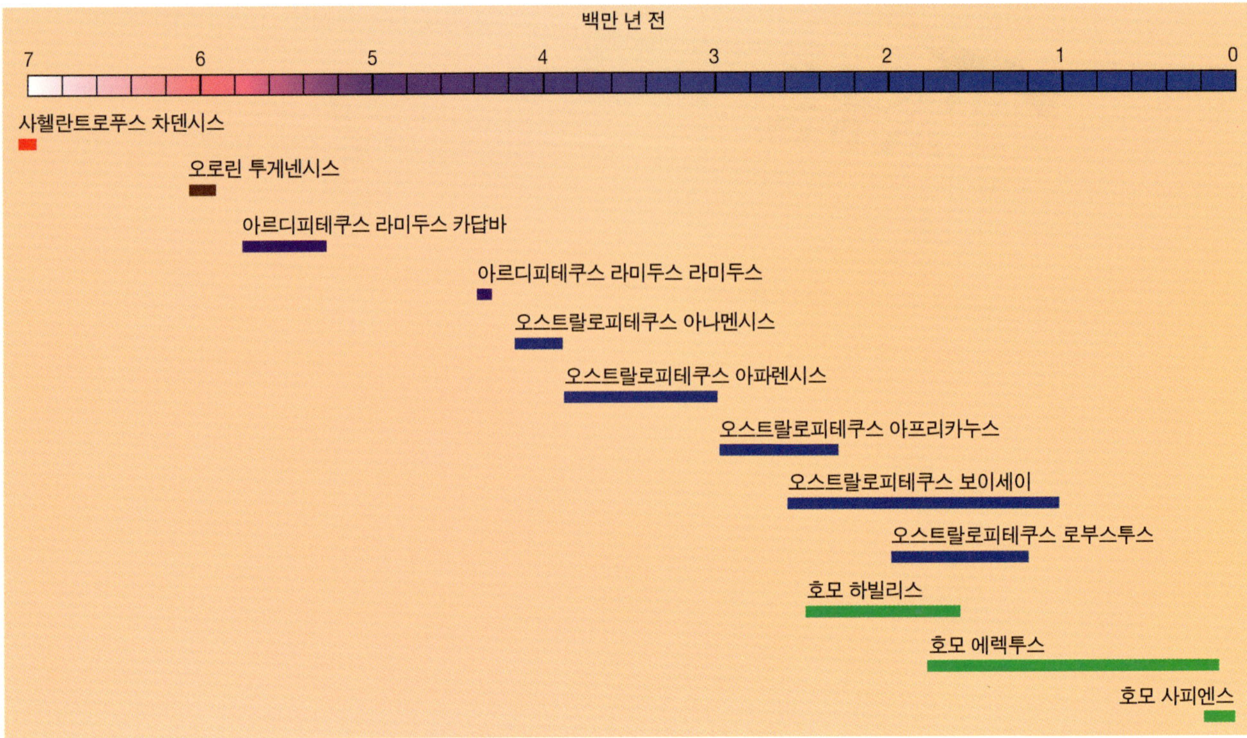

그림 19.4 **사람과의 층서적 기록** 일반적으로 사람과로 인정되는 종들의 지질학적 존속 기간(현재 인류와 그들의 멸종한 선조형들을 포함하는 영장류들의 계통)

테쿠스 라미두스 카답바가 이족보행 생활을 하였고 따라서 인류의 직접적인 진화선상에 있을 것으로 생각하지만, 다른 사람들은 화석증거로 나타나지 않아 판단을 유보하고 있다. 더 많은 화석증거가 발견되고 분석될 때까지, 여기서 논의된 사람과 진화의 단일 진화체계는 아직 시기상조이다.

오스트랄로피테쿠스류

오스트랄로피테쿠스류(australopithecine)는 오스트랄로피테쿠스속(*Australopithecus*)의 모든 종류들에 대한 집단적 명칭이다. 현재, 다섯 종이 인지되고 있다: 오스트랄로피테쿠스 아나멘시스(*A. anamensis*), 오스트랄로피테쿠스 아파렌시스(*A. afarensis*), 오스트랄로피테쿠스 아프리카누스(*A. africanus*), 오스트랄로피테쿠스 보이세이(*A. boisei*) 및 오스트랄로피테쿠스 로부스투스(*A. robustus*). 많은 고생물학자들은 가장 오래된 오스트랄로피테쿠스류인 오스트랄로피테쿠스 아나멘시스가 오스트랄로피테쿠스 로부스투스와 오스트랄로피테쿠스 보이세이로 나타나는 오스트랄로피테쿠스류의 곁가지의 선조일 뿐만 아니라 오스트랄로피테쿠스 아파렌시스의 선조이고 다시, 오스트랄로피테쿠스 아파렌시스는 오스트랄로피테쿠스 아프리카누스와 사람속의 선조라는 진화체계에 동의한다.

현재까지 가장 오래된 오스트랄로피테쿠스류는 오스트랄로피테쿠스 아나멘시스이다. 케냐 투르카나 호수(Lake Turkana) 근처의 장소인 카나포이(Kanapoi)에서 케냐 국립박물관의 리키(Meave Leakey)와 그녀의 동료들에 의해 발견된 이 420만 년 전의 이족보행 종은 더 새로운 근연종인 오스트랄로피테쿠스 아파렌시스와 많은 면에서 공통점을 가지나 치아와 두개골 같은 다른 특성들에서는 보다 원시적이다. 오스트랄로피테쿠스 아나멘시스는 1.3~1.5m 키에 33~50kg의 체중을 가졌던 것으로 추정된다.

2006년에 보고된 북동 에티오피아의 미들 아와시(Middle Awash)로부터 나온 오스트랄로피테쿠스 아나멘시스 화석의 발견은 아르디피테쿠스와 오스트랄로피테쿠스 사이의 전이에 대해 새로운 서광을 비추어 주었다. 이 발견 이전에, 오스트랄로피테쿠스의 기원은 드문 화석 기록에 의해 난관에 봉착되었었다. 아프리카의 같은 지역에서 아르디피테쿠스의 발견과 동시에 가장 초기의 오스트랄로피테쿠스의 발견은 아르디피테쿠스가 오스트랄로피테쿠스로 진화하였고 이들 두 속들이 진화계통에서 인류로 연결된다는 강력한 증거를 제공한다.

390만 년 전에서 300만 년 전 사이에 살았던, 오스트랄로피테쿠스 아파렌시스(그림 19.5)는 완전한 이족보행이었고('조망' 참조) 크기와 체중에서 매우 큰 변이를 나타냈다. 이 종의 구성원들은 1m가 넘어 약 1.5m에 달하는 키와 29~45kg 정도의 체중이었다. 그들은 침팬지의 300~400cc보다 큰 380~450cc의 뇌용적을 가졌으나 현대인의 뇌용적(평균 1,350cc)보다는 적었다.

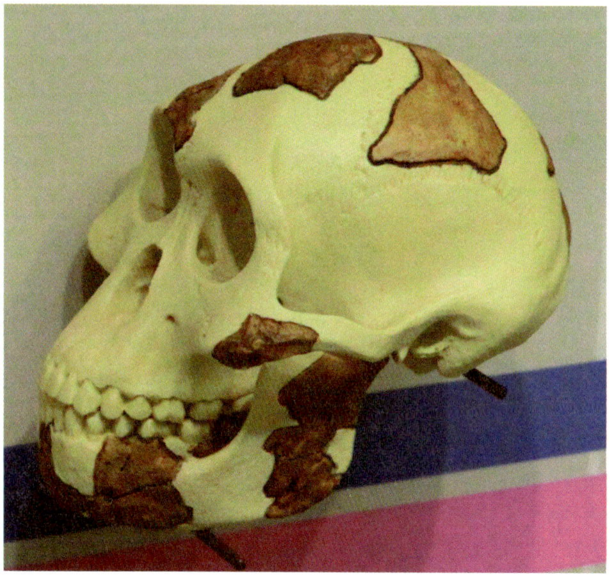

그림 19.5 **루시(Lucy, 오스트랄로피테쿠스 아파렌시스)의 두개골** 루시의 화석은 요한슨(Donald Johanson)에 의해 발견되었으며 거의 350만 년 전의 오스트랄로피테쿠스 아파렌시스이다.

오스트랄로피테쿠스 아파렌시스의 두개골은 두터운 안와돌기와 앞으로 돌출한 턱을 포함하여 많은 유인원적인 특성들을 유지하였으나, 치아는 유인원과 인류 사이의 중간적 형태였다. 강하게 법랑질화된 어금니는 아마도 과일, 씨앗, 뿌리 등을 씹는 데 적응한 것 같다(그림 19.6).

오스트랄로피테쿠스 아파렌시스는 층서적인 면에서 300만 년 전에서 230만 년 전에 살았던 오스트랄로피테쿠스 아프리카누스로 이어졌다(그림 19.7). 이들 두 종들 간의 차이는 상대적으로 적다. 그들은 대략 같은 키와 체중을 가졌으나 오스트랄로피테쿠스 아프리카누스가 보다 편평한 얼굴과 다소 큰 뇌를 가졌다. 더구나, 오스트랄로피테쿠스 아프리카누스의 사지는 오스트랄로피테쿠스 아파렌시스의 사지처럼 이족보행에 그렇게 잘 적응한 것 같지는 않아 보인다.

오스트랄로피테쿠스 아파렌시스와 오스트랄로피테쿠스 아프리카누스는 이른바 탄탄한 오스트랄로피테쿠스 보이세이(260만~100만 년 전)와 오스트랄로피테쿠스 로부스투스(200만~120만 년 전)와는 확실히 다르다.

오스트랄로피테쿠스 보이세이는 1.2~1.4m 키에 34~49kg의 체중을 가졌었다. 이 종은 힘 있는 상체, 두개골 정부에 두정돌기(頭頂突起, bony crest), 편평한 얼굴, 사람과 종류에서 가장 큰 어금니 등을 보유하였다. 대조적으로, 오스트랄로피테쿠스 로부스투스는 다소 작았으며(1.1~1.3m 키) 가벼웠다(32~40kg). 이 종은 편평한 얼굴과 강한 턱 근육의 부착을 위한 여분의 면적을 제공하기 위하여 두개골의 정상부에 융기된 두정돌기를 가지고 있었다. 이 종의 넓고 편평한 어금니는 오스트랄로피테쿠스 로부스투스가 채식을 하였음을 지시한다(그림 19.8).

대다수의 학자들은 탄탄한 몸집의 오스트랄로피테쿠스류가 100만 년 전에 멸종했던 또 다른 오스트랄로피테쿠스류의 분리된 계통을 이루었을 것이라는 생각에 동의한다.

라이톨리(Laetoli)의 사람 발자국

1976년 여름, 기린, 코끼리, 무소, 그리고 여러 멸종한 포유류의 발자국 화석들이 탄자니아 북부 라이톨리의 화산회층에 보존된 것이 발견되었다. 이년 뒤, 초기 사람과의 유해를 탐사하는 리키(Mary Leaky)의 고고학 팀의 한 구성원이 동일한 화산회층에서 인류의 발자국이 나타나 있는 것을 발견하였다.

발자국 응회암(Footprint Tuff)으로 명명된, 이 화산회층의 일부가 1978년과 1979년에 발굴되었으며, 사람과의 발자국인 두 개의 평행한 보행렬이 나타났다. 이 보행렬은 27m 연장에 54개의 발자국들로 이루어진다(그림 1). 그 화산재의 방사성 연대 측정은 이 층이 380만~340만 년 전(플라이오세)에 라이톨리에서 동쪽으로 약 20km 떨어진 곳에 있는 사디만(Sadiman) 화산의 여러 번의 화산회 분출 중 한 번의 분출 동안에 퇴적되었음을 지시하는데, 따라서 이는 현재까지 알려진 가장 오래된 사람과의 보행렬인 것이다. 사람과의 발자국 이외에도 라이톨리 지역에서는 17과의 포유류를 나타내는 거의 18,000여 개의 다른 발자국들도 있다. 라이톨리는 발산경계를 따라서 아프리카의 나머지 부분을 분리하고 있는 구조적으로 활동성 지역인 동아프리카 대열곡대 동측 가지의 부분이다(그림 3.16 참조). 플라이오세에 사디만 화산은 주위의 사바나 일대를 덮은 막대한 양의 화산회를 여러 번 분출하였다. 그 지역에 내린 약간의 비가 화산회를 축축하게 하였을 때, 그 위를 지나갔던 동물들이 발자국을 남겼다. 화산회가 건조된 뒤 시멘트처럼 단단해져, 만들어진 발자국이 무엇이든 보존한 것이다. 계속된 화산 분화는 발자국을 포함하는 화산회층을 덮어 발자국이 더 잘 보존되게 되었다.

이러한 발견이 고무적이고 과학적으로 가치 있는 것은 발자국이 초기 사람과가 석기제조로 진보하고 뇌용적이 증가하기 오래 전에 완전한 이족보행과 직립자세를 취했다는 것을 입증한 것이다. 더구나, 발자국은 초기 사람과가 뒤꿈치 부분에 체중 전체를 실어 현대인처럼 보행했다는 것을 보여 준다. 화산재 중에 발자국의 다양한 부분에 있어서 찍힌 정도가 얼마나 깊은 가를 측정하여, 연구자들은 화석 골격만 가지고는 결정할 수 없는 연질 조직에 관한 정보를 추론할 수 있었다.

발자국을 만든 사람이 누구이고 발자국이 만들어졌던 당시에 얼마나 많은 사람들이 보행했는가에 대한 의문은 발자국이 처음 발견된 이래 논쟁을 거듭해 왔다. 대부분의 학자들은 그 발자국이 화석 골격과 치아가 라이톨리에서 발견되었으며, 알려진 초기 사람과의 오스트랄로피테쿠스 아파렌시스에 의해 만들어졌다고 생각한다(그림 19.6). 오스트랄로피테쿠스 아파렌시스는 약 390만 년~300만 년 전에 살았으며 크기와 체중에서 큰 다양성을 나타냈었다. 발자국을 만들었던 사람과의 가장 큰 경우는 약 1.5m 키의 남성이었으며 가장 작은 사람과는 약 1.2m 키의 여성 혹은 어린이였던 것으로 추론하고 있다. 얼마나 많은 사람들이 이 평행한 보행렬을 만들었을까? 이 발자국들을 만든 사람들은 함께 걸었고 하나가 다른 사람 약간 뒤에서 걸었다는 것은 논란의 여지가 없는 것 같다. 원래는 보행열이 한 남성과 한 여성을 나타내는 것으로 생각했다. 그러나 발자국의 자세한 검

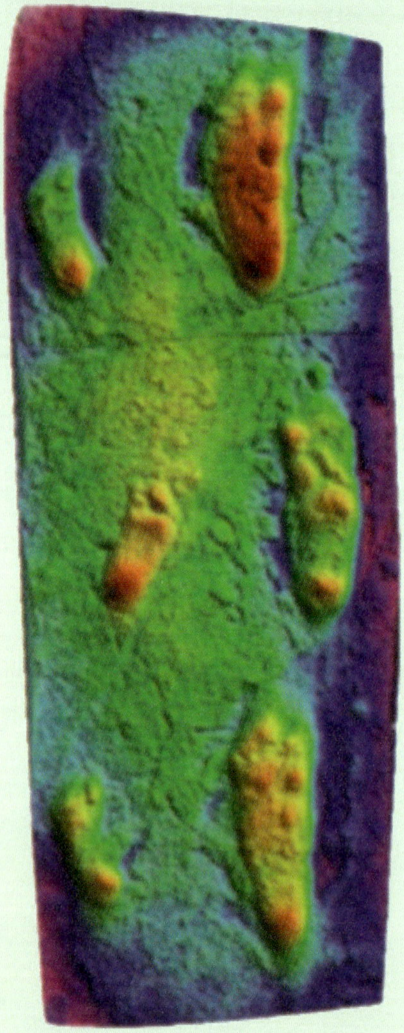

그림 1 탄자니아 라이톨리 유적지의 화산회층에 보존된 사람 발자국 보행렬 화석. 리키에 의해 1978년 발견된 이들 발자국들은 사람이 적어도 350만 년 전에 이족보행을 했었다는 것을 입증하였다. 두 성인과 아마도 한 어린이의 것으로 보이는 발자국들이 이 사진에서 분명히 보인다.

토는 아마 세 사람이 있었던 것을 시사한다. 아마도 한 남성에 의해 만들어졌을 것인 큰 발자국들은 중복된 찍힘을 시사하는 특징들을 가지고 있다. 이 시나리오에서는 두 번째 사람(아마 또 다른 남성)이 발자국을 따라 주의 깊게 첫 번째 사람을 뒤따라가서 중복 찍힘을 만들었다는 것이다. 보다 작은 발자국들은 잘 나타나고 있으며 한 여성이나 어쩌면 한 어린이에 의해 만들어졌을 것이다.

이 발자국들을 파괴시키지 않고 후세대에 연구가 가능하게 하기 위하여 그 보행열은 재차 매몰되었다. 게티 문화재 보존 연구소(Getty Conservation Institute)의 협조 아래, 탄자니아 문화재 관리부(Antiquities Department of Tanzania)는 다섯 층의 모래, 토양, 침식 조절 매트를 덮어 그 장소를 완전히 매몰시켰다. 그 층들 중 어떤 것은 발자국들을 파괴하는 식물 뿌리를 막기 위하여 뿌리 방제처리를 하였다. 현재 이 장소는 침식에 대한 추가적인 보호를 하고 그 위치를 표시하기 위하여 윗부분이 용암 표력들로 되어 있다. 1996년, 그 곳이 마사이(Masai)족 사람들에 의하여 숭배되는 장소에 포함되는 신성한 축제가 개최되었다.

그림 19.6 **아프리카의 플라이오세 풍경** 여러 가지 과일과 씨앗들을 채집하고 먹는 오스트랄로피테쿠스 아파렌시스 무리들을 보여 주는 플라이오세 풍경의 복원도

인류의 계통

호모 하빌리스 우리 자신의 속인 **사람속**(*Homo*)의 가장 초기 구성원인 호모 하빌리스(*Homo habilis*)는 250만~160만 년 전에 살았다. 그 유해는 탄자니아의 올두바이 계곡(이 장의 첫머리 사진 참조)에서 메리와 루이스 리키에 의해 발견되었으나 케냐, 에티오피아, 남아프리카에서도 알려진다. 호모 하빌리스는 오스트랄로피테쿠스 아파렌시스와 오스트랄로피테쿠스 아프리카누스 계통으로부터 진화하였으며 오스트랄로피테쿠스 아프리카누스와는 거의 20만 년 동안 공존했었다(그림 19.4). 호모 하빌리스는 선조인 오스트랄로피테쿠스류에 비해 더 큰 뇌(평균 700cc)를 가졌으나 보다 작은 치아를 보유하였다. 그는 1.2~1.3m 정도 키였으며 현대

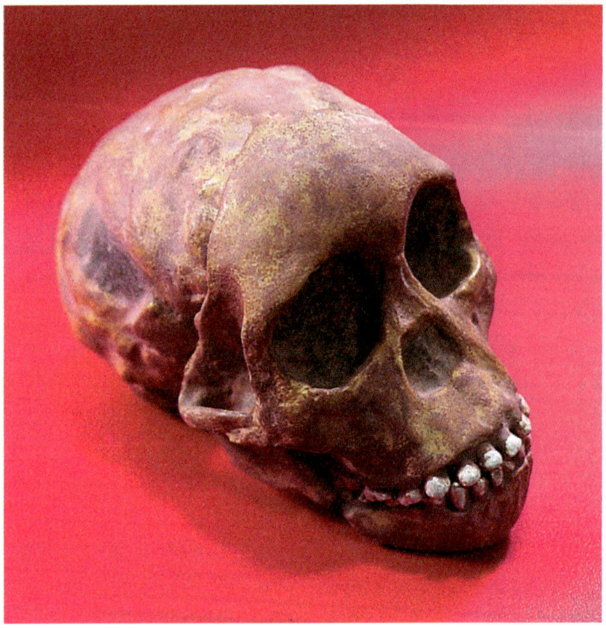

그림 19.7 오스트랄로피테쿠스 아프리카누스 오스트랄로피테쿠스 아프리카누스 두개골의 복원. 타웅(Taung) 어린이 두개골로 알려진 이 화석은 1924년 남아프리카에서 다트(Raymond Dart)에 의해 발견되었으며 현대 고인류학의 시작을 의미한다.

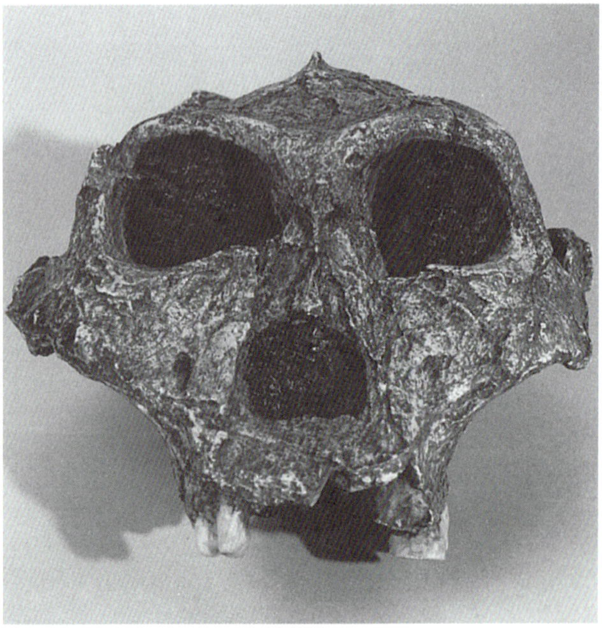

그림 19.8 오스트랄로피테쿠스 로부스투스 오스트랄로피테쿠스 로부스투스의 두개골은 거친 식물성 음식을 마모하는데 사용했던 두터운 턱, 강력한 씹는 근육, 크고 넓으며 편평한 씹는 치아를 가지고 있었다.

인류와 비교해 비정상적으로 긴 팔을 가졌고 체중은 단지 32~37kg 정도였다.

호모 하빌리스에서 호모 에렉투스(*Homo erectus*)로의 진화는 180만 년에서 160만 년 전 사이의 짧은 기간에 일어났던 것으로 나타난다. 그러나 2007년에 출간된 새로운 발견에 의하면, 호모 하빌리스와 호모 에렉투스는 실제로는 거의 50만 년 동안 공존했을 것으로 추정되며, 일부 학자들은 호모 에렉투스가 호모 하빌리스에서 진화하였다는 전통적인 견해보다는 호모 하빌리스와 호모 에렉투스는 공통 조상에서 진화하였고 사람속의 서로 다른 계통을 나타낸다고 생각한다.

호모 에렉투스 아프리카 외의 다른 지역에서는 알려지지 않은 오스트랄로피테쿠스류와 호모 하빌리스와는 달리, 호모 에렉투스는 플라이스토세에 아프리카로부터 이주하여 널리 퍼져나간 종이었다. 그 표본들은 아프리카에서 뿐만 아니라 유럽, 인도, 중국('북경인'), 인도네시아('자바인')에서도 발견된다. 호모 에렉투스는 180만 년 전에 아프리카에서 살았으며 100만 년 전에는 동남아시아와 동아시아에 존재했는데 거기서는 약 10만 년 전까지도 살아남았다. 호모 에렉투스가 형태상 지역적인 변이를 발전시키기는 하였지만, 현대인과는 여러 점에서 다르다. 호모 하빌리스보다 더 커지기는 하였으나 그 뇌용적은 800~1,300cc 여서 아직까지는 호모 사피엔스의 평균치(1,350cc)보다 적었다. 호모 에렉투스의 두개골은 두껍고 얼굴은 강한 인상이며 돌출된 안와돌기를 보유하였고 치아는 현대인보다 약간 더 컸다(그림 19.9). 호모 에렉투스는 현대인에 비교될 만하여 1.6~1.8m 정도 키에 53~63kg 정도의 체중을 가지고 있었다.

고고학적 기록은 호모 에렉투스가 도구제작자였음을 지시한다. 더구나, 어떤 유적지는 그들이 보다 북쪽 기후에서 살기 위한 방편으로 불을 사용했고 동굴에 살았었다는 증거를 보여 준다.

호모 에렉투스가 우리 자신의 종인 호모 사피엔스로의 진화를 둘러싸고 논란이 계속되고 있다. 고인류학

그림 19.9 **호모 에렉투스** 유골이 아프리카, 유럽, 인도, 중국, 인도네시아에서 발견되었으며 널리 분포하였던 호모 에렉투스의 두개골 복원 모습

자들은 두 집단으로 분리되어 있다. 한 쪽에서는 '아프리카 기원설(out of Africa)'의 관점을 지지하는 사람들이다. 이 관점에 의하면, 초기 현대인은 아프리카의 한 여성으로부터 진화하였고 아마도 약 10만 년 전에 그 후손이 아프리카로부터 이주하여 초기 사람과의 집단들을 멸종시키면서 유럽과 아시아에 정착하였다는 것이다.

'다지역 기원설(multiregional)'의 관점은 초기 현대인들이 아프리카에만 고립되어 있던 것이 아니고 유라시아에 걸쳐 여러 정착집단들을 형성하고 있었다는 것이다. 이들 집단들 사이의 우연한 접촉과 혼혈은 우리의 종을 전체적인 한 묶음으로 유지가 가능하게 하였으나 오늘날 사람들에 있어서 지역적인 차이가 아직까지 보존되고 있기도 하다는 것이다. 어떤 이론이 타당한가 하는 것은 논외로 하더라도 호모 사피엔스가 호모 에렉투스에서 진화하였다는 것은 거의 확실하다.

네안데르탈인

모든 화석 인류 중에서 가장 유명한 것은 약 2만~3만 년 전 유럽과 근동(Near East)에 걸쳐 거주했던 **네안데르탈인**(Neanderthals)일 것이며, 정확한 추산에 의하면 서부 유럽에서 이들도 15,000명을 넘지는 않았을 것이라 한다. 일부 고인류학자들은 네안데르탈인을 변종이나 아종으로 다루며(*Homo sapiens neanderthalensis*), 어떤 사람들은 그들을 별도의 종(*Homo neanderthalensis*)으로 취급한다. 어떤 경우든 그 이름은 1856년 독일 뒤셀도르프(Düsseldorf) 인근의 네안델 계곡(Neandel Valley)에서 발견된 최초의 표본에서 유래한 것이다.

네인데르탈인과 현대인과의 가장 두드러진 차이는 두개골에 있다. 네안데르탈인의 두개골은 길고 낮으며 두터운 안와돌기, 튀어나온 입 그리고 약하고 뒤로 빠진 턱을 가진다. 그들의 뇌는 우리 자신의 평균보다 약간 크며 다소 모습이 다르다. 네안데르탈인의 체구는 우리보다 탄탄하고 강한 근육질이었고 확장된 흉곽(胸廓, rib cage)과 오늘날 추운 곳에 적응한 사람들처럼 다소 짧은 하체를 보유하였다. 네안데르탈인의 남성은 평균 1.6~1.7m의 키에 83kg 정도의 체중을 가졌다.

2007년, 학자들은 네안데르탈인의 DNA 세그먼트(조각, segment)로부터 색소 유전자를 분리하여 네안데르탈인이 붉은 머리칼과 밝은 피부를 가졌던 것으로 발표하였다. 더구나, 그 유전인자는 현대인의 붉은 머리칼을 지닌 사람들과는 다른데, 이는 네안데르탈인과 현대인들이 북부 고위도의 환경적인 압박에 대처하는 방식에서 서로 독립적인 특성을 발전시켰을 것임을 시사한다.

100여 장소 이상의 유적지에서 나온 표본들을 바탕으로 네안데르탈인은 체구가 탄탄하다는 것만 제외하면 현대인과 많은 차이가 없었다고 알려진다. 유럽의 네안데르탈인들은 그들이 북쪽의 툰드라 지역으로 밀려가면서 잔혹할 정도로 긴 겨울과 짧은 여름을 견디어 낸 진정한 의미에서의 추운 기후로 이동해 간 최초의 인류였다.

그림 19.10 **유럽의 플라이스토세의 크로마뇽인 거주지** 크로마뇽인은 다양한 규모의 생활 집단을 이루었던 고도로 숙련된 사냥꾼들이었다.

네안데르탈인의 유골들은 주로 동굴과 오두막처럼 된 바위 은신처들에서 주로 발견되는데, 그런 장소들에서는 역시 여러 가지 형태의 석기와 무기들이 산출된다. 더구나, 고고학적 증거들은 네안데르탈인들이 보통 다친 사람들을 돌보고 사체를 매장했는데, 그때는 자주 부장품으로써 도구, 음식 심지어는 꽃까지 사용했던 것 같다.

더 많은 화석의 발견이 이루어지고 DNA 추출과 분석에 더욱 더 정교한 기법이 사용됨에 따라, 네안데르탈인의 거주지뿐만 아니라 그들과 그들의 사회에 대한 관점도 계속 변화하고 있다.

크로마뇽인

약 3만 년 전, 현대의 유럽 사람과 매우 닮은 인류가 네안데르탈인 거주지역으로 이동해 들어와 네안데르탈인들을 완전히 대체하였다. 프랑스에서 네안데르탈인의 후예들에게 주어진 이름인 **크로마뇽인**(Cro-Magnons)들은 약 35,000~10,000년 전까지 살았었다. 이 기간 동안 예술과 기술의 발전은 이전의 세계에서 볼 수 있었던 어떤 경우보다 훨씬 진보된 것이었다.

크로마뇽인들은 계절에 따라 이주했던 동물 무리들을 뒤따라 이동했던 숙련된 유목생활을 하는 사냥꾼들이었다. 그들은 사냥에 활과 화살을 포함한 여러 가지 특별한 도구들을 사용했다(그림 19.10). 그들은 동굴과 바위로 된 은신처에 피난처를 마련했으며 다양한 크기의 생활 집단을 형성했다.

크로마뇽인들은 또한 동굴 벽화가이기도 하였다. 망간과 철 산화물로부터 만든 염료를 사용하여, 크로마뇽인들은 프랑스와 스페인 동굴들의 천정과 벽에 수많은 그림을 그렸으며, 지금도 그러한 그림들 중 많은 것들이 보존되어 있다(그림 19.11).

크로마뇽인의 출현과 함께 인류의 진화는 생물학적인 것보다는 거의 전적으로 문화적인 것이 되었다. 인류는 폭넓은 환경 조건에 대처하는 다양한 방법을 고안하여 세계 전체로 퍼져나갔다.

거의 20만 년 전, 네안데르탈인의 진화 이래로, 인류는 석기 문화로부터 다른 행성을 방문하기 위해 우주탐사선을 보내고 달에 우주인을 착륙시키는 기술진보를 이루었다. 미래에 우리가 이러한 기술을 어떻게 활용할 것인지 그리고 우리가 한 종으로 지속될 것인지, 다른 종으로 진화할 것인지 아니면 우리 이전의 많은 생물 집단들처럼 멸종하게 될지가 우리 앞에 펼쳐져 있는 것이다.

그림 19.11 **동굴 벽화** 프랑스 니오의 동굴 벽에 그려진 그림

요약

- 영장류는 팔레오세 동안에 진화하였다. 전체적인 골격구조, 이동 방법, 뇌용량의 증가, 입체적인 시야, 마주보고 손바닥으로 쥘 수 있는 손 등 여러 가지 경향들은 영장류를 특징 지워주고 다른 포유류 목들과 구분되게 한다.
- 영장류는 원원류와 진원류의 두 아목으로 나누어진다. 원원류는 가장 오래된 영장류 계통이며 여우원숭이, 늘보원숭이, 안경원숭이, 나무타기쥐를 포함한다. 진원류는 신세계와 구세계 원숭이, 유인원, 인류와 그 선조들을 포함하는 사람과 종류를 포함한다.
- 가장 오래된 사람과는 거의 700만 년 전의 사헬란트로푸스 차덴시스이다. 그것은 600만 년 전의 오로린 투게넨시스로 이어지고 계속해서, 580만 년 전과 440만 년 전의 아르디피테쿠스의 두 아종으로 각각 발전하였다. 이러한 초기 사람 상과는 420만 년 전 아프리카에서 진화했던 완전한 이족보행의 오스트랄로피테쿠스류로 승계되었다. 최근의 발견들은 아르디피테쿠스가 오스트랄로피테쿠스로 진화하였음을 지시한다. 현재까지 오스트랄로피테쿠스 아나멘시스, 오스트랄로피테쿠스 아파렌시스, 오스트랄로피테쿠스 아프리카누스, 오스트랄로피테쿠스 로부스투스, 오스트랄로피테쿠스 보이세이의 다섯 종의 오스트랄로피테쿠스류가 알려져 있다.
- 인류의 계통은 거의 250만 년 전 아프리카에서 호모 하빌리스의 진화와 함께 시작하였다. 그 종류는 약 160만 년 전까지 한 종으로서 살아남았다.
- 호모 에렉투스는 거의 180만 년 전에 진화하였으며 아프리카를 벗어난 최초의 사람과였고 180만~100만 년 전에 유럽, 인도, 중국, 인도네시아로 퍼져나갔다. 호모 에렉투스에서 호모 사피엔스로의 진화는 '아프리카 기원설' 가설과 '다지역 기원설' 가설 중 어떤 것이 타당한지에 대한 증거가 불충분하기 때문에 아직까지 해결되지 못하고 있다. 그럼에도 불구하고, 호모 에렉투스는 불과 도구를 사용했으며 동굴에서 살았다.
- 네안데르탈인은 20만~3만 년 전에 유럽과 근동 지방에 거주했었으며 현대 인류와 크게 다르지 않았다. 그러나 현대인에 비해 탄탄하고 다른 모습의 두개골을 가졌다. 또한, 그들은 특별한 도구와 무기를 사용했으며 다친 사람을 돌보았고 사체를 매장하였다.
- 크로마뇽인은 네안데르탈인의 후손으로서 35,000~10,000년 전까지 살았다. 그들은 다양한 크기의 집단을 이루었던 숙련된 유목 생활을 했던 사냥꾼이었고 또한 능숙한 동굴 벽화가였다.
- 현대인은 약 10,000년 전에 크로마뇽인으로부터 비롯되었고 세계 전체로 퍼져나갔으며 달에도 발을 디뎠다.

주요 용어

네안데르탈인(Neanderthal)
사람과(hominid)
사람 상과(hominoid)
사람속(*Homo*)
영장류(Primates)
오스트랄로피테쿠스류 (australopithecine)
원원류(原猿類, prosimian)
진원류(眞猿類, anthropoid)
크로마뇽인(Cro-Magnon)

복습 문제

1. 현재까지 알려진 가장 오래된 사람과 종류는 ____이다.
a. ____ 사헬란트로푸스 차덴시스, b. ____ 오로린 투게넨시스, c. ____ 아르디피테쿠스 라미두스 라미두스, d. ____ 오스트랄로피테쿠스 아나멘시스, e. ____ 호모 에렉투스
2. 다음 중 멸종한 어떤 인류의 계통이 능숙한 사냥꾼이었고 동굴 벽화가였는가?
a. ____ 아슐리안(Acheulean), b. ____ 고인류(Archaic), c. ____ 네안데르탈인, d. ____ 크로마뇽인, e. ____ 이전 답중에 없음.
3. 다음 중 어떤 특징들이 다른 사람 상과와 사람과를 구별하게 하는가?
a. ____ 크고 내부적으로 재배열된 뇌, b. ____ 작아진 얼굴과 작아진 송곳니, c. ____ 이족보행, d. ____ 정교한 도구의 사용, e. ____ 이전의 모든 답.
4. 인류의 계통은 다음 어떤 종의 진화와 함께 시작하였는가?
a. ____ 오로린 투게넨시스, b. ____ 아르디피테쿠스 라미두스, c. ____ 사헬란트로푸스 차덴시스, d. ____ 호모 하빌리스, e. ____ 오스트랄로피테쿠스 보이세이.
5. 아프리카에서 이주한 최초의 사람과 종류이며 우리가 진화했던 것은 다음 중 어떤 것인가
a. ____ 오스트랄로피테쿠스 로부스투스, b. ____ 호모 에렉투스, c. ____ 호모 사피엔스, d. ____ 아르디피테쿠스 라미두스 라미두스, e. ____ 호모 하빌리스.
6. 다음 중 어떤 종에 자바인과 북경인이 속하는가?
a. ____ 호모 사피엔스, b. ____ 오스트랄로피테쿠스 로부스투스, c. ____ 호모 에렉투스, d. ____ 오스트랄로피테쿠스 보이세이, e. ____ 호모 하빌리스.
7. 가장 오래된 영장류 계통은?
a. ____ 진원류, b. ____ 원원류, c. ____ 식충류, d. ____ 잡식류, e. ____ 사람과 종류.
8. 다음 중 어떤 진화경향이 영장류를 특징짓는가?
a. ____ 전체적인 골격구조의 변화, b. ____ 마주보는 손바닥을 가진 쥐는 손, c. ____ 뇌용적의 증가, d. ____ 입체시야, e. ____ 이전의 모든 답.
9. 가장 오래된 것으로 알려진 오스트랄로피테쿠스류는 오스트랄로피테쿠스 ____ 이다.
a. ____ 로부스투스, b. ____ 아파렌시스, c. ____ 아나멘시스, d. ____ 보이세이, e. ____ 아프리카누스.
10. 다음 중 사람과 종류는?
a. ____ 침팬지, b. ____ 긴팔원숭이, c. ____ 원원류, d. ____ 오스트랄로피테쿠스류, e. ____ 고릴라.
11. 영장류는 언제 진화하였는가?
a. ____ 팔레오세, b. ____ 에오세, c. ____ 올리고세, d. ____ 마이오세, e. ____ 플라이오세.
12. 고고학적인 증거에 의하면, 불을 사용한 최초의 사람과 종류는?
a. ____ 오스트랄로피테쿠스 로부스투스, b. ____ 호모 사피엔스, c. ____ 호모 에렉투스, d. ____ 호모 하빌리스, e. ____ 오스트랄로피테쿠스 보이세이.
13. 사람과의 진화 측면에서 아르디피테쿠스가 오스트랄로피테쿠스로 진화하였다는 발견의 중요성을 논의하시오.
14. 영장류를 특징짓고 그들을 다른 포유류 목들과 확실히 구분하게 하는 진화경향들은 무엇인가?
15. 네안데르탈인과 크로마뇽인 간의 주요한 차이는 무엇인가?
16. 사람속의 진화사를 논의하시오.

17. 진원류의 진화시를 논의하시오.
18. 사람과 종류의 진화사를 논의하시오.
19. 원원류와 진원류의 차이점들을 논의하시오.
20. 호모 에렉투스와 호모 사피엔스 간의 전이를 논하는 '아프리카 기원설'과 '다지역 기원설' 관점들의 장점들을 논의하시오.

응용 문제

1. 여러분이 인류의 진화에 대해 알고 있는 것과 과학에 있어서 빠른 기술적 진보와 그 진보가 사회와 환경에 미치는 충격에 관해 여러분이 읽고 알고 있는 것에 바탕을 두고 인류 진화의 미래 과정에 어떤 요인들이 영향을 미칠 것이라고 생각하는가? 여러분은 우리가 진화가 일어나는 방향을 제어하는 것이 가능하다고 생각하는가?
2. 공립학교에서 진화를 가르치는 것에 대한 최근의 논란 때문에, 여러분 지역의 교육위원회가 인류의 진화사와 인류와 그 선조형들의 화석 기록이 어떻게 진화가 타당한 과학적 이론인 가를 입증하는 가에 관해 여러분에게 30분짜리 프레젠테이션을 요청해 왔다. 이런 경우에 단 30분을 가지고, 화석 기록에서 여러분은 어떤 증거를 강조해야 하고 인류가 정말로 초기의 사람과 종류에서 진화하였다는 것을 교육위원회에 어떻게 확신시킬 수 있는가?

맺음말

1. 서론

이 책을 통해 지구는 46억 년 전에 생성된 이래 끊임없이 변화해 온 복합적이고 역동적인 행성이라는 것을 강조했다. 이 변화와 우리가 관찰하는 오늘날의 양상은 서로 관련된 지구의 내부 및 외부 시스템, 소시스템, 그리고 순환 사이의 상호작용의 결과이다. 나아가 이런 상호작용은 생물권의 진화에 영향을 미쳤다.

지구 물질이 재순환하여 세 종류의 주된 암석 그룹을 형성하는 암석의 순환(그림 2.7 참조)은 지구의 내부와 외부 작용 사이의 상관관계를 보여 준다. 수문 순환은 해양에서 대기권과 육지 그리고 궁극적으로 다시 해양으로 순환되는 물의 재순환 작용을 설명한다. 이 순환 내의 변화는 지구의 지형과 생물군에 막대한 영향을 미친다. 예를 들면, 지구 온도의 상승은 빙하를 녹게 하고 해수면을 상승시키며, 현재 지구상에서 대규모 인구 밀집지역인 해안 지역에 영향을 미치게 된다(17장). 우리는 과거 해수면 변화가 대규모 해침이나 해퇴를 초래하며 대륙에 미치는 영향을 보아 왔다. 이들 중 일부는 대륙이 판의 이동으로 남극으로 이동할 때 대륙 빙하의 성장과 쇠퇴에 의해 일어난다(11장 참조).

대규모적인 판의 이동은 지형의 형성, 광물 자원의 분포, 대기와 해양의 순환, 그리고 생물의 진화와 다양성에 막대한 영향을 미친다.

1957년 세계 최초의 인공위성 스푸트니크 1호의 발사는 우리가 지구를 어떻게 보고 전지구적 생태계에서 우리의 역할이 무엇인지에 대해 새로운 깨달음을 제시하였다. 인공위성은 우리에게 우리 행성의 아름다움뿐만이 아니라 지구 생물권의 취약함 및 환경에 영향을 주고 변화시키는 인간의 역할을 볼 수 있도록 하였다. 대기, 해양, 호수와 하천의 오염, 열대 숲의 대규모적인 벌목, 광산 개발로 인한 상처의 흔적, 오존층의 결핍 이 모두는, 우주에서 반사된 인공위성 영상에서 볼 수 있으며, 인간이 생태계에 끼친 영향을 보여 준다.

우리는 전지구적 생태계에 우리가 만든 변화가 심지어 우리가 알지 못하는 광범위한 영향을 끼칠 수 있다는 것을 이해해야 한다. 이런 이유 때문에 지질학과 과학 전반에 대한 이해는 생태계의 교란을 최소화하기 위해 아주 중요하며, 다른 모든 생물처럼 우리의 존재 자체가 생태계에 영향을 미친다. 따라서 우리는 과학적 지식에 근거해서 책임 있는 자세로 행동해야 하며, 미래 세대들이 서식할 수 있는 환경을 물려주어야 한다.

이 책과 중등교육의 목표는 비판적인 사고자로서 당신의 능력을 개발하는 것이다. 단순히 부정하는 것과는 달리, 비판적인 사고는 특정한 견해를 위해 지지하는 증거를 평가하는 것을 포함한다. 비록 독자들이 지질학 공부를 많이 하지 않았을지라도, 왜 지질학자들이 판구조론을 인정하고, 왜 그들이 지구는 46억 년 되었다고 생각하며, 왜 과학자들은 진화론이 증거들에 의해 지지되는가를 평가하는 데 필요한 기본 지식을 갖고 있다. 또한 비판적인 사고자로서 여러분의 능력은 자신이 지구 온난화, 오존 고갈, 지하수 오염, 그리고 다른 환경문제를 효과적으로 평가하는 데 도움을 줄 것이다.

산성비, 오존층의 고갈, 온실효과 그리고 지구 온난화와 같은 환경 문제가 토의되고 논의될 때, 이들은 서로 분리된 문제가 아니라 지구 전체가 관련된 하나의 커다란 시스템의 일부분임을 아는 것이 중요하다. 나아가 지구는 우리가 생각하는 시간 규모보다 훨씬 긴 시간 규모의 순환을 한다는 것을 아는 것이 중요하다.

2. 산성비

산업화의 결과는 스모그, 오존층의 교란, 지구 온난화, 산성비를 야기시키는 대기오염이다. 수소 이온농도인 산도는 pH로 측정된다(그림 E.1a). pH 값이 7이면 중성 환경이며, 7보다 작으면 산성 환경이고 7보다 크면 알칼리 또는 염기성 환경이다. 정상적인 비는 pH 값이 6보다 약간 낮다. 일부 지역에서는 산성비가 내리며, 심지어 산성 안개가 pH 값이 1.7까지 달한다.

토양 박테리아의 대사와 화산 작용을 포함한 몇 가지 자연 작용은 산성비에 기여하는 기체를 대기로 방출한다. 인간의 활동, 특히 내연기관에서 이산화탄소와 산화질소를 방출하는 화석연료를 연소함으로써 대기에 산성비의 원인을 제공한다. 이들 기체는 산성비에 기여하나 가장 큰 주범은 이산화황(SO_2)인데, 이산화항은 황을 포함하는 석탄의 연소에 의해 방출된다. 이산화황이 대기로 방출되면 산소 및 물방울과 반응하여 산성비의 주성분인 황산(H_2SO_4)을 형성한다.

스미스(Robert Angus Smith)는 1872년에 영국에서 최초로 산성비를 보고하였으나, 산성비가 부식성이 있고, 염증을 일으키며, 식물을 죽이고, 지표수에 유해한 영향을 미친다는 것을 알게 되었을 때인 1961년에야 비로서 산성비가 환경적인 관심 대상이 되었다. 그 이후 산성비가 지난 30년 동안 악화 일로를 걷는 유럽(특히 동유럽)과 북아메리카의 동부에서 그 영향이 명백하였다(그림 E.1b).

산성비에 의해 영향을 받는 지역은 유황가스를 방출하는 공장으로부터 바람이 불어가는 방향에 위치하나, 이 지역에서 산성비의 영향은 지역적인 조건에 따라 달라질 수 있다. 예를 들면, 산성비 지역이 석회암이나 알

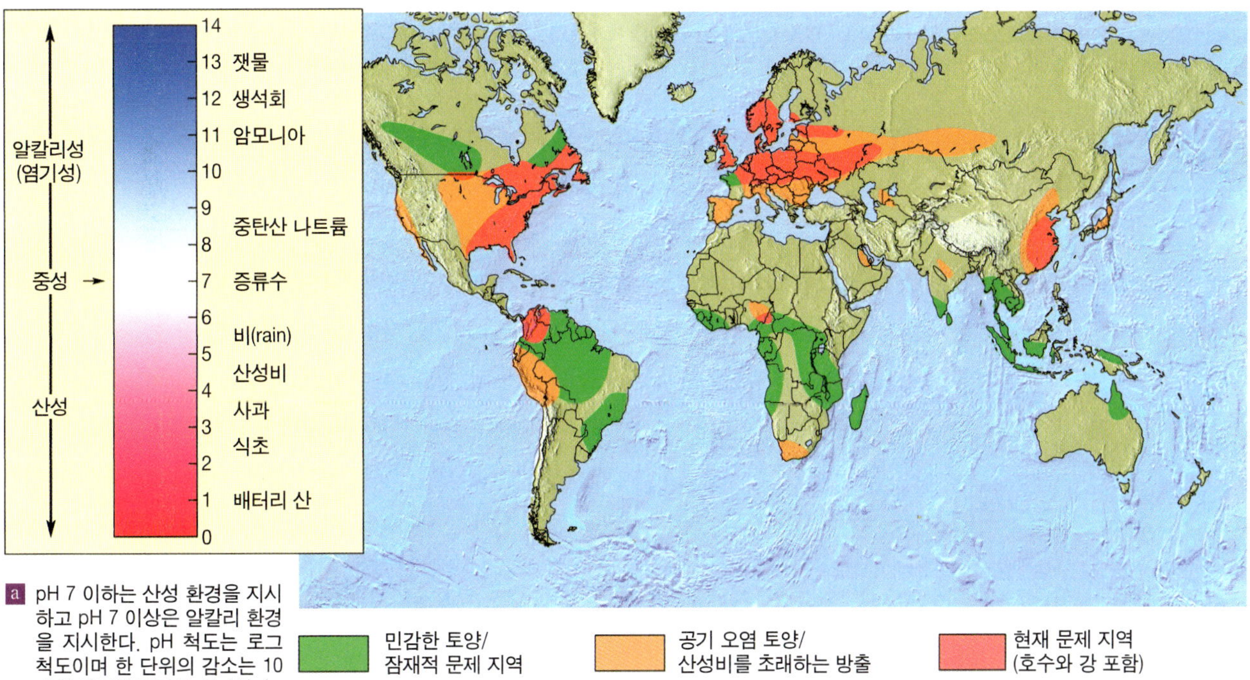

a pH 7 이하는 산성 환경을 지시하고 pH 7 이상은 알칼리 환경을 지시한다. pH 척도는 로그 척도이며 한 단위의 감소는 10배의 산도의 증가를 의미한다.

b 산성비가 현재 문제인 지역과 문제가 진행 중인 지역.

그림 E.1 **산성비**

칼리 토양 지역이면 산성비는 중화되는 경향이 있으나, 화강암 지역이면 그 영향에 변화가 없다. 작은 호수는 산성비를 중화할 능력이 없어서 점점 산성화되어 일부 생물이 사라지게 되고, 어떤 경우는 모든 생물이 궁극적으로 죽게 된다. 그러나 7장에서 논의한 것처럼, 석탄 광산 개발로 오염된 토양에 적응하는 특정한 식물과 같이, 일부 생물은 새롭고 비우호적인 환경에 적응할 수 있게 된다.

산성비는 석회암과 대리암의 풍화를 증가시키고 사암의 풍화도 약간 증가시킨다. 풍화의 영향은 펜실베이니아의 게티즈버그 국립군사공원에서 볼 수 있는 것처럼, 건물, 유적, 비석에서 명백하다. 또한 식물에 대한 유황가스의 폐해는 석탄을 태우는 발전소 부근에서 나타나며, 미국 동부의 여러 숲의 경우 다른 원인에 의해서는 나타날 수 없는 피해의 징후가 보인다.

미국에서는 매년 수백만 톤의 이산화항이 배출된다. 1975년 이전에 건설된 발전소는 배기 제어를 하지 않았으나, 이산화황을 허용 수준 이하로 유지하기 위해서 배출된 이산화황 문제가 제기되었어야 했다. 이전의 발전소와 최근 건설된 발전소에 의한 이산화황의 배출을 획기적으로 감소시킬 수 있는 다양한 방법들이 있다. 그러나 이들 방법은 경비가 많이 들고, 어떤 경우는 이전에 건설된 발전소를 업그레이드하기에는 너무 고비용이어서 이산화황의 배출을 줄일 수가 없다.

지구 온난화와 같이 산성비는 국경이 없는 전 세계적인 문제이다. 바람이 불어 한 나라의 오염원으로부터 오염물질을 다른 나라에 그 영향을 미치게 한다. 예를 들면, 캐나다 동부의 많은 산성비는 미국에서 유래한다.

3. 오존 고갈

지구는 태양으로부터 멀리 떨어져 있고 풍부한 물을 포함하고 있으며 대기에 산소가 있기 때문에 생명을 유지시킨다. 성층권(지표로부터 10~48km 상공)의 오존층(O_3)은 그것이 우리의 행성으로 유입되는 유해한 자외선을 차단하여 지구를 보호한다(8장 참조). 1980년대초, 과학자들은 남극대륙 상공에서 계속해서 커지는 오존 구멍을 발견하였다. 사실, 오존층의 고갈은 북극 지역과 다른 지역에서도 발견되고 있다. 오존 고갈은 그것이 지표에 위험한 복사가 증가하게 하고 피부암과 다른 영향을 미치기 때문에 경계하며 관찰해야 한다(13장 '조망' 참조).

이런 발견은 오존 고갈의 일차적 원인과 그 대처방안에 대한 공개 토론을 하게 하였다. 과학자들은 오존 고갈의 한 원인이 에어로솔 캔과 같은 일부 소비재에 사용되는 CFCs(클로로플루오르카본)이라고 제안했다. 이 이론에 의하면, CFCs가 대기권 상부로 상승하고 자외선 복사와의 반응이 염소를 방출하고 그것이 다시 오존을 고갈시킨다(그림 E.2). 이결과 다른 오존 고갈 물질과 함께 CFCs의 생산을 제한하는 몬트리올 의정서라고 불리는 국제협약이 1983년에 체결되었다.

그러나 1990년대에 이 견해는 변화되었다. CFCs가 오존 고갈의 원인이라는 아이디어에 반대하는 사람들은 상업적 제품이 아니라 자연적인 원인이 주범이라는 다른 아이디어를 제시하였다. 그들은 화산이 성층권에 올라가 오존을 고갈시키는 많은 양의 염화수소(HCl) 가스를 방출한다고 하였다. 나아가 그들은 CFCs가 공기보다 무겁기 때문에 성층권까지 상승하지 않는다고 주장하였다.

화산이 염화수소 가스와 아주 치명적인 몇 가지 다른 기체를 방출하는 것은 사실이다. 그럼에도 불구하고, 대부분의 폭발은 너무 미약해서 성층권까지 기체를 유입시킬 수가 없다. 심지어 기체가 방출된다 할지라고 화산으로부터 방출되는 염화수소 가스는 아주 잘 용해되고 비와 심지어 처음 염화수소 가스를 방출한 동일한 폭발로부터 유래된 수증기에 의해 대기권으로부터 빠르게 제거된다. 성층권의 염소 농도의 측정은 거대한 화산폭발 이후에 단지 일시적인 증가를 보인다. 예를 들면, 1912년 이후 가장 큰 화산 분출인 1991년의 피나투보 화산의 분출은 상부 대기권의 염소의 함량이 소량 증가함을 보여 주었다. 화산분출의 영향은 매년 일어나는 평균적인 오존 고갈의 속도를 설명하기에 충분하지

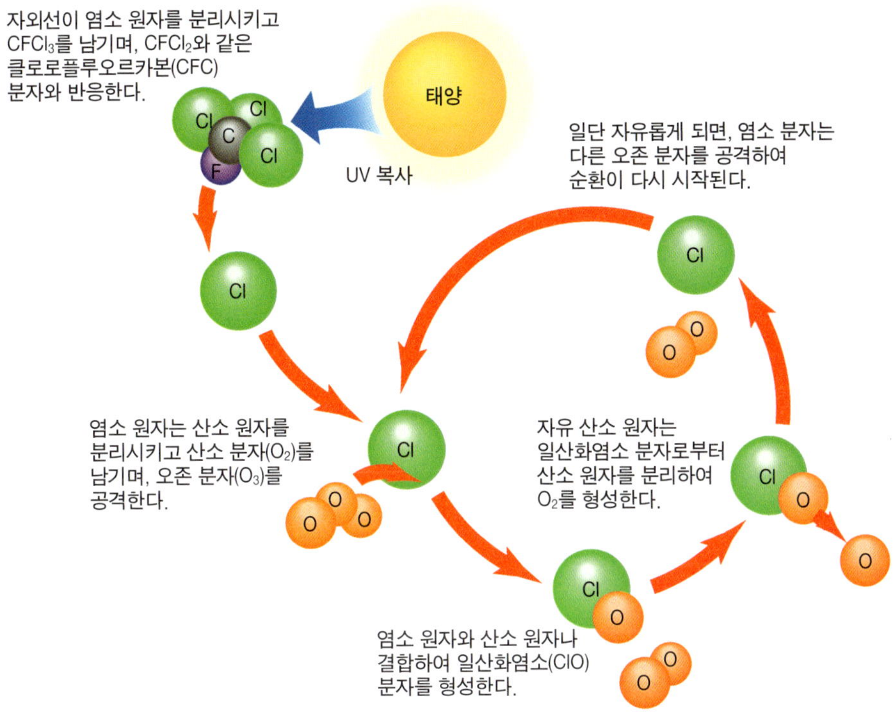

그림 E.2 오존 고갈 오존이 클로로플루오르카본(CFCs)에 의해 파괴된다. 염소 원자는 계속하여 재생산되고 하나의 염소 원자는 많은 오존 분자를 파괴할 수 있다.

않다.

역으로, 13장 '조망'에서 언급했듯이, 2차원적이고 대기 화학 운반 모델을 사용한 2007년의 어느 논문은, 페름기 말기 시베리아 현무암의 분출은 대기 오존을 고갈하게 했을 가능성에 대해 논의하였다. 그런 화산분출은 피나투보 화산의 분출보다 훨씬 큰 것이었다.

비록 CFCs가 공기보다 무거운 것은 사실이나 이것은 그들이 성층권으로 상승할 수 없다는 것을 의미하지는 않는다. 지표는 차별적으로 가열되는데, 다시 말해 한 장소는 주위의 다른 장소보다 더 많은 열을 흡수할 수 있다는 것이다. 따뜻한 장소 상공에서 가열된 공기는 밀도가 낮아지고 대류에 의해 상승하여 실제로 공기보다 밀도가 높은 CFCs와 다른 물질을 운반할 수 있다. 일단 성층권에서는 오존에 의해 흡수되는 자외선 복사는 CFCs 분자를 파괴하여 오존과 반응하는 염소를 방출한다. 정말로 단일 염소 원자는 100,000개의 오존 분자를 파괴할 수 있다(그림 E.2). 화산분출에 의해 생성된 염화수소 가스와는 대조적으로, CFCs는 절대적인 불용성이다. 그것으로 상업적 제품을 만들기에 적합할 만큼 그들은 비활성인 것이 사실이다. CFCs 분자는 수십 년 동안 지속되기 때문에, 어떤 형태이든지 CFCs의 증가는 오존층에 장기적인 위협이 된다.

CFCs가 남극 오존 구멍의 원인이 된다는 또 다른 징후는 국제협약(몬트리올 의정서)이 오존을 고갈시키는 것으로 추정되는 물질의 사용을 감소했을 때인 1989년 이후 오존 고갈 속도가 감소했다는 것이다. 이 대기 작용에 대한 충분한 과학적 이해는 세계 지도자들이 이 문제를 신속히 대처하는 데 도움을 주었다. 이제 과학자들은 몬트리올 의정서를 준수하면 오존층이 금세기의 중반까지 회복될 것으로 기대하고 있다.

4. 지구 온난화

비록 그들은 인간에게 치명적인 영향을 줄 수 있지만 지구 온난화와 한랭화는 지난 180만 년 동안 여러 번의 빙하의 전진과 후퇴로 나타났던 보다 큰 순환의 일부이다(17장). 사실, 지질학자들은 그들의 지질학적 관점 때문에 지구 온난화에 대한 논쟁에 중요한 기여를 할 수 있다(4장 '조망' 참조). 심해퇴적물, 빙하 코어, 과거 지질시대 동안의 해수면 변화, 시간에 따른 식물과 동물의 분포를 분석함으로써 장기적 변화가 파악될 수 있다. 이 책을 통해 우리가 보아온 것처럼 그러한 연구들이 수행되어 왔고, 그 연구 결과와 종합된 정보는 어떻게 하면 인간들이 환경을 더 잘 관리하고, 환경을 훼손시키는 우리의 영향에 대해 현명한 대책을 세우는 데 사용될 수 있다.

환경적 불균형의 좋은 예는 온실효과에 의한 지구 온난화이다. 이산화탄소는 호흡과 유기물의 연소의 부산물로서 생성된다. 따라서 그것은 전지구적 생태계의 성분이며 탄소순환의 일부로서 계속해서 재순환된다. 최근 대기의 이산화탄소 증가에 대한 우려는 온실효과에서 그의 역할과 관련이 있다. 이산화탄소와 메탄, 이산화질소, 클로로플루오르카본 그리고 수증기는 햇빛의 투과는 허락하나 지표로부터 반사되는 열을 흡수하기 때문에, 지각과 대기권 사이의 이산화탄소의 재순환은 중요한 기후 조절자이다. 따라서 열이 유지되고 지표의 온도와, 더욱 중요하게는, 온실효과를 유발하는 대기의 온도를 상승하게 한다.

지난 200년 동안 인간이 생산한 온실가스의 증가로 인해, 많은 과학자들은 지구 온난화가 이미 시작되었고 심각한 기후 변화가 일어날 것으로 우려하고 있다. 현재 대부분의 기후 연구자들은 미래 예측을 위한 온실가스 배출에 대해 몇 개의 각본을 사용하고 있다. 기후모델 모의실험에 근거해 보면, 2007년 발간된 기후변화에 관한 정부간 협의체(IPCC) 제4차 보고서는 2000년부터 2100년까지 최상의 조건 하에서 1에서 3℃ 상승하고, 이제까지 해온 것과 동일한 조건하에서는 2.5~6.5℃ 상승할 것으로 보고하였다(그림 E.3).

이런 온도 상승은 다른 전지구적 개발 경로를 설정한 각본에 근거한다. 그들은 광범위한 경제적·기술적·인구학적 가능성과 그에 따른 온실가스 배출을 포함하는 네 가지 그룹으로 구분된다(A1, A2, B1, B2). A2 각본

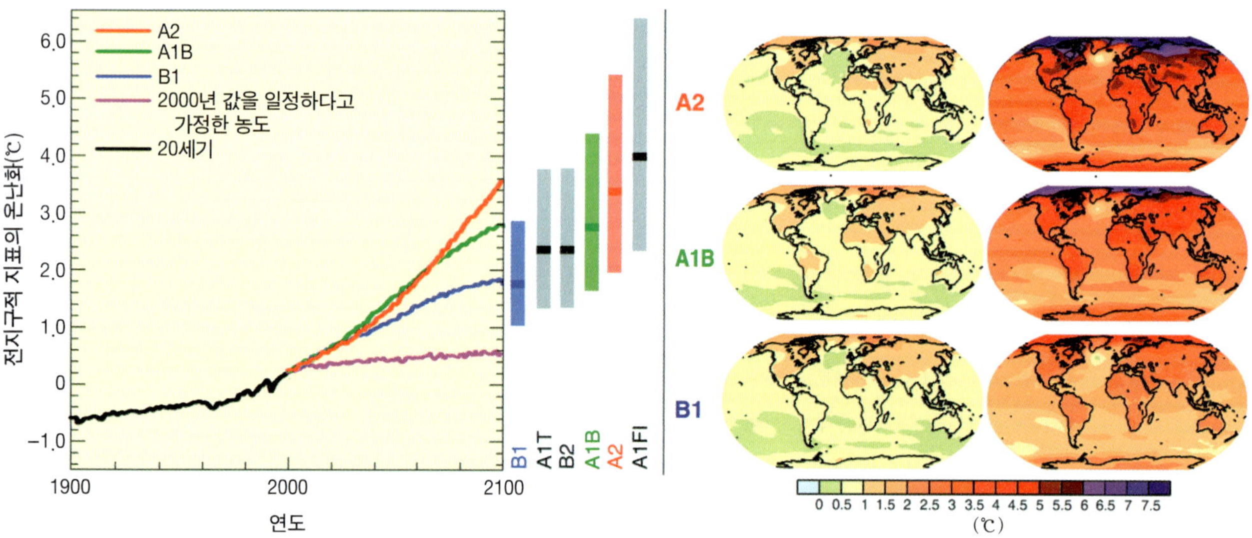

a 실선은 20세기 모의실험 연장으로서 보여 준 배출 각본 A2, A1B 그리고 B1에 대한 2000 IPCC 특별 보고서를 위한 전지구적 평균 지표의 온난화(1980~1999에 대한)에 대한 몇 가지 모델. 오렌지 선은 2000년의 농도 값들이 일정하다고 전제하고 한 실험이다. 그림의 중간에 있는 막대는 1980~1999에 대한 2090~2099의 여섯 가지 배출 각본을 위한 최선의 예상치 및 가능 예상 범위를 나타낸다. 막대에서 최선의 예상치 및 가능 예상치 범위는, 독립적인 모델과 관측 제한 값의 순서로부터 유래된 결과와 그림 왼쪽의 대기-해양 일반 순환 모델(AOGCMs)을 포함한다.

b 1980~1999의 기간에 대한 21세기 초와 말에 예상되는 지표온도 변화. 이 그림은 2020~2029(왼쪽)와 2090~2099(오른쪽) 기간 동안 평균한, A2 (위), A1B(가운데), B1(아래) 배출 각본을 위한 복합적인 대기해양 일반 순환 모델(multi-Atmospheric-Ocean General Circulation Models, AOGCM)의 평균치를 보여 준다.

그림 E.3 2000년에서 2100년까지 추정된 온도 상승과 21세기 초기와 말기 예상된 지표 온도 변화

출처: Reprinted from Figure 3.2 in *Climate Change 2007: Synthesis Report*. Also known as the IPCC Fourth Assessment Report (AR4). Published by the Intergovernmental Panel on Climate Change. Adopted at IPCC Plenary XXVI, Valencia, Spain, November 12–17, 2007.

(그림 E.3a)은 세계가 매우 빠른 경제성장, 세기 중반에 전지구적 인구 최대치와 그 이후 인구감소, 집중적인 화석 에너지 소비 정책과 같은 이제까지 해 온 것과 동일한 전망에 근거한 것이다. 정 반대의 각본은 B1 각본(그림 E.3a)인데, 이것은 세기 중간에 인구 최대치와 그 이후 인구감소, 서비스와 정보산업 경제로의 전환, 물질의 사용을 자제하고 청정자원 및 자원 효율적인 기술을 가정한 것이다. A1B 조합(그림 E.3a)은 중간의 각본으로서 전지구적 인구는 A2와 B1 각본을 따르나, 에너지원과 기술 사이에 균형이 이루어진 경우이다.

어느 각본을 따르게 되든지, 전지구적 온도 변화는 동일하지 않고 북반구의 고위도에서 가장 큰 온난화가 있을 것이다. 더욱이나 해양보다 육지가 더 빨리 가열되고 냉각되는 경향이 있기 때문에 해양보다는 대륙에서 더 큰 온난화가 있을 것이다. 따라서 해양이 우세한 남반구보다 육지가 우세한 북반구에서 큰 온난화가 있을 것이다(그림 E.3b). 이런 온난화의 결과 강수 유형은 심하게 변하게 될 것이다. 이것은 미국 중서부와 같이 가장 큰 곡물 생산지역에 커다란 영향을 미칠 것이다. 더 건조하고 더워지는 환경이 가뭄의 혹독함과 주기를 더 강화시킬 것이고, 이것은 곡물 생산의 저하와 곡물의 가격 인상을 초래할 것이다. 기후에서 이런 변화와 함께 지구에서 사막이 확장되고, 이것은 곡물을 재배할 경작지와 초원을 제거하게 될 것이다.

우리는 일부 과학자들이 지구 온난화는 산업화와 관련된 인간의 활동의 증가의 직접적인 결과라고 여전히 확신하지 않고 있다는 것을 지적하지 않고는 지구 온난화 주제에 대한 논의를 중지할 수 없다. 그들은 온실가스의 증가와 그들의 생성 속도와 제거 속도에 대한 불확실성 및 지난 세기 동안 0.5℃의 지구 전체 온도 상승이 시간에 따른 정상적인 기후 변화의 결과인지 아니면 인간의 활동의 결과인지에 대해 지적한다. 나아가 그들은 만일 다음 100년 동안 일반적인 지구 온난화가 있다 할지라도, 지구 온난화의 제안자들에 의해 제시된 비극적인 예측은 정말로 일어날 것이라는 것이 확실하지 않다고 지적한다. 우리가 아는 것처럼 지구는 다양한 소시스템 사이에서 많은 피드백 작용과 상호연관성을 가진 아주 복잡한 시스템이다. 지구 온난화로 인한 대기와 해양 순환 유형의 결과를 예측하는 것은 아주 어렵다.

이 책의 5판에서 위의 내용을 집필한 이후, 지구 온난화에 주로 역점이 주어진 인간의 역할과 반대 주장에 대해 여러 가지로 적절한 관심이 증대된 것은 흥미롭다. 사실, 지구 온난화의 주된 견인력으로서 인간을 강하게 지목하고 있는 증거가 있다. 우리는 이 책에 모든 논쟁과 반론에 대한 모든 것의 목록을 제시할 수 없고, 보다 자세한 종합 보고서를 보기 위해서는 2007년도에 발간된 기후변화에 관한 정부간 협의체(IPCC) 제4차 보고서를 참조하기 바란다.

5. 마지막 제언

결론적으로 지사학의 연구로부터 배우게 될 가장 중요한 교훈은 다양한 시스템과 소시스템 사이의 상호작용이 시간에 따라 대기권·암석권·생물권에서의 변화를 일으키는 지구는 매우 복잡한 행성이라는 것이다. 지구가 과거에 어떻게 진화했는가를 공부함으로써, 우리는 어떻게 서로 다른 지구의 시스템과 소시스템이 상호 작용하며, 더 중요하게는, 어떻게 우리의 행동이 이들 시스템과 소시스템 사이에 있는 섬세한 균형에 영향을 미치는가를 보다 더 잘 이해하기 위해 이 공부를 통해 깨달은 교훈을 적용할 수 있는가이다. 지사학은 정적인 과학이 아니며, 역동적인 지구처럼, 이해하기를 추구하며 새로운 정보가 이용 가능함에 따라 끊임없이 진화한다.

부록 A
영국 단위–미터법 단위 환산표

영국 단위	전환 계수	미터단위	전환 계수	영국 단위
길이				
Inches (in)	2.54	Centimeters (cm)	0.39	Inches (in)
Feet (ft)	0.305	Meters (m)	3.28	Feet (ft)
Miles (mi)	1.61	Kilometers (km)	0.62	Miles (mi)
면적				
Square inches (in^2)	6.45	Square centimeters (cm^2)	0.16	Square inches (in^2)
Square feet (ft^2)	0.093	Square meters (m^2)	10.8	Square feet (ft^2)
Square miles (mi^2)	2.59	Square kilometers (km^2)	0.39	Square miles (mi^2)
부피				
Cubic inches (in^3)	16.4	Cubic centimeters (cm^3)	0.061	Cubic inches (in^3)
Cubic feet (ft^3)	0.028	Cubic meters (m^3)	35.3	Cubic feet (ft^3)
Cubic miles (mi^3)	4.17	Cubic kilometers (km^3)	0.24	Cubic miles (mi^3)
무게				
Ounces (oz)	28.3	Grams (g)	0.035	Ounces (oz)
Pounds (lb)	0.45	Kilograms (kg)	2.20	Pounds (lb)
Short tons (st)	0.91	Metric tons (t)	1.10	Short tons (st)
온도				
Degrees Fahrenheit (℉)	$-32^\circ \times 0.56$	Degrees Celsius (Celsius)(℃)	$\times 1.80 + 32^\circ$	Degrees Fahrenheit (℉)

예: 10in = 25.4cm; 10cm = 3.9in
$100ft^2 = 9.3m^2$; $100m^2 = 1080ft^2$
50℉ = 10.08℃; 50℃ = 122℉

부록 B
생물의 분류

어떤 것이든 분류는 무질서로부터 질서를 찾는 일이며 유사한 종목을 동일한 범주로 묶는 것이다. 모든 분류는 현 지식에 근거하여 종목들을 유별하고, 이들을 다시 서로 관련시키려고 하는 과정이며 따라서 모든 분류는 분류된 종목에 관한 현 지식수준에 대한 진행 보고이다. 분류는 어느 정도 주관적이기 때문에 생물의 분류는 다양한 책 사이에서 서로 다를 수 있다.

다음의 분류는 마귈리스와 슈와르쯔(Margulis and Schwartz)의 5계(five-kingdom) 분류 체계에 기초한다.* 우리는 알려진 모든 생물을 포함시키기보다는 살아있는 무리와 화석 무리의 주요 범주를 포함시켰다.

모네라계(Kingdom Monera)

원핵생물

- 고세균문(Phylum Archaebacteria)(시생누대~현세)
- 시아노세균문(Phylum Cyanobacteria)—남조류 또는 남세균(시생누대~현세)

프로톡티스타계(Kingdom Protoctista)

단체 또는 군체를 이루는 단세포 진핵생물

- 아크리타치문(Phylum Acritarcha)—벽이 유기물로 이루어진 단세포 조류로 소속은 알려지지 않음(원생누대~현세)
- 규조문(Phylum Bacillariophyta)—규조(쥐라기~현세)
- 윤조식물문(Phylum Charophyta)—차축조(실루리아기~현세)
- 녹조식물문(Phylum Chlorophyta)—녹조류(원생누대~현세)
- 황갈조식물문(Phylum Chrysophyta)—황갈조류, 규편모충류, 코코리스(쥐라기~현세)
- 유글레나식물문(Phylum Euglenophyta)—유글레나(백악기~현세)
- 점균식물문(Phylum Myxomycophyta)—점균류(원생누대~현세)
- 갈조식물문(Phylum Phaeophyta)—갈조류, 다세포 해조류, 켈프(원생누대~현세)

---

* Marguilis, L., and K.V.S. Schwartz, 1982, *Five Kingdoms*, New York, W.H. Freeman and Co.

원생동물문(Phylum Protozoa)—단세포 종속영양생물(캄브리아기~현세)

육질충강(Class Sarcodina)—이동용 위족을 가진 원생동물(캄브리아기~현세)

유공충목(Order Foraminifera)—저서성 및 부유성 원생동물로 대부분 석회질 각을 가짐(캄브리아기~현세)

방산충목(Order Radiolaria)—부유성 원생동물로 규질 각을 가짐(캄브리아기~현세)

황적조식물문(Phylum Pyrrhophyta)—와편모충류(실루리아기?, 페름기~현세)

홍조식물문(Phylum Rhodophyta)—홍조류(원생누대~현세)

황녹조식물(Phylum Xanthophyta)—황녹조류(마이오세~현세)

균류계(Kingdom Fungi)

접합균문(Phylum Zygomycota)—격벽이 없는 균류(원생누대~현세)

담자균문(Phylum Basidiomycota)—버섯(펜실베이니아기~현세)

자낭균문(Phylum Ascomycota)—효모균, 검은곰팡이, 그물버섯(미시시피기~현세)

식물계(Kingdom Plantae)

광합성을 하는 진핵생물

선태식물문(Division* Bryophyta)—우산이끼, 이끼, 붕어마름(데본기~현세)

솔잎란문(Division Psilophyta)—진짜 뿌리 또는 잎이 없는 작은 원시 관수식물(실루리아기~현세)

석송문(Division Lycopodophyta)—석송, 고생대의 인목(석송속의 식물)을 포함한 작은 잎과 진정한 뿌리를 가진 단순한 관속식물(데본기~현세)

속새식물문(Division Sphenophyta)—속새, 석탄기의 *Calamites*와 같은 설엽식물(데본기~현세)

양치식물문(Division Pteridophyta)—양치류(데본기~현세)

종자양치식물문(Division Pteridospermophyta)—종자양치식물(데본기~쥐라기)

구과식물문(Division Coniferophyta)—구과식물 또는 솔방울이 달린 나자식물(석탄기~현세)

소철문(Division Cycadophyta)—소철(트라이아스기~현세)

은행나무문(Division Ginkgophyta)—은행나무(트라이아스기~현세)

피자식물문(Division Angiospermophyta)—꽃을 피우는 식물과 나무(백악기~현세)

동물계(Kingdom Animalia)

비광합성의 다세포 진핵생물(원생누대~현세)

해면동물문(Phylum Porifera)—해면동물(캄브리아기~현세)

층공충목(Order Stromatoporoida)—초를 형성하였던 멸종된 생물 그룹(캄브리아기~올리고세)

고배동물문(Phylum Archaeocyatha)—해면동물 유사한 멸종된 생물(캄브리아기)

---

* 식물학에서 문은 영어로 'division'으로 표기하며, 동물학의 'phylum'과 같은 뜻이다.

자포동물문(Phylum Cnidaria)—히드로충류, 해파리, 말미잘, 산호(캄브리아기~현세)

히드로충강(Class Hydrozoa)—히드로충류(캄브리아기~현세)

해파리강(Class Scyphozoa)—해파리(원생누대~현세)

산호충강(Class Anthozoa)—말미잘, 산호(캄브리아기~현세)

판상산호목(Order Tabulata)—격벽이 축소되거나 발달되지 않은 산호로 모두 군체를 이룸(오르도비스기~페름기)

사사산호목(Order Rugosa)—단체 또는 군체를 이루는 산호로 4회 대칭을 이룸(오르도비스기~페름기)

육방산호목(Order Scleractinia)—단체 또는 군체를 이루는 산호로 6회 대칭을 이룸. 군체를 이루는 대부분의 산호는 이들 조직 내에서 와편모충류와 공생함. 오늘날 초의 중요한 구성원임(트라이아스기~현세)

태형동물문(Phylum Bryozoa)—모두 군체를 이루며 부유물질을 먹고 사는 바다 생물로 대비와 생태 해석에 유용함(오르도비스기~현세)

완족동물문(Phylum Brachiopoda)—크기가 다른 두 개의 각이 있으며 바다 생물로 부유물질을 먹고 삶. 각각의 각은 좌우 대칭임(캄브리아기~현세)

무관절(교)강(Class Inarticulata)—경첩관절 구조(hinging structure)가 없는 키틴인산질 또는 석회질 각을 갖는 원시적인 완족동물. 이들은 복잡한 근육에 의해 각을 열고 닫음(캄브리아기~현세)

유관절(교)강(Class Articulata)—경첩관절에 의해 연결된 석회질 각을 가진 발전된 완족 동물(캄브리아기~현세)

연체동물문(Phylum Mollusca)—무척추동물의 매우 다양한 무리(캄브리아기~현세)

단판강(Class Monoplacophora)—좌우 대칭을 이루는 1개의 모자 모양의 각을 가진 기어 다니는 연체동물로 패각 하부의 근육은 체절 구조를 가짐(캄브리아기~현세)

쌍신경강(Class Amphineura)—군부. 특징적으로 분리된 8개의 석회질 각판으로 된 각을 가진 기어 다니는 바다 연체동물(캄브리아기~현세)

굴족강(Class Scaphopoda)—상아 모양으로 휜 양쪽 끝이 뚫린 연체동물(오르도비스기~현세)

복족강(Class Gastropoda)—일반적으로 나선형으로 감긴 하나의 각을 가진 기어 다니는 연체동물. 해수, 기수 및 민물뿐만 아니라 육지 환경에서 발견된다(캄브리아기~현세)

이매패강(Class Bivalvia)—서로 좌우대칭상인 2개의 각을 가진 연체동물. 전형적으로 대합조개와 굴로 알려져 있다(캄브리아기~현세)

두족강(Class Cephalopoda)—아주 진화한 유영하는 연체동물. 격벽과 바깥 각이 봉합된 외각을 가진 두족류와 낙지와 오징어와 같이 각이 없는 두족류를 포함한다(캄브리아기~현세)

앵무조개목(Order Nautiloidea)—격벽이 단순한 약간 휘어진 선을 따라 바깥 외각에 연결된 두족류(캄브리아기~현세)

암모나이트목(Order Ammonoidea)—격벽이 물결 모양의 선을 따라 외각에 연결된 두족류(데본기~백악기)

초형목(Order Coleoidea)—각이 축소되거나 없는 두족류. 낙지, 오징어 및 멸종된 벨렘나이

트를 포함한다(미시시피기~현세)

환형동물문(Phylum Annelida)—몸이 체절로 된 벌레. 현생 이언 동안 굴(burrow)과 끌린 생흔 화석을 만듦(원생누대~현세)

절지동물문(Phylum Arthropoda)—알려진 모든 동물의 80%를 이루는 가장 많은 무척추동물 무리. 마디로 된 몸과 관절로 된 부속지로 특징된다(캄브리아기~현세)

삼엽충강(Class Trilobita)—가장 먼저 출현한 절지동물강. 삼엽충은 머리, 몸통 및 꼬리를 가지며 좌우대칭이다(캄브리아기~페름기)

갑각강(Class Crustacea)—머리와 가슴이 합쳐진 두흉부와 배로 특징되는 다양한 무리. 따개비, 요각류, 게, 개형충 및 새우를 포함한다(캄브리아기~현세)

곤충강(Class Insecta)—살아있는 무척추동물 중 가장 다양하고 흔하나 화석으로서는 드물다(실루리아기~현세)

퇴구강(Class Merostomata)—4쌍의 복부 부속지와 갑각류보다 한층 더 유연한 외골격으로 특징됨. 멸종된 광익류, 투구게, 전갈 및 거미를 포함한다(캄브리아기~현세)

극피동물문(Phylum Echinodermata)—5방사 대칭과 독특한 수관 시스템을 가지며 모두 바다에서만 서식하는 동물(캄브리아기~현세)

해백합(바다나리)아문(Subphylum Crinozoa)—관절로 된 석회질 줄기에 의해 바닥에 고착하는 극피동물(캄브리아기~현세)

해백합강(Class Crinoidea)—고생대 극피동물 중 가장 중요한 강. 부유 물질을 먹고 사는 극피동물로 자유롭게 유영하거나 또는 줄기에 의해 해저에 부착되어 있다(캄브리아기~현세)

바다꽃봉오리(해뇌)강(Class Blastoidea)—부유물질을 먹고 살며, 짧은 자루에 의해 고착된 고생대의 극피동물의 작은 강(오르도비스기~페름기)

바다사과강(Class Cystoidea)—부유물질을 먹고 사는 작은 구형 내지 배 모양으로 매우 짧은 자루에 의해 고착된 저서성 극피동물(오르도비스기~데본기)

해과아문(Subphylum Homalozoa)—줄기가 없는 납작한 비대칭의 몸을 가진 작은 무리. carpoid라고도 함(캄브리아기~데본기)

성게아문(Subphylum Echinozoa)—구형의 뚜렷한 저서성의 이동 극피동물(캄브리아기~현세)

Class Helioplacophora—나선형으로 배열된 판으로 된 팽이 모양의 저서성의 이동하는 극피동물(전기 캄브리아기)

좌불가사리강(Class Edrioasteroidea)—불가사리 모양을 한 5개의 곧은 또는 휜 먹이 섭취 구역을 가진 저서성의 고착성 또는 이동성의 원반 모양, 작은 구형 또는 원통 모양의 극피동물(캄브리아기~펜실베이니아기)

해삼강(Class Holothuroidea)—해삼. 질긴 피부 속에 묻힌 석회질 골판을 가진 퇴적물을 먹고 사는 극피동물(오르도비스기~현세)

성게강(Class Echinoidea)—극피동물 중 가장 큰 무리. 움직이는 가시를 가진 작은 구 또는 원반 모양. 주로 풀을 뜯어먹거나 또는 퇴적물을 먹고 산다. 표생동물 또는 내생동물(오르도비스기~현세)

불가사리아문(Subphylum Asterozoa)—줄기가 없는 저서성의 이동하는 극피동물(오르도비스기~현세)

불가사리강(Class Asteroidea)—불가사리. 팔이 몸의 중심 반(disk)으로 합체되는 극피동물(오르도비스기~현세)

거미불가사리강(Class Ophiuroidea)—거미 불가사리(brittle star). 중앙 반이 뚜렷함(오르도비스기~현세)

반삭동물문(Phylum Hemichordata)—생물의 생활사의 어떤 기간 동안에 발달된 척삭에 의해 특징된다. 현생 장새류 또는 별벌레아재비류(acorn worm)과 멸종된 필석류(캄브리아기~현세)

필석강(Class Graptolithina)—키친질의 외골격을 가진 군체를 이룬 바다에 산 반척삭동물. 부유성이 지배적이다(캄브리아기~미시시피기)

척삭동물문(Phylum Chordata)—생물의 생활사에서 적어도 어떤 기간 동안 척삭, 관상의 등쪽신경삭 및 새열을 가진 동물(캄브리아기~현세)

미삭동물아문(Subphylum Urochordata)—우렁쉥이, 피낭동물(tunicates). 유생 시기에 꼬리 부분에 척삭을 가짐

두삭동물아문(Subphylum Cephalochordata)—척삭과 작은 물고기 같은 몸을 가진 작은 바다 생물(캄브리아기~현세)

척추동물아문(Subphylum Vertebrata)—척추골의 등뼈를 가진 동물(캄브리아기~현세)

무악어강(Class Agnatha)—턱이 없는 물고기. 현생의 칠성장어와 먹장어 및 멸종된 갑피어류를 포함한다(캄브리아기~현세)

극어강(Class Acanthodii)—수많은 가시 모양의 지느러미가 있는 원시 유악어류(실루리아기~페름기)

판피어강(Class Placodermii)—피부가 골판으로 이루어져 있으며 턱이 있는 원시 유악어류(실루리아기~페름기)

연골어강(Class Chondrichthyes)—상어와 가오리 같은 연골 어류(데본기~현세)

경골어강(Class Osteichthyes)—내골격이 단단한 뼈로 된 물고기(데본기~현세)

조기아강(Subclass Actinopterygii)—사출 지느러미 물고기(데본기~현세)

육기아강(Subclass Sarcopterygii)—공기로 숨을 쉬는 엽상의 지느러미를 갖는 물고기(데본기~현세)

실러캔스목(Order Coelacanthimorpha)—엽상의 지느러미를 갖는 물고기. *Latimeria*(데본기~현세)

총기목(Order Crossoptergii)—양서류의 조상인 엽상의 지느러미를 갖는 물고기(데본기~페름기)

폐어목(Order Dipnoi)—폐어(데본기~현세)

양서강(Class Amphibia)—양서류. 최초의 육상 척추동물(데본기~현세)

미치아강(Subclass Labyrinthodontia)—최초의 양서 동물. 단단한 두개골과 복잡한 이빨 패턴을 가짐(데본기~트라이아스기)

도요아강(Subclass Salientia)—개구리, 두꺼비 및 이들의 친척(트라이아스기~현세)

도롱뇽아강(Subclass Caudata)—도롱뇽과 이들의 친척(트라이아스기~현세)

파충강(Class Reptilia)—파충류. 비늘을 가지며 양막으로 싸인 알을 낳는 것으로 특징되는 다양하고 많은 척추동물(미시시피기~현세)

무궁아강(Subclass Anapsida)—섭유개구가 없는 단단한 지붕으로 된 두개골을 가진 파충류(미시시피기~현세)

고두목(Order Cotylosauria)—가장 초기 파충류 무리 중 하나(펜실베이니아기~트라이아스기)

거북목(Order Chelonia)—거북(트라이아스기~현세)

측궁아강(Subclass Euryapsida)—눈 뒤의 두개골 옆면의 높은 곳에 1개의 섭유개구가 나 있는 파충류. 대부분 바다에 서식(페름기~백악기)

전취용목(Order Protorosauria)—육지에 서식하는 선조 단궁형 파충류(펜실베이니아기~백악기)

판치목(Order Placodontia)—판치류(板齒類, placodonts). 연체동물을 부수기 위한 둥그런 이빨을 가지며 노 모양의 다리가 달린 거대한 해서 파충류(트라이아스기)

어룡목(Order Ichthyosauria)—어룡. 돌핀 모양의 유영 파충류(트라이아스기~백악기)

이궁아강(Subclass Diapsida)—가장 다양한 파충류 강. 눈 뒤의 두개골에 발달된 2개의 섭유개구로 특징됨. 도마뱀, 뱀, 악어, 조치류(thecodont), 공룡, 익룡을 포함한다(페름기~현세)

인룡하강(鱗龍下綱, Infraclass Lepidosauria)—뱀, 도마뱀 및 모사사우어를 포함한 원시 이궁형 파충류로 백악기의 거대한 해서 파충류 무리(페름기~현세)

모사사우리아목(Order Mosasauria)—모사사우어(백악기)

뱀목어룡목(Order Plesiosauria)—뱀목어룡(트라이아스기~백악기)

유인목(Order Squamata)—도마뱀과 뱀(트라이아스기~현세)

녹두목(Order Rhynchocephalia)—현생 큰도마뱀 *Sphenodon*과 이들의 멸종된 친척(쥐라기~현세)

조룡하강(Infraclass Archosauria, 祖龍下綱)—진화된 이궁형 파충류(트라이아스기~현세)

조치목(Order Thecodontia)—조치목(槽齒目)의 파충류는 악어, 익룡 및 공룡의 조상이었던 다양한 무리였다(페름기~트라이아스기)

악어목(Order Crocodilia)—크로코다일, 악어(미국·중국산) 및 인도악어(트라이아스기~현세)

익룡목(Order Pterosauria)—익룡이라고 부르는 날고 활공하는 파충류(트라이아스기~백악기)

공룡하강(Infraclass Dinosauria)—공룡(트라이아스기~백악기)

용반목(Order Saurischia)—도마뱀 궁둥이 공룡(트라이아스기~백악기)

수각아목(Suborder Theropoda)—2족 보행의 육식 공룡(트라이아스기~백악기)

용각아목(Suborder Sauropoda)—가장 큰 육지 동물을 포함한 4족 보행의 초식 공룡(트라이아스기~백악기)

조반목(Order Ornithischia)—새 궁둥이 공룡(트라이아스기~백악기)

조각아목(Suborder Ornithopoda)—오리 같은 주둥이를 가진 공룡을 포함한 2족 보행의 초식 공룡(트라이아스기~백악기)

검룡아목(Suborder Stegosauria)—꼬리에 뼈로 된 대못 같은 돌기가 나 있고 등에 골판이 달린 4족 보행의 초식 공룡(트라이아스기~백악기)

후두아목(Suborder Pachycephalosauria)—두꺼워진 뼈로 된 두개골 덮개를 가진 2족 보행의 초식 공룡(백악기)

각룡아목(Suborder Ceratopsia)—목 상단 위에 전형적인 뿔 또는 뼈로 된 목도리 모양의 주름 장식이 있는 4족 보행의 초식 공룡(백악기)

곡룡아목(Suborder Ankylosauria)—골판으로 두껍게 싸인 4족 보행의 초식 공룡(백악기)

단궁아강(Subclass Synapsida)—눈 뒤의 두개골 옆면 아래에 발달된 1개의 섭유개구를 가진 포유동물형의 파충류(펜실베이니아기~트라이아스기)

반용목(Order Pelycosauria)—척주가 확장되어 'sail'을 지지하는 공룡을 포함한 포유동물형의 초기 파충류(펜실베이니아기~페름기)

수궁목(Order Therapsida)—다리가 몸 아래에 발달하며 아래턱뼈가 대체로 하나의 뼈로 구성된 진화된 포유동물형 파충류. 대부분의 수궁목 공룡은 온혈성이었다(페름기~트라이아스기)

조강(Class Aves)—새. 온혈성이며 깃털을 가짐(쥐라기~현세)

포유강(Class Mammalia)—포유동물. 털을 가진 온혈 동물(트라이아스기~현세)

원수아강(Subclass Prototheria)—알을 낳는 포유동물(트라이아스기~현세)

양치목(Order Docodonta)—크기가 작은 원시 포유동물(트라이아스기)

삼돌기치목(Order Triconodonta)—분화된 이빨을 가진 크기가 작은 원시 포유동물(트라이아스기~백악기)

단공목(Order Monotremata)—주둥이가 오리 부리 같이 납작한 오리너구리, 바늘두더지(백악기~현세)

익수아강(Subclass Allotheria)—복잡한 이빨을 가진 크기가 작은 멸종된 초기 포유동물(쥐라기~에오세)

다구치목(Order Multituberculata)—최초의 젖먹이 초식동물과 중생대에 가장 다양했던 포유동물(쥐라기~에오세)

수아강(Subclass Theria)—살아있는 새끼를 낳는 포유동물(쥐라기~현세)

대칭목(Order Symmetrodonta)—크기가 작은 중생대의 원시적인 수아강의 포유동물(쥐라기~백악기)

Order Upantotheria—Trituberculates(쥐라기~백악기)

육치목(Order Creodonta)—멸종된 고대 육식동물(백악기~팔레오세)

나절목(Order Condylartha)—멸종된 발굽을 가진 조상 유태반동물(유제 동물)(백악기~올리고세)

유대목(Order Marsupialia)—주머니가 있는 포유동물. 주머니쥐, 캥거루, 코알라(백악기~현세)

식충목(Order Insectivora)—곤충을 먹는 원시 포유동물. 뾰족뒤쥐, 두더지, 고슴도치(백악기~현세)

Order Xenungulata—대체로 pantodont와 uintathere를 닮은 크기가 큰 남아메리카 포유동물(팔레오세)

대치목(Order Taeniodonta)—후기 팔레오세와 전기 에오세의 가장 높게 분화된 몇몇 육상 유태반동물을 포함함(팔레오세~에오세)

결치목(Order Tillodontia)—발톱이 난 5개의 발가락이 있는 발을 가진 크기가 크고 육중한 유태반류(팔레오세~에오세)

공각목(Order Dinocerata)—uintathere. 머리에 골질의 돌기와 아주 긴 송곳니를 가진 크기가 큰 초식동물(팔레오세~에오세)

전치목(Order Pantodonta)—북아메리카산은 크기가 큰 양 내지 코뿔소만 하며, 아시아산은 쥐만큼 작다(팔레오세~에오세)

휘수목(Order Astropotheria)—가느다란 뒷다리와 튼튼한 앞다리 및 긴 송곳니를 가진 크기가 큰 유태반 포유동물(팔레오세~마이오세)

남제목(Order Notoungulata)—넓은 범위의 체형을 가진 남아메리카의 유제 동물의 가장 큰 집단(팔레오세~플라이토세)

골거목(Order Liptoterna)—발굽을 가진 멸종된 남아메리카 포유동물(팔레오세~플라이토세)

쥐(설치)목(Order Rodentia)—다람쥐, 생쥐, 쥐, 비버, 호저, 뒤쥐(팔레오세~현세)

토끼목(Order Lagomorpha)—산토끼, 토끼, 새앙토끼(팔레오세~현세)

영장목(Order Primates)—여우원숭이, 안경원숭이, 로리스원숭이, 원숭이, 사람(팔레오세~현세)

빈치목(Order Edentata)—개미핥기, 나무늘보, 아르마딜로, 조치수(팔레오세~현세)

육식목(Order Carnivora)—현생의 육식성 태반류. 개, 고양이, 곰, 스컹크, 바다표범, 족제비, 하이에나, 미국너구리, 판다, 강치, 바다코끼리(팔레오세~현세)

화수목(Order Pyrotheria)—긴 몸통과 짧은 기둥모양의 다리를 가진 큰 포유동물(에오세~올리고세)

박쥐목(Order Chiroptera)—박쥐(에오세~현세)

피익목(Order Dermoptera)—날다람쥐원숭이(에오세~현세)

고래목(Order Cetacea)—고래, 돌핀, 돌고래(에오세~현세)

관치목(Order Tubulidentata)—땅돼지(에오세~현세)

말(기제)목(Order Perissodactyla)—기제류(발굽이 있는 태반동물). 말, 코뿔소, 맥, titanothere, chalicothere(에오세~현세)

소(우제)목(Order Artiodactyla)—우제류. 돼지, 하마, 낙타, 사슴, 엘크, 들소, 소, 양, 영양,

enteledont, oreodont(에오세~현세)

장비목(Order Proboscidea)—코끼리, 매머드, 마스토돈(에오세~현세)

해우목(Order Sirenia)—바다코끼리, 해우, 듀공(에오세~현세)

중각목(Order Embrithopodoa)—이집트의 단 한 지역에서 알려짐. 거대한 골질의 돌기가 코 부근에 돋아 있는 큰 포유동물(올리고세)

속주목(Order Desmostyla)—수륙 양서 또는 바다표범 같은 습성을 가짐. 앞다리와 뒷다리가 잘 발달되어 있으며 이들은 노처럼 어느 정도 특화되어 있음(올리고세~마이오세)

바위너구리목(Order Hyracoidea)—바위너구리(올리고세~현세)

유린목(Order Pholidota)—천산갑(올리고세~현세)

부록 C
광물 감정

가장 흔한 광물을 감정하기 위해, 지질학자들은 색, 광택, 결정형, 경도, 벽개, 비중, 그리고 몇 가지 다른 특성(표 C1과 C2)를 사용한다. 광물 감정표(표 C3)는 금속광택을 갖는 광물과 비금속광택을 갖는 광물을 분리하여 제시하였다. 광택을 감정한 후에는 경도를 확인하기 바라며 표의 각 부분은 경도가 증가하는 순서로 배열하였다. 따라서 만일 경도가 6인 비금속 광물이 있다면 그것은 휘석, 각섬석, 사장석 또는 알칼리장석(정장석 또는 미사장석)의 하나임에 틀림없다. 만일 이 가상적인 광물이 암녹색이나 검정색이면 그것은 휘석이나 각섬석임에 틀림없다. 최종적인 감정을 위해 다른 특성을 사용하기 바란다.

표 C.1 광물 감정을 위한 물리적 특성

광물 특성	설명
광택	반사광에서 나타남; 만일 금속광택의 외관을 가졌다면 금속광물임; 비금속광택을 가진 광물이면 금속처럼 보이지 않음
색	금속광택을 가진 광물은 비교적 일정한 색을 보이나 비금속광택을 보이는 광물은 다양한 색을 보임
조흔색	초벌구이(유약을 칠하지 않은) 자기(조흔색 자기) 위에서의 가루로 된 광물은 전형적으로 그 광물의 진짜 색임
결정형	만일 결정이 육안으로 보이면 유용함(그림 2.5 참조)
벽개	벽개를 가진 광물은 부드러운 면이나 약한 면을 따라 갈라지는 경향이 있음
경도	마모에 대한 광물의 저항성(C2 참조)
비중	동일 부피의 물의 대비 광물의 무게
염산 반응	방해석은 맹렬하게 반응하나, 돌로마이트는 단지 가루일 때만 반응
다른 속성	활석은 비누 같은 촉감을 가짐; 흑연은 종이 위에 쓸 수 있음; 자철석은 자성을 띰; 장석은 간격이 좁은 평행선들이 보임; 암염은 짠 맛이 있음

표 C.2 모스 경도계

오스트리아 지질학자인 모스(Mohs, Frederich)는 10가지의 광물에 대한 상대적인 경도계를 제안하였다. 그는 가장 단단한 광물인 금강석을 10으로 지정하고 다른 광물은 적은 값으로 지정하였다. 이미 경도를 아는 물체를 사용하여 어떤 광물을 긁어 보아 상대적인 경도를 측정할 수 있다.

경도	광물	일부 흔한 물체의 경도
10	금강석	
9	강옥	
8	황옥	
7	석영	
		강철 서류철(6.5)
6	정장석	
		유리(5.5~6)
5	인회석	
4	형석	
3	방해석	구리 동전(페니)(3)
		손톱(2.5)
2	석고	
1	활석	

표 C3 광물 감정표

금속 광택

광물	화학성분	색	경도 비중	다른 특징	비고
흑연	C	검정	1~2 2.09~2.33	매끄러운 느낌; 종이에 쓸 수 있음; 한 방향으로의 벽개	연필심으로 사용. 대부분 변성암
방연석	PbS	회색	2.5 7.6	입방체 결정; 서로 직각인 3방향의 벽개	납광석. 대부분 열수암석
황동석	$CuFeS_2$	놋쇠 빛 노란색	3.5~4 4.1~4.3	흔히 괴상; 녹암색의 조흔색; 진주 빛의 표면	가장 흔한 구리 광물. 대부분 열수암석
자철석	Fe_3O_4	검정	5.5~6.5 5.2	강한 자성	철광석. 여러 암석에서 부수광물
적철석	Fe_2O_3	적갈색	6 4.8~5.3	대개 입상 또는 괴상; 적갈색의 조흔색	중요한 철광석, 여러 암석에서 부수광물
황철석	FeS_2	놋쇠 빛 노란색	6.5 5.0	입방 및 팔면체 결정	화성암과 열수암석 그리고 석탄과 관련된 퇴적암에서 발견

비금속 광택

광물	화학성분	색	경도 비중	다른 특징	비고
활석	$Mg_3Si_4O_{10}(OH)_2$	흰색, 녹색	1 2.82	한 개의 벽개 방향; 대개 치밀한 괴상	마그네슘 규산염의 변질에 의해 형성. 대부분 변성암에서 발견
점토광물	다양함	회색, 담황색	1~2 2.5~2.9	흙덩이; 입자들이 너무 작아 육안관찰도 특징을 알 수 없음	토양, 이질암, 점판암, 천매암에서 발견
녹니석	$(Mg,Fe)_3(Si,Al)_4O_{10}$ $(Mg,Fe)_3(OH)_6$	녹색	2 2.6~3.4	한 개의 벽개; 비늘 형태의 덩어리에서 발견	점판암과 같은 저변성 암에서 흔함
석고	$CaSO_4 \cdot 2H_2O$	무색, 흰색	2 2.32	긴 결정; 섬유상 및 흙덩이	가장 흔항 황화광물. 대부분 증발암에서 발견
백운모(운모)	$KAl_2Si_3O_{10}(OH)_2$	무색	2~2.5 2.7~2.9	한 개의 벽개 방향; 얇은 판상으로 쪼개짐	규장질 화성암, 변성암, 일부 퇴적암에서 흔함
흑운모(운모)	$K(Mg,Fe)_3AlSi_3O_{10}(OH)_2$	검정, 갈색	2.5 2.9~3.4	한 개의 벽개 방향; 얇은 판상으로 쪼개짐	규장질 및 고철질 화성암, 변성암, 일부 퇴적암에서 산출
방해석	$CaCO_3$	무색, 흰색	3 2.71	세 개의 사각 방향의 벽개; 마름모로 쪼개짐; 묽은 염산과 반응	가장 흔한 탄산염암. 석회암과 대리암의 주성분

경석고	$CaSO_4$	흰색, 회색	3.5 2.9~3.0	2개의 벽개를 가진 결정	석회암, 증발암에서 발견되고 암염 돔의 덮개 암
암염	NaCl	무색, 흰색	3~4 2.2	직각인 3개의 벽개; 정육면체로 쪼개짐; 정육면체 결정; 짠맛	증발암에서 산출
돌로마이트	$CaMg(CO_3)_2$	흰색, 노란색, 회색, 핑크색	3.5~4 2.85	방해석과 같은 벽개; 가루로 되었을 때 묽은 염산과 반응	돌로스톤의 주 성분. 일부 석회암과 대리암에서 방해석과 함께 발견
형석	CaF_2	무색, 자색, 녹색, 갈색	4 3.18	네 개의 벽개 방향; 입방체 및 팔면체 결정	대부분 열수 암석과 일부 석회암과 돌로스톤에서 산출
휘석	$Ca(Mg,Fe,Al)(Al,Si)_2O_6$	검정색, 암녹색	6 3.25~3.55	짧은 팔면 결정; 두 개의 벽개; 거의 직각으로 쪼개짐	가장 흔한 휘석 광물. 대부분 고철질 화성암에서 발견
각섬석	$NaCa_2(Mg,Fe,Al)_5$ $(Si,Al)_8O_{22}(OH)_2$	녹색, 검정색	6 3.0~3.4	가늘고 김, 6면체 결정; 56°에서 124°의 각도로 교차하며 쪼개짐	화성암과 변성암에서 흔한 각섬석 광물
사장석	$CaAl_2Si_2O_8$ $NaAlSi_3O_8$	흰색, 회색, 갈색	6 2.56	직각으로 만난 두개의 벽개	화성암과 다양한 변성암에서 흔함. 일부 장석사암에서 산출
장석 미사장석	KAl_3O_8	흰색, 핑크색, 녹색	6 2.56	직각으로 만난 두개의 벽개	규장질 화성암에서 흔하며 일부 변성암과 장석사암에서 산출
정장석	KAl_3O_8	흰색, 핑크색	6 2.56	직각으로 만난 두개의 벽개	
감람석	$(Fe,Mg)_2SiO_4$	올리브 녹색	6.5 3.3~3.6	입상 형태 내에 작은 광물입자; 패각상으로 깨짐	고철질 화성암에서 흔함
석영	SiO_2	무색, 흰색, 회색, 핑크색, 녹색	7 2.67	육면체 결정; 벽개가 없음; 패각상으로 깨짐	모든 암석과 열수 암석의 흔한 조암광물. 처트, 부싯돌, 마노, 옥수로 알려진 다양한 암석으로 산출
석류석	$Fe_3Al_2(SiO_4)_3$	암적색, 녹색	7~7.5 4.32	십이면체 결정; 비균질적인 깨짐	편마암과 편암에서 가장 흔함
저어콘	Zr_2SiO_4	갈색, 회색	7.5 3.9~4.7	사면체의 긴 결정	화강암에서 부수광물로 가장 흔함
황옥	$Al_2SiO_4(OH,F)$	무색, 흰색, 노란색, 푸른색	8 3.5~3.6	높은 비중; 한 개의 벽개면	페그마타이트, 화강암, 열수 암석에서 발견
강옥	Al_2O_3	회색, 푸른색, 핑크색, 갈색	9 4.0	육면체결정이면서 높은 경도를 가짐	일부 화성암과 변성암에서 부수광물

용어 해설

가설(hypothesis) 관찰된 현상에 대한 일시적인 설명으로 필요에 따라 계속적인 검증과 수정을 받게 됨. 만일 증거에 의해 잘 지지되면 가설은 이론으로 될 수 있음.

가스방출(outgassing) 화산활동에 의해 지구 내부에서 가스가 방출되는 과정으로, 이로써 기권이 형성되었다.

간빙기(interglacial stage) 넓게 퍼진 빙하작용 시기들 사이의 온난한 기온의 시기.

감수분열(meiosis) 생식세포(동물의 정자와 난자, 식물의 꽃가루와 밑씨)가 만들어지는 세포분열로, 이 과정에서 염색체 수는 모세포의 반으로 줄어든다.

갑피어류(ostracoderm) 뼈처럼 단단한 장갑을 가진 반면에 턱과 이빨이 없는 경골어류이다. 후기 캄브리아기에 출현하였으며 척추동물 중 가장 오래된 생물로 알려져 있다.

강괴 연계층(cratonic sequence) 상하가 부정합으로 경계된 광범위한 퇴적암의 조합으로 소크 연계층과 같이 내륙해의 해침-해퇴가 일어나는 동안에 쌓임.

강괴(craton) 대륙의 안정된 핵을 가리키는 말로, 고대 암석이 매몰된 선캄브리아 시대의 순상지와 대지(탁상지)를 합한 것이다.

건열(mud crack) 건조와 오그라짐에 의한 결과로 형성되는 점토가 많은 퇴적물의 갈라짐.

검은 굴뚝(black smoker) 광물질 용액의 까만 물기둥이 뿜어져 나오는 해저열수공.

겉씨식물(gymnosperm) 밑씨가 씨방에 쌓여 있지 않고 드러나 있는 식물.

격변설(catastrophism) 지구의 물리적 및 생물학적 역사가 갑작스런 세계적인 격변에 의하여 일어났고, 지질학적 과정이 과거에는 훨씬 더 큰 강도로 작용하였다는 것을 설명하는 퀴비에에 의해 제안된 개념.

견치류(cynodont) 진화된 포유류형 파충류처럼 수궁류의 한 종류이며, 포유류의 조상이다.

결정질 고체(crustalline solid) 규칙적이고 입체적인 원자 배열을 가진 고체.

결합(bonding) 원자가 다른 원자와 결합하는 과정.

경골어류(bony fish) 데본기 동안 진화한 경골어류강의 하나로서 딱딱한 뼈를 갖고 있으며 조기어류와 육기어류를 포함한다.

경사 부정합(angular unconformity) 일반적으로 부정합 위의 지층보다 아래의 지층이 더 큰 각도로 경사진 부정합(평행 부정합, 난정합 및 부정합 참조).

계(system) 데본계와 같은 시간-층서 단위 체계의 기본적인 단위.

계통점진설(phyletic gradualism) 종은 점진적으로, 연속적으로 진화함으로써 신종이 생겨난다는 개념(→단속평형설).

고기 로키 산맥(Ancestral Rockies) 북아메리카 강괴의 남서부에서 일어난 후기 고생대의 융기대.

고래목(Cetacea) 고래, 쇠돌고래, 참돌고래 등을 포함하는 포유류 목.

고생물학(paleontology) 화석을 이용하여 생명의 역사와 생물들 사이의 관계를 연구하는 지질학의 한 분야.

고지리(paleogeography) 국지적 규모뿐만 아니라 광역적인 규모로 지구의 옛날 지리를 연구하는 학문.

고지자기(paleomagnetism) 암석의 잔류자기로부터 지구의 과거 자기장의 방향과 세기에 대해 연구하는 것.

곡빙하(谷氷河, valley glacier) 산의 골짜기를 따라 흘러내리는 빙하.

곤드와나(Gondwana) 6개의 주된 고생대 대륙의 하나. 남아메리카, 아프리카, 호주, 인도, 남유럽의 일부, 아라비아, 플로리다로 구성.

공룡(dinosaur) 용반류와 조반류에 속하는 중생대의 육상 파충류.

공존대(concurrent range zone) 화석의 중복되는 지질학적 범위를 플로팅하여 설정된 생물대.

과학적 방법(scientific method) 자료 수집, 가설의 정립 및 검증, 그리고 이론의 제안을 포함하는 논리적이고 체계적인 접근법.

관속식물(vascular plant) 육상식물중 유체를 운반하는 관다발조직을 갖고 있는 식물.

관입암(intrusive rock) 지각을 뚫고 들어간 마그마 또는 지각 내에서 만들어진 마그마가 식어서 결정된 화성암(심성암 참조).

광물(mineral) 자연산, 무기질, 특정한 물리적 성질, 일정한 화학식을 가진 결정질 고체.

광역변성작용(regional metamorphism) 열, 압력, 화학적으로 활성화된 유체에 의한 변성작용으로 보통 길쭉한 형태로 광범위한 범위에 걸쳐 일어난다.

광합성(photosynthesis) 엽록소를 갖는 세포에 붙잡힌 태양복사 에너지를 이용하여, 물과 이산화탄소(CO_2)로부터 유기분자를 합성하는 대사과정.

광화학적 전리(photochemical dissociation) 대기권 상층부의 물분자가 자외선 복사에 교란되어 산소(O_2)와 수소(H)로 분리되는 과정.

권곡(cirque) 빙식작용에 의해 산의 측면에 형성되고 급경사의 벽을 가진 단지 모양의 함몰지.

규산염 광물(silicate) 규소와 산소의 조합으로 나타나며, 보통 하나 이상의 다른 원소를 포함하는 광물.

그렌빌 조산운동(Grenville orogeny) 신원생누대 동안 미국 동부와 캐나다에 있었던 지각 변동.

근대적 종합(modern synthesis) 유전의 염색체론·변이의 원인인 돌연변이·점진주의 등 진화의 관점에 대한 여러 과학분야의 견해를 종합한 것. 여기에서 획득형질의 유전은 배제된다.

글로솝테리스 식물군(*Glossopteris* flora) 남반구 대륙과 인도에서만 발견된 고생대 후기 식물들로서 가장 잘 알려진 식물 종인 글로솝테리스의 이름을 따서 붙여짐.

기(period) 시간 단위 체계에서의 기본적인 단위. 계(system)의 암석이 퇴적되었던 기간의 지질시대 일부분.

기제목(奇蹄目, Perissodactyla) 현대의 말, 맥, 무소 등으로 구성되는 홀수 발가락을 가진 유제 포유동물의 목.

나이테 연대 측정(tree-ring dating) 연륜의 수를 계산하여 나무나 목재의 연령을 결정하는 과정.

난정합(nonconformity) 화성암이나 변성암을 절단한 침식면 위에 층리가 발달한 퇴적암이 놓이는 부정합(경사 부정합, 평행 부정합 및 부정합 참조).

내륙해(epeiric sea) 대륙의 일부를 덮고 있는 넓고 얕은 바다. 고생대 동안에 북아메리카에는 소크해와 같은 내륙해가 6개 있었다.

내부공생(endosymbiosis) 한 공생자가 다른 생물 안에 사는 쌍리공생의 유형.

내온성(endotherm) 조류와나 포유류처럼 내부과정을 통해 좁은 범위 내에서 체온을 유지하는 온혈성 척추동물.

네바다 조산운동(Nevadan orogeny) 쥐라기 후기에서 백악기에 걸쳐 일어난 코딜레라 조산운동의 상. 코딜레라 변동대의 서부에 가장 강력한 영향을 주었다.

네안데르탈인(Neanderthal) 20만~3만 년 전 사이에 서아시아와 유럽에 거주했던 인류의 한 유형으로, 사람속의 한 아종인 호모 사피엔스 네안데르탈렌시스 또는 한 종인 호모 네안데르탈렌시스로 다루기도 한다.

녹색암대(greenstone belt) 시생누대 암층에 일반적인 선상이나 콩깍지 형태의 암석조합. 전형적으로 향사모양이고, 하부와 중부의 화산암단위와 상부의 퇴적암단위로 구성되어 있다.

다세포생물(multicelled organism) 단세포와는 대조적으로, 많은 세포로 이루어진 생물. 특정 기능을 수행할 수 있는 전문화된 세포들을 갖고 있다.

다우호(pluvial lake) 플라이스토세 동안에 강수량 증가와 증발량 감소로 인해 빙하작용을 받지 않은 지역에 형성된 호수.

단공류(monotreme) 산란하는 포유동물로서 오직 호주지역의 오리너구리와 가시 개미핥기가 이에 해당된다.

단량체(monomer) 아미노산과 같은 비교적 단순한 유기분자이다. 다른 단량체들과 결합하여 단백질과 같은 보다 복잡한 중합체를 형성할 수 있다(→중합체).

단속평형설(punctuated equilibrium) 신종은 몇천년 내에 급속히 진화한 후, 수백만 년 동안 그대로 존속된다는 개념(→계통점진설).

대구치화(大臼齒化, molarization) 동물들에 있어 일련의 연속적 연마작용을 하는 치아열을 이루기 위해 발굽을 가진 포유류에서 작은 어금니가 더욱 어금니처럼 되어 가는 진화적 경향.

대량멸종(mass extinction) 생물의 멸종 속도가 가속화되어 백악기 말기의 대량멸종처럼 생물 다양성이 현저히 감소하는 것을 의미.

대륙 내부(continental interior) 대평원과 중심부의 저지대를 만든 북아메리카 지역, 로키 산맥과 캐나다 순상지, 애팔래치아 산맥, 그리고 멕시코만 평원과 경계된다.

대륙 사면(continental slope) 대륙붕과 대륙대 또는 해구 사이에 상대적으로 경사가 급한 해저의 부분.

대륙 이동(continental drift) 한 때 모든 대륙이 서로 모여 단일 대륙을 이루었고, 그 대륙이 서로 이동하는 여러 조각으로 분리되었다는 알프레드 베게너에 의해 제기된 이론.

대륙 적색층(continental red bed) 대륙의 적색 이질암과 사암. 적색을 띠는 것은 산화철 때문이다.

대륙대(continental rise) 대륙 사면의 기저와 심해저 사이에 놓인 완만하게 경사진 해저의 부분.

대륙-대륙판 경계(continental-continental plate boundary) 아시아와 인도의 충돌과 같은 두 대륙암석권 판을 따라 분포한 수렴 판 경계.

대륙붕(continental shelf) 해안선과 대륙 사면 사이에 바다 쪽으로 완만하게 경사진 해저의 지역.

대륙빙하(continental glacier) 적어도 5만km^2 이상을 덮고 지형에 의해 큰 영향을 받지 않는 빙하. 빙상이라고도 함.

대륙의 부가(성장)(continental accretion) 대륙연변을 따라 지구 물질이 덧붙여져서 대륙이 성장하는 것을 말한다.

대륙횡단 아치(Transcontinental Arch) 캄브리아기의 소크해가 해침하는 동안 몇몇의 거대한 섬들이 미네소타 주에서 뉴멕시코 주까지 해수면 위로 높이 솟은 지역.

대립유전자(allele) 한 가지 유전자의 변이형태. 대립형질이라고도 한다.

대비(correlation) 떨어진 지역의 층서 단위의 물리적 연속성에 대한 설명 또는 다른 지역의 동시적 사건을 대응시키는 것을 말함.

대서양 연안 평원(Atlantic Coastal Plain) 애팔래치아산맥에서 대서양 해안선까지 이어지는 북아메리카 동부의 넓고 기복이 작은 지역.

대지(platform) 선캄브리아 시대 순상지의 지하 연장부로, 순상지와 함께 강괴를 구성한다. 탁상지라고도 한다.

대진화(macroevolution) 새로운 종·속·과·목 등의 기원을 해명하는 진화적 변화(→소진화).

대폭발(Big Bang) 밀도가 높은 고온상태에서 팽창과 냉각 그리고 밀도가 낮은 상태로 변한 우주 진화 이론.

독립영양의(autotrophic) 무기물로부터 유기양분을 합성하는 생물을 기술하는 용어. 광합성 박테리아와 식물이 독립영양 생물이다.

돌연변이(mutation) 생물 유전자의 변화로, 자연선택 여하에 따라 변이가 생겨난다.

동력변성작용(dynamic metamorphism) 높은 마찰 압력을 받는 단층대에서 일어나는 변성작용.

동물군 천이의 원리(principle of fossil succession) 화석, 특히 화석 군집은 시간에 따라서 규칙적이고 결정할 수 있는 순서로 서로 천이한다는 것을 설명하는 원리.

동일과정의 원리(principle of uniformitarianism) 자연적 과정은 항상 현재 작용하는 것과 같았었다는 생각에 근거하여 오늘날의 과정을 이해함으로써 과거의 사건을 해석할 수 있다는 것을 설명하는 원리로 동일과정설이라고도 한다.

디옥시리보핵산(deoxyribosenucleic acid, DNA) 염색체로 구성된 화학적 물질.

라라미드 조산운동(Laramide orogeny) 후기 백악기에서 전기 고제3기까지 일어난 코딜레라 조산운동의 상. 오늘날 로키 산맥의 많은 구조적인 특징과 관계가 있다.

로디니아(Rodinia) 신원생누대의 초대륙 이름.

로라시아(Laurasia) 북아메리카, 그린란드, 유럽 및 아시아로 구성된 후기 고생대의 북반구 대륙.

로렌시아(Laurentia) 주로 북아메리카와 그린란드, 스코틀랜드 일부 및 스칸디나비아의 발틱순상지 일부로 구성된 원생대의 대륙.

리오그란데 열곡(Rio Grande rift) 콜로라도에서 멕시코까지 이어지는 몇 개의 서로 연결된 분지를 만든 선상의 함몰대.

마그마(magma) 지하에 있는 용융된 암석 물질.

망상 하천(braided streams) 분리되고 다시 합쳐지는 하도로 이루어진 복잡한 망상 구조를 갖는 하천.

맨틀(mantle) 지구 부피의 85%를 차지하며 아마도 감람암으로 구성되어 있는 핵을 둘러싸고 있는 지구 내부.

멕시코만 평원(Gulf Coastal Plain) 미국의 멕시코만 해안지역의 넓은 저지대.

모사사우루스(mosasaur) 중생대 동안 바다에 살았던 도마뱀류를 일컫는 용어.

모자이크 진화(mosaic evolution) 생물의 모든 부분이 동시에 진화되지 않는다는 개념이다. 따라서 후손은 선조의 특징과 함께 진화된 특징을 함께 갖게 된다.

목성형 행성(Jovian planet) 목성을 닮은 밀도가 낮은 행성(목성, 토성, 천왕성, 해왕성, 명왕성). 목성형 행성 또는 기체로 구성된 거대한 행성은 주로 수소, 헬륨 그리고 메탄과 암모니아와 같은 언 상태의 화합물로 구성되어 있다.

몰드(mold) 퇴적물이나 퇴적암 중의 뼈 또는 껍데기와 같은 어떤 생물 유해의 공극이나 인상(캐스트 참조).

무산소의(anearobic) 산소에 의존하여 호흡하지 않는 생물을 일컬을 때 쓰이는 용어.

미치양서류(labyrinthodont) 데본기부터 트라이아스기까지 살았던 대형 양서류이며 이빨의 에나멜층에 복잡한 주름이 있는 것이 특징이다.

밀란코비치 이론(Milankovitch Theory) 기후의 주기적 변화와 빙하기의 시작이 지구의 자전과 공전의 불규칙성에서 비롯된다고 하는 이론.

반감기(half-life) 원소의 방사성 원자의 원래 숫자의 반이 안정한 자원자로 붕괴하는 데 필요한 시간. 예를 들면 칼륨 40의 반감기는 13억 년이다.

반룡류(pelycosaur) 석탄기 후기부터 페름기까지 살았던 포유류형 파충류로서 많은 종들이 등 쪽에 부채모양의 큰 돌기가 발달해 있는 것이 특징이다.

반추동물(ruminant) 사슴, 소, 영양, 낙타처럼 복잡한 세 개 혹은 네 개의 방으로 이루어진 위를 가지고 되새김질을 하는 유태반 포유동물.

발산경계(divergent plate boundary) 서로 멀어지는 두 판 사이의 경계. 지진활동, 화산활동, 새로운 해양 암석권의 생성에 의해 특징지어짐.

발산진화(divergent evolution) 하나의 종이 둘 또는 그 이상의 종으로 다양화해져가는 진화의 한 가지 유형.

발티카(Baltica) 고생대의 6개 주요 대륙 중의 하나. 우랄 산맥 서부의 러시아, 스칸디나비아, 폴란드 및 북부 독일로 이루어짐.

방사성 붕괴(radioactive decay) 어떤 원자의 핵이 입자를 방출(알파 붕괴와 베타 붕괴)하거나 전자 포획에 의해서 자발적으로 변화하고, 그 원자는 다른 원소로 변하는 과정이다.

배호 분지(back-arc marginal basin) 동해와 같이 호상열도와 대륙 사이의 해양 분지로, 배호의 확장 등으로 형성된다.

백악기 내륙해로(Cretaceous Interior Seaway) 북아메리카를 실질적으로 두 개의 큰 대륙으로 분리한 백악기 후기의 바다 만입부.

변동대(mobile belt) 애팔래치아 변동대와 같이 일반적으로 강괴의 가장자리에서 변형 작용이 일어나는 좁고 기다란 지역.

변성암(metamorphic rock) 열, 압력, 화학적으로 활성화된 유체에 의하여 기존 암석이 고체 상태에서 변화된 암석.

변환경계(transform plate boundary) 인접한 판들이 서로 미끄러지고 지각이 생성되거나 소멸되는 것이 없는 판의 경계.

변환단층(transform fault) 판 사이에서 한 종류의 이동이 다른 종류의 이동으로 변하는 단층. 육지에서 주향이동단층으로 인식됨(산안드레아스 단층 참조).

부가채(terrane) 주변의 암석과 전혀 다른 소규모의 암석권 블록. 부가채는 조산운동이 일어나는 동안 해산(seamounts), 해양 융기대(ocean rises), 다른 해양저 암석이 대륙에 부가된 것으로 보인다.

부유물 섭식자(suspension feeder) 물속에 녹아 있는 영양분을 섭취하거나 극히 작은 동식물을 먹고사는 동물.

부유생물(plankton) 식물성플랑크톤과 동물성플랑크톤처럼 수동적으로 물에 떠 있는 동·식물.

부정합(unconformity) 침식이나 무퇴적 또는 모두의 결과에 의한 지질 기록의 중단이나 간격. 지질 기록의 중단이 있는 지역의 더 오래된 암석으로부터 더 젊은 암석을 분리하는 표면(경사 부정합, 난정합 및 평행 부정합 참조).

북아메리카 코딜레라 산맥(North American Cordillera) 북아메리카 서부에서 알래스카를 통하여 멕시코 중부까지 이어지는 복합산맥 지역.

분급(sorting) 운반동안 퇴적물 입자가 크기에 의하여 선별되는 과정. 퇴적물은 존재하는 입자의 범위에 따라서 분급이 불량하거나 분급이 양호하다.

분기(cladistics) 선조의 특성에 반하는 형태에 근거하여 함께 묶는 생물분석의 한 유형.

분기도(cladogram) 분기군 구성원 사이의 관계를 보여주는 그림이다. 여기에 구성원의 가장 최근의 공통조상이 표현된다.

분지와 산맥 지질구(Basin and Range Province) 네바다가 중심이지만 이웃한 주와 멕시코 북부까지 이어지는 신생대의 지괴 단층운동 지역.

분출암(extrusive rock) 용암이 냉각되어 결정된 화성암 또는 화산 쇄설물이 굳어진 화성암(화산암 참조).

빙기(glacial stage) 플라이스토세에 북아메리카에서 여러 번 일어났던 광역적인 빙하작용의 시기.

빙모(ice cap) 5만km^2보다 적은 면적을 덮는 돔 모양의 빙하빙.

빙퇴석(moraine) 빙하에 의해 퇴적되었으며 분급되지 않고 층상이 아닌 쇄설물로 이루어진 능선이나 언덕.

빙하(glacier) 가소성 유동(plastic flow)과 기반상 미끄러짐(basal slip)으로 이동하는 대륙 위의 얼음덩어리.

빙하연변호(氷河緣邊湖, proglacial lake) 빙하연변을 따라 빙하 녹은 물이 모여 이루어진 호수.

빙하침식평원(ice-scoured plain) 빙하침식으로 기복이 낮은 지역으로 빙하에 의한 연마와 빙하 조선이 있는 광범위한 기반암 노출과 토양이 거의 없음.

사구(sand dune) 바람에 의해 쌓인 모래로 이루어진 작은 산이나 능선.

사람 상과(hominoid) 유인원(ape)과 인류를 포함하는 상과의 명칭.

사람과(hominid) 오스트랄로피테쿠스와 사람속과 같은 이족 보행을 하는 사람과를 나타내는 약식 명칭.

사람속(Homo) 호모 사피엔스와 그 선조형인 호모 에렉투스 및 호모 하빌리스를 포함하는 사람과의 속.

사암-탄산염암-셰일 조합(sandstone-carbonate-shale assemblage) 비활동형 대륙연변에서 전형적으로 발견되는 퇴적암 조합.

사족보행(quadrupedal) 개나 말처럼 네 다리를 사용하여 이동하는 동물.

사층리(cross-bedding) 사구에서와 같이 퇴적물이 쌓인 표면과 어느 각도를 갖고 퇴적된 지층의 한 형태.

사행 하천(meandering streams) 넓게 꾸불꾸불한 사인 곡선 모양의 단일 하도를 갖는 하천.

산안드레아스 변환단층(San Andreas transform fault) 멕시코만에서 캘리포니아의 일부분을 거쳐 캘리포니아 북부의 태평양에 이르는 주요 변환단층.

살아있는 화석(living fossils) 과거의 선조로부터 형태가 거의 변하지 않고 현재까지 생존하고 있는 생물.

삼각주(delta) 하천이나 강이 호수나 바다로 들어가는 곳에 형성된 퇴적층.

상대연대 측정(relative dating) 사건이 몇 년 전에 일어났는지에 관계없이 지질학적 사건들을 그들의 적합한 시간적 순서로 배열하는 과정(절대연대 측정 참조).

상대적 지질 연대표(relative geologic time scale) 지질시대의 가장 초기 부분의 이름이 바닥에 오고 위로 갈수록 점점 젊은 시대의 이름이 놓이도록 정리된 도표. (지질기둥 참조).

상동구조(homologous structure) 각기 다른 생물들의 신체 일부가 서로 유사한 구조, 서로 다른 기관들이 유사한 관계 및 유사한 발달과정을 보이지만, 기능은 서로 다른 구조이다. 예, 고래·박쥐·개의 앞다리(지느러미).

상사구조(analogous structure) 곤충과 새의 날개와 같이 신체의 일부가 같은 기능을 하지만, 구조와 발달과정이 다른 구조를 말한다.

상호 절단 관계의 원리(principle of cross-cutting relationship) 화성암의 관입이나 단층은 관입된 암석이나 절단된 암석보다 더 젊어야 한다는 것을 설명하는 법칙.

생물 교란 작용(bioturbation) 퇴적물 내에 버로우를 만드는 생물에 의한 퇴적물의 교란 작용.

생물 기원 퇴적 구조(biogenic sedimentary structure) 생물의 활동에 의해서 형성된 퇴적암 내의 발자국, 파행흔 및 버로우와 같은 모든 구조(생흔화석 참조).

생물 진화(organic evolution) 진화론(theory of evolution) 참조.

생물 층서 단위(biostratigraphic unit) 단지 화석의 내용에 의하여 정의된 퇴적암의 단위.

생물대(biozone) 생존대와 공존대와 같은 모든 생물 층서 단위를 나타내는 일반 용어.

생물초(organic reef) 산호초 또는 층공층 초와 같이 동물 골격으로 이루어지며 해파에 내구력이 있는 석회암.

생존대(range zone) 한 종이나 속과 같이 한 가지 유형의 생물의 산출에 의하여 정의된 생물 층서 단위.

생흔화석(trace fossil) 발자국, 파행흔, 버로우 및 둥지와 같은 지질시대 생물 활동의 지시자(생물 기원 퇴적 구조, 체화석 및 화석 참조).

선댄스해(Sundance Sea) 중기 쥐라기 동안에 북아메리카 서부에 존재했던 넓은 바다 수로.

선상지(alluvial fan) 하천이 산의 골짜기로부터 인근의 낮은 곳으로 흐르는 곳에 형성되며 주로 모래와 자갈이 부채꼴 모양으로 쌓인 곳.

선캄브리아 시대 순상지(Precambrian shield) 캐나다 순상지와 같이 대륙의 옛 강괴가 노출된 지역.

성운설(solar nebula theory) 회전하는 기체의 구름으로부터 태양계가 생성되고 진화했음을 설명하는 이론.

소노마 조산운동(Sonoma orogeny) 호상열도가 북아메리카 대륙 남서부의 주변부와의 충돌에 의해서 일어난 조산운동.

소빙하기(Little Ice Age) 1500년대에서 1800년대 중-후반까지 역사상 최대로 빙하가 확장되었던 시기.

소진화(microevolution) 종 내에서 이루어지는 진화적 변화(→대진화).

소크 연계층(Sauk Sequence) 상하가 부정합으로 경계된 광범위한 퇴적암의 조합으로 신원생누대에서 전기 오르도비스기 때에 소크해의 해침-해퇴가 일어나는 동안에 쌓임.

속씨식물(angiosperm) 꽃과 씨를 갖고 있는 관속식물로서 꽃이 피는 현화식물.

쇄설성 쐐기(clastic wedge) 캣스킬 삼각주 또는 퀸스톤 삼각주에서 처럼 융기 지역이 침식되어 융기 지역 부근에 쌓인 주로 쇄설성 퇴적물로 된 광범위한 퇴적층.

쇄설성 퇴적암(detrital sedimentary rock) 사암처럼 기존 암석에서 떨어져 나온 고체 부스러기로 이루어진 암석.

수궁류(therapsid) 페름기부터 트라이아스기까지 살았던 포유류형 파충류로서 포유류의 조상이며 견치류(cynodonts)가 대표적이다.

수렴경계(convergent plate boundary) 서로 접근하며 이동하는 두 판 사이의 경계. (대륙-대륙판 경계, 해양-대륙판 경계, 해양-해양판 경계 참조).

수렴진화(convergent evolution) 연관성이 없는 생물들이 비슷한 방법으로 진화하여 유사한 특징을 갖게 되는 것으로, 어룡과 돌고래가 그 예이다(→평행진화).

수성론(neptunism) 베르너와 다른 사람들에 의해 주장되었으나 지금은 폐기된 개념으로, 세계적인 해양에서 침전에 의하여 특정한 순서로 모든 암석이 형성되었다는 내용이다.

수장류(plesiosaur) 중생대의 해양 파충류로 짧은 목과 긴 목을 가진 종류가 있다.

스트로마톨라이트(stromatolite) 퇴적물이 광합성 박테리아의 끈적끈적한 매트(mat)에 달라붙어 생성된 생물 기원 퇴적 구조. 주로 석회암 중에 많다.

시간 단위(time unit) 지질시대의 특정 기간을 나타내는 누대, 대, 기, 세 및 절 등과 같은 모든 단위.

시간-층서 단위(time-stratigraphic units) 지질시대의 특정 기간에 쌓였던 지층. 예를 들면 시간-층서 단위인 데본계는 지질시대의 일부를 나타내는 데본기 동안 퇴적되었다.

시베리아(Siberia) 고생대의 6개 주요 대륙 중의 하나. 우랄 산맥의 동부 러시아, 카자흐스탄의 북부 아시아와 몽골의 남부로 구성됨.

시비어 조산운동(Sevier orogeny) 코딜레라 변동대의 대륙붕과 대륙사면 지역에 영향을 끼친 코딜레라 조산운동의 상.

시조새(Archaeopteryx) 현재까지 알려진 새 화석중 가장 오래된 것이며, 날개가 있으나 많은 파충류의 특징을 갖고 있고 독일의 쥐라기 지층에서 발견되었다.

신빙하작용(neoglaciation) 1800년대 중-후반까지 지난 6,000년 동안 지구 역사에서 일어났던 세 번의 빙하확장 사건.

심성암(plutonic rock) 지각을 뚫고 들어간 마그마 또는 지각 내에서 만들어진 마그마가 식어서 결정된 화성암(화성암 참조).

아카디아 조산운동(Acadian orogeny) 발티카가 로렌시아와 충돌함에 따라 애팔래치아 변동대의 북부에서 일어난 데본기 조산운동.

안틀러 조산운동(Antler orogeny) 네바다 주에서 캐나다 앨버타 주까지 뻗친 코딜레라 변동대에 영향을 미친 후기 데본기 내지 미시시피기의 조산운동.

알프스 조산운동(Alpine orogeny) 후기 중생대~전기 신생대에 유럽의 남부와 북아프리카에 영향을 준 조산운동의 사건.

알프스-히말라야 조산대(Alpine-Himalayan orogenic belt) 대서양 동쪽에서 유럽 남부와 북아프리카를 거쳐 중동지역과 아시아 남서부까지 이어지는 선상의 변형 지역.

암석 층서 단위(lithostratigraphic unit) 단지 물리적 특징에 의하여 정의된 층과 같은 퇴적암체.

암석(rock) 한 종류 이상의 광물로 이루어진 물질인 화강암(장석과 석영)과 석회암(방해석) 뿐만 아니라 자연유리(흑요석)와 변질된 유기체(석탄)와 같이 복합적인 물질을 포괄하는 물질 집합체.

암석권(lithosphere) 연약권 위에 있는 상부맨틀, 해양지각, 대륙지각으로 구성된 지구 외부의 단단한 부분.

암석순환(rock cycle) 지구를 이루는 물질과 암석이 다른 물질과 암석으로 변화해 나가는 일련의 과정.

암석화작용(lithification) 퇴적물이 퇴적암으로 변하는 과정.

압사로카 연계층(Absaroka Sequence) 상하가 부정합으로 경계된 펜실베이니아기와 페름기의 광범위한 퇴적암. 압사로카해의 해침-해퇴가 순환적으로 일어나는 동안 쌓임.

애팔래치아 변동대(Appalachian mobile belt) 북아메리카 강괴의 동부 가장자리를 따라 뉴펀들랜드에서 조지아 주까지 연장되는 곳에서 조구조 활동이 일어난 길고 좁은 지역. 남서부로 연장되어 오우아치타 변동대로 이어진다.

알레게니아 조산운동(Alleghenian orogeny) 뉴욕 주에서 앨라배마 주까지 뻗친 애팔래치아 변동대에서 일어난 펜실베이니아기 또는 페름기 조산운동.

양막란(amniote egg) 양수로 채워진 양막이 있고 그 속에서 태아가 발생하는 알이며 영양분을 공급해주는 난황란(노른자위 주머니)과 폐기물주머니가 있다.

양치식물(seedless vascular plant) 물과 영양분 운반에 필요한 조직을 갖고 있으며, 양치류와 속새류처럼 포자로 번식하는 식물.

어금니(molar) 먹이를 갈고 씹는데 쓰이는 포유류의 치아.

어룡(ichthyosaur) 돌고래처럼 생긴 중생대의 해양 파충류.

어린 잎을 먹는 동물(browser) 부드러운 싹, 잔 가지, 잎을 먹는 동물.

에디아카라 동물군(Ediacaran fauna) 호주의 에디아카라 동물군의 동물화석과 유사한 모든 원생누대 동물군에 대한 이름이다.

연계층 층서학(sequence stratigraphy) 광범위한 부정합으로 경계되며 관련된 퇴적상의 시간-층서 관점에서 암석의 상호관계를 연구하는 학문.

연골어류(cartilaginous fish) 오늘날의 상어처럼 뼈가 연골로 이루어진 현생 및 화석 어류.

연안 사주(barrier island) 해안선과 다소 평행하나 석호에 의하여 해안선으로부터 분리된 긴 모래 퇴적체.

연약권(asthenosphere) 그 상부에서 암석권이 이동하는 상부 맨틀의 일부.

연흔(ripple mark) 공기나 유수의 한 방향의 흐름 또는 파도에서와 같은 해수의 진동에 의하여 형성된 특히 모래에서의 성층면에 나타나는 물결 모양의 구조.

열대류 세포(thermal convection cell) 뜨거운 물질이 상승하여 횡적으로 이동하고 냉각되어 가라앉아 다시 가열되고 순환이 계속되는 암석권 내에서의 물질의 순환 유형.

열육치(carnassials) 육식목 포유류들에서 고기를 자를 목적으로 특화된 한 쌍의 치아.

열점(hot spot) 암석권 아래의 부분적으로 용융된 지대. 표면에서 화산활동에 의해 인식됨.

염색체(chromosome) DNA가 복잡한 두 가닥의 이중나선 구조를 이룬다. 염색체의 특정한 마디가 유전자이다.

영장류(Primates) 원원류(여우원숭이와 안경원숭이), 원숭이, 유인원, 인류를 포함하는 포유류의 목.

오스트랄로피테쿠스류(australopithecine) 플라이오세와 플라이스토세에 남아프리카에 존재했던 멸종한 오스트랄로피테쿠스 속의 모든 종들의 집단 명칭.

오우아치타 변동대(Ouachita mobile belt) 북아메리카의 남부 가장자리를 따라 변형 작용이 일어난 지역. 북동부로 연장되어 애팔래치아 변동대로 이어진다.

오우아치타 조산운동(Ouachita orogeny) 펜실베이니아기에 오우아치타 변동대에서 일어난 조산운동.

왈터의 법칙(Walther's law) 정합적인 수직 연계층의 상은 횡적으로 서로 발견될 수 있다는 것을 설명하는 개념.

외온성(ectotherm) 양서류와 파충류처럼 외부의 열을 이용하여 체온을 유지하는 냉혈성 척추동물.

용반류(Saurischia) 도마뱀처럼 3개의 골반이 방사상으로 배열된 공룡으로 수각류, 고용각류, 용각류 등을 포함한다.

용암(lava) 지표로 나온 마그마.

우제목(偶蹄目, Artiodactyla) 두 개 또는 네 개의 발가락을 가지는 포유류 목. 사슴, 염소, 양, 영양, 들소, 돼지, 낙타 같은 짝수 발굽의 포유류.

원마도(rounding) 운반 작용동안 퇴적물 입자의 마식 작용을 포함하는 과정으로 입자의 날카로운 모서리와 귀퉁이가 매끄럽게 닳아지는 과정이나 정도.

원소(element) 한 종류의 원자로 구성된 물질(예: 칼슘[Ca] 또는 규소[Si]).

원원류(原猿類, prosimian) 나무타기쥐, 여우원숭이, 늘보원숭이, 안경원숭이 같은 하등 영장류.

원자 번호(atomic number) 한 원자의 핵에 있는 양자의 수.

원자 질량 수(atomic mass number) 한 원자의 핵에 있는 양자 수와 중성자 수의 합이다.

원자(atom) 한 원소의 성질을 가진 물질의 최소 단위.

원핵세포(prokaryotic cell) 핵과 다른 세포 내 기관(미토콘드리아와 색소체)이 결여된 세포. 예: 고세균과 세균(박테리아)(→진핵세포).

윌슨 주기(Wilson cycle) 산맥의 형성(조산운동)과 해양 분지의 열림과 닫침 사이의 관계.

유대류 포유동물(marsupial mammal) 호주에 서식하는 웜바트나 캥거루처럼 미성숙된 태아를 출산하여 모체의 주머니 속에서 생육하는 포유동물.

유사분열(mitosis) 모세포와 염색체 수가 같은 2개의 세포가 만들어지는 세포분열. 생식세포를 제외한 모든 세포에서 일어난다(→감수분열).

유영동물(nekton) 어류, 고래, 오징어 등과 같이 활발하게 헤엄치는 생물.

유전자(gene) 유전의 기본단위를 구성하는 염색체의 특정한 마디(→대립유전자).

유제류(有蹄類, ungulate) 특히 우제목과 기제목의 발굽을 지닌 포유류 목들을 지칭하는 비정형화된 용어.

육기어류(lobe-finned fish) 통통한 육질부와 여러 개의 뼈마디로 이루어진 다리를 갖고 있는 경골어류이다.

육식동물-부식동물(carnivore-scavenger) 영양분을 섭취하기 위해 살아있는 동물이나 죽은 동물의 사체를 먹고 사는 동물.

육식목(Carnivora) 개, 고양이, 곰, 족제비, 물개 등을 포함하는 포유류 목.

윤회층(cyclothem) 해성층과 육성층이 교대됨에 따라 주기적으로 반복되는 퇴적암의 연계층. 흔히 석탄층을 포함한다.

융빙 유수층(outwash) 빙하에서 유래한 하천들에 의해 퇴적되는 모든 퇴적층.

이론(theory) 여러 가지 증거에 입각하여 자연현상을 설명하는 것으로, 반드시 실험 또는 관찰로써 검증할 수 있어야 한다(예: 판구조론).

이리듐 이상(iridium anomaly) 중생대 백악기와 신생대 고제3기 사이의 경계에 해당하는 지층에서 이리듐 원소의 함량이 정상보다 높게 나타나는 현상.

이소성 종분화(allopatric speciation) 모 개체집단으로부터 작은 개체집단이 격리됨으로써 신종이 기원한다는 것을 의미한다.

이아페투스해(Iapetus Ocean) 유럽과 북아메리카 사이에 있는 고생대 바다. 이 바다는 북아메리카와 유럽이 서로를 향해 이동하여 후기 고생대에 충돌함에 따라 결국에는 폐쇄되었다.

이족보행(bipedal) 새나 사람처럼 두발로 이동하는 동물.

익룡(pterosaur) 날개를 지탱해주는 긴 손가락을 갖고 있으며 나는 것이 가능했던 중생대의 파충류.

인공선택(artificial selection) 자연선택의 반대 개념으로, 우수한 특성을 지닌 동·식물을 선택적으로 교배시키는 일을 말한다.

자기 역전(magnetic reversal) 남자극과 북자극의 완전한 역전 현상.

자기 이상(magnetic anomaly) 자기장의 평균 세기와 같은 지구 자기장의 변화.

자연발생(abiogensis) 무기물로부터 생명이 기원하는 것을 말한다.

자연선택(natural selection) 종의 구성원 사이에 일어나는 차별적인 생존과 복제현상을 해명하기 위한 메커니즘으로, 다윈과 월리스가 진화를 설명하면서 제안하였다.

작은 어금니(premolar) 송곳니와 어금니 사이에 있는 포유류의 치아. 작은 어금니와 어금니는 다같이 포유류의 씹는 치아이다.

장비목(長鼻目, Proboscidea) 코끼리와 멸종한 근연종들을 포함하는 포유류의 목.

저서생물(benthos) 바다 밑바닥이나 해저 퇴적물 속에서 살아가는 모든 해양생물.

전진(progradation) 근해 퇴적 작용의 결과로 해안선(또는 호안선)이 바다 쪽(또는 호수 쪽)으로 이동.

절대연대 측정(absolute dating) 지질학적 사건에 현재 이전의 년 수로 연령을 부여하는 과정. 절대연대는 방사성 붕괴 연대 측정 기술에 의하여 결정된다(상대연대 측정 참조).

점이층리(graded bedding) 바닥에서 위로 갈수록 입도가 감소하는 퇴적층.

접촉변성작용(contact metamorphism) 마그마 주변부나 용암 밑에서 방출되는 열과 화학적으로 활성화된 유체에 의하여 일어나는 변성작용.

정합적(conformable) 무퇴적이나 침식에 의한 불연속이 거의 없이 순서대로 쌓인 퇴적암의 연계층을 말한다.

조간대(tidal flats) 반복적으로 고조시 물로 덮이고 저조시 노출되는 해안선을 따라 분포하는 넓은 지역.

조룡류(archosaur) 공룡, 익룡, 악어, 조류 등을 포함하는 파충류를 의미.

조반류(Ornithischia) 새처럼 치골이 좌골과 평행하게 서로 접해 있는 공룡으로 조각류, 스테고사우루스, 안킬로사우루스, 패키케팔로사우루스, 각룡류 등을 포함한다.

조산대(orogen) 조산운동 중에 변형되었거나 변형 중인 좁고 긴 변동대 또는 그것의 일부를 가리킨다.

조산운동(orogeny) 대개 화산활동, 변성작용, 지각의 두꺼워짐을 동반하는 변형작용을 포함하는 산맥 형성 사건.

조암광물(rock-forming mineral) 암석에 풍부히 포함된 광물로서 광물의 동정과 분류에 필수적으로 사용되는 20여 개의 광물).

종(species) 자연에서 교배하여 후손을 복제할 수 있는 유사한 개체집단.

종속 영양 생물의(heterotrophic) 동물과 같은 생물체로 영양분을 그의 환경에서 이미 생성된 유기 분자에 의존한다(독립 영양 생물과 일차 생산자 참조).

종퇴석(end moraine) 빙하의 말단에 퇴적된 각력(rubble)의 무더기 또는 능선.

주니 내륙해(Zuni epeiric sea) 대부분 백악기 동안과 그리고 고제3기까지 지속된 북아메리카 지역에 존재한 광범위한 바다.

중국(China) 고생대의 6개 주요 대륙 중의 하나. 중국, 인도차이나, 태국의 일부 및 말레이 반도를 포함하는 모든 동남아시아로 이루어짐.

중앙대륙 열곡대(Midcontinent rift) 중원생누대에 형성된 로렌시아 내의 단층지구대. 여기에는 화산암과 퇴적암이 쌓였다.

중합체(polymer) 핵산과 단백질과 같은 보다 복잡한 유기분자. 단량체들의 결합으로 형성된다(→단량체).

증발암(evaporite) 증발하는 물로부터 무기적인 화학적 침전에 의하여 형성된 퇴적암(예를 들면 암염과 석고암).

지각(crust) 화강암으로 구성된 대륙지각과 현무암과 반려암으로 구성된 얇고 밀도가 높은 해양지각으로 구성되어 있으며 모호면에 의해 맨틀과 구분되는 지구 암석권의 상부.

지각평형 반발(isostatic rebound) 평형을 유지하던 빙하가 용융됨에 따라, 지각의 하중이 사라지면서 지각이 융기하는 현상.

지각평형(isostasy) 지각이 아래의 보다 밀도가 높은 맨틀 위에 '떠 있다'는 개념. 지각평형의 결과, 두껍고 보나 밀도가 적은 대륙지각이 대양지각 보다 높이 솟아 있다.

지구형 행성(terrestrial planet) 지구와 유사하며 네 개의 작고 내부에 있는 행성(수성, 금성, 지구, 화성). 행성들의 밀도가 높으며 이는 행성이 암석으로 구성되어 있음을 지시한다.

지질 기록(geologic record) 암석에 보존된 지질시대의 물리적 및 화학적 사건의 기록.

지질 연대표(geologic time scale) 지질시대의 가장 초기 부분을 하부에 놓고 위로 올라가면서 점점 젊은 시대를 두도록 배열한 표〔지질 주상도(geologic column) 참조〕.

지질 주상도(geologic column) 가장 오래된 암석이 밑에 있고 위로 갈수록 점점 더 젊어지는 암석이 놓이게 배열된 합성된 암석의 주상도를 나타내는 그림(상대적 지질 연대표 참조).

지질학(geology) 지구 물질, 내부 및 표면 작용, 지구의 역사 및 생물의 역사를 포함하는 지구에 대해 연구하는 과학.

지질학적 기록(geologic record) 암석 속에 보존된 역사 이전의 물리적·화학적 사건의 기록.

지층 누중의 원리(principle of superposition) 수직적 연계층의 퇴적암은 한 층 위에 다른 층이 형성되어, 가장 오래된 층이 연계층의 바닥에 놓이고, 반면에 가장 젊은 층은 정상에 놓인다는 것을 설명하는 법칙.

지층 수평성의 원리(principle of original horisontality) 이 법칙에 따르면, 퇴적물은 수평 또는 거의 수평한 층으로 쌓였다.

진원류(眞猿類, anthropoid) 진원목의 영장류. 신세계와 구세계 원숭이, 유인원(민꼬리 원숭이), 인류를 포함한다.

진핵세포(eukaryotic cell) 원핵세포에는 없는, 막으로 감싸인 핵과 미토콘드리아와 같은 다른 내부구조로 된 세포(→원핵세포).

진화론(theory of evolution) 모든 현생생물과 관계된 것으로, 그들은 과거에 살던 생물의 변형된 후손이라는 이론.

척삭동물(chordate) 척삭동물문의 일종으로 이들은 모두 척삭(notochord)과 등쪽에 신경삭이 있으며, 일생동안 특정한 시기에 아가미틈을 갖고 있다.

척추동물(vertebrate) 어류, 양서류, 파충류, 조류, 포유류처럼 여러 개의 뼈마디로 이루어진 기둥모양의 척주를 갖고 있는 동물.

체화석(body fossil) 화석 기록에 보존된 생물의 패각, 이빨, 뼈, 또는 드문 경우의 연한 부분(화석과 생흔화석 참조).

초대륙(supercontinent) 판게아와 같이 지구의 대륙 대부분으로 이루어진 땅덩어리.

초식동물(herbivore) 영양분 섭취를 위해 식물을 먹고사는 동물.

총기어류(crossopterygian) 폐를 갖고 있는 육기어류로서 데본기 초기부터 페름기 초기까지 살았던 경골어류의 일종.

층(formation) 뚜렷한 상부와 하부 경계를 갖고 지도에 나타낼 수 있는 지층의 단위로서 기본적인 암석 층서 단위이다.

층리(stratification **또는** bedding) 퇴적암의 층 구조로, 층의 두께가 1cm 미만이면 엽층리(lamination), 1cm 이상이면 층리 또는 단위 층리(bedding)이다.

층서학(stratigraphy) 층을 이룬 암석의 성분, 기원, 분포 및 시대 관계를 다루는 지질학의 한 분야. 모든 유형의 암석을 다루나 특히 퇴적물과 퇴적암을 다룬다.

카스카스키아 연계층(Kaskaskia Sequence) 상하가 부정합으로 경계된 데본기와 미시시피기의 광범위한 퇴적암의 조합. 카스카스키아해의 해침-해퇴가 순환적으로 일어나는 동안 쌓임.

카자흐스타니아(Kazakhstania) 고생대의 6개 주요 대륙 중의 하나. 카자흐스탄을 중심으로 모인 삼각형 모양의 대륙.

칼레도니아 조산운동(Caledonian orogeny) 발티카의 북서 가장자리를 따라 일어난 실루리아기-데본기의 조산운동으로 발티카와 로렌시아가 충돌함으로써 일어났다.

캐나다 순상지(Canadian shield) 북아메리카 대륙의 선캄브리아 시대 순상지이다. 주 분포지는 캐나다이나 미네소타·위스콘신·뉴욕에도 분포한다.

캐스케이드 산맥(Cascade Range) 캘리포니아 북부로부터 오레곤과 워싱턴을 지나 캐나다 브리티시 콜롬비아까지 이어지는 화산암으로 이루어진 산맥.

캐스트(cast) 몰드가 퇴적물 또는 광물로 채워질 때 형성된 껍데기나 뼈와 같은 물체의 복제품.

캣스킬 삼각주(Catskill Delta) 아카디아 조산운동 때 형성된 고원에 인접한 곳에 쌓인 데본기의 쇄설성 쐐기.

코딜레라 변동대(Cordilleran mobile belt) 태평양과 대평원(Great Plains)으로 경계된 서부 북아메리카에서 일어난 광범위한 변형 지역. 이 변동대는 남북으로 알래스카에서 중부 멕시코까지 뻗쳐 있다.

코딜레라 조산운동(Cordilleran orogeny) 쥐라기부터 신생대 초기까지 북아메리카의 서부에 영향을 미친 변형의 시기. 네바다, 시비어, 라라미드 조산운동으로 알려진 3개의 상으로 구분된다.

콜로라도 고원(Colorado Plateau) 약하게 변성된 현생이언의 암석, 깊은 협곡, 그리고 화산 산맥을 갖는 콜로라도, 유타, 애리조나, 그리고 뉴멕시코의 광대한 고지대 지역.

퀸스톤 삼각주(Queenston Delta) 타코닉 조산운동 때 형성된 고원이 침식되어 쌓인 퇴적물로 생성된 쇄설성 쐐기.

큐리온도(Curie point) 냉각되는 마그마에서 철을 포함한 광물이 자성을 얻는 온도.

크로마뇽인(Cro-Magnon) 35,000~10,000년 전까지 유럽에 주로 살았던 호모 사피엔스의 종족.

타코닉 조산운동(Taconic orogeny) 애팔래치아 변동대의 변형 작용에 의해 일어난 오르도비스기의 조산운동.

탄산염 광물(carbonate) 탄산염 음이온을 가진 광물(예: 방해석[$CaCO_3$]와 돌로마이트[$CaMg(CO_3)_2$]).

탄산염암(carbonate rock) 주로 탄산염 광물로 이루어진 암석(예: 석회암과 백운암).

탄소 14 연대 측정(carbon 14 dating) 유기물질에서 ^{14}C와 ^{12}C의 비율에 의존한 절대연대 측정 기술로, 약 7만 년 전까지의 물질에 유용하다.

태반류 포유동물(placental mammal) 알을 낳은 단공류와 아기 주머니가 있는 유대류와는 달리 태아에게 영양분을 공급하기 위해 태반을 갖고 있는 모든 포유동물.

태평양-파랄론 해령(Pacific-Farallon ridge) 신생대 동안에 북아메리카 서부에 있었던 확장 해령.

테자스 내륙해(Tejas epeiric sea) 만과 대서양 연안 평원, 캘리포니아 해안 그리고 미시시피 계곡에 크게 제한된 신생대의 바다.

퇴적 구조(sedimentary structure) 퇴적 환경에서 작용한 물리적 또는 화학적 과정의 결과로 형성된 연흔, 사층리 및 버로우와 같은 퇴적암의 모든 구조.

퇴적 환경(depositional environment) 퇴적물이 쌓이는 모든 지역. 물리적·화학적·생물학적 과정이 작용하여 특징적인 퇴적물을 생성하는 퇴적 장소.

퇴적물 섭취생물(sediment-deposit feeder) 퇴적물을 먹고 그 속의 영양분을 섭취하는 동물.

퇴적상(sedimentary facies) 같은 연령을 갖는 인접한 암석과 알아볼 수 있을 정도로 다른 퇴적물이나 퇴적암의 모든 양상(예: 사암상).

퇴적암(sedimentary rock) (1) 기존 암석의 부스러기 또는 (2) 무기화학적인 과정과 유기물의 작용에 의하여 용액에서 침전된 광물 및 (3) 석탄과 같이 변질된 유기물질 덩어리로 구성된 암석).

티피캐노우 연계층(Tippecanoe Sequence) 상하가 부정합으로 경계된 광범위한 퇴적암체. 오르도비스기에서 전기 데본기 때에 티피캐노우해의 해침-해퇴가 일어나는 동안에 쌓임.

파노시아(Pannotia) 신원생누대 중에 있었던 초대륙.

파라론판(Farallon plate) 주로 북아메리카 직하로 섭입되었던 후기 중생대~신생대의 해양판. 코코스판과 후안 데 푸카판은 이 판의 잔류물이다.

판구조론(plate tectonic theory) 암석권으로 구성된 판이 발산경계, 수렴경계, 변환경계에서 서로 이동한다는 이론.

판(plate) 50~250km 두께의 지구의 지각과 상부 맨틀(암석권)의 부분.

판게아(Pangaea) 알프레드 베게너가 명명한 대부분의 육지로 이루어진 고생대 말기의 초대륙의 명칭.

판탈랏사해(Panthalassa Ocean) 판게아를 둘러싸고 있었던 후기 고생대의 바다.

판피어류(placoderm) 후기 실루리아기부터 페름기까지 살았던 판피어류로서 특히 머리 부분은 갑옷처럼 무장된 피부와 턱을 갖고 있는 것이 특징이다.

팔레오세-에오세 최대 온난기(Paleocene-Eocene Thermal Maximum) 5500만 년 전 갑자기 시작되었던 온난화 경향.

평행 부정합(disconformity) 부정합 면 위와 아래의 지층이 평행한 부정합의 한 형태(경사 부정합, 난정합 및 부정합 참조).

평행진화(parallel evolution) 서로 독립적인 그러나 밀접히 연관된 두 후손의 계통이 유사하게 적응한 결과 유사한 특징을 갖게 되는 진화현상(→수렴진화).

포획의 원리(principle of inclusion) 사암에 있는 화강암 포획물이 사암보다 더 오래된 것처럼, 암석 단위에 있는 포획물이나 파편은 암석 자체보다 더 오래되었다는 것을 설명하는 법칙.

표석 점토(till) 종퇴석과 같이 직접 빙하에 의하여 쌓인 퇴적물.

표석(drift) 빙하의 활동에 의하여 쌓인 모든 퇴적물에 대한 집합적인 용어. 직접 빙하에 의하여 쌓인 표석 점토와 빙하에서 흘러나온 하천에 의해 퇴적된 융빙 유수층을 포함한다(융빙 유수층 참조).

표준화석(guide fossil) 넓은 지리적 분포와 짧은 지질시대 범위를 갖고 쉽게 동정될 수 있는 모든 화석. 다른 지역 지층의 상대 연령 결정에 유용함.

풀을 먹는 동물(grazer) 낮게 자라는 식물, 특히 풀을 먹는 동물.

프로토로티리드(protorothyrid) 작고 도마뱀처럼 생긴 파충류로서 분류학적 위치는 불명확.

플라야 호(playa lake) 건조한 지역의 일시적 호수.

하성(fluvial) 하천과 강 및 그들의 퇴적물을 나타냄.

해양-대륙판 경계(oceanic-continental plate boundary) 해양 암석권의 수렴, 지진활동과 화산활동에 의해 해양 암석권과 대륙 암석권이 충돌하는 수렴 판 경계(대륙-대륙판 경계, 수렴 판 경계, 해양-해양판 경계 참조).

해양-해양판 경계(oceanic-oceanic plate boundary) 해양 암석권과 해양 암석권이 충돌하는 수렴 판 경계. 하나의 해양판의 섭입, 지진활동, 화산활동에 의해 특징지어짐(대륙-대륙판 경계, 수렴 판 경계, 해양-대륙판 경계 참조).

해저열수공(submarine hydrothermal vent) 가열된 물을 내뿜는 해저의 갈라진 구멍이나 틈새(→검은 굴뚝).

해저확장(seafloor spreading) 확장 해령에서 새로운 해양지각이 형성되어 해령으로부터 멀어지고 궁극적으로는 섭입대에서 섭입되는 현상.

해침(marine transgression) 해수면의 상승으로 해안 지역 또는 많은 대륙이 바다에 의해 침입되는 것으로, 결과적으로는 해안선이 육지 쪽으로 이동하게 된다.

해퇴(marine regression) 육지의 출현으로 육지나 해안 지역으로부터 바다가 후퇴하는 것을 말하며, 결과적으로 해안선이 바다 쪽으로 이동하게 된다.

핵(core) 외부는 액체이고 내부는 고체로 구성된 2,900km보다 깊은 지구 내부로서 철과 니켈로 구성된 것으로 보임.

핵분열 비적법 연대 측정(fission-track dating) 광물 결정 내에서 알파 붕괴로 나타난 작은 선형의 비적(핵분열 비적)을 계산하여 연대를 측정하는 과정.

헤르시니아 조산운동(Hercynian orogeny) 남부 유럽의 헤르시니아 변동대에서 일어난 펜실베이니아기 또는 페름기의 변형 작용.

호상점토(varve) 빙하 호수에서 1년에 쌓인 퇴적물을 나타내는 밝은 색과 어두운 색의 쌍으로 나타나는 엽층리가 발달한 점토.

호상철광층(banded-iron formations, BIF) 얇은 처트와 철성분의 광물층이 교호되어 굳은 퇴적암. 철성분은 산화철로서 적철석과 자철석이 대부분이다.

화강암-편마암 복합체(granite-gneiss complex) 시생누대 암

석의 분포지에서 발견되는 두 가지 암석조합 중 하나. 다른 하나는 녹색암대이다.

화분 분석(pollen analysis) 퇴적암에서 추출한 화분의 동정 및 통계적 분석으로 과거의 식생과 기후에 대한 정보를 제공해준다.

화산 쇄설물(pyroclastic material) 화산회와 같이 화산이 폭발할 때 분출된 부스러기 물질.

화산암(volcanic rock) 용암이 냉각되어 결정된 화성암 또는 화산 쇄설물이 굳어진 화성암(분출암 참조).

화석(fossil) 암석에 보존된 지질시대 생물의 유해나 활동흔적.

화성암(igneous rock) 마그마나 용암이 냉각되어 결정된 물질 또는 화산쇄설성 물질이 굳어진 암석.

화학적 퇴적암(chemical sedimentary rock) 육수나 해수에서 침전된 광물로 구성된 암석.

화합물(compound) 서로 다른 원자들의 결합에 의하여 만들어진 물질(예: 물[H_2O] 또는 석영[SiO_2]).

환태평양 조산대(Circum-Pacific orogenic belt) 중생대-신생대 지역에 큰 규모의 변형과 산맥의 기원에 영향을 준 두 개의 주요 조산대의 하나. 미국의 남부와 중부, 북아메리카 코딜레라, 알류샨 열도, 일본, 그리고 필리핀 지역을 포함한다.

획득형질의 유전(inheritance of acquired characteristics) 라마르크의 진화 메커니즘으로, 개체의 일생 중에 얻은 형질은 후손에게 유전될 수 있다는 것이다.

횡적 연속성의 원리(principle of lateral continuity) 암석층은 그들이 끝날 때까지 모든 방향으로 확장된다는 것을 설명하는 원리.

흔적구조(vestigial structure) 더 이상 제 기능을 않거나, 제한된 기능이나 다른 기능을 하는 생물의 구조. 예, 개의 며느리발톱·사람의 사랑니·포유류의 중이골(中耳骨).

히라코테리엄(Hyracotherium) 현대 말의 선조였던 작은 에오세 포유류.

1차 생산자(primary producer) 먹이사슬에서 박테리아나 녹색식물처럼 그 자신의 유기 분자를 생성하는 생물로 먹이사슬의 다른 모든 생물들이 생계를 의존한다.

U자형 빙하곡(U字形 氷河谷, U-shaped glacial trough) 거의 수직에 가까운 급경사의 벽과 넓고 오목하며 다소 편평한 바닥을 가진 골짜기. 계곡을 따라 빙하가 이동하면서 형성된다.

한영·영한 용어 대조

한영편

가설	hypothesis
가스방출	outgassing
간빙기	interglacial stage
감수분열	meiosis
갑피어류	ostracoderm
강괴 연계층	cratonic sequence
강괴	craton
건열	mud crack
검은 굴뚝	black smoker
겉씨식물	gymnosperm
격변설	catastrophism
견치류	cynodont
결정질 고체	crustalline solid
결합	bonding
경골어류	bony fish
경사 부정합	angular unconformity
계통점진설	phyletic gradualism
계	system
고기 로키 산맥	Ancestral Rockies
고래목	Cetacea
고생물학	paleontology
고지리	paleogeography
고지자기	paleomagnetism
곡빙하	valley glacier
곤드와나	Gondwana
공룡	dinosaur
공존대	concurrent range zone
과학적 방법	scientific method
관속식물	vascular plant
관입암	intrusive rock
광물	mineral
광역변성작용	regional metamorphism
광합성	photosynthesis
광화학적 전리	photochemical dissociation
권곡	cirque
규산염 광물	silicate
그렌빌 조산운동	Grenville orogeny
근대적 종합	modern synthesis
글로솝테리스 식물군	*Glossopteris* flora
기제목	Perissodactyla
기	period
나이테 연대 측정	tree-ring dating
난정합	nonconformity
내공생	endosymbiosis
내륙해	epeiric sea
내온성	endotherm
네바다 조산운동	Nevadan orogeny
네안데르탈인	Neanderthal
녹색암대	greenstone belt
다세포생물	multicelled organism
다우호	pluvial lake
단공류	monotreme
단량체	monomer
단속평형설	punctuated equilibrium
대구치화	molarization
대량멸종	mass extinction
대륙 내부	continental interior
대륙 사면	continental slope

대륙 이동	continental drift	반룡류	pelycosaur
대륙 적색층	continental red bed	반추동물	ruminant
대륙-대륙판 경계	continental-continental plate boundary	발산경계	divergent plate boundary
		발산진화	divergent evolution
대륙대	continental rise	발티카	Baltica
대륙붕	continental shelf	방사성 붕괴	radioactive decay
대륙빙하	continental glacier	배호 분지	back-arc marginal basin
대륙의 부가(성장)	continental accretion	백악기 내륙해로	Cretaceous Interior Seaway
대륙횡단 아치	Transcontinental Arch	변동대	mobile belt
대립유전자	allele	변성암	metamorphic rock
대비	correlation	변환경계	transform plate boundary
대서양 연안 평원	Atlantic Coastal Plain	변환단층	transform fault
대지	platform	부가체	terrane
대진화	macroevolution	부유물 섭식자	suspension feeder
대폭발	Big Bang	부유생물	plankton
독립영양의	autotrophic	부정합	unconformity
돌연변이	mutation	북아메리카 코딜레라 산맥	North American Cordillera
동력변성작용	dynamic metamorphism	분급	sorting
동물군 천이의 원리	principle of fossil succession	분기도	cladogram
		분기	cladistics
동일과정의 원리	principle of uniformitarianism	분지와 산맥 지질구	Basin and Range Province
		분출암	extrusive rock
디옥시리보핵산	deoxyribosenucleic acid (DNA)	빙기	glacial stage
		빙모	ice cap
라라미드 조산운동	Laramide orogeny	빙퇴석	moraine
로디니아	Rodinia	빙하연변호	proglacial lake
로라시아	Laurasia	빙하침식평원	ice-scoured plain
로렌시아	Laurentia	빙하	glacier
리오그란데 열곡	Rio Grande rift	사구	sand dune
마그마	magma	사람 상과	hominoid
망상 하천	braided streams	사람과	hominid
맨틀	mantle	사람속	Homo
멕시코만 평원	Gulf Coastal Plain	사암-탄산염암-셰일 군집	sandstone-carbonate-shale assemblage
모사사우루스	mosasaur		
모자이크 진화	mosaic evolution	사족보행	quadrupedal
목성형 행성	Jovian planet	사층리	cross-bedding
몰드	mold	사행 하천	meandering streams
무산소의	anearobic	산안드레아스 변환단층	San Andreas transform fault
미치양서류	labyrinthodont	살아있는 화석	living fossils
밀란코비치 이론	Milankovitch Theory	삼각주	delta
반감기	half-life	상대연대 측정	relative dating

상대적 지질 연대표	relative geologic time scale
상동구조	homologous structure
상사구조	analogous structure
상호 절단 관계의 원리	principle of cross-cutting relationship
생물 교란 작용	bioturbation
생물 기원 퇴적 구조	biogenic sedimentary structure
생물 진화	organic evolution
생물 층서 단위	biostratigraphic unit
생물대	biozone
생물초	organic reef
생존대	range zone
생흔화석	trace fossil
선댄스해	Sundance Sea
선상지	alluvial fan
선캄브리아 시대 순상지	Precambrian shield
성운설	solar nebula theory
소노마 조산운동	Sonoma orogeny
소빙하기	Little Ice Age
소진화	microevolution
소크 연계층	Sauk Sequence
속씨식물	angiosperm
쇄설성 쐐기	clastic wedge
쇄설성 퇴적암	detrital sedimentary rock
수궁류	therapsid
수렴경계	convergent plate boundary
수렴진화	convergent evolution
수성론	neptunism
수장류	plesiosaur
스트로마톨라이트	stromatolite
시간 단위	time unit
시간-층서 단위	time-stratigraphic units
시베리아	Siberia
시비어 조산운동	Sevier orogeny
시조새	*Archaeopteryx*
신빙하작용	neoglaciation
심성암	plutonic rock
아카디아 조산운동	Acadian orogeny
안틀러 조산운동	Antler orogeny
알프스 조산운동	Alpine orogeny
알프스-히말라야 조산대	Alpine-Himalayan orogenic belt
암석 층서 단위	lithostratigraphic unit
암석권	lithosphere
암석의 순환	rock cycle
암석화작용	lithification
암석	rock
압사로카 연계층	Absaroka Sequence
애팔래치아 변동대	Appalachian mobile belt
알레게니아 조산운동	Alleghenian orogeny
양막란	amniote egg
양치식물	seedless vascular plant
어금니	molar
어룡	ichthyosaur
어린 잎을 먹는 동물	browser
에디아카라 동물군	Ediacaran fauna
연계층 층서학	sequence stratigraphy
연골어류	cartilaginous fish
연안 사주	barrier island
연약권	asthenosphere
연흔	ripple mark
열대류 세포	thermal convection cell
열육치	carnassials
열점	hot spot
염색체	chromosome
영장류	Primates
오스트랄로피테쿠스류	australopithecine
오우아치타 변동대	Ouachita mobile belt
오우아치타 조산운동	Ouachita orogeny
왈터의 법칙	Walther's law
외온성	ectotherm
용반류	Saurischia
용암	lava
우제목	Artiodactyla
원마도	rounding
원소	element
원원류	prosimian
원자 번호	atomic number
원자질량 수	atomic mass number
원자	atom
원핵세포	prokaryotic cell

윌슨 주기	Wilson cycle
유대류 포유동물	marsupial mammal
유사분열	mitosis
유영동물	nekton
유전자	gene
유제류	ungulate
육기어류	lobe-finned fish
육식동물-부식동물	carnivore-scavenger
육식목	Carnivora
윤회층	cyclothem
융빙 유수층	outwash
이론	theory
이리듐 이상	iridium anomaly
이소성 종분화	allopatric speciation
이아페투스해	Iapetus Ocean
이족보행	bipedal
익룡	pterosaur
인공선택	artificial selection
자기 역전	magnetic reversal
자기 이상	magnetic anomaly
자연발생	abiogensis
자연선택	natural selection
작은 어금니	premolar
장비목	Proboscidea
저서생물	benthos
전진	progradation
절대연대 측정	absolute dating
점이층리	graded bedding
접촉변성작용	contact metamorphism
정합적	conformable
조간대	tidal flats
조룡류	archosaur
조반류	Ornithischia
조산대	orogen
조산운동	orogeny
조암광물	rock-forming mineral
종속 영양 생물의	heterotrophic
종퇴석	end moraine
종	species
주니 내륙해	Zuni epeiric sea
중국	China
중앙대륙 열곡대	Midcontinent rift
중합체	polymer
증발암	evaporite
지각평형 반발	isostatic rebound
지각평형	isostasy
지각	crust
지구형 행성	terrestrial planet
지질 연대표	geologic time scale
지질 주상도	geologic column
지질학적 기록	geologic record
지질학	geology
지층 누중의 원리	principle of superposition
지층 수평성의 원리	principle of original horisontality
진원류	anthropoid
진핵세포	eukaryotic cell
진화론	theory of evolution
척삭동물	chordate
척추동물	vertebrate
체화석	body fossil
초대륙	supercontinent
초식동물	herbivore
총기어류	crossopterygian
층리	stratification 또는 bedding
층서학	stratigraphy
층	formation
카스카스키아 연계층	Kaskaskia Sequence
카자흐스타니아	Kazakhstania
칼레도니아 조산운동	Caledonian orogeny
캐나다 순상지	Canadian shield
캐스케이드 산맥	Cascade Range
캐스트	cast
캣스킬 삼각주	Catskill Delta
코딜레라 변동대	Cordilleran mobile belt
코딜레라 조산운동	Cordilleran orogeny
콜로라도 고원	Colorado Plateau
퀸스톤 삼각주	Queenston Delta
큐리 온도	Curie point
크로마뇽인	Cro-Magnon
타코닉 조산운동	Taconic orogeny
탄산염 광물	carbonate

탄산염암	carbonate rock	해양-해양판 경계	oceanic-oceanic plate boundary
탄소 14 연대 측정	carbon 14 dating	해저열수공	submarine hydrothermal vent
태반류 포유동물	placental mammal	해저확장	seafloor spreading
태평양-파랄론 해령	Pacific-Farallon ridge	해침	marine transgression
테자스 내륙해	Tejas epeiric sea	해퇴	marine regression
퇴적 구조	sedimentary structure	핵분열 비적 연대 측정	fission-track dating
퇴적 환경	depositional environment	핵	core
퇴적물 섭취생물	sediment-deposit feeder	헤르시니아 조산운동	Hercynian orogeny
퇴적상	sedimentary face	호상점토	varve
퇴적암	sedimentary rock	호상철광층	banded-iron formations (BIF)
티피캐노우 연계층	Tippecanoe Sequence	화강암-편마암 복합체	granite-gneiss complex
파노시아	Pannotia	화분 분석	pollen analysis
파라론판	Farallon plate	화산 쇄설물	pyroclastic material
판구조론	plate tectonic theory	화산암	volcanic rock
판게아	Pangaea	화석	fossil
판탈랏사해	Panthalassa Ocean	화성암	igneous rock
판피어류	placoderm	화학적 퇴적암	chemical sedimentary rock
판	plate	화합물	compound
팔레오세-에오세 최대 온난기	Paleocene-Eocene Thermal Maximum	환태평양 조산대	Circum-Pacific orogenic belt
평행 부정합	disconformity	획득형질의 유전	inheritance of acquired characteristics
평행진화	parallel evolution	횡적 연속성의 원리	principle of lateral continuity
포획의 원리	principle of inclusion	흔적구조	vestigial structure
표석 점토	till	히라코테리엄	Hyracotherium
표석	drift	히말라야 조산대	Himalayan orogeny
표준화석	guide fossil	1차 생산자	primary producer
풀을 먹는 동물	grazer	U자형 빙하구	U-shaped glacial trough
프로토로티리드	protorothyrid		
플라야 호	playa lake		
하성	fluvial		
해양-대륙판 경계	oceanic-continental plate boundary		

영한편

abiogensis 자연발생
Absaroka Sequence 압사로카 연계층
absolute dating 절대연대 측정
Acadian orogeny 아카디아 조산운동
Alleghenian orogeny 알레게니아 조산운동
allele 대립유전자
allopatric speciation 이소성 종분화
alluvial fan 선상지
Alpine-Himalayan orogenic belt 알프스-히말라야 조산대
Alpine orogeny 알프스 조산운동
amniote egg 양막란
analogous structure 상사구조
Ancestral Rockies 고기 로키 산맥
anearobic 무산소의
angiosperm 속씨식물
angular unconformity 경사 부정합
anthropoid 진원류
Antler orogeny 안틀러 조산운동
Appalachian mobile belt 애팔래치아 변동대
Archaeopteryx 시조새
archosaur 조룡류
artificial selection 인공선택
Artiodactyla 우제목
asthenosphere 연약권
Atlantic Coastal Plain 대서양 연안 평원
atom 원자
atomic mass number 원자질량 수
atomic number 원자 번호
australopithecine 오스트랄로피테쿠스류
autotrophic 독립영양의
back-arc marginal basin 배호 분지
Baltica 발티카
banded-iron formations (BIF) 호상철광층
barrier island 연안 사주
Basin and Range Province 분지와 산맥 지질구
benthos 저서생물
Big Bang 대폭발
biogenic sedimentary structure 생물 기원 퇴적 구조
biostratigraphic unit 생물 층서 단위
bioturbation 생물 교란 작용
biozone 생물대
bipedal 이족보행
black smoker 검은 굴뚝
body fossil 체화석
bonding 결합
bony fish 경골어류
braided streams 망상 하천
browser 어린 잎을 먹는 동물
Caledonian orogeny 칼레도니아 조산운동
Canadian shield 캐나다 순상지
carbon 14 dating 탄소 14 연대 측정
carbonate rock 탄산염암
carbonate 탄산염 광물
carnassials 열육치
Carnivora 육식목
carnivore-scavenger 육식동물-부식동물
cartilaginous fish 연골어류
Cascade Range 캐스케이드 산맥
cast 캐스트
catastrophism 격변설
Catskill Delta 캣스킬 삼각주
Cetacea 고래목
chemical sedimentary rock 화학적 퇴적암
China 중국
chordate 척삭동물
chromosome 염색체
Circum-Pacific orogenic belt 환태평양 조산대
cirque 권곡
cladistics 분기
cladogram 분기도
clastic wedge 쇄설성 쐐기
Colorado Plateau 콜로라도 고원
compound 화합물
concurrent range zone 공존대
conformable 정합적
contact metamorphism 접촉변성작용

continental accretion	대륙의 부가(성장)	end moraine	종퇴석
continental drift	대륙 이동	endosymbiosis	내공생
continental glacier	대륙빙하	endotherm	내온성
continental interior	대륙 내부	epeiric sea	내륙해
continental red bed	대륙 적색층	eukaryotic cell	진핵세포
continental rise	대륙대	evaporite	증발암
continental shelf	대륙붕	extrusive rock	분출암
continental slope	대륙 사면	Farallon plate	파랄론판
continental-continental plate boundary	대륙-대륙판 경계	fission-track dating	핵분열 비적 연대 측정
		fluvial	하성
convergent evolution	수렴진화	formation	층
convergent plate boundary	판의 수렴경계	fossil	화석
Cordilleran mobile belt	코딜레라 변동대	gene	유전자
Cordilleran orogeny	코딜레라 조산운동	geologic column	지질 주상도
core	핵	geologic record	지질학적 기록
correlation	대비	geologic time scale	지질 연대표
craton	강괴	geology	지질학
cratonic sequence	강괴 연계층	glacial stage	빙기
Cretaceous Interior Seaway	백악기 내륙해로	glacier	빙하
Cro-Magnon	크로마뇽인	*Glossopteris* flora	글로숍테리스 식물군
cross-bedding	사층리	Gondwana	곤드와나
crossopterygian	총기어류	graded bedding	점이층리
crust	지각	granite-gneiss complex	화강암-편마암 복합체
crustalline solid	결정질 고체	grazer	풀을 먹는 동물
Curie point	큐리 온도	greenstone belt	녹색암대
cyclothem	윤회층	Grenville orogeny	그렌빌 조산운동
cynodont	견치류	guide fossil	표준화석
delta	삼각주	Gulf Coastal Plain	멕시코만 평원
deoxyribosenucleic acid (DNA)	디옥시리보핵산	gymnosperm	겉씨식물
		half-life	반감기
depositional environment	퇴적 환경	herbivore	초식동물
detrital sedimentary rock	쇄설성 퇴적암	Hercynian orogeny	헤르시니아 조산운동
dinosaur	공룡	heterotrophic	종속 영양 생물의
disconformity	평행 부정합	Himalayan orogeny	히말라야 조산대
divergent evolution	발산진화	hominid	사람과
divergent plate boundary	판의 발산경계	hominoid	사람 상과
drift	표석	*Homo*	사람속
dynamic metamorphism	동력변성작용	homologous structure	상동구조
ectotherm	외온성	hot spot	열점
Ediacaran fauna	에디아카라 동물군	hypothesis	가설
element	원소	*Hyracotherium*	히라코테리엄

Iapetus Ocean	이아페투스해
ice cap	빙모
ice-scoured plain	빙하침식평원
ichthyosaur	어룡
igneous rock	화성암
inheritance of acquired characteristics	획득형질의 유전
interglacial stage	간빙기
intrusive rock	관입암
iridium anomaly	이리듐 이상
isostasy	지각평형
isostatic rebound	지각평형 반발
Jovian planet	목성형 행성
Kaskaskia Sequence	카스카스키아 연계층
Kazakhstania	카자흐스타니아
labyrinthodont	미치양서류
Laramide orogeny	라라미드 조산운동
Laurasia	로라시아
Laurentia	로렌시아
lava	용암
lithification	암석화작용
lithosphere	암석권
lithostratigraphic unit	암석 층서 단위
Little Ice Age	소빙하기
living fossils	살아있는 화석
lobe-finned fish	육기어류
macroevolution	대진화
magma	마그마
magnetic anomaly	자기 이상
magnetic reversal	자기 역전
mantle	맨틀
marine regression	해퇴
marine transgression	해침
marsupial mammal	유대류 포유동물
mass extinction	대량멸종
meandering streams	사행 하천
meiosis	감수분열
metamorphic rock	변성암
microevolution	소진화
Midcontinent rift	중앙대륙 열곡대
Milankovitch Theory	밀란코비치 이론
mineral	광물
mitosis	유사분열
mobile belt	변동대
modern synthesis	근대적 종합
molar	어금니
molarization	대구치화
mold	몰드
monomer	단량체
monotreme	단공류
moraine	빙퇴석
mosaic evolution	모자이크 진화
mosasaur	모사사우루스
mud crack	건열
multicelled organism	다세포생물
mutation	돌연변이
natural selection	자연선택
Neanderthal	네안데르탈인
nekton	유영동물
neoglaciation	신빙하작용
neptunism	수성론
Nevadan orogeny	네바다 조산운동
nonconformity	난정합
North American Cordillera	북아메리카 코딜레라 산맥
oceanic-continental plate boundary	해양-대륙판 경계
oceanic-oceanic plate boundary	해양-해양판 경계
organic evolution	생물 진화
organic reef	생물초
Ornithischia	조반류
orogen	조산대
orogeny	조산운동
ostracoderm	갑피어류
Ouachita mobile belt	오우아치타 변동대
Ouachita orogeny	오우아치타 조산운동
outgassing	가스방출
outwash	융빙 유수층
Pacific-Farallon ridge	태평양-파랄론 해령
Paleocene-Eocene Thermal Maximum	팔레오세-에오세 최대 온난기
paleogeography	고지리

paleomagnetism 고지자기
paleontology 고생물학
Pangaea 판게아
Pannotia 파노시아
Panthalassa Ocean 판탈랏사해
parallel evolution 평행진화
pelycosaur 반룡류
period 기
Perissodactyla 기제목
photochemical dissociation 광화학적 전리
photosynthesis 광합성
phyletic gradualism 계통점진설
placental mammal 태반류 포유동물
placoderm 판피어류
plankton 부유생물
plate tectonic theory 판구조론
plate 판
platform 대지
playa lake 플라야 호
plesiosaur 수장류
plutonic rock 심성암
pluvial lake 다우호
pollen analysis 화분 분석
polymer 중합체
Precambrian shield 선캄브리아 시대 순상지
premolar 작은 어금니
primary producer 1차 생산자
Primates 영장류
principle of cross-cutting relationship 상호 절단 관계의 원리
principle of fossil succession 동물군 천이의 원리
principle of inclusion 포획의 원리
principle of lateral continuity 횡적 연속성의 원리
principle of original horisontality 지층 수평성의 원리
principle of superposition 지층 누중의 원리
principle of uniformitarianism 동일과정의 원리
Proboscidea 장비목
proglacial lake 빙하연변호
progradation 전진
prokaryotic cell 원핵세포
prosimian 원원류
protorothyrid 프로토로티리드
pterosaur 익룡
punctuated equilibrium 단속평형설
pyroclastic material 화산 쇄설물
quadrupedal 사족보행
Queenston Delta 퀸스톤 삼각주
radioactive decay 방사성 붕괴
range zone 생존대
regional metamorphism 광역변성작용
relative dating 상대연대 측정
relative geologic time scale 상대적 지질 연대표
Rio Grande rift 리오그란데 열곡
ripple mark 연흔
rock cycle 암석의 순환
rock 암석
rock-forming mineral 조암광물
Rodinia 로디니아
rounding 원마도
ruminant 반추동물
San Andreas transform fault 산안드레아스 변환단층
sand dune 사구
sandstone-carbonate-shale assemblage 사암-탄산염암-셰일 군집
Sauk Sequence 소크 연계층
Saurischia 용반류
scientific method 과학적 방법
seafloor spreading 해저확장
sedimentary face 퇴적상
sedimentary rock 퇴적암
sedimentary structure 퇴적 구조
sediment-deposit feeder 퇴적물 섭취생물
seedless vascular plant 양치식물
sequence stratigraphy 연계층 층서학
Sevier orogeny 시비어 조산운동
Siberia 시베리아
silicate 규산염 광물

solar nebula theory	성운설	till	표석 점토
Sonoma orogeny	소노마 조산운동	time unit	시간 단위
sorting	분급	time-stratigraphic units	시간-층서 단위
species	종	Tippecanoe Sequence	티피캐노우 연계층
stratification 또는 bedding	층리	trace fossil	생흔화석
stratigraphy	층서학	Transcontinental Arch	대륙횡단 아치
stromatolite	스트로마톨라이트	transform fault	변환단층
submarine hydrothermal vent	해저열수공	transform plate boundary	변환 판 경계
Sundance Sea	선댄스해	tree-ring dating	나이테 연대 측정
supercontinent	초대륙	unconformity	부정합
suspension feeder	부유물 섭식자	ungulate	유제류
system	계	U-shaped glacial trough	U자형 빙하구
Taconic orogeny	타코닉 조산운동	valley glacier	곡빙하
Tejas epeiric sea	테자스 내륙해	varve	호상점토
terrane	부가체	vascular plant	관속식물
terrestrial planet	지구형 행성	vertebrate	척추동물
theory of evolution	진화론	vestigial structure	흔적구조
theory	이론	volcanic rock	화산암
therapsid	수궁류	Walther's law	왈터의 법칙
thermal convection cell	열대류 세포	Wilson cycle	윌슨 주기
tidal flats	조간대	Zuni epeiric sea	주니 내륙해

선택형 복습문제 해답

Chapter 1

1. c; 2. c; 3. b; 4. c; 5. a; 6. e; 7. e; 8. b; 9. d; 10. d.

Chapter 2

1. b; 2. c; 3. e; 4. a; 5. b; 6. c; 7. d; 8. a; 9. a; 10. d.

Chapter 3

1. d; 2. a; 3. b; 4. b; 5. a; 6. c; 7. c; 8. e; 9. c; 10. a.

Chapter 4

1. e; 2. b; 3. e; 4. a; 5. e; 6. d; 7. a; 8. a; 9. b; 10. b.

Chapter 5

1. a; 2. b; 3. e; 4. c; 5. d; 6. d; 7. c; 8. c; 9. e; 10. c.

Chapter 6

1. a; 2. c; 3. e; 4. b; 5. d; 6. d; 7. a; 8. c; 9. d; 10. d.

Chapter 7

1. b; 2. c; 3. e ; 4. c; 5. a; 6. d; 7. e; 8. a; 9. c; 10. b.

Chapter 8

1. b; 2. c; 3. e; 4. a; 5. a; 6. d; 7. c; 8. a; 9. d; 10. b.

Chapter 9

1. a; 2. c; 3. e; 4. b; 5. c; 6. c; 7. a; 8. d; 9. c; 10. a.

Chapter 10

1. b; 2. d; 3. b; 4. b; 5. b; 6. e; 7. a; 8. c; 9. d; 10. b; 11. c; 12. e; 13. d.

Chapter 11

1. b; 2. d; 3. e; 4. b; 5. d; 6. a; 7. c; 8. c; 9. a; 10. b; 11. c; 12. e.

Chapter 12

1. a; 2. a; 3. d; 4. e; 5. b; 6. c; 7. e; 8. e; 9. c; 10. c; 11. a; 12. d; 13. a; 14. c.

Chapter 13

1. c; 2. b; 3. c; 4. c; 5. a; 6. e; 7. b; 8. e; 9. c; 10. d; 11. c; 12. e; 13. b; 14. b.

Chapter 14

1. c; 2. a; 3. c; 4. a; 5. e; 6. b; 7. e; 8. c; 9. c; 10. e.

Chapter 15

1. a; 2. d; 3. b; 4. b; 5. d; 6. e; 7. b; 8. d; 9. c; 10. a.

Chapter 16

1. b; 2. a; 3. e; 4. c; 5. c; 6. d; 7. a; 8. c; 9. a; 10. d.

Chapter 17

1. b; 2. d; 3. a; 4. e; 5. a; 6. c; 7. c; 8. b; 9. d; 10. a.

Chapter 18

1. b; 2. a; 3. c; 4. d; 5. b; 6. e; 7. b; 8. c; 9. a; 10. b.

Chapter 19

1. a; 2. d; 3. e; 4. d; 5. b; 6. c; 7. b; 8. e; 9. c; 10. d; 11. a; 12. c.

찾아보기

〈ㅅ〉

〈ㅇ〉

〈ㅈ〉

〈ㅊ〉

〈ㅋ〉

〈ㅌ〉

〈ㅍ〉

〈ㅎ〉

〈기타〉

역자 소개

■ **김종헌** jongheon@kongju.ac.kr

공주사범대학 지구과학교육과 이학사
일본 도쿄가쿠게이대학교 대학원 지구과학교육과 교육학석사
일본 큐슈대학교 대학원 지구행성과학과 이학박사
현, 공주대학교 지구과학교육과 교수

■ **고영구** ykkoh@chonnam.ac.kr

전남대학교 사범대학 과학교육과 지학전공 이학사
서울대학교 지질학과 이학석사
서울대학교 지질과학과 이학박사
현, 전남대학교 사범대학 지구과학교육과 교수

■ **김정률** kimjy@knue.ac.kr

서울대학교 사범대학 지구과학교육과 이학사, 이학석사
서울대학교 대학원 지질학과 이학박사
현, 한국교원대학교 지구과학교육과 교수

■ **박수인** sweenp@kangwon.ac.kr

서울대학교 사범대학 지구과학교육과 이학사
서울대학교 대학원 지질학과 이학석사
독일 필립스대학교(마르브르크) 지질고생물학과 이학박사
현, 강원대학교 지질학과 명예교수

■ **이병수** bslee@jbnu.ac.kr

전북대학교 지구과학교육과 학사
연세대학교 지질학과 이학석사, 이학박사
현, 전북대학교 과학교육학부 겸임교수

■ **이정구** leejg@mest.go.kr

공주사범대학 지구과학교육과 이학사
서울대학교 지질과학과 이학석사, 이학박사
현, 국립과천과학관 전시과장

■ **이창진** leecz@cbnu.ac.kr

서울대학교 지구과학교육과 이학사
서울대학교 지구과학교육과 교육학석사
서울대학교 지질학과 층서학박사
현, 충북대학교 지구과학교육과 명예교수

■ **정공수** gschung@cnu.ac.kr

서울대학교 지구과학교육과 이학사
하와이대학교 해양학과 이학석사
마이애미대학교 해양지질학및지구물리학과 이학박사
현, 충남대학교 지질환경과학과 교수

지 사 학

시간에 따른 지구와 생물의 진화

발 행 일 2012년 9월 5일 초판 1쇄 발행
저 자 Reed Wicander·James S. Monroe 지음
역 자 김종헌·고영구·김정률·박수인
이병수·이정구·이창진·정공수 옮김
발 행 인 구본하
발 행 처 도서출판 박학사
주 소 서울시 마포구 서교동 460-26 동아빌딩 2층
전 화 (02)3142-3764~5
팩 스 (02)3142-3766
웹사이트 www.pakhaksa.co.kr
등록번호 제10-2230호

정가 38,000원 ISBN 978-89-91633-92-6